茶树芽叶形态

茶树叶片形态

茶树花器形态

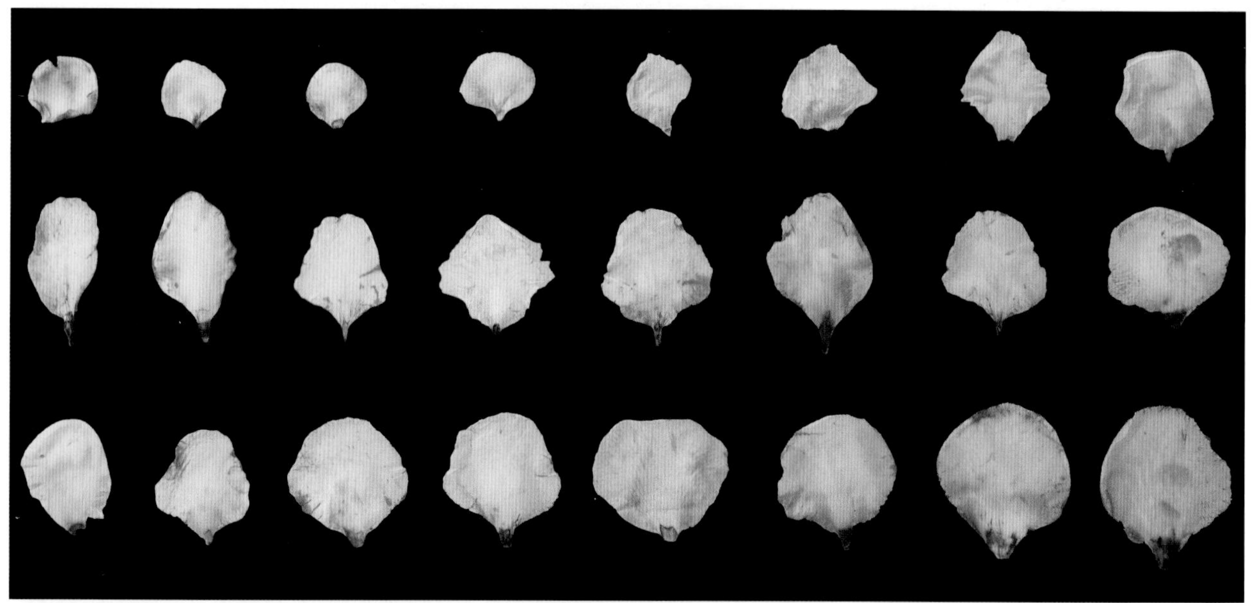

茶树花瓣形态

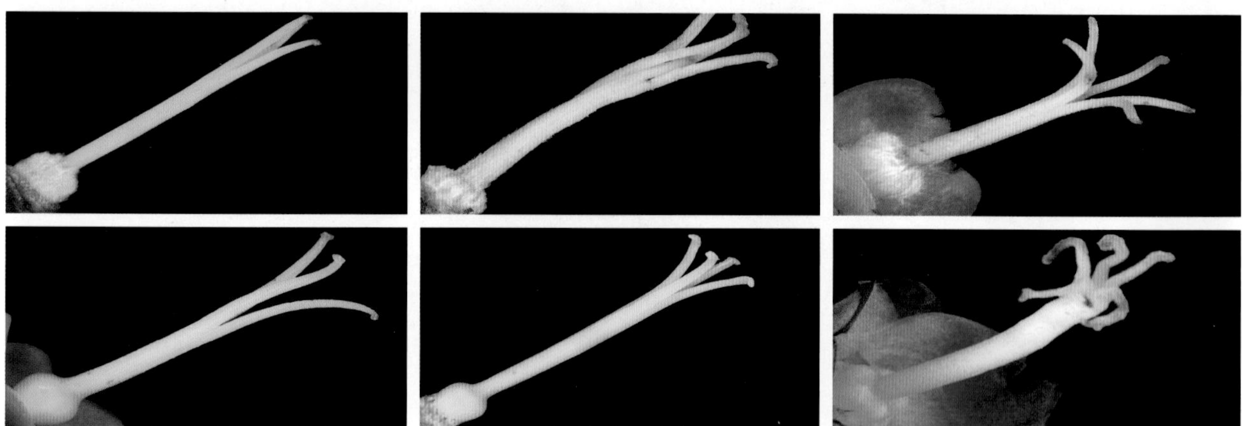

茶树子房、花柱和柱头形态

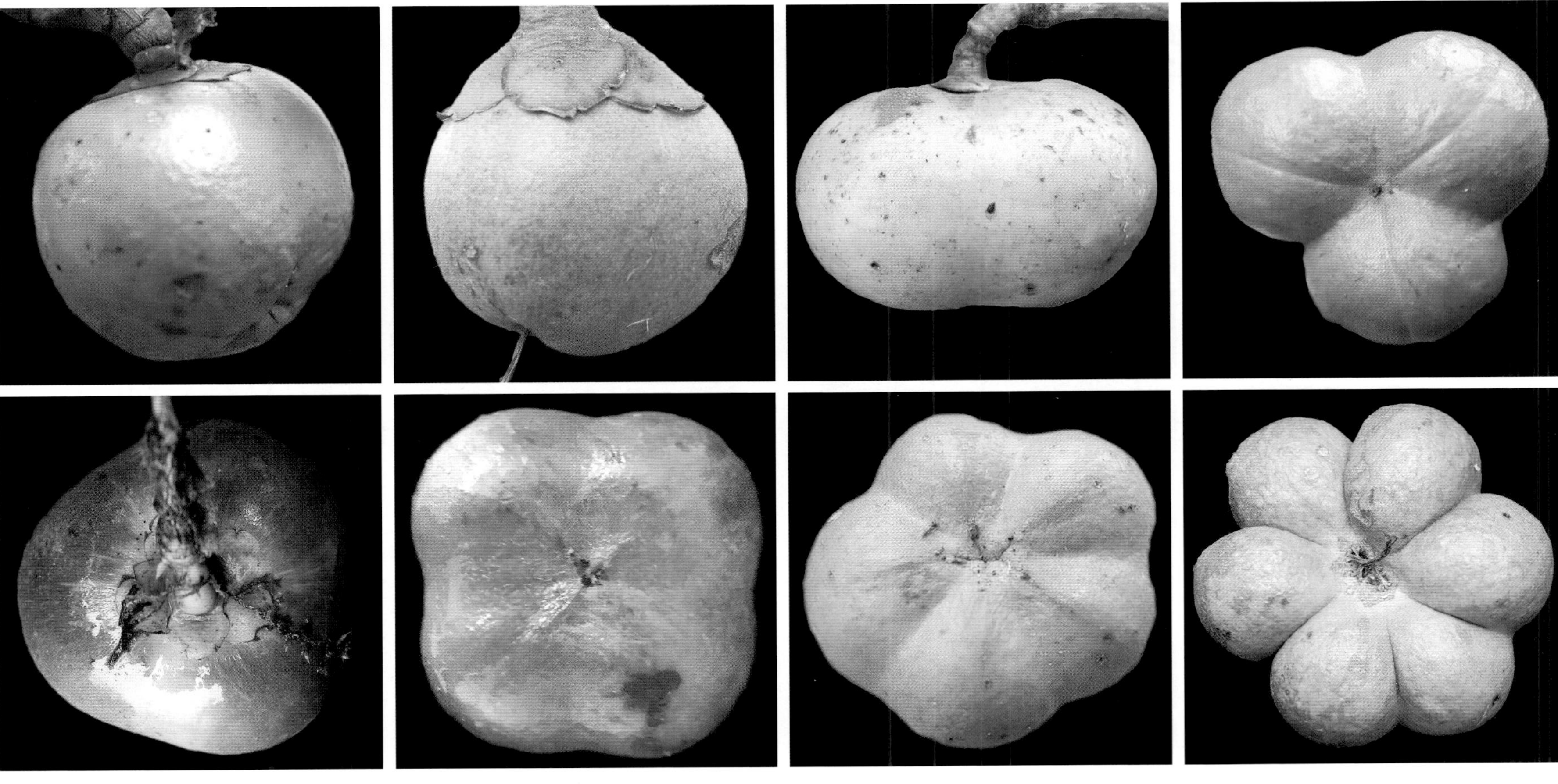

茶树果实形态

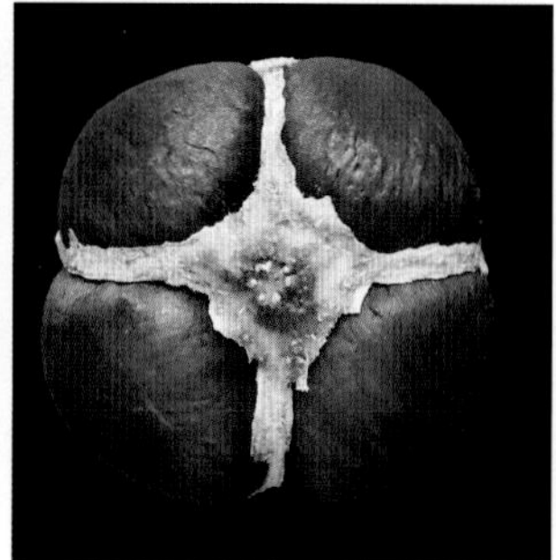
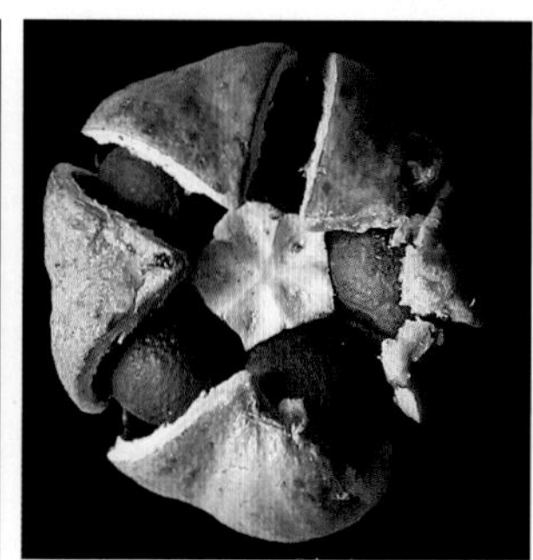
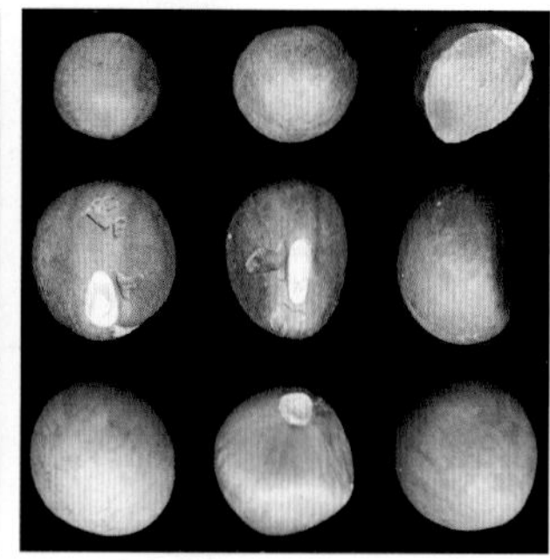

茶树种子形态

茶树叶芽发育形态

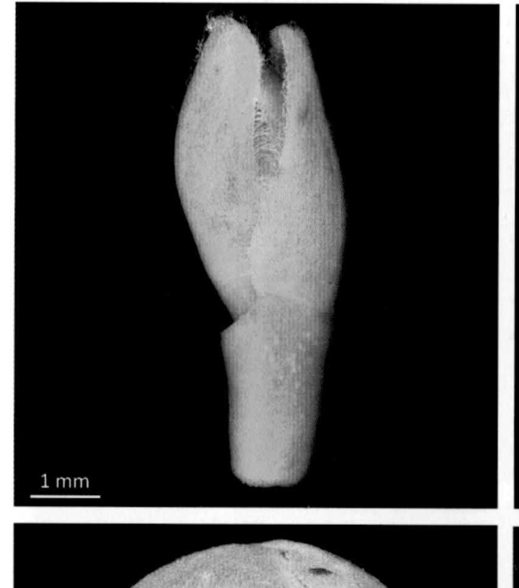

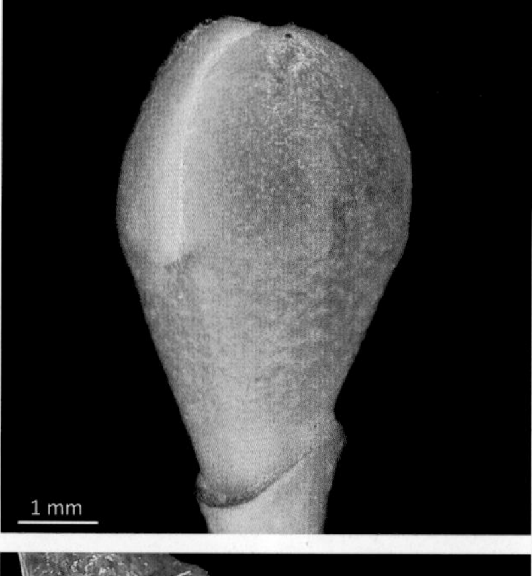

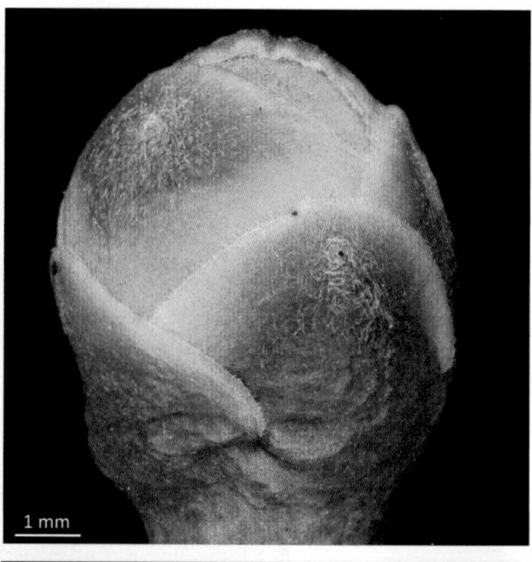

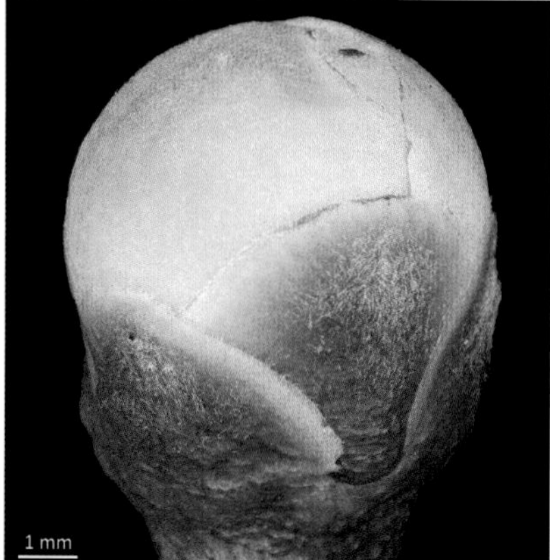

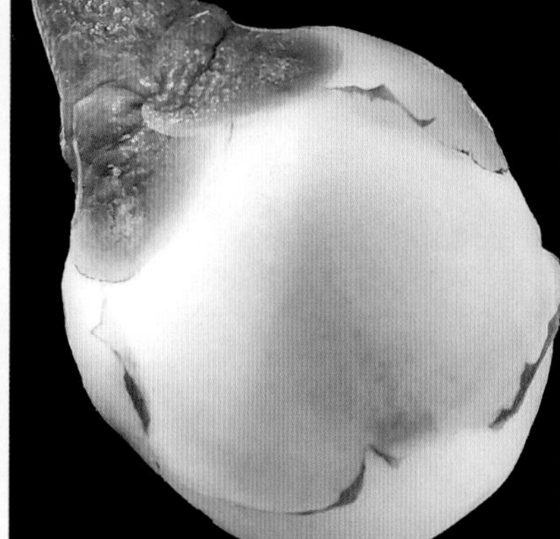

茶树花发育形态

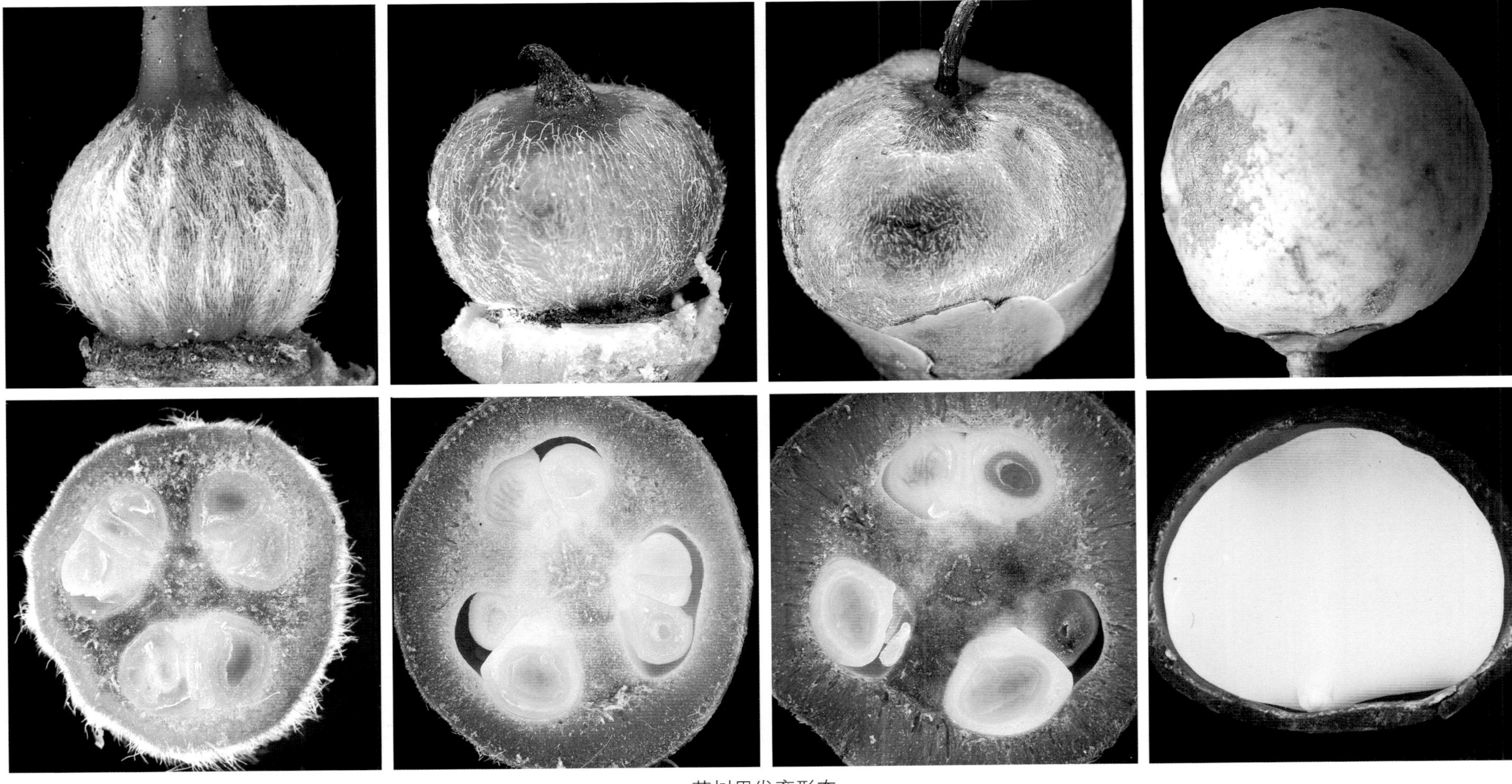

茶树果发育形态

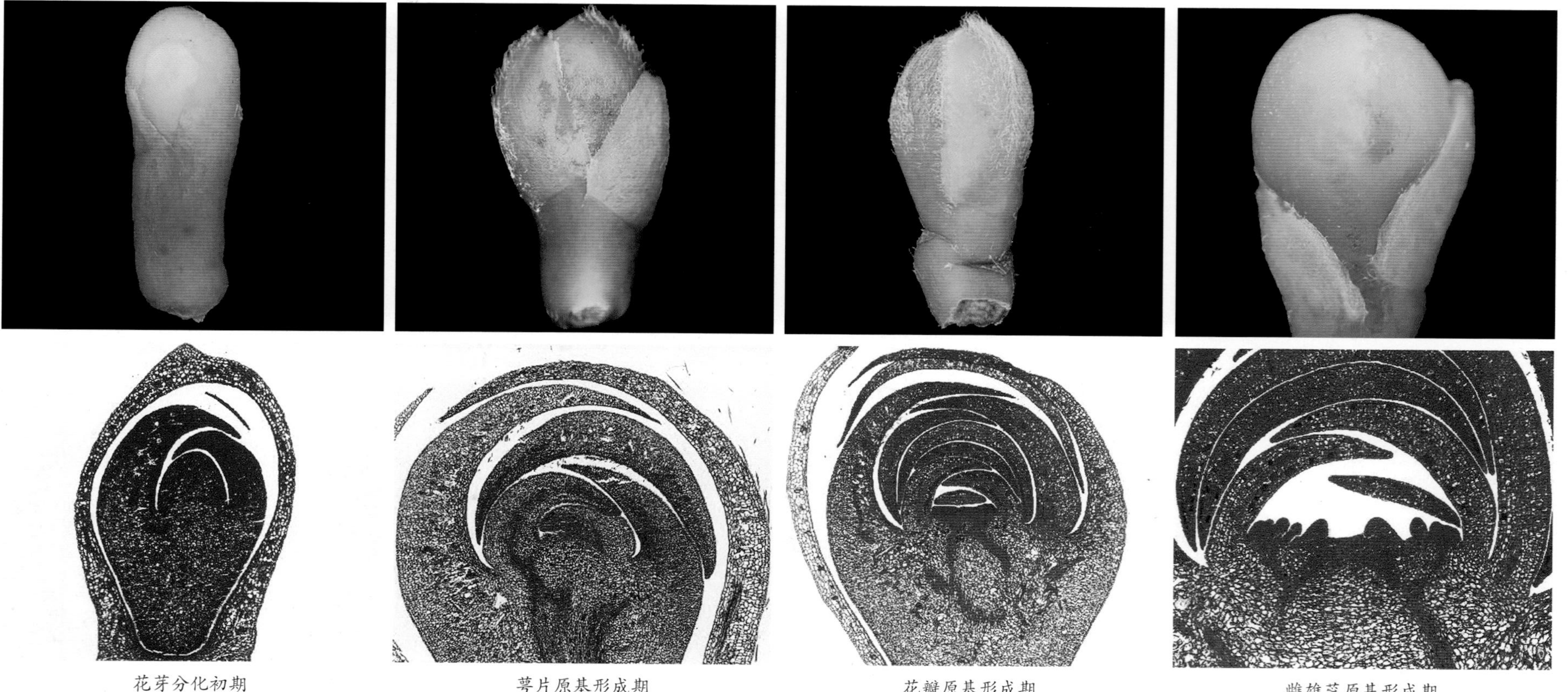

花芽分化初期　　萼片原基形成期　　花瓣原基形成期　　雌雄蕊原基形成期

茶树花芽分化过程

10μm
造孢细胞期
10μm
花粉母细胞期
10μm
减数分裂期
10μm
四分体时期
10μm
单核花粉期
20μm
双核花粉期
20μm
成熟花粉期
100μm
花药横切

茶树花药发育过程

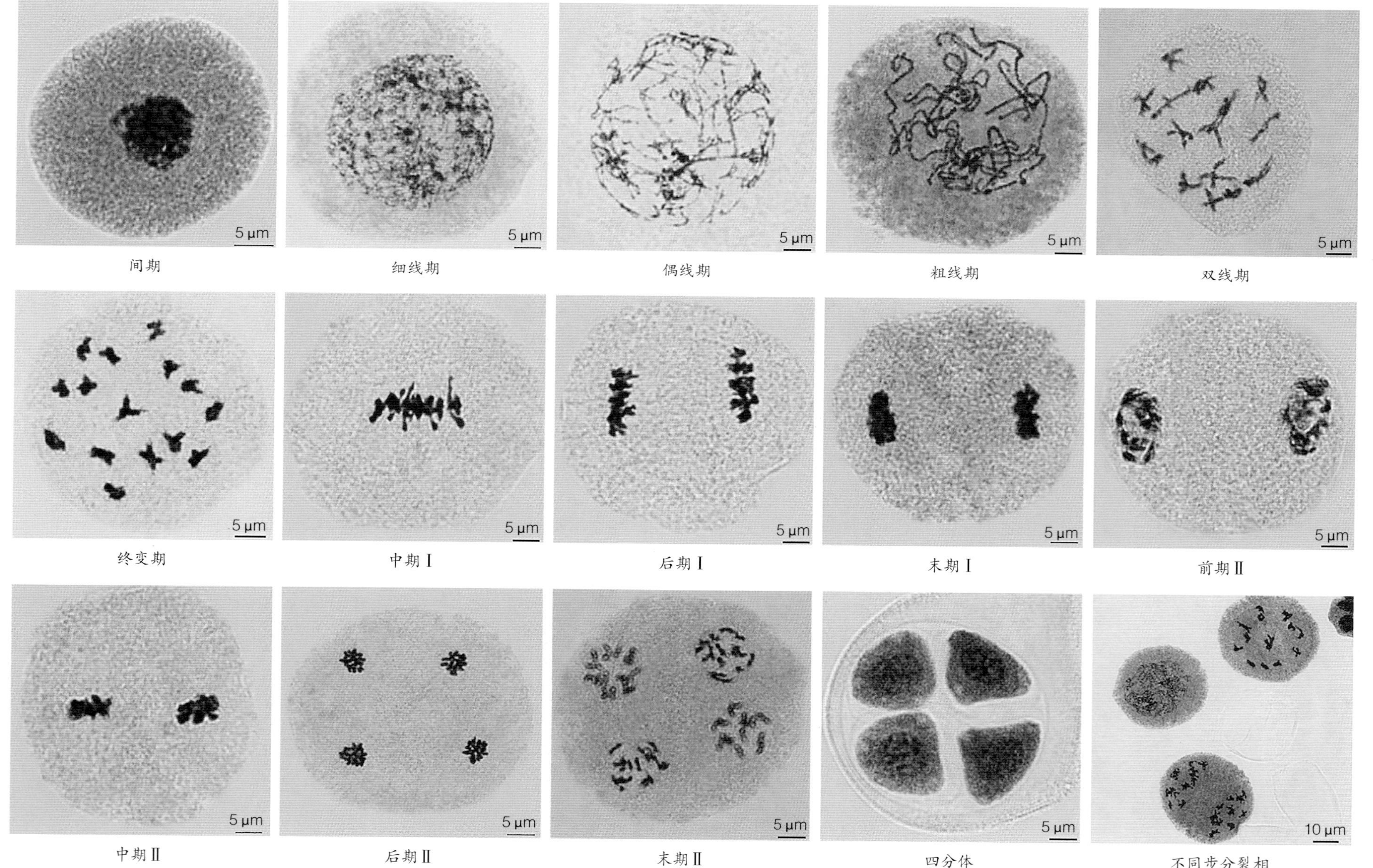

茶树花粉母细胞减数分裂过程

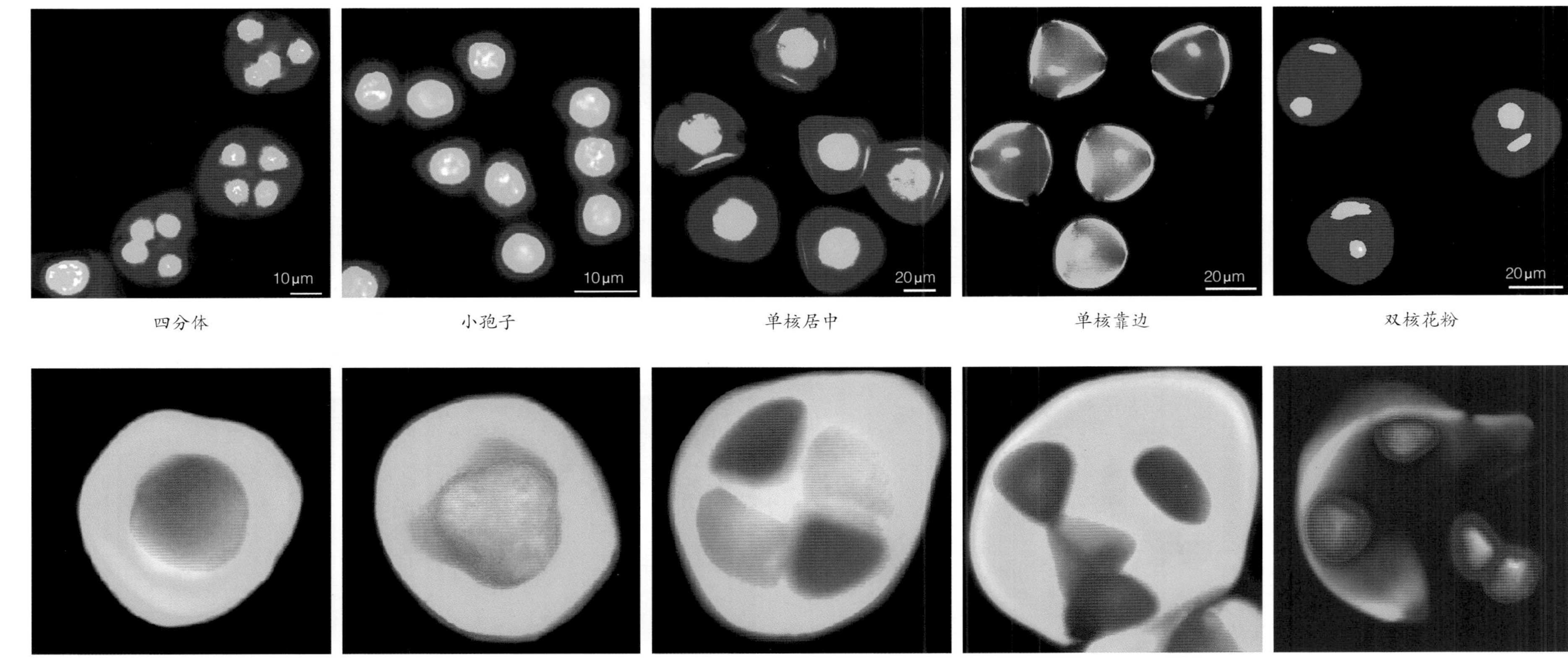
10μm
10μm
20μm
20μm
20μm
四分体
小孢子
单核居中
单核靠边
双核花粉
花粉母细胞
减数分裂
四分体
小孢子
胼胝质解体

茶树小孢子发育过程

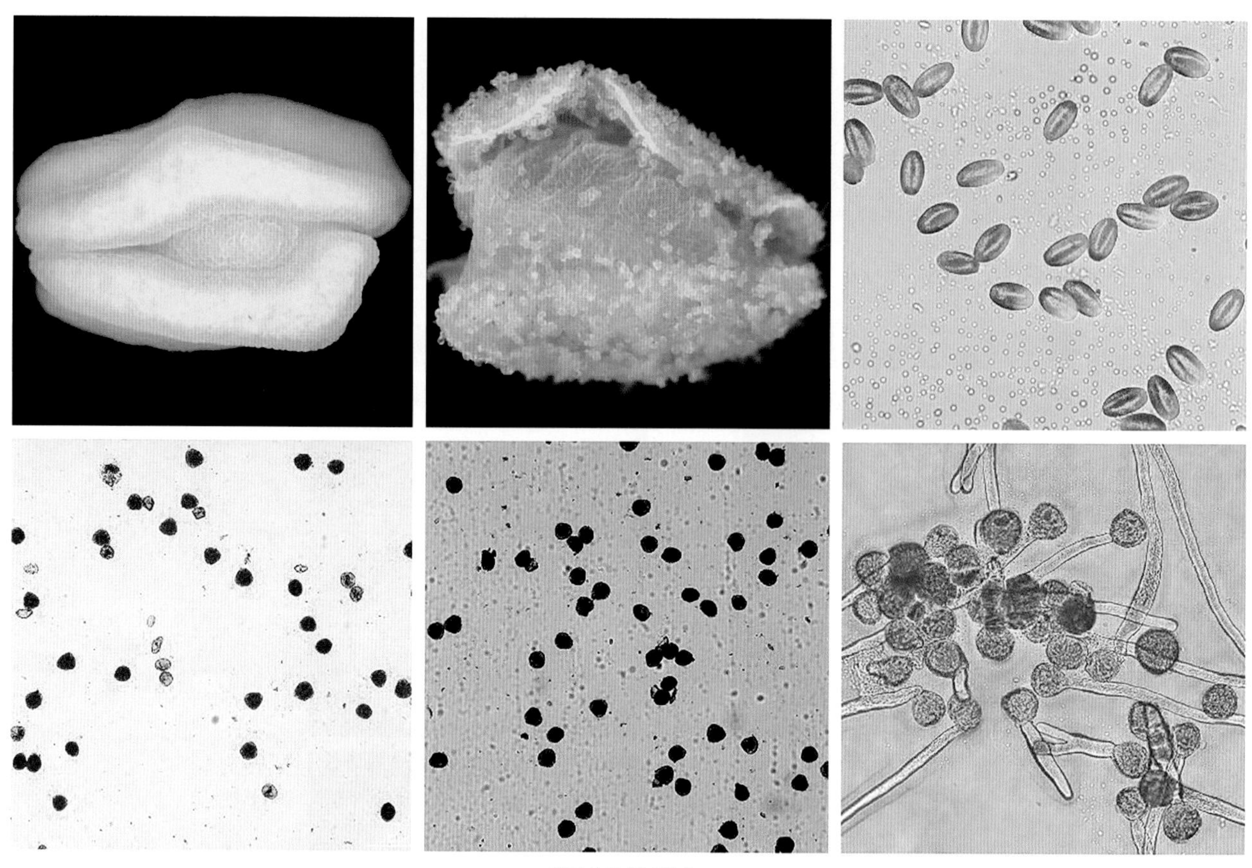

茶树花粉活力

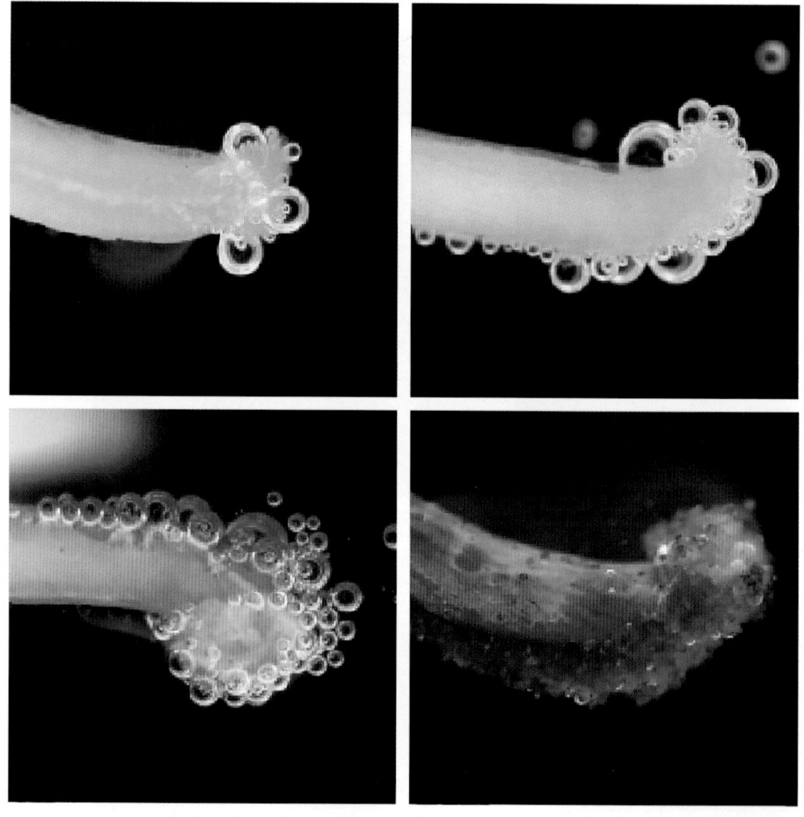

茶树柱头可授性

大理茶形态特征

昌宁大香树大茶树居群

永平狮子窝大茶树居群

人工繁育的大理茶苗

种植的大理茶植株

大理茶制作的红茶

厚轴茶形态特征

勐海大叶茶

勐库大叶茶

凤庆大叶茶

景谷大白茶

坝子白毛茶

勐腊绿芽茶

广南底圩茶

绿春玛玉茶

梁河回龙茶

布朗山苦茶

者竜鹅毛茶

元江阔叶茶

官寨大叶茶

大关翠华茶

宜良宝洪茶

弄岛野茶

隔界红芽茶

紫娟茶

观音山红叶茶

文岗红梗茶

白莺山红芽茶

贺南紫绿芽茶

景谷大黄茶

勐海黄叶茶

帕宫小黑茶
气力红叶茶
芦山红叶茶
文岔红叶茶
气力白叶茶
气力黄叶茶

茶树雄性不育花器形态

茶树雌性不育花器形态

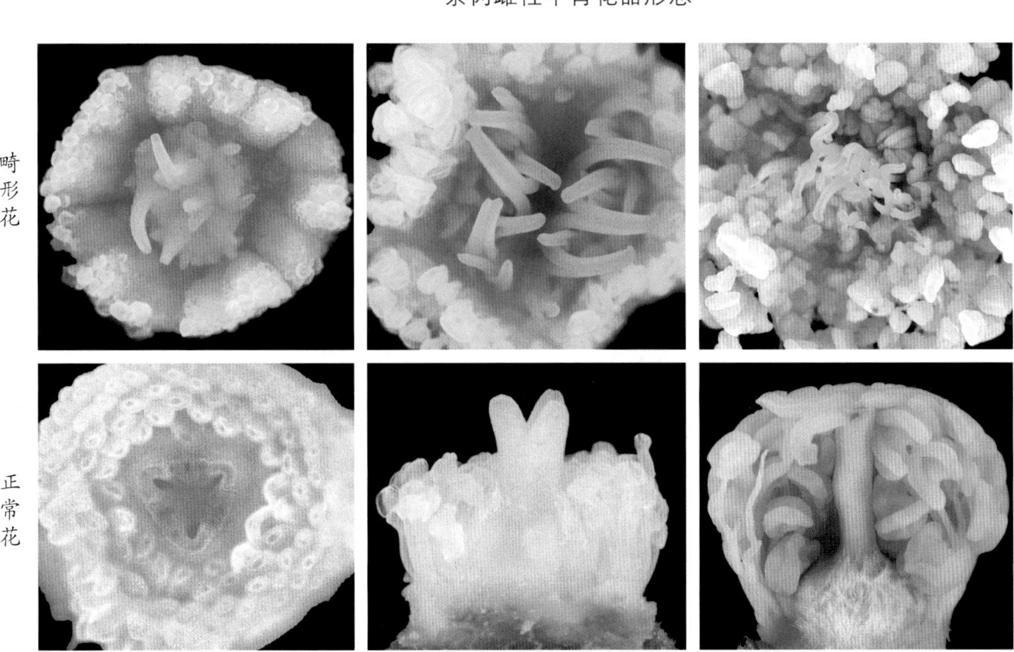

茶树畸形花与正常花发育比较

阿倮那大茶树 1 号 (LC001)

巴达大茶树 1 号 (MH202)

芭蕉林大茶树 1 号 (CN001)

芭蕉林大茶树 2 号 (CN002)

芭蕉林大茶树 3 号 (CN003)

芭蕉林大茶树 4 号 (CN004)

芭蕉林大茶树 5 号 (CN005)

芭蕉林大茶树 6 号 (CN006)

芭蕉林大茶树 7 号 (CN007)

芭蕉林大茶树 8 号 (CN008)

芭蕉林大茶树 9 号 (CN009)

芭蕉林大茶树 10 号 (CN010)

芭蕉林大茶树 11 号 (CN011)

坝檬大茶树 2 号 (MH147)

白芽子大茶树 1 号 (YX021)

白芽子大茶树 2 号 (YX022)

邦奈大茶树 (LC049)

邦崴大茶树 (LC057)

新寨大茶树 1 号 (LC053)

新寨大茶树 2 号 (LC054)

帮迈大茶树 1 号 (XP114)

蚌龙大茶树 3 号 (MH157)

蚌龙大茶树 4 号 (MH158)

保塘大茶树 3 号 (MH172)

保塘大茶树 4 号 (MH173)

保塘大茶树 5 号 (MH174)

背阴山大茶树 2 号 (CN122)

本山大茶树 1 号 (YX001)

本山大茶树 2 号 (YX002)

本山大茶树 3 号 (YX003)

本山大茶树 4 号 (YX004)

本山大茶树 5 号 (YX005)

茶花树大茶树 1 号 (NJ116)

茶山河大茶树 1 号 (CN036)

茶山河大茶树 2 号 (CN037)

茶山河大茶树 3 号 (CN038)

茶山河大茶树 4 号 (CN039)

茶山河大茶树 5 号 (CN040)

茶山河大茶树 6 号 (CN041)

茶山河大茶树 7 号 (CN042)

茶山河大茶树 8 号 (CN043)

茶山河大茶树 9 号 (CN044)

茶山河大茶树 10 号 (CN045)

茶山河大茶树 11 号 (CN046)

茶山河大茶树 12 号 (CN047)

茶山河大茶树 13 号 (CN048)

达诺大茶树 1 号 (CX001)

达诺大茶树 3 号、4 号 (CX003、CX004)

达诺大茶树 6 号 (CX006)

城子大茶树 1 号 (XM029)

大河沟大茶树 1 号 (YP018)

大河沟大茶树 2 号 (YP019)

大河沟大茶树 3 号 (YP020)

大河沟大茶树 4 号、5 号 (YP021、YP022)

大河沟大茶树 6 号 (YP023)

大河沟大茶树 7 号 (YP024)

大河沟大茶树 8 号 (YP025)

大河沟大茶树 9 号 (YP026)

大河沟大茶树 10 号 (YP027)

大河沟大茶树 11 号 (YP028)

大河沟大茶树 12 号 (YP029)

大河沟大茶树 19 号 (YP036)

大河沟大茶树 20 号 (YP037)

大卢山大茶树 (JD069)

大帽耳山大茶树 1 号 (XP128)

大水缸大茶树 1 号 (JG026)
大香树大茶树 5 号 (CN082)
大垭口大茶树 1 号 (YJ004)
单大人大茶树 1 号 (DL005)
单大人大茶树 2 号 (DL006)
单大人大茶树 3 号 (DL007)
德昂寨大茶树 1 号 (LY001)
德昂寨大茶树 2 号 (LY002)
德昂寨大茶树 3 号 (LY003)

德昂寨大茶树 4 号 (LY004)

丁家寨大茶树 1 号 (NH001)

二嘎子大茶树 1 号 (YX016)

二嘎子大茶树 2 号 (YX017)

二嘎子大茶树 3 号 (YX018)

二嘎子大茶树 4 号 (YX019)

干坝子大茶树 1 号 (NE036)

光山大茶树 1 号 (YJ016)

光山大茶树 2 号 (YJ017)

果吉大茶树 1 号 (ZY016)

荷花大茶树 1 号 (LH023)

红山大茶树 1 号 (SB019)

红卫大茶树 1 号 (FQ049)

红卫大茶树 2 号 (FQ050)

红卫大茶树 3 号 (FQ051)

回贤大茶树 1 号 (MS001)

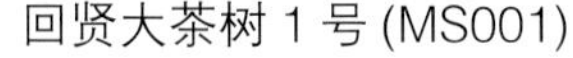

甲山大茶树 1 号 (FS044)

甲山大茶树 2 号 (FQ045)

甲山大茶树 3 号 (FQ046)

甲山大茶树 4 号 (FQ047)

甲山大茶树 5 号 (FQ048)

尖山大茶树 1 号 (SD002)

界牌大茶树 (XP243)

金光寺大茶树 1 号 (YP001)

卡上大茶树 1 号 (MG001)

卡牙大茶树 1 号 (YJ041)

结良苦茶 (MH011)

困鹿山大茶树 1 号 (NE001)

困鹿山细叶茶 2 号 (NE015)

困鹿山细叶茶 3 号 (NE016)

劳家山大茶树 1 号 (TC008)

老厂大茶树 1 号 (SB014)

腊福大茶树 1 号 (ML007)

雷达山大茶树 1 号 (MH093)

雷达山大茶树 2 号、3 号 (MH094、MH095)

雷达山大茶树 4 号 (MH096)

雷达山大茶树 6 号 (MH098)

梁子大茶树 1 号 (SB010)

梁子山大茶树 (LC057)

龙竹山大茶树 1 号 (FQ001)

芦山大茶树 (JD039)

罗东山大茶树 1 号 (NE041)

麻旺大茶树 1 号 (SB040)

曼打贺大茶树 (MH116)

曼竜山大茶树 1 号 (JG086)

曼迈大茶树 1 号 (MH133)

曼面大茶树 1 号 (LC001)

曼面大茶树 6 号 (LC006)

曼弄大茶树 1 号 (MH118)

曼弄大茶树 2 号 (MH119)

曼糯大茶树 1 号 (MH192)

梅竹大茶树 1 号（FQ055）

梅竹大茶树 2 号（FQ056）

梅竹大茶树 3 号（FQ057）

梅竹大茶树 4 号（FQ055）

梅竹大茶树 5 号（FQ055）

勐库大雪山大茶树 1 号 (SJ001)

勐库大雪山大茶树 2 号 (SJ002)

勐库大雪山大茶树 3 号 (SJ003)

木板箐大茶树 1 号 (NJ048)

南本大茶树 1 号 (MH185)

南溪大茶树 1 号 (YJ001)

糯波大箐大茶树 (LC050)

帕沙大茶树 1 号 (MH079)

帕沙大茶树 14 号 (MH092)

帕拍大茶树 1 号 (CY023)

红山大茶树 1 号 (SB019)

平坝大茶树 1 号 (LH044)

坪寨大茶树 1 号 (XC004)

坡脚大茶树 1 号 (LX007)

千家寨大茶树 1 号 (ZY019)

气力大茶树 (JD042)

芹菜塘大茶树 1 号 (LL042)

赛罕大茶树 (LC048)

上村大茶树 2 号 (NH019)

上村大茶树 3 号 (NH020)

石佛山大茶树 1 号 (CN031)

斯须乐大茶树 1 号 (NJ110)

苏家山大茶树 (JG089)

田主坟大茶树 6 号 (XP064)

田主坟大茶树 7 号 (XP065)

田主坟大茶树 9 号 (XP067)

瓦泥大茶树 (JD063)

文岔大茶树 (JD038)

乌木龙大茶树 1 号 (NJ129)

乌木龙大茶树 2 号 (NJ130)

乌木龙大茶树 3 号 (NJ131)

仙人洞大茶树 1 号 (MS010)

仙山河头大茶树 1 号 (XP049)

香竹箐大茶树 1 号 (FQ037)

香竹箐大茶树 2 号 (FQ038)

香竹箐大茶树 3 号 (FQ039)

香竹箐大茶树 4 号 (FQ040)

香竹箐大茶树 5 号 (FQ041)

香竹箐大茶树 6 号 (FQ042)

香竹箐大茶树 7 号 (FQ043)

小古德大茶树 1 号 (NJ001)

小古德大茶树 2 号 (NJ002)

小古德大茶树 3 号 (NJ003)

小古德大茶树 4 号 (NJ004)

小看马大茶树 (JD065)

小坪谷大茶树 1 号 (TC021)

小坪谷大茶树 4 号 (TC024)

小寨子大茶树 1 号 (LH031)

丫口大茶树 1 号 (NJ015)

丫口大茶树 2 号 (NJ016)

丫口寨大茶树 1 号 (JD053)

秧塔大茶树 6 号 (JG050)

羊厩房大茶树 1 号 (CX049)

羊厩房大茶树 2 号 (CX050)

羊厩房大茶树 3 号 (CX051)

羊圈坡大茶树 1 号 (CN057)

羊圈坡大茶树 2 号 (CN058)

羊圈坡大茶树 3 号 (CN059)

羊圈坡大茶树 4 号 (CN060)

羊圈坡大茶树 5 号 (CN061)

羊圈坡大茶树 6 号 (CN062)

羊圈坡大茶树 7 号 (CN063)

野牛山大茶树 1 号 (XM045)

一碗水大茶树 1 号 (MS005)

一碗水大茶树 2 号 (MS006)
永德大雪山大茶树 1 号 (YD038)
闸上大茶树 1 号 (CX033)
闸上大茶树 4 号 (CX036)
闸上大茶树 8 号 (CX040)
镇东大茶树 1 号 (LL058)
镇东大茶树 2 号 (LL059)
镇东大茶树 3 号 (LL060)
中寨大茶树 1 号 (MLP001)

云南省茶树
种质资源调查与研究

蒋会兵　陈林波 等　编著

中国农业出版社
北　京

图书在版编目（CIP）数据

云南省茶树种质资源调查与研究 / 蒋会兵等编著
. —北京—中国农业出版社，2022. 10
ISBN 978-7-109-29765-4

Ⅰ. ①云… Ⅱ. ①蒋… Ⅲ. ①茶树—种质资源—调查
研究—云南 Ⅳ. ①S571. 102. 4

中国版本图书馆 CIP 数据核字（2022）第 137090 号

中国农业出版社出版
地址：北京市朝阳区麦子店街 18 号楼
邮编：100125
责任编辑：国 圆　　文字编辑：董 倪
版式设计：杜 然　　责任校对：刘丽香
印刷：北京通州皇家印刷厂
版次：2022 年 10 月第 1 版
印次：2022 年 10 月北京第 1 次印刷
发行：新华书店北京发行所
开本：889mm×1194mm 1/16
印张：39. 5　　插页：24
字数：1250 千字
定价：268. 00 元

本书由国家茶叶产业技术体系“西双版纳傣族自治州综合试验站（CARS-19）”、国家自然科学基金项目“栽培茶树的起源与驯化研究（U20A2045）”、“野生茶树雄性不育株细胞学及生理生化特性研究（31760224）”和云南省重大科技专项“世界大叶茶技术创新中心建设及成果产业化（202102AE090038）”等项目资助。

《云南省茶树种质资源调查与研究》

编 委 会

前言

FOREWORD

万物种为先，种质资源是农业发展的重要基础，已被世界各国列为国家重要战略资源。茶叶是世界三大饮料之一，茶树是山茶属植物中最具世界性经济意义的作物。茶树种质资源作为我国重要的农业植物资源，不仅是茶树种质创新和品种选育的物质基础，更是推动生态文明建设、实现茶产业可持续发展的保障。

云南地处中国西南边陲，与缅甸、老挝和越南接壤，是全球生物多样性热点地区之一。云南作为世界茶树的原产地和起源中心，拥有全球物种最多、资源储量最大的野生茶树资源和古老的地方栽培品种资源，遗传多样性极为丰富，是独特且宝贵的自然财富。

查清云南地区茶树种质资源种类、数量、分布及特征特性，系统地评价和可持续利用该地区茶树种质资源，对于保护全球生物多样性、促进区域经济发展和提高当地人民健康生活水平具有重要意义。

2010 年以来，云南省开展了茶树种质资源普查、建档和编撰工作，历时十余年，先后完成了全省 58 个县（市、区）茶树资源调查，获得了大量基础资料和重要数据。云南省农业科学院茶叶研究所在广泛调查、收集和保存茶树种质资源的基础上，依托国家种质勐海茶树圃，对茶树种质资源的植物学形态、生物学特性、品质特征及抗逆性等进行了鉴定和评价，先后发掘出一批具有直接利用价值和潜在利用价值的特异、特优、特有的茶树品种资源，为生产和育种工作提供了便利。为系统、完整、科学地描述与展示云南茶树种质资源调查研究成果，我们对近十年来云南茶树种质资源野外调查和种质圃鉴定评价所获得的大量数据和信息进行规范化、系统化和理论化处理，并将之编著成书。

本书汇集了十余年来有关云南茶树种质资源调查与研究所取得的大量科研成果，从茶树种质资源的调查收集、整理编目，到植物学特征、生物学特性及抗逆性鉴定、优异资源发掘利用等方面进行了详尽的描述。全书内容共分 15 章，前 5 章为概述，介绍了云南茶树种质资源的调查收集、鉴定评价、整理整合及共享利用等概况，并基于茶树种质资源调查结果，重点分析了云南茶树资源的种类组成、地理分布特征、资源储量、遗传多样性和保护现状与对策；后 10 章分别介绍了普洱市、临沧市、西双版纳傣族自治州、保山市、文山壮族苗族自治州、德宏傣族景颇族自治州、红河哈尼族彝族自治州、大理白族自治州、玉溪市和楚雄彝族自治州共 10 个州（市）的大茶树资源特点，并以《中国植物志》为基准，对各地的大茶树资源进行了全面梳理，首次系统性地对云南地区大茶树资源进行了整理编目。本书共记录了云南地区大茶树资源分布点 1 025 个，收录茶组植物 13 个种和变种，编目野生和栽培大茶树典型植株 3 150 株，筛选获得特异、特优和抗性品种资源 320 份。本书采用图文混编的方式系统介绍了云南野生茶树资源、优良地方品种和特异遗传材料的来源、基本特征、品质特性和开发利用状况等信息，用表格的方式编目记录了大茶树的惯用名称、物种名称、地理信息、分布特点、植物学形态特征和生长状况等信息，精选典型大茶树植株照片200余张，覆盖了90%以上的云南茶树资源分布区，为云南茶树种质资源的调查研究和保护利用提供了全面准确的基础资料。

本书是对云南茶树种质资源不同时期的调查收集、鉴定评价、种质创新和保存利用等研究结果的整理、汇总和凝练，是云南茶树种质资源调查与研究的阶段性成果。本书收录的茶树种质资源物种丰富、植株数量大、数据翔实、图文并茂，全面、系统地反映了云南茶树种质资源现状，是一部系统研究云南茶树种质资源的工具书，可供从事茶树种质资源调查与研究、种质创新利用的科技人员借鉴，也可供从事茶树资源保护管理、茶叶生产的工作者阅读参考。

编　者

2022年3月

目录

CONTENTS

前言

第一章　云南茶树种质资源概述 …… 1

第一节　云南茶树种质资源调查简史 …… 3

一、近代西方植物学传播和外籍人员的采集调查 …… 3

二、中华人民共和国成立后的茶树资源调查 …… 3

第二节　云南茶树种质资源的物种组成 …… 5

一、中国茶组植物定名情况的变化 …… 5

二、云南茶组植物定名情况的变化 …… 6

第三节　云南茶树种质资源的地理分布 …… 8

一、滇西茶树资源分布区 …… 8

二、滇南茶树资源分布区 …… 8

三、滇东南茶树资源分布区 …… 8

第四节　云南茶树种质资源的生态分布 …… 9

一、原生林型 …… 9

二、次生林型 …… 9

三、高山旱地型 …… 9

第五节　云南大茶树资源的生长状况 …… 10

一、大茶树生长特征 …… 10

二、大茶树生长势 …… 10

第六节　云南大茶树资源储量 …… 12

第二章　云南茶树种质资源调查、搜集与保存 …… 13

第一节　茶树种质资源的调查 …… 15

一、调查的目的和意义 …… 15

二、调查前的准备工作 …… 15

三、调查方法和内容 …… 16

四、内业整理与总结 …… 17

第二节　茶树种质资源的搜集 …… 18

一、茶树种质资源搜集的原则 …… 18

二、茶树种质资源搜集的对象 …… 18

三、茶树种质资源搜集的方法 …… 19
第三节 茶树种质资源的保存 …… 20
一、茶树种质资源的原生境保护 …… 20
二、茶树种质资源的异地保存 …… 20

第三章 云南茶树种质资源鉴定与评价 …… 21

第一节 茶树植物形态学特征 …… 23
一、树体形态特征 …… 23
二、芽叶形态特征 …… 23
三、花器形态特征 …… 25
四、果实形态特征 …… 27
五、种子形态特征 …… 28
第二节 茶树植物生物学特性 …… 29
一、叶芽物候期 …… 29
二、开花物候期 …… 31
三、花粉活力与柱头可授性 …… 32
四、果实物候期 …… 34
第三节 花药和花粉发育细胞学特性 …… 35
一、花芽的分化 …… 35
二、花药的发育 …… 36
三、小孢子的发育 …… 36
四、花粉粒的发育 …… 37
五、茶树花器形态与花粉发育时期的相关性 …… 38
第四节 品质性状评价 …… 40
一、茶树生化成分多样性 …… 40
二、高茶多酚茶树资源 …… 41
三、高氨基酸茶树资源 …… 42
四、低咖啡碱茶树资源 …… 44
五、高 EGCG 茶树资源 …… 44
六、高茶黄素茶树资源 …… 45
第五节 抗性评价 …… 46
第六节 整理整合与共享利用 …… 47
一、整理整合 …… 47
二、共享利用 …… 48

第四章 云南茶树种质资源发掘与利用 …… 49

第一节 野生茶树资源 …… 51
一、大理茶的开发利用 …… 51
二、厚轴茶的开发利用 …… 53
第二节 地方茶树品种资源 …… 55

一、勐海大叶茶 …… 55
二、勐库大叶茶 …… 56
三、凤庆大叶茶 …… 57
四、景谷大白茶 …… 58
五、坝子白毛茶 …… 58
六、勐腊绿芽茶 …… 59
七、广南底圩茶 …… 60
八、绿春玛玉茶 …… 61
九、梁河回龙茶 …… 62
十、布朗山苦茶 …… 63
十一、者竜鹅毛茶 …… 63
十二、元江阔叶茶 …… 64
十三、官寨大叶茶 …… 65
十四、大关翠华茶 …… 66
十五、宜良宝洪茶 …… 67
第三节 特异茶树品种资源 …… 68
一、紫娟茶 …… 68
二、弄岛野茶 …… 69
三、隔界红芽茶 …… 70
四、观音山红叶茶 …… 70
五、文岗红梗茶 …… 71
六、白莺山红芽茶 …… 72
七、贺南紫绿芽茶 …… 73
八、景谷大黄茶 …… 73
九、勐海黄叶茶 …… 74
十、帕官小黑茶 …… 75
十一、气力红叶茶 …… 76
十二、芦山红叶茶 …… 76
十三、文岔红叶茶 …… 77
十四、气力白叶茶 …… 78
十五、气力黄叶茶 …… 79
第四节 不育种质资源 …… 80
一、茶树雄性不育 …… 80
二、茶树雌性不育 …… 81
三、茶树雌雄不育 …… 82

第五章 云南茶树种质资源保护现状与对策 …… 85

第一节 云南茶树种质资源的保护现状 …… 87
一、制定了保护茶树种质资源的法律法规 …… 87
二、茶树种质资源原生境保护已初具规模 …… 87

三、茶树种质圃异地保存成效显著 …… 88
四、茶树种质资源调查取得阶段性成果 …… 88
第二节 云南茶树种质资源流失的主要因素 …… 89
一、内部因素 …… 89
二、自然因素 …… 89
三、社会经济因素 …… 89
第三节 云南茶树种质资源保护存在的问题 …… 90
一、保护与发展不平衡 …… 90
二、保护制度不健全 …… 90
三、保护意识淡薄 …… 90
四、缺乏具体保护措施 …… 91
五、调查研究不够 …… 91
第四节 云南茶树种质资源保护对策与建议 …… 92
一、加强茶树资源调查工作 …… 92
二、完善保护政策法规 …… 92
三、提高保护意识 …… 92
四、完善保护区建设 …… 92
五、合理开发利用 …… 93

第六章 普洱市的茶树种质资源 …… 95

第一节 普洱市茶树资源种类 …… 97
一、普洱市茶树物种类型 …… 97
二、普洱市茶树品种类型 …… 97
第二节 普洱市茶树资源地理分布 …… 98
一、思茅区大茶树分布 …… 98
二、宁洱哈尼族彝族自治县大茶树分布 …… 98
三、墨江哈尼族自治县大茶树分布 …… 98
四、景东彝族自治县大茶树分布 …… 98
五、景谷傣族彝族自治县大茶树分布 …… 99
六、镇沅彝族哈尼族拉祜族自治县大茶树分布 …… 99
七、江城哈尼族彝族自治县大茶树分布 …… 99
八、澜沧拉祜族自治县大茶树分布 …… 99
九、西盟佤族自治县大茶树分布 …… 99
十、孟连傣族拉祜族佤族自治县大茶树分布 …… 99
第三节 普洱市大茶树资源的生长状况 …… 100
一、普洱市大茶树生长特征 …… 100
二、普洱市大茶树生长势 …… 100
第四节 普洱市大茶树资源名录 …… 102

第七章 临沧市的茶树种质资源 …… 173

第一节 临沧市茶树资源种类 …… 175

一、临沧市茶树物种类型 …… 175
二、临沧市茶树品种类型 …… 175
第二节 临沧市茶树资源地理分布 …… 176
一、翔临区大茶树分布 …… 176
二、凤庆县大茶树分布 …… 176
三、云县大茶树分布 …… 176
四、永德县大茶树分布 …… 177
五、镇康县大茶树分布 …… 177
六、双江拉祜族佤族布朗族傣族自治县大茶树分布 …… 177
七、耿马傣族佤族自治县大茶树分布 …… 177
八、沧源佤族自治县大茶树分布 …… 177
第三节 临沧市大茶树资源生长状况 …… 178
一、临沧市大茶树生长特征 …… 178
二、临沧市大茶树生长势 …… 178
第四节 临沧市大茶树资源名录 …… 180

第八章 西双版纳傣族自治州的茶树种质资源 …… 257

第一节 西双版纳傣族自治州茶树资源种类 …… 259
一、西双版纳傣族自治州茶树物种类型 …… 259
二、西双版纳傣族自治州茶树品种类型 …… 259
第二节 西双版纳傣族自治州茶树资源地理分布 …… 260
一、勐海县大茶树分布 …… 260
二、勐腊县大茶树分布 …… 260
三、景洪市大茶树分布 …… 260
第三节 西双版纳傣族自治州大茶树生长状况 …… 261
一、西双版纳傣族自治州大茶树生长特征 …… 261
二、西双版纳傣族自治州大茶树生长势 …… 261
第四节 西双版纳傣族自治州大茶树资源名录 …… 263

第九章 保山市的茶树种质资源 …… 309

第一节 保山市茶树资源种类 …… 311
一、保山市茶树物种类型 …… 311
二、保山市茶树品种类型 …… 311
第二节 保山市茶树资源地理分布 …… 312
一、隆阳区大茶树分布 …… 312
二、昌宁县大茶树分布 …… 312
三、施甸县大茶树分布 …… 312
四、腾冲市大茶树分布 …… 312
五、龙陵县大茶树分布 …… 313
第三节 保山市大茶树生长状况 …… 314

一、保山市大茶树生长特征 …… 314
二、保山市大茶树生长势 …… 314
第四节　保山市大茶树资源名录 …… 316

第十章　文山壮族苗族自治州的茶树种质资源 …… 363

第一节　文山壮族苗族自治州茶树资源种类 …… 365
一、文山壮族苗族自治州茶树物种类型 …… 365
二、文山壮族苗族自治州茶树品种类型 …… 365
第二节　文山壮族苗族自治州茶树资源地理分布 …… 366
一、文山市大茶树分布 …… 366
二、马关县大茶树分布 …… 366
三、西畴县大茶树分布 …… 366
四、麻栗坡县大茶树分布 …… 366
五、广南县大茶树分布 …… 367
六、其他县大茶树分布 …… 367
第三节　文山壮族苗族自治州大茶树资源生长状况 …… 368
一、文山壮族苗族自治州大茶树生长特征 …… 368
二、文山壮族苗族自治州大茶树生长势 …… 368
第四节　文山壮族苗族自治州大茶树资源名录 …… 370

第十一章　德宏傣族景颇族自治州的茶树种质资源 …… 401

第一节　德宏傣族景颇族自治州茶树资源种类 …… 403
一、德宏傣族景颇族自治州茶树物种类型 …… 403
二、德宏傣族景颇族自治州茶树品种类型 …… 403
第二节　德宏傣族景颇族自治州茶树资源地理分布 …… 404
一、芒市大茶树分布 …… 404
二、梁河县大茶树分布 …… 404
三、盈江县大茶树分布 …… 404
四、陇川县大茶树分布 …… 404
五、瑞丽市大茶树分布 …… 405
第三节　德宏傣族景颇族自治州大茶树资源生长状况 …… 406
一、德宏傣族景颇族自治州大茶树生长特征 …… 406
二、德宏傣族景颇族自治州大茶树生长势 …… 406
第四节　德宏傣族景颇族自治州大茶树资源名录 …… 408

第十二章　红河哈尼族彝族自治州的茶树种质资源 …… 443

第一节　红河哈尼族彝族自治州茶树资源种类 …… 445
一、红河哈尼族彝族自治州茶树物种类型 …… 445
二、红河哈尼族彝族自治州茶树品种类型 …… 445
第二节　红河哈尼族彝族自治州茶树资源地理分布 …… 446

一、红河县大茶树分布 …… 446
二、金平苗族瑶族傣族自治县大茶树分布 …… 446
三、绿春县大茶树分布 …… 446
四、元阳县大茶树分布 …… 446
五、屏边苗族自治县大茶树分布 …… 447
六、其他县大茶树分布 …… 447
第三节 红河哈尼族彝族自治州大茶树资源生长状况 …… 448
一、红河哈尼族彝族自治州大茶树生长特征 …… 448
二、红河哈尼族彝族自治州大茶树生长势 …… 448
第四节 红河哈尼族彝族自治州大茶树资源名录 …… 450

第十三章 大理白族自治州的茶树种质资源 …… 481

第一节 大理白族自治州茶树资源种类 …… 483
一、大理白族自治州茶树物种类型 …… 483
二、大理白族自治州茶树品种类型 …… 483
第二节 大理白族自治州茶树资源地理分布 …… 484
一、南涧彝族自治县大茶树分布 …… 484
二、永平县大茶树分布 …… 484
三、其他县大茶树分布 …… 484
第三节 大理白族自治州大茶树资源生长状况 …… 485
一、大理白族自治州大茶树生长状况 …… 485
二、大理白族自治州大茶树生长势 …… 485
第四节 大理白族自治州大茶树资源名录 …… 487

第十四章 玉溪市的茶树种质资源 …… 527

第一节 玉溪市茶树资源种类 …… 529
一、玉溪市茶树物种类型 …… 529
二、玉溪市茶树品种类型 …… 529
第二节 玉溪市茶树资源地理分布 …… 530
一、新平彝族傣族自治县大茶树分布 …… 530
二、元江哈尼族彝族傣族自治县大茶树分布 …… 530
第三节 玉溪市大茶树资源生长状况 …… 531
一、玉溪市大茶树生长特征 …… 531
二、玉溪市大茶树生长势 …… 531
第四节 玉溪市大茶树资源名录 …… 533

第十五章 楚雄彝族自治州的茶树种质资源 …… 571

第一节 楚雄彝族自治州茶树资源种类 …… 573
一、楚雄彝族自治州茶树物种类型 …… 573
二、楚雄彝族自治州茶树品种类型 …… 573

第二节　楚雄彝族自治州茶树资源地理分布 …… 574
一、楚雄市大茶树分布 …… 574
二、双柏县大茶树分布 …… 574
三、南华县大茶树分布 …… 574
第三节　楚雄彝族自治州大茶树资源生长状况 …… 575
一、楚雄彝族自治州大茶树生长特征 …… 575
二、楚雄彝族自治州大茶树生长势 …… 575
第四节　楚雄彝族自治州大茶树资源名录 …… 577

附录 …… 609
参考文献 …… 616

第一章 云南茶树种质资源概述

本章回顾了云南茶树种质资源调查历史现状，并基于茶树种质资源调查结果，概述了云南茶树种质资源的种类组成、地理分布特征、生态分布类型、生长状况和资源储存量等情况。

第一节

云南茶树种质资源调查简史

云南地处中国西南边陲，地形复杂，气候多样，植物种类繁多。云南的植物资源极为丰富，有“植物王国”之称，一直为中外各国植物学家所瞩目。早在18世纪，西方国家就曾派人到云南进行植物采集。中华人民共和国成立后，云南的植物资源调查工作得以重视，中国科学院从20世纪50年代初期开始对云南的植物资源进行考察。

一、近代西方植物学传播和外籍人员的采集调查

18～19世纪，英国和法国等西方国家多次派遣各种身份的“植物猎人”“探险队”“考察队”，在云南进行植物采集。如英国博物学家安德森（Andersen）分别于1868年和1875年两次随英国武装探路队进入云南，采集各种植物标本达800种。1881年，法国传教士德洛维在滇西北建立传教点时，对滇西北、滇中、滇东北等地区的植物资源进行了长期持续性的收集，采集植物标本约4 000种。1914年，奥地利植物学家韩马迪（U. Handel - Mazzetti）和德国植物学家施奈德（C. Schneider）在滇中、滇西北以及川西共采集到13 000多个植物标本。1922年，美国人洛克（J. F. Rock）在滇西、滇西北、四川等地采集植物标本60 000多个。此阶段以外籍人员采集植物标本为主，并有在云南采集到茶树标本的记录。

二、中华人民共和国成立后的茶树资源调查

中国茶树种质资源的征集保存工作始于1930年，云南地区的茶树种质资源调查研究起步较晚，相关调查和研究的资料也较缺乏。

1951—1960年，云南省农业科学院茶叶研究所对西双版纳傣族自治州、普洱市、临沧市等地的茶树品种资源进行了初步调查，获得了勐海大叶茶、勐库大叶茶、凤庆大叶茶等一批优良茶树地方品种。

1961—1970年，中国农业科学院茶叶研究所和云南省农业科学院茶叶研究所对普洱市、临沧市、保山市、昭通市等地的茶树资源进行了考察，并在勐海县发现巴达大茶树，这拉开了云南茶树资源考察的序幕。

1971—1980年，云南农业大学茶学院师生对曲靖市、普洱市、红河哈尼族彝族自治州、文山壮族苗族自治州等地的茶树品种资源进行了考察，发现26个云南优良茶树地方品种，征集到200余份茶树种质资源材料。

1981—1990年，中华人民共和国国家科学技术委员会、农业部批准云南茶树品种资源考察征集计划，对云南15个州（市）、61个县（市、区）的茶树资源进行了第一次大规模的专项调查采集工作，并于勐海县建立了国家种质勐海茶树分圃，所取得的调查结果至今仍对全国茶树种质资源调查研究有重要影响。

1991—2000 年，云南省各地不断报道有古茶树、大茶树、野生茶树居群分布，科研人员先后在云南凤庆发现香竹箐大茶树，在澜沧拉祜族自治县发现邦崴大茶树，在镇沅彝族哈尼族拉祜族自治县发现千家寨大茶树，在双江拉祜族佤族布朗族傣族自治县发现勐库大雪山大茶树等。

2001—2010 年，赴云南看古茶园、大茶树的人员日益增多，考察范围亦逐渐扩大。科研人员对云南茶树种质资源的调查研究也从最初简单的标本采集发展到遗传多样性、生物多样性和生态评价等方面的研究，此阶段以个人、科研团体的行为居多。

2011—2020 年，云南省人民政府组织开展了全省古茶树资源普查、建档和编撰工作，先后对普洱市、临沧市、西双版纳傣族自治州、保山市、德宏傣族景颇族自治州、大理白族自治州、楚雄彝族自治州、红河哈尼族彝族自治州、文山壮族苗族自治州、玉溪市和昭通市等 11 个州（市）的古茶树资源进行了全面、广泛的普查，建立了初步的古茶树资源档案，编撰了各地的古茶树资源调查报告，出版了古茶树系列丛书。云南省林业和草原局、云南省自然资源厅和云南省农业农村厅联合制定了古茶树调查规程，规范了古茶树调查标准，编制了《云南省古茶树资源调查报告》。

第二节

云南茶树种质资源的物种组成

在中国，茶树及其野生近缘种全部属于山茶属（*Camellia* L.）下面的茶组［Section *Thea*（L.）Dyer］。它们具有相似的生物学特性，如单叶互生，叶长椭圆形为主，具叶齿；花1～3朵，腋生，有柄；苞片2片，早落；萼片5～6片，宿存；花瓣5～14枚，近离生；雄蕊2～3轮，外轮近离生；子房3～5室，密被茸毛、稀疏少茸毛或秃净无茸毛，花柱先端3～5裂，离生或下半部连生；蒴果3～5室；芽叶内均含有茶多酚、氨基酸、咖啡碱和儿茶素类化合物等物质。

一、中国茶组植物定名情况的变化

1958年，植物学家席勒（Sealy）将茶组植物分为5种、1变种（不含原变种）。中华人民共和国成立之后，中国植物学家先后在云南、贵州和广西等地发现大量茶组植物。根据张宏达分类，至1994年，人们先后共发表茶组植物多达42种、4变种，之后对其进行了大量的修订和归并。1998年编写的《中国植物志》（FRPS）第49卷第3册记载了张宏达对山茶属茶组植物的分类，并将世界茶组植物分为4个茶系，修订为32种，其中中国分布有30种、4变种。闵天禄分别于1992年和2000年对茶组植物进行了修订，将世界茶组植物分为12种、6变种。2000年，陈亮等从大种概念将茶组植物归并为5种、2变种。2007年编写的《中国植物志》英文修订版（FOC）第12卷沿用了闵天禄分类系统，将国内茶组植物修订为11种、6变种。各时期茶组植物资源名录（不含原变种）见表1-1。

表1-1　中国茶组植物定名情况

分类系统	种名	数量
席勒（1958）	茶 *C. sinensis*（L.）O. Kuntze、阿萨姆茶 *C. sinensis* var. *assamica*（Masters）Kitamura、大理茶 *C. taliensis*（W. W. Smith）Melchior、滇缅茶 *C. irrawadiensis* Barua、细柄茶 *C. gracilipes* Merrill ex Sealy、毛肋茶 *C. pubicosta* Merrill	5种1变种
FRPS（1998）（张宏达）	疏齿茶 *C. remotiserrata* Chang et Wang、广西茶 *C. kwangsiensis* H. T. Chang、大苞茶 *C. grandibracteata* H. T. Chang & F. L. Yu、广南茶 *C. kwangnanica* Chang et Wang、大厂茶 *C. tachangensis* F. C. Chang、南川茶 *C. nanchuanica* Chang et Xiong、厚轴茶 *C. crassicolumna* H. T. Chang、圆基茶 *C. rotundata* Chang et Yu、皱叶茶 *C. crispula* Chang、老黑茶 *C. atrothea* Chang et Wang、马关茶 *C. makuanica* Chang et Tang、五柱茶 *C. pentastyla* Chang、大理茶 *C. taliensis*（W. W. Smith）Melchior、德宏茶 *C. dehungensis* Chang et Chen、膜叶茶 *C. leptophylla* S. Y. Liang ex Chang、秃房茶 *C. gymnogyna* Chang、突肋茶 *C. costata* Chang、缙云山茶 *C. jingyunshanica* Chang et J. H. Xiong、拟细萼茶 *C. parvisepaloides* Chang et Wang、榕江茶 *C. yungkiangensis* Chang、狭叶茶 *C. angustifolia* Chang、大树茶 *C. arborescens* Chang et Yu、紫果茶 *C. purpurea* Chang et Chen、茶 *C. sinensis*（L.）O. Kuntze.、白毛茶 *C. sinensis* var. *pubilimba* Chang、香花茶 *C. sinensis* var. *waldensae* Chang、毛叶茶 *C. ptilophylla* Chang、汝城毛叶茶 *C. pubescens* Chang et Ye、防城茶 *C. fengchengensis* Liang et Zhong、普洱茶 *C. assamica* Chang、多脉普洱茶 *C. assamica* var. *polyneura* Chang、苦茶 *C. assamica* var. *kucha* Chang、多萼茶 *C. multisepala* Chang et Tang、细萼茶 *C. parvisepala* Chang	30种4变种

（续）

分类系统	种名	数量
闵天绿（2000）	大厂茶 *C. tachangensis* F. C. Chang、疏齿大厂茶 *C. tachangensis* var. *remotiserrat* H. T. Chang et al.、大苞茶 *C. grandibracteata* H. T. Chang & F. L. Yu、广西茶 *C. kwangsiensis* H. T. Chang、毛萼广西茶 *C. kwangsiensis* var. *kwangnanica* H. T. Chang & B. H. Chen、大理茶 *C. taliensis*（W. W. Smith）Melchior、厚轴茶 *C. crassicolumna* H. T. Chang、光萼厚轴茶 *C. crassicolumna* var. *multiplex* H. T. Chang & Y. J. Tang、老挝茶 *C. sealyama* T. L. Ming、秃房茶 *C. gymnogyna* H. T. Chang、突肋茶 *C. costata* H. T. Chang、膜叶茶 *C. leptophylla* S. Ye Liang ex H. T. Chang、防城茶 *C. fengchengensis* S. Ye Liang & Y. C. Zhong、毛叶茶 *C. ptilophylla* H. T. Chang、茶 *C. sinensis*（L.）O. Kuntze、普洱茶 *C. sinensis* var. *assamica*（J. W. Masters）Kitamura、德宏茶 *C. sinensis* var. *dehungensis* H. T. Chang & B. H. Chen、白毛茶 *C. sinensis* var. *pubilimba* H. T. Chang	12 种 6 变种
陈亮（2000）	大厂茶 *C. tachangensis* F. C. Chang、大理茶 *C. taliensis*（W. W. Smith）Melchior、厚轴茶 *C. crassicolumna* H. T. Chang、秃房茶 *C. gymnogyna* H. T. Chang、茶 *C. sinensis*（L.）O. Kuntze、阿萨姆茶 *C. sinensis* var. *assamica*（J. W. Masters）Kitamura、白毛茶 *C. sinensis* var. *pubilimba* H. T. Chang	5 种 2 变种
FOC（2007）（闵天绿）	大厂茶 *C. tachangensis* F. C. Chang、疏齿大厂茶 *C. tachangensis* var. *remotiserrat* H. T. Chang et al.、大苞茶 *C. grandibracteata* H. T. Chang & F. L. Yu、广西茶 *C. kwangsiensis* H. T. Chang、毛萼广西茶 *C. kwangsiensis* var. *kwangnanica* H. T. Chang & B. H. Chen、大理茶 *C. taliensis*（W. W. Smith）Melchior、厚轴茶 *C. crassicolumna* H. T. Chang、光萼厚轴茶 *C. crassicolumna* var. *multiplex* H. T. Chang & Y. J. Tang、秃房茶 *C. gymnogyna* H. T. Chang、突肋茶 *C. costata* H. T. Chang、膜叶茶 *C. leptophylla* S. Ye Liang ex H. T. Chang、防城茶 *C. fengchengensis* S. Ye Liang & Y. C. Zhong、毛叶茶 *C. ptilophylla* H. T. Chang、茶 *C. sinensis*（L.）O. Kuntze、白毛茶 *C. sinensis* var. *pubilimba* H. T. Chang、普洱茶 *C. sinensis* var. *assamica*（J. W. Masters）Kitamura、德宏茶 *C. sinensis* var. *dehungensis* H. T. Chang & B. H. Chen	11 种 6 变种

二、云南茶组植物定名情况的变化

历史上先后在云南地区发现鉴定出的茶树种和变种多达 39 个，1998 年编写的《中国植物志》第 49 卷第 3 册记载云南有 26 个种和变种，2007 年编写的《中国植物志》英文修订版第 12 卷记载云南有 13 个种和变种。

基于近 10 年来对云南茶树种质资源的实地调查、标本采集和鉴定，依据 2007 年出版的《中国植物志》英文修订版第 12 卷茶组植物的分类系统，对云南地区茶树物种进行了梳理，主要有大理茶（*C. taliensis*）、大苞茶（*C. grandibracteata*）、大厂茶（*C. tachangensis*）、疏齿大厂茶（*C. tachangensis* var. *remotiserrata*）、广西茶（*C. kwangsiensis*）、毛萼广西茶（*C. kwangsiensis* var. *kwangnanica*）、厚轴茶（*C. crassicolumna*）、光萼厚轴茶（*C. crassicolumna* var. *multiplex*）、秃房茶（*C. gymnogyna*）、茶（*C. sinensis*）、普洱茶（*C. sinensis* var. *assamica*）、白毛茶（*C. sinensis* var. *pubilimba*）和德宏茶（*C. sinensis* var. *dehungensis*）等共 7 种、6 变种，主要形态特征见表 1-2。

表 1-2　云南茶组植物种和变种的主要形态特性

序号	种和变种	主要形态鉴定特征
1	大理茶 *C. taliensis*	乔木、小乔木，顶芽、叶片无茸毛，萼片较大、5 片、外侧无茸毛，花冠大，花瓣 9～12 枚、无茸毛、质地厚，子房 5 室、密被茸毛，花柱先端 4～5 裂、无茸毛，果实四方形、梅花形，果皮较厚
2	大苞茶 *C. grandibracteata*	乔木、小乔木，顶芽有茸毛，萼片较大、5 片、外侧无茸毛，花冠较大，花瓣 8～9 枚、无茸毛、质地中，子房 3～5 室、疏被茸毛、稀无茸毛或茸毛较密，花柱先端 3～5 裂、无茸毛，果实三角形、四方形，果皮较薄

（续）

序号	种和变种	主要形态鉴定特征
3	大厂茶 *C. tachangensis*	乔木、小乔木，顶芽、叶片无茸毛，萼片较大、5片、外侧无茸毛，花冠较大，花瓣10～13枚、无茸毛、质地厚，子房4～5室、秃净无茸毛，花柱先端4～5裂、无茸毛，果实扁球形、球形，果皮较薄
4	疏齿大厂茶 *C. tachangensis* var. *remotiserrata*	顶芽有茸毛，叶片无茸毛，叶齿稀、浅、钝，萼片较大、5片、外侧无茸毛，花冠较大，花瓣9～12枚、无茸毛、质地中，子房3～5室、无茸毛，花柱先端3～5裂、无茸毛，果实扁球形、球形，果皮较薄
5	厚轴茶 *C. crassicolumna*	乔木、小乔木，顶芽、叶片有茸毛，萼片5片、外侧被茸毛，花冠大，花瓣9～12枚、外侧被茸毛、质地厚，子房5室、密被茸毛，花柱先端5裂、有茸毛，果实球形，果皮厚，中轴粗大
6	光萼厚轴茶 *C. crassicolumna* var. *multiplex*	顶芽无茸毛，萼片5片、外侧无茸毛，花冠大，花瓣9～12枚、外侧被茸毛、质地厚，子房5室、密被茸毛，花柱先端5裂、无茸毛，果实球形、扁球形，果皮厚，中轴粗大
7	广西茶 *C. kwangsiensis*	小乔木、灌木，顶芽有茸毛，萼片5片、外侧无茸毛，花冠大，花瓣10～12枚、外侧无茸毛，子房5室、无茸毛，花柱先端5裂、无茸毛，果实圆球形，果皮较厚
8	毛萼广西茶 *C. kwangsiensis* var. *kwangnanica*	顶芽有茸毛，萼片5片、外侧被茸毛，花冠大，花瓣9～11枚、外侧被茸毛，子房5室、无茸毛，花柱先端5裂、无茸毛，果实圆球形，果皮较厚
9	秃房茶 *C. gymnogyna*	小乔木、灌木，顶芽有茸毛，叶片无茸毛，萼片较小、5片、外侧无茸毛，花冠较小，花瓣6～7枚、无茸毛，子房3室、无茸毛，花柱先端3裂、无茸毛，果实三角形，果皮薄
10	茶 *C. sinensis*	灌木，顶芽有茸毛，叶片小、无茸毛，萼片小、5片、外侧无茸毛，花冠小，花瓣6～7枚、无茸毛、质地薄，子房3室、有茸毛，花柱先端3裂、无茸毛，果实三角形，果皮薄
11	普洱茶 *C. sinensis* var. *assamica*	小乔木，顶芽有茸毛，叶片宽大、有茸毛，萼片较小、5片、外侧无茸毛，花冠中等，花瓣6～7枚、无茸毛，子房3室、有茸毛，花柱先端3裂、无茸毛，果实三角形，果皮薄
12	白毛茶 *C. sinensis* var. *pubilimba*	小乔木、灌木，顶芽、叶片有茸毛，萼片小、5片、外侧有茸毛，花冠小，花瓣6～7枚、无茸毛，子房3室、有茸毛，花柱先端3裂、有茸毛，果实三角形，果皮薄
13	德宏茶 *C. sinensis* var. *dehungensis*	小乔木，顶芽有茸毛，叶片宽大、有茸毛，萼片较小、5片、外侧无茸毛，花冠中等，花瓣6～7枚、无茸毛，子房3室、无茸毛，花柱先端3裂、无茸毛，果实三角形，果皮薄

第三节

云南茶树种质资源的地理分布

自 2010 年起，对云南省 12 个州（市）的茶树种质资源进行了全面普查，整合实地调查和标本记载的云南 58 个县（市、区）茶树种质资源分布点的地理信息数据，绘制得出 474 个不同分布地点的茶树种质资源物种分布图。云南茶树种质资源主要分布于滇西、滇南和滇东南，位于东经 97°42′—105°30′、北纬 21°47′—25°14′，另在滇东北昭通市的局部县也有少量分布。根据云南自然地理差异和茶树种质资源分布状况，可将云南茶树种质资源的地理分布大致划分为滇西、滇南和滇东南 3 个大的分布区。

一、滇西茶树资源分布区

滇西茶树资源分布区，主要指大理白族自治州、保山市、德宏傣族景颇族自治州和临沧市等地区，该区位于横断山系纵谷区，地势为山川并列的高山峡谷，海拔高差大，生境比较复杂，属亚热带、南亚热带气候类型。主要分布有大理茶、普洱茶、大苞茶、小叶茶和德宏茶等 3 种、2 变种。其中大理茶分布点较多，为 102 个，约占该区茶组植物资源分布点总数的 58.3%，约占该物种全省分布点总数的 75.0%。该区可能是云南省大理茶现有分布中心。

二、滇南茶树资源分布区

滇南茶树资源分布区，主要指西双版纳傣族自治州和普洱市，该区位于北回归线以南、澜沧江中下游，地势较平缓、开阔，纬度和海拔较低，属南亚热带、热带气候类型，热量资源比较丰富。主要分布有普洱茶、大理茶、小叶茶、白毛茶和德宏茶等 2 种、3 变种。其中普洱茶分布点较多，为 128 个，约占该区茶组植物资源分布点总数的 80.5%，约占该物种全省分布点总数的 59.3%。该区可能是云南省普洱茶现有分布中心。

三、滇东南茶树资源分布区

滇东南茶树资源分布区，主要指红河哈尼族彝族自治州、文山壮族苗族自治州和曲靖市，该区位于滇东南高原区，地势为波状起伏的高原和丘陵，地质历史比较古老，属亚热带、暖温带气候类型。主要分布有厚轴茶、光萼厚轴茶、大厂茶、广西茶、毛萼广西茶、秃房茶、小叶茶、普洱茶和白毛茶等 5 种、4 变种。其中厚轴茶分布点较多，为 41 个，约占该区茶组植物资源分布点总数的 44.6%，占该物种全省分布点总数的 83.7%。该区可能是云南省厚轴茶现有分布中心。

第四节

云南茶树种质资源的生态分布

云南茶树种质资源分布范围广泛，地貌形态差异大，生境类型复杂多样。通过野外调查，发现大茶树资源分布于南亚热带山地季风常绿阔叶林、亚热带山地常绿阔叶林、热带山地季雨林、高山旱地、荒山荒坡及房前屋后等不同的生态环境中。按照大茶树种质资源生长地植被退化程度可大致分为原生林型、次生林型和高山旱地型（耕地）3种主要生境类型。

一、原生林型

原生林型，主要分布于苍山、高黎贡山、无量山和哀牢山等山系，以及大雪山、大围山、老君山和金平分水岭等自然保护区。此类型森林植被完整，土壤湿润，温度低，海拔高度1 900～2 700m。该生境内的大茶树多为大理茶和厚轴茶等野生种，野生茶树自然更新能力强，已形成了稳定的野生茶树居群。如勐海县巴达大黑山野生茶树居群、镇沅彝族哈尼族拉祜族自治县千家寨野生茶树居群、双江拉祜族佤族布朗族傣族自治县勐库大雪山野生茶树居群、屏边苗族自治县大围山野生茶树居群、保山市高黎贡山野生茶树居群、南涧彝族自治县无量山野生茶树居群、镇沅彝族哈尼族拉祜族自治县哀牢山野生茶树居群、耿马傣族佤族自治县大青山野生茶树居群、金平苗族瑶族傣族自治县分水岭野生茶树居群、广南县九龙山野生茶树居群等。

二、次生林型

次生林型，主要分布于滇南地区的林缘和农用林地，此类型森林植被稀疏，林内光照增强，海拔高度1 500～1 700m。受人为活动影响，森林上层为高大乔木，中层茶树植物占优势，下层草本植物丰富，形成茶叶产品和木材、薪炭材等林副产品的农林生态系统。该生境内的茶树多为栽培种普洱茶、小叶茶、德宏茶等。如勐腊县易武古茶山、倚邦古茶山，景洪市攸乐古茶山、勐龙古茶山，勐海县贺开古茶山、勐宋古茶山、班章古茶山、南糯山古茶山、帕沙古茶山，澜沧拉祜族自治县景迈古茶山等。

三、高山旱地型

高山旱地型，该生境类型分布广而零散，遍布所有调查区，海拔高度1 300～1 600m，此类型森林植被退化，土壤贫瘠、干旱，光照强烈。该生境内的大茶树种类较多，既有半驯化的野生种，又有栽培种。大茶树散生于高山旱地，与玉米、麦类及豆类等多种作物混作，形成茶树与农作物混合生长或经营的植物群落。如云县白莺山古茶园，永平县狮子窝大茶树居群，昌宁县黄家寨古茶园、联席古茶园、羊圈坡古茶园，双江拉祜族佤族布朗族傣族自治县冰岛古茶园，宁洱哈尼族彝族自治县困鹿山古茶园等。

另外，有少量大茶树散生于村旁、路旁、荒山荒坡、房前屋后的庭园及寺庙周围，其生境较孤立。如大理感通茶、永平金光寺大茶树、昌宁田园石佛山大茶树、楚雄西舍路大茶树、新平梭山田主坟古茶树等。

第五节

云南大茶树资源的生长状况

与20世纪80年代相比，本阶段普查新增大茶树、野生茶树资源分布点63个，但各地大茶树资源及其生长环境均受到不同程度的破坏，部分珍稀大茶树植株逐渐衰退和死亡，大茶树资源数量正在减少。

一、大茶树生长特征

对云南省3 150株大茶树生长状况的统计如表1-3所示。大茶树平均树高7.0m，变幅为1.2～32.1m，最高的为勐海县西定哈尼族布朗族乡巴达大茶树1号（编号MH202）。大茶树平均基部干围1.4m，变幅为0.1～5.8m，最大的为凤庆县香竹箐大茶树1号（编号FQ037）。大茶树平均树幅直径4.6m，变幅为1.1～13.9m，最大的为昌宁县漭水镇沿江村茶山河大茶树16号（CN051）。大茶树树高、树幅直径、基部干围的变异系数分别为42.1%、40.8%和39.6%，均大于40%，各项生长指标均存在较大差异。

表1-3　云南大茶树生长特征

树体形态	最大值	最小值	平均值	标准差	变异系数（%）
树高（m）	32.1	1.2	7.0	2.9	42.1
树幅直径（m）	13.9	1.1	4.6	1.9	40.8
基部干围（m）	5.8	0.1	1.4	0.6	39.6

二、大茶树生长势

对云南省10个州（市）共3 150株大茶树生长势的调查表明，大茶树树冠完整、枝繁叶茂、主干完好、树势生长旺盛的有1 524株，占调查总数的48.4%；树枝无自然枯损、枯梢，生长势一般的有1 396株，占调查总数的44.3%；树枝自然枯梢，树体残缺、腐损，树干有空洞，生长势较差的有164株，占调查总数的5.2%；主梢及整体大部枯死、空干、根腐，生长势处于濒死状态的有66株，占调查总数的2.1%，见表1-4。据不完全统计，全省已死亡的大茶树有126株。

表1-4　云南大茶树生长势

调查地点（州、市）	调查数量（株）	生长势等级			
		旺盛	一般	较差	濒死
普洱	505	250	217	27	11
临沧	557	293	233	23	8

（续）

调查地点（州、市）	调查数量（株）	生长势等级			
		旺盛	一般	较差	濒死
西双版纳	310	128	153	21	8
保山	318	162	137	13	6
文山	231	123	89	15	4
德宏	220	92	102	17	9
红河	220	107	94	13	6
大理	275	118	135	17	5
玉溪	284	127	142	11	4
楚雄	230	124	94	7	5
总计	3 150	1 524	1 396	164	66
所占比例（%）	100.00	48.4	44.3	5.2	2.1

第六节

云南大茶树资源储量

云南大茶树资源分布区域广、资源储量大。2019 年云南省林业和草原局、省自然资源厅和省农业农村厅的调查结果显示，目前云南省分布比较集中、树龄在百年以上的大茶树资源总面积约 67.6 万亩*，其中野生大茶树资源面积约 48.4 万亩，占 71.6%；栽培大古茶树资源面积约 19.2 万亩，占 28.4%。此外，散生分布的单株古茶树约 10.2 万株。

从大茶树的分布范围看，分布在自然保护区范围内的古茶树资源面积约 36.0 万亩，占总面积的 53.3%；分布在国家级、省级公益林内的大茶树资源面积约 19.8 万亩，占总面积的 29.2%；其他范围内的大茶树资源面积约 11.8 万亩，占总面积的 17.5%。从大茶树的所有权看，属于国家所有的面积约 41.8 万亩，占总面积的 61.8%；属于集体所有的面积约 7.7 万亩，占总面积的 11.4%；属于个人所有的面积约 18.1 万亩，占总面积的 26.8%。

* 亩为非法定计量单位，1 亩=1/15hm^2。——编者注

第二章 云南茶树种质资源调查、搜集与保存

茶树种质资源作为我国重要的农业植物资源，不仅是茶树优异种质创新和新品种选育的重要物质基础和源头，更是推进生态文明建设、实现茶叶产业可持续发展的战略性资源。茶树种质资源调查是对珍稀、濒危茶树资源进行抢救性保护和发掘利用的重要举措，茶树种质资源搜集和保存是丰富茶树种质资源基因库的重要途径。

第一节

茶树种质资源的调查

云南的茶树种质资源多为大茶树、古茶树，茶树种质资源调查涉及农作物的形态特征、林木的群落结构以及古树的生长特性等多方面，调查工作的难度和成本高于其他农作物。

一、调查的目的和意义

茶树为山茶属植物，是我国一种重要的木本经济作物。茶树及其野生近缘植物是研究茶树原产地和起源中心的重要依据之一，是进行茶树品种改良、研制茶叶新产品的重要遗传资源。云南的茶树种质资源十分丰富，具有从野生原始种类到栽培进化种类的一系列演化群以及多种生态地理分布类型，具有经济、文化和生态等多重价值。通过开展云南茶树种质资源普查、收集和保存研究，收集一批特异、特优和珍稀茶树种质资源，发掘优异基因，丰富茶树遗传多样性，改良茶树品种，支撑云南茶产业发展。这对于全面认识云南茶树种质资源、有效保护茶树种质资源多样性、促进云南经济和社会发展，以及改变生态环境都具有十分重要的意义。

二、调查前的准备工作

（一）组建调查队伍

组建专业调查队伍，包括科学家、调查与测量人员、记录人员、拍摄人员、标本和样品采集人员、向导等科学专业人员和生产技术人员，并按照调查内容分组，明确责任和任务。

（二）文献资料收集

收集有关调查地的生物志、地方志、影音资料、馆藏标本、文学作品、网络信息等，了解当地的自然地理、社会经济。查阅、收集已往茶树资源调查历史资料，掌握茶树资源分布区域，确定调查时间、地点和路线。

（三）调查技术培训

根据茶树种质资源调查内容，编制工作方案或计划，制作调查表格，组织集中培训，统一调查方法和技术标准。对调查数据填写、标本采集、图片拍摄、样品保存、设备使用及野外调查注意事项等进行讲解和培训。

（四）准备调查工具

野外调查用具包括测量工具、标本采集工具、种质收集工具、摄影器材、文具和服饰用品等。测量工具包括：用于测量考察点的经纬度、海拔高度的GPS定位仪，用于测量大茶树树高、树幅、树基围和树干径的围尺，用于测量茶树芽叶长度、叶片长宽的直尺，用于测量果实和种子直径的游标卡尺。标本采集工具包括：用于压制腊叶标本的标本夹、吸水纸、绳子等；用于收集茶树种子和枝条的枝剪、种子袋、塑料袋等；用于制作茶叶生化分析样的微波炉、电子秤等。摄影器材包括：单反相机、数码相机和便携式摄像机等。文具和服饰用品包括：不同型号标签、铅笔、碳水笔、记录表，以及雨衣、雨裤、防滑鞋、防蚊和应急药品等。

（五）确定调查范围和时间

根据现有资料，初步判定大茶树资源现有分布地点，确定调查区域。行政区划主要涉及滇西、滇南和滇东南的大理白族自治州、楚雄彝族自治州、保山市、德宏傣族景颇族自治州、临沧市、普洱市、西双版纳傣族自治州、红河哈尼族彝族自治州和文山壮族苗族自治州。地理区位包括怒江流域、澜沧江流域、元江流域，以及高黎贡山、无量山和哀牢山等山系。野外综合调查时间一般为10月中旬至12月中旬（茶树花期和果期），茶叶生化成分测定样品采集时间一般为3月中旬至4月下旬（芽叶发育期）。

三、调查方法和内容

（一）地理信息调查

采用野外调查、专家咨询、资料检索等相结合的方法，调查茶树种质资源分布区地貌类型、土壤类型、植被类型及气象要素。地貌类型指大茶树生长区域的地形特征，如低山、丘陵、高山峡谷、河谷、熔岩等。土壤类型指大茶树生长地的土壤种类，如红壤、黄壤、棕壤、灰化土等。植被类型分为南亚热带山地季风常绿阔叶林、亚热带山地常绿阔叶林、热带山地季雨林等。气象要素包括年平均温度、年降水量、年活动积温等。

（二）植株形态特征调查

实地调查大茶树植物学特征特性，记录大茶树考察编号、种质名称、惯用名、植物学名、资源类别等基本信息；参照《农作物种质资源技术规范》和《茶树种质资源描述规范》(NY/T 2943—2016）详细观测大茶树树体、叶片、芽梢、花果、种子等形态特征，填写茶树种质资源调查记录表（附表1）。

（三）茶树居群调查

根据大茶树种质资源分布情况，在不同高度、不同坡向选择地块，设置样地1 600m^2（40m×40m)，调查大茶树居群分布地点、四至界限、海拔高度、坡度、坡向、土壤、植被、居群面积、植株数量、保护管理现状等内容，填写大茶树居群调查表（附表2、附表3）。

（四）标本采集和制作

野外调查时尽可能采集带有芽叶且花果齐全的茶树枝条。对采集的每份标本及时进行编号、挂标签，并登记茶树标本采集记录表（附表4)，还要记录采集的时间、地点、采集人等基本情况。

将采集的茶树标本进行修整，去残叶，修剪掉过密枝条，每份标本保留2～3朵完整花和2～3个果。在标本夹上铺上吸水纸，将夹着茶树标本的对折吸水纸平整放于上面，检查和矫正标本花、叶位置，把部分叶翻面，盖上吸水纸，再放另外标本，层层加上，放整齐，最后压上夹板，用绳子捆紧，放置于通风处，上面可压一重物，次日换干纸。压制过程中，用纸袋收集掉落的材料，注明标本号，以便上台纸时附上。

将已压干的茶树标本，经消毒处理后，贴在台纸上，不易贴结实的标本可用线将其缝在台纸上。将脱落的叶、花、果实等装于牛皮纸袋内，贴在标本台纸的左下角。把野外记录表贴在左上角，注明标本的学名、科名、采集人、采集地点、采集日期等。已鉴定的标本，要填写茶树标本鉴定标签表（附表5），并贴在台纸的右下角。

（五）图像采集和保存

采集大茶树植株和生境照片，每棵茶树应拍摄生境（远景）、单一完整植株（全景）和重要分类特点（特写）3种彩色照片，重点拍摄茶树花、果、芽、叶等标本压制后容易变色、变形的部分。野外拍摄应在逆光或侧光下，避免直射，照相机像素应不低于4 000万。拍摄后及时规范整理，按植株考察编号和标本采集号对照片命名，一一对应，建立文件夹保存。

（六）样品采集和制作

及时掌握茶树发芽动态，一般为3—4月，各地因地制宜。在一芽三叶未成熟的正常新梢上采一芽二叶，每个样品采集200～250g鲜样，采集后的鲜样用自封袋包装，做好标记，及时放于4℃左右的保鲜箱中保存。采摘的茶树新梢样品应及时微波固样，可放入家用微波炉内用中火处理4min，取出摊开晾凉10min，再次放入微波炉直至烘干为止。茶叶品质测定如附表6～11所示。

（七）传统文化知识收集

走访当地村寨、访谈村民，记录大茶树相关历史与传说，收集当地民族驯化、认知、保护、管理及利用大茶树资源的传统文化知识。通过设计一些开放性问题，走访当地干部、村民、生产技术人员、守林员和放牧者等，进行口头或书面的调查记录，调查当地民族保护、利用大茶树遗传资源相关的民族习惯法、乡规民约、传统管理经验、传统加工技术及饮茶习俗，挖掘少数民族“以叶识茶、以芽识茶”，以及“斗茶”“赶茶会”等的知识和含义。

四、内业整理与总结

（一）标本鉴定与保存

查阅《中国植物志》《云南植物志》、中国数字植物标本馆网站（http：//www. cvh. org. cn）、中国科学院昆明植物研究所标本馆（KUN）和云南省农业科学院茶叶研究所标本室（YNTI）等所保存的标本记录，对采集的茶树标本进行鉴定，将未能确定的标本送植物学专家鉴定。将鉴定后的茶树标本妥善存放于标本室或送至植物标本馆保存。

（二）材料入圃与样品检测

及时清点样本，分类保存，拴好标签，需要检测的样品应及时送检，以免时间过长后样品变质。对采集的枝条、幼苗、种子等活体材料应及时处理、检测，并繁殖入圃保存。

（三）数据录入与照片整理

采用Excel或Access软件，完成调查材料目录清单、植株性状调查表、记录表及问卷调查表等原始数据录入。筛选整理照片、摄像和笔录资料，与文字材料一一对应保存。

（四）编制调查报告

撰写调查报告，包括调查区域社会经济、自然概况、调查工作情况、资源特征与分布、资源评价、保护管理和开发利用现状、资源利用策略与措施、调查成果与展望等。

第二节

茶树种质资源的搜集

有目的地搜集茶树种质资源，是茶树资源研究工作的内容之一。茶树种质资源的搜集具有广泛性和长期性，是一项经常性的工作。在对云南地区茶树种质资源充分调查的基础上，全面、完整地搜集地方茶树品种和野生茶树资源，为培育茶树新品种提供物质基础。

一、茶树种质资源搜集的原则

（一）全面性

云南地区的茶树种质资源总体数量多、分布区域广、品种类型繁多，考察过程中应仔细观察，全面收集茶树植株材料。如一些利用较少、价值尚不明确的野生茶树可能是珍贵的茶树种质资源，搜集时不可遗漏。

（二）完整性

云南地区的大茶树资源树体高大，不能采集完整植株，作为标本采集的枝条要求带花和果实，作为扦插繁殖材料则应采集半木质化带芽叶枝条，采集的种子应是正常发育且充分成熟的。

（三）代表性

云南茶树种质资源遗传变异宽泛，应根据茶树品种来源地不同、形态特征的典型性、品质特征的代表性，以及开发利用优势等综合因子收集种质资源，所采集的茶树标本和繁殖材料应来自茶树群体植株，能代表该种质资源的特性特征，能充分表现该种质资源的遗传变异度。

二、茶树种质资源搜集的对象

（一）地方茶树品种

目前各地栽培的古老地方茶树品种（农家品种），多以大茶树的形式生长于古茶山。重点收集特异、特优、特有和濒临灭绝的地方茶树品种资源，如勐海大叶茶、勐库大叶茶、宜良宝洪茶等。

（二）野生茶树资源

自然界中自然生长着未被人类驯化或开发利用的野生茶树资源。重点收集栽培茶树的野生近缘植物，如大理茶、厚轴茶、大厂茶、广西茶等。

（三）遗传材料

特殊的种质资源，如自然突变体植株、远缘杂交、人工创造等的中间材料类型等。如红花大茶树，茶树雄性不育株，茶树雌蕊缺失株，茶树芽叶紫化、白化和黄化植株等。

三、茶树种质资源搜集的方法

（一）考察收集

即针对云南茶树种质资源重点区域及特定品种类型进行实地考察搜集的方法，多用于收集野生茶树、大茶树、原始栽培茶树类型和地方茶树品种等。这是目前收集和积累茶树种质资源最主要的方式。

（二）资源征集

即通过公函、通信方式等向异地有偿或无偿索求所需茶树种质资源搜集的方法，多用于收集新近育成的茶树新品种或新类型材料。这是获取茶树种质资源花费少、见效快的途径。

第三节

茶树种质资源的保存

目前，云南茶树种质资源的保存主要采用原生境保护和异地保存两种方式。

一、茶树种质资源的原生境保护

原生境保护指将茶树种质资源在原生地进行保护。通过保护茶树种质资源所处的生态环境来达到保护茶树种质资源的目的。在野生茶树资源集中分布的区域建立自然保护区并严格保护，如分布于高黎贡山、无量山、哀牢山等山系的野生茶树可纳入国家和省级自然保护区。对茶树种质资源面积小、分散，但种类丰富，具有珍稀和优良植株的地方可建立多个适合的保护点和保护小区。以栽培利用和生产为主的大茶树可申报农业文化遗产实施农家就地保护，保持大茶树资源的遗传基础和生物多样性。

二、茶树种质资源的异地保存

异地保存指将茶树种质资源进行异地栽培保存。通过采集茶树种子、枝条、幼苗等，迁移茶树种质材料进行集中异地种植，达到保护茶树种质资源的目的。目前茶树异地保存最有效、安全的形式是茶树种质圃（园）保存。如，1990 年在浙江省杭州市和云南省勐海县建成“国家种质杭州茶树圃”和“国家种质勐海茶树分圃”；2021 年云南省人民政府做出规划，分别在普洱市、临沧市、西双版纳傣族自治州和文山壮族苗族自治州各建立 1 个省级茶树资源圃。

第三章 云南茶树种质资源鉴定与评价

在广泛调查、收集和保存云南茶树种质资源的基础上，云南省农业科学院茶叶研究所依托国家种质勐海茶树圃为基地，持续开展茶树种质资源的鉴定与评价工作。先后参加了国家“七五”“八五”“九五”“十五”等国家科技攻关计划，在国家基础性工作项目、国家自然科技资源共享平台建设、农业农村部资源保护项目支持下，采用近 100 项评定指标，从农艺性状、加工品质、生化成分、抗逆性及抗病虫性等方面出发，完成了 830 份茶树种质资源的表型、基因型鉴定，筛选获得一批优异茶树种质资源，做到资源与信息共享，为我国茶树育种做出了应有的贡献。

第一节

茶树植物形态学特征

植物形态变异在一定程度上反映了遗传变异的大小和适应环境变化的能力。云南地区茶树种质资源物种丰富，品种繁多，分布广泛，地理环境差异大，茶树植物学形态变异范围极其宽泛。

一、树体形态特征

茶树为山茶科山茶属常绿木本植物。云南茶树种质资源生态类型多样，茶树树型有乔木型、小乔木型和灌木型 3 种，树姿有直立、半开张和开张 3 种。野生茶树在自然生长状态下，树体高大直立，分枝少，多为乔木型。栽培茶树多为小乔木型，经人为采摘和管理，分枝较多，树姿多为开张或半开张。

对云南 2 570 株大茶树树体形态特征的统计显示，云南茶树种质资源树型以小乔木型（50.3%）和乔木型为主（43.9%），少有灌木型茶树（5.8%）。树姿以直立（41.9%）和半开张（34.0%）居多。树型和树姿的 Shannon - Wiener 多样性指数（H'）分别为 0.9 和 1.1，如表 3 - 1 所示。

表 3 - 1　云南大茶树树体形态多样性

性状	频率分布					多样性指数（H'）
	1	2	3	4	5	
树型	0.438 9	0.503 2	0.058 0	0.000 0	0.000 0	0.9
树姿	0.419 1	0.340 1	0.240 8	0.000 0	0.000 0	1.1

注：树型：1. 乔木，2. 小乔木，3. 灌木；树姿：1. 直立，2. 半开张，3. 开张。

二、芽叶形态特征

茶树单叶互生，叶片以椭圆形为主，叶边缘呈锯齿状。茶树芽叶性状容易受养分和光照等环境因素的影响，遗传变异广泛。芽叶色泽是茶树芽叶外观的遗传性状，是识别茶树品种的主要性状之一。云南地区茶树新梢芽叶颜色共有玉白色、黄色、黄绿色、绿色、淡绿色、紫绿色、红色、紫红色和紫色 9 种，如图 3 - 1 所示；芽叶茸毛从无到有、从少到多呈连续性变化，可分为无、少、中、多和特多 5 种。

茶树叶片形态特征遗传变异较大。叶片的大小类型共有小叶、中叶、大叶和特大叶 4 种类型，叶片颜色主要有黄绿色、浅绿色、绿色、深绿色和紫绿色 5 种，叶片形状有近圆形、卵形、椭圆形、长椭圆形和披针形 5 种，叶身有平、内折、稍内折和背卷 4 种，叶面有平、微隆起和隆起 3 种，叶缘有平、微波和波 3 种，叶齿有锯齿形、重锯齿形和疏齿型 3 种，叶基有近圆形、楔形和阔楔形 3 种，叶尖有急尖、渐尖、钝尖和圆尖 4 种，叶柄有浅绿色、绿色、花青苷显色 3 种，如图 3 - 2 所示。

图 3-1　茶树芽叶形态

图 3-2　茶树叶片形态

云南地区的茶树种质资源的芽叶色泽以黄绿色（32.5%）和淡绿色（29.8%）为主，芽叶茸毛以无茸毛（34.1%）和多茸毛（39.6%）为主，叶形以椭圆形（34.5%）和长椭圆形（43.6%）为主，叶片大小以大叶（47.4%）和特大叶（25.1%）为主，叶色以绿色（39.0%）和深绿色（43.0%）为主。芽叶色泽、芽叶茸毛、叶形、叶片大小和叶色 5 个描述型性状的遗传多样性指数（H'）分别为 1.5、1.3、1.2、1.2 和 1.2，均大于 1，具有丰富的遗传多样性，见表 3－2。

表 3－2　云南茶树种质资源芽叶形态多样性

性状	频率分布					多样性指数（H'）
	1	2	3	4	5	
芽叶色泽	0.066 2	0.325 2	0.298 4	0.175 2	0.135 0	1.5
芽叶茸毛	0.341 1	0.093 6	0.124 6	0.395 5	0.045 2	1.3
叶形	0.021 2	0.051 7	0.344 6	0.436 3	0.146 2	1.2
叶色	0.057 0	0.122 6	0.389 8	0.430 6	0.000 0	1.2
叶片大小	0.074 5	0.200 6	0.473 6	0.251 3	0.000 0	1.2

注：芽叶色泽：1. 玉白色，2. 黄绿色，3. 淡绿色，4. 绿色，5. 紫绿色；芽叶茸毛：1. 无，2. 少，3. 中，4. 多，5. 特多；叶形：1. 近圆形，2. 卵形，3. 椭圆形，4. 长椭圆形，5. 披针形；叶色：1. 黄绿色，2. 淡绿色，3. 绿色，4. 深绿色；叶片大小：1. 小叶，2. 中叶，3. 大叶，4. 特大叶。

国家种质勐海茶树圃内保存的 830 份茶树核心种质资源的叶长、叶宽、叶面积、一芽三叶长和一芽三叶百芽重等农艺性状的测定结果显示，叶长变幅为 5.9～28.3cm，叶宽变幅为 2.7～9.5cm，叶面积变幅为 13.8～188.5cm^2，一芽三叶长变幅为 4.5～17.3cm，一芽三叶百芽重变幅为 38.3～195.6g。其变异系数分别为 23.1%、20.3%、47.3%、20.2%和 27.3%，均在 20%以上，见表 3－3。这说明云南地区茶树种质资源农艺性状变异范围大，遗传多样性丰富，优异资源筛选潜力大。

表 3－3　云南茶树种质资源叶片形态变异情况

农艺性状	最小值	最大值	平均值	标准差	变异系数（%）
叶长（cm）	5.9	28.3	12.8	3.0	23.1
叶宽（cm）	2.7	9.5	5.2	1.1	20.3
叶面积（cm^2）	13.8	188.5	48.2	22.8	47.3
一芽三叶长（cm）	4.7	17.3	9.3	1.9	20.2
一芽三叶百芽重（g）	38.3	195.6	101.0	27.5	27.3

三、花器形态特征

茶树花单生或丛生，每朵花均由花梗、花托、花萼、花瓣、雄蕊和雌蕊 6 部分组成，属完全花，见图 3－3。花梗通常下弯，花梗前端膨大部位为花托。花被由萼片和花瓣组成，开花后萼片宿成，花瓣脱落。雄蕊由花丝和花药组成，每朵花有 200～300 枝雄蕊，分内外两轮，为多体雄蕊，花丝外形细长，顶端着生花药，外轮花丝基部与花瓣连合。雌蕊由子房、花柱和柱头 3 部分组成，具花盘蜜腺。

茶树通常开白花，偶有开红花。茶树花冠直径和花瓣形状存在较大差异，见图 3－4。花托外缘为花萼，萼片 5～6 片、绿色或紫绿色，萼片先端圆或呈倒卵形，萼片外被茸毛或秃净无茸毛，萼片长 0.3～1.0cm、宽 0.5～1.4cm。每朵花有花瓣 5～14 枚，在花萼与花瓣之间有 3 枚副瓣，副瓣长 1.5～2.8cm、宽 1.7～2.6cm，副瓣比花瓣小，比萼片大，多呈卵圆形中部保持淡绿色，被茸毛或无茸毛。内轮花瓣较大，花瓣长 2.5～5.0cm、宽 2.0～4.0cm，多为纯白色，偶有淡红色或白带红色，

图 3-3　茶树花器形态

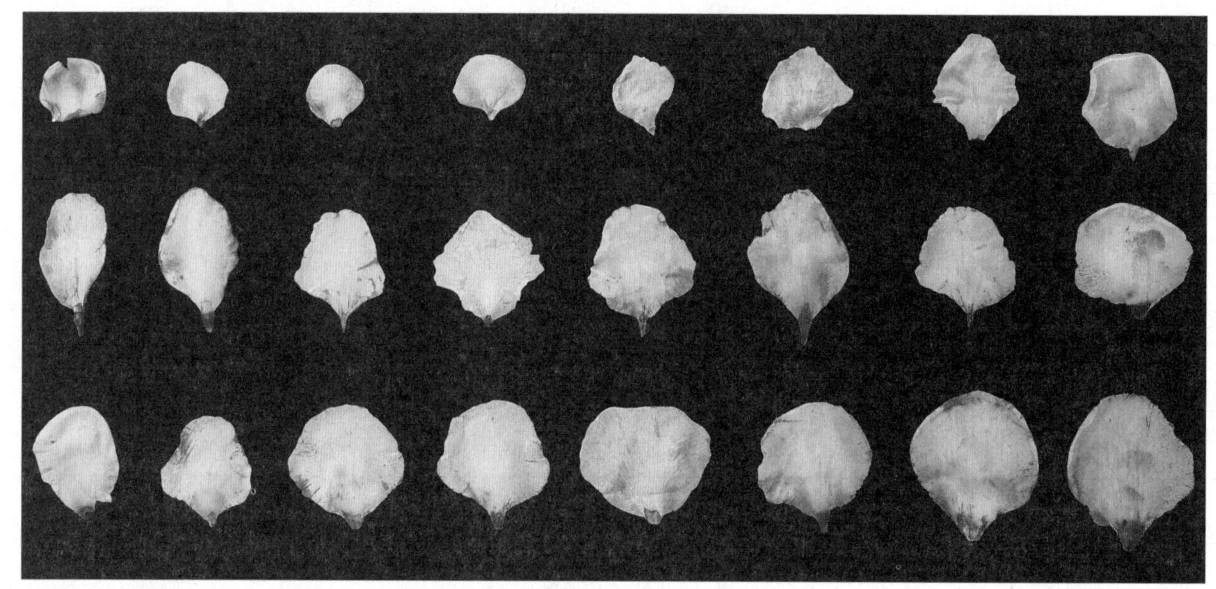

图 3-4　茶树花瓣形态

内轮花瓣呈卵状椭圆形、椭圆形、阔椭圆形、倒卵圆形和扇形等。花瓣质地因种类而不同，有薄、中、厚 3 种。

茶树子房属上位子房，子房仅底部着生于花托上，花萼、花冠和雄蕊群着生于子房周围，且着生位置低于子房。茶树子房有 3 室、4 室、5 室之分，子房形状有近圆球形、扁球形和梅花形 3 种，子房外部有密被茸毛、稀疏少茸毛或秃净无茸毛 3 种类型，子房上端着生花柱，花柱基部合生，中部或上部分裂。花柱先端开裂数有 2 裂、3 裂、4 裂、5 裂和 6 裂不等，裂位有浅、中、深 3 种，花柱外部被茸毛或无茸毛。花柱顶端膨大部分为柱头，柱头外翻，有乳突，分泌黏液，如图 3-5 所示。

茶树子房室数、花柱先端开裂数及子房有无茸毛，是目前作为茶树植物学分类的重要依据。调查发现，茶树花柱先端开裂数与子房有无茸毛存在多种遗传变异情况，如花柱先端 3 裂，子房外部被茸毛；花柱先端 3 裂，子房外部无茸毛；花柱先端 4 裂，子房外部被茸毛；花柱先端 4 裂，子房外部无茸毛；花柱先端 5 裂，子房外部被茸毛；花柱先端 5 裂，子房外部无茸毛。如图 3-5 所示。

对云南地区 830 份茶树核心种质资源的花器官的统计分析结果表明，茶树萼片数、花瓣数、花冠直径和花柱先端开裂数 4 个数量性状的变异系数分别为 4.4%、27.5%、23.5%和 20.6%，如表 3-4 所示。其中花瓣数、花冠直径和花柱先端开裂数的变异系数值大于 20%，遗传变异丰富。萼片数的变异系数值小于 5%，具有较高的遗传稳定性。

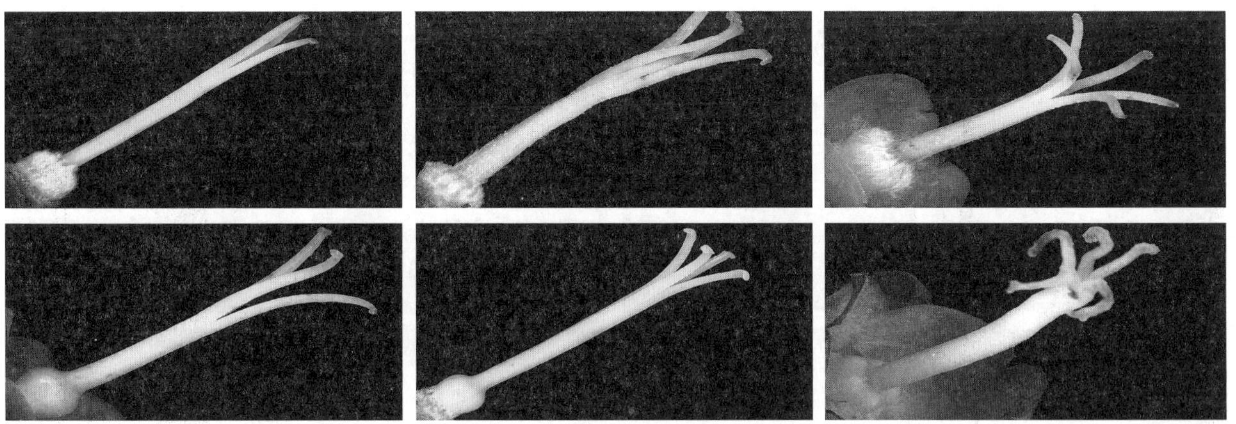

图 3-5　茶树子房、花柱和柱头形态

表 3-4　云南茶树种质资源花器形态变异情况

性状指标	最小值	最大值	平均值	标准差	变异系数（%）
萼片数（片）	5.0	6.0	5.0	0.2	4.4
花瓣数（枚）	4.0	13.0	8.5	2.3	27.5
花冠直径（cm）	2.1	8.8	5.2	1.2	23.5
花柱先端开裂数（裂）	2.0	5.0	4.5	0.9	20.6

萼片茸毛、花瓣质地、花瓣色泽和子房茸毛 4 个描述型性状的遗传多样性指数（H'）分别为 0.6、1.1、0.6 和 0.8，如表 3-5 所示。总体上，茶树花器官的变异性较芽叶变异性小。云南地区野生茶树花朵的萼片和花瓣大而厚实，花瓣数多（8～13 枚），花柱先端开裂数多（4～5 裂），明显区别于栽培茶树（花瓣 5～7 枚，花柱先端 3 裂）。

表 3-5　云南茶树种质资源花器形态多样性

性状	频率分布					多样性指数（H'）
	1	2	3	4	5	
萼片茸毛	0.806 5	0.162 0	0.031 5	0.000 0	0.000 0	0.6
花瓣质地	0.234 8	0.304 3	0.460 9	0.000 0	0.000 0	1.1
花瓣色泽	0.567 2	0.348 2	0.892 0	0.000 0	0.000 0	0.6
子房茸毛	0.725 0	0.179 3	0.095 7	0.000 0	0.000 0	0.8

注：萼片茸毛：1. 无茸毛，2. 有茸毛，3. 边缘睫毛；花瓣质地：1. 薄，2. 中，3. 厚；花瓣色泽：1. 白色，2. 白绿色，3. 淡红色；子房茸毛：1. 秃净无毛，2. 密被茸毛，3. 稀疏少毛。

四、果实形态特征

茶树开花结实是茶树自然繁衍后代的生殖生长过程。茶树果实形态特性对茶树种质资源的分类、品种选育及种苗繁育具有重要意义。茶树花成功受精至果实成熟约需 9 个月，呈现“抱子怀胎”的显著特征，即上年果实成熟时，亦正是当年开花授粉期。

茶树果实为缩萼蒴果，茶果由果皮、种壳、种胚及中轴 4 部分组成。果皮厚薄不等，未成熟时为绿色或紫绿色，成熟后变为棕绿色或绿褐色。茶树果实大小和形状因茶树种类而不同，有 3 室果、4 室果和 5 室果，果径 3～10cm。果实形状有球形、肾形、三角形、四方形、扁球形、柿形、梅花形等，如图 3-6 所示。

图 3-6　茶树果实形态

茶树果实形状还与心皮的发育密切相关，同一茶树品种因心皮发育数不同而呈现出不同的果实形状。1 个心皮发育时，果实呈球形；2 个心皮发育时，果实呈肾形；3 个心皮发育时，果实呈三角形；4 个心皮发育时，果实呈四方形；5 个心皮发育时，果实呈梅花形。因此，同一茶树植株上往往生长出两种甚至多种形状的果实。

茶树果实内有柱状体中轴，中轴因茶树种类的不同有粗有细。云南地区野生茶树大理茶、厚轴茶等多为 4 室果或 5 室果，果皮较厚，中轴粗大，果实呈四方形、梅花形或圆球形，中轴顶端多为四角形、五角形。栽培型茶树多为 3 室果，果皮薄，中轴细，果实呈三角形、肾形、球形，中轴顶端多为三角形，如图 3-6 所示。

五、种子形态特征

茶树属于被子植物，果实成熟开裂后露出种子。茶树种子形状有球形、半球形、钝锥形、似肾形和不规则形等 5 种，1 室 1 粒的种子呈球形或钝锥形，1 室 2 粒的种子呈半球形。茶树种子的种壳有棕色、棕褐色和褐色 3 种色泽。茶树种脐位于种子底部，种脐白色，种脐形状有圆形、半圆形和椭圆形 3 种。野生茶树种壳表皮较粗糙、多呈褐色；栽培茶树种壳表皮较光滑，多呈棕色、棕褐色，如图 3-7 所示。

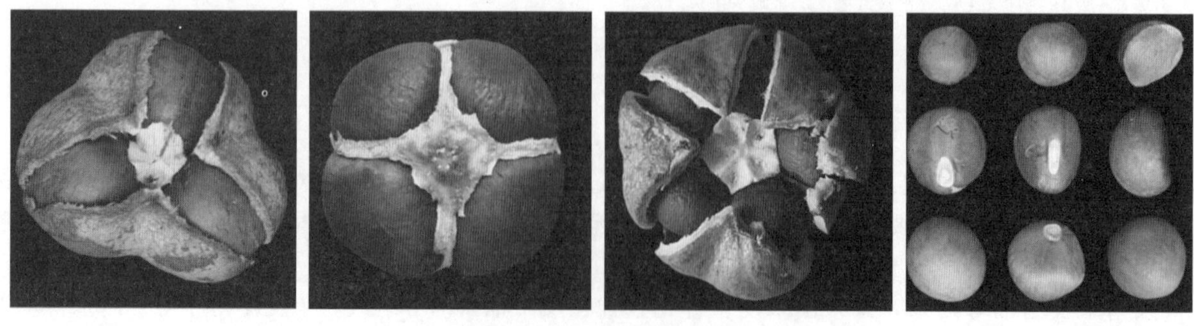

图 3-7　茶树种子形态

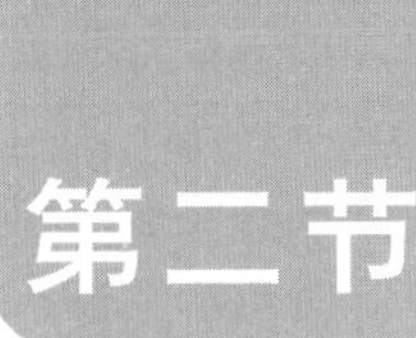

第二节

茶树植物生物学特性

茶树是多年生植物，茶树一生既有总发育周期，又有一年中生长、发育和休止的年周期。准确掌握运用茶树叶芽物候期是指导茶叶生产、实现茶叶稳产高产的重要环节。研究茶树开花结实生物学特性对掌握认识茶树繁衍演化维持机制具有重要的意义。近年来，我们对国家种质勐海茶树圃保存的部分茶树品种资源的新梢叶芽物候、开花物候及果实物候期进行了调查研究，为茶树遗传育种、系统进化研究和茶叶生产提供了科学依据。

一、叶芽物候期

（一）叶芽观察

茶树叶芽发育进程可分为芽体膨大、鳞片展开、鱼叶展开、真叶展开和驻芽形成5个时期，真叶展开又可细分为一芽一叶期、一芽二叶期和一芽三叶期，各发育时期的形态特征如图3-8所示。

1. 芽体膨大期 休眠芽开始萌动，芽体膨大，外具绿色鳞片3～4片，被白色茸毛，呈覆瓦状排列，整个芽体处于鳞片包裹中。

2. 鳞片展开期 芽体伸长、膨松，鳞片依次展开，变黄、脱落，可见鱼叶。

3. 鱼叶展开期 新梢基部鱼叶展开，叶柄宽而扁平，侧脉隐而不显，叶缘全缘或前端锯齿，叶尖圆钝，形似鱼鳞。

4. 真叶展开期 随着芽体生长，新梢进入展叶期，逐渐呈现一芽一叶、一芽二叶和一芽三叶。

5. 驻芽形成期 新梢芽完全成熟后顶芽停止生长，形成细小的芽，即驻芽。

a

b

c

d

e

图3-8 茶树叶芽发育形态

a. 芽体膨大期 b. 鳞片展开期 c. 鱼叶展开期 d. 真叶展开期 e. 驻芽形成期

（二）新梢观察

茶树新梢生长期，指从叶芽展开后，新梢开始生长到停止生长为止。茶树新梢生长期有明显的周期性，在自然生长的情况下1年有2～3次生长和休止，可将茶树新梢生长期大致分为新梢开始生长、新梢停止生长、二次生长开始、二次生长停止和枝条成熟5个时期。当春季气温上升后，茶树越冬芽开始萌动，随着叶芽的发育，叶芽展开后，新梢迅速抽梢，开始生长、增粗，此为新梢开始生长期。当新梢顶端叶芽不再展开，新梢生长缓慢停止，此为新梢停止生长期。新梢经短暂休止后又开始抽梢、展叶，进入二次生长开始期。当新梢顶端出现驻芽，新梢又停止生长，此为二次生长停止期。枝条由下而上开始变色，木质化，进入枝条成熟期。

（三）勐海茶树品种叶芽物候期观察

2006年，对国家种质勐海茶树圃保存的小乔木、大叶类茶树品种资源的叶芽物候期的观察结果表明，云南42份不同茶树品种在勐海县的叶芽物候期存在较大差异。一芽一叶期在2月2日至3月20日，一芽二叶期在2月6日至3月16日，一芽二叶期较一芽一叶期晚3～8d。发芽较早的品种有5份，分别为石头寨大叶茶、红腋绿芽茶、章家茶、腰街大山茶和果兴竜大叶茶，其一芽一叶期均为2月2日，一芽二叶期分别为2月27日、2月23日、2月6日、2月6日和2月6日，见表3-6。

表3-6　云南部分茶树品种的叶芽物候期

种质名称	来源地	树型	繁殖方式	2006年	
				一芽一叶期（月-日）	一芽二叶期（月-日）
曼短拉大叶茶	勐海县勐宋乡	小乔木	有性繁殖	02-27	03-06
丫口大叶茶1号	勐海县南糯山村	小乔木	有性繁殖	02-20	02-27
曼真大叶茶1号	勐海县曼真村	小乔木	有性繁殖	02-20	02-27
丫口大叶茶2号	勐海县南糯山村	小乔木	有性繁殖	02-20	02-27
贺开大叶茶1号	勐海县贺开村	小乔木	有性繁殖	02-27	03-02
曼裴大叶茶	勐海县曼裴	小乔木	有性繁殖	03-20	03-09
大寨大黑茶	澜沧拉祜族自治县富邦乡	小乔木	有性繁殖	02-27	03-06
黄家寨大茶树	昌宁县黄家寨	小乔木	有性繁殖	02-20	02-23
巴达二号	勐海县巴达	小乔木	有性繁殖	02-27	03-06
勐宋秃房茶	勐海县勐宋乡	小乔木	有性繁殖	02-23	03-02
土锅山秃房茶	昌宁县联福村	小乔木	有性繁殖	03-02	03-06
菖蒲塘大叶茶	云县菖蒲塘村	小乔木	有性繁殖	03-06	03-13
石头寨大叶茶	勐海县南糯山村	小乔木	有性繁殖	02-02	02-27
红腋绿芽茶	勐海县勐岗	小乔木	有性繁殖	02-02	02-23
赛罕大叶茶	澜沧拉祜族自治县富邦乡	小乔木	有性繁殖	03-02	03-06
马台大叶茶	临沧市邦东乡	小乔木	有性繁殖	03-09	03-13
丫口大叶茶3号	勐海县南糯山村	小乔木	有性繁殖	02-20	02-27
德思里茶	凤庆县德思里	小乔木	有性繁殖	02-20	02-27
半山大叶茶	临沧市富邦东乡	小乔木	有性繁殖	02-27	03-02
倚帮柳叶茶	勐腊县象明乡	小乔木	有性繁殖	02-27	03-02
曼真大叶茶2号	勐海县曼真村	小乔木	有性繁殖	02-16	02-23
贺开大叶茶2号	勐海县贺开村	小乔木	有性繁殖	02-20	02-27

（续）

种质名称	来源地	树型	繁殖方式	2006年	
				一芽一叶期（月-日）	一芽二叶期（月-日）
多依林大叶茶	澜沧拉祜族自治县富邦乡	小乔木	有性繁殖	02-27	03-02
曼贺大红芽茶	勐海县曼贺村区	小乔木	有性繁殖	02-23	03-02
联福大叶茶	昌宁县联福村	小乔木	有性繁殖	02-27	03-02
津秀野茶	凤庆县马街村	小乔木	有性繁殖	02-27	03-06
章家茶	勐海县布朗山	小乔木	有性繁殖	02-02	02-06
勐宋大叶茶	勐海县勐宋乡	小乔木	有性繁殖	02-13	02-20
纳卡大叶茶	勐宋乡纳卡	小乔木	有性繁殖	02-27	03-06
易武红芽茶	勐腊县易武镇	小乔木	有性繁殖	02-20	02-27
勐科大叶茶	镇沅彝族哈尼族拉祜族自治县振太镇	小乔木	有性繁殖	02-16	02-23
五里大叶茶	勐海县五里	小乔木	有性繁殖	02-23	03-02
小田坝茶	勐海县大曼吕	小乔木	有性繁殖	02-23	03-02
团田大叶茶	腾冲市团田乡	小乔木	有性繁殖	03-09	03-13
香竹箐野茶	凤庆县香竹箐	小乔木	有性繁殖	02-13	03-16
腰街大山茶	凤庆县腰街彝族乡	小乔木	有性繁殖	02-02	02-06
果兴竜大叶茶	勐海县布朗山	小乔木	有性繁殖	02-02	02-06
倚帮绿芽茶	勐腊县象明乡	小乔木	有性繁殖	02-13	02-20
红芽直立茶	景谷傣族彝族自治县民乐镇	小乔木	有性繁殖	02-13	02-20
右文岗绿芽茶	镇沅彝族哈尼族拉祜族自治县振太镇	小乔木	有性繁殖	02-16	02-23
曼面柳叶茶	陇川县景罕镇	小乔木	有性繁殖	03-02	03-09
油松岭大叶茶	盈江县油松岭乡	小乔木	有性繁殖	03-06	03-13

二、开花物候期

（一）茶树单花发育进程

茶树单花开放过程经历了花芽分化、花蕾形成、花蕾生长、花蕾膨大、花蕾露白、花冠展开和花瓣凋谢7个阶段，从花芽分化至花朵凋谢平均历时约93d，而花朵开放仅持续2d，体现了茶树具有花期长、寿命短的特点。各发育时期的形态特征如图3-9所示。

1. 花芽分化期 生长锥圆平，具2苞片和短花梗，花芽长椭圆形、深绿色，顶端被白色微茸毛，与叶芽可明显区分，花蕾横径3.1～3.2mm，此阶段持续25～28d。

2. 花蕾形成期 花芽逐渐发育形成雏形花蕾，可见2萼片，萼冠紧裹，花蕾半球形、深绿色，花蕾顶端被微茸毛，花蕾横径4.9～5.0mm，此阶段持续12～14d。

3. 花蕾生长期 随后花蕾进入生长期，花梗下弯，花蕾逐渐伸长变宽，纵横径同时增大，花萼顶端裂开，花瓣微露，被白色微茸毛，瓣萼比小于或等于1，花蕾形似灯泡、浅绿色，花蕾横径7.6～8.1mm，此阶段持续33～36d。

4. 花蕾膨大期 随着花蕾的生长，花蕾进入膨大期，此时生长加快，花蕾明显增大，大部分花瓣露出，可见2～3枚淡绿色花瓣，瓣萼比大于1，花蕾近圆球形、绿白色，花蕾横径9.6～10.1mm，此阶段持续15～17d。

5. 花蕾露白期 随着花蕾膨大生长，花蕾增至最大，花蕾膨松，花瓣完全露出，可见外层 3 枚绿白色花瓣，内层 2～3 枚白色花瓣，花蕾横径 14.34～15.22mm，此阶段持续 4～6d。

6. 花冠展开期 花蕾顶部裂开，花瓣逐渐展开，倒立着向下开花，花药开裂，花柱伸直，开始散粉受精，展花后花冠直径 68.2～70.3mm，此阶段仅持续 2～3d。

7. 花瓣凋谢期 开花之后很快进入凋谢期，花瓣开始背卷，雄蕊褐化，花瓣连同雄蕊群先凋谢脱落，受精成功者萼片闭合、宿存，花柱和柱头仍保持新鲜，1～2d 后焦枯。

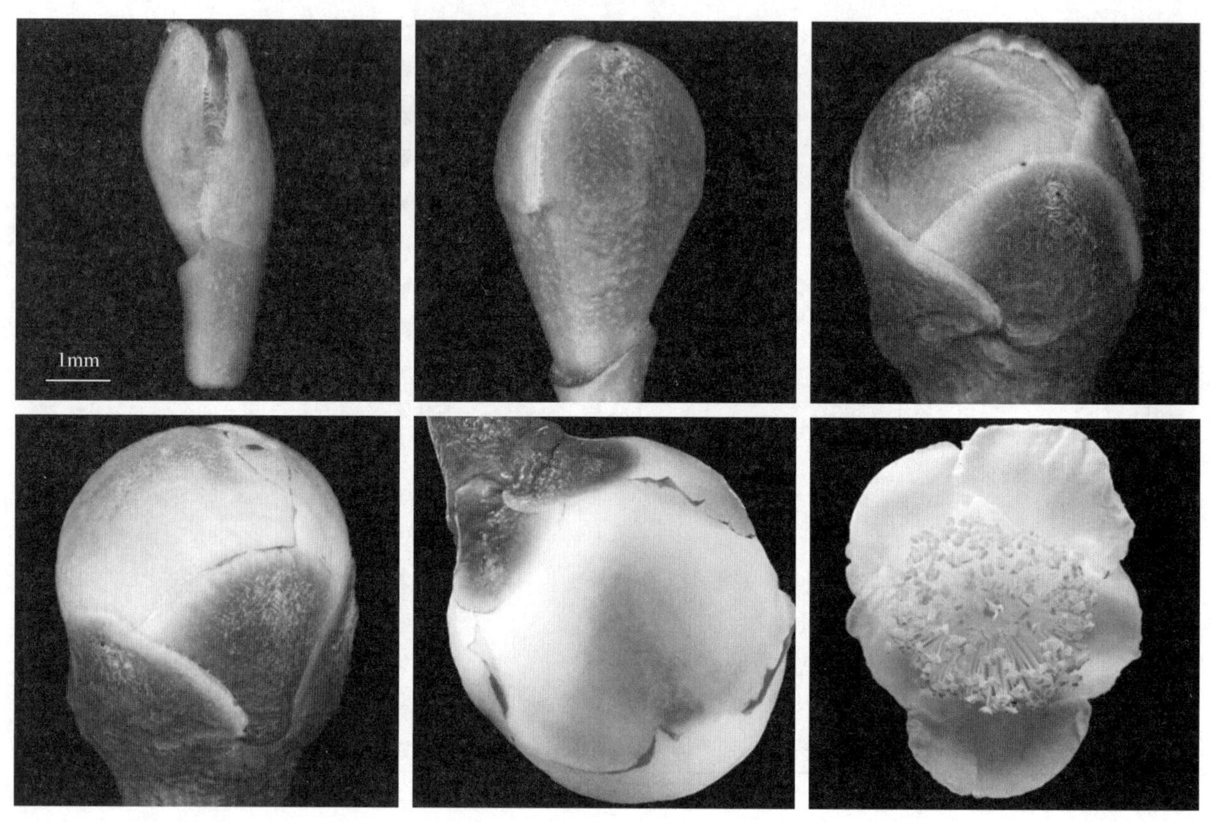

图 3-9 茶树花发育形态

（二）茶树全花期

植物的开花物候与其遗传特性、类群的系统发生和所处环境条件等密切相关。茶树开花物候期因品种和分布地区不同而存在较大差异。对国家种质勐海茶树圃种植的 300 余份茶树品种资源开花物候的观察表明，不同年份茶树的开花物候存在差异，这可能与不同年份的温度差异有关。同时，茶树品种开花物候还与茶树修剪、管理等有较大关系。总体上，所调查的茶树品种均在 5 月中旬花芽开始萌动，进入花芽分化期。8 月下旬进入现蕾期，茶树上出现大小不等的花蕾。9 月上旬进入始花期，茶树上约 5%的花完全开放，始花期较短，持续 6～8d。9 月中旬进入盛花期，茶树上花满枝头，约有 50%的花完全开放，同时伴随抽梢放叶和花瓣脱落，盛花期较长，持续 14～17d。10 月上旬进入末花期，茶树上仍有少量花开放，大多数花已枯黄脱落，末花期持续 8～12d。茶树单株全花期 29～33d，整个花期呈现花开花落现象，并同时伴随着幼果的形成和发育。

三、花粉活力与柱头可授性

茶树花药内含大量花粉粒，成熟花粉粒颜色鲜艳，呈金黄色，花粉粒形态规则，赤道面呈长椭圆形，极面观呈 3 裂，近三角形。对 54 份云南大叶茶花粉活力检测表明，经醋酸洋红染色后，绝大多数花粉粒被染成红色，花粉红染率较高，达 72.4%～94.1%。经 I_2 - KI 染色后，绝大多数花粉粒被染成棕黑色，花粉黑染率达 56.3%～87.1%。经固体培养基离体培养后，大多数花粉粒能正常萌发，发芽率为 8.4%～83.6%。如图 3 - 10 所示。

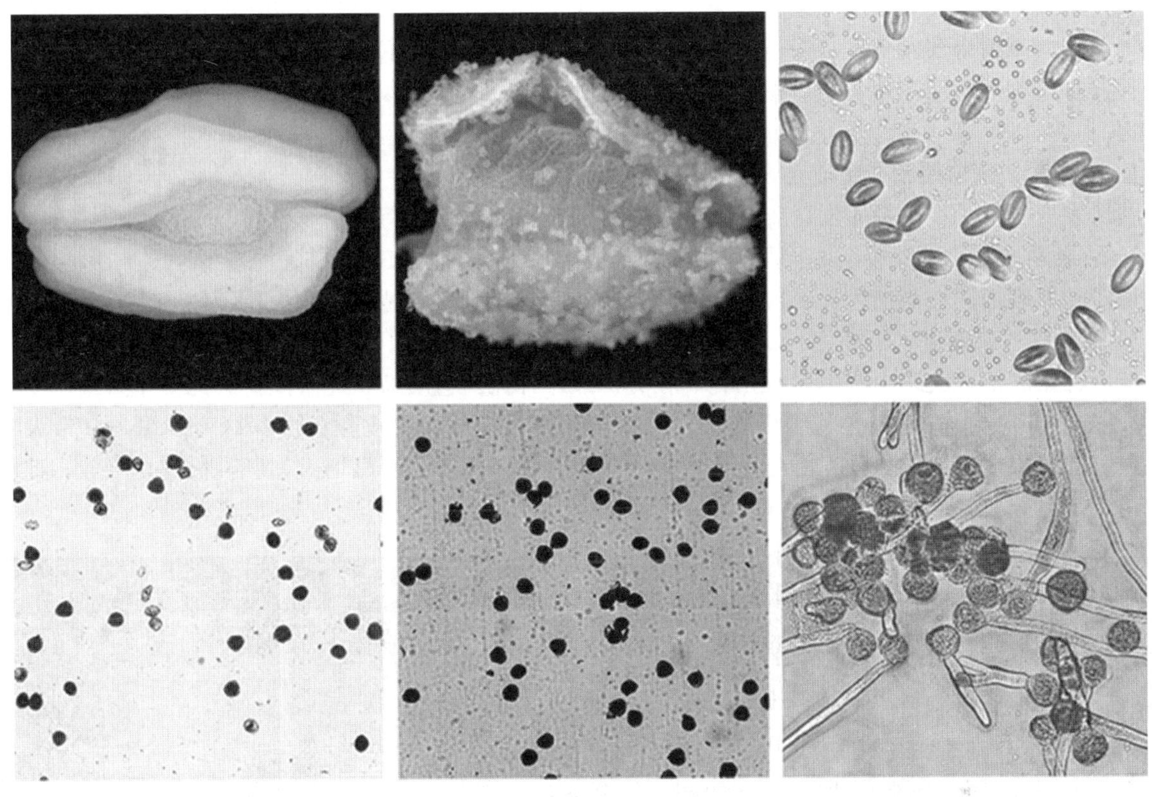

图 3 - 10　茶树花粉活力

茶树花朵的柱头可授性随开花进程呈现出先由弱变强，再由强变弱的趋势，并且柱头形态与其可授性密切关联，如图 3 - 11 所示。茶树花朵在开花前 1d 时，花蕾膨松，花药未开裂，花柱弯曲，柱头为绿色，此时柱头反应能产生少量气泡，柱头已具备可授性。开花第 1d 时，花瓣逐渐展开，花药开始裂药，花柱伸直，柱头外翻、颜色转为浅绿色，开始分泌黏液，此时柱头反应产生较多气泡，柱头可授性明显增强。开花第 2d 时，花瓣完全展开，花药充分开裂散粉，花柱伸长到最长，柱头颜色为浅黄色，黏液较多，此时柱头反应产生大量气泡，活力最高，可授性达到最强。开花第 3d，花瓣和雄蕊开始萎蔫脱落，但花柱仍保持新鲜，柱头上粘满花粉，仍具有较强可授性。开花第 4d，花柱和柱头开始萎蔫、变色，可授性明显降低。开花第 5d，花柱和柱头已焦黄、卷缩，可授性消失。总体上，茶树的柱头可授性从开花前 1d 持续至开花第 4d，柱头可授期可保持 4～5d，开花后 1～2d 柱头可授性最强，为授粉最佳时期。

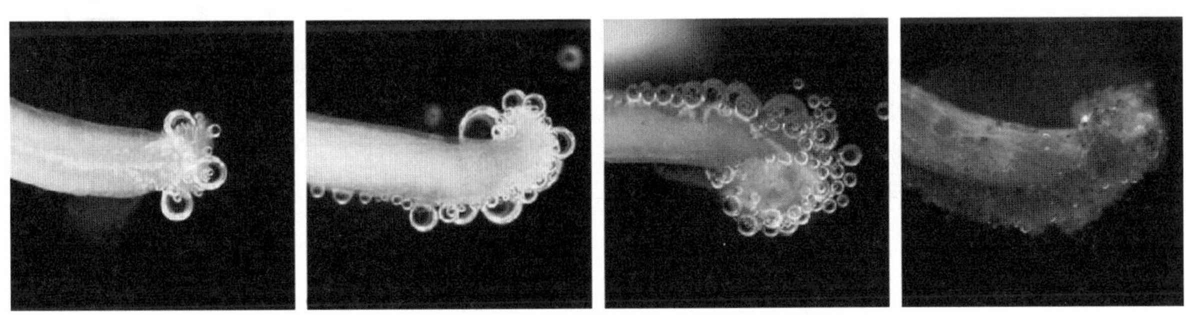

图 3 - 11　茶树柱头可授性

四、果实物候期

茶树果实的生长发育经历了细胞分裂、组织分化、种胚发育、细胞膨大和细胞内营养物质的积累和转化等过程。茶树果实发育呈“慢—快—慢”的趋势，果实体积增长呈“S”形曲线。可大致将茶树果实生长发育过程分为谢花期、幼果期、果实膨大期和成熟期4个时期，各发育时期的形态特征如图3-12所示。

1. 谢花期 茶树授粉受精成功，花瓣脱落，花柱先端上部枯萎，子房开始膨大，子房壁发育成果皮，胚珠发育成种子，受精卵发育成胚，珠被发育成种皮，此阶段持续约3个月。

2. 幼果期 果实进入缓慢生长阶段，幼果体积和重量缓慢增加，花柱完全干枯，圆球形小幼果明显可见，幼果表面被大量白色茸毛，胚珠内胚乳、子叶已能分辨清楚，此阶段持续约6个月。

3. 膨大期 果实进入迅速生长阶段，果实体积和鲜重快速增加，体积膨大至定形，果实表面茸毛变稀疏，开始脱落，胚珠内产生大量胚乳，胚囊扩大，种壳白色质嫩，此阶段持续约2个月。

4. 成熟期 果实重量和体积缓慢增长，果实表面茸毛褪尽，果皮颜色由深绿变浅绿，并带大量褐色斑点，部分果皮现裂口，种壳由白色质嫩变成褐色坚硬，胚体积明显增大，胚乳被完全吸收，此阶段持续约3个月。

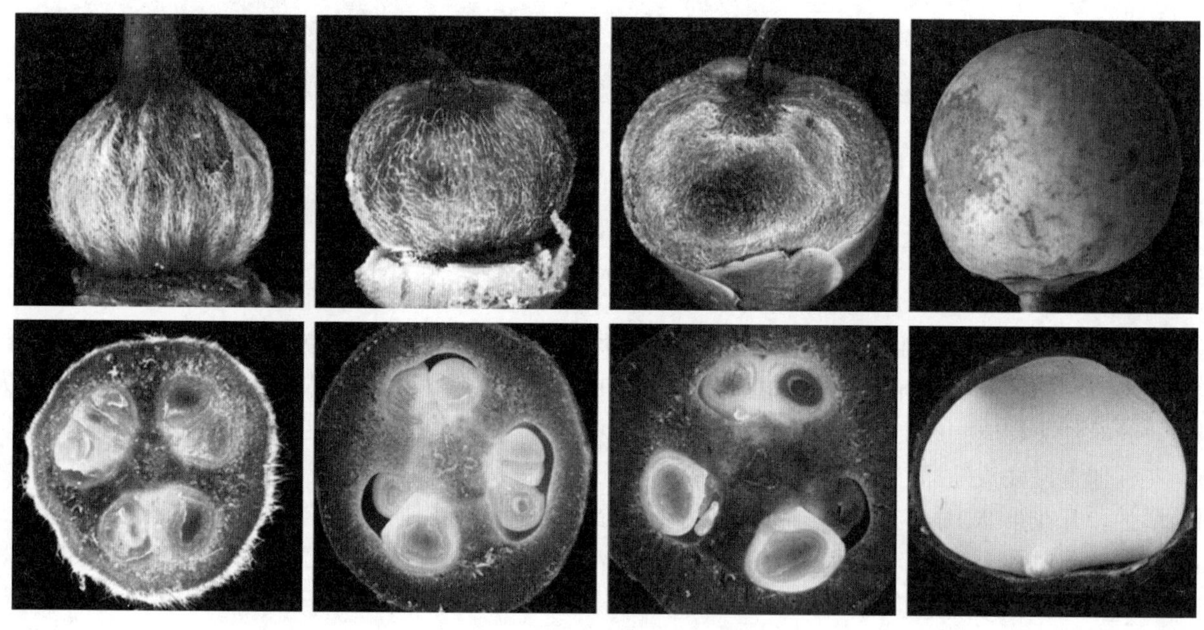

图3-12 茶树果实发育形态

第三节

花药和花粉发育细胞学特性

本节从花芽分化、花药发育、小孢子形成和花粉粒发育等方面，介绍茶树花粉和花粉粒发育过程的细胞学形态特征，以丰富茶树生殖生物学研究。

一、花芽的分化

不同植物花芽分化期的时间与各分化期对应的内外形态结构存在明显差异。云南大叶茶花芽分化期开始于5月中旬，花芽分化过程可大致分为：花芽分化初期、萼片原基形成期、花瓣原基形成期、雌雄蕊原基形成期4个时期，各发育时期的形态特征如图3-13所示。

1. 花芽分化初期 此时分生组织分裂速度加快，生长点向上突起，呈平滑圆弧形。生长点细胞纵向分裂，顶端分生组织逐渐变宽，随着两侧分生组织的快速生长，生长锥顶部呈凹陷形，花芽开始分化。

2. 萼片原基形成期 生长锥外层细胞迅速分裂，外围突起，形成萼片原基，萼片原基向内弯曲生长，并覆盖生长锥。

3. 花瓣原基形成期 随着萼片的分化和发育，生长点处形成几个小突起，并以不同的速度向上生长，最靠近花萼内侧的突起发育成花瓣原基。

4. 雌雄蕊原基形成期 花瓣形成后，生长锥中央部位略向下凹陷，外侧出现若干个顶端浑圆的小突起，这些小突起即为雄蕊原基；同时，生长锥的中央开始形成较宽大的突起，即为雌蕊原基。

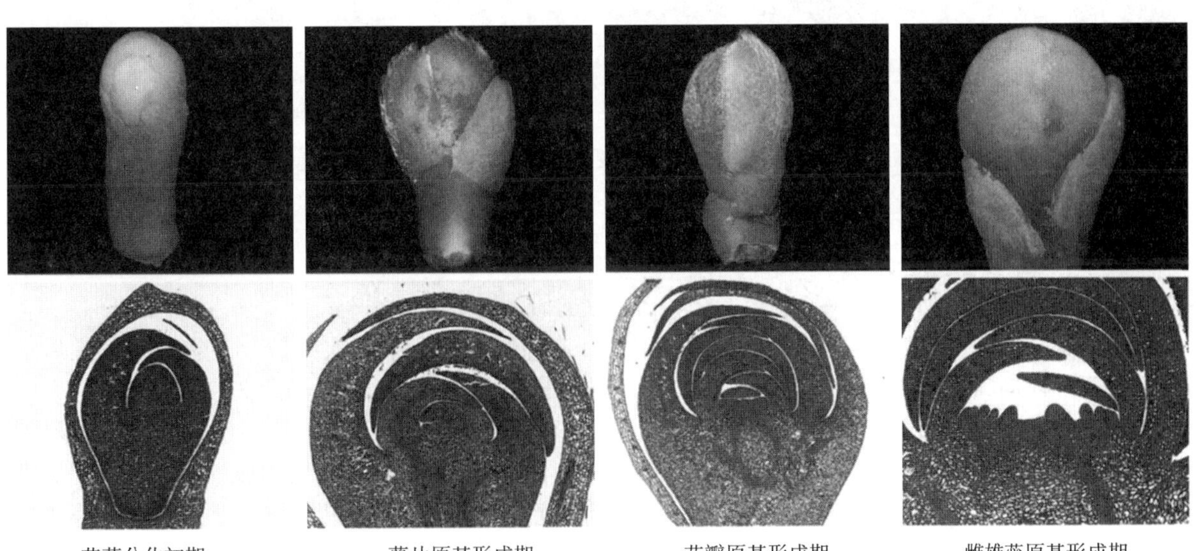

图3-13 茶树花芽分化过程

二、花药的发育

雄蕊原基形成后，雄蕊原基顶端为花药。花药最初由基本分生组织分化出孢原细胞，孢原细胞平周分裂分化出初生周缘层和初生造孢细胞，初生周缘层逐渐形成药壁组织，花药中部细胞分化出维管束和薄壁细胞，形成药隔。茶树花药发育主要经历了造孢细胞期、花粉母细胞期、减数分裂期、四分体时期、单核花粉期、双核花粉期和成熟花粉期7个时期，如图3-14所示。

1. 造孢细胞期 药室表皮、内壁、中层、绒毡层和造孢细胞均已形成，造孢细胞位于药室内侧中央。

2. 花粉母细胞期 花粉母细胞处于胼胝质包绕，细胞核大，绒毡层排列整齐，细胞质浓厚。

3. 减数分裂期 花粉母细胞体积变大，开始减数分裂，绒毡层细胞充分发育，具双核。

4. 四分体时期 可见胼胝质包裹的四面体型小孢子，绒毡层收缩，形成分泌型，开始退化。

5. 单核花粉期 花粉外壁开始形成，绒毡层液泡化，降解加速。

6. 双核花粉期 单核花粉发育成双核花粉，绒毡层充分降解，药室内壁纵向增厚。

7. 成熟花粉期 花粉粒椭圆形、胞质饱满、染色深，绒毡层完全解体，药室内壁呈"U"形进一步增厚，两花粉囊交界处细胞层变薄，破裂消失，纵行开裂，完成散粉。

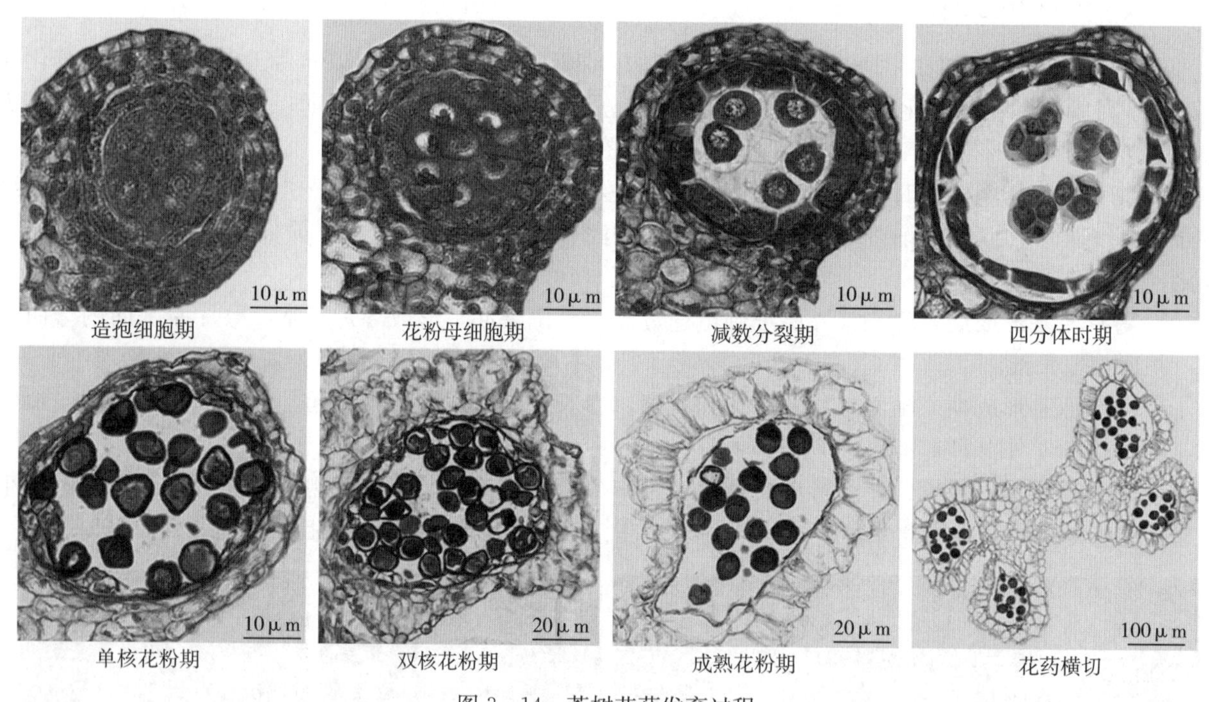

图3-14 茶树花药发育过程

三、小孢子的发育

茶树具有$2n=30$条染色体，花粉母细胞经过第一次减数分裂、第二次减数分裂和胞质分裂后形成四分体，四分体周围的胼胝质解体释放出小孢子，各发育时期的细胞学特征如图3-15所示。

1. 减数分裂Ⅰ 间期Ⅰ：染色质凝结成团，位于细胞中央。前期Ⅰ细线期：染色质浓缩形成细长如线的染色体，细胞核增大。前期Ⅰ偶线期：同源染色体开始联会，可见多处形成的联接点，仍为细线状。前期Ⅰ粗线期：同源染色体配对完成，染色体相互缠绕，明显缩短变粗。前期Ⅰ双线期：染色体进一步缩短、互相排斥、彼此分离、交叉存在。前期Ⅰ终变期：染色体螺旋化，每对二价体均匀分散于细胞内，可清晰地观察到15对二价体。中期Ⅰ：核膜、核仁消失，染色体整齐、集中地排列在赤道板中央。后期Ⅰ：染色体受纺锤体牵引，向两极移动，染色体数目减半。末期Ⅰ：染色体到达细胞两极，细胞板逐渐形成。

2. 减数分裂Ⅱ 前期Ⅱ：细胞两极的染色体松散变细，形成2个子核。中期Ⅱ：染色体平行排列在分裂细胞的赤道板上。后期Ⅱ：姊妹染色体分离，由纺锤丝牵引移向两极。末期Ⅱ：到达两极的染色体浓缩在4个极区成4个团块。

3. 胞质分裂 四分体时期进行胞质分裂，各孢子间形成胼胝质，4个小孢子又被共同的胼胝质壁所包围，形成四分体。随后，在绒毡层分泌的胼胝质酶的作用下，胼胝质逐渐被溶解，小孢子从四分体中释放出来，进入花粉粒发育阶段。

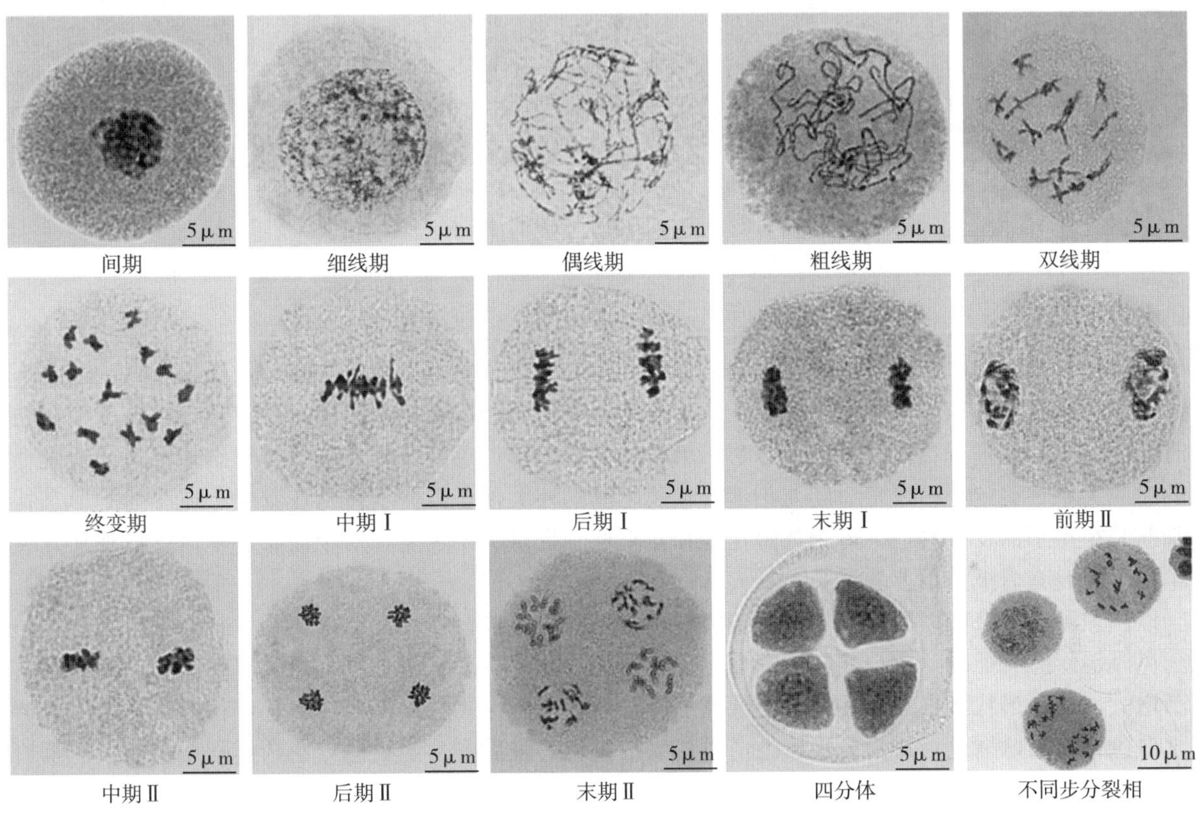

图3-15 茶树花粉母细胞减数分裂过程

四、花粉粒的发育

花粉粒的发育经历了小孢子期、单核居中期、单核靠边期和双核期，各发育时期的细胞学特征如图3-16所示。DAPI染色观察结果显示，小孢子呈三角形，细胞质浓稠，细胞核大、位居中央，为小孢子期。随着小孢子体积增大，花粉粒外壁开始形成，细胞壁呈收缩状态，细胞核大、位居中央，为单核居中期。之后，细胞膨大变圆，花粉壁加厚，花粉壁上可见3个萌发沟，细胞核靠边，为单核靠边期。随着花粉的发育，细胞质充满整个细胞，出现一个圆形的营养核和一个长形的精核，为双核花粉期。

通过改良苯酚品红-苯胺蓝染色压片，荧光显微观察显示，小孢子母细胞时期，胼胝质开始沉积，并包围整个母细胞，胼胝质荧光强度较强，呈亮白色荧光，细胞质呈红色荧光，染色体为深红色荧光。四分体时期，胼胝质将小孢子母细胞分割成左右对称形和四面体形四分体，四分体呈红色荧光，整个四分体外围又均匀地包裹着一层薄薄的胼胝质，随后胼胝质迅速降解，荧光强度减弱，游离小孢子从胼胝质中释放出来，小孢子呈三角形、深红色荧光，各自独立发育为花粉粒。

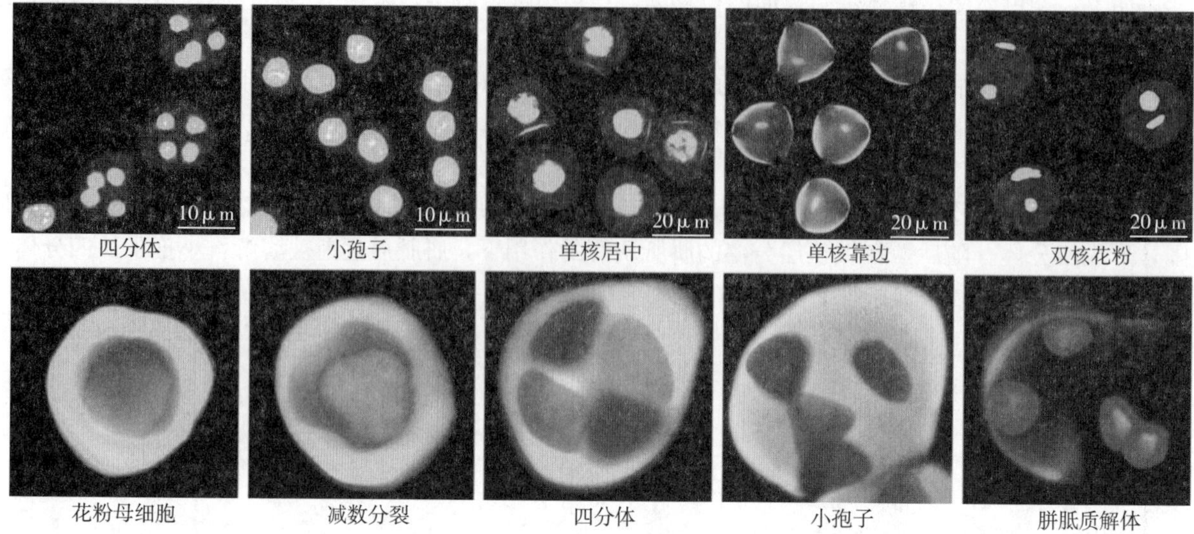

图 3-16　茶树小孢子发育过程

五、茶树花器形态与花粉发育时期的相关性

通过对茶树花药和游离小孢子培养、诱导再生，可直接获得茶树单倍体植株。对茶树花药和花粉发育时期的鉴定，是进行花药和花粉培养必不可少的前期工作。寻找茶树花器外部形态指标与花粉发育时期的对应关系，确定花粉发育时期与花蕾、花药之间的相关性，以便直接从花蕾大小或花药的形态特征来判断其小孢子的发育时期，可为茶树花药和花粉培养提供确切依据，对今后茶树单倍体育种和开展生殖生物学研究有着极其重要的意义。

以国家种质勐海茶树圃保存的野生茶树种群为供试材料进行研究，结果表明，野生茶树花蕾大小及花药色泽等形态特征的变化与其花粉发育进程有密切的相关性。从造孢细胞期到成熟花粉期，花蕾由小逐渐增大，花蕾形状从半球形逐渐变为圆球形，花蕾颜色由深绿色逐渐变成白色，花药颜色由白色透明至乳白色，再为嫩绿色，再变为浅黄色，再变为橙黄色，最后变为金黄色，花药体积逐步增大。茶树花器形态与花粉发育时期的相关性见表 3-7。

表 3-7　野生茶树花粉发育时期与花器形态的相关性

发育时期	花蕾横径（mm）	花蕾形态	花药长度（mm）	花药颜色	花粉发育特性
造孢细胞期	≤5.8	花梗直立，苞片脱落，初现花蕾雏形，花蕾近半球形，可见 2 萼片紧闭，花蕾深绿色，萼片外被一层白色茸毛	0.2～0.3	白色透明	未形成花粉母细胞
花粉母细胞期	5.8～7.0	小花蕾紧实，圆润饱满，近半球形，可见 5 萼片，萼冠紧裹，花蕾呈绿色，顶端稀疏少毛	0.3～0.4	乳白色	可见胼胝质、花粉母细胞
减数分裂期	7.1～7.9	花蕾逐渐伸长变宽，纵横径同时增大，花萼顶端稍裂，花瓣微露，被白色微茸毛，瓣萼比小于1，花蕾绿色，形似灯泡	0.5～0.6	嫩绿色	可见减数分裂Ⅰ、减数分裂Ⅱ和胞质分裂

（续）

发育时期	花蕾横径（mm）	花蕾形态	花药长度（mm）	花药颜色	花粉发育特性
四分体时期	7.9～8.6	花蕾明显增大，花萼裂开，花瓣露出，瓣萼比小于1，可见2枚淡绿色花瓣，花蕾绿色，呈近圆球形	0.6～0.8	浅黄色	可见胼胝质包裹的四分体和游离小孢子
单核花粉期	8.6～9.5	花萼充分展开，花瓣露出，瓣萼比大于1，可见外层3枚绿白色花瓣，茸毛退化，花蕾绿白色，呈近圆球形	0.8～0.9	橙黄色	可见花粉粒，花粉壁、细胞核居中或靠边
双核花粉期	9.5～11.0	花蕾增至最大，花蕾膨松，花瓣完全显露，可见5～6枚白色花瓣，花蕾露白，呈近圆球形	0.9～1.0	金黄色	可见花粉壁上的萌发沟，营养核和精核

第四节 品质性状评价

茶树鲜叶中生化组成及其含量是形成优良制茶品质的物质基础。茶叶内含物质主要有茶多酚类、生物碱类、矿物质类、维生素类、芳香类物质、蛋白质、氨基酸类、糖类及茶色素等，开展茶叶生化成分测定和分析研究，对开发茶叶功能成分和品种改良具有重要意义。

一、茶树生化成分多样性

云南茶树种质资源丰富，品种繁多，茶叶生化成分多样性丰富。对国家种质勐海茶树圃保存的830份茶树种质资源的主要生化成分的分析结果显示，云南茶树品种资源水浸出物含量范围19.4%～54.0%，平均为45.4%；咖啡碱含量范围0.1%～5.9%，平均为4.2%；茶多酚含量范围12.9%～47.2%，平均为32.8%；氨基酸含量范围0.4%～6.5%，平均为2.4%；儿茶素总量范围11.4%～27.7%，平均为18.3%，见表3-8。与相邻近的广西、四川、贵州相比，云南茶树资源的茶多酚含量、咖啡碱含量和儿茶素总含量偏高，氨基酸含量则偏低。

表3-8 云南茶树种质资源生化成分变异范围

性状	最小值	最大值	平均值	标准差	变异系数
水浸出物（%）	19.4	54.3	45.4	4.7	10.3
咖啡碱（%）	0.1	5.9	4.2	0.9	21.7
茶多酚（%）	12.9	47.2	32.8	4.5	13.6
氨基酸（%）	0.4	6.5	2.4	0.9	38.5
儿茶素总量（%）	11.4	27.7	18.3	3.2	17.3

对100份云南茶树资源主要生化成分的遗传多样性分析表明，水浸出物含量、茶多酚含量、咖啡碱含量、氨基酸含量和儿茶素总量6个生化成分多样性指数（H'）在1.7～2.0之间，平均为1.8。各项生化成分多样性指数（H'）在不同的茶树资源和不同样品类型间存在差异。总体上，多样性指数（H'）较大的是儿茶素总量（$H'=1.9$）和水浸出物含量（$H'=1.9$），其次是氨基酸含量（$H'=1.8$）和茶多酚含量（$H'=1.8$），较小的是咖啡碱含量（$H'=1.7$），见表3-9。

表3-9 云南茶树种质资源生化成分多样性

资源类型	茶叶样品	份数	多样性指数（H'）				
			水浸出物	咖啡碱	茶多酚	氨基酸	儿茶素总量
地方品种	蒸青样	51	1.9	1.7	1.8	2.0	2.0
野生资源	蒸青样	21	2.0	1.8	2.0	1.7	1.8
地方品种	晒青样	28	1.7	1.8	1.7	1.8	1.8
平均值			1.9	1.8	1.8	1.8	1.9

二、高茶多酚茶树资源

茶多酚（tea polyphenols，TP）是茶叶中多酚类及其衍生物混合物质的总称，包含儿茶素类、黄酮及黄酮醇类、花青素及花白素类、酚酸及缩酚酸类4大类。茶多酚是形成茶叶品质和保健功能的主要成分之一，茶多酚占茶叶干物质重的18%～38%，其化学组分儿茶素类占茶多酚总量的60%～80%。云南茶树种质资源茶多酚含量较高，普遍高出小叶茶5%～10%，是选育高茶多酚优良品种的重要资源。根据《农作物优异种质资源评价规范—茶树》（NY/T 2031—2011），采用GB /T 8313—2002测定方法，已筛选出茶多酚含量≥38.0%的茶树资源82份，为茶树育种提供参考，见表3-10。

表3-10　云南高茶多酚茶树种质资源名录

种质资源名称	资源类型	原产地	茶多酚含量（%）	种质资源名称	资源类型	原产地	茶多酚含量（%）
公弄茶	地方品种	双江拉祜族佤族布朗族傣族自治县勐库	40.0	帕沙大茶树	地方品种	勐海县格朗和哈尼族乡	41.2
紫娟茶	选育品种	云南省农业科学院茶叶研究所	39.0	纳卡大茶树	地方品种	勐海县勐宋乡	42.6
马安大茶树	地方品种	瑞丽市弄岛镇	42.9	曼弄大茶树	地方品种	勐海县勐混镇	45.1
弄岛野茶	野生资源	瑞丽市弄岛镇	41.5	章朗大茶树	地方品种	勐海县西定哈尼族布朗族乡	42.9
河头白毛茶	地方品种	龙陵县河头社区	40.9	西定大茶树	地方品种	勐海县西定哈尼族布朗族乡	49.0
长叶白毫	选育品种	云南省农业科学院茶叶研究所	46.0	南列大茶树	地方品种	勐海县勐遮镇	46.8
双江大叶茶	地方品种	双江拉祜族佤族布朗族傣族自治县勐库镇	40.5	曼夕大茶树	地方品种	勐海县打洛镇	42.7
清水大叶茶	地方品种	云南双江拉祜族佤族布朗族傣族自治县	38.1	广别大茶树	地方品种	勐海县勐混镇	42.2
上云大叶茶	地方品种	云南龙陵县	38.3	班章大茶树	地方品种	勐海县布朗山布朗族乡	46.1
苍蒲大叶茶	地方品种	云县大朝山	42.3	漭水大叶茶	地方品种	昌宁县漭水镇	38.3
马台大叶茶	地方品种	临沧市邦东乡	42.0	贺开大叶茶	地方品种	勐海县贺开村	38.3
团田大叶茶	地方品种	腾冲市团田乡	40.3	大寺大叶茶	地方品种	凤庆县大寺乡	38.1
红腋绿芽茶	地方品种	勐海县勐混镇	40.1	赛罕大叶茶	地方品种	澜沧拉祜族自治县富邦乡	38.1
联福大叶茶	地方品种	昌宁县漭水镇	39.3	土锅山茶	地方品种	昌宁县漭水镇	38.1
多依林大叶茶	地方品种	澜沧拉祜族自治县富邦乡	39.2	雷达山野茶	野生资源	勐海县格朗和哈尼族乡	39.6
津秀野茶	野生资源	凤庆县马街村	39.0	巴达野茶	野生资源	勐海县西定哈尼族布朗族乡	42.6
勐宋大叶茶	地方品种	勐海县勐宋乡	38.5	帮东大茶树	野生资源	临沧市邦东乡	38.4
啊麻大叶茶	地方品种	景洪市嘎洒镇	39.2	苏湖紫芽茶	地方品种	勐海县格朗和哈尼族乡	38.0
拉沙大叶茶	地方品种	景洪市景哈哈尼族乡	42.2	金竹大茶树	地方品种	勐海县格朗和哈尼族乡	43.6
坝卡大茶树	地方品种	景洪市基诺山基诺族乡	38.4	曼加大茶树	地方品种	景洪市基诺山基诺族乡	44.0
司土大茶树	地方品种	景洪市基诺山基诺族乡	41.0	曼伞大叶茶	地方品种	景洪市勐龙镇	41.8

（续）

种质资源名称	资源类型	原产地	茶多酚含量（%）	种质资源名称	资源类型	原产地	茶多酚含量（%）
勐库大叶	地方品种	双江拉祜族佤族布朗族傣族自治县勐库镇	40.1	大黑茶	地方品种	云县涌宝镇	39.4
平山大叶	地方品种	梁河县平山乡	42.4	关卡大黑茶	地方品种	瑞丽市弄岛镇	38.1
官寨茶	地方品种	芒市中山乡	40.6	宜良宝洪茶	野生紫芽	昌宁县田园镇	39.5
大坪大叶	地方品种	元阳县大坪乡	46.2	佛香 5 号	选育品种	云南省农业科学院茶叶研究所	40.8
回龙茶	地方品种	梁河县大厂乡	46.0	云抗 10 号	选育品种	云南省农业科学院茶叶研究所	41.9
佛香 1 号	选育品种	云南省农业科学院茶叶研究所	41.2	73 - 8 号	选育品种	云南省农业科学院茶叶研究所	41.2
香归春早	选育品种	云南省农业科学院茶叶研究所	41.1	佛香 2 号	选育品种	云南省农业科学院茶叶研究所	40.9
黄家寨大叶 1 号	地方品种	昌宁县漭水镇	42.6	龙塘大茶树	地方品种	腾冲市团田乡	41.3
黄家寨大叶 2 号	地方品种	昌宁县漭水镇	41.0	黄井园大茶树	地方品种	腾冲市团田乡	39.1
黄家寨大叶 4 号	地方品种	昌宁县漭水镇	38.3	燕寺大茶树 1 号	地方品种	腾冲市团田乡	42.0
黄家寨大叶 5 号	地方品种	昌宁县漭水镇	38.3	燕寺大茶树 2 号	地方品种	腾冲市团田乡	40.8
破石头大茶树	地方品种	昌宁县温泉镇	39.7	坝外大茶树 3 号	地方品种	腾冲市蒲川乡	41.6
纸厂大茶树	地方品种	昌宁县耈街彝族苗族乡	39.0	文家塘大叶 1 号	地方品种	腾冲市芒棒镇	42.0
桤木窝大茶树	地方品种	腾冲市团田乡	47.4	平地大茶树	地方品种	腾冲市芒棒镇	45.8
蒲草塘大茶树	地方品种	施甸县酒房乡	43.9	旧街大茶树	地方品种	隆阳区芒宽彝族傣族乡	41.2
西山头大叶 1 号	地方品种	施甸县太平镇	40.5	德昂大茶树 3 号	野生资源	隆阳区潞江镇	38.7
新寨大茶树	地方品种	施甸县万兴乡	39.9	松坡大茶树	地方品种	隆阳区瓦渡乡	41.6
德昂大茶树 1 号	野生资源	隆阳区潞江镇	41.9	淀元大茶树	地方品种	腾冲市芒棒镇	42.2
劳家山大叶 1 号	地方品种	腾冲市芒棒镇	42.6	西山头大叶 2 号	地方品种	施甸县太平镇	42.3
黄梨坡大茶树	地方品种	腾冲市新华乡	42.4	坡头大茶树	野生资源	龙陵县碧寨乡	44.0

三、高氨基酸茶树资源

氨基酸（amino acid，AA）是茶树中一类重要的化学物质。已发现茶叶中有 28 种氨基酸，最主要的有茶氨酸、谷氨酸、天门冬氨酸和精氨酸，其中茶氨酸含量最多，占游离氨基酸的 30%～70%。氨基酸总量与茶叶品质呈显著正相关，茶叶中氨基酸质量分数一般为 1%～5%，茶树一芽二叶氨基酸总量大于 5%则可认为是高氨基酸资源。云南大叶茶氨基酸含量普遍偏低，自然界分布的高氨基酸茶树资源较少。目前利用 GB/T 8314—2002 测定法，筛选出部分氨基酸含量在 4.5%以上的茶树种质资源 80 份，见表 3 - 11。

表 3-11　云南高氨基酸茶树种质资源名录

种质名称	资源类型	原产地	氨基酸含量（%）	种质名称	资源类型	原产地	氨基酸含量（%）
本山茶 1 号	野生资源	云县白莺山村	4.5	曼丹黑茶	地方品种	勐海县格朗和哈尼族乡	4.5
本山茶 2 号	野生资源	云县白莺山村	4.8	帕真大茶树	地方品种	勐海县格朗和哈尼族乡	4.5
本山茶 3 号	野生资源	云县白莺山村	5.0	曼弄大叶	地方品种	勐海县格朗和哈尼族乡	4.5
黑条子茶	地方品种	云县白莺山村	4.5	曼弄大茶树	地方品种	勐海县格朗和哈尼族乡	5.0
白芽口茶	地方品种	云县白莺山村	5.5	东朗大叶茶	地方品种	麻栗坡县大坪镇	5.4
红芽口茶	地方品种	云县白莺山村	5.4	困鹿山小叶	地方品种	宁洱哈尼族彝族自治县困鹿山	5.4
箐头野茶	野生资源	云县涌宝镇	5.6	米地大叶茶	地方品种	墨江哈尼族自治县米地	5.1
白云山野茶	野生资源	云县白莺山村	5.2	景星小黄茶	地方品种	墨江哈尼族自治县景星乡	5.0
者竜鹅毛茶	地方品种	新平彝族傣族自治县者竜乡	6.5	三迈大叶茶	地方品种	勐海县勐宋乡	4.8
王子树野茶	野生资源	陇川县王子树乡	4.6	羊八寨大叶	地方品种	墨江哈尼族自治县羊八寨	4.8
关卡大黑茶	地方品种	瑞丽市弄岛镇	4.7	富勇大叶茶	地方品种	澜沧拉祜族自治县邦崴村	4.5
勐嘎野茶	野生资源	芒市勐戛镇	4.6	荒田大叶茶	地方品种	麻栗坡县大坪镇	4.5
勐统贡茶	地方品种	昌宁县勐统镇	4.5	大坟大叶茶	地方品种	普洱市大坟山	4.5
田园报洪茶	野生资源	昌宁县田园镇	5.0	班章大叶茶	地方品种	勐海县布朗山布朗族乡	4.9
漭水报洪茶	野生资源	昌宁县漭水镇	6.8	老曼峨大叶茶	地方品种	勐海县布朗山布朗族乡	4.5
沿江野茶	野生资源	昌宁县漭水镇	8.4	三丘大叶茶	地方品种	勐腊县易武镇	4.6
茶山河野茶	野生资源	昌宁县漭水镇	8.9	丁家大叶茶	地方品种	勐腊县易武镇	4.9
羊圈坡野茶	野生资源	昌宁县漭水镇	5.8	曼播大叶茶	地方品种	景洪市基诺山基诺族乡	5.2
尾村大叶茶	地方品种	昌宁县漭水镇	5.3	城子大茶树	地方品种	勐海县勐阿镇	5.8
曼加坡甜茶	地方品种	景洪市勐宋村	4.5	曼弄大叶茶	地方品种	勐海县勐混镇	5.0
竹林大叶茶	地方品种	勐海县南糯山村	4.6	坝檬大叶	地方品种	勐海县勐宋乡	5.2
帕沙大叶茶	地方品种	勐海县南糯山村	4.8	三合社大叶	地方品种	勐腊县易武镇	5.5
镇东大茶树	野生资源	龙陵县镇安镇	5.9	芭蕉林野茶 1 号	野生资源	昌宁县温泉镇	5.8
绕廊大茶树 1 号	野生资源	龙陵县龙新乡	6.0	破石头大茶树	地方品种	昌宁县温泉镇	4.9
绕廊大茶树 2 号	野生资源	龙陵县龙新乡	6.0	老纸厂大茶树	地方品种	昌宁县耈街彝族苗族乡	6.3
小立色大茶树	野生资源	龙陵县腊勐镇	5.4	石佛山野茶 1 号	野生资源	昌宁县田园镇	5.9
坡头大茶树	地方品种	腾冲市芒棒镇	6.7	黄家寨大叶 2 号	地方品种	昌宁县漭水镇	6.2
西山大茶树 2 号	地方品种	施甸县太平镇	6.2	背阴山大茶树	野生资源	昌宁县耈街彝族苗族乡	4.7
尖山大茶树	地方品种	施甸县摆榔彝族布朗族乡	8.2	黄家寨大叶 4 号	地方品种	昌宁县漭水镇	4.5
蒲草塘大茶树	地方品种	施甸县酒房乡	5.7	茶山河野茶 3 号	野生资源	昌宁县漭水镇	6.5
杨桥大茶树	野生资源	隆阳区芒宽彝族傣族乡	7.8	桤木窝大茶树	地方品种	腾冲市团田乡	5.4
茶山河野茶 2 号	野生资源	昌宁县漭水镇	6.7	黄井园大茶树	地方品种	腾冲市团田乡	5.1
坝外大茶树 3 号	地方品种	腾冲市蒲川乡	6.6	燕寺大茶树 1 号	地方品种	腾冲市团田乡	4.8
窝子园大茶树	地方品种	腾冲市蒲川乡	6.4	燕寺大茶树 2 号	地方品种	腾冲市团田乡	5.3
文家塘大叶 1 号	地方品种	腾冲市芒棒镇	5.2	小田坝大茶树	地方品种	腾冲市新华乡	5.0
文家塘大叶 4 号	地方品种	腾冲市芒棒镇	7.1	毛草地大叶	地方品种	腾冲市蒲川乡	6.1
平地大茶树 1 号	地方品种	腾冲市芒棒镇	6.1	猴桥大茶树 2 号	野生资源	腾冲市猴桥镇	5.6

（续）

种质资源名称	资源类型	原产地	氨基酸含量（%）	种质资源名称	资源类型	原产地	氨基酸含量（%）
劳家山大叶1号	地方品种	腾冲市芒棒镇	5.1	雪山大茶树	野生资源	龙陵县龙新乡	6.4
淀元大茶树1号	地方品种	腾冲市芒棒镇	6.5	硝塘大茶树	野生资源	龙陵县龙江乡	5.9
猴桥大茶树1号	野生资源	腾冲市猴桥镇	5.0	小田坝大茶树	野生资源	腾冲市新华乡	4.6

四、低咖啡碱茶树资源

咖啡碱（caffeine）作为茶叶中嘌呤碱的主体成分，是影响茶叶品质的三大主要成分之一。茶叶中咖啡碱质量分数一般在2%～5%，咖啡碱的存在能让茶叶起到提神作用，但摄入过量的咖啡碱会对人体产生一定的负面影响，咖啡碱含量高的茶叶不适于儿童、孕妇、老人和神经衰弱等疾病患者饮用。因此，筛选低咖啡碱茶树种质，开发低咖啡碱茶可满足特殊人群的饮茶需求。目前对低咖啡碱茶中咖啡碱含量的评价标准不一，如欧美等一些国家一般要求低咖啡碱茶叶中咖啡碱含量低于0.5%，而中国和日本等将咖啡碱含量低于1%视为低咖啡碱茶。利用高效液相色谱（HPLC）测定法，筛选到咖啡碱含量在1%以下的茶树种质资源14份，见表3-12，为培育低咖啡碱茶树品种提供参考。

表3-12 云南低咖啡碱茶树种质资源名录

种质名称	资源类型	原产地	咖啡碱含量（%）	种质名称	资源类型	原产地	咖啡碱含量（%）
金厂大茶树	野生资源	麻栗坡县金厂	0.06	尖山大茶树	野生资源	马关县夹寒箐镇	0.17
大坝大茶树	野生资源	麻栗坡县大坝村	0.07	卡上大茶树	野生资源	马关县古林箐乡	0.19
达豹箐野茶	野生资源	马关县夹寒箐镇	0.06	务路者野茶	野生资源	马关县八寨镇	0.17
陡舍坡野茶	野生资源	文山市陡舍坡	0.07	昆老大叶茶	地方品种	麻栗坡县猛硐瑶族乡	0.11
新街小叶茶	野生资源	文山市新街乡	0.18	老君山野茶	野生资源	文山市老君山	0.05
芹菜塘野茶	野生资源	龙陵县象达镇	0.81	底泥大茶树	野生资源	文山市平坝镇	0.06
新街紫芽茶	野生资源	文山市新街乡	0.04	河边大茶树	野生资源	陇川县护国乡	0.85

五、高EGCG茶树资源

表没食子儿茶素没食子酸酯（epigallocatechin-3-gallate，EGCG）作为茶多酚具与生理活性和药理功能相关的关键成分。茶叶中含大量茶多酚，茶多酚的主要成分是儿茶素类，儿茶素又可分为非酯型儿茶素（EC、EGC、C、GC等）和酯型儿茶素（EGCG、ECG、GCG、CG等），EGCG含量一般占茶多酚总量的40%。许多研究表明，EGCG是绿茶的主要活性成分和使茶叶具有抗癌功效的核心成分。目前EGCG还不能通过人工合成，主要来源于茶叶，对高EGCG茶树特异资源的筛选和对高EGCG优质绿茶产品的开发可满足国内外市场需求。茶树新梢EGCG含量通常为6%～13%，EGCG含量大于13%为高EGCG茶树资源。利用高效液相色谱（HPLC）测定法，筛选到EGCG含量在10%以上的茶树种质资源22份，见表3-13。

表 3-13　云南高 EGCG 茶树种质资源名录

种质资源名称	资源类型	原产地	EGCG 含量（%）	种质资源名称	资源类型	原产地	EGCG 含量（%）
大坪大叶茶	地方品种	元阳县大坪乡	11.8	元江糯茶	地方品种	元江哈尼族彝族傣族自治县猪街村	13.4
宜良宝洪茶	地方品种	昆明市宜良县	10.3	清水 4 号	地方品种	凤庆县清水河村	14.4
威信小叶茶	地方品种	云南威信县	10.1	宝丰大叶茶	地方品种	云南昌宁县	12.3
双江大叶茶	地方品种	双江拉祜族佤族布朗族傣族自治县勐库镇	14.9	大寺乡丛茶	地方品种	云南凤庆县	12.4
清水 3 号	地方品种	凤庆县清水河村	14.2	盐津小叶茶	地方品种	云南盐津县	11.9
户育大黑茶	野生资源	瑞丽市户育乡	12.0	大关翠华茶	地方品种	云南大关县	11.0
昆明十里香	地方品种	昆明市宜良县	12.5	昭通苔子茶	地方品种	云南镇雄县	12.0
云华苦叶茶	地方品种	腾冲市云华村	11.1	关卡大黑茶	野生资源	瑞丽市弄岛镇	11.3
易武小叶茶	地方品种	勐腊县易武镇	11.4	昌宁大叶茶	地方品种	云南昌宁县	12.3
桤木窝大茶树	地方品种	腾冲市团田乡	10.4	燕寺大叶 2 号	地方品种	腾冲市团田乡	10.4
燕寺大叶 1 号	地方品种	腾冲市团田乡	10.8	旧街大茶树	地方品种	隆阳区芒宽彝族傣族乡	12.9

六、高茶黄素茶树资源

茶黄素（theaflavin，TFs）是一类具有苯丙酚酮结构化合物的总称，主要包括茶黄素 1a、茶黄素-3-没食子酸酯、茶黄素-3′-没食子酸酯和茶黄素双没食子酸酯 4 种。茶黄素存在于黄茶和红茶中，是茶叶发酵的产物。红茶中茶黄素类含量一般为 0.3%～1.5%，茶黄素对红茶的色、香、味及其他品质起着决定性的作用，是红茶中的主要功能成分和品质组分。依据感官审评结果，采用系统分析法测定，筛选到茶黄素含量超过肯尼亚优质红碎茶品种 6/8 的高茶黄素资源 10 份，见表 3-14。

表 3-14　云南高茶黄素茶树种质资源名录

种质名称	资源类型	原产地	茶黄素含量（%）	种质名称	资源类型	原产地	茶黄素含量（%）
等嘎大黑茶	野生资源	瑞丽市等嘎村	2.2	翠华茶	地方品种	大关县翠华镇	1.8
大团叶茶	地方品种	云南云县	1.9	龙山大山茶	野生资源	腾冲市龙山镇	1.7
团田大叶茶	地方品种	腾冲市团田乡	1.9	凤庆 3 号	地方品种	云南凤庆县	1.7
易武红芽茶	地方品种	勐腊县易武镇	1.8	温泉源头茶	野生资源	昌宁县温泉镇	1.7
勐库小叶茶	地方品种	双江拉祜族佤族布朗族傣族自治县勐库镇	1.8	勐拉红梗茶	野生资源	永德县勐拉	1.6

第五节

抗性评价

茶树为多年生木本植物，与其他作物相比，茶树在栽培方式、栽培周期和田间管理等方面差别较大。生产上要求茶树常年成活，周年生产供应，因此易受各种病虫害的侵扰。目前生产上仅仅依靠外源防治措施来减少茶树病虫害的发生，这容易造成环境污染和茶叶农药残留问题。茶树抗性育种是提高茶树品种抗病虫害最重要和有效的手段之一，抗性育种已成为茶树育种的重要目标。

多年来，云南省农业科学院茶叶研究所科技人员根据《农作物优异种质资源评价规范　茶树》(NY/T 2031—2011)，通过田间抗性调查和室内抗性鉴定等研究方法，对国家种质勐海茶树圃保存的云南大叶茶进行了鉴定评价，筛选出一批具抗性育种的茶树品种资源，为茶树抗性育种提供了丰富的物质基础。其中，抗寒性较强的有 11 份，抗茶小绿叶蝉虫性较强的有 8 份，抗咖啡小爪螨虫性较强的有 11 份，抗茶苗根结线虫性较强的有 19 份，抗茶饼病较强的有 20 份，抗茶轮斑病性较强的有 13 份，抗茶云纹苦病性较强的有 11 份，见表 3 - 15。

表 3 - 15　云南抗性茶树种质资源名录

抗性	名称	种质名称	份数
抗逆性	抗寒性	河头白毛尖茶、弄岛黑茶、白竹山大叶茶、漭水小叶茶、固东大叶茶、勐稳野茶、紫娟、86 - 6 - 9、86 - 8 - 1、86 - 9 - 12、86 - 12 - 7	11
抗虫性	抗茶小绿叶蝉	云抗 47 号、云抗 12 号、6 - 8、马鞍山大叶茶、昌选 2 号、中叶 2 号、紫娟、云茶 1 号	8
	抗咖啡小爪螨	花拉厂茶、官寨茶、公弄茶、易武绿芽茶、龙山大山茶、文家塘大叶茶、景谷大叶茶、邦东大叶茶、茶房大叶茶、基诺大叶茶、丫口小叶茶	11
	抗根结线虫	邦奈大叶茶、龙树茶、那贝茶、基诺大叶茶、大寺丛茶、水平大叶茶、丫口小叶茶、凤庆大叶茶、马鞍山大叶茶、富乐白毛尖、铜厂大叶茶、芒回大叶茶、勐休大叶茶、小坡头茶、右甸报洪茶、岔河大叶茶、景迈大叶茶、曼喷龙大叶茶、84 - 1 - 1	19
抗病性	抗茶饼病	云抗 10 号、佛香 1 号、佛香 2 号、佛香 3 号、紫娟、云茶 1 号、1 - 11、1 - 16、8 - 1、8 - 13、1 - 1、2 - 4、3 - 1、4 - 2、4 - 4、5 - 1、6 - 7、8 - 10、D1、D2	20
	抗茶轮斑病	元江团叶茶、团田大叶茶、漭水大叶茶、勐嘎大叶茶、大厂大叶茶、金平苦茶、云龙大叶茶、绿春玛玉茶、荷花大叶群体、文家塘大叶群体、景谷群体、坝外群体、云抗 15 号	13
	抗茶云纹枯病	漭水野生大茶、茶山河野茶、弄岛野茶、香竹箐大茶树、羊圈坡野茶、云抗 10 号、云茶 1 号、佛香 1 号、佛香 2 号、佛香 3 号、紫娟	11

第六节

整理整合与共享利用

为促进茶树种质资源的共享与利用，应用 Access 数据库软件，系统整理了云南茶树种质资源 830 份，与国家自然科技资源 e 平台相链接，建立了云南茶树种质资源数据库和共享利用框架，为实现茶树种质资源的规范化、数字化和信息化管理奠定了基础。

一、整理整合

按照国家科技平台建设的要求，依据《国家自然科技资源平台植物种质资源共性描述规范》和《农作物种质资源收集技术规程》，对国家种质勐海茶树圃内 830 份茶树种质资源进行了共性数据和特性数据整理整合。整理共性数据包括护照信息、标记信息、基本特征特性、其他描述信息、收藏单位信息和共享信息 6 个描述类别的 46 个字段，整理特性数据包括基本信息、形态特征和生物学特性、品质特征、抗逆性、抗病虫性、其他特征特性 6 个描述类别的 111 个字段。整理项目和内容见表 3－16。

表 3－16　茶树种质资源整理整合描述项目和内容

描述类别		描述项
共性描述	护照信息	平台资源号、资源编号、种质名称、种质外文名、科名、属名、种名、原产地、省、国家、来源地
	标记信息	资源归类编码、资源类型、主要特性、主要用途、气候带
	基本特征特性	生长习性、生育周期、特征特性、具体用途、观测地点、系谱、选育单位、育成年份、海拔、经度、纬度、土壤类型、生态系统类型、年均温度、年均降水量
	其他描述信息	图像、标记地址
	收藏单位信息	保存单位、单位编号、库编号、圃编号、引种号、采集号、保存资源类型、保存方式、实物状态
	共享信息	共享方式、获取途径、联系方式、源数据主键
特性描述	基本信息	全国统一编号、种质圃编号、引种号、采集号、种质名称、种质外文名、科名、属名、学名、原产国、原产省、原产地、海拔、经度、纬度、来源地、保存单位、保存单位编号、系谱、选育单位、育成年份、选育方法、种质类型、繁殖方式、图像、观测地点
	形态特征和生物学特性	树型、树姿、发芽密度、一芽一叶期、一芽二叶期、芽叶色泽、芽叶茸毛、一芽三叶长、一芽三叶百芽重、叶片着生状态、叶长、叶宽、叶片大小、叶形、叶脉对数、叶色、叶面、叶身、叶质、叶齿锐度、叶齿密度、叶齿深度、叶基、叶尖、叶缘、盛花期、萼片数、花萼色泽、花萼茸毛、花冠直径、花瓣色泽、花瓣质地、花瓣数、子房茸毛、花柱先端长度、花柱先端开裂数、花柱先端裂位、雌雄蕊相对高度、果实形状、果实大小、果皮厚度、种子形状、种径大小、种皮色泽、百粒重
	品质特征	适制茶类、兼制茶类、绿茶总分、绿茶香气分、绿茶香气特征、绿茶滋味分、绿茶滋味特征、红茶总分、红茶香气分、红茶香气特征、红茶滋味分、红茶滋味特征、乌龙茶总分、乌龙茶香气分、乌龙茶香气特征、乌龙茶滋味分、乌龙茶滋味特征、水浸出物、咖啡碱、茶多酚、氨基酸、酚氨比、茶氨酸、儿茶素总量、EGCG、EGC、ECG、EC、GC

（续）

描述类别		描述项
特性描述	抗逆性	耐寒性、耐旱性
	抗病虫性	茶云纹叶枯病抗性、茶炭疽病抗性、茶饼病抗性、茶小绿叶蝉抗性、茶橙瘿螨抗性、咖啡小爪螨抗性
	其他特征特性	染色体倍数性、指纹图谱和分子标记、备注

二、共享利用

茶树种质资源共享分为信息共享和实物共享 2 大类，见图 3－17。信息共享的内容主要包括与茶树资源实物相关的各种信息，如种质资源的基本信息、形态特征和生物学特征、品质特性、抗病虫性等。实物共享主要包含茶树资源的植株（苗）、芽、叶、花、果等以实物形式存在的各种遗传资源。

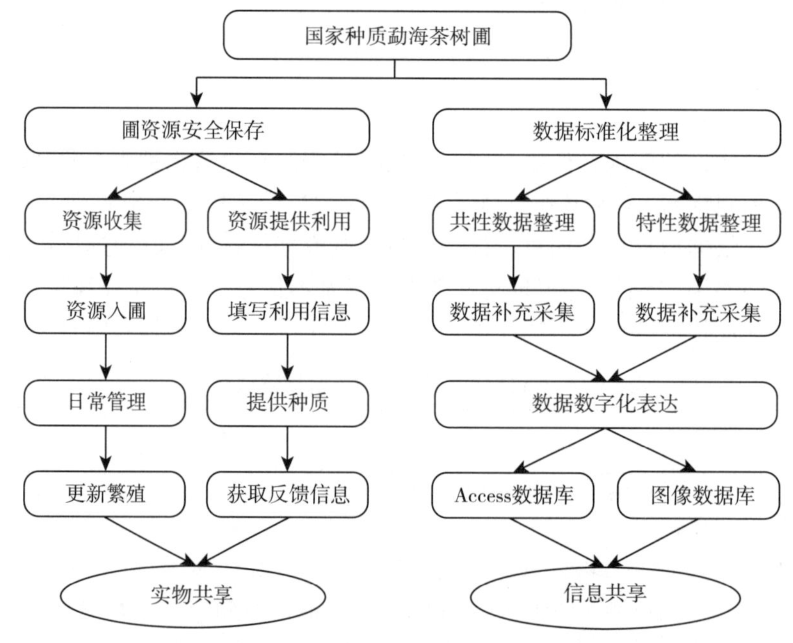

图 3－17　云南茶树种质资源共享框架图

云南省农业科学院茶叶研究所承担着国家种质勐海茶树圃种质资源的安全保存、数据标准化整理整合及共享利用的任务。自 2003 年以来，通过资源数据标准化整理整合、图像采集，建立了 Access 数据库和图像数据库，实现了信息共享。目前，已向国家科技平台提交了 830 份茶树种质资源的标准化和数字化信息以供查询，通过资源收集、更新繁殖等安全保护措施提供了实物利用。

参照《中华人民共和国种子法》和《农作物种质资源管理办法》，国家种质勐海茶树圃向国内相关单位提供了种质资源实物共享 1 000 余份（次），主要用于山茶属植物系统分类、茶树品种选育，以及生理生化、生殖生物学和分子生物学研究等，部分材料用于高等院校和科研单位博士生、硕士生论文的研究材料。同时，以资源圃为教学基地，开展科普教育活动，为普及科学知识、增强公众对植物种质资源的保护意识提供了大量素材。

第四章 云南茶树种质资源发掘与利用

茶树种质资源是茶叶产业创新发展的基础，深入挖掘和利用茶树优异种质资源是茶树育种工作取得突破性进展的关键环节，是保障茶叶产业发展的根本路径。云南古老的茶树种质资源是历史文化的传承者，独具区域和生态特色的地方茶树品种带动了地方茶产业的发展。加强云南茶树优异种质资源的发掘与应用，可以促进云南地方特色茶产业的发展，提高广大人民的健康生活水平。

第一节

野生茶树资源

野生茶树为栽培茶树的野生近缘植物，可采叶制茶饮用或用于茶树远缘杂交创造茶树新类型和新品种。野生茶树具有独特的适应性和遗传基因多样性，利用其蕴涵的丰富基因资源创造育种新材料、研制茶叶新产品将成为国内外茶学科技发展的新领域。云南地区的野生茶树资源分布范围广、物种丰富、资源储量大，是云南一大特色野生植物资源，具有巨大的潜在利用价值。云南世居民族自古就利用野茶，他们从野生茶树中发掘出具苦味、涩味、甜味等不同口味的野生茶树品种资源，可作药用和饮用，并引种到村寨周边，逐步栽培驯化，使茶成为他们生产生活、社交和保健的必需品。如今，云南一些地区已将野生茶树加工制作成茶叶产品开发利用，并步入产业化生产，初步体现了野生茶树资源的经济价值和社会价值。本节选择了云南地区 2 个典型的野生广布种加以介绍。

一、大理茶的开发利用

【原产地及分布】野生茶树大理茶（*C. taliensis*）属山茶科山茶属茶组植物。大理茶的模式标本来源于云南大理苍山，大理茶广泛分布于云南的苍山、高黎贡山、无量山和哀牢山等山系，以及怒江和澜沧江流域。大理茶在云南地区是典型的野生广布种和优势种。

【基本特征特性】大理茶是栽培茶树的野生近缘种，与栽培的大叶茶具相似形态特征，又具有典型的原始特征，见图 4－1。大理茶植株高大，多为乔木型和小乔木型，分枝较稀，树姿多为直立或半开张，树高 3～30m。顶芽绿色或紫绿色，无茸毛。叶柄绿色、无茸毛，叶片大叶或特大叶、无茸毛，叶片长 12.7～17.2cm、宽 4.4～6.2cm，叶面平滑、有光泽，叶色深绿，叶形为椭圆形或长椭圆形，叶缘疏生锯齿，侧脉 7～11 对。花单生或 2～3 朵腋生，具小苞片 2～3 个、早落，萼片 5 片、无茸毛，花冠较大，花瓣 8～12 枚，花瓣白色，花柱先端 4～5 裂，子房 5 室、密被茸毛。果实四方形、扁球形或梅花形，种子球形，种皮粗糙、褐色。

【历史栽培驯化】云南地区的少数民族对野生茶树有着悠久的栽培利用历史。历史上滇西一带的少数民族曾经对大理茶有过长期的驯化栽培，后来大理茶逐渐被大叶茶（普洱茶）所替代，栽培面积和植株数量逐渐减少。至今，在大理、保山和临沧等多个地方依然遗留保存着具规模化人工栽培的大理茶植株，这些大理茶树体高大，树龄长，或零星分布于荒山荒坡，或成排种植于高山地埂边，或单株散生于庭园内（图 4－2），如昌宁县温泉镇联席村大茶树居群、永平县水泄乡狮子窝村大茶树居群、云县曼湾镇白莺山村古茶树居群、保山市隆阳区潞江镇芒颜村古茶树居群等。

近年来，随着市场对野生茶产品的需求越来越大，在云南省的昌宁、凤庆、永平、龙陵、云县等地方，当地民族通过扦插、嫁接和种子繁育等措施对大理茶进行栽培种植（图 4－3），面积或大或小的野生茶树大理茶园不断出现，见图 4－4。

【优良品质特征】许多研究表明，野生茶树大理茶芽叶的主要内含物质茶多酚、氨基酸、咖啡碱和儿茶素等的含量与栽培大叶茶相当，可制作茶叶饮用。对云南 210 份大理茶一芽二叶蒸青样品的主要生

图 4-1　大理茶形态特征

昌宁大香树大茶树居群　　　永平狮子窝大茶树居群

图 4-2　历史栽培的大理茶植株

图 4-3　人工繁育的大理茶苗

图 4-4　种植的大理茶植株

化成分进行了测定，其水浸出物含量为45.3%～52.5%，平均为48.4%；茶多酚含量为18.8%～25.2%，平均为21.4%；氨基酸总量为2.0%～3.9%，平均为2.5%；咖啡碱含量为1.1%～4.1%，平均为3.0%；儿茶素总量为4.4%～14.1%，平均为9.1%。一些研究还表明，大理茶含有茶多糖、茶氨酸和大理茶素等，大理茶主要香气成分为棕榈酸、亚油酸、植醇和亚麻酸乙酯等有机酸及其酯和二萜类。利用大理茶制作的绿茶外形粗松，呈乌褐色，冲泡品饮苦涩味重。但随着茶叶加工技术的发展，利用大理茶制作的红茶备受欢迎。已有研究者对昌宁野生古树红茶进行了感官审评和分析，认为利用大理茶制作的红茶外形条索紧结匀齐、色泽乌润，汤色橙红明亮，香气浓郁，滋味甜醇，整体品质良好，见图4-5。

图4-5　大理茶制作的红茶

【开发利用价值】滇西一带历史栽培遗留的大理茶植株，因其树龄悠久、品质优良、商品性好，已经步入产业化推广利用。大理茶中尚有许多未被发掘利用的优良品种，他们各具特色，风味独特，具有潜在的科研价值和市场价值。大理茶将会是云南红茶品种选育的重要资源。

二、厚轴茶的开发利用

【原产地及分布】野生茶树厚轴茶（*C. crassicolumna*）属山茶科山茶属茶组植物。厚轴茶的模式标本采自云南西畴，厚轴茶主要分布于云南东南部的西畴、麻栗坡、广南、红河、元阳、金平、屏边和马关等地。

【基本特征特性】厚轴茶是栽培茶树的野生近缘种，其与栽培的大叶茶具相似的形态特征，又具有典型的原始特征，见图4-6。厚轴茶植株高大，多为乔木型和小乔木型，分枝较稀，树姿多直立或半开张，树高4～20m。顶芽绿色或紫绿色，有茸毛。叶柄绿色，叶片为大叶或特大叶，叶长13.4～16.6cm、宽4.0～6.4cm，叶面平滑、有光泽，叶色深绿，叶形为椭圆形或长椭圆形，叶缘疏生锯齿，侧脉8～12对。花单生，具小苞片2～3个、早落，花梗粗大，萼片大、5片、有茸毛，萼片长0.8～1.0cm、宽1.0～1.3cm。花冠大，花冠直径7.6～10.0cm，花瓣9～13枚，花瓣白色、质地厚，花柱先端5裂、有茸毛、裂位深，子房5室、密被茸毛。果实圆球形，扁球形，中轴粗大，种子球形、似肾形，种皮粗糙、呈褐色。

【历史栽培驯化】在滇东南的红河、文山一带，当地民族曾对厚轴茶有过长期的采叶利用和驯化栽培。随着云南大叶茶（普洱茶）的兴起，栽培驯化的厚轴茶被遗去，其栽培面积和植株数量逐渐消失。至今，滇东南的红河、元阳、金平、马关、文山和麻栗坡等多个地方依然遗留保存着具规模化人工栽培的厚轴茶植株。

【优良品质特征】对来自文山市的9份厚轴茶一芽二叶蒸青样品的主要生化成分的检查结果显示，水浸出物含量为39.8%～45.9%，平均为42.1%；茶多酚含量为17.4%～24.3%，平均为20.4%；氨

图 4－6　厚轴茶形态特征

基酸总量为 1.8%～4.9%，平均为 2.9%；咖啡碱含量为 0%～0.2%，平均为 0.1%；儿茶素总量为 5.8%～10.1%，平均为 7.6%。目前对厚轴茶的加工制作较简单，手工炒制的晒青毛茶条索肥大、重实，色泽墨绿，汤色淡黄明亮，滋味浓醇甘甜。

【开发利用价值】云南红河、文山等地分布的厚轴茶是一种嘌呤生物碱含量普遍较低的特异茶树种质资源，其品种繁多，是云南又一大特色野生茶树资源。与栽培大叶茶相比较，厚轴茶富含茶多酚、氨基酸和儿茶素，而咖啡碱含量极低，是一种茶碱、咖啡碱含量极微而其他化学成分与栽培大叶茶相当的特异资源，是选育特色茶树品种和深开发特种茶产品的重要资源。

第二节

地方茶树品种资源

一方品种带动一方产业。云南茶树栽培历史悠久，地方茶树品种十分丰富。云南地方茶树品种名称与分布地点相关联，多以产地命名。多数地方品种都是一个性状各异的有性系群体，并不是真正具备品种学意义的名称，是当地民族文化观念造就而成，更多的是一种文化概念。20 世纪 80 年代，研究人员曾对云南茶树品种资源进行了全面调查，发现地方茶树品种多达 200 个以上，其中可直接提供生产利用的优良品种就有 20 多个，获国家级茶树优良品种的有勐海大叶茶、勐库大叶茶和凤庆大叶茶 3 个。这些古老的茶树品种各具特色，具有潜在的茶树育种价值和茶叶市场价值。根据茶树品种来源地不同、形态特征的典型性、品质特征的代表性以及开发利用优势等综合因子，本节选择了云南 15 个优良地方茶树品种加以介绍。

一、勐海大叶茶

【原产地及分布】勐海大叶茶（Menghai Dayecha）又名佛海茶，原产于云南省勐海县格朗和哈尼族乡南糯山，1985 年全国农作物品种审定其为国家级茶树良种。勐海大叶茶是勐海县地方优良茶树品种，约有 300 多年种植历史，为云南省主栽茶树品种之一，主要分布于勐海县南糯山、布朗山、贺开、勐宋、帕沙、西定和勐往等地。

【基本特征特性】勐海大叶茶在植物学分类上属普洱茶变种（*C. sinensis* var. *assamica*），是有性群体地方优良品种，见图 4－7。植株乔木型和小乔木型，树姿半开张，分枝密度中等。芽叶肥壮，色泽黄绿、紫绿色或淡绿色，茸毛多或特多。叶片大叶、特大叶类，叶长 14.0～18.6cm、宽 5.2～7.6cm，

图 4－7　勐海大叶茶

叶脉 9～13 对，叶形椭圆形或长椭圆形，叶背主脉有茸毛，叶身平、内折或背卷，叶面隆起，叶缘波，叶基楔形，叶尖渐尖，叶齿浅、稀、钝，叶质中等，叶片上斜着生。萼片 5 片、绿色、无茸毛，花冠直径 3.8～5.2cm，花瓣 6～7 枚、白色，花柱先端 3 裂，子房 3 室、多茸毛。果实三角形，果皮绿色。

【优良品质特征】勐海大叶茶芽叶肥壮，茸毛多，发芽整齐，产量高，芽叶持嫩性强。春茶一芽三叶百芽重 153.2g，一芽二叶干茶样品水浸出物含量 48.6%，咖啡碱含量 4.1%，茶多酚含量 32.8%，氨基酸含量 2.3%，儿茶素总量 18.2%。勐海大叶茶适宜于制作普洱茶、绿茶、红茶，是制作普洱茶的优质原料。

【开发利用价值】勐海大叶茶分布广泛，各具特色。已从勐海大叶茶群体中选育出云抗 10 号、紫娟、长叶白毫等多个优良、特异茶树新品种推广运用，产生了显著的经济效益。勐海大叶茶已成为勐海的一张城市名片，是勐海县第一支柱产业，已成为勐海县茶农致富、改善生活品质的绿色产业。

二、勐库大叶茶

【原产地及分布】勐库大叶茶（Mengku Dayecha）又名勐库种、勐库茶，原产于云南省临沧市双江拉祜族佤族布朗族傣族自治县勐库镇，1985 年全国农作物品种审定其为国家级茶树良种。勐库大叶茶是临沧市双江拉祜族佤族布朗族傣族自治县的地方优良茶树品种，约有 300 多年种植历史，为云南省主栽茶树品种之一，被誉为“云南大叶茶的代表”，主要分布于临沧市的双江拉祜族佤族布朗族傣族自治县、临翔区、镇康县、永德县等地。

【基本特征特性】勐库大叶茶在植物学分类上属普洱茶变种（*C. sinensis* var. *assamica*），是有性群体地方优良品种，见图 4－8。植株小乔木型，树姿半开张，分枝密度中等。芽叶肥壮、色泽黄绿或淡绿，茸毛多或特多。叶片大叶、特大叶类，叶长 13.8～21.9cm、宽 5.8～9.0cm，叶脉 9～13 对，叶形椭圆形或长椭圆形，叶背主脉有茸毛，叶身平、内折或背卷，叶面隆起，叶缘微波，叶基楔形，叶尖渐尖，叶齿浅、稀、钝，叶质中等，叶片上斜着生。萼片 5 片、绿色、无茸毛，花冠直径 3.5～5.4cm，花瓣 6～7 枚、白色，花柱先端 3 裂，子房 3 室、多茸毛。果实三角形，果皮绿色。

图 4－8　勐库大叶茶

【优良品质特征】勐库大叶茶芽叶肥壮，茸毛多，发芽整齐，发芽期早，生长期长，育芽力强，产量高，芽叶持嫩性强。春茶一芽三叶百芽重 151.4g，一芽二叶干茶样品水浸出物含量 46.7%，咖啡碱含量 4.2%，茶多酚含量 33.7%，氨基酸含量 3.1%，儿茶素总量 18.2%。勐库大叶茶适宜于制作普洱茶、绿茶、红茶，其晒青毛茶条索肥壮，白毫显露，汤色黄绿明亮，滋味鲜爽。制红茶色泽油润，金黄显毫，滋味浓烈，汤色浓艳，香气高鲜，叶底红亮。

【开发利用价值】茶叶是双江的传统支柱产业，是农村经济和农民收入的主要来源之一。勐库大叶茶已成为双江拉祜族佤族布朗族傣族自治县茶产业发展的品牌形象之路。开发利用勐库大叶茶，提升勐库大叶茶品牌知名度及影响力，将有力地推动双江拉祜族佤族布朗族傣族自治县茶产业快速发展。

三、凤庆大叶茶

【原产地及分布】凤庆大叶茶（Fengqing Dayecha）又名凤庆长叶茶、凤庆种，原产于云南省凤庆县大寺乡，1985 年全国农作物品种审定其为国家级茶树良种。凤庆大叶茶是凤庆县地方优良茶树品种，约有 300 多年种植历史，为云南省主栽茶树品种之一，主要分布于凤庆县大寺乡的河顺村、平河村、岔河村、回龙村，以及凤山镇的安石村和水箐村等地。

【基本特征特性】凤庆大叶茶在植物学分类上属普洱茶变种（*C. sinensis* var. *assamica*），是有性群体地方优良品种，见图 4－9。植株小乔木型，树姿半开张，分枝密度中等。芽叶较长、色泽黄绿色，茸毛多或特多，早生种。叶片大叶、特大叶类，叶长 15.2～24.3cm、宽 5.2～7.6cm，叶脉 8～12 对，叶形长椭圆形、披针形，叶背主脉少茸毛，叶身内折、稍内折，叶面平或微隆起，叶缘微波，叶基楔形，叶尖渐尖，叶齿浅、稀、中，叶质中等，叶片上斜着生。萼片 5 片、绿色、无茸毛，花冠直径 3.6～5.0cm，花瓣 5～6 枚、白色，花柱先端 3 裂，子房 3 室、多茸毛。果实三角形、球形，果皮绿色。

图 4－9　凤庆大叶茶

【优良品质特征】凤庆大叶茶芽叶较长，茸毛多，发芽整齐，发芽期早，育芽力强，产量高，芽叶持嫩性强。春茶一芽三叶百芽重 140.0g，一芽二叶干茶样品水浸出物含量 47.6%，咖啡碱含量 3.9%，茶多酚含量 35.8%，氨基酸含量 3.4%，儿茶素总量 18.6%。凤庆大叶茶适宜于制作红茶、绿茶和普洱茶，其晒青毛茶外形条索紧结，白毫显露，汤色黄绿明亮，滋味鲜爽。制红茶色泽油润，汤色红艳，香气高锐持久，滋味浓强鲜爽。凤庆大叶茶是制作滇红茶的优质品种。

【开发利用价值】凤庆大叶茶品质优良，已从凤庆大叶群体中选育出清水 3 号、凤庆 3 号、凤庆 9 号等地方性优良品种推广利用，产生了显著的经济效益。目前，凤庆大叶茶生产的茶叶产品主要有工夫红条茶、CTC 红碎茶（切碎-撕裂-卷曲红茶）、绿茶、花茶、速溶茶、普洱茶和紧压茶等，畅销国内外。凤庆大叶茶已成为凤庆县打造滇红茶品牌的核心种质，凤庆大叶茶正由资源优势转变为经济优势，积极地推动了当地经济社会的发展。

四、景谷大白茶

【原产地及分布】景谷大白茶（Jinggu Dabaicha）又名秧塔大白茶，原产于云南省景谷傣族彝族自治县民乐镇大村秧塔村民小组，因芽头多茸毛呈银白色而得名。景谷大白茶是景谷傣族彝族自治县特有地方优良茶树品种，约有300多年种植历史，主要分布于景谷傣族彝族自治县县民乐镇的大村、白象村、桃子村、民乐村等地。

【基本特征特性】景谷大白茶在植物学分类上属普洱茶变种（*C. sinensis* var. *assamica*），是有性群体地方优良品种，见图4-10。植株小乔木型，树姿半开张，分枝密度中等。芽叶肥壮、色泽黄绿或淡绿、茸毛特多。叶片下垂状着生，叶长15.8～17.1cm、宽5.7～6.2cm，叶脉9～12对，叶色绿，叶形椭圆形或长椭圆形，叶背主脉有茸毛，叶身平，叶面隆起，叶缘波，叶基楔形，叶尖渐尖，叶齿浅、稀、钝，叶质中等，叶片大叶、特大叶类。萼片5片、绿色、无茸毛，花冠直径4.0～5.0cm，花瓣6～7枚、白色，花柱先端3裂，子房3室、多茸毛。果实三角形，果皮绿色。

图4-10　景谷大白茶

【优良品质特征】景谷大白茶芽叶肥壮，茸毛特多，发芽整齐，产量高，芽叶持嫩性强。春茶一芽三叶百芽重173.8g，一芽二叶干茶样品水浸出物含量42.9%，咖啡碱含量4.8%，茶多酚含量30.9%，氨基酸含量2.8%，儿茶素总量15.3%。景谷大白茶外形白毫显露，条索银白，气味清香，茶汤清亮，滋味醇和回甜，适宜于制作普洱茶、绿茶、红茶、白茶等多种茶类，是制作“白龙须贡茶”“月光白”等名优茶的优质原料。

【开发利用价值】历史上当地民族利用景谷大白茶制成珍品茶叶“白龙须贡茶”进贡朝廷。如今利用景谷大白茶制作晒青茶、炒青茶和烘青茶等不同茶类。目前，景谷傣族彝族自治县种植大白茶面积达11万亩，干毛茶年产量超5 220t，农业产值达4.2亿元。依托景谷大白茶的优良品质，挖掘大白茶文化底蕴，可有效促进景谷傣族彝族自治县茶产业的发展。

五、坝子白毛茶

【原产地及分布】坝子白毛茶（Bazi Baimaocha）又名麻栗坡白毛茶，原产于云南省文山壮族苗族自治州麻栗坡县猛硐瑶族乡坝子村。白毛茶是文山壮族苗族自治州主栽的茶树群体品种，约有200多年种植历史，主要分布于文山市的坝心彝族乡和平坝镇，西畴县的法斗乡、莲花塘乡、兴街镇和柏林乡，麻栗坡县的猛硐瑶族乡、下金厂乡、天保镇、六河乡、大坪镇和董干镇等。

【基本特征特性】 坝子白毛茶在植物学分类上属白毛茶变种（*C. sinensis* var. *pubilimba*），是有性群体地方优良品种，见图 4－11。植株小乔木型，树姿开张，分枝密度较密。芽叶绿色，茸毛特多。叶片大叶类，叶片长 12.8～16.4cm、宽 4.5～6.7cm，叶脉 7～11 对，叶形长椭圆形或披针形，叶背主脉茸毛多，叶身平，叶面微隆起，叶缘平，叶基楔形，叶尖渐尖，叶齿深、密、锐，叶质软，叶色深绿，叶片上斜着生。萼片 5 片、绿色、有茸毛，花冠直径 2.8～3.5cm，花瓣 5～7 枚、白色，花柱先端 3 裂，子房 3 室、有茸毛。果实三角形、肾形，果皮绿色，种子褐色。

图 4－11　坝子白毛茶

【优良品质特征】 坝子白毛茶芽叶细长，茸毛特多，发芽整齐，产量中等，芽叶持嫩性强。春茶一芽三叶百芽重 110.0g，一芽二叶干茶样品水浸出物含量 46.6%，咖啡碱含量 4.7%，茶多酚含量 34.0%，氨基酸含量 3.9%，儿茶素总量 20.7%。坝子白毛茶外形白毫显露，条索银白，气味清香，茶汤清亮，滋味醇和回甜，适宜于制作绿茶、红茶、白茶等多种茶类，制红茶香气高爽持久，滋味鲜爽回甜。

【开发利用价值】 白毛茶是文山州主要的茶树良种，分布广泛，麻栗坡、西畴等地依托白毛茶优良品种，开发出“老山”“高朋”“老君山”等茶叶品牌，促进了当地茶产业发展，为助力脱贫攻坚、发展乡村振兴提供了坚实的产业基础。

六、勐腊绿芽茶

【原产地及分布】 勐腊绿芽茶（Mengla Layacha）又名易武绿芽茶，原产于云南省勐腊县易武镇麻黑村，因芽头呈绿色而得名。勐腊绿芽茶是勐腊县优良大叶茶群体品种的代表，约有 200 多年种植历史，主要分布于勐腊县易武镇麻黑村、易武村、落水洞、刮风寨、三丘田、三合社、丁家寨和曼腊村等地。

【基本特征特性】 勐腊绿芽茶在植物学分类上属普洱茶变种（*C. sinensis* var. *assamica*），是有性群体地方优良品种，见图 4－12。植株小乔木型，树姿半开张，分枝密度较密。芽叶绿色、深绿色，茸毛中等。叶片大叶类，叶片长 13.2cm、宽 6.4cm，叶脉 9～10 对，叶色深绿，叶形椭圆形，叶背主脉茸毛少，叶身稍内折，叶面隆起，叶缘微波，叶基楔形，叶尖渐尖，叶齿稀、锐、深，叶质软，叶片上斜着生。萼片 5 片、绿色、无茸毛，花冠直径 3.2～4.0cm，花瓣 6 枚、白色，花柱先端 3 裂，子房 3 室、有茸毛。果实三角形、肾形，果皮绿色，种子褐色。

图 4-12　勐腊绿芽茶

【优良品质特征】勐腊绿芽茶芽叶较细长，色泽绿色，发芽整齐，产量中等，芽叶持嫩性强。春茶一芽三叶百芽重 123.5g，一芽二叶干茶样品水浸出物含量 42.3%，咖啡碱含量 3.9%，茶多酚含量 36.3%，氨基酸含量 2.7%，儿茶素总量 18.6%。勐腊绿芽茶制作晒青茶色泽墨绿色，条索紧结、黑亮，汤色金黄，滋味鲜爽清新，苦涩味较弱，香气较好，适宜于制作普洱茶。

【开发利用价值】历史上勐腊绿芽茶是制作上等普洱茶的优质原料，为清朝贡茶，如元宝茶、曼松贡茶等。如今利用勐腊绿芽茶制作晒青茶、炒青茶和烘青茶等，开发出七子饼茶、砖茶、沱茶、竹筒茶、瓜茶等产品，成为勐腊县茶叶产业特色。目前勐腊县绿芽茶种植面积达 12.0 万亩，农业产值达 2.6 亿元，带动了当地茶产业发展。

七、广南底圩茶

【原产地及分布】广南底圩茶（Guangnan Dixucha）又名底圩大叶茶，原产于云南省广南县九龙山，因最早种植于底圩乡而得名。底圩茶是广南县特有地方优良茶树品种，约有 200 年种植历史，主要分布于广南县底圩乡、坝美镇、莲城镇、者兔乡、者太乡、珠琳镇等地方。

【基本特征特性】广南底圩茶在植物学分类上属白毛茶变种（*C. sinensis* var. *pubilimba*），是有性群体地方优良品种，见图 4-13。植株小乔木型，树姿半开张，分枝密度中等，嫩枝多茸毛。芽叶绿色或黄绿色，茸毛特多，芽叶持嫩性强。叶片大叶类，叶片长 13.0cm、宽 4.4cm，叶脉 8～11 对，叶形椭圆形，叶色浅绿或深绿，叶背主脉多茸毛，叶身内折，叶面特隆起，叶缘平，叶基近圆形，叶尖钝尖，叶齿浅、密、锐，叶质特柔软，叶片上斜着生。萼片 5 片、绿色、被茸毛，花冠直径 3.4～3.6cm，花瓣 6 枚、白色，花柱先端 3 裂，子房多茸毛。果实三角形，果皮绿色。

【优良品质特征】广南底圩茶芽叶茸毛特多，芽叶蜡质少，叶片和嫩茎特别柔软。利用底圩茶制作的春茶一芽二叶样品水浸出物含量 37.4%，茶多酚含量 31.4%，氨基酸含量 4.2%，咖啡碱含量 2.5%，儿茶素总量 19.6%，适宜于制作绿茶、黄茶、白茶、红茶、紧压茶等。用底圩茶制作的绿茶外形条索紧结清秀，绿色显毫，汤色黄绿明亮，香气浓郁，滋味鲜爽甘甜。

【开发利用价值】历史上当地壮族人民利用底圩茶制作的竹筒茶备受欢迎，是当地壮族姑娘赠予情郎的信物，又称“姑娘茶”。如今，利用底圩茶制作生产各种高档绿茶和工艺茶，如底圩白毫、红茶、奇毫茶、滇壮花街茶、砖茶、竹筒茶等外销市场。广南县底圩茶种植面积达 28.0 万亩，年产茶达

图 4-13　广南底圩茶

7 000t，产值达 3.0 亿元，为广南县一大特色产业。

八、绿春玛玉茶

【原产地及分布】绿春玛玉茶（Lvchun Mayucha），原产于云南省绿春县骑马坝乡玛玉村，因最早种植于玛玉村而得名。玛玉茶是绿春县特有地方优良茶树品种，约有 250 多年种植历史，主要分布于绿春县骑马坝乡的玛玉村、哈育村、托河村和莫洛村，大兴镇的牛洪社区、大寨社区和岔弄社区。

【基本特征特性】绿春玛玉茶在植物学分类上属普洱茶变种（*C. sinensis* var. *assamica*），是有性群体地方优良品种，见图 4-14。玛玉茶树型小乔木型，树姿半开张，分枝稀疏。芽叶黄绿色，茸毛多，芽叶持嫩性强。叶片大叶类，叶片长 14.2～16.7cm、宽 5.7～7.0cm，叶脉 9～12 对，叶形长椭圆形，叶色深绿色，叶面平或内折，叶身隆起，叶缘波，叶尖渐尖，叶基楔形，叶质软，叶片水平着生。萼片 5 片、无茸毛，花冠直径 3.2～3.8cm，花瓣 6 枚、白色，花柱先端 3 裂，子房茸毛多。果实三角形，果皮绿色。

图 4-14　绿春玛玉茶

【优良品质特征】绿春玛玉茶春梢一芽三叶百芽重 167.0g，一芽二叶晒青茶样品内含成分水浸出物含量42.9%，茶多酚含量31.0%，咖啡碱含量4.8%，氨基酸含量3.8%，儿茶素总量18.7%。绿春玛玉茶制作的晒青茶外形条索紧结重实，白毫显出，色泽乌黑，汤色明黄，冲泡时杯不起垢，适宜于制作绿茶、普洱茶。

【开发利用价值】玛玉茶为云南历史名茶，利用玛玉茶制作的碧玉春为云南省优质绿茶，在绿春县茶产业的发展上具有明显优势和潜在价值。目前已开发出玛玉毫针、哈尼秀峰、哈尼龙井、红河玛玉茶、哈尼珍香茶、梦之春、千里香、绿春绿茶、玛玉银针和云雾茶等系列茶产品，积极促进了绿春县茶产业的发展。

九、梁河回龙茶

【原产地及分布】梁河回龙茶（Lianghe Huilongcha）又名梁河大叶茶，原产于云南省梁河县大厂乡回龙寨，因地而得名。回龙茶是梁河县地方优良茶树品种，约有200多年种植历史，主要分布于梁河县的芒东镇、大厂乡、九保阿昌族乡、平山乡和小厂乡等地。

【基本特征特性】梁河回龙茶在植物学分类上属普洱茶变种（*C. sinensis* var. *assamica*），是有性群体地方优良品种，见图4-15。回龙茶树型小乔木型，树姿半开张，分枝中等。芽叶绿色，茸毛多，发芽密。叶片大叶类，叶片长13.7～17.0cm、宽4.8～6.2cm，叶脉8～13对，叶形长椭圆形，叶色绿，叶面隆起，叶身平或稍背卷，叶缘微波，叶尖渐尖，叶基楔形，叶质中等，叶片水平着生。萼片5片、无茸毛，花冠直径3.4～4.2cm，花瓣6～7枚、白色，花柱先端3裂，子房多茸毛。果实三角形，果皮绿色。

图4-15　梁河回龙茶

【优良品质特征】梁河回龙茶芽叶肥壮、色泽黄绿，芽毫浓密显露，叶质柔软，芽叶持嫩性强。一芽二叶蒸青茶样内含成分水浸出物含量47.5%，茶多酚含量41.0%，咖啡碱含量2.7%，氨基酸含量3.8%，儿茶素总量14.5%。利用回龙茶制作的绿茶外形条索紧实，自然卷曲，色泽油润，白毫显露，汤色黄绿明亮，香气高爽甘甜，滋味醇厚，叶底匀整明亮，持久耐泡。

【开发利用价值】梁河回龙茶以其优异的品质和深厚的文化成为当地人们馈赠嘉宾的“礼品茶”。开发出的“回龙曲毫磨锅茶”“梁河回思牌”等系列回龙茶产品已成为梁河县茶产业发展及品牌打造的核心，带动了梁河县茶产业的发展。

十、布朗山苦茶

【原产地及分布】布朗山苦茶（Bulangshan Kucha）又名勐海苦茶，因茶味极苦而得名。布朗山苦茶原产于勐海县布朗山布朗族乡老曼峨村，约有300多年种植历史，主要分布于勐海县布朗山布朗族乡的老曼峨、结良、班章、曼新龙、曼捌、曼囡老寨等地。

【基本特征特性】布朗山苦茶在植物学分类上属普洱茶变种（*C. sinensis* var. *assamica*），是勐海县地方优良群体品种，见图4-16。植株小乔木型，树姿开张，分枝中等。芽叶绿色，茸毛多。叶片大叶、特大叶类，叶片长15.5～24.8cm、宽5.6～7.4cm，叶脉10～13对，叶形长椭圆形，叶色绿色，叶身稍内折，叶面隆起，叶缘微波，叶尖渐尖，叶基楔形，叶质较硬，叶片上斜着生。萼片5片、绿色、无茸毛，花冠直径3.9～4.6cm，花瓣白色、5～6枚，花柱先端3裂，子房3室、被茸毛。果实三角形。

图4-16　布朗山苦茶

【优良品质特征】布朗山苦茶芽叶肥大厚实、显毫，产量高，一芽三叶百芽重157.4～180.5g。一芽二叶晒青茶样品水浸出物含量46.8%～57.4%，茶多酚含量23.0%～35.3%，氨基酸含量2.2%～3.4%，咖啡碱含量2.7%～5.0%，儿茶素总量15.3%～20.4%。布朗山苦茶制作的晒青茶外形条索肥大，汤色橙黄透亮，口感浓郁，回甘快，生津强，香气纯正浓厚，滋味浓烈极苦，叶底柔软匀称，适合制作普洱茶。

【开发利用价值】布朗山苦茶是一种含有苦茶碱的特异茶树资源，是特色茶树品种选育的宝贵材料。普洱茶制作中拼配苦茶可提高和丰富普洱茶口感和滋味，是制作特色茶产品的稀有资源。苦茶还被当地民族当药物饮用，具有一定的药理作用。

十一、者竜鹅毛茶

【原产地及分布】者竜鹅毛茶（Zhelong Emaocha）又名新平大叶茶，原产于新平彝族傣族自治县者竜乡鹅毛村，因地而得名。者竜鹅毛茶约有200多年种植历史，主要分布于新平彝族傣族自治县者竜乡鹅毛村、者竜村。

【基本特征特性】者竜鹅毛茶在植物学分类上属普洱茶变种（*C. sinensis* var. *assamica*），为新平彝族傣族自治县地方优良群体品种，见图4-17。植株小乔木型，树姿半开张，分枝密。芽叶淡绿色，茸毛特多。叶片大叶类，叶片长12.6～15.8cm、宽3.9～5.2cm，叶脉7～9对，叶形椭圆形、长椭圆形，叶色绿色，叶身稍内折，叶面隆起，叶缘微波，叶尖渐尖，叶质较软，叶片上斜着生。萼片 5 片、绿色、无茸毛，花冠直径 2.7～3.2cm，花瓣 5～6 枚、白色，花柱先端 3 裂，子房 3 室、被茸毛。果实三角形。

图 4-17 者竜鹅毛茶

【优良品质特征】者竜鹅毛茶芽叶黄绿色，茸毛多，发芽密度较强，持嫩性强，一芽三叶百芽重 132.7～150.4g。春梢一芽二叶蒸青茶样水浸出物含量 42.7%～54.4%，茶多酚含量 24.6%～34.2%，氨基酸含量 4.2%～6.5%，咖啡碱含量 3.1%～4.7%，儿茶素总量 12.5%～16.5%。者竜鹅毛茶制作的晒青茶外形条索紧结，白毫满被，汤色橙黄明亮，香气浓郁，滋味醇厚，回甘快，适制绿茶、红茶和普洱茶。

【开发利用价值】者竜鹅毛茶的氨基酸含量普遍较高，是制作云南绿茶、普洱茶的优良品种资源。新平县以鹅毛茶为优势资源，开发出了磨盘山、玉碗绿茶、云竜毫峰等系列茶叶品牌并步入市场，提高了者竜鹅毛茶的影响力和竞争力，促进了新平彝族傣族自治县茶产业的快速发展。

十二、元江阔叶茶

【原产地及分布】元江阔叶茶（Yuanjiang Nuocha）又名元江大叶糯茶、猪街软茶。原产于元江哈尼族彝族傣族自治县那诺乡猪街村，因其叶片特别宽大、叶质柔软而得名。元江阔叶茶约有 200 多年种植历史，主要分布于元江哈尼族彝族傣族自治县曼来镇东峨村、羊街乡、那诺乡猪街村等地。

【基本特征特性】元江阔叶茶在植物学分类上属普洱茶变种（*C. sinensis* var. *assamica*），为地方群体品种，见图 4-18。树型小乔木型，树姿半开张，嫩枝有茸毛。芽叶淡绿色，茸毛特多，持嫩性强。叶片特大叶类，叶片长 18.7～25.8cm、宽 8.5～10.7cm，叶脉 8～11 对，叶色深绿，叶片多茸毛，叶形椭圆形或卵圆形，叶身背卷，叶缘波，叶面特隆起，叶尖钝尖，叶基近圆形，叶质特柔软，叶片水平着生。萼片 5 片、绿色、无茸毛，花冠直径 2.2～3.8cm，花瓣 6 枚，子房 3 室、多茸毛，花柱先端 3 裂。果实三角形。

【优良品质特征】元江阔叶茶芽叶肥大，色泽黄绿，茸毛特多，芽叶显毫，育芽力强，产量高，春梢一芽三叶百芽重 190.0～220.0g。春梢一芽二叶蒸青茶样品水浸出物含量 40.6%～48.7%，氨基酸含量 3.4%～4.8%，茶多酚含量 24.6%～33.2%，咖啡碱含量 3.5%～4.9%，儿茶素总量 10.0%～15.3%。适制红茶、绿茶和普洱茶。利用元江阔叶茶制作的绿茶具有清凉爽口、滋味清雅、无苦涩、醇香回甜、不生茶垢等特点。

【开发利用价值】元江阔叶茶属于元江糯茶，元江糯茶是一个典型的文化概念，不具备真正品种学

图 4-18　元江阔叶茶

意义，当地农户把优良的茶树品种均称为糯茶。以元江糯茶为原料制作的绿茶产品备受欢迎，历史上元江糯茶就作为朝廷贡茶。依托元江糯茶资源优势，打造提升元江糯茶文化，可促进元江哈尼族彝族傣族自治县茶产业发展。

十三、官寨大叶茶

【原产地及分布】官寨大叶茶（Guanzhai Dayecha）又名官寨茶，原产于德宏傣族景颇族自治州芒市中山乡黄家寨村，约有 200 多年种植历史，主要分布于中山乡的芒丙村、小水井村、黄家寨村、赛岗村、木城坡村等地。

【基本特征特性】官寨大叶茶在植物学分类上属普洱茶变种（*C. sinensis* var. *assamica*），为地方有性群体品种，见图 4-19。树型小乔木型，树姿半开张，分枝中等。芽叶黄绿色、多茸毛，持嫩性强。叶片大叶类，叶片长 14.7～16.8cm、宽 5.3～6.4cm，叶脉 8～11 对，叶形长椭圆形，叶色深绿色，叶背主脉有茸毛，叶身稍背卷，叶面隆起，叶缘波状，叶尖急尖，叶齿稀、浅，叶质中等，叶片上斜着生。萼片 5 片、绿色、无茸毛，花冠直径 3.3～4.4cm，花瓣 6～7 枚，子房多毛，花柱先端 3 裂。果实球形、三角形。

图 4-19　官寨大叶茶

【优良品质特征】官寨大叶茶芽头肥大，芽叶黄绿色，顶芽茸毛多，育芽力强，产量高，春梢一芽三叶百芽重 140.7～152.2g。春梢一芽二叶蒸青茶样水浸出物含量 44.3%～50.7%，氨基酸含量 1.9%～4.0%，茶多酚含量 18.8%～30.2%，咖啡碱含量 3.0%～5.1%，儿茶素总量 9.4%～20.7%。官寨茶汤色黄亮，香气纯高，滋味醇厚，适于制红茶和普洱茶，制红茶香高鲜爽，滋味浓强，芳香持久。

【开发利用价值】官寨大叶茶文化底蕴深厚，历史上利用官寨大叶茶制成的茶产品曾被当作勐板土司的“官茶”。官寨大叶茶不仅可以用于制作红茶、绿茶和普洱茶，当地德昂族还利用官寨大叶茶制作出特色茶——酸茶。德昂族酸茶既有生茶的清香，又有熟茶的柔和，同时还具有特殊的酸香味，已被列为云南省非物质文化遗产。

十四、大关翠华茶

【原产地及分布】大关翠华茶（Daguang Cuihuacha），原产于大关县翠华镇翠屏村翠华山翠华寺，因地而得名，约有 300 多年种植历史，主要分布于翠华镇的翠屏村、金坪村、雄魁村、田坝村、黄连河村等地。

【基本特征特性】大关翠华茶在植物学分类上属小叶茶（*C. sinensis*），为地方群体品种，见图 4－20。树型灌木型，树姿开张，分枝密。芽叶黄绿色，茸毛中等，发芽密。叶片中叶、小叶类，叶片长 7.6～10.6cm、宽 2.4～3.7cm，叶脉 5～7 对，叶色绿，叶形椭圆形，叶身内折，叶面微隆起，叶缘平，叶尖渐尖，叶基楔形，叶齿浅、细，叶质中等，叶片上斜着生。萼片 5 片、绿色、无茸毛，花冠直径 2.4～3.5cm，花瓣 6～7 枚，子房多茸毛，花柱先端 3 裂。果实三角形。

图 4－20　大关翠华茶

【优良品质特征】大关翠华茶芽叶绿色，持嫩性强，年生长 5 轮，3 月中旬开采，春梢一芽三叶百芽重 68.7～76.5g。春茶一芽二叶蒸青茶样水浸出物含量 44.3%，氨基酸含量 3.7%，茶多酚含量 29.0%，咖啡碱含量 5.0%，儿茶素总量 17.8%。大关翠华茶外形条索扁平匀齐，色绿油润，汤色翠绿明亮，香气清香，滋味甘甜可口，适制绿茶。

【开发利用价值】大关翠华茶为云南历史名茶，历史上利用大关翠华茶制作的茶叶“金耳环”为朝廷贡品和佛家珍贵茶品，又称翠华贡茶。如今翠华茶成为大关县茶产业打造的核心品牌，翠华茶以其“色绿、香高、味甘、形美”的特点逐渐走俏市场，成为当地群众的“扶贫致富茶”，带动了大关县茶产业的发展。

十五、宜良宝洪茶

【原产地及分布】宜良宝洪茶（Yiliang Baohongcha），原产于云南省宜良县宝洪寺，茶因寺而得名。宜良宝洪茶是宜良县特有地方优良茶树品种，约有300多年种植历史，仅分布于宜良县的万户庄村、宝洪寺村、河西营、江头村、梅家营、旧县村、马家营等地。

【基本特征特性】宜良宝洪茶在植物学分类上属小叶茶（*C. sinensis*），是有性群体地方优良品种，见图4-21。树型灌木型，树姿开张，分枝密。芽叶绿色，茸毛中等。叶片小叶类，叶片长8.0cm、宽3.2cm，叶脉6～7对，叶形椭圆形，叶色深绿，叶面平，叶身内折，叶缘平，叶尖渐尖，基楔形，叶质硬，叶片上斜着生。萼片5片、无茸毛，花冠直径2.4～3.0cm，花瓣6枚、白色，花柱先端3裂，子房多茸毛。果实三角形，果皮绿色。

图4-21　宜良宝洪茶

【优良品质特征】宜良宝洪茶发芽早，春梢一芽三叶百芽重60.2g，一芽二叶晒青样品内含成分水浸出物含量43.0%，茶多酚含量26.8%，咖啡碱含量4.4%，氨基酸含量4.7%，儿茶素总量15.5%。宝洪茶制作的炒青绿茶外形条索扁直平滑，形似杉松叶，色泽绿翠显毫，汤色黄绿清澈，香气清香高锐，滋味鲜浓清爽、回甜持久，叶底肥嫩成朵。

【开发利用价值】宜良宝洪茶因寺而得名，宝洪寺因茶而生辉。宜良宝洪茶是云南较早的历史传统名茶之一，如今宜良宝洪茶已被列入云南省非文化遗产名录。宜良宝洪茶正以其独特的品质特征和悠久的历史文化吸引着人们。对宜良名寺和名茶所形成的宝洪茶文化进行合理开发，将会使宜良宝洪茶文化得以传承和发展。

第三节

特异茶树品种资源

茶树以叶用为栽培目的，茶树芽叶性状是茶树品种选育的重要性状，茶树芽叶色泽变异，其化学品质成分往往具独特性，因而是选育特色茶树品种、开发具特殊风味和特定功能茶叶产品的珍稀种质资源。茶树芽叶色泽的变化是较常见的表型性状变异类型，主要有白化、黄化和紫化等色系。云南地区茶树种质资源中紫化色系最为显著，近似品种繁多，广泛分布于云南各产茶区，代表性品种为紫娟茶。根据茶树品种来源地的不同、形态特征的典型性、品质特征的代表性以及开发利用优势等综合因子，本节选择了云南 15 个芽叶色泽特异的茶树品种加以介绍。

一、紫娟茶

【原产地及分布】紫娟茶（Zijuancha）为选育茶树新品种。紫娟茶来源于云南省勐海县格朗和哈尼族乡南糯山村，紫娟茶是从南糯山大叶茶群体中经单株选育而成，已在西双版纳傣族自治州、普洱市、临沧市、保山市、德宏傣族景颇族自治州和文山壮族苗族自治州等茶区推广种植。

【基本特征特性】紫娟茶在植物学分类上属普洱茶变种（*C. sinensis* var. *assamica*），见图 4－22。树型小乔木型，新梢芽、叶、嫩茎均呈紫色，木质化茎呈褐绿色。叶片中叶类，叶片长 11.0～13.0cm、宽 3.4～3.6cm，叶脉 9～11 对，叶色深绿、微紫，叶形披针形，叶面平，叶缘平，叶齿浅、钝、稀叶质较硬，叶片上斜着生。萼片 5 片、浅紫色、无茸毛，花冠直径 4.1cm×3.4cm，花瓣 5～6 枚、白色，花柱先端 3 裂，雌雄蕊等高，子房 3 室、被茸毛。果实球形、肾形和三角形，果皮紫褐色、紫绿色。

图 4－22　紫娟茶

【优良品质特征】紫娟茶春季芽萌发期为2月下旬，育芽力强，发芽密度中等，茸毛中等，芽叶持嫩性强，一芽三叶百芽重115.0g，平均亩产干茶103.3kg，产量中等。紫娟茶春季新梢一芽二叶蒸青茶样品水浸出物含量48.7%，茶多酚含量23.8%，氨基酸含量2.4%，咖啡碱含量3.5%，儿茶素总量10.2%，花青素含量24.9mg/g，黄酮类化合物12.8mg/g，其花青素含量远大于云南大叶茶，差异极显著。利用紫娟茶鲜叶加工而成的烘青绿茶外形条索紧细颖长，白毫显露，色泽紫黑油润，汤色紫色明亮，香气纯正，滋味浓强。紫娟茶扦插繁殖能力强，成活率高，抗寒、抗旱、抗病虫能力强。

【开发利用价值】紫娟茶的芽、叶、茎均呈紫色，是研究茶树叶片类黄酮代谢途径和茶树叶片呈色机理的典型材料。目前开发的紫娟茶产品有紫娟普洱茶、紫娟绿茶、紫娟红茶、乌龙茶、紫娟白茶等。紫娟茶因其富含花青素，具有明显的抗氧化、抗肿瘤等药理保健作用而受到人们关注。

二、弄岛野茶

【原产地及分布】弄岛野茶（Nongdao Yecha），原产于瑞丽市弄岛镇弄岛村。近似品种较多，分布于弄岛镇的弄岛村、等秀村和等嘎村等地。

【基本特征特性】弄岛野茶植物学分类属大理茶，见图4-23。树型乔木型、小乔木型，树姿直立，分枝密度稀。新梢顶芽、一芽一叶、一芽二叶呈红色、红紫色，节茎绿色。叶片大叶类，叶片长13.0～16.5cm、宽6.2～7.6cm，叶脉9～12对，叶形椭圆形，叶身平，叶面微隆起，叶缘微波，叶齿密、深、锐，叶尖急尖、叶基楔形，叶质硬，叶片上斜着生。萼片5片、绿色、无茸毛，花冠直径6.7～8.2cm，花瓣9～11枚、白色，花柱先端4～5裂，子房5室、密被茸毛。果实四方形、梅花形，果皮绿色。

图4-23　弄岛野茶

【优良品质特征】弄岛野茶芽叶呈红色，持嫩性强。春季新梢一芽二叶蒸青茶样品水浸出物含量44.2%～52.7%，茶多酚含量15.3%～20.5%，氨基酸含量1.8%～5.5%，咖啡碱含量2.3%～4.0%，儿茶素总量7.0%～12.8%，花青素含量8.6～22.4mg/g。利用弄岛野茶加工制作的晒青茶外形条索松散，色泽黑亮，汤色紫红明亮，香气纯正，滋味浓强。弄岛野茶抗寒、抗旱、抗病虫能力强。

【开发利用价值】弄岛野茶富含茶多酚、花青素，是选育特色茶树新品种和开发特色茶产品的珍稀品种资源，是研究野生茶树大理茶芽叶色泽变化机理的宝贵材料。

三、隔界红芽茶

【原产地及分布】隔界红芽茶（Gejie Hongyacha），原产于景谷傣族彝族自治县民乐镇芒专村隔界小组。其近似品种较多，主要分布于民乐镇的大河边、芒专、大村等地。

【基本特征特性】隔界红芽茶在植物学分类上属普洱茶变种（*C. sinensis* var. *assamica*），见图4-24。树型小乔木型，树姿半开张，分枝密。新梢顶芽红绿色、一芽一叶、一芽二叶呈红色、红紫色，节茎呈紫红色。叶片大叶类，叶片长13.7～16.5cm、宽4.0～4.3cm，叶脉9～12对，叶形披针形或长椭圆形，叶面平，叶身平，叶缘波，叶齿稀、浅、钝，叶质较软，叶片水平着生。萼片5片、绿色、无茸毛，花冠直径3.4～4.0cm，花瓣6枚、白色，花柱先端3裂，雌雄蕊等高，子房3室、被茸毛。果实三角形，果皮绿色。

图4-24　隔界红芽茶

【优良品质特征】隔界红芽茶春季新梢一芽二叶蒸青茶样品水浸出物含量38.7%～56.7%，茶多酚含量13.8%～26.8%，氨基酸含量2.0%～5.0%，咖啡碱含量3.0%～4.8%、儿茶素总量7.9%～16.8%，花青素含量13.6～24.2mg/g。利用隔界红芽茶加工制作的晒青茶外形条索紧结，色泽绿黑，汤色淡红，滋味浓强。隔界红芽茶扦插繁殖能力强，成活率高，抗寒、抗旱、抗病虫能力强。

【开发利用价值】隔界红芽茶富含茶多酚、氨基酸和花青素，是深入研究茶树芽叶色泽变化和选育特色茶树新品种的珍稀品种资源，是制作红茶的优良品种资源。

四、观音山红叶茶

【原产地及分布】观音山红叶茶（Guanyinshan Hongyecha），原产于陇川县陇把镇吕良村观音山。其近似品种较多，主要分布于陇川县陇把镇的吕良村、龙安村、户岛村、邦外村和帮湾村等地。

【基本特征特性】观音山红叶茶在植物学分类上属普洱茶变种（*C. sinensis* var. *assamica*），见图4-25。树型小乔木型，树姿半开张，分枝密。新梢顶芽紫红色、一芽一叶、一芽二叶及嫩叶均呈红色、红紫色，节茎呈紫红色。叶片大叶类，叶片长13.2～16.0cm、宽4.5～5.2cm，叶脉8～10对，叶形长椭圆形，叶面平，叶身内折，叶缘平，叶质较硬，叶片水平着生。萼片5片、绿色、无茸毛，花冠直径3.0～3.8cm，花瓣6枚、白色，花柱先端3裂，雌雄蕊等高，子房3室、被茸毛。果实球形、肾形、三角形，果皮绿色。

图 4-25　观音山红叶茶

【优良品质特征】观音山红叶茶春季新梢一芽二叶蒸青茶样品水浸出物含量 38.0%～45.7%，茶多酚含量 10.5%～22.4%，氨基酸含量 2.8%～4.0%，咖啡碱含量 3.3%～4.5%、儿茶素总量 7.0%～13.4%，花青素含量 7.6～17.3mg/g。利用观音山红叶茶加工制作的晒青茶外形条索紧结，色泽绿黑，汤色明亮，香气纯正，滋味浓强。观音山红叶茶扦插繁殖能力强，成活率高，抗寒、抗旱、抗病虫能力强。

【开发利用价值】观音山红叶茶富含茶多酚、氨基酸和花青素，是选育特色茶树新品种和开发特色茶产品的珍稀品种资源。

五、文岗红梗茶

【原产地及分布】文岗红梗茶（Wengang Honggengcha）也叫文岗红梗绿芽茶，原产于镇沅彝族哈尼族拉祜族自治县九甲镇文岗村。其近似品种较多，分布于镇沅彝族哈尼族拉祜族自治县九甲镇的文岗村、登高村、果吉村、三台村、和平村、九甲村等地。

【基本特征特性】文岗红梗茶在植物学分类上属普洱茶变种（*C. sinensis* var. *assamica*），见图 4-26。树型小乔木型，树姿半开张，分枝密。新梢顶芽绿红色、一芽一叶、一芽二叶呈红色、红紫色，嫩枝、节茎呈紫红色。叶片大叶类，叶片长 15.6～22.4cm、宽 4.9～6.3cm，叶脉 9～12 对，叶形长椭圆形，叶面隆起，叶身稍内折，叶缘平，叶齿稀、深、锐，叶质较硬，叶片水平着生。萼片 5 片、绿色、无茸毛，花冠直径 3.5～4.2cm，花瓣 6 枚、白色，花柱先端 3 裂，雌蕊高于雄蕊，子房 3 室、被茸毛。果实球形、三角形，果皮紫绿色。

【优良品质特征】文岗红梗茶春季新梢一芽二叶蒸青茶样品水浸出物含量 52.1%～57.3%，茶多酚含量 24.2%～27.5%，氨基酸含量 1.7%～2.2%，咖啡碱含量 3.3%～4.9%、儿茶素总量 12.4%～16.2%，花青素含量 4.3～10.9mg/g。文岗红梗茶加工制作的晒青茶外形条索紧结，色泽绿黑油亮，汤色淡红，滋味浓强。文岗红梗茶扦插繁殖能力强，成活率高，抗寒、抗旱、抗病虫能力强。

【开发利用价值】文岗红梗茶富含茶多酚、氨基酸和花青素，是选育特色茶树新品种和开发特色茶产品的珍稀品种资源。

图 4-26　文岗红梗茶

六、白莺山红芽茶

【原产地及分布】白莺山红芽茶（Baiyingshan Hongyacha）也叫红芽子茶、红芽口茶，原产于云县曼湾镇白莺山村。其近似品种较多，分布于云县曼湾镇白莺山古茶园。

【基本特征特性】白莺山红芽茶在植物学分类上属大理茶（*C. taliensis*），见图 4-27。树型乔木、小乔木型，树姿直立，分枝中等。新梢顶芽紫绿色、一芽一叶、一芽二叶呈红色、红紫色，节茎呈绿色。叶片大叶类，叶片长 13.4～17.0cm、宽 4.6～5.8cm，叶脉 9～10 对，叶形长椭圆形，叶面平，叶身内折，叶缘平，叶齿稀、浅、中，叶质较硬，叶片上斜着生。萼片 5 片、绿色、无茸毛，花冠直径 6.0～7.5cm，花瓣 9～11 枚、白色，花柱先端 4～5 裂，雌蕊高于雄蕊，子房 5 室、密被茸毛。果实四方形、梅花形，果皮绿色，种子球形。

图 4-27　白莺山红芽茶

【优良品质特征】白莺山红芽茶春季新梢一芽二叶蒸青茶样品水浸出物含量47.8%，茶多酚含量15.7%，氨基酸含量2.8%，咖啡碱含量4.3%，EGC含量3.4%，CG含量0.2%，ECG含量4.1%，GCG含量2.4%，EGCG含量7.6%，酯型儿茶素含量14.3%，非酯型儿茶素含量7.1%，儿茶素总量21.4%。白莺山红芽茶加工制作的晒青茶外形条索紧结，色泽黑亮，汤色明亮，香气清淡，滋味浓强。白莺山红芽茶扦插繁殖能力强，成活率高，抗寒、抗旱、抗病虫能力强。

【开发利用价值】白莺山红芽茶是选育特色茶树新品种和开发特色茶产品的珍稀品种资源，是制作红茶的优良品种资源，是研究野生茶树大理茶芽叶色泽变化机理的宝贵材料。

七、贺南紫绿芽茶

【原产地及分布】贺南紫绿芽茶（Henan Zilüyacha），原产于勐海县格朗和哈尼族乡帕宫村贺南小组。其近似品种较多，分布于勐海县格朗和哈尼族乡的贺南中寨、半坡寨、金竹寨等地。

【基本特征特性】贺南紫绿芽茶在植物学分类上属普洱茶变种（*C. sinensis* var. *assamica*），见图4-28。树型小乔木型，树姿半开张，分枝中等。新梢顶芽紫绿色、一芽一叶、一芽二叶均呈紫绿色，节茎呈绿色。叶片大叶类，叶片长12.4～15.3cm、宽4.2～5.0cm，叶脉7～9对，叶形长椭圆形，叶面平，叶身稍内折，叶缘微波，叶质较软，叶片上斜着生。萼片5片、绿色、无茸毛，花冠直径3.0～4.0cm，花瓣6枚、白色，花柱先端3裂，雌雄蕊等高，子房3室、被茸毛。果实球形、肾形和三角形，果皮绿色。

图4-28　贺南紫绿芽茶

【优良品质特征】贺南紫绿芽茶春季新梢一芽二叶蒸青茶样品水浸出物含量44.6%～48.3%，茶多酚含量18.6%～25.8%，氨基酸含量2.3%～4.6%，咖啡碱含量3.7%～4.0%，儿茶素总量11.8%～18.0%，花青素含量6.6～12.5mg/g。贺南紫绿芽茶加工制作的晒青茶外形条索紧结，色泽绿黑油亮，汤色明亮，香气纯正，滋味浓强。贺南紫绿芽茶扦插繁殖能力强，成活率高，抗寒、抗旱、抗病虫能力强。

【开发利用价值】贺南紫绿芽茶富含茶多酚、氨基酸和花青素，是选育特色茶树新品种和开发特色茶产品的珍稀品种资源。

八、景谷大黄茶

【原产地及分布】景谷大黄茶（Jinggu Dahuangcha）又名秧塔黄芽茶，原产于景谷傣族彝族自治县民乐镇秧塔，因新梢芽叶呈黄色而得名，当地称之为大黄芽茶。景谷大黄茶是景谷县地方特异茶树品种资源，其植株较少，种植约200多年历史，主要分布于景谷傣族彝族自治县民乐镇的秧塔村、大村、翁孔村、芒专村和民乐村。

【基本特征特性】景谷大黄茶在植物学分类上属普洱茶变种（*C. sinensis* var. *assamica*），见图4－29。树型小乔木型，树姿开张，分枝密。新梢顶芽密被茸毛，顶芽、一芽一叶、一芽二叶、一芽三叶均呈黄色，节茎呈黄绿色，叶片大叶、特大叶类，叶片长14.4～17.5cm、宽4.9～5.8cm，叶脉9～12对，叶形长椭圆形，叶黄色、黄绿色，叶面隆起，叶身稍背卷，叶缘微波，叶质较软，叶片水平着生。萼片5片、绿色、无茸毛，花冠直径3.0～4.5cm，花瓣6～7枚、白色，花柱先端3裂，雌雄蕊等高，子房3室、被茸毛。果实三角形，果皮绿色，种子球形。

图4－29　景谷大黄茶

【优良品质特征】景谷大黄茶春季新梢一芽二叶蒸青茶样品水浸出物含量45.2%～48.3%，茶多酚含量15.5%～24.0%，氨基酸含量5.2%～6.0%，咖啡碱含量2.7%～3.4%、儿茶素总量13.0%～16.0%。景谷大黄茶芽头肥实硕大，适宜制作普洱茶、黄茶等。景谷大黄茶扦插繁殖能力强，成活率高。

【开发利用价值】景谷大黄茶是云南大叶类稀有黄茶品种，产量高，当地开发制作的黄金茶饼颇受青睐，市场前景广阔。景谷大黄茶品种氨基酸含量高，是选育黄化茶树新品种和开发制作黄茶类特色茶叶产品的珍稀品种资源。

九、勐海黄叶茶

【原产地及分布】勐海黄叶茶（Menghai Huangyecha）因嫩叶边缘呈金黄色而得名，植株稀少，原产于西双版纳傣族自治州勐海县。

【基本特征特性】勐海黄叶茶在植物学分类上属普洱茶变种（*C. sinensis* var. *assamica*），见图4－30。树型小乔木型，树姿半开张，分枝密。新梢顶芽被茸毛，一芽一叶、一芽二叶、一芽三叶均呈黄色，节茎呈黄绿色。叶片大叶类，叶片长13.2～15.0cm、宽4.3～5.5cm，叶脉8～10对，叶形长椭圆形，叶片黄绿色，叶面隆起，叶身稍内折，叶缘微波，叶质较软，叶片上斜着生。萼片5片、绿色、无茸毛，花冠直径3.5～4.0cm，花瓣6枚、白色，花柱先端3裂，子房3室、被茸毛。果实三角形，果皮绿色。

【优良品质特征】勐海黄叶茶春季新梢一芽二叶蒸青茶样品水浸出物含量46.0%～52.3%，茶多酚含量13.8%～18.4%，氨基酸含量5.0%～6.6%，咖啡碱含量2.2%～3.0%、儿茶素总量9.0%～14.0%。勐海黄叶茶适宜制作普洱茶、红茶等。

图 4 - 30　勐海黄叶茶

【开发利用价值】勐海黄叶茶氨基酸含量高，是选育特色茶树新品种和开发特色茶产品的珍稀品种资源，可开发制作黄茶类茶叶产品。

十、帕宫小黑茶

【原产地及分布】帕宫小黑茶（Pagong Xiaoheicha），原产于勐海县格朗和哈尼族乡帕宫村，因叶片呈墨绿色、深绿色而得名。主要分布于勐海县格朗和哈尼族乡帕宫村的曼丹小组和南莫寨。

【基本特征特性】帕宫小黑茶在植物学分类上属普洱茶变种（*C. sinensis* var. *assamica*），见图 4 - 31。树型小乔木型，树姿开张，分枝密。新梢顶芽被茸毛，一芽一叶、一芽二叶呈深绿色，节茎呈绿色。叶片中叶类，叶片长 11.3～13.0cm、宽 4.9～5.5cm，叶脉 7～8 对，叶形椭圆形，叶色深绿、墨绿，有光泽，叶面平，叶身平，叶缘微波，叶基近圆形，叶尖钝尖，叶质较软，叶片水平着生。萼片 5 片、绿色、无茸毛，花冠直径 3.4～4.1cm，花瓣 6 枚、白色，花柱先端 3 裂，雌雄蕊等高，子房 3 室、被茸毛。果实三角形，果皮绿色，种子球形。

图 4 - 31　帕宫小黑茶

【优良品质特征】帕宫小黑茶春季新梢一芽二叶蒸青茶样品水浸出物含量52.3%～55.6%、茶多酚含量31.6%～36.0%、氨基酸含量4.0%～4.5%、咖啡碱含量2.5%～4.3%。帕宫小黑茶芽头较细小，加工制作的晒青茶外形条索紧结，色泽黑亮，汤色明亮，香气纯正，滋味浓强，适宜制作普洱茶。帕宫小黑茶扦插繁殖能力强，成活率高，抗寒、抗旱、抗病虫能力强。

【开发利用价值】帕宫小黑茶叶片偏小，叶色比较深，呈墨绿色，叶绿素含量高，与当地大叶茶差异明显。帕宫小黑茶是研究茶树叶片叶绿素、叶黄素、花青素和胡萝卜素等色素合成机制的特异材料。

十一、气力红叶茶

【原产地及分布】气力红叶茶（Qili Hongyecha），原产于景东彝族自治县大街镇气力村，因叶片呈红色、紫红色而得名。主要分布于景东彝族自治县大街镇气力村、平地村和勺么村。

【基本特征特性】气力红叶茶在植物学分类上属普洱茶变种（*C. sinensis* var. *assamica*），见图4-32。树型小乔木型，树姿开张，分枝密。新梢顶芽被茸毛，一芽一叶、一芽二叶呈红色、紫红色，节茎呈紫绿色。叶片中叶类，叶片长12.7～13.8 cm、宽4.2～4.9 cm，叶脉7～8对，叶形长椭圆形，叶色红色、紫红色，叶身内折，叶面隆起，叶缘波，叶基楔形，叶尖渐尖，叶质中等，叶片上斜着生。萼片5片、紫绿色、无茸毛，花冠直径3.3～3.7 cm，花瓣6枚、白色，花柱先端3裂，雌雄蕊等高，子房3室、被茸毛。果实三角形，果皮紫绿色，种子球形。

图4-32　气力红叶茶

【优良品质特征】利用气力红叶茶加工制作的晒青茶外形条索紧结，色泽乌黑油亮，汤色淡红、明亮，滋味浓强、鲜爽。气力红叶茶扦插繁殖能力强，成活率高，抗寒、抗旱、抗病虫能力强。

【开发利用价值】气力红叶茶富含茶多酚、氨基酸和花青素，是选育特色茶树新品种和开发特色茶产品的珍稀品种资源，是研究茶树叶片呈色机理的宝贵材料。

十二、芦山红叶茶

【原产地及分布】芦山红叶茶（Lushan Hongyecha），原产于景东彝族自治县花山镇芦山村，因叶片呈红色、淡红色而得名。主要分布于景东彝族自治县花山镇芦山村、文岔村和文岗村。

【基本特征特性】芦山红叶茶在植物学分类上属普洱茶变种（*C. sinensis* var. *assamica*），见图 4－33。树型小乔木型，树姿开张，分枝密。新梢顶芽被茸毛，一芽一叶、一芽二叶呈红色、紫红色，节茎呈紫绿色。叶片中叶类，叶片长 12.4～13.5cm、宽 3.8～4.6cm，叶脉 7 对，叶形长椭圆形，叶色红色、浅红色，叶身内折，叶面隆起，叶缘微波，叶基楔形，叶尖渐尖，叶质软，叶片上斜着生。萼片 5 片、紫绿色、无茸毛，花冠直径 3.0～3.6cm，花瓣 6 枚、白色，花柱先端 3 裂，雌雄蕊等高，子房 3 室、被茸毛。果实三角形、球形，果皮紫绿色，种子球形。

图 4－33　芦山红叶茶

【优良品质特征】利用芦山红叶茶加工制作的晒青茶外形条索紧结，色泽乌黑油亮，汤色淡红、明亮，滋味浓强、鲜爽。芦山红叶茶扦插繁殖能力强，成活率高，抗寒、抗旱、抗病虫能力强。

【开发利用价值】芦山红叶茶富含茶多酚、氨基酸和花青素，是选育特色茶树新品种和开发特色茶产品的珍稀品种资源，是研究茶树叶片呈色机理的宝贵材料。

十三、文岔红叶茶

【原产地及分布】文岔红叶茶（Wencha Hongyecha），原产于景东彝族自治县花山镇文岔村，因叶片呈红色、黄红色而得名。主要分布于景东彝族自治县花山镇文岔村、坡头村、芦山村和文岗村。

【基本特征特性】文岔红叶茶在植物学分类上属普洱茶变种（*C. sinensis* var. *assamica*），见图 4－34。树型小乔木型，树姿开张，分枝密。新梢顶芽被茸毛，一芽一叶、一芽二叶呈红色或淡红色，节茎呈紫色。叶片中叶类，叶片长 12.0～13.0cm、宽 3.9～4.5cm，叶脉 7 对，叶形椭圆形，叶色红色、淡红色、黄红色，叶身内折，叶面平，叶缘平，叶基楔形，叶尖渐尖，叶质硬，叶片上斜着生。萼片 5 片、绿色、无茸毛，花冠直径 3.4～3.8cm，花瓣 5～6 枚、白色，花柱先端 3 裂，子房 3 室、被茸毛。果实三角形、球形，果皮绿色，种子球形。

【优良品质特征】利用文岔红叶茶加工制作的晒青茶外形条索紧结，色泽乌黑油亮，汤色淡红、明亮，滋味浓强、鲜爽。文岔红叶茶扦插繁殖能力强，成活率高，抗寒、抗旱、抗病虫能力强。

【开发利用价值】文岔红叶茶富含茶多酚、氨基酸和花青素，是选育特色茶树新品种和开发特色茶产品的珍稀品种资源，是研究茶树叶片呈色机理的宝贵材料。

图 4-34　文岔红叶茶

十四、气力白叶茶

【原产地及分布】气力白叶茶（Qili Baiyecha），原产于景东彝族自治县大街镇气力村，因叶片白化呈白色而得名。气力白叶茶品种稀少，主要分布于景东彝族自治县大街镇气力村。

【基本特征特性】气力白叶茶植物学分类属普洱茶变种（*C. sinensis* var. *assamica*），见图 4-35。树型小乔木型，树姿开张，分枝密。新梢顶芽被茸毛，一芽一叶、一芽二叶呈白色、乳白色，节茎呈绿色。叶片中叶类，叶片长 11.6～13.2cm、宽 3.3～4.5cm，叶脉 6 对，叶形椭圆形，叶色白色、白绿色，叶身平，叶面微隆起，叶缘平，叶基楔形，叶尖渐尖，叶质软，叶片上斜着生。萼片 5 片、绿色、无茸毛，花冠直径 3.6～4.0cm，花瓣 5～7 枚、白色，花柱先端 3 裂，子房 3 室、被茸毛。果实三角形、球形，果皮绿色，种子球形。

图 4-35　气力白叶茶

【优良品质特征】利用气力白叶茶加工制作的晒青茶外形条索紧结，色泽银白，汤色黄绿清澈，滋味清淡回甘。

【开发利用价值】气力白叶茶是选育特色茶树新品种和开发特色茶产品的珍稀品种资源，是研究茶树叶片白化机理的宝贵材料。

十五、气力黄叶茶

【原产地及分布】气力黄叶茶（Qili Huangyecha），原产于景东彝族自治县大街镇气力村，因叶片黄化呈黄色而得名。气力黄叶茶品种稀少，主要分布于景东彝族自治县大街镇气力村。

【基本特征特性】气力黄叶茶植物学分类属普洱茶变种（*C. sinensis* var. *assamica*），见图4-36。树型小乔木型，树姿开张，分枝密。新梢顶芽被茸毛，一芽一叶、一芽二叶呈黄色，节茎呈黄绿色。叶片大叶类，叶片长13.3～15.8cm、宽5.3～6.0cm，叶脉9对，叶形长椭圆形，叶色黄色、黄绿色、黄白色，叶身稍内折，叶面隆起，叶缘微波，叶基楔形，叶尖渐尖，叶质软，叶片上斜着生。萼片5片、绿色、无茸毛，花冠直径2.5～3.0cm，花瓣6枚、白色，花柱先端3裂，子房3室、被茸毛。果实三角形、球形，果皮绿色，种子球形。

图4-36 气力黄叶茶

【优良品质特征】利用气力黄叶茶加工制作的晒青茶外形条索紧结，色泽黄绿，汤色黄绿清澈，滋味清淡回甘。

【开发利用价值】气力黄叶茶是选育特色茶树新品种和开发特色茶产品的珍稀品种资源，是研究茶树叶片黄化机理的宝贵材料。

第四节

不育种质资源

茶树花为完全花，异花授粉，杂种优势明显。近年来，我们先后发现了茶树雄性不育、雌性不育和雌雄完全不育3类种花器官突变植株，并对这些花不育株种质资源开展了形态学、细胞学、生理生化和分子生物学等方面的探索和研究工作，为开辟茶树育种改良新途径奠定了基础。

一、茶树雄性不育

【雄性不育的发现】2014年10月，课题组从国家种质勐海茶树圃保存的茶树群体中发现茶树自然突变雄性不育种质。连续3年对此材料进行田间观察、花粉育性镜检鉴定、人工杂交授粉和自然授粉等结实性试验，初步确定该雄性不育茶树农艺性状优良，雄性不育特征明显，具有良好的研究和应用前景，并通过单株选育获得雄性不育系新品种无粉1号，见图4-37。

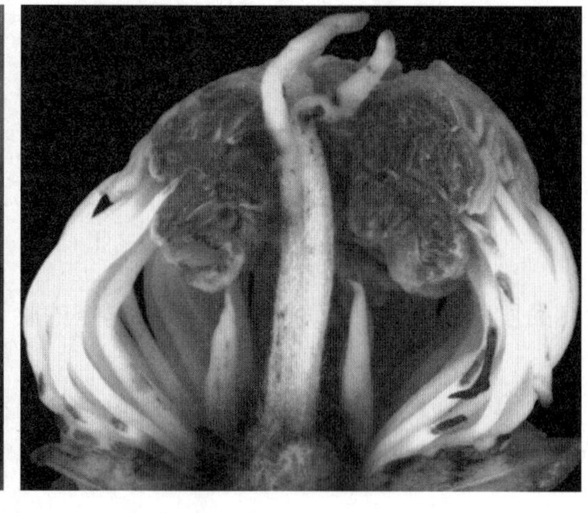

图4-37　茶树雄性不育花器形态

【基本特征特性】雄性不育株树型小乔木型、树姿半开张，分枝较稀，生长势强。春季新梢一芽一叶期为1月29日，芽叶呈紫绿色、有茸毛。叶柄基部花青素显色，叶片上斜着生，叶片大叶类，叶片长13.25cm、宽5.10cm，叶脉8对，叶形椭圆形，叶质硬，叶色深绿、有光泽，叶身梢内折，叶面平，叶缘平，叶尖急尖，叶基楔形。盛花期9月中旬，萼片外部有茸毛，展花后花冠直径6.7～7.2cm，花瓣9～12枚，最外轮花瓣呈淡黄色，内轮花瓣呈白色，花丝弯曲，花药合生，聚合成一团锥体，环绕花柱先端，类似于菊科植物中的聚药雄蕊，花药干瘪、变形，呈坏死色泽，不裂药，不散粉。花冠正常展开，花瓣完整，雌蕊发育良好，花柱先端长柱型，花柱先端外露，能异交结实。

【优良品质特征】雄性不育株品种芽头肥大，产量高，春季新梢一芽三叶长7.8cm，一芽三叶百芽重164.0g。一芽二叶蒸青样水浸出物含量53.6%，茶多酚含量34.8%，氨基酸含量2.8%，咖啡碱含量2.9%。雄性不育株品种制绿茶，外形粗松，不显毫，呈紫黑色或乌褐色，冲泡品饮，汤色橙黄，苦涩味较重，滋味浓强，回甘持久；制红茶，外形条索紧结匀齐、色泽乌润，汤色橙红明亮，香气浓郁，滋味甜醇，叶底叶张柔软、红匀明亮。雄性不育系品种抗寒、抗旱能力强，抗茶饼病、茶轮斑病和茶云纹叶枯病，抗茶小绿叶蝉。

【细胞形态特征】雄性不育株花药扭曲，减数分裂期绒毡层细胞异常增生、排列混乱，单核和双核花粉期绒毡层延迟降解。减数分裂过程中存在环状单价体、滞后染色体、染色体桥、染色体缺失、不均等分离、微核和多分体等异常现象。小孢子胞质紊乱，单核期花粉粒相互黏附，花粉壁皱缩变形，花粉细胞质和细胞核模糊不清，成熟花粉细胞内含物消失，为空瘪凹陷花粉粒。茶树雄性不育系花药和花粉发育受阻于减数分裂至单核花粉期，绒毡层延迟降解、花粉母细胞减数分裂染色体行为异常、小孢子和花粉发育异常可能是引起茶树雄性不育的主要原因。

【生理生化特性】生理生化含量检测结果显示，雄性不育茶树花蕾发育中后期可溶性蛋白、可溶性糖和游离脯氨酸含量偏低，丙二醛（MDA）积累过多，超氧化物歧化酶（SOD）和过氧化氢酶（CAT）活性降低，过氧化物酶（POD）活性升高，生长素（IAA）、玉米素（ZR）和茉莉酸（JA）含量减少，脱落酸（ABA）含量增加，赤霉素（GA）含量异常波动以及多种激素间失衡等可能与其雄性不育的发生相关。

【开发利用价值】茶树雄性不育株的发现，一方面为茶树杂种优势利用提供了重要的材料基础，培育茶树雄性不育株品种，利用雄性不育性制种，可以克服人工去雄困难的烦琐工作，并能提高茶树杂交选育的精准性和高效性，从而加快茶树育种进程；另一方面，茶树雄性不育种质是进行茶树遗传变异、花粉发育及育性基因表达调控等研究的重要遗传材料，有助于解决茶树遗传变异规律中的重大理论问题。

二、茶树雌性不育

【雌性不育的发现】2012年10月，课题组在国家种质勐海茶树圃保存的云南大叶茶群体中发现了茶树雌蕊无花柱先端、无花柱先端和无子房等不同程度缺失的雌性不育植株。经过连续多年对这些材料进行花器形态观察，以及人工杂交授粉、自然授粉等结实性试验，初步确定茶树雌蕊缺失株农艺性状优良，雌性不育彻底、不结实，见图4-38。

【基本特征特性】茶树雌蕊缺失株为小乔木型，树姿开张，分枝密，芽叶黄绿色，茸毛多，发芽密度密，育芽力强。春季新梢一芽一叶期为2月2日，一芽二叶长5.3cm，一芽三叶长8.0cm。叶片上斜着生，叶片长14.6cm、宽5.6cm，叶形椭圆形，叶质软，叶色绿，叶身平，叶面隆起，叶缘波，叶尖渐尖，叶基楔形，叶齿稀、锐、中。盛花期9月中旬，萼片5片、绿色、无茸毛，花冠直径3.1～3.4cm，花瓣5～6枚、白色。雌性不育株雄蕊发育正常，能正常散粉；雌蕊发育畸形，表现为无花柱先端、无花柱先端或无子房等不同程度的缺失现象。

【细胞形态特征】对雌性不育株形态观察的结果显示，一部分植株雌蕊原基能发育产生心皮，心皮能愈合发育出子房，并分化出部分花柱先端，但后期花柱先端发育缓慢、停止生长，导致花柱先端发育不全，花柱短小、畸形、无柱头；另一部分植株雌蕊原基能发育产生心皮，心皮能愈合发育出子房，之后停止发育，不产生花柱和柱头；还有部分植株雌蕊原基发育过程受阻，产生无子房功能性组织，心皮原基停止发育，不能愈合，最后整体退化，形成无子房、无花柱、无柱头的单性花。

【分子生物学特性】转录组分析发掘出与花器官形态建成的ABCDE模型的功能基因31个，生长素信号转导途径的6个基因和ABCDE类识别基因的A类、C类和E类可能与茶树花的雌蕊缺失和雄蕊发育密切相关。*WUS*2和*WUS*8基因下调可能调控了C类和E类基因，从而导致雌蕊的缺失。*KNOX I*类同源基因下调表达和缺失可能减弱了茶树花雌蕊心皮的启动和雌蕊边缘组织的生长，造成茶树雌蕊缺失。这些信息将为研究茶树花器官发育及性别决定相关基因的发掘提供参考。

图 4-38　茶树雌性不育花器形态

【开发利用价值】茶树雌蕊缺失植株的发现，能为茶树杂交育种提供特殊材料，经茶树雌蕊缺失的研究可了解胚珠发育和胚囊形成等过程，可提高人们对茶树雌性器官发育机制的认识。

三、茶树雌雄不育

【雌雄不育的发现】云南省农业科学院茶叶研究所利用茶树品种福鼎大白茶与佛香茶进行人工杂交，在 F_1 代材料中获得花突变植株。多年观测表明，该突变植株花冠、雄蕊和雌蕊 3 大花器官均发育异常，呈畸形花，不散粉、不结实，属于雌雄性完全不育特异材料，见图 4-39。

【基本特征特性】F_1 代花突变株为小乔木型，树姿开张，分枝密，芽叶色泽黄绿色，茸毛较多，发芽密度中等，育芽力弱。春季新梢一芽一叶期为 2 月 24 日，一芽二叶长 4.0cm，一芽三叶长 6.2cm。叶柄基部花青素无显色，叶片上斜着生，叶片长 11.3cm、宽 3.8cm，叶形椭圆形，叶质中等，叶片绿色，叶身平，叶面隆起，叶尖渐尖，叶缘波，叶齿稀，叶基楔形。花冠、雄蕊、雌蕊均发育异常，不散粉、不结实，呈畸形花。

【细胞形态特征】与正常可育株相比较，突变株在花蕾发育较早时期（小花蕾期）便可见外形差异，正常茶树花蕾外形呈圆球形，突变株花蕾呈不规则多边形。开花期，突变株花瓣短小、退化，花瓣不展开。突变株雄蕊群着生方式异常混乱，无限增生，雄蕊数量是正常花的 7 倍以上。突变株花丝纤细、畸形，花药发育进程不同步，花药形状不规则，花药大小不等、色泽不一，不裂药、不散粉。突变株雌蕊畸形、花柱先端丝状化，形成无花柱先端的假雌蕊群。突变株子房发育异常，形成假子房，不能完成散粉受精过程。突变株开花期过后，花冠和雄蕊群不脱落、不结实。

【分子生物学特性】对突变株转录组测序共获得 403 469 条质量较高的转录本序列，鉴定出 29 个编码含 *MADS-box* 转录因子基因片段，挖掘出 46 440 个 SSR 位点，发掘不育相关基因 1 219 个，涉及

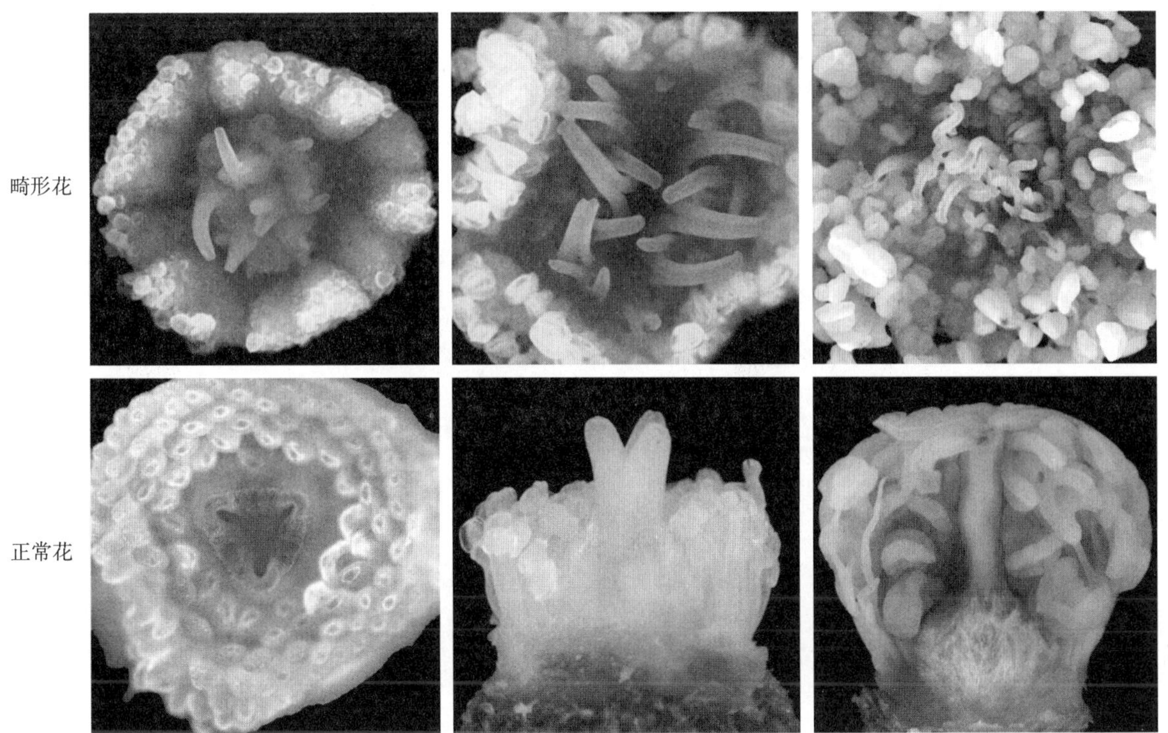

图 4-39 茶树畸形花与正常花发育比较

核酸、氨基酸合成、蛋白质、糖代谢、次生代谢、植物激素信号转导等 116 个通路，初步获得了一些参与决定花器官特征的基因序列信息，为挖掘茶树花不育基因研究提供了参考。

【开发利用价值】茶树花突变株最显著的特征是花发育异常，不散粉，不受精，不结果，是雌雄性完全不育的茶树材料。对茶树花突变株的开发利用，一方面可开展茶树生殖生物学特性研究，掌握茶树开花结实遗传规律，在生产中控制茶树营养生长与生殖生长的平衡关系；另一方面可培育出不开花、不结实的茶树新品种，以提高茶叶产量和品质。

第五章 云南茶树种质资源保护现状与对策

万物种为先，种质资源是农业发展的重要基础，已被世界各国列为国家的重要战略资源。云南是世界茶树的原产地，拥有全世界数量最多、物种最丰富的茶树种质资源，是极为珍贵的生物资源和茶文化景观资源。但是，近 20 年来，随着社会经济的快速发展和人民生活水平的不断提高，对云南地区茶树种质资源的开发利用和破坏程度逐渐加剧，古茶树资源数量日趋减少和消亡。为此，必须制定与云南茶树种质资源相关的保护对策，保护好大自然和祖先留给我们的宝贵资源。

第一节

云南茶树种质资源的保护现状

云南省茶树种质资源的收集和保护研究工作始于20世纪80年代初期，通过“七五”“八五”“九五”等国家科技攻关项目的实施，云南茶树种质资源的保护工作得到了快速的发展。目前，云南部分地区已制定出与古茶树保护相关的法律法规，规划了一些原生境保护区，建设了一批异位保存的种质圃，初步形成了原生境保护与异位保存相互补充的茶树种质资源保护体系。

一、制定了保护茶树种质资源的法律法规

对于种质资源的保护，我国宪法第九条规定：“国家保障自然资源的合理利用，保护珍贵的动物和植物。禁止任何组织或者个人用任何手段侵占或者破坏自然资源。”《中华人民共和国种子法》《中华人民共和国环境保护法》《中华人民共和国森林法》《中华人民共和国草原法》和《中华人民共和国野生植物保护条例》等也作了相关规定。

为有效保护和合理利用古茶树资源，进一步加强古茶树资源的保护和管理工作，2005年，云南省人民政府办公厅发布了《云南省人民政府办公厅关于加强古茶树资源保护管理的通知》（云政办发〔2005〕94号）。2019年，云南省自然资源厅、云南省农业农村厅、云南省林业和草原局联合印发了《云南省自然资源厅、云南省农业农村厅、云南省林业和草原局关于保护好古茶山和古茶树资源的意见》（云自然资〔2019〕127号）和《云南省加强古茶树（园）资源保护实施方案的通知》（云自然资〔2019〕143号）。西双版纳傣族自治州、临沧市和普洱市等地先后相继出台了一些古茶树保护条例。2009年，澜沧拉祜族自治县制定了《云南省澜沧拉祜族自治县古茶树保护条例》。2011年，西双版纳傣族自治州制定了《云南省西双版纳傣族自治州傣族自治州古茶树保护条例》。2016年，临沧市发布了《云南省临沧市古茶树保护条例》。2018年，普洱市发布了《云南省普洱市古茶树资源保护条例》（2018年）。

二、茶树种质资源原生境保护已初具规模

我国各级地方政府逐渐开始关注茶树种质资源原生境保护问题。近年来，云南茶树种质资源原生境保护得以逐步实施，目前已将位于苍山、高黎贡山、无量山、哀牢山等山系，以及勐海巴达大黑山、双江勐库大雪山、屏边大围山、金平分水岭、广南九龙山、麻栗坡老君山等地的56个野生茶树居群列入国家级或省级自然保护区范围，建成了野生茶树自然保护区。这些保护区的建立积极有效地保护了一大批大理茶、厚轴茶等野生茶树资源的多样性，维护了其生态环境的稳定性。

2008年，中华人民共和国农业农村部通过全球环境基金（GEF）资助，在勐海县建立了面积约500亩的帕真野生茶树原生境保护试点。2007年，临沧市政府在云县白莺山建立了面积约12 400亩的茶树演化自然博物馆，就地保护珍稀、古老茶树品种资源达180万株。2012年，普洱市景迈古茶园、困鹿山古茶园等8个古茶园与茶文化系统入选全球重要农业文化遗产。2015年，双江拉祜族佤族布朗族傣

族自治县勐库大雪山野生茶树居群、冰岛古茶园4个古茶园与茶文化系统入选中国重要农业文化遗产。这些就地保护措施的实施有效地保留和继承了云南古老的地方茶树品种和民族茶文化传统知识，最大限度地保护了古茶树资源遗传多样性，促进了当地古茶树资源的可持续利用。

三、茶树种质圃异地保存成效显著

随着云南茶树种质资源调查、收集、保存和利用工作的长期有序开展，云南茶树种质资源保存数量持续增加。云南省已在西双版纳傣族自治州、普洱市、临沧市和保山市等地建设了1个国家级和4个省级茶树种质资源圃（园），长期保存各类茶树种质资源多达4 800余份。其中，国家种质勐海茶树圃保存数量达2 000余份，普洱市茶树良种场资源圃保存数量达1 500余份，凤庆县滇红集团茶树种质圃保存数量达1 000余份，腾冲市西山坝茶树良种园保存数量达100余份，昌宁县茶树品种园保存数量达80余份，广南县那秧茶树母本园保存数量50余份，牟定县庆丰茶场良种保存圃保存数量30份，芒市良种场茶叶良种母本园保存数量20份，保山市农科所品种园保存数量18份，蒙自市五里冲茶园保存数量12份。种质圃（园）及时有效地集中保存了大批特异、珍稀和濒危茶树种质资源，对今后开展茶叶科学研究，茶树育种和茶叶生产工作起到了重要作用。

四、茶树种质资源调查取得阶段性成果

10余年来，云南省茶树种质资源调查、编目和建档工作取得了阶段性成果，先后共完成云南省普洱市、西双版纳傣族自治州、临沧市、保山市、德宏傣族景颇族自治州、文山壮族苗族自治州、红河哈尼族彝族自治州、大理白族自治州、楚雄彝族自治州、玉溪市、昭通市、曲靖市共12个地/州58个县/市古茶树资源普查工作，调查发现大茶树资源分布点1 000余个，记录到古茶树样本植株3 000多株，完成了代表性样本植株的数据填报和图像采集录入工作，建立了初步的古茶树种质资源数据信息库，绘制了云南大茶树资源的地理分布示意图。这一阶段的调查和研究，基本查清了云南茶树种质资源的种类、分布和资源储量，收集到大量基础数据，获得了一批珍稀、特异和优良的茶树种质资源，发掘到一批具有开发利用前景的品种资源，编制了12个地/州的古茶树资源调查报告，出版了古茶树资源丛书。这些成果的取得，对于掌握云南茶树种质资源状况、有效保护古茶树资源多样性、科学开展茶树遗传资源的系统研究和合理利用提供了重要的本底资料。

第二节

云南茶树种质资源流失的主要因素

云南茶树种质资源消亡和流失的原因是多方面的，影响茶树种质资源流失的因素不仅包括茶树自身的内部因素、外界的自然因素和社会经济因素，还包括他们共同的影响。

一、内部因素

云南茶树物种丰富，但优势种少，濒危种较多。一些茶树种类如德宏茶、秃房茶、大厂茶、广西茶等物种资源的分布范围狭窄，植株数量极为稀少，临近濒危，甚至一些物种如大苞茶、紫果茶等茶树种类仅有标本记载而无活体植株，这些茶树濒危可能与其自身遗传力、生殖力、生活力和适应力等内部因素有关。如厚轴茶、广西茶等野生茶树结实率低，且果实大，成熟慢，果皮特别厚实，不易裂缝，种子繁殖困难，自然界不易发芽出苗，因而影响其自然更新，导致其植株越来越少。

另外，随着一些古茶树生长周期的增长，其年代久远，树龄高，树型大，已经过了生长发育的旺盛时期，开始或已步入衰老阶段，其生命力减弱，抗病虫害侵染力低，抗风雨侵蚀力弱，这也是其衰败的内因所在。

二、自然因素

古茶树经历了生长、发育、成熟、衰老、死亡的生命历程，这是自然界不可抗拒的客观规律。但野外实地调查结果表明，生态环境恶化使一些还处在旺盛期的古茶树正走向衰老，这包括生境丧失、土壤板结、气候干燥、营养不良、病虫害侵蚀、水土流失、风吹雷击等。生态环境恶化直接影响了古茶树的正常生长、生存和繁衍，最终导致古茶树急剧减少和消失。

三、社会经济因素

社会经济因素是导致云南古茶树资源受威胁或消亡的最主要因素，包括农村经济发展、土地森林资源管理及人类生活等。如生态环境过度利用、毁林垦荒、生境破坏、侵占古茶树资源等，无序建房、乱钉乱挂、人为砍伐、砍枝采摘、乱采滥挖等，过度开发、掠夺性采摘、施肥不当、烧荒烧死、过度放牧等，市场混乱、人为炒作、商业买卖、大肆旅游开发、为观赏而盲目移栽等，管护不到位、随意丢弃、烟熏火燎、生活污水和垃圾污染等多方面。

第三节

云南茶树种质资源保护存在的问题

近10年来，云南省茶树种质资源保护工作取得了一定的成就，但云南古茶树种质资源分布区域广泛，保护难度大，古茶树资源的生存现状和保护工作现状并不乐观，在古茶树资源保护和管理工作中仍存在很多困难和问题。

一、保护与发展不平衡

茶树种质资源的保护与茶产业经济发展之间时常会存在一定的矛盾，当二者发生冲突时，往往优先考虑茶叶生产发展，而忽略茶树种质资源的保护。社会经济发展需要做大做强古茶产业，打造古茶产品，提升古茶品牌，扩大古茶山旅游等，这给古茶树资源的保护带来了严峻的挑战和极大的困难。云南古茶树分布区域经济发展不均衡，古茶树的经济价值差异极大。西双版纳傣族自治州、普洱市、临沧市等地区茶产业发展快速，古茶树经济价值高，过度开发利用古茶树资源使古茶树承受的损害越来越大，加剧了古茶树资源的消耗。而文山壮族苗族自治州、红河哈尼族彝族自治州、玉溪市、曲靖市等地区茶叶产业薄弱，茶叶加工开发滞后，茶树种质资源利用率低，因此一些珍稀古茶树被当地农户随意遗去，对古茶树不仅不管不问，不重视保护，甚至随意砍伐、毁坏或替代，茶树种质资源损失严重。

二、保护制度不健全

与云南古茶树种质资源保护相关的法律法规和制度目前仍不够健全。目前，有关云南茶树种质资源保护的行政法规很少，缺乏行之有效的茶树种质资源保护管理条例，仅有少数地区出台了相关的地方保护条例，但大部分地区仍缺乏对茶树种质资源保护管理和经营利用的法律法规。同时，无专门的保护管理机构部门和固定资金，责任设定和要求不够细化，管理部门不协调，这就导致了已制定的地方古茶树资源相关保护管理条例难以实施、执行不力，工作无法有效开展，进而使古茶树资源保护管理工作开展困难。

三、保护意识淡薄

古茶树资源都生长于偏远山区，公众如能为古茶树资源提供良好的生长环境，古茶树资源将得以保护。历史上当地少数民族在原有信仰下，有意无意地保护了当地的茶树资源。如今随着社会经济的发展，原有的传统文化逐渐消失，而现代的工业文明又未能及时起到良好的引导作用，人们片面追求物质利益，缺乏对古茶树资源保护的重要性和相关法律法规的了解，导致公众的古茶树保护意识普遍淡薄。

四、缺乏具体保护措施

古茶树存活条件苛刻，因此保护工作不仅是宏观上的规划，还需要相关专业人员利用详细的可操作技术，进行专业的保护工作。但由于各种原因，长期以来古茶树的保护措施缺乏、专业人才缺失、保护技术落后，古茶树的保护工作绝大多数由当地农户自行实施，没有技术、设备和防治药物投入，因而导致了古茶树的低端养护和无节制输出，加剧了古茶树资源的流失。

五、调查研究不够

虽然云南茶树种质资源的收集保存工作取得了一定的成效，但大量野生资源、优良地方品种和珍稀濒危茶树种质资源仍分布于偏远山区，缺乏调查研究，资源现状不明。对古茶树的定位不准确，古茶树保护对象和保护级别不明确，古茶树资源权属模糊。长期以来调查获取的基础资料未能建立必要的数据信息库，缺乏信息网络及动态监测技术。

第四节

云南茶树种质资源保护对策与建议

云南地区茶树种质资源的保护和利用滞后，需要加强国内、国际的联合研究，处理好保护与发展的关系，编制古茶树保护规划，提出有效的保护措施和合理的开发利用建议。本节仅从调查中发现的现象和问题的方面，提出了一些保护对策，为加强古茶树资源的保护和利用提供参考。

一、加强茶树资源调查工作

茶树种质资源调查是一项阶段性与持续性相结合的工作，应不断组织开展全省茶树种质资源调查、收集和保存工作。每 10 年进行一次全面普查，摸清茶树种质资源本底，掌握茶树种质资源的动态变化，建立古茶树资源数据信息库，确定古茶树濒危等级，明确保护对象和保护级别。

二、完善保护政策法规

进一步完善各级保护机构和保护法规体系。组建完善稳定的组织管理机构，建立长效的保护机制，明确相关部门的责任，加强管理人员的技术培训和日常监管工作，制定具体的实施办法，落实切实可行的实施步骤和措施。

三、提高保护意识

增强公众的保护意识。古茶树资源保护依赖于全社会公众的参与，政府及相关部门应广泛开展保护实践和宣传教育活动，加大执法力度，制止人为破坏行为，普及保护古茶树资源的重大意义和管护常识，提高社会公众对古茶树资源的知情权、监督权和保护权，增强社会各界人士保护古茶树资源的法律意识和自觉性。

四、完善保护区建设

加强和完善保护区建设。滇东南岩溶山区茶树资源种类多，但分布范围狭窄，植株数量少，生态环境较脆弱，需要优先保护。根据云南茶树资源种类及分布特点，建立多个适合的保护点和保护小区。例如，隆阳区芒颜村、龙陵县小田坝村、昌宁县联席村、凤庆县锦绣村、新平彝族傣族自治县梭山村和永平县狮子窝村等地可作为大理茶栽培驯化起源中心保护点；元阳县多依村、马关县古林箐等地可作为厚轴茶分布中心保护点；西畴县莲花塘、麻栗坡县下金厂等地可作为广西茶保护点；勐海县布朗山、南糯山、贺开古茶山，景谷傣族彝族自治县秧塔村、双江拉祜族佤族布朗族傣族自治县冰岛村等古茶园保存了勐海大叶茶、景谷大白茶、勐库大叶茶等优良地方品种，可作为栽培茶树遗传资源多样性农家就地保护示范点。

五、合理开发利用

以保护为基础，以开发促保护。加强古茶树居群、古茶树资源研究，发掘优良种质资源，筛选改良茶树品种，进行繁育和推广应用。挖掘传统知识，强化科学技术培训，引导农民转变生产生活方式，提高古茶树资源利用率。充分利用古茶树资源多样性特点，全方位、深层次地综合利用，确保古茶树资源的消耗速度小于其更新恢复速度，做到可持续利用。

第六章 普洱市的茶树种质资源

普洱市地处云南省西南部，跨东经 99°09′—102°19′，北纬 22°02′—24°50′，属横断山系延伸南段，境内有无量山和哀牢山山系、澜沧江水系。地形自北向南倾，海拔高度 317～3 371m，植被类型以亚热带季雨林和南亚热带常绿阔叶林为主。普洱市地处低纬高原区，季风和垂直气候特征明显，海拔由低到高呈现北热带、南亚热带、中亚热带、北亚热带、南温带、温带等多种气候类型，年平均气温 15.0～20.3℃，年平均降水量 1 100～1 780mm，年平均相对湿度 79%。

第一节

普洱市茶树资源种类

普洱市为云南大叶茶主要种植区，茶树种质资源十分丰富，有野生种、栽培种及自然杂交种等。历史上普洱市境内共发现8个茶树种和变种，经修订归并后为5个种和变种。普洱市栽培利用的地方茶树品种多达20余个。

一、普洱市茶树物种类型

20世纪80年代，对普洱市茶树种质资源考察时发现和鉴定出的茶树种类有大理茶（*C. taliensis*）、五柱茶（*C. pentastyla*）、老黑茶（*C. atrothea*）、邦崴茶（*C. taliensis* var. *bangweicha*）、滇缅茶（*C. irrawdiensis*）、普洱茶（*C. sinensis assamica*）、白毛茶（*C. sinensis* var. *pubilimba*）、小叶茶（*C. sinensis*）等，在后来的分类和修订中，五柱茶、老黑茶、滇缅茶和邦崴茶均被归并。

2004—2006年，对普洱市茶树种质资源进行了全面普查，通过实地调查、图片拍摄、标本采集和鉴定等方法，根据2007年编写的《中国植物志》英文版第12卷的分类，对普洱市茶树资源种类进行了梳理，确立了普洱市茶树种质资源物种名录。普洱市茶树资源种类主要有大理茶（*C. taliensis*）、普洱茶（*C. sinensis* var. *assamica*）、小叶茶（*C. sinensis*）、德宏茶（*C. sinensis* var. *dehungensis*）和白毛茶（*C. sinensis* var. *pubilimba*）5个种和变种。其中，大理茶和普洱茶分布广泛，是该地区的优势种和广布种。

二、普洱市茶树品种类型

普洱市的茶树品种资源有野生资源、地方品种和选育品种等。野生茶树资源主要有千家寨野茶、永胜野茶、宽宏野茶、磨腊野茶、黄草坝野茶和腊福野茶等。栽培种植的地方茶树品种主要有平原大叶茶、宽宏大叶茶、景谷大白茶、景迈大叶茶、宽宏细叶茶、团田大叶茶、景谷黄芽茶、田房大叶茶、文井大叶茶、花山长叶茶、江城绿芽茶、振太大叶茶、九甲长叶茶、富邦长叶茶等。选育的茶树新品种主要有云梅、云瑰、矮丰、普茶1号、普茶2号、普景1号、普研1号、普研2号等。

第二节

普洱市茶树资源地理分布

调查共记录到普洱市野生和栽培大茶树资源分布点205个，广泛分布于普洱市的思茅、宁洱、墨江、景东、景谷、镇沅、江城、孟连、澜沧和西盟10个县（自治县、区）的60多个乡（镇）。普洱市大茶树资源主要分布于普洱市境内的无量山和哀牢山山脉、澜沧江流域及滇缅边境水平分布范围广泛，但分布不均匀，垂直分布于海拔900～2 600m之间。

一、思茅区大茶树分布

记录到思茅区栽培大茶树资源分布点6个，主要分布于思茅街道的平原社区和箐门口村，倚象镇的鱼塘村、下寨村和石膏箐村，思茅港镇的茨竹林村。典型植株有老荒田大茶树、箐门口大茶树和柳树箐大茶树等。

二、宁洱哈尼族彝族自治县大茶树分布

记录到宁洱哈尼族彝族自治县野生和栽培各种大茶树资源分布点21个，主要分布于宁洱镇宽宏村、谦岗村、西萨村和裕和村，德安乡兰庆村，磨黑镇庆明村和团结村，梅子镇永胜村，黎明乡岔河村。典型植株有困鹿山野生大茶树、困鹿山细叶大茶树、扎罗山野生大茶树、干坝子野生大茶树和罗东山野生大茶树等。

三、墨江哈尼族自治县大茶树分布

记录到墨江哈尼族自治县野生和栽培大茶树资源分布点25个，主要分布于联珠镇马路村、回归村、班中村、勇溪村和碧溪村，景星镇新华村、景星村和正龙村，团田镇老围村，新抚镇界牌村、新塘村、班包村和那宪村，雅邑镇的芦山村，坝溜镇的老朱村和联珠村，鱼塘镇景平村等。典型植株有牛角尖山大茶树、羊神庙大茶树、大平掌大茶树、班中大茶树和老朱大茶树等。

四、景东彝族自治县大茶树分布

记录到景东彝族自治县野生和栽培各种大茶树资源分布点42个，主要分布于锦屏镇磨腊村、温卜村、龙树村、菜户河村和新民村，文井镇丙必村，漫湾镇漫湾村和安召村，大朝山东镇苍文村和长发村，花山镇芦山村、文岔村和营盘村，大街镇气力村，安定镇的芹河村、青云村、河底村和民福村，太忠镇的大柏村和麦地村，景福镇岔河村、公平村、勐令村和金鸡林村，龙街乡和哨村、多依村和垭口村，林街乡岩头村和清河村等。典型植株有秧草塘大茶树、凹路箐大茶树、温卜大茶树、泡竹箐大茶

树、石婆婆大茶树、大石房大茶树、丫口大茶树和大芦山大茶树等。

五、景谷傣族彝族自治县大茶树分布

记录到景谷傣族彝族自治县野生和栽培各种大茶树资源分布点21个，主要分布于永平镇团结村、钟山村、昔俄村、芒东村、双龙村、新村和迁营村，正兴镇黄草坝村、通达村和水平村，民乐镇大村、白象村、桃子树村和嘎胡村，景谷镇景谷村、云盘村、文召村、文山村和文东村，半坡乡的半坡村和安海村，益智乡中和村、益香村和大田村，等。典型植株有大平掌大茶树、秧塔大茶树、大水缸大茶树、光山大茶树和梁子大茶树等。

六、镇沅彝族哈尼族拉祜族自治县大茶树分布

记录到镇沅彝族哈尼族拉祜族自治县野生和栽培各种大茶树资源分布点20个，主要分布于恩乐镇大平掌村和五一村，按板镇文立村，者东镇的麦地村和马邓村，九甲镇和平村、三台村和果吉村，振太镇山街村、台头村、文怕村和文索村，和平镇麻洋村，田坝乡田坝村等。典型植株有羊圈山大茶树、果吉大茶树、千家寨大茶树、河头大茶树和马鹿塘大茶树等。

七、江城哈尼族彝族自治县大茶树分布

记录到江城哈尼族彝族自治县野生和栽培大茶树资源分布点11个，主要分布于勐烈镇大新村，曲水镇拉珠村，国庆乡的洛捷村和田房村，嘉禾乡联合村等。典型植株有大蛇箐大茶树、普家寨大茶树、大尖山大茶树、田房大茶树和山神庙大茶树等。

八、澜沧拉祜族自治县大茶树分布

记录到澜沧拉祜族自治县野生和栽培大茶树资源分布点46个，主要分布于勐朗镇看马山村，上允镇南洼村，惠民镇景迈村和芒景村，大山乡榨房村，南岭乡勐炳村，拉巴乡音同村，竹塘乡战马坡村、东主村、募乃村和茨竹河村，富邦乡邦奈村和赛罕村，安康佤族乡糯波村，文东佤族乡的小寨村，富东乡的邦崴村、小坝村，木戛乡南六村等。典型植株有邦崴大茶树、芒景大茶树、邦茶大茶树、音同大茶树和糯波大茶树等。

九、西盟佤族自治县大茶树分布

记录到西盟佤族自治县的野生和栽培大茶树资源分布点15个，主要分布于勐梭镇秧洛村、班母村和王莫村，勐卡镇勐卡社区和马散村，力所拉祜族乡的南亢村、图地村和力所村。典型植株有班母大茶树、城子大茶树、大黑山腊大茶树、野牛山大茶树和佛殿山大茶树等。

十、孟连傣族拉祜族佤族自治县大茶树分布

记录到孟连傣族拉祜族佤族自治县的野生和栽培各种大茶树资源分布点8个，主要分布于娜允镇南雅村和景吭村，勐马镇腊福村和东乃村，芒信镇芒信村，公信乡糯董村。典型植株有腊福大茶树、南雅大茶树、芒信大茶树、东乃大茶树和糯董大茶树等。

第三节

普洱市大茶树资源的生长状况

对普洱市思茅、宁洱、墨江、景东、景谷、镇沅、江城、孟连、澜沧和西盟10个县（区）的大茶树树高、基部干围、树幅等生长特征及生长势进行了统计分析和初步评价，为普洱市大茶树资源的合理利用与管理保护提供基础资料和参考依据。

一、普洱市大茶树生长特征

对普洱市505株大茶树生长特征统计表明，大茶树树高在1.0～5.0m区段的有125株，占调查总数的24.8%；在5.0～10.0m区段的有288株，占调查总数的57.0%；在10.0～15.0m区段的有56株，占调查总数的11.1%；在15.0m以上区段的有36株，占调查总数的7.1%。大茶树树高变幅为1.2～27.0m，平均树高7.7m，树高主要集中在5.0～10.0m区段，占大茶树总数量的57.0%，最高为孟连县腊福大茶树2号（编号ML008），树高27.0m。

大茶树基部干围在0.1～0.5m区段的有42株，占调查总数的8.3%；在0.5～1.0m区段的有180株，占调查总数的35.6%；在1.0～1.5m区段的有150株，占调查总数的29.7%；在1.5～2.0m区段的有78株，占调查总数的15.5%；在2.0m以上区段的有55株，占调查总数的10.9%。大茶树基部干围变幅为0.2～3.6m，平均1.3m，基部干围集中在0.5～1.5m区段，占大茶树总数量的65.3%，最大为澜沧县邦崴大茶树（编号LC057），基部干围3.6m。

大茶树树幅在1.0～5.0m区段的有221株，占调查总数的43.8%；在5.0～10.0m区段的有265株，占调查总数的52.4%；在10.0m以上区段的有19株，占调查总数的3.8%。大茶树树幅变幅为1.1～22.0m，平均4.9m，树幅集中在10m以下区段，占大茶树总数量的96.2%，最大为镇沅县千家寨野生大茶树1号（编号ZY019），树幅22.0m×20.0m。

普洱市大茶树树高、树幅、基部干围等生长特征的变异系数分别为58.5%、48.5%和49.1%，均大于45%，各项生长指标均存在较大变异，见表6-1。

表6-1 普洱市大茶树生长特征

树体形态	最大值	最小值	平均值	标准差	变异系数（%）
树高（m）	27.0	1.2	7.7	4.5	58.5
树幅直径（m）	22.0	1.1	4.9	2.4	48.6
基部干围（m）	3.6	0.2	1.3	0.6	49.1

二、普洱市大茶树生长势

对普洱市505株大茶树生长势调查结果表明，大茶树总体长势良好，少数植株处于濒死状态或死亡，见表6-2。大茶树树冠完整、枝繁叶茂、主干完好、树势生长旺盛的有250株，占调查总数的49.5%；树枝无自然枯损、枯梢，生长势一般的有217株，占调查总数的43.0%；树枝自然枯梢，树体残缺、腐损，树干有空洞，生长势较差的有27株，占调查总数的5.3%；主梢及整体大部枯死、空干、根腐，生长势处于濒死状态的有11株，占调查总数的2.2%。据不完全统计，调查记录到普洱市已死亡或消失的大茶树23株。

表6-2　普洱市大茶树生长势

调查地点（县、自治县、区）	调查数量（株）	生长势等级			
		旺盛	一般	较差	濒死
思茅	15	8	6	1	0
江城	15	9	6	0	0
宁洱	56	28	22	4	2
墨江	52	25	23	2	2
镇沅	47	23	20	3	1
景东	71	36	31	3	1
景谷	92	40	44	6	2
澜沧	62	33	25	3	1
西盟	66	34	27	3	2
孟连	29	14	13	2	0
总计（株）	505	250	217	27	11
所占比例（%）	100.0	49.5	43.0	5.3	2.2

第四节

普洱市大茶树资源名录

根据普查结果，对普洱市10个县（区）内较古老、珍稀和特异的大茶树进行编号挂牌和整理编目，建立了普洱市大茶树资源数据信息库，见表6-3。共整理编目普洱市大茶树种质资源505份，其中思茅区15份，编号为SM001～SM015；宁洱哈尼族彝族自治县56份，编号为NE001～NE056；墨江哈尼族自治县52份，编号为MJ001～MJ052；景东彝族自治县71份，编号为JD001～JD071；景谷傣族彝族自治县92份，编号为JG001～JG092；镇沅彝族哈尼族拉祜族自治县47份，编号为ZY001～ZY047；江城哈尼族彝族自治县15份，编号为JC001～JC015；澜沧拉祜族自治县62份，编号为LC001～LC062；西盟佤族自治县66份，编号为XM001～XM066；孟连傣族哈尼族拉祜族自治县29份，编号为ML001～ML029。

普洱市大茶树资源名录注明了每一份大茶树资源的种质编号、种质名称和物种名称等护照信息，记录了大茶树资源的分布地点、海拔高度等地理信息，较详细地描述了大茶树资源的生长特征和植物学形态特征。普洱市大茶树资源名录的确定，基本明确了普洱市重点保护的大茶树资源，对了解普洱市茶树种质资源状况提供了重要信息，为普洱市茶树种质资源的有效保护和茶叶经济发展提供了全面准确的线索和依据。

表6-3 普洱市大茶树资源名录（505份）

种质编号	种质名称	物种名称	分布地点	海拔（m）	树高（m）	树幅（m×m）	基部干围（m）	主要形态
SM001	老荒田大茶树1号	*C. sinensis* var. *assamica*	思茅区思茅街道平原社区老荒田	1 327	6.0	4.0×3.4	1.2	小乔木型，树姿半开张。芽叶淡绿色、茸毛多。叶片长宽15.0cm×5.3cm，叶长椭圆形，叶色黄绿。萼片5片、无茸毛，花冠直径3.7cm×2.8cm，花瓣6枚，子房有茸毛，花柱先端3裂。果实球形、三角形
SM002	箐门口大茶树1号	*C. sinensis* var. *assamica*	思茅区思茅街道箐门口村	1 338	5.4	3.3×3.0	1.0	小乔木型，树姿半开张。芽叶淡绿色、茸毛多。叶片长宽14.6cm×5.4cm，叶长椭圆形，叶色绿。萼片5片、无茸毛，花冠直径2.8cm×3.0cm，花瓣6枚，子房有茸毛，花柱先端3裂。果实球形、三角形
SM003	箐门口大茶树2号	*C. sinensis* var. *assamica*	思茅区思茅街道箐门口村	1 340	6.7	4.3×3.5	1.5	小乔木型，树姿半开张。芽叶绿色、茸毛中。叶片长宽16.8cm×5.2cm，叶长椭圆形，叶色绿。萼片5片、无茸毛，花冠直径3.5cm×3.2cm，花瓣7枚，子房有茸毛，花柱先端3裂。果实球形、三角形

（续）

种质编号	种质名称	物种名称	分布地点	海拔(m)	树高(m)	树幅(m×m)	基部干围(m)	主要形态
SM004	把边寨大茶树1号	*C. sinensis* var. *assamica*	思茅区倚象镇鱼塘村把边寨	1 445	12.0	4.0×3.0	0.6	乔木型，树姿半开张。芽叶绿色、茸毛多。叶片长宽16.7cm×5.3cm，叶长椭圆形，叶色绿，叶脉11对。萼片5片、无茸毛，花冠直径3.7cm×2.8cm，花瓣5枚，子房有茸毛，花柱先端3裂。果实球形、三角形
SM005	把边寨大茶树2号	*C. sinensis* var. *assamica*	思茅区倚象镇鱼塘村把边寨	1 440	8.0	2.0×4.0	0.5	乔木型，树姿半开张。芽叶黄绿色、茸毛多。叶片长宽16.0cm×5.6cm，叶长椭圆形，叶色绿，叶脉10对。萼片5片、无茸毛，花冠直径3.0cm×2.9cm，花瓣7枚，子房有茸毛，花柱先端3裂。果实球形、三角形
SM006	把边寨大茶树3号	*C. sinensis* var. *assamica*	思茅区倚象镇鱼塘村把边寨	1 455	5.5	3.0×3.0	0.6	乔木型，树姿半开张。芽叶黄绿色、茸毛中。叶片长宽15.8cm×5.3cm，叶长椭圆形，叶色绿，叶脉11对。萼片5片、无茸毛，花冠直径3.7cm×3.9cm，花瓣5枚，子房有茸毛，花柱先端3裂。果实球形、三角形
SM007	把边寨大茶树4号	*C. sinensis* var. *assamica*	思茅区倚象镇鱼塘村把边寨	1 448	6.0	4.7×3.8	0.4	乔木型，树姿半开张。芽叶绿色、茸毛多。叶片长宽17.3cm×5.4cm，叶长椭圆形，叶色绿，叶脉12对。萼片5片、无茸毛，花冠直径4.3cm×3.3cm，花瓣6枚，子房有茸毛，花柱先端3裂。果实球形、三角形
SM008	柳树箐大茶树1号	*C. sinensis* var. *assamica*	思茅区倚象镇下寨村柳树箐	1 541	5.6	4.1×3.8	1.8	小乔木型，树姿开张。芽叶紫红色、茸毛中。叶片长宽13.8cm×5.0cm，叶椭圆形，叶色深绿，叶脉8对。萼片5片、无茸毛，花冠直径4.0cm×3.5cm，花瓣6枚，子房有茸毛，花柱先端3裂。果实球形、三角形
SM009	柳树箐大茶树2号	*C. sinensis* var. *assamica*	思茅区倚象镇下寨村柳树箐	1 537	5.0	4.0×3.0	1.3	小乔木型，树姿开张。芽叶黄绿色、茸毛中。叶片长宽14.7cm×5.2cm，叶长椭圆形，叶色深绿，叶脉8对。萼片5片、无茸毛，花冠直径3.7cm×4.1cm，花瓣6枚，子房有茸毛，花柱先端3裂。果实球形
SM010	柳树箐大茶树3号	*C. sinensis* var. *assamica*	思茅区倚象镇下寨村柳树箐	1 540	5.7	4.8×4.5	1.0	小乔木型，树姿开张。芽叶黄绿色、茸毛中。叶片长宽15.8cm×5.2cm，叶长椭圆形，叶色深绿，叶脉9对。萼片5片、无茸毛，花冠直径2.8cm×3.5cm，花瓣6枚，子房有茸毛，花柱先端3裂。果实三角形

（续）

种质编号	种质名称	物种名称	分布地点	海拔（m）	树高（m）	树幅（m×m）	基部干围（m）	主要形态
SM011	柳树箐大茶树4号	*C. sinensis* var. *assamica*	思茅区倚象镇下寨村柳树箐	1 544	6.5	3.6×4.0	0.8	小乔木型，树姿开张。芽叶淡绿色、茸毛中。叶片长宽14.5cm×5.8cm，叶长椭圆形，叶色深绿，叶脉10对。萼片5片、无茸毛，花冠直径4.5cm×5.2cm，花瓣6枚，子房有茸毛，花柱先端3裂。果实球形
SM012	茨竹林大茶树1号	*C. sinensis* var. *assamica*	思茅区思茅港镇茨竹林村上茨竹林	1 594	7.5	5.2×5.0	1.0	小乔木，树姿半开张。芽叶绿色，茸毛多。叶长椭圆形，叶色绿，叶身稍内折，叶缘微波，叶面微隆起，叶尖渐尖，叶基楔形。萼片5片、无茸毛，花冠直径3.1cm×2.8cm，花瓣6枚、白色或微绿色，子房有茸毛，花柱先端3裂，裂位浅。果实球形、三角形
SM013	茨竹林大茶树2号	*C. sinensis* var. *assamica*	思茅区思茅港镇茨竹林村上茨竹林	1 598	7.0	6.2×5.5	0.5	小乔木，树姿半开张。芽叶绿色，茸毛多。叶长椭圆形，叶色绿，叶身稍内折，叶缘微波，叶面隆起，叶尖渐尖，叶基楔形。萼片5片、无茸毛，花冠直径3.4cm×2.8cm，花瓣6枚，子房有茸毛，花柱先端3裂
SM014	芒坝大茶树1号	*C. sinensis* var. *assamica*	思茅区思茅港镇茨竹林村芒坝	1 590	5.5	4.0×5.0	0.8	小乔木，树姿半开张。芽叶黄绿色，茸毛中。叶长椭圆形，叶色绿，叶身稍内折，叶缘微波，叶面微隆起，叶尖渐尖，叶基楔形。萼片5片、无茸毛，花冠直径3.0cm×3.4cm，花瓣6枚，子房有茸毛，花柱先端3裂。果实三角形
SM015	芒坝大茶树2号	*C. sinensis* var. *assamica*	思茅区思茅港镇茨竹林村芒坝	1 590	5.8	4.3×4.0	0.8	小乔木，树姿半开张。芽叶黄绿色，茸毛中。叶长椭圆形，叶色绿，叶身稍内折，叶缘波，叶面微隆起，叶尖渐尖，叶基楔形。萼片5片、无茸毛，花冠直径3.5cm×3.2cm，花瓣6枚，子房有茸毛，花柱先端3裂。果实三角形
NE001	困鹿山野生大茶树1号	*C. taliensis*	宁洱哈尼族彝族自治县宁洱镇宽宏村困鹿山	2 050	4.8	3.5×3.2	1.8	乔木型，树姿半开张。叶长椭圆形，叶色绿，叶身稍内折，叶缘平，叶面平，叶尖渐尖，叶基楔形，叶脉7对，叶齿稀、深、锐。萼片5片、无茸毛，花冠直径5.8cm×5.6cm，花瓣10枚，花柱先端5裂。果实球形、五角状球形
NE002	困鹿山野生大茶树2号	*C. taliensis*	宁洱哈尼族彝族自治县宁洱镇宽宏村困鹿山	2 057	5.5	3.7×3.0	1.4	乔木型，树姿直立。叶长椭圆形，叶色绿，叶身稍内折，叶缘平，叶面平，叶尖渐尖，叶基楔形，叶脉9对，叶齿稀、深、锐。萼片5片、无茸毛，花冠直径5.9cm×6.6cm，花瓣14枚，花柱先端5裂。果实球形、五角状球形

（续）

种质编号	种质名称	物种名称	分布地点	海拔（m）	树高（m）	树幅（m×m）	基部干围（m）	主要形态
NE003	困鹿山野生大茶树3号	*C. taliensis*	宁洱哈尼族彝族自治县宁洱镇宽宏村困鹿山	2 053	4.8	3.0×3.0	1.0	乔木型，树姿半开张。叶长椭圆形，叶色绿，叶身稍内折，叶缘平，叶面平，叶尖渐尖，叶基楔形，叶脉11对，叶齿稀、深、锐。萼片5片、无茸毛，花冠直径6.4cm×6.6cm，花瓣10枚，花柱先端5裂。果实球形、四方形
NE004	困鹿山野生大茶树4号	*C. taliensis*	宁洱哈尼族彝族自治县宁洱镇宽宏村困鹿山	2 048	7.8	4.5×5.2	1.2	乔木型，树姿半开张。叶长椭圆形，叶色绿，叶身稍内折，叶缘平，叶面平，叶尖渐尖，叶基楔形，叶脉11对，叶齿稀、深、锐。萼片5片、无茸毛，花冠直径5.0cm×5.1cm，花瓣9枚，花柱先端5裂。果实球形
NE005	困鹿山野生大茶树5号	*C. taliensis*	宁洱哈尼族彝族自治县宁洱镇宽宏村困鹿山	2 040	6.0	3.3×3.8	1.0	乔木型，树姿半开张。叶长椭圆形，叶色绿，叶身稍内折，叶缘平，叶面平，叶尖渐尖，叶基楔形，叶脉8对，叶齿稀、深、锐。萼片5片、无茸毛，花冠直径6.2cm×5.4cm，花瓣10枚，花柱先端5裂。果实球形、五角状球形
NE006	宽宏大茶树1号	*C. sinensis* var. *assamica*	宁洱哈尼族彝族自治县宁洱镇宽宏村困鹿山	1 640	8.0	8.3×7.5	1.9	小乔木型，树姿开张。芽叶淡绿色、茸毛多。叶长椭圆形，叶片长宽15.0cm×5.0cm，叶色深绿，叶脉9对。萼片5片、无茸毛，花冠直径4.1cm×3.4cm，花瓣6枚，子房有茸毛，花柱先端3裂，果实三角形
NE007	宽宏大茶树2号	*C. sinensis* var. *assamica*	宁洱哈尼族彝族自治县宁洱镇宽宏村困鹿山	1 648	7.0	4.3×4.5	1.5	小乔木型，树姿半开张。芽叶淡绿色、茸毛中。叶长椭圆形，叶片长宽15.8cm×5.3cm，叶色深绿，叶脉9对。萼片5片、无茸毛，花冠直径4.4cm×3.8cm，花瓣6枚，子房有茸毛，花柱先端3裂，果实三角形
NE008	宽宏大茶树3号	*C. sinensis* var. *assamica*	宁洱哈尼族彝族自治县宁洱镇宽宏村困鹿山	1 645	5.0	3.7×4.0	1.2	小乔木型，树姿半开张。芽叶淡绿色、茸毛多。叶长椭圆形，叶片长宽16.9cm×5.8cm，叶色深绿，叶脉11对。萼片5片、无茸毛，花冠直径4.0cm×3.7cm，花瓣6枚，子房有茸毛，花柱先端3裂，果实球形、三角形
NE009	谦岗大茶树1号	*C. sinensis* var. *assamica*	宁洱哈尼族彝族自治县宁洱镇谦岗村	1 650	5.5	3.3×3.2	1.2	小乔木型，树姿半开张。芽叶淡绿色、茸毛多。叶长椭圆形，叶片长宽15.6cm×5.2cm，叶色深绿，叶脉10对。萼片5片、无茸毛，花冠直径3.1cm×3.3cm，花瓣6枚，子房有茸毛，花柱先端3裂，果实三角形

（续）

种质编号	种质名称	物种名称	分布地点	海拔（m）	树高（m）	树幅（m×m）	基部干围（m）	主要形态
NE010	谦岗大茶树2号	*C. sinensis* var. *assamica*	宁洱哈尼族彝族自治县宁洱镇谦岗村	1 640	4.8	3.5×2.0	1.0	小乔木型，树姿半开张。芽叶淡绿色、茸毛多。叶长椭圆形，叶片长宽16.7cm×5.4cm，叶色深绿，叶脉11对。萼片5片、无茸毛，花冠直径4.5cm×3.4cm，花瓣6枚，子房有茸毛，花柱先端3裂，果实球形、三角形
NE011	谦岗大茶树3号	*C. sinensis* var. *assamica*	宁洱哈尼族彝族自治县宁洱镇谦岗村	1 642	5.4	4.3×2.8	0.9	小乔木型，树姿半开张。芽叶黄绿色、茸毛较中。叶长椭圆形，叶片长宽13.3cm×5.7cm，叶色深绿，叶脉8对。萼片5片、无茸毛，花冠直径4.3cm×3.5cm，花瓣6枚，子房有茸毛，花柱先端3裂，果实球形、三角形
NE012	西萨大茶树1号	*C. sinensis* var. *assamica*	宁洱哈尼族彝族自治县宁洱镇西萨村	1 650	6.2	3.7×3.0	1.3	小乔木型，树姿半开张。芽叶黄绿色、茸毛多。叶长椭圆形，叶片长宽14.0cm×5.0cm，叶色绿，叶脉9对。萼片5片、无茸毛，花冠直径3.2cm×3.4cm，花瓣6枚，子房有茸毛，花柱先端3裂，果实球形、三角形
NE013	西萨大茶树2号	*C. sinensis* var. *assamica*	宁洱哈尼族彝族自治县宁洱镇西萨村	1 645	5.0	3.5×3.0	1.2	小乔木型，树姿半开张。芽叶淡绿色、茸毛多。叶长椭圆形，叶片长宽10.0cm×5.4cm，叶色深绿，叶脉8对。萼片5片、无茸毛，花冠直径2.5cm×2.4cm，花瓣6枚，子房有茸毛，花柱先端3裂，果实球形、三角形
NE014	困鹿山细叶茶1号	*C. sinensis* var. *pubilimba*	宁洱哈尼族彝族自治县宁洱镇宽宏村困鹿山	1 630	8.5	4.8×4.4	1.5	小乔木型，树姿半开张。芽叶淡绿色、茸毛多。小叶，叶片长宽4.0cm×2.0cm，叶椭圆形，叶色深绿，叶脉6对。萼片5片、有茸毛，花冠直径4.2cm×3.5cm，花瓣5枚，子房有茸毛，花柱先端3裂，果实球形、三角形
NE015	困鹿山细叶茶2号	*C. sinensis* var. *pubilimba*	宁洱哈尼族彝族自治县宁洱镇宽宏村困鹿山	1 630	8.0	4.4×4.5	1.3	小乔木型，树姿半开张。芽叶淡绿色、茸毛多。小叶，叶片长宽4.8cm×2.7cm，叶椭圆形，叶色深绿，叶脉7对。萼片5片、有茸毛，花冠直径4.0cm×3.4cm，花瓣5枚，子房有茸毛，花柱先端3裂，果实球形、三角形
NE016	困鹿山细叶茶3号	*C. sinensis* var. *pubilimba*	宁洱哈尼族彝族自治县宁洱镇宽宏村困鹿山	1 632	8.5	5.2×4.3	1.2	小乔木型，树姿半开张。芽叶绿色、茸毛多。小叶，叶片长宽5.0cm×3.2cm，叶椭圆形，叶色深绿，叶脉6对。萼片5片、有茸毛，花冠直径3.2cm×3.4cm，花瓣6枚，子房有茸毛，花柱先端3裂，果实球形、三角形

（续）

种质编号	种质名称	物种名称	分布地点	海拔（m）	树高（m）	树幅（m×m）	基部干围（m）	主要形态
NE017	困鹿山细叶茶4号	*C. sinensis* var. *pubilimba*	宁洱哈尼族彝族自治县宁洱镇宽宏村困鹿山	1 632	8.5	4.0×3.0	1.5	小乔木型，树姿半开张。芽叶淡绿色、茸毛中。小叶，叶片长宽6.0cm×5.0cm，叶椭圆形，叶色深绿，叶脉7对。萼片5片、有茸毛，花冠直径4.2cm×3.4cm，花瓣7枚，子房有茸毛，花柱先端3裂，果实球形、三角形
NE018	困鹿山细叶茶5号	*C. sinensis* var. *pubilimba*	宁洱哈尼族彝族自治县宁洱镇宽宏村困鹿山	1 632	9.0	4.0×4.5	1.6	小乔木型，树姿半开张。芽叶淡绿色、茸毛多。小叶，叶片长宽5.8cm×3.2cm，叶椭圆形，叶色深绿，叶脉6对。萼片5片、有茸毛，花冠直径3.2cm×3.5cm，花瓣5枚，子房有茸毛，花柱先端3裂，果实球形、三角形
NE019	困鹿山细叶茶6号	*C. sinensis* var. *pubilimba*	宁洱哈尼族彝族自治县宁洱镇宽宏村困鹿山	1 632	8.0	3.5×4.5	1.2	小乔木型，树姿半开张。芽叶淡绿色、茸毛多。小叶，叶片长宽7.8cm×3.7cm，叶椭圆形，叶色深绿，叶脉7对。萼片5片、有茸毛，花冠直径3.6cm×5.0cm，花瓣7枚，子房有茸毛，花柱先端3裂，果实球形、三角形
NE020	困鹿山细叶茶7号	*C. sinensis* var. *pubilimba*	宁洱哈尼族彝族自治县宁洱镇宽宏村困鹿山	1 630	6.5	4.4×5.0	1.0	小乔木型，树姿半开张。芽叶绿色、茸毛中。小叶，叶片长宽8.0cm×3.2cm，叶椭圆形，叶色深绿，叶脉8对。萼片5片、有茸毛，花冠直径4.1cm×3.2cm，花瓣5枚，子房有茸毛，花柱先端3裂，果实球形、三角形
NE021	困鹿山细叶茶8号	*C. sinensis* var. *pubilimba*	宁洱哈尼族彝族自治县宁洱镇宽宏村困鹿山	1 630	7.0	5.2×4.0	1.1	小乔木型，树姿半开张。芽叶绿色、茸毛多。小叶，叶片长宽7.5cm×3.4cm，叶椭圆形，叶色深绿，叶脉6对。萼片5片、有茸毛，花冠直径2.5cm×2.5cm，花瓣5枚，子房有茸毛，花柱先端3裂，果实球形、三角形
NE022	困鹿山细叶茶9号	*C. sinensis* var. *pubilimba*	宁洱哈尼族彝族自治县宁洱镇宽宏村困鹿山	1 633	8.5	2.8×5.0	1.5	小乔木型，树姿半开张。芽叶淡绿色、茸毛多。小叶，叶片长宽7.4cm×3.0cm，叶椭圆形，叶色深绿，叶脉7对。萼片5片、有茸毛，花冠直径2.9cm×3.2cm，花瓣7枚，子房有茸毛，花柱先端3裂，果实球形、三角形
NE023	困鹿山细叶茶10号	*C. sinensis* var. *pubilimba*	宁洱哈尼族彝族自治县宁洱镇宽宏村困鹿山	1 633	7.8	3.8×3.4	1.2	小乔木型，树姿半开张。芽叶淡绿色、茸毛多。小叶，叶片长宽6.8cm×3.5cm，叶椭圆形，叶色深绿，叶脉7对。萼片5片、有茸毛，花冠直径4.2cm×3.6cm，花瓣6枚，子房有茸毛，花柱先端3裂，果实球形、三角形

（续）

种质编号	种质名称	物种名称	分布地点	海拔（m）	树高（m）	树幅（m×m）	基部干围（m）	主要形态
NE024	困鹿山细叶茶11号	*C. sinensis* var. *pubilimba*	宁洱哈尼族彝族自治县宁洱镇宽宏村困鹿山	1 632	8.0	4.0×4.0	1.0	小乔木型，树姿半开张。芽叶淡绿色、茸毛多。小叶，叶片长宽6.5cm×2.7cm，叶椭圆形，叶色深绿，叶脉6对。萼片5片、无茸毛，花冠直径3.2cm×3.5cm，花瓣6枚，子房有茸毛，花柱先端3裂，果实球形、三角形
NE025	清真寺大茶树	*C. sinensis* var. *assamica*	宁洱哈尼族彝族自治县宁洱镇裕和村清真寺	1 320	10.0	7.8×8.4	1.4	小乔木型，树姿半开张。芽叶淡绿色、茸毛多。大叶，叶片长宽14.0cm×5.0cm，叶椭圆形，叶色深绿，叶脉9对，叶身稍内折，叶缘微波，叶面微隆起，叶质中，叶尖钝尖，叶基楔形
NE026	新寨大茶树1号	*C. sinensis* var. *assamica*	宁洱哈尼族彝族自治县磨黑镇庆明村新寨	1 490	3.0	3.5×2.5	0.9	小乔木型，树姿半开张。芽叶淡绿色、茸毛多。叶椭圆形，叶片长宽14.8cm×5.2cm，叶色绿，叶身平，叶脉10对。萼片5片、无茸毛，花冠直径3.9cm×3.4cm，花瓣6枚，子房有茸毛，花柱先端3裂，果实三角形
NE027	新寨大茶树2号	*C. sinensis* var. *assamica*	宁洱哈尼族彝族自治县磨黑镇庆明村新寨	1 484	4.0	2.5×2.5	0.9	小乔木型，树姿半开张。芽叶紫绿色、茸毛多。叶长椭圆形，叶片长宽14.3cm×5.5cm，叶色绿，叶身平，叶脉9对。萼片5片、无茸毛，花冠直径2.9cm×3.7cm，花瓣7枚，子房有茸毛，花柱先端3裂，果实三角形
NE028	新寨大茶树3号	*C. sinensis* var. *assamica*	宁洱哈尼族彝族自治县磨黑镇庆明村新寨	1 493	6.0	3.0×2.7	0.8	小乔木型，树姿半开张。芽叶淡绿色、茸毛多。叶长椭圆形，叶片长宽13.9cm×5.8cm，叶色绿，叶身平，叶脉11对。萼片5片、无茸毛，花冠直径3.5cm×3.2cm，花瓣6枚，子房有茸毛，花柱先端3裂，果实三角形
NE029	新寨大茶树4号	*C. sinensis* var. *assamica*	宁洱哈尼族彝族自治县磨黑镇庆明村新寨	1 490	5.6	3.5×2.0	1.0	小乔木型，树姿半开张。芽叶淡绿色、茸毛多。叶长椭圆形，叶片长宽14.8cm×5.2cm，叶色绿，叶身平，叶脉10对。萼片5片、无茸毛，花冠直径3.0cm×3.0cm，花瓣6枚，子房有茸毛，花柱先端3裂，果实三角形
NE030	新寨大茶树5号	*C. sinensis* var. *assamica*	宁洱哈尼族彝族自治县磨黑镇庆明村新寨	1 488	4.5	4.4×3.3	0.7	小乔木型，树姿半开张。芽叶淡绿色、茸毛多。叶椭圆形，叶片长宽14.8cm×5.6cm，叶色绿，叶身平，叶脉9对。萼片5片、无茸毛，花冠直径4.2cm×4.4cm，花瓣6枚，子房有茸毛，花柱先端3裂，果实三角形

（续）

种质编号	种质名称	物种名称	分布地点	海拔（m）	树高（m）	树幅（m×m）	基部干围（m）	主要形态
NE031	扎罗山大茶树1号	*C. sinensis* var. *assamica*	宁洱哈尼族彝族自治县磨黑镇团结村扎罗山	1 670	8.0	4.6×4.2	1.2	乔木型，树姿半开张。芽叶玉白色、茸毛中。叶片长宽16.3cm×5.7cm，叶长椭圆形，叶色绿，叶脉12对，萼片5片、无茸毛，花冠直径4.0cm×3.5cm，花瓣6枚，花柱先端3裂，裂位中。果实三角状和四方状球形
NE032	扎罗山大茶树2号	*C. sinensis* var. *assamica*	宁洱哈尼族彝族自治县磨黑镇团结村扎罗山	1 673	7.0	4.3×5.5	1.2	乔木型，树姿半开张。芽叶玉白色、茸毛中。叶片长宽14.3cm×5.2cm，叶长椭圆形，叶色绿，叶脉10对，萼片5片、无茸毛，花冠直径4.2cm×3.8cm，花瓣7枚，花柱先端3裂。果实三角状和四方状球形
NE033	扎罗山大茶树3号	*C. sinensis* var. *assamica*	宁洱哈尼族彝族自治县磨黑镇团结村扎罗山	1 673	4.0	2.6×2.2	0.7	乔木型，树姿半开张。芽叶绿色、茸毛中。叶片长宽16.0cm×5.7cm，叶长椭圆形，叶色绿，叶脉12对，萼片5片、无茸毛，花冠直径3.5cm×3.5cm，花瓣7枚，花柱先端3裂。果实三角状和四方状球形
NE034	扎罗山大茶树4号	*C. sinensis* var. *assamica*	宁洱哈尼族彝族自治县磨黑镇团结村扎罗山	1 682	5.0	2.5×2.7	1.0	乔木型，树姿半开张。芽叶淡绿色、茸毛中。叶片长宽13.7cm×5.4cm，叶长椭圆形，叶色绿，叶身稍内折，叶缘微波，叶面微隆起，叶基楔形，叶脉12对
NE035	扎罗山大茶树5号	*C. sinensis* var. *assamica*	宁洱哈尼族彝族自治县磨黑镇团结村扎罗山	1 670	8.8	4.0×5.2	1.0	乔木型，树姿半开张。芽叶玉白色、茸毛中。叶片长宽13.9cm×5.5cm，叶长椭圆形，叶色绿，叶身稍内折，叶缘微波，叶面微隆起，叶基楔形，叶脉9对
NE036	干坝子大茶树1号	*C. taliensis*	宁洱哈尼族彝族自治县梅子镇永胜村干坝子大山	2 460	15.0	10.6×10.6	2.7	乔木型，树姿半开张。芽叶淡绿色、无茸毛。叶长椭圆形，叶片长宽17.5cm×5.7cm，叶色绿，叶身稍内折，叶缘平，叶面平，叶尖渐尖，叶基楔形，叶脉7对，叶齿稀、浅、钝
NE037	干坝子大茶树2号	*C. taliensis*	宁洱哈尼族彝族自治县梅子镇永胜村干坝子大山	2 452	11.0	5.8×7.6	2.1	乔木型，树姿直立。芽叶淡绿色、无茸毛。叶长椭圆形，叶片长宽16.2cm×5.4cm，叶色绿，叶身稍内折，叶基楔形，叶脉8对。萼片5片、无茸毛，花冠直径5.2cm×6.1cm，花瓣11枚，花柱先端5裂。果实扁球形
NE038	干坝子大茶树3号	*C. taliensis*	宁洱哈尼族彝族自治县梅子镇永胜村干坝子大山	2 463	9.5	6.3×5.0	1.7	乔木型，树姿直立。芽叶紫绿色、无茸毛。叶长椭圆形，叶片长宽15.7cm×5.0cm，叶色绿，叶身稍内折，叶基楔形，叶脉7对。萼片5片、无茸毛，花冠直径6.2cm×6.6cm，花瓣11枚，花柱先端5裂。果实球形、五角状球形

（续）

种质编号	种质名称	物种名称	分布地点	海拔（m）	树高（m）	树幅（m×m）	基部干围（m）	主要形态
NE039	干坝子大茶树 4 号	*C. taliensis*	宁洱哈尼族彝族自治县梅子镇永胜村干坝子大山	2 457	7.0	4.6×6.0	1.4	乔木型，树姿直立。芽叶淡绿色、无茸毛。叶长椭圆形，叶片长宽 14.8cm×5.5cm，叶色绿，叶脉 11 对。萼片 5 片、无茸毛，花冠直径 6.7cm×7.0cm，花瓣 9 枚，花柱先端 5 裂。果实球形
NE040	干坝子大茶树 5 号	*C. taliensis*	宁洱哈尼族彝族自治县梅子镇永胜村干坝子大山	2 460	15.0	10.6×10.6	2.7	乔木型，树姿直立。芽叶淡绿色、无茸毛。叶长椭圆形，叶片长宽 16.2cm×5.0cm，叶色绿，叶身稍内折，叶基楔形，叶脉 9 对，叶齿稀、深、锐。萼片 5 片、无茸毛，花冠直径 7.2cm×6.8cm，花瓣 11 枚，花柱先端 5 裂。果实球形
NE041	罗东山野生茶树 1 号	*C. taliensis*	宁洱哈尼族彝族自治县梅子镇永胜村罗东山	2 370	15.0	14.0×12.8	3.4	乔木型，树姿直立。芽叶淡绿色、无茸毛。叶长椭圆形，叶片长宽 16.2cm×5.0cm，叶色绿，叶背主脉无茸毛，叶脉 8 对。萼片 5 片、无茸毛，花冠直径 6.2cm×6.6cm，花瓣 11 枚，花柱先端 5 裂。果实球形、四方形
NE042	罗东山野生茶树 2 号	*C. taliensis*	宁洱哈尼族彝族自治县梅子镇永胜村罗东山	2 368	11.5	9.0×7.8	2.4	乔木型，树姿直立。芽叶紫绿色、无茸毛。叶长椭圆形，叶片长宽 17.0cm×6.3cm，叶色深绿，叶背主脉无茸毛，叶脉 9 对。萼片 5 片、无茸毛，花冠直径 7.0cm×6.3cm，花瓣 9 枚，花柱先端 4～5 裂。果实球形、四方形
NE043	罗东山野生茶树 3 号	*C. taliensis*	宁洱哈尼族彝族自治县梅子镇永胜村罗东山	2 372	10.8	6.0×5.4	2.0	乔木型，树姿半开张。芽叶淡绿色、无茸毛。叶长椭圆形，叶片长宽 16.5cm×5.7cm，叶色深绿，叶背主脉无茸毛，叶脉 12 对。萼片 5 片、无茸毛，花冠直径 5.8cm×6.0cm，花瓣 10 枚，花柱先端 5 裂。果实梅花形
NE044	罗东山野生茶树 4 号	*C. taliensis*	宁洱哈尼族彝族自治县梅子镇永胜村罗东山	2 363	9.0	7.3×5.8	1.5	乔木型，树姿直立。芽叶淡绿色、无茸毛。叶长椭圆形，叶片长宽 15.4cm×5.8cm，叶色绿，叶背主脉无茸毛，叶脉 10 对。萼片 5 片、无茸毛，花冠直径 6.0cm×5.9cm，花瓣 11 枚，花柱先端 5 裂。果实梅花形
NE045	罗东山野生茶树 5 号	*C. taliensis*	宁洱哈尼族彝族自治县梅子镇永胜村罗东山	2 360	8.5	6.0×7.0	1.7	乔木型，树姿直立。芽叶紫绿色、无茸毛。叶长椭圆形，叶片长宽 16.5cm×5.7cm，叶色绿，叶背主脉无茸毛，叶脉 9 对。萼片 5 片、无茸毛，花冠直径 6.3cm×6.8cm，花瓣 9 枚，花柱先端 5 裂。果实球形、四方形

（续）

种质编号	种质名称	物种名称	分布地点	海拔（m）	树高（m）	树幅（m×m）	基部干围（m）	主要形态
NE046	岔河大茶树1号	*C. sinensis* var. *assamica*	宁洱哈尼族彝族自治县黎明乡岔河村	1 670	13.8	7.2×5.6	0.8	乔木型，树姿半开张。芽叶黄绿色、茸毛多。叶椭圆形，叶色绿，叶片长宽14.4cm×5.2cm，叶脉8对。萼片5片、无茸毛，花冠直径4.7cm×5.0cm，花瓣5枚，白色，子房有茸毛，花柱先端3裂。果实三角形
NE047	岔河大茶树2号	*C. sinensis* var. *assamica*	宁洱哈尼族彝族自治县黎明乡岔河村	1 684	7.8	4.2×3.0	0.6	小乔木型，树姿半开张。芽叶黄绿色、茸毛多。叶长椭圆形，叶色绿，叶片长宽14.8cm×5.0cm，叶脉9对。萼片5片、无茸毛，花冠直径4.0cm×3.0cm，花瓣6枚，子房有茸毛，花柱先端3裂。果实三角形
NE048	岔河大茶树3号	*C. sinensis* var. *assamica*	宁洱哈尼族彝族自治县黎明乡岔河村	1 678	5.5	3.2×3.3	0.5	小乔木型，树姿半开张。芽叶黄绿色、茸毛多。叶长椭圆形，叶色绿，叶片长宽16.2cm×5.8cm，叶脉11对。萼片5片、无茸毛，花冠直径3.7cm×3.0cm，花瓣7枚，子房有茸毛，花柱先端3裂。果实三角形
NE049	丙龙山大茶树1号	*C. taliensis*	宁洱哈尼族彝族自治县德安乡兰庆村丙龙山	2 150	19.5	12.1×9.8	2.0	乔木型，树姿直立。芽叶淡绿色、无茸毛。叶长椭圆形，大叶，叶片长宽17.7cm×5.8cm，叶色绿，叶身平，叶缘平，叶面微隆起，叶质柔软，叶尖渐尖，叶基楔形，叶脉9对，叶齿稀、深、锐，叶背主脉无茸毛
NE050	丙龙山大茶树2号	*C. taliensis*	宁洱哈尼族彝族自治县德安乡兰庆村丙龙山	2 153	14.0	8.4×7.0	1.6	乔木型，树姿直立。芽叶淡绿色、无茸毛。叶长椭圆形，大叶，叶片长宽16.8cm×5.6cm，叶色绿，叶身平，叶缘平，叶面微隆起，叶质柔软，叶尖渐尖，叶基楔形，叶脉10对，叶齿稀、深、锐，叶背主脉无茸毛
NE051	茶树地大茶树1号	*C. taliensis*	宁洱哈尼族彝族自治县德安乡兰庆村茶树地	2 158	9.5	6.5×6.0	1.5	乔木型，树姿直立。芽叶淡绿色、无茸毛。叶长椭圆形，叶片长宽17.0cm×6.3cm，叶色绿，叶脉9对，叶齿稀、深、锐，叶背主脉无茸毛。萼片5片、无茸毛，花冠直径6.7cm×6.0cm，花瓣10枚，子房有茸毛，花柱先端5裂
NE052	茶树地大茶树2号	*C. taliensis*	宁洱哈尼族彝族自治县德安乡兰庆村茶树地	2 150	7.0	6.0×4.0	1.8	乔木型，树姿直立。芽叶淡绿色、无茸毛。叶长椭圆形，叶片长宽14.7cm×5.3cm，叶色绿，叶脉10对，叶齿稀、深、锐，叶背主脉无茸毛。萼片5片、无茸毛，花冠直径5.2cm×5.0cm，花瓣9枚，子房有茸毛，花柱先端5裂

（续）

种质编号	种质名称	物种名称	分布地点	海拔（m）	树高（m）	树幅（m×m）	基部干围（m）	主要形态
NE053	新厂河大茶树1号	*C. taliensis*	宁洱哈尼族彝族自治县德安乡兰庆村新厂河	2 142	7.4	5.1×6.5	1.8	乔木型，树姿直立。芽叶紫绿色、无茸毛。叶长椭圆形，叶片长宽17.3cm×5.8cm，叶色绿，叶身平，叶缘平，叶面微隆起，叶基楔形，叶脉9对，叶齿稀、深、锐，叶背主脉无茸毛
NE054	新厂河大茶树2号	*C. taliensis*	宁洱哈尼族彝族自治县德安乡兰庆村新厂河	2 152	7.0	5.0×5.5	1.4	乔木型，树姿直立。芽叶紫绿色、无茸毛。叶长椭圆形，叶片长宽17.0cm×5.2cm，叶色深绿，叶身平，叶缘平，叶面微隆起，叶基楔形，叶脉10对，叶齿稀、深、锐，叶背主脉无茸毛
NE055	黄草坝大茶树1号	*C. taliensis*	宁洱哈尼族彝族自治县德安乡兰庆村黄草坝	2 155	8.2	7.3×5.8	1.5	乔木型，树姿直立。芽叶淡绿色、无茸毛。叶长椭圆形，叶片长宽16.7cm×5.3cm，叶色绿，叶身平，叶缘平，叶面微隆起，叶质硬，叶尖渐尖，叶基楔形，叶脉8对，叶齿稀、深、锐，叶背主脉无茸毛
NE056	黄草坝大茶树2号	*C. taliensis*	宁洱哈尼族彝族自治县德安乡兰庆村黄草坝	2 154	8.0	6.0×5.0	1.2	乔木型，树姿直立。芽叶淡绿色、无茸毛。叶长椭圆形，叶片长宽16.0cm×5.8cm，叶色绿，叶身平，叶缘平，叶面微隆起，叶质硬，叶尖渐尖，叶基楔形，叶脉9对，叶齿稀、深、锐，叶背主脉无茸毛
MJ001	牛角尖山大茶树1号	*C. taliensis*	墨江哈尼族自治县联珠镇马路村牛角尖山	2 180	10.0	4.4×4.0	1.4	小乔木型，树姿半开张。芽叶淡绿色、无茸毛。叶长椭圆形，大叶，叶片长宽17.7cm×5.1cm，叶色深绿，叶脉8对，叶背主脉无茸毛。萼片5片、无茸毛，花冠直径4.7cm×5.3cm，花瓣8枚，子房有茸毛，花柱先端5裂。果实扁球形
MJ002	牛角尖山大茶树2号	*C. taliensis*	墨江哈尼族自治县联珠镇马路村牛角尖山	2 030	8.0	4.0×3.0	1.2	乔木型，树姿直立。芽叶淡绿色、无茸毛。叶长椭圆形，大叶，叶片长宽15.5cm×5.7cm，叶色深绿，叶脉9对，叶背主脉无茸毛。萼片5片、无茸毛，花冠直径5.6cm×6.3cm，花瓣10枚，子房有茸毛，花柱先端5裂。果实扁球形
MJ003	回归大茶树	*C. taliensis*	墨江哈尼族自治县联珠镇回归社区	1 578	7.0	4.5×3.0	1.0	乔木型，树姿直立。芽叶紫绿色、无茸毛。叶长椭圆形，大叶，叶片长宽16.3cm×5.8cm，叶色深绿，叶脉9对，叶背主脉无茸毛。萼片5片、无茸毛，花冠直径5.9cm×6.2cm，花瓣10枚，子房有茸毛，花柱先端5裂。果实扁球形

（续）

种质编号	种质名称	物种名称	分布地点	海拔（m）	树高（m）	树幅（m×m）	基部干围（m）	主要形态
MJ004	班中大茶树	*C. taliensis*	墨江哈尼族自治县联珠镇班中社区	1 485	8.5	4.8×3.7	1.3	乔木型，树姿直立。芽叶淡绿色、无茸毛。叶长椭圆形，大叶，叶片长宽 15.4cm×5.6cm，叶色深绿，叶脉 11 对，叶背主脉无茸毛。萼片 5 片、无茸毛，花冠直径 6.6cm×6.4cm，花瓣 11 枚，子房有茸毛，花柱先端 5 裂。果实扁球形
MJ005	勇溪大茶树	*C. taliensis*	墨江哈尼族自治县联珠镇勇溪村	1 503	7.0	4.0×3.5	0.9	小乔木型，树姿直立。芽叶淡绿色、无茸毛。叶长椭圆形，大叶，叶片长宽 14.9cm×5.8cm，叶色深绿，叶脉 8 对，叶背主脉无茸毛。萼片 5 片、无茸毛，花冠直径 6.0cm×6.3cm，花瓣 9 枚，子房有茸毛，花柱先端 5 裂，果实扁球形
MJ006	碧溪大茶树 1 号	*C. sinensis* var. *assamica*	墨江哈尼族自治县联珠镇碧溪村箭场山	1 460	1.4	1.9×1.5	0.4	小乔木型，树姿半开张。芽叶黄绿色，有茸毛。叶长椭圆形，叶片长宽 16.7cm×5.6cm，叶色绿，叶脉 11 对。萼片 5 片、无茸毛，花冠直径 3.8cm×3.3cm，花瓣 6 枚，子房有茸毛，花柱先端 3 裂，果实三角形
MJ007	碧溪大茶树 2 号	*C. sinensis* var. *assamica*	墨江哈尼族自治县联珠镇碧溪村箭场山	1 468	2.0	1.5×1.7	0.5	小乔木型，树姿半开张。芽叶黄绿色，茸毛多。叶长椭圆形，叶片长宽 17.4cm×6.3cm，叶色绿，叶脉 13 对。萼片 5 片、无茸毛，花冠直径 4.8cm×5.3cm，花瓣 6 枚，子房有茸毛，花柱先端 3 裂，果实球形、三角形
MJ008	碧溪大茶树 3 号	*C. sinensis* var. *assamica*	墨江哈尼族自治县联珠镇碧溪村箭场山	1 470	2.8	2.5×2.5	0.4	小乔木型，树姿半开张。芽叶绿色，有茸毛。叶长椭圆形，叶片长宽 16.5cm×5.0cm，叶色绿，叶脉 10 对。萼片 5 片、无茸毛，花冠直径 3.5cm×3.7cm，花瓣 6 枚，子房有茸毛，花柱先端 3 裂，果实三角形
MJ009	羊神庙大茶树 1 号	*C. taliensis*	墨江哈尼族自治县鱼塘镇景平村羊神庙	2 090	6.6	4.9×4.5	1.2	小乔木型，树姿半开张。芽叶淡绿色、无茸毛。叶长椭圆形，叶片长宽 15.9cm×5.2cm，叶色深绿，叶背主脉无茸毛。萼片 5 片、无茸毛，花冠直径 5.1cm×5.0cm，花瓣 12 枚，子房有茸毛，花柱先端 5 裂。果实梅花形
MJ010	羊神庙大茶树 2 号	*C. taliensis*	墨江哈尼族自治县鱼塘镇景平村羊神庙	2 078	8.0	4.0×4.0	1.0	小乔木型，树姿半开张。芽叶紫绿色、无茸毛。叶长椭圆形，叶片长宽 15.4cm×5.7cm，叶色深绿，叶背主脉无茸毛。萼片 5 片、无茸毛，花冠直径 5.8cm×5.8cm，花瓣 10 枚，子房有茸毛，花柱先端 4～5 裂。果实扁球形、四方形

（续）

种质编号	种质名称	物种名称	分布地点	海拔（m）	树高（m）	树幅（m×m）	基部干围（m）	主要形态
MJ011	羊神庙大茶树3号	*C. taliensis*	墨江哈尼族自治县鱼塘镇景平村羊神庙	2 074	7.5	3.3×3.5	1.4	小乔木型，树姿半开张。芽叶淡绿色、无茸毛。叶长椭圆形，叶片长宽14.3cm×5.0cm，叶色深绿，叶背主脉无茸毛
MJ012	羊神庙大茶树4号	*C. taliensis*	墨江哈尼族自治县鱼塘镇景平村羊神庙	2 069	6.8	4.0×4.8	1.0	小乔木型，树姿半开张。芽叶淡绿色、无茸毛。叶长椭圆形，叶片长宽16.3cm×5.5cm，叶色深绿，叶背主脉无茸毛
MJ013	羊神庙大茶树5号	*C. taliensis*	墨江哈尼族自治县鱼塘镇景平村羊神庙	2 080	6.0	5.3×4.5	0.8	小乔木型，树姿直立。芽叶绿色、无茸毛。叶椭圆形，叶片长宽17.2cm×5.8cm，叶色深绿，叶背主脉无茸毛。萼片5片、无茸毛，花冠直径5.8cm×6.3cm，花瓣9枚，子房有茸毛，花柱先端5裂。果实扁球形
MJ014	阿八丫口大茶树1号	*C. taliensis*	墨江哈尼族自治县雅邑镇芦山村阿八丫口	1 910	6.0	2.8×2.4	1.4	小乔木型，树姿直立。芽叶淡绿色、无茸毛。叶长椭圆形，叶片长宽16.0cm×6.8cm，叶色绿，叶身平，叶脉8对，叶缘少锯齿，叶背主脉无茸毛。萼片5片、无茸毛，花冠直径5.4cm×5.1cm，花瓣8枚，子房有茸毛，花柱先端4裂。果实扁球形
MJ015	阿八丫口大茶树2号	*C. taliensis*	墨江哈尼族自治县雅邑镇芦山村阿八丫口	1 924	7.0	2.5×3.4	1.2	小乔木型，树姿直立。芽叶淡绿色、无茸毛。叶长椭圆形，叶片长宽17.2cm×6.5cm，叶色绿，叶身平，叶脉9对，叶缘少锯齿，叶背主脉无茸毛。萼片5片、无茸毛，花冠直径5.5cm×5.8cm，花瓣10枚，子房有茸毛，花柱先端5裂。果实扁球形、梅花形
MJ016	阿八丫口大茶树3号	*C. taliensis*	墨江哈尼族自治县雅邑镇芦山村阿八丫口	1 930	6.0	4.0×2.6	1.0	小乔木型，树姿直立。芽叶绿色、无茸毛。叶长椭圆形，叶片长宽16.6cm×6.0cm，叶色绿，叶身平，叶脉10对，叶缘少锯齿，叶背主脉无茸毛。萼片5片、无茸毛，花冠直径6.4cm×5.7cm，花瓣11枚，子房有茸毛，花柱先端4裂。果实扁球形、梅花形
MJ017	山星街大茶树1号	*C. taliensis*	墨江哈尼族自治县雅邑镇芦山村山星街	1 960	5.1	1.9×1.9	0.9	小乔木型，树姿直立。芽叶淡绿色、无茸毛。叶长椭圆形，叶片长宽14.2cm×5.5cm，叶色绿，叶脉8对。萼片5片、无茸毛，花冠直径5.7cm×5.0cm，花瓣9枚，子房有茸毛，花柱先端4～5裂。果实梅花形
MJ018	山星街大茶树2号	*C. taliensis*	墨江哈尼族自治县雅邑镇芦山村山星街	1 974	6.0	3.0×2.5	0.5	小乔木型，树姿直立。芽叶紫绿色、无茸毛。叶长椭圆形，叶片长宽14.8cm×5.7cm，叶色深绿，叶身稍内折，叶面平，叶基楔形，叶脉8对

（续）

种质编号	种质名称	物种名称	分布地点	海拔（m）	树高（m）	树幅（m×m）	基部干围（m）	主要形态
MJ019	山星街大茶树3号	*C. taliensis*	墨江哈尼族自治县雅邑镇芦山村山星街	1 963	7.5	3.0×3.8	0.7	小乔木型，树姿直立。芽叶淡绿色、无茸毛。叶长椭圆形，叶片长宽16.6cm×5.5cm，叶色绿，叶身稍内折，叶面平，叶基楔形，叶脉8对
MJ020	打稗子场大茶树1号	*C. sinensis* var. *assamica*	墨江哈尼族自治县雅邑镇芦山村打稗子场	1 840	3.1	1.9×1.5	0.4	乔木型，树姿开张。芽叶黄绿色、茸毛多。叶长椭圆形，叶片长宽17.7cm×5.6cm，叶色绿，叶身稍内折，叶脉10对，叶背主脉多茸毛。萼片5片、无茸毛，花冠直径3.8cm×2.5cm，花瓣6枚，子房有茸毛，花柱先端3裂
MJ021	打稗子场大茶树2号	*C. sinensis* var. *assamica*	墨江哈尼族自治县雅邑镇芦山村打稗子场	1 848	4.0	3.0×1.8	0.5	小乔木型，树姿开张。芽叶黄绿色、茸毛多。叶长椭圆形，叶片长宽17.0cm×5.3cm，叶色绿，叶身稍内折，叶脉11对，叶背主脉多茸毛。萼片5片、无茸毛，花冠直径3.5cm×3.5cm，花瓣7枚，子房有茸毛，花柱先端3裂
MJ022	打稗子场大茶树3号	*C. sinensis* var. *assamica*	墨江哈尼族自治县雅邑镇芦山村打稗子场	1 852	3.8	2.0×1.4	0.4	小乔木型，树姿开张。芽叶黄绿色、茸毛多。叶长椭圆形，叶片长宽16.7cm×5.2cm，叶色深绿，叶身稍内折，叶脉10对，叶背主脉多茸毛。萼片5片、无茸毛，花冠直径4.3cm×2.8cm，花瓣6枚，子房有茸毛，花柱先端3裂
MJ023	打稗子场大茶树4号	*C. sinensis* var. *assamica*	墨江哈尼族自治县雅邑镇芦山村打稗子场	1 856	3.5	2.0×1.5	0.3	小乔木型，树姿开张。芽叶黄绿色、茸毛多。叶长椭圆形，叶片长宽15.5cm×5.6cm，叶色绿，叶身稍内折，叶脉9对，叶背主脉多茸毛。萼片5片、无茸毛，花冠直径3.3cm×2.6cm，花瓣5枚，子房有茸毛，花柱先端3裂
MJ024	老朱寨大茶树1号	*C. sinensis* var. *assamica*	墨江哈尼族自治县坝溜镇老朱村	1 750	7.0	4.6×4.2	1.5	小乔木型，树姿半开张。芽叶黄绿色、茸毛多。叶长椭圆形，叶片长宽15.0cm×5.5cm，叶色绿，叶身稍内折，叶脉9对，叶背主脉多茸毛。萼片5片、无茸毛，花冠直径3.2cm×2.8cm，花瓣7枚，子房有茸毛，花柱先端3裂
MJ025	老朱寨大茶树2号	*C. sinensis* var. *assamica*	墨江哈尼族自治县坝溜镇老朱村	1 759	5.0	4.0×3.2	1.0	小乔木型，树姿半开张。芽叶黄绿色、茸毛多。叶长椭圆形，叶片长宽15.3cm×5.6cm，叶色绿，叶身稍内折，叶脉10对，叶背主脉多茸毛。萼片5片、无茸毛，花冠直径3.7cm×3.8cm，花瓣6枚，子房有茸毛，花柱先端3裂

（续）

种质编号	种质名称	物种名称	分布地点	海拔（m）	树高（m）	树幅（m×m）	基部干围（m）	主要形态
MJ026	老朱寨大茶树3号	*C. sinensis* var. *assamica*	墨江哈尼族自治县坝溜镇老朱村	1 764	5.0	2.6×4.5	1.2	小乔木型，树姿半开张。芽叶黄绿色、茸毛多。叶长椭圆形，叶片长宽16.0cm×5.8cm，叶色绿，叶身稍内折，叶脉9对，叶背主脉多茸毛。萼片5片、无茸毛，花冠直径3.2cm×2.8cm，花瓣7枚，子房有茸毛，花柱先端3裂
MJ027	羊八寨大茶树1号	*C. sinensis* var. *assamica*	墨江哈尼族自治县坝溜镇联珠村羊八寨	1 630	9.0	5.3×4.8	1.1	小乔木型，树姿半开张。芽叶黄绿色、茸毛多。叶长椭圆形，叶片长宽15.7cm×5.5cm，叶色绿，叶身稍内折，叶脉10对，叶背主脉多茸毛。萼片5片、无茸毛，花冠直径4.2cm×5.8cm，花瓣7枚，子房有茸毛，花柱先端3裂。果实球形、三角形
MJ028	羊八寨大茶树2号	*C. sinensis* var. *assamica*	墨江哈尼族自治县坝溜镇联珠村羊八寨	1 638	8.0	3.5×4.5	1.0	小乔木型，树姿半开张。芽叶黄绿色、茸毛多。叶长椭圆形，叶片长宽14.8cm×5.9cm，叶色绿，叶身背卷，叶脉11对，叶背主脉多茸毛。萼片5片、无茸毛，花冠直径4.0cm×5.5cm，花瓣6枚，子房有茸毛，花柱先端3裂。果实球形、三角形
MJ029	羊八寨大茶树3号	*C. sinensis* var. *assamica*	墨江哈尼族自治县坝溜镇联珠村羊八寨	1 632	5.5	4.5×4.0	0.8	小乔木型，树姿半开张。芽叶黄绿色、茸毛多。叶长椭圆形，叶片长宽16.1cm×5.4cm，叶色绿，叶身稍内折，叶脉8对，叶背主脉多茸毛。萼片5片、无茸毛，花冠直径4.0cm×5.2cm，花瓣5枚，子房有茸毛，花柱先端3裂。果实球形、三角形
MJ030	羊八寨大茶树4号	*C. sinensis* var. *assamica*	墨江哈尼族自治县坝溜镇联珠村羊八寨	1 640	7.0	5.3×4.8	0.6	小乔木型，树姿半开张。芽叶绿色、茸毛多。叶长椭圆形，叶片长宽13.8cm×5.2cm，叶色绿，叶身稍内折，叶脉7对，叶背主脉多茸毛。萼片5片、无茸毛，花冠直径3.2cm×3.8cm，花瓣6枚，子房有茸毛，花柱先端3裂。果实球形、三角形
MJ031	大平掌大茶树1号	*C. sinensis* var. *assamica*	墨江哈尼族自治县景星镇新华村大平掌	1 900	3.1	5.8×3.5	1.0	小乔木型，树姿开张。芽叶黄绿色、茸毛多。叶长椭圆形，叶片长宽16.2cm×6.8cm，叶色绿，叶身平，叶脉9对。萼片5片、无茸毛，花冠直径4.0cm×3.1cm，花瓣7枚，子房有茸毛，花柱先端3裂。果实球形、三角形

（续）

种质编号	种质名称	物种名称	分布地点	海拔（m）	树高（m）	树幅（m×m）	基部干围（m）	主要形态
MJ032	大平掌大茶树2号	*C. sinensis* var. *assamica*	墨江哈尼族自治县景星镇新华村大平掌	1 902	3.5	3.0×2.0	1.2	小乔木型，树姿开张。芽叶黄绿色、茸毛多。叶长椭圆形，叶片长宽17.0cm×6.2cm，叶色绿，叶身平，叶脉9对。萼片5片、无茸毛，花冠直径4.2cm×3.3cm，花瓣5枚，子房有茸毛，花柱先端3裂。果实球形、三角形
MJ033	景星大茶树1号	*C. sinensis* var. *assamica*	墨江哈尼族自治县景星镇景星村	1 918	4.0	2.8×3.3	1.0	小乔木型，树姿开张。芽叶紫红色、茸毛少。叶长椭圆形，叶片长宽15.7cm×6.5cm，叶色绿，叶身平，叶脉11对。萼片5片、无茸毛，花冠直径3.6cm×3.3cm，花瓣7枚，子房有茸毛，花柱先端3裂。果实球形、三角形
MJ034	景星大茶树2号	*C. sinensis* var. *assamica*	墨江哈尼族自治县景星镇景星村	1 920	4.5	2.2×3.0	0.8	小乔木型，树姿开张。芽叶绿色、茸毛中。叶长椭圆形，叶片长宽14.8cm×5.8cm，叶色绿，叶身平，叶脉11对。萼片5片、无茸毛，花冠直径4.0cm×3.5cm，花瓣6枚，子房有茸毛，花柱先端3裂。果实球形、三角形
MJ035	正龙大茶树1号	*C. sinensis* var. *assamica*	墨江哈尼族自治县景星镇正龙村	1 932	3.0	1.8×1.5	0.5	小乔木型，树姿开张。芽叶黄绿色、茸毛多。叶椭圆形，叶片长宽14.3cm×6.6cm，叶色绿，叶身平，叶脉8对。萼片5片、无茸毛，花冠直径4.5cm×3.4cm，花瓣6枚，子房有茸毛，花柱先端3裂。果实球形、三角形
MJ036	正龙大茶树2号	*C. sinensis* var. *assamica*	墨江哈尼族自治县景星镇正龙村	1 930	3.5	2.0×3.0	0.7	小乔木型，树姿开张。芽叶玉白色、茸毛多。叶长椭圆形，叶片长宽16.2cm×5.8cm，叶色浅绿，叶身平，叶脉9对。萼片5片、无茸毛，花冠直径4.1cm×3.4cm，花瓣7枚，子房有茸毛，花柱先端3裂。果实球形、三角形
MJ037	小操场大茶树1号	*C. sinensis* var. *assamica*	墨江哈尼族自治县景星镇景星村李冲小操场	1 870	4.5	4.1×3.5	0.7	小乔木型，树姿开张。芽叶黄绿色、茸毛中。叶披针形，叶片长宽14.8cm×5.4cm，叶色绿，叶身平，叶脉8对。萼片5片、无茸毛，花冠直径3.9cm×3.3cm，花瓣6枚，子房有茸毛，花柱先端3裂。果实球形、三角形
MJ038	小操场大茶树2号	*C. sinensis* var. *assamica*	墨江哈尼族自治县景星镇景星村李冲小操场	1 872	4.0	4.1×3.8	0.5	小乔木型，树姿开张。芽叶绿色、茸毛中。叶长椭圆形，叶片长宽16.5cm×6.4cm，叶色绿，叶身平，叶脉10对。萼片5片、无茸毛，花冠直径3.5cm×3.8cm，花瓣6枚，子房有茸毛，花柱先端3裂。果实球形、三角形

（续）

种质编号	种质名称	物种名称	分布地点	海拔（m）	树高（m）	树幅（m×m）	基部干围（m）	主要形态
MJ039	小操场大茶树3号	*C. sinensis* var. *assamica*	墨江哈尼族自治县景星镇景星村李冲小操场	1 875	4.5	2.5×3.5	0.4	小乔木型，树姿半开张。芽叶黄绿色、茸毛中。叶长椭圆形，叶片长宽14.8cm×5.3cm，叶色绿，叶脉8对。萼片5片、无茸毛，花冠直径3.5cm×3.8cm，花瓣6枚，子房有茸毛，花柱先端3裂。果实球形、三角形
MJ040	大山大茶树1号	*C. sinensis* var. *pubilimba*	墨江哈尼族自治县景星镇景星村李冲大山	1 916	2.8	5.5×5.3	1.1	小乔木型，树姿半开张。芽叶玉白色、茸毛多。叶卵圆形，叶片长宽10.2cm×5.7cm，叶脉7对，叶背主脉多茸毛。萼片5片、有茸毛，花冠直径2.5cm×2.8cm，花瓣6枚，子房有茸毛，花柱先端3裂。果实三角形
MJ041	大山大茶树2号	*C. sinensis* var. *pubilimba*	墨江哈尼族自治县景星镇景星村李冲大山	1 920	1.4	3.5×3.3	0.8	小乔木型，树姿半开张。芽叶玉白色、茸毛多。叶椭圆形，叶片长宽9.8cm×5.7cm，叶色绿，叶脉8对，叶背主脉多茸毛。萼片5片、有茸毛，花冠直径3.5cm×3.2cm，花瓣6枚，子房有茸毛，花柱先端3裂。果实三角形
MJ042	大山大茶树3号	*C. sinensis* var. *pubilimba*	墨江哈尼族自治县景星镇景星村李冲大山	1 923	1.2	3.0×4.0	0.6	小乔木型，树姿半开张。芽叶淡绿色、茸毛多。叶椭圆形，叶片长宽13.0cm×5.5cm，叶色绿，叶脉8对，叶背主脉多茸毛。萼片5片、有茸毛，花冠直径2.3cm×2.5cm，花瓣5枚，子房有茸毛，花柱先端3裂。果实三角形
MJ043	三康地大茶树1号	*C. sinensis* var. *assamica*	墨江哈尼族自治县景星镇景星村李冲三康地	1 820	2.4	2.3×2.3	0.8	小乔木型，树姿半开张。芽叶黄绿色、茸毛多。叶椭圆形，叶片长宽14.5cm×6.3cm，叶色绿，叶脉10对，叶背主脉多茸毛。萼片5片、无茸毛，花冠直径2.8cm×3.0cm，花瓣6枚，子房有茸毛，花柱先端3裂。果实三角形
MJ044	三康地大茶树2号	*C. sinensis* var. *assamica*	墨江哈尼族自治县景星镇景星村李冲三康地	1 827	2.0	1.8×2.0	0.5	小乔木型，树姿半开张。芽叶黄绿色、茸毛多。叶长椭圆形，叶片长宽15.7cm×5.0cm，叶色绿，叶脉11对，叶背主脉多茸毛。萼片5片、无茸毛，花冠直径3.4cm×3.8cm，花瓣6枚，子房有茸毛，花柱先端3裂。果实三角形
MJ045	三康地大茶树3号	*C. sinensis* var. *assamica*	墨江哈尼族自治县景星镇景星村李冲三康地	1 815	1.6	2.5×2.5	0.5	小乔木型，树姿半开张。芽叶淡绿色、茸毛多。叶长椭圆形，叶片长宽17.3cm×5.3cm，叶色绿，叶脉10对，叶背主脉多茸毛。萼片5片、无茸毛，花冠直径3.5cm×3.8cm，花瓣6枚，子房有茸毛，花柱先端3裂。果实三角形

（续）

种质编号	种质名称	物种名称	分布地点	海拔(m)	树高(m)	树幅(m×m)	基部干围(m)	主要形态
MJ046	迷帝大茶树	*C. sinensis* var. *assamica*	墨江哈尼族自治县新抚镇界牌村迷帝茶场	1 360	4.0	4.0×4.0	1.1	小乔木型，树姿开张。芽叶黄绿色、茸毛中。叶披针形，叶片长宽16.8cm×5.0cm，叶色绿，叶脉8对，叶背主脉多茸毛。萼片5片、无茸毛，花冠直径4.1cm×3.6cm，花瓣6枚，子房有茸毛，花柱先端3裂。果实三角形
MJ047	新塘大茶树	*C. sinensis* var. *assamica*	墨江哈尼族自治县新抚镇新塘村	1 372	5.0	3.0×4.0	1.2	小乔木型，树姿半开张。芽叶黄绿色、茸毛中。叶长椭圆形，叶片长宽16.0cm×5.2cm，叶色绿，叶脉11对，叶背主脉多茸毛。萼片5片、无茸毛，花冠直径4.0cm×3.8cm，花瓣6枚，子房有茸毛，花柱先端3裂。果实三角形
MJ048	班包大茶树	*C. sinensis* var. *assamica*	墨江哈尼族自治县新抚镇班包村	1 380	4.0	2.0×2.5	0.9	小乔木型，树姿开张。芽叶紫红色、茸毛多。叶长椭圆形，叶片长宽15.8cm×5.6cm，叶色绿，叶脉9对，叶背主脉多茸毛。萼片5片、无茸毛，花冠直径4.0cm×3.5cm，花瓣6枚，子房有茸毛，花柱先端3裂
MJ049	那宪大茶树	*C. sinensis* var. *assamica*	墨江哈尼族自治县新抚镇那宪村	1 365	4.5	2.0×3.0	1.2	小乔木型，树姿开张。芽叶黄绿色、茸毛中。叶长椭圆形，叶片长宽15.0cm×5.7cm，叶色绿，叶身稍内折，叶缘波，叶面微隆起，叶质中，叶尖渐尖，叶基楔形，叶脉8对，叶背主脉多茸毛
MJ050	老围村大茶树1号	*C. sinensis* var. *pubilimba*	墨江哈尼族自治县团田镇老围村蜜蜂沟	1 910	5.9	4.3×3.5	0.9	小乔木型，树姿开张。芽叶黄绿色、茸毛特多。叶披针形，叶片长宽14.0cm×5.0cm，叶色黄绿，叶脉11对，叶背主脉多茸毛。萼片5片、有茸毛，花冠直径3.0cm×3.3cm，花瓣7枚，子房有茸毛，花柱先端3裂。果实球形
MJ051	老围村大茶树2号	*C. sinensis* var. *assamica*	墨江哈尼族自治县团田镇老围村蜜蜂沟	1 915	5.0	3.3×3.0	0.9	小乔木型，树姿开张。芽叶黄绿色、茸毛多。叶长椭圆形，叶片长宽16.0cm×6.2cm，叶色黄绿，叶脉13对，叶背主脉多茸毛。萼片5片、无茸毛，花冠直径3.8cm×3.7cm，花瓣6枚，子房有茸毛，花柱先端3裂。果实球形
MJ052	老围村大茶树3号	*C. sinensis* var. *assamica*	墨江哈尼族自治县团田镇老围村蜜蜂沟	1 903	5.5	3.7×3.2	0.7	小乔木型，树姿半开张。芽叶绿色、茸毛多。叶长椭圆形，叶片长宽15.8cm×5.5cm，叶色黄绿，叶脉9对，叶背主脉多茸毛。萼片5片、无茸毛，花冠直径3.5cm×3.4cm，花瓣7枚，子房有茸毛，花柱先端3裂。果实球形

（续）

种质编号	种质名称	物种名称	分布地点	海拔（m）	树高（m）	树幅（m×m）	基部干围（m）	主要形态
JD001	秧草塘大茶树1号	*C. taliensis*	景东彝族自治县锦屏镇磨腊村秧草塘	2 406	22.5	12.9×12.8	3.2	乔木型，树姿半开张。芽叶淡绿色、无茸毛。叶长椭圆形，叶片长宽17.0cm×6.2cm，叶色深绿，叶脉10对，叶背主脉无茸毛。萼片5片、无茸毛，花冠直径4.8cm×5.7cm，花瓣10枚。果实扁球形、梅花形
JD002	秧草塘大茶树2号	*C. taliensis*	景东彝族自治县锦屏镇磨腊村秧草塘	2 420	20.0	10.5×11.0	2.5	乔木型，树姿半开张。芽叶淡绿色、无茸毛。叶长椭圆形，叶片长宽15.2cm×5.3cm，叶色深绿，叶脉9对，叶背主脉无茸毛。萼片5片、无茸毛，花冠直径5.5cm×5.9cm，花瓣11枚。果实扁球形、梅花形
JD003	秧草塘大茶树3号	*C. taliensis*	景东彝族自治县锦屏镇磨腊村秧草塘	2 426	17.5	9.5×8.0	2.2	乔木型，树姿半开张。芽叶淡绿色、无茸毛。叶长椭圆形，叶片长宽17.2cm×5.6cm，叶色绿，叶身稍内折，叶面平，叶尖渐尖，叶基楔形，叶脉9对，叶背主脉无茸毛
JD004	秧草塘大茶树4号	*C. taliensis*	景东彝族自治县锦屏镇磨腊村秧草塘	2 418	15.0	7.0×8.0	3.0	乔木型，树姿半开张。芽叶淡绿色、无茸毛。叶长椭圆形，叶片长宽14.8cm×5.1cm，叶色绿，叶身稍内折，叶面平，叶尖渐尖，叶基楔形，叶脉11对，叶背主脉无茸毛
JD005	凹路箐大茶树1号	*C. taliensis*	景东彝族自治县锦屏镇龙树村曼状凹路箐	2 400	19.0	6.2×6.1	2.4	乔木型，树姿半开张。芽叶淡绿色、无茸毛。叶长椭圆形，叶片长宽14.7cm×5.6cm，叶色绿，叶脉9对，叶背主脉无茸毛。萼片5片、无茸毛，花冠直径6.0cm×5.7cm，花瓣9枚。果实四方形
JD006	凹路箐大茶树2号	*C. taliensis*	景东彝族自治县锦屏镇龙树村曼状凹路箐	2 470	14.0	7.2×4.0	2.2	乔木型，树姿半开张。芽叶黄绿色、无茸毛。叶长椭圆形，叶片长宽15.5cm×5.3cm，叶色绿，叶身稍内折，叶面平，叶尖渐尖，叶基楔形，叶脉11对，叶背主脉无茸毛
JD007	凹路箐大茶树3号	*C. taliensis*	景东彝族自治县锦屏镇龙树村曼状凹路箐	2 478	11.0	5.2×5.0	2.0	乔木型，树姿半开张。芽叶紫绿色、无茸毛。叶长椭圆形，叶片长宽15.7cm×5.0cm，叶色绿，叶身稍内折，叶面平，叶尖渐尖，叶基楔形，叶脉10对，叶背主脉无茸毛
JD008	凹路箐大茶树4号	*C. taliensis*	景东彝族自治县锦屏镇龙树村曼状凹路箐	2 463	9.0	4.5×4.0	1.8	乔木型，树姿半开张。芽叶紫绿色、无茸毛。叶长椭圆形，叶片长宽16.5cm×5.3cm，叶色绿，叶身稍内折，叶面平，叶尖渐尖，叶基楔形，叶脉9对，叶背主脉无茸毛

（续）

种质编号	种质名称	物种名称	分布地点	海拔（m）	树高（m）	树幅（m×m）	基部干围（m）	主要形态
JD009	温卜大茶树1号	*C. taliensis*	景东彝族自治县锦屏镇温卜村大泥塘	2 580	24.0	7.3×4.0	3.0	乔木型，树姿直立。芽叶淡绿色、无茸毛。叶长椭圆形，叶片长宽16.3cm×6.7cm，叶色深绿，叶身稍内折，叶面平，叶尖渐尖，叶基楔形，叶脉8对，叶背主脉无茸毛
JD010	温卜大茶树2号	*C. taliensis*	景东彝族自治县锦屏镇温卜村大泥塘	2 567	20.0	8.0×7.0	2.2	乔木型，树姿直立。芽叶淡绿色、无茸毛。叶长椭圆形，叶片长宽16.4cm×6.0cm，叶色深绿，叶身稍内折，叶面平，叶尖渐尖，叶基楔形，叶脉9对，叶背主脉无茸毛
JD011	温卜大茶树3号	*C. taliensis*	景东彝族自治县锦屏镇温卜村大泥塘	2 571	18.0	6.5×5.0	1.8	乔木型，树姿直立。芽叶紫绿色、无茸毛。叶长椭圆形，叶片长宽15.5cm×5.7cm，叶色深绿，叶身稍内折，叶面平，叶尖渐尖，叶基楔形，叶脉8对，叶背主脉无茸毛
JD012	泡竹箐大茶树1号	*C. taliensis*	景东彝族自治县锦屏镇新民村泡竹箐	2 510	8.1	9.2×9.0	2.9	乔木型，树姿半开张。芽叶绿色、无茸毛。叶长椭圆形，叶片长宽17.7cm×6.0cm，叶色深绿，叶身平，叶缘平，叶面平，叶质中，叶尖渐尖，叶基楔形，叶脉10对，叶背主脉无茸毛
JD013	泡竹箐大茶树2号	*C. taliensis*	景东彝族自治县锦屏镇新民村泡竹箐	2 493	6.0	3.5×4.0	2.3	乔木型，树姿半开张。芽叶绿色、无茸毛。叶长椭圆形，叶片长宽17.0cm×5.0cm，叶色深绿，叶身平，叶缘平，叶面平，叶质中，叶尖渐尖，叶基楔形，叶脉9对，叶背主脉无茸毛
JD014	泡竹箐大茶树3号	*C. taliensis*	景东彝族自治县锦屏镇新民村泡竹箐	2 487	9.0	6.0×5.5	1.5	乔木型，树姿半开张。芽叶紫绿色、无茸毛。叶长椭圆形，叶片长宽16.3cm×5.7cm，叶色深绿，叶身平，叶缘平，叶面平，叶质中，叶尖渐尖，叶基楔形，叶脉12对，叶背主脉无茸毛
JD015	迤菜户大茶树1号	*C. sinensis* var. *assamica*	景东彝族自治县锦屏镇菜户河村迤菜户	1 780	6.1	5.9×5.6	2.0	小乔木型，树姿半开张。芽叶黄绿色，茸毛多。叶长椭圆形，叶片长宽14.3cm×5.4cm，叶色浅绿，叶脉9对。萼片5片、无茸毛，花冠直径4.0cm×3.6cm，花瓣7枚，子房有茸毛，花柱先端3裂。果实球形、三角形
JD016	迤菜户大茶树2号	*C. sinensis* var. *assamica*	景东彝族自治县锦屏镇菜户河村迤菜户	1 767	5.0	3.8×4.5	1.5	小乔木型，树姿半开张。芽叶绿色，茸毛中。叶长椭圆形，叶片长宽14.8cm×5.5cm，叶色绿，叶脉9对。萼片5片、无茸毛，花冠直径4.4cm×3.8cm，花瓣6枚，子房有茸毛，花柱先端3裂。果实球形、三角形

（续）

种质编号	种质名称	物种名称	分布地点	海拔（m）	树高（m）	树幅（m×m）	基部干围（m）	主要形态
JD017	迤菜户大茶树3号	*C. sinensis* var. *assamica*	景东彝族自治县锦屏镇菜户河村迤菜户	1 791	4.5	3.0×3.0	1.3	小乔木型，树姿半开张。芽叶黄绿色，茸毛少。叶长椭圆形，叶片长宽15.2cm×6.0cm，叶色深绿，叶脉8对。萼片5片、无茸毛，花冠直径3.5cm×3.6cm，花瓣7枚，子房有茸毛，花柱先端3裂。果实球形、三角形
JD018	长地山大茶树1号	*C. sinensis* var. *pubilimba*	景东彝族自治县文井镇丙必村长地山	1 920	5.2	4.8×4.8	1.1	小乔木型，树姿半开张。芽叶玉白色，茸毛特多。叶长椭圆形，叶片长宽13.7cm×5.8cm，叶脉7对，叶背主脉多茸毛。萼片5片、有茸毛，花冠直径3.3cm×3.0cm，花瓣6枚，子房有茸毛，花柱先端3裂。果实三角形
JD019	长地山大茶树2号	*C. sinensis* var. *pubilimba*	景东彝族自治县文井镇丙必村长地山	1 925	5.0	3.8×4.0	0.9	小乔木型，树姿半开张。芽叶玉白色，茸毛特多。叶长椭圆形，叶片长宽13.5cm×5.1cm，叶脉7对，叶背主脉多茸毛。萼片5片、有茸毛，花冠直径3.0cm×3.0cm，花瓣6枚，子房有茸毛，花柱先端3裂。果实三角形
JD020	长地山大茶树3号	*C. sinensis* var. *assamica*	景东彝族自治县文井镇丙必村长地山	1 734	4.5	3.7×3.0	1.2	小乔木型，树姿半开张。芽叶紫红色，茸毛中。叶长椭圆形，叶片长宽15.0cm×6.0cm，叶色深绿，叶脉9对。萼片5片、无茸毛，花冠直径3.0cm×2.6cm，花瓣7枚，子房有茸毛，花柱先端3裂。果实球形、三角形
JD021	滴水箐大茶树	*C. taliensis*	景东彝族自治县漫湾镇安召村滴水箐	2 282	7.5	2.0×1.5	0.7	小乔木型，树姿半开张，芽叶紫绿色、无茸毛。叶椭圆形，叶片长宽14.8cm×6.7cm，叶色绿，叶身稍内折，叶缘平，叶质硬，叶尖渐尖，叶基楔形，叶脉8对，叶背主脉无茸毛
JD022	岔河大茶树1号	*C. sinensis* var. *assamica*	景东彝族自治县漫湾镇漫湾村岔河	1 717	8.6	6.8×5.7	1.8	小乔木型，树姿半开张。芽叶绿色，茸毛多。叶椭圆形，叶片长宽15.4cm×7.7cm，叶色深绿，叶脉7对。萼片5片、无茸毛，花冠直径3.9cm×3.7cm，花瓣7枚，子房有茸毛，花柱先端3～4裂。果实球形、三角形
JD023	岔河大茶树2号	*C. sinensis* var. *assamica*	景东彝族自治县漫湾镇漫湾村岔河	1 724	7.0	5.5×5.0	1.5	小乔木型，树姿半开张。芽叶淡绿色，茸毛中。叶长椭圆形，叶片长宽16.5cm×5.4cm，叶色深绿，叶脉8对。萼片5片、无茸毛，花冠直径3.4cm×3.3cm，花瓣7枚，子房有茸毛，花柱先端3裂。果实三角形

（续）

种质编号	种质名称	物种名称	分布地点	海拔（m）	树高（m）	树幅（m×m）	基部干围（m）	主要形态
JD024	一碗水大茶树1号	*C. sinensis* var. *assamica*	景东彝族自治县大朝山东镇苍文村一碗水	2 090	5.0	5.8×4.5	1.1	小乔木型，树姿半开张。芽叶黄绿色，茸毛多。叶椭圆形，叶片长宽16.3cm×5.4cm，叶色绿，叶脉11对。萼片5片、无茸毛，花冠直径2.7cm×2.4cm，花瓣7枚，子房有茸毛，花柱先端3～4裂。果实三角形
JD025	一碗水大茶树2号	*C. sinensis* var. *assamica*	景东彝族自治县大朝山东镇苍文村一碗水	2 082	4.0	3.0×4.0	0.8	小乔木型，树姿半开张。芽叶黄绿色，茸毛多。叶椭圆形，叶片长宽16.8cm×5.2cm，叶色绿，叶脉10对。萼片5片、无茸毛，花冠直径2.9cm×2.8cm，花瓣6枚，子房有茸毛，花柱先端3裂。果实三角形
JD026	长发大茶树	*C. sinensis* var. *assamica*	景东彝族自治县大朝山东镇长发村	1 847	7.0	6.5×5.8	0.9	小乔木型，树姿半开张。芽叶黄绿色，茸毛多。叶椭圆形，叶片长宽14.3cm×5.6cm，叶色黄绿，叶脉10对，叶背主脉多茸毛。萼片5片、无茸毛，花冠直径2.8cm×3.4cm，花瓣7枚，子房有茸毛，花柱先端3裂。果实球形、三角形
JD027	石婆婆大茶树1号	*C. taliensis*	景东彝族自治县花山镇芦山村石婆婆山	2 400	26.5	7.2×7.7	3.1	乔木型，树姿直立。芽叶紫红色，无茸毛。叶长椭圆形，叶片长宽17.7cm×6.5cm，叶色深绿，叶身平，叶缘微波，叶尖渐尖，叶基近圆形，叶脉11对，叶背主脉无茸毛
JD028	石婆婆大茶树2号	*C. taliensis*	景东彝族自治县花山镇芦山村石婆婆山	2 407	20.0	8.0×7.0	2.2	乔木型，树姿半开张。芽叶紫绿色、无茸毛。叶长椭圆形，叶片长宽16.5cm×6.2cm，叶色深绿，叶身内折，叶缘平，叶尖渐尖，叶基楔形，叶脉9对，叶背主脉无茸毛
JD029	石婆婆大茶树3号	*C. taliensis*	景东彝族自治县花山镇芦山村石婆婆山	2 388	18.5	7.5×7.0	2.0	乔木型，树姿半开张。芽叶紫绿色、无茸毛。叶长椭圆形，叶片长宽17.0cm×6.5cm，叶色深绿，叶脉11对，叶背主脉无茸毛。萼片5片、无茸毛，花冠直径5.6cm×6.9cm，花瓣13枚，子房有茸毛，花柱先端5裂。果实梅花形
JD030	石婆婆大茶树4号	*C. taliensis*	景东彝族自治县花山镇芦山村石婆婆山	2 390	9.8	5.0×6.0	1.8	乔木型，树姿直立。芽叶绿色、无茸毛。叶长椭圆形，叶片长宽16.0cm×5.7cm，叶色深绿，叶身平，叶缘微波，叶尖渐尖，叶基楔形，叶脉12对，叶背主脉无茸毛
JD031	石婆婆大茶树5号	*C. taliensis*	景东彝族自治县花山镇芦山村石婆婆山	2 412	13.5	5.5×7.5	1.5	乔木型，树姿半开张。芽叶紫绿色、无茸毛。叶长椭圆形，叶片长宽14.8cm×5.8cm，叶色深绿，叶脉9对，叶背主脉无茸毛。萼片5片、无茸毛，花冠直径6.6cm×6.5cm，花瓣11枚，子房有茸毛，花柱先端5裂。果实四方形

（续）

种质编号	种质名称	物种名称	分布地点	海拔（m）	树高（m）	树幅（m×m）	基部干围（m）	主要形态
JD032	大石房大茶树1号	*C. taliensis*	景东彝族自治县花山镇芦山村大石房	2 450	25.0	5.0×8.0	2.4	乔木型，树姿直立。芽叶紫红色，无茸毛。叶长椭圆形，叶片长宽17.4cm×6.2cm，叶色深绿，叶身平，叶缘微波，叶尖渐尖，叶基近圆形，叶脉11对，叶背主脉无茸毛
JD033	大石房大茶树2号	*C. taliensis*	景东彝族自治县花山镇芦山村大石房	2 442	15.0	5.0×5.0	2.1	乔木型，树姿直立。芽叶淡绿色、无茸毛。叶长椭圆形，叶片长宽15.5cm×5.5cm，叶色深绿，叶身内折，叶缘微波，叶尖渐尖，叶基楔形，叶脉8对，叶背主脉无茸毛
JD034	大石房大茶树3号	*C. taliensis*	景东彝族自治县花山镇芦山村大石房	2 458	13.0	4.0×5.5	1.8	乔木型，树姿直立。芽叶绿色、无茸毛。叶长椭圆形，叶片长宽17.3cm×5.6cm，叶色深绿，叶脉9对，叶背主脉无茸毛。萼片5片、无茸毛，花冠直径7.0cm×6.5cm，花瓣9枚，子房有茸毛，花柱先端5裂。果实梅花形
JD035	背爹箐大茶树1号	*C. sinensis* var. *assamica*	景东彝族自治县花山镇芦山村背爹箐	1 980	6.0	5.0×5.0	1.4	小乔木型，树姿半开张。芽叶紫绿色，茸毛多。叶椭圆形，叶片长宽14.8cm×5.1cm，叶色深绿，叶脉10对，叶背主脉少茸毛。萼片5片、无茸毛，花冠直径3.6cm×2.9cm，花瓣6枚，子房有茸毛，花柱先端3裂。果实球形
JD036	背爹箐大茶树2号	*C. sinensis* var. *assamica*	景东彝族自治县花山镇芦山村背爹箐	1 982	5.0	4.5×5.0	1.0	小乔木型，树姿半开张。芽叶黄绿色，茸毛多。叶长椭圆形，叶片长宽14.5cm×5.3cm，叶色深绿，叶脉11对，叶背主脉少茸毛。萼片5片、无茸毛，花冠直径3.7cm×3.9cm，花瓣6枚，子房有茸毛，花柱先端3裂。果实球形
JD037	背爹箐大茶树3号	*C. sinensis* var. *assamica*	景东彝族自治县花山镇芦山村背爹箐	1 973	6.0	5.6×5.5	1.0	小乔木型，树姿半开张。芽叶绿色，茸毛多。叶椭圆形，叶片长宽16.1cm×5.8cm，叶色绿，叶脉10对，叶背主脉有茸毛。萼片5片、无茸毛，花冠直径3.6cm×4.1cm，花瓣7枚，子房有茸毛，花柱先端3裂。果实球形
JD038	上村大茶树	*C. grandibracteata*	景东彝族自治县花山镇文岔村上村	1 860	11.5	6.0×8.0	3.3	小乔木型，树姿半开张。芽叶淡绿色，茸毛多。叶长椭圆形，叶片长宽13.4cm×5.0cm，叶色深绿，叶背主脉有茸毛。叶脉7对。萼片5片、无茸毛，花冠直径5.8cm×6.5cm，花瓣9枚，子房有茸毛，花柱先端4～5裂。果实扁球形、三角形、四方形

（续）

种质编号	种质名称	物种名称	分布地点	海拔（m）	树高（m）	树幅（m×m）	基部干围（m）	主要形态
JD039	芦山大茶树	*C. grandibracteata*	景东彝族自治县花山镇芦山村外芦山	2 090	8.0	4.7×3.6	1.0	小乔木型，树姿半开张。芽叶淡绿色，茸毛多。叶长椭圆形，叶片长宽13.8cm×5.3cm，叶色绿，叶身平，叶缘微波，叶尖渐尖，叶基楔形，叶脉8对，叶背主脉有茸毛。萼片5片、无茸毛，花冠直径4.8cm×5.8cm，花瓣11枚，子房有茸毛，花柱先端4～5裂。果实四方形
JD040	营盘大茶树1号	*C. sinensis* var. *assamica*	景东彝族自治县花山镇营盘村看牛场	1 310	4.5	5.4×3.6	1.0	小乔木型，树姿开张。芽叶绿色，茸毛少。叶长椭圆形，叶片长宽15.2cm×5.0cm，叶色深绿，叶脉8对，叶背主脉少茸毛。萼片5片、无茸毛，花冠直径3.0cm×3.0cm，花瓣5枚，子房有茸毛，花柱先端3～4裂。果实三角形
JD041	营盘大茶树2号	*C. sinensis* var. *assamica*	景东彝族自治县花山镇营盘村看牛场	1 340	5.8	5.0×3.5	0.8	小乔木型，树姿开张。芽叶绿色，茸毛少。叶长椭圆形，叶片长宽14.3cm×5.4cm，叶色深绿，叶脉9对，叶背主脉少茸毛。萼片5片、无茸毛，花冠直径3.4cm×3.0cm，花瓣6枚，子房有茸毛，花柱先端3～4裂。果实三角形
JD042	气力大茶树	*C. taliensis*	景东彝族自治县大街镇气力村箐门口	2 090	8.0	6.0×6.0	2.5	小乔木型，树姿半开张。芽叶绿色、无茸毛。叶长椭圆形，叶片长宽16.3cm×5.2cm，叶色深绿，叶脉10对，叶背主脉少茸毛。萼片5片、无茸毛，花冠直径6.7cm×6.5cm，花瓣10枚，子房有茸毛，花柱先端4～5裂。果实梅花形、四方形
JD043	灵官庙大茶树	*C. grandibracteata*	景东彝族自治县大街乡气力村灵官庙	1 940	14.8	7.6×6.6	2.1	乔木型，树姿半开张。芽叶黄绿色，茸毛多。叶椭圆形，叶片长宽15.7cm×5.3cm，叶色绿，叶脉10对，叶背主脉茸毛少。萼片5片、无茸毛，花冠直径4.4cm×5.3cm，花瓣10枚，子房有茸毛，花柱先端4～5裂。果实球形
JD044	芹河大茶树1号	*C. taliensis*	景东彝族自治县安定镇芹河村山背后	2 180	4.5	4.2×3.8	1.9	小乔木型，树姿半开张。芽叶绿色、无茸毛。叶长椭圆形，叶片长宽17.3cm×5.8cm，叶色深绿，叶脉10对，叶背主脉无茸毛。萼片5片、无茸毛，花冠直径6.0cm×5.5cm，花瓣11枚。果实球形、四方形
JD045	芹河大茶树2号	*C. taliensis*	景东彝族自治县安定镇芹河村山背后	2 188	6.0	4.5×3.5	1.3	小乔木型，树姿半开张。芽叶紫绿色、无茸毛。叶长椭圆形，叶片长宽17.0cm×5.4cm，叶色深绿，叶脉9对，叶背主脉无茸毛。萼片5片、无茸毛，花冠直径6.3cm×6.5cm，花瓣10枚。果实球形、四方形

（续）

种质编号	种质名称	物种名称	分布地点	海拔（m）	树高（m）	树幅（m×m）	基部干围（m）	主要形态
JD046	芹河大茶树3号	*C. taliensis*	景东彝族自治县安定镇芹河村山背后	2 170	4.0	4.2×3.0	1.0	小乔木型，树姿半开张。芽叶绿色、无茸毛。叶长椭圆形，叶片长宽15.7cm×5.2cm，叶色深绿，叶脉11对，叶背主脉无茸毛。萼片5片、无茸毛，花冠直径6.8cm×7.5cm，花瓣9枚。果实球形
JD047	芹河大茶树4号	*C. taliensis*	景东彝族自治县安定镇芹河村山背后	2 175	4.5	3.5×3.0	1.0	小乔木型，树姿半开张。芽叶绿色、无茸毛。叶长椭圆形，叶片长宽17.8cm×5.8cm，叶色深绿，叶脉9对，叶背主脉无茸毛。萼片5片、无茸毛，花冠直径5.0cm×5.9cm，花瓣12枚。果实球形、四方形
JD048	石头窝大茶树1号	*C. taliensis*	景东彝族自治县安定镇青云村平掌小组石头窝	2 490	9.5	3.3×3.2	1.8	乔木型，树姿半开张。芽叶绿色、无茸毛。叶长椭圆形，叶片长宽15.9cm×5.6cm，叶色绿，叶身内折，叶缘平，叶面平，叶质硬，叶尖渐尖，叶基楔形，叶脉7对，叶背主脉无茸毛
JD049	石头窝大茶树2号	*C. taliensis*	景东彝族自治县安定镇青云村平掌小组石头窝	2 482	8.0	4.5×5.0	1.2	乔木型，树姿半开张。芽叶绿色、无茸毛。叶长椭圆形，叶片长宽15.3cm×5.9cm，叶色绿，叶身内折，叶缘平，叶面平，叶质硬，叶尖渐尖，叶基楔形，叶脉11对，叶背主脉无茸毛
JD050	石头窝大茶树3号	*C. taliensis*	景东彝族自治县安定镇青云村平掌小组石头窝	2 479	12.0	5.4×4.0	1.0	乔木型，树姿半开张。芽叶紫绿色、无茸毛。叶长椭圆形，叶片长宽16.7cm×6.3cm，叶色绿，叶身内折，叶缘平，叶面平，叶质硬，叶尖渐尖，叶基楔形，叶脉9对，叶背主脉无茸毛
JD051	民福大茶树	*C. sinensis* var. *pubilimba*	景东彝族自治县安定镇民福村上村	2 000	8.5	5.5×4.8	1.4	乔木型，树姿半开张。芽叶黄绿色，茸毛多。叶长椭圆形，叶片长宽14.2cm×5.3cm，叶色绿，叶身内折，叶脉10对，叶齿重锯齿。萼片5片、有茸毛，花冠直径3.3cm×2.8cm，花瓣7枚，子房有茸毛，花柱先端3裂。果实三角形
JD052	河府大茶树	*C. sinensis* var. *assamica*	景东彝族自治县安定镇河底村花椒树	1 970	8.5	7.0×6.8	1.8	小乔木，树姿半开张，芽叶黄绿色，茸毛少。叶椭圆形，叶片长宽17.4cm×5.3cm，叶色绿，叶脉10对。萼片5片、无茸毛，花冠直径3.9cm×3.7cm，花瓣7枚，子房有茸毛，花柱先端3裂。果实球形、三角形
JD053	丫口大茶树1号	*C. taliensis*	景东彝族自治县太忠镇大柏村丫口寨	1 940	8.9	7.0×6.6	2.8	小乔木型，树姿半开张。芽叶紫绿色、无茸毛。叶长椭圆形，叶片长宽14.4cm×5.5cm，叶脉9对。萼片5片、无茸毛，花冠直径4.0cm×3.8cm，花瓣11枚，子房有茸毛，花柱先端4裂。果实四方状球形

（续）

种质编号	种质名称	物种名称	分布地点	海拔（m）	树高（m）	树幅（m×m）	基部干围（m）	主要形态
JD054	丫口大茶树2号	*C. taliensis*	景东彝族自治县太忠镇大柏村丫口寨	1 940	7.0	5.0×6.0	2.0	乔木型，树姿直立。芽叶绿色、无茸毛。叶长椭圆形，叶片长宽14.7cm×5.6cm，叶脉10对。萼片5片、无茸毛，花冠直径4.5cm×5.8cm，花瓣10枚，子房有茸毛，花柱先端5裂。果实四方状球形
JD055	外松山大茶树1号	*C. taliensis*	景东彝族自治县太忠镇大柏村外松山	2 090	12.2	7.0×6.0	2.5	乔木型，树姿半开张。芽叶淡绿色，叶披针形，叶片长宽17.6cm×5.0cm，叶色绿，叶基楔形，叶脉9对，叶背主脉无茸毛。果实球形、四方状球形
JD056	外松山大茶树2号	*C. taliensis*	景东彝族自治县太忠镇大柏村外松山	2 012	9.0	7.3×5.2	2.0	乔木型，树姿半开张。芽叶淡绿色，叶披针形，叶片长宽17.2cm×5.7cm，叶色深绿，叶基楔形，叶脉10对，叶背主脉无茸毛。果实梅花形、四方状球形
JD057	黄风箐大茶树	*C. grandibracteata*	景东彝族自治县太忠镇麦地村黄风箐	2 000	8.0	5.0×4.5	1.9	小乔木，树姿半开张。芽叶紫绿色，有茸毛。叶长椭圆形，叶片长宽15.2cm×5.3cm，叶色深绿，叶脉10对，叶背主脉少茸毛。萼片5片、无茸毛，花冠直径5.3cm×5.8cm，花瓣10枚，子房有茸毛，花柱先端4裂。果实三角形、四方状球形
JD058	公平村大茶树	*C. taliensis*	景东彝族自治县景福镇公平村平掌	1 945	7.5	4.1×4.0	1.7	小乔木，树姿半开张。芽叶绿色、无茸毛。叶长椭圆形，叶片长宽15.8cm×5.6cm，叶色深绿，叶脉11对，叶背主脉无茸毛。萼片5片、无茸毛，花冠直径6.3cm×6.7cm，花瓣10枚，子房有茸毛，花柱先端4裂。果实扁球形、四方状球形
JD059	槽子头大茶树	*C. taliensis*	景东彝族自治县景福镇岔河村对门小组槽子头	2 495	15.0	14.2×11.0	1.7	乔木，树姿半开张。芽叶淡绿色、无茸毛。叶长椭圆形，叶片长宽15.5cm×5.2cm，叶色深绿，叶脉12对，叶背主脉无茸毛。萼片5片、无茸毛，花冠直径6.3cm×6.5cm，花瓣9枚，子房有茸毛，花柱先端4裂。果实球形、四方状球形
JD060	勐令大茶树	*C. taliensis*	景东彝族自治县景福镇勐令村大村子	1 922	7.5	5.0×4.8	1.8	乔木，树姿半开张。芽叶紫绿色、无茸毛。叶椭圆形，叶片长宽13.8cm×5.3cm，叶色黄绿，叶脉7对，，叶背主脉无茸毛。萼片5片、无茸毛，花冠直径6.2cm×5.5cm，花瓣11枚，子房有茸毛，花柱先端5裂。果实四方状球形

（续）

种质编号	种质名称	物种名称	分布地点	海拔（m）	树高（m）	树幅（m×m）	基部干围（m）	主要形态
JD061	金鸡林大茶树	*C. sinensis* var. *assamica*	景东彝族自治县景福镇金鸡林村三家寨	1 869	7.0	6.3×4.5	0.9	小乔木，树姿半开张。芽叶绿色，茸毛多。叶长椭圆形，叶片长宽14.8cm×5.0cm，叶色绿，叶脉10对，叶背主脉多茸毛。萼片5片、无茸毛，花冠直径3.3cm×3.0cm，花瓣6枚，子房有茸毛，花柱先端3裂。果实扁球形
JD062	凤冠山大茶树	*C. sinensis* var. *assamica*	景东彝族自治县景福镇岔河村凤冠山	1 860	6.5	5.2×4.7	1.6	小乔木，树姿半开张。芽叶黄绿色，茸毛多。叶长椭圆形，叶片长宽13.9cm×5.7cm，叶色深绿，叶脉7对，叶背主脉有茸毛。萼片5片、无茸毛，花冠直径3.3cm×2.8cm，花瓣7枚，子房有茸毛，花柱先端3裂。果实球形、三角形
JD063	瓦泥大茶树	*C. sinensis* var. *assamica*	景东彝族自治县龙街乡和哨村瓦泥寨	2 150	8.4	7.0×7.0	2.2	小乔木，树姿半开张。芽叶淡绿色，茸毛多。叶椭圆形，叶片长宽14.7cm×5.4cm，叶色深绿，叶身内折，叶缘微波，叶脉10对，叶背主脉少茸毛。萼片5片、无茸毛，花冠直径3.7cm×3.7cm，花瓣8枚，子房有茸毛，花柱先端3裂。果实球形
JD064	茎麻林大茶树	*C. sinensis* var. *assamica*	景东彝族自治县龙街乡多依树村茎麻林	2 260	8.0	4.0×4.0	1.0	小乔木，树姿半开张。芽叶紫绿色，茸毛多。叶长椭圆形，叶片长宽16.2cm×5.0cm，叶色绿，叶脉11对。萼片5片、无茸毛，花冠直径3.8cm×3.8cm，花瓣6枚，子房有茸毛。果实球形
JD065	小看马大茶树	*C. grandibracteata*	景东彝族自治县龙街乡垭口村小看马	2 110	9.5	7.3×6.3	1.5	小乔木，树姿半开张。芽叶淡绿，茸毛多。叶长椭圆形，叶片长宽13.7cm×5.0cm，叶色绿，叶脉8对，叶背主脉少茸毛。萼片5片、无茸毛，花冠直径4.5cm×5.1cm，花瓣9枚，子房有茸毛，花柱先端4裂。果实三角形
JD066	和哨大茶树	*C. grandibracteata*	景东彝族自治县龙街乡和哨村谢家寨	2 100	11.9	7.4×6.1	1.9	小乔木，树姿半开张。芽叶淡绿，茸毛多。叶椭圆形，叶片长宽14.5cm×5.7cm，叶色黄绿，叶脉9对。萼片5片、无茸毛，花冠直径4.8cm×5.6cm，花瓣9枚，花瓣质地中，子房有茸毛，花柱先端3～5裂。果实球形、四方形
JD067	丁帕大茶树	*C. taliensis*	景东彝族自治县林街乡丁帕村二道河	1 993	6.5	4.5×3.9	1.8	乔木，树姿半开张。芽叶紫绿色、无茸毛。叶长椭圆形，叶片长宽16.2cm×5.7cm，叶色黄绿，叶脉8对，叶背主脉无茸毛。萼片5片、无茸毛，花冠直径6.1cm×5.7cm，花瓣11枚，子房有茸毛，花柱先端5裂

（续）

种质编号	种质名称	物种名称	分布地点	海拔（m）	树高（m）	树幅（m×m）	基部干围（m）	主要形态
JD068	清河大茶树	*C. taliensis*	景东彝族自治县林街乡清河村南骂	1 870	7.8	4.8×4.0	1.7	小乔木，树姿半开张。芽叶绿色，茸毛少。叶椭圆形，叶片长宽14.7cm×5.0cm，叶色绿，叶脉9对，叶背主脉无茸毛。萼片5片、无茸毛，花冠直径5.1cm×5.4cm，花瓣10枚，子房有茸毛，花柱先端4裂
JD069	大卢山大茶树	*C. taliensis*	景东彝族自治县林街乡岩头村大卢山	2 474	18.5	16.8×15.0	2.6	乔木型，树姿半开张。芽叶紫绿色、无茸毛。叶椭圆形，叶片长宽15.5cm×6.4cm，叶色绿，叶身平，叶缘微波，叶面平，叶质中，叶尖渐尖，叶基楔形，叶脉10对，叶背主脉无茸毛
JD070	岩头大茶树1号	*C. grandibracteata*	景东彝族自治县林街乡岩头村箐门口	1 874	11.0	7.2×4.5	1.6	小乔木，树姿半开张。芽叶绿色，有茸毛。叶椭圆形，叶片长宽15.5cm×5.4cm，叶色绿，叶脉11对。萼片5片、无茸毛，花冠直径3.6cm×3.3cm，花瓣8枚，子房有茸毛，花柱先端3～4裂。果实扁球形
JD071	岩头大茶树2号	*C. grandibracteata*	景东彝族自治县林街乡岩头村箐门口	1 874	10.0	8.0×6.0	1.4	小乔木，树姿半开张。芽叶绿色，有茸毛。叶椭圆形，叶片长宽15.5cm×5.4cm，叶色绿，叶脉11对。萼片5片、无茸毛，花冠直径5.3cm×5.3cm，花瓣9枚，子房有茸毛，花柱先端3～4裂。果实扁球形、四方形
JG001	新民大茶树	*C. sinensis* var. *assamica*	景谷傣族彝族自治县威远镇新民村围总箐	1 110	3.2	2.7×2.5	0.7	小乔木型，树姿半开张，芽叶黄绿色，茸毛多。叶披针形，叶片长宽13.0cm×5.0cm，叶色绿，叶脉10对，叶背主脉多茸毛。萼片5片、无茸毛，花冠直径2.4cm×2.3cm，花瓣6枚，子房有茸毛，花柱先端3裂
JG002	永安野生大茶树	*C. taliensis*	景谷傣族彝族自治县威远镇永安村大芭蕉林	1 800	10.9	8.4×5.8	0.9	小乔木，树姿半开张。芽叶绿色、无茸毛。叶长椭圆形，叶片长宽14.0cm×5.0cm，叶色绿，叶脉8对，叶背主脉无茸毛。萼片5片、无茸毛，花冠直径5.0cm×5.7cm，花瓣10枚，子房有茸毛，花柱先端5裂
JG003	龙塘大茶树1号	*C. sinensis* var. *assamica*	景谷傣族彝族自治县威远镇龙塘村酸枣树地	1 760	3.0	2.0×2.0	0.7	小乔木型，树姿开张。芽叶黄绿色，茸毛多。叶长椭圆形，叶片长宽13.7cm×5.7cm，叶色绿，叶脉9对。萼片5片、无茸毛，花冠直径3.3cm×3.5cm，花瓣7枚，子房有茸毛，花柱先端3～4裂。果实球形、三角形

（续）

种质编号	种质名称	物种名称	分布地点	海拔（m）	树高（m）	树幅（m×m）	基部干围（m）	主要形态
JG004	龙塘大茶树2号	*C. sinensis* var. *assamica*	景谷傣族彝族自治县威远镇龙塘村大麻力树	1 740	3.0	2.0×2.5	0.6	小乔木型，树姿开张。芽叶黄绿色，茸毛多。叶长椭圆形，叶片长宽15.7cm×5.9cm，叶色绿，叶脉8对。萼片5片、无茸毛，花冠直径3.4cm×3.0cm，花瓣6枚，子房有茸毛，花柱先端3裂。果实球形、三角形
JG005	龙塘大茶树3号	*C. sinensis* var. *assamica*	景谷傣族彝族自治县威远镇龙塘村大麻力树	1 710	2.5	2.4×2.0	0.5	小乔木型，树姿开张。芽叶黄绿色，茸毛多。叶长椭圆形，叶片长宽13.8cm×5.5cm，叶色绿，叶脉9对。萼片5片、无茸毛，花冠直径2.8cm×2.5cm，花瓣6枚，子房有茸毛，花柱先端3裂。果实球形、三角形
JG006	联合村大茶树1号	*C. sinensis* var. *assamica*	景谷傣族彝族自治县威远镇联合村云盘山	1 570	5.0	4.5×4.0	1.1	小乔木型，树姿开张。芽叶黄绿色，茸毛多。叶长椭圆形，叶片长宽9.8cm×5.5cm，叶色绿，叶脉9对。萼片5片、无茸毛，花冠直径2.5cm×2.5cm，花瓣6枚，子房有茸毛，花柱先端3裂。果实球形、三角形
JG007	联合村大茶树2号	*C. sinensis* var. *assamica*	景谷傣族彝族自治县威远镇联合村云盘山	1 510	5.5	3.5×3.0	0.8	小乔木型，树姿半开张。芽叶黄绿色，茸毛多。叶长椭圆形，叶片长宽15.0cm×5.2cm，叶色绿，叶脉8对。萼片5片、无茸毛，花冠直径2.7cm×2.4cm，花瓣6枚，子房有茸毛，花柱先端3裂。果实球形、三角形
JG008	联合村大茶树3号	*C. sinensis* var. *assamica*	景谷傣族彝族自治县威远镇联合村云盘山	1 600	5.0	4.0×4.0	1.1	小乔木型，树姿开张。芽叶黄绿色，茸毛多。叶长椭圆形，叶片长宽16.0cm×5.5cm，叶色绿，叶脉9对。萼片5片、无茸毛，花冠直径2.8cm×2.4cm，花瓣6枚，子房有茸毛，花柱先端3裂。果实球形、三角形
JG009	联合村大茶树4号	*C. sinensis* var. *assamica*	景谷傣族彝族自治县威远镇联合村云盘山	1 600	6.0	3.5×3.7	0.7	小乔木型，树姿半开张。芽叶黄绿色，茸毛多。叶长椭圆形，叶片长宽15.7cm×5.5cm，叶色绿，叶脉8对。萼片5片、无茸毛，花冠直径2.7cm×2.7cm，花瓣6枚，子房有茸毛，花柱先端3裂。果实球形、三角形
JG010	凹子大茶树	*C. sinensis* var. *assamica*	景谷傣族彝族自治县勐班乡八落村凹子	1 300	5.2	4.7×3.0	0.5	小乔木型，树姿半开张，芽叶黄绿色，茸毛多。叶长椭圆形，叶片长宽13.9cm×5.2cm，叶色绿，叶脉9对，叶背主脉多茸毛。萼片5片、无茸毛，花冠直径2.8cm×3.3cm，花瓣6枚，子房有茸毛，花柱先端3裂

（续）

种质编号	种质名称	物种名称	分布地点	海拔（m）	树高（m）	树幅（m×m）	基部干围（m）	主要形态
JG011	上寨大茶树1号	*C. sinensis* var. *assamica*	景谷傣族彝族自治县碧安乡上寨村落水洞	1 780	2.3	3.3×3.0	0.7	小乔木型，树姿半开张，芽叶黄绿色，茸毛多。叶长椭圆形，叶片长宽16.6cm×5.8cm，叶色绿，叶脉9对，叶背主脉多茸毛。萼片5片、无茸毛，花冠直径3.7cm×3.4cm，花瓣6枚，子房有茸毛，花柱先端3裂
JG012	上寨大茶树2号	*C. sinensis* var. *assamica*	景谷傣族彝族自治县碧安乡上寨村落水洞	1 690	3.1	3.5×3.0	0.8	小乔木型，树姿半开张，芽叶淡绿色，茸毛多。叶长椭圆形，叶片长宽9.5cm×5.2cm，叶色绿，叶脉8对，叶背主脉多茸毛。萼片5片、无茸毛，花冠直径3.8cm×3.6cm，花瓣6枚，子房有茸毛，花柱先端3裂
JG013	谢家地大茶树	*C. sinensis* var. *pubilimba*	景谷傣族彝族自治县永平镇团结村谢家地	1 730	8.1	5.3×4.9	1.3	小乔木型，树姿直立。芽叶紫红色，茸毛多。叶长椭圆形，叶片长宽13.7cm×5.9cm，叶色绿，叶脉8对，叶背主脉多茸毛。萼片5片、有茸毛，花冠直径2.4cm×2.3cm，花瓣6枚，子房有茸毛，花柱先端3裂。果实三角形
JG014	刚榨地大茶树	*C. sinensis* var. *pubilimba*	景谷傣族彝族自治县永平镇团结村刚榨地	1 090	6.2	3.6×3.5	1.4	小乔木，树姿半开张。芽叶玉绿色，茸毛多。叶椭圆形，叶片长宽13.8cm×5.2cm，叶色绿，叶身内折，叶缘波，叶面微隆起，叶质中，叶脉7对，叶背主脉多茸毛。萼片5片、有茸毛，花冠直径2.9cm×2.8cm，花瓣5枚，子房有茸毛，花柱先端3裂。果实球形
JG015	大平掌大茶树1号	*C. sinensis* var. *assamica*	景谷傣族彝族自治县永平镇团结村大平掌	1 600	4.9	3.3×2.0	2.0	小乔木型，树姿半开张。芽叶黄绿色，茸毛多。叶长椭圆形，叶片长宽14.3cm×5.0cm，叶色黄绿，叶身内折，叶缘波，叶面隆起，叶质中，叶尖渐尖，叶基楔形，叶脉10对，叶背主脉多茸毛
JG016	大平掌大茶树2号	*C. sinensis* var. *assamica*	景谷傣族彝族自治县永平镇团结村大平掌	1 660	5.0	4.3×4.0	1.3	乔木型，树姿直立。芽叶黄绿色，茸毛多。叶长椭圆形，叶片长宽10.7cm×5.7cm，叶色绿，叶身稍内折，叶缘波，叶面隆起，叶质中，叶尖渐尖，叶基楔形，叶脉8对，叶背主脉多茸毛
JG017	大平掌大茶树3号	*C. sinensis* var. *assamica*	景谷傣族彝族自治县永平镇团结村大平掌	1 660	5.0	3.5×4.0	1.8	乔木型，树姿直立。芽叶黄绿色，茸毛多。叶长椭圆形，叶片长宽14.4cm×5.7cm，叶色浅绿，叶脉8对，叶背主脉多茸毛。萼片5片、无茸毛，花冠直径2.7cm×2.4cm，花瓣7枚，子房有茸毛，花柱先端3裂。果实球形

（续）

种质编号	种质名称	物种名称	分布地点	海拔(m)	树高(m)	树幅(m×m)	基部干围(m)	主要形态
JG018	毕鸡大茶树	*C. sinensis* var. *assamica*	景谷傣族彝族自治县永平镇昔俄村毕鸡社	1 460	5.5	2.0×2.0	1.3	小乔木型，树姿开张。芽叶黄绿色，茸毛多。叶长椭圆形，叶片长宽10.1cm×5.3cm，叶色绿，叶脉9对，叶背主脉多茸毛。萼片5片、无茸毛，花冠直径2.6cm×2.8cm，花瓣6枚，子房有茸毛，花柱先端3裂。果实球形
JG019	罗家寨大茶树	*C. sinensis* var. *assamica*	景谷傣族彝族自治县永平镇芒东村罗家寨	1 090	4.5	3.0×2.0	1.3	乔木型，树姿直立。芽叶紫红色，茸毛多。叶长椭圆形，叶片长宽14.8cm×5.7cm，叶色深绿，叶脉10对，叶背主脉多茸毛。萼片5片、无茸毛，花冠直径2.3cm×2.3cm，花瓣6枚，子房有茸毛，花柱先端3裂。果实球形
JG020	干海子大茶树	*C. sinensis* var. *assamica*	景谷傣族彝族自治县永平镇迁营村干海子	1 680	6.0	4.0×4.0	0.9	小乔木型，树姿开张。芽叶绿色，茸毛多。叶长椭圆形，叶片长宽13.9cm×5.1cm，叶色深绿，叶脉9对，叶背主脉多茸毛。萼片5片、无茸毛，花冠直径3.2cm×3.3cm，花瓣6枚，子房有茸毛，花柱先端3裂。果实球形、三角形
JG021	钟山大茶树	*C. taliensis*	景谷傣族彝族自治县永平镇钟山村徐家寨	1 470	8.4	4.6×4.4	1.2	小乔木型，树姿半开张。芽叶紫红色、无茸毛。叶长椭圆形，叶片长宽14.8cm×5.2cm，叶色绿，叶身平，叶缘微波，叶面平，叶尖渐尖，叶基楔形，叶脉8对。萼片5片、无茸毛，花冠直径5.0cm×4.9cm，花瓣9枚
JG022	独家寨大茶树	*C. sinensis* var. *assamica*	景谷傣族彝族自治县永平镇双龙村独家寨	1 720	4.8	3.2×3.4	1.0	乔木型，树姿直立。芽叶绿色、茸毛中。叶长椭圆形，叶片长宽16.6cm×5.8cm，叶色绿，叶脉10对。萼片5片、无茸毛，花冠直径3.0cm×2.7cm，花瓣6枚。果实球形、三角形
JG023	上村寨茶树1号	*C. sinensis* var. *assamica*	景谷傣族彝族自治县永平镇新村上村寨	1 720	5.0	3.2×3.4	1.0	小乔木型，树姿半开张。芽叶淡绿色、茸毛多。叶长椭圆形，叶片长宽14.6cm×5.6cm，叶色绿，叶脉9对。萼片5片、无茸毛，花冠直径2.5cm×2.7cm，花瓣6枚。果实球形、三角形
JG024	上村寨茶树2号	*C. sinensis* var. *assamica*	景谷傣族彝族自治县永平镇新村上村寨	1 730	8.0	5.2×5.0	1.3	乔木型，树姿直立。芽叶紫红色、茸毛多。叶长椭圆形，叶片长宽14.0cm×5.8cm，叶色深绿，叶脉9对。萼片5片、无茸毛，花冠直径2.5cm×2.4cm，花瓣6枚。果实球形、三角形

（续）

种质编号	种质名称	物种名称	分布地点	海拔（m）	树高（m）	树幅（m×m）	基部干围（m）	主要形态
JG025	上村寨茶树3号	*C. sinensis* var. *assamica*	景谷傣族彝族自治县永平镇新村上村寨	1 720	5.5	5.3×4.4	0.8	小乔木型，树姿半开张。芽叶淡绿色、茸毛多。叶长椭圆形，叶片长宽13.7cm×6.2cm，叶色浅绿，叶脉11对。萼片5片、无茸毛，花冠直径2.6cm×2.7cm，花瓣6枚。果实球形、三角形
JG026	大水缸大茶树1号	*C. taliensis*	景谷傣族彝族自治县正兴镇黄草坝村大水缸	2 220	21.0	11.0×10.1	3.2	乔木型，树姿直立。芽叶绿色、无茸毛。叶长椭圆形，叶片长宽15.3cm×5.4cm，叶色绿，叶身稍内折，叶缘平，叶尖渐尖，叶基楔形，叶脉9对，叶齿稀、深、锐，叶背主脉无茸毛。果实扁球形
JG027	大水缸大茶树2号	*C. taliensis*	景谷傣族彝族自治县正兴镇黄草坝村大水缸	2 220	17.5	8.2×7.8	1.7	乔木型，树姿直立。芽叶绿色、无茸毛。叶长椭圆形，叶片长宽16.2cm×5.4cm，叶色绿，叶身稍内折，叶缘平，叶尖渐尖，叶基楔形，叶脉11对，叶齿稀、深、锐，叶背主脉无茸毛
JG028	大水缸大茶树3号	*C. taliensis*	景谷傣族彝族自治县正兴镇黄草坝村大水缸	2 190	16.0	6.2×6.0	1.7	乔木型，树姿直立。芽叶绿色、无茸毛。叶长椭圆形，叶片长宽13.5cm×5.7cm，叶色绿，叶身稍内折，叶缘平，叶尖渐尖，叶基楔形，叶脉10对，叶齿稀、深、锐，叶背主脉无茸毛
JG029	外寨大茶树1号	*C. sinensis* var. *assamica*	景谷傣族彝族自治县正兴镇黄草坝村外寨	1 800	4.1	3.3×3.5	1.3	小乔木型，树姿开张。芽叶淡绿色，茸毛多。叶椭圆形，叶片长宽14.7cm×6.4cm，叶色绿，叶身内折，叶缘波，叶面隆起，叶尖渐尖，叶基楔形，叶脉7对。萼片5片、无茸毛，花冠直径2.9cm×2.9cm，花瓣5枚。果实球形
JG030	外寨大茶树2号	*C. sinensis* var. *assamica*	景谷傣族彝族自治县正兴镇黄草坝村外寨	1 820	4.8	3.5×4.0	1.2	小乔木型，树姿开张。芽叶黄绿色，茸毛多。叶椭圆形，叶片长宽14.0cm×5.3cm，叶色绿，叶身内折，叶缘波，叶面隆起，叶尖渐尖，叶基楔形，叶脉8对。萼片5片、无茸毛，花冠直径3.4cm×3.6cm，花瓣6枚。果实球形
JG031	外寨大茶树3号	*C. sinensis* var. *assamica*	景谷傣族彝族自治县正兴镇黄草坝村外寨	1 800	4.0	3.0×3.0	0.5	小乔木型，树姿开张。芽叶黄绿色，茸毛中。叶长椭圆形，叶片长宽15.3cm×5.1cm，叶色绿，叶脉8对。萼片5片、无茸毛，花冠直径3.0cm×3.0cm，花瓣6枚。果实球形、三角形

（续）

种质编号	种质名称	物种名称	分布地点	海拔（m）	树高（m）	树幅（m×m）	基部干围（m）	主要形态
JG032	大寨大茶树1号	*C. sinensis* var. *assamica*	景谷傣族彝族自治县止兴镇黄草坝村大寨	1 730	4.9	4.2×3.3	1.3	小乔木型，树姿开张。芽叶黄绿色，茸毛多。叶长椭圆形，叶片长宽14.2cm×5.4cm，叶色绿，叶脉7对。萼片5片、无茸毛，花冠直径3.2cm×3.6cm，花瓣6枚。果实球形
JG033	大寨大茶树2号	*C. sinensis* var. *assamica*	景谷傣族彝族自治县正兴镇黄草坝村大寨	1 742	4.0	3.0×3.0	1.0	小乔木型，树姿开张。芽叶黄绿色，茸毛多。叶长椭圆形，叶片长宽15.2cm×5.4cm，叶色绿，叶脉9对。萼片5片、无茸毛，花冠直径3.8cm×3.4cm，花瓣6枚。果实球形
JG034	大寨大茶树3号	*C. sinensis* var. *assamica*	景谷傣族彝族自治县正兴镇黄草坝村大寨	1 736	4.5	2.8×3.0	1.0	小乔木型，树姿开张。芽叶黄绿色，茸毛多。叶长椭圆形，叶片长宽14.0cm×5.9cm，叶色绿，叶脉8对。萼片5片、无茸毛，花冠直径3.8cm×3.6cm，花瓣6枚。果实球形
JG035	河西边大茶树	*C. sinensis* var. *assamica*	景谷傣族彝族自治县正兴镇黄草坝村河西边	1 540	5.0	4.8×5.5	1.5	小乔木型，树姿开张。芽叶黄绿色，茸毛多。叶长椭圆形，叶片长宽15.3cm×5.8cm，叶色绿，叶脉8对。萼片5片、无茸毛，花冠直径3.5cm×3.3cm，花瓣6枚。果实三角形
JG036	田坝大茶树1号	*C. sinensis* var. *assamica*	景谷傣族彝族自治县正兴镇通达村田坝	1 230	4.0	1.8×1.5	0.7	乔木型，树姿直立。芽叶黄绿色，茸毛多。叶长椭圆形，叶片长宽14.7cm×5.5cm，叶色绿，叶脉8对。萼片5片、无茸毛，花冠直径3.0cm×2.8cm，花瓣6枚。果实三角形
JG037	田坝大茶树2号	*C. sinensis* var. *assamica*	景谷傣族彝族自治县正兴镇通达村田坝	1 230	4.5	1.8×2.0	0.8	小乔木型，树姿半开张。芽叶淡绿色，茸毛中。叶长椭圆形，叶片长宽13.4cm×5.3cm，叶色浅绿，叶脉8对。萼片5片、无茸毛，花冠直径2.5cm×2.8cm，花瓣6枚。果实三角形
JG038	埋龙山大茶树	*C. sinensis* var. *assamica*	景谷傣族彝族自治县正兴镇水平村埋龙山	1 700	4.0	3.5×3.0	0.8	小乔木型，树姿半开张。芽叶淡绿色，茸毛中。叶长椭圆形，叶片长宽11.8cm×5.7cm，叶色浅绿，叶脉7对。萼片5片、无茸毛，花冠直径2.5cm×2.4cm，花瓣6枚。果实三角形

（续）

种质编号	种质名称	物种名称	分布地点	海拔（m）	树高（m）	树幅（m×m）	基部干围（m）	主要形态
JG039	洼子大茶树	*C. sinensis* var. *assamica*	景谷傣族彝族自治县正兴镇黄草坝村洼子	1 550	6.5	6.4×6.2	1.5	小乔木型，树姿半开张。芽叶淡绿，茸毛多。叶长椭圆形，叶片长宽16.6cm×5.7cm，叶色绿，叶脉8对，叶背主脉多茸毛。萼片5片、无茸毛，花冠直径3.0cm×2.8cm，花瓣6枚，子房有茸毛，花柱先端3裂。果实三角形
JG040	茶房地大白茶1号	*C. sinensis* var. *assamica*	景谷傣族彝族自治县民乐镇大村秧塔小组茶房地	1 740	6.1	4.6×4.8	1.4	小乔木型，树姿半开张。芽叶玉白色、茸毛特多。叶长椭圆形，叶片长宽16.0cm×5.8cm，叶色黄绿，叶身稍背卷，叶缘波，叶面微隆起，叶质中，叶尖渐尖，叶基楔形，叶脉9对，叶背主脉多茸毛。萼片5片、无茸毛，花冠直径3.7cm×3.8cm，花瓣6枚，子房有茸毛，花柱先端3裂。果实三角形
JG041	茶房地大白茶2号	*C. sinensis* var. *assamica*	景谷傣族彝族自治县民乐镇大村秧塔小组茶房地	1 740	4.5	4.0×4.0	1.1	小乔木型，树姿半开张。芽叶玉白色、茸毛特多。叶长椭圆形，叶片长宽15.5cm×6.2cm，叶色黄绿，叶脉12对。萼片5片、无茸毛，花冠直径3.4cm×3.8cm，花瓣6枚，子房有茸毛，花柱先端3裂。果实三角形
JG042	茶房地大白茶3号	*C. sinensis* var. *assamica*	景谷傣族彝族自治县民乐镇大村秧塔小组茶房地	1 741	4.0	3.0×4.0	0.8	小乔木型，树姿半开张。芽叶玉白色、茸毛特多。叶长椭圆形，叶片长宽15.8cm×6.1cm，叶色绿，叶脉10对。萼片5片、无茸毛，花冠直径3.2cm×3.3cm，花瓣6枚，子房有茸毛，花柱先端3裂。果实三角形
JG043	茶房地大白茶4号	*C. sinensis* var. *assamica*	景谷傣族彝族自治县民乐镇大村秧塔小组茶房地	1 742	4.5	3.2×2.7	0.6	小乔木型，树姿半开张。芽淡绿色、茸毛特多。叶长椭圆形，叶片长宽16.4cm×5.7cm，叶色绿，叶脉9对。萼片5片、无茸毛，花冠直径3.5cm×2.8cm，花瓣7枚，子房有茸毛，花柱先端3裂。果实三角形
JG044	茶房地大白茶5号	*C. sinensis* var. *assamica*	景谷傣族彝族自治县民乐镇大村秧塔小组茶房地	1 742	3.5	2.0×2.0	0.7	小乔木型，树姿半开张。芽叶玉白色、茸毛特多。叶长椭圆形，叶片长宽16.6cm×6.2cm，叶色黄绿，叶脉11对。萼片5片、无茸毛，花冠直径3.5cm×3.8cm，花瓣6枚，子房有茸毛，花柱先端3裂。果实三角形
JG045	秧塔大茶树1号	*C. sinensis* var. *assamica*	景谷傣族彝族自治县民乐镇大村秧塔小组	1 757	3.2	3.4×2.3	0.6	小乔木型，树姿开张。芽叶黄绿色、茸毛特多。叶椭圆形，叶片长宽15.3cm×6.6cm，叶色黄绿，叶脉9对，叶背主脉多茸毛。萼片5片、无茸毛，花冠直径3.9cm×5.2cm，花瓣6枚，子房有茸毛，花柱先端3裂。果实三角形

（续）

种质编号	种质名称	物种名称	分布地点	海拔（m）	树高（m）	树幅（m×m）	基部干围（m）	主要形态
JG046	秧塔大茶树2号	*C. sinensis* var. *assamica*	景谷傣族彝族自治县民乐镇大村秧塔小组	1 757	1.8	2.3×2.0	0.5	小乔木型，树姿开张。芽叶黄绿色、茸毛特多。叶椭圆形，叶片长宽15.0cm×6.5cm，叶色黄绿，叶脉8对，叶背主脉多茸毛。萼片5片、无茸毛，花冠直径3.3cm×3.2cm，花瓣6枚，子房有茸毛，花柱先端3裂。果实三角形
JG047	秧塔大茶树3号	*C. sinensis* var. *assamica*	景谷傣族彝族自治县民乐镇大村秧塔小组	1 757	2.0	2.5×2.4	0.5	小乔木型，树姿开张。芽叶黄绿色、茸毛特多。叶椭圆形，叶片长宽14.0cm×6.0cm，叶色黄绿，叶脉7对，叶背主脉多茸毛。萼片5片、无茸毛，花冠直径3.0cm×3.4cm，花瓣7枚，子房有茸毛，花柱先端3裂。果实三角形
JG048	秧塔大茶树4号	*C. sinensis* var. *assamica*	景谷傣族彝族自治县民乐镇大村秧塔小组	1 750	2.5	1.5×2.2	0.4	小乔木型，树姿开张。芽叶黄绿色、茸毛特多。叶椭圆形，叶片长宽14.4cm×5.7cm，叶色黄绿，叶脉7对，叶背主脉多茸毛。萼片5片、无茸毛，花冠直径3.3cm×2.4cm，花瓣7枚，子房有茸毛，花柱先端3裂。果实三角形
JG049	秧塔大茶树5号	*C. sinensis* var. *assamica*	景谷傣族彝族自治县民乐镇大村秧塔小组	1 752	2.8	2.5×2.7	0.6	小乔木型，树姿开张。芽叶黄绿色、茸毛特多。叶椭圆形，叶片长宽14.8cm×5.6cm，叶色黄绿，叶脉8对，叶背主脉多茸毛。萼片5片、无茸毛，花冠直径2.5cm×2.4cm，花瓣5枚，子房有茸毛，花柱先端3裂。果实三角形
JG050	秧塔大茶树6号	*C. sinensis* var. *assamica*	景谷傣族彝族自治县民乐镇大村秧塔小组	1 780	3.1	3.0×3.3	1.8	小乔木型，树姿半开张。芽叶玉白色、茸毛特多。叶卵圆形，叶片长宽14.8cm×7.6cm，叶色绿，叶脉11对。萼片5片、无茸毛，花冠直径3.7cm×3.9cm，花瓣6枚，子房有茸毛，花柱先端3裂。果实三角形
JG051	秧塔大茶树7号	*C. sinensis* var. *assamica*	景谷傣族彝族自治县民乐镇大村秧塔小组	1 780	3.5	3.0×3.0	0.8	小乔木型，树姿半开张。芽叶玉白色、茸毛特多。叶椭圆形，叶片长宽14.8cm×7.0cm，叶色绿，叶脉10对。萼片5片、无茸毛，花冠直径3.4cm×3.7cm，花瓣7枚，子房有茸毛，花柱先端3裂。果实三角形
JG052	秧塔大茶树8号	*C. sinensis* var. *assamica*	景谷傣族彝族自治县民乐镇大村秧塔小组	1 782	4.0	3.4×3.6	1.0	小乔木型，树姿半开张。芽叶玉白色、茸毛特多。叶长圆形，叶片长宽15.9cm×6.4cm，叶色绿，叶脉8对。萼片5片、无茸毛，花冠直径3.5cm×3.2cm，花瓣5枚，子房有茸毛，花柱先端3裂。果实三角形

（续）

种质编号	种质名称	物种名称	分布地点	海拔（m）	树高（m）	树幅（m×m）	基部干围（m）	主要形态
JG053	秧塔大茶树9号	*C. sinensis* var. *assamica*	景谷傣族彝族自治县民乐镇大村秧塔小组	1 730	3.8	2.0×3.5	0.6	小乔木型，树姿半开张。芽叶玉白色、茸毛特多。叶卵圆形，叶片长宽14.8cm×5.6cm，叶色绿，叶脉9对。萼片5片、无茸毛，花冠直径3.7cm×3.3cm，花瓣6枚，子房有茸毛，花柱先端3裂。果实三角形
JG054	秧塔大茶树10号	*C. sinensis* var. *assamica*	景谷傣族彝族自治县民乐镇大村秧塔小组	1 730	4.5	3.6×3.5	0.6	小乔木型，树姿半开张。芽叶淡绿色、茸毛特多。叶长圆形，叶片长宽16.4cm×5.6cm，叶色黄绿，叶脉11对。萼片5片、无茸毛，花冠直径3.2cm×2.9cm，花瓣6枚，子房有茸毛，花柱先端3裂。果实三角形
JG055	董家寨大茶树	*C. sinensis* var. *assamica*	景谷傣族彝族自治县民乐镇桃子树村董家寨	1 630	6.0	3.0×5.0	1.3	乔木型，树姿直立。芽叶淡绿色、茸毛多。叶长圆形，叶片长宽17.3cm×6.5cm，叶色浅绿，叶脉10对。萼片5片、无茸毛，花冠直径3.4cm×3.1cm，花瓣6枚，子房有茸毛，花柱先端3裂。果实三角形
JG056	丙关大茶树	*C. sinensis* var. *assamica*	景谷傣族彝族自治县民乐镇嘎胡村丙关小组	976	2.8	2.0×2.0	0.6	小乔木型，树姿开张。芽叶紫红色、茸毛多。叶长圆形，叶片长宽17.5cm×6.8cm，叶色浅绿，叶脉9对。萼片5片、无茸毛，花冠直径3.8cm×3.5cm，花瓣7枚，子房有茸毛，花柱先端3裂。果实三角形
JG057	细腰子大茶树	*C. sinensis* var. *assamica*	景谷傣族彝族自治县民乐镇嘎胡村细腰子小组	993	3.0	2.0×2.7	0.6	小乔木型，树姿开张。芽叶绿色、茸毛多。叶长圆形，叶片长宽16.7cm×6.4cm，叶色深绿，叶脉8对。萼片5片、无茸毛，花冠直径3.1cm×3.3cm，花瓣5枚，子房有茸毛，花柱先端3裂。果实三角形
JG058	平掌大茶树	*C. sinensis* var. *assamica*	景谷傣族彝族自治县民乐镇白象村平掌小组	1 110	4.0	2.0×2.5	1.6	小乔木型，树姿开张。芽叶绿色、茸毛多。叶长圆形，叶片长宽14.6cm×5.4cm，叶色深绿，叶脉11对。萼片5片、无茸毛，花冠直径3.4cm×3.0cm，花瓣6枚，子房有茸毛，花柱先端3裂。果实三角形
JG059	黄乔地大茶树1号	*C. sinensis* var. *assamica*	景谷傣族彝族自治县景谷镇景谷村黄乔地	1 777	4.5	3.2×3.5	1.0	小乔木型，树姿半开张。芽叶淡绿色、茸毛多。叶长椭圆形，叶片长宽9.6cm×5.5cm，叶色深绿，叶脉11对。萼片5片、无茸毛，花冠直径3.0cm×2.8cm，花瓣7枚，子房有茸毛，花柱先端3裂。果实球形、三角形

（续）

种质编号	种质名称	物种名称	分布地点	海拔（m）	树高（m）	树幅（m×m）	基部干围（m）	主要形态
JG060	黄乔地大茶树2号	*C. sinensis* var. *assamica*	景谷傣族彝族自治县景谷镇景谷村黄乔地	1 777	5.0	5.0×4.5	1.3	小乔木型，树姿半开张。芽叶淡绿色、茸毛多。叶长椭圆形，叶片长宽17.0cm×7.0cm，叶色深绿，叶脉13对。萼片5片、无茸毛，花冠直径3.3cm×3.4cm，花瓣6枚，子房有茸毛，花柱先端3裂。果实球形、三角形
JG061	黄乔地大茶树3号	*C. sinensis* var. *assamica*	景谷傣族彝族自治县景谷镇景谷村黄乔地	2 018	2.2	1.7×1.5	0.9	小乔木型，树姿半开张。芽叶淡绿色、茸毛多。叶长椭圆形，叶片长宽11.2cm×5.4cm，叶色深绿，叶脉12对。萼片5片、无茸毛，花冠直径3.5cm×3.3cm，花瓣6枚，子房有茸毛，花柱先端3裂。果实球形、三角形
JG062	黄乔地大茶树4号	*C. sinensis* var. *assamica*	景谷傣族彝族自治县景谷镇景谷村黄乔地	2 020	3.5	3.0×2.8	1.0	小乔木型，树姿半开张。芽叶绿色、茸毛多。叶长椭圆形，叶片长宽11.5cm×5.6cm，叶色深绿，叶脉10对。萼片5片、无茸毛，花冠直径3.5cm×3.6cm，花瓣5枚，子房有茸毛，花柱先端3裂。果实球形、三角形
JG063	黄乔地大茶树5号	*C. sinensis* var. *assamica*	景谷傣族彝族自治县景谷镇景谷村黄乔地	2 030	1.5	1.5×1.8	0.5	小乔木型，树姿半开张。芽叶淡绿色、茸毛多。叶长椭圆形，叶片长宽11.3cm×5.3cm，叶色黄绿，叶脉8对。萼片5片、无茸毛，花冠直径2.8cm×2.9cm，花瓣6枚，子房有茸毛，花柱先端3裂。果实球形、三角形
JG064	柏木箐大茶树1号	*C. sinensis* var. *assamica*	景谷傣族彝族自治县景谷镇云盘村柏木箐	1 830	2.5	3.0×2.4	0.5	小乔木型，树姿半开张。芽叶淡绿色、茸毛多。叶长椭圆形，叶片长宽14.7cm×5.6cm，叶色黄绿，叶脉13对。萼片5片、无茸毛，花冠直径2.5cm×2.8cm，花瓣6枚，子房有茸毛，花柱先端3裂。果实球形、三角形
JG065	柏木箐大茶树2号	*C. sinensis* var. *assamica*	景谷傣族彝族自治县景谷镇云盘村柏木箐	1 610	8.0	2.0×2.0	0.2	小乔木型，树姿半开张。芽叶淡绿色、茸毛多。叶长椭圆形，叶片长宽14.4cm×5.5cm，叶色绿，叶脉8对。萼片5片、无茸毛，花冠直径3.5cm×3.4cm，花瓣7枚，子房有茸毛，花柱先端3裂。果实球形、三角形
JG066	磨刀石大茶树1号	*C. sinensis* var. *assamica*	景谷傣族彝族自治县景谷镇文东村磨刀石	1 920	5.8	4.8×4.0	1.4	小乔木型，树姿半开张。芽叶紫绿色、茸毛多。叶长椭圆形，叶片长宽16.7cm×5.7cm，叶色绿，叶脉8对。萼片5片、无茸毛，花冠直径2.5cm×2.4cm，花瓣6枚，子房有茸毛，花柱先端3裂。果实球形、三角形

（续）

种质编号	种质名称	物种名称	分布地点	海拔（m）	树高（m）	树幅（m×m）	基部干围（m）	主要形态
JG067	磨刀石大茶树2号	*C. sinensis* var. *assamica*	景谷傣族彝族自治县景谷镇文东村磨刀石	1 920	6.0	3.7×3.5	0.9	小乔木型，树姿半开张。芽叶黄绿色、茸毛特多。叶长椭圆形，叶片长宽14.6cm×5.8cm，叶色深绿，叶脉8对。萼片5片、无茸毛，花冠直径2.7cm×3.0cm，花瓣6枚，子房有茸毛，花柱先端3裂。果实球形、三角形
JG068	洞洞箐大茶树	*C. taliensis*	景谷傣族彝族自治县景谷镇文山村洞洞箐	2 010	2.5	1.2×1.1	1.0	乔木型，树姿半开张。芽叶淡绿色、无茸毛。叶长椭圆形，叶片长宽15.6cm×5.4cm，叶色深绿，叶身稍内折，叶缘微波，叶面微隆起，叶质中，叶尖渐尖，叶基楔形，叶脉11对，叶背主脉无茸毛
JG069	苦竹山大茶树1号	*C. sinensis* var. *assamica*	景谷傣族彝族自治县景谷镇文山村苦竹山	1 940	9.6	7.5×7.3	1.5	乔木型，树姿半开张。芽叶绿色，茸毛多。大叶，叶长椭圆形，叶片长宽15.2cm×5.8cm，叶色深绿，叶尖渐尖，叶基楔形，叶脉9对，叶背主脉多茸毛。萼片5片、无茸毛，花冠直径3.7cm×3.5cm，花瓣6枚，子房有茸毛，花柱先端3裂
JG070	苦竹山大茶树2号	*C. sinensis* var. *assamica*	景谷傣族彝族自治县景谷镇文山村苦竹山	1 940	8.0	5.5×5.0	1.2	乔木型，树姿半开张。芽叶绿色，茸毛多。大叶，叶长椭圆形，叶片长宽15.8cm×5.7cm，叶色深绿，叶尖渐尖，叶基楔形，叶脉9对，叶背主脉多茸毛。萼片5片、无茸毛，花冠直径3.0cm×3.2cm，花瓣6枚，子房有茸毛，花柱先端3裂
JG071	海子大茶树	*C. sinensis* var. *assamica*	景谷傣族彝族自治县景谷镇文山村海子	1 890	5.0	4.0×4.0	0.9	小乔木型，树姿半开张。芽叶淡绿色，茸毛多。大叶，叶长椭圆形，叶片长宽15.0cm×5.1cm，叶色深绿，叶尖渐尖，叶基楔形，叶脉9对，叶背主脉多茸毛。萼片5片、无茸毛，花冠直径3.0cm×3.0cm，花瓣6枚，子房有茸毛，花柱先端3裂
JG072	回头箐大茶树	*C. sinensis* var. *assamica*	景谷傣族彝族自治县景谷镇文山村回头箐	1 950	5.0	4.0×4.5	1.0	小乔木型，树姿半开张。芽叶淡绿色，茸毛多。大叶，叶长椭圆形，叶片长宽13.8cm×5.3cm，叶色深绿，叶脉9对。萼片5片、无茸毛，花冠直径3.0cm×2.8cm，花瓣5枚，子房有茸毛，花柱先端3裂
JG073	野猪塘大茶树1号	*C. sinensis* var. *assamica*	景谷傣族彝族自治县景谷镇文召村野猪塘	1 810	4.5	5.0×4.0	1.2	小乔木型，树姿半开张。芽叶绿色，茸毛多。大叶，叶长椭圆形，叶片长宽10.1cm×5.7cm，叶色绿，叶尖渐尖，叶基楔形，叶脉10对，叶背主脉多茸毛。萼片5片、无茸毛，花冠直径3.0cm×3.4cm，花瓣7枚，子房有茸毛，花柱先端3裂

（续）

种质编号	种质名称	物种名称	分布地点	海拔（m）	树高（m）	树幅（m×m）	基部干围（m）	主要形态
JG074	野猪塘大茶树2号	*C. sinensis* var. *assamica*	景谷傣族彝族自治县景谷镇文召村野猪塘	1 820	4.4	3.0×3.5	0.6	小乔木型，树姿半开张。芽叶绿色，茸毛多。大叶，叶长椭圆形，叶片长宽14.1cm×5.2cm，叶色绿，叶尖渐尖，叶基楔形，叶脉8对，叶背主脉多茸毛。萼片5片、无茸毛，花冠直径2.7cm×2.4cm，花瓣5枚，子房有茸毛，花柱先端3裂
JG075	光山大茶树1号	*C. sinensis* var. *assamica*	景谷傣族彝族自治县凤山镇顺南村光山小组梁子地	2 100	7.1	4.0×4.5	1.4	小乔木型，树姿半开张。芽叶黄绿色，茸毛中。叶长椭圆形，叶片长宽11.2cm×5.5cm，叶色绿，叶脉8对，叶背主脉多茸毛。萼片5片、无茸毛，花冠直径2.5cm×2.4cm，花瓣6枚，子房有茸毛，花柱先端3裂
JG076	光山大茶树2号	*C. taliensis*	景谷傣族彝族自治县凤山镇顺南村光山小组杨铁匠坟	2 350	5.0	5.0×5.3	3.6	小乔木型，树姿半开张。芽叶紫绿色、无茸毛。叶长椭圆形，叶片长宽17.2cm×6.5cm，叶色绿，叶身内折，叶缘平，叶面片，叶基楔形，叶脉9对，叶背主脉无茸毛
JG077	光山大茶树3号	*C. taliensis*	景谷傣族彝族自治县凤山镇顺南村光山小组杨铁匠坟	2 350	7.0	4.0×5.0	2.1	小乔木型，树姿半开张。芽叶紫绿色、无茸毛。叶长椭圆形，叶片长宽13.2cm×5.6cm，叶色绿，叶身内折，叶缘平，叶面片，叶基楔形，叶脉8对，叶背主脉无茸毛
JG078	岔山大茶树	*C. sinensis* var. *assamica*	景谷傣族彝族自治县凤山镇平田村岔山	1 740	8.0	4.8×5.0	1.4	乔木型，树姿直立。芽叶绿色，茸毛多。叶长椭圆形，叶片长宽13.0cm×5.6cm，叶色深绿，叶身内折，叶缘波，叶面隆起，叶基楔形，叶脉8对，叶背主脉有茸毛
JG079	梁子大茶树	*C. sinensis* var. *assamica*	景谷傣族彝族自治县凤山镇平田村梁子	2 050	4.5	4.0×3.4	2.3	小乔木型，树姿开张。芽叶绿色，茸毛多。叶长椭圆形，叶片长宽16.0cm×5.8cm，叶色深绿，叶身背卷，叶缘波，叶面平，叶基楔形，叶脉9对，叶背主脉有茸毛
JG080	箐中大茶树	*C. sinensis* var. *assamica*	景谷傣族彝族自治县凤山镇南板村箐中	1 710	6.0	3.0×3.5	1.1	小乔木型，树姿直立。芽叶淡绿色，茸毛中。叶椭圆形，叶片长宽14.8cm×6.7cm，叶色浅绿，叶身背卷，叶缘波，叶面平，叶脉9对，叶背主脉有茸毛。萼片5片、无茸毛，花冠直径3.7cm×3.0cm，子房有茸毛，花柱先端3裂。果实球形、三角形
JG081	石戴帽大茶树1号	*C. sinensis* var. *assamica*	景谷傣族彝族自治县半坡乡安海村石戴帽	1 910	3.7	3.1×2.4	0.9	小乔木型，树姿半开张。芽叶紫绿色，茸毛多。叶椭圆形，叶片长宽16.4cm×5.4cm，叶色深绿，叶脉12对，叶背主脉多茸毛。萼片5片、无茸毛，花冠直径3.2cm×3.1cm，花瓣6枚，子房有茸毛，花柱先端3裂。果实球形

（续）

种质编号	种质名称	物种名称	分布地点	海拔（m）	树高（m）	树幅（m×m）	基部干围（m）	主要形态
JG082	石戴帽大茶树 2 号	*C. sinensis* var. *assamica*	景谷傣族彝族自治县半坡乡安海村石戴帽	1 880	4.0	3.0×3.8	1.0	小乔木型，树姿半开张。芽叶绿色，茸毛多。叶椭圆形，叶片长宽 9.4cm×5.4cm，叶色深绿，叶脉 7 对，叶背主脉多茸毛。萼片 5 片、无茸毛，花冠直径 2.2cm×2.5cm，花瓣 5 枚，子房有茸毛，花柱先端 3 裂。果实球形
JG083	石戴帽大茶树 3 号	*C. sinensis* var. *assamica*	景谷傣族彝族自治县半坡乡安海村石戴帽	1 940	3.5	3.0×2.8	0.7	小乔木型，树姿半开张。芽叶淡绿色，茸毛多。叶长椭圆形，叶片长宽 14.4cm×5.7cm，叶色深绿，叶脉 10 对，叶背主脉多茸毛。萼片 5 片、无茸毛，花冠直径 2.4cm×2.5cm，花瓣 6 枚，子房有茸毛，花柱先端 3 裂。果实球形
JG084	黄家寨 1 号大茶树	*C. sinensis* var. *assamica*	景谷傣族彝族自治县半坡乡半坡村黄家寨	1 740	5.7	5.1×4.7	1.6	小乔木型，树姿半开张。芽叶淡绿色，茸毛多。叶长椭圆形，叶片长宽 14.6cm×6.2cm，叶色深绿，叶脉 8 对，叶背主脉多茸毛。萼片 5 片、无茸毛，花冠直径 4.3cm×5.0cm，花瓣 6 枚，子房有茸毛，花柱先端 3 裂。果实三角形
JG085	黄家寨 2 号大茶树	*C. sinensis* var. *assamica*	景谷傣族彝族自治县半坡乡半坡村黄家寨	1 730	5.7	6.3×6.1	1.4	小乔木型，树姿半开张。芽叶紫红色，茸毛多。叶披针形，叶片长宽 17.7cm×5.2cm，叶色深绿，叶脉 12 对，叶背主脉有茸毛。萼片 5 片、无茸毛，花冠直径 4.0cm×5.6cm，花瓣 6 枚，子房有茸毛，花柱先端 3 裂。果实三角形
JG086	曼竜山野茶 1 号	*C. taliensis*	景谷傣族彝族自治县益智乡益香村曼竜山	1 970	4.8	3.5×2.8	1.7	乔木型，树姿直立。芽叶绿色、无茸毛。叶长椭圆形，叶片长宽 14.2cm×5.6cm，叶色深绿，叶身内折，叶缘微波，叶面平，叶脉 9 对，叶背主脉无茸毛
JG087	曼竜山野茶 2 号	*C. taliensis*	景谷傣族彝族自治县益智乡益香村曼竜山	1 970	5.5	3.0×3.5	1.5	乔木型，树姿直立。芽叶淡绿色、无茸毛。叶长椭圆形，叶片长宽 15.8cm×5.7cm，叶色深绿，叶身内折，叶缘微波，叶面平，叶脉 11 对，叶背主脉无茸毛
JG088	曼竜山野茶 3 号	*C. taliensis*	景谷傣族彝族自治县益智乡益香村曼竜山	1 970	5.0	4.0×3.5	1.1	乔木型，树姿直立。芽叶淡绿色、无茸毛。叶长椭圆形，叶片长宽 17.3cm×5.7cm，叶色深绿，叶脉 11 对，叶背主脉无茸毛。萼片 5 片、无茸毛，花冠直径 5.8cm×6.5cm，花瓣 10 枚，子房有茸毛，花柱先端 5 裂。果实球形、四方形

（续）

种质编号	种质名称	物种名称	分布地点	海拔（m）	树高（m）	树幅（m×m）	基部干围（m）	主要形态
JG089	苏家山大茶树	*C. taliensis*	景谷傣族彝族自治县益智乡益香村苏家山	2 090	7.5	4.0×3.5	1.1	乔木型，树姿直立。芽叶绿色、无茸毛。叶长椭圆形，叶片长宽16.0cm×7.2cm，叶色深绿，叶脉8对，叶背主脉无茸毛。萼片5片、无茸毛，花冠直径6.5cm×6.5cm，花瓣9枚，子房有茸毛，花柱先端5裂。果实梅花形
JG090	二云盘大茶树	*C. taliensis*	景谷傣族彝族自治县益智乡益香村二云盘	2 480	14.5	4.5×4.0	1.3	乔木型，树姿直立。芽叶绿色、无茸毛。叶长椭圆形，叶片长宽16.8cm×7.0cm，叶色深绿，叶脉10对，叶背主脉无茸毛。萼片5片、无茸毛，花冠直径6.3cm×5.5cm，花瓣11枚，子房有茸毛，花柱先端5裂。果实梅花形
JG091	中和大茶树	*C. taliensis*	景谷傣族彝族自治县益智乡中和村	2 010	7.0	4.0×6.0	1.7	乔木型，树姿直立。芽叶绿色、无茸毛。叶长椭圆形，叶片长宽19.2cm×8.0cm，叶色深绿，叶脉10对，叶背主脉无茸毛。萼片5片、无茸毛，花冠直径6.0cm×5.7cm，花瓣9枚，子房有茸毛，花柱先端5裂。果实梅花形
JG092	大田大茶树	*C. taliensis*	景谷傣族彝族自治县益智乡大田村	1 964	6.0	3.0×3.5	1.6	小乔木型，树姿直立。芽叶绿色、无茸毛。叶长椭圆形，叶片长宽18.1cm×7.7cm，叶色深绿，叶脉10对，叶背主脉无茸毛。萼片5片、无茸毛，花冠直径6.8cm×6.5cm，花瓣11枚，子房有茸毛，花柱先端5裂。果实梅花形
ZY001	羊圈山大茶树1号	*C. taliensis*	镇沅彝族哈尼族拉祜族自治县恩乐镇大平掌村羊圈山	1 840	16.5	9.5×7.3	3.1	乔木型，树姿半开张。芽叶绿色。叶长椭圆形，叶片长宽14.7cm×5.9cm，叶色深绿，叶脉9对，叶缘少锯齿，叶背主脉无茸毛。萼片5片、无茸毛，花冠直径5.7cm×5.5cm，花瓣11枚，子房有茸毛，花柱先端4裂。果实球形、四方形
ZY002	羊圈山大茶树2号	*C. taliensis*	镇沅彝族哈尼族拉祜族自治县恩乐镇大平掌村羊圈山	1 882	13.0	6.0×7.0	2.3	乔木型，树姿半开张。芽叶淡绿色。叶长椭圆形，叶片长宽16.5cm×5.9cm，叶色深绿，叶脉10对，叶缘少锯齿，叶背主脉无茸毛。萼片5片、无茸毛，花冠直径5.8cm×6.2cm，花瓣11枚，子房有茸毛，花柱先端4～5裂。果实扁球形
ZY003	羊圈山大茶树3号	*C. taliensis*	镇沅彝族哈尼族拉祜族自治县恩乐镇大平掌村羊圈山	1 857	11.5	6.5×7.0	1.6	乔木型，树姿半开张。芽叶紫绿色。叶长椭圆形，叶片长宽15.0cm×6.3cm，叶色深绿，叶脉9对，叶缘少锯齿，叶背主脉无茸毛。萼片5片、无茸毛，花冠直径5.0cm×5.2cm，花瓣9枚，子房有茸毛，花柱先端5裂。果实球形、四方形

（续）

种质编号	种质名称	物种名称	分布地点	海拔（m）	树高（m）	树幅（m×m）	基部干围（m）	主要形态
ZY004	打水箐大茶树1号	*C. taliensis*	镇沅彝族哈尼族拉祜族自治县恩乐镇五一村打水箐	2 146	5.0	2.7×2.5	1.9	乔木型，树姿半开张。芽叶紫红色。叶披针形，叶片长宽16.3cm×5.0cm，叶色深绿，叶脉11对，叶背主脉无茸毛。萼片5片、无茸毛，花冠直径6.6cm×7.4cm，花瓣10枚，子房有茸毛，花柱先端5裂。果实扁球形、四方状球形
ZY005	打水箐大茶树2号	*C. taliensis*	镇沅彝族哈尼族拉祜族自治县恩乐镇五一村打水箐	2 159	6.0	2.3×2.0	1.5	乔木型，树姿直立。芽叶绿色。叶长椭圆形，叶片长宽16.8cm×5.0cm，叶色深绿，叶身内折，叶面平，叶缘平，叶脉10对，叶背主脉无茸毛
ZY006	打水箐大茶树3号	*C. taliensis*	镇沅彝族哈尼族拉祜族自治县恩乐镇五一村打水箐	2 168	5.0	3.0×3.5	1.2	乔木型，树姿直立。芽叶绿色。叶长椭圆形，叶片长宽17.0cm×5.5cm，叶色深绿，叶身内折，叶面平，叶缘平，叶脉12对，叶背主脉无茸毛
ZY007	文立大茶树1号	*C. sinensis* var. *assamica*	镇沅彝族哈尼族拉祜族自治县按板镇文立村黄桑树	2 057	5.5	4.6×5.0	1.1	乔木型，树姿开张。芽叶紫绿色，茸毛多。叶长椭圆形，叶色绿，叶脉9对。萼片5片、无茸毛，花冠直径3.2cm×3.1cm，花瓣7枚，子房有茸毛，花柱先端3～4裂。果实球形、三角形
ZY008	文立大茶树2号	*C. sinensis* var. *assamica*	镇沅彝族哈尼族拉祜族自治县按板镇文立村黄桑树	2 040	5.0	5.0×4.0	1.0	乔木型，树姿开张。芽叶黄绿色，茸毛多。叶长椭圆形，叶色绿，叶脉10对。萼片5片、无茸毛，花冠直径3.5cm×3.7cm，花瓣6枚，子房有茸毛，花柱先端3裂。果实球形、三角形
ZY009	文立大茶树3号	*C. sinensis* var. *assamica*	镇沅彝族哈尼族拉祜族自治县按板镇文立村黄桑树	2 038	5.0	4.5×4.3	0.9	乔木型，树姿开张。芽叶黄绿色，茸毛多。叶长椭圆形，叶色绿，叶脉8对。萼片5片、无茸毛，花冠直径3.0cm×3.0cm，花瓣5枚，子房有茸毛，花柱先端3裂。果实球形、三角形
ZY010	麦地大茶树1号	*C. sinensis* var. *assamica*	镇沅彝族哈尼族拉祜族自治县者东镇麦地村下拉波	1 810	7.0	5.2×4.6	0.9	小乔木型，树姿半开张。芽叶黄绿色，茸毛多。叶椭圆形，叶片长宽15.3cm×6.5cm，叶色深绿，叶脉11对，叶背主脉多茸毛。萼片5片、无茸毛，花冠直径3.6cm×3.0cm，花瓣7枚，子房有茸毛，花柱先端3裂。果实三角形
ZY011	麦地大茶树2号	*C. sinensis* var. *assamica*	镇沅彝族哈尼族拉祜族自治县者东镇麦地村下拉波	1 810	6.0	5.0×4.5	0.8	小乔木型，树姿半开张。芽叶黄绿色，茸毛多。叶椭圆形，叶片长宽15.8cm×6.2cm，叶色绿，叶脉8对，叶背主脉多茸毛。萼片5片、无茸毛，花冠直径3.2cm×3.0cm，花瓣6枚，子房有茸毛，花柱先端3裂。果实三角形

（续）

种质编号	种质名称	物种名称	分布地点	海拔（m）	树高（m）	树幅（m×m）	基部干围（m）	主要形态
ZY012	麦地大茶树3号	*C. sinensis* var. *assamica*	镇沅彝族哈尼族拉祜族自治县者东镇麦地村下拉波	1 810	5.0	3.0×4.0	0.7	小乔木型，树姿半开张。芽叶黄绿色，茸毛多。叶椭圆形，叶片长宽16.7cm×5.5cm，叶色深绿，叶脉9对，叶背主脉多茸毛。萼片5片、无茸毛，花冠直径2.6cm×3.0cm，花瓣5枚，子房有茸毛，花柱先端3裂。果实三角形
ZY013	马邓大茶树1号	*C. sinensis* var. *assamica*	镇沅彝族哈尼族拉祜族自治县者东镇马邓村大小组	1 760	7.5	6.1×6.0	1.5	小乔木型，树姿半开张。芽叶紫绿色，茸毛多。叶长椭圆形，叶片长宽15.0cm×6.1cm，叶色绿，叶脉10对，叶背主脉多茸毛。萼片5片、无茸毛，花冠直径4.2cm×3.8cm，花瓣7枚，子房有茸毛，花柱先端3裂。果实球形、三角形
ZY014	马邓大茶树2号	*C. sinensis* var. *assamica*	镇沅彝族哈尼族拉祜族自治县者东镇马邓村大小组	1 788	5.5	5.0×4.0	1.2	小乔木型，树姿半开张。芽叶绿色，茸毛多。叶长椭圆形，叶片长宽15.3cm×5.3cm，叶色绿，叶脉8对，叶背主脉多茸毛。萼片5片、无茸毛，花冠直径4.0cm×3.8cm，花瓣6枚，子房有茸毛，花柱先端3裂。果实球形、三角形
ZY015	马邓大茶树3号	*C. sinensis* var. *assamica*	镇沅彝族哈尼族拉祜族自治县者东镇马邓村大小组	1 763	4.0	2.8×3.0	1.0	小乔木型，树姿半开张。芽叶绿色，茸毛多。叶长椭圆形，叶片长宽14.5cm×5.8cm，叶色绿，叶脉10对，叶背主脉多茸毛。萼片5片、无茸毛，花冠直径3.2cm×3.5cm，花瓣6枚，子房有茸毛，花柱先端3裂。果实球形、三角形
ZY016	茶房大茶树1号	*C. taliensis*	镇沅彝族哈尼族拉祜族自治县九甲镇果吉村茶房山	2 510	15.0	11.0×8.4	2.7	乔木型，树姿半开张。芽叶紫绿色、无茸毛。叶椭圆形，叶片长宽15.8cm×6.3cm，叶色深绿，叶脉9对，叶背主脉无茸毛。萼片5片、无茸毛，花冠直径5.8cm×5.6cm，花瓣11枚，子房有茸毛，花柱先端5裂。果实扁球形、四方形
ZY017	茶房大茶树2号	*C. taliensis*	镇沅彝族哈尼族拉祜族自治县九甲镇果吉村茶房山	2 490	12.0	7.0×7.0	2.1	乔木型，树姿半开张。芽叶绿色、无茸毛。叶椭圆形，叶片长宽16.2cm×6.4cm，叶色深绿，叶脉9对，叶背主脉无茸毛。萼片5片、无茸毛，花冠直径5.3cm×5.0cm，花瓣9枚，子房有茸毛，花柱先端5裂。果实扁球形、四方形
ZY018	茶房大茶树3号	*C. taliensis*	镇沅彝族哈尼族拉祜族自治县九甲镇果吉村茶房山	2 487	10.0	5.0×5.5	1.8	小乔木型，树姿半开张。芽叶紫绿色、无茸毛。叶椭圆形，叶片长宽17.2cm×6.0cm，叶色深绿，叶身内折，叶面平，叶缘平，叶脉10对，叶背主脉无茸毛

（续）

种质编号	种质名称	物种名称	分布地点	海拔（m）	树高（m）	树幅（m×m）	基部干围（m）	主要形态
ZY019	千家寨野生茶树1号	*C. crassicolumna*	镇沅彝族哈尼族拉祜族自治县九甲镇和平村千家寨上坝	2 450	25.6	22.0×20.0	3.5	乔木型，树姿直立。芽叶绿色，茸毛少。叶椭圆形，叶色深绿，叶片长宽15.0cm×5.8cm，叶片有光泽，叶脉10对，叶背主脉无茸毛。萼片5片、绿色、有茸毛，花冠直径5.9cm×6.0cm，花瓣12枚，花柱先端4裂。果实扁球形、四方状球形
ZY020	千家寨野生茶树2号	*C. crassicolumna*	镇沅彝族哈尼族拉祜族自治县九甲镇和平村千家寨小吊水头	2 280	19.5	16.5×18.0	3.2	乔木型，树姿直立。芽叶绿色，茸毛少。叶椭圆形，叶色深绿，叶片长宽13.8cm×5.9cm，叶片有光泽，叶脉9对，叶背主脉无茸毛。萼片5片、绿色、有茸毛、花冠直径6.5cm×6.6cm，花瓣11枚，花柱先端4～5裂。果实扁球形、四方状球形
ZY021	千家寨野生茶树3号	*C. taliensis*	镇沅彝族哈尼族拉祜族自治县九甲镇和平村千家寨上坝	1 925	15.0	8.0×10.0	1.5	小乔木型，树姿半开张。芽叶淡绿色、无茸毛。叶椭圆形，叶色深绿，叶片长宽16.5cm×5.6cm，叶脉8对，叶背主脉无茸毛。萼片5片、无茸毛，花冠直径6.0cm×6.2cm，花瓣9枚，花柱先端5裂。果实扁球形、四方状球形
ZY022	千家寨野生茶树4号	*C. taliensis*	镇沅彝族哈尼族拉祜族自治县九甲镇和平村千家寨上坝	2 030	17.5	9.5×8.0	2.1	乔木型，树姿直立。芽叶淡绿色、无茸毛。叶长椭圆形，叶色深绿，叶片长宽17.3cm×5.9cm，叶身稍内折，叶面平，叶脉9对，叶背主脉无茸毛
ZY023	千家寨野生茶树5号	*C. taliensis*	镇沅彝族哈尼族拉祜族自治县九甲镇和平村千家寨上坝	2 150	18.0	13.0×11.0	2.0	乔木型，树姿直立。芽叶淡绿色、无茸毛。叶长椭圆形，叶色深绿，叶片长宽15.7cm×5.3cm，叶身内折，叶面平，叶缘微波，叶脉11对，叶背主脉无茸毛
ZY024	千家寨野生茶树6号	*C. taliensis*	镇沅彝族哈尼族拉祜族自治县九甲镇和平村千家寨上坝	2 120	13.5	7.5×8.0	1.8	小乔木型，树姿半开张。芽叶淡绿色、无茸毛。叶长椭圆形，叶色深绿，叶片长宽17.3cm×5.9cm，叶身稍内折，叶面平，叶缘平，叶脉9对，叶背主脉无茸毛。果实球形
ZY025	三台大茶树1号	*C. sinensis* var. *assamica*	镇沅彝族哈尼族拉祜族自治县九甲镇三台村领干	1 770	6.0	3.1×2.7	0.5	乔木型，树姿半开张。芽叶紫红色，茸毛多。叶长椭圆形，叶片长宽15.0cm×5.2cm，叶色绿，叶脉8对，叶背主脉茸毛多。萼片5片、无茸毛，花冠直径2.5cm×2.0cm，花瓣5枚，子房有茸毛，花柱先端3裂。果实球形
ZY026	三台大茶树2号	*C. sinensis* var. *assamica*	镇沅彝族哈尼族拉祜族自治县九甲镇三台村领干	1 770	5.0	3.0×2.5	0.8	小乔木型，树姿半开张。芽叶黄绿色，茸毛多。叶长椭圆形，叶片长宽15.8cm×5.0cm，叶色绿，叶脉8对，叶背主脉茸毛多。萼片5片、无茸毛，花冠直径2.8cm×2.5cm，花瓣6枚，子房有茸毛，花柱先端3裂。果实三角形

（续）

种质编号	种质名称	物种名称	分布地点	海拔（m）	树高（m）	树幅（m×m）	基部干围（m）	主要形态
ZY027	三台大茶树3号	*C. sinensis* var. *assamica*	镇沅彝族哈尼族拉祜族自治县九甲镇三台村领干	1 762	4.0	3.0×2.0	0.5	小乔木型，树姿半开张。芽叶黄绿色，茸毛多。叶长椭圆形，叶片长宽14.4cm×5.3cm，叶色深绿，叶脉10对。萼片5片、无茸毛，花冠直径3.0cm×3.5cm，花瓣7枚，子房有茸毛，花柱先端3裂。果实三角形
ZY028	三台大茶树4号	*C. sinensis* var. *assamica*	镇沅彝族哈尼族拉祜族自治县九甲镇三台村领干	1 783	5.0	4.0×2.8	0.4	小乔木型，树姿半开张。芽叶绿色，茸毛多。叶长椭圆形，叶片长宽17.0cm×5.5cm，叶色绿，叶脉11对。萼片5片、无茸毛，花冠直径3.4cm×3.5cm，花瓣6枚，子房有茸毛，花柱先端3裂。果实球形、三角形
ZY029	三台大茶树5号	*C. sinensis* var. *assamica*	镇沅彝族哈尼族拉祜族自治县九甲镇三台村领干	1 770	6.0	4.0×3.5	0.5	小乔木型，树姿半开张。芽叶黄绿色，茸毛多。叶长椭圆形，叶片长宽16.2cm×5.7cm，叶色绿，叶脉8对。萼片5片、无茸毛，花冠直径3.3cm×2.8cm，花瓣7枚，子房有茸毛，花柱先端3裂。果实球形、三角形
ZY030	河头大茶树1号	*C. grandibracteata*	镇沅彝族哈尼族拉祜族自治县振太镇文怕村河头小凹子	2 082	9.5	7.8×7.5	2.8	小乔木型，树姿半开张。芽叶紫红色，茸毛中。叶长椭圆形，叶片长宽15.8cm×5.6cm，叶色黄绿，叶脉10对，叶背主脉少茸毛。萼片5片、无茸毛，花冠直径4.9cm×5.7cm，花瓣8枚，子房有茸毛，花柱先端4裂。果实球形
ZY031	河头大茶树2号	*C. sinensis* var. *assamica*	镇沅彝族哈尼族拉祜族自治县振太镇文怕村河头小凹子	2 074	7.5	5.0×5.5	2.0	小乔木型，树姿半开张。芽叶黄绿色，茸毛多。叶长椭圆形，叶片长宽17.0cm×6.6cm，叶色黄绿，叶脉12对。萼片5片、无茸毛，花冠直径4.3cm×5.0cm，花瓣6枚，子房有茸毛，花柱先端3裂。果实球形、三角形
ZY032	河头大茶树3号	*C. sinensis* var. *assamica*	镇沅彝族哈尼族拉祜族自治县振太镇文怕村河头小凹子	2 062	5.0	4.0×5.0	1.7	小乔木型，树姿半开张。芽叶黄绿色，茸毛多。叶长椭圆形，叶片长宽14.7cm×5.2cm，叶色深绿，叶脉10对。萼片5片、无茸毛，花冠直径4.0cm×5.2cm，花瓣7枚，子房有茸毛，花柱先端3裂。果实球形
ZY033	台头大茶树1号	*C. sinensis* var. *assamica*	镇沅彝族哈尼族拉祜族自治县振太镇台头村后山	1 937	6.2	6.0×4.4	1.1	小乔木型，树姿半开张。芽叶黄绿色，茸毛多。叶长椭圆形，叶片长宽16.0cm×5.5cm，叶色绿，叶脉9对。萼片5片、无茸毛，花冠直径3.3cm×2.9cm，花瓣6枚，子房有茸毛，花柱先端3裂。果实球形、三角形

（续）

种质编号	种质名称	物种名称	分布地点	海拔（m）	树高（m）	树幅（m×m）	基部干围（m）	主要形态
ZY034	台头大茶树2号	*C. sinensis* var. *assamica*	镇沅彝族哈尼族拉祜族自治县振太镇台头村后山	1 930	5.4	4.0×3.4	1.1	小乔木型，树姿半开张。芽叶黄绿色，茸毛多。叶长椭圆形，叶片长宽16.5cm×5.4cm，叶色绿，叶脉9对。萼片5片、无茸毛，花冠直径3.5cm×3.3cm，花瓣6枚，子房有茸毛，花柱先端3裂。果实球形、三角形
ZY035	台头大茶树3号	*C. sinensis* var. *assamica*	镇沅彝族哈尼族拉祜族自治县振太镇台头村后山	1 944	4.5	3.0×4.0	1.0	小乔木型，树姿半开张。芽叶黄绿色，茸毛多。叶长椭圆形，叶片长宽16.0cm×5.5cm，叶色浅绿，叶脉10对。萼片5片、无茸毛，花冠直径3.7cm×3.9cm，花瓣7枚，子房有茸毛，花柱先端3裂。果实球形、三角形
ZY036	山街大茶树1号	*C. sinensis* var. *assamica*	镇沅彝族哈尼族拉祜族自治县振太镇山街村外村	1 857	7.8	5.5×3.8	1.5	小乔木型，树姿半开张。芽叶黄绿色，茸毛多。叶椭圆形，叶色浅绿，叶脉9对。萼片5片、无茸毛，花冠直径2.9cm×3.2cm，花瓣7枚，子房有茸毛，花柱先端3裂。果实球形、三角形
ZY037	山街大茶树2号	*C. sinensis* var. *assamica*	镇沅彝族哈尼族拉祜族自治县振太镇山街村外村	1 884	6.0	5.0×3.0	1.3	小乔木型，树姿半开张。芽叶紫红色，茸毛多。叶椭圆形，叶色深绿，叶脉10对。萼片5片、无茸毛，花冠直径3.4cm×3.6cm，花瓣6枚，子房有茸毛，花柱先端3裂。果实球形、三角形
ZY038	山街大茶树3号	*C. sinensis* var. *assamica*	镇沅彝族哈尼族拉祜族自治县振太镇山街村外村	1 845	5.5	4.5×4.0	1.0	小乔木型，树姿开张。芽叶黄绿色，茸毛多。叶椭圆形，叶色深绿，叶脉8对。萼片5片、无茸毛，花冠直径2.8cm×2.3cm，花瓣5枚，子房有茸毛，花柱先端3裂。果实球形、三角形
ZY039	文和大茶树1号	*C. sinensis* var. *assamica*	镇沅彝族哈尼族拉祜族自治县振太镇文索村文和	2 050	5.7	5.7×5.0	1.5	小乔木，树姿半开张。芽叶黄绿色，茸毛多。叶长椭圆形，叶色深绿，叶脉9对，叶背主脉多茸毛。萼片5片、无茸毛，花冠直径2.9cm×3.4cm，花瓣6枚，子房有茸毛，花柱先端3裂。果实球形、三角形
ZY040	文和大茶树2号	*C. sinensis* var. *assamica*	镇沅彝族哈尼族拉祜族自治县振太镇文索村文和	2 100	5.0	5.0×4.0	1.2	小乔木，树姿半开张。芽叶黄绿色，茸毛多。叶长椭圆形，叶色深绿，叶脉9对。萼片5片、无茸毛，花冠直径3.0cm×3.4cm，花瓣6枚，子房有茸毛，花柱先端3裂。果实球形、三角形

（续）

种质编号	种质名称	物种名称	分布地点	海拔（m）	树高（m）	树幅（m×m）	基部干围（m）	主要形态
ZY041	文和大茶树3号	*C. sinensis* var. *assamica*	镇沅彝族哈尼族拉祜族自治县振太镇文索村文和	2 113	4.0	3.5×4.0	1.0	小乔木，树姿半开张。芽叶淡绿色，茸毛多。叶长椭圆形，叶色绿，叶脉8对。萼片5片、无茸毛，花冠直径2.7cm×2.8cm，花瓣7枚，子房有茸毛，花柱先端3裂。果实球形、三角形
ZY042	马鹿塘大茶树1号	*C. taliensis*	镇沅彝族哈尼族拉祜族自治县和平镇麻洋村马鹿塘	2 510	12.0	8.7×5.1	3.1	小乔木型，树姿半开张。芽叶紫绿色、无茸毛。叶长椭圆形，叶片长宽17.2cm×5.5cm，叶色深绿，叶身背卷，叶缘微波，叶面微隆起，叶质中，叶尖渐尖，叶基楔形，叶脉8对，叶背主脉无茸毛
ZY043	马鹿塘大茶树2号	*C. taliensis*	镇沅彝族哈尼族拉祜族自治县和平镇麻洋村马鹿塘	2 492	9.0	8.0×5.0	2.0	乔木型，树姿直立。芽叶紫绿色、无茸毛。叶长椭圆形，叶片长宽17.8cm×6.5cm，叶色深绿，叶身内折，叶缘微波，叶面微隆起，叶质中，叶尖渐尖，叶基楔形，叶脉10对，叶背主脉无茸毛
ZY044	马鹿塘大茶树3号	*C. taliensis*	镇沅彝族哈尼族拉祜族自治县和平镇麻洋村马鹿塘	2 480	7.5	5.0×4.5	1.7	乔木型，树姿直立。芽叶淡绿色、无茸毛。叶长椭圆形，叶片长宽16.5cm×6.0cm，叶色深绿，叶身内折，叶缘微波，叶面微隆起，叶质硬，叶尖渐尖，叶基楔形，叶脉11对，叶背主脉无茸毛
ZY045	田坝大茶树1号	*C. sinensis* var. *assamica*	镇沅彝族哈尼族拉祜族自治县田坝乡田坝村坡头山	1 925	4.5	4.7×4.0	1.7	小乔木型，树姿半开张。芽叶黄绿色，茸毛特多。叶长椭圆形，叶片长宽17.6cm×6.2cm，叶色黄绿，叶脉9对，叶背主脉多茸毛。萼片5片、无茸毛，花冠直径3.3cm×3.7cm，花瓣7枚，子房有茸毛，花柱先端3裂。果实球形
ZY046	田坝大茶树2号	*C. sinensis* var. *assamica*	镇沅彝族哈尼族拉祜族自治县田坝乡田坝村坡头山	1 933	4.0	4.0×4.0	1.1	小乔木型，树姿半开张。芽叶黄绿色，茸毛多。叶长椭圆形，叶片长宽17.0cm×5.8cm，叶色黄绿，叶脉11对。萼片5片、无茸毛，花冠直径3.5cm×3.3cm，花瓣7枚，子房有茸毛，花柱先端3裂。果实球形
ZY047	田坝大茶树3号	*C. sinensis* var. *assamica*	镇沅彝族哈尼族拉祜族自治县田坝乡田坝村坡头山	1 927	4.5	4.0×4.5	1.0	小乔木型，树姿开张。芽叶黄绿色，茸毛多。叶长椭圆形，叶片长宽16.8cm×5.6cm，叶色浅绿，叶脉9对。萼片5片、无茸毛，花冠直径3.6cm×3.5cm，花瓣6枚，子房有茸毛，花柱先端3裂。果实球形
JC001	大蛇箐大茶树1号	*C. sinensis* var. *assamica*	江城哈尼族彝族自治县勐烈镇大新村大蛇箐	1 200	11.1	4.8×4.6	1.4	小乔木型，树姿半开张。芽叶黄绿色，茸毛多。叶长椭圆形，叶片长宽17.5cm×5.8cm，叶色绿，叶脉14对。萼片5片、无茸毛，花冠直径4.1cm×5.0cm，花瓣7枚，子房有茸毛，花柱先端3裂。果实球形

（续）

种质编号	种质名称	物种名称	分布地点	海拔（m）	树高（m）	树幅（m×m）	基部干围（m）	主要形态
JC002	大蛇箐大茶树2号	*C. sinensis* var. *assamica*	江城哈尼族彝族自治县勐烈镇大新村大蛇箐	1 208	7.4	4.0×3.7	1.1	小乔木型，树姿半开张。芽叶黄绿色，茸毛多。叶长椭圆形，叶片长宽15.8cm×5.2cm，叶色绿，叶脉10对。萼片5片、无茸毛，花冠直径4.0cm×3.8cm，花瓣6枚，子房有茸毛，花柱先端3裂。果实球形
JC003	大蛇箐大茶树3号	*C. sinensis* var. *assamica*	江城哈尼族彝族自治县勐烈镇大新村大蛇箐	1 215	6.5	4.5×4.0	1.0	小乔木型，树姿半开张。芽叶黄绿色，茸毛多。叶长椭圆形，叶片长宽16.4cm×5.5cm，叶色绿，叶脉11对。萼片5片、无茸毛，花冠直径3.7cm×3.5cm，花瓣6枚，子房有茸毛，花柱先端3裂。果实球形
JC004	芭蕉林大茶树	*C. sinensis* var. *dehungensis*	江城哈尼族彝族自治县曲水镇拉珠村芭蕉林	1 430	19.0	8.0×7.6	1.4	乔木型，树姿直立。芽叶黄绿色、有茸毛，叶色黄绿，叶长椭圆形，叶片长宽14.8cm×5.1cm，叶脉12对。萼片5片、无茸毛，花冠直径3.1cm×3.3cm，花瓣7枚，子房无茸毛，花柱先端3裂
JC005	大尖山大茶树	*C. sinensis* var. *dehungensis*	江城哈尼族彝族自治县曲水镇拉珠村大尖山	1 143	16.0	7.0×6.0	1.3	乔木型，树姿半开张。芽叶黄绿色、茸毛多，叶长椭圆形，叶片长宽17.7cm×6.3cm，叶色黄绿，叶脉13对，叶背主脉少茸毛。萼片5片、无茸毛，花冠直径4.0cm×3.5cm，花瓣7枚，子房无茸毛，花柱先端3裂
JC006	普家大茶树1号	*C. sinensis* var. *assamica*	江城哈尼族彝族自治县国庆乡洛捷村普家寨	1 207	6.2	4.3×5.0	1.6	小乔木型，树姿开张。芽叶黄绿色、茸毛多。叶长椭圆形，叶色绿，叶片长宽15.4cm×5.3cm，叶脉11对。萼片5片、无茸毛，花冠直径3.8cm×3.5cm，花瓣6枚，子房有茸毛，花柱先端3裂。果实球形
JC007	普家大茶树2号	*C. sinensis* var. *assamica*	江城哈尼族彝族自治县国庆乡洛捷村普家寨	1 219	5.0	5.0×5.0	1.3	小乔木型，树姿开张。芽叶黄绿色、有茸毛。叶长椭圆形，叶色绿，叶片长宽16.8cm×6.3cm，叶脉11对。萼片5片、无茸毛，花冠直径3.5cm×3.7cm，花瓣6枚，子房有茸毛，花柱先端3裂。果实球形
JC008	普家大茶树3号	*C. sinensis* var. *assamica*	江城哈尼族彝族自治县国庆乡洛捷村普家寨	1 223	4.7	4.0×4.5	1.2	小乔木型，树姿开张。芽叶黄绿色、有茸毛。叶长椭圆形，叶色绿，叶片长宽17.2cm×5.3cm，叶脉9对。萼片5片、无茸毛，花冠直径3.7cm×3.5cm，花瓣6枚，子房有茸毛，花柱先端3裂。果实球形
JC009	田房大茶树1号	*C. sinensis* var. *assamica*	江城哈尼族彝族自治县国庆乡田房村	1 143	3.8	3.7×3.6	1.1	小乔木型，树姿半开张。芽叶淡绿色。叶椭圆形，叶片长宽14.0cm×5.8cm，叶色深绿，叶脉11对。萼片5片、无茸毛，花冠直径3.4cm×3.3cm，花瓣7枚，子房有茸毛，花柱先端3裂。果实球形、三角形

（续）

种质编号	种质名称	物种名称	分布地点	海拔（m）	树高（m）	树幅（m×m）	基部干围（m）	主要形态
JC010	田房大茶树2号	*C. sinensis* var. *assamica*	江城哈尼族彝族自治县国庆乡田房村	1 140	3.5	3.0×3.0	0.8	小乔木型，树姿半开张。芽叶淡绿色。叶长椭圆形，叶片长宽14.8cm×5.4cm，叶色深绿，叶脉10对。萼片5片、无茸毛，花冠直径3.1cm×3.5cm，花瓣6枚，子房有茸毛，花柱先端3裂。果实球形、三角形
JC011	田房大茶树3号	*C. sinensis* var. *assamica*	江城哈尼族彝族自治县国庆乡田房村	1 148	4.0	3.5×3..	0.7	小乔木型，树姿半开张。芽叶淡绿色。叶长椭圆形，叶片长宽15.7cm×5.3cm，叶色深绿，叶脉9对。萼片5片、无茸毛，花冠直径3.2cm×3.7cm，花瓣6枚，子房有茸毛，花柱先端3裂。果实球形、三角形
JC012	山神庙大茶树1号	*C. sinensis* var. *assamica*	江城哈尼族彝族自治县国庆乡田房村山神庙	1 100	3.1	2.1×1.9	1.5	小乔木型，树姿半开张。芽叶绿色，茸毛多。叶披针形，叶片长宽14.0cm×5.1cm，叶色浅绿，叶脉12对。萼片5片、无茸毛，花冠直径3.4cm×3.6cm，花瓣7枚，子房有茸毛，花柱先端3裂。果实肾形、三角形
JC013	山神庙大茶树2号	*C. sinensis* var. *assamica*	江城哈尼族彝族自治县国庆乡田房村山神庙	1 108	3.5	2.5×2.0	1.2	小乔木型，树姿半开张。芽叶绿色，茸毛多。叶披针形，叶片长宽15.6cm×5.8cm，叶色浅绿，叶脉10对。萼片5片、无茸毛，花冠直径3.4cm×3.6cm，花瓣6枚，子房有茸毛，花柱先端3裂。果实球形、三角形
JC014	梁子寨大茶树1号	*C. taliensis*	江城哈尼族彝族自治县嘉禾乡联合村梁子寨	1 827	14.0	6.5×6.0	1.4	乔木型，树姿直立。芽叶淡绿色、无茸毛，叶长椭圆形，叶片长宽16.2cm×5.6cm，叶色深绿，叶脉9对，叶背主脉无茸毛
JC015	梁子寨大茶树2号	*C. taliensis*	江城哈尼族彝族自治县嘉禾乡联合村梁子寨	1 843	8.0	5.0×6.0	1.2	乔木型，树姿直立。芽叶淡绿色、无茸毛，叶长椭圆形，叶片长宽16.8cm×5.4cm，叶色深绿，叶脉10对，叶背主脉无茸毛
LC001	看马山大茶树1号	*C. taliensis*	澜沧拉祜族自治县勐朗镇看马山村龙塘底	2 130	11.7	11.8×5.6	2.6	乔木型，树姿半开张。芽叶紫绿色，叶长椭圆形，叶片长宽17.2cm×5.8cm，叶色绿，叶脉12对，叶背主脉无茸毛。果实四方状球形
LC002	看马山大茶树2号	*C. taliensis*	澜沧拉祜族自治县勐朗镇看马山村龙塘底	2 140	10.0	5.8×7.0	2.0	乔木型，树姿半开张。芽叶淡绿色、无茸毛，叶长椭圆形，叶片长宽16.0cm×5.3cm，叶色绿，叶脉11对，叶背主脉无茸毛。萼片5片、无茸毛，花冠直径4.8cm×5.0cm。果实四方状球形

（续）

种质编号	种质名称	物种名称	分布地点	海拔（m）	树高（m）	树幅（m×m）	基部干围（m）	主要形态
LC003	看马山大茶树3号	*C. taliensis*	澜沧拉祜族自治县勐朗镇看马山村龙塘底	2 138	8.7	6.0×5.8	1.8	乔木型，树姿半开张。芽叶淡绿色、无茸毛，叶长椭圆形，叶片长宽14.7cm×5.9cm，叶色绿，叶脉9对，叶背主脉无茸毛。萼片5片、无茸毛，花冠直径5.8cm×5.9cm。果实四方状球形
LC004	看马山大茶树4号	*C. taliensis*	澜沧拉祜族自治县勐朗镇看马山村龙塘底	2 135	11.0	7.2×5.0	1.5	乔木型，树姿半开张。芽叶紫绿色、无茸毛，叶长椭圆形，叶片长宽16.4cm×5.0cm，叶色绿，叶脉8对，叶背主脉无茸毛。萼片5片、无茸毛，花冠直径5.3cm×6.0cm。果实四方状球形
LC005	南洼大茶树1号	*C. sinensis* var. *assamica*	澜沧拉祜族自治县上允镇南洼村下河边	1 520	8.8	8.5×7.6	1.9	小乔木型，树姿半开张。芽叶紫红色，茸毛多。叶长椭圆形，叶脉12对，叶齿细锯齿，叶背主脉多茸毛。萼片5片、无茸毛，花冠直径3.2cm×2.7cm，花瓣7枚，子房有茸毛，花柱先端3裂。果实三角形
LC006	南洼大茶树2号	*C. sinensis* var. *assamica*	澜沧拉祜族自治县上允镇南洼村下河边	1 520	8.0	5.5×5.0	1.5	小乔木型，树姿半开张。芽叶黄绿色，茸毛多。叶长椭圆形，叶脉11对，叶齿细锯齿，叶背主脉多茸毛。萼片5片、无茸毛，花冠直径3.0cm×2.5cm，花瓣7枚，子房有茸毛，花柱先端3裂。果实三角形
LC007	芒洪大茶树1号	*C. sinensis* var. *assamica*	澜沧拉祜族自治县惠民镇芒景村芒洪	1 350	5.7	6.0×5.2	1.2	小乔木型，树姿开张。芽叶绿色，茸毛多。叶长椭圆形，叶脉10对，叶齿细锯齿，叶背主脉多茸毛。萼片5片、无茸毛，花冠直径3.1cm×3.0cm，花瓣6枚，子房有茸毛，花柱先端3裂。果实球形
LC008	芒洪大茶树2号	*C. sinensis* var. *assamica*	澜沧拉祜族自治县惠民镇芒景村芒洪	1 326	7.5	5.4×6.1	1.4	小乔木型，树姿半开张。芽叶绿色，茸毛多。叶片长宽10.6cm×5.4cm，叶长椭圆形，叶色绿，叶脉8对。萼片5片、无茸毛，花冠直径3.3cm×5.6cm，花瓣5枚，花柱先端3裂，子房有茸毛。果实球形、三角形
LC009	芒洪大茶树3号	*C. sinensis* var. *assamica*	澜沧拉祜族自治县惠民镇芒景村芒洪	1 346	5.1	5.2×4.3	0.7	小乔木型，树姿半开张。芽叶绿色，茸毛多。叶片长宽13.4cm×5.3cm，叶长椭圆形，叶色绿，叶脉10对。萼片5片、无茸毛，花冠直径3.5cm×3.6cm，花瓣5枚，花柱先端3裂，子房有茸毛。果实球形、三角形
LC010	芒洪大茶树4号	*C. sinensis* var. *assamica*	澜沧拉祜族自治县惠民镇芒景村芒洪	1 326	5.0	5.2×4.3	0.9	小乔木型，树姿半开张。芽叶绿色，茸毛多。叶片长宽8.6cm×5.2cm，叶长椭圆形，叶色绿，叶脉9对。萼片5片、无茸毛，花冠直径3.9cm×3.2cm，花瓣6枚，花柱先端3裂，子房有茸毛。果实球形、三角形

（续）

种质编号	种质名称	物种名称	分布地点	海拔（m）	树高（m）	树幅（m×m）	基部干围（m）	主要形态
LC011	芒洪大茶树5号	*C. sinensis* var. *assamica*	澜沧拉祜族自治县惠民镇芒景村芒洪	1 325	6.0	3.7×4.5	0.4	小乔木型，树姿半开张，芽叶紫红色，茸毛多。叶片长宽 9.5cm×3.4cm，叶长椭圆形，叶色绿，叶脉7对。萼片5片、无茸毛，花冠直径2.8cm×2.5cm，花瓣6枚，花柱先端3裂，子房有茸毛。果实球形、三角形
LC012	芒景大茶树1号	*C. sinensis* var. *assamica*	澜沧拉祜族自治县惠民镇芒景村芒景上寨	1 488	6.9	3.3×3.5	0.6	小乔木型，树姿开张。芽叶黄绿色，茸毛多。叶片长宽 14.5cm×5.2cm，叶长椭圆形，叶色绿，叶脉9对。芽叶黄绿，茸毛多，萼片5片、绿色、无茸毛，花冠直径4.1cm×3.5cm，花瓣7枚，花柱先端3裂，子房有茸毛
LC013	芒景大茶树2号	*C. sinensis* var. *assamica*	澜沧拉祜族自治县惠民镇芒景村芒景上寨	1 458	5.4	3.1×3.8	1.0	小乔木型，树姿半开张。芽叶黄绿色，茸毛多。叶片长宽 15.5cm×5.4cm，叶长椭圆形，叶色绿，叶脉10对。萼片5片、无茸毛，花冠直径4.2cm×5.5cm，花瓣5～6枚，花柱先端3裂，子房有茸毛。果实球形、三角形
LC014	芒景大茶树3号	*C. sinensis* var. *assamica*	澜沧拉祜族自治县惠民镇芒景村芒景上寨	1 488	3.6	3.3×3.9	0.5	小乔木型，树姿半开张。芽叶黄绿色，茸毛多。叶片长宽 14.5cm×5.2cm，叶长椭圆形，叶色绿，叶脉9对。萼片5片、无茸毛，花冠直径4.1cm×3.5cm，花瓣7枚，花柱先端3～4裂，子房有茸毛。果实球形、三角形
LC015	芒景大茶树4号	*C. sinensis* var. *assamica*	澜沧拉祜族自治县惠民镇芒景村芒景上寨	1 498	5.5	5.1×5.6	1.0	小乔木型，树姿半开张。芽叶黄绿色，茸毛多。叶片长宽 14.1cm×7.2cm，叶长椭圆形，叶色绿，叶脉7对。萼片5片、无茸毛，花冠直径4.5cm×5.2cm，花瓣7枚，花柱先端3裂，子房有茸毛。果实球形、三角形
LC016	芒景大茶树5号	*C. sinensis* var. *assamica*	澜沧拉祜族自治县惠民镇芒景村芒景上寨	1 535	11.0	4.5×5.6	0.6	小乔木型，树姿半开张。芽叶黄绿色，茸毛多。叶片长宽 11.2cm×5.5cm，叶长椭圆形，叶色绿，叶脉8对。萼片5片、无茸毛，花冠直径2.9cm×2.8cm，花瓣6枚，花柱先端3裂，子房有茸毛。果实球形、三角形
LC017	芒景大茶树6号	*C. sinensis* var. *assamica*	澜沧拉祜族自治县惠民镇芒景村芒景上寨	1 535	4.2	5.1×6.1	0.8	小乔木型，树姿半开张。芽叶黄绿色，茸毛多。叶片长宽 13.1cm×5.2cm，叶长椭圆形，叶色绿，叶脉9对。萼片5片、无茸毛，花冠直径4.1cm×3.8cm，花瓣6枚，花柱先端3裂，子房有茸毛。果实球形、三角形

（续）

种质编号	种质名称	物种名称	分布地点	海拔（m）	树高（m）	树幅（m×m）	基部干围（m）	主要形态
LC018	芒景大茶树7号	*C. sinensis* var. *assamica*	澜沧拉祜族自治县惠民镇芒景村芒景下寨	1 548	5.4	5.4×4.5	0.6	小乔木型，树姿半开张。芽叶黄绿色，茸毛多。叶片长宽 11.6cm×5.3cm，叶长椭圆形，叶色绿，叶脉8对。萼片5片、无茸毛，花冠直径4.2cm×5.8cm，花瓣5枚，花柱先端3裂，子房有茸毛。果实球形、三角形
LC019	芒景大茶树8号	*C. sinensis* var. *assamica*	澜沧拉祜族自治县惠民镇芒景村芒景下寨	1 548	5.0	4.0×4.5	0.8	小乔木型，树姿半开张。芽叶黄绿色，茸毛多。叶片长宽 14.3cm×5.8cm，叶长椭圆形，叶色绿，叶脉8对。萼片5片、无茸毛，花冠直径4.0cm×5.0cm，花瓣6枚，花柱先端3裂，子房有茸毛。果实球形、三角形
LC020	芒景大茶树9号	*C. sinensis* var. *assamica*	澜沧拉祜族自治县惠民镇芒景村芒景下寨	1 540	5.5	3.4×5.5	0.6	小乔木型，树姿半开张。芽叶黄绿色，茸毛多。叶片长宽 15.2cm×5.2cm，叶长椭圆形，叶色绿，叶脉9对。萼片5片、无茸毛，花冠直径4.4cm×5.0cm，花瓣5枚，花柱先端3裂，子房有茸毛。果实球形、三角形
LC021	芒景大茶树10号	*C. sinensis* var. *assamica*	澜沧拉祜族自治县惠民镇芒景村芒景下寨	1 552	5.0	5.0×4.0	0.8	小乔木型，树姿半开张。芽叶黄绿色，茸毛多。叶片长宽 13.9cm×5.7cm，叶长椭圆形，叶色绿，叶脉10对。萼片5片、无茸毛，花冠直径3.2cm×3.8cm，花瓣6枚，花柱先端3裂，子房有茸毛。果实球形、三角形
LC022	芒景大茶树11号	*C. sinensis* var. *assamica*	澜沧拉祜族自治县惠民镇芒景村芒景下寨	1 550	5.6	4.0×4.0	0.6	小乔木型，树姿半开张。芽叶绿色，茸毛多。叶片长宽 14.0cm×5.8cm，叶长椭圆形，叶色绿，叶脉7对。萼片5片、无茸毛，花冠直径4.0cm×3.6cm，花瓣6枚，花柱先端3裂，子房有茸毛。果实球形、三角形
LC023	景迈大寨大茶树1号	*C. sinensis* var. *assamica*	澜沧拉祜族自治县惠民镇景迈村大寨	1 515	5.7	5.3×6.1	1.1	小乔木型，树姿半开张。叶片长宽10.2cm×5.2cm，叶长椭圆形，叶色绿，叶基楔形，叶脉9对。萼片5片、绿色，萼片5片、无茸毛，花冠直径4.8cm×5.2cm，花瓣6枚，花柱先端3裂，子房有茸毛
LC024	景迈大寨大茶树2号	*C. sinensis* var. *assamica*	澜沧拉祜族自治县惠民镇景迈村大寨	1 515	3.8	5.1×3.7	0.6	小乔木型，树姿半开张。叶片长宽13.0cm×5.1cm，叶长椭圆形，叶色绿，叶脉9对。萼片5片、绿色、无茸毛，花冠直径4.5cm×5.2cm，花瓣5枚、白色，花柱先端3裂，子房有茸毛。果实三角形

（续）

种质编号	种质名称	物种名称	分布地点	海拔（m）	树高（m）	树幅（m×m）	基部干围（m）	主要形态
LC025	景迈大寨大茶树3号	*C. sinensis* var. *assamica*	澜沧拉祜族自治县惠民镇景迈村大寨	1 515	4.0	3.9×3.4	0.9	小乔木型，树姿半开张。叶片长宽10.8cm×5.6cm，叶长椭圆形，叶色绿，叶脉10对。萼片5片、无茸毛，花冠直径3.9cm×3.6cm，花瓣6枚，花柱先端3裂，子房有茸毛。果实三角形
LC026	景迈大寨大茶树4号	*C. sinensis* var. *assamica*	澜沧拉祜族自治县惠民镇景迈村大寨	1 532	3.3	2.3×3.1	0.7	小乔木型，树姿半开张。叶片长宽11.5cm×5.6cm，叶长椭圆形，叶色绿，叶脉9对。萼片5片、绿色、无茸毛，花冠直径3.8cm×3.6cm，花瓣5枚、白色，花柱先端3裂，子房有茸毛。果实三角形
LC027	景迈大寨大茶树5号	*C. sinensis* var. *assamica*	澜沧拉祜族自治县惠民镇景迈村大寨	1 513	3.6	2.1×3.4	0.6	小乔木型，树姿半开张。叶片长宽14.5cm×5.3cm，叶长椭圆形，叶色绿，叶脉8对。萼片5片、绿色、无茸毛，花冠直径5.1cm×5.2cm，花瓣6枚、白色，花柱先端3裂，子房有茸毛。果实三角形
LC028	景迈大寨大茶树6号	*C. sinensis* var. *assamica*	澜沧拉祜族自治县惠民镇景迈村大寨	1 513	5.2	3.6×3.4	0.6	小乔木型，树姿半开张。叶片长宽14.5cm×5.2cm，叶长椭圆形，叶色绿，叶脉9对。萼片5片、绿色、无茸毛，花冠直径3.4cm×2.7cm，花瓣6枚、白色，花柱先端3裂，子房有茸毛。果实三角形
LC029	笼蚌大茶树1号	*C. sinensis* var. *assamica*	澜沧拉祜族自治县惠民镇景迈村笼蚌	1 234	8.8	7.2×5.3	0.9	小乔木型，树姿半开张。叶片长宽17.2cm×5.2cm，叶长椭圆形，叶色绿，叶脉11对。萼片5片、绿色、无茸毛，花冠直径5.1cm×5.7cm，花瓣6枚、白色，花柱先端3裂，子房有茸毛
LC030	笼蚌大茶树2号	*C. sinensis* var. *assamica*	澜沧拉祜族自治县惠民镇景迈村笼蚌	1 234	6.3	5.2×4.3	0.7	小乔木型，树姿半开张。叶片长宽15.2cm×5.2cm，叶长椭圆形，叶色绿，叶脉10对。萼片5片、绿色、无茸毛，花冠直径3.8cm×3.6cm，花瓣6枚、白色，花柱先端3裂，子房有茸毛
LC031	翁基大茶树1号	*C. sinensis* var. *assamica*	澜沧拉祜族自治县惠民镇芒景村翁基	1 395	4.4	3.9×3.1	0.6	小乔木型，树姿半开张。叶片长宽11.5cm×5.1cm，叶长椭圆形，叶色绿，叶脉9对。萼片5片、绿色、无茸毛，花冠直径3.2cm×2.8cm，花瓣6枚、白色，花柱先端3裂，子房有茸毛
LC032	翁基大茶树2号	*C. sinensis* var. *assamica*	澜沧拉祜族自治县惠民镇芒景村翁基	1 365	6.9	2.8×3.6	0.7	小乔木型，树姿半开张。叶片长宽13.8cm×5.2cm，叶长椭圆形，叶色深绿，叶脉9对。萼片5片、绿色、无茸毛，花冠直径3.1cm×3.8cm，花瓣6枚、白色，花柱先端3裂，子房有茸毛

（续）

种质编号	种质名称	物种名称	分布地点	海拔（m）	树高（m）	树幅（m×m）	基部干围（m）	主要形态
LC033	糯干大茶树1号	*C. sinensis* var. *assamica*	澜沧拉祜族自治县惠民镇景迈村糯干	1 469	6.7	5.8×5.6	1.1	小乔木型，树姿半开张。叶片长宽13.5cm×5.1cm，叶长椭圆形，叶色深绿，叶脉10对。萼片5片、绿色、无茸毛，花冠直径3.9cm×3.1cm，花瓣5枚，花柱先端3裂，子房有茸毛。果实球形、三角形
LC034	糯干大茶树2号	*C. sinensis* var. *assamica*	澜沧拉祜族自治县惠民镇景迈村糯干	1 440	5.4	3.1×2.7	0.8	小乔木型，树姿半开张。叶片长宽17.5cm×6.2cm，叶长椭圆形，叶色深绿，叶脉11对。萼片5片、绿色、无茸毛，花冠直径3.8cm×3.4cm，花瓣6枚，花柱先端3裂，子房有茸毛。果实球形、三角形
LC035	糯干大茶树3号	*C. sinensis* var. *assamica*	澜沧拉祜族自治县惠民镇景迈村糯干	1 503	5.0	3.2×3.2	0.7	小乔木型，树姿半开张。叶片长宽9.1cm×5.5cm，叶长椭圆形，叶色深绿，叶脉10对。萼片5片、绿色、无茸毛，花冠直径3.1cm×2.5cm，花瓣6枚，花柱先端3裂，子房有茸毛。果实球形、三角形
LC036	勐本大茶树	*C. sinensis* var. *assamica*	澜沧拉祜族自治县惠民镇景迈村勐本	1 438	8.9	5.2×5.1	1.1	乔木型，树姿直立。叶片长宽16.8cm×5.6cm，叶形长椭圆形，叶色绿。芽叶绿色，茸毛多。萼片5片、绿色、无茸毛，花冠直径4.1cm×3.9cm，花瓣5枚，花柱先端3裂，子房有茸毛。果实球形、三角形
LC037	大平掌大茶树1号	*C. sinensis* var. *assamica*	澜沧拉祜族自治县惠民镇景迈村大平掌	1 597	4.3	3.1×3.5	0.7	乔木型，树姿开张。叶片长宽11.6cm×5.8cm，叶长椭圆形，叶色绿，叶脉12对，萼片5片、绿色、无茸毛，花冠直径3.3cm×2.3cm，花瓣6枚，花柱先端3裂，子房有茸毛。果实球形、三角形
LC038	大平掌大茶树2号	*C. sinensis* var. *assamica*	澜沧拉祜族自治县惠民镇景迈村大平掌	1 624	4.8	2.5×2.9	0.9	小乔木型，树姿开张。芽叶绿色，茸毛多。叶片长宽14.8cm×5.6cm，叶长椭圆形，叶色绿，叶脉13对。萼片5片、无茸毛，花冠直径3.6cm×5.1cm，花瓣6枚，花柱先端3裂，子房有茸毛。果实球形、三角形
LC039	大平掌大茶树3号	*C. sinensis* var. *assamica*	澜沧拉祜族自治县惠民镇景迈村大平掌	1 579	5.5	4.3×3.3	1.3	小乔木型，树姿半开张。叶片长宽11.8cm×5.0cm，叶长椭圆形，叶色绿，叶脉11对。芽叶黄绿色，茸毛多。萼片5片、绿色、无茸毛，花冠直径3.9cm×3.2cm，花瓣6枚，花柱先端3裂，子房有茸毛
LC040	芒埂大茶树	*C. sinensis* var. *assamica*	澜沧拉祜族自治县惠民镇景迈村芒埂	1 199	6.4	3.1×4.7	0.9	小乔木型，树姿开张。叶长椭圆形，叶片长宽15.3cm×5.5cm，叶色绿，叶脉8对。芽叶黄绿色，茸毛多。萼片5片、无茸毛，花冠直径4.1cm×3.6cm，花瓣7枚、白色、质地厚，花柱先端3裂，子房有茸毛

（续）

种质编号	种质名称	物种名称	分布地点	海拔（m）	树高（m）	树幅（m×m）	基部干围（m）	主要形态
LC041	榨房大茶树	*C. sinensis* var. *assamica*	澜沧拉祜族自治县大山乡榨房村	1 860	5.4	5.3×2.5	0.9	小乔木型，树姿半开张。芽叶紫红色，茸毛多。叶长椭圆形，叶片长宽17.7cm×5.8cm，叶色深绿，叶脉9对，叶背主脉多茸毛。萼片5片、无茸毛，花冠直径3.1cm×2.7cm，花瓣8枚，子房有茸毛，花柱先端3裂。果实三角形
LC042	龙塘大茶树	*C. sinensis* var. *assamica*	澜沧拉祜族自治县南岭乡勐炳村龙塘	1 890	7.6	6.6×6.5	1.4	小乔木型，树姿半开张。芽叶绿色，茸毛中。叶长椭圆形，叶片长宽15.8cm×5.7cm，叶色绿，叶脉11对，叶缘少锯齿，叶背主脉少茸毛。果实球形
LC043	音同大茶树	*C. taliensis*	澜沧拉祜族自治县拉巴乡音同村	1 940	25.0	12.7×8.0	2.2	乔木型，树姿直立。芽叶绿色、无茸毛。叶长椭圆形，叶片长宽16.3cm×5.2cm，叶色深绿，叶身平，叶缘平，叶面平，叶质硬，叶尖渐尖，叶基楔形，叶脉9对，叶缘少锯齿，叶背主脉无茸毛
LC044	战马坡大茶树	*C. taliensis*	澜沧拉祜族自治县竹塘乡战马坡村戛拉	2 260	11.8	8.7×6.4	2.2	小乔木型，树姿半开张。芽叶绿色、无茸毛。叶长椭圆形，叶片长宽14.9cm×5.0cm，叶色深绿，叶脉12对，叶背主脉无茸毛。萼片5片、无茸毛，花冠直径5.0cm×5.9cm，花瓣7枚，子房有茸毛，花柱先端5裂。果实球形
LC045	老缅寨大茶树	*C. sinensis* var. *dehungensis*	澜沧拉祜族自治县竹塘乡东主村老缅寨	1 630	7.8	7.4×5.2	0.9	小乔木型，树姿开张。叶长椭圆形，叶片长宽16.3cm×5.4cm，叶色深绿，叶脉10对，叶背主脉少茸毛。萼片5片、无茸毛，花冠直径3.5cm×3.4cm，花瓣5枚，子房无茸毛，花柱先端3裂。果实球形、三角形
LC046	募乃大茶树	*C. sinensis* var. *assamica*	澜沧拉祜族自治县竹塘乡募乃村小广扎	1 520	5.8	7.6×7.1	1.5	小乔木型，树姿开张。芽叶黄绿色、有茸毛。叶长椭圆形，叶片长宽17.4cm×6.8cm，叶脉12对，叶背主脉多茸毛。萼片5片、无茸毛，花冠直径4.2cm×3.2cm，花瓣6枚，子房有茸毛，花柱先端3裂。果实三角形
LC047	茨竹河大茶树	*C. sinensis* var. *assamica*	澜沧拉祜族自治县竹塘乡茨竹河村达的寨	2 050	10.4	7.9×7.4	1.2	小乔木型，树姿半开张。叶长椭圆形，叶片长宽15.2cm×5.0cm，叶色深绿，叶脉13对，叶背主脉多茸毛。萼片5片、无茸毛，花冠直径4.9cm×5.4cm，花瓣8枚，子房有茸毛，花柱先端3裂。果实球形

（续）

种质编号	种质名称	物种名称	分布地点	海拔（m）	树高（m）	树幅（m×m）	基部干围（m）	主要形态
LC048	赛罕大茶树	*C. taliensis*	澜沧拉祜族自治县富邦乡赛罕村	2 220	16.0	8.4×7.7	2.1	小乔木型，树姿半开张。芽叶紫绿色、无茸毛。叶长椭圆形，叶片长宽17.8cm×5.7cm，叶色绿，叶脉14对，叶背主脉无茸毛。萼片5片、无茸毛，花冠直径5.0cm×5.5cm，花瓣8枚，子房有茸毛，花柱先端5裂。果实梅花形
LC049	邦奈大茶树	*C. sinensis* var. *assamica*	澜沧拉祜族自治县富邦乡邦奈村大寨	1 760	5.6	6.6×6.5	1.9	小乔木型，树姿开张。芽叶绿色，茸毛多。叶长椭圆形，叶片长宽15.7cm×5.4cm，叶色深绿，叶脉12对，叶背主脉多茸毛。萼片5片、无茸毛，花冠直径3.4cm×2.9cm，花瓣7枚，子房有茸毛，花柱先端3裂。果实三角形
LC050	糯波大箐大茶树	*C. sinensis* var. *assamica*	澜沧拉祜族自治县安康佤族乡糯波村大箐子	1 900	7.8	9.3×9.1	2.5	小乔木型，树姿开张。芽叶淡绿色，叶长椭圆形，叶片长宽16.3cm×6.6cm，叶色深绿，叶脉11对，叶背主脉少茸毛。萼片5片、无茸毛，花冠直径4.2cm×3.9cm，花瓣7枚，子房有茸毛，花柱先端3裂。果实三角形
LC051	芒大寨大茶树	*C. sinensis* var. *assamica*	澜沧拉祜族自治县文东佤族乡小寨村芒大寨	1 970	9.7	6.7×6.5	1.5	小乔木型，树姿半开张。叶卵圆形，叶片长宽13.7cm×6.8cm，叶色绿，叶身平，叶缘平，叶脉7对，叶背主脉多茸毛。萼片5片、无茸毛，花冠直径3.7cm×3.7cm，花瓣7枚，子房有茸毛，花柱先端4裂。果实三角形
LC052	小寨大茶树	*C. sinesis* var. *pubilimba*	澜沧拉祜族自治县文东佤族乡小寨村	1 940	5.8	5.1×4.5	1.3	小乔木型，树姿半开张。叶长椭圆形，叶片长宽15.9cm×5.8cm，叶色深绿，叶脉11对，叶背主脉有茸毛。萼片5片、有茸毛，花冠直径3.6cm×3.3cm，花瓣6枚，花子房有茸毛，花柱先端3裂。果实三角形
LC053	新寨大茶树1号	*C. taliensis*	澜沧拉祜族自治县富东乡邦崴村新寨	1 930	6.9	5.2×4.0	1.7	乔木型，树姿半开张。芽叶紫绿色、无茸毛。叶长椭圆形，叶片长宽16.2cm×6.6cm，叶色深绿，叶脉9对，叶缘少锯齿，叶背主脉无茸毛。萼片5片、无茸毛，花冠直径6.7cm×6.4cm，花瓣10枚，子房有茸毛，花柱先端5裂。果实四方状球形
LC054	新寨大茶树2号	*C. taliensis*	澜沧拉祜族自治县富东乡邦崴村新寨	1 900	9.9	3.6×3.4	1.4	乔木型，树姿半开张。芽叶紫绿色、无茸毛。长椭圆形，叶片长宽15.8cm×5.5cm，叶色深绿，叶脉8对，叶背主脉无茸毛。萼片5片、无茸毛，花冠直径6.0cm×6.7cm，花瓣9枚，子房有茸毛，花柱先端5裂。果实四方状球形

（续）

种质编号	种质名称	物种名称	分布地点	海拔（m）	树高（m）	树幅（m×m）	基部干围（m）	主要形态
LC055	小坝人茶树	*C. sinensis* var. *assamica*	澜沧拉祜族自治县富东乡小坝村大平掌	1 730	4.8	5.5×4.3	0.9	小乔木型，树姿半开张。芽叶黄绿色、茸毛多。叶椭圆形，叶色深绿，叶片长宽 15.6cm×5.6cm，叶脉 11 对。萼片 5 片、无茸毛，花冠直径 4.0cm×3.9cm，花瓣 6 枚，子房有茸毛，花柱先端 3 裂
LC056	岔路大茶树	*C. taliensis*	澜沧拉祜族自治县富东乡邦崴村梁子山	2 030	9.4	6.5×4.7	1.5	小乔木型，树姿半开张。芽叶紫绿色、茸毛多。叶长椭圆形，叶片长宽 14.5cm×5.0cm，叶色深绿，叶脉 10 对，叶背主脉多茸毛。萼片 5 片、无茸毛，花冠直径 4.9cm×5.1cm，花瓣 9 枚，子房有茸毛，花柱先端 4 裂
LC057	邦崴大茶树	*C. taliensis*	澜沧拉祜族自治县富东乡邦崴村新寨	1 900	11.8	9.0×8.2	3.6	小乔木型，树姿半开张。芽叶黄绿色、茸毛多。叶长椭圆形，叶片长宽 16.0cm×5.8cm，叶色深绿，叶脉 12 对，叶背主脉多茸毛。萼片 5 片、无茸毛，花冠直径 5.0cm×5.7cm，花瓣 11 枚，子房有茸毛，花柱先端 5 裂。果实三角形
LC058	南六大茶树	*C. taliensis*	澜沧拉祜族自治县木戛乡南六村	1 850	7.4	5.7×4.8	1.3	小乔木型，树姿半开张。嫩枝无毛。芽叶紫绿色、无茸毛。叶长椭圆形，叶片长宽 14.9cm×5.8cm，叶色深绿，叶脉 10 对。萼片 5 片、无茸毛，花冠直径 5.0cm×5.9cm，花瓣 7 枚，子房有茸毛，花柱先端 4 裂。果实球形
LC059	大拉巴大茶树	*C. sinensis* var. *assamica*	澜沧拉祜族自治县木戛乡拉巴村大拉巴小组	1 820	4.9	4.4×4.3	1.0	小乔木型，树姿直立。芽叶淡绿色、茸毛多。叶椭长圆形，叶片长宽 17.2cm×5.7cm，叶色深绿，叶脉 13 对。萼片 5 片、无茸毛，花冠直径 3.1cm×3.0cm，花瓣 6 枚，子房有茸毛，花柱先端 3 裂。果实三角形
LC060	营盘大茶树 1 号	*C. taliensis*	澜沧拉祜族自治县发展河哈尼族乡营盘村大尖山	2 250	19.0	10.4×4.5	1.7	乔木型，树姿半开张。芽叶绿色、无茸毛。叶长椭圆形，叶片长宽 15.6cm×6.0cm，叶色深绿，叶脉 10 对，萼片 5 片、无茸毛，花冠直径 5.0cm×5.2cm，花瓣 8 枚，子房有茸毛，花柱先端 5 裂。果实四方状球形
LC061	营盘大茶树 2 号	*C. taliensis*	澜沧拉祜族自治县发展河哈尼族乡营盘村草坝	2 150	9.0	11.6×5.3	2.5	乔木型，树姿直立。芽叶绿色、无茸毛。叶椭圆形，叶片长宽 16.1cm×6.4cm，叶色深绿，叶身平，叶缘微波，叶面平，叶质柔软，叶尖渐尖，叶基楔形，叶脉 8 对，叶背主脉无茸毛。果实球形

（续）

种质编号	种质名称	物种名称	分布地点	海拔（m）	树高（m）	树幅（m×m）	基部干围（m）	主要形态
LC062	南丙大茶树	*C. sinensis* var. *assamica*	澜沧拉祜族自治县发展河哈尼族乡南丙	1 470	6.5	5.6×5.0	1.2	小乔木型，树姿半开张。芽叶绿色、茸毛中。叶长椭圆形，叶片长宽16.8cm×6.2cm，叶色绿，叶脉11对，叶背主脉少茸毛。萼片5片、无茸毛，花冠直径3.1cm×3.1cm，花瓣6枚，子房有茸毛，花柱先端3裂。果实球形
XM001	班母大茶树1号	*C. sinensis* var. *assamica*	西盟佤族自治县勐梭镇班母村富母乃后山	1 860	9.2	5.0×5.0	2.4	乔木型，树姿直立。叶长椭圆形，叶片长宽14.5cm×5.8cm，叶脉9对，叶背主脉无茸毛。萼片5片、无茸毛，花冠直径6.3cm×5.8cm，花瓣6枚，子房有茸毛，花柱先端3裂，果实球形
XM002	班母大茶树2号	*C. sinensis* var. *assamica*	西盟佤族自治县勐梭镇班母村富母乃后山	1 400	5.4	3.0×3.0	0.6	小乔木型，树姿半开张。芽叶黄绿色、多茸毛。叶椭圆形，叶片长宽14.3cm×6.4cm，叶色深绿，叶脉10对。萼片5片、无茸毛，花冠直径3.6cm×3.2cm，花瓣7枚，子房有茸毛，花柱先端3裂。果实三角形
XM003	班母大茶树3号	*C. sinensis* var. *assamica*	西盟佤族自治县勐梭镇班母村富母乃后山	1 422	7.0	4.0×3.2	0.5	小乔木型，树姿半开张。芽叶黄绿色、多茸毛。叶椭圆形，叶片长宽17.0cm×6.0cm，叶色深绿，叶脉11对。萼片5片、无茸毛，花冠直径3.8cm×3.8cm，花瓣6枚，子房有茸毛，花柱先端3裂。果实三角形
XM004	班母大茶树4号	*C. sinensis* var. *assamica*	西盟佤族自治县勐梭镇班母村富母乃后山	1 420	6.0	3.5×3.0	0.5	小乔木型，树姿半开张。芽叶绿色、有茸毛。叶椭圆形，叶片长宽15.3cm×5.4cm，叶色深绿，叶脉10对。萼片5片、无茸毛，花冠直径3.6cm×3.0cm，花瓣5枚，子房有茸毛，花柱先端3裂。果实三角形
XM005	小新寨大茶树1号	*C. sinensis* var. *assamica*	西盟佤族自治县勐梭镇班母村小新寨	1 713	9.0	6.0×5.0	1.2	小乔木型，树姿半开张。芽叶黄绿色、多茸毛。叶椭圆形，叶片长宽16.6cm×6.0cm，叶色深绿，叶脉9对。萼片5片、无茸毛，花冠直径3.3cm×3.8cm，花瓣6枚，子房有茸毛，花柱先端3裂。果实三角形
XM006	小新寨大茶树2号	*C. sinensis* var. *assamica*	西盟佤族自治县勐梭镇班母村小新寨	1 710	6.0	5.0×3.4	1.0	小乔木型，树姿半开张。芽叶黄绿色、多茸毛。叶椭圆形，叶片长宽16.0cm×6.2cm，叶色深绿，叶脉9对。萼片5片、无茸毛，花冠直径3.5cm×3.8cm，花瓣6枚，子房有茸毛，花柱先端3裂。果实三角形
XM007	小新寨大茶树3号	*C. sinensis* var. *assamica*	西盟佤族自治县勐梭镇班母村小新寨	1 705	6.5	3.8×4.5	1.0	小乔木型，树姿半开张。芽叶黄绿色、多茸毛。叶椭圆形，叶片长宽15.8cm×5.4cm，叶色深绿，叶脉9对。萼片5片、无茸毛，花冠直径3.5cm×3.0cm，花瓣6枚，子房有茸毛，花柱先端3裂。果实三角形

（续）

种质编号	种质名称	物种名称	分布地点	海拔（m）	树高（m）	树幅（m×m）	基部干围（m）	主要形态
XM008	班纹大茶树1号	*C. sinensis* var. *assamica*	西盟佤族自治县勐梭镇秧洛村班纹	1 389	7.7	4.3×5.0	1.5	小乔木型，树姿开张。芽叶黄绿色、多茸毛。叶长椭圆形，叶片长宽16.3cm×6.0cm，叶色深绿，叶脉8对。萼片5片、无茸毛，花冠直径3.7cm×3.2cm，花瓣6枚，子房有茸毛，花柱先端3裂。果实三角形
XM009	班纹大茶树2号	*C. sinensis* var. *assamica*	西盟佤族自治县勐梭镇秧洛村班纹	1 380	7.0	4.3×3.8	1.4	小乔木型，树姿半开张。芽叶黄绿色、多茸毛。叶长椭圆形，叶片长宽16.5cm×5.3cm，叶色深绿，叶脉10对。萼片5片、无茸毛，花冠直径3.3cm×3.4cm，花瓣6枚，子房有茸毛，花柱先端3裂。果实三角形
XM010	班纹大茶树3号	*C. sinensis* var. *assamica*	西盟佤族自治县勐梭镇秧洛村班纹	1 382	5.7	4.3×4.1	1.2	小乔木型，树姿开张。芽叶黄绿色、多茸毛。叶长椭圆形，叶片长宽16.0cm×5.4cm，叶色深绿，叶脉11对。萼片5片、无茸毛，花冠直径3.7cm×3.5cm，花瓣6枚，子房有茸毛，花柱先端3裂。果实三角形
XM011	王莫大茶树1号	*C. sinensis* var. *assamica*	西盟佤族自治县勐梭镇王莫村	1 500	11.7	6.0×6.3	0.8	乔木型，树姿直立。芽叶黄绿色、多茸毛。叶长椭圆形，叶片长宽17.7cm×6.8cm，叶色深绿，叶脉12对。萼片5片、无茸毛，花冠直径3.0cm×3.0cm，花瓣6枚，子房有茸毛，花柱先端3裂。果实三角形
XM012	王莫大茶树2号	*C. sinensis* var. *assamica*	西盟佤族自治县勐梭镇王莫村	1 521	8.5	5.7×6.5	0.8	小乔木型，树姿直立。芽叶黄绿色、多茸毛。叶长椭圆形，叶片长宽17.2cm×6.3cm，叶色深绿，叶脉12对。萼片5片、无茸毛，花冠直径3.8cm×3.2cm，花瓣6枚，子房有茸毛，花柱先端3裂。果实三角形
XM013	王莫大茶树3号	*C. sinensis* var. *assamica*	西盟佤族自治县勐梭镇王莫村	1 514	8.2	5.4×4.3	0.7	乔木型，树姿直立。芽叶黄绿色、多茸毛。叶长椭圆形，叶片长宽16.7cm×6.0cm，叶色深绿，叶脉10对。萼片5片、无茸毛，花冠直径3.2cm×3.4cm，花瓣6枚，子房有茸毛，花柱先端3裂。果实三角形
XM014	曼亨大茶树1号	*C. sinensis* var. *assamica*	西盟佤族自治县岳宋乡曼亨村	1 630	9.0	5.0×5.6	0.5	乔木型，树姿半开张。芽叶绿色、无茸毛。叶长椭圆形，叶片长宽14.3cm×5.0cm，叶色深绿，叶脉8对，叶背主脉无茸毛。萼片5片、无茸毛，花冠直径4.0cm×2.8cm，花瓣7枚，子房有茸毛，花柱先端3裂，果实球形

（续）

种质编号	种质名称	物种名称	分布地点	海拔（m）	树高（m）	树幅（m×m）	基部干围（m）	主要形态
XM015	曼亨大茶树2号	*C. sinensis* var. *assamica*	西盟佤族自治县岳宋乡曼亨村	1 634	7.4	5.0×5.0	0.5	小乔木型，树姿半开张。芽叶绿色、无茸毛。叶长椭圆形，叶片长宽14.9cm×5.7cm，叶色深绿，叶脉10对，叶背主脉无茸毛。萼片5片、无茸毛，花冠直径3.0cm×5.0cm，花瓣7枚，子房有茸毛，花柱先端3裂，果实球形
XM016	曼亨大茶树3号	*C. sinensis* var. *assamica*	西盟佤族自治县岳宋乡曼亨村	1 642	7.0	4.5×4.6	0.4	小乔木型，树姿半开张。芽叶绿色、无茸毛。叶长椭圆形，叶片长宽14.4cm×5.5cm，叶色深绿，叶脉8对，叶背主脉无茸毛。萼片5片、无茸毛，花冠直径2.5cm×2.8cm，花瓣5枚，子房有茸毛，花柱先端3裂，果实球形
XM017	龙坎大茶树1号	*C. sinensis* var. *assamica*	西盟佤族自治县翁嘎科镇龙坎村	1 496	8.1	4.6×5.4	0.6	小乔木型，树姿开张。芽叶黄绿色、多茸毛。叶长椭圆形，叶片长宽14.8cm×5.0cm，叶色深绿，叶脉9对。萼片5片、无茸毛，花冠直径3.8cm×5.0cm，花瓣6枚，子房有茸毛，花柱先端3裂。果实三角形
XM018	龙坎大茶树2号	*C. sinensis* var. *assamica*	西盟佤族自治县翁嘎科镇龙坎村	1 492	5.4	4.0×5.5	0.6	小乔木型，树姿开张。芽叶黄绿色、多茸毛。叶长椭圆形，叶片长宽16.0cm×5.6cm，叶色深绿，叶脉11对。萼片5片、无茸毛，花冠直径3.2cm×3.0cm，花瓣6枚，子房有茸毛，花柱先端3裂。果实三角形
XM019	龙坎大茶树3号	*C. sinensis* var. *assamica*	西盟佤族自治县翁嘎科镇龙坎村	1 490	5.0	3.7×4.3	0.8	小乔木型，树姿开张。芽叶黄绿色、多茸毛。叶长椭圆形，叶片长宽13.5cm×5.5cm，叶色深绿，叶脉8对。萼片5片、无茸毛，花冠直径3.2cm×3.0cm，花瓣6枚，子房有茸毛，花柱先端3裂。果实三角形
XM020	英腊大茶树1号	*C. sinensis* var. *assamica*	西盟佤族自治县翁嘎科镇英腊村老地谷	1 580	8.8	4.8×6.8	0.5	小乔木型，树姿开张。芽叶黄绿色、多茸毛。叶长椭圆形，叶片长宽16.5cm×5.7cm，叶色深绿，叶脉8对。萼片5片、无茸毛，花冠直径3.5cm×3.9cm，花瓣6枚，子房有茸毛，花柱先端3裂。果实三角形
XM021	英腊大茶树2号	*C. sinensis* var. *assamica*	西盟佤族自治县翁嘎科镇英腊村老地谷	1 577	6.0	4.2×4.8	0.6	小乔木型，树姿开张。芽叶黄绿色、多茸毛。叶长椭圆形，叶片长宽16.0cm×5.4cm，叶色深绿，叶脉9对。萼片5片、无茸毛，花冠直径3.2cm×3.0cm，花瓣6枚，子房有茸毛，花柱先端3裂。果实三角形

（续）

种质编号	种质名称	物种名称	分布地点	海拔(m)	树高(m)	树幅(m×m)	基部干围(m)	主要形态
XM022	英腊大茶树3号	*C. sinensis* var. *assamica*	西盟佤族自治县翁嘎科镇英腊村老地谷	1 575	5.7	4.0×3.5	0.4	小乔木型，树姿开张。芽叶黄绿色、多茸毛。叶长椭圆形，叶片长宽15.8cm×5.2cm，叶色深绿，叶脉11对。萼片5片、无茸毛，花冠直径2.7cm×2.9cm，花瓣6枚，子房有茸毛，花柱先端3裂。果实三角形
XM023	班岳大茶树1号	*C. sinensis* var. *assamica*	西盟佤族自治县翁嘎科镇班岳村	886	7.8	3.0×3.0	0.8	小乔木型，树姿开张。芽叶黄绿色、多茸毛。叶长椭圆形，叶片长宽15.4cm×5.7cm，叶色深绿，叶脉9对。萼片5片、无茸毛，花冠直径3.7cm×3.3cm，花瓣6枚，子房有茸毛，花柱先端3裂。果实三角形
XM024	班岳大茶树2号	*C. sinensis* var. *assamica*	西盟佤族自治县翁嘎科镇班岳村	880	5.8	3.5×3.0	0.8	小乔木型，树姿开张。芽叶黄绿色、多茸毛。叶长椭圆形，叶片长宽15.2cm×5.1cm，叶色深绿，叶脉10对。萼片5片、无茸毛，花冠直径2.7cm×3.0cm，花瓣6枚，子房有茸毛，花柱先端3裂。果实三角形
XM025	班岳大茶树3号	*C. sinensis* var. *assamica*	西盟佤族自治县翁嘎科镇班岳村	880	5.0	3.4×3.8	0.6	小乔木型，树姿开张。芽叶黄绿色、多茸毛。叶长椭圆形，叶片长宽15.9cm×5.8cm，叶色深绿，叶脉10对。萼片5片、无茸毛，花冠直径3.2cm×3.6cm，花瓣6枚，子房有茸毛，花柱先端3裂。果实三角形
XM026	岳宋大茶树1号	*C. sinensis* var. *assamica*	西盟佤族自治县岳宋乡岳宋村怕红	1 240	3.2	3.0×3.0	1.0	乔木型，树姿半开张。芽叶绿色、多茸毛。叶长椭圆形，叶片长宽14.7cm×5.2cm，叶色深绿，叶脉9对。萼片5片、无茸毛，花冠直径3.8cm×3.2cm，花瓣6枚，子房有茸毛，花柱先端3裂。果实三角形
XM027	岳宋大茶树2号	*C. sinensis* var. *assamica*	西盟佤族自治县岳宋乡岳宋村怕红	1 245	3.2	3.0×3.5	1.0	小乔木型，树姿半开张。芽叶绿色、多茸毛。叶长椭圆形，叶片长宽14.3cm×5.7cm，叶色深绿，叶脉11对。萼片5片、无茸毛，花冠直径3.0cm×2.4cm，花瓣6枚，子房有茸毛，花柱先端3裂。果实三角形
XM028	岳宋大茶树3号	*C. sinensis* var. *assamica*	西盟佤族自治县岳宋乡岳宋村怕红	1 253	3.8	3.2×3.6	0.8	小乔木型，树姿半开张。芽叶绿色、多茸毛。叶长椭圆形，叶片长宽16.2cm×5.8cm，叶色深绿，叶脉11对。萼片5片、无茸毛，花冠直径2.8cm×2.2cm，花瓣6枚，子房有茸毛，花柱先端3裂。果实三角形

（续）

种质编号	种质名称	物种名称	分布地点	海拔（m）	树高（m）	树幅（m×m）	基部干围（m）	主要形态
XM029	城子大茶树1号	*C. taliensis*	西盟佤族自治县勐卡镇勐卡村城子水库	2 083	12.5	5.0×4.7	2.0	小乔木型，树姿半开张。芽叶黄绿色、无茸毛。叶长椭圆形，叶片长宽16.0cm×6.0cm，叶色深绿，叶脉10对，叶背主脉无茸毛。萼片5片、无茸毛，花冠直径6.9cm×6.5cm，花瓣14枚，子房有茸毛，花柱先端5裂，果实四方形、梅花形
XM030	城子大茶树2号	*C. taliensis*	西盟佤族自治县勐卡镇勐卡村城子水库	2 064	8.0	3.2×4.0	1.8	乔木型，树姿直立。芽叶绿色、无茸毛。叶长椭圆形，叶片长宽15.2cm×5.8cm，叶色深绿，叶脉9对，叶背主脉无茸毛。萼片5片、无茸毛，花冠直径6.0cm×5.5cm，花瓣12枚，子房有茸毛，花柱先端5裂，果实扁球形
XM031	城子大茶树3号	*C. taliensis*	西盟佤族自治县勐卡镇勐卡村城子水库	2 057	7.0	3.9×4.4	1.5	乔木型，树姿直立。芽叶绿色、无茸毛。叶长椭圆形，叶片长宽15.0cm×5.5cm，叶色深绿，叶脉10对，叶背主脉无茸毛。萼片5片、无茸毛，花冠直径6.3cm×5.5cm，花瓣9枚，子房有茸毛，花柱先端5裂，果实四方形、梅花形
XM032	城子大茶树4号	*C. taliensis*	西盟佤族自治县勐卡镇勐卡村城子水库	2 082	8.0	4.0×4.0	1.5	乔木型，树姿直立。芽叶绿色、无茸毛。叶长椭圆形，叶片长宽16.7cm×5.8cm，叶色深绿，叶脉11对，叶背主脉无茸毛。萼片5片、无茸毛，花冠直径5.0cm×5.9cm，花瓣10枚，子房有茸毛，花柱先端5裂，果实四方形、梅花形
XM033	城子大茶树5号	*C. taliensis*	西盟佤族自治县勐卡镇勐卡村城子水库	2 070	6.0	4.2×4.7	1.2	乔木型，树姿直立。芽叶绿色、无茸毛。叶长椭圆形，叶片长宽15.0cm×5.7cm，叶色深绿，叶脉11对，叶背主脉无茸毛。萼片5片、无茸毛，花冠直径4.8cm×5.5cm，花瓣9枚，子房有茸毛，花柱先端5裂，果实四方形、梅花形
XM034	大黑山大茶树1号	*C. taliensis*	西盟佤族自治县勐卡镇马散村大黑山	2 107	23.0	5.5×4.5	2.9	乔木型，树姿直立。芽叶黄绿色、无茸毛。叶长椭圆形，叶片长宽15.8cm×6.2cm，叶色深绿，叶脉11对，叶背主脉无茸毛。萼片5片、无茸毛，花冠直径6.0cm×6.2cm，花瓣13枚，子房有茸毛，花柱先端5裂。果实四方形、梅花形
XM035	大黑山大茶树2号	*C. taliensis*	西盟佤族自治县勐卡镇马散村大黑山	2 107	18.0	6.5×5.0	2.5	乔木型，树姿直立。芽叶黄绿色、无茸毛。叶长椭圆形，叶片长宽14.8cm×5.0cm，叶色深绿，叶脉11对，叶背主脉无茸毛。萼片5片、无茸毛，花冠直径4.9cm×5.3cm，花瓣11枚，子房有茸毛，花柱先端5裂。果实四方形、梅花形

（续）

种质编号	种质名称	物种名称	分布地点	海拔（m）	树高（m）	树幅（m×m）	基部干围（m）	主要形态
XM036	大黑山大茶树3号	*C. taliensis*	西盟佤族自治县勐卡镇马散村大黑山	2 115	16.4	5.5×4.8	2.0	乔木型，树姿直立。芽叶黄绿色、无茸毛。叶长椭圆形，叶片长宽17.2cm×6.8cm，叶色深绿，叶脉11对，叶背主脉无茸毛。萼片5片、无茸毛，花冠直径5.9cm×5.4cm，花瓣9枚，子房有茸毛，花柱先端5裂。果实四方形、梅花形
XM037	大黑山大茶树4号	*C. taliensis*	西盟佤族自治县勐卡镇马散村大黑山	2 105	12.5	5.8×4.9	2.0	乔木型，树姿直立。芽叶黄绿色、无茸毛。叶长椭圆形，叶片长宽15.5cm×6.3cm，叶色深绿，叶脉10对，叶背主脉无茸毛。萼片5片、无茸毛，花冠直径4.8cm×5.3cm，花瓣11枚，子房有茸毛，花柱先端5裂。果实四方形、梅花形
XM038	大黑山大茶树5号	*C. taliensis*	西盟佤族自治县勐卡镇马散村大黑山	2 107	8.0	3.5×4.8	1.8	乔木型，树姿直立。芽叶黄绿色、无茸毛。叶长椭圆形，叶片长宽15.0cm×6.0cm，叶色深绿，叶脉10对，叶背主脉无茸毛。萼片5片、无茸毛，花冠直径6.0cm×6.0cm，花瓣11枚，子房有茸毛，花柱先端5裂。果实四方形、梅花形
XM039	嘎娄大茶树1号	*C. taliensis*	西盟佤族自治县中课镇嘎娄村翁炳列	1 620	10.0	4.2×5.2	1.3	乔木型，树姿直立。芽叶绿色、无茸毛。叶长椭圆形，叶片长宽14.9cm×5.4cm，叶色深绿，叶脉10对，叶背主脉无茸毛。萼片5片、无茸毛，花冠直径5.2cm×5.3cm，花瓣10枚，子房有茸毛，花柱先端5裂。果实四方形、梅花形
XM040	嘎娄大茶树2号	*C. taliensis*	西盟佤族自治县中课镇嘎娄村翁炳列	1 628	8.0	4.0×4.0	1.0	乔木型，树姿直立。芽叶绿色、无茸毛。叶长椭圆形，叶片长宽14.5cm×5.2cm，叶色深绿，叶脉8对，叶背主脉无茸毛。萼片5片、无茸毛，花冠直径5.7cm×5.0cm，花瓣9枚，子房有茸毛，花柱先端5裂。果实四方形、梅花形
XM041	嘎娄大茶树3号	*C. taliensis*	西盟佤族自治县中课镇嘎娄村翁炳列	1 632	7.5	4.5×5.0	0.8	乔木型，树姿直立。芽叶绿色、无茸毛。叶长椭圆形，叶片长宽14.4cm×5.0cm，叶色深绿，叶脉11对，叶背主脉无茸毛。萼片5片、无茸毛，花冠直径5.5cm×5.8cm，花瓣10枚，子房有茸毛，花柱先端5裂。果实四方形、梅花形
XM042	中课大茶树1号	*C. sinensis* var. *assamica*	西盟佤族自治县中课镇中课村永农后山	1 756	4.0	3.2×3.0	0.7	小乔木型，树姿开张。芽叶黄绿色、多茸毛。叶长椭圆形，叶片长宽16.3cm×6.0cm，叶色深绿，叶脉9对。萼片5片、无茸毛，花冠直径3.7cm×3.2cm，花瓣6枚，子房有茸毛，花柱先端3裂。果实三角形

（续）

种质编号	种质名称	物种名称	分布地点	海拔（m）	树高（m）	树幅（m×m）	基部干围（m）	主要形态
XM043	中课大茶树2号	*C. sinensis* var. *assamica*	西盟佤族自治县中课镇中课村永农后山	1 756	4.8	3.2×3.7	0.7	小乔木型，树姿开张。芽叶黄绿色、多茸毛。叶长椭圆形，叶片长宽16.0cm×6.0cm，叶色深绿，叶脉10对。萼片5片、无茸毛，花冠直径3.0cm×2.2cm，花瓣6枚，子房有茸毛，花柱先端3裂。果实三角形
XM044	中课大茶树3号	*C. sinensis* var. *assamica*	西盟佤族自治县中课镇中课村永农后山	1 756	4.5	3.5×3.5	0.8	小乔木型，树姿开张。芽叶黄绿色、多茸毛。叶长椭圆形，叶片长宽13.9cm×5.0cm，叶色深绿，叶脉11对。萼片5片、无茸毛，花冠直径2.7cm×2.8cm，花瓣6枚，子房有茸毛，花柱先端3裂。果实三角形
XM045	野牛山大茶树1号	*C. taliensis*	西盟佤族自治县力所拉祜族乡南亢村怕科野牛山	1 810	11.5	12.2×11.0	3.0	乔木型，树姿开张。芽叶绿色、无茸毛。叶长椭圆形，叶片长宽16.0cm×5.4cm，叶色深绿，叶脉10对，叶背主脉无茸毛。萼片5片、无茸毛，花冠直径5.8cm×5.7cm，花瓣10枚，子房有茸毛，花柱先端5裂
XM046	野牛山大茶树2号	*C. taliensis*	西盟佤族自治县力所拉祜族乡南亢村怕科野牛山	1 810	10.0	8.2×7.0	2.2	乔木型，树姿直立。芽叶绿色、无茸毛。叶长椭圆形，叶片长宽16.8cm×7.2cm，叶色深绿，叶脉10对，叶背主脉无茸毛。萼片5片、无茸毛，花冠直径5.8cm×5.7cm，花瓣10枚，子房有茸毛，花柱先端5裂
XM047	野牛山大茶树3号	*C. taliensis*	西盟佤族自治县力所拉祜族乡南亢村怕科野牛山	1 810	9.0	5.2×7.5	1.8	乔木型，树姿直立。芽叶绿色、无茸毛。叶长椭圆形，叶片长宽16.6cm×5.7cm，叶色深绿，叶脉11对，叶背主脉无茸毛。萼片5片、无茸毛，花冠直径5.0cm×5.7cm，花瓣10枚，子房有茸毛，花柱先端5裂
XM048	野牛山大茶树4号	*C. taliensis*	西盟佤族自治县力所拉祜族乡南亢村怕科野牛山	1 810	8.5	6.0×7.0	1.6	乔木型，树姿直立。芽叶绿色、无茸毛。叶长椭圆形，叶片长宽16.5cm×6.2cm，叶色深绿，叶脉11对，叶背主脉无茸毛。萼片5片、无茸毛，花冠直径4.8cm×5.5cm，花瓣9枚，子房有茸毛，花柱先端5裂。果实球形
XM049	野牛山大茶树5号	*C. taliensis*	西盟佤族自治县力所拉祜族乡南亢村怕科野牛山	1 810	12.0	6.5×7.5	1.5	乔木型，树姿直立。芽叶绿色、无茸毛。叶长椭圆形，叶片长宽15.8cm×5.2cm，叶色深绿，叶脉9对，叶背主脉无茸毛。萼片5片、无茸毛，花冠直径5.0cm×5.8cm，花瓣9枚，子房有茸毛，花柱先端5裂

（续）

种质编号	种质名称	物种名称	分布地点	海拔（m）	树高（m）	树幅（m×m）	基部干围（m）	主要形态
XM050	怕科大茶树1号	*C. sinensis* var. *assamica*	西盟佤族自治县力所拉祜族乡南亢村怕科	1 610	2.0	1.1×1.6	1.9	小乔木型，树姿开张。芽叶黄绿色、多茸毛。叶长椭圆形，叶片长宽17.5cm×6.8cm，叶色绿，叶脉11对，叶背主脉有茸毛。萼片5片、无茸毛，花冠直径3.8cm×3.4cm，花瓣7枚，子房有茸毛，花柱先端3裂。果实三角形
XM051	怕科大茶树2号	*C. sinensis* var. *assamica*	西盟佤族自治县力所拉祜族乡南亢村怕科	1 615	5.0	3.0×3.0	1.5	小乔木型，树姿开张。芽叶黄绿色、多茸毛。叶长椭圆形，叶片长宽14.8cm×5.8cm，叶色绿，叶脉9对，叶背主脉有茸毛。萼片5片、无茸毛，花冠直径3.0cm×3.0cm，花瓣6枚，子房有茸毛，花柱先端3裂。果实三角形
XM052	怕科大茶树3号	*C. sinensis* var. *assamica*	西盟佤族自治县力所拉祜族乡南亢村怕科	1 620	5.0	3.5×4.0	1.0	小乔木型，树姿开张。芽叶黄绿色、多茸毛。叶长椭圆形，叶片长宽15.5cm×6.3cm，叶色绿，叶脉10对，叶背主脉有茸毛。萼片5片、无茸毛，花冠直径2.8cm×2.5cm，花瓣7枚，子房有茸毛，花柱先端3裂。果实三角形
XM053	图地野生大茶树1号	*C. taliensis*	西盟佤族自治县力所拉祜族乡图地村中图地	1 640	10.4	3.0×4.0	1.8	乔木型，树姿直立。芽叶紫红色、无茸毛。叶长椭圆形，叶片长宽16.2cm×5.4cm，叶色浅绿，叶脉11对，叶背主脉无茸毛。萼片5片、无茸毛，花冠直径4.3cm×5.9cm，花瓣8枚，子房有茸毛，花柱先端5裂。果实四方形、梅花形
XM054	图地野生大茶树2号	*C. taliensis*	西盟佤族自治县力所拉祜族乡图地村中图地	1 640	10.0	3.5×4.0	1.5	乔木型，树姿直立。芽叶紫红色、无茸毛。叶长椭圆形，叶片长宽16.7cm×5.3cm，叶色浅绿，叶脉10对，叶背主脉无茸毛。萼片5片、无茸毛，花冠直径4.0cm×5.0cm，花瓣9枚，子房有茸毛，花柱先端5裂。果实扁球形
XM055	图地野生大茶树3号	*C. taliensis*	西盟佤族自治县力所拉祜族乡图地村中图地	1 640	8.5	3.8×4.2	1.2	乔木型，树姿直立。芽叶紫红色、无茸毛。叶长椭圆形，叶片长宽14.9cm×5.2cm，叶色浅绿，叶脉9对，叶背主脉无茸毛。萼片5片、无茸毛，花冠直径4.8cm×5.3cm，花瓣11枚，子房有茸毛，花柱先端5裂。果实扁球形
XM056	南堆山大茶树1号	*C. taliensis*	西盟佤族自治县力所拉祜族乡力所村南堆山	1 945	8.1	7.2×8.0	1.4	乔木型，树姿半开张。芽叶淡绿色、无茸毛。叶长椭圆形，叶片长宽17.5cm×7.4cm，叶色浅绿，叶脉12对，叶背主脉无茸毛。萼片5片、无茸毛，花冠直径5.7cm×6.5cm，花瓣11枚，子房有茸毛，花柱先端5裂。果实扁球形

（续）

种质编号	种质名称	物种名称	分布地点	海拔（m）	树高（m）	树幅（m×m）	基部干围（m）	主要形态
XM057	南堆山大茶树2号	*C. taliensis*	西盟佤族自治县力所拉祜族乡力所村南堆山	1 940	7.5	5.0×4.0	1.3	乔木型，树姿半开张。芽叶淡绿色、无茸毛。叶长椭圆形，叶片长宽15.9cm×5.5cm，叶色浅绿，叶脉10对，叶背主脉无茸毛。萼片5片、无茸毛，花冠直径5.0cm×6.7cm，花瓣11枚，子房有茸毛，花柱先端5裂。果实四方形、梅花形
XM058	南堆山大茶树3号	*C. taliensis*	西盟佤族自治县力所拉祜族乡力所村南堆山	1 940	7.0	4.2×4.0	1.0	乔木型，树姿半开张。芽叶淡绿色、无茸毛。叶长椭圆形，叶片长宽14.8cm×5.0cm，叶色浅绿，叶脉9对，叶背主脉无茸毛。萼片5片、无茸毛，花冠直径4.7cm×5.5cm，花瓣9枚，子房有茸毛，花柱先端5裂。果实四方形、梅花形
XM059	佛殿山野生大茶树1号	*C. taliensis*	西盟佤族自治县勐卡镇勐卡村佛殿山	2 106	8.8	6.5×7.0	2.8	乔木型，树姿直立。芽叶绿色、无茸毛。叶片水平着生，叶片长宽14.8cm×5.2cm，叶长椭圆形，叶色绿，叶面平，叶尖渐尖，叶质软柔，叶脉9～11对，叶柄、叶背主脉无茸毛
XM060	佛殿山野生大茶树2号	*C. taliensis*	西盟佤族自治县勐卡镇勐卡村佛殿山	2 088	6.0	6.3×5.0	2.5	乔木型，树姿直立。芽叶绿色、无茸毛。叶片水平着生，叶片长宽15.5cm×5.7cm，叶长椭圆形，叶色绿，叶面平，叶尖渐尖，叶质软柔，叶脉9对，叶柄、叶背主脉无茸毛。果实扁球形
XM061	佛殿山野生大茶树3号	*C. taliensis*	西盟佤族自治县勐卡镇勐卡村佛殿山	2 107	18.0	5.0×5.0	2.2	乔木型，树姿直立。芽叶绿色、无茸毛。叶片水平着生，叶片长宽15.5cm×5.7cm，叶长椭圆形，叶色绿，叶面平，叶尖渐尖，叶脉9对。萼片5片、无茸毛，花冠直径5.2cm×6.4cm，花瓣9枚，果实四方形、梅花形
XM062	佛殿山野生大茶树4号	*C. taliensis*	西盟佤族自治县勐卡镇勐卡村佛殿山	2 100	10.0	4.0×4.5	2.0	乔木型，树姿直立。芽叶绿色、无茸毛。叶片水平着生，叶片长宽15.8cm×5.5cm，叶长椭圆形，叶色绿，叶面平，叶尖渐尖，叶脉11对。萼片5片、无茸毛，花冠直径5.0cm×6.0cm，花瓣11枚，果实扁球形
XM063	佛殿山野生大茶树5号	*C. taliensis*	西盟佤族自治县勐卡镇勐卡村佛殿山	2 107	12.5	4.0×4.0	1.8	乔木型，树姿直立。芽叶绿色、无茸毛。叶片水平着生，叶片长宽14.3cm×5.0cm，叶长椭圆形，叶色绿，有光泽，叶面平，叶尖渐尖，叶脉8对，叶柄、叶背主脉无茸毛

（续）

种质编号	种质名称	物种名称	分布地点	海拔（m）	树高（m）	树幅（m×m）	基部干围（m）	主要形态
XM064	佛殿山野生大茶树6号	*C. taliensis*	西盟佤族自治县勐卡镇勐卡村佛殿山	2 107	19.0	6.5×6.0	1.7	乔木型，树姿直立。芽叶绿色、无茸毛。叶片水平着生，叶片长宽17.4cm×6.3cm，叶长椭圆形，叶色绿，有光泽，叶面平，叶尖渐尖，叶脉10对，叶柄、叶背主脉无茸毛
XM065	佛殿山野生大茶树7号	*C. taliensis*	西盟佤族自治县勐卡镇勐卡村佛殿山	2 105	13.0	8.2×8.0	1.7	乔木型，树姿直立。芽叶绿色、无茸毛。叶片水平着生，叶片长宽17.0cm×5.9cm，叶长椭圆形，叶色绿，有光泽，叶面平，叶尖渐尖，叶脉11对，叶柄、叶背主脉无茸毛
XM066	佛殿山野生大茶树8号	*C. taliensis*	西盟佤族自治县勐卡镇勐卡村佛殿山	2 105	12.0	7.0×5.4	1.6	乔木型，树姿直立。芽叶绿色、无茸毛。叶片水平着生，叶片长宽17.8cm×6.0cm，叶长椭圆形，叶色绿，有光泽，叶面平，叶尖渐尖，叶脉12对，叶柄、叶背主脉无茸毛
ML001	南雅大茶树1号	*C. taliensis*	孟连傣族拉祜族佤族自治县娜允镇南雅村	1 702	7.8	4.0×3.0	1.0	小乔木型，树姿半开张。芽叶紫绿色、无茸毛。叶长椭圆形，叶片长宽16.5cm×5.8cm，叶色深绿，叶脉10对。萼片5片、无茸毛，花冠直径5.5cm×6.2cm，花瓣9枚，子房有茸毛，花柱先端4裂。果实球形
ML002	南雅大茶树2号	*C. taliensis*	孟连傣族拉祜族佤族自治县娜允镇南雅村	1 735	6.0	4.5×4.0	1.2	小乔木型，树姿半开张。芽叶淡绿色、无茸毛。叶长椭圆形，叶片长宽16.8cm×5.3cm，叶色深绿，叶脉9对。萼片5片、无茸毛，花冠直径5.8cm×6.4cm，花瓣11枚，子房有茸毛，花柱先端5裂。果实球形
ML003	南雅大茶树3号	*C. taliensis*	孟连傣族拉祜族佤族自治县娜允镇南雅村	1 748	9.0	5.0×5.0	1.0	小乔木型，树姿半开张。芽叶紫绿色、无茸毛。叶长椭圆形，叶片长宽15.7cm×5.5cm，叶色深绿，叶背主脉无茸毛，叶身内折，叶面平，叶脉10对
ML004	景吭大茶树1号	*C. sinensis* var. *assamica*	孟连傣族拉祜族佤族自治县娜允镇景吭村	1 072	2.2	2.5×2.0	0.6	小乔木型，树姿开张。芽叶紫绿色、茸毛多。叶椭圆形，叶色绿，叶脉9对，叶背主脉多茸毛。萼片5片、无茸毛，花冠直径2.2cm×2.0cm，花瓣5枚，花柱先端3裂，裂位浅。果实三角形
ML005	景吭大茶树2号	*C. sinensis* var. *assamica*	孟连傣族拉祜族佤族自治县娜允镇景吭村	1 072	3.0	2.5×2.5	0.5	小乔木型，树姿开张。芽叶紫绿色、茸毛多。叶椭圆形，叶片长宽16.8cm×5.8cm，叶色绿，叶脉9对，叶背主脉多茸毛。萼片5片、无茸毛，花冠直径2.5cm×2.0cm，花瓣5枚，花柱先端3裂，裂位浅。果实三角形

（续）

种质编号	种质名称	物种名称	分布地点	海拔（m）	树高（m）	树幅（m×m）	基部干围（m）	主要形态
ML006	景吭大茶树3号	*C. sinensis* var. *assamica*	孟连傣族拉祜族佤族自治县娜允镇景吭村	1 072	2.8	3.0×2.0	0.5	小乔木型，树姿开张。芽叶紫绿色、茸毛多。叶椭圆形，叶片长宽16.0cm×5.0cm，叶色绿，叶脉11对，叶背主脉多茸毛。萼片5片、无茸毛，花冠直径2.5cm×2.8cm，花瓣6枚，花柱先端3裂，裂位浅。果实三角形
ML007	腊福大茶树1号	*C. taliensis*	孟连傣族拉祜族佤族自治县勐马镇腊福村	2 509	22.0	9.4×9.3	2.4	乔木型，树姿直立。芽叶紫绿色、无茸毛。叶长椭圆形，叶色深绿，叶脉11对，叶缘少锯齿，叶背主脉无茸毛。萼片5片、无茸毛，花冠直径6.4cm×5.7cm，花瓣8枚，子房有茸毛，花柱先端5裂，果实四方形、梅花形
ML008	腊福大茶树2号	*C. taliensis*	孟连傣族拉祜族佤族自治县勐马镇腊福村	2 514	27.0	10.0×7.0	2.0	乔木型，树姿直立。芽叶淡绿色、无茸毛，叶长椭圆形，叶色深绿，叶身内折，叶缘平，叶面微隆起，叶质柔软，叶尖渐尖，叶基楔形，叶脉10对，叶背主脉无茸毛
ML009	腊福大茶树3号	*C. taliensis*	孟连傣族拉祜族佤族自治县勐马镇腊福村	2 489	17.0	7.0×5.3	1.7	乔木型，树姿直立。芽叶紫绿色、无茸毛。叶长椭圆形，叶片长宽15.8cm×6.0cm，叶色深绿，叶脉10对，叶背主脉无茸毛。萼片5片、无茸毛，花冠直径6.0cm×5.0cm，花瓣8枚，子房有茸毛，花柱先端5裂，果实四方形、梅花形
ML010	腊福大茶树4号	*C. taliensis*	孟连傣族拉祜族佤族自治县勐马镇腊福村	2 485	15.8	6.5×4.3	1.8	乔木型，树姿直立。芽叶绿色、无茸毛。叶长椭圆形，叶片长宽15.0cm×5.0cm，叶色深绿，叶脉9对，叶背主脉无茸毛，叶身平，叶缘平，叶质硬
ML011	腊福大茶树5号	*C. taliensis*	孟连傣族拉祜族佤族自治县勐马镇腊福村	2 480	12.5	5.4×5.0	1.5	乔木型，树姿直立。芽叶绿色、无茸毛。叶长椭圆形，叶片长宽15.8cm×5.5cm，叶色深绿，叶脉10对，叶背主脉无茸毛，叶身平，叶缘平，叶质硬
ML012	腊福大茶树6号	*C. taliensis*	孟连傣族拉祜族佤族自治县勐马镇腊福村	2 479	14.0	6.0×7.0	1.6	乔木型，树姿直立。芽叶紫绿色、无茸毛。叶长椭圆形，叶片长宽16.7cm×5.4cm，叶色深绿，叶脉9对，叶背主脉无茸毛，叶身平，叶缘平，叶质硬
ML013	腊福大茶树7号	*C. taliensis*	孟连傣族拉祜族佤族自治县勐马镇腊福村	2 482	14.5	6.5×6.0	1.3	乔木型，树姿直立。芽叶绿色、无茸毛。叶长椭圆形，叶片长宽16.5cm×5.3cm，叶色深绿，叶脉11对，叶背主脉无茸毛，叶身平，叶缘平，叶质硬

（续）

种质编号	种质名称	物种名称	分布地点	海拔（m）	树高（m）	树幅（m×m）	基部干围（m）	主要形态
ML014	腊福大茶树8号	*C. taliensis*	孟连傣族拉祜族佤族自治县勐马镇腊福村	2 488	15.0	7.2×7.0	1.0	乔木型，树姿直立。芽叶绿色、无茸毛。叶长椭圆形，叶片长宽15.8cm×5.7cm，叶色深绿，叶脉10对，叶背主脉无茸毛，叶身平，叶缘平，叶质硬
ML015	东乃大茶树1号	*C. taliensis*	孟连傣族拉祜族佤族自治县勐马镇东乃村	2 449	18.0	7.7×8.4	2.2	乔木型，树姿直立。芽叶紫红色、无茸毛，大叶，叶长椭圆形，叶片长宽16.2cm×5.8cm，叶脉12对，叶背主脉无茸毛。萼片5片、无茸毛，花冠直径5.0cm×5.4cm，花瓣9枚，子房有茸毛，花柱先端5裂。果实扁球形、四方形
ML016	东乃大茶树2号	*C. taliensis*	孟连傣族拉祜族佤族自治县勐马镇东乃村	2 440	15.5	6.2×6.5	2.0	乔木型，树姿直立。芽叶紫红色、无茸毛，大叶，叶长椭圆形，叶脉12对，叶背主脉无茸毛。萼片5片、无茸毛，花冠直径5.9cm×5.5cm，花瓣9枚，子房有茸毛，花柱先端5裂。果实扁球形、四方形
ML017	东乃大茶树3号	*C. taliensis*	孟连傣族拉祜族佤族自治县勐马镇东乃村	2 438	12.7	5.5×6.0	1.7	乔木型，树姿直立。芽叶淡绿色、无茸毛，叶长椭圆形，叶片长宽16.0cm×5.5cm，叶脉10对，叶背主脉无茸毛。萼片5片、无茸毛，花冠直径5.5cm×5.8cm，花瓣10枚，子房有茸毛，花柱先端5裂。果实扁球形、四方形
ML018	东乃大茶树4号	*C. taliensis*	孟连傣族拉祜族佤族自治县勐马镇东乃村	2 420	11.0	7.0×6.0	1.5	小乔木型，树姿直立。芽叶淡绿色、无茸毛，叶长椭圆形，叶片长宽14.8cm×5.4cm，叶脉9对，叶背主脉无茸毛。萼片5片、无茸毛，花冠直径5.2cm×5.4cm，花瓣10枚，子房有茸毛，花柱先端5裂。果实扁球形、四方形
ML019	东乃大茶树5号	*C. taliensis*	孟连傣族拉祜族佤族自治县勐马镇东乃村	2 423	14.5	5.3×8.0	1.3	乔木型，树姿直立。芽叶淡绿色、无茸毛，叶长椭圆形，叶片长宽15.3cm×5.8cm，叶脉12对，叶背主脉无茸毛。萼片5片、无茸毛，花冠直径4.0cm×5.7cm，花瓣9枚，子房有茸毛，花柱先端5裂。果实扁球形、四方形
ML020	芒信大茶树1号	*C. sinensis* var. *assamica*	孟连傣族拉祜族佤族自治县芒信镇芒信村	1 370	5.1	5.6×4.1	1.4	小乔木型，树姿开张。芽叶紫绿色、茸毛多。叶椭圆形，叶片长宽15.3cm×5.4cm，叶色绿，叶脉11对，叶背主脉多茸毛。萼片5片、无茸毛，花冠直径2.0cm×2.6cm，花瓣6枚，子房有茸毛，花柱先端3裂，果实球形、三角形

（续）

种质编号	种质名称	物种名称	分布地点	海拔（m）	树高（m）	树幅（m×m）	基部干围（m）	主要形态
ML021	芒信大茶树2号	*C. sinensis* var. *assamica*	孟连傣族拉祜族佤族自治县芒信镇芒信村	1 370	4.0	2.6×2.5	1.2	小乔木型，树姿半开张。芽叶黄绿色、茸毛多。叶长椭圆形，叶片长宽15.8cm×5.0cm，叶色绿，叶脉11对，叶背主脉多茸毛。萼片5片、无茸毛，花冠直径2.8cm×2.6cm，花瓣6枚，子房有茸毛，花柱先端3裂，果实球形、三角形
ML022	芒信大茶树3号	*C. sinensis* var. *assamica*	孟连傣族拉祜族佤族自治县芒信镇芒信村	1 377	6.2	5.0×4.0	1.0	小乔木型，树姿半开张。芽叶黄绿色、茸毛多。叶长椭圆形，叶片长宽15.8cm×5.3cm，叶色绿，叶脉9对，叶背主脉多茸毛。萼片5片、无茸毛，花冠直径2.5cm×2.5cm，花瓣6枚，子房有茸毛，花柱先端3裂，果实球形、三角形
ML023	芒信大茶树4号	*C. sinensis* var. *assamica*	孟连傣族拉祜族佤族自治县芒信镇芒信村	1 380	5.0	4.0×3.5	0.8	小乔木型，树姿半开张。芽叶黄绿色、茸毛多。叶长椭圆形，叶片长宽16.2cm×5.0cm，叶色深绿，叶脉10对，叶背主脉多茸毛。萼片5片、无茸毛，花冠直径3.2cm×3.5cm，花瓣7枚，子房有茸毛，花柱先端3裂，果实球形、三角形
ML024	芒信大茶树5号	*C. sinensis* var. *assamica*	孟连傣族拉祜族佤族自治县芒信镇芒信村	1 380	5.5	3.5×4.0	0.5	小乔木型，树姿半开张。芽叶黄绿色、茸毛多。叶长椭圆形，叶片长宽15.9cm×6.9cm，叶色绿，叶脉9对，叶背主脉多茸毛。萼片5片、无茸毛，花冠直径2.3cm×2.5cm，花瓣6枚，子房有茸毛，花柱先端3裂，果实球形、三角形
ML025	糯董大茶树1号	*C. sinensis* var. *assamica*	孟连傣族拉祜族佤族自治县公信乡糯董村	1 591	9.6	7.0×6.8	1.8	小乔木型，树姿开张。芽叶绿色、茸毛多。叶长椭圆形，叶色深绿，叶脉11对，叶背主脉多茸毛。萼片5片、无茸毛，花冠直径2.2cm×2.4cm，花瓣6枚，子房有茸毛，花柱先端3裂，果实球形、三角形
ML026	糯董大茶树2号	*C. sinensis* var. *assamica*	孟连傣族拉祜族佤族自治县公信乡糯董村	1 590	8.2	5.0×5.0	1.5	小乔木型，树姿开张。芽叶绿色、茸毛多。叶长椭圆形，叶片长宽17.2cm×6.3cm，叶色绿，叶脉10对，叶背主脉多茸毛。萼片5片、无茸毛，花冠直径2.5cm×2.4cm，花瓣5枚，子房有茸毛，花柱先端3裂，果实球形、三角形
ML027	糯董大茶树3号	*C. sinensis* var. *assamica*	孟连傣族拉祜族佤族自治县公信乡糯董村	1 563	7.0	4.0×5.2	1.2	小乔木型，树姿半开张。芽叶黄绿色、茸毛多。叶长椭圆形，叶片长宽15.0cm×5.9cm，叶色浅绿，叶脉10对，叶背主脉多茸毛。萼片5片、无茸毛，花冠直径3.2cm×2.8cm，花瓣6枚，子房有茸毛，花柱先端3裂，果实球形、三角形

（续）

种质编号	种质名称	物种名称	分布地点	海拔（m）	树高（m）	树幅（m×m）	基部干围（m）	主要形态
ML028	糯董大茶树4号	*C. sinensis* var. *assamica*	孟连傣族拉祜族佤族自治县公信乡糯董村	1 563	6.5	4.4×3.5	1.0	小乔木型，树姿半开张。芽叶黄绿色、茸毛多。叶长椭圆形，叶片长宽15.9cm×5.3cm，叶色浅绿，叶脉8对，叶背主脉多茸毛。萼片5片、无茸毛，花冠直径3.3cm×2.8cm，花瓣6枚，子房有茸毛，花柱先端3裂，果实球形、三角形
ML029	糯董大茶树5号	*C. sinensis* var. *assamica*	孟连傣族拉祜族佤族自治县公信乡糯董村	1 560	5.0	3.0×2.8	0.7	小乔木型，树姿半开张。芽叶黄绿色、茸毛多。叶长椭圆形，叶片长宽14.3cm×5.0cm，叶色绿，叶脉9对，叶背主脉多茸毛。萼片5片、无茸毛，花冠直径3.0cm×2.7cm，花瓣6枚，子房有茸毛，花柱先端3裂，果实球形、三角形。

第七章 临沧市的茶树种质资源

临沧市地处云南省西南部，跨东经 98°40′—100°32′，北纬 23°05′—25°03′，属横断山系怒山山脉南延部分，境内有澜沧江和怒江水系、老别山和邦马山山系。地势中间高，四周低，由东北向西南逐渐倾斜，海拔高度 450～3 429m。临沧市属亚热带低纬高原山地季风气候，立体气候明显，山区年平均气温为 13～15℃，中海拔坝区为 16～18℃，低海拔河谷地区在 19℃以上。年平均降水量为 1 500～1 750mm。

第一节

临沧市茶树资源种类

临沧市是云南大叶茶主要种植区，历史上临沧市境内共发现9个茶树种和变种，经修订归并后为6个种和变种。临沧市栽培利用的茶树地方品种多达20余个。

一、临沧市茶树物种类型

20世纪80年代，对临沧市茶树种质资源考察时发现和鉴定出的茶树种类有大苞茶（*C. grandibracteata*）、大理茶（*C. taliensis*）、五柱茶（*C. pentastyla*）、细萼茶（*C. parvisepala*）、滇缅茶（*C. irrawadiensis*）、普洱茶（*C. assamica*）、白毛茶（*C. sinensis* var. *pubilimba*）、德宏茶（*C. sinensis* var. *dehungensis*）、小叶茶（*C. sinensis*）等，在后来的分类和修订中，五柱茶、细萼茶和滇缅茶均被归并。

2012年至2015年，对临沧市茶树种质资源进行了全面普查，通过实地调查、图片拍摄、标本采集和鉴定等方法，根据2007年编写的《中国植物志》英文版第12卷的分类，梳理了临沧市茶树资源物种名录。临沧市主要有大理茶（*C. taliensis*）、大苞茶（*C. grandibracteata*）、普洱茶（*C. sinensis* var. *assamica*）、小叶茶（*C. sinensis*）、白毛茶（*C. sinensis* var. *pubilimba*）和德宏茶（*C. sinensis* var. *dehungensis*）6个种和变种。其中，大理茶和普洱茶分布广泛，是该地区的优势种和广布种。

二、临沧市茶树品种类型

临沧市茶树品种资源有野生茶树资源、地方茶树品种和选育茶树品种。野生茶树资源主要有本山大叶茶、红芽口茶、黑条子茶、香竹箐野茶、甲山野生茶、大雪山野茶、大青山野茶、大黑山野茶和二嘎子茶等。栽培种植的地方茶树品种主要有勐库大叶茶、凤庆大叶茶、冰岛长叶茶、邦东大黑茶、忙肺大叶茶、昔归藤条茶、公弄茶、马鞍山大叶茶、帕迫大叶茶、户南大叶茶、白芽子茶、柳叶茶、豆蔑茶和贺庆茶等。选育的茶树新品种主要有香归银毫、香归云丰、香归临丰、香归春早、香归白毫、清水1号、清水2号、清水3号、清水4号、清水5号、凤庆1号、凤庆2号、凤庆3号、凤庆5号、凤庆7号、凤庆9号、凤庆10号、凤庆11号、凤庆12号、探春银毫、早春翠芽、华丰11号和华丰28号等。

第二节

临沧市茶树资源地理分布

临沧市是云南省茶树种质资源储存量最大、最具代表性的地区之一。调查共记录到临沧市野生和栽培大茶树资源分布点222个，分布于临沧市的凤庆、云县、翔临、双江、耿马、永德、镇康和沧源8个县（自治县、区）60多个乡（镇、街道）。临沧市大茶树资源水平分布范围广泛，遍布所有调查区，分布较均匀，垂直分布于海拔900～2 700m。

一、翔临区大茶树分布

记录到翔临区大茶树资源分布点19个，主要分布于邦东乡的曼岗、和平、邦东、邦包、卫平、璋珍、团山等村，博尚镇的小那么、那招等村，南美拉祜族乡的南华、多依、坡脚等村，凤翔街道的南信、南屏、南本等村（社区），马台乡的马台村，圈内乡的昆赛村，蚂蚁堆乡的曼毫村，忙畔街道的文伟村。典型植株有多依大茶树、坡脚大茶树、仙人山大茶树、南华大茶树和昔归大茶树等。

二、凤庆县大茶树分布

记录到凤庆县大茶树资源分布点47个，主要分布于大寺乡的河顺、平河、岔河、清水、德乐、双龙、回龙、路山等村，凤山镇的安石、水箐，郭大寨彝族白族乡的郭大寨、卡思、琼英、松林等村，鲁史镇的老道箐、团结、沿河、鲁史、古平、金马、金鸡、羊头山、新塘等村，洛党镇的琼岳、永和、鼎新、新峰等村，三岔河镇的柏木、涌金，小湾镇的锦秀、华峰、桂花、梅竹、箐中、温泉、正义、三水、小湾等村，雪山镇的荒田、王家寨、新民、新平、中山等村，诗礼乡的古墨村，新华乡的水源村，腰街彝族乡的星源村，勐佑镇的立达村。典型植株有香竹箐大茶树、岔河大茶树、星源大茶树、羊头山大茶树、桂花大茶树、甲山大茶树、红卫大茶树和顺河大茶树等。

三、云县大茶树分布

记录到云县大茶树资源分布点41个，主要分布于漫湾镇的白莺山、核桃林、密竹林、水井、酒房等村，爱华镇的独木、安河、河中、黑马塘等村，大朝山西镇的菖蒲塘、纸山箐、昔元等村，涌宝镇的棠梨树、忙亥、木瓜河、石龙、浪坝山、茶山等村，茂兰镇的哨街、温平、转水河、丙令、旧村等村，幸福镇的篾笆山、哨山、邦信、邦洪、控抗等村，茶房乡的马街、村头、文乃、文茂、黄沙河、响水、文雅等村，大寨镇的大寨村，晓街乡的万佑、老普，后箐彝族乡的勤山村，栗树彝族傣族乡的崎岖笼村，忙怀彝族布朗族乡的温速村。典型植株有本山大茶树、二嘎子大茶树、村头大茶树、黄沙河大茶树、渔塘大茶树、响水大茶树和老普大茶树等。

四、永德县大茶树分布

记录到永德县大茶树资源分布点32个，主要分布于德党镇的牛火塘、岩岸山、明朗、响水、钻山洞等村，勐板乡的两沟水、怕掌、忙肺、后山、梨树、水城等村，小勐统镇的梅子箐、木瓜河、河边、麻栗树等村，大雪山彝族拉祜族傣族乡的大炉场、大平掌、大岩房、蚂蝗箐等村，乌木龙彝族乡的苍蒲塘、石灰地、炭山、新塘等村，亚练乡的塔驮、云岭、垭口等村，永康镇的底卡、热水塘等村，大山乡的玉华、笼楂等村，班卡乡的放牛场村。典型植株有大雪山大茶树、塔驮大茶树、老虎寨大茶树和黄草山大茶树等。

五、镇康县大茶树分布

记录到镇康县大茶树资源分布点19个，主要分布于忙丙乡的马鞍山、乌木、麦地、蔡何、忙丙等村，凤尾镇的大坝、凤尾、仁和、芦子园、大柏树等村（社区），勐堆乡的大寨、尖山、蟒蛇山等村，木场乡的绿荫塘、黑马塘、木场等村，勐捧镇的包包寨、岩子头、南梳坝等村。典型植株有岔路大茶树、绿荫塘大茶树、忙丙大茶树和麦地大茶树等。

六、双江拉祜族佤族布朗族傣族自治县大茶树分布

记录到双江拉祜族佤族布朗族傣族自治县大茶树资源分布点27个，主要分布于勐库镇的公弄、冰岛、坝糯、那赛、懂过、城子、大户赛、邦改、梁子等村，邦丙乡的岔箐、邦丙、邦歪、丫口等村，勐勐镇的章外、彝家等村，忙糯乡的巴哈、滚岗、邦界等村，大文乡的大文、大梁子、太平、清平、邦驮、户那、大忙蚌等村，沙河乡的邦木、邦协等村。典型植株有勐库大雪山野生大茶树、仙人山大茶树、大宾山大茶树、冰岛大茶树和南迫大茶树等。

七、耿马傣族佤族自治县大茶树分布

记录到耿马傣族佤族自治县大茶树资源分布点11个，主要分布于大兴乡的班坝、大户肯、龚家寨、永胜等村，芒洪拉祜族布朗族乡的芒洪、安雅等村，勐永镇的香竹林、芒来等村，勐简乡的大寨，勐撒镇的翁达、班必、琅琊、芒枕等村，贺派乡的崩弄、芒底、班卖等村，耿马镇的南木弄。典型植株有大雪山野生大茶树、大青山野生大茶树和大浪坝野生大茶树等。

八、沧源佤族自治县大茶树分布

记录到沧源佤族自治县大茶树资源分布点20个，主要分布于单甲乡的单甲、嘎多等村，勐角傣族彝族拉祜族乡的控井、糯掌、勐甘、勐卡等村，勐董镇的勐董社区，班洪乡的芒库、富公等村，糯良乡的帕拍、班考等村，勐来乡的班列、公撒等村，岩帅镇的中贺勐、公曼、贺科、昔勒、东勐等村，班老乡的班搞、帕浪等村。典型植株有大黑山野生大茶树、控井大茶树、贺岭大茶树和帕拍大茶树等。

第三节

临沧市大茶树资源生长状况

对临沧市凤庆、云县、翔临、双江、耿马、永德、镇康和沧源8个县（自治县、区）的典型大茶树树高、基部干围、树幅等生长特征及生长势进行了统计分析和初步评价，为临沧市大茶树资源的合理利用与管理保护提供基础资料和参考依据。

一、临沧市大茶树生长特征

对临沧市557株大茶树生长特征统计表明，大茶树树高在1.0～5.0m区段的有109株，占调查总数的19.6%；在5.0～10.0m区段的有345株，占调查总数的61.9%；在10.0～15.0m区段的有57株，占调查总数的10.2%；在15.0m以上区段的有46株，占调查总数的8.3%。大茶树树高变幅为2.0～30.8m，平均树高7.9m，树高主要集中在5～10m的区段，占大茶树总数的61.9%，最高为双江拉祜族佤族布朗族傣族自治县勐库大雪山野生大茶树6号（编号SJ006），树高30.8m。

大茶树基部干围在0.5～1.0m区段的有126株，占调查总数的22.6%；在1.0～1.5m区段的有153株，占调查总数的27.5%；在1.5～2.0m区段的有146株，占调查总数的26.2%；在2.0m以上区段的有132株，占调查总数的23.7%。大茶树基部干围变幅为0.5～5.8m，平均1.6m，基部干围集中在1.0～2.0m区段，占大茶树总数量的53.7%，最大为凤庆县香竹箐大茶树1号（编号FQ037），基部干围5.8m。

大茶树树幅在1.0～5.0m区段的有359株，占调查总数的64.5%；在5.0～10.0m区段的有182株，占调查总数的32.6%；在10.0m以上区段的有16株，占调查总数的2.9%。大茶树树幅变幅为1.1～22.0m，平均4.8m，树幅集中在5m以下区段，占大茶树总数量的64.5%，最大为双江拉祜族佤族布朗族傣族自治县勐库大雪山野生大茶树2号（编号SJ002），树幅16.2m×12.9m。

临沧市大茶树树高、树幅、基部干围的变异系数分别为56.0%、45.0%和42.1%，均大于40%，各项生长指标均存在较大变异，见表7-1。

表7-1　临沧市大茶树生长特征

树体形态	最大值	最小值	平均值	标准差	变异系数（%）
树高（m）	30.8	2.0	7.9	4.4	56.0
树幅直径（m）	22.0	1.1	4.9	2.2	45.0
基部干围（m）	5.8	0.5	1.6	0.7	42.1

二、临沧市大茶树生长势

对557株大茶树生长势调查结果表明，临沧市大茶树总体长势良好，少数植株处于濒死状态或死亡，见表 7-2。大茶树树冠完整、枝繁叶茂、主干完好、树势生长旺盛的有 293 株，占调查总数的 52.6%。树枝无自然枯损、枯梢，生长势一般的有 233 株，占调查总数的 41.8%。树枝自然枯梢，树体残缺、腐损，树干有空洞，生长势较差的有 23 株，占调查总数的 4.2%。主梢及整体大部枯死、空干、根腐，生长势处于濒死状态的有 8 株，占调查总数的 1.4%。据不完全统计，调查记录到临沧市已死亡大茶树 18 株。

表 7-2　临沧市大茶树生长势

调查地点（县、自治县、区）	调查数量（株）	生长势等级			
		旺盛	一般	较差	濒死
云县	156	83	62	8	3
凤庆	116	60	50	4	2
永德	65	30	33	1	1
临翔	70	38	30	2	0
双江	54	28	22	3	1
沧源	38	20	15	2	1
镇康	34	22	11	1	0
耿马	24	12	10	2	0
总计（株）	557	293	233	23	8
所占比例（%）	100.0	52.6	41.8	4.1	1.4

第四节

临沧市大茶树资源名录

根据普查结果，对临沧市 8 个县（自治县、区）内较古老、珍稀和特异的大茶树进行编号挂牌和整理编目，建立了临沧市大茶树资源数据信息库，见表 7－3。共整理编目临沧市大茶树资源 557 份，其中临翔区 70 份，编号为 LX001～LX070；凤庆县 116 份，编号为 FQ001～FQ116；云县 156 份，编号为 YX001～YX156；永德县 65 份，编号为 YD001～YD065；镇康县 34 份，编号为 ZK001～ZK034；双江拉祜族佤族布朗族傣族自治县 54 份，编号为 SJ001～SJ054；耿马傣族佤族自治县 24 份，编号为 GM001～GM024；沧源佤族自治县 38 份，编号为 CY001～CY038。

临沧市大茶树资源名录注明了每一份大茶树资源的种质编号、种质名称和物种名称等护照信息，记录了大茶树资源的分布地点、海拔高度等地理信息，较详细地描述了大茶树资源的生长特征和植物学形态特征。临沧市大茶树资源名录的确定，明确了临沧市重点保护的大茶树资源，对了解临沧市茶树种质资源提供了重要信息，为临沧市茶树种质资源的有效保护和茶叶经济发展提供了全面准确的线索和依据。

表 7－3　临沧市大茶树资源名录（557 份）

种质编号	种质名称	物种名称	分布地点	海拔（m）	树高（m）	树幅（m×m）	基部干围（m）	主要形态
LX001	多依大茶树 1 号	*C. taliensis*	临翔区南美拉祜族乡多依村	2 417	4.2	7.5×2.5	2.2	小乔木型，树姿开张。芽叶绿色、无茸毛。叶片长宽 16.7cm×6.5cm，叶长椭圆形，叶色深绿，叶脉 12 对。萼片 5 片、绿色、无茸毛，花冠直径 5.4cm×4.2cm，花瓣 11 枚，花柱先端 5 裂，子房有茸毛
LX002	多依大茶树 2 号	*C. taliensis*	临翔区南美拉祜族乡多依村	2 409	9.5	2.8×3.0	1.9	乔木型，树姿直立。芽叶绿色、无茸毛。叶片长宽 14.5cm×6.2cm，叶椭圆形，叶色深绿，叶脉 9 对。萼片 5 片、绿色、无茸毛，花冠直径 5.6cm×4.7cm，花瓣 10 枚，花柱先端 5 裂，子房有茸毛。果实梅花形
LX003	多依大茶树 3 号	*C. taliensis*	临翔区南美拉祜族乡多依村	2 442	5.0	3.5×2.1	1.8	小乔木型，树姿直立。芽叶紫绿色、无茸毛。叶片长宽 12.5cm×6.8cm，叶卵圆形，叶色绿，叶脉 8 对。萼片 5 片、绿色、无茸毛，花冠直径 5.0cm×4.8cm，花瓣 11 枚，花柱先端 5 裂，子房有茸毛。果实四方形、梅花形

（续）

种质编号	种质名称	物种名称	分布地点	海拔（m）	树高（m）	树幅（m×m）	基部干围（m）	主要形态
LX004	多依大茶树4号	*C. sinensis* var. *assamica*	临翔区南美拉祜族乡多依村	2 232	5.0	3.5×4.0	1.7	小乔木型，树姿半开张。芽叶黄绿色、茸毛多。叶片长宽13.5cm×5.7cm，叶长椭圆形，叶色绿，叶脉9对。萼片5片、紫绿色、无茸毛，花冠直径3.0cm×3.8cm，花瓣6枚，花柱先端3裂，子房有茸毛。果实球形
LX005	多依大茶树5号	*C. sinensis* var. *assamica*	临翔区南美拉祜族乡多依村	2 240	6.5	4.0×5.0	1.5	小乔木型，树姿开张。芽叶淡绿色、茸毛多。叶片长宽12.2cm×4.6cm，叶长椭圆形，叶色绿，叶脉7对。萼片5片、无茸毛，花冠直径2.8cm×2.4cm，花瓣5枚，花柱先端3裂，子房有茸毛。果实三角形
LX006	多依大茶树6号	*C. sinensis* var. *assamica*	临翔区南美拉祜族乡多依村	2 253	4.2	3.6×4.3	1.4	小乔木型，树姿半开张。芽叶黄绿色、无茸毛。叶片长宽12.5cm×5.0cm，叶椭圆形，叶色黄绿，叶脉8对。萼片5片、无茸毛，花冠直径3.3cm×4.0cm，花瓣7枚，花柱先端3裂，子房有茸毛。果实球形
LX007	坡脚大茶树1号	*C. sinensis* var. *assamica*	临翔区南美拉祜族乡坡脚村	1 642	8.0	6.0×7.0	2.4	小乔木型，树姿半开张。芽叶黄绿色、茸毛多。叶片长宽16.4cm×6.8cm，叶长椭圆形，叶色绿，叶脉12对。萼片5片、无茸毛，花冠直径3.7cm×3.4cm，花瓣6枚，花柱先端3裂，子房有茸毛。果实三角形
LX008	坡脚大茶树2号	*C. sinensis* var. *assamica*	临翔区南美拉祜族乡坡脚村	1 639	5.8	4.5×4.5	2.0	小乔木型，树姿开张。芽叶绿色、茸毛多。叶片长宽15.0cm×5.8cm，叶长椭圆形，叶色绿，叶脉10对。萼片5片、无茸毛，花冠直径3.3cm×2.8cm，花瓣6枚，花柱先端3裂，子房有茸毛。果实三角形
LX009	坡脚大茶树3号	*C. sinensis* var. *assamica*	临翔区南美拉祜族乡坡脚村	1 633	5.0	4.7×3.5	1.8	小乔木型，树姿半开张。芽叶黄绿色、茸毛多。叶片长宽14.8cm×6.7cm，叶椭圆形，叶色浅绿，叶脉9对。萼片5片、无茸毛，花冠直径3.4cm×3.6cm，花瓣7枚，花柱先端3裂，子房有茸毛。果实三角形
LX010	坡脚大茶树4号	*C. sinensis* var. *assamica*	临翔区南美拉祜族乡坡脚村	1 643	6.5	5.0×4.3	1.9	小乔木型，树姿开张。芽叶黄绿色、茸毛多。叶片长宽13.2cm×5.3cm，叶长椭圆形，叶色绿，叶脉10对。萼片5片、无茸毛，花冠直径2.4cm×2.7cm，花瓣5枚，花柱先端3裂，子房有茸毛。果实球形、三角形

（续）

种质编号	种质名称	物种名称	分布地点	海拔（m）	树高（m）	树幅（m×m）	基部干围（m）	主要形态
LX011	坡脚大茶树5号	*C. sinensis* var. *assamica*	临翔区南美拉祜族乡坡脚村	1 630	5.0	4.0×3.4	1.2	小乔木型，树姿半开张。芽叶黄绿色、茸毛多。叶片长宽14.0cm×5.1cm，叶长椭圆形，叶色绿，叶脉11对。萼片5片、无茸毛，花冠直径3.5cm×3.9cm，花瓣7枚，花柱先端3裂，子房有茸毛。果实三角形
LX012	坡脚大茶树6号	*C. sinensis* var. *assamica*	临翔区南美拉祜族乡坡脚村	1 633	4.5	3.0×4.3	1.0	小乔木型，树姿开张。芽叶黄绿色、茸毛多。叶片长宽15.7cm×5.3cm，叶长椭圆形，叶色绿，叶脉9对。萼片5片、无茸毛，花冠直径2.9cm×2.7cm，花瓣6枚，花柱先端3裂，子房有茸毛。果实球形、三角形
LX013	坡脚大茶树7号	*C. sinensis* var. *assamica*	临翔区南美拉祜族乡坡脚村	1 635	5.0	4.5×3.8	0.8	小乔木型，树姿半开张。芽叶紫绿色、茸毛多。叶片长宽14.6cm×6.3cm，叶长椭圆形，叶色浅绿，叶脉9对。萼片5片、无茸毛，花冠直径3.2cm×3.0cm，花瓣6枚，花柱先端3裂，子房有茸毛。果实三角形
LX014	仙人山大茶树1号	*C. taliensis*	临翔区南美拉祜族乡坡脚村仙人山	2 360	20.0	15.0×13.0	2.3	乔木型，树姿直立。芽叶绿色、无茸毛。叶片长宽14.0cm×6.3cm，叶椭圆形，叶色深绿，叶脉8对。萼片5片、绿色、无茸毛，花冠直径5.3cm×4.7cm，花瓣10枚，花柱先端5裂，子房有茸毛。果实球形
LX015	仙人山大茶树2号	*C. taliensis*	临翔区南美拉祜族乡坡脚村仙人山	2 322	13.5	6.0×8.0	1.5	乔木型，树姿直立。芽叶绿色、无茸毛。叶片长宽15.6cm×6.4cm，叶长椭圆形，叶色深绿，叶脉11对。萼片5片、绿色、无茸毛，花冠直径6.2cm×5.5cm，花瓣9枚，花柱先端5裂，子房有茸毛。果实四方形、梅花形
LX016	仙人山大茶树3号	*C. taliensis*	临翔区南美拉祜族乡坡脚村仙人山	2 327	16.5	6.5×7.3	1.8	乔木型，树姿直立。芽叶紫绿色、无茸毛。叶片长宽15.0cm×6.0cm，叶长椭圆形，叶色深绿，叶脉9对。萼片5片、绿色、无茸毛，花冠直径5.6cm×5.2cm，花瓣11枚，花柱先端5裂，子房有茸毛。果实四方形、梅花形
LX017	仙人山大茶树4号	*C. taliensis*	临翔区南美拉祜族乡坡脚村仙人山	2 342	13.0	6.0×5.0	1.5	乔木型，树姿直立。芽叶淡绿色、无茸毛。叶片长宽13.8cm×6.2cm，叶长椭圆形，叶色深绿，叶脉8对。萼片5片、绿色、无茸毛，花冠直径6.0cm×5.8cm，花瓣9枚，花柱先端5裂，子房有茸毛。果实四方形、梅花形

（续）

种质编号	种质名称	物种名称	分布地点	海拔（m）	树高（m）	树幅（m×m）	基部干围（m）	主要形态
LX018	仙人山大茶树5号	*C. taliensis*	临翔区南美拉祜族乡坡脚村仙人山	2 348	15.0	7.0×6.2	1.7	乔木型，树姿直立。芽叶绿色、无茸毛。叶片长宽15.6cm×6.6cm，叶长椭圆形，叶色深绿，叶脉10对。萼片5片、绿色、无茸毛，花冠直径6.0cm×5.6cm，花瓣11枚，花柱先端5裂，子房有茸毛。果实四方形、梅花形
LX019	铁厂箐大茶树1号	*C. taliensis*	临翔区南美拉祜族乡坡脚村铁厂箐	2 341	10.8	5.8×6.5	1.8	乔木型，树姿直立。芽叶绿色、无茸毛。叶片长宽16.2cm×6.8cm，叶长椭圆形，叶色深绿，叶脉12对。萼片5片、绿色、无茸毛，花冠直径5.3cm×5.7cm，花瓣9枚，花柱先端4～5裂，子房有茸毛。果实四方形、梅花形
LX020	铁厂箐大茶树2号	*C. taliensis*	临翔区南美拉祜族乡坡脚村铁厂箐	2 364	14.2	7.0×7.0	1.4	小乔木型，树姿半开张。芽叶紫绿色、无茸毛。叶片长宽13.8cm×6.0cm，叶长椭圆形，叶色深绿，叶脉10对，叶身内折，叶面平，叶质硬，叶背主脉无茸毛
LX021	铁厂箐大茶树3号	*C. taliensis*	临翔区南美拉祜族乡坡脚村铁厂箐	2 336	9.0	5.0×7.5	1.4	乔木型，树姿直立。芽叶绿色、无茸毛。叶片长宽15.2cm×5.6cm，叶长椭圆形，叶色深绿，叶脉9对。叶身平，叶面平，叶缘微波，叶质硬，叶背主脉无茸毛
LX022	铁厂箐大茶树4号	*C. taliensis*	临翔区南美拉祜族乡坡脚村铁厂箐	2 330	8.0	8.0×5.0	1.6	小乔木型，树姿直立。芽叶绿色、无茸毛。叶片长宽14.4cm×5.3cm，叶长椭圆形，叶色深绿，叶脉10对。叶身平，叶面平，叶缘微波，叶质硬，叶背主脉无茸毛
LX023	铁厂箐大茶树5号	*C. taliensis*	临翔区南美拉祜族乡坡脚村铁厂箐	2 340	14.5	8.5×6.5	1.5	小乔木型，树姿半开张。芽叶紫绿色、无茸毛。叶片长宽15.7cm×5.6cm，叶长椭圆形，叶色绿，叶脉9对。叶身平，叶面平，叶缘微波，叶质硬，叶背主脉无茸毛
LX024	南华大茶树1号	*C. sinensis* var. *assamica*	临翔区南美拉祜族乡坡脚村南华	1 890	6.8	4.5×5.0	2.4	小乔木型，树姿半开张。芽叶黄绿色、茸毛多。叶片长宽12.3cm×5.3cm，叶长椭圆形，叶色浅绿，叶脉8对。萼片5片、无茸毛，花冠直径2.4cm×3.0cm，花瓣6枚，花柱先端3裂，子房有茸毛。果实三角形
LX025	南华大茶树2号	*C. sinensis* var. *assamica*	临翔区南美拉祜族乡坡脚村南华	1 887	5.5	6.0×5.0	1.8	小乔木型，树姿半开张。芽叶黄绿色、茸毛多。叶片长宽12.9cm×5.0cm，叶长椭圆形，叶色绿，叶脉10对。萼片5片、无茸毛，花冠直径2.6cm×3.1cm，花瓣6枚，花柱先端3裂，子房有茸毛。果实三角形

（续）

种质编号	种质名称	物种名称	分布地点	海拔（m）	树高（m）	树幅（m×m）	基部干围（m）	主要形态
LX026	南华大茶树3号	*C. sinensis* var. *assamica*	临翔区南美拉祜族乡坡脚村南华	1 894	5.8	4.0×4.0	1.6	小乔木型，树姿半开张。芽叶黄绿色、茸毛多。叶片长宽13.4cm×6.0cm，叶长椭圆形，叶色浅绿，叶身稍内折，叶面隆起，叶缘微波，叶背主脉有茸毛，叶脉11对
LX027	南华大茶树4号	*C. sinensis* var. *assamica*	临翔区南美拉祜族乡坡脚村南华	1 893	4.0	2.7×3.0	1.5	小乔木型，树姿开张。芽叶绿色、茸毛多。叶片长宽13.0cm×5.0cm，叶长椭圆形，叶色浅绿，叶身稍内折，叶面隆起，叶缘微波，叶背主脉有茸毛，叶脉8对
LX028	南华大茶树5号	*C. sinensis* var. *assamica*	临翔区南美拉祜族乡坡脚村南华	1 890	6.2	4.2×3.4	1.0	小乔木型，树姿半开张。芽叶黄绿色、茸毛多。叶片长宽11.6cm×4.3cm，叶长椭圆形，叶色浅绿，叶脉8对。萼片5片、无茸毛，花冠直径2.9cm×2.7cm，花瓣6枚，花柱先端3裂，子房有茸毛。果实三角形
LX029	南华大茶树6号	*C. sinensis* var. *assamica*	临翔区南美拉祜族乡坡脚村南华	1 890	4.8	3.5×2.0	0.9	小乔木型，树姿半开张。芽叶黄绿色、茸毛多。叶片长宽12.4cm×5.0cm，叶长椭圆形，叶色绿，叶脉8对。萼片5片、无茸毛，花冠直径3.4cm×3.0cm，花瓣7枚，花柱先端3裂，子房有茸毛。果实三角形
LX030	曼毫大茶树1号	*C. sinensis* var. *assamica*	临翔区蚂蚁堆乡曼毫村大梯地	2 013	6.4	8.0×7.0	1.6	小乔木型，树姿半开张。芽叶黄绿色、茸毛多。叶片长宽14.3cm×5.2cm，叶长椭圆形，叶色黄绿，叶脉8对。萼片5片、无茸毛，花冠直径3.5cm×3.1cm，花瓣6枚，花柱先端3裂，子房有茸毛。果实三角形、球形
LX031	曼毫大茶树2号	*C. sinensis* var. *assamica*	临翔区蚂蚁堆乡曼毫村大梯地	2 010	7.0	6.5×5.5	1.2	小乔木型，树姿半开张。芽叶绿色、茸毛多。叶片长宽12.0cm×4.7cm，叶长椭圆形，叶色浅绿，叶脉9对。萼片5片、无茸毛，花冠直径4.0cm×3.5cm，花瓣7枚，花柱先端3裂，子房有茸毛。果实三角形
LX032	曼毫大茶树3号	*C. sinensis* var. *assamica*	临翔区蚂蚁堆乡曼毫村大梯地	2 008	3.0	3.0×2.5	0.9	小乔木型，树姿半开张。芽叶黄绿色、茸毛多。叶片长宽11.8cm×4.6cm，叶长椭圆形，叶色绿，叶脉10对。萼片5片、无茸毛，花冠直径3.0cm×2.8cm，花瓣6枚，花柱先端3裂，子房有茸毛。果实球形
LX033	李家寨大茶树1号	*C. sinensis* var. *assamica*	临翔区邦东乡邦东村李家寨	1 673	9.6	9.1×10	1.8	小乔木型，树姿开张。芽叶黄绿色、茸毛中。叶片长宽11.6cm×4.8cm，叶长椭圆形，叶色绿，叶脉11对。萼片5片、无茸毛，花冠直径2.4cm×3.2cm，花瓣5枚，花柱先端3裂，子房有茸毛。果实三角形

（续）

种质编号	种质名称	物种名称	分布地点	海拔（m）	树高（m）	树幅（m×m）	基部干围（m）	主要形态
LX034	李家寨大茶树2号	*C. sinensis* var. *assamica*	临翔区邦东乡邦东村李家寨	1 684	5.5	4.1×4.3	0.7	小乔木型，树姿半开张。芽叶绿色、茸毛多。叶片长宽14.6cm×5.9cm，叶长椭圆形，叶色绿，叶脉8对。萼片5片、无茸毛，花冠直径2.2cm×2.4cm，花瓣6枚，花柱先端3裂，子房有茸毛。果实三角形
LX035	李家寨大茶树3号	*C. sinensis* var. *assamica*	临翔区邦东乡邦东村李家寨	1 666	5.2	5.4×4.3	0.8	小乔木型，树姿半开张。芽叶黄绿色、茸毛多。叶片长宽17.1cm×5.8cm，叶长椭圆形，叶色绿，叶脉9对。萼片5片、无茸毛，花冠直径2.4cm×2.2cm，花瓣6枚，花柱先端3裂，子房有茸毛
LX036	李家寨大茶树4号	*C. sinensis* var. *assamica*	临翔区邦东乡邦东村李家寨	1 659	4.1	5.0×4.7	0.8	小乔木型，树姿半开张。芽叶黄绿色、茸毛多。叶片长宽17.8cm×6.3cm，叶长椭圆形，叶色绿，叶脉11对。萼片5片、无茸毛，花冠直径3.4cm×3.3cm，花瓣5枚，花柱先端3裂，子房有茸毛。果实三角形
LX037	李家寨大茶树5号	*C. sinensis* var. *assamica*	临翔区邦东乡邦东村李家寨	1 741	6.3	4.0×3.8	1.0	小乔木型，树姿半开张。芽叶绿色、茸毛多。叶片长宽12.4cm×5.1cm，叶椭圆形，叶色绿，叶脉8对。萼片5片、无茸毛，花冠直径3.3cm×2.4cm，花瓣7枚，花柱先端3裂，子房有茸毛。果实三角形
LX038	昔归大茶树1号	*C. sinensis* var. *assamica*	临翔区邦东乡邦东村昔归	978	5.3	6.1×3.8	0.7	小乔木型，树姿半开张。芽叶淡绿色，芽叶茸毛多。叶片长宽12.3cm×5.0cm，叶椭圆形，叶色深绿，叶脉10对。萼片5片、绿色、无茸毛，花冠直径3.4×3.2cm，花瓣6枚，花柱先端3裂，子房有茸毛
LX039	昔归大茶树2号	*C. sinensis* var. *assamica*	临翔区邦东乡邦东村昔归	986	3.9	5.2×3.8	1.0	小乔木型，树姿半开张。芽叶绿色、茸毛多。叶片长宽10.8cm×4.3cm，叶椭圆形，叶色绿，叶脉8对。萼片5片、无茸毛，花冠直径3.0cm×3.6cm，花瓣6枚，花柱先端3裂，子房有茸毛。果实三角形
LX040	昔归大茶树3号	*C. sinensis* var. *assamica*	临翔区邦东乡邦东村昔归	873	8.0	5.7×4.6	1.2	小乔木型，树姿半开张。芽叶绿色、茸毛多。叶片长宽14.7cm×5.4cm，叶长椭圆形，叶色深绿，叶脉10对。萼片5片、无茸毛，花冠直径3.5cm×2.8cm，花瓣7枚，花柱先端3裂，子房有茸毛。果实三角形

（续）

种质编号	种质名称	物种名称	分布地点	海拔（m）	树高（m）	树幅（m×m）	基部干围（m）	主要形态
LX041	昔归大茶树4号	*C. sinensis* var. *assamica*	临翔区邦东乡邦东村昔归	870	7.0	5.0×4.8	1.4	小乔木型，树姿半开张。芽叶黄绿色、茸毛多。叶片长宽 14.3cm×5.3cm，叶长椭圆形，叶色绿，叶脉8对。萼片5片、无茸毛，花冠直径3.6cm×3.4cm，花瓣6枚，花柱先端3裂，子房有茸毛。果实三角形
LX042	昔归大茶树5号	*C. sinensis* var. *assamica*	临翔区邦东乡邦东村昔归	874	7.2	5.7×4.5	0.8	小乔木型，树姿半开张。芽叶淡绿色、茸毛中。叶片长宽 13.8cm×5.6cm，叶长椭圆形，叶色深绿，叶脉11对。萼片5片、无茸毛，花冠直径3.2cm×3.4cm，花瓣7枚，花柱先端3裂，子房有茸毛。果实三角形
LX043	昔归大茶树6号	*C. sinensis* var. *assamica*	临翔区邦东乡邦东村昔归	877	5.0	5.2×5.0	0.7	小乔木型，树姿半开张。芽叶紫红色、茸毛少。叶片长宽 15.3cm×5.5cm，叶长椭圆形，叶色绿，叶脉9对。萼片5片、无茸毛，花冠直径2.4cm×2.8cm，花瓣5枚，花柱先端3裂，子房有茸毛。果实三角形
LX044	昔归大茶树7号	*C. sinensis* var. *assamica*	临翔区邦东乡邦东村昔归	882	5.5	3.4×4.0	0.8	小乔木型，树姿开张。芽叶黄绿色、茸毛多。叶片长宽 13.9cm×4.7cm，叶长椭圆形，叶色浅绿，叶脉10对。萼片5片、无茸毛，花冠直径3.0cm×3.0cm，花瓣6枚，花柱先端3裂，子房有茸毛。果实三角形
LX045	昔归大茶树8号	*C. sinensis* var. *assamica*	临翔区邦东乡邦东村昔归	880	6.4	5.7×4.6	0.7	小乔木型，树姿半开张。芽叶黄绿色、茸毛多。叶片长宽 14.3cm×5.2cm，叶长椭圆形，叶色绿，叶脉10对。萼片5片、无茸毛，花冠直径3.5cm×3.5cm，花瓣7枚，花柱先端3裂，子房有茸毛。果实三角形
LX046	邦包大茶树1号	*C. sinensis* var. *assamica*	临翔区邦东乡邦包村	1 800	4.6	4.8×4.1	0.8	小乔木型，树姿半开张。芽叶绿色、茸毛多。叶片长宽 14.4cm×5.5cm，叶长椭圆形，叶色绿，叶脉10对。萼片5片、无茸毛，花冠直径3.3cm×3.5cm，花瓣7枚，花柱先端3裂，子房有茸毛。果实三角形
LX047	邦包大茶树2号	*C. sinensis* var. *assamica*	临翔区邦东乡邦包村	1 802	5.0	4.0×4.0	0.7	小乔木型，树姿半开张。芽叶绿色、茸毛多。叶片长宽 14.0cm×5.0cm，叶长椭圆形，叶色绿，叶脉8对。萼片5片、无茸毛，花冠直径3.4cm×3.0cm，花瓣6枚，花柱先端3裂，子房有茸毛。果实球形、肾形

（续）

种质编号	种质名称	物种名称	分布地点	海拔（m）	树高（m）	树幅（m×m）	基部干围（m）	主要形态
LX048	邦包大茶树3号	*C. sinensis* var. *assamica*	临翔区邦东乡邦包村	1 804	4.5	3.8×3.5	0.8	小乔木型，树姿半开张。芽叶黄绿色、茸毛多。叶片长宽 13.7cm×5.2cm，叶长椭圆形，叶色绿，叶脉9对。萼片5片、无茸毛，花冠直径3.2cm×3.5cm，花瓣6枚，花柱先端3裂，子房有茸毛。果实三角形
LX049	和平大茶树1号	*C. sinensis* var. *assamica*	临翔区邦东乡和平村	1 792	3.5	3.0×3.0	0.6	小乔木型，树姿半开张。芽叶黄绿色、茸毛中。叶片长宽 13.8cm×5.2cm，叶长椭圆形，叶色绿，叶脉11对。萼片5片、无茸毛，花冠直径3.0cm×2.7cm，花瓣7枚，花柱先端3裂，子房有茸毛。果实球形、三角形
LX050	和平大茶树2号	*C. sinensis* var. *assamica*	临翔区邦东乡和平村	1 805	3.0	2.5×2.8	0.5	小乔木型，树姿半开张。芽叶黄绿色、茸毛多。叶片长宽 15.0cm×5.2cm，叶长椭圆形，叶色绿，叶脉11对。萼片5片、无茸毛，花冠直径2.4cm×2.8cm，花瓣6枚，花柱先端3裂，子房有茸毛。果实三角形
LX051	和平大茶树3号	*C. sinensis* var. *assamica*	临翔区邦东乡和平村	1 807	3.5	2.5×2.5	0.5	小乔木型，树姿半开张。芽叶绿色、茸毛少。叶片长宽 12.8cm×4.4cm，叶长椭圆形，叶色绿，叶脉9对。萼片5片、无茸毛，花冠直径3.2cm×3.7cm，花瓣6枚，花柱先端3裂，子房有茸毛。果实球形、肾形
LX052	曼岗大茶树1号	*C. sinensis* var. *assamica*	临翔区邦东乡曼岗村	1 856	11.0	4.5×4.0	0.9	小乔木型，树姿半开张。芽叶绿色、茸毛特多。叶片长宽 16.3cm×7.8cm，叶长椭圆形，叶色绿，叶脉9对。萼片5片、无茸毛，花冠直径3.0cm×3.2cm，花瓣5～6枚，花柱先端3裂，子房有茸毛。果实球形、三角形
LX053	曼岗大茶树2号	*C. sinensis* var. *assamica*	临翔区邦东乡曼岗村	1 822	7.5	3.8×4.5	0.7	小乔木型，树姿半开张。芽叶黄绿色、茸毛多。叶片长宽 15.4cm×5.3cm，叶长椭圆形，叶色绿，叶脉9对。萼片5片、无茸毛，花冠直径2.4cm×2.0cm，花瓣7枚，花柱先端3裂，子房有茸毛。果实球形、肾形
LX054	曼岗大茶树3号	*C. sinensis* var. *assamica*	临翔区邦东乡曼岗村	1 827	6.0	4.5×5.0	0.6	小乔木型，树姿半开张。芽叶黄绿色、茸毛特多。叶片长宽 12.8cm×4.6cm，叶长椭圆形，叶色浅绿，叶脉8对。萼片5片、无茸毛，花冠直径2.7cm×3.0cm，花瓣6枚，花柱先端3裂，子房有茸毛。果实球形、肾形

（续）

种质编号	种质名称	物种名称	分布地点	海拔（m）	树高（m）	树幅（m×m）	基部干围（m）	主要形态
LX055	卫平大茶树1号	*C. sinensis* var. *assamica*	临翔区邦东乡卫平村	1 784	5.3	4.0×4.0	1.2	小乔木型，树姿半开张。芽叶黄绿色、茸毛多。叶片长宽 13.3cm×5.0cm，叶长椭圆形，叶色绿，叶脉11对。萼片5片、无茸毛，花冠直径2.9cm×3.2cm，花瓣6枚，花柱先端3裂，子房有茸毛。果实球形、肾形
LX056	卫平大茶树2号	*C. sinensis* var. *assamica*	临翔区邦东乡卫平村	1 780	4.0	3.0×4.0	0.7	小乔木型，树姿半开张。芽叶紫绿色、茸毛少。叶片长宽 15.4cm×5.4cm，叶长椭圆形，叶色深绿，叶脉10对。萼片5片、无茸毛，花冠直径3.3cm×3.7cm，花瓣6枚，花柱先端3裂，子房有茸毛。果实球形、肾形
LX057	卫平大茶树3号	*C. sinensis* var. *dehungensis*	临翔区邦东乡卫平村	1 780	5.6	4.4×5.0	0.9	小乔木型，树姿半开张。芽叶黄绿色、茸毛多。叶片长宽 12.8cm×4.6cm，叶长椭圆形，叶色黄绿，叶脉11对。萼片5片、无茸毛，花冠直径2.8cm×3.1cm，花瓣6枚，花柱先端3裂，子房无茸毛。果实球形、肾形
LX058	璋珍大茶树1号	*C. sinensis* var. *assamica*	临翔区邦东乡璋珍村	1 570	9.2	8.0×7.5	1.1	小乔木型，树姿半开张。芽叶黄绿色、茸毛多。叶片长宽 17.1cm×5.9cm，叶长椭圆形，叶色绿，叶脉10对。萼片5片、无茸毛，花冠直径3.9cm×2.9cm，花瓣6枚，花柱先端3裂，子房有茸毛。果实三角形
LX059	璋珍大茶树2号	*C. sinensis* var. *assamica*	临翔区邦东乡璋珍村	1 576	6.0	5.0×4.5	0.8	小乔木型，树姿半开张。芽叶绿色、茸毛多。叶片长宽 15.8cm×5.7cm，叶长椭圆形，叶色绿，叶脉9对。萼片5片、无茸毛，花冠直径2.5cm×2.5cm，花瓣5枚，花柱先端3裂，子房有茸毛。果实球形、肾形
LX060	璋珍大茶树3号	*C. sinensis* var. *dehungensis*	临翔区邦东乡璋珍村	1 580	4.1	3.0×3.2	0.5	小乔木型，树姿半开张。芽叶黄绿色、茸毛多。叶片长宽 14.5cm×6.0cm，叶长椭圆形，叶色黄绿，叶脉11对。萼片5片、无茸毛，花冠直径3.0cm×3.6cm，花瓣7枚，花柱先端3裂，子房无茸毛。果实三角形
LX061	团山大茶树1号	*C. sinensis* var. *assamica*	临翔区邦东乡团山村	1 788	5.2	3.4×5.0	0.9	小乔木型，树姿半开张。芽叶黄绿色、茸毛多。叶片长宽 13.8cm×5.7cm，叶长椭圆形，叶色绿，叶脉8对。萼片5片、无茸毛，花冠直径2.6cm×3.0cm，花瓣6枚，花柱先端3裂，子房有茸毛。果实三角形

（续）

种质编号	种质名称	物种名称	分布地点	海拔（m）	树高（m）	树幅（m×m）	基部干围（m）	主要形态
LX062	团山大茶树2号	*C. sinensis* var. *assamica*	临翔区邦东乡团山村	1 806	4.3	2.0×2.7	0.7	小乔木型，树姿半开张。芽叶黄绿色、茸毛多。叶片长宽15.6cm×6.0cm，叶长椭圆形，叶色绿，叶脉12对。萼片5片、无茸毛，花冠直径3.2cm×2.7cm，花瓣6枚，花柱先端3裂，子房有茸毛。果实球形、三角形
LX063	昔本大茶树1号	*C. sinensis* var. *assamica*	临翔区凤翔街道昔本村晓光山	1 976	5.4	3.2×3.3	0.8	小乔木型，树姿半开张。芽叶黄绿色、茸毛中。叶片长宽15.4cm×5.7cm，叶长椭圆形，叶色黄绿，叶脉8对。萼片5片、无茸毛，花冠直径2.0cm×2.0cm，花瓣6枚，花柱先端3裂，子房有茸毛。果实三角形
LX064	昔本大茶树2号	*C. sinensis* var. *assamica*	临翔区凤翔街道昔本村晓光山	1 974	5.2	3.5×3.7	0.5	小乔木型，树姿半开张。芽叶绿色、茸毛多。叶片长宽11.8cm×4.6cm，叶长椭圆形，叶色浅绿，叶脉10对。萼片5片、无茸毛，花冠直径3.6cm×3.2cm，花瓣5枚，花柱先端3裂，子房有茸毛。果实三角形
LX065	那招大茶树1号	*C. sinensis* var. *assamica*	临翔区博尚镇那招村歇凉山	1 750	4.8	3.2×3.0	1.0	小乔木型，树姿半开张。芽叶浅绿色、茸毛多。叶片长宽12.4cm×5.3cm，叶长椭圆形，叶色绿，叶脉8对。萼片5片、无茸毛，花冠直径3.0cm×3.0cm，花瓣5枚，花柱先端3裂，子房有茸毛。果实三角形
LX066	那招大茶树2号	*C. sinensis* var. *assamica*	临翔区博尚镇那招村歇凉山	1 758	6.2	4.4×4.5	0.9	小乔木型，树姿半开张。芽叶黄绿色、茸毛少。叶片长宽13.8cm×5.3cm，叶长椭圆形，叶色绿，叶脉9对。萼片5片、无茸毛，花冠直径2.4cm×2.5cm，花瓣6枚，花柱先端3裂，子房有茸毛。果实球形
LX067	昆赛大茶树1号	*C. sinensis* var. *assamica*	临翔区圈内乡昆赛村冰赛	1 340	4.3	2.3×3.5	0.7	小乔木型，树姿半开张。芽叶黄绿色、茸毛多。叶片长宽12.9cm×5.3cm，叶长椭圆形，叶色绿，叶脉8对。萼片5片、无茸毛，花冠直径2.8cm×2.7cm，花瓣7枚，花柱先端3裂，子房有茸毛。果实三角形
LX068	昆赛大茶树2号	*C. sinensis* var. *assamica*	临翔区圈内乡昆赛村冰赛	1 345	4.2	2.7×3.0	0.8	小乔木型，树姿半开张。芽叶黄绿色、茸毛多。叶片长宽13.3cm×4.7cm，叶长椭圆形，叶色绿，叶脉11对。萼片5片、无茸毛，花冠直径3.4cm×3.4cm，花瓣6枚，花柱先端3裂，子房有茸毛。果实球形

（续）

种质编号	种质名称	物种名称	分布地点	海拔（m）	树高（m）	树幅（m×m）	基部干围（m）	主要形态
LX069	南信大茶树1号	*C. sinensis* var. *assamica*	临翔区凤翔街道南信村	1 900	6.3	4.6×4.7	1.3	小乔木型，树姿半开张。芽叶黄绿色、茸毛多。叶片长宽16.4cm×6.1cm，叶长椭圆形，叶色绿，叶脉11对。萼片5片、无茸毛，花冠直径3.2cm×3.4cm，花瓣7枚，花柱先端3裂，子房有茸毛。果实三角形
LX070	南信大茶树2号	*C. sinensis* var. *assamica*	临翔区凤翔街道南信村	1 902	5.7	3.8×4.0	1.0	小乔木型，树姿半开张。芽叶黄绿色、茸毛多。叶片长宽15.8cm×5.6cm，叶长椭圆形，叶色绿，叶脉12对。萼片5片、无茸毛，花冠直径3.0cm×3.0cm，花瓣6枚，花柱先端3裂，子房有茸毛。果实球形
FQ001	龙竹山大茶树1号	*C. taliensis*	凤庆县鲁史镇团结村龙竹山	2 030	15.9	7.1×5.7	2.0	乔木型，树姿半开张。芽叶绿色、无茸毛。叶片长宽15.3cm×5.7cm，叶长椭圆形，叶色深绿，叶脉9对，叶身内折，叶面平，叶缘微波，叶质硬，叶柄、叶背主脉无茸毛。萼片5片、绿色、无茸毛。花冠直径4.4cm×3.5cm，花瓣9～11枚，花柱先端5裂，子房多茸毛
FQ002	龙竹山大茶树2号	*C. taliensis*	凤庆县鲁史镇团结村龙竹山	2 037	10.2	6.0×5.0	1.7	乔木型，树姿直立。芽叶紫绿色、无茸毛。叶片长宽13.5cm×4.8cm，叶长椭圆形，叶色深绿，叶脉10对，叶背主脉无茸毛。萼片5片、无茸毛。花冠直径4.8cm×4.5cm，花瓣9～11枚，花柱先端5裂，子房多茸毛
FQ003	龙竹山大茶树3号	*C. taliensis*	凤庆县鲁史镇团结村龙竹山	2 033	8.5	5.0×5.5	1.5	小乔木型，树姿直立。芽叶淡绿色、无茸毛。叶片长宽14.7cm×6.5cm，叶椭圆形，叶色深绿，叶脉11对，叶背主脉无茸毛。萼片5片、无茸毛。果实四方形、梅花形
FQ004	龙竹山大茶树4号	*C. taliensis*	凤庆县鲁史镇团结村龙竹山	2 030	7.0	4.4×5.7	1.6	乔木型，树姿直立。芽叶绿色、无茸毛。叶片长宽15.0cm×7.2cm，叶椭圆形，叶色深绿，叶脉9对，叶质软，叶背主脉无茸毛
FQ005	大尖山野生茶树1号	*C. taliensis*	凤庆县鲁史镇团结村大尖山	2 260	22.0	5.0×5.0	1.5	乔木型，树姿直立。芽叶紫绿色、无茸毛。叶片长宽15.3cm×6.4cm，叶椭圆形，叶色绿，叶脉9对，叶背主脉无茸毛。花冠直径，5.8cm×6.5cm，花瓣11枚，花柱先端5裂，子房多茸毛
FQ006	大尖山野生茶树2号	*C. taliensis*	凤庆县鲁史镇团结村大尖山	2 223	18.5	8.0×6.5	1.8	乔木型，树姿半开张。芽叶紫绿色、无茸毛。叶片长宽14.7cm×5.4cm，叶长椭圆形，叶色绿，叶脉11对，叶身平，叶面平，叶缘微波，叶质硬，叶柄、叶背主脉无茸毛

（续）

种质编号	种质名称	物种名称	分布地点	海拔（m）	树高（m）	树幅（m×m）	基部干围（m）	主要形态
FQ007	大尖山野生茶树3号	*C. taliensis*	凤庆县鲁史镇团结村大尖山	2 218	12.0	7.0×6.0	1.6	乔木型，树姿直立。芽叶绿色、无茸毛。叶片长宽16.0cm×5.4cm，叶形披针形，叶色绿，叶脉11对，叶质硬，叶背主脉无茸毛。萼片5片、无茸毛。花冠直径5.2cm×7.5cm，花瓣9～11枚，花柱先端5裂，子房多茸毛。果实球形
FQ008	大尖山野生茶树4号	*C. taliensis*	凤庆县鲁史镇团结村大尖山	2 120	7.8	5.0×6.5	1.5	小乔木型，树姿半开张。芽叶绿色、无茸毛。叶片长宽15.5cm×5.8cm，叶长椭圆形，叶色深绿，叶脉10对，叶质硬，叶背主脉无茸毛。萼片5片、无茸毛。花冠直径6.5cm×6.0cm，花瓣10枚，花柱先端4～5裂，子房多茸毛
FQ009	大尖山野生茶树5号	*C. taliensis*	凤庆县鲁史镇团结村大尖山	2 120	8.5	5.7×6.0	1.3	乔木型，树姿直立。芽叶绿色、无茸毛。叶片长宽14.8cm×5.2cm，叶长椭圆形，叶色绿，叶脉8对，叶质硬，叶背主脉无茸毛。萼片5片、无茸毛
FQ010	丫口大茶树1号	*C. taliensis*	凤庆县鲁史镇团结村丫口	2 100	16.0	8.0×8.5	1.8	乔木型，树姿直立。芽叶绿色、无茸毛。叶片长宽13.8cm×4.6cm，叶长椭圆形，叶色绿，叶脉8对，叶背主脉无茸毛。萼片5片、无茸毛。花冠直径4.8cm×5.5cm，花瓣8～10枚，花柱先端4～5裂，子房多茸毛
FQ011	丫口大茶树2号	*C. taliensis*	凤庆县鲁史镇团结村丫口	2 108	13.0	6.0×5.5	1.4	小乔木型，树姿直立。芽叶紫绿色、无茸毛。叶片长宽16.7cm×5.8cm，叶长椭圆形，叶色深绿，叶脉10对，叶质硬，叶背主脉无茸毛。萼片5片、无茸毛。花冠直径6.8cm×7.5cm，花瓣8～10枚，花柱先端4～5裂，子房多茸毛。果实梅花形、四方形
FQ012	丫口大茶树3号	*C. sinensis* var. *assamica*	凤庆县鲁史镇团结村丫口	2 112	6.0	5.0×4.5	1.5	小乔木型，树姿半开张。芽叶黄绿色、茸毛多。叶片长宽15.7cm×5.5cm，叶长椭圆形，叶色绿，叶脉8对，叶背主脉有茸毛。萼片5片、无茸毛。花冠直径4.0cm×3.5cm，花瓣6枚，花柱先端3裂，子房多茸毛。果实球形、三角形
FQ013	丫口大茶树4号	*C. sinensis* var. *assamica*	凤庆县鲁史镇团结村丫口	2 112	6.8	3.0×4.5	1.5	小乔木型，树姿半开张。芽叶黄绿色、茸毛多。叶片长宽13.3cm×4.5cm，叶长椭圆形，叶色绿，叶脉9对，叶背主脉有茸毛。萼片5片、无茸毛。花冠直径3.0cm×3.4cm，花瓣6枚，花柱先端3裂，子房多茸毛。果实球形、三角形

（续）

种质编号	种质名称	物种名称	分布地点	海拔（m）	树高（m）	树幅（m×m）	基部干围（m）	主要形态
FQ014	金鸡大茶树1号	*C. taliensis*	凤庆县鲁史镇金鸡村	2 385	13.0	7.0×5.5	1.8	小乔木型，树姿半开张。芽叶淡绿色、无茸毛。叶片长宽 12.7cm×4.5cm，叶长椭圆形，叶色绿，叶脉 8 对，叶背主脉无茸毛。萼片 5 片、无茸毛。花冠直径 7.0cm×7.2cm，花瓣 9～12 枚，花柱先端 5 裂，子房多茸毛
FQ015	金鸡大茶树2号	*C. taliensis*	凤庆县鲁史镇金鸡村	2 370	8.0	6.0×5.8	1.5	小乔木型，树姿半开张。芽叶绿色、无茸毛。叶片长宽 14.4cm×6.5cm，叶椭圆形，叶色深绿，叶脉 9～11 对，叶身内折，叶面平，叶缘微波，叶质硬，叶背主脉无茸毛
FQ016	金鸡大茶树3号	*C. taliensis*	凤庆县鲁史镇金鸡村	2 346	7.7	5.2×5.6	1.4	小乔木型，树姿半开张。芽叶绿色、无茸毛。叶片长宽 13.8cm×5.9cm，叶椭圆形，叶色绿，叶脉 8 对，叶身内折，叶面平，叶缘微波，叶质硬，叶背主脉无茸毛
FQ017	古平大茶树1号	*C. taliensis*	凤庆县鲁史镇古平村	2 400	9.0	7.0×6.3	2.2	小乔木型，树姿半开张。芽叶淡绿色、无茸毛。叶片长宽 13.6cm×5.2cm，叶长椭圆形，叶色深绿，叶脉 11 对，叶背主脉无茸毛。萼片 5 片、无茸毛。花冠直径 6.3cm×6.5cm，花瓣 11 枚，花柱先端 5 裂，子房多茸毛
FQ018	古平大茶树2号	*C. taliensis*	凤庆县鲁史镇古平村	2 370	8.3	6.0×6.2	1.7	小乔木型，树姿半开张。芽叶紫绿色、无茸毛。叶片长宽 15.2cm×5.0cm，叶椭圆形，叶色深绿，叶脉 9 对，叶身平，叶面平，叶缘微波，叶质硬，叶背主脉无茸毛
FQ019	古平大茶树3号	*C. taliensis*	凤庆县鲁史镇古平村	2 382	6.8	5.0×6.0	1.5	小乔木型，树姿半开张。芽叶淡绿色、无茸毛。叶片长宽 14.0cm×5.7cm，叶椭圆形，叶色深绿，叶脉 7 对，叶背主脉无茸毛。萼片 5 片、无茸毛。花冠直径 5.8cm×5.5cm，花瓣 9 枚、花柱先端 5 裂，子房多茸毛
FQ020	金马野生大茶树1号	*C. taliensis*	凤庆县鲁史镇金马村老道箐	2 045	10.2	5.0×7.5	1.7	乔木型，树姿直立。芽叶绿色、无茸毛。叶片长宽 14.5cm×5.6cm，叶长椭圆形，叶色深绿，叶脉 10 对，叶身内折，叶面平，叶缘微波，叶质硬，叶背主脉无茸毛
FQ021	金马野生大茶树2号	*C. taliensis*	凤庆县鲁史镇金马村老道箐	2 062	7.6	5.0×5.2	1.5	乔木型，树姿直立。芽叶淡绿色、无茸毛。叶片长宽 16.3cm×6.3cm，叶长椭圆形，叶色深绿，叶脉 12 对，叶身平，叶面平，叶缘微波，叶质硬，叶背主脉无茸毛

（续）

种质编号	种质名称	物种名称	分布地点	海拔（m）	树高（m）	树幅（m×m）	基部干围（m）	主要形态
FQ022	金马野生大茶树3号	*C. taliensis*	凤庆县鲁史镇金马村老道箐	2 056	7.0	5.0×6.0	1.4	小乔木型，树姿半开张。芽叶绿色、无茸毛。叶片长宽14.7cm×5.5cm，叶长椭圆形，叶色绿，叶脉9对，叶背主脉无茸毛。萼片5片、无茸毛。花冠直径6.4cm×5.8cm，花瓣9枚，花柱先端5裂，子房多茸毛
FQ023	沿河大茶树1号	*C. sinensis* var. *assamica*	凤庆县鲁史镇沿河村	1 984	6.2	5.0×4.5	1.5	小乔木型，树姿半开张。芽叶黄绿色、茸毛多。叶片长宽12.5cm×4.7cm，叶椭圆形，叶色浅绿，叶脉7对，叶质软，叶背主脉有茸毛。萼片5片、无茸毛。花冠直径3.0cm×3.6cm，花瓣6枚，花柱先端3裂，子房多茸毛。果实球形、肾形
FQ024	沿河大茶树2号	*C. sinensis* var. *assamica*	凤庆县鲁史镇沿河村	2 015	6.0	5.6×3.5	1.3	小乔木型，树姿半开张。芽叶黄绿色、茸毛多。叶片长宽14.2cm×4.7cm，叶长椭圆形，叶色绿，叶脉9对，叶背主脉有茸毛。萼片5片、无茸毛。花冠直径3.3cm×4.2cm，花瓣7枚，花柱先端3裂，子房多茸毛
FQ025	沿河大茶树3号	*C. sinensis* var. *assamica*	凤庆县鲁史镇沿河村	2 020	5.5	4.0×4.5	1.1	小乔木型，树姿半开张。芽叶绿色、茸毛多。叶片长宽13.3cm×5.2cm，叶椭圆形，叶色绿，叶脉8对。萼片5片、无茸毛。花冠直径3.4cm×3.0cm，花瓣6枚，花柱先端3裂，子房多茸毛
FQ026	羊头山大茶树1号	*C. taliensis*	凤庆县鲁史镇羊头山村	2 017	16.2	8.0×7.6	3.0	小乔木型，树姿半开张。芽叶绿色、无茸毛。叶片长宽14.1cm×5.0cm，叶长椭圆形，叶色深绿，叶脉9对，叶质硬，叶背主脉无茸毛。萼片5片、无茸毛。花冠直径4.3cm×4.5cm，花瓣10枚，花柱先端5裂，子房多茸毛
FQ027	羊头山大茶树2号	*C. taliensis*	凤庆县鲁史镇羊头山村	2 023	13.5	5.7×5.0	2.3	小乔木型，树姿半开张。芽叶紫绿色、无茸毛。叶片长宽15.8cm×5.6cm，叶椭圆形，叶色深绿，叶脉11对，叶质硬，叶背主脉无茸毛。萼片5片、无茸毛。花冠直径7.0cm×6.5cm，花瓣9枚，花柱先端5裂，子房多茸毛
FQ028	羊头山大茶树3号	*C. taliensis*	凤庆县鲁史镇羊头山村	2 020	10.0	6.3×4.5	1.7	小乔木型，树姿半开张。芽叶绿色、无茸毛。叶片长宽16.3cm×6.6cm，叶椭圆形，叶色深绿，叶脉10对，叶质硬，叶背主脉无茸毛。萼片5片、无茸毛。花冠直径6.0cm×6.3cm，花瓣11枚，花柱先端5裂，子房多茸毛

（续）

种质编号	种质名称	物种名称	分布地点	海拔（m）	树高（m）	树幅（m×m）	基部干围（m）	主要形态
FQ029	桂花村大茶树1号	*C. taliensis*	凤庆县小湾镇桂花村大沟	2 102	5.3	4.0×3.0	3.1	小乔木型，树姿半开张。芽叶绿色、无茸毛。叶片长宽14.0cm×5.0cm，叶长椭圆形，叶色深绿，叶脉11对，叶背主脉无茸毛。萼片5片、无茸毛。花冠直径6.7cm×7.2cm，花瓣11枚，花柱先端5裂，子房有茸毛。果实四方形、梅花形
FQ030	桂花村大茶树2号	*C. taliensis*	凤庆县小湾镇桂花村花树林	2 127	5.2	5.0×6.0	2.1	乔木型，树姿半开张。芽叶紫绿色、无茸毛。叶片长宽12.9cm×4.7cm，叶长椭圆形，叶色绿，叶脉9对，叶背主脉无茸毛。萼片5片、无茸毛。花冠直径4.7cm×4.5cm，花瓣10枚，花柱先端5裂，子房有茸毛。果实四方形、梅花形
FQ031	桂花村大茶树3号	*C. taliensis*	凤庆县小湾镇桂花村花树林	2 130	5.3	4.3×4.5	2.8	乔木型，树姿半开张。芽叶紫红色、无茸毛。叶片长宽14.4cm×5.7cm，叶长椭圆形，叶色深绿，叶脉11对，叶背主脉无茸毛。萼片5片、无茸毛。花冠直径6.0cm×5.2cm，花瓣11枚，花柱先端5裂，子房有茸毛。果实四方形、梅花形
FQ032	桂花村大茶树4号	*C. taliensis*	凤庆县小湾镇桂花村花树林	2 132	5.0	4.5×5.0	2.5	乔木型，树姿直立。芽叶淡绿色、无茸毛。叶片长宽14.8cm×5.3cm，叶长椭圆形，叶色深绿，叶脉9对，叶背主脉无茸毛。萼片5片、无茸毛。花冠直径5.2cm×7.0cm，花瓣12枚，花柱先端5裂，子房有茸毛。果实四方形、梅花形
FQ033	桂花村大茶树5号	*C. taliensis*	凤庆县小湾镇桂花村花树林	2 104	4.0	4.0×4.0	2.4	小乔木型，树姿半开张。芽叶淡绿色、无茸毛。叶片长宽13.0cm×5.7cm，叶长椭圆形，叶色绿，叶脉10对，叶背主脉无茸毛，叶身平，叶缘平
FQ034	华峰大茶树1号	*C. taliensis*	凤庆县小湾镇华峰村红星小组	2 045	4.5	8.0×7.2	2.4	小乔木型，树姿半开张。芽叶淡绿色、无茸毛。叶片长宽13.6cm×5.4cm，叶长椭圆形，叶色绿，叶脉12对，叶背主脉无茸毛，叶背主脉无茸毛，叶身稍内折，叶缘平
FQ035	华峰大茶树2号	*C. taliensis*	凤庆县小湾镇华峰村龙塘小组	2 083	6.0	3.4×5.3	2.0	小乔木型，树姿半开张。芽叶黄绿色、无茸毛。叶片长宽16.6cm×5.9cm，叶长椭圆形，叶色绿，叶脉12对，叶背主脉无茸毛，叶身稍内折，叶缘平

（续）

种质编号	种质名称	物种名称	分布地点	海拔（m）	树高（m）	树幅（m×m）	基部干围（m）	主要形态
FQ036	华峰大茶树3号	*C. taliensis*	凤庆县小湾镇华峰村芹菜园子	2 076	7.5	2.8×2.5	2.1	小乔木型，树姿半开张。芽叶黄绿色、无茸毛。叶片长宽 17.2cm×6.4cm，叶长椭圆形，叶色绿，叶脉12对，叶背主脉无茸毛，叶身稍内折，叶缘平
FQ037	香竹箐大茶树1号	*C. taliensis*	凤庆县小湾镇锦秀村香竹箐	2 245	10.6	10.0×9.3	5.8	小乔木型，树姿开张。芽叶绿色、无茸毛。叶片长宽 14.5cm×5.8cm，叶长椭圆形，叶色深绿，叶脉9对，叶身平，叶面平，叶缘平，叶质硬，叶背主脉无茸毛。萼片5片、绿色、无茸毛。花冠直径 5.7cm×6.3cm，花瓣11枚，花柱先端5裂，子房有茸毛。果实四方形、梅花形
FQ038	香竹箐大茶树2号	*C. taliensis*	凤庆县小湾镇锦秀村香竹箐	2 220	9.0	5.4×5.3	2.4	乔木型，树姿直立。芽叶紫绿色、无茸毛。叶片长宽 13.7cm×6.8cm，叶形近圆形，叶色绿，叶脉8对，叶背主脉无茸毛。萼片5片、绿色、无茸毛。花冠直径 5.8cm×7.3cm，花瓣9枚，花柱先端5裂，子房有茸毛
FQ039	香竹箐大茶树3号	*C. taliensis*	凤庆县小湾镇锦秀村香竹箐	2 218	8.5	4.0×5.0	2.7	小乔木型，树姿直立。芽叶绿色、无茸毛。叶片长宽 15.3cm×5.7cm，叶椭圆形，叶色深绿，叶脉9对，叶质硬，叶背主脉无茸毛。果实球形
FQ040	香竹箐大茶树4号	*C. taliensis*	凤庆县小湾镇锦秀村香竹箐	2 218	11.0	5.7×6.5	3.2	乔木型，树姿直立。芽叶绿色、无茸毛。叶片长宽 16.2cm×6.0cm，叶长椭圆形，叶色绿，叶脉11对，叶身内折，叶面平，叶缘平，叶质硬，叶背主脉无茸毛
FQ041	香竹箐大茶树5号	*C. taliensis*	凤庆县小湾镇锦秀村香竹箐	2 218	7.2	5.3×4.5	2.5	小乔木型，树姿直立。芽叶绿色、无茸毛。叶片长宽 13.0cm×5.0cm，叶椭圆形，叶色绿，叶脉8对，叶背主脉无茸毛。萼片5片、无茸毛。花冠直径 5.8cm×6.3cm，花瓣11枚，花柱先端5裂，子房有茸毛
FQ042	香竹箐大茶树6号	*C. taliensis*	凤庆县小湾镇锦秀村香竹箐	2 215	7.8	4.0×5.0	2.4	小乔木型，树姿直立。芽叶绿色、无茸毛。叶片长宽 14.5cm×4.8cm，叶长椭圆形，叶色绿，叶脉10对，叶背主脉无茸毛。萼片5片、无茸毛。花冠直径 6.7cm×7.3cm，花瓣9枚，花柱先端5裂，子房有茸毛。果实四方形、梅花形
FQ043	香竹箐大茶树7号	*C. taliensis*	凤庆县小湾镇锦秀村香竹箐	2 215	8.0	6.0×5.2	2.3	小乔木型，树姿半开张。芽叶紫绿色、无茸毛。叶片长宽 14.8cm×5.4cm，叶长椭圆形，叶色绿，叶基楔形，叶脉10对，叶身平，叶质硬，叶背主脉无茸毛

（续）

种质编号	种质名称	物种名称	分布地点	海拔（m）	树高（m）	树幅（m×m）	基部干围（m）	主要形态
FQ044	甲山大茶树1号	*C. taliensis*	风庆县小湾镇锦秀村甲山	2 170	10.5	7.6×6.5	3.3	乔木型，树姿直立。芽叶绿色、无茸毛。叶片长宽15.4cm×5.0cm，叶长椭圆形，叶色深绿，叶脉9对，叶质硬，叶背主脉无茸毛。萼片5片、无茸毛，花冠直径5.4cm×6.3cm，花瓣11枚，花柱先端5裂，子房茸毛多。果实四方形、梅花形
FQ045	甲山大茶树2号	*C. taliensis*	风庆县小湾镇锦秀村甲山	2 143	8.2	5.0×5.3	2.8	乔木型，树姿直立。芽叶绿色、无茸毛。叶片长宽16.6cm×6.4cm，叶长椭圆形，叶色深绿，叶脉11对，叶身内折，叶面平，叶缘微波，叶质硬，叶背主脉无茸毛
FQ046	甲山大茶树3号	*C. taliensis*	风庆县小湾镇锦秀村甲山	2 143	6.5	4.0×5.0	2.4	乔木型，树姿直立。芽叶绿色、无茸毛。叶片长宽15.4cm×6.6cm，叶椭圆形，叶色深绿，叶脉12对，叶身内折，叶面平，叶缘平，叶质硬，叶背主脉无茸毛。果实四方形、梅花形
FQ047	甲山大茶树4号	*C. taliensis*	风庆县小湾镇锦秀村甲山	2 140	7.0	4.0×4.3	2.0	乔木型，树姿直立。芽叶绿色、无茸毛。叶片长宽15.0cm×6.0cm，叶椭圆形，叶色深绿，叶脉11对，叶身内折，叶面平，叶缘平，叶质硬，叶背主脉无茸毛。萼片5片、无茸毛，花冠直径5.7cm×6.5cm，花柱先端5裂、子房有茸毛。果实四方形、梅花形
FQ048	甲山大茶树5号	*C. taliensis*	风庆县小湾镇锦秀村甲山	2 137	6.3	4.5×4.0	2.2	小乔木型，树姿半开张。芽叶紫绿色、无茸毛。叶片长宽14.3cm×5.4cm，叶椭圆形，叶色绿，叶脉10对，叶身内折，叶面平，叶缘平，叶质硬，叶背主脉无茸毛。萼片5片、无茸毛，花冠直径5.0cm×4.7cm，花柱先端5裂、子房有茸毛。果实四方形、梅花形
FQ049	红卫大茶树1号	*C. taliensis*	风庆县小湾镇锦秀村红卫	2 190	9.8	4.0×3.0	3.0	乔木型，树姿直立。芽叶紫绿色、无茸毛。叶片长宽15.0cm×5.8cm，叶长椭圆形，叶色深绿，叶脉10对。萼片5片、无茸毛，花冠直径6.0cm×5.3cm，花瓣9枚，花柱先端5裂，子房茸毛多。果实四方形、梅花形
FQ050	红卫大茶树2号	*C. taliensis*	风庆县小湾镇锦秀村红卫	2 185	7.5	5.0×3.8	2.4	小乔木型，树姿半开张。芽叶绿色、无茸毛。叶片长宽14.3cm×4.7cm，叶披针形，叶色深绿，叶脉12对，叶背主脉无茸毛。萼片5片、无茸毛，花冠直径6.8cm×7.5cm，花瓣9枚，花柱先端5裂，子房茸毛多。果实四方形、梅花形

（续）

种质编号	种质名称	物种名称	分布地点	海拔（m）	树高（m）	树幅（m×m）	基部干围（m）	主要形态
FQ051	红卫大茶树3号	*C. taliensis*	凤庆县小湾镇锦秀村红卫	2 182	6.0	4.0×6.5	2.2	乔木型，树姿直立。芽叶绿色、无茸毛。叶片长宽13.3cm×4.9cm，叶长椭圆形，叶色深绿，叶脉8对，叶身内折，叶面平，叶缘微波，叶质硬，叶背主脉无茸毛
FQ052	大平掌大茶树1号	*C. taliensis*	凤庆县小湾镇锦秀村大平掌	2 109	6.5	6.3×5.8	2.3	小乔木型，树姿半开张。芽叶绿色、无茸毛。叶片长宽12.4cm×4.5cm，叶长椭圆形，叶色深绿，叶脉12对，叶背主脉无茸毛。萼片5片、无茸毛。花冠直径6.2cm×5.6cm，花瓣10枚，花柱先端5裂，子房多茸毛。果实四方形、梅花形
FQ053	大平掌大茶树2号	*C. taliensis*	凤庆县小湾镇锦秀村大平掌	2 109	7.0	2.3×5.0	1.8	小乔木型，树姿半开张。芽叶绿色、无茸毛。叶片长宽13.8cm×4.4cm，叶长椭圆形，叶色深绿，叶脉10对，叶背主脉无茸毛。萼片5片、无茸毛。花冠直径5.8cm×5.3cm，花瓣11枚，花柱先端4～5裂，子房多茸毛。果实四方形、梅花形
FQ054	大平掌大茶树3号	*C. taliensis*	凤庆县小湾镇锦秀村大平掌	2 120	8.2	5.0×3.5	1.7	小乔木型，树姿半开张。芽叶绿色、无茸毛。叶片长宽18.3cm×4.4cm，叶长椭圆形，叶色绿，叶脉8对，叶身内折，叶面平，叶缘微波，叶质硬，叶背主脉无茸毛。萼片5片、无茸毛，花冠直径5.5cm×6.0cm，花瓣9枚，花柱先端5裂，子房茸毛多
FQ055	梅竹大茶树1号	*C. taliensis*	凤庆县小湾镇梅竹村	2 050	9.0	6.0×6.0	2.7	小乔木型，树姿开张。芽叶绿色、无茸毛。叶片长宽19.8cm×4.8cm，叶长椭圆形，叶色浅绿，叶脉9对，叶背主脉无茸毛。萼片5片、无茸毛，花冠直径5.4cm×6.0cm，花瓣9枚，花柱先端5裂，子房多茸毛。果实四方形、梅花形
FQ056	梅竹大茶树2号	*C. taliensis*	凤庆县小湾镇梅竹村	2 034	6.0	4.0×3.0	2.4	小乔木型，树姿半开张。芽叶淡绿色、无茸毛。叶片长宽15.7cm×5.4cm，叶椭圆形，叶色绿，叶脉10对。萼片5片、无茸毛，花冠直径5.5cm×6.4cm，花瓣11枚，花柱先端5裂，子房多茸毛
FQ057	梅竹大茶树3号	*C. taliensis*	凤庆县小湾镇梅竹村	2 046	5.0	3.8×3.0	2.9	小乔木型，树姿半开张。芽叶绿色、无茸毛。叶片长宽12.9cm×4.5cm，叶披针形，叶色绿，叶脉9对。萼片5片、无茸毛，花冠直径4.0cm×5.6cm，花瓣11枚，花柱先端5裂，子房多茸毛

（续）

种质编号	种质名称	物种名称	分布地点	海拔（m）	树高（m）	树幅（m×m）	基部干围（m）	主要形态
FQ058	梅竹大茶树4号	*C. taliensis*	凤庆县小湾镇梅竹村	2 040	4.0	3.0×3.5	2.4	小乔木型，树姿半开张。芽叶紫绿色、无茸毛。叶片长宽 15.3cm×6.5cm，叶长椭圆形，叶色深绿，叶脉 10 对，叶身平，叶缘平，叶面微隆起，叶质硬
FQ059	梅竹大茶树5号	*C. taliensis*	凤庆县小湾镇梅竹村	2 063	10.0	4.0×4.0	2.9	小乔木型，树姿半开张。芽叶淡绿色、无茸毛。叶片长宽 14.7cm×5.5cm，叶长椭圆形，叶色深绿，叶脉 10 对，叶身平，叶缘平，叶面微隆起，叶质硬
FQ060	梅竹大茶树6号	*C. taliensis*	凤庆县小湾镇梅竹村	2 037	4.0	4.0×3.0	2.1	小乔木型，树姿半开张。芽叶淡绿色、无茸毛。叶片长宽 14.0cm×5.2cm，叶长椭圆形，叶色深绿，叶脉 9 对，叶身平，叶缘平，叶面微隆起，叶质硬
FQ061	箐中大茶树1号	*C. taliensis*	凤庆县小湾镇箐中村石岭岗	2 065	6.0	6.0×6.0	2.3	小乔木型，树姿半开张。芽叶绿色、茸毛多。叶片长宽 15.8cm×5.0cm，叶长椭圆形，叶色绿，叶脉 10 对。萼片 5 片、无茸毛，花冠直径 5.4cm×5.7cm，花瓣 11 枚，花柱先端 5 裂，子房茸毛多。果实球形、梅花形
FQ062	箐中大茶树2号	*C. taliensis*	凤庆县小湾镇箐中村石岭岗	2 072	8.0	6.0×5.3	2.0	小乔木型，树姿半开张。芽叶绿色、无茸毛多。叶片长宽 12.0cm×4.6cm，叶长椭圆形，叶色绿，叶脉 8 对。萼片 5 片、无茸毛，花冠直径 5.2cm×5.7cm，花瓣 10 枚，花柱先端 5 裂，子房茸毛多
FQ063	箐中大茶树3号	*C. taliensis*	凤庆县小湾镇箐中村石岭岗	2 070	5.0	3.7×3.5	1.7	小乔木型，树姿半开张。芽叶绿色、无茸毛。叶片长宽 17.5cm×4.8cm，叶长椭圆形，叶色绿，叶脉 9 对，叶身稍内折，叶面平，叶缘平，叶质硬，叶背主脉无茸毛
FQ064	瓦窑山大茶树	*C. taliensis*	凤庆县小湾镇正义村瓦窑山	2 082	6.0	4.0×4.0	2.3	小乔木型，树姿半开张。芽叶绿色、无茸毛。叶片长宽 15.2cm×5.3cm，叶长椭圆形，叶色深绿，叶脉 9 对。萼片 5 片、无茸毛，花冠直径 4.8cm×6.3cm，花瓣 11 枚，花柱先端 5 裂，子房茸毛多。果实四方形、梅花形
FQ065	三水大茶树1号	*C. taliensis*	凤庆县小湾镇三水村团结后箐	2 130	10	4.2×4.8	4.1	乔木型，树姿半开张。芽叶绿色、无茸毛。叶片长宽 15.0cm×5.8cm，叶长椭圆形，叶色深绿，叶脉 10 对。萼片 5 片、无茸毛，花冠直径 4.0cm×4.8cm，花瓣 9 枚，花柱先端 5 裂，子房茸毛多。果实四方形、梅花形

（续）

种质编号	种质名称	物种名称	分布地点	海拔（m）	树高（m）	树幅（m×m）	基部干围（m）	主要形态
FQ066	三水大茶树2号	*C. taliensis*	凤庆县小湾镇三水村水井槽	2 124	9.1	5.0×4.0	3.0	小乔木型，树姿半开张。芽叶紫绿色、无茸毛。叶片长宽14.3cm×5.7cm，叶长椭圆形，叶色深绿，叶脉9对。萼片5片、无茸毛，花冠直径5.7cm×6.0cm，花瓣11枚，花柱先端5裂，子房多茸毛。果实四方形
FQ067	三水大茶树3号	*C. taliensis*	凤庆县小湾镇三水村林海下村	2 084	9.0	4.2×4.5	2.7	乔木型，树姿直立。芽叶淡绿色、无茸毛。叶片长宽13.5cm×5.2cm，叶长椭圆形，叶色绿，叶身平，叶缘平，叶面平，叶脉12对
FQ068	三水大茶树4号	*C. taliensis*	凤庆县小湾镇三水村石头窝	2 100	5.0	3.5×3.7	2.4	小乔木型，树姿半开张。芽叶绿色、无茸毛。叶片长宽15.2cm×5.3cm，叶长椭圆形，叶色深绿，叶脉9对，叶身稍内折，叶缘平，叶面平
FQ069	温泉大茶树1号	*C. taliensis*	凤庆县小湾镇温泉村对门山	2 013	7.0	6.2×6.0	3.0	小乔木型，树姿半开张。芽叶绿色、无茸毛。叶片长宽15.0cm×6.3cm，叶长椭圆形，叶色深绿，叶脉11对，叶身稍内折，叶缘平，叶面平。果实梅花形、四方形
FQ070	温泉大茶树2号	*C. taliensis*	凤庆县小湾镇温泉村坡脚茶叶树	2 044	5.8	2.7×3.5	2.6	小乔木型，树姿直立。芽叶黄绿色、无茸毛。叶片长宽14.8cm×5.7cm，叶长椭圆形，叶色深绿，叶脉12对，萼片5片、无茸毛，花冠直径5.4cm×6.3cm，花柱先端5裂、子房有茸毛
FQ071	温泉大茶树3号	*C. taliensis*	凤庆县小湾镇温泉村箐口洼地	2 040	4.5	3.0×3.3	2.4	小乔木型，树姿半开张。芽叶紫绿色、无茸毛。叶片长宽14.9cm×5.8cm，叶长椭圆形，叶色深绿，叶脉10对，叶身稍内折，叶缘平，叶面平。果实梅花形、四方形
FQ072	温泉大茶树4号	*C. taliensis*	凤庆县小湾镇温泉村中山	2 048	4.0	3.0×3.4	2.2	小乔木型，树姿半开张。芽叶绿色、无茸毛。叶片长宽15.8cm×5.2cm，叶长椭圆形，叶色绿，叶脉11对，叶身稍内折，叶缘平，叶面平
FQ073	岔河大茶树1号	*C. taliensis*	凤庆县大寺乡岔河村羊山小组	2 084	8.7	7.5×6.0	4.0	小乔木型，树姿半开张。芽叶绿色、无茸毛。叶片长宽13.4cm×5.8cm，叶长椭圆形，叶色深绿，叶脉10对。萼片5片、无茸毛，花冠直径5.5cm×6.5cm，花瓣11枚，花柱先端5裂，子房茸毛多。果实四方形、梅花形

（续）

种质编号	种质名称	物种名称	分布地点	海拔（m）	树高（m）	树幅（m×m）	基部干围（m）	主要形态
FQ074	岔河大茶树2号	*C. taliensis*	凤庆县大寺乡岔河村义路小组	2 068	7.9	7.0×5.7	3.3	小乔木型，树姿直立。芽叶黄绿色、茸毛少。叶片长宽 12.8cm×4.8cm，叶长椭圆形，叶色绿，叶脉11对。萼片5片、无茸毛，花冠直径6.4cm×7.5cm，花瓣9枚，花柱先端4～5裂，子房茸毛多
FQ075	岔河大茶树3号	*C. taliensis*	凤庆县大寺乡岔河村义路小组	2 074	7.0	6.0×6.0	3.1	乔木型，树姿半开张。芽叶紫绿色、无茸毛。叶片长宽 14.2cm×5.8cm，叶长椭圆形，叶色绿，叶脉10对。萼片5片、无茸毛，花冠直径6.0cm×7.0cm，花瓣10枚，花柱先端4～5裂，子房茸毛多。果实四方形、梅花形
FQ076	岔河大茶树4号	*C. taliensis*	凤庆县大寺乡岔河村义路小组	2 070	6.5	6.0×5.0	2.4	乔木型，树姿半开张。芽叶紫绿色、无茸毛。叶片长宽 14.8cm×5.3cm，叶长椭圆形，叶色深绿，叶脉8对。萼片5片、无茸毛，花冠直径5.0cm×5.4cm，花瓣9枚，花柱先端5裂，子房多茸毛。果实四方形、梅花形
FQ077	岔河大茶树5号	*C. taliensis*	凤庆县大寺乡岔河村小组	2 062	8.5	4.0×4.0	2.4	乔木型，树姿半开张。芽叶淡绿色、无茸毛。叶片长宽 13.5cm×5.0cm，叶长椭圆形，叶色深绿，叶脉8对。萼片5片、无茸毛，花冠直径5.7cm×4.0cm，花瓣11枚，花柱先端5裂，子房多茸毛。果实四方形、梅花形
FQ078	岔河大茶树6号	*C. taliensis*	凤庆县大寺乡岔河村义路小组	2 084	7.0	6.0×7.0	2.4	乔木型，树姿直立。芽叶淡绿色、无茸毛。叶片长宽14.0cm×5.3cm，叶长椭圆形，叶色深绿，叶脉12对。萼片5片、无茸毛，花冠直径5.5cm×5.8cm，花瓣12枚，花柱先端5裂，子房多茸毛。果实四方形、梅花形
FQ079	岔河大茶树7号	*C. taliensis*	凤庆县大寺乡岔河村义路小组	2 074	7.2	6.5×7.0	2.3	乔木型，树姿直立。芽叶淡绿色、无茸毛。叶片长宽15.2cm×5.8cm，叶长椭圆形，叶色深绿，叶脉11对。萼片5片、无茸毛，花冠直径6.0cm×6.8cm，花瓣9枚，花柱先端4～5裂，子房多茸毛。果实四方形、梅花形
FQ080	岔河大茶树8号	*C. taliensis*	凤庆县大寺乡岔河村河边小组	2 065	6.0	5.2×4.3	2.1	小乔木型，树姿半开张。芽叶绿色、无茸毛。叶片长宽 16.0cm×4.4cm，叶长椭圆形，叶色绿，叶脉7对。萼片5片、无茸毛，花冠直径6.3cm×6.5cm，花瓣8枚，花柱先端4～5裂，子房茸毛多

（续）

种质编号	种质名称	物种名称	分布地点	海拔（m）	树高（m）	树幅（m×m）	基部干围（m）	主要形态
FQ081	岔河大茶树9号	*C. taliensis*	凤庆县大寺乡岔河村陈家路	2 072	7.0	4.3×5.0	2.4	小乔木型，树姿直立。芽叶黄绿色、无茸毛少。叶片长宽14.0cm×5.3cm，叶长椭圆形，叶色绿，叶脉11对，叶身内折，叶面平，叶缘平，叶质软，叶背主脉无茸毛
FQ082	岔河大茶树10号	*C. sinensis* var. *assamica*	凤庆县大寺乡岔河村学堂小组	2 068	8.2	5.5×6.3	2.2	小乔木型，树姿半开张。芽叶黄绿色、茸毛多。叶片长宽12.8cm×4.6cm，叶长椭圆形，叶色绿，叶脉8对。萼片5片、无茸毛，花冠直径3.8cm×4.2cm，花瓣6枚，花柱先端3裂，子房茸毛多
FQ083	岔河大茶树11号	*C. sinensis* var. *assamica*	凤庆县大寺乡岔河村核桃林	2 083	6.0	3.0×5.8	2.0	小乔木型，树姿半开张。芽叶绿色、茸毛多。叶片长宽14.4cm×5.2cm，叶长椭圆形，叶色绿，叶脉9对。萼片5片、无茸毛，花冠直径3.4cm×4.0cm，花瓣7枚，花柱先端3裂，子房茸毛多。果实球形、三角形
FQ084	岔河大茶树12号	*C. sinensis* var. *assamica*	凤庆县大寺乡岔河村学堂小组	2 080	8.5	4.5×4.0	1.6	小乔木型，树姿半开张。芽叶绿色、茸毛多。叶片长宽13.8cm×5.6cm，叶长椭圆形，叶色绿，叶脉8对。萼片5片、无茸毛，花冠直径3.6cm×3.5cm，花瓣6枚，花柱先端3裂，子房茸毛多。果实球形、三角形
FQ085	平河大茶树1号	*C. sinensis* var. *assamica*	凤庆县大寺乡平河村	2 130	5.9	3.0×2.7	2.3	小乔木型，树姿半开张。芽叶黄绿色、茸毛多。叶片长宽14.1cm×5.8cm。叶长椭圆形，叶色绿，叶脉9对。萼片5片、无茸毛。花冠直径3.7cm×3.5cm，花瓣6枚，花柱先端3裂，子房有茸毛。果实球形、肾形
FQ086	平河大茶树2号	*C. sinensis* var. *assamica*	凤庆县大寺乡平河村	2 130	5.0	3.3×3.5	2.1	小乔木型，树姿半开张。芽叶绿色、茸毛多。叶片长宽14.4cm×5.2cm。叶长椭圆形，叶色浅绿，叶脉11对。萼片5片、无茸毛。花冠直径4.0cm×3.6cm，花瓣6枚，花柱先端3裂，子房有茸毛。果实球形、肾形
FQ087	平河大茶树3号	*C. sinensis* var. *assamica*	凤庆县大寺乡平河村	2 130	4.5	3.6×2.7	1.8	小乔木型，树姿半开张。芽叶黄绿色、茸毛多。叶片长宽19.7cm×5.1cm。叶长椭圆形，叶色绿，叶脉8对。萼片5片、无茸毛。花冠直径2.8cm×3.3cm，花瓣6枚，花柱先端3裂，子房有茸毛。果实球形、肾形

（续）

种质编号	种质名称	物种名称	分布地点	海拔（m）	树高（m）	树幅（m×m）	基部干围（m）	主要形态
FQ088	平河大茶树4号	*C. sinensis* var. *assamica*	凤庆县大寺乡平河村	2 174	6.0	3.5×3.3	1.5	小乔木型，树姿半开张。芽叶黄绿色、茸毛多。叶片长宽14.5cm×4.8cm。叶椭圆形，叶色深绿，叶脉10对。萼片5片、无茸毛。花冠直径3.6cm×4.0cm，花瓣6枚，花柱先端3裂，子房有茸毛。果实三角形
FQ089	平河大茶树5号	*C. sinensis* var. *assamica*	凤庆县大寺乡平河村	2 170	5.3	2.0×2.5	1.7	小乔木型，树姿半开张。芽叶淡绿色、茸毛中。叶片长宽16.7cm×4.4cm。叶长椭圆形，叶色浅绿，叶脉8对。萼片5片、无茸毛。花冠直径3.0cm×3.4cm，花瓣6枚，花柱先端3裂，子房有茸毛
FQ090	河顺大茶树1号	*C. sinensis* var. *assamica*	凤庆县大寺乡河顺村大地头小组	2 142	5.0	6.8×6.0	3.1	小乔木型，树姿半开张。芽叶黄绿色、茸毛中。叶片长宽13.9cm×5.0cm。叶长椭圆形，叶色绿，叶脉10对。萼片5片、无茸毛。花冠直径3.2cm×3.6cm，花瓣6枚，花柱先端3裂，子房有茸毛。果实球形、肾形
FQ091	河顺大茶树2号	*C. sinensis* var. *assamica*	凤庆县大寺乡河顺村大窝汤小组	2 142	5.5	3.8×4.0	2.7	小乔木型，树姿半开张。芽叶黄绿色、茸毛中。叶片长宽13.3cm×5.0cm。叶长椭圆形，叶色绿，叶脉9对。萼片5片、无茸毛。花冠直径3.4cm×3.8cm，花瓣7枚，花柱先端3裂，子房有茸毛。果实球形、肾形
FQ092	河顺大茶树3号	*C. sinensis* var. *assamica*	凤庆县大寺乡河顺村大窝汤小组	2 140	4.8	3.0×2.7	2.4	小乔木型，树姿半开张。芽叶紫红色、茸毛中。叶片长宽14.5cm×5.2cm。叶长椭圆形，叶色深绿，叶脉10对。萼片5片、无茸毛。花冠直径3.6cm×3.8cm，花瓣6枚，花柱先端3裂，子房有茸毛。果实三角形
FQ093	河顺大茶树4号	*C. sinensis* var. *assamica*	凤庆县大寺乡河顺村大寨小组	2 140	4.0	2.5×2.0	2.1	小乔木型，树姿半开张。芽叶绿色、茸毛多。叶片长宽14.5cm×5.0cm。叶长椭圆形，叶色绿，叶脉8对。萼片5片、无茸毛。花冠直径3.0cm×3.0cm，花瓣6枚，花柱先端3裂，子房有茸毛。果实球形、肾形
FQ094	双龙大茶树1号	*C. sinensis* var. *assamica*	凤庆县大寺乡双龙村	2 187	5.5	4.0×3.8	2.0	小乔木型，树姿半开张。芽叶淡绿色、茸毛多。叶片长宽11.6cm×4.4cm。叶长椭圆形，叶色绿，叶脉7对。萼片5片、无茸毛。花冠直径3.2cm×3.5cm，花瓣6枚，花柱先端3裂，子房有茸毛。果实球形、肾形

（续）

种质编号	种质名称	物种名称	分布地点	海拔（m）	树高（m）	树幅（m×m）	基部干围（m）	主要形态
FQ095	双龙大茶树2号	*C. sinensis* var. *assamica*	凤庆县大寺乡双龙村	2 185	5.0	3.6×4.0	1.7	小乔木型，树姿半开张。芽叶黄绿色、茸毛多。叶片长宽 14.0cm×4.0cm。叶披针形，叶色绿，叶脉11对。萼片5片、无茸毛。花冠直径2.4cm×2.5cm，花瓣6枚，花柱先端3裂，子房有茸毛。果实球形、肾形
FQ096	双龙大茶树3号	*C. sinensis* var. *assamica*	凤庆县大寺乡双龙村	2 192	6.5	5.0×3.4	1.5	小乔木型，树姿半开张。芽叶绿色、茸毛多。叶片长宽 14.7cm×5.5cm。叶长椭圆形，叶色绿，叶脉9对。萼片5片、无茸毛。花冠直径3.5cm×3.0cm，花瓣7枚，花柱先端3裂，子房有茸毛。果实球形、肾形
FQ097	小光山野生大茶树1号	*C. taliensis*	凤庆县诗礼乡古墨村小光山	2 360	14.5	5.5×7.6	1.8	乔木型，树姿直立。芽叶绿色、无茸毛。叶片长宽14.8cm×5.3cm，叶长椭圆形，叶色绿，叶脉11对，叶质软，叶背主脉无茸毛。萼片5片、无茸毛，花冠直径6.2cm×5.6cm，花瓣11枚，花柱先端5裂，子房有茸毛，果实四方形、梅花形
FQ098	小光山野生大茶树2号	*C. taliensis*	凤庆县诗礼乡古墨村小光山	2 372	8.5	5.0×5.4	1.5	乔木型，树姿直立。芽叶绿色、无茸毛。叶片长宽14.0cm×5.0cm，叶长椭圆形，叶色绿，叶脉9对，叶质软，叶背主脉无茸毛。萼片5片、无茸毛，花冠直径6.7cm×6.0cm，花瓣10枚，花柱先端5裂，子房有茸毛，果实四方形、梅花形
FQ099	小光山野生大茶树3号	*C. taliensis*	凤庆县诗礼乡古墨村小光山	2 363	11.0	4.0×4.5	1.5	乔木型，树姿直立。芽叶绿色、无茸毛。叶片长宽16.3cm×6.3cm，叶长椭圆形，叶色绿，叶脉11对，叶质硬，叶身平，叶缘平，叶齿稀、深、锐，叶背主脉无茸毛
FQ100	鼎新大茶树1号	*C. taliensis*	凤庆县洛党镇鼎新村	1 970	5.0	3.5×3.0	1.7	乔木型，树姿直立。芽叶绿色、无茸毛。叶片长宽15.8cm×6.0cm，叶长椭圆形，叶色绿，叶脉10对，叶质硬，叶身平，叶缘平，叶齿稀、深、锐，叶背主脉无茸毛
FQ101	鼎新大茶树2号	*C. taliensis*	凤庆县洛党镇鼎新村	1 984	5.8	4.5×3.0	1.5	乔木型，树姿直立。芽叶绿色、无茸毛。叶片长宽15.5cm×6.1cm，叶长椭圆形，叶色绿，叶脉10对。萼片5片、无茸毛，花冠直径5.8cm×6.0cm，花瓣9枚，花柱先端5裂，子房有茸毛，果实四方形、梅花形
FQ102	鼎新大茶树3号	*C. taliensis*	凤庆县洛党镇鼎新村	1 977	7.0	4.8×3.5	1.2	乔木型，树姿直立。芽叶绿色、无茸毛。叶片长宽13.5cm×5.0cm，叶椭圆形，叶色绿，叶脉9对，叶质中，叶身平，叶缘平，叶齿稀、深、锐，叶背主脉无茸毛

（续）

种质编号	种质名称	物种名称	分布地点	海拔（m）	树高（m）	树幅（m×m）	基部干围（m）	主要形态
FQ103	新峰大茶树1号	*C. taliensis*	凤庆县洛党镇新峰村四十八道河	2 350	5.4	3.0×3.0	2.2	乔木型，树姿直立。芽叶绿色、无茸毛。叶片长宽15.7cm×6.4cm，叶椭圆形，叶色绿，叶脉11对，叶质中，叶身平，叶缘平，叶齿稀、深、锐，叶背主脉无茸毛
FQ104	新峰大茶树2号	*C. taliensis*	凤庆县洛党镇新峰村四十八道河	2 342	5.0	3.0×2.0	1.4	乔木型，树姿直立。芽叶绿色、无茸毛。叶片长宽15.0cm×6.0cm，叶长椭圆形，叶色绿，叶脉9对，叶背主脉无茸毛。萼片5片、无茸毛，花冠直径6.8cm×7.6cm，花瓣9枚，花柱先端5裂，子房有茸毛，果实四方形、梅花形
FQ105	新峰大茶树3号	*C. taliensis*	凤庆县洛党镇新峰村四十八道河	2 330	7.0	3.5×3.0	1.2	乔木型，树姿直立。芽叶绿色、无茸毛。叶片长宽14.9cm×5.4cm，叶长椭圆形，叶色绿，叶脉10对，叶背主脉无茸毛。萼片5片、无茸毛，花冠直径6.6cm×7.3cm，花瓣11枚，花柱先端5裂，子房有茸毛，果实四方形、梅花形
FQ106	琼岳大茶树1号	*C. taliensis*	凤庆县洛党镇琼岳村	2 146	8.2	4.5×5.0	1.7	乔木型，树姿直立。芽叶紫绿色、无茸毛。叶片长宽16.2cm×7.0cm，叶椭圆形，叶色深绿，叶脉9对，叶质硬，叶身内折，叶缘平，叶齿稀、深、锐，叶背主脉无茸毛
FQ107	琼岳大茶树2号	*C. taliensis*	凤庆县洛党镇琼岳村	2 152	7.0	5.0×4.4	1.2	乔木型，树姿直立。芽叶淡绿色、无茸毛。叶片长宽15.3cm×6.0cm，叶椭圆形，叶色绿，叶脉10对，叶质中，叶身内折，叶缘平，叶齿稀、深、锐，叶背主脉无茸毛
FQ108	琼岳大茶树3号	*C. taliensis*	凤庆县洛党镇琼岳村	2 152	6.0	4.0×3.6	1.0	乔木型，树姿直立。芽叶绿色、无茸毛。叶片长宽14.5cm×5.0cm，叶椭圆形，叶色绿，叶脉9对。萼片5片、无茸毛，花冠直径5.4cm×6.2cm，花瓣11枚，花柱先端5裂，子房有茸毛，果实四方形、梅花形
FQ109	柏木大茶树	*C. taliensis*	凤庆县三岔河镇柏木村大丙山	2 100	3.5	3.0×3.0	2.5	小乔木型，树姿半开张。芽叶紫绿色、无茸毛。叶片长宽15.7cm×5.8cm，叶椭圆形，叶色绿，叶脉9对。萼片5片、无茸毛，花冠直径5.8cm×6.0cm，花瓣9枚，花柱先端5裂，子房有茸毛，果实四方形、梅花形
FQ110	水源村大茶树	*C. sinensis* var. *assamica*	凤庆县新华乡水源村	1 875	2.6	3.2×3.0	1.8	小乔木型，树姿半开张。芽叶绿色、茸毛多。叶片长宽13.5cm×5.7cm。叶椭圆形，叶色绿，叶脉8对。萼片5片、无茸毛。花冠直径3.0cm×3.4cm，花瓣6枚，花柱先端3裂，子房有茸毛。果实球形、肾形

（续）

种质编号	种质名称	物种名称	分布地点	海拔（m）	树高（m）	树幅（m×m）	基部干围（m）	主要形态
FQ111	星源大茶树1号	*C. taliensis*	凤庆县腰街彝族乡星源村打虎山	2 010	11.2	8.3×7.7	3.7	乔木型，树姿半开张。芽叶绿色、无茸毛。叶片长宽12.5cm×4.8cm，叶长椭圆形，叶色深绿，叶脉8对，叶质硬，叶背主脉无茸毛。萼片5片、无茸毛，花冠直径6.0cm×6.4cm，花瓣11枚，花柱先端5裂，子房有茸毛，果实四方形、梅花形
FQ112	星源大茶树2号	*C. taliensis*	凤庆县腰街彝族乡星源村打虎山	2 024	8.3	5.5×5.0	2.5	乔木型，树姿半开张。芽叶绿色、无茸毛。叶片长宽14.6cm×5.2cm，叶长椭圆形，叶色深绿，叶脉11对，叶质硬，叶背主脉无茸毛。萼片5片、无茸毛，花冠直径6.4cm×7.2cm，花瓣10枚，花柱先端5裂，子房有茸毛，果实四方形、梅花形
FQ113	星源大茶树3号	*C. taliensis*	凤庆县腰街彝族乡星源村打虎山	2 031	7.5	6.0×7.0	2.0	乔木型，树姿半开张。芽叶紫绿色、无茸毛。叶片长宽15.5cm×6.3cm，叶长椭圆形，叶色深绿，叶脉9对，叶质硬，叶背主脉无茸毛。萼片5片、无茸毛，花冠直径7.0cm×7.4cm，花瓣11枚，花柱先端5裂，子房有茸毛，果实四方形、梅花形
FQ114	琼英大茶树1号	*C. sinensis* var. *assamica*	凤庆县郭大寨彝族白族乡琼英村	1 955	7.9	4.0×5.0	1.5	小乔木型，树姿半开张。芽叶绿色、茸毛多。叶片长宽15.8cm×5.2cm。叶长椭圆形，叶色绿，叶脉11对。萼片5片、无茸毛。花冠直径3.7cm×3.4cm，花瓣6枚，花柱先端3裂，子房有茸毛。果实球形、肾形
FQ115	琼英大茶树2号	*C. sinensis* var. *assamica*	凤庆县郭大寨彝族白族乡琼英村	1 955	6.0	3.0×3.5	1.0	小乔木型，树姿半开张。芽叶黄绿色、茸毛多。叶片长宽13.9cm×5.0cm。叶长椭圆形，叶色浅绿，叶脉9对。萼片5片、无茸毛。花冠直径2.9cm×3.3cm，花瓣7枚，花柱先端3裂，子房有茸毛。果实球形、三角形
FQ116	琼英大茶树3号	*C. sinensis* var. *assamica*	凤庆县郭大寨彝族白族乡琼英村	1 955	7.0	4.0×4.5	0.8	小乔木型，树姿半开张。芽叶绿色、茸毛多。叶片长宽14.4cm×5.0cm。叶形椭圆形，叶色绿，叶脉9对。萼片5片、无茸毛。花冠直径3.5cm×3.3cm，花瓣6枚，花柱先端3裂，子房有茸毛。果实球形
YX001	本山大茶树1号	*C. taliensis*	云县漫湾镇白莺山古茶园	2 172	10.0	6.5×5.6	2.1	乔木型，树姿直立。芽叶紫绿色、无茸毛。叶片长宽12.6cm×4.8cm，叶长椭圆形，叶色深绿，叶脉9对，叶质硬，叶背主脉无茸毛。萼片5片、无茸毛，花冠直径6.5cm×6.6cm，花瓣11枚，花柱先端5裂，子房有茸毛，果实四方形、梅花形

（续）

种质编号	种质名称	物种名称	分布地点	海拔（m）	树高（m）	树幅（m×m）	基部干围（m）	主要形态
YX002	本山大茶树2号	*C. taliensis*	云县漫湾镇白莺山古茶园	2 146	6.0	4.5×4.0	2.0	小乔木型，树姿直立。芽叶紫绿色、无茸毛。叶片长宽12.0cm×4.6cm，叶长椭圆形，叶色深绿，叶脉8对，叶质中，叶背主脉无茸毛。萼片5片、无茸毛，花冠直径6.0cm×6.2cm，花瓣10枚，花柱先端5裂，子房有茸毛，果实四方形、梅花形
YX003	本山大茶树3号	*C. taliensis*	云县漫湾镇白莺山古茶园	2 146	7.0	5.2×3.4	1.9	小乔木型，树姿直立。芽叶紫绿色、无茸毛。叶片长宽11.8cm×4.7cm，叶长椭圆形，叶色深绿，叶脉9对，叶质硬，叶背主脉无茸毛。萼片5片、无茸毛，花冠直径6.7cm×7.2cm，花瓣11枚，花柱先端5裂，子房有茸毛，果实四方形、梅花形
YX004	本山大茶树4号	*C. taliensis*	云县漫湾镇白莺山古茶园	2 146	5.8	3.0×3.5	1.9	小乔木型，树姿半开张。芽叶紫绿色、无茸毛。叶片长宽13.4cm×4.8cm，叶长椭圆形，叶色深绿，叶身内折，叶面平，叶缘平，叶齿稀，叶脉10对，叶质硬，叶背主脉无茸毛
YX005	本山大茶树5号	*C. taliensis*	云县漫湾镇白莺山古茶园	2 148	8.3	3.6×5.0	2.4	乔木型，树姿直立。芽叶绿色、无茸毛。叶片长宽13.4cm×4.5cm，叶长椭圆形，叶色绿，叶脉10对，叶质硬，叶背主脉无茸毛。萼片5片、无茸毛，花冠直径6.8cm×7.3cm，花瓣10枚，花柱先端5裂，子房有茸毛，果实四方形、梅花形
YX006	本山大茶树6号	*C. taliensis*	云县漫湾镇白莺山古茶园	2 150	5.4	3.5×2.6	1.8	小乔木型，树姿直立。芽叶紫绿色、无茸毛。叶片长宽12.2cm×4.4cm，叶长椭圆形，叶色绿，叶脉8对，叶质中，叶身内折，叶面平，叶缘平，叶齿稀、深、锐，叶背主脉无茸毛
YX007	本山大茶树7号	*C. taliensis*	云县漫湾镇白莺山古茶园	2 150	7.5	5.0×5.0	1.7	小乔木型，树姿直立。芽叶紫绿色、无茸毛。叶片长宽14.0cm×5.0cm，叶长椭圆形，叶色绿，叶脉11对，叶背主脉无茸毛。萼片5片、无茸毛，花冠直径4.5cm×6.3cm，花瓣10枚，花柱先端4～5裂，子房有茸毛，果实四方形、梅花形
YX008	本山大茶树8号	*C. taliensis*	云县漫湾镇白莺山古茶园	2 153	9.0	6.0×5.3	1.8	乔木型，树姿直立。芽叶淡绿色、无茸毛。叶片长宽12.8cm×5.3cm，叶长椭圆形，叶色深绿，叶脉8对，叶背主脉无茸毛。萼片5片、无茸毛，花冠直径6.0cm×6.8cm，花瓣9枚，花柱先端5裂，子房有茸毛，果实四方形、梅花形

（续）

种质编号	种质名称	物种名称	分布地点	海拔（m）	树高（m）	树幅（m×m）	基部干围（m）	主要形态
YX009	本山大茶树9号	*C. taliensis*	云县漫湾镇白莺山古茶园	2 154	6.3	3.5×3.0	1.6	乔木型，树姿直立。芽叶淡绿色、无茸毛。叶片长宽 12.6cm×5.2cm，叶椭圆形，叶色深绿，叶脉 9 对，叶身平，叶面平，叶缘微波，叶齿稀、深、锐，叶背主脉无茸毛
YX010	本山大茶树10号	*C. taliensis*	云县漫湾镇白莺山古茶园	2 154	8.2	5.0×3.6	1.5	乔木型，树姿直立。芽叶紫绿色、无茸毛。叶片长宽 12.9cm×5.3cm，叶长椭圆形，叶色绿，叶脉 10 对，叶背主脉无茸毛。萼片 5 片、无茸毛，花冠直径 6.8cm×6.5cm，花瓣 10 枚，花柱先端 5 裂，子房有茸毛。果实球形
YX011	本山大茶树11号	*C. taliensis*	云县漫湾镇白莺山古茶园	2 166	5.6	4.8×4.0	1.3	小乔木型，树姿直立。芽叶紫绿色、无茸毛。叶片长宽 13.4cm×4.8cm，叶长椭圆形，叶色深绿，叶脉 9 对，叶质硬，叶背主脉无茸毛。萼片 5 片、无茸毛，花冠直径 5.5cm×6.3cm，花瓣 9 枚，花柱先端 5 裂，子房有茸毛，果实四方形、梅花形
YX012	本山大茶树12号	*C. taliensis*	云县漫湾镇白莺山古茶园	2 167	6.0	4.5×3.3	2.0	乔木型，树姿直立。芽叶绿色、无茸毛。叶片长宽 12.4cm×4.5cm，叶长椭圆形，叶色深绿，叶脉 8 对，叶质硬，叶背主脉无茸毛。萼片 5 片、无茸毛，花冠直径 7.5cm×6.8cm，花瓣 10 枚，花柱先端 5 裂，子房有茸毛，果实四方形、梅花形
YX013	本山大茶树13号	*C. taliensis*	云县漫湾镇白莺山古茶园	2 167	7.0	4.0×5.0	1.5	乔木型，树姿直立。芽叶紫绿色、无茸毛。叶片长宽 14.4cm×5.6cm，叶长椭圆形，叶色深绿，叶脉 11 对，叶质硬，叶背主脉无茸毛。萼片 5 片、无茸毛，花冠直径 7.2cm×6.9cm，花瓣 11 枚，花柱先端 5 裂，子房有茸毛，果实四方形、梅花形
YX014	本山大茶树14号	*C. taliensis*	云县漫湾镇白莺山古茶园	2 167	6.6	4.3×3.6	1.7	乔木型，树姿直立。芽叶紫绿色、无茸毛。叶片长宽 15.4cm×6.7cm，叶椭圆形，叶色深绿，叶脉 9 对，叶质硬，叶背主脉无茸毛。萼片 5 片、无茸毛，花冠直径 6.8cm×6.8cm，花瓣 9 枚，花柱先端 5 裂，子房有茸毛，果实四方形、梅花形
YX015	本山大茶树15号	*C. taliensis*	云县漫湾镇白莺山古茶园	2 170	8.0	6.0×5.3	1.5	乔木型，树姿直立。芽叶淡绿色、无茸毛。叶片长宽 16.8cm×5.8cm,，叶长椭圆形，叶色深绿，叶脉 9 对，叶质硬，叶背主脉无茸毛。萼片 5 片、无茸毛，花冠直径 6.0cm×6.3cm，花瓣 11 枚，花柱先端 5 裂，子房有茸毛，果实四方形、梅花形

（续）

种质编号	种质名称	物种名称	分布地点	海拔（m）	树高（m）	树幅（m×m）	基部干围（m）	主要形态
YX016	二嘎了大茶树1号	*C. grandibracteata*	云县漫湾镇白莺山古茶园	2 191	11.0	9.5×9.0	3.9	小乔木型，树姿开张。芽叶绿色、茸毛少。叶片长宽15.0cm×5.3cm，叶椭圆形，叶色绿，叶脉8对，叶背主脉有茸毛。萼片5片、无茸毛，花冠直径5.8cm×5.6cm，花柱先端4～5裂，花瓣8～9枚，子房有茸毛。果实球形
YX017	二嘎子大茶树2号	*C. grandibracteata*	云县漫湾镇白莺山古茶园	2 190	7.0	4.5×6.2	2.2	小乔木型，树姿半开张。芽叶淡绿色、茸毛少。叶片长宽14.8cm×5.7cm，叶椭圆形，叶色深绿，叶脉8对，叶背主脉有茸毛。萼片5片、无茸毛，花冠直径5.4cm×6.0cm，花柱先端3～5裂，花瓣8～9枚，子房有茸毛。果实球形
YX018	二嘎子大茶树3号	*C. grandibracteata*	云县漫湾镇白莺山古茶园	2 184	6.6	4.5×3.0	1.9	乔木型，树姿半开张。芽叶绿色、茸毛少。叶片长宽14.2cm×6.5cm，叶椭圆形，叶色深绿，叶脉9对，叶背主脉有茸毛。萼片5片、无茸毛，花冠直径4.7cm×5.3cm，花柱先端4裂，花瓣10枚，子房有茸毛。果实球形
YX019	二嘎子大茶树4号	*C. grandibracteata*	云县漫湾镇白莺山古茶园	2 180	5.5	3.7×3.0	1.8	小乔木型，树姿半开张。芽叶绿色、茸毛少。叶片长宽15.7cm×5.9cm，叶椭圆形，叶色深绿，叶脉7对，叶背主脉有茸毛。萼片5片、无茸毛，花冠直径6.2cm×5.8cm，花柱先端4～5裂，花瓣8枚，子房有茸毛。果实球形
YX020	二嘎子大茶树5号	*C. grandibracteata*	云县漫湾镇白莺山古茶园	2 190	6.0	4.0×3.0	1.7	小乔木型，树姿半开张。芽叶绿色、茸毛少。叶片长宽14.0cm×5.3cm，叶长椭圆形，叶色深绿，叶脉8对，叶背主脉有茸毛。萼片5片、无茸毛，花冠直径5.4cm×5.6cm，花柱先端4裂，花瓣9枚，子房有茸毛。果实球形
YX021	白芽子大茶树1号	*C. sinensis* var. *pubilimba*	云县漫湾镇白莺山古茶园	2 164	10.0	9.0×6.4	2.6	小乔木型，树姿半开张。芽叶玉白色、茸毛特多。叶片长宽10.8cm×4.2cm，叶椭圆形，叶色绿，叶脉8对，叶背主脉有茸毛。萼片5片、有茸毛，花冠直径2.8cm×2.6cm，花柱先端3裂，花瓣6枚，子房有茸毛。果实球形
YX022	白芽子大茶树2号	*C. sinensis* var. *pubilimba*	云县漫湾镇白莺山古茶园	2 160	5.8	3.0×4.5	2.1	小乔木型，树姿半开张。芽叶玉白色、茸毛特多。叶片长宽11.3cm×4.5cm，叶椭圆形，叶色绿，叶脉7对，叶背主脉有茸毛。萼片5片、有茸毛，花冠直径2.8cm×3.3cm，花柱先端3裂，花瓣6枚，子房有茸毛。果实球形

（续）

种质编号	种质名称	物种名称	分布地点	海拔（m）	树高（m）	树幅（m×m）	基部干围（m）	主要形态
YX023	白芽子大茶树3号	*C. sinensis* var. *pubilimba*	云县漫湾镇白莺山古茶园	2 160	6.4	4.0×5.4	1.9	小乔木型，树姿半开张。芽叶玉白色、茸毛特多。叶片长宽12.0cm×4.7cm，叶椭圆形，叶色绿，叶脉8对，叶背主脉有茸毛。萼片5片、有茸毛，花冠直径2.6cm×2.6cm，花柱先端3裂，花瓣6枚，子房有茸毛。果实球形
YX024	白芽子大茶树4号	*C. sinensis* var. *pubilimba*	云县漫湾镇白莺山古茶园	2 160	4.8	3.0×2.4	1.6	小乔木型，树姿半开张。芽叶淡绿色、茸毛特多。叶片长宽13.6cm×4.9cm，叶长形椭圆形，叶色绿，叶脉9对，叶背主脉有茸毛。萼片5片、有茸毛，花冠直径2.6cm×3.2cm，花柱先端3裂，花瓣6枚，子房有茸毛。果实球形
YX025	白芽子大茶树5号	*C. sinensis* var. *pubilimba*	云县漫湾镇白莺山古茶园	2 162	3.5	2.0×2.4	1.4	小乔木型，树姿半开张。芽叶玉白色、茸毛特多。叶片长宽12.7cm×5.2cm，叶椭圆形，叶色浅绿，叶脉8对，叶背主脉有茸毛。萼片5片、有茸毛，花冠直径2.8cm×3.3cm，花柱先端3裂，花瓣7枚，子房有茸毛。果实球形
YX026	贺庆茶1号	*C. sinensis*	云县漫湾镇白莺山古茶园	2 102	4.2	2.7×2.5	0.9	灌木型，树姿开张。芽叶淡绿色、茸毛多。叶片长宽11.5cm×4.6cm，叶椭圆形，叶色绿，叶脉7对，叶背主脉有茸毛。萼片5片、无茸毛，花冠直径2.4cm×2.7cm，花柱先端3裂，花瓣6枚，子房有茸毛。果实球形
YX027	贺庆茶2号	*C. sinensis*	云县漫湾镇白莺山古茶园	2 104	2.2	2.0×2.5	1.0	灌木型，树姿开张。芽叶淡绿色、茸毛多。叶片长宽9.7cm×3.4cm，叶椭圆形，叶色绿，叶脉6对，叶背主脉有茸毛。萼片5片、无茸毛，花冠直径2.9cm×2.7cm，花柱先端3裂，花瓣5枚，子房有茸毛。果实球形
YX028	贺庆茶3号	*C. sinensis*	云县漫湾镇白莺山古茶园	2 102	2.7	1.7×2.0	0.5	灌木型，树姿开张。芽叶淡绿色、茸毛多。叶片长宽11.5cm×4.3cm，叶椭圆形，叶色绿，叶脉7对，叶背主脉有茸毛。萼片5片、无茸毛，花冠直径3.2cm×2.9cm，花柱先端3裂，花瓣6枚，子房有茸毛。果实球形
YX029	贺庆茶4号	*C. sinensis*	云县漫湾镇白莺山古茶园	2 102	4.2	2.7×2.8	0.6	灌木型，树姿开张。芽叶绿色、茸毛多。叶片长宽11.8cm×4.7cm，叶椭圆形，叶色绿，叶脉9对，叶背主脉有茸毛。萼片5片、无茸毛，花冠直径3.4cm×3.7cm，花柱先端3裂，花瓣6枚，子房有茸毛。果实球形、三角形

（续）

种质编号	种质名称	物种名称	分布地点	海拔（m）	树高（m）	树幅（m×m）	基部干围（m）	主要形态
YX030	贺庆茶5号	*C. sinensis*	云县漫湾镇白莺山古茶园	2 103	4.5	3.1×2.5	0.9	灌木型，树姿开张。芽叶淡绿色、茸毛多。叶片长宽11.0cm×4.2cm，叶椭圆形，叶色绿，叶脉7对，叶背主脉有茸毛。萼片5片、无茸毛，花冠直径2.9cm×2.5cm，花柱先端3裂，花瓣6枚，子房有茸毛。果实球形
YX031	勐库大叶茶1号	*C. sinensis* var. *assamica*	云县漫湾镇白莺山古茶园	2 021	5.8	4.0×4.2	2.9	小乔木型，树姿半开张。芽叶黄绿色、茸毛多。叶片长宽16.4cm×5.7cm，叶长椭圆形，叶色绿，叶脉10对，叶背主脉有茸毛。萼片5片、无茸毛，花冠直径3.8cm×4.0cm，花柱先端3裂，花瓣6枚，子房有茸毛。果实球形、三角形
YX032	勐库大叶茶2号	*C. sinensis* var. *assamica*	云县漫湾镇白莺山古茶园	2 021	4.3	3.5×3.3	2.4	小乔木型，树姿半开张。芽叶黄绿色、茸毛多。叶片长宽15.4cm×5.3cm，叶长椭圆形，叶色绿，叶脉11对，叶背主脉有茸毛。萼片5片、无茸毛，花冠直径4.3cm×4.1cm，花柱先端3裂，花瓣6枚，子房有茸毛。果实球形、三角形
YX033	勐库大叶茶3号	*C. sinensis* var. *assamica*	云县漫湾镇白莺山古茶园	2 046	3.0	2.5×2.7	1.6	小乔木型，树姿半开张。芽叶黄绿色、茸毛多。叶片长宽14.8cm×5.0cm，叶长椭圆形，叶色浅绿，叶脉9对，叶背主脉有茸毛。萼片5片、无茸毛，花冠直径3.9cm×4.3cm，花柱先端3裂，花瓣7枚，子房有茸毛。果实球形、三角形
YX034	勐库大叶茶4号	*C. sinensis* var. *assamica*	云县漫湾镇白莺山古茶园	2 046	5.0	3.5×4.2	2.2	小乔木型，树姿半开张。芽叶绿色、茸毛多。叶片长宽16.0cm×5.5cm，叶长椭圆形，叶色浅绿，叶脉12对，叶背主脉有茸毛。萼片5片、无茸毛，花冠直径4.4cm×4.6cm，花柱先端3裂，花瓣6枚，子房有茸毛。果实球形、三角形
YX035	勐库大叶茶5号	*C. sinensis* var. *assamica*	云县漫湾镇白莺山古茶园	2 110	5.8	3.7×3.3	1.9	小乔木型，树姿半开张。芽叶淡绿色、茸毛多。叶片长宽15.7cm×5.8cm，叶长椭圆形，叶色浅绿，叶脉9对，叶背主脉有茸毛。萼片5片、无茸毛，花冠直径3.3cm×3.5cm，花柱先端3裂，花瓣6枚，子房有茸毛。果实球形、三角形
YX036	勐库大叶茶6号	*C. sinensis* var. *assamica*	云县漫湾镇白莺山古茶园	2 110	5.0	4.3×4.0	1.7	小乔木型，树姿半开张。芽叶黄绿色、茸毛多。叶片长宽16.8cm×6.8cm，叶椭圆形，叶色绿，叶脉10对，叶背主脉有茸毛。萼片5片、无茸毛，花冠直径3.8cm×4.3cm，花柱先端3裂，花瓣7枚，子房有茸毛。果实球形、三角形

（续）

种质编号	种质名称	物种名称	分布地点	海拔（m）	树高（m）	树幅（m×m）	基部干围（m）	主要形态
YX037	勐库大叶茶7号	*C. sinensis* var. *assamica*	云县漫湾镇白莺山古茶园	2 114	6.2	3.0×2.5	0.8	小乔木型，树姿半开张。芽叶黄绿色、茸毛多。叶片长宽 15.4cm×5.8cm，叶长椭圆形，叶色绿，叶脉10对，叶身背卷，叶面微隆起，叶缘微波，叶背主脉有茸毛。果实球形、三角形
YX038	勐库大叶茶8号	*C. sinensis* var. *assamica*	云县漫湾镇白莺山古茶园	2 112	4.5	3.5×3.3	1.3	小乔木型，树姿半开张。芽叶黄绿色、茸毛多。叶片长宽 17.3cm×6.7cm，叶长椭圆形，叶色浅绿，叶脉11对，叶背主脉有茸毛。萼片5片、无茸毛，花冠直径 3.5cm×4.0cm，花柱先端3裂，花瓣6枚，子房有茸毛。果实球形、三角形
YX039	勐库大叶茶9号	*C. sinensis* var. *assamica*	云县漫湾镇白莺山古茶园	2 112	5.0	2.5×3.0	1.0	小乔木型，树姿半开张。芽叶黄绿色、茸毛多。叶片长宽 14.8cm×5.5cm，叶长椭圆形，叶色绿，叶脉9对，叶背主脉有茸毛。萼片5片、无茸毛，花冠直径 3.4cm×3.3cm，花柱先端3裂，花瓣7枚，子房有茸毛。果实球形、三角形
YX040	勐库大叶茶10号	*C. sinensis* var. *assamica*	云县漫湾镇白莺山古茶园	2 114	5.7	4.6×3.8	0.8	小乔木型，树姿半开张。芽叶黄绿色、茸毛多。叶片长宽 15.8cm×6.3cm，叶长椭圆形，叶色绿，叶脉11对，叶背主脉有茸毛。萼片5片、无茸毛，花冠直径 3.8cm×4.2cm，花柱先端3裂，花瓣6枚，子房有茸毛。果实球形、三角形
YX041	黑条子茶1号	*C. grandibracteata*	云县漫湾镇白莺山古茶园	2 170	9.5	6.3×6.5	3.0	乔木型，树姿直立。芽叶绿色、茸毛少。叶片长宽15.5cm×6.7cm，叶椭圆形，叶色深绿，叶脉9对，叶质中，叶背茸毛少。萼片5片、无茸毛，花冠直径4.5cm×4.6cm，花瓣8枚，花柱先端3～4裂，子房茸毛少，果实三角形
YX042	黑条子茶2号	*C. grandibracteata*	云县漫湾镇白莺山古茶园	2 170	8.3	5.0×4.5	2.2	小乔木型，树姿直立。芽叶绿色、有茸毛。叶片长宽 13.8cm×6.0cm，叶椭圆形，叶色深绿，叶脉8对，叶质中，叶背茸毛少。萼片5片、无茸毛，花冠直径 4.8cm×5.6cm，花瓣9枚，花柱先端4～5裂，子房茸毛稀疏，果实三角形
YX043	黑条子茶3号	*C. grandibracteata*	云县漫湾镇白莺山古茶园	2 143	6.5	3.7×2.5	1.4	小乔木型，树姿直立。芽叶淡绿色、茸毛少。叶片长宽 14.2cm×5.7cm，叶长椭圆形，叶色绿，叶脉8对，叶质硬，叶背茸毛少。萼片5片、无茸毛，花冠直径 5.5cm×4.8cm，花瓣11枚，花柱先端3～5裂，子房茸毛少

（续）

种质编号	种质名称	物种名称	分布地点	海拔（m）	树高（m）	树幅（m×m）	基部干围（m）	主要形态
YX044	黑条子茶4号	*C. grandibracteata*	云县漫湾镇白莺山古茶园	2 155	6.4	4.5×4.0	1.8	小乔木型，树姿直立。芽叶绿色、茸毛少。叶片长宽12.5cm×4.7cm，叶长椭圆形，叶色深绿，叶脉8对，叶质中，叶背茸毛少。萼片5片、无茸毛，花冠直径4.5cm×5.2cm，花瓣8枚，花柱先端4～5裂，子房有茸毛，果实三角形
YX045	黑条子茶5号	*C. grandibracteata*	云县漫湾镇白莺山古茶园	2 163	5.5	4.4×3.5	1.7	小乔木型，树姿直立。芽叶绿色、茸毛少。叶片长宽14.2cm×5.0cm，叶长椭圆形，叶色绿，叶脉8对，叶质中，叶背茸毛少。萼片5片、无茸毛，花冠直径4.9cm×5.5cm，花瓣9枚，花柱先端4～5裂，子房有茸毛，果实三角形
YX046	豆蔑茶1号	*C. sinensis*	云县漫湾镇白莺山古茶园	2 084	3.4	2.2×2.0	1.4	灌木型，树姿开张。芽叶绿色、茸毛中。叶片长宽7.8cm×3.1cm，叶椭圆形，叶色绿，叶脉5对，叶质中，叶背茸毛少。萼片5片、无茸毛，花冠直径3.2cm×3.0cm，花瓣6枚，花柱先端3裂，子房有茸毛，果实三角形
YX047	豆蔑茶2号	*C. sinensis*	云县漫湾镇白莺山古茶园	2 084	3.8	2.0×2.5	1.0	灌木型，树姿开张。芽叶绿色、茸毛中。叶片长宽8.3cm×3.4cm，叶椭圆形，叶色绿，叶脉6对，叶质硬，叶背主脉有茸毛。萼片5片、无茸毛，花冠直径3.0cm×2.8cm，花瓣5枚，花柱先端3裂，子房有茸毛，果实三角形、球形
YX048	豆蔑茶3号	*C. sinensis*	云县漫湾镇白莺山古茶园	2 095	3.0	2.4×2.6	1.1	灌木型，树姿开张。芽叶绿色、茸毛中。叶片长宽7.6cm×3.0cm，叶椭圆形，叶色绿，叶脉5对，叶质中，叶背茸毛少。萼片5片、无茸毛，花冠直径3.4cm×3.0cm，花瓣6枚，花柱先端3裂，子房有茸毛，果实三角形
YX049	豆蔑茶4号	*C. sinensis*	云县漫湾镇白莺山古茶园	2 087	2.5	2.8×2.0	1.2	灌木型，树姿开张。芽叶绿色、茸毛中。叶片长宽9.2cm×3.7cm，叶椭圆形，叶色绿，叶脉7对，叶质中，叶背茸毛少。萼片5片、无茸毛，花冠直径2.8cm×3.2cm，花瓣6枚，花柱先端3裂，子房有茸毛，果实三角形
YX050	豆蔑茶5号	*C. sinensis*	云县漫湾镇白莺山古茶园	2 090	2.8	2.5×2.3	1.0	灌木型，树姿开张。芽叶绿色、茸毛中。叶片长宽8.8cm×3.4cm，叶椭圆形，叶色绿，叶脉7对，叶质中，叶背茸毛少。萼片5片、无茸毛，花冠直径3.0cm×3.6cm，花瓣6枚，花柱先端3裂，子房有茸毛，果实三角形

（续）

种质编号	种质名称	物种名称	分布地点	海拔（m）	树高（m）	树幅（m×m）	基部干围（m）	主要形态
YX051	红芽口茶1号	*C. sinensis*	云县漫湾镇白莺山古茶园	2 046	3.4	3.5×3.8	0.7	灌木型，树姿开张。芽叶紫红色、茸毛中。叶片长宽7.9cm×3.4cm，叶椭圆形，叶色绿，叶脉7对，叶质中，叶背茸毛少。萼片5片、无茸毛，花冠直径4.2cm×4.3cm，花瓣6枚，花柱先端4裂，子房有茸毛，果实三角形
YX052	红芽口茶2号	*C. sinensis*	云县漫湾镇白莺山古茶园	2 046	3.0	2.5×3.3	0.8	灌木型，树姿开张。芽叶紫红色、茸毛中。叶片长宽8.5cm×4.0cm，叶椭圆形，叶色绿，叶脉7对，叶质硬，叶背主脉有茸毛。萼片5片、无茸毛，花冠直径3.2cm×3.5cm，花瓣6枚，花柱先端4裂，子房有茸毛，果实三角形
YX053	红芽口茶3号	*C. sinensis*	云县漫湾镇白莺山古茶园	2 042	2.8	3.3×3.0	0.7	灌木型，树姿开张。芽叶紫红色、茸毛中。叶片长宽11.0cm×4.2cm，叶椭圆形，叶色绿，叶脉7对，叶质硬，叶背主脉有茸毛。萼片5片、无茸毛，花冠直径3.0cm×3.3cm，花瓣6枚，花柱先端3裂，子房有茸毛，果实三角形
YX054	红芽口茶4号	*C. sinensis*	云县漫湾镇白莺山古茶园	2 038	2.5	2.0×1.8	1.5	灌木型，树姿开张。芽叶紫红色、茸毛中。叶片长宽9.6cm×3.8cm，叶椭圆形，叶色绿，叶脉8对，叶质硬，叶背主脉有茸毛。萼片5片、无茸毛，花冠直径3.5cm×3.5cm，花瓣6枚，花柱先端3裂，子房有茸毛，果实三角形
YX055	红芽口茶5号	*C. sinensis*	云县漫湾镇白莺山古茶园	2 038	3.0	2.5×2.6	1.3	灌木型，树姿开张。芽叶紫红色、茸毛中。叶片长宽12.0cm×4.4cm，叶椭圆形，叶色绿，叶脉8对，叶质硬，叶背主脉有茸毛。萼片5片、无茸毛，花冠直径2.8cm×3.0cm，花瓣6枚，花柱先端3裂，子房有茸毛，果实三角形
YX056	柳叶茶1号	*C. sinensis* var. *assamica*	云县漫湾镇白莺山古茶园	2 234	2.1	0.9×0.7	0.6	小乔木型，树姿开张。芽叶黄绿色、茸毛多。叶片长宽11.3cm×3.6cm，叶披针形，叶色浅绿，叶脉9对，叶质中，叶背主脉有茸毛。萼片5片、无茸毛，花冠直径4.5cm×4.8cm，花瓣7枚，花柱先端3裂，子房有茸毛，果实三角形
YX057	柳叶茶2号	*C. sinensis* var. *assamica*	云县漫湾镇白莺山古茶园	2 232	3.0	2.4×1.8	0.7	小乔木型，树姿开张。芽叶黄绿色、茸毛多。叶片长宽13.4cm×4.0cm，叶披针形，叶色浅绿，叶脉9对，叶质中，叶背主脉有茸毛。萼片5片、无茸毛，花冠直径3.3cm×3.8cm，花瓣6枚，花柱先端3裂，子房有茸毛，果实三角形

（续）

种质编号	种质名称	物种名称	分布地点	海拔（m）	树高（m）	树幅（m×m）	基部干围（m）	主要形态
YX058	柳叶茶 3 号	*C. sinensis* var. *assamica*	云县漫湾镇白莺山古茶园	2 232	2.7	1.8×2.7	0.8	小乔木型，树姿开张。芽叶黄绿色、茸毛多。叶片长宽 14.0cm×4.3cm，叶披针形，叶色浅绿，叶脉11对，叶质中，叶背主脉有茸毛。萼片 5 片、无茸毛，花冠直径 4.0cm×3.5cm，花瓣 5 枚，花柱先端 3 裂，子房有茸毛，果实三角形
YX059	柳叶茶 4 号	*C. sinensis* var. *assamica*	云县漫湾镇白莺山古茶园	2 236	3.4	2.6×2.5	0.6	小乔木型，树姿开张。芽叶绿色、茸毛多。叶片长宽 15.4cm×4.5cm，叶披针形，叶色绿，叶脉 12 对，叶质中，叶背主脉有茸毛。萼片 5 片、无茸毛，花冠直径 2.9cm×3.0cm，花瓣 6 枚，花柱先端 3 裂，子房有茸毛，果实三角形
YX060	柳叶茶 5 号	*C. sinensis* var. *assamica*	云县漫湾镇白莺山古茶园	2 230	3.0	2.4×2.0	0.8	小乔木型，树姿半开张。芽叶黄绿色、茸毛多。叶片长宽 12.8cm×3.9cm，叶披针形，叶色浅绿，叶脉10对，叶质中，叶背主脉有茸毛。萼片 5 片、无茸毛，花冠直径 2.5cm×2.8cm，花瓣 7 枚，花柱先端 3 裂，子房有茸毛，果实三角形
YX061	藤子茶 1 号	*C. sinensis*	云县漫湾镇白莺山古茶园	2 143	4.6	6.5×6.2	0.8	灌木型，树姿开张。芽叶黄绿色、茸毛多。叶片长宽 9.1cm×3.9cm，叶披针形，叶色浅绿，叶脉 8 对，叶质中，叶背主脉有茸毛。萼片 5 片、无茸毛，花冠直径 3.4cm×3.8cm，花瓣 6 枚，花柱先端 3 裂，子房有茸毛，果实三角形
YX062	藤子茶 2 号	*C. sinensis*	云县漫湾镇白莺山古茶园	2 143	4.0	3.5×4.0	0.8	灌木型，树姿开张。芽叶绿色、茸毛多。叶片长宽 9.7cm×3.9cm，叶椭圆形，叶色浅绿，叶脉 9 对，叶质中，叶背主脉有茸毛。萼片 5 片、无茸毛，花冠直径 3.0cm×3.5cm，花瓣 6 枚，花柱先端 3 裂，子房有茸毛，果实三角形
YX063	藤子茶 3 号	*C. sinensis*	云县漫湾镇白莺山古茶园	2 140	3.8	3.5×3.2	1.2	灌木型，树姿开张。芽叶绿色、茸毛多。叶片长宽 11.4cm×4.6cm，叶椭圆形，叶色浅绿，叶脉 8 对，叶质中，叶背主脉有茸毛
YX064	藤子茶 4 号	*C. sinensis*	云县漫湾镇白莺山古茶园	2 140	4.0	3.7×3.0	1.2	灌木型，树姿开张。芽叶绿色、茸毛多。叶片长宽 12.0cm×4.2cm，叶长椭圆形，叶色绿，叶脉 7 对，叶质中，叶背主脉有茸毛
YX065	藤子茶 5 号	*C. sinensis*	云县漫湾镇白莺山古茶园	2 143	4.6	6.5×6.2	1.0	灌木型，树姿开张。芽叶绿色、茸毛多。叶片长宽 11.8cm×4.3cm，叶长椭圆形，叶色绿，叶脉 8 对，叶质中，叶背主脉有茸毛。萼片 5 片、无茸毛，花冠直径 3.0cm×2.7cm，花瓣 6 枚，花柱先端 3 裂，子房有茸毛，果实三角形

（续）

种质编号	种质名称	物种名称	分布地点	海拔（m）	树高（m）	树幅（m×m）	基部干围（m）	主要形态
YX066	岗领大茶树1号	*C. sinensis* var. *assamica*	云县爱华镇独木村岗领小组	2 013	6.5	4.6×4.7	1.3	小乔木型，树姿半开张。芽叶黄绿色、茸毛多。叶片长宽12.8cm×6.8cm，叶长椭圆形，叶色绿，叶脉8对。萼片5片、无茸毛。花冠直径4.2cm×2.9cm，花瓣7枚，花柱先端3裂，子房有茸毛。果实球形、三角形
YX067	岗领大茶树2号	*C. sinensis* var. *assamica*	云县爱华镇独木村岗领小组	2 021	4.8	3.3×2.7	0.9	小乔木型，树姿半开张。芽叶紫红色、茸毛多。叶片长宽13.3cm×4.8cm，叶长椭圆形，叶色浅绿，叶脉10对。萼片5片、无茸毛。花冠直径4.0cm×3.4cm，花瓣7枚，花柱先端3裂，子房有茸毛。果实球形、三角形
YX068	岗领大茶树3号	*C. sinensis* var. *assamica*	云县爱华镇独木村岗领小组	2 018	4.2	4.0×3.2	0.8	小乔木型，树姿半开张。芽叶黄绿色、茸毛多。叶片长宽12.8cm×5.2cm，叶长椭圆形，叶色绿，叶脉8对。萼片5片、无茸毛。花冠直径3.2cm×3.9cm，花瓣7枚，花柱先端3裂，子房有茸毛。果实球形、三角形
YX069	上村大茶树1号	*C. sinensis* var. *assamica*	云县爱华镇独木村上村	1 923	5.8	4.0×4.0	1.2	小乔木型，树姿半开张。芽叶黄绿色、茸毛多。叶片长宽14.4cm×5.5cm，叶长椭圆形，叶色深绿，叶脉9对。萼片5片、无茸毛。花冠直径4.0cm×3.4cm，花瓣7枚，花柱先端3裂，子房有茸毛。果实球形、三角形
YX070	上村大茶树2号	*C. sinensis* var. *assamica*	云县爱华镇独木村上村	1 917	5.0	3.0×3.7	1.0	小乔木型，树姿半开张。芽叶绿色、茸毛多。叶片长宽14.0cm×5.0cm，叶长椭圆形，叶色绿，叶脉11对。萼片5片、无茸毛。花冠直径3.7cm×3.2cm，花瓣6枚，花柱先端3裂，子房有茸毛。果实球形、三角形
YX071	上村大茶树3号	*C. sinensis* var. *assamica*	云县爱华镇独木村上村	1 917	3.8	2.0×2.5	0.8	小乔木型，树姿半开张。芽叶黄绿色、茸毛多。叶片长宽12.4cm×4.5cm，叶长椭圆形，叶色浅绿，叶脉9对。萼片5片、无茸毛。花冠直径4.1cm×3.6cm，花瓣6枚，花柱先端3裂，子房有茸毛。果实球形、三角形
YX072	尽石田大茶树1号	*C. sinensis* var. *assamica*	云县爱华镇独木村尽石田	1 940	6.0	4.4×4.2	1.0	小乔木型，树姿半开张。芽叶绿色、茸毛多。叶片长宽14.7cm×5.2cm，叶长椭圆形，叶色绿，叶脉8对。萼片5片、无茸毛。花冠直径3.0cm×3.2cm，花瓣6枚，花柱先端3裂，子房有茸毛。果实球形、三角形

（续）

种质编号	种质名称	物种名称	分布地点	海拔（m）	树高（m）	树幅（m×m）	基部干围（m）	主要形态
YX073	尽石田大茶树2号	*C. sinensis* var. *assamica*	云县爱华镇独木村尽石田	1 944	4.0	3.4×3.0	1.0	小乔木型，树姿半开张。芽叶淡绿色、茸毛多。叶片长宽14.4cm×5.6cm，叶长椭圆形，叶色绿，叶脉11对。萼片5片、无茸毛。花冠直径3.3cm×3.8cm，花瓣6枚，花柱先端3裂，子房有茸毛。果实球形、三角形
YX074	尽石田大茶树3号	*C. sinensis* var. *assamica*	云县爱华镇独木村尽石田	1 940	5.2	4.0×4.0	1.3	小乔木型，树姿半开张。芽叶绿色、茸毛多。叶片长宽14.7cm×5.2cm，叶长椭圆形，叶色绿，叶脉8对。萼片5片、无茸毛。花冠直径3.7cm×3.2cm，花瓣6枚，花柱先端3裂，子房有茸毛。果实球形、三角形
YX075	黄竹林野生大茶树1号	*C. taliensis*	云县爱华镇安河村黄竹林	2 147	16.0	7.2×8.7	2.2	乔木型，树姿直立。芽叶紫绿色、无茸毛。叶片长宽12.4cm×4.7cm，叶长椭圆形，叶色绿，叶脉8对。萼片5片、无茸毛。花冠直径6.0cm×6.2cm，花瓣12枚，花柱先端5裂，子房有茸毛。果实四方形、梅花形
YX076	黄竹林野生大茶树2号	*C. taliensis*	云县爱华镇安河村黄竹林	2 147	13.5	5.6×5.7	2.0	乔木型，树姿直立。芽叶紫绿色、无茸毛。叶片长宽14.4cm×5.0cm，叶长椭圆形，叶色绿，叶脉9对。萼片5片、无茸毛。花冠直径6.3cm×6.8cm，花瓣9枚，花柱先端5裂，子房有茸毛。果实四方形、梅花形
YX077	黄竹林野生大茶树3号	*C. taliensis*	云县爱华镇安河村黄竹林	2 140	10.2	4.2×2.7	1.8	乔木型，树姿直立。芽叶绿色、无茸毛。叶片长宽13.4cm×4.8cm，叶长椭圆形，叶色深绿，叶脉11对。萼片5片、无茸毛。花冠直径5.7cm×6.1cm，花瓣11枚，花柱先端5裂，子房有茸毛。果实四方形、梅花形
YX078	黄竹林野生大茶树4号	*C. taliensis*	云县爱华镇安河村黄竹林	2 138	11.0	5.5×3.9	1.7	乔木型，树姿直立。芽叶绿色、无茸毛。叶片长宽12.4cm×4.7cm，叶长椭圆形，叶色绿，叶脉9对，叶身平，叶缘平，叶面平，叶齿稀、深、锐，叶背主脉无茸毛。果实四方形、梅花形
YX079	黄竹林野生大茶树5号	*C. taliensis*	云县爱华镇安河村黄竹林	2 142	8.0	4.8×3.7	1.5	小乔木型，树姿半开张。芽叶绿色、无茸毛。叶片长宽12.4cm×4.7cm，叶长椭圆形，叶色绿，叶脉9对，叶身平，叶缘平，叶面平，叶齿稀、深、锐，叶背主脉无茸毛
YX080	黄竹林野生大茶树6号	*C. taliensis*	云县爱华镇安河村黄竹林	2 140	7.6	5.2×3.5	1.8	乔木型，树姿直立。芽叶绿色、无茸毛。叶片长宽17.3cm×5.5cm，叶披针形，叶色深绿，叶身内折，叶面平，叶缘平，叶背主脉无茸毛，叶脉14对

（续）

种质编号	种质名称	物种名称	分布地点	海拔（m）	树高（m）	树幅（m×m）	基部干围（m）	主要形态
YX081	岔河大茶树	*C. sinensis* var. *assamica*	云县爱华镇安河村岔河	2 110	5.0	3.4×3.5	1.0	小乔木型，树姿开张。芽叶绿色、茸毛多。叶片长宽 14.0cm×5.3cm，叶长椭圆形，叶色绿，叶脉 9 对。萼片 5 片、无茸毛。花冠直径 3.3cm×3.2cm，花瓣 6 枚，花柱先端 3 裂，子房有茸毛。果实球形、三角形
YX082	大树村大茶树	*C. sinensis*	云县爱华镇大树村大烟地	2 108	6.0	3.5×3.0	1.5	小乔木型，树姿开张。芽叶绿色、茸毛多。叶片长宽 11.7cm×4.2cm，叶长椭圆形，叶色绿，叶脉 7 对。萼片 5 片、无茸毛。花冠直径 3.0cm×2.2cm，花瓣 6 枚，花柱先端 3 裂，子房有茸毛。果实球形、三角形
YX083	河外大茶树	*C. sinensis*	云县爱华镇河外村上新小组	2 108	5.3	3.0×3.0	0.9	小乔木型，树姿开张。芽叶绿色、茸毛多。叶片长宽 10.5cm×3.8cm，叶长椭圆形，叶色绿，叶脉 7 对。萼片 5 片、无茸毛。花冠直径 2.4cm×3.0cm，花瓣 6 枚，花柱先端 3 裂，子房有茸毛。果实球形、三角形
YX084	中梁子大茶树 1 号	*C. sinensis*	云县爱华镇中梁子村水井洼子	2 108	5.0	2.5×2.8	1.2	小乔木型，树姿半开张。芽叶绿色、茸毛多。叶片长宽 12.0cm×3.7cm，叶长椭圆形，叶色绿，叶脉 8 对。萼片 5 片、无茸毛。花冠直径 3.0cm×3.0cm，花瓣 6 枚，花柱先端 3 裂，子房有茸毛。果实球形、三角形
YX085	中梁子大茶树 2 号	*C. sinensis*	云县爱华镇中梁子村小团山	2 105	4.5	2.0×3.0	1.4	小乔木型，树姿半开张。芽叶绿色、茸毛多。叶片长宽 10.6cm×4.2cm，叶长椭圆形，叶色绿，叶脉 8 对。萼片 5 片、无茸毛。花冠直径 3.2cm×3.8cm，花瓣 6 枚，花柱先端 3 裂，子房有茸毛。果实球形、三角形
YX086	平掌山野生大茶树 1 号	*C. taliensis*	云县爱华镇河中村平掌山	2 102	18.2	6.8×8.0	2.5	乔木型，树姿直立。芽叶绿色、无茸毛。叶片长宽 15.7cm×7.2cm，叶椭圆形，叶色浅绿，叶脉 11 对，叶背主脉无茸毛。萼片 5 片、无茸毛。花冠直径 6.3cm×6.7cm，花瓣 10 枚，花柱先端 5 裂，子房有茸毛。果实四方形、梅花形
YX087	平掌山野生大茶树 2 号	*C. taliensis*	云县爱华镇河中村平掌山	2 113	14.6	6.0×5.0	2.0	小乔木型，树姿半开张。芽叶绿色、无茸毛。叶片长宽 15.6cm×5.7cm，叶长椭圆形，叶色深绿，叶脉 10 对，叶背主脉无茸毛。萼片 5 片、无茸毛。花冠直径 5.8cm×6.0cm，花瓣 11 枚，花柱先端 5 裂，子房有茸毛

（续）

种质编号	种质名称	物种名称	分布地点	海拔（m）	树高（m）	树幅（m×m）	基部干围（m）	主要形态
YX088	平掌山野生大茶树3号	*C. taliensis*	云县爱华镇河中村平掌山	2 116	8.5	4.4×5.2	1.8	小乔木型，树姿直立。芽叶淡绿色、无茸毛。叶片长宽13.8cm×5.5cm，叶长椭圆形，叶色深绿，叶脉12对，叶背主脉无茸毛。萼片5片、无茸毛。花冠直径6.8cm×7.2cm，花瓣12枚，花柱先端5裂，子房有茸毛。果实四方形、梅花形
YX089	豹子洞野生大茶树1号	*C. taliensis*	云县爱华镇河中村豹子洞	2 135	12	5.8×5.0	2.3	乔木型，树姿直立。芽叶绿色、无茸毛。叶片长宽16.6cm×6.3cm，叶长椭圆形，叶色深绿，叶背主脉无茸毛，叶身平，叶缘平，叶面平，叶质硬，叶脉13对
YX090	豹子洞野生大茶树2号	*C. taliensis*	云县爱华镇河中村豹子洞	2 132	8.4	5.2×3.0	1.8	小乔木型，树姿直立。芽叶紫绿色、无茸毛。叶片长宽15.5cm×5.6cm，叶长椭圆形，叶色深绿，叶脉12对，叶身稍内折，叶面平，叶缘平，叶质硬，叶背主脉无茸毛。果实四方形、梅花形
YX091	豹子洞野生茶树3号	*C. taliensis*	云县爱华镇河中村豹子洞	2 138	5.8	3.6×4.0	1.7	小乔木型，树姿半开张。芽叶绿色、无茸毛。叶片长宽14.3cm×6.2cm，叶椭圆形，叶色深绿，叶脉10对，叶身平，叶缘微隆起，叶面平，叶背主脉无茸毛。果实四方形、梅花形
YX092	大茶地大茶树1号	*C. sinensis* var. *assamica*	云县爱华镇河中村大茶地	1 941	4.7	3.7×3.0	1.2	小乔木型，树姿半开张。芽叶黄绿色、茸毛多。叶片长宽16.0cm×5.6cm，叶长椭圆形，叶色浅绿，叶脉13对，叶背主脉有茸毛。萼片5片、无茸毛。花冠直径3.8cm×3.3cm，花瓣6枚，花柱先端3裂，子房有茸毛
YX093	大茶地大茶树2号	*C. sinensis* var. *assamica*	云县爱华镇河中村大茶地	1 937	4.5	3.0×3.2	1.4	小乔木型，树姿半开张。芽叶黄绿色、茸毛多。叶片长宽15.4cm×5.2cm，叶长椭圆形，叶色浅绿，叶脉11对，叶背主脉有茸毛。萼片5片、无茸毛。花冠直径3.3cm×3.4cm，花瓣6枚，花柱先端3裂，子房有茸毛
YX094	大茶地大茶树3号	*C. sinensis* var. *assamica*	云县爱华镇河中村大茶地	1 940	5.6	4.2×3.8	1.6	小乔木型，树姿半开张。芽叶黄绿色、茸毛多。叶片长宽16.5cm×5.8cm，叶长椭圆形，叶色浅绿，叶脉10对，叶背主脉有茸毛，叶身背卷，叶面隆起，叶缘波

（续）

种质编号	种质名称	物种名称	分布地点	海拔（m）	树高（m）	树幅（m×m）	基部干围（m）	主要形态
YX095	小天陆大茶树1号	*C. sinensis* var. *assamica*	云县爱华镇河中村小天陆	1 948	6.5	4.0×5.2	0.9	小乔木型，树姿半开张。芽叶绿色、茸毛多。叶片长宽15.7cm×4.8cm，叶长椭圆形，叶色浅绿，叶脉9对，叶背主脉有茸毛。萼片5片、无茸毛。花冠直径3.5cm×4.3cm，花瓣6枚，花柱先端3裂，子房有茸毛。果实球形、三角形
YX096	小天陆大茶树2号	*C. sinensis* var. *assamica*	云县爱华镇河中村小天陆	1 948	5.7	3.4×3.2	1.2	小乔木型，树姿半开张。芽叶绿色、茸毛多。叶片长宽17.2cm×6.8cm，叶长椭圆形，叶色浅绿，叶脉12对，叶背主脉有茸毛。萼片5片、无茸毛。花冠直径3.7cm×4.0cm，花瓣6枚，花柱先端3裂，子房有茸毛。果实球形、三角形
YX097	小天陆大茶树3号	*C. sinensis* var. *assamica*	云县爱华镇河中村小天陆	1 950	4.5	3.0×3.0	0.9	小乔木型，树姿半开张。芽叶绿色、茸毛多。叶片长宽15.5cm×5.8cm，叶长椭圆形，叶色浅绿，叶脉11对，叶背主脉有茸毛。萼片5片、无茸毛。花冠直径3.8cm×3.3cm，花瓣7枚，花柱先端3裂，子房有茸毛。果实球形、三角形
YX098	羊厩山大茶树1号	*C. sinensis* var. *assamica*	云县爱华镇河中村羊厩山	1 914	10.0	6.0×4.3	1.1	小乔木型，树姿半开张。芽叶黄绿色、茸毛多。叶片长宽16.3cm×5.7cm，叶长椭圆形，叶色浅绿，叶脉12对，叶背主脉有茸毛。萼片5片、无茸毛。花冠直径3.8cm×3.6cm，花瓣6枚，花柱先端3裂，子房有茸毛
YX099	羊厩山大茶树2号	*C. sinensis* var. *assamica*	云县爱华镇河中村羊厩山	1 910	7.2	3.5×4.8	1.3	小乔木型，树姿半开张。芽叶黄绿色、茸毛多。叶片长宽13.8cm×5.4cm，叶长椭圆形，叶色浅绿，叶脉9对，果实球形，三角形
YX100	羊厩山大茶树3号	*C. sinensis* var. *assamica*	云县爱华镇河中村羊厩山	1 914	4.6	2.0×3.6	1.0	小乔木型，树姿半开张。芽叶黄绿色、茸毛多。叶片长宽16.3cm×5.7cm，叶长椭圆形，叶色绿，叶脉10对，叶背主脉有茸毛。萼片5片、无茸毛。花冠直径3.0cm×2.6cm，花瓣6枚，花柱先端3裂，子房有茸毛
YX101	黑马塘大茶树1号	*C. sinensis* var. *assamica*	云县爱华镇黑马塘村	1 935	4.0	2.8×2.0	0.8	小乔木型，树姿半开张。芽叶黄绿色、茸毛多。叶片长宽14.5cm×4.8cm，叶长椭圆形，叶色浅绿，叶脉8对，叶背主脉有茸毛。萼片5片、无茸毛。花冠直径3.4cm×3.8cm，花瓣7枚，花柱先端3裂，子房有茸毛。果实球形、三角形

（续）

种质编号	种质名称	物种名称	分布地点	海拔（m）	树高（m）	树幅（m×m）	基部干围（m）	主要形态
YX102	黑马塘大茶树2号	*C. sinensis* var. *assamica*	云县爱华镇黑马塘村	1 930	4.2	2.8×3.0	1.0	小乔木型，树姿半开张。芽叶黄绿色、茸毛多。叶片长宽16.5cm×5.6cm，叶长椭圆形，叶色浅绿，叶脉11对，叶背主脉有茸毛。萼片5片、无茸毛。花冠直径3.7cm×3.8cm，花瓣6枚，花柱先端3裂，子房有茸毛。果实球形、三角形
YX103	黑马塘大茶树3号	*C. sinensis* var. *assamica*	云县爱华镇黑马塘村	1 930	5.0	3.0×3.6	0.7	小乔木型，树姿半开张。芽叶黄绿色、茸毛多。叶片长宽13.8cm×4.3cm，叶长椭圆形，叶色绿，叶脉9对，叶背主脉有茸毛。萼片5片、无茸毛。花冠直径3.9cm×3.4cm，花瓣7枚，花柱先端3裂，子房有茸毛。果实三角形
YX104	糯伍大茶树	*C. sinensis* var. *assamica*	云县大朝山西镇菖蒲塘村糯伍	1 653	11.8	6.9×5.7	2.3	小乔木型，树姿半开张。芽叶黄绿色、茸毛多。叶片长宽12.5cm×5.0cm，叶长椭圆形，叶色绿，叶脉11对，叶身稍背卷，叶尖渐尖，叶面隆起，叶缘平，叶质柔软，叶柄、叶背主脉茸毛多
YX105	纸山箐大茶树	*C. sinensis* var. *assamica*	云县大朝山西镇纸山箐村	1 919	7.0	4.6×3.7	0.5	小乔木型，树姿开张。芽叶黄绿色、茸毛多，叶片长宽13.6cm×5.8cm，叶长椭圆形，叶色绿，叶脉10对。萼片5片、绿色、无茸毛。花冠直径3.3cm×3.5cm，花瓣6枚、花柱先端3裂，子房有茸毛
YX106	昔元大茶树	*C. sinensis* var. *assamica*	云县大朝山西镇昔元村	1 808	6.1	6.1×5.7	1.0	小乔木型，树姿半开张。芽叶黄绿色、茸毛多。叶片长宽15.4cm×4.7cm，叶卵圆形，叶色绿，叶脉9对。萼片5片、无茸毛，花冠直径4.4cm×4.5cm，花瓣7枚，花柱先端3裂，子房有茸毛。果实三角形
YX107	棠梨大茶树	*C. taliensis*	云县涌宝镇棠梨树村	1 878	10.0	5.0×6.0	1.8	乔木型，树姿直立。芽叶绿色、无茸毛。叶片长宽13.3cm×5.2cm，叶椭圆形，叶色深绿，叶脉10对。萼片5片、无茸毛，花冠直径6.4cm×7.2cm，花瓣9枚，花柱先端5裂，子房有茸毛。果实四方形、梅花形
YX108	赶马大茶树	*C. taliensis*	云县涌宝镇忙亥村赶马小组	1 940	9.2	5.8×6.4	2.1	乔木型，树姿直立。芽叶绿色、无茸毛。叶片长宽12.6cm×4.7cm，叶长椭圆形，叶色深绿，叶脉11对。萼片5片、无茸毛，花冠直径5.7cm×6.2cm，花瓣9枚，花柱先端5裂，子房有茸毛。果实四方形、梅花形

（续）

种质编号	种质名称	物种名称	分布地点	海拔（m）	树高（m）	树幅（m×m）	基部干围（m）	主要形态
YX109	张家大茶树	*C. taliensis*	云县涌宝镇忙亥村张家寨	1 932	7.0	4.0×4.5	1.7	小乔木型，树姿直立。芽叶紫绿色、无茸毛。叶片长宽 13.2cm×4.6cm，叶长椭圆形，叶色深绿，叶脉 9 对，叶身内折，叶面平，叶缘平，叶齿稀、深、锐，叶背主脉无茸毛
YX110	干沟边大茶树	*C. taliensis*	云县涌宝镇忙亥村干沟边	1 897	4.0	3.3×3.5	1.5	小乔木型，树姿直立。芽叶绿色、无茸毛。叶片长宽 13.0cm×4.8cm，叶长椭圆形，叶色深绿，叶脉 10 对，叶身内折，叶面平，叶缘平，叶齿稀、深、锐，叶背主脉无茸毛
YX111	罗家大茶树	*C. taliensis*	云县涌宝镇忙亥村罗家寨	1 928	5.8	4.6×3.0	1.8	小乔木型，树姿直立。芽叶绿色、无茸毛。叶片长宽 14.4cm×4.5cm，叶长椭圆形，叶色深绿，叶脉 9 对，叶身内折，叶面平，叶缘平，叶齿稀、深、锐，叶背主脉无茸毛
YX112	黄家坡大茶树	*C. sinensis* var. *assamica*	云县涌宝镇木瓜河村黄家坡	2 045	6.0	3.4×5.0	1.7	小乔木型，树姿半开张。芽叶黄绿色、茸毛多。叶片长宽 15.8cm×5.7cm，叶椭圆形，叶色绿，叶脉 12 对。萼片 5 片、无茸毛，花冠直径 4.0cm×3.5cm，花瓣 7 枚，花柱先端 3 裂，子房有茸毛。果实三角形
YX113	石龙大茶树	*C. sinensis* var. *assamica*	云县涌宝镇石龙村	1 992	4.0	3.8×2.0	1.8	小乔木型，树姿半开张。芽叶黄绿色、茸毛多。叶片长宽 13.2cm×5.0cm，叶长椭圆形，叶色绿，叶脉 9 对。萼片 5 片、无茸毛，花冠直径 3.0cm×3.3cm，花瓣 6 枚，花柱先端 3 裂，子房有茸毛。果实三角形
YX114	浪坝山大茶树	*C. sinensis* var. *assamica*	云县涌宝镇浪坝山村	1 907	5.5	3.0×4.0	1.5	小乔木型，树姿半开张。芽叶黄绿色、茸毛多。叶片长宽 16.0cm×6.3cm，叶长椭圆形，叶色绿，叶脉 10 对。萼片 5 片、无茸毛，花冠直径 4.4cm×3.8cm，花瓣 7 枚，花柱先端 3 裂，子房有茸毛。果实三角形
YX115	茶山村大茶树	*C. sinensis* var. *assamica*	云县涌宝镇茶山村	1 894	6.3	4.4×5.0	1.4	小乔木型，树姿半开张。芽叶黄绿色、茸毛多。叶片长宽 14.6cm×5.0cm，叶椭圆形，叶色绿，叶脉 9 对。萼片 5 片、无茸毛，花冠直径 3.5cm×3.5cm，花瓣 6 枚，花柱先端 3 裂，子房有茸毛。果实三角形
YX116	哨街大茶树	*C. sinensis* var. *assamica*	云县茂兰镇哨街村	1 930	10.0	5.2×6.0	2.0	小乔木型，树姿半开张。芽叶黄绿色、茸毛多。叶片长宽 16.0cm×5.3cm，叶披针形，叶色绿，叶脉 12 对。萼片 5 片、无茸毛，花冠直径 3.2cm×3.3cm，花瓣 6 枚，花柱先端 3 裂，子房有茸毛。果实三角形

（续）

种质编号	种质名称	物种名称	分布地点	海拔（m）	树高（m）	树幅（m×m）	基部干围（m）	主要形态
YX117	温平大茶树	*C. sinensis* var. *assamica*	云县茂兰镇温平村	1 942	5.0	2.0×4.0	1.8	小乔木型，树姿半开张。芽叶绿色、茸毛多。叶片长宽 13.7cm×5.0cm，叶长椭圆形，叶色绿，叶脉9对。萼片5片、无茸毛，花冠直径3.6cm×3.2cm，花瓣7枚，花柱先端3裂，子房有茸毛。果实三角形
YX118	转水河大茶树1号	*C. sinensis* var. *assamica*	云县茂兰镇转水河村多依树	1 963	7.3	3.8×5.0	1.6	小乔木型，树姿半开张。芽叶黄绿色、茸毛多。叶片长宽 15.7cm×5.8cm，叶长椭圆形，叶色深绿，叶脉10对。萼片5片、无茸毛，花冠直径3.8cm×4.3cm，花瓣6枚，花柱先端3裂，子房有茸毛。果实三角形
YX119	转水河大茶树2号	*C. taliensis*	云县茂兰镇转水河村多依树	1 963	7.0	4.5×3.7	1.7	小乔木型，树姿半开张。芽叶紫红色、无茸毛。叶片长宽 13.8cm×4.8cm，叶长椭圆形，叶色深绿，叶脉9对，叶身内折，叶面平，叶缘平，叶齿稀、深、锐，叶背主脉无茸毛
YX120	转水河大茶树3号	*C. taliensis*	云县茂兰镇转水河村多依树	1 960	7.5	5.9×5.1	1.2	小乔木型，树姿直立。芽叶紫绿色、无茸毛。叶片长宽 14.0cm×5.8cm，叶长椭圆形，叶色深绿，叶脉9对，叶身内折，叶面平，叶缘平，叶齿稀、深、锐，叶背主脉无茸毛
YX121	转水河大茶树4号	*C. taliensis*	云县茂兰镇转水河村多依树	1 972	7.0	4.3×4.0	1.4	小乔木型，树姿直立。芽叶绿色、无茸毛。叶片长宽 12.7cm×4.5cm，叶长椭圆形，叶色深绿，叶脉8对，叶身内折，叶面平，叶缘平，叶齿稀、深、锐，叶背主脉无茸毛
YX122	转水河大茶树5号	*C. taliensis*	云县茂兰镇转水河村多依树	1 972	7.2	3.0×2.7	1.5	小乔木型，树姿直立。芽叶绿色、无茸毛。叶片长宽 13.0cm×4.8cm，叶长椭圆形，叶色深绿，叶脉10对，叶身内折，叶面平，叶缘平，叶齿稀、深、锐，叶背主脉无茸毛
YX123	转水河大茶树6号	*C. grandibracteata*	云县茂兰镇转水河村多依树	1 970	6.2	3.4×3.0	1.2	小乔木型，树姿半开张。芽叶淡绿色、少茸毛。叶片长宽 12.4cm×4.2cm，叶长椭圆形，叶色绿，叶脉8对。萼片5片、无茸毛，花冠直径3.5cm×4.2cm，花瓣8枚，花柱先端3～5裂。果实球形、四方形
YX124	转水河大茶树7号	*C. grandibracteata*	云县茂兰镇转水河村多依树	1 968	6.0	3.5×2.8	1.2	小乔木型，树姿半开张。芽叶淡绿色、少茸毛。叶片长宽 13.3cm×4.5cm，叶长椭圆形，叶色绿，叶脉8对。萼片5片、无茸毛，花冠直径3.7cm×4.0cm，花瓣8枚，花柱先端3～5裂。果实球形、四方形

（续）

种质编号	种质名称	物种名称	分布地点	海拔（m）	树高（m）	树幅（m×m）	基部干围（m）	主要形态
YX125	转水河大茶树8号	*C. grandibracteata*	云县茂兰镇转水河村	1 968	6.3	6.0×5.0	2.3	小乔木型，树姿半开张。芽叶淡绿色、少茸毛。叶片长宽14.0cm×4.8cm，叶长椭圆形，叶色绿，叶脉8对。萼片5片、无茸毛，花冠直径3.5cm×4.2cm，花瓣8枚，花柱先端3～4裂。果实球形、四方形
YX126	转水河大茶树9号	*C. grandibracteata*	云县茂兰镇转水河村	1 977	6.9	6.4×5.7	2.1	小乔木型，树姿半开张。芽叶淡绿色、少茸毛。叶片长宽13.3cm×4.5cm，叶长椭圆形，叶色绿，叶脉9对。萼片5片、无茸毛，花冠直径3.4cm×3.5cm，花瓣8枚，花柱先端4～5裂。子房少茸毛。果实球形、四方形
YX127	转水河大茶树10号	*C. grandibracteata*	云县茂兰镇转水河村	1 970	7.2	5.1×4.2	2.0	小乔木型，树姿半开张。芽叶淡绿色、少茸毛。叶片长宽12.8cm×4.4cm，叶长椭圆形，叶色绿，叶脉8对。萼片5片、无茸毛，花冠直径3.6cm×3.7cm，花瓣8枚，花柱先端4～5裂。子房有茸毛。果实球形、四方形
YX128	丙令大茶树	*C. sinensis* var. *assamica*	云县茂兰镇丙令村	1 900	6.6	3.5×3.0	1.2	小乔木型，树姿半开张。芽叶紫红色、茸毛中。叶片长宽12.6cm×4.3cm，叶长椭圆形，叶色深绿，叶脉8对。萼片5片、无茸毛，花冠直径3.5cm×3.0cm，花瓣5枚，花柱先端3裂，子房有茸毛。果实三角形
YX129	旧村大茶树	*C. sinensis* var. *assamica*	云县茂兰镇旧村	1 892	7.0	4.4×5.0	1.3	小乔木型，树姿半开张。芽叶黄绿色、茸毛多。叶片长宽14.4cm×5.6cm，叶长椭圆形，叶色绿，叶脉11对。萼片5片、无茸毛，花冠直径2.8cm×3.0cm，花瓣6枚，花柱先端3裂，子房有茸毛。果实三角形
YX130	篾笆山大茶树	*C. taliensis*	云县幸福镇篾笆山村	2 110	18.7	6.5×7.0	1.5	乔木型，树姿直立。芽叶绿色、无茸毛。叶片长宽14.7cm×4.8cm，叶长椭圆形，叶色深绿，叶脉10对，叶身内折，叶面平，叶缘平，叶齿稀、深、锐，叶背主脉无茸毛
YX131	哨山大茶树	*C. taliensis*	云县幸福镇哨山村	2 115	12.0	5.0×5.0	1.8	乔木型，树姿直立。芽叶绿色、无茸毛。叶片长宽13.9cm×4.5cm，叶长椭圆形，叶色深绿，叶脉10对，叶身平，叶面平，叶缘平，叶齿稀、深、锐，叶背主脉无茸毛
YX132	邦信大茶树	*C. taliensis*	云县幸福镇邦信村	2 056	15.5	7.5×6.8	1.2	乔木型，树姿直立。芽叶绿色、无茸毛。叶片长宽14.7cm×6.2cm，叶椭圆形，叶色深绿，叶脉9对，叶身背卷，叶面平，叶缘平，叶齿稀、深、锐，叶背主脉无茸毛

（续）

种质编号	种质名称	物种名称	分布地点	海拔（m）	树高（m）	树幅（m×m）	基部干围（m）	主要形态
YX133	邦洪大茶树	*C. taliensis*	云县幸福镇邦洪村	2 078	14.0	8.0×7.0	1.0	小乔木型，树姿半开张。芽叶紫绿色、无茸毛。叶片长宽 15.5cm×5.8cm，叶长椭圆形，叶色深绿，叶脉 11 对，叶背主脉无茸毛。萼片 5 片、无茸毛，花冠直径 6.8cm×6.0cm，花瓣 11 枚，花柱先端 5 裂，子房有茸毛。果实四方形、梅花形
YX134	控抗大茶树	*C. taliensis*	云县幸福镇控抗村	1 984	11.0	5.5×6.3	1.0	小乔木型，树姿半开张。芽叶绿色、无茸毛。叶片长宽 16.3cm×7.2cm，叶椭圆形，叶色深绿，叶脉 8 对，叶背主脉有茸毛。萼片 5 片、无茸毛，花冠直径 5.8cm×6.0cm，花瓣 9 枚，花柱先端 5 裂，子房有茸毛。果实四方形、梅花形
YX135	周家大茶树	*C. sinensis* var. *assamica*	云县茶房乡马街村周家寨	1 941	6.0	4.5×3.7	1.8	小乔木型，树姿半开张。芽叶绿色、有茸毛。叶片长宽 14.8cm×6.2cm，叶椭圆形，叶色绿，叶脉 9 对，叶背主脉无茸毛。萼片 5 片、无茸毛，花冠直径 3.8cm×3.0cm，花瓣 6 枚，花柱先端 3 裂，子房有茸毛
YX136	村头大茶树 1 号	*C. sinensis* var. *assamica*	云县茶房乡村头村新寨	1 976	5.4	4.5×3.5	3.0	小乔木型，树姿半开张。芽叶黄绿色、茸毛多。叶片长宽 14.0cm×6.0cm，叶椭圆形，叶色浅绿，叶脉 8 对，叶背主脉有茸毛。萼片 5 片、无茸毛，花冠直径 3.5cm×3.7cm，花瓣 6 枚，花柱先端 3 裂，子房有茸毛
YX137	村头大茶树 2 号	*C. grandibracteata*	云县茶房乡村头村新寨	1 976	6.3	3.0×3.0	2.7	小乔木型，树姿半开张。芽叶绿色、有无茸毛。叶片长宽 14.7cm×5.8cm，叶长椭圆形，叶色绿，叶脉 8 对，叶背主脉少茸毛。萼片 5 片、无茸毛，花冠直径 5.5cm×4.4cm，花瓣 7 枚或 9 枚，花柱先端 4 裂，子房有茸毛
YX138	村头大茶树 3 号	*C. sinensis* var. *assamica*	云县茶房乡村头村大尖山	1 984	10.0	5.6×5.0	3.2	小乔木型，树姿半开张。芽叶黄绿色、茸毛多。叶片长宽 15.3cm×5.7cm，叶长椭圆形，叶色绿，叶脉 11 对，叶背主脉有茸毛。萼片 5 片、无茸毛，花冠直径 2.5cm×2.7cm，花瓣 6 枚，花柱先端 3 裂，子房有茸毛
YX139	路边大茶树	*C. sinensis* var. *assamica*	云县茶房乡大路边村小凉水箐	1 980	7.0	4.2×4.0	2.1	小乔木型，树姿半开张。芽叶黄绿色、茸毛多。叶片长宽 13.8cm×5.4cm，叶椭圆形，叶色浅绿，叶脉 11 对，叶背主脉有茸毛。萼片 5 片、无茸毛，花冠直径 3.0cm×2.4cm，花瓣 6 枚，花柱先端 3 裂，子房有茸毛

（续）

种质编号	种质名称	物种名称	分布地点	海拔（m）	树高（m）	树幅（m×m）	基部干围（m）	主要形态
YX140	黄沙河大茶树1号	*C. taliensis*	云县茶房乡黄沙河村刘家寨	1 941	9.0	4.0×4.0	3.5	乔木型，树姿直立。芽叶淡绿色、无茸毛。叶片长宽14.7cm×5.0cm，叶长椭圆形，叶色绿，叶脉10对，叶背主脉无茸毛。花冠直径6.0cm×6.4cm，萼片5片、无茸毛，花瓣10枚，花柱先端4～5裂，子房被茸毛，果实四方形、梅花形
YX141	黄沙河大茶树2号	*C. taliensis*	云县茶房乡黄沙河村刘家寨	1 941	7.0	4.0×4.5	2.4	乔木型，树姿直立。芽叶淡绿色、无茸毛。叶片长宽14.0cm×5.5cm，叶长椭圆形，叶色绿，叶脉11对，叶背主脉无茸毛。花冠直径5.0cm×5.4cm，萼片5片、无茸毛，花瓣9枚，花柱先端4～5裂，子房被茸毛，果实四方形、梅花形
YX142	渔塘大茶树1号	*C. taliensis*	云县茶房乡马街村渔塘小组	1 987	10.0	3.5×5.0	3.8	乔木型，树姿直立。芽叶淡绿色、无茸毛。叶片长宽13.3cm×4.8cm，叶长椭圆形，叶色绿，叶脉10对，叶背主脉无茸毛。花冠直径4.7cm×5.5cm，萼片5片、无茸毛，花瓣10枚，花柱先端4～5裂，子房被茸毛，果实四方形、梅花形
YX143	渔塘大茶树2号	*C. sinensis* var. *assamica*	云县茶房乡马街村渔塘小组	1 980	8.2	5.8×6.0	2.2	小乔木型，树姿半开张。芽叶黄绿色、茸毛多。叶片长宽15.3cm×6.0cm，叶长椭圆形，叶色绿，叶脉11对，叶背主脉有茸毛，叶身背卷，叶面平，叶质软
YX144	响水大茶树	*C. taliensis*	云县茶房乡响水村张家寨	1 941	7.0	5.0×3.4	3.5	小乔木型，树姿半开张。芽叶黄绿色、无茸毛。叶片长宽14.3cm×5.2cm，叶长椭圆形，叶色绿，叶脉10对，叶背主脉无茸毛，叶身平，叶面平，叶质硬
YX145	文乃大茶树	*C. sinensis* var. *assamica*	云县茶房乡文乃村	1 940	4.0	3.2×3.7	1.2	小乔木型，树姿半开张。芽叶黄绿色、茸毛多。叶片长宽12.8cm×4.2cm，叶长椭圆形，叶色绿，叶脉10对，叶背主脉有茸毛。萼片5片、无茸毛，花冠直径3.4cm×3.7cm，花瓣6枚，花柱先端3裂，子房有茸毛
YX146	文茂大茶树	*C. sinensis* var. *assamica*	云县茶房乡文茂村	1 957	6.0	4.0×5.3	1.4	小乔木型，树姿半开张。芽叶黄绿色、茸毛多。叶片长宽11.5cm×4.4cm，叶长椭圆形，叶色绿，叶脉8对，叶背主脉有茸毛。萼片5片、无茸毛，花冠直径2.4cm×2.8cm，花瓣5枚，花柱先端3裂，子房有茸毛

（续）

种质编号	种质名称	物种名称	分布地点	海拔（m）	树高（m）	树幅（m×m）	基部干围（m）	主要形态
YX147	文雅大茶树	*C. taliensis*	云县茶房乡文雅村何家寨	1 970	8.0	3.0×3.4	2.4	小乔木型，树姿半开张。芽叶绿色、无茸毛。叶片长宽 14.6cm×5.4cm，叶长椭圆形，叶色绿，叶脉9对，叶背主脉无茸毛，叶身稍内折，叶面平，叶质硬
YX148	大寨大茶树	*C. sinensis* var. *assamica*	云县大寨镇大寨村	1 941	6.8	4.8×3.5	1.2	小乔木型，树姿半开张。芽叶黄绿色、茸毛多。叶片长宽 13.3cm×4.8cm，叶长椭圆形，叶色浅绿，叶脉11对，叶背主脉有茸毛。果实球形、三角形
YX149	万佑大茶树	*C. sinensis* var. *assamica*	云县晓街乡万佑村	1 947	4.0	3.0×3.0	0.9	小乔木型，树姿半开张。芽叶黄绿色、茸毛多。叶片长宽 14.3cm×5.2cm，叶长椭圆形，叶色绿，叶脉9对，叶背主脉有茸毛。萼片5片、无茸毛，花冠直径 3.4cm×3.0cm，花瓣6枚，花柱先端3裂，子房有茸毛
YX150	老普大茶树1号	*C. grandibracteata*	云县晓街乡老普村大石岩	1 966	13.0	9.0×8.4	3.5	乔木型，树姿半开张。芽叶绿色、有无茸毛。叶片长宽 14.4cm×5.0cm，叶长椭圆形，叶色绿，叶脉8对，叶背主脉少茸毛。萼片5片、无茸毛，花冠直径 4.5cm×4.3cm，花瓣7～8枚，花柱先端3～4裂，子房有茸毛
YX151	老普大茶树2号	*C. grandibracteata*	云县晓街乡老普村大洼子	1 974	11.0	8.2×8.0	3.4	乔木型，树姿半开张。芽叶绿色、有无茸毛。叶片长宽 13.0cm×4.8cm，叶长椭圆形，叶色绿，叶脉9对，叶背主脉少茸毛。萼片5片、无茸毛，花冠直径 4.0cm×4.0cm，花瓣8～9枚，花柱先端4～5裂，子房有茸毛
YX152	老普大茶树3号	*C. grandibracteata*	云县晓街乡老普村大石岩	1 960	10.0	7.0×7.4	3.1	乔木型，树姿半开张。芽叶绿色、有无茸毛。叶片长宽 12.8cm×4.3cm，叶长椭圆形，叶色绿，叶脉7对，叶背主脉少茸毛。萼片5片、无茸毛，花冠直径 4.5cm×4.3cm，花瓣8枚，花柱先端3～4裂，子房有茸毛
YX153	老普大茶树4号	*C. grandibracteata*	云县晓街乡老普村大石岩	1 964	8.0	6.5×5.0	3.0	乔木型，树姿半开张。芽叶绿色、有无茸毛。叶片长宽 13.1cm×4.3cm，叶长椭圆形，叶色绿，叶脉9对，叶背主脉少茸毛。萼片5片、无茸毛，花冠直径 4.0cm×3.8cm，花瓣8枚，花柱先端4～5裂，子房有茸毛

（续）

种质编号	种质名称	物种名称	分布地点	海拔（m）	树高（m）	树幅（m×m）	基部干围（m）	主要形态
YX154	勤山大茶树	*C. sinensis* var. *assamica*	云县后箐彝族乡勤山村	1 941	5.0	3.0×3.3	1.4	小乔木型，树姿半开张。芽叶黄绿色、茸毛多。叶片长宽 15.0cm×6.3cm，叶椭圆形，叶色绿，叶脉 12 对，叶背主脉有茸毛。萼片 5 片、无茸毛，花冠直径 4.2cm×3.8cm，花瓣 7 枚，花柱先端 3 裂，子房有茸毛
YX155	崎岖大茶树	*C. sinensis* var. *assamica*	云县栗树彝族傣族乡崎岖村	1 941	7.5	6.5×4.0	1.8	小乔木型，树姿半开张。芽叶黄绿色、茸毛多。叶片长宽 13..8cm×5.0cm，叶长椭圆形，叶色浅绿，叶脉 9 对，叶背主脉有茸毛。萼片 5 片、无茸毛，花冠直径 3.0cm×3.5cm，花瓣 6 枚，花柱先端 3 裂，子房有茸毛
YX156	温速大茶树	*C. sinensis* var. *assamica*	云县忙怀彝族布朗族乡温速村	2 138	8.0	7.6×5.8	2.1	小乔木型，树姿半开张。芽叶黄绿色、茸毛多。叶片长宽 12.4cm×5.7cm，叶长椭圆形，叶色绿，叶脉 12 对，叶背主脉有茸毛。萼片 5 片、无茸毛，花冠直径 2.8cm×2.5cm，花瓣 5 枚，花柱先端 3 裂，子房有茸毛
YD001	牛火塘大茶树 1 号	*C. taliensis*	永德县德党镇牛火塘村	2 187	13.0	6.0×5.3	1.9	乔木型，树姿半开张。芽叶绿色、无茸毛。叶片长宽 12.6cm×5.8cm，叶椭圆形，叶色黄绿，叶脉 13 对，叶背主脉无茸毛。萼片 5 片、无茸毛，花冠直径 6.1cm×5.3cm，花瓣 13 枚、花柱先端 5 裂。果实四方形、梅花形
YD002	牛火塘大茶树 2 号	*C. taliensis*	永德县德党镇牛火塘村	2 187	12.0	4.8×5.0	2.3	乔木型，树姿直立。芽叶绿色、无茸毛。叶片长宽 13.4cm×4.8cm，叶长椭圆形，叶色绿，叶脉 11 对。萼片 5 片、无茸毛，花冠直径 5.7cm×5.3cm，花瓣 11 枚，花柱先端 5 裂，子房有茸毛
YD003	牛火塘大茶树 3 号	*C. taliensis*	永德县德党镇牛火塘村	2 169	3.5	2.5×30	1.5	小乔木型，树姿直立。芽叶绿色、无茸毛。叶片长宽 15.0cm×6.2cm，叶椭圆形，叶色深绿，叶脉 11 对，叶身平，叶缘平，叶面平，叶质硬，叶背主脉无茸毛
YD004	牛火塘大茶树 4 号	*C. taliensis*	永德县德党镇牛火塘村	2 169	7.0	3.5×4.2	1.7	小乔木型，树姿半开张。芽叶绿色、无茸毛。叶片长宽 13.2cm×5.2cm，叶椭圆形，叶色深绿，叶脉 9 对，叶身平，叶缘平，叶面平，叶质硬，叶背主脉无茸毛

（续）

种质编号	种质名称	物种名称	分布地点	海拔（m）	树高（m）	树幅（m×m）	基部干围（m）	主要形态
YD005	牛火塘大茶树5号	*C. taliensis*	永德县德党镇牛火塘村	2 169	5.0	2.3×3.0	1.8	小乔木型，树姿半开张。芽叶紫绿色、无茸毛。叶片长宽 14.3cm×5.0cm，叶椭圆形，叶色深绿，叶脉8对，叶身平，叶缘平，叶面平，叶质硬，叶背主脉无茸毛
YD006	牛火塘大茶树6号	*C. taliensis*	永德县德党镇牛火塘村	2 169	2.0	2.5×3.0	0.8	小乔木型，树姿半开张。芽叶绿色、无茸毛。叶片长宽 13.4cm×5.3cm，叶椭圆形，叶色深绿，叶脉8对，叶背主脉无茸毛。萼片5片、无茸毛，花冠直径 6.2cm×6.7cm，花瓣9枚，花柱先端5裂，子房有茸毛
YD007	岩岸山大茶树1号	*C. sinensis* var. *assamica*	永德县德党镇岩岸山村鸣凤山	1 904	7.4	7.1×6.7	1.1	小乔木型，树姿半开张。芽叶黄绿色、茸毛多。叶片长宽 16.2cm×6.0cm，叶长椭圆形，叶色黄绿，叶脉8对。萼片5片、无茸毛，花冠直径4.4cm×5.3cm，花瓣7枚，花柱先端3裂，子房有茸毛
YD008	岩岸山大茶树2号	*C. sinensis* var. *assamica*	永德县德党镇岩岸山村鸣凤山	2 007	6.0	6.0×4.0	0.8	小乔木型，树姿半开张。芽叶黄绿色、茸毛多。叶片长宽 15.8cm×5.7cm，叶长椭圆形，叶色黄绿，叶脉10对。萼片5片、无茸毛，花冠直径3.8cm×4.0cm，花瓣6枚，花柱先端3裂，子房有茸毛。果实球形、三角形
YD009	岩岸山大茶树3号	*C. sinensis* var. *assamica*	永德县德党镇岩岸山村鸣凤山	2 010	5.7	4.0×3.0	0.7	小乔木型，树姿半开张。芽叶黄绿色、茸毛多。叶片长宽 17.0cm×6.5cm，叶长椭圆形，叶色浅绿，叶脉12对。萼片5片、无茸毛，花冠直径4.0cm×3.3cm，花瓣6枚，花柱先端3裂，子房有茸毛。果实球形、三角形
YD010	明朗大茶树1号	*C. taliensis*	永德县德党镇明朗村	2 000	7.0	3.0×5.0	2.4	乔木型，树姿直立。芽叶绿色、无茸毛。叶片长宽14.8cm×5.5cm，叶长椭圆形，叶色深绿，叶脉10对，叶身内折，叶缘平，叶面平，叶质硬，叶背主脉无茸毛
YD011	明朗大茶树2号	*C. taliensis*	永德县德党镇明朗村	2 087	6.0	4.4×5.0	1.9	乔木型，树姿直立。芽叶绿色、无茸毛。叶片长宽14.0cm×5.2cm，叶长椭圆形，叶色深绿，叶脉11对，叶身内折，叶缘平，叶面平，叶质硬，叶背主脉无茸毛
YD012	明朗大茶树3号	*C. taliensis*	永德县德党镇明朗村	2 074	6.8	5.0×3.6	2.2	乔木型，树姿直立。芽叶绿色、无茸毛。叶片长宽14.8cm×5.7cm，叶长椭圆形，叶色深绿，叶脉9对，叶身内折，叶缘平，叶面平，叶质硬，叶背主脉无茸毛

（续）

种质编号	种质名称	物种名称	分布地点	海拔（m）	树高（m）	树幅（m×m）	基部干围（m）	主要形态
YD013	响水大茶树1号	*C. sinensis* var. *assamica*	永德县德党镇响水村	1 969	8.4	9.6×8.6	2.0	小乔木型，树姿半开张。芽叶淡绿色、茸毛多。叶片长宽 12.6cm×4.7cm，叶长椭圆形，叶色黄绿，叶脉9对。萼片5片、无茸毛，花冠直径3.8cm×3.4cm，花瓣6枚，花柱先端3裂，子房有茸毛。果实三角形
YD014	响水大茶树2号	*C. sinensis* var. *assamica*	永德县德党镇响水村	2 021	7.0	5.8×7.0	1.6	小乔木型，树姿半开张。芽叶黄绿色、茸毛多。叶片长宽 14.4cm×5.0cm，叶长椭圆形，叶色黄绿，叶脉10对。萼片5片、无茸毛，花冠直径2.8cm×3.0cm，花瓣6枚，花柱先端3裂，子房有茸毛。果实三角形
YD015	梅子箐大茶树1号	*C. sinensis* var. *assamica*	永德县小勐统镇梅子箐村	1 690	4.0	4.5×4.1	0.7	小乔木型，树姿半开张。芽叶绿色、茸毛多。叶片长宽 13.8cm×5.2cm，叶长椭圆形，叶色黄绿，叶脉10对。萼片5片、无茸毛，花冠直径3.3cm×3.0cm，花瓣6枚，花柱先端3裂，子房有茸毛。果实三角形
YD016	梅子箐大茶树2号	*C. sinensis* var. *assamica*	永德县小勐统镇梅子箐村	1 690	4.2	3.5×2.0	0.5	小乔木型，树姿半开张。芽叶黄绿色、茸毛多。叶片长宽 14.3cm×5.0cm，叶长椭圆形，叶色绿，叶脉11对。萼片5片、无茸毛，花冠直径3.0cm×3.0cm，花瓣6枚，花柱先端3裂，子房有茸毛。果实三角形
YD017	梅子箐大茶树3号	*C. sinensis* var. *assamica*	永德县小勐统镇梅子箐村	1 690	3.8	2.7×3.4	0.7	小乔木型，树姿半开张。芽叶绿色、茸毛多。叶片长宽 13.4cm×4.2cm，叶长椭圆形，叶色浅绿，叶脉11对。萼片5片、无茸毛，花冠直径3.0cm×3.3cm，花瓣6枚，花柱先端3裂，子房有茸毛。果实三角形
YD018	木瓜河大茶树	*C. sinensis* var. *assamica*	永德县小勐统镇木瓜河村老虎窝	1 661	4.1	5.4×4.8	0.9	小乔木型，树姿半开张。芽叶绿色、茸毛多。叶片长宽 14.6cm×5.8cm，叶长椭圆形，叶色绿，叶脉10对。萼片5片、无茸毛，花冠直径3.8cm×4.0cm，花瓣6枚，花柱先端3裂，子房有茸毛。果实三角形
YD019	河边大茶树	*C. sinensis* var. *assamica*	永德县小勐统镇河边村白坟地	1 704	3.7	4.2×3.6	1.1	小乔木型，树姿半开张。芽叶紫红色、茸毛多。叶片长宽 15.0cm×5.2cm，叶长椭圆形，叶色深绿，叶脉11对。萼片5片、无茸毛，花冠直径2.8cm×3.4cm，花瓣7枚，花柱先端3裂，子房有茸毛。果实三角形

（续）

种质编号	种质名称	物种名称	分布地点	海拔（m）	树高（m）	树幅（m×m）	基部干围（m）	主要形态
YD020	小平掌大茶树	*C. sinensis* var. *assamica*	永德县小勐统镇麻栗树村小平掌	1 921	7.6	7.1×6.8	1.6	小乔木型，树姿半开张。芽叶绿色、茸毛多。叶片长宽 16.2cm×6.0cm，叶长椭圆形，叶色浅绿，叶脉 12 对。萼片 5 片、无茸毛，花冠直径 3.7cm×3.5cm，花瓣 6 枚，花柱先端 3 裂，子房有茸毛。果实三角形
YD021	底卡大茶树1号	*C. sinensis* var. *assamica*	永德县永康镇底卡村	1 748	4.5	4.0×3.0	2.0	小乔木型，树姿半开张。芽叶淡绿色、茸毛多。叶片长宽 13.9cm×4.8cm，叶长椭圆形，叶色浅绿，叶脉 11 对。萼片 5 片、无茸毛，花冠直径 3.4cm×3.7cm，花瓣 6 枚，花柱先端 3 裂，子房有茸毛
YD022	底卡大茶树2号	*C. sinensis* var. *assamica*	永德县永康镇底卡村	1 748	5.6	4.5×3.7	1.7	小乔木型，树姿半开张。芽叶绿色、茸毛多。叶片长宽 15.2cm×5.8cm，叶长椭圆形，叶色绿，叶脉 9 对。萼片 5 片、无茸毛，花冠直径 3.6cm×3.2cm，花瓣 6 枚，花柱先端 3 裂，子房有茸毛。果实三角形
YD023	底卡大茶树3号	*C. sinensis* var. *assamica*	永德县永康镇底卡村	1 749	5.0	3.8×3.5	1.3	小乔木型，树姿半开张。芽叶绿色、茸毛多。叶片长宽 14.0cm×5.2cm，叶长椭圆形，叶色浅绿，叶脉 10 对。萼片 5 片、无茸毛，花冠直径 3.7cm×3.4cm，花瓣 6 枚，花柱先端 3 裂，子房有茸毛。果实三角形
YD024	热水塘大茶树	*C. sinensis* var. *assamica*	永德县永康镇热水塘村皮涕果	1 408	3.9	4.4×4.0	0.6	小乔木型，树姿半开张。芽叶黄绿色、茸毛多。叶片长宽 14.0cm×5.0cm，叶长椭圆形，叶色绿，叶脉 9 对。萼片 5 片、无茸毛，花冠直径 3.2cm×3.3cm，花瓣 6 枚，花柱先端 3 裂，子房有茸毛。果实三角形
YD025	两沟水大茶树1号	*C. taliensis*	永德县勐板乡两沟水村	2 291	5.0	4.2×4.0	2.2	小乔木型，树姿直立。芽叶绿色、无茸毛。叶片长宽 15.6cm×6.2cm，叶长椭圆形，叶色深绿，叶脉 12 对，叶背主脉无茸毛，叶身平，叶缘平，叶面平，叶齿稀、中、钝
YD026	两沟水大茶树2号	*C. taliensis*	永德县勐板乡两沟水村大箐	2 290	5.0	3.0×3.0	1.7	小乔木型，树姿直立。芽叶绿色、无茸毛。叶片长宽 15.0cm×5.6cm，叶长椭圆形，叶色绿，叶脉 10 对，叶背主脉无茸毛，叶身内折，叶缘平，叶面平，叶齿稀、中、钝
YD027	两沟水大茶树3号	*C. taliensis*	永德县勐板乡两沟水村大箐	2 500	4.0	1.5×2.0	1.6	小乔木型，树姿直立。芽叶绿色、无茸毛。叶片长宽 14.0cm×5.8cm，叶长椭圆形，叶色深绿，叶脉 8 对，叶背主脉无茸毛，叶身平，叶缘平，叶面平，叶齿稀、中、钝

（续）

种质编号	种质名称	物种名称	分布地点	海拔（m）	树高（m）	树幅（m×m）	基部干围（m）	主要形态
YD028	怕掌大茶树1号	*C. sinensis* var. *assamica*	永德县勐板乡怕掌村大水塘	1 479	4	5.5×5.0	1.7	小乔木型，树姿半开张。芽叶黄绿色、茸毛多。叶片长宽 15.5cm×5.6cm，叶长椭圆形，叶色浅绿，叶脉 12 对。萼片 5 片、无茸毛，花冠直径 3.9cm×4.0cm，花瓣 6 枚，花柱先端 3 裂，子房有茸毛。果实三角形
YD029	忙肺大茶树	*C. sinensis* var. *assamica*	永德县勐板乡忙肺村	1 678	5.4	3.1×4.3	0.9	小乔木型，树姿半开张。芽叶黄绿色、叶茸毛多。叶片长宽 16.4cm×6.2cm，叶长椭圆形，叶色绿，叶脉 9 对。花冠直径 4.5cm×4.3cm，花瓣 7 枚、白色、质地厚，花柱先端 3 裂，子房有茸毛
YD030	荨麻林大茶树	*C. sinensis* var. *assamica*	永德县勐板乡后山村荨麻林	1 823	7.2	6.5×5.8	1.3	小乔木型，树姿半开张。芽叶黄绿色、茸毛中。叶片长宽 14.1cm×5.5cm，叶长椭圆形，叶色绿，叶脉 12 对。萼片 5 片、无茸毛，花冠直径 3.6cm×3.6cm，花瓣 7 枚，花柱先端 3 裂，子房有茸毛。果实球形
YD031	甘塘大茶树	*C. sinensis* var. *assamica*	永德县勐板乡梨树村甘塘	1 816	6.4	5.1×4.8	0.5	小乔木型，树姿半开张。芽叶淡绿色、茸毛多。叶片长宽 16.3cm×6.0cm，叶椭圆形，叶色绿，叶脉 11 对。萼片 5 片、无茸毛，花冠直径 3.2cm×3.5cm，花瓣 6 枚，花柱先端 3 裂，子房有茸毛。果实球形、三角形
YD032	鲁家坟大茶树	*C. sinensis* var. *assamica*	永德县勐板乡忙肺村鲁家坟	1 479	5.7	6.2×5.3	0.9	小乔木型，树姿半开张。芽叶绿色、茸毛少。叶片长宽 13.8cm×5.0cm，叶长椭圆形，叶色绿，叶脉 10 对。萼片 5 片、无茸毛，花冠直径 3.5cm×3.0cm，花瓣 7 枚，花柱先端 3 裂，子房有茸毛。果实球形
YD033	怕掌大茶树2号	*C. sinensis* var. *assamica*	永德县勐板乡怕掌村大水塘	1 880	3.8	5.3×5.0	1.1	小乔木型，树姿开张。芽叶绿色、茸毛多。叶片长宽 12.6cm×5.2cm，叶椭圆形，叶色绿，叶脉 8 对。萼片 5 片、无茸毛，花冠直径 2.6cm×2.7cm，花瓣 6 枚，花柱先端 3 裂，子房有茸毛。果实球形、肾形
YD034	崩龙大茶树	*C. sinensis* var. *assamica*	永德县勐板乡水城村崩龙寨	1 820	6.2	7.3×6.5	1.8	小乔木型，树姿半开张。芽叶绿色、茸毛多。叶片长宽 13.7cm×6.0cm，叶长椭圆形，叶色绿，叶脉 12 对。萼片 5 片、无茸毛，花冠直径 3.3cm×3.2cm，花瓣 7 枚，花柱先端 3 裂，子房有茸毛。果实三角形

（续）

种质编号	种质名称	物种名称	分布地点	海拔（m）	树高（m）	树幅（m×m）	基部干围（m）	主要形态
YD035	放牧场大茶树	*C. sinensis* var. *assamica*	永德县班卡乡放牛场村	1 954	4.7	5.6×5.0	0.8	小乔木型，树姿半开张。芽叶黄绿色、茸毛多。叶片长宽 16.0cm×6.3cm，叶长椭圆形，叶色绿，叶脉 11 对。萼片 5 片、无茸毛，花冠直径 4.1cm×4.0cm，花瓣 6 枚，花柱先端 3 裂，子房有茸毛。果实三角形
YD036	玉华大茶树	*C. sinensis* var. *assamica*	永德县大山乡玉华村陈家寨	1 773	2.7	2.8×2.5	0.9	小乔木型，树姿开张。芽叶黄绿色、茸毛多。叶片长宽 15.5cm×6.0cm，叶长椭圆形，叶色绿，叶脉 10 对。萼片 5 片、无茸毛，花冠直径 4.4cm×3.7cm，花瓣 6 枚，花柱先端 3 裂，子房有茸毛。果实三角形
YD037	笼楂大茶树	*C. sinensis* var. *assamica*	永德县大山乡笼楂村箐门口	1 860	9.3	7.3×7.5	1.5	小乔木型，树姿开张。芽叶黄绿色、茸毛多。叶片长宽 14.4cm×5.3cm，叶长椭圆形，叶色绿，叶脉 9 对。萼片 5 片、无茸毛，花冠直径 4.0cm×3.5cm，花瓣 6 枚，花柱先端 3 裂，子房有茸毛。果实三角形
YD038	大雪山野生大茶树 1 号	*C. taliensis*	永德县大雪山自然保护区四十八道河中胶厂	2 459	23.0	7.2×7.3	2.2	乔木型，树姿直立。芽叶绿色、无茸毛。叶片长宽 14.6cm×5.8cm，叶长椭圆形，叶色深绿，叶脉 9 对，叶背主脉无茸毛。萼片 5 片、无茸毛，花冠直径 6.1cm×5.3cm，花瓣 12 枚、花柱先端 5 裂，子房有茸毛
YD039	大雪山野生大茶树 2 号	*C. taliensis*	永德县大雪山自然保护区四十八道河中胶厂	2 460	10.0	6.5×7.5	2.1	乔木型，树姿直立。芽叶绿色、无茸毛。叶片长宽 14.0cm×5.5cm，叶椭圆形，叶色深绿，叶身平，叶缘平，叶面平，叶脉 9 对，叶背主脉无茸毛
YD040	大雪山野生大茶树 3 号	*C. taliensis*	永德县大雪山自然保护区四十八道河中胶厂	2 406	15.0	6.0×7.0	1.9	乔木型，树姿直立。芽叶绿色、无茸毛。叶片长宽 13.6cm×5.2cm，叶椭圆形，叶色深绿，叶身平，叶缘平，叶面平，叶齿稀、中、钝，叶脉 8 对，叶背主脉无茸毛
YD041	大雪山野生大茶树 4 号	*C. taliensis*	永德县大雪山自然保护区四十八道河中胶厂	2 460	25.0	8.0×9.0	1.8	乔木型，树姿直立。芽叶绿色、无茸毛。叶片长宽 14.8cm×5.7cm，叶椭圆形，叶色深绿，叶身平，叶缘平，叶面平，叶齿稀、中、钝，叶脉 9 对，叶背主脉无茸毛
YD042	大雪山野生大茶树 5 号	*C. taliensis*	永德县大雪山自然保护区四十八道河前麻林沟	2 361	16.0	7.0×8.5	1.8	乔木型，树姿直立。芽叶绿色、无茸毛。叶片长宽 12.4cm×5.0cm，叶椭圆形，叶色深绿，叶身平，叶缘平，叶面平，叶齿稀、中、钝，叶脉 9 对，叶背主脉无茸毛
YD043	大雪山野生大茶树 6 号	*C. taliensis*	永德县大雪山自然保护区四十八道河前麻林沟	2 361	16.0	6.5×7.0	1.6	乔木型，树姿直立。芽叶绿色、无茸毛。叶片长宽 14.6cm×5.5cm，叶椭圆形，叶色深绿，叶身平，叶缘平，叶面平，叶齿稀、中、钝，叶脉 10 对，叶背主脉无茸毛

（续）

种质编号	种质名称	物种名称	分布地点	海拔（m）	树高（m）	树幅（m×m）	基部干围（m）	主要形态
YD044	大雪山野生大茶树7号	*C. taliensis*	永德县大雪山自然保护区大丫口山	2 493	6.0	4.3×4.0	1.8	小乔木型，树姿半开张。芽叶绿色、无茸毛。叶片长宽14.0cm×4.8cm，叶长椭圆形，叶色绿，叶脉11对，叶背主脉无茸毛。萼片5片、无茸毛，花冠直径6.6cm×5.9cm，花瓣12枚、花柱先端5裂，子房有茸毛
YD045	大雪山野生大茶树8号	*C. taliensis*	永德县大雪山自然保护区穆家平掌	2 405	15.0	6.2×5.5	1.7	乔木型，树姿直立。芽叶绿色、无茸毛。叶片长宽13.2cm×5.0cm，叶长椭圆形，叶色深绿，叶脉10对，叶背主脉无茸毛。萼片5片、无茸毛，花冠直径6.5cm×6.3cm，花瓣11枚、花柱先端5裂，子房有茸毛
YD046	大雪山野生大茶树9号	*C. taliensis*	永德县大雪山自然保护区穆家平掌	2 405	12.0	5.8×6.5	1.7	乔木型，树姿直立。芽叶绿色、无茸毛。叶片长宽13.4cm×6.2cm，叶椭圆形，叶色深绿，叶脉10对，叶背主脉无茸毛。萼片5片、无茸毛，花冠直径6.6cm×5.7cm，花瓣9枚、花柱先端5裂，子房有茸毛
YD047	大雪山野生大茶树10号	*C. taliensis*	永德县大雪山自然保护区四十八道河南岸	2 373	12.0	6.0×6.0	1.4	乔木型，树姿直立。芽叶紫绿色、无茸毛。叶片长宽13.3cm×5.7cm，叶长椭圆形，叶色深绿，叶脉11对，叶背主脉无茸毛。萼片5片、无茸毛，花冠直径6.0cm×5.0cm，花瓣9枚、花柱先端5裂，子房有茸毛。果实四方形、梅花形
YD048	大雪山野生大茶树11号	*C. taliensis*	永德县大雪山自然保护区四十八道河水蕨蕨洼	2 361	12.0	5.0×7.2	1.4	乔木型，树姿直立。芽叶淡绿色、无茸毛。叶片长宽14.0cm×5.0cm，叶长椭圆形，叶色深绿，叶脉9对，叶背主脉无茸毛，叶身平，叶缘平，叶面平，叶齿稀、浅、钝
YD049	大雪山野生大茶树12号	*C. taliensis*	永德县大雪山自然保护区四十八道河水蕨蕨洼	2 361	10.0	5.0×6.0	1.4	乔木型，树姿直立。芽叶绿色、无茸毛。叶片长宽12.8cm×5.2cm，叶长椭圆形，叶色深绿，叶脉8对，叶背主脉无茸毛，叶身平，叶缘平，叶面平，叶齿稀、浅、钝
YD050	大炉场大茶树	*C. sinensis* var. *assamica*	永德县大雪山彝族拉祜族傣族乡大炉场村旧寨	2 062	6.9	6.7×6.2	1.2	小乔木型，树姿半开张。芽叶绿色、茸毛多。叶片长宽14.6cm×5.0cm，叶长椭圆形，叶色绿，叶脉10对。萼片5片、无茸毛，花冠直径4.0cm×3.8cm，花瓣6枚，花柱先端3裂，子房有茸毛。果实三角形
YD051	帮尾大茶树	*C. sinensis* var. *assamica*	永德县大雪山彝族拉祜族傣族乡大平掌村帮尾	1 775	6.4	5.2×4.7	1.3	小乔木型，树姿半开张。芽叶淡绿色、茸毛多。叶片长宽13.5cm×5.4cm，叶长椭圆形，叶色浅绿，叶脉8对。萼片5片、无茸毛，花冠直径3.4cm×3.2cm，花瓣7枚，花柱先端3裂，子房有茸毛。果实球形

（续）

种质编号	种质名称	物种名称	分布地点	海拔（m）	树高（m）	树幅（m×m）	基部干围（m）	主要形态
YD052	大岩房大茶树1号	*C. sinensis* var. *assamica*	永德县大雪山彝族拉祜族傣族乡大岩房村	2 297	4.8	6.1×5.7	1.1	小乔木型，树姿半开张。芽叶黄绿色、茸毛多。叶片长宽15.4cm×5.4cm，叶长椭圆形，叶色浅绿，叶脉11对。萼片5片、无茸毛，花冠直径3.7cm×3.0cm，花瓣6枚，花柱先端3裂，子房有茸毛。果实球形
YD053	大岩房大茶树2号	*C. sinensis* var. *assamica*	永德县大雪山彝族拉祜族傣族乡大岩房村	2 281	5.4	6.2×5.8	1.7	小乔木型，树姿半开张。芽叶绿色、茸毛多。叶片长宽16.0cm×6.4cm，叶椭圆形，叶色绿，叶脉8对。萼片5片、无茸毛，花冠直径3.6cm×3.7cm，花瓣7枚，花柱先端3裂，子房有茸毛。果实球形
YD054	大麦地大茶树	*C. sinensis* var. *assamica*	永德县大雪山彝族拉祜族傣族乡蚂蝗箐村大麦地	2 021	8.4	7.1×6.8	1.6	小乔木型，树姿半开张。芽叶绿色、茸毛中。叶片长宽12.9cm×4.4cm，叶长椭圆形，叶色深绿，叶脉9对。萼片5片、无茸毛，花冠直径3.3cm×3.8cm，花瓣7枚，花柱先端3裂，子房有茸毛。果实球形、三角形
YD055	文曲大茶树	*C. sinensis* var. *assamica*	永德县勐板乡白岩村文曲	1 716	5.8	5.3×4.7	1.3	小乔木型，树姿开张。芽叶紫红色、茸毛多。叶片长宽13.5cm×4.4cm，叶椭圆形，叶色绿，叶脉11对。萼片5片、无茸毛，花冠直径3.3cm×3.2cm，花瓣6枚，花柱先端3裂，子房有茸毛。果实球形、三角形
YD056	小帮贵大茶树	*C. sinensis* var. *assamica*	永德县乌木龙彝族乡苍蒲塘村小帮贵	1 685	3.6	3.6×3.3	0.7	小乔木型，树姿半开张。芽叶黄绿色、茸毛多。叶片长宽14.4cm×6.0cm，叶椭圆形，叶色深绿，叶脉8对。萼片5片、无茸毛，花冠直径3.0cm×3.3cm，花瓣6枚，花柱先端3裂，子房有茸毛。果实球形
YD057	石灰村大茶树	*C. sinensis* var. *assamica*	永德县乌木龙彝族乡石灰村新寨	2 306	6.2	7.2×6.9	1.7	小乔木型，树姿半开张。芽叶绿色、茸毛多。叶片长宽13.8cm×5.2cm，叶椭圆形，叶色绿，叶脉9对。萼片5片、无茸毛，花冠直径3.4cm×3.6cm，花瓣6枚，花柱先端3裂，子房有茸毛。果实球形、肾形
YD058	六苦大茶树	*C. sinensis* var. *assamica*	永德县乌木龙彝族乡炭山村六苦	2 126	6.6	7.2×6.8	1.1	小乔木型，树姿半开张。芽叶黄绿色、茸毛多。叶片长宽12.7cm×5.0cm，叶椭圆形，叶色浅绿，叶脉8对。萼片5片、无茸毛，花冠直径2.9cm×3.3cm，花瓣5枚，花柱先端3裂，子房有茸毛。果实球形
YD059	新塘大茶树	*C. sinensis* var. *assamica*	永德县乌木龙彝族乡新塘村	2 206	7.5	8.2×7.8	2.4	小乔木型，树姿开张。芽叶紫绿色、茸毛中。叶片长宽13.3cm×5.8cm，叶椭圆形，叶色绿，叶脉10对。萼片5片、无茸毛，花冠直径3.7cm×3.2cm，花瓣6枚，花柱先端3裂，子房有茸毛。果实三角形

（续）

种质编号	种质名称	物种名称	分布地点	海拔（m）	树高（m）	树幅（m×m）	基部干围（m）	主要形态
YD060	塔驮大茶树1号	*C. taliensis*	永德县亚练乡塔驮村大寨小组	2 060	8.6	6.0×7.0	3.1	乔木型，树姿半开张。芽叶紫绿色、无茸毛。叶片长宽14.4cm×5.1cm，叶长椭圆形，叶色深绿，叶脉9对。萼片5片、无茸毛，花冠直径6.3cm×7.4cm，花瓣11枚，花柱先端5裂，子房有茸毛。果实四方形、梅花形
YD061	塔驮大茶树2号	*C. taliensis*	永德县亚练乡塔驮村大麦地	2 043	5.3	4.0×4.0	2.9	小乔木型，树姿半开张。芽叶淡绿色、无茸毛。叶片长宽14.0cm×5.0cm，叶椭圆形，叶色绿，叶脉8对。萼片5片、无茸毛，花冠直径7.0cm×7.0cm，花瓣9枚，花柱先端5裂，子房有茸毛。果实四方形
YD062	塔驮大茶树3号	*C. taliensis*	永德县亚练乡塔驮村大麦地	2 077	7.6	5.5×5.0	2.4	乔木型，树姿半开张。芽叶淡绿色、无茸毛。叶片长宽14.7cm×6.3cm，叶长椭圆形，叶色绿，叶脉9对。萼片5片、无茸毛，花冠直径6.5cm×6.0cm，花瓣11枚，花柱先端5裂，子房有茸毛。果实四方形
YD063	塔驮大茶树4号	*C. taliensis*	永德县亚练乡塔驮村大寨小组	2 092	6.0	4.0×4.0	2.2	乔木型，树姿半开张。芽叶淡绿色、无茸毛。叶片长宽15.5cm×6.0cm，叶长椭圆形，叶色绿，叶身稍内折，叶缘平，叶面平，叶质硬，叶脉9对
YD064	老虎寨大茶树	*C. sinensis* var. *assamica*	永德县亚练乡塔驮村老虎寨	1 871	6.9	4.5×4.2	2.8	小乔木型，树姿半开张。芽叶黄绿色、茸毛多。叶片长宽16.3cm×5.7cm，叶长椭圆形，叶色深绿，叶脉12对。萼片5片、无茸毛，花冠直径3.3cm×3.4cm，花瓣7枚，花柱先端3裂，子房有茸毛。果实球形
YD065	黄草山大茶树	*C. sinensis* var. *assamica*	永德县亚练乡垭口村黄草山	2 100	7.8	8.8×8.6	3.3	小乔木型，树姿半开张。芽叶绿色、茸毛多。叶片长宽15.5cm×6.0cm，叶椭圆形，叶色绿，叶脉10对。萼片5片、无茸毛，花冠直径3.8cm×4.0cm，花瓣7枚，花柱先端3裂，子房有茸毛。果实球形
ZK001	背荫山野生大茶树1号	*C. taliensis*	镇康县凤尾镇大坝村背荫山	1 543	13.0	6.0×5.2	1.7	乔木型，树姿直立。芽叶紫绿色、无茸毛。叶片长宽14.3cm×4.8cm，叶长椭圆形，叶色绿，叶脉11对，叶身内折，叶背主脉无茸毛。萼片5片、无茸毛，花冠直径5.1cm×6.2cm，花瓣11枚，花柱先端5裂，子房有茸毛。果实四方形、梅花形
ZK002	背荫山野生大茶树2号	*C. taliensis*	镇康县凤尾镇大坝村背荫山	1 508	3.7	1.8×2.8	1.5	小乔木型，树姿半开张。芽叶紫绿色、无茸毛。叶片长宽13.8cm×4.2cm，叶长椭圆形，叶脉8对，叶背主脉无茸毛。萼片5片、无茸毛，花冠直径6.4cm×6.8cm，花瓣11枚，花柱先端5裂，子房有茸毛

（续）

种质编号	种质名称	物种名称	分布地点	海拔（m）	树高（m）	树幅（m×m）	基部干围（m）	主要形态
ZK003	背荫山野生大茶树3号	*C. taliensis*	镇康县凤尾镇大坝村背荫山	1 422	5.0	2.5×2.8	0.9	小乔木型，树姿半开张。芽叶紫绿色、无茸毛。叶片长宽12.7cm×5.2cm，叶长椭圆形，叶色绿，叶基楔形，叶脉8对，叶背主脉无茸毛。萼片5片、无茸毛，花冠直径4.8cm×5.3cm，花瓣9枚，花柱先端4～5裂，子房有茸毛
ZK004	背荫山野生大茶树4号	*C. taliensis*	镇康县凤尾镇大坝村背荫山	1 600	8.0	4.0×5.0	1.3	乔木型，树姿直立。芽叶绿色、无茸毛。叶片长宽14.0cm×5.8cm，叶椭圆形，叶色绿，叶脉9对，叶身内折，叶尖渐尖，叶面隆起，叶缘波，叶质硬，叶柄、叶背主脉无茸毛
ZK005	背荫山野生大茶树5号	*C. taliensis*	镇康县凤尾镇大坝村背荫山	1 540	6.5	3.0×4.4	1.0	小乔木型，树姿半开张。芽叶绿色、无茸毛。叶片长宽16.3cm×6.7cm，叶长椭圆形，叶色绿，叶基楔形，叶脉11对，叶身内折，叶尖渐尖，叶面平，叶缘平，叶质硬
ZK006	大坝大茶树1号	*C. taliensis*	镇康县凤尾镇大坝村水库脚	1 422	5.0	3.0×2.4	0.8	小乔木型，树姿半开张。芽叶绿色、无茸毛。叶片长宽15.0cm×6.0cm，叶长椭圆形，叶色绿，叶基楔形，叶脉10对，叶身内折，叶尖渐尖，叶面平，叶缘平，叶质硬
ZK007	包包寨大茶树1号	*C. taliensis*	镇康县勐捧镇包包寨村	1 627	5.0	3.0×4.0	1.3	小乔木型，树姿半开张。芽叶绿色、无茸毛。叶片长宽13.8cm×6.0cm，叶长椭圆形，叶色绿，叶基楔形，叶脉8对。萼片5片、无茸毛。花冠直径6.5cm×7.3cm，花瓣11枚、花柱先端5裂，子房有茸毛。果实球形
ZK008	包包寨大茶树2号	*C. taliensis*	镇康县勐捧镇包包寨村	1 627	6.5	5.4×4.0	1.0	小乔木，树姿开张。芽叶紫红色，有茸毛。叶片长宽16.8cm×6.2cm，叶长椭圆形，叶色绿，叶基楔形，叶脉11对。萼片5片、绿色、无茸毛，花冠直径7.8cm×5.7cm，花瓣11枚，花柱先端3裂，子房有茸毛
ZK009	岔路寨大茶树1号	*C. taliensis*	镇康县忙丙乡忙丙村岔路寨	1 922	21.0	10.2×11.5	3.2	乔木型，树姿直立。芽叶紫绿色、无茸毛。叶片长宽14.2×6.0cm，叶长椭圆形，叶色绿，叶脉9对，叶背主脉无茸毛。萼片5片、无茸毛，花冠直径6.7cm×5.8cm，花瓣11枚，花柱先端5裂。果实四方形、梅花形
ZK010	岔路寨大茶树2号	*C. taliensis*	镇康县忙丙乡忙丙村岔路寨	1 925	12.0	7.4×5.6	1.2	乔木型，树姿半开张。芽叶绿色、无茸毛。叶片长宽14.8×4.7cm，叶长椭圆形，叶色绿，叶脉13对，叶背主脉无茸毛。萼片5片、无茸毛，花冠直径6.5cm×4.8cm，花瓣9枚，花柱先端5裂。果实四方形、梅花形

（续）

种质编号	种质名称	物种名称	分布地点	海拔（m）	树高（m）	树幅（m×m）	基部干围（m）	主要形态
ZK011	岔路寨大茶树3号	*C. taliensis*	镇康县忙丙乡忙丙村岔路寨	1 948	16.0	8.4×5.4	2.1	小乔木型，树姿半开张。芽叶绿色、无茸毛。叶片长宽15.6cm×6.2cm，叶长椭圆形，叶色绿，叶脉9对，叶背主脉无茸毛。萼片5片、无茸毛，花冠直径6.8cm×7.0cm，花瓣12枚，花柱先端5裂。果实四方形、梅花形
ZK012	岔路寨大茶树4号	*C. taliensis*	镇康县忙丙乡忙丙村岔路寨	1 940	14.0	6.4×5.4	3.2	小乔木型，树姿开张。芽叶紫绿色、无茸毛。叶片长宽13.4cm×5.3cm，叶长椭圆形，叶色绿，叶脉8对，叶背主脉无茸毛。萼片5片、无茸毛，花冠直径6.0cm×6.0cm，花瓣8枚，花柱先端5裂。果实四方形、梅花形
ZK013	岔路寨大茶树5号	*C. taliensis*	镇康县忙丙乡忙丙村岔路寨	1 970	18.0	6.3×5.8	1.8	小乔木型，树姿开张。芽叶紫绿色、无茸毛。叶片长宽14.1cm×6.2cm，叶长椭圆形，叶色绿，叶脉8对，叶背主脉无茸毛。萼片5片、无茸毛，花冠直径5.0cm×6.3cm，花瓣10枚，花柱先端5裂。果实四方形、梅花形
ZK014	绿荫塘大茶树1号	*C. taliensis*	镇康县木场乡绿荫塘村	2 100	10.0	4.5×5.7	3.0	乔木型，树姿直立。芽叶紫绿色、无茸毛。叶片长宽15.6cm×5.2cm，叶长椭圆形，叶色绿，叶基楔形，叶脉12对，叶身内折，叶面平，叶缘平，叶质硬，叶柄、叶背主脉无茸毛
ZK015	绿荫塘大茶树2号	*C. taliensis*	镇康县木场乡绿荫塘村	2 100	5.5	3.4×4.0	1.4	小乔木型，树姿半开张。芽叶绿色、无茸毛。叶片长宽14.0cm×6.0cm，叶椭圆形，叶色绿，叶脉对8对，叶身内折，叶面平，叶缘平，叶质硬，叶柄、叶背主脉无茸毛。果实球形
ZK016	绿荫塘大茶树3号	*C. taliensis*	镇康县木场乡绿荫塘村	2 180	6.0	2.4×2.1	0.9	小乔木型，树姿半开张。芽叶绿色、无茸毛。叶片长宽18.1cm×6.2cm，叶长椭圆形，叶色绿，叶基楔形，叶脉10对，叶身内折，叶面平，叶缘平，叶质硬，叶柄、叶背主脉无茸毛
ZK017	绿荫塘大茶树4号	*C. taliensis*	镇康县木场乡绿荫塘村	2 100	9.0	4.0×3.7	0.9	乔木型，树姿直立。芽叶紫绿色、无茸毛。叶片长宽16.3cm×6.5cm，叶椭圆形，叶色绿，叶基楔形，叶脉10对，叶身内折，叶面平，叶缘平，叶质硬，叶柄、叶背主脉无茸毛

（续）

种质编号	种质名称	物种名称	分布地点	海拔（m）	树高（m）	树幅（m×m）	基部干围（m）	主要形态
ZK018	绿荫塘大茶树5号	*C. taliensis*	镇康县木场乡绿荫塘村	2 180	4.5	2.0×2.5	0.8	小乔木型，树姿半开张。芽叶紫绿色、无茸毛。叶片长宽17.2cm×6.8cm，叶椭圆形，叶色绿，叶基楔形，叶脉11对，叶身内折，叶面平，叶缘平，叶质硬，叶柄、叶背主脉无茸毛
ZK019	大坝大茶树2号	*C. sinensis* var. *assamica*	镇康县凤尾镇大坝村水库脚	1 480	5.2	3.0×2.6	1.3	小乔木型，树姿半开张。芽叶绿色、茸毛多。叶片长宽15.3cm×6.2cm，叶椭圆形，叶色绿，叶脉9对。萼片5片、无茸毛，花冠直径3.3cm×4.2cm，花瓣7枚，花柱先端3裂，子房有茸毛。果实球形
ZK020	小落水大茶树	*C. sinensis* var. *assamica*	镇康县凤尾镇芦子园村小落水	1 506	4.0	4.0×2.8	1.7	小乔木型，树姿半开张。芽叶绿色、茸毛多。叶片长宽14.4cm×5.0cm，叶椭圆形，叶色绿，叶脉10对。萼片5片、无茸毛，花冠直径3.0cm×3.0cm，花瓣6枚，花柱先端3裂，子房有茸毛。果实球形
ZK021	黑马塘大茶树	*C. sinensis* var. *assamica*	镇康县木场乡黑马塘村	1 876	3.8	3.0×3.4	1.5	小乔木型，树姿半开张。芽叶黄绿色、茸毛多。叶片长宽13.5cm×4.7cm，叶长椭圆形，叶色绿，叶脉11对。萼片5片、无茸毛，花冠直径3.4cm×3.7cm，花瓣6枚，花柱先端3裂，子房有茸毛。果实球形
ZK022	忙丙大茶树1号	*C. sinensis* var. *assamica*	镇康县忙丙乡忙丙村树王山	1 744	6.2	4.4×5.0	2.0	小乔木型，树姿半开张。芽叶黄绿色、茸毛多。叶片长宽12.7cm×5.0cm，叶椭圆形，叶色绿，叶脉10对。萼片5片、无茸毛，花冠直径3.5cm×3.0cm，花瓣5枚，花柱先端3裂，子房有茸毛。果实球形
ZK023	忙丙大茶树2号	*C. sinensis* var. *assamica*	镇康县忙丙乡忙丙村树王山	1 760	7.1	6.0×6.0	1.0	小乔木型，树姿半开张。芽叶黄绿色、茸毛多。叶片长宽14.2cm×5.7cm，叶长椭圆形，叶色绿，叶脉9对。萼片5片、无茸毛，花冠直径3.7cm×3.5cm，花瓣6枚，花柱先端3裂，子房有茸毛。果实球形
ZK024	马鞍山大茶树	*C. sinensis* var. *assamica*	镇康县忙丙乡马鞍山村	1 450	5.8	3.7×4.6	1.8	小乔木型，树姿半开张。芽叶黄绿色、茸毛多。叶片长宽15.0cm×5.5cm，叶长椭圆形，叶色绿，叶脉9对。萼片5片、无茸毛，花冠直径3.3cm×3.5cm，花瓣6枚，花柱先端3裂，子房有茸毛。果实球形

（续）

种质编号	种质名称	物种名称	分布地点	海拔（m）	树高（m）	树幅（m×m）	基部干围（m）	主要形态
ZK025	乌木大茶树	*C. sinensis* var. *assamica*	镇康县忙丙乡乌木村	1 683	6.2	4.4×3.8	1.4	小乔木型，树姿半开张。芽叶绿色、茸毛多。叶片长宽 12.8cm×6.2cm，叶椭圆形，叶色绿，叶脉 8 对。萼片 5 片、无茸毛，花冠直径 3.8cm×2.7cm，花瓣 6 枚，花柱先端 3 裂，子房有茸毛。果实三角形
ZK026	麦地大茶树	*C. sinensis* var. *assamica*	镇康县忙丙乡麦地村	1 704	5.3	2.8×3.3	2.0	小乔木型，树姿半开张。芽叶紫红色、茸毛多。叶片长宽 14.2cm×5.3cm，叶长椭圆形，叶色绿，叶脉 11 对。萼片 5 片、无茸毛，花冠直径 4.0cm×4.3cm，花瓣 7 枚，花柱先端 3 裂，子房有茸毛。果实球形
ZK027	蔡何大茶树	*C. sinensis* var. *assamica*	镇康县忙丙乡蔡何村	1 822	7.0	3.4×40	1.7	小乔木型，树姿开张。芽叶淡绿色、茸毛多。叶片长宽 13.5cm×5.7cm，叶椭圆形，叶色绿，叶脉 9 对。萼片 5 片、无茸毛，花冠直径 3.2cm×3.0cm，花瓣 6 枚，花柱先端 3 裂，子房有茸毛。果实球形
ZK028	木场大茶树	*C. sinensis* var. *assamica*	镇康县木场乡木场村	1 678	4.4	3.0×5.2	1.3	小乔木型，树姿半开张。芽叶绿色、茸毛多。叶片长宽 15.0cm×5.0cm，叶椭圆形，叶色绿，叶脉 8 对。萼片 5 片、无茸毛，花冠直径 3.5cm×3.5cm，花瓣 6 枚，花柱先端 3 裂，子房有茸毛。果实三角形
ZK029	仁和大茶树	*C. sinensis* var. *assamica*	镇康县凤尾镇仁和村	1 806	4.8	3.0×3.0	1.0	小乔木型，树姿半开张。芽叶黄绿色、茸毛多。叶片长宽 11.8cm×4.0cm，叶长椭圆形，叶色深绿，叶脉 11 对。萼片 5 片、无茸毛，花冠直径 2.8cm×3.0cm，花瓣 6 枚，花柱先端 3 裂，子房有茸毛。果实球形
ZK030	荒田山大茶树	*C. sinensis* var. *assamica*	镇康县凤尾镇大柏树村荒田山	1 842	6.5	5.4×5.0	1.8	小乔木型，树姿半开张。芽叶黄绿色、茸毛多。叶片长宽 14.5cm×5.4cm，叶长椭圆形，叶色绿，叶脉 10 对。萼片 5 片、无茸毛，花冠直径 3.0cm×3.0cm，花瓣 6 枚，花柱先端 3 裂，子房有茸毛。果实球形
ZK031	岩子头大茶树	*C. sinensis* var. *assamica*	镇康县勐捧镇岩子头村	1 770	5.0	4.0×2.7	0.8	小乔木型，树姿半开张。芽叶黄绿色、茸毛多。叶片长宽 16.3cm×6.4cm，叶椭圆形，叶色绿，叶脉 12 对。萼片 5 片、无茸毛，花冠直径 3.3cm×3.0cm，花瓣 7 枚，花柱先端 3 裂，子房有茸毛。果实球形

（续）

种质编号	种质名称	物种名称	分布地点	海拔（m）	树高（m）	树幅（m×m）	基部干围（m）	主要形态
ZK032	南梳坝大茶树	*C. sinensis* var. *assamica*	镇康县勐捧镇南梳坝村	1 694	6.0	3.5×4.0	0.9	小乔木型，树姿半开张。芽叶黄绿色、茸毛多。叶片长宽 15.0cm×6.6cm，叶椭圆形，叶色绿，叶脉 9 对。萼片 5 片、无茸毛，花冠直径 4.0cm×4.4cm，花瓣 6 枚，花柱先端 3 裂，子房有茸毛。果实球形
ZK033	南洪大茶树	*C. sinensis* var. *assamica*	镇康县勐堆乡大寨村南洪	1 668	6.5	4.8×5.5	1.1	小乔木型，树姿半开张。芽叶黄绿色、茸毛多。叶片长宽 17.2cm×7.3cm，叶长椭圆形，叶色绿，叶脉 8 对。萼片 5 片、无茸毛，花冠直径 3.2cm×3.4cm，花瓣 6 枚，花柱先端 3 裂，子房有茸毛。果实球形
ZK034	尖山大茶树	*C. sinensis* var. *assamica*	镇康县勐堆乡尖山村梅子树	1 704	6.6	5.4×5.0	1.2	小乔木型，树姿半开张。芽叶黄绿色、茸毛多。叶片长宽 13.3cm×5.2cm，叶长椭圆形，叶色绿，叶脉 9 对。萼片 5 片、无茸毛，花冠直径 3.0cm×3.0cm，花瓣 6 枚，花柱先端 3 裂，子房有茸毛。果实球形
SJ001	勐库大雪山野生大茶树 1 号	*C. taliensis*	双江拉祜族佤族布朗族傣族自治县勐库镇公弄村大雪山	2 683	25.0	13.7×10.6	3.3	乔木型，树姿直立。芽叶紫绿色、无茸毛。叶片长宽 13.7cm×6.3cm，叶椭圆形，叶色深绿有光泽，叶脉 10 对，叶背主脉无茸毛。萼片 5 片、无茸毛，花冠直径 4.0cm×4.5cm，花瓣 11 枚，花柱先端 5 裂，子房 5 室、多茸毛
SJ002	勐库大雪山野生大茶树 2 号	*C. taliensis*	双江拉祜族佤族布朗族傣族自治县勐库镇公弄村大雪山	2 710	18.4	16.2×12.9	2.9	乔木型，树姿直立。芽叶绿色、无茸毛。叶片长宽 12.9cm×5.7cm，叶椭圆形，叶色绿，叶脉 9 对，叶背主脉无茸毛。萼片 5 片、无茸毛，花冠直径 4.7cm×4.5cm，花瓣 12 枚，花柱先端 5 裂，子房多茸毛
SJ003	勐库大雪山野生大茶树 3 号	*C. taliensis*	双江拉祜族佤族布朗族傣族自治县勐库镇公弄村大雪山	2 650	15.6	13.0×10.5	2.7	乔木型，树姿直立。芽叶绿色、无茸毛。叶片长宽 13.7cm×5.8cm，叶椭圆形，叶色深绿有光泽，叶脉 9 对，叶背主脉无茸毛。叶身平，叶面平，叶齿稀
SJ004	勐库大雪山野生大茶树 4 号	*C. taliensis*	双江拉祜族佤族布朗族傣族自治县勐库镇公弄村大雪山	2 650	24.6	15.6×12.0	2.6	乔木型，树姿直立。芽叶绿色、无茸毛。叶片长宽 13.3cm×5.4cm，叶椭圆形，叶色绿，叶脉 10 对，叶背主脉无茸毛。萼片 5 片、无茸毛，花冠直径 5.7cm×5.3cm，花瓣 10 枚，花柱先端 5 裂，子房多茸毛

（续）

种质编号	种质名称	物种名称	分布地点	海拔（m）	树高（m）	树幅（m×m）	基部干围（m）	主要形态
SJ005	勐库大雪山野生大茶树5号	*C. taliensis*	双江拉祜族佤族布朗族傣族自治县勐库镇公弄村大雪山	2 678	19.2	11.0×9.5	2.5	乔木型，树姿直立。芽叶绿色、无茸毛。叶片长宽12.7cm×5.7cm，叶椭圆形，叶色绿、有光泽，叶脉11对，叶背主脉无茸毛。叶身平，叶面平，叶齿稀、浅、钝
SJ006	勐库大雪山野生大茶树6号	*C. taliensis*	双江拉祜族佤族布朗族傣族自治县勐库镇公弄村大雪山	2 652	30.8	12.9×9.5	2.4	乔木型，树姿直立。芽叶绿色、无茸毛。叶片长宽13.6cm×6.0cm，叶椭圆形，叶色绿色、有光泽，叶脉11对，叶背主脉无茸毛。萼片5片、无茸毛，花冠直径4.5cm×4.2cm，花瓣10枚，花柱先端5裂，子房多茸毛。果实四方形、梅花形
SJ007	勐库大雪山野生大茶树7号	*C. taliensis*	双江拉祜族佤族布朗族傣族自治县勐库镇公弄村大雪山	2 674	15.3	12.7×9.2	2.3	乔木型，树姿直立。芽叶绿色、无茸毛。叶片长宽13.1cm×6.4cm，叶片椭圆形，叶色绿、有光泽，叶脉8～10对，叶柄、叶背主脉无茸毛
SJ008	勐库大雪山野生大茶树8号	*C. taliensis*	双江拉祜族佤族布朗族傣族自治县勐库镇公弄村大雪山	2 684	19.0	15.0×15.5	2.2	乔木型，树姿直立。芽叶紫绿色、无茸毛。叶片长宽14.0cm×6.0cm，叶片椭圆形，叶色绿、有光泽，叶脉11对，叶柄、叶背主脉无茸毛
SJ009	勐库大雪山野生大茶树9号	*C. taliensis*	双江拉祜族佤族布朗族傣族自治县勐库镇公弄村大雪山	2 691	18.0	13.0×12.0	2.0	乔木型，树姿直立。芽叶绿色、无茸毛。叶片长宽12.7cm×5.7cm，叶椭圆形，叶色深绿、有光泽，叶脉10对，叶柄、叶背主脉无茸毛。萼片5片、无茸毛，花冠直径5.2cm×5.7cm，花瓣11枚，花柱先端5裂，子房密被茸毛。果实四方形、梅花形
SJ010	勐库大雪山野生大茶树10号	*C. taliensis*	双江拉祜族佤族布朗族傣族自治县勐库镇公弄村大雪山	2 652	17.5	13.0×9.6	1.6	乔木型，树姿直立。芽叶绿色、无茸毛。叶片长宽13.1cm×5.7cm，叶椭圆形，叶色深绿、有光泽，叶脉10对，叶柄、叶背主脉无茸毛
SJ011	勐库大雪山野生大茶树11号	*C. taliensis*	双江拉祜族佤族布朗族傣族自治县勐库镇公弄村大雪山	2 605	25.0	14.8×11.6	1.9	乔木型，树姿直立。芽叶绿色、无茸毛。叶片长宽14.4cm×5.5cm，叶长椭圆形，叶色深绿、有光泽，叶脉9对，叶柄、叶背主脉无茸毛
SJ012	勐库大雪山野生大茶树12号	*C. taliensis*	双江拉祜族佤族布朗族傣族自治县勐库镇公弄村大雪山	2 605	18.5	12.6×10.0	1.6	乔木型，树姿直立。芽叶绿色、无茸毛。叶片长宽12.2cm×5.1cm，叶长椭圆形，叶色深绿、有光泽，叶脉8对，叶柄、叶背主脉无茸毛。萼片5片、无茸毛，花冠直径4.4cm×4.7cm，花瓣9枚，花柱先端5裂，子房密被茸毛。果实四方形、梅花形
SJ013	勐库大雪山野生大茶树13号	*C. taliensis*	双江拉祜族佤族布朗族傣族自治县勐库镇公弄村大雪山	2 600	25.0	16.2×11.9	1.7	乔木型，树姿直立。芽叶绿色、无茸毛。叶片长宽15.3cm×6.0cm，叶长椭圆形，叶色深绿、有光泽，叶脉12对，叶柄、叶背主脉无茸毛

（续）

种质编号	种质名称	物种名称	分布地点	海拔（m）	树高（m）	树幅（m×m）	基部干围（m）	主要形态
SJ014	勐库大雪山野生大茶树14号	*C. taliensis*	双江拉祜族佤族布朗族傣族自治县勐库镇公弄村大雪山	2 640	20.5	12.5×10.0	1.3	乔木型，树姿直立。芽叶绿色、无茸毛。叶片长宽14.7cm×6.3cm，叶长椭圆形，叶色深绿、有光泽，叶脉11对，叶柄、叶背主脉无茸毛
SJ015	仙人山野生大茶树1号	*C. taliensis*	双江拉祜族佤族布朗族傣族自治县邦丙乡仙人山	2 392	4.1	4.1×4.8	2.4	乔木型，树姿直立。芽叶紫绿色、无茸毛。叶片长宽12.5cm×5.7cm，叶长椭圆形，叶色深绿，叶脉9对，叶身稍内折，叶面平，叶缘平，叶质硬，叶柄、叶背主脉无茸毛
SJ016	仙人山野生大茶树2号	*C. taliensis*	双江拉祜族佤族布朗族傣族自治县邦丙乡仙人山	2 483	7.9	3.2×3.5	1.8	乔木型，树姿直立。芽叶绿色、无茸毛。叶片长宽15.5cm×6.7cm，叶长椭圆形，叶色深绿，叶脉8对，叶柄、叶背主脉无茸毛。萼片5片、无茸毛，花冠直径4.4cm×4.6cm，花瓣9枚，花柱先端5裂，子房密被茸毛。果实四方形、梅花形
SJ017	仙人山野生大茶树3号	*C. taliensis*	双江拉祜族佤族布朗族傣族自治县邦丙乡仙人山	2 484	7.0	3.0×2.0	1.8	乔木型，树姿直立。芽叶紫绿色、无茸毛。叶片长宽15.9cm×7.6cm，叶长椭圆形，叶色深绿，叶脉9对，叶身平，叶面平，叶缘平，叶质软、薄，叶齿稀、浅、锐，叶柄、叶背主脉无茸毛
SJ018	仙人山野生大茶树4号	*C. taliensis*	双江拉祜族佤族布朗族傣族自治县邦丙乡仙人山	2 451	8.0	3.0×3.5	1.7	乔木型，树姿直立。芽叶淡绿色、无茸毛。叶片长宽17.0cm×7.7cm，叶长椭圆形，叶色深绿，叶脉9对，叶身内折，叶面平，叶缘平，叶质硬，叶齿稀、浅、锐，叶柄、叶背主脉无茸毛
SJ019	仙人山野生大茶树5号	*C. taliensis*	双江拉祜族佤族布朗族傣族自治县邦丙乡仙人山	2 674	12.0	3.0×3.5	1.7	乔木型，树姿直立。芽叶绿色、无茸毛。叶片长宽16.3cm×7.5cm，叶长椭圆形，叶色深绿，叶脉11对，叶身稍内折，叶面平，叶缘平，叶质硬，叶齿稀、浅、锐，叶柄、叶背主脉无茸毛
SJ020	茶山河野生大茶树1号	*C. taliensis*	双江拉祜族佤族布朗族傣族自治县邦丙乡茶山河	2 369	3.6	1.5×2.3	1.7	乔木型，树姿直立。芽叶绿色、无茸毛。叶片长宽19.4cm×8.3cm，叶椭圆形，叶色深绿，叶脉12对，叶身稍内折，叶面平，叶缘平，叶质硬，叶齿稀、浅、锐，叶柄、叶背主脉无茸毛
SJ021	茶山河野生大茶树2号	*C. taliensis*	双江拉祜族佤族布朗族傣族自治县邦丙乡茶山河	2 377	15.6	5.3×4.9	2.1	乔木型，树姿直立。芽叶绿色、无茸毛。叶片长宽16.5cm×8.8cm，叶椭圆形，叶色深绿，叶脉9对，叶身稍内折，叶面平，叶缘平，叶质硬，叶齿稀、浅、锐，叶柄、叶背主脉无茸毛

（续）

种质编号	种质名称	物种名称	分布地点	海拔（m）	树高（m）	树幅（m×m）	基部干围（m）	主要形态
SJ022	大宾山野生大茶树1号	*C. taliensis*	双江拉祜族佤族布朗族傣族自治县勐勐镇大宾山	2 240	8.0	1.5×1.5	2.4	乔木型，树姿直立。芽叶绿色、无茸毛。叶片长宽15.0cm×7.2cm，叶椭圆形，叶色深绿，叶脉10对，叶身稍内折，叶面平，叶缘平，叶质硬，叶齿稀、浅、锐，叶柄、叶背主脉无茸毛
SJ023	大宾山野生大茶树2号	*C. taliensis*	双江拉祜族佤族布朗族傣族自治县勐勐镇大宾山	2 522	16.7	5.0×5.7	1.6	乔木型，树姿直立。芽叶绿色、无茸毛。叶片长宽13.4cm×6.3cm，叶椭圆形，叶色深绿，叶脉8对，叶身稍内折，叶面平，叶缘平，叶质硬，叶齿稀、浅、锐，叶柄、叶背主脉无茸毛
SJ024	大宾山野生大茶树3号	*C. taliensis*	双江拉祜族佤族布朗族傣族自治县勐勐镇大宾山	2 519	16.7	5.0×5.7	2.0	乔木型，树姿直立。芽叶绿色、无茸毛。叶片长宽14.3cm×6.8cm，叶椭圆形，叶色深绿，叶脉9对，叶身稍内折，叶尖渐尖，叶面平，叶缘平，叶质硬，叶齿稀、浅、锐，叶柄、叶背主脉无茸毛
SJ025	大宾山野生大茶树4号	*C. taliensis*	双江拉祜族佤族布朗族傣族自治县勐勐镇大宾山	2 498	15.0	4.5×4.3	2.1	乔木型，树姿直立。芽叶绿色、无茸毛。叶片长宽12.5cm×5.7cm，叶椭圆形，叶色深绿，叶脉11对，叶身稍内折，叶尖渐尖，叶面平，叶缘平，叶质硬，叶齿稀、浅、锐，叶柄、叶背主脉无茸毛
SJ026	岔箐野生大茶树	*C. taliensis*	双江拉祜族佤族布朗族傣族自治县邦丙乡岔箐村老虎寨	2 340	4.4	2.5×2.5	1.8	乔木型，树姿直立。芽叶绿色、无茸毛。叶片长宽16.0cm×8.3cm，叶椭圆形，叶色深绿，叶脉10对，叶身平，叶尖渐尖，叶面平，叶缘平，叶质硬，叶齿稀、浅、锐，叶柄、叶背主脉无茸毛
SJ027	龙塘河野生大茶树	*C. taliensis*	双江拉祜族佤族布朗族傣族自治县邦丙乡岔箐村龙塘河	2 430	7.0	1.5×1.5	1.2	乔木型，树姿直立。芽叶紫绿色、无茸毛。叶片长宽16.8cm×7.2cm，叶椭圆形，叶色深绿，叶脉12对，叶身平，叶尖渐尖，叶面平，叶缘平，叶质硬，叶齿稀、浅、锐，叶柄、叶背主脉无茸毛
SJ028	南宋野生大树	*C. taliensis*	双江拉祜族佤族布朗族傣族自治县邦丙乡岔箐村南宋后山	2 407	8.4	3.1×3.5	0.8	乔木型，树姿直立。芽叶紫绿色、无茸毛。叶片长宽11.1cm×6.6cm，叶近圆形，叶色绿，叶脉7对，叶身背卷，叶尖渐尖，叶面平，叶缘平，叶质硬，叶齿稀、浅、锐，叶柄、叶背主脉无茸毛
SJ029	老黑地野生大茶树	*C. taliensis*	双江拉祜族佤族布朗族傣族自治县邦丙乡岔箐村老黑地	2 369	12.0	5.0×6.0	1.7	乔木型，树姿直立。芽叶绿色、无茸毛。叶片长宽14.2cm×6.6cm，叶椭圆形，叶色深绿，叶脉8对，叶身平，叶尖渐尖，叶面平，叶缘平，叶质硬，叶齿稀、浅、锐，叶柄、叶背主脉无茸毛

（续）

种质编号	种质名称	物种名称	分布地点	海拔(m)	树高(m)	树幅(m×m)	基部干围(m)	主要形态
SJ030	崖水箐野生大茶树	*C. taliensis*	双江拉祜族佤族布朗族傣族自治县邦丙乡岔箐村崖水箐	2 494	7.7	3.4×3.1	1.2	乔木型，树姿直立。芽叶绿色、无茸毛。叶片长宽 13.7cm×8.8cm，叶近圆形，叶色深绿，叶脉 8 对，叶身平，叶尖渐尖，叶面平，叶缘平，叶质硬，叶齿稀、浅、锐，叶柄、叶背主脉无茸毛
SJ031	豹子山野生大茶树	*C. taliensis*	双江拉祜族佤族布朗族傣族自治县邦丙乡岔箐村豹子山	2 439	9.5	3.5×3.5	1.7	乔木型，树姿直立。芽叶绿色、无茸毛。叶片长宽 16.2cm×8.8cm，叶近圆形，叶色绿，叶脉 8 对，叶身平，叶尖渐尖，叶面平，叶缘平，叶质硬，叶齿稀、浅、锐，叶柄、叶背主脉无茸毛
SJ032	冰岛大茶树1号	*C. sinensis* var. *assamica*	双江拉祜族佤族布朗族傣族自治县勐库镇冰岛村	1 688	6.5	3.3×5.5	1.2	小乔木型，树姿半开张。叶片长宽 15.7cm×6.5cm，叶长椭圆形，叶色深绿，叶脉 11 对，叶背主脉有茸毛。芽叶淡绿色、茸毛多。萼片 5 片、无茸毛，花冠直径 2.8cm×3.1cm，花瓣 5 枚，花柱先端 3 裂，子房有茸毛。果实球形、三角形
SJ033	冰岛大茶树2号	*C. sinensis* var. *assamica*	双江拉祜族佤族布朗族傣族自治县勐库镇冰岛村	1 703	8.5	5.4×5.5	1.5	乔木型，树姿直立。叶片长宽 14.2cm×6.3cm，叶长椭圆形，叶色深绿，叶脉 10 对，叶背主脉有茸毛。芽叶绿色、茸毛多。萼片 5 片、无茸毛，花冠直径 3.3cm×3.7cm，花瓣 6 枚，花柱先端 3 裂，子房有茸毛。果实球形、三角形
SJ034	冰岛大茶树3号	*C. sinensis* var. *assamica*	双江拉祜族佤族布朗族傣族自治县勐库镇冰岛村	1 663	8.5	4.9×5.5	1.0	小乔木型，树姿半开张。叶片长宽 14.7cm×5.0cm，叶长椭圆形，叶色绿，叶脉 12 对，叶背主脉有茸毛。芽叶绿色、茸毛多。萼片 5 片、无茸毛，花冠直径 3.2cm×3.6cm，花瓣 6 枚，花柱先端 3 裂，子房有茸毛。果实球形、三角形
SJ035	冰岛大茶树4号	*C. sinensis* var. *assamica*	双江拉祜族佤族布朗族傣族自治县勐库镇冰岛村	1 686	7.5	5.3×5.5	1.2	小乔木型，树姿半开张。叶片长宽 15.4cm×6.3cm，叶长椭圆形，叶色绿，叶脉 12 对，叶背主脉有茸毛。芽叶绿色、茸毛多。萼片 5 片、无茸毛，花冠直径 3.4cm×3.3cm，花瓣 6 枚，花柱先端 3 裂，子房有茸毛。果实球形、三角形
SJ036	冰岛大茶树5号	*C. sinensis* var. *assamica*	双江拉祜族佤族布朗族傣族自治县勐库镇冰岛村	1 696	9.0	5.3×4.8	1.6	乔木型，树姿直立。芽叶黄绿色、茸毛多。叶片长宽 16.8cm×6.4cm，叶长椭圆形，叶色绿，叶脉 12 对，叶背主脉有茸毛。萼片 5 片、无茸毛，花冠直径 3.5cm×3.0cm，花瓣 7 枚，花柱先端 3 裂，子房有茸毛。果实球形、三角形

（续）

种质编号	种质名称	物种名称	分布地点	海拔（m）	树高（m）	树幅（m×m）	基部干围（m）	主要形态
SJ037	冰岛大茶树6号	*C. sinensis* var. *assamica*	双江拉祜族佤族布朗族傣族自治县勐库镇冰岛村	1 675	8.0	5.7×4.4	1.7	小乔木型，树姿半开张。芽叶黄绿色、茸毛多。叶片长宽 19.1cm×8.4cm，叶椭圆形，叶色绿，叶脉 12 对，叶背主脉有茸毛。萼片 5 片、无茸毛，花冠直径 3.2cm×3.8cm，花瓣 6 枚，花柱先端 3 裂，子房有茸毛。果实球形、三角形
SJ038	冰岛大茶树7号	*C. sinensis* var. *assamica*	双江拉祜族佤族布朗族傣族自治县勐库镇冰岛村	1 675	7.2	5.1×4.9	1.6	小乔木型，树姿半开张。芽叶黄绿色、茸毛多。叶片长宽 18.6cm×7.1cm，叶椭圆形，叶色绿，叶脉 12 对，叶背主脉有茸毛。萼片 5 片、无茸毛，花冠直径 3.6cm×3.8cm，花瓣 8 枚，花柱先端 3 裂，子房有茸毛。果实球形、三角形
SJ039	冰岛大茶树8号	*C. sinensis* var. *assamica*	双江拉祜族佤族布朗族傣族自治县勐库镇冰岛村	1 675	8.3	5.2×4.9	1.7	小乔木型，树姿半开张。芽叶绿色、茸毛多。叶片长宽 19.1cm×8.4cm，叶椭圆形，叶色深绿，叶脉 12 对，叶背主脉有茸毛。萼片 5 片、无茸毛，花冠直径 3.2cm×3.8cm，花瓣 6 枚，花柱先端 3 裂，子房有茸毛。果实球形、三角形
SJ040	冰岛大茶树9号	*C. sinensis* var. *assamica*	双江拉祜族佤族布朗族傣族自治县勐库镇冰岛村	1 675	6.6	4.1×3.5	1.1	小乔木型，树姿半开张。芽叶黄绿色、茸毛多。叶片长宽 14.9cm×7.3cm，叶椭圆形，叶色绿，叶脉 13 对，叶背主脉有茸毛。萼片 5 片、无茸毛，花冠直径 2.6cm×3.0cm，花瓣 6 枚，花柱先端 3 裂，子房有茸毛。果实球形、三角形
SJ041	冰岛大茶树10号	*C. sinensis* var. *assamica*	双江拉祜族佤族布朗族傣族自治县勐库镇冰岛村	1 675	4.6	2.9×2.7	0.8	小乔木型，树姿半开张。芽叶黄绿色、茸毛多。叶片长宽 15.3cm×5.5cm，叶椭圆形，叶色绿，叶脉 12 对，叶背主脉有茸毛。萼片 5 片、无茸毛，花冠直径 3.0cm×2.8cm，花瓣 7 枚，花柱先端 3 裂，子房有茸毛。果实球形、三角形
SJ042	南迫大茶树	*C. sinensis* var. *assamica*	双江拉祜族佤族布朗族傣族自治县勐库镇冰岛村南迫	1 827	10.5	4.0×3.9	2.4	乔木型，树姿直立。芽叶绿色、茸毛多。叶片长宽 11.6cm×5.4cm，叶椭圆形，叶色绿，叶脉 8 对，叶背主脉无茸毛。萼片 5 片、无茸毛，花冠直径 5.2cm×4.6cm，花瓣 11 枚，花柱先端 5 裂，子房有茸毛。果实四方形、梅花形
SJ043	坝糯大茶树1号	*C. sinensis* var. *assamica*	双江拉祜族佤族布朗族傣族自治县勐库镇坝糯村	1 951	8.5	7.8×8.5	1.3	小乔木型，树姿半开张。叶片长宽 11.3cm×4.3cm，叶长椭圆形，叶色绿，叶脉 8 对，叶背主脉有茸毛。芽叶绿色、茸毛多。萼片 5 片、无茸毛，花冠直径 2.4cm×2.4cm，花瓣 6 枚，花柱先端 3 裂，子房有茸毛。果实球形、三角形

（续）

种质编号	种质名称	物种名称	分布地点	海拔（m）	树高（m）	树幅（m×m）	基部干围（m）	主要形态
SJ044	坝糯大茶树2号	*C. sinensis* var. *assamica*	双江拉祜族佤族布朗族傣族自治县勐库镇坝糯村	1 930	7.0	5.0×5.8	1.3	小乔木型，树姿半开张。叶片长宽13.8cm×5.6cm，叶长椭圆形，叶色绿，叶脉9对，叶背主脉有茸毛。芽叶绿色、茸毛多。萼片5片、无茸毛，花冠直径3.6cm×3.2cm，花瓣6枚，花柱先端3裂，子房有茸毛。果实球形、三角形
SJ045	坝糯大茶树3号	*C. sinensis* var. *assamica*	双江拉祜族佤族布朗族傣族自治县勐库镇坝糯村	1 900	8.0	6.8×7.0	1.0	小乔木型，树姿半开张。叶片长宽15.3cm×6.1cm，叶长椭圆形，叶色绿，叶脉9对，叶背主脉有茸毛。芽叶绿色、茸毛多。萼片5片、无茸毛，花冠直径3.4cm×2.8cm，花瓣6枚，花柱先端3裂，子房有茸毛。果实球形、三角形
SJ046	那赛大茶树	*C. sinensis* var. *assamica*	双江拉祜族佤族布朗族傣族自治县勐库镇那赛村	1 746	4.8	5.6×5.5	1.3	小乔木型，树姿开张。叶片长宽14.3cm×4.5cm，叶椭圆形，叶色绿，叶脉11对，叶背主脉多茸毛。芽叶黄绿色、茸毛特多。萼片5片、无茸毛。花冠直径2.8cm×2.4cm，花瓣5枚，花柱先端3裂，子房有茸毛。果实三角形
SJ047	小户赛大茶树1号	*C. sinensis* var. *assamica*	双江拉祜族佤族布朗族傣族自治县勐库镇公弄村小户赛	1 701	10.8	6.9×5.5	1.4	小乔木型，树姿开张。叶长长宽18.5cm×6.8cm，叶椭圆形，叶色深绿，叶脉12对，叶背茸毛多。芽叶淡绿色、茸毛多。萼片5片、无茸毛，花冠直径3.7cm×4.0cm，花瓣6枚，花柱先端3裂，子房有茸毛。果实肾形、球形
SJ048	小户赛大茶树2号	*C. sinensis* var. *assamica*	双江拉祜族佤族布朗族傣族自治县勐库镇公弄村小户赛	1 682	9.0	5.6×5.4	1.3	乔木型，树姿半开张。叶片长宽16.2cm×7.4cm，叶长椭圆形，叶色深绿，叶脉10对，芽叶黄绿色、茸毛多。萼片5片、无茸毛。花冠直径3.1cm×4.2cm，花瓣5枚，花柱先端3裂，子房有茸毛
SJ049	小户赛大茶树3号	*C. sinensis* var. *assamica*	双江拉祜族佤族布朗族傣族自治县勐库镇公弄村小户赛	1 693	6.0	4.1×4.9	1.2	小乔木型，树姿半开张。叶片长宽13.0cm×5.8cm，叶长椭圆形，叶色绿，叶脉11对，叶背主脉有茸毛。芽叶绿色、茸毛多。萼片5片、无茸毛，花冠直径3.0cm×2.7cm，花瓣6枚，花柱先端3裂，子房有茸毛。果实球形、三角形
SJ050	大户赛大茶树	*C. sinensis* var. *assamica*	双江拉祜族佤族布朗族傣族自治县勐库镇大户赛村	1 810	5.6	5.3×4.8	1.2	小乔木型，树姿半开张。叶片长宽14.6cm×6.8cm，叶椭圆形，叶色绿，叶脉10对，叶背主脉有茸毛。芽叶绿色、茸毛多。萼片5片、无茸毛，花冠直径3.3cm×3.1cm，花瓣6枚，花柱先端3裂，子房有茸毛。果实球形、肾形、三角形

（续）

种质编号	种质名称	物种名称	分布地点	海拔 (m)	树高 (m)	树幅 (m×m)	基部干围 (m)	主要形态
SJ051	冒水地大茶树	*C. taliensis*	双江拉祜族佤族布朗族傣族自治县邦丙乡邦丙村冒水地	2 481	8.0	3.5×3.5	0.9	乔木型，树姿直立。叶片长宽19.2cm×7.7cm，叶长椭圆形，叶色绿，叶脉11对，叶背主脉无茸毛。芽叶绿色、无茸毛。萼片5片、无茸毛，花冠直径5.0cm×4.7cm，花瓣9枚，花柱先端4～5裂，子房多茸毛
SJ052	羊圈房大茶树	*C. taliensis*	双江拉祜族佤族布朗族傣族自治县邦丙乡邦丙村羊圈房	2 483	8.0	3.5×3.2	1.7	乔木型，树姿直立。叶片长宽15.5cm×6.7cm，叶长椭圆形，叶色绿，叶脉8对，叶背主脉无茸毛。芽叶绿色、无茸毛。萼片5片、无茸毛，花冠直径5.4cm×4.6cm，花瓣10枚，花柱先端5裂，子房多茸毛
SJ053	公弄大茶树	*C. sinensis* var. *assamica*	双江拉祜族佤族布朗族傣族自治县勐库镇公弄村	1 430	5.4	6.0×4.0	0.9	小乔木型，树姿半开张。叶片长宽15.7cm×6.7cm，叶椭圆形，叶色绿，叶脉13对，叶背主脉有茸毛。芽叶绿色、茸毛多。萼片5片、无茸毛，花冠直径4.5cm×3.9cm，花瓣7枚，花柱先端3～4裂，子房有茸毛。果实球形、三角形
SJ054	懂过大茶树	*C. sinensis* var. *assamica*	双江拉祜族佤族布朗族傣族自治县勐库镇懂过村	1 771	8.5	5.5×5.0	1.5	小乔木型，树姿半开张。叶片长宽17.0cm×7.2cm，叶椭圆形，叶色绿，叶脉12对，叶背主脉有茸毛。芽叶绿色、茸毛多。萼片5片、无茸毛，花冠直径4.0cm×3.4cm，花瓣6枚，花柱先端3裂，子房有茸毛。果实球形、三角形
GM001	邦马大雪山野茶1号	*C. taliensis*	耿马傣族佤族自治县大兴乡邦马大雪山	2 180	16.0	7.0×5.0	1.8	乔木型，树姿直立。叶片长宽15.0cm×5.5cm，叶长椭圆形，叶色深绿，叶脉10对，叶背主脉无茸毛，芽叶淡绿色、无茸毛。萼片5片、无茸毛，花冠直径6.0cm×6.0cm，花瓣9枚，花柱先端5裂，子房有茸毛
GM002	邦马大雪山大茶树2号	*C. taliensis*	耿马傣族佤族自治县大兴乡邦马大雪山	2 180	20.0	8.0×8.0	1.7	乔木型，树姿直立。叶片长宽15.8cm×6.3cm，叶长椭圆形，叶色深绿，叶脉12对，叶背主脉无茸毛，芽叶紫绿色、无茸毛。萼片5片、无茸毛，花冠直径6.5cm×6.2cm，花瓣11枚，花柱先端5裂，子房有茸毛
GM003	邦马大雪山大茶树3号	*C. taliensis*	耿马傣族佤族自治县大兴乡邦马大雪山	2 165	14.5	5.5×6.8	1.5	乔木型，树姿直立。叶片长宽16.0cm×6.7cm，叶长椭圆形，叶色深绿，叶脉10对，叶背主脉无茸毛，芽叶淡绿色、无茸毛。萼片5片、无茸毛，花冠直径5.7cm×6.0cm，花瓣9枚，花柱先端5裂，子房有茸毛。果实四方形、梅花形

（续）

种质编号	种质名称	物种名称	分布地点	海拔（m）	树高（m）	树幅（m×m）	基部干围（m）	主要形态
GM004	邦马大雪山大茶树4号	*C. taliensis*	耿马傣族佤族自治县大兴乡邦马大雪山	2 160	12.0	7.2×5.5	1.0	乔木型，树姿直立。叶片长宽15.6cm×5.2cm，叶长椭圆形，叶色深绿，叶脉9对，叶背主脉无茸毛，芽叶淡绿色、无茸毛。萼片5片、无茸毛，花冠直径6.0cm×6.7cm，花瓣9枚，花柱先端5裂，子房有茸毛
GM005	邦马大雪山大茶树5号	*C. taliensis*	耿马傣族佤族自治县大兴乡邦马大雪山	2 154	8.0	5.0×3.0	1.2	乔木型，树姿直立。叶片长宽15.2cm×5.6cm，叶长椭圆形，叶色绿，叶脉11对，叶背主脉无茸毛，芽叶淡绿色、无茸毛。萼片5片、无茸毛，花冠直径5.7cm×6.3cm，花瓣9枚，花柱先端5裂，子房有茸毛
GM006	大青山野茶1号	*C. taliensis*	耿马傣族佤族自治县芒洪拉祜族布朗族乡芒洪村大青山	2 251	30.0	7.5×4.2	1.6	乔木型，树姿直立。叶片长宽14.6cm×5.1cm，叶椭圆形，叶色深绿，叶基楔形，叶脉10对，叶背主脉无茸毛，芽叶绿色、无茸毛。萼片5片、无茸毛，花冠直径5.8cm×6.2cm，花瓣11枚，花柱先端5裂，子房有茸毛
GM007	大青山野茶2号	*C. taliensis*	耿马傣族佤族自治县芒洪拉祜族布朗族乡芒洪村大青山	2 274	16.0	7.0×8.0	1.5	乔木型，树姿直立。叶片长宽16.8cm×5.7cm，叶披针形，叶色绿，叶脉13对，叶背主脉无茸毛，叶身平，叶缘平，叶面平。芽叶紫绿色、无茸毛
GM008	大青山野茶3号	*C. taliensis*	耿马傣族佤族自治县芒洪拉祜族布朗族乡芒洪村大青山	2 280	18.0	6.0×5.0	1.3	乔木型，树姿直立。叶片长宽15.0cm×5.0cm，叶披针形，叶色绿，叶脉10对，叶背主脉无茸毛，叶身平，叶缘平，叶面平。芽叶淡绿色、无茸毛
GM009	大浪坝野茶1号	*C. taliensis*	耿马傣族佤族自治县芒洪拉祜族布朗族乡芒洪村大浪坝	2 050	14.0	8.0×9.0	2.5	乔木型，树姿直立，叶片长宽15.6cm×5.1cm，叶长椭圆形，叶色深绿，叶脉11对，叶身平，叶面平，叶缘平，叶质硬，叶柄、叶背主脉无茸毛。芽叶绿色、无茸毛
GM010	大浪坝野茶2号	*C. taliensis*	耿马傣族佤族自治县芒洪拉祜族布朗族乡芒洪村大浪坝	2 050	15.0	5.0×6.0	1.7	乔木型，树姿直立，叶片长宽14.7cm×4.5cm，叶长椭圆形，叶色深绿，叶脉10对，叶身平，叶面平，叶缘平，叶质硬，叶柄、叶背主脉无茸毛。芽叶绿色、无茸毛
GM011	大浪坝野茶3号	*C. taliensis*	耿马傣族佤族自治县芒洪拉祜族布朗族乡芒洪村大浪坝	2 050	9.0	7.0×5.0	1.5	乔木型，树姿半开张，叶片长宽14.3cm×5.0cm，叶长椭圆形，叶色深绿，叶脉11对，叶身平，叶面平，叶缘平，叶质硬，叶柄、叶背主脉无茸毛。芽叶绿色、无茸毛

（续）

种质编号	种质名称	物种名称	分布地点	海拔（m）	树高（m）	树幅（m×m）	基部干围（m）	主要形态
GM012	户南大茶树1号	*C. sinensis* var. *assamica*	耿马傣族佤族自治县芒洪拉祜族布朗族乡安雅村户南	1 685	6.5	7.3×6.7	1.8	小乔木型，树姿开张。叶片长宽15.1cm×4.6cm，叶长椭圆形，叶色黄绿，叶脉11对。芽叶黄绿色、多茸毛。萼片5片、无茸毛。花冠直径4.2cm×3.4cm，花瓣6枚，花柱先端3裂，子房有茸毛
GM013	户南大茶树2号	*C. sinensis* var. *assamica*	耿马傣族佤族自治县芒洪拉祜族布朗族乡安雅村户南	1 845	7.0	5.2×4.9	1.4	小乔木型，树姿半开张。叶片长宽16.0cm×5.6cm，叶长椭圆形，叶色浅绿，叶脉11对。芽叶黄绿色、多茸毛。萼片5片、无茸毛。花冠直径4.0cm×3.6cm，花瓣6枚，花柱先端3裂，子房有茸毛。果实球形、肾形、三角形
GM014	户南大茶树3号	*C. sinensis* var. *assamica*	耿马傣族佤族自治县芒洪拉祜族布朗族乡安雅村户南	1 845	7.5	5.5×5.0	1.0	小乔木型，树姿开张。叶片长宽15.5cm×6.0cm，叶椭圆形，叶色绿，叶脉10对。芽叶黄绿色、多茸毛。萼片5片、无茸毛。花冠直径3.2cm×3.4cm，花瓣7枚，花柱先端3裂，子房有茸毛
GM015	户南大茶树4号	*C. sinensis* var. *assamica*	耿马傣族佤族自治县芒洪拉祜族布朗族乡安雅村户南	1 845	4.5	4.5×5.5	1.5	小乔木型，树姿半开张。叶片长宽14.7cm×5.0cm，叶长椭圆形，叶色绿，叶脉9对。芽叶黄绿色、多茸毛。萼片5片、无茸毛。花冠直径3.6cm×3.4cm，花瓣5枚，花柱先端3裂，子房有茸毛
GM016	户南大茶树5号	*C. sinensis* var. *assamica*	耿马傣族佤族自治县芒洪拉祜族布朗族乡安雅村户南	1 845	5.0	3.0×3.8	0.9	小乔木型，树姿半开张。叶片长宽13.8cm×4.9cm，叶长椭圆形，叶色黄绿，叶脉8对。芽叶黄绿色、多茸毛。萼片5片、无茸毛。花冠直径4.0cm×3.7cm，花瓣6枚，花柱先端3裂，子房有茸毛
GM017	香竹林大茶树1号	*C. sinensis* var. *assamica*	耿马傣族佤族自治县勐永镇香竹林村	1 903	4.9	5.0×4.5	1.0	小乔木型，树姿半开张。叶片长宽15.2cm×5.6cm，叶长椭圆形，叶色绿，叶脉11对。芽叶黄绿色、多茸毛。萼片5片、无茸毛。花冠直径3.0cm×3.4cm，花瓣6枚，花柱先端3裂，子房有茸毛
GM018	香竹林大茶树2号	*C. sinensis* var. *assamica*	耿马傣族佤族自治县勐永镇香竹林村	1 860	8.5	5.0×4.0	1.2	小乔木型，树姿半开张。叶片长宽13.8cm×5.2cm，叶长椭圆形，叶色绿，叶脉9对。芽叶黄绿色、多茸毛。萼片5片、无茸毛。花冠直径3.5cm×3.3cm，花瓣7枚，花柱先端3裂，子房有茸毛

（续）

种质编号	种质名称	物种名称	分布地点	海拔（m）	树高（m）	树幅（m×m）	基部干围（m）	主要形态
GM019	香竹林大茶树3号	*C. sinensis* var. *assamica*	耿马傣族佤族自治县勐永镇香竹林村	1 919	5.7	4.7×4.1	1.3	小乔木型，树姿半开张。叶片长宽14.0cm×5.2cm，叶长椭圆形，叶色黄绿，叶脉9对。芽叶黄绿色、多茸毛。萼片5片、无茸毛。花冠直径4.0cm×4.0cm，花瓣6枚，花柱先端3裂，子房有茸毛
GM020	香竹林大茶树4号	*C. sinensis* var. *assamica*	耿马傣族佤族自治县勐永镇香竹林村	1 900	8.4	5.6×5.0	0.8	小乔木型，树姿半开张。叶片长宽16.5cm×6.4cm，叶长椭圆形，叶色黄绿，叶脉11对。芽叶黄绿色、多茸毛。萼片5片、无茸毛。花冠直径3.3cm×3.0cm，花瓣5枚，花柱先端3裂，子房有茸毛
GM021	大寨大茶树1号	*C. sinensis* var. *assamica*	耿马傣族佤族自治县勐简乡大寨村	1 477	5.0	3.2×2.8	0.8	小乔木型，树姿半开张。叶片长宽15.3cm×5.0cm，叶长椭圆形，叶色绿，叶脉8对。芽叶黄绿色、多茸毛。萼片5片、无茸毛。花冠直径4.0cm×3.7cm，花瓣6枚，花柱先端3裂，子房有茸毛。果实球形、三角形、肾形
GM022	大寨大茶树2号	*C. sinensis* var. *assamica*	耿马傣族佤族自治县勐简乡大寨村	1 452	4.7	4.9×4.5	1.0	小乔木型，树姿半开张。叶片长宽16.0cm×7.2cm，叶长椭圆形，叶色黄绿，叶脉13对。芽叶黄绿色、多茸毛。萼片5片、无茸毛。花冠直径3.2cm×2.7cm，花瓣6枚，花柱先端3裂，子房有茸毛
GM023	大寨大茶树3号	*C. sinensis* var. *assamica*	耿马傣族佤族自治县勐简乡大寨村	1 538	3.6	3.8×3.3	0.7	小乔木型，树姿半开张。叶片长宽14.5cm×5.0cm，叶长椭圆形，叶色黄绿，叶脉9对。芽叶黄绿色、多茸毛。萼片5片、无茸毛。花冠直径3.3cm×3.4cm，花瓣6枚，花柱先端3裂，子房有茸毛
GM024	翁达大茶树	*C. sinensis* var. *assamica*	耿马傣族佤族自治县勐撒镇翁达村控批小组	1 600	5.8	4.0×4.2	1.2	小乔木型，树姿半开张。叶片长宽14.0cm×5.3cm，叶长椭圆形，叶色黄绿，叶脉10对。芽叶黄绿色、多茸毛。萼片5片、无茸毛。花冠直径3.0cm×3.3cm，花瓣6枚，花柱先端3裂，子房有茸毛
CY001	单甲大黑山野茶1号	*C. taliensis*	沧源佤族自治县单甲乡单甲村大黑山	2 295	18.0	3.1×5.8	1.5	乔木型，树姿直立。叶片长宽16.1cm×4.8cm，叶披针形，叶色绿，叶脉13对，叶背主脉无茸毛，芽叶浅绿色、无茸毛。萼片5片、无茸毛，花冠直径6.8cm×5.7cm，花瓣10枚、质地厚，花柱先端5裂，子房有茸毛

（续）

种质编号	种质名称	物种名称	分布地点	海拔（m）	树高（m）	树幅（m×m）	基部干围（m）	主要形态
CY002	单甲大黑山野茶2号	*C. taliensis*	沧源佤族自治县单甲乡单甲村大黑山	2 290	20.0	5.0×6.0	1.4	乔木型，树姿直立。叶片长宽15.7cm×5.6cm，叶长椭圆形，叶色绿，叶脉11对，叶背主脉无茸毛，叶身内折，叶面平，叶质硬。芽叶绿色、无茸毛
CY003	单甲大黑山野茶3号	*C. taliensis*	沧源佤族自治县单甲乡单甲村大黑山	2 295	18.0	3.1×5.8	1.5	乔木型，树姿直立。叶片长宽14.4cm×6.3cm，叶椭圆形，叶色绿，叶脉9对，叶背主脉无茸毛，芽叶浅绿色、无茸毛
CY004	嘎多野生大茶树1号	*C. taliensis*	沧源佤族自治县单甲乡嘎多村	2 195	28.0	4.1×5.8	1.9	树乔木型，树姿直立。叶片长宽16.1cm×5.3cm，叶披针形，叶色深绿，叶脉12对。叶身平，叶缘平，叶面平。芽叶绿色、无茸毛
CY005	嘎多野生大茶树2号	*C. taliensis*	沧源佤族自治县单甲乡嘎多村	2 200	20.0	4.9×5.0	1.4	乔木型，树姿直立。叶片长宽16.0cm×5.8cm，叶长椭圆形，叶色深绿，叶脉10对，叶背主脉无茸毛。芽叶黄绿色、无茸毛
CY006	嘎多野生大茶树3号	*C. taliensis*	沧源佤族自治县单甲乡嘎多村	2 208	14.5	7.0×5.8	1.7	乔木型，树姿半开张。叶片长宽14.5cm×5.3cm，叶长椭圆形，叶色深绿，叶脉10对，叶背主脉无茸毛。芽叶绿色、无茸毛
CY007	控井大茶树	*C. sinensis* var. *assamica*	沧源佤族自治县勐角傣族彝族拉祜族乡控井村	2 157	9.5	8.0×8.5	1.5	小乔木型，树姿半开张。芽叶淡绿色、多茸毛。叶片长宽14.4cm×5.5cm，叶长椭圆形，叶色绿，叶脉9对。萼片5片、无茸毛，花冠直径2.7cm×3.0cm，花瓣7枚，花柱先端3裂，子房有茸毛。果实三角形
CY008	糯掌大茶树	*C. sinensis* var. *assamica*	沧源佤族自治县勐角傣族彝族拉祜族乡糯掌村五组	2 115	6.5	5.0×4.5	1.2	小乔木型，树姿半开张。芽叶黄绿色、多茸毛。叶片长宽14.8cm×5.7cm，叶长椭圆形，叶色绿，叶脉10对。萼片5片、无茸毛，花冠直径2.5cm×2.5cm，花瓣7枚，花柱先端3裂，子房有茸毛。果实三角形
CY009	贺岭大茶树1号	*C. taliensis*	沧源佤族自治县单甲乡单甲村贺岭	2 201	15.0	3.5×4.2	1.8	乔木型，树姿直立。叶片长宽14.6cm×5.1cm，叶长椭圆形，叶色深绿，叶脉9对，叶背主脉无茸毛。芽叶绿色、无茸毛。萼片5片、无茸毛，花冠直径5.8cm×6.2cm，花瓣11枚，花柱先端5裂，子房有茸毛
CY010	贺岭大茶树2号	*C. taliensis*	沧源佤族自治县单甲乡单甲村贺岭	1 662	8.0	3.4×2.8	1.4	乔木型，树姿直立。叶片长宽13.1cm×5.6cm，叶椭圆形，叶色黄绿，叶基楔形，叶脉9对，叶身平，叶面隆起，叶缘微波，叶尖渐尖，叶柄、叶背主脉无茸毛

（续）

种质编号	种质名称	物种名称	分布地点	海拔（m）	树高（m）	树幅（m×m）	基部干围（m）	主要形态
CY011	贺岭大茶树3号	*C. taliensis*	沧源佤族自治县单甲乡单甲村贺岭	1 662	8.5	4.1×3.8	1.2	乔木型，树姿直立。叶片长宽13.8cm×4.5cm，叶椭圆形，叶色黄绿，叶基楔形，叶脉8对，叶身平，叶面隆起，叶缘微波叶尖渐尖，叶柄、叶背主脉无茸毛
CY012	贺岭大茶树4号	*C. taliensis*	沧源佤族自治县单甲乡单甲村贺岭	1 662	7.0	3.0×3.3	0.8	乔木型，树姿直立。叶片长宽12.7cm×5.2cm，叶椭圆形，叶色黄绿，叶基楔形，叶脉9对，叶身平，叶面隆起，叶缘微波，叶柄、叶背主脉无茸毛
CY013	贺岭大茶树5号	*C. taliensis*	沧源佤族自治县单甲乡单甲村贺岭	1 662	6.4	2.8×3.0	0.8	乔木型，树姿直立。叶片长宽14.2cm×5.3cm，叶椭圆形，叶色黄绿，叶基楔形，叶脉8对，叶身平，叶面隆起，叶缘微波，叶柄、叶背主脉无茸毛
CY014	范俄山野生大茶树1号	*C. taliensis*	沧源佤族自治县勐董镇范俄山	2 195	16.0	4.0×4.0	1.3	乔木型，树姿直立。叶片长宽13.3cm×4.7cm，叶长椭圆形，叶色深绿，叶脉9对，叶背主脉无茸毛，叶身内折，叶面平，叶缘平。芽叶紫绿色、无茸毛
CY015	范俄山野生大茶树2号	*C. taliensis*	沧源佤族自治县勐董镇范俄山	2 180	8.5	4.0×3.5	1.2	小乔木型，树姿半开张。叶片长宽15.3cm×5.2cm，叶长椭圆形，叶色深绿，叶脉11对，叶背主脉无茸毛。芽叶淡绿色、无茸毛
CY016	范俄野生大茶树3号	*C. taliensis*	沧源佤族自治县勐董镇范俄山	2 184	7.0	5.0×5.0	1.0	乔木型，树姿直立。叶片长宽16.4cm×5.8cm，叶长椭圆形，叶色深绿，叶脉10对，叶背主脉无茸毛。芽叶绿色、无茸毛
CY017	芒告大山野生大茶树1号	*C. taliensis*	沧源佤族自治县勐角乡勐甘村芒告大山	2 190	12.0	5.5×6.0	1.0	乔木型，树姿直立。叶片长宽14.2cm×5.0cm，叶长椭圆形，叶色深绿，叶脉9对，叶背主脉无茸毛。芽叶绿色、无茸毛
CY018	芒告大山野生大茶树2号	*C. taliensis*	沧源佤族自治县勐角乡勐甘村芒告大山	2 197	6.5	4.7×5.0	1.4	乔木型，树姿直立。叶片长宽15.3cm×5.0cm，叶长椭圆形，叶色深绿，叶脉10对，叶背主脉无茸毛。芽叶黄绿色、无茸毛。萼片5片、无茸毛。花冠直径6.4cm×5.7cm，花瓣11枚，花柱先端5裂，子房有茸毛
CY019	芒告大山野生大茶树3号	*C. taliensis*	沧源佤族自治县勐角乡勐甘村芒告大山	2 195	9.0	6.0×5.0	1.8	乔木型，树姿直立。叶片长宽13.8cm×5.8cm，叶长椭圆形，叶色深绿，叶脉9对，叶背主脉无茸毛。芽叶紫绿色、无茸毛。萼片5片、无茸毛。花冠直径5.0cm×5.5cm，花瓣9枚，花柱先端5裂，子房有茸毛

（续）

种质编号	种质名称	物种名称	分布地点	海拔（m）	树高（m）	树幅（m×m）	基部干围（m）	主要形态
CY020	窝坎大山野生大茶树1号	*C. taliensis*	沧源佤族自治县班洪乡富公村窝坎大山	2 221	12.5	3.5×5.0	1.5	乔木型，树姿直立。叶片长宽16.5cm×6.0cm，叶长椭圆形，叶色绿，叶脉10对，叶背主脉无茸毛。芽叶绿色、无茸毛
CY021	窝坎大山野生大茶树2号	*C. taliensis*	沧源佤族自治县班洪乡富公村窝坎大山	2 128	8.0	5.0×5.8	1.3	小乔木型，树姿直立。叶片长宽13.7cm×5.4cm，叶长椭圆形，叶色绿，叶脉8对，叶背主脉无茸毛。芽叶绿色、无茸毛
CY022	窝坎大山野生大茶树3号	*C. taliensis*	沧源佤族自治县班洪乡富公村窝坎大山	2 130	7.0	4.0×4.5	1.2	乔木型，树姿直立。叶片长宽15.5cm×6.0cm，叶长椭圆形，叶色绿，叶脉11对，叶背主脉无茸毛。芽叶绿色、无茸毛。萼片5片、无茸毛
CY023	帕拍大茶树1号	*C. grandibracteata*	沧源佤族自治县糯良乡帕拍村	2 013	9.7	8.6×9.6	2.1	小乔木型，树姿开张。叶片长宽15.8cm×6.9cm，叶长椭圆形，叶色绿，叶脉11对，叶质硬，叶背主脉有茸毛。芽叶黄绿色、茸毛少。萼片5片、绿色、无茸毛，花冠直径6.2cm×5.8cm，花瓣10枚，花柱先端5裂，子房有茸毛
CY024	帕拍大茶树2号	*C. grandibracteata*	沧源佤族自治县糯良乡帕拍村	1 999	11.4	8.3×9.1	1.8	乔木型，树姿半开张。叶片长宽12.8cm×6.1cm，叶长椭圆形，叶色绿，叶脉9对。芽叶黄绿色、茸毛少。萼片5片、无茸毛。花冠直径4.2cm×5.1cm，花瓣10枚，花柱先端5裂，子房有茸毛
CY025	帕拍大茶树3号	*C. taliensis*	沧源佤族自治县糯良乡帕拍村	1 952	7.0	3.1×4.2	1.0	小乔木型，树姿半开张。芽叶紫绿色、无茸毛。叶片长宽11.5cm×5.3cm，叶长椭圆形，叶色深绿，叶脉8对，叶身内折，叶背主脉无茸毛。萼片5片、无茸毛，花冠直径5.6cm×4.3cm，花瓣12枚，花柱先端5裂，子房有茸毛
CY026	帕拍大茶树4号	*C. sinensis* var. *assamica*	沧源佤族自治县糯良乡帕拍村	1 941	15.0	7.9×5.2	1.7	小乔木型，树姿开张。叶片长宽17.6cm×5.6cm，叶长椭圆形，叶色绿，叶脉9对，叶背茸毛多。芽叶黄绿色、多茸毛。萼片5片、无茸毛。花冠直径5.4cm×4.8cm，花瓣7枚，花柱先端3裂，子房有茸毛
CY027	帕拍大茶树5号	*C. sinensis* var. *assamica*	沧源佤族自治县糯良乡帕拍村	1 940	12.0	6.0×4.0	1.5	小乔木型，树姿开张。叶片长宽14.8cm×5.4cm，叶长椭圆形，叶色绿，叶脉10对，叶背主脉少茸毛。芽叶黄绿色，芽叶多茸毛。萼片5片、无茸毛，花冠直径4.4cm×3.8cm，花瓣7枚，花柱先端3裂，子房有茸毛

（续）

种质编号	种质名称	物种名称	分布地点	海拔（m）	树高（m）	树幅（m×m）	基部干围（m）	主要形态
CY028	帕拍大茶树6号	*C. sinensis* var. *assamica*	沧源佤族自治县糯良乡帕拍村	1 940	6.4	3.5×3.5	1.8	小乔木型，树姿半开张。叶片长宽15.3cm×6.4cm，叶长椭圆形，叶色绿，叶脉11对，叶背主脉有茸毛。芽叶黄绿色、茸毛多。萼片5片、无茸毛，花冠直径3.2cm×3.8cm，花瓣7枚，花柱先端3裂，子房有茸毛。果实球形、三角形
CY029	帕拍大茶树7号	*C. sinensis* var. *assamica*	沧源佤族自治县糯良乡帕拍村	1 944	5.5	4.3×5.0	1.3	小乔木型，树姿半开张。叶片长宽13.8cm×5.0cm，叶长椭圆形，叶色绿，叶脉9对，叶背主脉有茸毛。芽叶黄绿色、茸毛多。萼片5片、无茸毛，花冠直径3.7cm×3.8cm，花瓣6枚，花柱先端3裂，子房有茸毛。果实球形、三角形
CY030	帕拍大茶树8号	*C. sinensis* var. *assamica*	沧源佤族自治县糯良乡帕拍村	1 944	7.0	3.0×4.0	1.2	小乔木型，树姿半开张。叶片长宽14.6cm×5.4cm，叶长椭圆形，叶色绿，叶脉10对，叶背主脉有茸毛。芽叶黄绿色、茸毛多。萼片5片、无茸毛，花冠直径3.7cm×3.4cm，花瓣6枚，花柱先端3裂，子房有茸毛。果实球形、三角形
CY031	帕拍大茶树9号	*C. sinensis* var. *assamica*	沧源佤族自治县糯良乡帕拍村	1 948	5.0	4.5×5.0	1.4	小乔木型，树姿半开张。叶片长宽16.2cm×6.7cm，叶长椭圆形，叶色绿，叶脉11对，叶背主脉有茸毛。芽叶黄绿色、茸毛多。萼片5片、无茸毛，花冠直径3.9cm×3.5cm，花瓣6枚，花柱先端3裂，子房有茸毛。果实球形、三角形
CY032	帕拍大茶树10号	*C. sinensis* var. *assamica*	沧源佤族自治县糯良乡帕拍村	1 948	4.0	3.0×4.0	1.3	小乔木型，树姿半开张。叶片长宽15.9cm×6.5cm，叶长椭圆形，叶色绿，叶脉9对，叶背主脉有茸毛。芽叶黄绿色、茸毛多。萼片5片、无茸毛，花冠直径3.7cm×3.4cm，花瓣6枚，花柱先端3裂，子房有茸毛。果实球形、三角形
CY033	班列大茶树1号	*C. taliensis*	沧源佤族自治县勐来乡班列村园子地	2 143	7.0	4.5×4.5	2.1	乔木型、树姿直立。叶片长宽12.8cm×4.8cm，叶长椭圆形，叶色深绿，叶脉8对，叶身平，叶面平，叶缘微波，叶质硬，叶尖渐尖，叶柄、叶背主脉无茸毛，叶齿为少齿形，芽叶绿色、无茸毛
CY034	班列大茶树2号	*C. taliensis*	沧源佤族自治县勐来乡班列村宋来水库	2 195	8.2	5.3×5.8	1.9	小乔木型、树姿开张。叶片长宽16.1cm×6.3cm，叶椭圆形，叶色深绿，叶脉9对，叶身平，叶面平，叶缘微波，叶质硬，叶尖渐尖，叶柄、叶背主脉无茸毛，叶齿为少齿形，芽叶绿色、无茸毛

（续）

种质编号	种质名称	物种名称	分布地点	海拔（m）	树高（m）	树幅（m×m）	基部干围（m）	主要形态
CY035	中贺勐大茶树	*C. sinensis* var. *assamica*	沧源佤族自治县岩帅镇中贺勐村二组	1 933	7.0	5.0×5.0	2.1	小乔木型，树姿半开张。叶片长宽15.0cm×5.2cm，叶长椭圆形，叶色绿，叶脉10对，叶背主脉有茸毛。芽叶黄绿色、茸毛多。萼片5片、无茸毛，花冠直径2.7cm×2.6cm，花瓣6枚，花柱先端3裂，子房有茸毛。果实球形、三角形
CY036	公曼大茶树	*C. sinensis* var. *assamica*	沧源佤族自治县岩帅镇公曼村一组	1 962	5.0	3.0×2.0	0.8	小乔木型，树姿半开张。叶片长宽14.2cm×5.0cm，叶长椭圆形，叶色绿，叶脉11对，叶背主脉有茸毛。芽叶黄绿色、茸毛多。萼片5片、无茸毛，花冠直径2.9cm×2.4cm，花瓣6枚，花柱先端3裂，子房有茸毛。果实球形、三角形
CY037	贺科大茶树	*C. sinensis* var. *assamica*	沧源佤族自治县岩帅镇贺科村大寨	1 944	4.0	3.0×2.0	0.8	小乔木型，树姿半开张。叶片长宽15.3cm×5.4cm，叶长椭圆形，叶色绿，叶脉10对，叶背主脉有茸毛。芽叶黄绿色、茸毛多。萼片5片、无茸毛，花冠直径2.4cm×2.7cm，花瓣6枚，花柱先端3裂，子房有茸毛。果实球形、三角形
CY038	昔勒大茶树	*C. sinensis* var. *assamica*	沧源佤族自治县岩帅镇昔勒村八组	1 944	4.5	3.5×3.0	0.8	小乔木型，树姿半开张。叶片长宽15.0cm×5.8cm，叶长椭圆形，叶色绿，叶脉9对，叶背主脉有茸毛。芽叶黄绿色、茸毛多。萼片5片、无茸毛，花冠直径2.4cm×2.4cm，花瓣6枚，花柱先端3裂，子房有茸毛。果实球形、三角形

第八章 西双版纳傣族自治州的茶树种质资源

西双版纳傣族自治州地处云南省南部边陲，跨东经99°56′—101°50′，北纬21°08′—22°36′，属横断山系南端无量山脉和怒山山脉的余脉区域。境内地势西北高、东南低，海拔高度477～2 429m，地形以山地、丘陵为主。西双版纳傣族自治州位于北回归线以南的热带北部边缘区，主要有热带季风气候和亚热带季风性湿润气候类型，年平均气温21℃，年平均降水量在1 200mm以上，年平均相对湿度82%～85%。西双版纳傣族自治州的植被为热带雨林、亚热带常绿阔叶林，有“植物王国”和“动物王国”的美称。

第一节 西双版纳傣族自治州茶树资源种类

西双版纳傣族自治州为云南大叶茶主要种植区，茶树品种资源十分丰富。历史上西双版纳傣族自治州境内共发现7个茶树种和变种，经修订归并后为5个种和变种。西双版纳傣族自治州栽培利用的茶树地方品种多达20余个。

一、西双版纳傣族自治州茶树物种类型

20世纪80年代，对西双版纳傣族自治州茶树种质资源考察时发现和鉴定出的茶树资源种类有普洱茶（*C. sinensis* var. *assamica*）、大理茶（*C. taliensis*）、小叶茶（*C. sinensis*）、勐腊茶（*C. manglaensis*）、多萼茶（*C. multisepala*）、拟细萼茶（*C. parvisepaloides*）、苦茶（*C. assamica* var. *kucha*）等。在后来的分类和修订中，勐腊茶、多萼茶、拟细萼茶和苦茶均被归并。

2010年至2015年，对西双版纳傣族自治州茶树种质资源进行了全面普查，通过实地调查、图片拍摄、标本采集和鉴定等方法，根据2007年编写的《中国植物志》英文版第12卷的分类，整理了西双版纳傣族自治州茶树种质资源物种名录。西双版纳傣族自治州主要有普洱茶（*C. sinensis* var. *assamica*）、大理茶（*C. taliensis*）、小叶茶（*C. sinensis*）、白毛茶（*C. sinensis* var. *pubilimba*）和德宏茶（*C. sinensis* var. *dehungensis*）等5个种和变种。其中，普洱茶分布广泛，是该地区的优势种和广布种。

二、西双版纳傣族自治州茶树品种类型

西双版纳傣族自治州古茶山众多，茶树品种资源丰富，有野生茶树资源、地方茶树品种和选育茶树品种。野生茶树资源主要有巴达野生茶、雷达上野茶、滑竹梁子野茶等。栽培种植的地方茶树品种主要有勐海大叶茶、易武绿芽茶、勐海黄叶茶、大卵叶茶、小黑叶茶、倚帮小叶茶、易武贡茶、班章大叶茶、南糯山大叶茶、老曼峨苦茶、老曼峨甜茶、结良苦茶、纳卡大叶茶、勐宋大叶茶、基诺山大叶茶等。选育的茶树新品种主要有云抗10号、云茶1号、云抗14号、云抗27号、云抗43号、云抗37号、云选9号、73-8号、73-11号、76-38号、紫娟、长叶白毫、佛香1号、佛香2号、佛香3号、佛香4号、佛香5号等。

第二节

西双版纳傣族自治州茶树资源地理分布

调查共记录到西双版纳傣族自治州野生和栽培大茶树资源分布点 72 个，主要分布于勐海县、勐腊县和景洪市 3 个县（市）的 10 余个乡镇。西双版纳傣族自治州大茶树资源水平分布广泛，但分布不均，垂直分布于海拔 600～2 300m 之间。

一、勐海县大茶树分布

勐海县大茶树资源分布集中，多以“古茶山”形式连片分布。记录到勐海县大茶树资源分布点 45 个，主要分布于格朗和哈尼族乡的苏湖、帕宫、南糯山、帕真和帕沙等村，勐混镇的贺开村，勐宋乡的三迈、蚌龙、曼吕和大安等村，布朗山布朗族乡的勐昂、结良、班章、曼囡、新龙等村，西定哈尼族布朗族乡的西定、曼佤、章朗和曼迈兑等村，勐往乡的曼糯村，打洛镇的曼夕村等。典型植株有巴达野生大茶树、南糯山大茶树、班章大茶树、贺开大茶树、保塘大茶树、雷达山野生大茶树、滑竹梁子野生大茶树等。

二、勐腊县大茶树分布

勐腊县大茶树资源集中分布于“古六大茶山”，调查记录到勐腊县大茶树资源分布点 12 个，主要分布于象明彝族乡的倚邦、安乐、曼林、曼庄等村，易武镇的易武、麻黑、曼腊、曼乃等村。典型植株有落水洞大茶树、麻黑大茶树、倚邦大茶树、安乐大树茶、易武大茶树、曼砖大茶树等。

三、景洪市大茶树分布

景洪市大茶树资源较少，分布零散，记录到景洪市大茶树资源分布点 15 个，主要分布于基诺山基诺族乡的洛特、司土、新司土、巴亚等村，勐龙镇的邦飘、陆拉、曼伞、勐宋、南盆等村，大渡岗农场的昆罕村，嘎洒镇的纳版村，勐旺乡的补远村等。典型植株有洛特大茶树、司土大茶树、亚诺大茶树、怕冷大茶树、曼播大茶树、曼加坡大茶树、光明大茶树、科联大茶树等。

第三节

西双版纳傣族自治州大茶树生长状况

对西双版纳傣族自治州勐海县、勐腊县和景洪市的大茶树树高、基部干围、树幅等生长特征及生长势进行了统计分析和初步评价，为西双版纳傣族自治州大茶树种质资源的合理利用与管理保护提供基础资料和参考依据。

一、西双版纳傣族自治州大茶树生长特征

对西双版纳傣族自治州310株大茶树生长特征的统计表明，大茶树树高在1.0～5.0m区段的有127株，占调查总数的41.0%；在5.0～10.0m区段的有162株，占调查总数的52.3%；在10.0～15.0m区段的有14株，占调查总数的4.4%；在15.0m以上区段的有7株，占调查总数的2.3%。大茶树树高变幅为1.8～32.1m，平均树高6.2m，树高主要集中在5～10m区段，占大茶树总数量的52.3%，最高的为勐海县西定哈尼族布朗族乡巴达大茶树1号（编号MH202），树高32.1m。

大茶树基部干围在0.1～0.5m区段的有6株，占调查总数的1.9%；在0.5～1.0m区段的有56株，占调查总数的18.1%；在1.0～1.5m区段的有168株，占调查总数的54.2%；在1.5～2.0m区段的有63株，占调查总数的20.3%；在2.0m以上区段的有17株，占调查总数的5.5%。大茶树基部干围变幅为0.4～3.3m，平均1.4m，基部干围集中在1.0～1.5m区段，占大茶树总数量的54.2%，最大为勐海县西定哈尼族布朗族乡巴达大茶树1号（编号MH202），基部干围3.3m。

大茶树树幅在1.0～5.0m区段的有133株，占调查总数的42.9%；在5.0～10.0m区段的有172株，占调查总数的55.5%；在10.0m以上区段的有5株，占调查总数的1.6%。大茶树树幅变幅为1.5～10.2m，平均5.3m，树幅集中在5.0～10m区段，占大茶树总数量的53.2%，最大为勐海县格朗和哈尼族乡雷达山大茶树1号（编号MH093），树幅10.2m×10.1m。

西双版纳傣族自治州大茶树树高、树幅、基部干围的变异系数分别为53.7%、32.6%和30.9%，均大于30%，各项生长指标均存在较大变异，见表8-1。

表8-1　西双版纳傣族自治州大茶树生长特征

树体形态	最大值	最小值	平均值	标准差	变异系数（%）
树高（m）	32.1	1.8	6.2	3.3	53.7
树幅直径（m）	10.2	1.5	5.3	1.7	32.6
基部干围（m）	3.3	0.4	1.4	0.4	30.9

二、西双版纳傣族自治州大茶树生长势

对310株大茶树生长势调查结果表明（表8-2）。西双版纳傣族自治州大茶树总体长势良好，少数

植株处于濒死状态或已死亡。大茶树树冠完整、枝繁叶茂、主干完好、树势生长旺盛的有 128 株，占调查总数的 41.3%；树枝无自然枯损、枯梢，生长势一般的有 153 株，占调查总数的 49.5%；树枝自然枯梢，树体残缺、腐损，树干有空洞，生长势较差的有 21 株，占调查总数的 6.8%；主梢及整体大部枯死、空干、根腐，生长势处于濒死状态的有 8 株，占调查总数的 2.3%。据不完全统计，调查记录到已死亡大茶树有 15 株。

表 8-2　西双版纳傣族自治州大茶树生长势

调查地点（县、市）	调查数量（株）	生长势等级			
		旺盛	一般	较差	濒死
勐海	222	94	112	12	4
景洪	51	20	25	4	2
勐腊	37	14	16	5	2
总计（株）	310	128	153	21	8
所占比例（%）	100.0	41.3	49.3	6.8	2.6

第四节

西双版纳傣族自治州大茶树资源名录

根据普查结果，对西双版纳傣族自治州内较古老、珍稀和濒危的大茶树进行编号挂牌和整理编目，建立了西双版纳傣族自治州大茶树资源数据信息库。共整理编目西双版纳傣族自治州大茶树资源 310 份，见表 8－3，其中勐海县 222 份，编号为 HM001～HM222；景洪市 51 份，编号为 JH001～JH051；勐腊县 37 份，编号为 ML001～ML037。

西双版纳傣族自治州大茶树资源名录（表 8－3）注明了每一份大茶树的种质编号、种质名称、物种名称等护照信息，记录了大茶树分布地点、海拔高度等地理信息，较详细地描述了大茶树的生长特征和植物学形态特征。西双版纳傣族自治州大茶树资源名录的确定，基本明确了西双版纳傣族自治州重点保护的大茶树资源，对了解西双版纳傣族自治州茶树种质资源提供了重要信息，为西双版纳傣族自治州大茶树资源的开发利用、有效保护和茶叶经济发展提供了准确而全面的线索和依据。

表 8－3　西双版纳傣族自治州大茶树资源名录（310 份）

种质编号	种质名称	物种名称	分布地点	海拔（m）	树高（m）	树幅（m×m）	基部干围（m）	主要形态
JH001	昆罕大茶树	*C. sinensis* var. *assamica*	景洪市大渡岗乡昆罕村	1 311	9.8	6.2×5.9	0.6	小乔木型，树姿开张。芽叶紫绿色、茸毛多。叶片长宽 14.2cm×4.8cm，叶长椭圆形，叶色绿，叶脉 9 对。萼片 5 片、无茸毛。花冠直径 3.7cm×3.9cm，花瓣 5 枚，子房有茸毛，花柱先端 3 裂。果实三角形
JH002	啊麻大茶树 1 号	*C. sinensis* var. *assamica*	景洪市嘎洒镇纳版村啊麻小组	830	4.6	4.6×4.5	1.2	小乔木型，树姿开张。芽叶黄绿色、茸毛多。叶片长宽 15.2cm×5.6cm，叶长椭圆形，叶色绿，叶脉 8 对。萼片 5 片、无茸毛。花冠直径 3.5cm×3.0cm，花瓣 6 枚，子房有茸毛，花柱先端 3 裂。果实三角形
JH003	啊麻大茶树 2 号	*C. sinensis* var. *assamica*	景洪市嘎洒镇纳版村啊麻小组	832	4.1	4.8×4.7	1.2	小乔木型，树姿开张。芽叶黄绿色、茸毛多。叶片长宽 13.8cm×5.1cm，叶长椭圆形，叶色绿，叶脉 8 对。萼片 5 片、无茸毛。花冠直径 4.3cm×3.2cm，花瓣 7 枚，子房有茸毛，花柱先端 3 裂。果实三角形
JH004	洛特大茶树大 1 号	*C. sinensis* var. *assamica*	景洪市基诺山基诺族乡洛特村	1 219	2.9	3.3×2.4	0.7	小乔木型，树姿半开张。芽叶紫绿色、茸毛多。叶片长宽 10.7cm×3.6cm，叶长椭圆形，叶色绿，叶脉 8 对。萼片 5 片、无茸毛。花冠直径 3.9cm×3.0cm，花瓣 6 枚，子房有茸毛，花柱先端 3 裂。果实球形、三角形

（续）

种质编号	种质名称	物种名称	分布地点	海拔（m）	树高（m）	树幅（m×m）	基部干围（m）	主要形态
JH005	洛特大茶树大2号	*C. sinensis* var. *assamica*	景洪市基诺山基诺族乡洛特村	1 210	3.5	2.3×2.4	0.5	小乔木型，树姿半开张。芽叶绿色、茸毛多。叶片长宽13.9cm×4.6cm，叶长椭圆形，叶色绿，叶脉7对。萼片5片、无茸毛。花冠直径4.3cm×3.5cm，花瓣6枚，子房有茸毛，花柱先端3裂。果实球形、三角形
JH006	司土大茶树大1号	*C. sinensis* var. *assamica*	景洪市基诺山基诺族乡司土村	1 158	2.9	2.7×2.6	0.6	小乔木型，树姿半开张。芽叶黄绿色、茸毛多。叶片长宽14.1cm×5.3cm，叶长椭圆形，叶色绿，叶脉7对。萼片5片、无茸毛。花冠直径4.0cm×3.7cm，花瓣6枚，子房有茸毛，花柱先端3裂。果实球形、三角形
JH007	司土大茶树大2号	*C. sinensis* var. *assamica*	景洪市基诺山基诺族乡司土村	1 172	2.9	2.7×3.2	0.7	小乔木型，树姿半开张。芽叶黄绿色、茸毛多。叶片长宽12.5cm×4.4cm，叶长椭圆形，叶色绿，叶脉9对。萼片5片、无茸毛。花冠直径3.8cm×3.7cm，花瓣5枚，子房有茸毛，花柱先端3裂。果实球形、三角形
JH008	司土大茶树大3号	*C. sinensis* var. *assamica*	景洪市基诺山基诺族乡司土村	1 179	2.8	3.0×3.2	0.6	小乔木型，树姿半开张。芽叶紫绿色、茸毛多。叶片长宽7.9cm×3.0cm，叶长椭圆形，叶色绿，叶脉7对。萼片5片、无茸毛。花冠直径3.3cm×3.5cm，花瓣6枚，子房有茸毛，花柱先端3裂。果实球形、三角形
JH009	司土大茶树大4号	*C. sinensis* var. *assamica*	景洪市基诺山基诺族乡司土村	1 139	2.8	2.1×2.2	0.8	小乔木型，树姿半开张。芽叶黄绿色、茸毛多。叶片长宽10.1cm×2.9cm，叶披针形，叶色深绿，叶脉10对。萼片5片、无茸毛。花冠直径3.5cm×3.5cm，花瓣5枚，子房有茸毛，花柱先端3裂。果实球形、三角形
JH010	么桌大茶树1号	*C. sinensis* var. *assamica*	景洪市基诺山基诺族乡新司土村么桌小组	1 028	8.9	5.7×4.5	0.5	小乔木型，树姿半开张。芽叶紫绿色、茸毛多。叶片长宽9.3cm×3.7cm，叶长椭圆形，叶色深绿，叶脉9对。萼片5片、无茸毛。花冠直径4.1cm×3.4cm，花瓣6枚，子房有茸毛，花柱先端3裂。果实球形、三角形
JH011	么桌大茶树2号	*C. sinensis* var. *assamica*	景洪市基诺山基诺族乡新司土村么桌小组	1 030	6.2	4.4×5.5	0.7	小乔木型，树姿半开张。芽叶黄绿色、茸毛多。叶片长宽11.9cm×4.3cm，叶长椭圆形，叶色绿，叶脉10对。萼片5片、无茸毛。花冠直径4.9cm×4.7cm，花瓣7枚，子房有茸毛，花柱先端3裂。果实球形、三角形

（续）

种质编号	种质名称	物种名称	分布地点	海拔（m）	树高（m）	树幅（m×m）	基部干围（m）	主要形态
JH012	么桌大茶树3号	*C. sinensis* var. *assamica*	景洪市基诺山基诺族乡新司土村么桌小组	1 257	4.9	2.6×2.9	0.5	小乔木型，树姿半开张。芽叶黄绿色、茸毛多。叶片长宽 12.7cm×5.0cm，叶长椭圆形，叶色绿，叶脉9对。萼片5片、无茸毛。花冠直径3.8cm×3.1cm，花瓣6枚，子房有茸毛，花柱先端3裂。果实球形、三角形
JH013	巴飘大茶树大1号	*C. sinensis* var. *assamica*	景洪市基诺山基诺族乡新司土村巴飘小组	884	4.9	3.3×3.2	0.4	小乔木型，树姿半开张。芽叶黄绿色、茸毛多。叶片长宽 10.3cm×3.8cm，叶长椭圆形，叶色深绿，叶脉9对。萼片5片、无茸毛。花冠直径4.4cm×4.3cm，花瓣6枚，子房有茸毛，花柱先端3裂。果实球形、三角形
JH014	巴飘大茶树大2号	*C. sinensis* var. *assamica*	景洪市基诺山基诺族乡新司土村巴飘小组	912	2.5	1.5×2.3	0.6	小乔木型，树姿半开张。芽叶黄绿色、茸毛多。叶片长宽 10.3cm×3.5cm，叶长椭圆形，叶色绿，叶脉12对。萼片5片、无茸毛。花冠直径4.0cm×4.7cm，花瓣6枚，子房有茸毛，花柱先端3裂。果实球形、三角形
JH015	亚诺大茶树1号	*C. sinensis* var. *assamica*	景洪市基诺山基诺族乡巴亚村亚诺小组	1 181	3.2	3.7×2.9	0.9	小乔木型，树姿半开张。芽叶绿色、茸毛多。叶片长宽 12.8cm×3.7cm，叶披针形，叶色深绿，叶脉12对。萼片5片、无茸毛。花冠直径3.6cm×2.9cm，花瓣5枚，子房有茸毛，花柱先端3裂。果实球形
JH016	亚诺大茶树2号	*C. sinensis* var. *assamica*	景洪市基诺山基诺族乡巴亚村亚诺小组	1 181	4.2	3.5×3.1	0.9	小乔木型，树姿半开张。芽叶绿色、茸毛多。叶片长宽 10.7cm×4.1cm，叶长椭圆形，叶色深绿，叶脉7对。萼片5片、无茸毛。花冠直径4.0cm×3.3cm，花瓣7枚，子房有茸毛，花柱先端3裂。果实球形、三角形
JH017	弯角山大茶树	*C. sinensis* var. *assamica*	景洪市景讷乡弯角山村	1 223	3.4	4.8×4.0	0.5	小乔木型，树姿开张。芽叶紫绿色、茸毛多。叶片长宽 14.7cm×5.3cm，叶长椭圆形，叶色绿，叶脉11对。萼片5片、无茸毛。花冠直径3.5cm×3.1cm，花瓣7枚，子房有茸毛，花柱先端3裂。果实三角形
JH018	怕冷大茶树1号	*C. sinensis* var. *assamica*	景洪市勐龙镇邦飘村怕冷小组	1 312	4.6	5.5×4.1	0.9	小乔木型，树姿开张。芽叶黄绿色、茸毛多。叶片长宽 12.8cm×5.3cm，叶椭圆形，叶色绿，叶脉12对。萼片5片、无茸毛。花冠直径4.0cm×3.9cm，花瓣6枚，子房有茸毛，花柱先端3裂。果实球形

（续）

种质编号	种质名称	物种名称	分布地点	海拔（m）	树高（m）	树幅（m×m）	基部干围（m）	主要形态
JH019	怕冷大茶树2号	*C. sinensis* var. *assamica*	景洪市勐龙镇邦飘村怕冷小组	1 320	4.4	3.8×3.7	0.6	小乔木型，树姿开张。芽叶黄绿色、茸毛多。叶片长宽 11.3cm×5.3cm，叶椭圆形，叶色绿，叶脉 8 对。萼片 5 片、无茸毛。花冠直径 4.2cm×4.2cm，花瓣 7 枚，子房有茸毛，花柱先端 3 裂。果实三角形
JH020	怕冷大茶树3号	*C. sinensis* var. *assamica*	景洪市勐龙镇邦飘村怕冷小组	1 317	4.0	5.2×4.7	0.7	小乔木型，树姿开张。芽叶黄绿色、茸毛多。叶片长宽 12.2cm×5.2cm，叶椭圆形，叶色深绿，叶脉 12 对。萼片 5 片、无茸毛。花冠直径 4.9cm×4.7cm，花瓣 6 枚，子房有茸毛，花柱先端 3 裂。果实球形
JH021	曼播大茶树1号	*C. sinensis* var. *assamica*	景洪市勐龙镇陆拉村曼播小组	1 010	6.2	5.5×6.2	0.8	小乔木型，树姿开张。芽叶黄绿色、茸毛多。叶片长宽 18.1cm×5.7cm，叶披针形，叶色绿，叶脉 11 对。萼片 5 片、无茸毛。花冠直径 3.9cm×3.4cm，花瓣 7 枚，子房有茸毛，花柱先端 3 裂。果实球形
JH022	曼播大茶树2号	*C. sinensis* var. *assamica*	景洪市勐龙镇陆拉村曼播小组	1 015	5.9	5.2×4.9	1.4	小乔木型，树姿开张。芽叶黄绿色、茸毛多。叶片长宽 18.0cm×5.6cm，叶披针形，叶色绿，叶脉 8 对。萼片 5 片、无茸毛。花冠直径 4.0cm×3.9cm，花瓣 6 枚，子房有茸毛，花柱先端 3 裂。果实三角形
JH023	曼伞大茶树1号	*C. sinensis* var. *assamica*	景洪市勐龙镇曼伞村	1 260	4.0	4.0×3.8	0.7	小乔木型，树姿半开张。芽叶黄绿色、茸毛多。叶片长宽 14.3cm×5.8cm，叶长椭圆形，叶色绿，叶脉 12 对。萼片 5 片、无茸毛。花冠直径 4.6cm×4.0cm，花瓣 6 枚，子房有茸毛，花柱先端 3 裂。果实球形
JH024	曼伞大茶树2号	*C. sinensis* var. *assamica*	景洪市勐龙镇曼伞村	1 271	4.4	5.4×4.2	0.7	小乔木型，树姿半开张。芽叶黄绿色、茸毛多。叶片长宽 13.0cm×4.8cm，叶椭圆形，叶色绿，叶脉 10 对。萼片 5 片、无茸毛。花冠直径 3.6cm×3.7cm，花瓣 7 枚，子房有茸毛，花柱先端 3 裂。果实球形
JH025	曼伞大茶树3号	*C. sinensis* var. *assamica*	景洪市勐龙镇曼伞村	1 308	4.6	3.6×3.8	0.5	小乔木型，树姿半开张。芽叶黄绿色、茸毛多。叶片长宽 12.1cm×5.0cm，叶椭圆形，叶色绿，叶脉 9 对。萼片 5 片、无茸毛。花冠直径 4.2cm×4.4cm，花瓣 6 枚，子房有茸毛，花柱先端 3 裂。果实球形

（续）

种质编号	种质名称	物种名称	分布地点	海拔（m）	树高（m）	树幅（m×m）	基部干围（m）	主要形态
JH026	曼伞大茶树4号	*C. sinensis* var. *assamica*	景洪市勐龙镇曼伞村	1 317	5.4	4.4×4.8	0.8	小乔木型，树姿半开张。芽叶紫绿色、茸毛多。叶片长宽 10.8cm×4.5cm，叶长椭圆形，叶色绿，叶脉9对。萼片5片、无茸毛。花冠直径4.5cm×4.2cm，花瓣5枚，子房有茸毛，花柱先端3裂。果实三角形
JH027	曼伞大茶树5号	*C. sinensis* var. *assamica*	景洪市勐龙镇曼伞村	1 314	4.0	4.0×3.8	0.7	小乔木型，树姿开张。芽叶绿色、茸毛多。叶片长宽 14.3cm×6.3cm，叶椭圆形，叶色绿，叶脉7对。萼片5片、无茸毛。花冠直径 2.7cm×3.0cm，花瓣6枚，子房有茸毛，花柱先端3裂。果实球形
JH028	曼加坡大茶树1号	*C. sinensis* var. *assamica*	景洪市勐龙镇勐宋村曼加坡	1 592	5.1	6.8×6.5	1.3	小乔木型，树姿半开张。芽叶黄绿色、茸毛多。叶片长宽 13.9cm×4.7cm，叶长椭圆形，叶色绿，叶脉8对。萼片5片、无茸毛。花冠直径3.4cm×3.3cm，花瓣7枚，子房有茸毛，花柱先端3裂。果实球形、三角形
JH029	曼加坡大茶树2号	*C. sinensis* var. *assamica*	景洪市勐龙镇勐宋村曼加坡	1 608	4.3	9.4×6.5	1.2	小乔木型，树姿半开张。芽叶黄绿色、茸毛多。叶片长宽 15.3cm×4.9cm，叶长椭圆形，叶色绿，叶脉8对。萼片5片、无茸毛。花冠直径2.8cm×2.7cm，花瓣5枚，子房有茸毛，花柱先端3裂。果实球形、三角形
JH030	曼加坡大茶树3号	*C. sinensis* var. *assamica*	景洪市勐龙镇勐宋村曼加坡	1 586	4.3	3.8×3.5	1.1	小乔木型，树姿半开张。芽叶黄绿色、茸毛多。叶片长宽 12.3cm×4.4cm，叶长椭圆形，叶色绿，叶脉9对。萼片5片、无茸毛。花冠直径2.7cm×3.0cm，花瓣7枚，子房有茸毛，花柱先端3裂。果实球形、三角形
JH031	曼加坡大茶树4号	*C. sinensis* var. *assamica*	景洪市勐龙镇勐宋村曼加坡	1 502	4.8	4.9×5.3	1.0	小乔木型，树姿半开张。芽叶黄绿色、茸毛多。叶片长宽 12.4cm×6.3cm，叶近圆形，叶色绿，叶脉7对。萼片5片、无茸毛。花冠直径4.1cm×4.0cm，花瓣6枚，子房有茸毛，花柱先端3裂。果实球形、三角形
JH032	曼加坡大茶树5号	*C. sinensis* var. *assamica*	景洪市勐龙镇勐宋村曼加坡	1 501	4.8	4.7×3.9	1.6	小乔木型，树姿半开张。芽叶黄绿色、茸毛多。叶片长宽 13.0cm×5.5cm，叶椭圆形，叶色绿，叶脉11对。萼片5片、无茸毛。花冠直径4.5cm×4.3cm，花瓣6枚，子房有茸毛，花柱先端3裂。果实球形、三角形

（续）

种质编号	种质名称	物种名称	分布地点	海拔（m）	树高（m）	树幅（m×m）	基部干围（m）	主要形态
JH033	曼加坡大茶树6号	*C. sinensis* var. *assamica*	景洪市勐龙镇勐宋村曼加坡	1 613	4.5	7.2×5.9	1.4	小乔木型，树姿半开张。芽叶黄绿色、茸毛多。叶片长宽14.2cm×5.9cm，叶椭圆形，叶色深绿，叶脉10对。萼片5片、无茸毛。花冠直径4.2cm×3.4cm，花瓣5枚，子房有茸毛，花柱先端3裂。果实球形、三角形
JH034	曼加坡大茶树7号	*C. sinensis* var. *assamica*	景洪市勐龙镇勐宋村曼加坡	1 575	6.0	6.0×6.9	1.8	小乔木型，树姿半开张。芽叶黄绿色、茸毛多。叶片长宽12.3cm×5.1cm，叶椭圆形，叶色深绿，叶脉9对。萼片5片、无茸毛。花冠直径3.7cm×3.2cm，花瓣6枚，子房有茸毛，花柱先端3裂。果实球形、三角形
JH035	曼加干大茶树1号	*C. sinensis* var. *assamica*	景洪市勐龙镇勐宋村曼加干	1 670	5.7	5.6×5.3	1.1	小乔木型，树姿半开张。芽叶黄绿色、茸毛多。叶片长宽12.3cm×5.5cm，叶椭圆形，叶色深绿，叶脉10对。萼片5片、无茸毛。花冠直径4.4cm×3.9cm，花瓣7枚，子房有茸毛，花柱先端3裂。果实球形、三角形
JH036	曼加干大茶树2号	*C. sinensis* var. *assamica*	景洪市勐龙镇勐宋村曼加干	1 688	4.6	5.3×4.1	1.0	小乔木型，树姿半开张。芽叶黄绿色、茸毛多。叶片长宽11.9cm×5.6cm，叶椭圆形，叶色深绿，叶脉8对。萼片5片、无茸毛。花冠直径4.7cm×4.6cm，花瓣6枚，子房有茸毛，花柱先端3裂。果实球形、三角形
JH037	曼加干大茶树3号	*C. sinensis* var. *assamica*	景洪市勐龙镇勐宋村曼加干	1 679	4.5	5.4×4.7	1.7	小乔木型，树姿半开张。芽叶黄绿色、茸毛多。叶片长宽10.1cm×4.6cm，叶椭圆形，叶色深绿，叶脉8对。萼片5片、无茸毛。花冠直径4.3cm×4.3cm，花瓣6枚，子房有茸毛，花柱先端3裂。果实球形、三角形
JH038	曼加干大茶树4号	*C. sinensis* var. *assamica*	景洪市勐龙镇勐宋村曼加干	1 681	5.2	5.9×5.6	1.4	小乔木型，树姿半开张。芽叶黄绿色、茸毛中。叶片长宽9.1cm×5.1cm，叶近圆形，叶色深绿，叶脉7对。萼片5片、无茸毛。花冠直径4.0cm×4.3cm，花瓣6枚，子房有茸毛，花柱先端3裂。果实球形、三角形
JH039	曼加干大茶树5号	*C. sinensis* var. *assamica*	景洪市勐龙镇勐宋村曼加干	1 681	5.2	4.4×6.8	1.2	小乔木型，树姿半开张。芽叶黄绿色、茸毛中。叶片长宽11.5cm×5.4cm，叶椭圆形，叶色绿，叶脉12对。萼片5片、无茸毛。花冠直径4.1cm×3.5cm，花瓣6枚，子房有茸毛，花柱先端3裂。果实球形、三角形

（续）

种质编号	种质名称	物种名称	分布地点	海拔（m）	树高（m）	树幅（m×m）	基部干围（m）	主要形态
JH040	曼加干大茶树6号	*C. sinensis* var. *assamica*	景洪市勐龙镇勐宋村曼加干	1 676	4.5	6.6×6.3	1.3	小乔木型，树姿半开张。芽叶黄绿色、茸毛中。叶片长宽14.3cm×6.1cm，叶椭圆形，叶色绿，叶脉7对。萼片5片、无茸毛。花冠直径5.0cm×5.3cm，花瓣7枚，子房有茸毛，花柱先端3裂。果实球形、三角形
JH041	曼卖窑大茶树1号	*C. sinensis* var. *assamica*	景洪市勐龙镇勐宋村曼卖窑	1 742	7.2	10.2×9.3	2.0	小乔木型，树姿开张。芽叶黄绿色、茸毛中。叶片长宽12.2cm×4.5cm，叶椭圆形，叶色深绿，叶脉7对。萼片5片、无茸毛。花冠直径3.0cm×3.6cm，花瓣5枚，子房有茸毛，花柱先端3裂。三角形
JH042	曼卖窑大茶树2号	*C. sinensis* var. *assamica*	景洪市勐龙镇勐宋村曼卖窑	1 754	5.2	7.0×5.3	1.3	小乔木型，树姿开张。芽叶黄绿色、茸毛中。叶片长宽14.8cm×5.3cm，叶椭圆形，叶色深绿，叶脉8对。萼片5片、无茸毛。花冠直径3.8cm×3.3cm，花瓣6枚，子房有茸毛，花柱先端3裂。果实三角形
JH043	曼卖窑大茶树3号	*C. sinensis* var. *assamica*	景洪市勐龙镇勐宋村曼卖窑	1 754	5.2	5.9×5.1	1.3	小乔木型，树姿半开张。芽叶黄绿色、茸毛中。叶片长宽16.4cm×6.4cm，叶椭圆形，叶色绿，叶脉10对。萼片5片、无茸毛。花冠直径3.8cm×3.1cm，花瓣6枚，子房有茸毛，花柱先端3裂。果实三角形
JH044	大寨大茶树1号	*C. sinensis* var. *assamica*	景洪市勐龙镇勐宋村大寨	1 427	5.4	5.2×4.7	1.5	小乔木型，树姿半开张。芽叶黄绿色、茸毛多。叶片长宽16.8cm×6.8cm，叶椭圆形，叶色绿，叶脉11对。萼片5片、无茸毛。花冠直径3.8cm×3.9cm，花瓣7枚，子房有茸毛，花柱先端3裂。果实三角形
JH045	大寨大茶树2号	*C. sinensis* var. *assamica*	景洪市勐龙镇勐宋村大寨	1 433	5.1	4.2×4.3	0.9	小乔木型，树姿半开张。芽叶黄绿色、茸毛多。叶片长宽17.6cm×6.3cm，叶椭圆形，叶色绿，叶脉10对。萼片5片、无茸毛。花冠直径4.3cm×3.9cm，花瓣7枚，子房有茸毛，花柱先端3裂。果实球形
JH046	大寨大茶树3号	*C. sinensis* var. *assamica*	景洪市勐龙镇勐宋村大寨	1 438	4.8	4.8×3.8	1.2	小乔木型，树姿半开张。芽叶黄绿色、茸毛多。叶片长宽13.7cm×6.0cm，叶椭圆形，叶色绿，叶脉11对。萼片5片、无茸毛。花冠直径5.2cm×5.0cm，花瓣7枚，子房有茸毛，花柱先端3裂。果实球形

（续）

种质编号	种质名称	物种名称	分布地点	海拔（m）	树高（m）	树幅（m×m）	基部干围（m）	主要形态
JH047	大寨大茶树4号	*C. sinensis* var. *assamica*	景洪市勐龙镇勐宋村大寨	622	4.6	5.8×5.6	1.5	小乔木型，树姿半开张。芽叶黄绿色、茸毛多。叶片长宽13.8cm×5.5cm，叶椭圆形，叶色绿，叶脉9对。萼片5片、无茸毛。花冠直径4.2cm×3.7cm，花瓣6枚，子房有茸毛，花柱先端3裂。果实球形
JH048	大寨大茶树5号	*C. sinensis* var. *assamica*	景洪市勐龙镇勐宋村大寨	1 625	3.5	4.9×3.5	1.5	小乔木型，树姿半开张。芽叶黄绿色、茸毛多。叶片长宽9.2cm×4.9cm，叶近圆形，叶色绿，叶脉6对。萼片5片、无茸毛。花冠直径4.6cm×4.1cm，花瓣7枚，子房有茸毛，花柱先端3裂。果实三角形
JH049	南盆大茶树1号	*C. sinensis* var. *assamica*	景洪市勐龙镇南盆村	1 431	5.5	5.3×5.8	0.8	小乔木型，树姿开张。芽叶黄绿色、茸毛多。叶片长宽13.2cm×5.8cm，叶椭圆形，叶色绿，叶脉7对。萼片5片、无茸毛。花冠直径4.1cm×3.7cm，花瓣6枚，子房有茸毛，花柱先端3裂。果实三角形
JH050	南盆大茶树2号	*C. sinensis* var. *assamica*	景洪市勐龙镇南盆村	1 422	6.9	5.8×6.4	1.1	小乔木型，树姿开张。芽叶黄绿色、茸毛多。叶片长宽11.3cm×4.8cm，叶椭圆形，叶色绿，叶脉9对。萼片5片、无茸毛。花冠直径3.4cm×3.3cm，花瓣7枚，子房有茸毛，花柱先端3裂。果实三角形
JH051	科联大茶树	*C. sinensis* var. *assamica*	景洪市勐旺乡补远村科联	1 216	7.2	4.6×5.3	1.7	小乔木型，树姿开张。芽叶绿色、茸毛少。叶片长宽8.8cm×3.7cm，叶椭圆形，叶色绿，叶脉8对。萼片5片、无茸毛。花冠直径3.3cm×3.5cm，花瓣6枚，子房有茸毛，花柱先端3裂。果实三角形
MH001	老曼峨大茶树1号	*C. sinensis* var. *assamica*	勐海县布朗山布朗族乡班章村老曼峨	1 350	6.0	5.6×6.4	1.4	小乔木型，树姿半开张。芽叶黄绿色、茸毛中。叶片长宽15.6cm×6.3cm，叶长椭圆形，叶色深绿，叶脉9对。萼片5片、无茸毛。花冠直径4.0cm×3.5cm，花瓣7枚，子房有茸毛，花柱先端3裂。果实球形、三角形
MH002	老曼峨大茶树2号	*C. sinensis* var. *assamica*	勐海县布朗山布朗族乡班章村老曼峨	1 336	6.6	5.6×5.5	1.4	小乔木型，树姿半开张。芽叶绿色、茸毛少。叶片长宽16.5cm×6.5cm，叶长椭圆形，叶色深绿，叶脉11对。萼片5片、无茸毛。花冠直径4.2cm×4.5cm，花瓣6枚，子房有茸毛，花柱先端3裂。果实球形、三角形

（续）

种质编号	种质名称	物种名称	分布地点	海拔（m）	树高（m）	树幅（m×m）	基部干围（m）	主要形态
MH003	老曼峨大茶树3号	*C. sinensis* var. *assamica*	勐海县布朗山布朗族乡班章村老曼峨	1 375	7.2	8.3×7.2	1.2	小乔木型，树姿半开张。芽叶黄绿色、茸毛中。叶片长宽15.0cm×6.4cm，叶长椭圆形，叶色浅绿，叶脉10对。萼片5片、无茸毛。花冠直径3.7cm×4.5cm，花瓣7枚，子房有茸毛，花柱先端3裂。果实球形、三角形
MH004	老曼峨大茶树4号	*C. sinensis* var. *assamica*	勐海县布朗山布朗族乡班章村老曼峨	1 350	7.6	6.4×5.4	1.5	小乔木型，树姿半开张。芽叶黄绿色、茸毛中。叶片长宽15.7cm×5.3cm，叶长椭圆形，叶色深绿，叶脉12对。萼片5片、无茸毛。花冠直径3.5cm×4.8cm，花瓣7枚，子房有茸毛，花柱先端3裂。果实球形、三角形
MH005	老曼峨大茶树5号	*C. sinensis* var. *assamica*	勐海县布朗山布朗族乡班章村老曼峨	1 765	7.3	5.7×5.2	1.4	小乔木型，树姿半开张。芽叶黄绿色、茸毛中。叶片长宽15.5cm×5.7cm，叶长椭圆形，叶色深绿，叶脉11对。萼片5片、无茸毛。花冠直径4.6cm×3.5cm，花瓣6枚，子房有茸毛，花柱先端3裂。果实球形、三角形
MH006	坝卡大茶树1号	*C. sinensis* var. *assamica*	勐海县布朗山布朗族乡班章村坝卡	1 698	6.0	5.6×6.4	1.4	小乔木型，树姿开张。芽叶浅绿色、茸毛少。叶片长宽14.5cm×6.7cm，叶长椭圆形，叶色深绿，叶脉10对。萼片5片、无茸毛。花冠直径4.6cm×3.7cm，花瓣7枚，子房有茸毛，花柱先端3裂。果实球形、三角形
MH007	坝卡大茶树2号	*C. sinensis* var. *assamica*	勐海县布朗山布朗族乡班章村坝卡	1 511	6.0	5.6×6.4	1.4	小乔木型，树姿开张。芽叶紫绿色、茸毛少。叶片长宽17.5cm×5.7cm，叶长椭圆形，叶色深绿，叶脉10对。萼片5片、无茸毛。花冠直径4.2cm×4.7cm，花瓣6枚，子房有茸毛，花柱先端3裂。果实球形、三角形
MH008	老曼峨苦茶1号	*C. sinensis* var. *assamica*	勐海县布朗山布朗族乡班章村老曼峨	1 250	8.0	6.5×5.5	2.1	小乔木型，树姿半开张。芽叶黄绿色、茸毛多。叶片长宽15.8cm×5.7cm，叶长椭圆形，叶色淡绿，叶脉11对。萼片5片、无茸毛。花冠直径4.0cm×3.7cm，花瓣6枚，子房有茸毛，花柱先端3裂。果实三角形
MH009	老曼峨苦茶2号	*C. sinensis* var. *assamica*	勐海县布朗山布朗族乡班章村老曼峨	1 287	4.6	5.9×5.4	1.4	小乔木型，树姿半开张。芽叶黄绿色、茸毛多。叶片长宽17.4cm×6.8cm，叶长椭圆形，叶色淡绿，叶脉11对。萼片5片、无茸毛。花冠直径4.2cm×3.9cm，花瓣6枚，子房有茸毛，花柱先端3裂。果实三角形

（续）

种质编号	种质名称	物种名称	分布地点	海拔（m）	树高（m）	树幅（m×m）	基部干围（m）	主要形态
MH010	老曼峨苦茶3号	*C. sinensis* var. *assamica*	勐海县布朗山布朗族乡班章村老曼峨	1 345	7.0	7.7×7.5	1.5	小乔木型，树姿半开张。芽叶黄绿色、茸毛多。叶片长宽15.6cm×6.5cm，叶长椭圆形，叶色淡绿，叶脉10对。萼片5片、无茸毛。花冠直径4.2cm×4.0cm，花瓣6枚，子房有茸毛，花柱先端3裂。果实三角形
MH011	结良苦茶	*C. sinensis* var. *assamica*	勐海县布朗山布朗族乡结良村	1 182	5.5	4.7×4.6	1.3	小乔木型，树姿直立。芽叶绿色、茸毛中。叶片长宽16.7cm×6.5cm，叶长椭圆形，叶色深绿，叶脉12对。萼片5片、无茸毛。花冠直径3.2cm×2.6cm，花瓣6枚，子房有茸毛，花柱先端3裂。果实三角形
MH012	曼迈苦茶1号	*C. sinensis* var. *assamica*	勐海县布朗山布朗族乡结良村曼迈	1 134	4.1	6.5×5.8	1.6	小乔木型，树姿开张。芽叶绿色、茸毛多。叶片长宽16.5cm×6.8cm，叶长椭圆形，叶色黄绿，叶脉13对。萼片5片、无茸毛。花冠直径4.2cm×3.1cm，花瓣7枚，子房有茸毛，花柱先端3裂。果实肾形、三角形
MH013	曼迈苦茶2号	*C. sinensis* var. *assamica*	勐海县布朗山布朗族乡结良村曼迈	1 125	4.2	5.5×4.8	1.3	小乔木型，树姿开张。芽叶黄绿、茸毛多。叶片长宽15.5cm×6.3cm，叶长椭圆形，叶色黄绿，叶脉11对。萼片5片、无茸毛。花冠直径3.2cm×2.8cm，花瓣6枚，子房有茸毛，花柱先端3裂。果实肾形、三角形
MH014	老班章大茶树1号	*C. sinensis* var. *assamica*	勐海县布朗山布朗族乡班章村老班章小组	1 785	6.3	8.3×6.4	1.2	小乔木型，树姿开张。芽叶淡绿色、茸毛多。叶片长宽16.0cm×6.1cm，叶长椭圆形，叶色淡绿，叶脉11对。萼片5片、无茸毛。花冠直径4.3cm×3.9cm，花瓣7枚，子房有茸毛，花柱先端3裂。果实球形
MH015	老班章大茶树2号	*C. sinensis* var. *assamica*	勐海县布朗山布朗族乡班章村老班章小组	1 784	4.6	5.0×5.0	1.4	小乔木型，树姿开张。芽叶绿色、茸毛多。叶片长宽17.4cm×6.3cm，叶长椭圆形，叶色淡绿，叶脉12对。萼片5片、无茸毛。花冠直径3.7cm×3.4cm，花瓣6枚，子房有茸毛，花柱先端3裂。果实球形
MH016	老班章大茶树3号	*C. sinensis* var. *assamica*	勐海县布朗山布朗族乡班章村老班章小组	1 832	4.6	6.0×5.7	1.0	小乔木型，树姿开张。芽叶黄绿色、茸毛多。叶片长宽14.5cm×5.8cm，叶长椭圆形，叶色深绿，叶脉10对。萼片5片、无茸毛。花冠直径3.3cm×3.7cm，花瓣7枚，子房有茸毛，花柱先端3裂。果实球形、三角形

（续）

种质编号	种质名称	物种名称	分布地点	海拔（m）	树高（m）	树幅（m×m）	基部干围（m）	主要形态
MH017	老班章大茶树 4 号	*C. sinensis* var. *assamica*	勐海县布朗山布朗族乡班章村老班章小组	1 765	5.5	5.8×5.8	1.2	小乔木型，树姿开张。芽叶绿色、茸毛多。叶片长宽 16.8cm×7.1cm，叶长椭圆形，叶色深绿，叶脉 12 对。萼片 5 片、无茸毛。花冠直径 3.8cm×3.8cm，花瓣 6 枚，子房有茸毛，花柱先端 3 裂。果实球形、三角形
MH018	老班章大茶树 5 号	*C. sinensis* var. *assamica*	勐海县布朗山布朗族乡班章村老班章小组	1 795	5.5	6.0×5.3	1.0	小乔木型，树姿开张。芽叶紫绿色、茸毛多。叶片长宽 13.3cm×5.5cm，叶长椭圆形，叶色绿，叶脉 12 对。萼片 5 片、无茸毛。花冠直径 3.5cm×3.4cm，花瓣 6 枚，子房有茸毛，花柱先端 3 裂。果实球形、三角形
MH019	老班章大茶树 6 号	*C. sinensis* var. *assamica*	勐海县布朗山布朗族乡班章村老班章小组	1 776	4.0	7.3×6.7	1.1	小乔木型，树姿开张。芽叶紫绿色、茸毛多。叶片长宽 16.3cm×6.5cm，叶长椭圆形，叶色绿，叶脉 12 对。萼片 5 片、无茸毛。花冠直径 4.5cm×3.4cm，花瓣 6 枚，子房有茸毛，花柱先端 3 裂。果实球形、三角形
MH020	老班章大茶树 7 号	*C. sinensis* var. *assamica*	勐海县布朗山布朗族乡班章村老班章小组	1 793	7.0	7.0×6.0	1.7	小乔木型，树姿开张。芽叶绿色、茸毛多。叶片长宽 16.0cm×6.0cm，叶长椭圆形，叶色淡绿，叶脉 11 对。萼片 5 片、无茸毛。花冠直径 3.5cm×3.8cm，花瓣 5 枚，子房有茸毛，花柱先端 3 裂。果实球形、三角形
MH021	老班章大茶树 8 号	*C. sinensis* var. *assamica*	勐海县布朗山布朗族乡班章村老班章小组	1 805	6.5	7.5×6.5	1.8	小乔木型，树姿开张。芽叶绿色、茸毛多。叶片长宽 14.0cm×4.2cm，叶长椭圆形，叶色绿，叶脉 9 对。萼片 5 片、无茸毛。花冠直径 4.0cm×3.8cm，花瓣 6 枚，子房有茸毛，花柱先端 3 裂。果实球形、三角形
MH022	老班章大茶树 9 号	*C. sinensis* var. *assamica*	勐海县布朗山布朗族乡班章村老班章小组	1 793	8.0	5.5×6.5	1.9	小乔木型，树姿直立。芽叶黄绿色、茸毛多。叶片长宽 14.5cm×4.9cm，叶长椭圆形，叶色绿，叶脉 9 对。萼片 5 片、无茸毛。花冠直径 4.1cm×3.8cm，花瓣 5 枚，子房有茸毛，花柱先端 3 裂。果实球形、三角形
MH023	曼捌苦茶 1 号	*C. sinensis* var. *assamica*	勐海县布朗山布朗族乡新龙村曼捌	1 553	6.0	8.3×7.5	2.5	小乔木型，树姿开张。芽叶黄绿色、茸毛中。叶片长宽 15.4cm×5.3cm，叶长椭圆形，叶色绿，叶脉 11 对。萼片 5 片、无茸毛。花冠直径 3.0cm×2.7cm，花瓣 6 枚，子房有茸毛，花柱先端 3 裂。果实肾形、三角形

（续）

种质编号	种质名称	物种名称	分布地点	海拔（m）	树高（m）	树幅（m×m）	基部干围（m）	主要形态
MH024	曼捌苦茶2号	*C. sinensis* var. *assamica*	勐海县布朗山布朗族乡新龙村曼捌	1 504	6.3	6.8×6.2	1.6	小乔木型，树姿开张。芽叶绿色、茸毛多。叶片长宽15.8cm×6.7cm，叶长椭圆形，叶色淡绿，叶脉10对。萼片5片、无茸毛。花冠直径3.4cm×3.7cm，花瓣6枚，子房有茸毛，花柱先端3裂。果实肾形、三角形
MH025	曼捌苦茶3号	*C. sinensis* var. *assamica*	勐海县布朗山布朗族乡新龙村曼捌	1 522	5.5	4.8×4.5	1.4	小乔木型，树姿开张。芽叶绿色、茸毛多。叶片长宽15.0cm×6.0cm，叶长椭圆形，叶色淡绿，叶脉10对。萼片5片、无茸毛。花冠直径3.0cm×3.3cm，花瓣6枚，子房有茸毛，花柱先端3裂。果实肾形、三角形
MH026	曼木苦茶1号	*C. sinensis* var. *assamica*	勐海县布朗山布朗族乡曼囡村曼木	1 330	4.7	5.3×4.4	1.4	小乔木型，树姿开张。芽叶黄绿色、茸毛多。叶片长宽15.8cm×5.5cm，叶长椭圆形，叶色淡绿，叶脉10对。萼片5片、无茸毛。花冠直径3.5cm×3.5cm，花瓣7枚，子房有茸毛，花柱先端3裂。果实肾形、三角形
MH027	曼木苦茶2号	*C. sinensis* var. *assamica*	勐海县布朗山布朗族乡曼囡村曼木	1 333	6.7	7.3×5.9	1.6	小乔木型，树姿开张。芽叶黄绿色、茸毛多。叶片长宽16.2cm×6.4cm，叶长椭圆形，叶色淡绿，叶脉12对。萼片5片、无茸毛。花冠直径3.4cm×2.9cm，花瓣6枚，子房有茸毛，花柱先端3裂。果实三角形
MH028	曼木苦茶3号	*C. sinensis* var. *assamica*	勐海县布朗山布朗族乡曼囡村曼木	1 347	4.0	4.3×4.0	1.4	小乔木型，树姿开张。芽叶绿色、茸毛多。叶片长宽16.0cm×6.5cm，叶长椭圆形，叶色绿，叶脉11对。萼片5片、无茸毛。花冠直径3.8cm×4.5cm，花瓣7枚，子房有茸毛，花柱先端3裂。果实肾形、三角形
MH029	曼囡苦茶1号	*C. sinensis* var. *assamica*	勐海县布朗山布朗族乡曼囡村	1 025	5.6	6.4×4.8	1.2	小乔木型，树姿开张。芽叶黄绿色、茸毛多。叶片长宽17.1cm×7.0cm，叶长椭圆形，叶色淡绿，叶脉10对。萼片5片、无茸毛。花冠直径4.8cm×3.8cm，花瓣6枚，子房有茸毛，花柱先端3裂。果实肾形、三角形
MH030	曼囡苦茶2号	*C. sinensis* var. *assamica*	勐海县布朗山布朗族乡曼囡村	1 044	5.0	6.0×4.5	1.3	小乔木型，树姿开张。芽叶黄绿色、茸毛多。叶片长宽15.8cm×6.2cm，叶长椭圆形，叶色淡绿，叶脉10对。萼片5片、无茸毛。花冠直径3.5cm×3.7cm，花瓣7枚，子房有茸毛，花柱先端3裂。果实肾形、三角形

（续）

种质编号	种质名称	物种名称	分布地点	海拔（m）	树高（m）	树幅（m×m）	基部干围（m）	主要形态
MH031	曼囡苦茶3号	*C. sinensis* var. *assamica*	勐海县布朗山布朗族乡曼囡村	1 025	5.0	6.3×4.8	1.2	小乔木型，树姿开张。芽叶黄绿色、茸毛多。叶片长宽16.4cm×5.7cm，叶长椭圆形，叶色淡绿，叶脉10对。萼片5片、无茸毛。花冠直径3.7cm×3.5cm，花瓣6枚，子房有茸毛，花柱先端3裂。果实肾形、三角形
MH032	曼新竜苦茶1号	*C. sinensis* var. *assamica*	勐海县布朗山布朗族乡新龙村曼新竜	1 605	5.3	6.5×5.8	1.6	小乔木型，树姿半开张。芽叶黄绿色、茸毛多。叶片长宽14.6cm×5.9cm，叶长椭圆形，叶色淡绿，叶脉11对。萼片5片、无茸毛。花冠直径3.7cm×3.5cm，花瓣6枚，子房有茸毛，花柱先端3裂。果实三角形
MH033	曼新竜苦茶2号	*C. sinensis* var. *assamica*	勐海县布朗山布朗族乡新龙村曼新竜	1 572	6.0	7.8×6.5	1.7	小乔木型，树姿开张。芽叶黄绿色、茸毛多。叶片长宽16.3cm×6.6cm，叶长椭圆形，叶色绿，叶脉11对。萼片5片、无茸毛。花冠直径3.5cm×2.5cm，花瓣6枚，子房有茸毛，花柱先端3裂。果实三角形
MH034	帕点大茶树	*C. sinensis* var. *assamica*	勐海县布朗山布朗族乡勐昂村帕点	1 602	9.6	7.7×6.5	1.4	小乔木型，树姿半开张。芽叶黄绿色、茸毛中。叶片长宽12.3cm×6.1cm，叶长椭圆形，叶色深绿，叶脉10对。萼片5片、无茸毛。花冠直径3.8cm×2.5cm，花瓣6枚，子房有茸毛，花柱先端3裂。果实球形、三角形
MH035	勐昂苦茶1号	*C. sinensis* var. *assamica*	勐海县布朗山布朗族乡勐昂村	1 344	7.8	4.5×4.8	1.7	小乔木型，树姿半开张。芽叶绿色、茸毛多。叶片长宽16.8cm×7.2cm，叶长椭圆形，叶色绿，叶脉12对。萼片5片、无茸毛。花冠直径2.7cm×2.7cm，花瓣6枚，子房有茸毛，花柱先端3裂。果实三角形
MH036	勐昂苦茶2号	*C. sinensis* var. *assamica*	勐海县布朗山布朗族乡勐昂村	1 317	8.2	6.1×5.8	1.8	小乔木型，树姿半开张。芽叶绿色、茸毛多。叶片长宽16.5cm×5.4cm，叶披针形，叶色绿，叶脉12对。萼片5片、无茸毛。花冠直径3.5cm×2.8cm，花瓣6枚，子房有茸毛，花柱先端3裂。果实三角形
MH037	新班章大茶树1号	*C. sinensis* var. *assamica*	勐海县布朗山布朗族乡班章村新班章小组	1 635	5.8	6.1×5.5	1.8	小乔木型，树姿开张。芽叶浅绿色、茸毛中。叶片长宽14.3cm×5.3cm，叶长椭圆形，叶色深绿，叶脉9对。萼片5片、无茸毛。花冠直径3.0cm×4.1cm，花瓣6枚，子房有茸毛，花柱先端3裂。果实球形、三角形

（续）

种质编号	种质名称	物种名称	分布地点	海拔（m）	树高（m）	树幅（m×m）	基部干围（m）	主要形态
MH038	新班章大茶树2号	*C. sinensis* var. *assamica*	勐海县布朗山布朗族乡班章村新班章小组	1 617	5.8	6.4×5.0	1.9	小乔木型，树姿开张。芽叶浅绿色、茸毛中。叶片长宽16.8cm×6.7cm，叶长椭圆形，叶色绿，叶脉11对。萼片5片、无茸毛。花冠直径3.7cm×4.1cm，花瓣6枚，子房有茸毛，花柱先端3裂。果实三角形
MH039	新班章大茶树3号	*C. sinensis* var. *assamica*	勐海县布朗山布朗族乡班章村新班章小组	1 601	7.0	7.0×6.0	2.0	小乔木型，树姿开张。芽叶黄绿色、茸毛中。叶片长宽17.3cm×6.6cm，叶长椭圆形，叶色浅绿，叶脉11对。萼片5片、无茸毛。花冠直径3.8cm×4.4cm，花瓣6枚，子房有茸毛，花柱先端3裂。果实三角形
MH040	新班章大茶树4号	*C. sinensis* var. *assamica*	勐海县布朗山布朗族乡班章村新班章小组	1 654	7.5	8.2×7.8	2.1	小乔木型，树姿开张。芽叶黄绿色、茸毛多。叶片长宽16.2cm×5.6cm，叶长椭圆形，叶色绿，叶脉9对。萼片5片、无茸毛。花冠直径3.3cm×3.9cm，花瓣7枚，子房有茸毛，花柱先端3裂。果实三角形
MH041	新班章大茶树5号	*C. sinensis* var. *assamica*	勐海县布朗山布朗族乡班章村新班章小组	1 639	7.5	7.2×6.0	2.0	小乔木型，树姿开张。芽叶黄绿色、茸毛多。叶片长宽13.9cm×5.5cm，叶长椭圆形，叶色绿，叶脉13对。萼片5片、无茸毛。花冠直径4.1cm×3.8cm，花瓣6枚，子房有茸毛，花柱先端3裂。果实三角形
MH042	新班章大茶树6号	*C. sinensis* var. *assamica*	勐海县布朗山布朗族乡班章村新班章小组	1 832	5.6	6.8×6.4	1.2	小乔木型，树姿开张。芽叶浅绿色、茸毛多。叶片长宽11.5cm×4.7cm，叶长椭圆形，叶色绿，叶脉8对。萼片5片、无茸毛。花冠直径4.0cm×3.8cm，花瓣7枚，子房有茸毛，花柱先端3裂。果实三角形
MH043	新班章大茶树7号	*C. sinensis* var. *assamica*	勐海县布朗山布朗族乡班章村新班章小组	1 850	5.8	7.0×6.0	1.0	小乔木型，树姿开张。芽叶黄绿色、茸毛多。叶片长宽16.3cm×5.4cm，叶长椭圆形，叶色绿，叶脉12对。萼片5片、无茸毛。花冠直径3.2cm×3.8cm，花瓣6枚，子房有茸毛，花柱先端3裂。果实三角形
MH044	新班章大茶树8号	*C. sinensis* var. *assamica*	勐海县布朗山布朗族乡班章村新班章小组	1 843	7.1	9.1×8.0	1.7	小乔木型，树姿开张。芽叶黄绿色、茸毛多。叶片长宽16.2cm×7.2cm，叶长椭圆形，叶色绿，叶脉8对。萼片5片、无茸毛。花冠直径4.7cm×3.9cm，花瓣6枚，子房有茸毛，花柱先端3裂。果实三角形

（续）

种质编号	种质名称	物种名称	分布地点	海拔（m）	树高（m）	树幅（m×m）	基部干围（m）	主要形态
MH045	新班章大茶树9号	*C. sinensis* var. *assamica*	勐海县布朗山布朗族乡班章村新班章小组	1 639	7.5	7.2×6.0	2.0	小乔木型，树姿开张。芽叶黄绿色、茸毛多。叶片长宽13.9cm×5.5cm，叶长椭圆形，叶色绿，叶脉13对。萼片5片、无茸毛。花冠直径4.1cm×3.8cm，花瓣6枚，子房有茸毛，花柱先端3裂。果实三角形
MH046	新班章大茶树10号	*C. sinensis* var. *assamica*	勐海县布朗山布朗族乡班章村新班章小组	1 730	6.8	9.0×6.0	1.2	小乔木型，树姿开张。芽叶黄绿色、茸毛多。叶片长宽14.3cm×5.6cm，叶长椭圆形，叶色绿，叶脉9对。萼片5片、无茸毛。花冠直径3.5cm×3.0cm，花瓣6枚，子房有茸毛，花柱先端3裂。果实三角形
MH047	曼夕大茶树1号	*C. sinensis* var. *assamica*	勐海县打洛镇曼夕村	1 546	10.0	5.3×5.5	1.2	小乔木型，树姿半开张。芽叶黄绿色、茸毛中。叶片长宽19.3cm×8.1cm，叶长椭圆形，叶色深绿，叶脉12对。萼片5片、无茸毛。花冠直径3.2cm×4.0cm，花瓣5枚，子房有茸毛，花柱先端3裂。果实球形、三角形
MH048	曼夕大茶树2号	*C. sinensis* var. *assamica*	勐海县打洛镇曼夕村	1 620	10.0	7.0×6.5	1.6	小乔木型，树姿半开张。芽叶黄绿色、茸毛多。叶片长宽15.3cm×5.7cm，叶长椭圆形，叶色绿，叶脉11对。萼片5片、无茸毛。花冠直径3.8cm×4.1cm，花瓣7枚，子房有茸毛，花柱先端3裂。果实球形、三角形
MH049	曼夕大茶树3号	*C. sinensis* var. *assamica*	勐海县打洛镇曼夕村	1 750	11.0	7.3×5.0	1.6	小乔木型，树姿半开张。芽叶黄绿色、茸毛多。叶片长宽17.3cm×6.2cm，叶长椭圆形，叶色绿，叶脉10对。萼片5片、无茸毛。花冠直径3.8cm×4.4cm，花瓣6枚，子房有茸毛，花柱先端3裂。果实球形、三角形
MH050	竹林大茶树1号	*C. sinensis* var. *assamica*	勐海县格朗和哈尼族乡南糯山村竹林小组	1 382	3.6	5.4×4.8	1.9	小乔木型，树姿开张。芽叶黄绿色、茸毛多。叶片长宽14.4cm×6.2cm，叶长椭圆形，叶色绿，叶脉9对。萼片5片、无茸毛。花冠直径4.8cm×4.6cm，花瓣7枚，子房有茸毛，花柱先端3裂。果实三角形
MH051	竹林大茶树2号	*C. sinensis* var. *assamica*	勐海县格朗和哈尼族乡南糯山村竹林小组	1 382	3.5	4.8×3.9	1.3	小乔木型，树姿开张。芽叶黄绿色、茸毛多。叶片长宽13.7cm×5.0cm，叶长椭圆形，叶色绿，叶脉10对。萼片5片、无茸毛。花冠直径4.2cm×4.0cm，花瓣6枚，子房有茸毛，花柱先端3裂。果实三角形

（续）

种质编号	种质名称	物种名称	分布地点	海拔（m）	树高（m）	树幅（m×m）	基部干围（m）	主要形态
MH052	竹林大茶树3号	*C. sinensis* var. *assamica*	勐海县格朗和哈尼族乡南糯山村竹林小组	1 377	13.5	7.8×5.2	1.2	小乔木型，树姿开张。芽叶黄绿色、茸毛多。叶片长宽12.4cm×5.2cm，叶长椭圆形，叶色绿，叶脉9对。萼片5片、无茸毛。花冠直径3.2cm×3.5cm，花瓣6枚，子房有茸毛，花柱先端3裂。果实三角形
MH053	竹林大茶树4号	*C. sinensis* var. *assamica*	勐海县格朗和哈尼族乡南糯山村竹林小组	1 379	4.5	7.8×5.2	1.5	小乔木型，树姿开张。芽叶黄绿色、茸毛多。叶片长宽12.7cm×5.4cm，叶长椭圆形，叶色绿，叶脉10对。萼片5片、无茸毛。花冠直径2.9cm×2.7cm，花瓣5枚，子房有茸毛，花柱先端3裂。果实三角形
MH054	竹林大茶树5号	*C. sinensis* var. *assamica*	勐海县格朗和哈尼族乡南糯山村竹林小组	1 388	7.2	6.9×6.8	1.6	小乔木型，树姿开张。芽叶绿色、茸毛多。叶片长宽13.4cm×6.2cm，叶长椭圆形，叶色绿，叶脉11对。萼片5片、无茸毛。花冠直径3.6cm×3.1cm，花瓣6枚，子房有茸毛，花柱先端3裂。果实三角形
MH055	竹林大茶树6号	*C. sinensis* var. *assamica*	勐海县格朗和哈尼族乡南糯山村竹林小组	1 353	3.8	6.9×5.9	1.4	小乔木型，树姿开张。芽叶绿色、茸毛多。叶片长宽13.7cm×5.2cm，叶长椭圆形，叶色绿，叶脉9对。萼片5片、无茸毛。花冠直径3.4cm×3.3cm，花瓣6枚，子房有茸毛，花柱先端3裂。果实三角形
MH056	竹林大茶树7号	*C. sinensis* var. *assamica*	勐海县格朗和哈尼族乡南糯山村竹林小组	1 354	3.4	7.3×6.0	1.3	小乔木型，树姿开张。芽叶绿色、茸毛多。叶片长宽14.4cm×5.7cm，叶长椭圆形，叶色深绿，叶脉12对。萼片5片、无茸毛。花冠直径3.6cm×3.7cm，花瓣6枚，子房有茸毛，花柱先端3裂。果实三角形
MH057	竹林大茶树8号	*C. sinensis* var. *assamica*	勐海县格朗和哈尼族乡南糯山村竹林小组	1 293	4.4	5.9×4.3	1.3	小乔木型，树姿开张。芽叶绿色、茸毛多。叶片长宽14.4cm×5.2cm，叶长椭圆形，叶色绿，叶脉10对。萼片5片、无茸毛。花冠直径4.0cm×3.7cm，花瓣6枚，子房有茸毛，花柱先端3裂。果实三角形
MH058	竹林大茶树9号	*C. sinensis* var. *assamica*	勐海县格朗和哈尼族乡南糯山村竹林小组	1 307	4.7	4.9×3.2	1.2	小乔木型，树姿开张。芽叶黄绿色、茸毛中。叶片长宽12.3cm×4.8cm，叶长椭圆形，叶色绿，叶脉10对。萼片5片、无茸毛。花冠直径3.9cm×3.4cm，花瓣6枚，子房有茸毛，花柱先端3裂。果实三角形

（续）

种质编号	种质名称	物种名称	分布地点	海拔（m）	树高（m）	树幅（m×m）	基部干围（m）	主要形态
MH059	竹林大茶树10号	*C. sinensis* var. *assamica*	勐海县格朗和哈尼族乡南糯山村竹林小组	1 311	4.7	6.2×5.4	1.4	小乔木型，树姿开张。芽叶绿色、茸毛多。叶片长宽14.6cm×5.5cm，叶长椭圆形，叶色浅绿，叶脉8对。萼片5片、无茸毛。花冠直径3.6cm×3.4cm，花瓣6枚，子房有茸毛，花柱先端3裂。果实三角形
MH060	竹林大茶树11号	*C. sinensis* var. *assamica*	勐海县格朗和哈尼族乡南糯山村竹林小组	1 440	3.9	6.5×6.4	1.3	小乔木型，树姿开张。芽叶绿色、茸毛中。叶片长宽13.2cm×5.0cm，叶长椭圆形，叶色黄绿，叶脉9对。萼片5片、无茸毛。花冠直径3.5cm×3.3cm，花瓣7枚，子房有茸毛，花柱先端3裂。果实三角形
MH061	姑娘寨大茶树	*C. sinensis* var. *assamica*	勐海县格朗和哈尼族乡南糯山村姑娘寨	1 329	3.9	6.6×5.4	1.4	小乔木型，树姿开张。芽叶黄绿色、茸毛多。叶片长宽13.7cm×5.8cm，叶长椭圆形，叶色绿，叶脉11对。萼片5片、无茸毛。花冠直径3.2cm×4.4cm，花瓣6枚，子房有茸毛，花柱先端3裂。果实三角形
MH062	半坡新寨大茶树	*C. sinensis* var. *assamica*	勐海县格朗和哈尼族乡南糯山村半坡新寨	1 346	9.5	8.6×8.4	1.2	小乔木型，树姿开张。芽叶黄绿色、茸毛多。叶片长宽13.1cm×4.8cm，叶长椭圆形，叶色绿，叶脉10对。萼片5片、无茸毛。花冠直径4.0cm×3.9cm，花瓣6枚，子房有茸毛，花柱先端3裂。果实三角形
MH063	半坡寨大茶树1号	*C. sinensis* var. *assamica*	勐海县格朗和哈尼族乡南糯山村半坡新寨	1 638	3.6	7.0×5.5	1.9	小乔木型，树姿开张。芽叶黄绿色、茸毛多。叶片长宽13.6cm×5.2cm，叶长椭圆形，叶色绿，叶脉10对。萼片5片、无茸毛。花冠直径3.5cm×3.9cm，花瓣6枚，子房有茸毛，花柱先端3裂。果实三角形
MH064	半坡寨大茶树2号	*C. sinensis* var. *assamica*	勐海县格朗和哈尼族乡南糯山村半坡新寨	1 644	4.1	7.3×6.8	1.3	小乔木型，树姿半开张。芽叶黄绿色、茸毛多。叶片长宽13.0cm×5.2cm，叶长椭圆形，叶色深绿，叶脉9对。萼片5片、无茸毛。花冠直径3.5cm×3.2cm，花瓣6枚，子房有茸毛，花柱先端3裂。果实三角形
MH065	半坡寨大茶树3号	*C. sinensis* var. *assamica*	勐海县格朗和哈尼族乡南糯山村半坡新寨	1 558	11.2	9.7×7.8	2.2	小乔木型，树姿半开张。芽叶黄绿色、茸毛多。叶片长宽14.4cm×5.3cm，叶长椭圆形，叶色绿，叶脉8对。萼片5片、无茸毛。花冠直径4.5cm×3.7cm，花瓣7枚，子房有茸毛，花柱先端3裂。果实球形、三角形

（续）

种质编号	种质名称	物种名称	分布地点	海拔（m）	树高（m）	树幅（m×m）	基部干围（m）	主要形态
MH066	丫口寨大茶树	*C. sinensis* var. *assamica*	勐海县格朗和哈尼族乡南糯山村丫口寨	1 577	12.4	10.1×9.6	1.3	小乔木型，树姿半开张。芽叶黄绿色、茸毛多。叶片长宽 13.4cm×4.2cm，叶长椭圆形，叶色绿，叶脉10对。萼片5片、无茸毛。花冠直径4.0cm×3.4cm，花瓣6枚，子房有茸毛，花柱先端3裂。果实球形、三角形
MH067	多依寨大茶树	*C. sinensis* var. *assamica*	勐海县格朗和哈尼族乡南糯山村多依寨	1 507	7.3	5.4×5.1	1.3	小乔木型，树姿半开张。芽叶黄绿色、茸毛多。叶片长宽 16.8cm×6.6cm，叶长椭圆形，叶色绿，叶脉11对。萼片5片、无茸毛。花冠直径4.6cm×3.3cm，花瓣6枚，子房有茸毛，花柱先端3裂。果实球形、三角形
MH068	新路大茶树1号	*C. sinensis* var. *assamica*	勐海县格朗和哈尼族乡南糯山村新路小组	1 509	5.2	4.3×3.5	1.2	小乔木型，树姿半开张。芽叶紫绿色、茸毛少。叶片长宽 13.8cm×4.6cm，叶长椭圆形，叶色绿，叶脉10对。萼片5片、无茸毛。花冠直径3.5cm×3.4cm，花瓣6枚，子房有茸毛，花柱先端3裂。果实球形、三角形
MH069	新路大茶树2号	*C. sinensis* var. *assamica*	勐海县格朗和哈尼族乡南糯山村新路小组	1 521	9.6	8.6×8.5	1.2	小乔木型，树姿半开张。芽叶黄绿色、茸毛中。叶片长宽 13.7cm×5.4cm，叶长椭圆形，叶色绿，叶脉9对。萼片5片、无茸毛。花冠直径4.6cm×4.4cm，花瓣7枚，子房有茸毛，花柱先端3裂。果实球形、三角形
MH070	新路大茶树3号	*C. sinensis* var. *assamica*	勐海县格朗和哈尼族乡南糯山村新路小组	1 537	7.8	7.0×8.0	1.3	小乔木型，树姿半开张。芽叶黄绿色、茸毛中。叶片长宽 12.2cm×4.8cm，叶长椭圆形，叶色绿，叶脉9对。萼片5片、无茸毛。花冠直径3.0cm×3.4cm，花瓣7枚，子房有茸毛，花柱先端3裂。果实球形、三角形
MH071	捌玛大茶树1号	*C. sinensis* var. *assamica*	勐海县格朗和哈尼族乡南糯山村捌玛	1 735	4.5	6.3×6.9	1.0	小乔木型，树姿半开张。芽叶黄绿色、茸毛多。叶片长宽 15.4cm×5.4cm，叶长椭圆形，叶色绿，叶脉9对。萼片5片、无茸毛。花冠直径3.0cm×3.4cm，花瓣6枚，子房有茸毛，花柱先端3裂。果实三角形
MH072	捌玛大茶树2号	*C. sinensis* var. *assamica*	勐海县格朗和哈尼族乡南糯山村捌玛	1 589	14.5	4.4×4.1	1.2	小乔木型，树姿半开张。芽叶黄绿色、茸毛多。叶片长宽 15.1cm×4.9cm，叶长椭圆形，叶色绿，叶脉9对。萼片5片、无茸毛。花冠直径4.4cm×3.9cm，花瓣6枚，子房有茸毛，花柱先端3裂。果实三角形

（续）

种质编号	种质名称	物种名称	分布地点	海拔（m）	树高（m）	树幅（m×m）	基部干围（m）	主要形态
MH073	石头寨大茶树	*C. sinensis* var. *assamica*	勐海县格朗和哈尼族乡南糯山村石头寨	1 563	8.9	8.2×6.6	1.3	小乔木型，树姿半开张。芽叶黄绿色、茸毛多。叶片长宽 14.7cm×4.6cm，叶长椭圆形，叶色绿，叶脉 11 对。萼片 5 片、无茸毛。花冠直径 4.0cm×4.5cm，花瓣 6 枚，子房有茸毛，花柱先端 3 裂。果实三角形
MH074	曼丹大茶树1号	*C. sinensis* var. *assamica*	勐海县格朗和哈尼族乡帕宫村曼丹	1 690	5.5	4.8×4.5	1.0	小乔木型，树姿半开张。芽叶黄绿色、茸毛多。叶片长宽 14.6cm×5.2cm，叶长椭圆形，叶色绿，叶脉 10 对。萼片 5 片、无茸毛。花冠直径 3.7cm×3.7cm，花瓣 6 枚，子房有茸毛，花柱先端 3 裂。果实三角形
MH075	曼丹大茶树2号	*C. sinensis* var. *assamica*	勐海县格朗和哈尼族乡帕宫村曼丹	1 695	3.5	2.8×2.5	0.9	小乔木型，树姿半开张。芽叶紫绿色、茸毛少。叶片长宽 11.6cm×4.0cm，叶长椭圆形，叶色深绿，叶脉 10 对。萼片 5 片、无茸毛。花冠直径 3.7cm×3.7cm，花瓣 6 枚，子房有茸毛，花柱先端 3 裂。果实三角形
MH076	曼丹大茶树3号	*C. sinensis* var. *assamica*	勐海县格朗和哈尼族乡帕宫村曼丹	1 694	3.5	2.5×2.5	1.0	小乔木型，树姿半开张。芽叶紫绿色、茸毛少。叶片长宽 12.2cm×4.4cm，叶长椭圆形，叶色深绿，叶脉 9 对。萼片 5 片、无茸毛。花冠直径 3.3cm×3.4cm，花瓣 5 枚，子房有茸毛，花柱先端 3 裂。果实三角形
MH077	南莫大茶树1号	*C. sinensis* var. *assamica*	勐海县格朗和哈尼族乡帕宫村南莫	1 588	5.0	4.6×4.4	1.1	小乔木型，树姿半开张。芽叶紫绿色、茸毛少。叶片长宽 13.3cm×4.2cm，叶长椭圆形，叶色深绿，叶脉 12 对。萼片 5 片、无茸毛。花冠直径 3.0cm×3.4cm，花瓣 6 枚，子房有茸毛，花柱先端 3 裂。果实三角形
MH078	南莫大茶树2号	*C. sinensis* var. *assamica*	勐海县格朗和哈尼族乡帕宫村南莫	1 743	4.0	4.0×3.4	0.8	小乔木型，树姿半开张。芽叶紫绿色、茸毛少。叶片长宽 13.0cm×4.0cm，叶长椭圆形，叶色深绿，叶脉 8 对。萼片 5 片、无茸毛。花冠直径 3.8cm×4.4cm，花瓣 6 枚，子房有茸毛，花柱先端 3 裂。果实三角形
MH079	帕沙大茶树1号	*C. sinensis* var. *assamica*	勐海县格朗和哈尼族乡帕沙村	1 802	7.7	7.2×6.8	1.3	小乔木型，树姿半开张。芽叶绿色、茸毛中。叶片长宽 12.0cm×4.3cm，叶长椭圆形，叶色绿，叶脉 12 对。萼片 5 片、无茸毛。花冠直径 4.1cm×3.6cm，花瓣 6 枚，子房有茸毛，花柱先端 3 裂。果实球形、三角形

（续）

种质编号	种质名称	物种名称	分布地点	海拔（m）	树高（m）	树幅（m×m）	基部干围（m）	主要形态
MH080	帕沙大茶树2号	*C. sinensis* var. *assamica*	勐海县格朗和哈尼族乡帕沙村	1 814	4.1	5.7×5.4	1.0	小乔木型，树姿半开张。芽叶绿色、茸毛中。叶片长宽13.0cm×4.7cm，叶长椭圆形，叶色深绿，叶脉10对。萼片5片、无茸毛。花冠直径4.1cm×4.0cm，花瓣6枚，子房有茸毛，花柱先端3裂。果实球形、三角形
MH081	帕沙大茶树3号	*C. sinensis* var. *assamica*	勐海县格朗和哈尼族乡帕沙村	1 830	4.0	5.2×4.8	1.2	小乔木型，树姿半开张。芽叶绿色、茸毛中。叶片长宽12.6cm×4.5cm，叶长椭圆形，叶色绿，叶脉10对。萼片5片、无茸毛。花冠直径3.7cm×3.6cm，花瓣6枚，子房有茸毛，花柱先端3裂。果实球形、三角形
MH082	帕沙大茶树4号	*C. sinensis* var. *assamica*	勐海县格朗和哈尼族乡帕沙村	1 830	8.4	5.3×4.8	1.5	乔木型，树姿直立。芽叶绿色、茸毛中。叶片长宽12.7cm×4.3cm，叶长椭圆形，叶色绿，叶脉10对。萼片5片、无茸毛。花冠直径3.3cm×3.6cm，花瓣6枚，子房有茸毛，花柱先端3裂。果实球形、三角形
MH083	帕沙大茶树5号	*C. sinensis* var. *assamica*	勐海县格朗和哈尼族乡帕沙村	1 795	9.9	6.3×5.7	1.5	小乔木型，树姿半开张。芽叶绿色、茸毛中。叶片长宽11.9cm×4.0cm，叶长椭圆形，叶色绿，叶脉10对。萼片5片、无茸毛。花冠直径3.9cm×3.8cm，花瓣6枚，子房有茸毛，花柱先端3裂。果实球形、三角形
MH084	帕沙大茶树6号	*C. sinensis* var. *assamica*	勐海县格朗和哈尼族乡帕沙村	1 882	4.7	5.3×4.8	1.3	小乔木型，树姿半开张。芽叶绿色、茸毛中。叶片长宽14.3cm×5.1cm，叶长椭圆形，叶色绿，叶脉9对。萼片5片、无茸毛。花冠直径4.5cm×4.2cm，花瓣6枚，子房有茸毛，花柱先端3裂。果实球形、三角形
MH085	帕沙大茶树7号	*C. sinensis* var. *assamica*	勐海县格朗和哈尼族乡帕沙村	1 888	4.9	5.2×5.8	1.3	小乔木型，树姿半开张。芽叶黄绿色、茸毛中。叶片长宽13.0cm×4.3cm，叶长椭圆形，叶色绿，叶脉8对。萼片5片、无茸毛。花冠直径4.2cm×3.5cm，花瓣6枚，子房有茸毛，花柱先端3裂。果实球形、三角形
MH086	帕沙大茶树8号	*C. sinensis* var. *assamica*	勐海县格朗和哈尼族乡帕沙村	1 873	5.2	4.5×4.3	1.2	小乔木型，树姿半开张。芽叶绿色、茸毛中。叶片长宽13.5cm×5.2cm，叶长椭圆形，叶色绿，叶脉12对。萼片5片、无茸毛。花冠直径4.5cm×4.2cm，花瓣7枚，子房有茸毛，花柱先端3裂。果实球形、三角形

（续）

种质编号	种质名称	物种名称	分布地点	海拔（m）	树高（m）	树幅（m×m）	基部干围（m）	主要形态
MH087	帕沙大茶树9号	*C. sinensis* var. *assamica*	勐海县格朗和哈尼族乡帕沙村	1 885	5.2	5.3×5.1	1.4	小乔木型，树姿半开张。芽叶绿色、茸毛中。叶片长宽12.8cm×5.3cm，叶长椭圆形，叶色深绿，叶脉12对。萼片5片、无茸毛。花冠直径3.7cm×3.6cm，花瓣5枚，子房有茸毛，花柱先端3裂。果实球形、三角形
MH088	帕沙大茶树10号	*C. sinensis* var. *assamica*	勐海县格朗和哈尼族乡帕沙村	1 693	7.0	4.0×3.5	1.6	小乔木型，树姿半开张。芽叶绿色、茸毛中。叶片长宽15.0cm×4.2cm，叶长椭圆形，叶色绿，叶脉8对。萼片5片、无茸毛。花冠直径4.3cm×3.8cm，花瓣6枚，子房有茸毛，花柱先端3裂。果实球形、三角形
MH089	帕沙大茶树11号	*C. sinensis* var. *assamica*	勐海县格朗和哈尼族乡帕沙村	1 709	4.5	5.0×3.8	1.5	小乔木型，树姿半开张。芽叶绿色、茸毛中。叶片长宽13.3cm×5.3cm，叶长椭圆形，叶色绿，叶脉8对。萼片5片、无茸毛。花冠直径5.3cm×3.8cm，花瓣6枚，子房有茸毛，花柱先端3裂。果实球形、三角形
MH090	帕沙大茶树12号	*C. sinensis* var. *assamica*	勐海县格朗和哈尼族乡帕沙村	1 751	10.0	7.0×5.0	1.5	小乔木型，树姿半开张。芽叶绿色、茸毛中。叶片长宽14.6cm×5.5cm，叶长椭圆形，叶色绿，叶脉10对。萼片5片、无茸毛。花冠直径4.8cm×4.6cm，花瓣6枚，子房有茸毛，花柱先端3裂。果实球形、三角形
MH091	帕沙大茶树13号	*C. sinensis* var. *assamica*	勐海县格朗和哈尼族乡帕沙村	1 752	9.0	8.8×7.8	2.3	小乔木型，树姿半开张。芽叶绿色、茸毛中。叶片长宽13.4cm×5.1cm，叶长椭圆形，叶色绿，叶脉10对。萼片5片、无茸毛。花冠直径4.1cm×3.6cm，花瓣6枚，子房有茸毛，花柱先端3裂。果实球形、三角形
MH092	帕沙大茶树14号	*C. sinensis* var. *assamica*	勐海县格朗和哈尼族乡帕沙村	1 743	5.8	5.6×6.8	1.4	小乔木型，树姿半开张。芽叶绿色、茸毛中。叶片长宽16.0cm×5.3cm，叶长椭圆形，叶色绿，叶脉10对。萼片5片、无茸毛。花冠直径3.2cm×3.9cm，花瓣6枚，子房有茸毛，花柱先端3裂。果实球形、三角形
MH093	雷达山大茶树1号	*C. taliensis*	勐海县格朗和哈尼族乡帕真村雷达山	2 087	19.6	10.2×10.1	2.7	乔木型，树姿直立。芽叶绿色、无茸毛。叶片长宽13.7cm×5.1cm，叶长椭圆形，叶色绿，叶脉9对。萼片5片、无茸毛。花冠直径8.1cm×7.8cm，花瓣11枚，子房有茸毛，花柱先端5裂。果实四方形、梅花形

（续）

种质编号	种质名称	物种名称	分布地点	海拔（m）	树高（m）	树幅（m×m）	基部干围（m）	主要形态
MH094	雷达山大茶树2号	*C. taliensis*	勐海县格朗和哈尼族乡帕真村雷达山	2 087	22.0	5.5×4.0	1.8	乔木型，树姿直立。芽叶黄绿色、无茸毛。叶片长宽14.0cm×4.8cm，叶长椭圆形，叶色绿，叶脉10对。萼片5片、无茸毛。花冠直径7.5cm×6.8cm，花瓣9枚，子房有茸毛，花柱先端5裂。果实梅花形、四方形
MH095	雷达山大茶树3号	*C. taliensis*	勐海县格朗和哈尼族乡帕真村雷达山	2 077	8.7	3.3×3.2	1.4	乔木型，树姿直立。芽叶黄绿色、无茸毛。叶片长宽13.6cm×4.7cm，叶长椭圆形，叶色绿，叶脉10对。萼片5片、无茸毛。花冠直径8.0cm×6.9cm，花瓣9枚，子房有茸毛，花柱先端5裂。果实球形
MH096	雷达山大茶树4号	*C. taliensis*	勐海县格朗和哈尼族乡帕真村雷达山	2 116	21.0	4.0×3.8	1.4	乔木型，树姿直立。芽叶黄绿色、无茸毛。叶片长宽13.3cm×4.6cm，叶长椭圆形，叶色绿，叶脉9对。萼片5片、无茸毛。花冠直径6.6cm×7.4cm，花瓣10枚，子房有茸毛，花柱先端5裂。果实扁球形
MH097	雷达山大茶树5号	*C. taliensis*	勐海县格朗和哈尼族乡帕真村雷达山	2 116	8.4	4.8×3.6	2.1	乔木型，树姿直立。芽叶黄绿色、无茸毛。叶片长宽13.0cm×4.4cm，叶长椭圆形，叶色绿，叶脉8对。萼片5片、无茸毛。花冠直径7.8cm×6.9cm，花瓣9枚，子房有茸毛，花柱先端5裂。果实四方形
MH098	雷达山大茶树6号	*C. taliensis*	勐海县格朗和哈尼族乡帕真村雷达山	2 104	14.8	3.5×3.6	2.4	乔木型，树姿直立。芽叶黄绿色、无茸毛。叶片长宽12.7cm×4.6cm，叶长椭圆形，叶色绿，叶脉8对。萼片5片、无茸毛。花冠直径6.9cm×6.5cm，花瓣10枚，子房有茸毛，花柱先端5裂。果实梅花形、四方形
MH099	雷达山大茶树7号	*C. taliensis*	勐海县格朗和哈尼族乡帕真村雷达山	2 105	14.0	3.5×4.3	2.9	乔木型，树姿直立。芽叶黄绿色、无茸毛。叶片长宽14.7cm×4.8cm，叶长椭圆形，叶色绿，叶脉9对。萼片5片、无茸毛。花冠直径6.8cm×7.2cm，花瓣8枚，子房有茸毛，花柱先端5裂。果实梅花形、四方形
MH100	雷达山大茶树8号	*C. taliensis*	勐海县格朗和哈尼族乡帕真村雷达山	2 105	23.0	3.5×4.0	1.2	乔木型，树姿直立。芽叶黄绿色、无茸毛。叶片长宽14.8cm×4.4cm，叶长椭圆形，叶色绿，叶脉9对。萼片5片、无茸毛。花冠直径6.7cm×7.4cm，花瓣11枚，子房有茸毛，花柱先端4～5裂。果实梅花形、四方形

（续）

种质编号	种质名称	物种名称	分布地点	海拔（m）	树高（m）	树幅（m×m）	基部干围（m）	主要形态
MH101	雷达山大茶树9号	*C. taliensis*	勐海县格朗和哈尼族乡帕真村雷达山	2 110	13.0	3.3×4.6	1.0	乔木型，树姿直立。芽叶绿色、无茸毛。叶片长宽14.1cm×4.7cm，叶长椭圆形，叶色绿，叶脉9对。萼片5片、无茸毛。花冠直径6.6cm×7.6cm，花瓣10枚，子房有茸毛，花柱先端4～5裂。果实梅花形、四方形
MH102	雷达山大茶树10号	*C. taliensis*	勐海县格朗和哈尼族乡帕真村雷达山	2 115	6.0	3.5×4.0	1.0	乔木型，树姿半开张。芽叶绿色、无茸毛。叶片长宽13.3cm×4.4cm，叶长椭圆形，叶色深绿，叶脉9对，叶身内折，叶面平，叶缘平，叶尖渐尖，叶基楔形
MH103	雷达山大茶树11号	*C. taliensis*	勐海县格朗和哈尼族乡帕真村雷达山	2 117	5.0	3.0×4.0	0.8	小乔木型，树姿半开张。芽叶绿色、无茸毛。叶片长宽14.4cm×4.5cm，叶长椭圆形，叶色深绿，叶脉8对，叶身内折，叶面平，叶缘平，叶尖渐尖，叶基楔形
MH104	帕真大茶树1号	*C. sinensis* var. *assamica*	勐海县格朗和哈尼族乡帕真村	1 391	5.9	5.8×4.3	1.4	小乔木型，树姿半开张。芽叶绿色、茸毛中。叶片长宽13.8cm×4.7cm，叶长椭圆形，叶色绿，叶脉9对。萼片5片、无茸毛。花冠直径3.4cm×3.0cm，花瓣6枚，子房有茸毛，花柱先端3裂。果实球形、三角形
MH105	帕真大茶树2号	*C. sinensis* var. *assamica*	勐海县格朗和哈尼族乡帕真村	1 491	6.5	5.0×4.0	1.9	小乔木型，树姿半开张。芽叶绿色、茸毛中。叶片长宽13.0cm×4.5cm，叶长椭圆形，叶色绿，叶脉9对。萼片5片、无茸毛。花冠直径3.6cm×3.6cm，花瓣6枚，子房有茸毛，花柱先端3裂。果实球形、三角形
MH106	帕真大茶树3号	*C. sinensis* var. *assamica*	勐海县格朗和哈尼族乡帕真村	1 423	5.0	5.0×4.3	1.5	小乔木型，树姿半开张。芽叶绿色、茸毛中。叶片长宽15.2cm×4.4cm，叶长椭圆形，叶色绿，叶脉10对。萼片5片、无茸毛。花冠直径3.7cm×3.5cm，花瓣7枚，子房有茸毛，花柱先端3裂。果实球形、三角形
MH107	帕真大茶树4号	*C. sinensis* var. *assamica*	勐海县格朗和哈尼族乡帕真村	1 357	4.0	3.8×3.3	1.7	小乔木型，树姿半开张。芽叶绿色、茸毛中。叶片长宽14.0cm×4.5cm，叶长椭圆形，叶色绿，叶脉11对。萼片5片、无茸毛。花冠直径3.8cm×4.0cm，花瓣5枚，子房有茸毛，花柱先端3裂。果实球形、三角形

（续）

种质编号	种质名称	物种名称	分布地点	海拔（m）	树高（m）	树幅（m×m）	基部干围（m）	主要形态
MH108	帕真大茶树5号	*C. sinensis* var. *assamica*	勐海县格朗和哈尼族乡帕真村	1 378	4.0	3.0×2.3	1.4	小乔木型，树姿半开张。芽叶绿色、茸毛中。叶片长宽14.5cm×4.7cm，叶长椭圆形，叶色绿，叶脉11对。萼片5片、无茸毛。花冠直径3.5cm×3.5cm，花瓣5枚，子房有茸毛，花柱先端3裂。果实球形、三角形
MH109	苏湖大茶树	*C. sinensis* var. *assamica*	勐海县格朗和哈尼族乡苏湖村	1 594	6.1	8.9×8.6	1.4	小乔木型，树姿半开张。芽叶紫绿色、茸毛中。叶片长宽12.4cm×4.7cm，叶长椭圆形，叶色绿，叶脉9对。萼片5片、无茸毛。花冠直径4.0cm×3.8cm，花瓣6枚，子房有茸毛，花柱先端3裂。果实三角形
MH110	金竹寨大茶树1号	*C. sinensis* var. *assamica*	勐海县格朗和哈尼族乡苏湖村金竹寨	1 655	6.4	7.4×6.5	1.3	小乔木型，树姿半开张。芽叶黄绿色、茸毛中。叶片长宽11.8cm×5.1cm，叶长椭圆形，叶色绿，叶脉8对。萼片5片、无茸毛。花冠直径4.7cm×3.6cm，花瓣6枚，子房有茸毛，花柱先端3裂。果实三角形
MH111	金竹寨大茶树2号	*C. sinensis* var. *assamica*	勐海县格朗和哈尼族乡苏湖村金竹寨	1 800	4.7	6.8×5.8	2.9	小乔木型，树姿半开张。芽叶绿色、茸毛中。叶片长宽12.4cm×4.5cm，叶长椭圆形，叶色绿，叶脉8对。萼片5片、无茸毛。花冠直径4.7cm×4.2cm，花瓣6枚，子房有茸毛，花柱先端3裂。果实三角形
MH112	金竹寨大茶树3号	*C. sinensis* var. *assamica*	勐海县格朗和哈尼族乡苏湖村金竹寨	1 795	5.2	6.2×6.5	1.1	小乔木型，树姿半开张。芽叶黄绿色、茸毛中。叶片长宽15.8cm×5.3cm，叶长椭圆形，叶色绿，叶脉11对。萼片5片、无茸毛。花冠直径3.8cm×3.4cm，花瓣6枚，子房有茸毛，花柱先端3裂。果实三角形
MH113	纳依大茶树	*C. sinensis* var. *assamica*	勐海县勐阿镇嘎赛村纳依	1 084	7.7	5.5×4.7	1.1	小乔木型，树姿开张。芽叶绿色、茸毛多。叶片长宽15.0cm×6.0cm，叶长椭圆形，叶色绿，叶脉11对。萼片5片、无茸毛。花冠直径4.5cm×3.8cm，花瓣6枚，子房有茸毛，花柱先端3裂。果实三角形
MH114	城子大茶树	*C. sinensis* var. *assamica*	勐海县勐阿镇嘎赛村城子	1 137	3.9	4.6×4.5	1.3	乔木型，树姿直立。芽叶绿色、茸毛中。叶片长宽16.5cm×7.2cm，叶长椭圆形，叶色绿，叶脉12对。萼片5片、无茸毛。花冠直径4.0cm×3.8cm，花瓣6枚，子房无茸毛，花柱先端3裂。果实三角形
MH115	贺建大茶树	*C. sinensis* var. *assamica*	勐海县勐阿镇贺建村	1 482	8.9	6.4×5.8	1.6	小乔木型，树姿开张。芽叶黄绿色、茸毛多。叶片长宽10.4cm×4.3cm，叶长椭圆形，叶色绿，叶脉8对。萼片5片、无茸毛。花冠直径4.4cm×3.5cm，花瓣6枚，子房有茸毛，花柱先端3裂。果实三角形

（续）

种质编号	种质名称	物种名称	分布地点	海拔（m）	树高（m）	树幅（m×m）	基部干围（m）	主要形态
MH116	曼打贺大茶树	*C. sinensis* var. *assamica*	勐海县勐海镇曼稿村曼打贺	1 173	10.9	7.5×6.3	1.6	小乔木型，树姿开张。芽叶黄绿色、茸毛多。叶片长宽 18.6cm×7.2cm，叶长椭圆形，叶色绿，叶脉11对。萼片5片、无茸毛。花冠直径4.1cm×3.9cm，花瓣6枚，子房有茸毛，花柱先端3裂。果实三角形
MH117	勐翁大茶树	*C. sinensis* var. *assamica*	勐海县勐海镇勐翁村	1 248	6.2	5.3×4.1	1.0	小乔木型，树姿开张。芽叶黄绿色、茸毛多。叶片长宽 13.7cm×4.5cm，叶长椭圆形，叶色绿，叶脉10对。萼片5片、无茸毛。花冠直径4.3cm×3.7cm，花瓣6枚，子房有茸毛，花柱先端3裂。果实三角形
MH118	曼弄大茶树1号	*C. sinensis* var. *assamica*	勐海县勐混镇贺开村曼弄	1 759	4.9	7.7×7.4	2.4	小乔木型，树姿开张。芽叶黄绿色、茸毛多。叶片长宽 12.0cm×5.7cm，叶长椭圆形，叶色绿，叶脉8对。萼片5片、无茸毛。花冠直径3.8cm×3.7cm，花瓣6枚，子房有茸毛，花柱先端3裂。果实三角形
MH119	曼弄大茶树2号	*C. sinensis* var. *assamica*	勐海县勐混镇贺开村曼弄	1 759	6.6	6.9×6.4	1.5	小乔木型，树姿开张。芽叶黄绿色、茸毛多。叶片长宽 13.7cm×5.1cm，叶长椭圆形，叶色绿，叶脉11对。萼片5片、无茸毛。花冠直径3.4cm×3.4cm，花瓣6枚，子房有茸毛，花柱先端3裂。果实三角形
MH120	曼弄大茶树3号	*C. sinensis* var. *assamica*	勐海县勐混镇贺开村曼弄	1 783	6.1	7.6×6.4	1.2	小乔木型，树姿开张。芽叶黄绿色、茸毛中。叶片长宽 13.3cm×4.3cm，叶长椭圆形，叶色深绿，叶脉12对。萼片5片、无茸毛。花冠直径3.3cm×2.8cm，花瓣7枚，子房有茸毛，花柱先端3裂。果实三角形
MH121	曼弄大茶树4号	*C. sinensis* var. *assamica*	勐海县勐混镇贺开村曼弄	1 783	5.0	5.2×4.7	1.2	小乔木型，树姿半开张。芽叶黄绿色、茸毛中。叶片长宽 10.8cm×4.5cm，叶长椭圆形，叶色深绿，叶脉9对。萼片5片、无茸毛。花冠直径3.7cm×3.0cm，花瓣7枚，子房有茸毛，花柱先端3裂。果实球形、三角形
MH122	曼弄大茶树5号	*C. sinensis* var. *assamica*	勐海县勐混镇贺开村曼弄	1 780	5.6	5.7×5.2	1.3	小乔木型，树姿半开张。芽叶黄绿色、茸毛中。叶片长宽 13.9cm×4.7cm，叶长椭圆形，叶色深绿，叶脉13对。萼片5片、无茸毛。花冠直径3.4cm×4.0cm，花瓣7枚，子房有茸毛，花柱先端3裂。果实球形、三角形

（续）

种质编号	种质名称	物种名称	分布地点	海拔（m）	树高（m）	树幅（m×m）	基部干围（m）	主要形态
MH123	曼弄大茶树6号	*C. sinensis* var. *assamica*	勐海县勐混镇贺开村曼弄	1 780	6.0	5.7×7.5	1.3	小乔木型，树姿半开张。芽叶黄绿色、茸毛中。叶片长宽 12.6cm×4.6cm，叶长椭圆形，叶色深绿，叶脉 9 对。萼片 5 片、无茸毛。花冠直径 3.0cm×3.5cm，花瓣 6 枚，子房有茸毛，花柱先端 3 裂。果实球形、三角形
MH124	曼弄大茶树7号	*C. sinensis* var. *assamica*	勐海县勐混镇贺开村曼弄	1 768	5.6	6.2×5.9	1.3	小乔木型，树姿半开张。芽叶绿色、茸毛中。叶片长宽 13.2cm×4.6cm，叶长椭圆形，叶色绿，叶脉 11 对。萼片 5 片、无茸毛。花冠直径 3.7cm×3.4cm，花瓣 5 枚，子房有茸毛，花柱先端 3 裂。果实球形、三角形
MH125	曼弄大茶树8号	*C. sinensis* var. *assamica*	勐海县勐混镇贺开村曼弄	1 768	7.0	7.0×7.0	2.2	小乔木型，树姿半开张。芽叶黄绿色、茸毛中。叶片长宽 12.9cm×4.8cm，叶长椭圆形，叶色深绿，叶脉 11 对。萼片 5 片、无茸毛。花冠直径 4.2cm×3.4cm，花瓣 7 枚，子房有茸毛，花柱先端 3 裂。果实三角形
MH126	曼弄大茶树9号	*C. sinensis* var. *assamica*	勐海县勐混镇贺开村曼弄	1 711	5.6	6.8×6.5	1.1	小乔木型，树姿半开张。芽叶黄绿色、茸毛中。叶片长宽 12.3cm×4.4cm，叶长椭圆形，叶色绿，叶脉 8 对。萼片 5 片、无茸毛。花冠直径 4.0cm×3.4cm，花瓣 6 枚，子房有茸毛，花柱先端 3 裂。果实三角形
MH127	曼弄大茶树10号	*C. sinensis* var. *assamica*	勐海县勐混镇贺开村曼弄	1 763	5.2	3.0×3.0	1.0	小乔木型，树姿半开张。芽叶黄绿色、茸毛中。叶片长宽 14.4cm×5.1cm，叶长椭圆形，叶色深绿，叶脉 9 对。萼片 5 片、无茸毛。花冠直径 4.0cm×3.3cm，花瓣 6 枚，子房有茸毛，花柱先端 3 裂。果实三角形
MH128	曼弄大茶树11号	*C. sinensis* var. *assamica*	勐海县勐混镇贺开村曼弄	1 756	4.6	5.0×4.8	1.5	小乔木型，树姿半开张。芽叶绿色、茸毛中。叶片长宽 12.4cm×4.6cm，叶长椭圆形，叶色绿，叶脉 10 对。萼片 5 片、无茸毛。花冠直径 4.0cm×4.4cm，花瓣 7 枚，子房有茸毛，花柱先端 3 裂。果实三角形
MH129	曼弄大茶树12号	*C. sinensis* var. *assamica*	勐海县勐混镇贺开村曼弄	1 756	5.5	4.0×4.0	1.4	小乔木型，树姿半开张。芽叶黄绿色、茸毛中。叶片长宽 13.2cm×4.6cm，叶长椭圆形，叶色深绿，叶脉 9 对。萼片 5 片、无茸毛。花冠直径 4.0cm×4.4cm，花瓣 6 枚，子房有茸毛，花柱先端 3 裂。果实三角形

（续）

种质编号	种质名称	物种名称	分布地点	海拔（m）	树高（m）	树幅（m×m）	基部干围（m）	主要形态
MH130	曼弄大茶树13号	*C. sinensis* var. *assamica*	勐海县勐混镇贺开村曼弄	1 756	4.8	4.4×4.2	1.3	小乔木型，树姿半开张。芽叶黄绿色、茸毛中。叶片长宽15.2cm×4.4cm，叶长椭圆形，叶色深绿，叶脉10对。萼片5片、无茸毛。花冠直径4.0cm×3.5cm，花瓣6枚，子房有茸毛，花柱先端3裂。果实三角形
MH131	曼弄大茶树14号	*C. sinensis* var. *assamica*	勐海县勐混镇贺开村曼弄	1 757	5.0	5.0×4.3	1.3	小乔木型，树姿半开张。芽叶黄绿色、茸毛中。叶片长宽14.2cm×5.3cm，叶长椭圆形，叶色绿，叶脉10对。萼片5片、无茸毛。花冠直径4.2cm×3.5cm，花瓣6枚，子房有茸毛，花柱先端3裂。果实三角形
MH132	曼弄大茶树15号	*C. sinensis* var. *assamica*	勐海县勐混镇贺开村曼弄	1 757	5.0	6.0×5.3	1.3	小乔木型，树姿半开张。芽叶黄绿色、茸毛中。叶片长宽13.9cm×5.0cm，叶长椭圆形，叶色绿，叶脉9对。萼片5片、无茸毛。花冠直径4.0cm×3.7cm，花瓣5枚，子房有茸毛，花柱先端3裂。果实三角形
MH133	曼迈大茶树1号	*C. sinensis* var. *assamica*	勐海县勐混镇贺开村曼迈	1 755	4.3	4.6×4.4	1.3	小乔木型，树姿半开张。芽叶浅绿色、茸毛多。叶片长宽11.5cm×4.7cm，叶长椭圆形，叶色绿，叶脉8对。萼片5片、无茸毛。花冠直径4.3cm×3.1cm，花瓣6枚，子房有茸毛，花柱先端3裂。果实三角形
MH134	曼迈大茶树2号	*C. sinensis* var. *assamica*	勐海县勐混镇贺开村曼迈	1 732	5.1	4.8×4.0	1.5	小乔木型，树姿开张。芽叶浅绿色、茸毛多。叶片长宽12.5cm×4.5cm，叶长椭圆形，叶色绿，叶脉11对。萼片5片、无茸毛。花冠直径4.1cm×3.6cm，花瓣6枚，子房有茸毛，花柱先端3裂。果实三角形
MH135	曼迈大茶树3号	*C. sinensis* var. *assamica*	勐海县勐混镇贺开村曼迈	1 732	5.5	6.2×5.6	1.4	小乔木型，树姿半开张。芽叶浅绿色、茸毛多。叶片长宽12.4cm×5.1cm，叶长椭圆形，叶色绿，叶脉10对。萼片5片、无茸毛。花冠直径4.1cm×3.6cm，花瓣6枚，子房有茸毛，花柱先端3裂。果实三角形
MH136	曼迈大茶树4号	*C. sinensis* var. *assamica*	勐海县勐混镇贺开村曼迈	1 732	5.0	4.6×4.2	1.0	小乔木型，树姿半开张。芽叶黄绿色、茸毛多。叶片长宽12.0cm×4.3cm，叶长椭圆形，叶色绿，叶脉9对。萼片5片、无茸毛。花冠直径4.2cm×3.5cm，花瓣7枚，子房有茸毛，花柱先端3裂。果实三角形

（续）

种质编号	种质名称	物种名称	分布地点	海拔（m）	树高（m）	树幅（m×m）	基部干围（m）	主要形态
MH137	曼迈大茶树5号	*C. sinensis* var. *assamica*	勐海县勐混镇贺开村曼迈	1 660	6.3	7.1×6.8	1.8	小乔木型，树姿半开张。芽叶浅绿色、茸毛多。叶片长宽11.5cm×4.7cm，叶长椭圆形，叶色绿，叶脉10对。萼片5片、无茸毛。花冠直径4.0cm×3.7cm，花瓣6枚，子房有茸毛，花柱先端3裂。果实三角形
MH138	邦盆大茶树1号	*C. sinensis* var. *assamica*	勐海县勐混镇贺开村邦盆	1 790	4.3	7.3×6.8	1.6	小乔木型，树姿半开张。芽叶黄绿色、茸毛多。叶片长宽11.5cm×4.7cm，叶长椭圆形，叶色浅绿，叶脉9对。萼片5片、无茸毛。花冠直径3.5cm×3.0cm，花瓣6枚，子房有茸毛，花柱先端3裂。果实三角形
MH139	广别大茶树1号	*C. sinensis* var. *assamica*	勐海县勐混镇贺开村广别	1 688	6.7	5.6×4.9	1.4	小乔木型，树姿半开张。芽叶绿色、茸毛多。叶片长宽14.2cm×6.0cm，叶长椭圆形，叶色绿，叶脉10对。萼片5片、无茸毛。花冠直径4.3cm×3.1cm，花瓣7枚，子房有茸毛，花柱先端3裂。果实三角形
MH140	广别大茶树2号	*C. sinensis* var. *assamica*	勐海县勐混镇贺开村广别	1 790	8.9	5.6×5.0	1.6	小乔木型，树姿半开张。芽叶绿色、茸毛多。叶片长宽15.6cm×6.3cm，叶长椭圆形，叶色绿，叶脉13对。萼片5片、无茸毛。花冠直径3.1cm×2.4cm，花瓣6枚，子房有茸毛，花柱先端3裂。果实三角形
MH141	南罕大茶树1号	*C. sinensis* var. *assamica*	勐海县勐满镇纳包村南罕	1 322	7.7	7.2×6.8	1.2	小乔木型，树姿开张。芽叶淡绿色、茸毛多。叶片长宽14.2cm×5.9cm，叶长椭圆形，叶色绿，叶脉8对。萼片5片、无茸毛。花冠直径4.0cm×4.4cm，花瓣6枚，子房有茸毛，花柱先端3裂。果实球形、三角形
MH142	南罕大茶树2号	*C. sinensis* var. *assamica*	勐海县勐满镇纳包村南罕	1 278	4.9	5.6×5.2	1.2	小乔木型，树姿开张。芽叶淡绿色、茸毛多。叶片长宽11.8cm×4.5cm，叶长椭圆形，叶色绿，叶脉10对。萼片5片、无茸毛。花冠直径4.4cm×4.4cm，花瓣6枚，子房有茸毛，花柱先端3裂。果实球形、三角形
MH143	帕迫大茶树	*C. sinensis* var. *assamica*	勐海县勐满镇帕迫村	1 401	5.6	6.8×5.8	1.3	小乔木型，树姿开张。芽叶黄绿色、茸毛多。叶片长宽11.6cm×4.8cm，叶长椭圆形，叶色黄绿，叶脉9对。萼片5片、无茸毛。花冠直径4.1cm×3.7cm，花瓣6枚，子房有茸毛，花柱先端3裂。果实球形、三角形

（续）

种质编号	种质名称	物种名称	分布地点	海拔（m）	树高（m）	树幅（m×m）	基部干围（m）	主要形态
MH144	关双大茶树1号	*C. sinensis* var. *assamica*	勐海县勐满镇关双村	1 381	6.7	4.5×4.8	1.0	小乔木型，树姿开张。芽叶淡绿色、茸毛多。叶片长宽 14.6cm×6.9cm，叶长椭圆形，叶色绿，叶脉10对。萼片5片、无茸毛。花冠直径4.3cm×4.0cm，花瓣7枚，子房有茸毛，花柱先端3裂。果实球形、三角形
MH145	关双大茶树2号	*C. sinensis* var. *assamica*	勐海县勐满镇关双村	1 401	4.0	4.5×4.0	1.1	小乔木型，树姿开张。芽叶淡绿色、茸毛多。叶片长宽 13.1cm×4.6cm，叶长椭圆形，叶色绿，叶脉9对。萼片5片、无茸毛。花冠直径4.0cm×4.0cm，花瓣7枚，子房有茸毛，花柱先端3裂。果实球形、三角形
MH146	坝檬大茶树1号	*C. taliensis*	勐海县勐宋乡蚌龙村坝檬	2 031	5.6	5.4×3.5	1.4	小乔木型，树姿半开张。芽叶绿色、无茸毛。叶片长宽 13.3cm×5.8cm，叶长椭圆形，叶色绿，叶脉7对。萼片5片、无茸毛。花冠直径8.2cm×7.3cm，花瓣10枚，子房有茸毛，花柱先端5裂。果实球形
MH147	坝檬大茶树2号	*C. taliensis*	勐海县勐宋乡蚌龙村坝檬	2 027	7.4	5.0×3.8	1.7	乔木型，树姿直立。芽叶绿色、无茸毛。叶片长宽15.4cm×4.8cm，叶长椭圆形，叶色绿，叶脉10对。萼片5片、无茸毛。花冠直径7.0cm×7.4cm，花瓣12枚，子房有茸毛，花柱先端5裂。果实球形、四方形
MH148	坝檬大茶树3号	*C. taliensis*	勐海县勐宋乡蚌龙村坝檬	2 042	6.2	4.0×3.5	1.3	小乔木型，树姿直立。芽叶绿色、无茸毛。叶片长宽 14.7cm×4.9cm，叶长椭圆形，叶色绿，叶脉10对。萼片5片、无茸毛。花冠直径7.5cm×7.8cm，花瓣10枚，子房有茸毛，花柱先端4～5裂。果实球形、四方形
MH149	坝檬大茶树4号	*C. taliensis*	勐海县勐宋乡蚌龙村坝檬	2 035	6.0	4.4×3.0	1.2	小乔木型，树姿半开张。芽叶绿色、无茸毛。叶片长宽 14.2cm×4.0cm，叶长椭圆形，叶色绿，叶脉8对。萼片5片、无茸毛。花冠直径6.5cm×7.7cm，花瓣11枚，子房有茸毛，花柱先端4～5裂。果实球形、四方形
MH150	坝檬大茶树5号	*C. taliensis*	勐海县勐宋乡蚌龙村坝檬	2 030	6.5	4.5×3.7	1.0	小乔木型，树姿半开张。芽叶绿色、无茸毛。叶片长宽 13.9cm×4.7cm，叶长椭圆形，叶色绿，叶脉9对。萼片5片、无茸毛。花冠直径7.0cm×7.2cm，花瓣11枚，子房有茸毛，花柱先端4～5裂。果实球形、四方形

（续）

种质编号	种质名称	物种名称	分布地点	海拔（m）	树高（m）	树幅（m×m）	基部干围（m）	主要形态
MH151	坝檬大茶树6号	*C. taliensis*	勐海县勐宋乡蚌龙村坝檬	2 030	6.0	4.0×3.0	1.2	小乔木型，树姿半开张。芽叶绿色、无茸毛。叶片长宽 13.2cm×4.4cm，叶长椭圆形，叶色绿，叶脉8对。萼片5片、无茸毛。花冠直径7.5cm×6.7cm，花瓣11枚，子房有茸毛，花柱先端4～5裂。果实扁球形、四方形
MH152	坝檬大茶树7号	*C. taliensis*	勐海县勐宋乡蚌龙村坝檬	2 037	6.5	6.5×3.0	1.0	小乔木型，树姿半开张。芽叶绿色、无茸毛。叶片长宽 15.9cm×4.5cm，叶长椭圆形，叶色绿，叶脉10对。萼片5片、无茸毛。花冠直径6.0cm×6.2cm，花瓣10枚，子房有茸毛，花柱先端4～5裂。果实梅花形、四方形
MH153	坝檬大茶树8号	*C. sinensis* var. *assamica*	勐海县勐宋乡蚌龙村坝檬	2 117	5.9	3.8×3.5	1.0	小乔木型，树姿半开张。芽叶黄绿色、茸毛多。叶片长宽 13.7cm×4.4cm，叶长椭圆形，叶色绿，叶脉13对。萼片5片、无茸毛。花冠直径3.0cm×3.4cm，花瓣6枚，子房有茸毛，花柱先端3裂。果实三角形
MH154	坝檬大茶树9号	*C. sinensis* var. *assamica*	勐海县勐宋乡蚌龙村坝檬	2 117	7.7	5.4×4.5	1.5	小乔木型，树姿半开张。芽叶黄绿色、茸毛多。叶片长宽 12.8cm×4.7cm，叶长椭圆形，叶色绿，叶脉12对。萼片5片、无茸毛。花冠直径3.7cm×3.5cm，花瓣7枚，子房有茸毛，花柱先端3裂。果实三角形
MH155	蚌龙大茶树1号	*C. taliensis*	勐海县勐宋乡蚌龙村滑竹梁子	2 335	6.7	1.5×1.4	1.5	乔木型，树姿直立。芽叶绿色、无茸毛。叶片长宽14.6cm×5.4cm，叶长椭圆形，叶色深绿，叶脉10对。萼片5片、无茸毛。花冠直径6.2cm×6.2cm，花瓣10枚，子房有茸毛，花柱先端5裂、裂位浅。果实四方形
MH156	蚌龙大茶树2号	*C. taliensis*	勐海县勐宋乡蚌龙村滑竹梁子	2 314	8.9	1.7×1.3	1.9	乔木型，树姿直立。芽叶绿色、无茸毛。叶片长宽15.2cm×4.8cm，叶长椭圆形，叶色深绿，叶脉8对。萼片5片、无茸毛。花冠直径7.8cm×6.3cm，花瓣11枚，子房有茸毛，花柱先端5裂、裂位浅。果实四方形
MH157	蚌龙大茶树3号	*C. taliensis*	勐海县勐宋乡蚌龙村滑竹梁子	2 363	11.3	3.6×2.4	2.5	乔木型，树姿直立。芽叶绿色、无茸毛。叶片长宽13.6cm×4.4cm，叶长椭圆形，叶色绿，叶脉11对。萼片5片、无茸毛。花冠直径8.0cm×7.3cm，花瓣9枚，子房有茸毛，花柱先端5裂、裂位浅

（续）

种质编号	种质名称	物种名称	分布地点	海拔（m）	树高（m）	树幅（m×m）	基部干围（m）	主要形态
MH158	蚌龙大茶树4号	*C. taliensis*	勐海县勐宋乡蚌龙村滑竹梁子	2 391	10.5	5.8×4.6	2.1	乔木型，树姿直立。芽叶绿色、无茸毛。叶片长宽13.4cm×4.8cm，叶长椭圆形，叶色绿，叶脉9对。萼片5片、无茸毛。花冠直径7.7cm×6.3cm，花瓣8枚，子房有茸毛，花柱先端5裂、裂位浅
MH159	蚌龙大茶树5号	*C. taliensis*	勐海县勐宋乡蚌龙村滑竹梁子	2 257	4.3	4.4×3.8	1.6	乔木型，树姿直立。芽叶绿色、无茸毛。叶片长宽14.8cm×4.0cm，叶长椭圆形，叶色深绿，叶脉9对。萼片5片、无茸毛。花冠直径6.7cm×6.4cm，花瓣9枚，子房有茸毛，花柱先端5裂、裂位浅
MH160	蚌龙大茶树6号	*C. taliensis*	勐海县勐宋乡蚌龙村滑竹梁子	2 264	4.6	3.2×2.6	1.5	乔木型，树姿直立。芽叶绿色、无茸毛。叶片长宽15.0cm×4.4cm，叶长椭圆形，叶色深绿，叶脉10对。萼片5片、无茸毛。花冠直径8.0cm×7.4cm，花瓣9枚，子房有茸毛，花柱先端4裂
MH161	蚌龙大茶树7号	*C. taliensis*	勐海县勐宋乡蚌龙村滑竹梁子	2 234	4.3	1.7×1.5	1.7	小乔木型，树姿直立。芽叶绿色、无茸毛。叶片长宽15.2cm×5.0cm，叶长椭圆形，叶色绿，叶脉8对。萼片5片、无茸毛。花冠直径7.2cm×5.8cm，花瓣10枚，子房有茸毛，花柱先端5裂
MH162	蚌龙大茶树8号	*C. taliensis*	勐海县勐宋乡蚌龙村滑竹梁子	2 218	5.2	4.3×1.3	1.8	小乔木型，树姿直立。芽叶绿色、无茸毛。叶片长宽13.3cm×4.2cm，叶长椭圆形，叶色绿，叶脉8对。萼片5片、无茸毛。花冠直径6.4cm×5.7cm，花瓣9枚，子房有茸毛，花柱先端5裂。果实梅花形
MH163	蚌龙大茶树9号	*C. taliensis*	勐海县勐宋乡蚌龙村滑竹梁子	2 218	4.9	4.1×3.2	1.7	小乔木型，树姿半开张。芽叶绿色、无茸毛。叶片长宽15.2cm×5.4cm，叶长椭圆形，叶色绿，叶脉10对。萼片5片、无茸毛。花冠直径5.6cm×4.7cm，花瓣10枚，子房有茸毛，花柱先端5裂。果实四方形
MH164	蚌龙大茶树10号	*C. taliensis*	勐海县勐宋乡蚌龙村滑竹梁子	2 149	8.1	5.8×4.7	1.6	小乔木型，树姿半开张。芽叶绿色、无茸毛。叶片长宽12.6cm×5.5cm，叶长椭圆形，叶色绿，叶脉9对。萼片5片、无茸毛。花冠直径7.0cm×6.4cm，花瓣9枚，子房有茸毛，花柱先端5裂。果实扁球形、梅花形

（续）

种质编号	种质名称	物种名称	分布地点	海拔（m）	树高（m）	树幅（m×m）	基部干围（m）	主要形态
MH165	蚌龙大茶树11号	*C. taliensis*	勐海县勐宋乡蚌龙村滑竹梁子	2 218	6.5	4.4×3.7	1.2	小乔木型，树姿半开张。芽叶绿色、无茸毛。叶片长宽 13.2cm×5.4cm，叶长椭圆形，叶色绿，叶脉10对。萼片5片、无茸毛。花冠直径7.6cm×6.7cm，花瓣10枚，子房有茸毛，花柱先端5裂。果实梅花形
MH166	蚌龙大茶树12号	*C. taliensis*	勐海县勐宋乡蚌龙村滑竹梁子	2 214	5.1	3.8×3.2	1.2	小乔木型，树姿半开张。芽叶绿色、无茸毛。叶片长宽 12.7cm×5.0cm，叶长椭圆形，叶色绿，叶脉9对。萼片5片、无茸毛。花冠直径7.4cm×8.4cm，花瓣9枚，子房有茸毛，花柱先端5裂。果实扁球形、梅花形
MH167	蚌龙大茶树13号	*C. taliensis*	勐海县勐宋乡蚌龙村滑竹梁子	2 212	5.5	4.0×3.7	1.2	小乔木型，树姿半开张。芽叶绿色、无茸毛。叶片长宽 16.2cm×4.4cm，叶长椭圆形，叶色绿，叶脉10对。萼片5片、无茸毛。花冠直径7.3cm×6.8cm，花瓣10枚，子房有茸毛，花柱先端5裂。果实球形
MH168	蚌龙大茶树14号	*C. taliensis*	勐海县勐宋乡蚌龙村滑竹梁子	2 216	9.0	3.8×4.5	1.8	小乔木型，树姿半开张。芽叶绿色、无茸毛。叶片长宽 16.4cm×5.0cm，叶长椭圆形，叶色绿，叶脉9对。萼片5片、无茸毛。花冠直径6.4cm×7.4cm，花瓣9枚，子房有茸毛，花柱先端5裂。果实四方形、梅花形
MH169	蚌龙大茶树15号	*C. sinensis* var. *assamica*	勐海县勐宋乡蚌龙村滑竹梁子	1 961	4.8	3.6×3.2	1.5	小乔木型，树姿半开张。芽叶黄绿色、茸毛多。叶片长宽 13.3cm×4.6cm，叶长椭圆形，叶色绿，叶脉10对。萼片5片、无茸毛。花冠直径3.6cm×3.2cm，花瓣7枚，子房有茸毛，花柱先端3裂。果实三角形
MH170	保塘大茶树1号	*C. sinensis* var. *assamica*	勐海县勐宋乡蚌龙村保塘	1 827	7.4	5.9×4.3	1.6	小乔木型，树姿半开张。芽叶黄绿色、茸毛多。叶片长宽 14.7cm×4.4cm，叶长椭圆形，叶色绿，叶脉10对。萼片5片、无茸毛。花冠直径4.0cm×4.0cm，花瓣5枚，子房有茸毛，花柱先端3裂。果实三角形
MH171	保塘大茶树2号	*C. sinensis* var. *assamica*	勐海县勐宋乡蚌龙村保塘	1 904	8.5	5.2×4.9	1.5	小乔木型，树姿半开张。芽叶黄绿色、茸毛中。叶片长宽 15.2cm×4.7cm，叶长椭圆形，叶色绿，叶脉12对。萼片5片、无茸毛。花冠直径4.1cm×4.5cm，花瓣6枚，子房有茸毛，花柱先端3裂。果实三角形

（续）

种质编号	种质名称	物种名称	分布地点	海拔（m）	树高（m）	树幅（m×m）	基部干围（m）	主要形态
MH172	保塘大茶树3号	*C. sinensis* var. *assamica*	勐海县勐宋乡蚌龙村保塘	1 910	6.2	4.5×4.3	1.7	小乔木型，树姿半开张。芽叶黄绿色、茸毛多。叶片长宽13.7cm×5.1cm，叶长椭圆形，叶色绿，叶脉13对。萼片5片、无茸毛。花冠直径4.1cm×3.8cm，花瓣7枚，子房有茸毛，花柱先端3裂。果实三角形
MH173	保塘大茶树4号	*C. sinensis* var. *assamica*	勐海县勐宋乡蚌龙村保塘	1 910	8.9	7.9×6.3	2.1	小乔木型，树姿半开张。芽叶黄绿色、茸毛多。叶片长宽13.5cm×4.8cm，叶长椭圆形，叶色绿，叶脉9对。萼片5片、无茸毛。花冠直径3.6cm×3.2cm，花瓣5枚，子房有茸毛，花柱先端3裂。果实三角形
MH174	保塘大茶树5号	*C. sinensis* var. *assamica*	勐海县勐宋乡蚌龙村保塘	1 961	4.0	5.0×3.5	1.9	小乔木型，树姿半开张。芽叶黄绿色、茸毛多。叶片长宽13.3cm×4.4cm，叶长椭圆形，叶色绿，叶脉11对。萼片5片、无茸毛。花冠直径3.7cm×2.6cm，花瓣6枚，子房有茸毛，花柱先端3裂。果实三角形
MH175	保塘大茶树6号	*C. sinensis* var. *assamica*	勐海县勐宋乡蚌龙村保塘	1 944	5.6	6.4×5.9	1.8	小乔木型，树姿半开张。芽叶黄绿色、茸毛多。叶片长宽12.6cm×4.8cm，叶长椭圆形，叶色绿，叶脉9对。萼片5片、无茸毛。花冠直径3.7cm×3.7cm，花瓣6枚，子房有茸毛，花柱先端3裂。果实三角形
MH176	保塘大茶树7号	*C. sinensis* var. *assamica*	勐海县勐宋乡蚌龙村保塘	1 944	5.8	5.4×4.5	1.5	小乔木型，树姿半开张。芽叶绿色、茸毛多。叶片长宽15.4cm×5.8cm，叶长椭圆形，叶色绿，叶脉10对。萼片5片、无茸毛。花冠直径3.8cm×4.2cm，花瓣5枚，子房有茸毛，花柱先端3裂。果实三角形
MH177	保塘大茶树8号	*C. sinensis* var. *assamica*	勐海县勐宋乡蚌龙村保塘	1 944	5.0	5.6×4.3	1.3	小乔木型，树姿半开张。芽叶黄绿色、茸毛多。叶片长宽12.4cm×4.3cm，叶长椭圆形，叶色绿，叶脉8对。萼片5片、无茸毛。花冠直径3.8cm×4.5cm，花瓣7枚，子房有茸毛，花柱先端3裂。果实三角形
MH178	保塘大茶树9号	*C. sinensis* var. *assamica*	勐海县勐宋乡蚌龙村保塘	1 928	4.8	5.7×5.1	1.6	小乔木型，树姿半开张。芽叶黄绿色、茸毛多。叶片长宽13.0cm×4.5cm，叶长椭圆形，叶色绿，叶脉11对。萼片5片、无茸毛。花冠直径4.1cm×3.4cm，花瓣6枚，子房有茸毛，花柱先端3裂。果实三角形

（续）

种质编号	种质名称	物种名称	分布地点	海拔（m）	树高（m）	树幅（m×m）	基部干围（m）	主要形态
MH179	保塘大茶树10号	*C. sinensis* var. *assamica*	勐海县勐宋乡蚌龙村保塘	1 900	6.3	5.0×3.2	1.2	小乔木型，树姿半开张。芽叶黄绿色、茸毛多。叶片长宽 14.8cm×5.5cm，叶长椭圆形，叶色浅绿，叶脉 11 对。萼片 5 片、无茸毛。花冠直径 4.5cm×3.7cm，花瓣 6 枚，子房有茸毛，花柱先端 3 裂。果实三角形
MH180	曼西良大茶树1号	*C. sinensis* var. *assamica*	勐海县勐宋乡大安村曼西良	1 816	6.5	7.5×6.8	1.2	小乔木型，树姿开张。芽叶紫绿色、茸毛中。叶片长宽 12.7cm×4.7cm，叶长椭圆形，叶色深绿，叶脉 11 对。萼片 5 片、无茸毛。花冠直径 4.4cm×3.9cm，花瓣 5 枚，子房有茸毛，花柱先端 3 裂。果实球形、三角形
MH181	曼西良大茶树2号	*C. sinensis* var. *assamica*	勐海县勐宋乡大安村曼西良	1 818	5.7	8.2×7.5	1.3	小乔木型，树姿开张。芽叶绿色、茸毛中。叶片长宽 12.5cm×5.1cm，叶长椭圆形，叶色深绿，叶脉 10 对。萼片 5 片、无茸毛。花冠直径 4.0cm×3.4cm，花瓣 6 枚，子房有茸毛，花柱先端 3 裂。果实球形、三角形
MH182	曼西良大茶树3号	*C. sinensis* var. *assamica*	勐海县勐宋乡大安村曼西良	1 813	6.9	4.9×4.3	1.2	小乔木型，树姿开张。芽叶黄绿色、茸毛中。叶片长宽 13.2cm×5.3cm，叶长椭圆形，叶色绿，叶脉 10 对。萼片 5 片、无茸毛。花冠直径 3.7cm×4.4cm，花瓣 6 枚，子房有茸毛，花柱先端 3 裂。果实球形、三角形
MH183	纳卡大茶树1号	*C. sinensis* var. *assamica*	勐海县勐宋乡曼吕村纳卡	1 789	9.7	6.3×5.5	1.1	小乔木型，树姿开张。芽叶黄绿色、茸毛多。叶片长宽 13.3cm×4.8cm，叶长椭圆形，叶色绿，叶脉 8 对。萼片 5 片、无茸毛。花冠直径 4.0cm×3.5cm，花瓣 6 枚，子房有茸毛，花柱先端 3 裂。果实三角形
MH184	纳卡大茶树2号	*C. sinensis* var. *assamica*	勐海县勐宋乡曼吕村纳卡	1 756	3.4	3.8×2.8	1.0	小乔木型，树姿开张。芽叶黄绿色、茸毛多。叶片长宽 12.8cm×4.7cm，叶长椭圆形，叶色绿，叶脉 8 对。萼片 5 片、无茸毛。花冠直径 3.0cm×3.4cm，花瓣 6 枚，子房有茸毛，花柱先端 3 裂。果实三角形
MH185	南本大茶树1号	*C. sinensis* var. *assamica*	勐海县勐宋乡三迈村南本	1 789	4.5	4.0×3.9	1.1	小乔木型，树姿开张。芽叶黄绿色、茸毛多。叶片长宽 13.3cm×4.5cm，叶长椭圆形，叶色浅绿，叶脉 12 对。萼片 5 片、无茸毛。花冠直径 3.5cm×3.2cm，花瓣 6 枚，子房有茸毛，花柱先端 3 裂。果实三角形

（续）

种质编号	种质名称	物种名称	分布地点	海拔（m）	树高（m）	树幅（m×m）	基部干围（m）	主要形态
MH186	南本大茶树2号	*C. sinensis* var. *assamica*	勐海县勐宋乡三迈村南本	1 790	5.9	5.6×4.3	1.2	小乔木型，树姿开张。芽叶黄绿色、茸毛多。叶片长宽 14.3cm×4.7cm，叶长椭圆形，叶色绿，叶脉9对。萼片5片、无茸毛。花冠直径3.5cm×3.7cm，花瓣6枚，子房有茸毛，花柱先端3裂。果实三角形
MH187	南本大茶树3号	*C. sinensis* var. *assamica*	勐海县勐宋乡三迈村南本	1 948	14.0	8.0×8.5	1.2	乔木型，树姿直立。芽叶黄绿色、茸毛中。叶片长宽11.6cm×4.9cm，叶长椭圆形，叶色浅绿，叶脉10对。萼片5片、无茸毛。花冠直径3.7cm×4.3cm，花瓣6枚，子房有茸毛，花柱先端3裂。果实三角形
MH188	南本大茶树4号	*C. sinensis* var. *assamica*	勐海县勐宋乡三迈村南本	1 705	3.9	3.9×3.4	1.1	小乔木型，树姿直立。芽叶黄绿色、茸毛多。叶片长宽 12.8cm×4.5cm，叶长椭圆形，叶色绿，叶脉12对。萼片5片、无茸毛。花冠直径3.5cm×3.3cm，花瓣6枚，子房有茸毛，花柱先端3裂。果实球形、三角形
MH189	南本大茶树5号	*C. sinensis* var. *assamica*	勐海县勐宋乡三迈村南本	1 805	7.8	5.8×5.1	1.3	小乔木型，树姿开张。芽叶黄绿色、茸毛多。叶片长宽 13.0cm×4.6cm，叶长椭圆形，叶色绿，叶脉10对。萼片5片、无茸毛。花冠直径3.7cm×3.6cm，花瓣6枚，子房有茸毛，花柱先端3裂。果实三角形
MH190	南本大茶树6号	*C. sinensis* var. *assamica*	勐海县勐宋乡三迈村南本	1 842	4.2	6.6×4.9	1.4	小乔木型，树姿开张。芽叶黄绿色、茸毛多。叶片长宽 13.5cm×4.3cm，叶长椭圆形，叶色绿，叶脉11对。萼片5片、无茸毛。花冠直径3.5cm×3.9cm，花瓣6枚，子房有茸毛，花柱先端3裂。果实三角形
MH191	南本大茶树7号	*C. sinensis* var. *assamica*	勐海县勐宋乡三迈村南本	1 841	4.8	5.3×4.8	1.4	小乔木型，树姿开张。芽叶黄绿色、茸毛多。叶片长宽 11.8cm×4.9cm，叶长椭圆形，叶色绿，叶脉10对。萼片5片、无茸毛。花冠直径3.8cm×3.3cm，花瓣6枚，子房有茸毛，花柱先端3裂。果实三角形
MH192	曼糯大茶树1号	*C. sinensis* var. *assamica*	勐海县勐往乡勐往村曼糯	1 199	6.8	6.5×6.3	1.3	小乔木型，树姿开张。芽叶黄绿色、茸毛多。叶片长宽 15.5cm×6.4cm，叶长椭圆形，叶色深绿，叶脉12对。萼片5片、无茸毛。花冠直径3.8cm×3.1cm，花瓣7枚，子房有茸毛，花柱先端3裂。果实三角形

（续）

种质编号	种质名称	物种名称	分布地点	海拔（m）	树高（m）	树幅（m×m）	基部干围（m）	主要形态
MH193	曼糯大茶树2号	*C. sinensis* var. *assamica*	勐海县勐往乡勐往村曼糯	1 193	5.9	6.5×6.1	0.9	小乔木型，树姿开张。芽叶黄绿色、茸毛多。叶片长宽 10.2cm×4.4cm，叶披针形，叶色深绿，叶脉7对。萼片5片、无茸毛。花冠直径3.6cm×3.4cm，花瓣6枚，子房有茸毛，花柱先端3裂。果实三角形
MH194	曼糯大茶树3号	*C. sinensis* var. *assamica*	勐海县勐往乡勐往村曼糯	1 193	6.9	6.5×6.5	1.0	小乔木型，树姿开张。芽叶黄绿色、茸毛多。叶片长宽 12.7cm×4.6cm，叶长椭圆形，叶色绿，叶脉9对。萼片5片、无茸毛。花冠直径3.8cm×3.6cm，花瓣6枚，子房有茸毛，花柱先端3裂。果实三角形
MH195	曼糯大茶树4号	*C. sinensis* var. *assamica*	勐海县勐往乡勐往村曼糯	1 191	5.9	7.3×7.1	1.2	小乔木型，树姿开张。芽叶黄绿色、茸毛多。叶片长宽 13.0cm×5.4cm，叶长椭圆形，叶色深绿，叶脉12对。萼片5片、无茸毛。花冠直径36. cm×3.4cm，花瓣6枚，子房有茸毛，花柱先端3裂。果实三角形
MH196	曼糯大茶树5号	*C. sinensis* var. *assamica*	勐海县勐往乡勐往村曼糯	1 198	5.6	7.5×6.1	1.8	小乔木型，树姿开张。芽叶黄绿色、茸毛多。叶片长宽 11.2cm×5.4cm，叶长椭圆形，叶色深绿，叶脉8对。萼片5片、无茸毛。花冠直径4.1cm×3.4cm，花瓣6枚，子房有茸毛，花柱先端3裂。果实三角形
MH197	曼冷大茶树	*C. sinensis* var. *assamica*	勐海县勐遮镇曼弄村曼冷	1 453	7.0	5.9×4.0	1.4	小乔木型，树姿半开张。芽叶绿色、茸毛多。叶片长宽 14.8cm×5.1cm，叶长椭圆形，叶色绿，叶脉10对。萼片5片、无茸毛。花冠直径3.5cm×3.7cm，花瓣6枚，子房有茸毛，花柱先端3裂。果实球形、三角形
MH198	南列大茶树1号	*C. sinensis* var. *assamica*	勐海县勐遮镇南楞村南列	1 508	6.0	5.5×4.7	1.5	小乔木型，树姿半开张。芽叶黄绿色、茸毛中。叶片长宽 13.6cm×5.0cm，叶长椭圆形，叶色深绿，叶脉9对。萼片5片、无茸毛。花冠直径3.9cm×3.4cm，花瓣6枚，子房有茸毛，花柱先端3裂。果实球形、三角形
MH199	南列大茶树2号	*C. sinensis* var. *assamica*	勐海县勐遮镇南楞村南列	1 440	6.6	4.5×4.7	1.6	小乔木型，树姿半开张。芽叶黄绿色、茸毛中。叶片长宽 15.0cm×4.7cm，叶长椭圆形，叶色深绿，叶脉12对。萼片5片、无茸毛。花冠直径3.3cm×3.7cm，花瓣7枚，子房有茸毛，花柱先端3裂。果实球形、三角形

（续）

种质编号	种质名称	物种名称	分布地点	海拔（m）	树高（m）	树幅（m×m）	基部干围（m）	主要形态
MH200	南列大茶树3号	*C. sinensis* var. *assamica*	勐海县勐遮镇南楞村南列	1 409	6.8	5.7×4.5	1.4	小乔木型，树姿半开张。芽叶黄绿色、茸毛中。叶片长宽13.6cm×4.7cm，叶长椭圆形，叶色深绿，叶脉9对。萼片5片、无茸毛。花冠直径3.3cm×3.4cm，花瓣6枚，子房有茸毛，花柱先端3裂。果实球形、三角形
MH201	曼迈大茶树	*C. sinensis* var. *assamica*	勐海县西定哈尼族布朗族乡曼迈兑村	1 520	4.0	2.5×2.9	1.6	小乔木型，树姿直立。芽叶绿色、茸毛多。叶片长宽13.3cm×4.4cm，叶长椭圆形，叶色绿，叶脉11对。萼片5片、无茸毛。花冠直径4.2cm×3.0cm，花瓣5枚，子房有茸毛，花柱先端3裂。果实球形、三角形
MH202	巴达大茶树1号	*C. taliensis*	勐海县西定哈尼族布朗族乡曼佤村巴达大黑山	1 910	32.1	10.0×10.0	3.3	乔木型，树姿直立。芽叶紫绿色、无茸毛。叶片长宽16.4cm×6.1cm，叶长椭圆形，叶色绿，叶脉8对。萼片5片、无茸毛。花冠直径8.0cm×7.6cm，花瓣9枚，子房有茸毛，花柱先端5裂。果实扁球形、四方形
MH203	巴达大茶树2号	*C. taliensis*	勐海县西定哈尼族布朗族乡曼佤村巴达大黑山	1 967	5.6	3.6×3.2	1.4	乔木型，树姿直立。芽叶紫绿色、无茸毛。叶片长宽15.6cm×5.4cm，叶长椭圆形，叶色绿，叶脉12对。萼片5片、无茸毛。花冠直径6.0cm×7.2cm，花瓣10枚，子房有茸毛，花柱先端4～5裂。果实梅花形
MH204	巴达大茶树3号	*C. taliensis*	勐海县西定哈尼族布朗族乡曼佤村巴达大黑山	2 017	13.2	5.0×3.5	2.2	乔木型，树姿直立。芽叶紫绿色、无茸毛。叶片长宽12.6cm×5.6cm，叶椭圆形，叶色绿，叶脉10对。萼片5片、无茸毛。花冠直径6.8cm×7.3cm，花瓣12枚，子房有茸毛，花柱先端5裂。果实梅花形
MH205	巴达大茶树4号	*C. taliensis*	勐海县西定哈尼族布朗族乡曼佤村巴达大黑山	1 963	6.2	5.0×3.5	1.7	乔木型，树姿直立。芽叶绿色、无茸毛。叶片长宽14.3cm×6.1cm，叶椭圆形，叶色绿，叶脉9对。萼片5片、无茸毛。花冠直径5.5cm×6.3cm，花瓣11枚，子房有茸毛，花柱先端5裂。果实四方形、梅花形
MH206	巴达大茶树5号	*C. taliensis*	勐海县西定哈尼族布朗族乡曼佤村巴达大黑山	1 870	18.5	2.5×3.0	1.3	乔木型，树姿直立。芽叶绿色、无茸毛。叶片长宽16.2cm×6.7cm，叶长椭圆形，叶色绿，叶脉9对。萼片5片、无茸毛。花冠直径7.5cm×6.4cm，花瓣9枚，子房有茸毛，花柱先端5裂。果实扁球形

（续）

种质编号	种质名称	物种名称	分布地点	海拔（m）	树高（m）	树幅（m×m）	基部干围（m）	主要形态
MH207	巴达大茶树6号	*C. taliensis*	勐海县西定哈尼族布朗族乡曼佤村巴达大黑山	1 878	9.1	3.5×3.7	1.3	乔木型，树姿直立。芽叶绿色、无茸毛。叶片长宽15.3cm×4.7cm，叶长椭圆形，叶色绿，叶脉9对。萼片5片、无茸毛。花冠直径7.0cm×6.0cm，花瓣8枚，子房有茸毛，花柱先端5裂。果实扁球形
MH208	巴达大茶树7号	*C. taliensis*	勐海县西定哈尼族布朗族乡曼佤村巴达大黑山	1 965	5.0	3.5×4.2	1.6	乔木型，树姿直立。芽叶紫绿色、无茸毛。叶片长宽14.1cm×5.3cm，叶长椭圆形，叶色绿，叶脉10对。萼片5片、无茸毛。花冠直径8.0cm×8.2cm，花瓣11枚，子房有茸毛，花柱先端5裂。果实四方形
MH209	巴达大茶树8号	*C. taliensis*	勐海县西定哈尼族布朗族乡曼佤村巴达大黑山	2 010	7.2	4.8×5.5	1.4	小乔木型，树姿直立。芽叶绿色、无茸毛。叶片长宽16.8cm×5.4cm，叶长椭圆形，叶色绿，叶脉11对。萼片5片、无茸毛。花冠直径7.8cm×7.3cm，花瓣12枚，子房有茸毛，花柱先端5裂。果实扁球形
MH210	巴达大茶树9号	*C. taliensis*	勐海县西定哈尼族布朗族乡曼佤村巴达大黑山	1 963	6.5	4.0×3.7	1.5	小乔木型，树姿直立。芽叶紫绿色、无茸毛。叶片长宽14.3cm×6.1cm，叶长椭圆形，叶色绿，叶脉8对。萼片5片、无茸毛。花冠直径7.5cm×7.3cm，花瓣11枚，子房有茸毛，花柱先端5裂。果实梅花形
MH211	巴达大茶树10号	*C. taliensis*	勐海县西定哈尼族布朗族乡曼佤村巴达大黑山	1 870	4.5	2.5×3.0	1.0	乔木型，树姿直立。芽叶紫绿色、无茸毛。叶片长宽13.2cm×6.0cm，叶长椭圆形，叶色绿，叶脉11对。萼片5片、无茸毛。花冠直径7.8cm×8.4cm，花瓣13枚，子房有茸毛，花柱先端5裂
MH212	巴达大茶树11号	*C. taliensis*	勐海县西定哈尼族布朗族乡曼佤村巴达大黑山	1 875	3.1	2.5×2.7	1.0	乔木型，树姿直立。芽叶绿色、无茸毛。叶片长宽14.9cm×4.8cm，叶长椭圆形，叶色绿，叶脉11对。萼片5片、无茸毛。花冠直径8.0cm×8.0cm，花瓣12枚，子房有茸毛，花柱先端5裂
MH213	巴达大茶树12号	*C. taliensis*	勐海县西定哈尼族布朗族乡曼佤村巴达大黑山	1 960	7.0	4.0×3.0	1.2	小乔木型，树姿直立。芽叶紫绿色、无茸毛。叶片长宽12.6cm×6.0cm，叶椭圆形，叶色绿，叶脉10对。萼片5片、无茸毛。花冠直径7.4cm×7.2cm，花瓣11枚，子房有茸毛，花柱先端5裂

（续）

种质编号	种质名称	物种名称	分布地点	海拔（m）	树高（m）	树幅（m×m）	基部干围（m）	主要形态
MH214	巴达大茶树13号	*C. taliensis*	勐海县西定哈尼族布朗族乡曼佤村巴达大黑山	1 872	3.0	2.1×3.5	0.7	小乔木型，树姿半开张。芽叶紫绿色、无茸毛。叶片长宽 11.8cm×5.6cm，叶长椭圆形，叶色绿，叶脉11对。萼片5片、无茸毛。花冠直径7.5cm×7.4cm，花瓣10枚，子房有茸毛，花柱先端5裂
MH215	巴达大茶树14号	*C. taliensis*	勐海县西定哈尼族布朗族乡曼佤村巴达大黑山	1 875	3.1	2.5×2.7	1.0	乔木型，树姿直立。芽叶绿色、无茸毛。叶片长宽12.9cm×5.8cm，叶长椭圆形，叶色绿，叶脉10对。萼片5片、无茸毛。花冠直径7.0cm×7.6cm，花瓣12枚，子房有茸毛，花柱先端5裂
MH216	巴达大茶树15号	*C. taliensis*	勐海县西定哈尼族布朗族乡曼佤村巴达大黑山	1 873	6.0	4.5×5.0	1.3	乔木型，树姿直立。芽叶绿色、无茸毛。叶片长宽14.7cm×5.2cm，叶长椭圆形，叶色绿，叶脉11对。萼片5片、无茸毛。花冠直径6.5cm×6.6cm，花瓣10枚，子房有茸毛，花柱先端5裂
MH217	巴达大茶树16号	*C. taliensis*	勐海县西定哈尼族布朗族乡曼佤村巴达大黑山	1 873	4.0	2.0×2.0	0.8	小木型，树姿半开张。芽叶紫绿色、无茸毛。叶片长宽 11.7cm×4.8cm，叶长椭圆形，叶色绿，叶脉9对。萼片5片、无茸毛。花冠直径7.0cm×7.0cm，花瓣11枚，子房有茸毛，花柱先端5裂
MH218	巴达大茶树17号	*C. taliensis*	勐海县西定哈尼族布朗族乡曼佤村巴达大黑山	1 875	3.1	2.5×2.7	1.0	乔木型，树姿直立。芽叶绿色、无茸毛。叶片长宽12.9cm×5.8cm，叶长椭圆形，叶色绿，叶脉10对。萼片5片、无茸毛。花冠直径7.0cm×7.6cm，花瓣12枚，子房有茸毛，花柱先端5裂。果实球形
MH219	巴达大茶树18号	*C. taliensis*	勐海县西定哈尼族布朗族乡曼佤村巴达大黑山	1 875	7.0	5.5×5.7	1.4	乔木型，树姿直立。芽叶绿色、无茸毛。叶片长宽15.8cm×5.5cm，叶长椭圆形，叶色绿，叶脉10对。萼片5片、无茸毛。花冠直径6.5cm×6.6cm，花瓣10枚，子房有茸毛，花柱先端5裂
MH220	西定大茶树	*C. sinensis* var. *assamica*	勐海县西定哈尼族布朗族乡西定村	1 561	9.5	7.0×6.0	1.2	小乔木型，树姿直立。芽叶绿色、茸毛多。叶片长宽 13.2cm×5.4cm，叶长椭圆形，叶色绿，叶脉10对。萼片5片、无茸毛。花冠直径3.3cm×3.7cm，花瓣6枚，子房有茸毛，花柱先端3裂。果实球形、三角形

（续）

种质编号	种质名称	物种名称	分布地点	海拔（m）	树高（m）	树幅（m×m）	基部干围（m）	主要形态
MH221	章朗大茶树1号	*C. sinensis* var. *assamica*	勐海县西定哈尼族布朗族乡章朗村	1 716	8.4	4.5×3.9	1.2	小乔木型，树姿直立。芽叶绿色、茸毛多。叶片长宽 16.6cm×5.3cm，叶长椭圆形，叶色绿，叶脉 13 对。萼片 5 片、无茸毛。花冠直径 4.4cm×4.8cm，花瓣 6 枚，子房有茸毛，花柱先端 3 裂。果实球形、三角形
MH222	章朗大茶树2号	*C. sinensis* var. *assamica*	勐海县西定哈尼族布朗族乡章朗村	1 777	5.7	6.5×5.2	1.6	小乔木型，树姿直立。芽叶绿色、茸毛多。叶片长宽 14.2cm×5.0cm，叶长椭圆形，叶色绿，叶脉 12 对。萼片 5 片、无茸毛。花冠直径 4.3cm×3.7cm，花瓣 6 枚，子房有茸毛，花柱先端 3 裂。果实球形、三角形
ML001	安乐大茶树	*C. sinensis* var. *assamica*	勐腊县象明彝族乡安乐村	1 381	16.0	4.8×3.2	1.0	小乔木型，树姿半开张。芽叶绿色、茸毛中。叶片长宽 11.5cm×4.6cm，叶椭圆形，叶色绿，叶脉 8 对。萼片 5 片、无茸毛。花冠直径 3.0cm×3.4cm，花瓣 6 枚，子房有茸毛，花柱先端 3 裂。果实三角形
ML002	曼拱大茶树	*C. sinensis* var. *assamica*	勐腊县象明彝族乡倚邦村曼拱	1 029	5.6	4.2×3.7	2.0	小乔木型，树姿直立。芽叶绿色、茸毛中。叶片长宽 9.6cm×4.2cm，叶椭圆形，叶色绿，叶脉 7 对。萼片 5 片、无茸毛。花冠直径 3.4cm×4.0cm，花瓣 6 枚，子房有茸毛，花柱先端 3 裂。果实三角形
ML003	曼林大茶树	*C. sinensis* var. *assamica*	勐腊县象明彝族乡曼林村	1 029	5.6	4.2×3.7	2.0	小乔木型，树姿直立。芽叶绿色、茸毛中。叶片长宽 9.2cm×4.1cm，叶椭圆形，叶色绿，叶脉 7 对。萼片 5 片、无茸毛。花冠直径 3.1cm×3.0cm，花瓣 6 枚，子房有茸毛，花柱先端 3 裂。果实三角形
ML004	曼林小叶茶	*C. sinensis*	勐腊县象明彝族乡曼林村	1 238	3.7	3.3×3.2	2.0	小乔木型，树姿开张。芽叶绿色、茸毛少。叶片长宽 8.2cm×3.5cm，叶椭圆形，叶色绿，叶脉 7 对。萼片 5 片、无茸毛。花冠直径 3.1cm×2.9cm，花瓣 6 枚，子房有茸毛，花柱先端 3 裂。果实三角形
ML005	曼庄大茶树	*C. sinensis* var. *assamica*	勐腊县象明彝族乡曼庄村	1 029	5.6	4.2×3.7	2.0	小乔木型，树姿半开张。芽叶绿色、茸毛中。叶片长宽 9.2cm×4.1cm，叶椭圆形，叶色绿，叶脉 7 对。萼片 5 片、无茸毛。花冠直径 3.4cm×4.0cm，花瓣 6 枚，子房有茸毛，花柱先端 3 裂。果实三角形

（续）

种质编号	种质名称	物种名称	分布地点	海拔（m）	树高（m）	树幅（m×m）	基部干围（m）	主要形态
ML006	曼松贡茶1号	*C. sinensis*	勐腊县象明彝族乡曼庄村曼松	1 305	2.9	2.9×2.5	0.6	小乔木型，树姿开张。芽叶绿色、茸毛中。叶片长宽 11.5cm×4.5cm，叶椭圆形，叶色绿，叶脉 8 对。萼片 5 片、无茸毛。花冠直径 3.0cm×3.0cm，花瓣 6 枚，子房有茸毛，花柱先端 3 裂。果实三角形
ML007	曼松贡茶2号	*C. sinensis*	勐腊县象明彝族乡曼庄村曼松	1 262	3.3	3.2×2.8	0.7	小乔木型，树姿开张。芽叶绿色、茸毛中。叶片长宽 11.5cm×4.5cm，叶椭圆形，叶色绿，叶脉 8 对。萼片 5 片、无茸毛。花冠直径 3.8cm×3.4cm，花瓣 6 枚，子房有茸毛，花柱先端 3 裂。果实三角形
ML008	曼松贡茶3号	*C. sinensis*	勐腊县象明彝族乡曼庄村曼松	1 305	4.2	2.9×2.7	0.9	小乔木型，树姿开张。芽叶绿色、茸毛中。叶片长宽 12.4cm×4.6cm，叶椭圆形，叶色绿，叶脉 8 对。萼片 5 片、无茸毛。花冠直径 2.5cm×3.0cm，花瓣 6 枚，子房有茸毛，花柱先端 3 裂。果实三角形
ML009	曼拱红花茶1号	*C. sinensis*	勐腊县象明彝族乡倚邦村曼拱	1 414	3.7	2.7×2.4	1.2	小乔木型，树姿开张。芽叶绿色、茸毛中。叶片长宽 6.7cm×3.2cm，叶椭圆形，叶色绿，叶脉 7 对。萼片 5 片、无茸毛。花冠直径 3.3cm×2.9cm，花瓣 6 枚，子房有茸毛，花柱先端 3 裂。果实三角形
ML010	曼拱红花茶2号	*C. sinensis*	勐腊县象明彝族乡倚邦村曼拱	1 412	2.7	1.8×1.5	0.8	小乔木型，树姿开张。芽叶绿色、茸毛中。叶片长宽 10.2cm×3.8cm，叶椭圆形，叶色绿，叶脉 8 对。萼片 5 片、无茸毛。花冠直径 3.2cm×3.7cm，花瓣 6 枚，子房有茸毛，花柱先端 3 裂。果实三角形
ML011	曼拱红花茶3号	*C. sinensis*	勐腊县象明彝族乡倚邦村曼拱	1 414	4.7	4.7×4.4	1.4	小乔木型，树姿开张。芽叶绿色、茸毛中。叶片长宽 9.2cm×4.3cm，叶椭圆形，叶色绿，叶脉 8 对。萼片 5 片、无茸毛。花冠直径 3.3cm×3.2cm，花瓣 6 枚，子房有茸毛，花柱先端 3 裂。果实三角形
ML012	曼拱红花茶4号	*C. sinensis*	勐腊县象明彝族乡倚邦村曼拱	1 520	5.5	3.8×4.4	1.1	小乔木型，树姿开张。芽叶绿色、茸毛中。叶片长宽 12.2cm×4.2cm，叶椭圆形，叶色绿，叶脉 8 对。萼片 5 片、无茸毛。花冠直径 3.3cm×3.6cm，花瓣 6 枚，子房有茸毛，花柱先端 3 裂。果实三角形

（续）

种质编号	种质名称	物种名称	分布地点	海拔（m）	树高（m）	树幅（m×m）	基部干围（m）	主要形态
ML013	曼拱红花茶5号	*C. sinensis*	勐腊县象明彝族乡倚邦村曼拱	1 528	4.8	4.0×4.4	1.5	小乔木型，树姿开张。芽叶绿色、茸毛中。叶片长宽 8.2cm×3.5cm，叶椭圆形，叶色绿，叶脉 7 对。萼片 5 片、无茸毛。花冠直径 3.7cm×3.2cm，花瓣 6 枚，子房有茸毛，花柱先端 3 裂。果实三角形
ML014	麻黑大茶树1号	*C. sinensis* var. *assamica*	勐腊县易武乡麻黑村	1 263	2.2	2.9×2.6	1.3	小乔木型，树姿开张。芽叶绿色、茸毛中。叶片长宽 13.2cm×4.6cm，叶椭圆形，叶色绿，叶脉 10 对。萼片 5 片、无茸毛。花冠直径 2.6cm×2.8cm，花瓣 6 枚，子房有茸毛，花柱先端 3 裂。果实三角形
ML015	麻黑大茶树2号	*C. sinensis* var. *assamica*	勐腊县易武乡麻黑村	1 331	4.7	5.1×3.5	1.3	小乔木型，树姿开张。芽叶绿色、茸毛中。叶片长宽 14.0cm×4.3cm，叶长椭圆形，叶色绿，叶脉 12 对。萼片 5 片、无茸毛。花冠直径 3.6cm×3.2cm，花瓣 6 枚，子房有茸毛，花柱先端 3 裂。果实三角形
ML016	刮风寨大茶树	*C. sinensis* var. *assamica*	勐腊县易武乡麻黑村	1 434	12.0	10.0×8.0	1.3	小乔木型，树姿直立。芽叶绿色、茸毛中。叶片长宽 12.3cm×5.0cm，叶长椭圆形，叶色绿，叶脉 11 对。萼片 5 片、无茸毛。花冠直径 3.0cm×3.4cm，花瓣 6 枚，子房有茸毛，花柱先端 3 裂。果实三角形
ML017	麻黑小叶茶	*C. sinensis*	勐腊县易武乡麻黑村	1 256	2.0	3.1×2.7	1.3	小乔木型，树姿开张。芽叶绿色、茸毛少。叶片长宽 12.4cm×4.2cm，叶椭圆形，叶色绿，叶脉 8 对。萼片 5 片、无茸毛。花冠直径 3.2cm×3.4cm，花瓣 6 枚，子房有茸毛，花柱先端 3 裂。果实三角形
ML018	落水洞大茶树	*C. sinensis* var. *dehungensis*	勐腊县易武乡麻黑村	1 463	11.7	5.5×5.0	1.3	乔木型，树姿直立。芽叶绿色、茸毛中。叶片长宽 13.5cm×5.2cm，叶长椭圆形，叶色绿，叶脉 11 对。萼片 5 片、无茸毛。花冠直径 3.7cm×3.8cm，花瓣 6 枚，子房无茸毛，花柱先端 3 裂。果实三角形
ML019	张家湾小叶茶1号	*C. sinensis*	勐腊县易武乡曼腊村张家湾	1 512	4.3	4.7×4.1	1.7	小乔木型，树姿开张。芽叶绿色、茸毛少。叶片长宽 10.7cm×4.4cm，叶椭圆形，叶色绿，叶脉 9 对。萼片 5 片、无茸毛。花冠直径 3.0cm×2.8cm，花瓣 6 枚，子房有茸毛，花柱先端 3 裂。果实三角形

（续）

种质编号	种质名称	物种名称	分布地点	海拔（m）	树高（m）	树幅（m×m）	基部干围（m）	主要形态
ML020	张家湾小叶茶2号	*C. sinensis*	勐腊县易武乡曼腊村张家湾	1 512	4.0	5.0×4.0	1.3	小乔木型，树姿开张。芽叶绿色、茸毛少。叶片长宽10.2cm×3.6cm，叶椭圆形，叶色绿，叶脉7对。萼片5片、无茸毛。花冠直径2.6cm×2.8cm，花瓣6枚，子房有茸毛，花柱先端3裂。果实三角形
ML021	丁家寨小叶茶1号	*C. sinensis*	勐腊县易武乡曼腊村丁家寨	1 453	4.2	3.7×3.8	1.9	小乔木型，树姿开张。芽叶绿色、茸毛少。叶片长宽9.2cm×4.1cm，叶椭圆形，叶色绿，叶脉7对。萼片5片、无茸毛。花冠直径3.4cm×2.4cm，花瓣6枚，子房有茸毛，花柱先端3裂。果实三角形
ML022	丁家寨小叶茶2号	*C. sinensis*	勐腊县易武乡曼腊村丁家寨	1 451	6.0	5.0×4.6	1.2	小乔木型，树姿开张。芽叶绿色、茸毛少。叶片长宽8.0cm×3.6cm，叶椭圆形，叶色绿，叶脉6对。萼片5片、无茸毛。花冠直径3.0cm×2.5cm，花瓣6枚，子房有茸毛，花柱先端3裂。果实三角形
ML023	丁家寨小叶茶3号	*C. sinensis*	勐腊县易武乡曼腊村丁家寨	1 507	5.6	5.0×4.0	2.0	小乔木型，树姿开张。芽叶绿色、茸毛少。叶片长宽9.6cm×4.6cm，叶椭圆形，叶色绿，叶脉8对。萼片5片、无茸毛。花冠直径3.6cm×3.4cm，花瓣6枚，子房有茸毛，花柱先端3裂。果实三角形
ML024	新寨大茶树	*C. sinensis* var. *assamica*	勐腊县易武乡曼乃村新寨	1 159	4.2	4.2×3.7	1.2	小乔木型，树姿直立。芽叶绿色、茸毛中。叶片长宽13.8cm×4.4cm，叶椭圆形，叶色绿，叶脉9对。萼片5片、无茸毛。花冠直径3.3cm×3.2cm，花瓣6枚，子房有茸毛，花柱先端3裂。果实三角形
ML025	曼乃小叶茶	*C. sinensis*	勐腊县易武乡曼乃村	1 126	3.2	2.4×2.7	1.0	小乔木型，树姿开张。芽叶绿色、茸毛少。叶片长宽6.7cm×2.6cm，叶椭圆形，叶色绿，叶脉6对。萼片5片、无茸毛。花冠直径2.6cm×2.4cm，花瓣6枚，子房有茸毛，花柱先端3裂。果实三角形
ML026	落水洞大茶树1号	*C. sinensis* var. *assamica*	勐腊县易武乡麻黑村落水洞	1 430	4.6	4.0×4.0	1.6	小乔木型，树姿开张。芽叶绿色、茸毛中。叶片长宽11.5cm×4.5cm，叶椭圆形，叶色绿，叶脉11对。萼片5片、无茸毛。花冠直径3.8cm×3.8cm，花瓣7枚，子房有茸毛，花柱先端3裂。果实三角形

（续）

种质编号	种质名称	物种名称	分布地点	海拔（m）	树高（m）	树幅（m×m）	基部干围（m）	主要形态
ML027	落水洞大茶树2号	*C. sinensis* var. *assamica*	勐腊县易武乡麻黑村落水洞	1 376	5.4	3.7×3.5	1.3	小乔木型，树姿开张。芽叶绿色、茸毛中。叶片长宽10.5cm×4.0cm，叶椭圆形，叶色绿，叶脉7对。萼片5片、无茸毛。花冠直径3.0cm×3.4cm，花瓣7枚，子房有茸毛，花柱先端3裂。果实三角形
ML028	三合社大茶树1号	*C. sinensis* var. *assamica*	勐腊县易武乡易武村三合社	1 433	1.8	2.5×2.3	1.1	小乔木型，树姿开张。芽叶黄绿色、茸毛少。叶片长宽13.1cm×4.6cm，叶椭圆形，叶色深绿，叶脉11对。萼片5片、无茸毛。花冠直径3.4cm×3.2cm，花瓣7枚，子房有茸毛，花柱先端3裂。果实球形、三角形
ML029	三合社大茶树2号	*C. sinensis* var. *assamica*	勐腊县易武乡易武村三合社	1 424	1.8	2.9×2.2	1.1	小乔木型，树姿开张。芽叶黄绿色、茸毛中。叶片长宽15.3cm×6.6cm，叶椭圆形，叶色深绿，叶脉12对。萼片5片、无茸毛。花冠直径3.0cm×2.0cm，花瓣6枚，子房有茸毛，花柱先端3裂。果实三角形
ML030	三合社大茶树3号	*C. sinensis* var. *assamica*	勐腊县易武乡易武村三合社	1 428	5.2	4.9×4.5	1.3	小乔木型，树姿开张。芽叶黄绿色、茸毛少。叶片长宽12.2cm×5.6cm，叶椭圆形，叶色深绿，叶脉12对。萼片5片、无茸毛。花冠直径3.5cm×2.4cm，花瓣7枚，子房有茸毛，花柱先端3裂。果实三角形
ML031	三合社大茶树4号	*C. sinensis* var. *assamica*	勐腊县易武乡易武村三合社	1 418	2.2	3.9×3.0	1.6	小乔木型，树姿开张。芽叶黄绿色、茸毛少。叶片长宽12.6cm×4.4cm，叶长椭圆形，叶色深绿，叶脉9对。萼片5片、无茸毛。花冠直径3.4cm×2.8cm，花瓣7枚，子房有茸毛，花柱先端3裂。果实三角形
ML032	高山大茶树1号	*C. sinensis* var. *assamica*	勐腊县易武乡易武村高山小组	1 213	3.6	4.1×3.6	1.2	小乔木型，树姿开张。芽叶黄绿色、茸毛中。叶片长宽13.1cm×4.4cm，叶长椭圆形，叶色绿，叶脉11对。萼片5片、无茸毛。花冠直径2.8cm×2.8cm，花瓣5枚，子房有茸毛，花柱先端3裂。果实三角形
ML033	高山大茶树2号	*C. sinensis* var. *assamica*	勐腊县易武乡易武村高山小组	1 213	4.0	5.7×5.1	1.2	小乔木型，树姿开张。芽叶黄绿色、茸毛中。叶片长宽11.6cm×4.5cm，叶椭圆形，叶色绿，叶脉9对。萼片5片、无茸毛。花冠直径3.8cm×3.3cm，花瓣6枚，子房有茸毛，花柱先端3裂。果实三角形

（续）

种质编号	种质名称	物种名称	分布地点	海拔（m）	树高（m）	树幅（m×m）	基部干围（m）	主要形态
ML034	高山大茶树3号	*C. sinensis* var. *assamica*	勐腊县易武乡易武村高山小组	1 222	5.4	6.1×4.9	1.4	小乔木型，树姿开张。芽叶绿色、茸毛中。叶片长宽11.4cm×4.8cm，叶椭圆形，叶色绿，叶脉8对。萼片5片、无茸毛。花冠直径2.7cm×2.8cm，花瓣6枚，子房有茸毛，花柱先端3裂。果实三角形
ML035	大园大茶树1号	*C. sinensis* var. *assamica*	勐腊县易武乡易武村大园小组	1 352	3.5	4.1×4.0	1.1	小乔木型，树姿开张。芽叶淡绿色、茸毛多。叶片长宽12.5cm×4.5cm，叶长椭圆形，叶色绿，叶脉9对。萼片5片、无茸毛。花冠直径3.8cm×2.3cm，花瓣6枚，子房有茸毛，花柱先端3裂。果实三角形
ML036	大园大茶树2号	*C. sinensis* var. *assamica*	勐腊县易武乡易武村大园小组	1 353	2.3	3.6×2.9	1.3	小乔木型，树姿开张。芽叶淡绿色、茸毛多。叶片长宽15.5cm×4.8cm，叶长椭圆形，叶色绿，叶脉11对。萼片5片、无茸毛。花冠直径3.3cm×2.8cm，花瓣6枚，子房有茸毛，花柱先端3裂。果实三角形
ML037	大园大茶树3号	*C. sinensis* var. *assamica*	勐腊县易武乡易武村大园小组	1 364	2.6	4.3×3.6	1.3	小乔木型，树姿开张。芽叶淡绿色、茸毛多。叶片长宽13.4cm×4.5cm，叶长椭圆形，叶色绿，叶脉13对。萼片5片、无茸毛。花冠直径3.0cm×2.7cm，花瓣5枚，子房有茸毛，花柱先端3裂。果实三角形

第九章 保山市的茶树种质资源

保山市地处云南省西部，跨东经 98°05′—100°02′，北纬 24°07′—25°52′，属横断山脉滇西纵谷南端横断山腹地。境内有澜沧江、怒江、龙川江，地形险峻，高山深壑，地势自西北向东南延伸倾斜，海拔高度 535～3 780m。保山市属亚热带气候，具有明显的高原山地西部型季风气候特点，立体气候明显，年平均温度为 15～17℃，年平均降水量 1 000～2 000mm，年平均相对湿度 75%～84%。

第一节

保山市茶树资源种类

保山市茶树种质资源丰富，有野生种、栽培种及自然杂交种。历史上保山市境内共发现 9 个茶树种和变种，经修订归并后为 5 个种和变种。保山市栽培利用的茶树地方品种多达 15 个。

一、保山市茶树物种类型

20 世纪 80 年代，对保山市茶树种质资源考察时发现和鉴定出的茶树种类有大理茶（*C. taliensis*）、五柱茶（*C. pentastyla*）、昌宁茶（*C. changningensis*）、龙陵茶（*C. longlingensis*）、老黑茶（*C. atrothea*）、滇缅茶（*C. irrawadiensis*）、普洱茶（*C. sinensis* var. *assamica*）、白毛茶（*C. sinensis* var. *pubilimba*）、小叶茶（*C. sinensis*）等，在后来的分类和修订中，昌宁茶、龙陵茶、五柱茶、老黑茶和滇缅茶均被归并。

2013 年至 2016 年，对保山市茶树种质资源进行了全面普查，通过实地调查、采集标本、影像拍摄、专家鉴定和分类统计等方法，根据 2007 年编写的《中国植物志》英文版第 12 卷的分类，整理了保山市茶树种质资源物种名录，主要有大理茶（*C. taliensis*）、普洱茶（*C. sinensis* var. *assamica*）、小叶茶（*C. sinensis*）、德宏茶（*C. sinensis* var. *dehungensis*）和白毛茶（*C. sinensis* var. *pubilimba*）共 5 个种和变种。其中，大理茶分布广泛，是该地区的优势种和广布种。

二、保山市茶树品种类型

保山市的茶树品种有野生茶树品种、地方茶树品种和选育茶树品种。历史栽培驯化的野生茶树品种主要有德昂寨野茶、芹菜塘野茶、象达野茶、潞江野茶、瓦房野茶、沿江野茶、羊圈坡野茶、大香树野茶、大田坝野茶、田园野茶、镇安野茶、蒲川野茶、猴桥野茶等。栽培种植的优良地方茶树品种主要有昌宁大叶茶、联席红裤茶、温泉报洪茶、漭水源头茶、凰山大叶茶、宝丰大叶茶、叠水河大叶茶、坝外大叶茶、文家塘大叶茶、大折浪大叶茶、团田大叶茶、云华苦茶、蒲川大叶茶、上云大叶茶、河头白毛尖、狗街菜花茶、勐统大叶茶等。选育的茶树新品种主要有昌选 1 号、昌选 2 号、昌选 3 号、昌绿、腾茶 81－1、腾茶 85－1、团田 1 号、团田 2 号、小白花、清水早芽、腾茶 25 等。

第二节

保山市茶树资源地理分布

调查共记录到保山市野生和栽培大茶树资源分布点116个，主要分布于保山市的腾冲、隆阳、昌宁、施甸和龙陵等县（市、区）。保山市大茶树资源主要分布于澜沧江、怒江和伊洛瓦底江流域及高黎贡山，资源水平分布范围广，分布不均，垂直分布于海拔1 600～2 400m之间。

一、隆阳区大茶树分布

调查共记录到隆阳区大茶树资源分布点20个，主要分布于潞江镇的芒颜、邦陇、赧亢、三达地、禾木等村，瓦房彝族苗族乡的水源、喜坪、瓦河、保和等村，芒宽彝族傣族乡的百花岭、芒合、芒龙、打郎等村（社区），板桥镇的西河、柴河、罗寨、官坡等村，瓦渡乡的土官村。典型植株有德昂寨大茶树、赧亢大茶树、水源大茶树、芒合大茶树、西河大茶树等。

二、昌宁县大茶树分布

记录到昌宁县大茶树资源分布点35个，主要分布于温泉镇的联席、团山、光山、新河、尼诺等村，田园镇的新华、右文、文昌、龙井、达仁等村（社区），漭水镇的沿江、漭水等村（社区），翁堵镇的立木山、扁里、明山、翁兴、阳旺田、立桂等村，耈街彝族苗族乡的水炉、金马、团山、阿干等村，大田坝镇的湾岗、清河、文沧等村。典型植株有联席大茶树、大香树大茶树、茶山河大茶树、羊圈坡大茶树、黄家寨大茶树等。

三、施甸县大茶树分布

调查记录到施甸县大茶树资源分布点17个，主要分布于姚关镇的杨美寨村，摆榔彝族布朗族乡的尖山村，酒房乡的酒房、梅子箐等村（社区），万兴乡的万兴社区，太平镇的李山村。典型植株有尖山大茶树、新寨大茶树、姚关大茶树、天王庙大茶树、李山村大茶树、蒲草塘大茶树等。

四、腾冲市大茶树分布

记录到腾冲市大茶树资源分布点26个，主要分布于猴桥镇的永兴、箐口、猴桥等村（社区），芒棒镇的赵营、坪地、红豆树、上营等村（社区），蒲川乡的坝外、茅草地等村（社区），团田乡的后库、小丙弄、燕寺等7个村（社区），新华乡的龙井山、中心等村（社区）。典型植株有茶林河大茶树、龙井山大茶树、劳家山大茶树、文家塘大茶树、大折浪大茶树、小坪谷大茶树、茅草地大茶树、龙塘大茶树、淀元大茶树等。

五、龙陵县大茶树分布

记录到龙陵县大茶树资源分布点 28 个，主要分布于镇安镇的镇北、镇东淘金河、邦迈、大水沟、小田坝、八〇八等村（社区），龙江乡的三台山、硝塘等村，碧寨乡的坡头、半坡等村，龙新乡的菜子地、雪山、绕廊等村，象达镇的大场、芹菜塘、坝头等村（社区），平达乡的安乐村，腊勐镇的中岭岗、大垭口等村（社区）。典型植株有大垭口大茶树、镇东大茶树、镇北大茶树、芹菜塘大茶树、大场大茶树、菜子地大茶树、小田坝大茶树、邦迈大茶树、淘金河大茶树等。

第三节

保山市大茶树生长状况

对保山市腾冲、隆阳、昌宁、施甸和龙陵5个县（市、区）的典型大茶树树高、基部干围、树幅等生长特征及生长势进行了统计分析和初步评价，为保山市大茶树种质资源的合理利用与管理保护提供基础资料和参考依据。

一、保山市大茶树生长特征

对保山市318株大茶树生长特征统计表明，大茶树树高在1.0～5.0m区段的有48株，占调查总数的15.1%；在5.0～10.0m区段的有229株，占调查总数的72.0%；在10.0～15.0m区段的有36株，占调查总数的11.3%；在15.0m以上区段的有5株，占调查总数的1.6%。大茶树树高变幅为3.0～16.8m，平均树高7.6m，树高主要集中在5～10m区段，占大茶树总数量的72.0%，最高为腾冲市团田乡龙塘大茶树1号（编号TC028），树高16.8m。

大茶树基部干围在0.5～1.0m区段的有56株，占调查总数的17.6%；在1.0～1.5m区段的有80株，占调查总数的25.2%；在1.5～2.0m区段的有74株，占调查总数的23.3%；在2.0m以上区段的有108株，占调查总数的33.9%。大茶树基部干围变幅为0.5～3.6m，平均1.8m，最大为龙陵县象达镇芹菜塘大茶树1号（编号LL042），基部干围3.6m。

大茶树树幅在1.0～5.0m区段的有217株，占调查总数的68.2%；在5.0～10.0m区段的有98株，占调查总数的30.8%；在10.0m以上区段的有3株，占调查总数的1.0%。大茶树树幅变幅为2.0～13.9m，平均4.8m，树幅集中在5m以下区段的占调查总数的68.2%，最大为昌宁县漭水镇沿江村茶山河大茶树16号（编号CN051），树幅13.9m×8.4m。

保山市大茶树树高、树幅、基部干围的变异系数分别为32.9%、32.3%和39.6%，均大于30%。各项生长指标均存在较大变异，见表9-1。

表9-1 保山市大茶树生长特征

树体形态	最大值	最小值	平均值	标准差	变异系数（%）
树高（m）	16.8	3.0	7.6	2.5	32.9
树幅直径（m）	13.9	2.0	4.8	1.6	33.0
基部干围（m）	3.6	0.5	1.8	0.7	39.7

二、保山市大茶树生长势

对318株大茶树生长势调查结果表明（表9-2），保山市大茶树总体长势良好，少数植株处于濒死状态或死亡。大茶树树冠完整、枝繁叶茂、主干完好、树势生长旺盛的有 162 株，占调查总数的 50.9%；树枝无自然枯损、枯梢，生长势一般的有 137 株，占调查总数的 43.1%；树枝自然枯梢，树体残缺、腐损，树干有空洞，生长势较差的有 13 株，占调查总数的 4.1%；主梢及整体大部枯死、空干、根腐，生长势处于濒死状态的有 6 株，占调查总数的 1.9%。据不完全统计，调查记录到保山市已死亡大茶树 13 株。

表 9-2　保山市大茶树生长势

调查地点	调查数量（株）	生长势等级			
		旺盛	一般	较差	濒死
隆阳	38	23	12	2	1
腾冲	61	33	24	3	1
昌宁	123	64	56	2	1
龙陵	75	32	37	4	2
施甸	21	10	8	2	1
总计（株）	318	162	137	13	6
所占比例（%）	100.0	50.9	43.1	4.1	1.9

第四节

保山市大茶树资源名录

根据普查结果，对保山市内较古老、珍稀和濒危的大茶树进行编号挂牌和整理编目，建立了保山市大茶树资源数据信息库，见表 9-3。共整理编目保山市大茶树资源 318 份，其中，隆阳区 38 份，编号为 LY001～LY038；昌宁县 123 份，编号为 CN001～CN123；施甸县 21 份，编号为 SD001～SD021；腾冲市 61 份，编号为 TC001～TC061；龙陵县 75 份，编号为 LL001～LL075。

保山市大茶树资源名录注明了每一份大茶树资源的种质编号、种质名称、物种名称等护照信息，记录了大茶树资源的分布地点、海拔高度等地理信息，较详细地描述了大茶树资源的生长特征和植物学形态特征。保山市大茶树资源名录的确定，明确了保山市重点保护的大茶树资源，对了解保山市茶树种质资源提供了重要信息，为保山市茶树种质资源的有效保护和茶叶经济发展提供了全面准确的线索和依据。

表 9-3　保山市大茶树资源名录（318 份）

种质编号	种质名称	物种名称	分布地点	海拔 (m)	树高 (m)	树幅 (m×m)	基部干围 (m)	主要形态
LY001	德昂寨大茶树 1 号	*C. taliensis*	隆阳区潞江镇芒颜村德昂寨旧址	1 980	7.6	6.2×5.0	3.1	小乔木型，树姿半开张。芽叶绿色、无茸毛。叶片长宽 9.2cm×4.9cm，叶长椭圆形，叶色绿，叶脉 10 对。叶背主脉无茸毛。萼片 5 片、无茸毛，花冠直径 5.7cm×5.0cm，花瓣 11 枚，花柱先端 4～5 裂，子房有茸毛，果实四方形、梅花形
LY002	德昂寨大茶树 2 号	*C. taliensis*	隆阳区潞江镇芒颜村德昂寨旧址	1 982	9.3	5.6×6.0	2.8	乔木型，树姿半开张。芽叶浅绿色、无茸毛。叶片长宽 11.5cm×4.5cm，叶长椭圆形，叶色深绿，叶基楔形，叶尖渐尖，叶面平，叶身平，叶缘平，叶质硬，叶脉 8～10 对，叶背主脉无茸毛
LY003	德昂寨大茶树 3 号	*C. taliensis*	隆阳区潞江镇芒颜村德昂寨旧址	1 992	6.9	3.0×3.0	2.4	乔木型，树姿直立。芽叶紫绿色、无茸毛。叶片长宽 12.6cm×4.6cm，叶长椭圆形，叶脉 11 对。萼片 5 片、无茸毛，花冠直径 7.0cm×6.4cm，花瓣 9 枚，花柱先端 5 裂，子房有茸毛，果实四方形、梅花形
LY004	德昂寨大茶树 4 号	*C. sinensis*	隆阳区潞江镇芒颜村德昂寨旧址	1 989	5.8	2.8×3.4	2.5	灌木型，树姿开张。芽叶绿色、有茸毛。叶片长宽 10.2cm×3.7cm，叶披针形，叶色深绿，叶基楔形，叶尖渐尖，叶面平，叶身平，叶缘平，叶脉 10 对。萼片 5 片、无茸毛，花冠直径 3.5cm×3.0cm，花瓣 6 枚，花柱先端 3 裂，子房有茸毛，果实三角形

（续）

种质编号	种质名称	物种名称	分布地点	海拔（m）	树高（m）	树幅（m×m）	基部干围（m）	主要形态
LY005	德昂寨大茶树5号	*C. taliensis*	隆阳区潞江镇芒颜村德昂寨旧址	1 989	6.0	4.0×3.5	2.2	小乔木型，树姿直立。芽叶淡绿色、无茸毛。叶片长宽12.7cm×4.6cm，叶椭圆形，叶色绿，叶脉10对，叶背主脉无茸毛。萼片5片、无茸毛，花冠直径5.6cm×6.6cm，花瓣9枚，花柱先端5裂，子房有茸毛，果实四方形、梅花形
LY006	德昂寨大茶树6号	*C. taliensis*	隆阳区潞江镇芒颜村德昂寨旧址	1 983	5.5	3.0×3.0	2.0	小乔木型，树姿直立。芽叶淡绿色、无茸毛。叶片长宽13.0cm×5.0cm，叶椭圆形，叶色深绿，叶面微隆起，叶身内折，叶缘平，叶脉10对，叶背主脉无茸毛
LY007	德昂寨大茶树7号	*C. taliensis*	隆阳区潞江镇芒颜村德昂寨旧址	1 980	6.0	4.0×3.7	1.9	小乔木型，树姿直立。芽叶紫红色、无茸毛。叶片长宽12.0cm×4.8cm，叶长椭圆形，叶色绿，叶脉9对，叶背主脉无茸毛。萼片5片、无茸毛，花冠直径5.8cm×6.8cm，花瓣9枚，花柱先端5裂，子房有茸毛，果实四方形、梅花形
LY008	德昂寨大茶树8号	*C. taliensis*	隆阳区潞江镇芒颜村德昂寨旧址	1 990	4.8	3.8×3.5	1.8	乔木型，树姿直立。芽叶淡绿色、无茸毛。叶片长宽13.7cm×5.7cm，叶长椭圆形，叶色深绿，叶面平，叶身平，叶缘平，叶脉11对，叶背主脉无茸毛
LY009	德昂寨大茶树9号	*C. taliensis*	隆阳区潞江镇芒颜村德昂寨旧址	1 984	5.0	3.0×3.0	1.5	小乔木型，树姿直立。芽叶绿色、无茸毛。叶片长宽12.5cm×4.9cm，叶椭圆形，叶色绿，叶脉8对，叶背主脉无茸毛
LY010	德昂寨大茶树10号	*C. taliensis*	隆阳区潞江镇芒颜村德昂寨旧址	1 956	5.3	2.8×2.4	1.8	小乔木型，树姿直立。芽叶淡绿色、无茸毛。叶片长宽14.0cm×5.0cm，叶长椭圆形，叶色深绿，叶基近圆形，叶面微隆起，叶身内折，叶尖渐尖，叶缘平，叶脉9对，叶背主脉无茸毛
LY011	德昂寨大茶树11号	*C. taliensis*	隆阳区潞江镇芒颜村德昂寨旧址	1 956	5.5	4.0×4.5	1.6	乔木型，树姿半开张，嫩枝无茸毛。芽叶绿色、无茸毛。叶片长宽13.3cm×5.2cm，叶椭圆形，叶色深绿，叶背主脉无茸毛，叶脉9对。萼片5片、无茸毛，花冠直径6.6cm×7.2cm，花瓣11枚，花柱先端4裂，子房有茸毛。果实梅花形
LY012	德昂寨大茶树12号	*C. taliensis*	隆阳区潞江镇芒颜村德昂寨旧址	1 974	5.2	2.2×2.2	1.5	乔木型，树姿半开张，嫩枝无茸毛。芽叶紫绿色、无茸毛。叶片长宽16.8cm×6.0cm，叶长椭圆形，叶色深绿，叶背主脉无茸毛，叶脉10对。萼片5片、无茸毛，花冠直径5.8cm×6.5cm，花瓣9枚，花柱先端4～5裂，子房有茸毛。果实四方形

（续）

种质编号	种质名称	物种名称	分布地点	海拔（m）	树高（m）	树幅（m×m）	基部干围（m）	主要形态
LY013	德昂寨大茶树 13 号	*C. sinensis*	隆阳区潞江镇芒颜村德昂寨旧址	1 966	7.2	6.0×5.8	2.5	小乔木型，树姿开张，嫩枝有茸毛。芽叶绿色、有茸毛。叶片长宽 9.8cm×3.9cm，叶长椭圆形，叶色深绿，叶背主脉少茸毛，叶脉 9 对。萼片 5 片、无茸毛，花冠直径 4.3cm×4.9cm，花瓣 9 枚，花柱先端 3 裂，子房有茸毛。果实球形、三角形
LY014	德昂寨大茶树 14 号	*C. sinensis* var. *assamica*	隆阳区潞江镇芒颜村德昂寨旧址	1 974	5.0	3.8×3.2	2.5	小乔木型，树姿半开张，嫩枝有茸毛。芽叶绿色、有茸毛。叶片长宽 13.0cm×4.4cm，叶长椭圆形，叶色深绿，叶背主脉有茸毛，叶脉 8 对。萼片 5 片、无茸毛，花冠直径 5.0cm×4.0cm，花瓣 8 枚，花柱先端 3 裂，子房有茸毛。果实三角形
LY015	德昂寨大茶树 15 号	*C. sinensis* var. *assamica*	隆阳区潞江镇芒颜村德昂寨旧址	1 970	5.5	4.2×4.0	2.2	小乔木型，树姿半开张，嫩枝有茸毛。芽叶黄绿色、有茸毛。叶片长宽 13.3cm×5.0cm，叶长椭圆形，叶色深绿，叶背主脉有茸毛，叶脉 11 对。萼片 5 片、无茸毛，花冠直径 4.0cm×4.3cm，花瓣 7 枚，花柱先端 3 裂，子房有茸毛。果实三角形
LY016	赧亢大茶树 1 号	*C. taliensis*	隆阳区潞江镇赧亢村自然保护区	2 236	5.8	3.2×4.0	2.4	小乔木型，树姿开张。芽叶绿色、无茸毛。叶片长宽 11.5cm×4.7cm，叶长椭圆形，叶色绿，叶身内折，叶面平，叶缘微波，叶基楔形，叶尖渐尖，叶脉 10 对，叶质硬，叶背主脉无茸毛
LY017	赧亢大茶树 2 号	*C. taliensis*	隆阳区潞江镇赧亢村自然保护区	2 220	4.5	3.0×4.3	1.6	小乔木型，树姿半开张。芽叶绿色、无茸毛。叶片长宽 12.0cm×4.6cm，叶长椭圆形，叶色深绿，叶身内折，叶面平，叶缘平，叶脉 8 对，叶质硬，叶背主脉无茸毛
LY018	赧亢大茶树 3 号	*C. taliensis*	隆阳区潞江镇赧亢村自然保护区	2 220	5.0	3.7×4.4	1.5	小乔木型，树姿半开张。芽叶绿色、无茸毛。叶片长宽 10.6cm×4.4cm，叶长椭圆形，叶色深绿，叶身内折，叶面平，叶缘平，叶脉 8 对，叶质硬，叶背主脉无茸毛
LY019	水源大茶树 1 号	*C. taliensis*	隆阳区瓦房彝族苗族乡水源村	2 015	6.2	3.8×4.0	1.7	小乔木型，树姿半开张。芽叶绿色、无茸毛。叶片长宽 12.2cm×4.8cm，叶长椭圆形，叶色深绿，叶脉 8 对。萼片 5 片、无茸毛，花冠直径 5.2cm×4.4cm，花瓣 9 枚，花柱先端 5 裂，子房有茸毛，果实四方形、梅花形

（续）

种质编号	种质名称	物种名称	分布地点	海拔（m）	树高（m）	树幅（m×m）	基部干围（m）	主要形态
LY020	水源大茶树2号	*C. taliensis*	隆阳区瓦房彝族苗族乡水源村	2 010	4.7	3.5×3.0	1.2	小乔木型，树姿半开张。芽叶紫绿色、无茸毛。叶片长宽12.8cm×4.4cm，叶长椭圆形，叶色深绿，叶脉9对。萼片5片、无茸毛，花冠直径4.7cm×4.8cm，花瓣11枚，花柱先端5裂，子房有茸毛，果实四方形、梅花形
LY021	水源大茶树3号	*C. taliensis*	隆阳区瓦房彝族苗族乡水源村	2 018	5.5	3.6×4.2	1.4	小乔木型，树姿半开张。芽叶紫绿色、无茸毛。叶片长宽13.2cm×5.2cm，叶长椭圆形，叶色深绿，叶脉11对。萼片5片、无茸毛，花冠直径6.2cm×6.7cm，花瓣9枚，花柱先端5裂，子房有茸毛，果实四方形、梅花形
LY022	水源大茶树4号	*C. sinensis*	隆阳区瓦房彝族苗族乡水源村小学校	2 208	4.5	4.4×3.0	1.3	小乔木型，树姿开张。芽叶黄绿色、茸毛少。叶片长宽6.3cm×2.7cm，叶椭圆形，叶色绿，叶脉7对，叶背主脉无茸毛。萼片5片、无茸毛，花冠直径2.5cm×2.4cm，花瓣6枚，花柱先端3裂，子房有茸毛。果实三角形
LY023	芒合大茶树1号	*C. taliensis*	隆阳区芒宽彝族傣族乡芒合社区小班林区	2 320	6.8	4.8×4.3	1.3	乔木型，树姿直立。芽叶绿色、无茸毛。叶片长宽13.8cm×5.0cm，叶长椭圆形，叶色绿，叶脉9对。萼片5片、无茸毛，花冠直径5.5cm×6.3cm，花瓣10枚，花柱先端5裂，子房有茸毛，果实四方形、梅花形
LY024	芒合大茶树2号	*C. taliensis*	隆阳区芒宽彝族傣族乡芒合社区小班林区	2 312	7.0	4.5×4.0	0.8	乔木型，树姿直立。芽叶淡绿色、无茸毛。叶片长宽12.4cm×5.0cm，叶长椭圆形，叶色绿，叶脉8对。萼片5片、无茸毛，花冠直径5.2cm×5.0cm，花瓣8枚，花柱先端5裂，子房有茸毛，果实四方形、梅花形
LY025	芒合大茶树3号	*C. taliensis*	隆阳区芒宽彝族傣族乡芒合社区小班林区	2 315	6.0	3.8×3.3	0.8	乔木型，树姿直立。芽叶紫绿色、无茸毛。叶片长宽14.0cm×5.5cm，叶长椭圆形，叶色绿，叶脉10对。萼片5片、无茸毛，花冠直径6.2cm×6.7cm，花瓣9枚，花柱先端5裂，子房有茸毛
LY026	上梨树大茶树1号	*C. sinensis* var. *assamica*	隆阳区瓦房彝族苗族乡喜坪村上梨树	2 322	3.3	4.0×4.2	1.0	乔木型，树姿半开张。芽叶黄绿色、茸毛中。叶片长宽14.0cm×5.0cm，叶长椭圆形，叶色绿，叶脉9对，叶背主脉有茸毛。萼片5片、无茸毛，花冠直径4.0cm×3.6cm，花瓣7枚，花柱先端3裂，子房有茸毛。果实三角形

（续）

种质编号	种质名称	物种名称	分布地点	海拔（m）	树高（m）	树幅（m×m）	基部干围（m）	主要形态
LY027	上梨树大茶树2号	*C. sinensis* var. *assamica*	隆阳区瓦房彝族苗族乡喜坪村上梨树	2 322	4.0	2.0×2.7	0.8	小乔木型，树姿半开张。芽叶黄绿色、茸毛多。叶片长宽14.8cm×5.6cm，叶长椭圆形，叶色绿，叶脉8对，叶背主脉有茸毛。萼片5片、无茸毛，花冠直径3.7cm×3.6cm，花瓣6枚，花柱先端3裂，子房有茸毛。果实三角形
LY028	上梨树大茶树3号	*C. sinensis* var. *assamica*	隆阳区瓦房彝族苗族乡喜坪村上梨树	2 322	4.0	3.0×3.0	0.8	小乔木型，树姿半开张。芽叶黄绿色、茸毛中。叶片长宽13.6cm×5.5cm，叶椭圆形，叶色绿，叶脉9对，叶背主脉有茸毛。萼片5片、无茸毛，花冠直径3.3cm×3.6cm，花瓣6枚，花柱先端3裂，子房有茸毛。果实三角形
LY029	西河大茶树1号	*C. sinensis* var. *assamica*	隆阳区板桥镇西河村大出水	2 067	8.0	7.7×6.5	1.8	乔木型，树姿开张。芽叶黄绿色、茸毛中。叶片长宽13.0cm×6.0cm，叶椭圆形，叶色深绿，叶脉11对，叶背主脉有茸毛。萼片5片、无茸毛，花冠直径3.0cm×2.8cm，花瓣7枚，花柱先端3裂，子房有茸毛。果实三角形、球形
LY030	西河大茶树2号	*C. sinensis* var. *assamica*	隆阳区板桥镇西河村大出水	2 067	5.8	4.0×4.5	1.2	小乔木型，树姿半开张。芽叶黄绿色、茸毛中。叶片长宽13.8cm×5.4cm，叶长椭圆形，叶色深绿，叶脉10对，叶背主脉有茸毛。萼片5片、无茸毛，花冠直径3.3cm×2.4cm，花瓣6枚，花柱先端3裂，子房有茸毛。果实三角形、球形
LY031	松坡大茶树1号	*C. sinensis* var. *assamica*	隆阳区瓦渡乡土官村松坡	1 840	7.2	4.2×4.0	1.2	乔木型，树姿直立。芽叶黄绿色、茸毛多。叶片长宽14.2cm×6.2cm，叶椭圆形，叶色深绿，叶脉10对，叶背主脉有茸毛。萼片5片、无茸毛，花冠直径3.6cm×3.1cm，花瓣6枚，花柱先端3裂，子房有茸毛。果实三角形、球形
LY032	松坡大茶树2号	*C. sinensis* var. *assamica*	隆阳区瓦渡乡土官村松坡	1 845	5.8	3.4×4.5	1.0	小乔木型，树姿直立。芽叶黄绿色、多茸毛。叶片长宽14.0cm×5.0cm，叶椭圆形，叶色深绿，叶脉11对，叶背主脉有茸毛。萼片5片、无茸毛，花冠直径2.6cm×2.1cm，花瓣6枚，花柱先端3裂，子房有茸毛。果实三角形、球形
LY033	百花岭大茶树1号	*C. sinensis*	隆阳区芒宽彝族傣族乡百花岭村旧街	1 977	3.1	3.3×2.9	0.8	灌木型，树姿开张。嫩枝有茸毛。芽叶黄绿色、多茸毛。叶片长宽7.2cm×2.8cm，叶椭圆形，叶色浅绿，叶背主脉有茸毛，叶脉7对。萼片5片、无茸毛，花冠直径2.0cm×2.4cm，花瓣6枚，花柱先端3裂，子房有茸毛。果实三角形

（续）

种质编号	种质名称	物种名称	分布地点	海拔（m）	树高（m）	树幅（m×m）	基部干围（m）	主要形态
LY034	百花岭大茶树 2 号	*C. sinensis*	隆阳区芒宽彝族傣族乡百花岭村旧街	1 970	4.0	3.0×2.5	0.8	灌木型，树姿开张。嫩枝有茸毛。芽叶黄绿色、多茸毛。叶片长宽 8.4cm×3.0cm，叶椭圆形，叶色浅绿，叶背主脉有茸毛，叶脉 7 对。萼片 5 片、无茸毛，花冠直径 2.2cm×2.8cm，花瓣 6 枚，花柱先端 3 裂，子房有茸毛。果实三角形
LY035	百花岭大茶树 3 号	*C. sinensis* var. *assamica*	隆阳区芒宽彝族傣族乡百花岭村旧街	1 968	3.0	3.3×2.9	0.8	小乔木型，树姿半开张。嫩枝有茸毛。芽叶黄绿色、多茸毛。叶片长宽 13.2cm×4.8cm，叶椭圆形，叶色浅绿，叶背主脉有茸毛，叶脉 9 对。萼片 5 片、无茸毛，花冠直径 3.0cm×3.5cm，花瓣 6 枚，花柱先端 3 裂，子房有茸毛。果实三角形
LY036	杨桥大茶树 1 号	*C. taliensis*	隆阳区芒宽彝族傣族乡百花岭村杨桥	2 212	6.8	6.4×5.2	1.2	乔木型，树姿开张，嫩枝无茸毛。芽叶绿色、无茸毛。叶片长宽 13.4cm×5.5cm，叶长椭圆形，叶色深绿，叶背主脉无茸毛，叶脉 9 对。萼片 5 片、无茸毛，花冠直径 5.5cm×5.7cm，花瓣 12 枚，花柱先端 5 裂，子房有茸毛。果实球形
LY037	杨桥大茶树 2 号	*C. taliensis*	隆阳区芒宽彝族傣族乡百花岭村杨桥	2 218	8.0	5.3×4.2	1.2	乔木型，树姿直立，嫩枝无茸毛。芽叶绿色、无茸毛。叶片长宽 13.7cm×5.2cm，叶长椭圆形，叶色深绿，叶背主脉无茸毛，叶脉 11 对。萼片 5 片、无茸毛，花冠直径 5.2cm×5.5cm，花瓣 9 枚，花柱先端 5 裂，子房有茸毛。果实球形
LY038	杨桥大茶树 3 号	*C. taliensis*	隆阳区芒宽彝族傣族乡百花岭村杨桥	2 212	6.0	3.4×3.5	1.0	乔木型，树姿直立，嫩枝无茸毛。芽叶绿色、无茸毛。叶片长宽 12.5cm×5.0cm，叶椭圆形，叶色深绿，叶背主脉无茸毛，叶脉 8 对。萼片 5 片、无茸毛，花冠直径 4.0cm×3.7cm，花瓣 11 枚，花柱先端 5 裂，子房有茸毛。果实球形
CN001	芭蕉林大茶树 1 号	*C. taliensis*	昌宁县温泉镇联席村芭蕉林	2 133	10.0	5.6×6.2	2.8	乔木型，树姿半开张，嫩枝无茸毛。芽叶黄绿色、无茸毛。叶片长宽 15.0cm×5.0cm，叶长椭圆形，叶色黄绿，叶脉 10 对，叶背主脉无茸毛。萼片 5 片、无茸毛，花冠直径 6.7cm×7.2cm，花瓣 9 枚，花柱先端 5 裂，子房有茸毛，果实四方形、梅花形
CN002	芭蕉林大茶树 2 号	*C. taliensis*	昌宁县温泉镇联席村芭蕉林	2 108	12.0	2.5×2.5	3.0	乔木型，树姿直立，嫩枝无茸毛。芽叶淡绿色、无茸毛。叶片长宽 15.6cm×4.7cm，叶长椭圆形，叶色深绿，叶脉 10 对，叶背主脉无茸毛。萼片 5 片、无茸毛，花冠直径 7.2cm×7.5cm，花瓣 11 枚，花柱先端 5 裂，子房有茸毛，果实四方形、梅花形

（续）

种质编号	种质名称	物种名称	分布地点	海拔（m）	树高（m）	树幅（m×m）	基部干围（m）	主要形态
CN003	芭蕉林大茶树3号	*C. taliensis*	昌宁县温泉镇联席村芭蕉林	2 100	16.0	6.0×6.5	3.0	乔木型，树姿直立，嫩枝无茸毛。芽叶紫绿色、无茸毛。叶片长宽14.8cm×5.2cm，叶长椭圆形，叶色深绿，叶脉11对，叶背主脉无茸毛。萼片5片、无茸毛，花冠直径5.3cm×6.4cm，花瓣9枚，花柱先端5裂，子房有茸毛，果实球形、扁球形
CN004	芭蕉林大茶树4号	*C. taliensis*	昌宁县温泉镇联席村芭蕉林	2 104	8.0	2.5×2.7	1.5	乔木型，树姿直立，嫩枝无茸毛。芽叶紫绿色、无茸毛。叶片长宽15.4cm×6.3cm，叶椭圆形，叶色深绿，叶脉9对，叶身内折，叶面平，叶缘平，叶背主脉无茸毛
CN005	芭蕉林大茶树5号	*C. taliensis*	昌宁县温泉镇联席村芭蕉林	2 085	5.5	3.4×2.8	2.5	乔木型，树姿直立，嫩枝无茸毛。芽叶黄绿色、无茸毛。叶片长宽14.8cm×5.8cm，叶长椭圆形，叶色深绿，叶脉12对，叶身内折，叶面平，叶缘平，叶背主脉无茸毛
CN006	芭蕉林大茶树6号	*C. taliensis*	昌宁县温泉镇联席村芭蕉林	2 100	15.0	3.0×3.5	2.2	小乔木型，树姿半开张，嫩枝无茸毛。芽叶淡绿色、无茸毛。叶片长宽13.9cm×5.0cm，叶长椭圆形，叶色深绿，叶脉8对，叶身平，叶面平，叶缘平，叶背主脉无茸毛
CN007	芭蕉林大茶树7号	*C. taliensis*	昌宁县温泉镇联席村芭蕉林	2 100	11.0	2.5×2.5	2.4	小乔木型，树姿半开张，嫩枝无茸毛。芽叶绿色、无茸毛。叶片长宽14.0cm×4.8cm，叶长椭圆形，叶色深绿，叶脉8对，叶身稍内折，叶面平，叶缘平，叶背主脉无茸毛。萼片5片、无茸毛，花冠直径7.0cm×7.4cm，花瓣9枚，花柱先端5裂，子房有茸毛，果实球形、扁球形
CN008	芭蕉林大茶树8号	*C. taliensis*	昌宁县温泉镇联席村芭蕉林	2 100	13.0	3.5×3.5	1.7	乔木型，树姿直立，嫩枝无茸毛。芽叶绿色、无茸毛。叶片长宽15.4cm×5.8cm，叶长椭圆形，叶色深绿，叶脉10对，叶身稍内折，叶面平，叶缘平，叶背主脉无茸毛
CN009	芭蕉林大茶树9号	*C. taliensis*	昌宁县温泉镇联席村芭蕉林	2 100	11.0	3.2×3.5	3.0	乔木型，树姿直立，嫩枝无茸毛。芽叶绿色、无茸毛。叶片长宽14.4cm×4.6cm，叶长椭圆形，叶色深绿，叶脉8对。萼片5片、无茸毛，花冠直径7.0cm×7.4cm，花瓣9枚，花柱先端5裂，子房有茸毛
CN010	芭蕉林大茶树10号	*C. taliensis*	昌宁县温泉镇联席村芭蕉林	2 100	14.0	3.7×3.4	2.5	乔木型，树姿直立，嫩枝无茸毛。芽叶黄绿色、无茸毛。叶片长宽16.2cm×6.3cm，叶长椭圆形，叶色深绿，叶脉12对。萼片5片、无茸毛，花冠直径7.2cm×7.0cm，花瓣11枚，花柱先端5裂，子房有茸毛

（续）

种质编号	种质名称	物种名称	分布地点	海拔（m）	树高（m）	树幅（m×m）	基部干围（m）	主要形态
CN011	芭蕉林大茶树 11 号	*C. taliensis*	昌宁县温泉镇联席村芭蕉林	2 100	13.0	3.5×3.5	1.7	乔木型，树姿直立，嫩枝无茸毛。芽叶黄绿色、无茸毛。叶片长宽 15.6cm×5.4cm，叶长椭圆形，叶色深绿，叶身稍内折，叶面平，叶缘平，叶质硬，叶脉 9 对
CN012	芭蕉林大茶树 12 号	*C. taliensis*	昌宁县温泉镇联席村芭蕉林	2 078	11.5	5.0×5.0	2.9	乔木型，树姿直立，嫩枝无茸毛。芽叶黄绿色、无茸毛。叶片长宽 12.6cm×5.7cm，叶椭圆形，叶色深绿，叶身稍内折，叶面平，叶缘平，叶质硬，叶脉 8 对
CN013	芭蕉林大茶树 13 号	*C. taliensis*	昌宁县温泉镇联席村芭蕉林	2 080	7.0	3.5×3.0	1.5	小乔木型，树姿直立，嫩枝无茸毛。芽叶紫绿色、无茸毛。叶片长宽 15.4cm×5.5cm，叶长椭圆形，叶色深绿，叶身稍内折，叶面平，叶缘平，叶质硬，叶脉 8 对。萼片 5 片、无茸毛，花冠直径 5.2cm×6.0cm，花瓣 9 枚，花柱先端 4～5 裂，子房有茸毛
CN014	芭蕉林大茶树 14 号	*C. taliensis*	昌宁县温泉镇联席村芭蕉林	2 090	5.0	3.0×3.0	1.6	小乔木型，树姿直立，嫩枝无茸毛。芽叶淡绿色、无茸毛。叶片长宽 13.9cm×5.2cm，叶长椭圆形，叶色深绿，叶身稍内折，叶面平，叶缘平，叶质硬，叶脉 10 对。萼片 5 片、无茸毛，花冠直径 5.7cm×6.0cm，花瓣 10 枚，花柱先端 5 裂，子房有茸毛。果实四方形、梅花形
CN015	芭蕉林大茶树 15 号	*C. taliensis*	昌宁县温泉镇联席村芭蕉林	2 090	7.0	3.5×3.2	1.8	小乔木型，树姿直立，嫩枝无茸毛。芽叶紫绿色、无茸毛。叶片长宽 12.5cm×4.8cm，叶长椭圆形，叶色深绿，叶脉 10 对。萼片 5 片、无茸毛，花冠直径 6.4cm×6.8cm，花瓣 12 枚，花柱先端 5 裂，子房有茸毛。果实四方形、梅花形
CN016	芭蕉林大茶树 16 号	*C. taliensis*	昌宁县温泉镇联席村芭蕉林	2 090	5.0	3.0×3.0	1.6	小乔木型，树姿半开张，嫩枝无茸毛。芽叶淡绿色、无茸毛。叶片长宽 15.2cm×6.7cm，叶椭圆形，叶色绿，叶身稍内折，叶面平，叶缘平，叶质硬，叶脉 10 对
CN017	芭蕉林大茶树 17 号	*C. taliensis*	昌宁县温泉镇联席村芭蕉林	2 100	5.0	2.7×3.0	1.5	小乔木型，树姿直立，嫩枝无茸毛。芽叶紫绿色、无茸毛。叶片长宽 15.0cm×5.7cm，叶椭圆形，叶色深绿，叶身稍内折，叶面平，叶缘平，叶质硬，叶脉 11 对
CN018	芭蕉林大茶树 18 号	*C. taliensis*	昌宁县温泉镇联席村芭蕉林	2 095	6.0	3.0×3.0	1.8	小乔木型，树姿直立，嫩枝无茸毛。芽叶淡绿色、无茸毛。叶片长宽 14.7cm×5.2cm，叶长椭圆形，叶色深绿，叶身稍内折，叶面平，叶缘平，叶质硬，叶脉 9 对。萼片 5 片、无茸毛，花冠直径 6.0cm×6.3cm，花瓣 11 枚，花柱先端 5 裂，子房有茸毛。果实四方形、梅花形

（续）

种质编号	种质名称	物种名称	分布地点	海拔（m）	树高（m）	树幅（m×m）	基部干围（m）	主要形态
CN019	芭蕉林大茶树19号	*C. taliensis*	昌宁县温泉镇联席村芭蕉林	2 095	7.0	3.8×2.5	1.4	小乔木型，树姿直立，嫩枝无茸毛。芽叶淡绿色、无茸毛。叶片长宽13.0cm×5.3cm，叶长椭圆形，叶色深绿，叶身稍内折，叶面平，叶缘平，叶质硬，叶脉11对
CN020	芭蕉林大茶树20号	*C. taliensis*	昌宁县温泉镇联席村芭蕉林	2 090	5.0	2.5×2.0	1.6	小乔木型，树姿直立，嫩枝无茸毛。芽叶淡绿色、无茸毛。叶片长宽14.4cm×5.8cm，叶长椭圆形，叶色深绿，叶身稍内折，叶面平，叶缘平，叶质硬，叶脉8对
CN021	破石头大茶树1号	*C. sinensis* var. *assamica*	昌宁县温泉镇联席村破石头	2 078	5.8	5.1×5.4	2.6	小乔木型，树姿半开张，嫩枝有茸毛。芽叶黄绿色、多茸毛。叶片长宽14.0cm×5.4cm，叶长椭圆形，叶色绿，叶脉11对。萼片5片、无茸毛，花冠直径3.0cm×3.0cm，花瓣6枚，花柱先端3裂，子房有茸毛。果实球形、肾形
CN022	破石头大茶树2号	*C. sinensis* var. *assamica*	昌宁县温泉镇联席村破石头	2 078	5.0	3.0×4.5	2.0	小乔木型，树姿半开张，嫩枝有茸毛。芽叶黄绿色、多茸毛。叶片长宽16.0cm×6.0cm，叶长椭圆形，叶色绿，叶脉12对。萼片5片、无茸毛，花冠直径3.7cm×3.5cm，花瓣7枚，花柱先端3裂，子房有茸毛。果实球形、肾形、三角形
CN023	破石头大茶树3号	*C. sinensis* var. *assamica*	昌宁县温泉镇联席村破石头	2 074	4.0	3.2×3.5	1.8	小乔木型，树姿半开张，嫩枝有茸毛。芽叶黄绿色、多茸毛。叶片长宽14.5cm×5.4cm，叶长椭圆形，叶色绿，叶脉9对。萼片5片、无茸毛，花冠直径3.7cm×3.8cm，花瓣6枚，花柱先端3裂，子房有茸毛。果实球形、肾形
CN024	大寨子大茶树1号	*C. taliensis*	昌宁县温泉镇联席村大寨子	2 140	11.0	5.1×5.4	3.2	小乔木型，树姿半开张，嫩枝无茸毛。芽叶淡绿色、无茸毛。叶片长宽13.5cm×4.9cm，叶长椭圆形，叶色深绿，叶脉11对。萼片5片、无茸毛，花冠直径6.2cm×7.0cm，花瓣11枚，花柱先端5裂，子房有茸毛。果实球形
CN025	大寨子大茶树2号	*C. taliensis*	昌宁县温泉镇联席村大寨子	2 145	8.0	4.0×3.4	1.7	小乔木型，树姿半开张，嫩枝无茸毛。芽叶紫绿色、无茸毛。叶片长宽15.0cm×6.0cm，叶椭圆形，叶色绿，叶脉9对，叶身稍内折，叶面平，叶缘平，叶背主脉无茸毛
CN026	大寨子大茶树3号	*C. taliensis*	昌宁县温泉镇联席村大寨子	2 145	8.0	3.7×4.0	2.2	小乔木型，树姿半开张，嫩枝无茸毛。芽叶紫绿色、无茸毛。叶片长宽14.1cm×5.0cm，叶椭圆形，叶色绿，叶脉9对，叶身稍内折，叶面平，叶缘平，叶背主脉无茸毛

（续）

种质编号	种质名称	物种名称	分布地点	海拔（m）	树高（m）	树幅（m×m）	基部干围（m）	主要形态
CN027	大寨子大茶树4号	*C. taliensis*	昌宁县温泉镇联席村大寨子	2 145	7.0	5.0×4.0	2.4	乔木型，树姿直立，嫩枝无茸毛。芽叶淡绿色、无茸毛。叶片长宽13.8cm×5.6cm，叶长椭圆形，叶色深绿，叶脉10对，叶身稍内折，叶面平，叶缘平，叶背主脉无茸毛。萼片5片、无茸毛，花冠直径5.8cm×6.7cm，花瓣11枚，花柱先端5裂。果实梅花形
CN028	大寨子大茶树5号	*C. taliensis*	昌宁县温泉镇联席村大寨子	2 142	7.0	4.8×4.5	2.0	乔木型，树姿直立，嫩枝无茸毛。芽叶淡绿色、无茸毛。叶片长宽12.0cm×4.5cm，叶长椭圆形，叶色绿，叶脉9对，叶身稍内折，叶面平，叶缘平，叶背主脉无茸毛。果实梅花形
CN029	团山大茶树1号	*C. sinensis* var. *assamica*	昌宁县温泉镇联席村团山	1 990	15.4	7.4×9.0	2.9	乔木型，树姿直立，嫩枝有茸毛。叶片长宽14.1cm×6.1cm，叶长椭圆形，叶色深绿，叶脉9对，叶面隆起，叶身内折，叶尖渐尖，叶缘平，叶质中，叶柄、叶背主脉多茸毛。萼片5片、无茸毛，花冠直径3.3cm×3.0cm，花瓣6枚，花柱先端3裂，子房有茸毛。果实三角形
CN030	团山大茶树2号	*C. sinensis* var. *assamica*	昌宁县温泉镇联席村团山	1 982	7.0	3.0×4.0	2.2	乔木型，树姿直立，嫩枝有茸毛。叶片长宽13.0cm×5.7cm，叶长椭圆形，叶色深绿，叶脉11对，叶面隆起，叶身内折，叶尖渐尖，叶缘平，叶质中，叶柄、叶背主脉多茸毛。萼片5片、无茸毛，花冠直径3.5cm×3.8cm，花瓣6枚，花柱先端3裂，子房有茸毛。果实三角形
CN031	石佛山大茶树1号	*C. taliensis*	昌宁县田园镇新华社区石佛山	2 140	14.8	6.0×8.4	3.0	乔木型，树姿半开张，嫩枝无茸毛。芽叶绿色、无茸毛。叶片长宽12.2cm×4.5cm，叶长椭圆形，叶色深绿，叶脉8对，叶背主脉无茸毛。萼片5片、无茸毛，花冠直径6.8cm×7.0cm，花瓣11枚，花柱先端5裂，子房有茸毛。果实四方形、梅花形
CN032	石佛山大茶树2号	*C. taliensis*	昌宁县田园镇新华社区石佛山	2 152	13.0	6.0×6.0	2.2	小乔木型，树姿半开张，嫩枝无茸毛。芽叶淡绿色、无茸毛。叶片长宽12.3cm×4.7cm，叶长椭圆形，叶色绿，叶脉11对，叶背主脉无茸毛。萼片5片、无茸毛，花冠直径5.8cm×6.3cm，花瓣9枚，花柱先端4～5裂，子房有茸毛。果实四方形、梅花形
CN033	石佛山大茶树3号	*C. taliensis*	昌宁县田园镇新华社区石佛山	2 150	9.0	4.0×4.0	1.8	小乔木型，树姿半开张，嫩枝无茸毛。芽叶紫绿色、无茸毛。叶片长宽13.6cm×5.2cm，叶长椭圆形，叶色绿，叶脉11对，叶背主脉无茸毛

（续）

种质编号	种质名称	物种名称	分布地点	海拔（m）	树高（m）	树幅（m×m）	基部干围（m）	主要形态
CN034	石佛山大茶树4号	*C. taliensis*	昌宁县田园镇新华社区石佛山	2 144	7.0	3.0×4.2	2.0	小乔木型，树姿半开张，嫩枝无茸毛。芽叶黄绿色、无茸毛。叶片长宽15.0cm×5.3cm，叶长椭圆形，叶色绿，叶脉9对，叶背主脉无茸毛。萼片5片、无茸毛，花冠直径5.5cm×5.0cm，花瓣9枚，花柱先端4～5裂，子房有茸毛。果实四方形、梅花形
CN035	石佛山大茶树5号	*C. taliensis*	昌宁县田园镇新华社区石佛山	2 140	8.0	4.0×3.5	1.7	小乔木型，树姿半开张，嫩枝无茸毛。芽叶淡绿色、无茸毛。叶片长宽14.7cm×6.0cm，叶椭圆形，叶色深绿，叶脉11对，叶背主脉无茸毛。萼片5片、无茸毛，花冠直径5.5cm×5.3cm，花瓣9枚，花柱先端5裂，子房有茸毛。果实四方形、梅花形
CN036	茶山河大茶树1号	*C. taliensis*	昌宁县漭水镇沿江村茶山河	2 385	15.8	6.7×8.0	3.4	乔木型，树姿半开张，嫩枝茸毛无。芽叶绿色、无茸毛。叶片长宽14.2cm×6.2cm，叶椭圆形，叶色绿，叶面平，叶身平，叶质硬，叶背主脉无茸毛，叶脉9对。萼片5片、无茸毛，花冠直径5.3cm×5.5cm，花瓣9枚，花柱先端5裂，子房多茸毛。果实四方形、梅花形
CN037	茶山河大茶树2号	*C. taliensis*	昌宁县漭水镇沿江村茶山河	2 381	7.5	4.2×5.3	2.6	小乔木型，树姿开张，嫩枝无茸毛。芽叶绿色、无茸毛。叶片长宽12.0cm×4.8cm，叶长椭圆形，叶色深绿，叶脉11对，叶背主脉无茸毛。萼片5片、无茸毛，花冠直径5.7cm×5.3cm，花瓣9枚，花柱先端5裂，子房有茸毛。果实四方形、梅花形
CN038	茶山河大茶树3号	*C. taliensis*	昌宁县漭水镇沿江村茶山河	2 390	9.5	6.0×4.8	2.3	乔木型，树姿直立，嫩枝无茸毛。芽叶绿色、无茸毛。叶片长宽14.2cm×5.7cm，叶长椭圆形，叶色深绿，叶脉10对，叶背主脉无茸毛。萼片5片、无茸毛，花冠直径5.7cm×6.3cm，花瓣11枚，花柱先端5裂，子房有茸毛。果实四方形、梅花形
CN039	茶山河大茶树4号	*C. taliensis*	昌宁县漭水镇沿江村茶山河	2 394	8.0	6.8×5.0	3.0	乔木型，树姿直立，嫩枝无茸毛。芽叶紫绿色、无茸毛。叶片长宽15.6cm×6.3cm，叶长椭圆形，叶色深绿，叶脉11对，叶背主脉无茸毛。萼片5片、无茸毛，花冠直径6.3cm×7.2cm，花瓣9枚，花柱先端5裂，子房多茸毛。果实四方形、梅花形

（续）

种质编号	种质名称	物种名称	分布地点	海拔（m）	树高（m）	树幅（m×m）	基部干围（m）	主要形态
CN040	茶山河大茶树 5 号	*C. taliensis*	昌宁县漭水镇沿江村茶山河	2 394	8.3	6.0×5.0	2.8	乔木型，树姿半开张，嫩枝无茸毛。芽叶黄绿色、无茸毛。叶片长宽 13.4cm×5.0cm，叶长椭圆形，叶色深绿，叶脉 8 对，叶背主脉无茸毛。萼片 5 片、无茸毛，花冠直径 6.5cm×6.0cm，花瓣 9 枚，花柱先端 4～5 裂，子房多茸毛。果实四方形、梅花形
CN041	茶山河大茶树 6 号	*C. taliensis*	昌宁县漭水镇沿江村茶山河	2 405	7.8	5.5×4.5	3.0	乔木型，树姿半开张，嫩枝无茸毛。芽叶淡绿色、无茸毛。叶片长宽 14.7cm×5.3cm，叶长椭圆形，叶色深绿，叶脉 9 对，叶背主脉无茸毛。萼片 5 片、无茸毛，花冠直径 6.7cm×6.4cm，花瓣 11 枚，花柱先端 5 裂，子房多茸毛。果实四方形、梅花形
CN042	茶山河大茶树 7 号	*C. taliensis*	昌宁县漭水镇沿江村茶山河	2 400	7.0	5.6×6.0	2.5	小乔木型，树姿半开张，嫩枝无茸毛。芽叶淡绿色、无茸毛。叶片长宽 13.2cm×4.8cm，叶长椭圆形，叶色绿，叶脉 8 对，叶背主脉无茸毛。萼片 5 片、无茸毛，花冠直径 5.0cm×6.8cm，花瓣 9 枚，花柱先端 5 裂，子房多茸毛。果实四方形、梅花形
CN043	茶山河大茶树 8 号	*C. taliensis*	昌宁县漭水镇沿江村茶山河	2 400	8.2	4.8×6.2	2.6	小乔木型，树姿半开张，嫩枝无茸毛。芽叶绿色、无茸毛。叶片长宽 13.0cm×5.2cm，叶长椭圆形，叶色绿，叶脉 9 对，叶背主脉无茸毛。萼片 5 片、无茸毛，花冠直径 5.5cm×6.6cm，花瓣 11 枚，花柱先端 5 裂，子房多茸毛。果实四方形、梅花形
CN044	茶山河大茶树 9 号	*C. taliensis*	昌宁县漭水镇沿江村茶山河	2 400	7.0	5.0×5.0	2.8	小乔木型，树姿半开张，嫩枝无茸毛。芽叶淡绿色、无茸毛。叶片长宽 12.7cm×5.2cm，叶长椭圆形，叶色绿，叶脉 9 对，叶背主脉无茸毛。果实四方形、梅花形
CN045	茶山河大茶树 10 号	*C. taliensis*	昌宁县漭水镇沿江村茶山河	2 400	7.5	5.2×4.0	2.7	乔木型，树姿半开张，嫩枝无茸毛。芽叶淡绿色、无茸毛。叶片长宽 15.2cm×5.8cm，叶长椭圆形，叶色绿，叶脉 9 对，叶背主脉无茸毛，叶身平，叶面平，叶缘平，叶质硬。果实四方形、梅花形
CN046	茶山河大茶树 11 号	*C. taliensis*	昌宁县漭水镇沿江村茶山河	2 403	6.5	4.3×4.5	2.5	乔木型，树姿半开张，嫩枝无茸毛。芽叶淡绿色、无茸毛。叶片长宽 13.8cm×4.5cm，叶长椭圆形，叶色深绿，叶脉 10 对，叶背主脉无茸毛，叶身平，叶面平，叶缘平，叶质硬。果实四方形、梅花形

（续）

种质编号	种质名称	物种名称	分布地点	海拔（m）	树高（m）	树幅（m×m）	基部干围（m）	主要形态
CN047	茶山河大茶树 12 号	*C. taliensis*	昌宁县漭水镇沿江村茶山河	2 404	6.0	4.0×4.0	3.2	小乔木型，树姿半开张，嫩枝无茸毛。芽叶淡绿色、无茸毛。叶片长宽 14.0cm×5.2cm，叶长椭圆形，叶色深绿，叶脉 11 对，叶背主脉无茸毛，叶身平，叶面平，叶缘平，叶质硬。果实四方形、梅花形
CN048	茶山河大茶树 13 号	*C. taliensis*	昌宁县漭水镇沿江村茶山河	2 400	9.0	6.6×8.0	2.9	乔木型，树姿半开张，嫩枝无茸毛。芽叶绿色、无茸毛。叶片长宽 13.6cm×5.0cm，叶长椭圆形，叶色深绿，叶脉 9 对，叶背主脉无茸毛。萼片 5 片、无茸毛，花冠直径 6.0cm×5.9cm，花瓣 10 枚，花柱先端 5 裂，子房有茸毛。果实四方形、梅花形
CN049	茶山河大茶树 14 号	*C. taliensis*	昌宁县漭水镇沿江村茶山河	2 400	6.0	6.0×8.0	1.5	乔木型，树姿半开张，嫩枝无茸毛。芽叶紫绿色、无茸毛。叶片长宽 15.0cm×5.6cm，叶长椭圆形，叶色深绿，叶脉 11 对，叶背主脉无茸毛。萼片 5 片、无茸毛，花冠直径 6.8cm×6.4cm，花瓣 10 枚，花柱先端 5 裂，子房有茸毛。果实四方形、梅花形
CN050	茶山河大茶树 15 号	*C. taliensis*	昌宁县漭水镇沿江村茶山河	2 408	8.0	7.2×7.0	2.7	乔木型，树姿半开张，嫩枝无茸毛。芽叶紫绿色、无茸毛。叶片长宽 15.5cm×5.8cm，叶长椭圆形，叶色深绿，叶脉 10 对，叶背主脉无茸毛。萼片 5 片、无茸毛，花冠直径 6.0cm×6.0cm，花瓣 9 枚，花柱先端 5 裂，子房有茸毛。果实四方形、梅花形
CN051	茶山河大茶树 16 号	*C. taliensis*	昌宁县漭水镇沿江村茶山河	2 400	9.3	13.9×8.4	2.8	乔木型，树姿半开张，嫩枝无茸毛。芽叶绿色、无茸毛。叶片长宽 13.6cm×4.8cm，叶长椭圆形，叶色深绿，叶脉 10 对，叶背主脉无茸毛。萼片 5 片、无茸毛，花冠直径 5.3cm×5.8cm，花瓣 9 枚，花柱先端 5 裂，子房有茸毛。果实四方形、梅花形
CN052	茶山河大茶树 17 号	*C. taliensis*	昌宁县漭水镇沿江村茶山河	2 400	9.6	12.5×7.0	2.6	乔木型，树姿直立，嫩枝无茸毛。芽叶绿色、无茸毛。叶片长宽 15.7cm×5.2cm，叶长椭圆形，叶色深绿，叶脉 11 对，叶背主脉无茸毛。萼片 5 片、无茸毛，花冠直径 5.5cm×5.0cm，花瓣 10 枚，花柱先端 5 裂，子房有茸毛。果实四方形、梅花形
CN053	茶山河大茶树 18 号	*C. taliensis*	昌宁县漭水镇沿江村茶山河	2 359	8.8	8.0×7.8	2.4	小乔木型，树姿半开张，嫩枝无茸毛。芽叶淡绿色、无茸毛。叶片长宽 10.6cm×4.7cm，叶长椭圆形，叶身内折，叶面平，叶缘平，叶质硬，叶色绿，叶背主脉无茸毛，叶脉 9 对

（续）

种质编号	种质名称	物种名称	分布地点	海拔（m）	树高（m）	树幅（m×m）	基部干围（m）	主要形态
CN054	茶山河大茶树 19 号	*C. taliensis*	昌宁县漭水镇沿江村茶山河	2 370	8.2	5.0×5.0	2.2	乔木型，树姿直立，嫩枝无茸毛。芽叶绿色、无茸毛。叶片长宽 12.6cm×4.6cm，叶长椭圆形，叶色深绿，叶脉 11 对，叶背主脉无茸毛。萼片 5 片、无茸毛，花冠直径 6.4cm×6.7cm，花瓣 10 枚，花柱先端 5 裂，子房有茸毛。果实四方形、梅花形
CN055	茶山河大茶树 20 号	*C. taliensis*	昌宁县漭水镇沿江村茶山河	2 390	8.0	5.0×4.0	2.2	乔木型，树姿直立，嫩枝无茸毛。芽叶绿色、无茸毛。叶片长宽 12.6cm×5.1cm，叶长椭圆形，叶色深绿，叶身稍内折，叶面平，叶缘平，叶质硬，叶脉 11 对，叶背主脉无茸毛。萼片 5 片、无茸毛，花冠直径 6.0cm×5.7cm，花瓣 10 枚，花柱先端 5 裂，子房有茸毛。果实四方形、梅花形
CN056	茶山河大茶树 21 号	*C. taliensis*	昌宁县漭水镇沿江村茶山河	2 380	8.6	5.0×5.0	2.4	乔木型，树姿直立，嫩枝无茸毛。芽叶紫绿色、无茸毛。叶片长宽 12.7cm×5.5cm，叶椭圆形，叶色绿，叶背主脉无茸毛，叶脉 11 对，叶身稍内折，叶面平，叶缘平，叶质中。萼片 5 片、无茸毛，花冠直径 4.3cm×4.7cm，花瓣 9 枚，花柱先端 5 裂，子房有茸毛。果实四方形、梅花形
CN057	羊圈坡大茶树 1 号	*C. taliensis*	昌宁县漭水镇沿江村羊圈坡	2 340	11.0	8.9×8.0	3.2	乔木型，树姿直立，嫩枝无茸毛。芽叶绿色、无茸毛。叶片长宽 12.8cm×4.7cm，叶长椭圆形，叶色深绿，叶脉 9 对，叶背主脉无茸毛。萼片 5 片、无茸毛，花冠直径 5.2cm×4.6cm，花瓣 11 枚，花柱先端 5 裂，子房有茸毛。果实四方形、梅花形
CN058	羊圈坡大茶树 2 号	*C. taliensis*	昌宁县漭水镇沿江村羊圈坡	2 340	10.0	6.0×6.0	2.4	小乔木型，树姿直立，嫩枝无茸毛。芽叶绿色、无茸毛。叶片长宽 13.3cm×5.4cm，叶长椭圆形，叶色深绿，叶脉 10 对，叶背主脉无茸毛。萼片 5 片、无茸毛，花冠直径 5.8cm×6.6cm，花瓣 9 枚，花柱先端 5 裂，子房有茸毛。果实四方形、梅花形
CN059	羊圈坡大茶树 3 号	*C. taliensis*	昌宁县漭水镇沿江村羊圈坡	2 340	9.0	6.5×7.0	2.7	小乔木型，树姿半开张，嫩枝无茸毛。芽叶紫绿色、无茸毛。叶片长宽 12.0cm×4.5cm，叶长椭圆形，叶色深绿，叶脉 8 对，叶背主脉无茸毛，叶身平，叶缘平，叶质硬

（续）

种质编号	种质名称	物种名称	分布地点	海拔（m）	树高（m）	树幅（m×m）	基部干围（m）	主要形态
CN060	羊圈坡人茶树4号	*C. taliensis*	昌宁县漭水镇沿江村羊圈坡	2 340	9.0	5.5×5.0	3.0	小乔木型，树姿半开张，嫩枝无茸毛。芽叶淡绿色、无茸毛。叶片长宽15.0cm×5.3cm，叶长椭圆形，叶色深绿，叶脉11对，叶背主脉无茸毛。萼片5片、无茸毛，花冠直径4.7cm×5.3cm，花瓣8枚，花柱先端4～5裂，子房有茸毛
CN061	羊圈坡大茶树5号	*C. taliensis*	昌宁县漭水镇沿江村羊圈坡	2 340	8.0	5.0×6.0	2.8	小乔木型，树姿半开张，嫩枝无茸毛。芽叶绿色、无茸毛。叶片长宽13.4cm×4.9cm，叶长椭圆形，叶色深绿，叶脉9对，叶背主脉无茸毛。萼片5片、无茸毛，花冠直径5.6cm×6.3cm，花瓣11枚，花柱先端5裂，子房有茸毛。果实四方形、梅花形
CN062	羊圈坡大茶树6号	*C. taliensis*	昌宁县漭水镇沿江村羊圈坡	2 385	7.0	4.5×6.0	2.5	小乔木型，树姿直立，嫩枝无茸毛。芽叶绿色、无茸毛。叶片长宽14.9cm×5.7cm，叶长椭圆形，叶色深绿，叶脉11对，叶背主脉无茸毛。萼片5片、无茸毛，花冠直径5.9cm×5.6cm，花瓣11枚，花柱先端5裂，子房有茸毛。果实四方形、梅花形
CN063	羊圈坡大茶树7号	*C. taliensis*	昌宁县漭水镇沿江村羊圈坡	2 380	9.0	5.0×5.7	2.0	乔木型，树姿直立，嫩枝无茸毛。芽叶绿色、无茸毛。叶片长宽13.3cm×5.4cm，叶长椭圆形，叶色深绿，叶脉10对，叶背主脉无茸毛。萼片5片、无茸毛，花冠直径6.0cm×6.0cm，花瓣10枚，花柱先端5裂，子房有茸毛。果实四方形、梅花形
CN064	羊圈坡大茶树7号	*C. taliensis*	昌宁县漭水镇沿江村羊圈坡	2 380	9.0	5.0×5.7	2.0	乔木型，树姿直立，嫩枝无茸毛。芽叶绿色、无茸毛。叶片长宽13.3cm×5.4cm，叶长椭圆形，叶色深绿，叶脉10对，叶背主脉无茸毛。萼片5片、无茸毛，花冠直径6.0cm×6.0cm，花瓣10枚，花柱先端5裂，子房有茸毛。果实四方形、梅花形
CN065	羊圈坡大茶树8号	*C. taliensis*	昌宁县漭水镇沿江村羊圈坡	2 381	7.6	5.2×5.0	2.9	小乔木型，树姿直立，嫩枝无茸毛。芽叶淡绿色、无茸毛。叶片长宽15.7cm×5.8cm，叶长椭圆形，叶色绿，叶脉9对，叶背主脉无茸毛。萼片5片、无茸毛，花冠直径5.0cm×6.4cm，花瓣11枚，花柱先端4～5裂，子房多茸毛。果实四方形、梅花形
CN066	羊圈坡大茶树9号	*C. taliensis*	昌宁县漭水镇沿江村羊圈坡	2 381	8.0	6.0×4.7	2.6	乔木型，树姿直立，嫩枝无茸毛。芽叶紫绿色、无茸毛。叶片长宽14.0cm×5.3cm，叶长椭圆形，叶色深绿，叶脉10对，叶背主脉无茸毛。萼片5片、无茸毛，花冠直径6.2cm×6.6cm，花瓣9枚，花柱先端5裂，子房有茸毛。果实四方形、梅花形

（续）

种质编号	种质名称	物种名称	分布地点	海拔（m）	树高（m）	树幅（m×m）	基部干围（m）	主要形态
CN067	羊圈坡大茶树10号	*C. taliensis*	昌宁县漭水镇沿江村羊圈坡	2 383	10.0	6.4×8.0	2.4	乔木型，树姿直立，嫩枝无茸毛。芽叶绿色、无茸毛。叶片长宽13.8cm×5.4cm，叶长椭圆形，叶色绿，叶脉11对，叶背主脉无茸毛。萼片5片、无茸毛，花冠直径5.4cm×5.0cm，花瓣11枚，花柱先端5裂，子房有茸毛。果实四方形、梅花形
CN068	羊圈坡大茶树11号	*C. taliensis*	昌宁县漭水镇沿江村羊圈坡	2 383	11.0	6.0×7.0	3.0	乔木型，树姿直立，嫩枝无茸毛。芽叶绿色、无茸毛。叶片长宽15.4cm×6.8cm，叶椭圆形，叶色绿，叶脉8对，叶背主脉无茸毛。萼片5片、无茸毛，花冠直径6.7cm×6.2cm，花瓣9枚，花柱先端5裂，子房有茸毛。果实四方形、梅花形
CN069	羊圈坡大茶树12号	*C. taliensis*	昌宁县漭水镇沿江村羊圈坡	2 383	11.0	6.3×6.0	2.8	乔木型，树姿直立，嫩枝无茸毛。芽叶绿色、无茸毛。叶片长宽15.0cm×5.9cm，叶长椭圆形，叶色深绿，叶脉10对，叶背主脉无茸毛。萼片5片、无茸毛，花冠直径5.5cm×6.0cm，花瓣10枚，花柱先端5裂，子房有茸毛。果实四方形、梅花形
CN070	羊圈坡大茶树13号	*C. taliensis*	昌宁县漭水镇沿江村羊圈坡	2 384	9.0	5.8×5.7	2.3	乔木型，树姿直立，嫩枝无茸毛。芽叶紫绿色、无茸毛。叶片长宽13.0cm×5.0cm，叶长椭圆形，叶色深绿，叶脉9对，叶背主脉无茸毛。萼片5片、无茸毛，花冠直径4.8cm×5.3cm，花瓣9枚，花柱先端5裂，子房有茸毛。果实四方形、梅花形
CN071	羊圈坡大茶树14号	*C. taliensis*	昌宁县漭水镇沿江村羊圈坡	2 384	8.0	5.0×6.5	2.5	乔木型，树姿直立，嫩枝无茸毛。芽叶绿色、无茸毛。叶片长宽13.8cm×5.0cm，叶长椭圆形，叶色深绿，叶脉8对，叶背主脉无茸毛。萼片5片、无茸毛，花冠直径6.2cm×6.7cm，花瓣11枚，花柱先端5裂，子房有茸毛。果实四方形、梅花形
CN072	羊圈坡大茶树15号	*C. taliensis*	昌宁县漭水镇沿江村羊圈坡	2 382	8.5	6.8×7.5	2.4	乔木型，树姿直立，嫩枝无茸毛。芽叶绿色、无茸毛。叶片长宽12.8cm×5.0cm，叶长椭圆形，叶色深绿，叶脉9对，叶背主脉无茸毛。萼片5片、无茸毛，花冠直径5.0cm×5.7cm，花瓣10枚，花柱先端5裂，子房有茸毛。果实四方形、梅花形
CN073	羊圈坡大茶树16号	*C. taliensis*	昌宁县漭水镇沿江村羊圈坡	2 382	12.0	4.5×6.0	2.0	乔木型，树姿直立，嫩枝无茸毛。芽叶绿色、无茸毛。叶片长宽13.8cm×5.2cm，叶长椭圆形，叶色深绿，叶身稍内折，叶缘平，叶面平，叶脉8对，叶背主脉无茸毛

（续）

种质编号	种质名称	物种名称	分布地点	海拔（m）	树高（m）	树幅（m×m）	基部干围（m）	主要形态
CN074	羊圈坡大茶树 17 号	*C. taliensis*	昌宁县漭水镇沿江村羊圈坡	2 382	10.0	7.0×8.0	2.3	乔木型，树姿直立，嫩枝无茸毛。芽叶绿色、无茸毛。叶片长宽 13.3cm×4.7cm，叶长椭圆形，叶色深绿，叶身稍内折，叶缘平，叶面平，叶脉 8 对，叶背主脉无茸毛
CN075	羊圈坡大茶树 18 号	*C. taliensis*	昌宁县漭水镇沿江村羊圈坡	2 382	7.0	5.0×5.0	2.4	乔木型，树姿直立，嫩枝无茸毛。芽叶绿色、无茸毛。叶片长宽 16.0cm×5.8cm，叶长椭圆形，叶色深绿，叶身稍内折，叶缘平，叶面平，叶脉 10 对，叶背主脉无茸毛
CN076	羊圈坡大茶树 19 号	*C. taliensis*	昌宁县漭水镇沿江村羊圈坡	2 384	8.0	6.3×5.0	2.7	乔木型，树姿直立，嫩枝无茸毛。芽叶绿色、无茸毛。叶片长宽 15.5cm×6.4cm，叶长椭圆形，叶色深绿，叶身稍内折，叶缘平，叶面平，叶脉 11 对，叶背主脉无茸毛
CN077	羊圈坡大茶树 20 号	*C. taliensis*	昌宁县漭水镇沿江村羊圈坡	2 384	9.0	5.0×5.0	2.2	乔木型，树姿直立，嫩枝无茸毛。芽叶绿色、无茸毛。叶片长宽 13.0cm×4.7cm，叶长椭圆形，叶色深绿，叶脉 10 对，叶背主脉无茸毛。萼片 5 片、无茸毛，花冠直径 5.5cm×6.2cm，花瓣 9 枚，花柱先端 5 裂，子房有茸毛。果实四方形、梅花形
CN078	大香树大茶树 1 号	*C. taliensis*	昌宁县漭水镇沿江村大香树	2 270	12.0	8.2×8.0	3.3	乔木型，树姿直立，嫩枝无茸毛。芽叶绿色、无茸毛。叶片长宽 15.6cm×6.0cm，叶长椭圆形，叶色深绿，叶脉 11 对，叶背主脉无茸毛，叶身稍内折，叶面平，叶缘平，叶质硬。果实四方形、梅花形
CN079	大香树大茶树 2 号	*C. taliensis*	昌宁县漭水镇沿江村大香树	2 270	10.0	7.0×6.5	2.8	乔木型，树姿直立，嫩枝无茸毛。芽叶黄绿色、无茸毛。叶片长宽 15.0cm×5.4cm，叶长椭圆形，叶色浅绿，叶脉 10 对，叶背主脉无茸毛，叶身稍内折，叶面平，叶缘平，叶质硬。果实四方形、梅花形
CN080	大香树大茶树 3 号	*C. taliensis*	昌宁县漭水镇沿江村大香树	2 270	11.0	6.5×6.0	2.5	乔木型，树姿半开张，嫩枝无茸毛。芽叶淡绿色、无茸毛。叶片长宽 12.5cm×5.0cm，叶长椭圆形，叶色深绿，叶脉 8 对，叶背主脉无茸毛，叶身稍内折，叶面平，叶缘平，叶质硬。果实四方形、梅花形
CN081	大香树大茶树 4 号	*C. taliensis*	昌宁县漭水镇沿江村大香树	2 270	9.5	6.5×5.3	2.7	乔木型，树姿直立，嫩枝无茸毛。芽叶绿色、无茸毛。叶片长宽 13.5cm×5.2cm，叶长椭圆形，叶色绿，叶脉 9 对，叶背主脉无茸毛，叶身稍内折，叶面平，叶缘平，叶质硬。果实四方形、梅花形

（续）

种质编号	种质名称	物种名称	分布地点	海拔（m）	树高（m）	树幅（m×m）	基部干围（m）	主要形态
CN082	大香树大茶树5号	*C. taliensis*	昌宁县漭水镇沿江村大香树	2 270	9.0	7.0×6.0	2.4	乔木型，树姿直立，嫩枝无茸毛。芽叶淡绿色、无茸毛。叶片长宽14.3cm×4.8cm，叶长椭圆形，叶色深绿，叶脉11对，叶背主脉无茸毛。萼片5片、无茸毛，花冠直径6.8cm×7.3cm，花柱先端5裂，子房被茸毛。果实四方形、梅花形
CN083	大香树大茶树6号	*C. taliensis*	昌宁县漭水镇沿江村大香树	2 270	10.0	6.2×6.0	2.0	小乔木型，树姿半开张，嫩枝无茸毛。芽叶绿色、无茸毛。叶片长宽14.9cm×5.4cm，叶长椭圆形，叶色深绿，叶脉10对，叶背主脉无茸毛。萼片5片、无茸毛，花冠直径6.5cm×6.0cm，花柱先端5裂，子房被茸毛。果实四方形、梅花形
CN084	大香树大茶树7号	*C. taliensis*	昌宁县漭水镇沿江村大香树	2 268	8.0	5.5×6.3	2.0	小乔木型，树姿半开张，嫩枝无茸毛。芽叶绿色、无茸毛。叶片长宽13.4cm×5.0cm，叶长椭圆形，叶色绿，叶脉10对，叶背主脉无茸毛。萼片5片、无茸毛，花冠直径6.0cm×5.0cm，花柱先端5裂，子房被茸毛。果实四方形、梅花形
CN085	大香树大茶树8号	*C. taliensis*	昌宁县漭水镇沿江村大香树	2 268	9.0	8.0×7.0	2.3	乔木型，树姿直立，嫩枝无茸毛。芽叶绿色、无茸毛。叶片长宽14.4cm×5.7cm，叶长椭圆形，叶色深绿，叶脉11对，叶背主脉无茸毛。萼片5片、无茸毛，花冠直径5.8cm×6.4cm，花柱先端5裂，子房被茸毛。果实四方形、梅花形
CN086	大香树大茶树9号	*C. taliensis*	昌宁县漭水镇沿江村大香树	2 265	7.5	6.0×6.5	2.2	乔木型，树姿直立，嫩枝无茸毛。芽叶绿色、无茸毛。叶片长宽15.3cm×5.7cm，叶长椭圆形，叶色深绿，叶脉8对，叶背主脉无茸毛。萼片5片、无茸毛，花冠直径6.7cm×5.0cm，花柱先端5裂，子房被茸毛。果实四方形、梅花形
CN087	大香树大茶树10号	*C. taliensis*	昌宁县漭水镇沿江村大香树	2 264	7.5	5.0×4.0	2.0	乔木型，树姿半开张，嫩枝无茸毛。芽叶绿色、无茸毛。叶片长宽14.0cm×5.2cm，叶长椭圆形，叶色深绿，叶脉9对，叶背主脉无茸毛。萼片5片、无茸毛，花冠直径6.0cm×5.0cm，花柱先端5裂，子房被茸毛。果实四方形、梅花形
CN088	唐家河大茶树1号	*C. taliensis*	昌宁县漭水镇沿江村唐家河	2 170	8.0	5.0×5.0	2.2	乔木型，树姿直立，嫩枝无茸毛。芽叶绿色、无茸毛。叶片长宽12.6cm×4.6cm，叶长椭圆形，叶色深绿，叶脉10对，叶背主脉无茸毛。萼片5片、无茸毛，花冠直径5.6cm×5.0cm，花瓣9枚，花柱先端5裂，子房有茸毛。果实四方形、梅花形

（续）

种质编号	种质名称	物种名称	分布地点	海拔（m）	树高（m）	树幅（m×m）	基部干围（m）	主要形态
CN089	唐家河大茶树2号	*C. taliensis*	昌宁县漭水镇沿江村唐家河	2 170	7.2	4.0×5.3	1.8	小乔木型，树姿直立，嫩枝无茸毛。芽叶绿色、无茸毛。叶片长宽11.8cm×4.7cm，叶长椭圆形，叶色深绿，叶脉9对，叶背主脉无茸毛。萼片5片、无茸毛，花冠直径5.2cm×4.0cm，花瓣10枚，花柱先端5裂，子房有茸毛。果实四方形、梅花形
CN090	唐家河大茶树3号	*C. taliensis*	昌宁县漭水镇沿江村唐家河	2 164	6.8	4.0×4.0	1.5	乔木型，树姿直立，嫩枝无茸毛。芽叶绿色、无茸毛。叶片长宽13.3cm×5.4cm，叶长椭圆形，叶色深绿，叶脉10对，叶背主脉无茸毛，叶身平，叶缘平，叶面平，叶质硬
CN091	碓房箐大茶树1号	*C. sinensis* var. *assamica*	昌宁县漭水镇漭水社区碓房箐	1 880	8.5	4.9×5.5	0.6	乔木型，树姿半开张。芽叶淡绿色、多茸毛。叶片长宽16.3cm×5.8cm，叶长椭圆形，叶色绿，叶脉12对。萼片5片、无茸毛，花冠直径2.6cm×3.0cm，花瓣6枚，花柱先端3裂，子房有茸毛。果实球形
CN092	碓房箐大茶树2号	*C. sinensis* var. *assamica*	昌宁县漭水镇漭水社区碓房箐	1 850	5.5	4.0×5.0	0.6	小乔木型，树姿半开张。芽叶淡绿色、多茸毛。叶片长宽15.8cm×4.5cm，叶长椭圆形，叶色绿，叶脉11对。萼片5片、无茸毛，花冠直径2.9cm×3.4cm，花瓣6枚，花柱先端3裂，子房有茸毛。果实三角形
CN093	碓房箐大茶树3号	*C. sinensis* var. *assamica*	昌宁县漭水镇漭水社区碓房箐	1 850	5.0	3.2×3.5	0.8	小乔木型，树姿开张。芽叶淡绿色、多茸毛。叶片长宽16.0cm×5.8cm，叶长椭圆形，叶色绿，叶脉10对。萼片5片、无茸毛，花冠直径3.4cm×3.0cm，花瓣6枚，花柱先端3裂，子房有茸毛。果实球形
CN094	黄家寨大茶树1号	*C. sinensis* var. *assamica*	昌宁县漭水镇漭水社区黄家寨	1 873	12.0	7.8×8.0	1.2	乔木型，树姿半开张，嫩枝有茸毛。叶片长宽16.2cm×6.2cm，叶长椭圆形，叶色黄绿，叶背主脉有茸毛，叶脉10对。叶芽黄绿色、多茸毛。萼片5片、无茸毛，花冠直径3.3cm×3.4cm，花瓣6枚，花柱先端3裂，子房有茸毛。果实球形、三角形
CN095	黄家寨大茶树2号	*C. sinensis* var. *assamica*	昌宁县漭水镇漭水社区黄家寨	1 860	8.2	4.8×5.4	2.5	下乔木型，树姿半开张，嫩枝有茸毛。叶片长宽14.2cm×5.3cm，叶长椭圆形，叶色黄绿色，叶背主脉有茸毛，叶脉12对。叶芽黄绿、多茸毛。萼片5片、无茸毛，花冠直径3.7cm×4.0cm，花瓣7枚，花柱先端3裂，子房有茸毛。果实球形、三角形

（续）

种质编号	种质名称	物种名称	分布地点	海拔（m）	树高（m）	树幅（m×m）	基部干围（m）	主要形态
CN096	黄家寨大茶树3号	*C. sinensis* var. *assamica*	昌宁县漭水镇漭水社区黄家寨	1 848	8.0	4.5×4.5	2.4	小乔木型，树姿半开张，嫩枝有茸毛。叶片长宽9.6cm×4.3cm，叶椭圆形，叶色浅绿，叶背主脉有茸毛，叶脉7对。叶芽黄绿色、多茸毛。萼片5片、无茸毛，花冠直径3.6cm×4.0cm，花瓣6枚，花柱先端3裂，子房有茸毛。果实球形、三角形
CN097	黄家寨大茶树4号	*C. sinensis* var. *assamica*	昌宁县漭水镇漭水社区黄家寨	1 850	11.0	5.0×4.5	1.0	小乔木型，树姿开张。叶片长宽14.9cm×6.4cm，叶椭圆形，叶色黄绿，叶背主脉有茸毛，叶脉10对。叶芽黄绿色、多茸毛。萼片5片、无茸毛，花冠直径3.2cm×3.0cm，花瓣6枚，花柱先端3裂，子房有茸毛。果实球形、三角形
CN098	黄家寨大茶树5号	*C. sinensis* var. *assamica*	昌宁县漭水镇漭水社区黄家寨	1 808	9.6	6.8×5.7	1.4	小乔木型，树姿半开张。叶片长宽17.6cm×6.7cm，叶长椭圆形，叶色黄绿，叶背主脉有茸毛，叶脉11对。叶芽黄绿色、多茸毛。萼片5片、无茸毛，花冠直径3.6cm×3.1cm，花瓣6枚，花柱先端3裂，子房有茸毛。果实三角形
CN099	黄家寨大茶树6号	*C. sinensis* var. *assamica*	昌宁县漭水镇漭水社区黄家寨	1 808	9.3	5.5×5.0	1.6	小乔木型，树姿半开张。叶片长宽18.9cm×7.4cm，叶长椭圆形，叶色绿，叶背主脉有茸毛，叶脉11对。叶芽黄绿色、多茸毛。萼片5片、无茸毛，花冠直径3.7cm×2.6cm，花瓣7枚，花柱先端3裂，子房有茸毛。果实三角形
CN100	黄家寨大茶树7号	*C. sinensis* var. *assamica*	昌宁县漭水镇漭水社区黄家寨	1 850	7.5	5.0×4.0	1.3	小乔木型，树姿半开张。叶片长宽16.0cm×6.2cm，叶长椭圆形，叶色绿，叶背主脉有茸毛，叶脉10对。叶芽黄绿色、多茸毛。萼片5片、无茸毛，花冠直径3.4cm×3.9cm，花瓣6枚，花柱先端3裂，子房有茸毛。果实三角形
CN101	黄家寨大茶树8号	*C. sinensis* var. *assamica*	昌宁县漭水镇漭水社区黄家寨	1 850	6.8	4.0×4.6	1.0	小乔木型，树姿半开张。叶片长宽15.5cm×6.0cm，叶长椭圆形，叶色绿，叶背主脉有茸毛，叶脉9对。叶芽黄绿色、多茸毛。萼片5片、无茸毛，花冠直径3.0cm×2.9cm，花瓣5枚，花柱先端3裂，子房有茸毛。果实三角形
CN102	黄家寨大茶树9号	*C. sinensis* var. *assamica*	昌宁县漭水镇漭水社区黄家寨	1 851	6.0	4.3×4.7	1.1	小乔木型，树姿半开张。叶片长宽15.3cm×5.7cm，叶长椭圆形，叶色浅绿，叶背主脉有茸毛，叶脉8对。叶芽黄绿色、多茸毛。萼片5片、无茸毛，花冠直径2.8cm×2.7cm，花瓣6枚，花柱先端3裂，子房有茸毛。果实三角形

（续）

种质编号	种质名称	物种名称	分布地点	海拔（m）	树高（m）	树幅（m×m）	基部干围（m）	主要形态
CN103	黄家寨大茶树10号	*C. sinensis* var. *assamica*	昌宁县漭水镇漭水社区黄家寨	1 851	6.5	4.0×4.0	1.0	小乔木型，树姿半开张。叶片长宽16.4cm×5.9cm，叶长椭圆形，叶色浅绿，叶背主脉有茸毛，叶脉11对。叶芽黄绿色、多茸毛。萼片5片、无茸毛，花冠直径2.8cm×2.5cm，花瓣6枚，花柱先端3裂，子房有茸毛。果实三角形
CN104	黄家寨大茶树11号	*C. sinensis* var. *assamica*	昌宁县漭水镇漭水社区黄家寨	1 872	10.0	6.0×6.0	1.2	乔木型，树姿半开张，嫩枝有茸毛。叶芽黄绿色、多茸毛。叶片长宽17.5cm×7.6cm，叶长椭圆形，叶色黄绿，叶背主脉有茸毛，叶脉13对，叶身背卷，叶面隆起，叶缘波，叶质中。萼片5片、无茸毛，花冠直径3.4cm×3.2cm，花瓣6枚，花柱先端3裂，子房有茸毛。果实球形、三角形
CN105	滑石板箐大茶树1号	*C. taliensis*	昌宁县翁堵乡立木山村滑石板箐	2 360	12.8	6.0×5.9	1.8	乔木型，树姿直立，嫩枝无茸毛。叶片长宽12.3cm×4.7cm，叶长椭圆形，叶色绿，叶基楔形，叶面平，叶身内折，叶尖渐尖，叶缘平，叶质中，叶背主脉无茸毛
CN106	滑石板箐大茶树2号	*C. taliensis*	昌宁县翁堵乡立木山村滑石板箐	2 360	8.0	5.0×5.0	1.3	乔木型，树姿直立，嫩枝无茸毛。叶片长宽14.0cm×5.7cm，叶椭圆形，叶色绿，叶基楔形，叶面平，叶身内折，叶尖渐尖，叶缘平，叶质中，叶背主脉无茸毛
CN107	滑石板箐大茶树3号	*C. taliensis*	昌宁县翁堵乡立木山村滑石板箐	2 363	7.5	4.0×5.2	1.4	乔木型，树姿直立，嫩枝无茸毛。叶片长宽13.5cm×4.9cm，叶长椭圆形，叶色绿，叶基楔形，叶面平，叶身平，叶尖渐尖，叶缘平，叶质中，叶背主脉无茸毛
CN108	岩子脚大茶树1号	*C. taliensis*	昌宁县翁堵镇立木山村岩子脚	1 808	7.3	4.6×4.0	2.2	小乔木型，树姿半开张，嫩枝无茸毛。芽叶淡绿色、无茸毛。叶片长宽11.4cm×4.7cm，叶椭圆形，叶色绿，叶背主脉无茸毛，叶脉9对，叶身稍内折，叶面平，叶缘平，叶质中。萼片5片、无茸毛，花冠直径4.0cm×4.3cm，花瓣9枚，花柱先端5裂，子房有茸毛。果实四方形、梅花形
CN109	岩子脚大茶树2号	*C. taliensis*	昌宁县翁堵镇立木山村岩子脚	1 808	6.0	4.0×3.5	1.8	小乔木型，树姿半开张，嫩枝无茸毛。芽叶淡绿色、无茸毛。叶片长宽12.4cm×4.8cm，叶长椭圆形，叶色绿，叶背主脉无茸毛，叶脉8对，叶身稍内折，叶面平，叶缘平，叶质硬
CN110	岩子脚大茶树3号	*C. taliensis*	昌宁县翁堵镇立木山村岩子脚	1 808	6.5	3.0×3.0	1.5	小乔木型，树姿半开张，嫩枝无茸毛。芽叶淡绿色、无茸毛。叶片长宽12.5cm×5.3cm，叶长椭圆形，叶色绿，叶背主脉无茸毛，叶脉9对，叶身稍内折，叶面平，叶缘平，叶质硬

（续）

种质编号	种质名称	物种名称	分布地点	海拔（m）	树高（m）	树幅（m×m）	基部干围（m）	主要形态
CN111	耈街菜花茶1号	*C. sinensis*	昌宁县耈街彝族苗族乡水炉村	1 870	5.0	4.0×4.0	0.5	灌木型，树姿开张。叶片长宽9.5cm×3.8cm，叶长椭圆形，叶色绿，叶背主脉有茸毛，叶脉7对。叶芽绿色、有茸毛。萼片5片、无茸毛，花冠直径2.5cm×2.5cm，花瓣6枚，花柱先端3裂，子房有茸毛。果实三角形
CN112	耈街菜花茶2号	*C. sinensis*	昌宁县耈街彝族苗族乡水炉村	1 870	4.0	3.0×4.0	0.8	灌木型，树姿开张。叶片长宽9.0cm×3.5cm，叶长椭圆形，叶色绿，叶背主脉有茸毛，叶脉7对。叶芽绿色、有茸毛。萼片5片、无茸毛，花冠直径2.5cm×2.8cm，花瓣6枚，花柱先端3裂，子房有茸毛。果实三角形
CN113	耈街菜花茶3号	*C. sinensis*	昌宁县耈街彝族苗族乡水炉村	1 870	3.0	2.5×3.0	0.9	灌木型，树姿开张。叶片长宽8.5cm×3.4cm，叶长椭圆形，叶色绿，叶背主脉有茸毛，叶脉7对。叶芽绿色、有茸毛。萼片5片、无茸毛，花冠直径2.8cm×2.8cm，花瓣5枚，花柱先端3裂，子房有茸毛。果实三角形
CN114	耈街菜花茶4号	*C. sinensis*	昌宁县耈街彝族苗族乡水炉村	1 870	5.0	3.0×4.0	0.9	灌木型，树姿开张。叶片长宽9.0cm×3.4cm，叶长椭圆形，叶色绿，叶背主脉有茸毛，叶脉8对。叶芽绿色、有茸毛。萼片5片、无茸毛，花冠直径2.0cm×2.4cm，花瓣6枚，花柱先端3裂，子房有茸毛。果实三角形
CN115	湾岗大茶树1号	*C. taliensis*	昌宁县大田坝镇湾岗村乌土塘	2 243	10.5	8.0×8.3	2.4	小乔木型，树姿半开张，嫩枝无茸毛。芽叶淡绿色、无茸毛。叶片长宽12.4cm×5.2cm，叶椭圆形，叶色绿，叶背主脉无茸毛，叶脉9对，叶身稍内折，叶面平，叶缘平，叶质中。萼片5片、无茸毛，花冠直径4.8cm×4.7cm，花瓣10枚，花柱先端5裂，子房有茸毛。果实四方形、梅花形
CN116	湾岗大茶树2号	*C. taliensis*	昌宁县大田坝镇湾岗村乌土塘	2 237	9.0	5.0×6.0	1.8	小乔木型，树姿半开张，嫩枝无茸毛。芽叶紫绿色、无茸毛。叶片长宽13.3cm×5.0cm，叶长椭圆形，叶色绿，叶背主脉无茸毛，叶脉9对，叶身稍内折，叶面平，叶缘平，叶质中
CN117	湾岗大茶树3号	*C. taliensis*	昌宁县大田坝镇湾岗村乌土塘	2 230	7.6	6.3×5.5	1.5	小乔木型，树姿半开张，嫩枝无茸毛。芽叶淡绿色、无茸毛。叶片长宽14.0cm×5.4cm，叶长椭圆形，叶色绿，叶背主脉无茸毛，叶脉10对，叶身稍内折，叶面平，叶缘平，叶质中

（续）

种质编号	种质名称	物种名称	分布地点	海拔（m）	树高（m）	树幅（m×m）	基部干围（m）	主要形态
CN118	湾岗大茶树4号	*C. taliensis*	昌宁县大田坝镇湾岗村乌土塘	2 243	5.0	3.2×3.0	1.8	小乔木型，树姿半开张，嫩枝无茸毛。芽叶淡绿色、无茸毛。叶片长宽13.2cm×5.8cm，叶椭圆形，叶色绿，叶背主脉无茸毛，叶脉9对，叶身稍内折，叶面平，叶缘平，叶质中。萼片5片、无茸毛，花冠直径4.4cm×4.5cm，花瓣9枚，花柱先端5裂，子房有茸毛。果实四方形、梅花形
CN119	老纸厂大茶树1号	*C. sinensis* var. *assamica*	昌宁县耈街彝族苗族乡阿干村老纸厂	1 977	6.0	3.2×3.0	1.2	乔木型，树姿半开张，嫩枝有茸毛。叶芽黄绿色、茸毛少。叶片长宽9.5cm×3.9cm，叶长椭圆形，叶色黄绿，叶背主脉有茸毛，叶脉13对，叶身背卷，叶面隆起，叶缘波，叶质中。萼片5片、无茸毛，花冠直径3.0cm×3.0cm，花瓣6枚，花柱先端3裂，子房有茸毛。果实球形、三角形
CN120	老纸厂大茶树2号	*C. sinensis* var. *assamica*	昌宁县耈街彝族苗族乡阿干村老纸厂	1 977	5.0	3.8×3.5	1.4	乔木型，树姿半开张，嫩枝有茸毛。叶芽黄绿色、茸毛少。叶片长宽12.6cm×4.9cm，叶长椭圆形，叶色黄绿，叶背主脉有茸毛，叶脉11对，叶身平，叶面隆起，叶缘波，叶质中。萼片5片、无茸毛，花冠直径3.2cm×3.4cm，花瓣6枚，花柱先端3裂，子房有茸毛。果实球形、三角形
CN121	背阴山大茶树1号	*C. taliensis*	昌宁县耈街彝族苗族乡阿干村背阴山	2 065	6.9	4.5×4.1	2.3	小乔木型，树姿开张，嫩枝有茸毛。叶芽黄绿色、茸毛少。叶片长宽11.9cm×4.6cm，叶椭圆形，叶色绿，叶背主脉有茸毛，叶脉10对，叶身平，叶面平，叶缘平，叶质中。萼片5片、无茸毛，花冠直径4.6cm×5.0cm，花瓣9枚，花柱先端4～5裂，子房有茸毛。果实球形
CN122	背阴山大茶树2号	*C. taliensis*	昌宁县耈街彝族苗族乡阿干村背阴山	2 072	6.0	4.0×4.0	1.4	小乔木型，树姿开张，嫩枝有茸毛。叶芽黄绿色、无茸毛。叶片长宽13.3cm×4.8cm，叶椭圆形，叶色绿，叶背主脉有茸毛，叶脉10对，叶身平，叶面平，叶缘平，叶质中。萼片5片、无茸毛，花冠直径4.8cm×4.0cm，花瓣11枚，花柱先端5裂，子房有茸毛。果实球形
CN123	背阴山大茶树3号	*C. taliensis*	昌宁县耈街彝族苗族乡阿干村背阴山	2 076	7.2	3.5×4.0	1.8	小乔木型，树姿开张，嫩枝有茸毛。叶芽黄绿色、茸毛少。叶片长宽12.0cm×4.4cm，叶长椭圆形，叶色绿，叶背主脉有茸毛，叶脉8对，叶身平，叶面平，叶缘平，叶质中。萼片5片、无茸毛，花冠直径4.2cm×3.8cm，花瓣9枚，花柱先端4～5裂，子房有茸毛。果实球形

（续）

种质编号	种质名称	物种名称	分布地点	海拔（m）	树高（m）	树幅（m×m）	基部干围（m）	主要形态
SD001	白云山大茶树	*C. sinensis* var. *assamica*	施甸县姚关镇杨美寨村白云山	1 677	8.5	6.8×8.0	1.5	小乔木型，树姿半开张。芽叶黄绿色、多茸毛。叶片长宽 11.5cm×3.9cm，叶长椭圆形，叶色绿，叶脉10对。萼片6枚、无茸毛，花冠直径3.0cm×2.3cm，花瓣5枚，花柱先端3裂，子房有茸毛。果实三角形
SD002	尖山大茶树1号	*C. sinensis* var. *assamica*	施甸县摆榔彝族布朗族乡尖山村	1 905	8.5	7.3×4.6	2.1	小乔木型，树姿半开张。芽叶黄绿色、多茸毛。叶片长宽 12.0cm×4.2cm，叶长椭圆形，叶色绿，叶脉9对。萼片5枚、无茸毛，花冠直径3.4cm×3.3cm，花瓣6枚，花柱先端3裂，子房有茸毛。果实三角形
SD003	尖山大茶树2号	*C. sinensis* var. *assamica*	施甸县摆榔彝族布朗族乡尖山村	1 905	5.5	4.0×4.0	1.8	乔木型，树姿半开张。嫩枝有茸毛。芽叶黄绿色、茸毛中。叶片长宽10.0cm×3.9cm，叶长椭圆形，叶色绿，叶背主脉有茸毛，叶脉10对。萼片5片、无茸毛，花冠直径2.8cm×2.4cm，花瓣6枚，花柱先端3裂，子房有茸毛。果实三角形
SD004	马过关大茶树1号	*C. sinensis* var. *assamica*	施甸县酒房乡酒房社区马过关	2 102	5.3	4.0×3.5	1.0	小乔木型，树姿半开张。芽叶黄绿色、多茸毛。叶片长宽 15.5cm×4.7cm，叶长椭圆形，叶色绿，叶脉10对。萼片5枚、无茸毛，花冠直径3.6cm×3.3cm，花瓣6枚，花柱先端3裂，子房有茸毛。果实三角形
SD005	马过关大茶树2号	*C. sinensis* var. *assamica*	施甸县酒房乡酒房社区马过关	2 102	5.0	2.0×3.8	0.9	小乔木型，树姿半开张。芽叶黄绿色、多茸毛。叶片长宽 15.2cm×4.8cm，叶长椭圆形，叶色绿，叶脉9对。萼片5枚、无茸毛，花冠直径3.0cm×3.4cm，花瓣6枚，花柱先端3裂，子房有茸毛。果实三角形
SD006	万兴大茶树1号	*C. sinensis* var. *assamica*	施甸县万兴乡万兴社区新寨	1 869	6.9	4.8×4.6	0.9	小乔木型，树姿半开张。芽叶黄绿色、多茸毛。叶片长宽 13.4cm×4.4cm，叶长椭圆形，叶色绿，叶脉9对。萼片5枚、无茸毛，花冠直径3.8cm×3.2cm，花瓣6枚，花柱先端3裂，子房有茸毛。果实三角形
SD007	万兴大茶树2号	*C. sinensis* var. *assamica*	施甸县万兴乡万兴社区新寨	1 869	6.5	3.5×4.0	0.9	小乔木型，树姿半开张。芽叶黄绿色、多茸毛。叶片长宽 15.6cm×5.4cm，叶长椭圆形，叶色绿，叶脉11对。萼片5枚、无茸毛，花冠直径3.3cm×2.2cm，花瓣6枚，花柱先端3裂，子房有茸毛。果实三角形

（续）

种质编号	种质名称	物种名称	分布地点	海拔（m）	树高（m）	树幅（m×m）	基部干围（m）	主要形态
SD008	万兴大茶树3号	*C. sinensis* var. *assamica*	施甸县万兴乡万兴社区新寨	1 875	5.0	4.0×4.0	0.8	小乔木型，树姿半开张。芽叶黄绿色、多茸毛。叶片长宽15.0cm×4.9cm，叶长椭圆形，叶色绿，叶脉10对。萼片5枚、无茸毛，花冠直径3.0cm×3.4cm，花瓣6枚，花柱先端3裂，子房有茸毛。果实三角形
SD009	李山村大茶树1号	*C. sinensis* var. *dehungensis*	施甸县太平镇李山村下西山头	1 874	7.9	5.2×4.5	0.8	小乔木型，树姿半开张。芽叶黄绿色、多茸毛。叶片长宽12.8cm×4.7cm，叶长椭圆形，叶色绿，叶脉8对。萼片5枚、无茸毛，花冠直径3.0cm×2.7cm，花瓣6枚，花柱先端3裂，子房无茸毛。果实三角形
SD010	李山村大茶树2号	*C. sinensis* var. *assamica*	施甸县太平镇李山村下西山头	1 916	6.4	4.0×5.0	0.9	乔木型，树姿直立。叶片长宽14.1cm×6.3cm，叶长椭圆形，叶色绿，叶脉11对，叶背茸毛多。芽叶黄绿色、多茸毛。萼片5片、无茸毛，花冠直径3.5cm×3.3cm，花瓣6枚，花柱先端3裂，子房有茸毛
SD011	李山村大茶树3号	*C. sinensis* var. *assamica*	施甸县太平镇李山村下西山头	1 882	3.6	3.5×3.4	0.8	小乔木型，树姿半开张。叶片长宽12.0cm×5.5cm，叶长椭圆形，叶色绿，叶脉10对，叶背茸毛多。芽叶黄绿色、茸毛多。萼片5片、无茸毛，花冠直径3.8cm×3.3cm，花瓣6枚、白色，花柱先端3裂，子房有茸毛
SD012	李山村大茶树4号	*C. sinensis* var. *assamica*	施甸县太平镇李山村下西山头	1 873	7.9	5.2×4.5	0.8	乔木型，树姿直立，嫩枝有茸毛。芽叶黄绿色、多茸毛。叶片长宽12.1cm×5.8cm，叶长椭圆形，叶色浅绿，叶背主脉有茸毛，叶脉10对。萼片5片、无茸毛，花冠直径3.6cm×3.4cm，花瓣6枚，花柱先端3裂，子房有茸毛。果实三角形
SD013	酒房大茶树1号	*C. sinensis* var. *assamica*	施甸县酒房乡酒房社区一碗水	1 987	5.0	4.3×3.7	0.9	乔木型，树姿半开张。嫩枝有茸毛。芽叶黄绿色、茸毛中。叶片长宽11.5cm×5.3cm，叶椭圆形，叶色绿，叶背主脉有茸毛，叶脉13对。萼片5片、无茸毛，花冠直径3.1cm×3.4cm，花瓣6枚，花柱先端3裂，子房有茸毛。果实三角形
SD014	酒房大茶树2号	*C. sinensis* var. *assamica*	施甸县酒房乡酒房社区一碗水	1 987	5.0	4.0×3.5	0.8	乔木型，树姿半开张。嫩枝有茸毛。芽叶黄绿色、茸毛中。叶片长宽12.6cm×4.8cm，叶长椭圆形，叶色绿，叶背主脉有茸毛，叶脉11对。萼片5片、无茸毛，花冠直径3.0cm×2.4cm，花瓣6枚，花柱先端3裂，子房有茸毛。果实三角形

（续）

种质编号	种质名称	物种名称	分布地点	海拔（m）	树高（m）	树幅（m×m）	基部干围（m）	主要形态
SD015	酒房大茶树3号	*C. sinensis* var. *assamica*	施甸县酒房乡酒房社区一碗水	1 980	5.0	3.3×3.5	0.8	小乔木型，树姿半开张。嫩枝有茸毛。芽叶黄绿色、茸毛中。叶片长宽12.0cm×5.0cm，叶椭圆形，叶色绿，叶背主脉有茸毛，叶脉8对。萼片5片、无茸毛，花冠直径3.4cm×3.4cm，花瓣6枚，花柱先端3裂，子房有茸毛。果实三角形
SD016	蒲草塘大茶树1号	*C. sinensis* var. *assamica*	施甸县酒房乡梅子箐村蒲草塘	2 035	7.7	3.3×3.2	1.0	乔木型，树姿半开张。嫩枝有茸毛。芽叶淡绿色、茸毛中。叶片长宽16.9cm×6.3cm，叶长椭圆形，叶色绿，叶背主脉有茸毛，叶脉13对。萼片5片、无茸毛，花冠直径4.0cm×3.5cm，花瓣7枚，花柱先端3裂，子房有茸毛。果实三角形
SD017	蒲草塘大茶树2号	*C. sinensis* var. *assamica*	施甸县酒房乡梅子箐村蒲草塘	2 035	5.5	3.7×3.4	1.0	小乔木型，树姿半开张。嫩枝有茸毛。芽叶淡绿色、茸毛中。叶片长宽14.4cm×5.3cm，叶长椭圆形，叶色绿，叶背主脉有茸毛，叶脉10对。萼片5片、无茸毛，花冠直径3.7cm×2.5cm，花瓣6枚，花柱先端3裂，子房有茸毛。果实三角形
SD018	蒲草塘大茶树3号	*C. sinensis* var. *assamica*	施甸县酒房乡梅子箐村蒲草塘	2 048	5.0	3.5×3.0	0.9	小乔木型，树姿半开张。嫩枝有茸毛。芽叶淡绿色、茸毛中。叶片长宽15.0cm×6.0cm，叶长椭圆形，叶色绿，叶背主脉有茸毛，叶脉13对。萼片5片、无茸毛，花冠直径4.0cm×3.0cm，花瓣7枚，花柱先端3裂，子房有茸毛。果实三角形
SD019	新寨大茶树1号	*C. sinensis* var. *pubilimba*	施甸县万兴乡万兴社区新寨	1 869	6.9	4.8×4.6	0.9	乔木型，树姿半开张。嫩枝有茸毛。芽叶黄绿色、茸毛多。叶片长宽15.4cm×5.7cm，叶长椭圆形，叶色黄绿，叶背主脉有茸毛，叶脉10对。萼片5片、有茸毛，花冠直径2.4cm×2.5cm，花瓣6枚，花柱先端3裂，子房有茸毛。果实三角形
SD020	新寨大茶树2号	*C. sinensis* var. *pubilimba*	施甸县万兴乡万兴社区新寨	1 869	6.0	4.0×4.4	0.8	乔小木型，树姿半开张。芽叶黄绿色、茸毛多。叶片长宽13.8cm×5.0cm，叶长椭圆形，叶色绿，叶背主脉有茸毛，叶脉12对。萼片5片、有茸毛，花冠直径2.7cm×2.5cm，花瓣6枚，花柱先端3裂，子房有茸毛。果实球形、三角形
SD021	新寨大茶树3号	*C. sinensis* var. *pubilimba*	施甸县万兴乡万兴社区新寨	1 870	6.0	5.0×3.7	0.6	小乔木型，树姿半开张。芽叶黄绿色、茸毛多。叶片长宽11.7cm×4.9cm，叶长椭圆形，叶色黄绿，叶背主脉有茸毛，叶脉8对。萼片5片、有茸毛，花冠直径3.0cm×2.8cm，花瓣6枚，花柱先端3裂，子房有茸毛。果实三角形

（续）

种质编号	种质名称	物种名称	分布地点	海拔（m）	树高（m）	树幅（m×m）	基部干围（m）	主要形态
TC001	茶林河野生大茶树1号	*C. taliensis*	腾冲市猴桥镇茶林河村	1 998	15.0	3.0×3.0	1.5	乔木型，树姿直立，嫩枝无茸毛。芽叶紫绿色、无茸毛。叶片长宽15.1cm×5.6cm，叶长椭圆形，叶色深绿，叶基楔形，叶脉11对，叶身平，叶尖急尖，叶面微隆起，叶缘微波，叶质硬，叶背主脉无茸毛
TC002	茶林河野生大茶树2号	*C. taliensis*	腾冲市猴桥镇茶林河村	2 034	10.8	4.5×5.3	1.5	乔木型，树姿直立，嫩枝无茸毛。芽叶紫绿色、无茸毛。叶片长12.4cm×5.0cm，叶长椭圆形，叶色深绿，叶脉10对，叶身平，叶面平，叶缘平，叶质硬，叶背主脉无茸毛
TC003	淀元大茶树1号	*C. sinensis* var. *assamica*	腾冲市芒棒镇赵营社区淀元	1 768	8.4	4.5×5.6	1.8	乔木型，树姿半开张。叶片宽长12.4cm×4.3cm，叶椭圆形，叶色绿，叶脉10对，叶背茸毛较多。芽叶黄绿色、多茸毛。萼片5片、无茸毛，花冠直径2.3cm×2.4cm，花瓣5枚，花柱先端3裂，子房有茸毛。果实球形、三角形
TC004	淀元大茶树2号	*C. sinensis* var. *assamica*	腾冲市芒棒镇赵营社区淀元	1 737	7.8	3.7×4.2	1.5	小乔木型，树姿直立。叶片长宽14.8cm×6.6cm，叶椭圆形，叶色深绿，叶基楔形，叶脉11对。芽叶黄绿色、多茸毛。萼片5片、无茸毛，花冠直径3.5cm×2.3cm，花瓣5枚，花柱先端3裂，子房有茸毛。果实球形、三角形
TC005	淀元大茶树3号	*C. sinensis* var. *assamica*	腾冲市芒棒镇赵营社区淀元	1 770	5.0	3.5×4.0	1.3	小乔木型，树姿直立，嫩枝有茸毛。芽叶绿色、多茸毛。叶片长宽13.8cm×5.7cm，叶长椭圆形，叶色深绿，叶背主脉有茸毛，叶脉11对。萼片5片、无茸毛，花冠直径2.9cm×3.7cm，花瓣5枚，花柱先端3裂，子房有茸毛。果实球形、三角形
TC006	淀元大茶树4号	*C. sinensis* var. *assamica*	腾冲市芒棒镇赵营社区淀元	1 776	5.4	4.0×3.3	1.2	小乔木型，树姿直立，嫩枝有茸毛。芽叶绿色、多茸毛。叶片长宽13.6cm×4.8cm，叶长椭圆形，叶色深绿，叶背主脉有茸毛，叶脉10对。萼片5片、无茸毛，花冠直径2.7cm×3.4cm，花瓣6枚，花柱先端3裂，子房有茸毛。果实球形、三角形
TC007	淀元大茶树5号	*C. sinensis* var. *assamica*	腾冲市芒棒镇赵营社区淀元	1 772	4.0	3.0×3.0	1.1	小乔木型，树姿直立，嫩枝有茸毛。芽叶绿色、多茸毛。叶片长宽12.5cm×4.9cm，叶长椭圆形，叶色深绿，叶背主脉有茸毛，叶脉11对。萼片5片、无茸毛，花冠直径2.5cm×2.8cm，花瓣6枚，花柱先端3裂，子房有茸毛。果实球形、三角形

（续）

种质编号	种质名称	物种名称	分布地点	海拔（m）	树高（m）	树幅（m×m）	基部干围（m）	主要形态
TC008	劳家山大茶树 1 号	*C. sinensis* var. *assamica*	腾冲市芒棒镇赵营社区劳家山	1 774	11.4	4.3×4.2	1.2	乔木型，树姿直立。叶片长宽 12.3cm×5.5cm，叶椭圆形，叶色绿，叶脉 11 对，叶背茸毛多。芽叶黄绿色、多茸毛。萼片 5 片、无茸毛，花冠直径 3.5cm×2.3cm，花瓣 6 枚，花柱先端 3 裂，子房有茸毛。果实球形、三角形
TC009	劳家山大茶树 2 号	*C. sinensis* var. *assamica*	腾冲市芒棒镇赵营社区劳家山	1 740	8.2	4.0×4.6	1.2	小乔木型，树姿直立。叶片长宽 12.8cm×5.0cm，叶椭圆形，叶色绿，叶脉 10 对，叶背茸毛多。芽叶黄绿色、多茸毛。萼片 5 片、无茸毛，花冠直径 3.6cm×3.3cm，花瓣 6 枚，花柱先端 3 裂，子房有茸毛。果实球形
TC010	劳家山大茶树 3 号	*C. sinensis* var. *assamica*	腾冲市芒棒镇赵营社区劳家山	1 735	7.0	3.8×4.2	1.0	乔木型，树姿直立。叶片长宽 14.3cm×5.2cm，叶椭圆形，叶色绿，叶脉 9 对，叶背茸毛多。芽叶黄绿色、多茸毛。萼片 5 片、无茸毛，花冠直径 3.5cm×3.0cm，花瓣 6 枚，花柱先端 3 裂，子房有茸毛。果实球形、三角形
TC011	劳家山大茶树 4 号	*C. sinensis* var. *assamica*	腾冲市芒棒镇赵营社区劳家山	1 738	11.4	4.3×4.2	1.5	乔木型，树姿直立，嫩枝有茸毛。芽叶绿色、多茸毛。叶片长宽 14.8cm×6.5cm，叶长椭圆形，叶色深绿，叶背主脉有茸毛，叶脉 11 对。萼片 5 片、无茸毛，花冠直径 3.5cm×3.2cm，花瓣 5 枚，花柱先端 3 裂，子房有茸毛。果实球形、三角形
TC012	文家塘大茶树 1 号	*C. sinensis* var. *assamica*	腾冲市芒棒镇上营社区文家塘	1 841	7.1	6.3×6.4	1.2	小乔木型，树姿半开张。叶片长宽 14.5cm×6.5cm，叶椭圆形，叶色绿，叶基楔形，叶脉 9 对，叶背茸毛较多。芽叶黄绿色、有茸毛。萼片 5 片、无茸毛，花冠直径 3.7cm×3.4cm，花瓣 6 枚，花柱先端 3 裂，子房有茸毛。果实球形、三角形
TC013	文家塘大茶树 2 号	*C. sinensis* var. *assamica*	腾冲市芒棒镇上营社区文家塘	1 841	7.0	4.6×4.3	1.5	小乔木型，树姿半开张。芽叶黄绿色、有茸毛。叶片长宽 14.5cm×5.0cm，叶长椭圆形，叶色深绿，叶基楔形，叶脉 8 对，叶背茸毛较多。萼片 5 片、无茸毛，花冠直径 3.4cm×3.7cm，花瓣 6 枚，花柱先端 3 裂，子房有茸毛。果实球形、三角形
TC014	文家塘大茶树 3 号	*C. sinensis* var. *assamica*	腾冲市芒棒镇上营社区文家塘	1 860	7.9	5.6×5.7	1.4	小乔木型，树姿半开张。叶片长宽 17.0cm×7.3cm，叶长椭圆形，叶色绿，叶基楔形，叶脉 11 对，叶背茸毛较多。芽叶黄绿色、有茸毛。萼片 5 片、无茸毛，花冠直径 2.7cm×2.6cm，花瓣 6 枚，花柱先端 3 裂，子房有茸毛。果实球形、三角形

（续）

种质编号	种质名称	物种名称	分布地点	海拔（m）	树高（m）	树幅（m×m）	基部干围（m）	主要形态
TC015	文家塘大茶树4号	*C. sinensis* var. *assamica*	腾冲市芒棒镇上营社区文家塘	1 840	6.8	5.6×5.2	1.0	小乔木型，树姿半开张。叶片长宽15.7cm×6.0cm，叶长椭圆形，叶色绿，叶基楔形，叶脉10对，叶背茸毛较多。芽叶黄绿色、有茸毛。萼片5片、无茸毛，花冠直径3.0cm×3.0cm，花瓣6枚，花柱先端3裂，子房有茸毛。果实球形、三角形
TC016	文家塘大茶树5号	*C. sinensis* var. *dehungensis*	腾冲市芒棒镇上营社区文家塘	1 844	6.5	5.4×5.2	1.2	小乔木型，树姿半开张，嫩枝有茸毛。芽叶黄绿色、茸毛中。叶片长宽15.2cm×6.6cm，叶长椭圆形，叶色浅绿，叶背主脉有茸毛，叶脉9对。萼片5片、无茸毛，花冠直径3.4cm×2.3cm，花瓣6枚，花柱先端3裂，子房无茸毛。果实球形、三角形
TC017	文家塘大茶树6号	*C. sinensis* var. *dehungensis*	腾冲市芒棒镇上营社区文家塘	1 832	7.8	4.8×3.7	1.2	小乔木型，树姿直立，嫩枝有茸毛。芽叶黄绿色、茸毛多。叶片长宽21.3cm×8.9cm，叶长椭圆形，叶色浅绿，叶背主脉有茸毛，叶脉11对。萼片5片、无茸毛，花冠直径3.8cm×3.5cm，花瓣5枚，花柱先端3裂，子房无茸毛。果实球形、三角形
TC018	大折浪大茶树1号	*C. taliensis*	腾冲市蒲川乡坝外社区大折浪	1 933	12.0	5.2×5.0	1.8	乔木型，树姿直立。芽叶紫绿色、无茸毛。叶片长宽11.5cm×4.6cm，叶长椭圆形，叶色绿，叶脉10对，叶身平，叶尖急尖，叶面微隆起，叶缘微波，叶质硬，叶背主脉无茸毛
TC019	大折浪大茶树2号	*C. taliensis*	腾冲市蒲川乡坝外社区大折浪	1 974	10.0	6.0×5.0	1.5	乔木型，树姿直立。芽叶淡绿色、无茸毛。叶片长宽12.6cm×4.8cm，叶长椭圆形，叶色绿，叶脉9对，叶身平，叶尖急尖，叶面微隆起，叶缘微波，叶质硬，叶背主脉无茸毛
TC020	大折浪大茶树3号	*C. taliensis*	腾冲市蒲川乡坝外社区大折浪	1 982	9.0	6.0×5.4	1.5	乔木型，树姿直立。芽叶紫绿色、无茸毛。叶片长宽12.0cm×4.3cm，叶长椭圆形，叶色绿，叶脉8对，叶身平，叶尖急尖，叶面微隆起，叶缘微波，叶质硬，叶背主脉无茸毛
TC021	小坪谷大茶树1号	*C. taliensis*	腾冲市蒲川乡坝外社区小坪谷	1 730	8.8	8.9×10.0	2.8	小乔木型，树姿开张，嫩枝无茸毛。叶片长宽10.0cm×4.4cm，叶长椭圆形，叶色绿，叶脉8对。芽叶绿色、无茸毛。萼片5片、无茸毛，花冠直径4.8cm×5.0cm，花瓣9枚，花柱先端5裂，子房多茸毛
TC022	小坪谷大茶树2号	*C. taliensis*	腾冲市蒲川乡坝外社区小坪谷	1 738	8.0	5.0×5.0	1.9	小乔木型，树姿开张，嫩枝无茸毛。叶片长宽13.0cm×4.8cm，叶长椭圆形，叶色绿，叶脉9对。芽叶绿色、无茸毛。萼片5片、无茸毛，花冠直径4.9cm×5.6cm，花瓣10枚，花柱先端5裂，子房多茸毛

（续）

种质编号	种质名称	物种名称	分布地点	海拔（m）	树高（m）	树幅（m×m）	基部干围（m）	主要形态
TC023	小坪谷大茶树3号	*C. taliensis*	腾冲市蒲川乡坝外社区小坪谷	1 734	6.5	4.2×4.5	1.7	小乔木型，树姿开张，嫩枝无茸毛。叶片长宽12.7cm×4.8cm，叶长椭圆形，叶色绿，叶脉8对。芽叶绿色、无茸毛。萼片5片、无茸毛，花冠直径5.8cm×5.2cm，花瓣9枚，花柱先端5裂，子房多茸毛
TC024	小坪谷大茶树4号	*C. sinensis* var. *assamica*	腾冲市蒲川乡坝外社区小坪谷	1 692	10.3	11.0×9.7	2.1	小乔木型，树姿半开张，地面分枝，分枝围分别是104cm、91cm、94cm、38cm、73cm。叶片长宽10.6cm×4.5cm，叶长椭圆形，叶色深绿，叶脉13对。萼片5片，花冠直径2.8cm×3.0cm，花瓣6枚，花柱先端3裂，子房有茸毛。果实球形
TC025	茅草地大茶树1号	*C. sinensis* var. *assamica*	腾冲市蒲川乡茅草地村岗房	1 931	7.5	6.3×6.6	1.1	小乔木型，树姿半开张。芽叶黄绿色、多茸毛。叶片长宽13.4cm×4.7cm，叶长椭圆形，叶色深绿，叶脉14对，叶背茸毛较多。萼片5片，花冠直径3.5cm×2.6cm，花瓣6枚，花柱先端3裂，子房有茸毛
TC026	茅草地大茶树2号	*C. sinensis* var. *assamica*	腾冲市蒲川乡茅草地村岗房	1 904	8.0	6.0×5.3	1.7	小乔木型，树姿半开张。芽叶黄绿色、多茸毛。叶片长宽11.4cm×4.4cm，叶长椭圆形，叶色黄绿，叶脉8对，叶背茸毛较多。萼片5片，花冠直径2.5cm×2.6cm，花瓣6枚，花柱先端3裂，子房有茸毛
TC027	茅草地大茶树3号	*C. sinensis* var. *assamica*	腾冲市蒲川乡茅草地村大坪子	1 908	7.7	9.1×7.8	1.2	小乔木型，树姿开张，嫩枝有茸毛。芽叶黄绿色、多茸毛。叶片长宽14.9cm×5.6cm，叶长椭圆形，叶色黄绿，叶背主脉有茸毛，叶脉13对。萼片5片、无茸毛，花冠直径3.6cm×3.0cm，花瓣6枚，花柱先端3裂，子房有茸毛。果实球形、三角形
TC028	龙塘大茶树1号	*C. sinensis* var. *assamica*	腾冲市团田乡后库社区龙塘	1 710	16.8	6.4×12.9	2.2	小乔木型，树姿半开张，嫩枝有茸毛。芽叶黄绿色、多茸毛。叶片长宽14.6cm×6.1cm，叶长椭圆形，叶色浅绿，叶背主脉有茸毛，叶脉12对。萼片5片、无茸毛，花冠直径3.5cm×2.7cm，花瓣7枚，花柱先端3裂，子房有茸毛。果实三角形
TC029	龙塘大茶树2号	*C. sinensis* var. *assamica*	腾冲市团田乡后库社区龙塘	1 723	12.0	6.0×5.8	1.8	小乔木型，树姿半开张，嫩枝有茸毛。芽叶黄绿色、多茸毛。叶片长宽16.2cm×5.7cm，叶长椭圆形，叶色浅绿，叶背主脉有茸毛，叶脉9对。萼片5片、无茸毛，花冠直径3.3cm×3.7cm，花瓣6枚，花柱先端3裂，子房有茸毛。果实三角形

（续）

种质编号	种质名称	物种名称	分布地点	海拔（m）	树高（m）	树幅（m×m）	基部干围（m）	主要形态
TC030	龙塘大茶树3号	*C. sinensis* var. *assamica*	腾冲市团田乡后库社区龙塘	1 714	7.8	5.2×4.3	1.4	小乔木型，树姿半开张，嫩枝有茸毛。芽叶黄绿色、多茸毛。叶片长宽14.8cm×5.4cm，叶长椭圆形，叶色浅绿，叶背主脉有茸毛，叶脉13对。萼片5片、无茸毛，花冠直径3.8cm×3.7cm，花瓣6枚，花柱先端3裂，子房有茸毛。果实三角形
TC031	小丙弄大茶树1号	*C. sinensis* var. *assamica*	腾冲市团田乡小丙弄社区	1 951	7.4	4.0×4.0	1.0	小乔木型，树姿半开张。叶片长宽9.8cm×4.5cm，叶椭圆形，叶色深绿，叶脉9对，叶身稍背卷，叶面微隆起，叶缘平，叶质中，叶背茸毛较多
TC032	小丙弄大茶树2号	*C. sinensis* var. *assamica*	腾冲市团田乡小丙弄社区	1 953	7.0	4.5×4.0	1.2	小乔木型，树姿半开张。叶片长宽12.2cm×4.6cm，叶椭圆形，叶色深绿，叶脉10对，叶身稍背卷，叶面微隆起，叶缘平，叶质中，叶背茸毛较多
TC033	小丙弄大茶树3号	*C. sinensis* var. *assamica*	腾冲市团田乡小丙弄社区	1 953	6.5	3.0×4.8	0.8	小乔木型，树姿半开张。叶片长宽11.9cm×4.7cm，叶长椭圆形，叶色深绿，叶脉10对。萼片5片、无茸毛。花冠直径3.6cm×3.8cm，花柱先端3裂，子房有茸毛。果实球形、肾形、三角形
TC034	小丙弄大茶树5号	*C. sinensis* var. *assamica*	腾冲市团田乡小丙弄社区桤木窝	1 567	11.7	4.9×4.7	1.2	乔木型，树姿半开张，嫩枝有茸毛。芽叶黄绿色、多茸毛。叶片长宽11.9cm×4.8cm，叶长椭圆形，叶色浅绿，叶背主脉有茸毛，叶脉9对。萼片5片、无茸毛，花冠直径3.6cm×3.0cm，花瓣6枚，花柱先端3裂，子房有茸毛。果实三角形
TC035	后库大茶树1号	*C. sinensis* var. *assamica*	腾冲市团田乡后库社区	1 580	7.3	4.8×5.0	1.3	乔木型，树姿半开张，嫩枝有茸毛。叶片长宽11.2cm×4.8cm，叶椭圆形，叶色绿，叶脉8对。萼片5片、无茸毛。花冠直径3.2cm×2.8cm，花柱先端3裂，子房有茸毛。果实球形、肾形
TC036	后库大茶树2号	*C. sinensis* var. *assamica*	腾冲市团田乡后库社区	1 583	5.0	4.0×3.2	1.0	小乔木型，树姿半开张，嫩枝有茸毛。叶片长宽13.0cm×4.0cm，叶披针形，叶色绿，叶脉11对。萼片5片、无茸毛。花冠直径3.0cm×3.8cm，花柱先端3裂，子房有茸毛。果实球形、三角形
TC037	后库大茶树3号	*C. sinensis* var. *assamica*	腾冲市团田乡后库社区	1 580	5.0	4.5×3.0	0.9	小乔木型，树姿半开张，嫩枝有茸毛。叶片长宽12.6cm×4.9cm，叶椭圆形，叶色绿，叶脉9对。萼片5片、无茸毛。花冠直径3.0cm×2.5cm，花柱先端3裂，子房有茸毛。果实球形、肾形、三角形

（续）

种质编号	种质名称	物种名称	分布地点	海拔（m）	树高（m）	树幅（m×m）	基部干围（m）	主要形态
TC038	后库大茶树4号	*C. sinensis* var. *assamica*	腾冲市团田乡后库社区上寨	1 660	8.5	5.0×4.2	0.6	小乔木型，树姿半开张。芽叶黄绿色、多茸毛。叶片长宽10.0cm×4.7cm，叶色深绿，叶脉9对。花冠直径3.4cm×3.0cm，花瓣7枚，花柱先端3裂，子房有茸毛。果实球形、肾形
TC039	后库大茶树5号	*C. sinensis* var. *assamica*	腾冲市团田乡后库社区黄井园	1 660	16.0	6.4×8.0	2.0	小乔木型，树姿直立，嫩枝有茸毛。芽叶黄绿色、多茸毛。叶片长宽9.6cm×4.3cm，叶椭圆形，叶色绿，叶背主脉有茸毛，叶脉11对。萼片5片、无茸毛，花冠直径3.6cm×3.4cm，花瓣7枚，花柱先端3裂，子房有茸毛。果实球形、三角形
TC040	燕寺大茶树1号	*C. sinensis* var. *assamica*	腾冲市团田乡燕寺社区闷家沟	1 645	9.7	5.6×4.8	2.7	小乔木型，树姿开张，嫩枝有茸毛。芽叶黄绿色、多茸毛。叶片长宽12.0cm×4.8cm，叶椭圆形，叶色绿，叶背主脉有茸毛，叶脉11对。萼片5片、无茸毛，花冠直径4.0cm×3.7cm，花瓣6枚，花柱先端3裂，子房有茸毛。果实球形、三角形
TC041	燕寺大茶树2号	*C. sinensis* var. *assamica*	腾冲市团田乡燕寺社区闷家沟	1 645	8.0	6.0×5.8	1.2	小乔木型，树姿直立，嫩枝有茸毛。芽叶黄绿色、多茸毛。叶片长宽12.3cm×4.8cm，叶长椭圆形，叶色绿，叶背主脉有茸毛，叶脉11对。萼片5片、无茸毛，花冠直径3.5cm×4.0cm，花瓣6枚，花柱先端3裂，子房有茸毛。果实球形、三角形
TC042	燕寺大茶树3号	*C. sinensis* var. *assamica*	腾冲市团田乡燕寺社区	1 640	6.5	5.0×4.0	1.4	小乔木型，树姿开张，嫩枝有茸毛。芽叶黄绿色、多茸毛。叶片长宽12.0cm×4.3cm，叶长椭圆形，叶色绿，叶背主脉有茸毛，叶脉10对。萼片5片、无茸毛，花冠直径3.2cm×3.4cm，花瓣6枚，花柱先端3裂，子房有茸毛。果实球形、三角形
TC043	燕寺大茶树4号	*C. sinensis* var. *assamica*	腾冲市团田乡燕寺社区	1 640	6.0	3.6×4.2	1.5	小乔木型，树姿开张，嫩枝有茸毛。芽叶黄绿色、多茸毛。叶片长宽14.2cm×5.8cm，叶长椭圆形，叶色绿，叶背主脉有茸毛，叶脉13对。萼片5片、无茸毛，花冠直径3.0cm×3.7cm，花瓣6枚，花柱先端3裂，子房有茸毛。果实球形、三角形
TC044	龙井山大茶树1号	*C. sinensis* var. *assamica*	腾冲市新华乡龙井山社区小田坝	1 744	8.0	5.5×4.6	1.8	小乔木型，树姿开张，嫩枝有茸毛。芽叶黄绿色、多茸毛。叶片长宽13.4cm×5.7cm，叶长椭圆形，叶色黄绿，叶背主脉有茸毛，叶脉10对。萼片5片、无茸毛，花冠直径4.2cm×3.5cm，花瓣6枚，花柱先端3裂，子房有茸毛。果实球形、三角形

（续）

种质编号	种质名称	物种名称	分布地点	海拔（m）	树高（m）	树幅（m×m）	基部干围（m）	主要形态
TC045	龙井山大茶树2号	*C. sinensis* var. *assamica*	腾冲市新华乡龙井山社区小田坝	1 756	6.0	4.5×3.0	1.2	小乔木型，树姿开张，嫩枝有茸毛。芽叶黄绿色、多茸毛。叶片长宽16.0cm×5.7cm，叶长椭圆形，叶色黄绿，叶背主脉有茸毛，叶脉12对。萼片5片、无茸毛，花冠直径4.0cm×3.5cm，花瓣6枚，花柱先端3裂，子房有茸毛。果实球形、三角形
TC046	龙井山大茶树3号	*C. sinensis* var. *assamica*	腾冲市新华乡龙井山社区小田坝	1 750	5.8	3.0×3.6	1.0	小乔木型，树姿开张，嫩枝有茸毛。芽叶黄绿色、多茸毛。叶片长宽14.0cm×5.0cm，叶长椭圆形，叶色黄绿，叶背主脉有茸毛，叶脉8对。萼片5片、无茸毛，花冠直径3.2cm×3.5cm，花瓣6枚，花柱先端3裂，子房有茸毛。果实球形、三角形
TC047	坝外大茶树1号	*C. sinensis* var. *assamica*	腾冲市蒲川乡坝外社区窝子园	1 908	7.7	9.1×7.8	1.2	小乔木型，树姿半开张，嫩枝有茸毛。芽叶绿色、多茸毛。叶片长宽13.8cm×5.7cm，叶长椭圆形，叶色绿，叶背主脉有茸毛，叶脉9对。萼片5片、无茸毛，花冠直径3.4cm×3.5cm，花瓣6枚，花柱先端3裂，子房有茸毛。果实球形、三角形
TC048	坝外大茶树2号	*C. sinensis* var. *assamica*	腾冲市蒲川乡坝外社区窝子园	1 923	6.0	4.0×5.5	1.2	小乔木型，树姿半开张，嫩枝有茸毛。芽叶绿色、多茸毛。叶片长宽13.0cm×5.3cm，叶长椭圆形，叶色绿，叶背主脉有茸毛，叶脉10对。萼片5片、无茸毛，花冠直径3.0cm×3.2cm，花瓣6枚，花柱先端3裂，子房有茸毛。果实球形、三角形
TC049	坝外大茶树3号	*C. sinensis* var. *assamica*	腾冲市蒲川乡坝外社区窝子园	1 920	5.8	4.5×5.0	1.4	小乔木型，树姿半开张，嫩枝有茸毛。芽叶绿色、多茸毛。叶片长宽13.7cm×5.2cm，叶长椭圆形，叶色绿，叶背主脉有茸毛，叶脉11对。萼片5片、无茸毛，花冠直径3.3cm×3.7cm，花瓣6枚，花柱先端3裂，子房有茸毛。果实球形、三角形
TC050	坪地大茶树1号	*C. sinensis* var. *assamica*	腾冲市芒棒镇坪地社区坡头园	1 744	7.0	7.5×7.0	1.8	乔木型，树姿开张，嫩枝有茸毛。芽叶绿色、多茸毛。叶片长宽18.7cm×8.0cm，叶长椭圆形，叶色深绿，叶背主脉有茸毛，叶脉13对。萼片5片、无茸毛，花冠直径3.6cm×3.1cm，花瓣7枚，花柱先端3裂，子房有茸毛。果实球形、三角形
TC051	坪地大茶树2号	*C. sinensis* var. *assamica*	腾冲市芒棒镇坪地社区坡头园	1 744	4.0	3.0×3.2	1.3	小乔木型，树姿开张，嫩枝有茸毛。芽叶绿色、多茸毛。叶片长宽16.3cm×6.0cm，叶长椭圆形，叶色深绿，叶背主脉有茸毛，叶脉11对。萼片5片、无茸毛，花冠直径3.3cm×3.7cm，花瓣7枚，花柱先端3裂，子房有茸毛。果实球形、三角形

（续）

种质编号	种质名称	物种名称	分布地点	海拔（m）	树高（m）	树幅（m×m）	基部干围（m）	主要形态
TC052	坪地大茶树3号	*C. sinensis* var. *assamica*	腾冲市芒棒镇坪地社区坡头园	1 744	3.8	2.5×3.0	1.0	小乔木型，树姿开张，嫩枝有茸毛。芽叶绿色、多茸毛。叶片长宽15.7cm×7.0cm，叶长椭圆形，叶色深绿，叶背主脉有茸毛，叶脉10对。萼片5片、无茸毛，花冠直径3.2cm×3.6cm，花瓣6枚，花柱先端3裂，子房有茸毛。果实球形、三角形
TC053	土厩大茶树1号	*C. taliensis*	腾冲市芒棒镇红豆树社区土厩	2 004	6.8	6.4×5.2	2.4	乔木型，树姿直立，嫩枝无茸毛。芽叶绿色、无茸毛。叶片长宽14.8cm×5.8cm，叶长椭圆形，叶色深绿，叶背主脉无茸毛，叶脉13对。萼片5片、无茸毛，花冠直径4.5cm×5.8cm，花瓣9枚，花柱先端4～5裂，子房有茸毛。果实四方形、梅花形
TC054	土厩大茶树2号	*C. taliensis*	腾冲市芒棒镇红豆树社区土厩	2 014	6.0	3.0×4.0	1.7	乔木型，树姿直立，嫩枝无茸毛。芽叶绿色、无茸毛。叶片长宽14.0cm×5.2cm，叶长椭圆形，叶色深绿，叶背主脉无茸毛，叶脉9对。萼片5片、无茸毛，花冠直径4.3cm×5.0cm，花瓣9枚，花柱先端4～5裂，子房有茸毛。果实四方形、梅花形
TC055	土厩大茶树3号	*C. taliensis*	腾冲市芒棒镇红豆树社区土厩	2 010	5.5	3.2×4.5	1.5	乔木型，树姿直立，嫩枝无茸毛。芽叶绿色、无茸毛。叶片长宽14.5cm×5.0cm，叶长椭圆形，叶色深绿，叶背主脉无茸毛，叶脉10对。萼片5片、无茸毛，花冠直径4.8cm×3.8cm，花瓣11枚，花柱先端4～5裂，子房有茸毛。果实四方形、梅花形
TC056	长岭河大茶树1号	*C. taliensis*	腾冲市猴桥镇猴桥社区灯草坝长岭河	1 998	14.6	4.1×3.4	1.5	乔木型，树姿直立，嫩枝无茸毛。芽叶绿色、无茸毛。叶片长宽16.2cm×6.0cm，叶长椭圆形，叶色深绿，叶背主脉无茸毛，叶脉12对。萼片5片、无茸毛，花冠直径5.6cm×5.0cm，花瓣11枚，花柱先端5裂，子房有茸毛。果实四方形、梅花形
TC057	长岭河大茶树2号	*C. taliensis*	腾冲市猴桥镇猴桥社区灯草坝长岭河	2 034	10.8	4.7×4.4	1.4	乔木型，树姿直立，嫩枝无茸毛。芽叶绿色、无茸毛。叶片长宽14.2cm×5.6cm，叶长椭圆形，叶色深绿，叶背主脉无茸毛，叶脉9对。萼片5片、无茸毛，花冠直径4.8cm×5.2cm，花瓣9枚，花柱先端5裂，子房有茸毛。果实四方形、梅花形
TC058	长岭河大茶树3号	*C. taliensis*	腾冲市猴桥镇猴桥社区灯草坝长岭河	2 034	8.5	4.0×4.0	1.2	乔木型，树姿直立，嫩枝无茸毛。芽叶绿色、无茸毛。叶片长宽14.0cm×5.3cm，叶长椭圆形，叶色深绿，叶背主脉无茸毛，叶脉9对。萼片5片、无茸毛，花冠直径4.0cm×5.0cm，花瓣9枚，花柱先端5裂，子房有茸毛。果实四方形、梅花形

（续）

种质编号	种质名称	物种名称	分布地点	海拔（m）	树高（m）	树幅（m×m）	基部干围（m）	主要形态
TC059	黄梨坡大茶树1号	*C. sinensis* var. *assamica*	腾冲市新华乡中心社区黄梨坡	2 011	7.5	7.0×5.7	2.4	小乔木型，树姿开张，嫩枝有茸毛。芽叶绿色、多茸毛。叶片长宽14.9cm×6.5cm，叶长椭圆形，叶色深绿，叶背主脉有茸毛，叶脉9对。萼片5片、无茸毛，花冠直径4.0cm×3.5cm，花瓣6枚，花柱先端3裂，子房有茸毛。果实球形
TC060	黄梨坡大茶树2号	*C. sinensis* var. *assamica*	腾冲市新华乡中心社区黄梨坡	2 011	5.0	3.0×2.5	1.8	小乔木型，树姿半开张，嫩枝有茸毛。芽叶黄绿色、多茸毛。叶片长宽16.2cm×6.3cm，叶长椭圆形，叶色绿，叶背主脉有茸毛，叶脉11对。萼片5片、无茸毛，花冠直径3.2cm×3.4cm，花瓣6枚，花柱先端3裂，子房有茸毛。果实球形、三角形
TC061	黄梨坡大茶树3号	*C. sinensis* var. *assamica*	腾冲市新华乡中心社区黄梨坡	2 016	4.0	3.0×3.3	1.4	小乔木型，树姿半开张，嫩枝有茸毛。芽叶黄绿色、多茸毛。叶片长宽15.0cm×5.5cm，叶长椭圆形，叶色绿，叶背主脉有茸毛，叶脉9对。萼片5片、无茸毛，花冠直径2.8cm×2.5cm，花瓣5枚，花柱先端3裂，子房有茸毛。果实球形、三角形
LL001	淘金河大茶树1号	*C. taliensis*	龙陵县镇安镇淘金河村赵家寨	2 198	9.3	7.4×6.6	2.3	乔木型，树姿直立，嫩枝无茸毛。芽叶淡绿色、无茸毛。叶片长宽12.3cm×4.7cm，叶长椭圆形，叶色绿，叶脉9对。萼片5片，花冠直径5.5cm×6.0cm，花瓣9枚，花柱先端5裂，子房有茸毛，果实四方形、梅花形
LL002	淘金河大茶树2号	*C. taliensis*	龙陵县镇安镇淘金河村赵家寨	2 198	6.8	5.5×4.0	1.5	乔木型，树姿直立，嫩枝无茸毛。芽叶淡绿色、无茸毛。叶片长宽13.5cm×5.0cm，叶长椭圆形，叶色绿，叶脉9对，叶身稍内折，叶缘平，叶面平，叶质硬
LL003	淘金河大茶树3号	*C. taliensis*	龙陵县镇安镇淘金河村赵家寨	2 198	7.5	7.0×5.8	1.6	乔木型，树姿直立，嫩枝无茸毛。芽叶淡绿色、无茸毛。叶片长宽11.8cm×4.9cm，叶长椭圆形，叶色绿，叶脉8对，叶身稍内折，叶缘平，叶面平，叶质硬
LL004	淘金河大茶树4号	*C. taliensis*	龙陵县镇安镇淘金河村赵家寨	2 056	10.0	4.9×4.6	1.8	乔木型，树姿半开张，嫩枝无茸毛。芽叶绿色、无茸毛。叶片长宽13.0cm×4.7cm，叶长椭圆形，叶色绿，叶背主脉无茸毛，叶脉10对。萼片5片、无茸毛，花冠直径5.0cm×5.5cm，花瓣13枚，花柱先端5裂，子房有茸毛。果实梅花形

（续）

种质编号	种质名称	物种名称	分布地点	海拔（m）	树高（m）	树幅（m×m）	基部干围（m）	主要形态
LL005	小滥坝大茶树1号	*C. taliensis*	龙陵县镇安镇镇东村小滥坝	2 105	10.0	4.5×4.0	1.5	乔木型，树姿直立，嫩枝无茸毛。芽叶紫绿色、无茸毛。叶片长宽10.3cm×4.7cm，叶椭圆形，叶色绿，叶脉8对，叶背主脉无茸毛。萼片5片，花冠直径6.0cm×5.5cm，花瓣11枚，花柱先端4～5裂。果实四方形、梅花形
LL006	小滥坝大茶树2号	*C. taliensis*	龙陵县镇安镇镇东村小滥坝	2 120	6.0	3.5×3.0	1.0	乔木型，树姿直立，嫩枝无茸毛。芽叶绿色、无茸毛。叶片长宽12.7cm×5.3cm，叶长椭圆形，叶色深绿，叶脉8对，叶背主脉无茸毛。萼片5片，花冠直径4.8cm×5.7cm，花瓣11枚，花柱先端4～5裂。果实四方形、梅花形
LL007	邦迈大茶树1号	*C. taliensis*	龙陵县镇安镇邦迈社区中寨	2 000	8.0	5.0×6.4	2.4	小乔木型，树姿半开张，嫩枝无茸毛。芽叶淡绿色、无茸毛。叶片长宽15.8cm×5.5cm。叶长椭圆形，叶色绿，叶脉12对，叶背主脉无茸毛。萼片5片、无茸毛，花冠直径6.0cm×5.0cm，花瓣11枚，花柱先端5裂。果实四方形、梅花形
LL008	邦迈大茶树2号	*C. taliensis*	龙陵县镇安镇邦迈社区中寨	2 000	7.0	4.0×4.5	1.8	小乔木型，树姿半开张，嫩枝无茸毛。芽叶淡绿色、无茸毛。叶片长宽14.2cm×5.3cm。叶长椭圆形，叶色绿，叶脉10对，叶背主脉无茸毛。萼片5片、无茸毛，花冠直径6.2cm×5.3cm，花瓣11枚，花柱先端5裂。果实四方形、梅花形
LL009	邦迈大茶树3号	*C. taliensis*	龙陵县镇安镇邦迈社区中寨	2 000	4.2	5.0×5.2	1.4	小乔木型，树姿半开张，嫩枝无茸毛。芽叶紫绿色、无茸毛。叶片长宽13.8cm×5.7cm。叶长椭圆形，叶色绿，叶脉9对，叶背主脉无茸毛，叶身稍内折，叶面平，叶缘平，叶质硬
LL010	邦迈大茶树4号	*C. taliensis*	龙陵县镇安镇邦迈社区中寨	1 998	5.0	3.0×4.4	1.7	小乔木型，树姿半开张，嫩枝无茸毛。芽叶淡绿色、无茸毛。叶片长宽13.5cm×5.2cm。叶长椭圆形，叶色绿，叶脉11对，叶背主脉无茸毛，叶身平，叶面平，叶缘平，叶质硬
LL011	小田坝大茶树1号	*C. taliensis*	龙陵县镇安镇小田坝社区大坪子	2 040	10.3	6.3×5.3	2.5	乔木型，树姿直立，嫩枝无茸毛。芽叶绿色、无茸毛。叶片长宽13.0cm×4.7cm，叶长椭圆形，叶色深绿，叶背主脉无茸毛，叶脉11对。萼片5片、无茸毛，花冠直径4.8cm×4.5cm，花瓣13枚，花柱先端5裂，子房有茸毛。果实球形、扁球形

（续）

种质编号	种质名称	物种名称	分布地点	海拔（m）	树高（m）	树幅（m×m）	基部干围（m）	主要形态
LL012	小田坝大茶树 2 号	*C. taliensis*	龙陵县镇安镇小田坝社区大坪子	1 870	10.0	5.0×4.0	1.0	乔木型，树姿半开张。芽叶紫绿色、茸毛少。叶片长宽 14.4cm×5.0cm，叶身内折，叶面平，叶脉 8 对，叶背主脉无茸毛。萼片 5 片、无茸毛。花冠直径 5.0cm×4.8cm，花瓣 9 枚，花柱先端 5 裂，子房多茸毛。果实球形
LL013	小田坝大茶树 3 号	*C. taliensis*	龙陵县镇安镇小田坝社区大坪子	1 920	9.0	5.8×5.0	1.2	乔木型，树姿半开张。芽叶紫红色、茸毛少。叶片长宽 15.6cm×6.9cm，叶身内折，叶面平，叶脉 11 对，叶背主脉无茸毛。萼片 5 片、无茸毛。花冠直径 5.3cm×4.8cm，花瓣 11 枚，花柱先端 5 裂，子房多茸毛。果实球形
LL014	黑水河大茶树 1 号	*C. taliensis*	龙陵县镇安镇八〇八社区黑水河	1 970	8.0	6.0×6.0	0.8	乔木型，树姿半开张，嫩枝无茸毛。芽叶淡绿色、茸毛少。叶片长宽 13.7cm×4.8cm，叶色深绿，叶脉 9 对。花冠直径 5.0cm×5.7cm，花瓣 10 枚，花柱先端 4 裂。果实四方形、梅花形
LL015	黑水河大茶树 2 号	*C. taliensis*	龙陵县镇安镇八〇八社区黑水河	1 984	6.0	4.0×5.0	0.6	乔木型，树姿半开张，嫩枝无茸毛。芽叶淡绿色、茸毛少。叶片长宽 13.3cm×4.9cm，叶色深绿，叶脉 8 对，叶身平，叶面平，叶缘平，叶质硬
LL016	黑水河大茶树 3 号	*C. taliensis*	龙陵县镇安镇八〇八社区黑水河	1 993	5.4	3.5×3.8	0.5	乔木型，树姿半开张，嫩枝无茸毛。芽叶淡绿色、茸毛少。叶片长宽 14.2cm×5.3cm，叶色深绿，叶脉 9 对，叶身平，叶面平，叶缘平，叶质硬
LL017	三台山大茶树 1 号	*C. taliensis*	龙陵县龙江乡三台山村	2 087	7.0	5.0×6.0	2.0	小乔木型，树姿半开张，嫩枝无茸毛。芽叶淡绿色、无茸毛。叶片长宽 15.0cm×5.2cm，叶色深绿，叶脉 9 对。萼片 5 片、无茸毛。花冠直径 5.0cm×5.7cm，花瓣 10 枚，花柱先端 5 裂。果实四方形、梅花形
LL018	三台山大茶树 2 号	*C. taliensis*	龙陵县龙江乡三台山村	1 869	8.9	7.0×6.0	2.1	乔木型，树姿开张，嫩枝无茸毛。芽叶绿色、无茸毛。叶片长宽 14.2cm×5.6cm，叶长椭圆形，叶色深绿，叶背主脉无茸毛，叶脉 8 对。萼片 5 片、无茸毛，花冠直径 4.8cm×5.7cm，花瓣 12 枚，花柱先端 5 裂，子房有茸毛。果实四方形、梅花形

（续）

种质编号	种质名称	物种名称	分布地点	海拔（m）	树高（m）	树幅（m×m）	基部干围（m）	主要形态
LL019	三台山大茶树3号	*C. taliensis*	龙陵县龙江乡三台山村	1 892	7.0	4.8×5.5	1.7	乔木型，树姿开张，嫩枝无茸毛。芽叶绿色、无茸毛。叶片长宽14.8cm×5.4cm，叶长椭圆形，叶色深绿，叶背主脉无茸毛，叶脉10对，叶身平，叶面平，叶缘平，叶质硬
LL020	硝塘大茶树1号	*C. taliensis*	龙陵县龙江乡硝塘社区高楼子	2 140	8.0	4.0×4.0	2.4	乔木型，树姿半开张。芽叶黄绿色、无茸毛。叶片长宽14.2cm×5.5cm，叶色深绿，叶脉11对，叶背主脉无茸毛。萼片5片、无茸毛。花冠直径4.2cm×5.5cm，花瓣9枚，花柱先端5裂。果实四方形、梅花形
LL021	硝塘大茶树2号	*C. taliensis*	龙陵县龙江乡硝塘社区高楼子	2 069	11.5	5.5×4.5	2.1	乔木型，树姿开张，嫩枝无茸毛。芽叶绿色、无茸毛。叶片长宽12.1cm×5.0cm，叶长椭圆形，叶色深绿，叶背主脉无茸毛，叶脉12对。萼片5片、无茸毛，花冠直径5.8cm×5.0cm，花瓣12枚，花柱先端5裂，子房有茸毛
LL022	硝塘大茶树3号	*C. taliensis*	龙陵县龙江乡硝塘社区高楼子	2 140	5.5	3.3×3.0	2.2	乔木型，树姿半开张。叶片长宽13.4cm×4.7cm，叶长椭圆形，叶色绿，叶脉11对。萼片5片、无茸毛。花冠直径4.2cm×3.7cm，花瓣8枚，白色，花柱先端5裂
LL023	硝塘大茶树4号	*C. taliensis*	龙陵县龙江乡硝塘社区酸杷洼	1 900	8.0	6.0×4.0	1.3	小乔木型，树姿半开张，嫩枝无茸毛。芽叶淡绿色、无茸毛。叶片长宽14.7cm×5.0cm，叶长椭圆形，叶色深绿，叶脉10对。萼片5片、无茸毛。花冠直径5.4cm×5.0cm，花瓣9枚，花柱先端5裂。果实四方形、梅花形
LL024	硝塘大茶树5号	*C. taliensis*	龙陵县龙江乡硝塘社区黄家寨	1 890	7.5	4.7×4.7	0.6	乔木型，树姿直立，嫩枝无茸毛。叶片长宽15.4cm×6.8cm，叶椭圆形，叶身稍内折，叶面平，叶色深绿，叶质厚，芽叶无茸毛。萼片5片、无茸毛。花冠直径5.7cm×6.0cm，花瓣10枚，花柱先端5裂。果实四方形、梅花形
LL025	坡头大茶树1号	*C. taliensis*	龙陵县碧寨乡坡头村绿水塘	2 006	6.1	2.6×2.5	2.0	小乔木型，树姿开张，嫩枝无茸毛。芽叶绿色、无茸毛。叶片长宽14.4cm×5.6cm，叶长椭圆形，叶色绿，叶背主脉无茸毛，叶脉10对，叶身稍内折，叶面平，叶缘平，叶质硬。萼片5片、无茸毛，花冠直径4.4cm×5.2cm，花瓣13枚，花柱先端5裂，子房有茸毛。果实四方形、梅花形

（续）

种质编号	种质名称	物种名称	分布地点	海拔（m）	树高（m）	树幅（m×m）	基部干围（m）	主要形态
LL026	坡头大茶树2号	*C. taliensis*	龙陵县碧寨乡坡头村绿水塘	1 744	7.2	4.5×5.0	1.5	小乔木，树姿半开张，嫩枝无茸毛。叶片长宽 11.6cm×4.4cm，叶长椭圆形，叶色绿，叶脉 8 对。萼片 5 片，花冠直径 3.6cm×3.3cm，花瓣 9 枚，花柱先端 5 裂
LL027	坡头大茶树3号	*C. taliensis*	龙陵县碧寨乡坡头村绿水塘	1 744	5.2	4.0×5.0	1.4	小乔木，树姿半开张，嫩枝无茸毛，叶片长宽 12.0cm×5.7cm，叶长椭圆形，叶色绿，叶脉 9 对。萼片 5 片，花冠直径 5.5cm×5.3cm，花瓣 11 枚，花柱先端 5 裂
LL028	半坡大茶树1号	*C. taliensis*	龙陵县碧寨乡半坡村	1 855	7.0	5.0×5.3	1.0	小乔木型，树姿半开张，嫩枝无茸毛。叶片长宽 10.6cm×4.4cm，叶长椭圆形，叶色绿，叶脉 8 对，叶背主脉无茸毛。萼片 5 片，花冠直径 5.4cm×5.2cm，花瓣 11 枚，花柱先端 5 裂。果实球形、扁球形
LL029	半坡大茶树2号	*C. taliensis*	龙陵县碧寨乡半坡村	1 855	5.8	4.0×4.3	0.8	小乔木型，树姿半开张，嫩枝无茸毛。叶片长宽 12.4cm×4.9cm，叶长椭圆形，叶色绿，叶脉 9 对，叶背主脉无茸毛。萼片 5 片，花冠直径 5.0cm×5.0cm，花瓣 11 枚，花柱先端 5 裂。果实四方形、梅花形、四方形
LL030	菜子地大茶树1号	*C. taliensis*	龙陵县龙新乡菜子地村	2 080	9.0	6.8×5.5	3.2	小乔木型，树姿开张，嫩枝无茸毛。芽叶紫绿色、无茸毛。叶片长宽 12.8cm×5.4cm，叶长椭圆形，叶色绿，叶背主脉无茸毛，叶脉 11 对，叶身平，叶面平，叶缘平，叶质硬。萼片 5 片、无茸毛，花冠直径 4.0cm×4.0cm，花瓣 11 枚，花柱先端 5 裂，子房有茸毛。果实四方形、梅花形
LL031	菜子地大茶树2号	*C. taliensis*	龙陵县龙新乡菜子地村	2 107	6.0	3.5×3.8	2.0	乔木型，树姿半开张，嫩枝无茸毛，叶片长宽 11.6cm×3.8cm，叶披针形，叶色绿，叶脉 9 对，叶身平，叶面平，叶缘平，叶质硬，叶背主脉无茸毛。萼片 5 片，花冠直径 3.4cm×3.8cm，花瓣 11 枚，花柱先端 5 裂
LL032	菜子地大茶树3号	*C. taliensis*	龙陵县龙新乡菜子地村	2 107	4.0	3.8×3.5	1.2	乔木型，树姿半开张，嫩枝无茸毛，叶片长宽 12.4cm×4.5cm，叶长椭圆形，叶色绿，叶脉 11 对，叶身平，叶面平，叶缘平，叶质硬，叶背主脉无茸毛。萼片 5 片，花冠直径 4.4cm×3.7cm，花瓣 11 枚，花柱先端 5 裂，子房有茸毛。果实四方形、梅花形

（续）

种质编号	种质名称	物种名称	分布地点	海拔（m）	树高（m）	树幅（m×m）	基部干围（m）	主要形态
LL033	菜子地大茶树4号	*C. taliensis*	龙陵县龙新乡菜子地村	2 107	4.5	3.5×4.0	1.5	乔木型，树姿半开张，嫩枝无茸毛，叶片长宽13.0cm×5.0cm，叶披针形，叶色绿，叶脉10对，叶身平，叶面平，叶缘平，叶质硬，叶背主脉无茸毛。萼片5片，花冠直径5.4cm×5.0cm，花瓣9枚，花柱先端5裂，子房有茸毛。果实球形
LL034	雪山大茶树1号	*C. taliensis*	龙陵县龙新乡雪山村	1 980	9.0	3.3×3.5	2.0	小乔木型，树姿直立，嫩枝无茸毛。芽叶绿色、无茸毛。叶片长宽10.7cm×5.4cm，叶卵圆形，叶色浅绿，叶背主脉无茸毛，叶脉11对，叶身平，叶面平，叶缘平，叶质硬。萼片5片、无茸毛，花冠直径4.5cm×4.5cm，花瓣11枚，花柱先端5裂，子房有茸毛。果实四方形、梅花形
LL035	雪山大茶树2号	*C. taliensis*	龙陵县龙新乡雪山村	1 942	6.0	3.5×3.8	1.7	小乔木型，树姿直立，嫩枝无茸毛。芽叶绿色、无茸毛。叶片长宽12.2cm×5.0cm，叶椭圆形，叶色浅绿，叶背主脉无茸毛，叶脉8对，叶身稍内折，叶面平，叶缘平，叶质中。萼片5片、无茸毛，花冠直径4.8cm×5.5cm，花瓣12枚，花柱先端5裂，子房有茸毛。果实四方形、梅花形
LL036	雪山大茶树3号	*C. taliensis*	龙陵县龙新乡雪山村	1 950	7.5	4.0×3.5	1.2	小乔木型，树姿直立，嫩枝无茸毛。芽叶绿色、无茸毛。叶片长宽12.7cm×5.0cm，叶椭圆形，叶色浅绿，叶背主脉无茸毛，叶脉9对，叶身平，叶面平，叶缘平，叶质硬
LL037	绕廊大茶树1号	*C. taliensis*	龙陵县龙新乡绕廊社区麦子地	2 184	5.3	4.9×4.1	1.6	小乔木型，树姿直立，嫩枝无茸毛。芽叶黄绿色、茸毛少。叶片长宽12.8cm×4.7cm，叶长椭圆形，叶色浅绿，叶背茸毛少，叶脉11对，叶身平，叶面平，叶缘平，叶质中。萼片5片、无茸毛，花冠直径4.7cm×5.5cm，花瓣12枚，花柱先端4～5裂，子房有茸毛。果实球形
LL038	绕廊大茶树2号	*C. taliensis*	龙陵县龙新乡绕廊社区麦子地	2 158	6.0	6.2×5.6	1.2	乔木型，树姿直立，嫩枝无茸毛。芽叶淡绿色、茸毛少。叶片长宽16.2cm×7.0cm，叶长椭圆形，叶色绿，叶背茸毛少，叶脉9对，叶身平，叶面平，叶缘平，叶质中。萼片5片、无茸毛，花冠直径4.5cm×4.0cm，花瓣14枚，花柱先端4～5裂，子房有茸毛。果实球形

（续）

种质编号	种质名称	物种名称	分布地点	海拔（m）	树高（m）	树幅（m×m）	基部干围（m）	主要形态
LL039	大场大茶树1号	*C. taliensis*	龙陵县象达镇大场村团坡寨	2 167	8.0	7.5×6.0	3.4	小乔木型，树姿半开张，嫩枝无茸毛。叶片长宽13.6cm×4.5cm，叶长椭圆形，叶色绿，叶脉9对，叶身平，叶面平，叶缘平，叶质硬，叶背主脉无茸毛
LL040	大场大茶树2号	*C. taliensis*	龙陵县象达镇大场村团坡寨	2 154	6.0	4.5×4.0	1.6	小乔木型，树姿半开张，嫩枝无茸毛。芽叶淡绿色、无茸毛。叶片长宽12.2cm×4.8cm，叶长椭圆形，叶色绿，叶脉10对，叶身平，叶面平，叶缘平，叶质硬，叶背主脉无茸毛
LL041	大场大茶树3号	*C. taliensis*	龙陵县象达镇大场村团坡寨	2 154	6.0	4.5×4.0	2.0	小乔木型，树姿半开张，嫩枝无茸毛。芽叶淡绿色、无茸毛。叶片长宽14.0cm×5.6cm，叶长椭圆形，叶色绿，叶脉11对，叶身稍内折，叶面平，叶缘平，叶质硬，叶背主脉无茸毛
LL042	芹菜塘大茶树1号	*C. taliensis*	龙陵县象达镇芹菜塘村	2 040	8.5	4.4×3.5	3.6	小乔木型，树姿开张，嫩枝无茸毛。芽叶绿色、无茸毛。叶片长宽13.3cm×6.6cm，叶椭圆形，叶色深绿，叶背主脉无茸毛，叶脉9对，叶身稍内折，叶面平，叶缘平，叶质硬。萼片5片、无茸毛，花冠直径5.0cm×4.5cm，花瓣10枚，花柱先端5裂，子房有茸毛。果实四方形、梅花形
LL043	芹菜塘大茶树2号	*C. taliensis*	龙陵县象达镇芹菜塘村	2 040	8.5	4.4×3.5	2.2	小乔木型，树姿开张，嫩枝无茸毛。芽叶绿色、无茸毛。叶片长宽13.8cm×6.0cm，叶椭圆形，叶色深绿，叶背主脉无茸毛，叶脉11对，叶身稍内折，叶面平，叶缘平，叶质硬。萼片5片、无茸毛，花冠直径5.2cm×4.7cm，花瓣9枚，花柱先端5裂，子房有茸毛。果实四方形、梅花形
LL044	芹菜塘大茶树3号	*C. taliensis*	龙陵县象达镇芹菜塘村	2 027	6.5	4.0×3.0	1.7	小乔木型，树姿开张，嫩枝无茸毛。芽叶绿色、无茸毛。叶片长宽14.2cm×5.6cm，叶长椭圆形，叶色深绿，叶背主脉无茸毛，叶脉9对，叶身稍内折，叶面平，叶缘平，叶质硬
LL045	坝头大茶树1号	*C. taliensis*	龙陵县象达镇坝头社区	1 975	4.5	4.0×5.0	1.5	乔木型，树姿半开张。叶片长宽14.6cm×4.5cm，叶长椭圆形，叶色绿，叶脉9对，叶身平，叶面平，叶缘平，叶质硬，叶背主脉无茸毛。萼片5片，花冠直径6.5cm×6.0cm，花瓣10枚，花柱先端5裂，子房有茸毛

（续）

种质编号	种质名称	物种名称	分布地点	海拔（m）	树高（m）	树幅（m×m）	基部干围（m）	主要形态
LL046	坝头大茶树2号	*C. taliensis*	龙陵县象达镇坝头社区	1 982	4.0	3.0×2.0	1.2	乔木型，树姿半开张。芽叶淡绿、无茸毛。叶片长宽 14.0cm×4.9cm，叶长椭圆形，叶色绿，叶脉 10 对，叶身平，叶面平，叶缘平，叶质硬，叶背主脉无茸毛
LL047	坝头大茶树3号	*C. taliensis*	龙陵县象达镇坝头社区	1 977	5.0	3.4×3.0	1.0	小乔木型，树姿半开张。芽叶绿色、无茸毛。叶片长宽 13.3cm×5.2cm，叶长椭圆形，叶色绿，叶脉 9 对，叶身平，叶面平，叶缘平，叶质硬，叶背主脉无茸毛。萼片 5 片，花冠直径 5.5cm×5.0cm，花瓣 8 枚，花柱先端 5 裂，子房有茸毛。果实球形
LL048	安乐大茶树1号	*C. taliensis*	龙陵县平达乡安乐村上寨	2 008	7.0	5.0×2.5	1.7	乔木型，树姿直立。芽叶淡绿色、无茸毛。叶片长宽 12.2cm×4.3cm，叶长椭圆形，叶色绿，叶身内折，叶面平，叶缘平，叶背主脉无茸毛
LL049	安乐大茶树2号	*C. taliensis*	龙陵县平达乡安乐村上寨	2 008	7.0	5.0×2.5	1.7	乔木型，树姿直立。芽叶淡绿色、无茸毛。叶片长宽 12.2cm×4.3cm，叶长椭圆形，叶色绿，叶身内折，叶面平，叶缘平，叶背主脉无茸毛
LL050	安乐大茶树3号	*C. taliensis*	龙陵县平达乡安乐村上寨	1 920	9.2	4.6×3.9	1.8	乔木型，树姿直立。芽叶淡绿色、无茸毛。叶片长宽 12.9cm×6.0cm，叶椭圆形，叶色绿，叶脉 8 对，叶身内折，叶面平，叶缘平，叶背主脉无茸毛。萼片 5 片，花冠直径 3.7cm×5.2cm，花瓣 12 枚，花柱先端 5 裂，子房有茸毛。果实球形
LL051	安乐大茶树4号	*C. taliensis*	龙陵县平达乡安乐村上寨	1 928	6.8	4.0×3.3	1.4	乔木型，树姿直立。芽叶淡绿色、无茸毛。叶片长宽 12.5cm×5.0cm，叶椭圆形，叶色绿，叶身内折，叶面平，叶缘平，叶背主脉无茸毛。萼片 5 片，花冠直径 4.6cm×5.4cm，花瓣 10 枚，花柱先端 5 裂，子房有茸毛。果实球形
LL052	镇北大茶树1号	*C. taliensis*	龙陵县镇安镇镇北社区张家寨	1 809	7.8	5.5×6.1	2.2	小乔木型，树姿半开张。芽叶绿色、无茸毛。叶片长宽 13.6cm×4.5cm，叶长椭圆形，叶色深绿，叶脉 13 对，叶背无茸毛。萼片 5 片，花冠直径 6.5cm×6.6cm，花瓣 10 枚，花柱先端 5 裂，子房有茸毛。果实四方形、梅花形
LL053	镇北大茶树2号	*C. taliensis*	龙陵县镇安镇镇北社区张家寨	1 845	7.0	5.0×5.0	2.0	小乔木型，树姿半开张。芽叶淡绿色、无茸毛。叶片长宽 12.5cm×4.6cm，叶长椭圆形，叶色深绿，叶脉 10 对，叶背主脉无茸毛。萼片 5 片，花冠直径 5.5cm×6.2cm，花瓣 10 枚，花柱先端 5 裂，子房有茸毛。果实四方形、梅花形

（续）

种质编号	种质名称	物种名称	分布地点	海拔（m）	树高（m）	树幅（m×m）	基部干围（m）	主要形态
LL054	镇北大茶树3号	*C. taliensis*	龙陵县镇安镇镇北社区张家寨	1 840	6.5	4.2×3.8	1.7	小乔木型，树姿半开张。芽叶淡绿色、无茸毛。叶片长宽13.9cm×4.8cm，叶长椭圆形，叶色深绿，叶脉9对，叶背主脉无茸毛。萼片5片，花冠直径4.5cm×5.8cm，花瓣9枚，花柱先端5裂，子房有茸毛。果实四方形、梅花形
LL055	镇北大茶树4号	*C. taliensis*	龙陵县镇安镇镇北社区张家寨	1 808	7.5	5.2×4.8	2.6	乔木型，树姿半开张，嫩枝无茸毛。芽叶绿色、无茸毛。叶片长宽13.9cm×5.8cm，叶长椭圆形，叶色深绿，叶背主脉无茸毛，叶脉13对。萼片5片、无茸毛，花冠直径5.2cm×6.0cm，花瓣11枚，花柱先端5裂，子房有茸毛。果实球形、四方形、梅花形
LL056	镇北大茶树5号	*C. taliensis*	龙陵县镇安镇镇北社区张家寨	1 845	7.0	5.0×4.0	2.2	乔木型，树姿半开张，嫩枝无茸毛。芽叶绿色、无茸毛。叶片长宽11.8cm×4.8cm，叶长椭圆形，叶色深绿，叶背主脉无茸毛，叶脉9对。萼片5片、无茸毛，花冠直径5.0cm×6.0cm，花瓣11枚，花柱先端5裂，子房有茸毛。果实球形、四方形
LL057	镇北大茶树6号	*C. taliensis*	龙陵县镇安镇镇北社区张家寨	1 857	5.5	3.7×4.2	2.0	小乔木型，树姿半开张，嫩枝无茸毛。芽叶绿色、无茸毛。叶片长宽13.0cm×5.0cm，叶长椭圆形，叶色深绿，叶背主脉无茸毛，叶脉11对。萼片5片、无茸毛，花冠直径5.2cm×5.0cm，花瓣9枚，花柱先端5裂，子房有茸毛。果实球形
LL058	镇东大茶树1号	*C. taliensis*	龙陵县镇安镇镇东村毛草地	2 040	9.4	5.2×5.0	2.8	乔木型，树姿半开张，嫩枝无茸毛。芽叶绿色、无茸毛。叶片长宽11.0cm×4.5cm，叶长椭圆形，叶色绿，叶背主脉无茸毛，叶脉11对。萼片5片、无茸毛，花冠直径4.0cm×4.4cm，花瓣11枚，花柱先端5裂，子房有茸毛。果实球形
LL059	镇东大茶树2号	*C. taliensis*	龙陵县镇安镇镇东村毛草地	2 040	6.2	4.0×5.5	3.0	小乔木型，树姿半开张，嫩枝无茸毛。芽叶绿色、无茸毛。叶片长宽11.8cm×4.9cm，叶椭圆形，叶色绿，叶背主脉无茸毛，叶脉8对。萼片5片、无茸毛，花冠直径4.7cm×4.5cm，花瓣11枚，花柱先端5裂，子房有茸毛。果实球形

（续）

种质编号	种质名称	物种名称	分布地点	海拔（m）	树高（m）	树幅（m×m）	基部干围（m）	主要形态
LL060	镇东大茶树3号	*C. taliensis*	龙陵县镇安镇镇东村毛草地	2 040	5.4	4.0×4.0	2.6	小乔木型，树姿半开张，嫩枝无茸毛。芽叶绿色、无茸毛。叶片长宽12.5cm×5.0cm，叶长椭圆形，叶色绿，叶背主脉无茸毛，叶脉8对。萼片5片、无茸毛，花冠直径5.2cm×4.6cm，花瓣10枚，花柱先端4裂，子房有茸毛。果实四方形、梅花形
LL061	镇东大茶树4号	*C. taliensis*	龙陵县镇安镇镇东村毛草地	2 037	6.0	5.0×5.3	2.8	小乔木型，树姿半开张，嫩枝无茸毛。芽叶绿色、无茸毛。叶片长宽13.3cm×5.4cm，叶椭圆形，叶色绿，叶背主脉无茸毛，叶脉9对。萼片5片、无茸毛，花冠直径5.2cm×4.8cm，花瓣11枚，花柱先端5裂，子房有茸毛。果实四方形
LL062	镇东大茶树5号	*C. taliensis*	龙陵县镇安镇镇东村毛草地	2 035	6.2	3.7×4.5	2.6	小乔木型，树姿半开张，嫩枝无茸毛。芽叶绿色、无茸毛。叶片长宽13.8cm×4.5cm，叶长椭圆形，叶色绿，叶背主脉无茸毛，叶脉8对。萼片5片、无茸毛，花冠直径4.7cm×4.9cm，花瓣9枚，花柱先端4裂，子房有茸毛。果实四方形、梅花形
LL063	镇东大茶树6号	*C. taliensis*	龙陵县镇安镇镇东村毛草地	2 032	7.4	4.5×5.0	2.0	小乔木型，树姿半开张，嫩枝无茸毛。芽叶绿色、无茸毛。叶片长宽14.5cm×5.3cm，叶长椭圆形，叶色绿，叶背主脉无茸毛，叶脉10对。萼片5片、无茸毛，花冠直径5.6cm×6.2cm，花瓣9枚，花柱先端4～5裂，子房有茸毛。果实四方形
LL064	镇东大茶树7号	*C. taliensis*	龙陵县镇安镇镇东村毛草地	2 032	6.8	4.0×5.0	2.5	乔木型，树姿直立，嫩枝无茸毛。芽叶绿色、无茸毛。叶片长宽15.0cm×5.5cm，叶长椭圆形，叶色绿，叶背主脉无茸毛，叶脉11对。萼片5片、无茸毛，花冠直径5.2cm×5.0cm，花瓣10枚，花柱先端5裂，子房有茸毛。果实四方形
LL065	镇东大茶树8号	*C. taliensis*	龙陵县镇安镇镇东村毛草地	2 030	6.2	3.0×5.0	2.3	小乔木型，树姿半开张，嫩枝无茸毛。芽叶绿色、无茸毛。叶片长宽13.3cm×4.9cm，叶长椭圆形，叶色绿，叶背主脉无茸毛，叶脉8对。萼片5片、无茸毛，花冠直径4.8cm×4.9cm，花瓣9枚，花柱先端4裂，子房有茸毛。果实四方形
LL066	镇东大茶树9号	*C. taliensis*	龙陵县镇安镇镇东村毛草地	2 030	6.0	4.2×4.5	2.2	小乔木型，树姿半开张，嫩枝无茸毛。芽叶绿色、无茸毛。叶片长宽14.0cm×5.2cm，叶长椭圆形，叶色绿，叶背主脉无茸毛，叶脉10对。萼片5片、无茸毛，花冠直径5.5cm×6.3cm，花瓣11枚，花柱先端5裂，子房有茸毛。果实四方形

（续）

种质编号	种质名称	物种名称	分布地点	海拔（m）	树高（m）	树幅（m×m）	基部干围（m）	主要形态
LL067	镇东大茶树10号	*C. taliensis*	龙陵县镇安镇镇东村毛草地	2 036	8.2	4.8×5.0	1.7	乔木型，树姿半开张，嫩枝无茸毛。芽叶绿色、无茸毛。叶片长宽13.3cm×5.5cm，叶长椭圆形，叶色绿，叶背主脉无茸毛，叶脉9对。萼片5片、无茸毛，花冠直径5.0cm×5.2cm，花瓣9枚，花柱先端5裂，子房有茸毛。果实四方形
LL068	大水沟大茶树1号	*C. taliensis*	龙陵县镇安镇大水沟村	1 920	8.6	5.3×4.6	2.0	乔木型，树姿半开张，嫩枝无茸毛。芽叶绿色、无茸毛。叶片长宽12.7cm×4.8cm，叶长椭圆形，叶色绿，叶背主脉无茸毛，叶脉10对。萼片5片、无茸毛，花冠直径3.7cm×5.4cm，花瓣15枚，花柱先端5裂，子房有茸毛。果实梅花形
LL069	大水沟大茶树2号	*C. taliensis*	龙陵县镇安镇大水沟村	1 920	5.7	3.3×4.0	1.8	乔木型，树姿半开张，嫩枝无茸毛。芽叶绿色、无茸毛。叶片长宽12.7cm×5.3cm，叶椭圆形，叶色绿，叶背主脉无茸毛，叶脉10对，叶身稍内折，叶缘平，叶面平，叶质硬。果实四方形、梅花形
LL070	大水沟大茶树3号	*C. taliensis*	龙陵县镇安镇大水沟村	1 927	6.5	4.0×4.0	1.5	乔木型，树姿半开张，嫩枝无茸毛。芽叶绿色、无茸毛。叶片长宽13.4cm×5.0cm，叶椭圆形，叶色绿，叶背主脉无茸毛，叶脉11对，叶身稍内折，叶缘平，叶面平，叶质硬。果实四方形、梅花形
LL071	中岭岗大茶树1号	*C. taliensis*	龙陵县腊勐镇中岭岗村陈家寨	2 145	12.9	5.9×5.8	2.0	乔木型，树姿直立，嫩枝无茸毛。芽叶绿色、无茸毛。叶片长宽12.6cm×5.0cm，叶椭圆形，叶色深绿，叶背主脉无茸毛，叶脉10对。萼片5片、无茸毛，花冠直径5.8cm×5.3cm，花瓣12枚，花柱先端5裂，子房有茸毛。果实四方形、梅花形
LL072	中岭岗大茶树2号	*C. taliensis*	龙陵县腊勐镇中岭岗村陈家寨	2 140	8.2	5.0×5.0	1.6	乔木型，树姿直立，嫩枝无茸毛。芽叶绿色、无茸毛。叶片长宽11.8cm×4.4cm，叶椭圆形，叶色深绿，叶背主脉无茸毛，叶脉8对。萼片5片、无茸毛，花冠直径5.0cm×5.4cm，花瓣9枚，花柱先端4～5裂，子房有茸毛。果实四方形、梅花形
LL073	中岭岗大茶树3号	*C. taliensis*	龙陵县腊勐镇中岭岗村陈家寨	2 140	7.0	5.2×4.5	1.7	小乔木型，树姿直立，嫩枝无茸毛。芽叶绿色、无茸毛。叶片长宽13.3cm×5.0cm，叶长椭圆形，叶色深绿，叶背主脉无茸毛，叶脉11对。萼片5片、无茸毛，花冠直径4.2cm×5.7cm，花瓣11枚，花柱先端5裂，子房有茸毛。果实四方形、梅花形

（续）

种质编号	种质名称	物种名称	分布地点	海拔（m）	树高（m）	树幅（m×m）	基部干围（m）	主要形态
LL074	大垭口大茶树1号	*C. taliensis*	龙陵县腊勐镇大垭口村	1 862	12.0	4.3×4.0	1.5	乔木型，树姿半开张，嫩枝无茸毛。芽叶绿色、无茸毛。叶片长宽12.5cm×5.5cm，叶椭圆形，叶色深绿，叶背主脉无茸毛，叶脉9对，叶身平，叶面平，叶缘平，叶质硬
LL075	大垭口大茶树2号	*C. taliensis*	龙陵县腊勐镇大垭口村小立色	1 946	13.5	7.0×6.8	2.7	小乔木型，树姿直立，嫩枝无茸毛。芽叶绿色、无茸毛。叶片长宽12.0cm×4.7cm，叶椭圆形，叶色浅绿，叶背主脉无茸毛，叶脉9对，叶身内折，叶面平，叶缘平，叶质硬

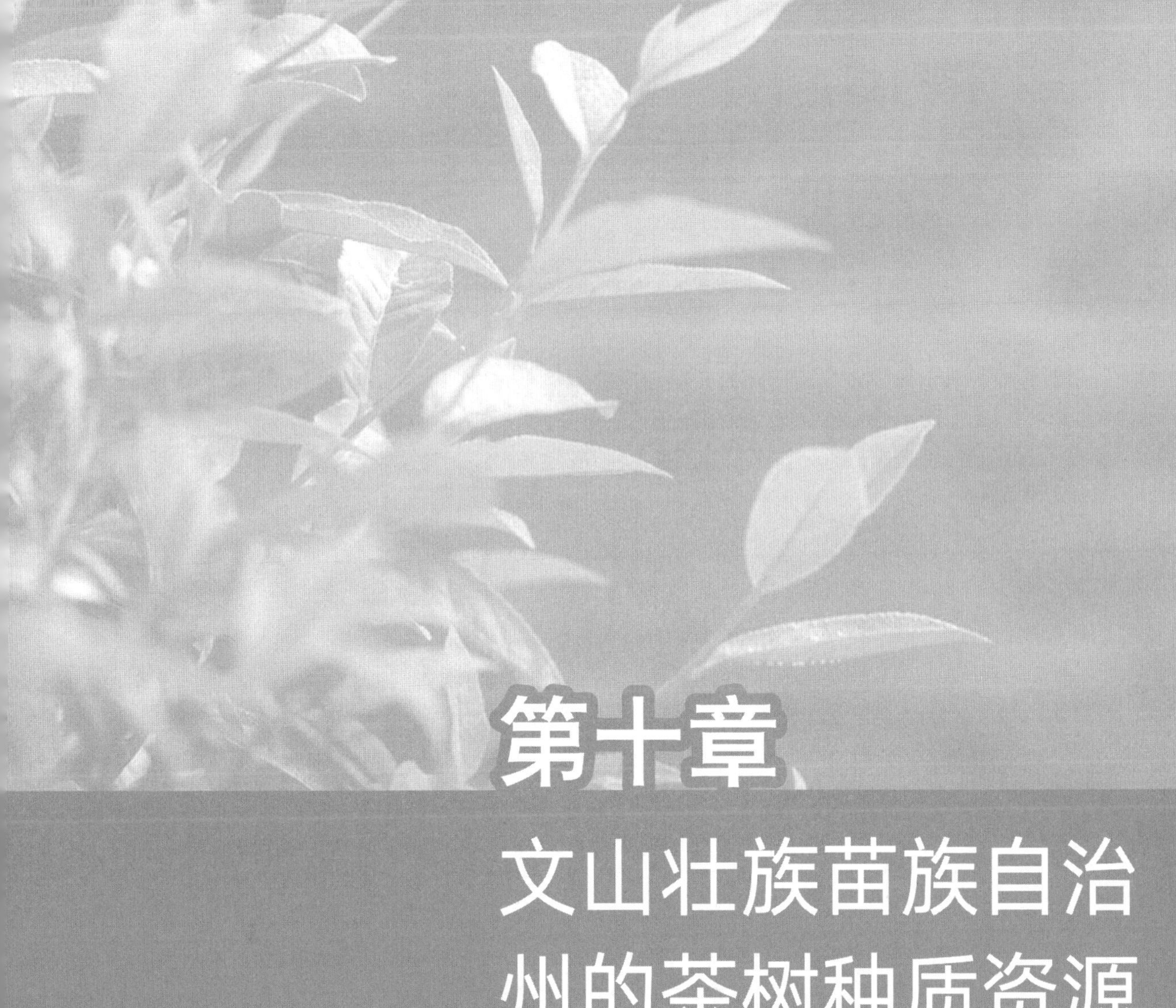

第十章 文山壮族苗族自治州的茶树种质资源

文山壮族苗族自治州地处云南省东南部，跨东经103°35′—106°12′，北纬22°48′—24°28′，属云岭高原东南岩溶区，境内地势西北高，东南低，具有喀斯特地貌、溶岩地形，海拔高度107～2 991m。北回归线横贯其中部，属低纬度高原季风气候，年平均气温15.8～19.3℃，年均降水量992～1 329mm，年平均相对湿度75%。自然土壤有黄壤、黄棕壤、红壤和石灰岩风化土等，植被以乔木、灌木林、草坡、石面为主。

第一节

文山壮族苗族自治州茶树资源种类

文山壮族苗族自治州茶树资源物种丰富，历史上在文山壮族苗族自治州境内先后发现的茶树种和变种多达 11 个，在《中国植物志》英文版分类下仍记录有 8 个种和变种。文山壮族苗族自治州栽培利用的茶树地方品种多达 10 余个。

一、文山壮族苗族自治州茶树物种类型

20 世纪 80 年代，先后在文山壮族苗族自治州调查发现和鉴定出的茶树种类有普洱茶（*C. sinensis* var. *assamica*）、广西茶（*C. kwangsiensis*）、广南茶（*C. kwangnanica*）、厚轴茶（*C. crassicolumna*）、马关茶（*C. makuanica*）、多瓣茶（*C. multiplex*）、皱叶茶（*C. crispula*）、小叶茶（*C. sinensis*）、白毛茶（*C. sinensis* var. *pubilimba*）、底圩茶（*C. dishiensis*）、秃房茶（*C. gymnogyna*）等 11 个种和变种。在后来的分类和修订中，广南茶、马关茶、多瓣茶、皱叶茶、底圩茶均被归并和修订。

2014—2016 年，对文山壮族苗族自治州茶树种质资源进行了全面普查，通过实地调查、采集标本、影像拍摄、专家鉴定和分类统计等方法，并根据 2007 年编写的《中国植物志》英文版第 12 卷的分类，整理了文山壮族苗族自治州茶树资源物种名录，主要有厚轴茶（*C. crassicolumna*）、光萼厚轴茶（*C. crassicolumna* var . *multiplex*）、广西茶（*C. kwangsiensis*）、毛萼广西茶（*C. kwangsiensis* var. *kwangnanica*）、秃房茶（*C. gymnogyna*）、小叶茶（*C. sinensis*）、普洱茶（*C. sinensis* var. *assamica*）和白毛茶（*C. sinensis* var. *pubilimba*）等共 8 个种和变种。

二、文山壮族苗族自治州茶树品种类型

文山壮族苗族自治州的茶树品种有野生茶树品种、地方茶树品种和选育茶树品种。野生茶树品种主要有坝心野茶、九龙山野茶、黑支果野茶、同剪野茶、次竹坝野茶、卡上野茶、古林箐野茶、中寨野茶、下金厂野茶、麻栗坡野茶等。栽培种植的优良地方茶树品种主要有底圩茶、坝子白毛茶、猛硐大叶茶、坪寨白毛茶、广南苦茶、珠街大叶茶、者兔大叶茶、法斗大叶茶、香坪山大叶茶等。引进种植的茶树新品种主要有云抗 10 号、紫娟、佛香 3 号、福云 6 号、福安太白、福鼎大毫等。

第二节

文山壮族苗族自治州茶树资源地理分布

调查共记录到文山壮族苗族自治州野生和栽培大茶树资源分布点91个，主要分布于文山壮族苗族自治州的文山、马关、西畴、麻栗坡和广南5个县（市）。文山壮族苗族自治州的大茶树资源水平分布范围较广，但分布不均匀，垂直分布于海拔600～2 400m之间。

一、文山市大茶树分布

记录到文山市大茶树资源分布点12个，主要分布于薄竹镇的幕诗冲、摆依寨等村，坝心彝族乡的核桃寨、高笕槽、陡舍坡、坝心等村，小街镇的老君山村，新街乡的新街村，平坝镇的沙子洞、小坝子、平坝、底泥等村等。典型植株有陈家寨大茶树、多依树村肖家寨大茶树、陡舍坡大茶树、高笕槽大茶树、新街大茶树和老君山大茶树等。

二、马关县大茶树分布

记录到马关县大茶树资源分布点15个，主要分布于夹寒箐镇的夹寒箐、坝甲、尖山和达布斯等村，八寨镇的老厂、夹马石、务路者、喜主、八寨等村（社区），篾厂乡的大吉厂、篾厂等村，古林箐乡的卡上、新发寨等村，大栗树乡的倮洒村，小坝子镇的田湾村等。典型植株有卡上大茶树、大吉厂大茶树、喜主大茶树、务路者大茶树、倮洒大茶树、达豹箐大茶树、尖山大茶树、田湾大茶树等。

三、西畴县大茶树分布

记录到西畴县大茶树资源分布点17个，主要分布于法斗乡的董有、坪寨、脱皮树等村，莲花塘乡的香坪山、革岔、和平、界牌、莲花塘等村，兴街镇的兴隆、牛塘子、龙坪等村，柏林乡的三板桥、柏林、马蹄寨等村，蚌谷乡的法古、大吉厂等村，董马乡的么铺子村等。典型植株有香坪山大茶树、董有大茶树、坪寨大茶树、脱皮树村大茶树、法古大茶树、大吉厂大茶树、么铺子大茶树等。

四、麻栗坡县大茶树分布

记录到麻栗坡县大茶树资源分布点21个，主要分布于猛硐瑶族乡的猛硐、昆老、老陶坪、坝子、铜塔等村，下金厂乡的中寨、云岭、下金厂等村，八布乡的哪灯、荒田、和平、龙龙等村，杨万乡的哪都、董定等村，麻栗镇的茨竹坝、茅草坪等村，铁厂乡的关告、董渡等村，天保镇的天保村，大坪镇的马达村，董干镇的普弄村等。典型植株有中寨大茶树、云岭大茶树、茨竹坝大茶树、天保大茶树、马达大茶树、昆老大茶树、猛硐大茶树、坝子大茶树、铜塔大茶树、老陶坪大茶树等。

五、广南县大茶树分布

记录到广南县大茶树分布点18个，主要分布于者兔乡的者兔、革佣、木乍等村，底圩乡的同剪、底圩、普盆、普龙、坝庄等村，者太乡的大田、者太等村，珠街镇的珠街、小阿章等村（社区），莲城镇的赛京、那朵、平山等村（社区），黑支果乡的阿章、牧宜、坪寨等村。典型植株有九龙山野生茶树、同剪野生茶树、黑支果野生茶树、底圩大茶树、坝美大茶树、者太大茶树等。

六、其他县大茶树分布

近年来，在文山壮族苗族自治州的富宁县、砚山县和丘北县也发现少量大茶树资源。记录到富宁县大茶树资源分布点5个，分布于里达镇的达孟村、里拱村，木央镇的睦伦村，田蓬镇的龙修村，板仑乡的木腊村；记录到砚山县大茶树资源分布点2个，分布于阿猛镇的顶丘村，蚌峨乡的板榔村；记录到丘北县大茶树资源分布点1个，分布于温浏乡的花交村。典型植株有达孟大茶树、里拱大茶树、睦伦大茶树、龙修大茶树、木腊大茶树、花交大茶树、营盘山大茶树和板榔大茶树等。

第三节

文山壮族苗族自治州大茶树资源生长状况

对文山壮族苗族自治州文山、马关、西畴、麻栗坡和广南等5个县（市）大茶树树高、基部干围、树幅等生长特征及生长势进行了统计分析和初步评价，为文山壮族苗族自治州大茶树资源的合理利用与管理保护提供基础资料和参考依据。

一、文山壮族苗族自治州大茶树生长特征

对文山壮族苗族自治州231株大茶树生长特征统计表明，大茶树树高在1.0～5.0m区段的有81株，占调查总数的35.1%；在5.0～10.0m区段的有123株，占调查总数的53.2%；在10.0～15.0m区段的有21株，占调查总数的9.1%；在15.0m以上区段的有6株，占调查总数的2.6%。大茶树树高变幅为1.4～22m，平均树高6.9m，树高主要集中在5.0～10.0m区段，占大茶树总数量的53.2%，最高为文山市坝心彝族乡肖家寨大茶树1号（编号WS004），树高22.0m。

大茶树基部干围在0.1～0.5m区段的有28株，占调查总数的12.1%；在0.5～1.0m区段的有55株，占调查总数的23.8%；在1.0～1.5m区段的有68株，占调查总数的29.5%；在1.5～2.0m区段的有65株，占调查总数的28.1%；在2.0m以上区段的有15株，占调查总数的6.5%。大茶树基部干围变幅为0.1～2.9m，平均1.3m，最大为麻栗坡县下金厂乡中寨大茶树1号（编号MLP001），基部干围2.9m。

大茶树树幅在1.0～5.0m区段的有137株，占调查总数的59.3%；在5.0～10.0m区段的有90株，占调查总数的39.0%；在10.0m以上区段的有4株，占调查总数的1.7%。大茶树树幅变幅为1.5～12.0m，平均4.5m，树幅集中在5.0m以下区段，占大茶树总数量的59.3%，最大为马关县小坝子镇田湾大茶树1号（编号MG023），树幅12.0m×10.0m。

文山壮族苗族自治州大茶树树高、树幅、基部干围的变异系数分别为44.0%、54.9%和33.3%，均大于30%，各项生长指标均存在较大变异，见表10-1。

表10-1　文山壮族苗族自治州大茶树生长特征

树体形态	最大值	最小值	平均值	标准差	变异系数（%）
树高（m）	22.0	1.4	6.9	3.0	44.0
树幅直径（m）	12.0	1.5	5.1	2.8	54.9
基部干围（m）	2.9	0.1	1.4	0.5	33.3

二、文山壮族苗族自治州大茶树生长势

从生长势的调查结果看（表10-2），文山壮族苗族自治州大茶树总体长势良好，少数植株处于濒

死状态或死亡。大茶树树冠完整、枝繁叶茂、主干完好、树势生长旺盛的有 123 株，占调查总数的 53.3%；树枝无自然枯损、枯梢，生长势一般的有 89 株，占调查总数的 38.5%；树枝自然枯梢，树体残缺、腐损，树干有空洞，生长势较差的有 15 株，占调查总数的 6.5%；主梢及整体大部枯死、空干、根腐，生长势处于濒死状态的有 4 株，占调查总数的 1.7%。据不完全统计，调查记录到已死亡的大茶树有 12 株。

表 10-2　文山壮族苗族自治州大茶树资源生长势

调查地点（县、市）	调查数量（株）	生长势等级			
		旺盛	一般	较差	濒死
文山	27	13	10	3	1
西畴	47	28	13	4	2
麻栗坡	78	36	40	1	1
广南	28	12	12	4	0
马关	18	7	9	2	0
富宁	25	19	5	1	0
丘北	4	4	0	0	0
砚山	4	4	0	0	0
总计（株）	231	123	89	15	4
所占比例（%）	100.0	53.3	38.5	6.5	1.7

第四节

文山壮族苗族自治州大茶树资源名录

对文山壮族苗族自治州8个县（市）内较古老、特异和珍稀大茶树资源进行编号、建档和整理编目，建立了文山壮族苗族自治州茶树种质资源档案信息库。共整理出文山壮族苗族自治州茶树种质资源名录231份，见表10－3。其中，文山市27份，编号为WS001～WS027；马关县25份，编号为MG001～MG025；西畴县47份，编号为CX001～XC047；麻栗坡县78份，编号为MLP001～MLP078；广南县28份，编号为GN001～GN028；富宁县18份，编号为FN001～FN018；丘北县4份，编号为QB001～QB004；砚山县4份，编号为YS001～YS004。

文山壮族苗族自治州大茶树资源名录注明了每一份大茶树资源的种质编号、种质名称、物种名称等护照信息，记录了大茶树的分布地点、海拔高度等地理信息，较详细地描述了大茶树的生长特征和植物学形态特征。文山壮族苗族自治州大茶树资源名录的确定，明确了文山壮族苗族自治州重点保护的大茶树资源，对了解文山壮族苗族自治州茶树种质资源提供了重要信息，为文山壮族苗族自治州茶树种质资源的有效保护和茶叶经济发展提供了全面准确的线索和依据。

表10－3　文山壮族苗族自治州大茶树资源名录（231份）

种质编号	种质名称	物种名称	分布地点	海拔（m）	树高（m）	树幅（m×m）	基部干围（m）	主要形态
WS001	陈家寨大茶树1号	*C. crassicolumna*	文山市坝心彝族乡高笕槽村陈家寨	2 090	6.5	3.5×3.0	1.7	小乔木型，树姿直立。芽叶绿色、有茸毛，叶长椭圆形、革质，叶片长宽13.2cm×5.2cm，叶脉10对。萼片5片、有茸毛。花冠直径6.8cm×6.3cm，花瓣11枚，花柱先端5裂、裂位深，子房5室、被茸毛。果实圆球形
WS002	陈家寨大茶树2号	*C. crassicolumna*	文山市坝心彝族乡高笕槽村陈家寨	2 113	7.5	3.0×4.0	1.9	小乔木型，树姿直立。芽叶绿色、有茸毛，叶长椭圆形、革质，叶片长宽15.1cm×5.0cm，叶脉10对。萼片5片、有茸毛。花冠直径7.8cm×6.6cm，花瓣11枚，花柱先端5裂、裂位深，子房5室、被茸毛。果实圆球形
WS003	陈家寨大茶树3号	*C. crassicolumna*	文山市坝心彝族乡高笕槽村陈家寨	2 082	10.5	4.5×3.5	1.7	小乔木型，树姿直立。芽叶绿色、有茸毛，叶长椭圆形、革质，叶片长宽14.6cm×5.7cm，叶脉9对。萼片5片、有茸毛。花冠直径7.0cm×6.0cm，花瓣9枚，花柱先端5裂、裂位深，子房5室、被茸毛。果实圆球形

（续）

种质编号	种质名称	物种名称	分布地点	海拔（m）	树高（m）	树幅（m×m）	基部干围（m）	主要形态
WS004	肖家寨大茶树1号	*C. crassicolumna*	文山市坝心彝族乡陡舍坡村肖家寨	2 253	22.0	5.2×5.5	2.0	乔木型，树姿直立。芽叶绿色、有茸毛。叶长椭圆形、革质，叶片长宽14.4cm×5.6cm，叶脉8对。萼片5片、有茸毛。花冠直径5.7cm×5.0cm，花瓣10枚，花柱先端5裂、裂位深，子房5室、被茸毛。果实圆球形
WS005	肖家寨大茶树2号	*C. crassicolumna*	文山市坝心彝族乡陡舍坡村肖家寨	2 270	18.0	4.2×5.3	1.9	乔木型，树姿直立。芽叶绿色、有茸毛。叶椭圆形、薄革质，叶片长宽15.3cm×5.2cm，叶脉9对。萼片5片、有茸毛。花冠直径6.7cm×5.8cm，花瓣10枚，花柱先端5裂、裂位深，子房5室、被茸毛。果实圆球形
WS006	肖家寨大茶树3号	*C. crassicolumna*	文山市坝心彝族乡陡舍坡村肖家寨	2 193	15.0	4.8×5.0	1.8	乔木型，树姿直立。芽叶绿色、有茸毛。叶椭圆形、薄革质，叶片长宽14.6cm×5.6cm，叶脉10对。萼片5片、有茸毛。花冠直径7.7cm×5.7cm，花瓣10枚，花柱先端5裂、裂位深，子房5室、被茸毛。果实圆球形
WS007	陡舍坡大茶树1号	*C. crassicolumna* var. *multiplex*	文山市坝心彝族乡陡舍坡村	2 230	18.5	5.2×4.3	2.0	乔木型，树姿直立。芽叶黄绿色、有茸毛。叶椭圆形、革质，叶片长宽12.0cm×5.2cm，叶脉10对。萼片5片、无茸毛。花冠直径6.3cm×6.0cm，花瓣9枚，花柱先端4～5裂，子房被茸毛。果实扁球形
WS008	陡舍坡大茶树2号	*C. crassicolumna* var. *multiplex*	文山市坝心彝族乡陡舍坡村	2 360	13.5	7.5×7.0	1.1	乔木型，树姿直立。芽叶紫绿色、有茸毛。叶椭圆形、深绿色，叶片长宽13.0cm×5.5cm，叶脉11对。萼片5片、无茸毛。花冠直径6.8cm×7.4cm，花瓣10枚，花柱先端4～5裂，子房被茸毛。果实扁球形
WS009	陡舍坡大茶树3号	*C. crassicolumna* var. *multiplex*	文山市坝心彝族乡陡舍坡村	2 223	12.0	7.0×6.0	1.8	乔木型，树姿直立。芽叶紫绿色、有茸毛。叶椭圆形、深绿色，叶片长宽11.0cm×5.2cm，叶脉8对。萼片5片、无茸毛。花冠直径7.2cm×7.0cm，花瓣9枚，花柱先端4裂，子房被茸毛。果实扁球形
WS010	陡舍坡大茶树4号	*C. crassicolumna* var. *multiplex*	文山市坝心彝族乡陡舍坡村	2 098	13.05	3.0×3.0	1.4	乔木型，树姿直立。芽叶绿色、有茸毛。叶椭圆形、绿色，叶片长宽10.0cm×4.8cm，叶脉11对。萼片5片、无茸毛。花冠直径7.2cm×7.0cm，花瓣9枚，花柱先端4裂，子房被茸毛。果实扁球形

（续）

种质编号	种质名称	物种名称	分布地点	海拔（m）	树高（m）	树幅（m×m）	基部干围（m）	主要形态
WS011	陡舍坡大茶树5号	*C. crassicolumna* var. *multiplex*	文山市坝心彝族乡陡舍坡村	2 125	4.0	4.1×3.4	1.3	小乔木型，树姿直立。芽叶紫绿色、有茸毛。叶椭圆形、绿色，叶片长宽 11.0cm×4.5cm，叶脉 10 对。萼片5片、无茸毛。花冠直径 6.2cm×7.4cm，花瓣 8 枚，花柱先端 5 裂，子房被茸毛。果实球形
WS012	高笕槽大茶树1号	*C. crassicolumna*	文山市坝心彝族乡高笕槽村	2 034	4.2	2.0×2.0	1.2	小乔木型，树姿半开张。芽叶紫绿色、有茸毛。叶椭圆形、绿色，叶片长宽 13.0cm×6.5cm，叶脉 10 对。萼片5片、有茸毛。花冠直径 6.8cm×6.4cm，花瓣 8 枚，花柱先端 5 裂，子房被茸毛。果实球形
WS013	高笕槽大茶树2号	*C. crassicolumna*	文山市坝心彝族乡高笕槽村	2 090	6.5	3.0×3.0	1.7	小乔木型，树姿半开张。芽叶紫绿色、有茸毛。叶椭圆形、绿色，叶片长宽 14.0cm×5.5cm，叶脉9对。萼片5片、有茸毛。花冠直径 6.2cm×6.0cm，花瓣10 枚，花柱先端5裂，子房被茸毛。果实球形、扁球形
WS014	高笕槽大茶树3号	*C. crassicolumna*	文山市坝心彝族乡高笕槽村	2 110	7.2	3.8×3.5	1.6	小乔木型，树姿半开张。芽叶紫绿色、有茸毛。叶长椭圆形、绿色，叶片长宽 14.5cm×5.5cm，叶脉 9 对。萼片5片、有茸毛。花冠直径 6.5cm×6.8cm，花瓣 9 枚，花柱先端 5 裂，子房被茸毛。果实球形
WS015	新街大茶树1号	*C. crassicolumna*	文山市新街乡新街村	2 073	2.0	2.0×1.5	0.9	小乔木型，树姿半开张。芽叶紫绿色、有茸毛。叶椭圆形、绿色，叶片长宽 10.0cm×4.0cm，叶脉9对，叶身内折，叶面平，叶缘平，叶齿稀、中、钝
WS016	新街大茶树2号	*C. crassicolumna*	文山市新街乡新街村	2 028	4.1	4.0×3.5	0.7	小乔木型，树姿半开张。芽叶绿色、有茸毛。叶椭圆形、绿色，叶片长宽 15.0cm×6.5cm，叶脉9对，叶身内折，叶缘平，叶面平。果实扁球形
WS017	新街大茶树3号	*C. crassicolumna*	文山市新街乡新街村	2 090	6.0	2.9×2.6	1.0	小乔木型，树姿半开张。芽叶紫绿色、有茸毛。叶椭圆形、绿色，叶片长宽 14.5cm×6.5cm，叶脉 10 对。萼片5片、有茸毛。花冠直径 7.2cm×6.0cm，花瓣 10 枚，花柱先端 5 裂，子房被茸毛。果实圆球形
WS018	新街大茶树4号	*C. crassicolumna*	文山市新街乡新街村	1 789	5.0	4.0×2.8	0.5	小乔木型，树姿半开张。芽叶淡绿色、有茸毛。叶长椭圆形、绿色，叶片长宽 14.0cm×4.6cm，叶脉 10 对。萼片5片、有茸毛。花冠直径 6.5cm×6.5cm，花瓣8枚，花柱先端4～5裂，子房被茸毛。果实球形

（续）

种质编号	种质名称	物种名称	分布地点	海拔（m）	树高（m）	树幅（m×m）	基部干围（m）	主要形态
WS019	老君山大茶树1号	*C. crassicolumna* var. *multiplex*	文山市小街镇老君山村	2 438	5.0	4.0×5.0	2.2	小乔木型，树姿半开张。芽叶紫绿色、有茸毛。叶椭圆形、深绿色，叶片长宽16.4cm×6.8cm，叶脉8对。萼片5片、无茸毛。花冠直径5.3cm×6.8cm，花瓣13枚，花柱先端5裂，子房被茸毛。果实球形
WS020	老君山大茶树2号	*C. crassicolum*	文山市小街镇老君山村	2 172	6.0	6.0×4.0	2.0	小乔木型，树姿半开张。芽叶紫绿色、有茸毛。叶披针形、深绿色，叶片长宽16.3cm×4.1cm，叶脉11对。萼片5片、有茸毛。花冠直径7.3cm×6.6cm，花瓣8枚，花柱先端5裂，子房被茸毛。果实球形
WS021	老君山大茶树3号	*C. crassicolum*	文山市小街镇老君山村	2 175	6.0	6.0×4.0	2.0	小乔木型，树姿半开张。芽叶紫绿色、有茸毛。叶长椭圆形、深绿色，叶片长宽14.3cm×4.9cm，叶脉11对。萼片5片、有茸毛。花冠直径7.7cm×6.9cm，花瓣8枚，花柱先端5裂，子房被茸毛。果实球形
WS022	老君山大茶树4号	*C. crassicolum*	文山市小街镇老君山村	2 316	4.2	3.9×3.7	1.3	小乔木型，树姿半开张。芽叶紫绿色、有茸毛。叶长椭圆形、深绿色，叶片长宽14.8cm×7.0cm，叶脉9对。萼片5片、有茸毛。花冠直径6.3cm×6.5cm，花瓣9枚，花柱先端5裂，子房被茸毛。果实球形、扁球形
WS023	老君山大茶树5号	*C. crassicolum*	文山市小街镇老君山村	1 692	6.0	4.5×3.5	0.8	小乔木型，树姿半开张。芽叶绿色、有茸毛。叶长椭圆形、绿色，叶片长宽13.0cm×5.5cm，叶脉7对。萼片5片、有茸毛。花冠直径5.2cm×6.4cm，花瓣10枚，花柱先端4～5裂，子房被茸毛。果实球形
WS024	沙子洞大茶树1号	*C. crassicolum*	文山市平坝镇沙子洞村	1 887	11.0	11.0×6.0	1.6	小乔木型，树姿半开张。芽叶紫绿色、有茸毛。叶椭圆形、深绿色，叶片长宽14.2cm×6.0cm，叶脉7对。萼片6片、有茸毛。花冠直径5.8cm×6.0cm，花瓣12枚，花柱先端5裂，子房被茸毛。果实球形
WS025	沙子洞大茶树2号	*C. crassicolum*	文山市平坝镇沙子洞村	1 890	10.0	8.0×6.0	1.6	小乔木型，树姿直立。芽叶绿色、有茸毛。叶长椭圆形、深绿色，叶片长宽15.5cm×6.2cm，叶脉8对。萼片5片、有茸毛。花冠直径6.8cm×6.5cm，花瓣12枚，花柱先端5裂，子房被茸毛。果实球形
WS026	沙子洞大茶树3号	*C. crassicolum*	文山市平坝镇沙子洞村	1 884	9.0	7.0×6.8	1.7	小乔木型，树姿半开张。芽叶紫绿色、有茸毛。叶长椭圆形、深绿色，叶片长宽13.9cm×5.3cm，叶脉9对。萼片5片、有茸毛。花冠直径5.7cm×6.0cm，花瓣10枚，花柱先端5裂，子房被茸毛。果实扁球形

（续）

种质编号	种质名称	物种名称	分布地点	海拔（m）	树高（m）	树幅（m×m）	基部干围（m）	主要形态
WS027	底泥大茶树1号	*C. crassicolum*	文山市平坝镇底泥村	1 974	4.1	4.0×3.0	0.7	小乔木型，树姿直立。芽叶绿色、有茸毛。叶椭圆形、深绿色，叶片长宽12.0cm×5.0cm，叶脉8对。萼片5片、无茸毛。花冠直径7.8cm×7.3cm，花瓣9枚，花柱先端4～5裂，子房被茸毛。果实球形
MG001	卡上大茶树1号	*C. crassicolumna* var. *multiplex*	马关县古林箐乡卡上村	1 826	6.5	8.4×7.6	2.0	小乔木型，树姿开张。芽叶紫绿色、有茸毛。叶长椭圆形、黄绿色，叶片长宽16.5cm×5.7cm，叶脉11对。萼片5～6片、无茸毛。花冠直径7.4cm×6.0cm，花瓣12枚，花柱先端5裂，子房有茸毛。果实扁球形，果皮厚5.5mm
MG002	卡上大茶树2号	*C. crassicolumna* var. *multiplex*	马关县古林箐乡卡上村	1 831	6.5	6.4×6.4	2.7	小乔木型，树姿半开张。芽叶紫绿色、有茸毛。叶长椭圆形、绿色，叶片长宽14.5cm×5.0cm，叶脉11对。萼片5片、无茸毛。花冠直径6.7cm×6.2cm，花瓣9枚，花柱先端5裂，子房有茸毛。果实扁球形、球形
MG003	卡上大茶树3号	*C. crassicolumna* var. *multiplex*	马关县古林箐乡卡上村	1 830	7.3	6.0×5.0	2.6	小乔木型，树姿半开张。芽叶紫绿色、有茸毛。叶长椭圆形、绿色，叶片长宽15.2cm×6.3cm，叶脉9对。萼片5片、无茸毛。花冠直径5.7cm×6.6cm，花瓣9枚，花柱先端5裂，子房有茸毛。果实扁球形、球形
MG004	卡上大茶树4号	*C. crassicolumna*	马关县古林箐乡卡上村	1 826	6.4	5.0×4.5	2.1	小乔木型，树姿半开张。芽叶紫绿色、有茸毛。叶长椭圆形、深绿色，叶片长宽13.3cm×5.7cm，叶脉10对。萼片5片、有茸毛。花冠直径5.7cm×6.6cm，花瓣9枚，花柱先端4～5裂，子房有茸毛。果实球形
MG005	大吉厂大茶树1号	*C. crassicolumna*	马关县篾厂乡大吉厂村	1 818	7.6	5.0×4.0	1.8	小乔木型，树姿直立。芽叶黄绿色、有茸毛。叶披针形、绿色，叶片长宽15.0cm×5.0cm，叶脉10对。萼片5片、有茸毛。花冠直径6.6cm×6.4cm，花瓣8枚，花柱先端4～5裂，子房有茸毛。果实球形
MG006	大吉厂大茶树2号	*C. crassicolumna*	马关县篾厂乡大吉厂村	1 820	9.2	5.0×4.0	1.1	小乔木型，树姿直立。芽叶黄绿色、有茸毛。叶椭圆形，叶片长宽14.7cm×5.8cm，叶脉8对。萼片5片、有茸毛。花冠直径7.3cm×7.5cm，花瓣11枚，花柱先端5裂，子房有茸毛。果实球形

（续）

种质编号	种质名称	物种名称	分布地点	海拔（m）	树高（m）	树幅（m×m）	基部干围（m）	主要形态
MG007	大吉厂大茶树3号	*C. crassicolumna*	马关县篾厂乡大吉厂村	1 827	8.9	5.3×4.5	1.2	小乔木型，树姿直立。芽叶绿色、有茸毛。叶椭圆形，叶片长宽14.2cm×5.5cm，叶脉10对。萼片5片、有茸毛。花冠直径7.0cm×6.5cm，花瓣9枚，花柱先端5裂，子房有茸毛。果实球形
MG008	喜主大茶树1号	*C. crassicolumna*	马关县八寨镇喜主村	1 830	7.5	5.5×5.0	1.0	乔木型，树姿直立。芽叶黄绿色、有茸毛。叶椭圆形、绿色，叶片长宽14.0cm×6.0cm，叶脉9对。萼片5片、有茸毛。花冠直径6.3cm×6.5cm，花瓣11枚，花柱先端5裂，子房有茸毛。果实球形
MG009	喜主大茶树2号	*C. crassicolumna*	马关县八寨镇喜主村	1 835	7.5	4.0×3.0	0.6	乔木型，树姿直立。芽叶黄绿色、有茸毛。叶椭圆形，叶片长宽14.0cm×6.0cm，叶脉9对。萼片5片、有茸毛。花冠直径6.3cm×6.5cm，花瓣8枚，花柱先端4～5裂，子房有茸毛。果实球形
MG010	喜主大茶树3号	*C. crassicolumna*	马关县八寨镇喜主村	1 830	7.0	4.5×3.7	0.9	乔木型，树姿直立。芽叶黄绿色、有茸毛。叶椭圆形，叶片长宽14.8cm×6.4cm，叶脉9对。萼片5片、有茸毛。花冠直径6.2cm×6.8cm，花瓣8枚，花柱先端5裂，子房有茸毛。果实球形
MG011	务路者大茶树1号	*C. crassicolumna*	马关县八寨镇务路者村	1 849	7.4	6.0×5.0	0.6	乔木型，树姿直立。芽叶绿色、有茸毛。叶披针形，叶片长宽14.0cm×4.5cm，叶脉10对，叶身平，叶面平，叶缘平，叶尖渐尖，叶基楔形
MG012	务路者大茶树2号	*C. crassicolumna* var. *multiplex*	马关县八寨镇务路者村	1 730	16.0	6.0×5.0	1.9	乔木型，树姿半开张。芽叶黄绿色、有茸毛。叶椭圆形，叶片长宽15.5cm×6.2cm，叶脉11对。萼片5片、无茸毛。花冠直径6.5cm×7.0cm，花瓣8枚，花柱先端5裂，子房有茸毛。果实球形
MG013	务路者大茶树3号	*C. crassicolumna*	马关县八寨镇务路者村	1 854	7.0	6.0×5.2	0.8	乔木型，树姿直立。芽叶淡绿色、有茸毛。叶披针形，叶色绿，叶片长宽14.8cm×4.7cm，叶脉9对，叶身平，叶缘平，叶面平，叶基楔形，叶尖渐尖
MG014	倮洒大茶树1号	*C. crassicolumna*	马关县大栗树乡倮洒村	1 823	14.0	9.0×8.0	0.9	乔木型，树姿直立。芽叶紫绿色、有茸毛。叶长椭圆形、深绿色，叶片长宽15.2cm×5.7cm，叶脉10对。萼片5片、有茸毛。花冠直径7.6cm×6.5cm，花瓣9枚，花柱先端4～5裂，子房有茸毛。果实圆球形、扁球形

（续）

种质编号	种质名称	物种名称	分布地点	海拔（m）	树高（m）	树幅（m×m）	基部干围（m）	主要形态
MG015	倮洒大茶树2号	*C. crassicolumna*	马关县大栗树乡倮洒村	1 823	10.0	6.0×5.0	1.0	乔木型，树姿直立。芽叶紫绿色、有茸毛。叶长椭圆形、深绿色，叶片长宽 13.2cm×4.8cm，叶脉 10 对。萼片 5 片、有茸毛。花冠直径 5.6cm×7.5cm，花瓣 11 枚，花柱先端 5 裂，子房有茸毛。果实球形
MG016	倮洒大茶树3号	*C. crassicolumna*	马关县大栗树乡倮洒村	1 820	7.0	4.0×5.5	1.5	乔木型，树姿直立。芽叶绿色、有茸毛。叶长椭圆形、深绿色，叶片长宽 13.7cm×4.7cm，叶脉 10 对。萼片 5 片、有茸毛。花冠直径 7.9cm×6.5cm，花瓣 10 枚，花柱先端 5 裂，子房有茸毛。果实球形
MG017	达豹箐大茶树1号	*C. crassicolumna*	马关县夹寒箐镇达布斯村	1 885	13.5	4.0×3.5	2.2	乔木型，树姿直立。芽叶黄绿色、有茸毛。叶长椭圆形，叶片长宽 19.5cm×7.5cm，叶脉 11 对。萼片 5 片、有茸毛。花冠直径 7.0cm×6.5cm，花瓣 11 枚，花柱先端 5 裂，子房有茸毛。果实球形
MG018	达豹箐大茶树2号	*C. crassicolumna*	马关县夹寒箐镇达布斯村	1 805	9.0	5.5×4.6	1.0	乔木型，树姿直立。芽叶黄绿色、有茸毛。叶长椭圆形，叶片长宽 18.3cm×7.1cm，叶脉 10 对，叶身稍内折，叶面平，叶缘平，叶质硬，叶齿稀、中、钝
MG019	达豹箐大茶树3号	*C. crassicolumna*	马关县夹寒箐镇达布斯村	1 805	3.0	2.4×2.1	0.7	小乔木型，树姿直立。芽叶黄绿色、有茸毛。叶椭圆形，叶片长宽 14.2cm×4.7cm，叶脉 10 对。花冠直径 5.8cm×7.0cm，花瓣 8 枚，花柱先端 5 裂、裂位深，子房有茸毛
MG020	尖山大茶树1号	*C. crassicolumna*	马关县夹寒箐镇尖山村	1 691	13.5	6.5×6.5	1.3	乔木型，树姿直立。芽叶绿色、有茸毛。叶长椭圆形，叶片长宽 13.0cm×4.5cm，叶脉 10 对。萼片 5 片、有茸毛。花冠直径 7.0cm×7.9cm，花瓣 10 枚，花柱先端 4～5 裂，子房有茸毛。果实圆球形
MG021	尖山大茶树2号	*C. crassicolumna*	马关县夹寒箐镇尖山村	1 684	10.5	6.0×6.5	1.4	乔木型，树姿直立。芽叶绿色、有茸毛。叶长椭圆形，叶片长宽 13.9cm×4.7cm，叶脉 10 对。萼片 5 片、有茸毛。花冠直径 4.8cm×4.7cm，花瓣 8 枚，花柱先端 4～5 裂，子房有茸毛。果实球形
MG022	尖山大茶树3号	*C. crassicolumna*	马关县夹寒箐镇尖山村	1 679	9.5	6.5×4.5	1.2	乔木型，树姿直立。芽叶绿色、有茸毛。叶长椭圆形，叶片长宽 14.8cm×4.5cm，叶脉 9 对。萼片 5 片、有茸毛。花冠直径 6.8cm×7.6cm，花瓣 8 枚，花柱先端 5 裂，子房有茸毛。果实球形

（续）

种质编号	种质名称	物种名称	分布地点	海拔（m）	树高（m）	树幅（m×m）	基部干围（m）	主要形态
MG023	田湾大茶树1号	*C. crassicolumna*	马关县小坝子镇田湾村	1 583	19.0	12.0×10.0	1.9	乔木型，树姿直立。芽叶紫绿色、有茸毛。叶椭圆形，叶片长宽13.9cm×5.2cm，叶脉9对。萼片5片、有茸毛。花冠直径7.3cm×7.2cm，花瓣8枚，花柱先端4～5裂，子房有茸毛。果实球形
MG024	田湾大茶树2号	*C. crassicolumna*	马关县小坝子镇田湾村	1 478	9.8	6.0×5.0	0.8	乔木型，树姿直立。芽叶黄绿色、有茸毛。叶椭圆形，叶片长宽12.0cm×5.2cm，叶脉11对。萼片5片、有茸毛。花冠直径6.6cm×7.2cm，花瓣8枚，花柱先端5裂，子房有茸毛。果实球形
MG025	田湾大茶树3号	*C. crassicolumna*	马关县小坝子镇田湾村	1 174	5.0	5.0×4.0	1.1	乔木型，树姿直立。芽叶黄绿色、有茸毛。叶椭圆形，叶片长宽12.3cm×4.1cm，叶脉10对。萼片5片、无茸毛。花冠直径3.2cm×3.7cm，花瓣5枚，花柱先端3裂，子房有茸毛。果实球形
XC001	董有大茶树1号	*C. crassicolumna*	西畴县法斗乡董有村	1 609	8.0	5.5×3.2	0.8	乔木型，树姿直立。芽叶绿色、有茸毛。叶长椭圆形、深绿色，叶片长宽19.0cm×6.5cm，叶脉13对。萼片5片、有茸毛。花冠直径7.8cm×7.4cm，花瓣10枚，花柱先端4～5裂，子房有茸毛。果实球形
XC002	董有大茶树2号	*C. crassicolumna*	西畴县法斗乡董有村	1 598	7.0	2.8×2.7	0.4	乔木型，树姿直立。芽叶玉白色、有茸毛。叶披针形、深绿色，叶片长宽18.0cm×6.0cm，叶脉13对。萼片5片、有茸毛。花冠直径7.8cm×7.4cm，花瓣9枚，花柱先端4～5裂，子房有茸毛。果实球形
XC003	董有大茶树3号	*C. crassicolumna*	西畴县法斗乡董有村	1 590	6.0	2.8×3.0	0.6	乔木型，树姿直立。芽叶黄绿色、有茸毛。叶披针形、深绿色，叶片长宽16.4cm×5.0cm，叶脉10对。萼片5片、有茸毛。花冠直径7.0cm×7.0cm，花瓣9枚，花柱先端4～5裂，子房有茸毛。果实球形
XC004	坪寨大茶树1号	*C. sinensis* var. *pubilimba*	西畴县法斗乡坪寨村	1 302	11.0	9.5×9.6	1.9	小乔木型，树姿半开张。芽叶黄绿色、茸毛多。叶长椭圆形、绿色，叶片长宽10.0cm×4.3cm，叶脉9对。萼片5片、有茸毛。花冠直径3.8cm×3.4cm，花瓣7枚，花柱先端3裂，子房有茸毛。果实三角形
XC005	坪寨大茶树2号	*C. sinensis* var. *pubilimba*	西畴县法斗乡坪寨村	1 466	5.0	2.5×3.0	1.7	小乔木型，树姿半开张。芽叶绿色、茸毛多。叶长椭圆形、绿色，叶片长宽14.8cm×6.8cm，叶脉9对。萼片5片、有茸毛。花冠直径3.1cm×4.4cm，花瓣7枚，花柱先端3裂，子房有茸毛。果实三角形

（续）

种质编号	种质名称	物种名称	分布地点	海拔（m）	树高（m）	树幅（m×m）	基部干围（m）	主要形态
XC006	坪寨大茶树3号	*C. sinensis* var. *pubilimba*	西畴县法斗乡坪寨村	1 409	14.8	7.8×7.5	1.7	小乔木型，树姿半开张。芽叶绿色、茸毛多。叶椭圆形，叶片长宽12.7cm×5.1cm，叶脉9对。萼片5片、有茸毛。花冠直径3.4cm×3.8cm，花瓣6枚，花柱先端3裂，子房有茸毛。果实三角形
XC007	坪寨大茶树4号	*C. sinensis* var. *assamica*	西畴县法斗乡坪寨村	1 539	7.0	5.7×5.0	0.9	小乔木型，树姿半开张。芽叶绿色、茸毛少。叶椭圆形、深绿色，叶片长宽13.4cm×5.0cm，叶脉10对。萼片5片、无茸毛。花冠直径3.9cm×4.4cm，花瓣6枚，花柱先端3裂，子房有茸毛。果实三角形
XC008	坪寨大茶树5号	*C. sinensis* var. *assamica*	西畴县法斗乡坪寨村	1 530	7.5	4.5×3.5	1.9	小乔木型，树姿半开张。芽叶紫绿色、茸毛多。叶椭圆形、深绿色，叶片长宽13.7cm×5.4cm，叶脉13对。萼片5片、无茸毛。花冠直径4.5cm×5.0cm，花瓣7枚，花柱先端3裂，子房有茸毛。果实三角形
XC009	坪寨大茶树6号	*C. sinensis* var. *assamica*	西畴县法斗乡坪寨村	1 419	10.0	6.3×5.8	1.2	小乔木型，树姿半开张。芽叶绿色、茸毛多。叶椭圆形、深绿色，叶片长宽15.8cm×5.7cm，叶脉10对。萼片5片、无茸毛。花冠直径3.9cm×4.0cm，花瓣6枚，花柱先端3裂，子房有茸毛。果实球形、三角形
XC010	坪寨大茶树7号	*C. sinensis* var. *pubilimba*	西畴县法斗乡坪寨村	1 427	10.0	9.8×7.8	1.4	小乔木型，树姿开张。芽叶绿色、茸毛多。叶椭圆形、绿色，叶片长宽12.2cm×4.3cm，叶脉7对。萼片5片、有茸毛。花冠直径2.8cm×2.4cm，花瓣6枚，花柱先端3裂，子房有茸毛。果实球形、三角形
XC011	坪寨大茶树8号	*C. sinensis* var. *pubilimba*	西畴县法斗乡坪寨村	1 418	6.0	4.8×5.0	1.8	灌木型，树姿开张。芽叶绿色、茸毛中。叶椭圆形、绿色，叶片长宽10.8cm×3.8cm，叶脉8对。萼片5片、有茸毛。花冠直径3.8cm×4.1cm，花瓣6枚，花柱先端3裂，子房有茸毛。果实球形、三角形
XC012	坪寨大茶树9号	*C. sinensis* var. *pubilimba*	西畴县法斗乡坪寨村	1 226	9.0	8.0×6.0	2.9	小乔木型，树姿开张。芽叶绿色、茸毛中。叶椭圆形、绿色，叶片长宽14.4cm×5.3cm，叶脉11对。萼片5片、有茸毛。花冠直径4.6cm×4.9cm，花瓣5枚，花柱先端3裂，子房有茸毛。果实球形、三角形
XC013	坪寨大茶树10号	*C. sinensis* var. *pubilimba*	西畴县法斗乡坪寨村	1 283	7.5	6.8×4.8	1.2	小乔木型，树姿开张。芽叶绿色、茸毛中。叶椭圆形、绿色，叶片长宽16.1cm×6.0cm，叶脉8对。萼片5片、有茸毛。花冠直径4.8cm×4.7cm，花瓣6枚，花柱先端3裂，子房有茸毛。果实球形、三角形

（续）

种质编号	种质名称	物种名称	分布地点	海拔（m）	树高（m）	树幅（m×m）	基部干围（m）	主要形态
XC014	坪寨大茶树11号	*C. sinensis* var. *pubilimba*	西畴县法斗乡坪寨村	1 590	6.8	6.5×5.5	1.6	小乔木型，树姿半开张。芽叶绿色、茸毛中。叶椭圆形、绿色，叶片长宽 16.1cm×6.0cm，叶脉 11 对。萼片 5 片、有茸毛。花冠直径 4.0cm×4.3cm，花瓣 6 枚，花柱先端 3 裂，子房有茸毛。果实球形、三角形
XC015	坪寨大茶树12号	*C. sinensis* var. *pubilimba*	西畴县法斗乡坪寨村	1 248	8.0	7.2×7.2	1.7	小乔木型，树姿半开张。芽叶绿色、有茸毛。叶椭圆形、绿色，叶片长宽 11.8cm×5.0cm，叶脉 10 对。萼片 5 片、有茸毛。花冠直径 4.2cm×4.3cm，花瓣 6 枚，花柱先端 3 裂，子房有茸毛。果实球形、三角形
XC016	坪寨大茶树13号	*C. sinensis* var. *assamica*	西畴县法斗乡坪寨村	1 358	9.0	5.9×5.6	2.0	小乔木型，树姿半开张。芽叶绿色、茸毛少。叶椭圆形、绿色，叶片长宽 13.2cm×5.3cm，叶脉 10 对。萼片 5 片、无茸毛。花冠直径 4.0cm×4.0cm，花瓣 6 枚，花柱先端 3 裂，子房有茸毛。果实球形、三角形
XC017	坪寨大茶树14号	*C. sinensis* var. *assamica*	西畴县法斗乡坪寨村	1 416	10.0	5.2×4.9	1.2	小乔木型，树姿半开张。芽叶绿色、茸毛少。叶长椭圆形、绿色，叶片长宽 13.8cm×6.2cm，叶脉 11 对。萼片 5 片、无茸毛。花冠直径 3.7cm×3.9cm，花瓣 6 枚，花柱先端 3 裂，子房有茸毛。果实球形、三角形
XC018	坪寨大茶树15号	*C. sinensis* var. *assamica*	西畴县法斗乡坪寨村	1 420	7.5	4.3×4.3	1.6	小乔木型，树姿开张。芽叶浅绿色、有茸毛。叶椭圆形、绿色，叶片长宽 16.0cm×4.4cm，叶脉 9 对。萼片 5 片、无茸毛。花冠直径 4.0cm×3.5cm，花瓣 7 枚，花柱先端 3 裂、裂位深，子房有茸毛。果实肾形
XC019	脱皮树村大茶树1号	*C. sinensis* var. *assamica*	西畴县法斗乡脱皮树村	1 322	7.5	4.3×4.3	1.6	小乔木型，树姿开张。芽叶浅绿色、有茸毛。叶披针形、绿色，叶片长宽 12.8cm×4.2cm，叶脉 9 对。萼片 5 片、无茸毛。花冠直径 3.0cm×3.8cm，花瓣 7 枚，花柱先端 3 裂，子房有茸毛。果实肾形
XC020	脱皮树村大茶树2号	*C. sinensis* var. *assamica*	西畴县法斗乡脱皮树村	1 332	8.5	4.3×5.3	1.7	小乔木型，树姿开张。芽叶浅绿色、有茸毛。叶椭圆形、绿色，叶片长宽 13.8cm×5.3cm，叶脉 9 对。萼片 5 片、无茸毛。花冠直径 3.9cm×3.8cm，花瓣 7 枚，花柱先端 3 裂，子房有茸毛。果实肾形
XC021	脱皮树村大茶树3号	*C. sinensis* var. *assamica*	西畴县法斗乡脱皮树村	1 328	7.5	4.0×4.3	1.5	小乔木型，树姿开张。芽叶浅绿色、有茸毛。叶披针形、绿色，叶片长宽 13.3cm×4.7cm，叶脉 9 对。萼片 5 片、无茸毛。花冠直径 4.0cm×3.5cm，花瓣 6 枚，花柱先端 3 裂，子房有茸毛。果实肾形、三角形

（续）

种质编号	种质名称	物种名称	分布地点	海拔（m）	树高（m）	树幅（m×m）	基部干围（m）	主要形态
XC022	法古大茶树1号	*C. gymnogyna*	西畴县蚌谷乡法古村	1 570	7.0	3.1×2.6	1.6	小乔木型，树姿直立。芽叶黄绿色、有茸毛。叶长椭圆形、深绿色，叶片长宽 13.5cm×4.4cm，叶脉 8 对。萼片 5 片、无茸毛。花冠直径 6.8cm×6.5cm，花瓣 9 枚，花柱先端 4 裂，子房无茸毛。果实球形
XC023	法古大茶树2号	*C. gymnogyna*	西畴县蚌谷乡法古村	1 550	7.0	3.0×3.0	1.8	小乔木型，树姿直立。芽叶黄绿色、有茸毛。叶长椭圆形、深绿色，叶片长宽 14.1cm×4.7cm，叶脉 9 对。萼片 5 片、无茸毛。花冠直径 5.2cm×6.1cm，花瓣 8 枚，花柱先端 4 裂，子房无茸毛。果实球形
XC024	法古大茶树3号	*C. gymnogyna*	西畴县蚌谷乡法古村	1 572	4.2	4.2×2.7	2.2	小乔木型，树姿半开张。芽叶黄绿色、有茸毛。叶长椭圆形、绿色，叶片长宽 11.7cm×3.7cm，叶脉 9 对。萼片 5 片、无茸毛。花冠直径 3.8cm×4.2cm，花瓣 9 枚，花柱先端 3～4 裂，子房无茸毛。果实球形
XC025	法古大茶树4号	*C. gymnogyna*	西畴县蚌谷乡法古村	1 650	10.0	7.3×6.1	1.2	小乔木型，树姿半开张。芽叶黄绿色、有茸毛。叶椭圆形、深绿色，叶片长宽 12.0cm×4.8cm，叶脉 10 对。萼片 5 片、无茸毛。花冠直径 4.4cm×3.9cm，花瓣 10 枚，花柱先端 3～4 裂，子房无茸毛。果实球形
XC026	法古大茶树5号	*C. gymnogyna*	西畴县蚌谷乡法古村	1 611	9.0	5.2×5.0	1.1	小乔木型，树姿半开张。芽叶黄绿色、有茸毛。叶长椭圆形、深绿色，叶片长宽 13.0cm×4.4cm，叶脉 12 对。萼片 5 片、无茸毛。花冠直径 4.0cm×4.5cm，花瓣 8 枚，花柱先端 4 裂，子房无茸毛。果实球形
XC027	大吉厂大茶树1号	*C. sinensis* var. *assamica*	西畴县蚌谷乡大吉厂村	1 456	6.0	6.0×4.0	1.7	小乔木型，树姿半开张。芽叶黄绿色、有茸毛。叶椭圆形、绿色，叶片长宽 13.2cm×6.3cm，叶脉 9 对。萼片 5 片、无茸毛。花冠直径 3.7cm×3.8cm，花瓣 5 枚，花柱先端 3 裂，子房有茸毛。果实球形、三角形
XC028	大吉厂大茶树2号	*C. sinensis* var. *assamica*	西畴县蚌谷乡大吉厂村	1 454	5.0	4.0×4.0	1.4	小乔木型，树姿半开张。芽叶黄绿色、有茸毛。叶长椭圆形、绿色，叶片长宽 14.2cm×5.3cm，叶脉 9 对。萼片 5 片、无茸毛。花冠直径 3.7cm×3.7cm，花瓣 5 枚，花柱先端 3 裂，子房有茸毛。果实球形、三角形
XC029	大吉厂大茶树3号	*C. sinensis* var. *assamica*	西畴县蚌谷乡大吉厂村	1 460	6.0	5.0×4.0	1.6	小乔木型，树姿半开张。芽叶黄绿色、有茸毛。叶椭圆形、绿色，叶片长宽 13.2cm×5.3cm，叶脉 9 对。萼片 5 片、无茸毛。花冠直径 3.8cm×3.5cm，花瓣 6 枚，花柱先端 3 裂，子房有茸毛。果实球形、三角形

（续）

种质编号	种质名称	物种名称	分布地点	海拔（m）	树高（m）	树幅（m×m）	基部干围（m）	主要形态
XC030	么铺子大茶树1号	*C. sinensis* var. *pubilimba*	西畴县董马乡么铺子村	1 138	9.0	6.5×5.5	1.6	小乔木型，树姿半开张。芽叶绿色、茸毛多。叶长椭圆形、绿色，叶片长宽 11.6cm×4.4cm，叶脉 9 对。萼片 5 片、无茸毛。花冠直径 4.2cm×3.8cm，花瓣 7 枚，花柱先端 3 裂，子房有茸毛。果实球形、三角形
XC031	么铺子大茶树2号	*C. sinensis* var. *pubilimba*	西畴县董马乡么铺子村	1 142	8.0	5.5×5.8	1.6	小乔木型，树姿半开张。芽叶绿色、茸毛多。叶长椭圆形、绿色，叶片长宽 12.4cm×4.4cm，叶脉 9 对。萼片 5 片、无茸毛。花冠直径 4.3cm×3.7cm，花瓣 7 枚，花柱先端 3 裂，子房有茸毛。果实球形、三角形
XC032	么铺子大茶树3号	*C. sinensis* var. *pubilimba*	西畴县董马乡么铺子村	1 130	7.5	6.0×5.5	1.5	小乔木型，树姿半开张。芽叶绿色、茸毛多。叶椭圆形、绿色，叶片长宽 13.0cm×5.4cm，叶脉 9 对。萼片 5 片、无茸毛。花冠直径 4.0cm×3.9cm，花瓣 6 枚，花柱先端 3 裂，子房有茸毛。果实球形、三角形
XC033	香坪山大茶树1号	*C. crassicolumna*	西畴县莲花塘乡香坪山村	1 728	9.6	2.8×2.7	1.2	乔木型，树姿半开张。芽叶绿色、有茸毛。叶椭圆形、深绿色，叶片长宽 13.5cm×6.2cm，叶脉 13 对。萼片 5 片、有茸毛。花冠直径 7.2cm×7.0cm，花瓣 10 枚，花柱先端 4～5 裂，子房有茸毛。果实球形
XC034	香坪山大茶树2号	*C. crassicolumna*	西畴县莲花塘乡香坪山村	1 753	6.0	4.2×3.8	1.3	乔木型，树姿直立。芽叶绿色、有茸毛。叶椭圆形、绿色，叶片长宽 14.6cm×6.3cm，叶脉 11 对。萼片 5 片、有茸毛。花冠直径 7.5cm×8.6cm，花瓣 12 枚，花柱先端 5 裂，子房有茸毛。果实球形
XC035	香坪山大茶树3号	*C. crassicolumna*	西畴县莲花塘乡香坪山村	1 610	4.8	5.0×4.6	0.9	乔木型，树姿半开张。芽叶绿色、有茸毛。叶椭圆形、绿色，叶片长宽 13.5cm×6.5cm，叶脉 11 对。萼片 5 片、有茸毛。花冠直径 7.4cm×6.6cm，花瓣 12 枚，花柱先端 5 裂，子房有茸毛。果实球形
XC036	香坪山大茶树4号	*C. sinensis* var. *pubilimba*	西畴县莲花塘乡香坪山村	1 398	2.5	5.0×4.0	2.2	小乔木型，树姿开张。芽叶绿色、有茸毛。叶长椭圆形、绿色，叶片长宽 8.9cm×3.2cm，叶脉 12 对。萼片 5 片、有茸毛。花冠直径 4.1cm×3.8cm，花瓣 6 枚，花柱先端 3 裂，子房有茸毛。果实球形、三角形
XC037	香坪山大茶树5号	*C. sinensis* var. *pubilimba*	西畴县莲花塘乡香坪山村	1 397	4.5	3.3×3.6	2.0	小乔木型，树姿开张。芽叶绿色、有茸毛。叶卵圆形、绿色，叶片长宽 8.3cm×4.4cm，叶脉 12 对。萼片 5 片、有茸毛。花冠直径 3.7cm×3.8cm，花瓣 6 枚，花柱先端 3 裂，子房有茸毛。果实球形、三角形

（续）

种质编号	种质名称	物种名称	分布地点	海拔（m）	树高（m）	树幅（m×m）	基部干围（m）	主要形态
XC038	香坪山大茶树6号	*C. sinensis* var. *assamica*	西畴县莲花塘乡香坪山村	1 376	5.5	3.5×2.8	0.5	小乔木型，树姿开张。芽叶黄绿色、有茸毛。叶椭圆形、绿色，叶片长宽12.2cm×5.0cm，叶脉10对。萼片5片、无茸毛。花冠直径3.7cm×3.5cm，花瓣6枚，花柱先端3裂，子房有茸毛。果实三角形
XC039	香坪山大茶树7号	*C. sinensis* var. *pubilimba*	西畴县莲花塘乡香坪山村	1 610	2.6	4.3×4.0	1.5	小乔木型，树姿半开张。芽叶绿色、有茸毛。叶长椭圆形、绿色，叶片长宽14.9cm×5.4cm，叶脉12对。萼片5片、有茸毛。花冠直径3.4cm×4.8cm，花瓣5枚，花柱先端3裂，子房有茸毛。果实球形、三角形
XC040	香坪山大茶树8号	*C. sinensis* var. *pubilimba*	西畴县莲花塘乡香坪山村	1 610	4.8	5.0×4.6	1.6	小乔木型，树姿半开张。芽叶绿色、有茸毛。叶长椭圆形、绿色，叶片长宽13.5cm×6.2cm，叶脉11对。萼片5片、有茸毛。花冠直径3.6cm×4.1cm，花瓣7枚，花柱先端3裂，子房有茸毛。果实球形、三角形
XC041	兴隆大茶树	*C. sinensis* var. *assamica*	西畴县兴街镇兴隆村	1 303	4.8	5.0×4.6	1.6	小乔木型，树姿开张。芽叶黄绿色、有茸毛。叶椭圆形、深绿色，叶片长宽11.2cm×5.3cm，叶脉11对。萼片5片、无茸毛。花冠直径4.6cm×4.5cm，花瓣7枚，花柱先端3裂，子房有茸毛。果实三角形
XC042	牛塘子大茶树1号	*C. sinensis* var. *assamica*	西畴县兴街镇牛塘子村	1 407	13.0	4.5×4.5	2.2	小乔木型，树姿开张。芽叶紫绿色、有茸毛。叶椭圆形、深绿色，叶片长宽12.0cm×5.0cm，叶脉11对。萼片5片、无茸毛。花冠直径4.0cm×4.0cm，花瓣5枚，花柱先端3裂，子房有茸毛。果实三角形
XC043	牛塘子大茶树2号	*C. sinensis* var. *assamica*	西畴县兴街镇牛塘子村	1 408	4.5	2.6×2.4	0.5	小乔木型，树姿开张。芽叶黄绿色、有茸毛。叶椭圆形、深绿色，叶片长宽9.8cm×3.7cm，叶脉8对。萼片5片、无茸毛。花冠直径3.3cm×3.7cm，花瓣5枚，花柱先端3裂，子房有茸毛。果实三角形
XC044	牛塘子大茶树3号	*C. sinensis* var. *assamica*	西畴县兴街镇牛塘子村	1 410	4.7	2.5×2.8	0.6	小乔木型，树姿开张。芽叶黄绿色、有茸毛。叶椭圆形、深绿色，叶片长宽10.6cm×4.7cm，叶脉8对。萼片5片、无茸毛。花冠直径3.9cm×3.7cm，花瓣5枚，花柱先端3裂，子房有茸毛。果实三角形
XC045	龙坪大茶树1号	*C. sinensis* var. *assamica*	西畴县兴街镇龙坪村	1 199	5.0	6.0×4.3	1.3	小乔木型，树姿开张。芽叶黄绿色、有茸毛。叶椭圆形、深绿色，叶片长宽12.9cm×6.1cm，叶脉9对。萼片5片、无茸毛。花冠直径2.8cm×3.7cm，花瓣6枚，花柱先端3裂，子房有茸毛。果实三角形

（续）

种质编号	种质名称	物种名称	分布地点	海拔（m）	树高（m）	树幅（m×m）	基部干围（m）	主要形态
XC046	龙坪大茶树2号	*C. sinensis* var. *assamica*	西畴县兴街镇龙坪村	1 201	5.0	6.5×4.8	1.7	小乔木型，树姿开张。芽叶黄绿色、有茸毛。叶椭圆形、深绿色，叶片长宽 13.8cm×6.2cm，叶脉 9 对。萼片 5 片、无茸毛。花冠直径 3.7cm×3.5cm，花瓣 6 枚，花柱先端 3 裂，子房有茸毛。果实三角形
XC047	龙坪大茶树3号	*C. sinensis* var. *assamica*	西畴县兴街镇龙坪村	1 187	5.0	6.2×5.3	1.5	小乔木型，树姿开张。芽叶黄绿色、有茸毛。叶椭圆形、深绿色，叶片长宽 13.3cm×6.7cm，叶脉 9 对。萼片 5 片、无茸毛。花冠直径 4.2cm×3.5cm，花瓣 6 枚，花柱先端 3 裂，子房有茸毛。果实三角形
MLP001	中寨大茶树1号	*C. kwangsiensis*	麻栗坡县下金厂乡中寨村	1 858	11.5	10.2×9.8	2.9	小乔木型，树姿半开张。芽叶绿色、无茸毛。叶长椭圆形、革质，叶片长宽 15.5cm×6.1cm，叶脉 11 对。萼片大、5 片、无茸毛，花冠直径 8.8cm×9.1cm，花瓣 11～14 枚，花柱先端 5 裂，子房 5 室、无茸毛。果实近圆球形，新果皮厚 11.0mm
MLP002	中寨大茶树2号	*C. kwangsiensis*	麻栗坡县下金厂乡中寨村	1 910	7.0	3.4×3.7	2.0	小乔木型，树姿半开张。芽叶玉白色、有茸毛。叶长椭圆形、革质，叶片长宽 15.0cm×6.0cm，叶脉 11 对。萼片大、5 片、无茸毛，花冠直径 6.8cm×8.3cm，花瓣 9 枚，花柱先端 4～5 裂，子房 5 室、无茸毛。果实近圆球形，新果皮厚 12.0mm
MLP003	中寨大茶树3号	*C. kwangsiensis*	麻栗坡县下金厂乡中寨村	2 081	8.0	6.8×6.2	1.7	小乔木型，树姿半开张。芽叶玉白色、有茸毛。叶长椭圆形、革质，叶片长宽 16.5cm×6.8cm，叶脉 10 对。萼片大、5 片、无茸毛，花冠直径 7.2cm×7.0cm，花瓣 8 枚，花柱先端 4 裂，子房 5 室、无茸毛。果实近圆球形，新果皮厚 15.0mm
MLP004	中寨大茶树4号	*C. kwangsiensis*	麻栗坡县下金厂乡中寨村	1 933	10.0	8.9×7.3	1.5	小乔木型，树姿半开张。芽叶黄绿色、有茸毛。叶椭圆形、革质，叶片长宽 13.0cm×5.2cm，叶脉 8 对。萼片大、5 片、无茸毛，花冠直径 7.0cm×6.5cm，花瓣 12 枚，花柱先端 4 裂，子房 5 室、无茸毛。果实近圆球形，新果皮厚 11.0mm
MLP005	中寨大茶树5号	*C. kwangsiensis*	麻栗坡县下金厂乡中寨村	1 942	18.0	8.5×7.5	1.9	小乔木型，树姿半开张。芽叶淡绿色、有茸毛。叶椭圆形、革质，叶片长宽 14.5cm×6.0cm，叶脉 9 对。萼片大、5 片、无茸毛，花冠直径 6.2cm×6.0cm，花瓣 8 枚，花柱先端 4 裂，子房 5 室、无茸毛

（续）

种质编号	种质名称	物种名称	分布地点	海拔（m）	树高（m）	树幅（m×m）	基部干围（m）	主要形态
MLP006	小新冲大茶树1号	*C. kwangsiensis*	麻栗坡县下金厂乡下金厂村小新冲	1 681	8.0	3.8×4.5	2.3	小乔木型，树姿半开张。芽叶绿色、有茸毛。叶长椭圆形、革质，叶片长宽16.3cm×6.2cm，叶脉11对。萼片大、5片、无茸毛，花冠直径6.8cm×6.5cm，花瓣9枚，花柱先端4裂，子房5室、无茸毛。果实球形
MLP007	小新冲大茶树2号	*C. kwangsiensis*	麻栗坡县下金厂乡下金厂村小新冲	1 660	7.0	4.5×4.0	2.0	小乔木型，树姿半开张。芽叶绿色、有茸毛。叶长椭圆形、革质，叶片长宽13.8cm×5.8cm，叶脉9对。萼片大、5片、无茸毛，花冠直径6.9cm×7.4cm，花瓣11枚，花柱先端4～5裂，子房5室、秃净无茸毛
MLP008	小新冲大茶树3号	*C. kwangsiensis*	麻栗坡县下金厂乡下金厂村小新冲	1 654	6.0	5.0×3.0	1.7	小乔木型，树姿半开张。芽叶绿色、有茸毛。叶长椭圆形、革质，叶片长宽15.7cm×6.3cm，叶脉10对。萼片大、5片、无茸毛，花冠直径7.2cm×7.0cm，花瓣11枚，花柱先端4裂，子房5室、无茸毛
MLP009	小新冲大茶树4号	*C. kwangsiensis*	麻栗坡县下金厂乡下金厂村小新冲	1 654	7.0	2.5×4.0	1.5	小乔木型，树姿半开张。芽叶绿色、有茸毛。叶长椭圆形、革质，叶片长宽15.0cm×6.4cm，叶脉9对。萼片大、5片、无茸毛，花冠直径6.8cm×6.5cm，花瓣8枚，花柱先端4～5裂，子房5室、无茸毛
MLP010	小新冲大茶树5号	*C. kwangsiensis*	麻栗坡县下金厂乡下金厂村小新冲	1 650	6.5	3.5×3.5	1.3	小乔木型，树姿半开张。芽叶黄绿色、有茸毛。叶椭圆形、革质，叶片长宽16.6cm×6.8cm，叶脉11对。萼片大、5片、无茸毛，花冠直径6.9cm×7.4cm，花瓣9枚，花柱先端4～5裂，子房5室、无茸毛
MLP011	云岭大茶树1号	*C. sinensis* var. *assamica*	麻栗坡县下金厂乡云岭村	1 451	9.0	3.4×3.2	0.8	乔木型，树姿直立。芽叶黄绿色、有茸毛。叶椭圆形、深绿色，叶片长宽16.0cm×5.6cm，叶脉12对。萼片5片、无茸毛，花冠直径4.2cm×4.0cm，花瓣7枚，花柱先端3裂，子房3室、有茸毛。果实三角形
MLP012	云岭大茶树2号	*C. sinensis* var. *assamica*	麻栗坡县下金厂乡云岭村	1 420	5.0	3.5×3.5	1.0	小乔木型，树姿直立。芽叶绿色、有茸毛。叶椭圆形、深绿色，叶片长宽15.0cm×5.7cm，叶脉12对。萼片5片、无茸毛，花冠直径4.0cm×3.7cm，花瓣7枚，花柱先端3裂，子房3室、有茸毛。果实三角形
MLP013	云岭大茶树3号	*C. sinensis* var. *assamica*	麻栗坡县下金厂乡云岭村	1 210	8.0	3.9×3.8	2.6	小乔木型，树姿直立。芽叶黄绿色、有茸毛。叶椭圆形、深绿色，叶片长宽15.7cm×6.2cm，叶脉11对。萼片5片、无茸毛，花冠直径4.4cm×3.3cm，花瓣7枚，花柱先端3裂，子房3室、有茸毛。果实三角形

（续）

种质编号	种质名称	物种名称	分布地点	海拔（m）	树高（m）	树幅（m×m）	基部干围（m）	主要形态
MLP014	云岭大茶树4号	*C. sinensis* var. *assamica*	麻栗坡县下金厂乡云岭村	1 150	7.5	5.3×5.0	1.6	小乔木型，树姿半开张。芽叶黄绿色、茸毛多。叶椭圆形、绿色，叶片长宽9.0cm×4.1cm，叶脉9对。萼片5片、无茸毛，花冠直径4.0cm×4.0cm，花瓣7枚，花柱先端3裂，子房3室、有茸毛。果实三角形
MLP015	茨竹坝大茶树1号	*C. sinensis* var. *assamica*	麻栗坡县麻栗镇茨竹坝村	1 600	13.0	5.6×5.6	2.3	小乔木型，树姿半开张。芽叶黄绿色、茸毛中。叶椭圆形、深绿色，叶片长宽13.5cm×4.4cm，叶脉10对。萼片5片、无茸毛，花冠直径3.7cm×3.6cm，花瓣6枚，花柱先端3裂，子房3室、有茸毛。果实三角形
MLP016	茨竹坝大茶树2号	*C. sinensis* var. *assamica*	麻栗坡县麻栗镇茨竹坝村	1 458	5.6	5.6×5.6	1.3	小乔木型，树姿半开张。芽叶黄绿色、茸毛中。叶椭圆形、深绿色，叶片长宽12.5cm×5.2cm，叶脉10对。萼片5片、无茸毛，花冠直径4.7cm×4.5cm，花瓣7枚，花柱先端3裂，子房3室、有茸毛。果实三角形、球形
MLP017	茨竹坝大茶树3号	*C. sinensis* var. *assamica*	麻栗坡县麻栗镇茨竹坝村	1 519	7.5	4.9×4.6	1.0	小乔木型，树姿半开张。芽叶黄绿色、茸毛中。叶椭圆形、绿色，叶片长宽13.0cm×5.3cm，叶脉10对。萼片5片、无茸毛，花冠直径4.2cm×3.5cm，花瓣7枚，花柱先端3裂，子房3室、有茸毛。果实三角形
MLP018	茨竹坝大茶树4号	*C. sinensis* var. *assamica*	麻栗坡县麻栗镇茨竹坝村	1 748	4.7	5.7×5.2	0.8	小乔木型，树姿半开张。芽叶黄绿色、茸毛多。叶长椭圆形、绿色，叶片长宽14.5cm×5.9cm，叶脉11对。萼片5片、无茸毛，花冠直径3.8cm×3.7cm，花瓣6枚，花柱先端3裂，子房3室、有茸毛。果实三角形
MLP019	天保大茶树1号	*C. sinensis* var. *assamica*	麻栗坡县天保镇天保村	1 395	6.0	4.0×3.8	1.8	小乔木型，树姿半开张。芽叶黄绿色、茸毛中。叶椭圆形、绿色，叶片长宽12.4cm×6.2cm，叶脉8对。萼片5片、无茸毛，花冠直径3.0cm×4.5cm，花瓣6枚，花柱先端3裂，子房3室、有茸毛。果实三角形
MLP020	天保大茶树2号	*C. sinensis* var. *assamica*	麻栗坡县天保镇天保村	1 344	5.0	5.3×5.1	2.0	小乔木型，树姿半开张。芽叶绿色、茸毛多。叶椭圆形、绿色，叶片长宽14.0cm×5.2cm，叶脉11对。萼片5片、无茸毛，花冠直径3.0cm×4.0cm，花瓣6枚，花柱先端3裂，子房3室、有茸毛。果实三角形、球形

（续）

种质编号	种质名称	物种名称	分布地点	海拔（m）	树高（m）	树幅（m×m）	基部干围（m）	主要形态
MLP021	天保大茶树3号	*C. sinensis* var. *assamica*	麻栗坡县天保镇天保村	1 347	5.8	5.9×5.7	1.4	小乔木型，树姿半开张。芽叶绿色、茸毛多。叶椭圆形、绿色，叶片长宽14.2cm×5.23cm，叶脉10对。萼片5片、无茸毛，花冠直径3.4cm×4.0cm，花瓣6枚，花柱先端3裂，子房3室、有茸毛。果实三角形、球形
MLP022	马达大茶树1号	*C. sinensis* var. *pubilimba*	麻栗坡县大坪镇马达村	1 555	8.5	6.0×5.5	1.2	小乔木型，树姿半开张。芽叶绿色、茸毛多。叶椭圆形、绿色，叶片长宽10.8cm×4.2cm，叶脉9对。萼片5片、有茸毛，花冠直径3.8cm×4.0cm，花瓣6枚，花柱先端3裂，子房3室、有茸毛。果实三角形、球形
MLP023	马达大茶树2号	*C. sinensis* var. *pubilimba*	麻栗坡县大坪镇马达村	1 565	8.0	6.0×5.0	1.1	小乔木型，树姿半开张。芽叶绿色、茸毛多。叶椭圆形、绿色，叶片长宽11.7cm×4.2cm，叶脉9对。萼片5片、有茸毛，花冠直径3.4cm×4.1cm，花瓣6枚，花柱先端3裂，子房3室、有茸毛。果实三角形、球形
MLP024	马达大茶树3号	*C. sinensis* var. *pubilimba*	麻栗坡县大坪镇马达村	1 567	7.5	4.0×5.5	1.2	小乔木型，树姿半开张。芽叶绿色、茸毛多。叶椭圆形、绿色，叶片长宽10.5cm×4.0cm，叶脉9对。萼片5片、有茸毛，花冠直径3.3cm×3.4cm，花瓣6枚，花柱先端3裂，子房3室、有茸毛。果实三角形
MLP025	昆老大茶树1号	*C. crassicolumna*	麻栗坡县猛硐瑶族乡昆老村	1 942	9.0	4.5×3.5	0.3	小乔木型，树姿半开张。芽叶黄绿色、有茸毛。叶长椭圆、绿色，叶片长宽15.5cm×5.3cm，叶脉8对。萼片5片、有茸毛，花冠直径6.5cm×5.0cm，花瓣8枚，花柱先端4裂，有茸毛
MLP026	昆老大茶树2号	*C. crassicolumna*	麻栗坡县猛硐瑶族乡昆老村	1 937	7.0	4.0×3.5	0.5	小乔木型，树姿半开张。芽叶黄绿色、有茸毛。叶长椭圆、绿色，叶片长宽14.6cm×5.2cm，叶脉8对，叶身内折，叶面平，叶身平，叶质硬
MLP027	昆老大茶树3号	*C. crassicolumna*	麻栗坡县猛硐瑶族乡昆老村	1 940	8.5	4.7×3.8	0.4	小乔木型，树姿半开张。芽叶黄绿色、有茸毛。叶长椭圆、绿色，叶片长宽15.7cm×5.4cm，叶脉8对，叶身内折，叶面平，叶身平，叶质硬
MLP028	猛硐大茶树1号	*C. crassicolumna*	麻栗坡县猛硐瑶族乡猛硐村	1 441	5.2	5.0×4.8	0.8	小乔木型，树姿半开张。芽叶黄绿色、有茸毛。叶长椭圆、绿色，叶片长宽13.8cm×4.4cm，叶脉10对。萼片5片、有茸毛，花冠直径6.9cm×6.2cm，花瓣9枚，花柱先端5裂，子房5室、有茸毛

（续）

种质编号	种质名称	物种名称	分布地点	海拔（m）	树高（m）	树幅（m×m）	基部干围（m）	主要形态
MLP029	猛硐大茶树2号	*C. crassicolumna*	麻栗坡县猛硐瑶族乡猛硐村	1 450	6.0	4.0×4.0	0.8	小乔木型，树姿半开张。芽叶黄绿色、有茸毛。叶长椭圆、绿色，叶片长宽 14.2cm×4.7cm，叶脉 10 对。萼片5片、有茸毛，花冠直径 6.0cm×6.5cm，花瓣 9 枚，花柱先端 5 裂，子房5室、有茸毛
MLP030	猛硐大茶树3号	*C. crassicolumna*	麻栗坡县猛硐瑶族乡猛硐村	1 448	5.0	5.0×4.0	0.7	小乔木型，树姿半开张。芽叶黄绿色、有茸毛。叶长椭圆、绿色，叶片长宽 15.8cm×4.7cm，叶脉9对。萼片5片、有茸毛，花冠直径 6.5cm×6.5cm，花瓣10枚，花柱先端5裂，子房5室、有茸毛
MLP031	坝子大茶树1号	*C. sinensis* var. *pubilimba*	麻栗坡县猛硐瑶族乡坝子村	1 200	4.6	6.4×6.3	1.4	小乔木型，树姿半开张。芽叶黄绿色、茸毛多。叶长椭圆形、深绿色，叶片长宽 15.0cm×5.7cm，叶脉 10 对。萼片小、5 片、有茸毛。花冠直径 4.0cm×3.8cm，花瓣 6 枚，花柱先端3裂，子房3室、被茸毛。果实三角形
MLP032	坝子大茶树2号	*C. sinensis* var. *pubilimba*	麻栗坡县猛硐瑶族乡坝子村	1 190	2.7	3.6×3.2	1.2	小乔木型，树姿半开张。芽叶黄绿色、茸毛多。叶长椭圆形、深绿色，叶片长宽 13.9cm×5.1cm，叶脉 8 对。萼片小、5 片、有茸毛。花冠直径 4.0cm×3.2cm，花瓣 7 枚，花柱先端3裂，子房3室、被茸毛。果实三角形、球形
MLP033	坝子大茶树3号	*C. sinensis* var. *pubilimba*	麻栗坡县猛硐瑶族乡坝子村	1 186	2.8	5.6×5.0	1.3	小乔木型，树姿半开张。芽叶黄绿色、茸毛多。叶长椭圆形、深绿色，叶片长宽 12.3cm×5.0cm，叶脉 9 对。萼片小、5 片、有茸毛。花冠直径 4.0cm×3.7cm，花瓣 7 枚，花柱先端3裂，子房3室、被茸毛。果实三角形、球形
MLP034	坝子大茶树4号	*C. sinensis* var. *pubilimba*	麻栗坡县猛硐瑶族乡坝子村	1 056	4.1	5.6×5.8	1.7	小乔木型，树姿半开张。芽叶黄绿色、茸毛多。叶长椭圆形、深绿色，叶片长宽 14.1cm×5.4cm，叶脉 9 对。萼片小、5 片、有茸毛。花冠直径 3.4cm×3.4cm，花瓣 6 枚，花柱先端3裂，子房3室、被茸毛。果实三角形、球形
MLP035	坝子大茶树5号	*C. sinensis* var. *pubilimba*	麻栗坡县猛硐瑶族乡坝子村	1 004	3.4	3.2×2.1	0.5	小乔木型，树姿半开张。芽叶黄绿色、茸毛多。叶长椭圆形、深绿色，叶片长宽 14.5cm×6.0cm，叶脉 10 对。萼片小、5 片、有茸毛。花冠直径 4.2cm×4.1cm，花瓣 5 枚，花柱先端3裂，子房3室、被茸毛。果实三角形、球形

（续）

种质编号	种质名称	物种名称	分布地点	海拔（m）	树高（m）	树幅（m×m）	基部干围（m）	主要形态
MLP036	坝子大茶树6号	*C. sinensis* var. *pubilimba*	麻栗坡县猛硐瑶族乡坝子村	1 115	4.1	6.2×4.0	1.8	小乔木型，树姿半开张。芽叶黄绿色、茸毛多。叶长椭圆形、深绿色，叶片长宽 17.7cm×6.7cm，叶脉 12 对。萼片小、5 片、有茸毛。花冠直径 4.2cm×4.1cm，花瓣 7 枚，花柱先端 3 裂，子房 3 室、被茸毛。果实三角形、球形
MLP037	坝子大茶树7号	*C. sinensis* var. *pubilimba*	麻栗坡县猛硐瑶族乡坝子村	1 120	4.0	2.2×3.0	0.6	小乔木型，树姿半开张。芽叶紫绿色、茸毛多。叶长椭圆形、深绿色，叶片长宽 11.6cm×4.1cm，叶脉 10 对。萼片小、5 片、有茸毛。花冠直径 4.7cm×5.2cm，花瓣 6 枚，花柱先端 3 裂，子房 3 室、被茸毛。果实三角形、球形
MLP038	坝子大茶树8号	*C. sinensis* var. *pubilimba*	麻栗坡县猛硐瑶族乡坝子村	1 046	5.5	8.0×7.5	1.4	小乔木型，树姿开张。芽叶黄绿色、茸毛多。叶长椭圆形、深绿色，叶片长宽 12.7cm×4.7cm，叶脉 9 对。萼片小、5 片、有茸毛。花冠直径 4.5cm×5.0cm，花瓣 6 枚，花柱先端 3 裂，子房 3 室、被茸毛。果实三角形
MLP039	铜塔大茶树1号	*C. sinensis* var. *assamica*	麻栗坡县猛硐瑶族乡铜塔村	1 029	3.2	7.0×6.0	1.9	小乔木型，树姿半开张。芽叶黄绿色、茸毛多。叶长椭圆形、深绿色，叶片长宽 14.6cm×5.8cm，叶脉 9 对。萼片 5 片、无茸毛。花冠直径 2.5cm×2.8cm，花瓣 7 枚，花柱先端 3 裂，子房 3 室、被茸毛。果实三角形
MLP040	铜塔大茶树2号	*C. sinensis* var. *assamica*	麻栗坡县猛硐瑶族乡铜塔村	1 029	2.7	6.5×4.5	1.7	小乔木型，树姿半开张。芽叶黄绿色、茸毛多。叶椭圆形、深绿色，叶片长宽 15.9cm×8.5cm，叶脉 9 对。萼片 5 片、无茸毛。花冠直径 4.0cm×4.4cm，花瓣 7 枚，花柱先端 3 裂，子房 3 室、被茸毛。果实三角形
MLP041	铜塔大茶树3号	*C. sinensis* var. *pubilimba*	麻栗坡县猛硐瑶族乡铜塔村	1 057	4.5	8.5×7.5	2.0	小乔木型，树姿半开张。芽叶黄绿色、有茸毛。叶椭圆形、绿色，叶片长宽 13.3cm×5.2cm，叶脉 11 对。萼片小、5 片、有茸毛。花冠直径 3.7cm×4.2cm，花瓣 6～7 枚，花柱先端 3 裂，子房 3 室、被茸毛。果实三角形、肾形
MLP042	铜塔大茶树4号	*C. sinensis* var. *assamica*	麻栗坡县猛硐瑶族乡铜塔村	1 051	3.5	6.5×6.0	2.0	小乔木型，树姿半开张。芽叶黄绿色、有茸毛。叶椭圆形、绿色，叶片长宽 15.2cm×6.4cm，叶脉 7 对。萼片 5 片、无茸毛。花冠直径 3.9cm×4.5cm，花瓣 6 枚，花柱先端 3 裂，子房 3 室、被茸毛。果实三角形、肾形

（续）

种质编号	种质名称	物种名称	分布地点	海拔（m）	树高（m）	树幅（m×m）	基部干围（m）	主要形态
MLP043	铜塔大茶树5号	*C. sinensis* var. *assamica*	麻栗坡县猛硐瑶族乡铜塔村	1 075	4.1	6.0×5.9	1.5	小乔木型，树姿半开张。芽叶黄绿色、有茸毛。叶椭圆形、绿色，叶片长宽16.6cm×6.5cm，叶脉7对。萼片5片、无茸毛。花冠直径3.9cm×4.5cm，花瓣6枚，花柱先端3裂，子房3室、被茸毛。果实三角形、肾形
MLP044	老陶坪大茶树1号	*C. sinensis* var. *assamica*	麻栗坡县猛硐瑶族乡老陶坪村	968	6.5	9.8×9.0	1.6	乔木型，树姿半开张。芽叶黄绿色、茸毛多。叶椭圆形、绿色，叶片长宽13.8cm×4.7cm，叶脉9对。萼片5片、无茸毛。花冠直径4.9cm×4.8cm，花瓣6枚，花柱先端3裂，子房3室、被茸毛。果实三角形、肾形
MLP045	老陶坪大茶树2号	*C. sinensis* var. *assamica*	麻栗坡县猛硐瑶族乡老陶坪村	804	4.2	5.3×4.4	1.0	乔木型，树姿半开张。芽叶黄绿色、茸毛多。叶椭圆形、绿色，叶片长宽19.5cm×8.4cm，叶脉11对。萼片5片、无茸毛。花冠直径5.0cm×4.4cm，花瓣7枚，花柱先端3裂，子房3室、被茸毛。果实三角形、肾形
MLP046	哪灯大茶树1号	*C. sinensis* var. *assamica*	麻栗坡县八布乡哪灯村	670	6.1	6.9×6.0	1.7	小乔木型，树姿半开张。芽叶黄绿色、茸毛多。叶长椭圆形、绿色，叶片长宽17.7cm×6.5cm，叶脉10对。萼片5片、无茸毛。花冠直径3.8cm×4.2cm，花瓣7枚，花柱先端3裂，子房3室、被茸毛。果实三角形、肾形
MLP047	哪灯大茶树2号	*C. sinensis* var. *assamica*	麻栗坡县八布乡哪灯村	720	5.6	5.7×3.8	1.0	小乔木型，树姿半开张。芽叶黄绿色、茸毛多。叶长椭圆形、绿色，叶片长宽14.8cm×5.1cm，叶脉10对。萼片5片、无茸毛。花冠直径3.0cm×3.2cm，花瓣7枚，花柱先端3裂，子房3室、被茸毛。果实三角形、肾形
MLP048	哪灯大茶树3号	*C. sinensis* var. *assamica*	麻栗坡县八布乡哪灯村	740	5.3	9.4×5.0	1.3	小乔木型，树姿半开张。芽叶黄绿色、茸毛多。叶长椭圆形、绿色，叶片长宽15.3cm×5.4cm，叶脉10对。萼片5片、无茸毛。花冠直径3.8cm×4.0cm，花瓣8枚，花柱先端3裂，子房3室、被茸毛。果实三角形
MLP049	哪灯大茶树4号	*C. sinensis* var. *pubilimba*	麻栗坡县八布乡哪灯村	1 002	7.4	7.4×5.7	1.3	小乔木型，树姿半开张。芽叶黄绿色、茸毛多。叶长椭圆形、绿色，叶片长宽16.7cm×6.1cm，叶脉12对。萼片5片、有茸毛。花冠直径3.3cm×4.1cm，花瓣6枚，花柱先端3裂，子房3室、被茸毛。果实三角形

（续）

种质编号	种质名称	物种名称	分布地点	海拔 (m)	树高 (m)	树幅 (m×m)	基部干围 (m)	主要形态
MLP050	哪灯大茶树5号	*C. sinensis* var. *assamica*	麻栗坡县八布乡哪灯村	996	11	8.3×8.2	1.5	乔木型，树姿直立。芽叶绿色、茸毛多。叶长椭圆形、绿色，叶片长宽11.1cm×5.2cm，叶脉9对。萼片5片、无茸毛。花冠直径2.8cm×3.0cm，花瓣8枚，花柱先端3裂，子房3室、被茸毛。果实三角形
MLP051	哪灯大茶树6号	*C. sinensis* var. *assamica*	麻栗坡县八布乡哪灯村	1 019	5.8	5.6×3.7	1.7	小乔木型，树姿半开张。芽叶黄绿色、茸毛多。叶长椭圆形、绿色，叶片长宽16.1cm×6.9cm，叶脉9对
MLP052	哪灯大茶树7号	*C. sinensis* var. *assamica*	麻栗坡县八布乡哪灯村	940	5.0	4.2×5.0	1.4	小乔木型，树姿半开张。芽叶玉白绿色、茸毛中。叶长椭圆形、深绿色，叶片长宽19.0cm×6.7cm，叶脉13对。萼片5片、无茸毛。花冠直径3.9cm×4.0cm，花瓣5枚，花柱先端3裂，子房3室、被茸毛。果实球形
MLP053	哪灯大茶树8号	*C. sinensis* var. *assamica*	麻栗坡县八布乡哪灯村	876	6.5	8.3×8.3	1.5	小乔木型，树姿半开张。芽叶玉白色、茸毛多。叶披针形、绿色，叶片长宽16.0cm×5.4cm，叶脉11对。萼片5片、无茸毛。花冠直径4.5cm×5.0cm，花瓣6枚，花柱先端3裂，子房3室、被茸毛。果实三角形
MLP054	哪灯大茶树9号	*C. sinensis* var. *assamica*	麻栗坡县八布乡哪灯村	553	6.5	6.2×5.9	1.5	小乔木型，树姿半开张。芽叶绿色、茸毛中。叶椭圆形、绿色，叶片长宽20.0cm×8.4cm，叶脉12对。萼片5片、无茸毛。花冠直径5.5cm×4.7cm，花瓣6枚，花柱先端3裂，子房3室、被茸毛。果实球形
MLP055	哪灯大茶树10号	*C. sinensis* var. *pubilimba*	麻栗坡县八布乡哪灯村	761	9	7.6×6.1	2.2	小乔木型，树姿半开张。芽叶绿色、茸毛多。叶长椭圆形、深绿色，叶片长宽15.0cm×6.4cm，叶脉10对。萼片5片、有茸毛。花冠直径4.5cm×5.0cm，花瓣6枚，花柱先端3裂，子房3室、被茸毛。果实三角形、球形
MLP056	哪灯大茶树11号	*C. sinensis* var. *pubilimba*	麻栗坡县八布乡哪灯村	759	7.0	6.5×4.5	2.0	小乔木型，树姿半开张。芽叶玉白色、茸毛多。叶椭圆形、绿色，叶片长宽16.0cm×6.5cm，叶脉10对。萼片5片、有茸毛。花冠直径3.5cm×3.8cm，花瓣7枚，花柱先端3裂，子房3室、被茸毛。果实三角形
MLP057	哪灯大茶树12号	*C. sinensis* var. *assamica*	麻栗坡县八布乡哪灯村	796	11.0	8.3×8.2	2.3	小乔木型，树姿半开张。芽叶黄绿色、茸毛多。叶椭圆形、绿色，叶片长宽11.1cm×5.4cm，叶脉9对。萼片5片、无茸毛。花冠直径3.8cm×3.0cm，花瓣7枚，花柱先端3裂，子房3室、被茸毛。果实三角形

（续）

种质编号	种质名称	物种名称	分布地点	海拔（m）	树高（m）	树幅（m×m）	基部干围（m）	主要形态
MLP058	哪灯大茶树13号	*C. sinensis* var. *assamica*	麻栗坡县八布乡哪灯村	876	6.5	8.3×8.3	1.5	小乔木型，树姿半开张。芽叶玉白色、茸毛多。叶椭圆形、绿色，叶片长宽16.0cm×5.4cm，叶脉11对。萼片5片、无茸毛。花冠直径5.1cm×5.0cm，花瓣6枚，花柱先端3裂，子房3室、被茸毛。果实三角形、球形
MLP059	哪灯大茶树14号	*C. sinensis* var. *assamica*	麻栗坡县八布乡哪灯村	720	12.0	6.5×6.4	1.0	小乔木型，树姿半开张。芽叶黄绿色、茸毛多。叶长椭圆形、绿色，叶片长宽16.8cm×6.0cm，叶脉9对。萼片5片、无茸毛。花冠直径4.0cm×4.2cm，花瓣6枚，花柱先端3裂，子房3室、被茸毛。果实三角形
MLP060	荒田大茶树1号	*C. sinensis* var. *assamica*	麻栗坡县八布乡荒田村	1 107	5.0	3.7×2.7	1.2	小乔木型，树姿半开张。芽叶黄绿色、茸毛多。叶长椭圆、绿色，叶片长宽13.8cm×6.9cm，叶脉8对。萼片5片、无茸毛。花冠直径4.7cm×4.5cm，花瓣7枚，花柱先端3裂，子房3室、被茸毛。果实三角形
MLP061	荒田大茶树2号	*C. sinensis* var. *assamica*	麻栗坡县八布乡荒田村	1 108	7.9	4.5×4.0	1.0	小乔木型，树姿半开张。芽叶黄绿色、茸毛少。叶卵形、绿色，叶片长宽12.0cm×7.3cm，叶脉7对。萼片5片、无茸毛。花冠直径4.8cm×4.9cm，花瓣7枚，花柱先端3裂，子房3室、被茸毛。果实三角形、球形
MLP062	荒田大茶树3号	*C. sinensis* var. *assamica*	麻栗坡县八布乡荒田村	1 106	8.0	3.4×3.2	1.2	小乔木型，树姿半开张。芽叶黄绿色、茸毛多。叶椭圆形、绿色，叶片长宽13.2cm×5.2cm，叶脉7对。萼片5片、无茸毛。花冠直径5.0cm×5.2cm，花瓣7枚，花柱先端3裂，子房3室、被茸毛。果实球形
MLP063	和平大茶树1号	*C. sinensis* var. *assamica*	麻栗坡县八布乡和平村	1 189	5.0	3.7×3.5	0.5	小乔木型，树姿半开张。芽叶绿色、茸毛少。叶椭圆形、绿色，叶片长宽12.3cm×4.2cm，叶脉10对。萼片5片、无茸毛。花冠直径5.0cm×4.7cm，花瓣6枚，花柱先端3裂，子房3室、被茸毛。果实三角形
MLP064	和平大茶树2号	*C. sinensis* var. *assamica*	麻栗坡县八布乡和平村	988	4.0	2.1×2.0	0.8	小乔木型，树姿直立。芽叶绿色、茸毛少。叶长椭圆形、绿色，叶片长宽13.8cm×4.7cm，叶脉11对。萼片5片、无茸毛。花冠直径3.1cm×3.2cm，花瓣6枚，花柱先端3裂，子房3室、被茸毛。果实球形
MLP065	龙龙大茶树1号	*C. sinensis* var. *assamica*	麻栗坡县八布乡龙龙村	770	3.5	3.6×2.9	1.2	小乔木型，树姿半开张。芽叶绿色、茸毛多。叶椭圆形、深绿色，叶片长宽18.1cm×7.6cm，叶脉11对。萼片5片、无茸毛。花冠直径3.6cm×5.0cm，花瓣10枚，花柱先端3裂，子房3室、被茸毛。果实球形

（续）

种质编号	种质名称	物种名称	分布地点	海拔（m）	树高（m）	树幅（m×m）	基部干围（m）	主要形态
MLP066	龙龙大茶树2号	*C. sinensis* var. *assamica*	麻栗坡县八布乡龙龙村	769	9.0	4.0×3.7	0.9	乔木型，树姿直立。芽叶绿色、茸毛中。叶椭圆形、绿色，叶片长宽14.5cm×6.5cm，叶脉13对。萼片5片、无茸毛。花冠直径3.1cm×3.2cm，花瓣6枚，花柱先端3裂，子房3室、被茸毛。果实三角形
MLP067	龙龙大茶树3号	*C. sinensis* var. *assamica*	麻栗坡县八布乡龙龙村	773	7.5	4.0×3.0	1.0	小乔木型，树姿直立。芽叶绿色、茸毛多。叶椭圆形、绿色，叶片长宽13.0cm×6.0cm，叶脉13对。萼片5片、无茸毛。花冠直径4.0cm×3.8cm，花瓣7枚，花柱先端3裂，子房3室、被茸毛。果实球形
MLP068	董定大茶树1号	*C. sinensis* var. *pubilimba*	麻栗坡县杨万乡董定村	1 354	8.5	9.2×8.0	1.6	小乔木型，树姿开张。芽叶玉白色、茸毛多。叶长椭圆形、深绿色，叶片长宽13.5cm×5.5cm，叶脉12对。萼片5片、有茸毛。花冠直径4.4cm×5.0cm，花瓣6枚，花柱先端3裂，子房3室、被茸毛。果实三角形
MLP069	董定大茶树2号	*C. sinensis* var. *pubilimba*	麻栗坡县杨万乡董定村	1 367	4.5	8.9×7.4	1.5	小乔木型，树姿开张。芽叶玉白色、茸毛中。叶椭圆形、绿色，叶片长宽11.5cm×4.2cm，叶脉8对。萼片5片、有茸毛。花冠直径3.5cm×4.0cm，花瓣5枚，花柱先端3裂，子房3室、被茸毛。果实三角形
MLP070	董定大茶树3号	*C. sinensis* var. *pubilimba*	麻栗坡县杨万乡董定村	1 364	9.0	8.0×6.0	1.8	乔木型，树姿直立。芽叶玉白色、茸毛中。叶椭圆形、绿色，叶片长宽12.0cm×4.5cm，叶脉8对。萼片5片、有茸毛。花冠直径4.5cm×4.2cm，花瓣5枚，花柱先端3裂，子房3室、被茸毛。果实三角形
MLP071	哪都大茶树1号	*C. sinensis* var. *pubilimba*	麻栗坡县杨万乡哪都村	678	5.0	5.0×4.0	1.7	小乔木型，树姿半开张。芽叶黄绿色、茸毛中。叶长椭圆形、绿色，叶片长宽14.0cm×4.5cm，叶脉11对。萼片5片、有茸毛。花冠直径3.5cm×4.0cm，花瓣5枚，花柱先端3裂，子房3室、被茸毛。果实三角形
MLP072	哪都大茶树2号	*C. sinensis* var. *pubilimba*	麻栗坡县杨万乡哪都村	650	6.0	9.5×8.5	1.7	小乔木型，树姿半开张。芽叶黄绿色、茸毛多。叶长椭圆形、绿色，叶片长宽15.0cm×4.1cm，叶脉11对。萼片5片、有茸毛。花冠直径4.2cm×4.3cm，花瓣5枚，花柱先端3裂，子房3室、被茸毛。果实三角形
MLP073	关告大茶树1号	*C. sinensis* var. *pubilimba*	麻栗坡县铁厂乡关告村	1 346	7.0	4.5×4.0	0.7	乔木型，树姿直立。芽叶黄绿色、茸毛中。叶椭圆形、绿色，叶片长宽12.4cm×5.5cm，叶脉10对。萼片5片、有茸毛。花冠直径4.0cm×4.5cm，花瓣5枚，花柱先端3裂，子房3室、被茸毛。果实三角形

（续）

种质编号	种质名称	物种名称	分布地点	海拔（m）	树高（m）	树幅（m×m）	基部干围（m）	主要形态
MLP074	关告大茶树2号	*C. sinensis* var. *pubilimba*	麻栗坡县铁厂乡关告村	1 354	6.0	4.8×4.5	0.8	乔木型，树姿直立。芽叶黄绿色、茸毛中。叶椭圆形、绿色，叶片长宽13.3cm×5.2cm，叶脉9对。萼片5片、有茸毛。花冠直径4.2cm×4.1cm，花瓣6枚，花柱先端3裂，子房3室、被茸毛。果实三角形
MLP075	董渡大茶树1号	*C. sinensis* var. *pubilimba*	麻栗坡县铁厂乡董渡村	1 525	6.5	4.9×4.3	1.5	乔木型，树姿直立。芽叶绿色、茸毛少。叶披针形、绿色，叶片长宽16.4cm×4.7cm，叶脉10对。萼片5片、有茸毛。花冠直径3.5cm×3.5cm，花瓣6枚，花柱先端3裂，子房3室、被茸毛。果实三角形
MLP076	董渡大茶树2号	*C. sinensis* var. *pubilimba*	麻栗坡县铁厂乡董渡村	1 347	5.4	8.5×7.0	1.1	乔木型，树姿直立。芽叶绿色、茸毛少。叶长椭圆形、绿色，叶片长宽15.1cm×5.3cm，叶脉11对。萼片5片、有茸毛。花冠直径3.8cm×4.5cm，花瓣5枚，花柱先端3裂，子房3室、被茸毛。果实三角形
MLP077	普弄大茶树1号	*C. sinensis* var. *pubilimba*	麻栗坡县董干镇普弄村	1 640	15.0	10.0×9.0	1.6	乔木型，树姿直立。芽叶黄绿色、茸毛中。叶长椭圆形、绿色，叶片长宽11.4cm×4.3cm，叶脉10对。萼片5片、有茸毛。花冠直径2.8cm×3.0cm，花瓣5枚，花柱先端3裂，子房3室、被茸毛。果实三角形
MLP078	普弄大茶树2号	*C. sinensis* var. *pubilimba*	麻栗坡县董干镇普弄村	1 639	10.0	6.0×5.0	1.1	乔木型，树姿直立。芽叶黄绿色、茸毛中。叶长椭圆形、绿色，叶片长宽14.0cm×4.6cm，叶脉10对。萼片5片、有茸毛。花冠直径2.6cm×3.0cm，花瓣5枚，花柱先端3裂，子房3室、被茸毛。果实三角形
GN001	九龙山大茶树1号	*C. kwangsiensis* var. *kwangnanica*	广南县者兔乡九龙山原始森林	1 865	6.1	3.5×2.8	1.5	小乔木型，树姿半开张。芽叶黄绿色、有茸毛。叶椭圆形、绿色，叶片长宽15.5cm×4.7cm，叶脉8对。萼片5片、有茸毛。花冠直径4.8cm×4.3cm，花瓣9枚，花柱先端4～5裂，子房无茸毛
GN002	九龙山大茶树2号	*C. kwangsiensis* var. *kwangnanica*	广南县者兔乡九龙山原始森林	1 858	6.9	6.3×2.8	0.7	小乔木型，树姿半开张。芽叶淡绿色、有茸毛。叶长椭圆形、绿色，叶片长宽16.2cm×6.2cm，叶脉10对。萼片5片、有茸毛。花冠直径3.9cm×4.1cm，花瓣8枚，花柱先端4～5裂，子房无茸毛
GN003	九龙山大茶树3号	*C. kwangsiensis* var. *kwangnanica*	广南县者兔乡九龙山原始森林	1 887	6.9	6.3×2.8	0.7	小乔木型，树姿直立。芽叶淡绿色、有茸毛。叶椭圆形、深绿色，叶片长宽14.3cm×5.7cm，叶脉10对。萼片5片、有茸毛。花冠直径3.4cm×3.8cm，花瓣8枚，花柱先端5裂，子房无茸毛

（续）

种质编号	种质名称	物种名称	分布地点	海拔（m）	树高（m）	树幅（m×m）	基部干围（m）	主要形态
GN004	革佣大茶树1号	*C. kwangsiensis* var. *kwangnanica*	广南县者兔乡革佣村	1 576	5.6	2.5×2.5	0.8	小乔木型，树姿半开张。芽叶绿色、有茸毛。叶长椭圆形、深绿色，叶片长宽 16.7cm×6.3cm，叶脉 12 对。萼片 5 片、有茸毛。花冠直径 4.4cm×4.7cm，花瓣 9 枚，花柱先端 4～5 裂，子房无茸毛
GN005	革佣大茶树2号	*C. kwangsiensis* var. *kwangnanica*	广南县者兔乡革佣村	1 631	4.0	4.6×4.2	1.4	小乔木型，树姿半开张。芽叶黄绿色、有茸毛。叶椭圆形、绿色，叶片长宽 15.3cm×6.2cm，叶脉 10 对。萼片 5 片、有茸毛。花冠直径 4.5cm×3.7cm，花瓣 8 枚，花柱先端 4 裂，子房无茸毛。果实球形
GN006	革佣大茶树3号	*C. kwangsiensis* var. *kwangnanica*	广南县者兔乡革佣村	1 630	6.0	4.8×4.5	1.6	小乔木型，树姿半开张。芽叶黄绿色、有茸毛。叶椭圆形、绿色，叶片长宽 14.4cm×5.8cm，叶脉 9 对。萼片 5 片、有茸毛。花冠直径 4.0cm×3.8cm，花瓣 8 枚，花柱先端 5 裂，子房无茸毛。果实球形
GN007	革佣大茶树4号	*C. sinensis* var. *assamica*	广南县者兔乡革佣村	1 536	4.2	3.1×3.0	0.7	小乔木型，树姿半开张。芽叶黄绿色、有茸毛。叶长椭圆形、绿色，叶片长宽 14.5cm×5.0cm，叶脉 9 对。萼片 5 片、有茸毛。花冠直径 4.5cm×3.7cm，花瓣 8 枚，花柱先端 3 裂，子房有茸毛。果实三角形
GN008	拖同大茶树1号	*C. sinensis* var. *assamica*	广南县者兔乡革佣村拖同	1 650	6.9	6.5×6.3	1.2	小乔木型，树姿半开张。芽叶淡绿色、有茸毛。叶长椭圆形、绿色，叶片长宽 14.0cm×4.6cm，叶脉 9 对。萼片 5 片、无茸毛。花冠直径 3.2cm×4.4cm，花瓣 7 枚，花柱先端 3 裂，子房有茸毛。果实球形
GN009	拖同大茶树2号	*C. sinensis* var. *assamica*	广南县者兔乡革佣村拖同	1 657	6.0	6.0×4.3	1.1	小乔木型，树姿半开张。芽叶淡绿色、有茸毛。叶长椭圆形、绿色，叶片长宽 14.8cm×4.2cm，叶脉 9 对。萼片 5 片、无茸毛。花冠直径 3.7cm×4.8cm，花瓣 7 枚，花柱先端 3 裂，子房有茸毛。果实球形
GN010	同剪大茶树1号	*C. kwangsiensis* var. *kwangnanica*	广南县底圩乡同剪村	1 544	7.4	3.8×3.5	1.5	小乔木型，树姿半开张。芽叶黄绿色、有茸毛。叶椭圆形、绿色，叶片长宽 16.6cm×5.9cm，叶脉 9 对。萼片 5 片、有茸毛。花冠直径 5.0cm×5.8cm，花瓣 8 枚，花柱先端 4 裂，子房无茸毛。果实球形
GN011	同剪大茶树2号	*C. kwangsiensis* var. *kwangnanica*	广南县底圩乡同剪村	1 550	5.4	3.5×3.5	1.4	小乔木型，树姿半开张。芽叶黄绿色、有茸毛。叶椭圆形、绿色，叶片长宽 14.6cm×5.4cm，叶脉 9 对。萼片 5 片、有茸毛。花冠直径 5.2cm×5.5cm，花瓣 8 枚，花柱先端 4 裂，子房无茸毛。果实球形

（续）

种质编号	种质名称	物种名称	分布地点	海拔（m）	树高（m）	树幅（m×m）	基部干围（m）	主要形态
GN012	底圩大茶树1号	*C. sinensis* var. *pubilimba*	广南县底圩乡底圩村	999	1.7	2.1×2.0	0.5	灌木型，树姿开张。芽叶绿色、茸毛多。叶长椭圆形、深绿色，叶片长宽17.8cm×6.8cm，叶脉10对。萼片5片、有茸毛。花冠直径3.6cm×3.9cm，花瓣5枚，花柱先端3裂，子房3室、被茸毛。果实三角形
GN013	底圩大茶树2号	*C. sinensis* var. *pubilimba*	广南县底圩乡底圩村	1 036	2.9	2.1×2.0	0.4	灌木型，树姿开张。芽叶绿色、茸毛多。叶长椭圆形、深绿色，叶片长宽14.0cm×4.8cm，叶脉11对。萼片5片、有茸毛。花冠直径3.2cm×3.5cm，花瓣7枚，花柱先端3裂，子房3室、被茸毛。果实三角形
GN014	大田大茶树1号	*C. kwangsiensis* var. *kwangnanica*	广南县者太乡大田村	1 565	3.5	2.5×2.0	0.7	小乔木型，树姿半开张。芽叶黄绿色、有茸毛。叶椭圆形、绿色，叶片长宽14.0cm×5.6cm，叶脉10对。萼片5片、有茸毛。花冠直径5.0cm×4.3cm，花瓣8枚，花柱先端5裂，子房无茸毛。果实球形
GN015	大田大茶树2号	*C. kwangsiensis* var. *kwangnanica*	广南县者太乡大田村	1 572	4.5	3.5×2.0	0.8	小乔木型，树姿半开张。芽叶黄绿色、有茸毛。叶椭圆形、绿色，叶片长宽14.7cm×5.4cm，叶脉9对。萼片5片、有茸毛。花冠直径5.8cm×4.7cm，花瓣8枚，花柱先端5裂，子房无茸毛。果实球形
GN016	珠街大茶树1号	*C. kwangsiensis* var. *kwangnanica*	广南县珠街镇珠街社区	1 776	1.7	2.0×2.0	0.8	小乔木型，树姿直立。芽叶黄绿色、有茸毛。叶椭圆形、绿色，叶片长宽15.0cm×4.6cm，叶脉10对。萼片5片、有茸毛。花冠直径5.5cm×5.7cm，花瓣8枚，花柱先端4裂，子房无茸毛。果实球形
GN017	珠街大茶树2号	*C. kwangsiensis* var. *kwangnanica*	广南县珠街镇珠街社区	1 750	1.7	2.8×2.7	0.6	小乔木型，树姿直立。芽叶黄绿色、有茸毛。叶椭圆形、绿色，叶片长宽14.5cm×4.2cm，叶脉10对。萼片5片、有茸毛。花冠直径5.9cm×6.0cm，花瓣8枚，花柱先端4裂，子房无茸毛。果实球形
GN018	树科大茶树1号	*C. kwangsiensis* var. *kwangnanica*	广南县珠街镇树科村	1 791	3.2	2.6×2.5	0.9	小乔木型，树姿直立。芽叶黄绿色、有茸毛。叶椭圆形、绿色，叶片长宽15.0cm×4.6cm，叶脉12对。萼片5片、有茸毛。花冠直径5.5cm×6.0cm，花瓣9枚，花柱先端5裂，子房无茸毛。果实球形
GN019	树科大茶树2号	*C. kwangsiensis* var. *kwangnanica*	广南县珠街镇树科村	1 804	5.5	3.5×2.5	0.7	小乔木型，树姿直立。芽叶黄绿色、有茸毛。叶椭圆形、绿色，叶片长宽13.8cm×4.6cm，叶脉11对。萼片5片、有茸毛。花冠直径6.5cm×6.3cm，花瓣9枚，花柱先端5裂，子房无茸毛。果实球形

（续）

种质编号	种质名称	物种名称	分布地点	海拔（m）	树高（m）	树幅（m×m）	基部干围（m）	主要形态
GN020	小阿章大茶树1号	*C. kwangsiensis* var. *kwangnanica*	广南县珠街镇小阿章村	1 734	4.1	4.6×4.5	0.5	小乔木型，树姿直立。芽叶黄绿色、有茸毛。叶椭圆形、绿色，叶片长宽11.0cm×3.6cm，叶脉8对。萼片5片、有茸毛。花冠直径5.1cm×5.5cm，花瓣9枚，花柱先端5裂，子房无茸毛。果实球形
GN021	小阿章大茶树2号	*C. kwangsiensis* var. *kwangnanica*	广南县珠街镇小阿章村	1 734	4.1	4.6×4.5	0.5	小乔木型，树姿直立。芽叶黄绿色、有茸毛。叶椭圆形、绿色，叶片长宽11.0cm×3.6cm，叶脉8对。萼片5片、有茸毛。花冠直径4.1cm×4.5cm，花瓣9枚，花柱先端5裂，子房无茸毛。果实球形
GN022	赛京大茶树1号	*C. sinensis* var. *pubilimba*	广南县莲城镇赛京村	1 318	6.5	3.3×3.2	0.6	小乔木型，树姿开张。芽叶黄绿色、茸毛多。叶椭圆形、绿色，叶片长宽16.4cm×7.1cm，叶脉10对。萼片5片、有茸毛。花冠直径3.7cm×3.5cm，花瓣7枚，花柱先端3裂，子房3室、被茸毛。果实三角形
GN023	赛京大茶树2号	*C. sinensis* var. *pubilimba*	广南县莲城镇赛京村	1 328	6.5	2.7×2.5	1.4	小乔木型，树姿半开张。芽叶黄绿色、茸毛多。叶椭圆形、绿色，叶片长宽8.6cm×2.8cm，叶脉10对。萼片5片、有茸毛。花冠直径3.3cm×3.0cm，花瓣6枚，花柱先端3裂，子房3室、被茸毛。果实三角形
GN024	坝美大茶树1号	*C. sinensis* var. *pubilimba*	广南县坝美镇石山社区	1 115	6.5	2.7×2.5	1.4	小乔木型，树姿直立。芽叶黄绿色、茸毛多。叶椭圆形、绿色，叶片长宽13.1cm×5.4cm，叶脉9对。萼片5片、有茸毛。花冠直径4.3cm×3.5cm，花瓣6枚，花柱先端3裂，子房3室、被茸毛。果实三角形
GN025	坝美大茶树2号	*C. sinensis* var. *pubilimba*	广南县坝美镇石山社区	1 125	5.0	4.8×4.7	0.3	小乔木型，树姿直立。芽叶黄绿色、茸毛多。叶椭圆形、绿色，叶片长宽14.3cm×5.7cm，叶脉9对。萼片5片、有茸毛。花冠直径3.3cm×3.7cm，花瓣6枚，花柱先端3裂，子房3室、被茸毛。果实三角形
GN026	花果大箐大茶树1号	*C. kwangsiensis* var. *kwangnanica*	广南县黑支果乡阿章村花果大箐	1 790	4.1	1.5×1.5	0.5	小乔木型，树姿直立。芽叶黄绿色、有茸毛。叶椭圆形、绿色，叶片长宽11.8cm×3.7cm，叶脉8对。萼片5片、有茸毛。花冠直径6.1cm×6.5cm，花瓣9枚，花柱先端5裂，子房无茸毛。果实球形
GN027	花果大箐大茶树2号	*C. kwangsiensis* var. *kwangnanica*	广南县黑支果乡阿章村花果大箐	1 788	2.1	2.0×1.7	0.2	小乔木型，树姿直立。芽叶黄绿色、有茸毛。叶披针形、绿色，叶片长宽13.0cm×3.6cm，叶脉10对。萼片5片、有茸毛。花冠直径6.8cm×7.0cm，花瓣9枚，花柱先端4～5裂，子房无茸毛。果实球形

（续）

种质编号	种质名称	物种名称	分布地点	海拔（m）	树高（m）	树幅（m×m）	基部干围（m）	主要形态
GN028	花果大箐大茶树3号	*C. kwangsiensis* var. *kwangnanica*	广南县黑支果乡阿章村花果大箐	1 768	3.5	1.5×1.4	1.2	小乔木型，树姿直立。芽叶黄绿色、有茸毛。叶长椭圆形、绿色，叶片长宽13.4cm×4.5cm，叶脉10对。萼片5片、有茸毛。花冠直径5.8cm×5.7cm，花瓣9枚，花柱先端4～5裂，子房无茸毛。果实球形
FN001	达孟大茶树1号	*C. kwangsiensis*	富宁县里达镇达孟村鸟王山	1 394	3.0	1.6×1.5	0.2	小乔木型，树姿直立。芽叶黄绿色、无茸毛。叶椭圆形、绿色，叶片长宽12.0cm×4.5cm，叶脉11对。萼片5片、无茸毛。花冠直径6.2cm×6.4cm，花瓣8枚，花柱先端4裂，子房无茸毛。果实球形
FN002	达孟大茶树2号	*C. sinensis* var. *pubilimba*	富宁县里达镇达孟村鸟王山	1 403	4.1	3.1×2.9	0.4	小乔木型，树姿开张。芽叶黄绿色、有茸毛。叶椭圆形、深绿色，叶片长宽12.0cm×4.5cm，叶脉9对。萼片5片、无茸毛。花冠直径4.2cm×4.4cm，花瓣6枚，花柱先端3裂，子房有茸毛。果实三角形
FN003	里拱大茶树1号	*C. kwangsiensis* var. *kwangnanica*	富宁县里达镇里拱村	1 452	5.9	3.2×2.9	0.6	小乔木型，树姿直立。芽叶黄绿色、有茸毛。叶椭圆形、深绿色，叶片长宽13.0cm×5.5cm，叶脉10对。萼片5片、有茸毛。花冠直径6.0cm×5.8cm，花瓣9枚，花柱先端4裂，子房无茸毛。果实球形
FN004	里拱大茶树2号	*C. kwangsiensis* var. *kwangnanica*	富宁县里达镇里拱村	1 452	3.0	1.7×1.0	0.6	小乔木型，树姿直立。芽叶黄绿色、有茸毛。叶长椭圆形、绿色，叶片长宽16.4cm×6.5cm，叶脉12对。萼片5片、有茸毛。花冠直径6.8cm×6.5cm，花瓣9枚，花柱先端4～5裂，子房无茸毛。果实球形
FN005	里拱大茶树3号	*C. sinensis*	富宁县里达镇里拱村	1 185	4.7	5.0×4.0	0.1	小乔木型，树姿直立。芽叶黄绿色、有茸毛。叶长椭圆形、绿色，叶片长宽8.0cm×3.6cm，叶脉10对。萼片5片、无茸毛。花冠直径2.8cm×2.5cm，花瓣6枚，花柱先端3裂，子房有茸毛。果实球形、三角形
FN006	里拱大茶树4号	*C. sinensis*	富宁县里达镇里拱村	1 158	4.3	3.4×3.4	1.4	灌木型，树姿开张。芽叶玉白色、有茸毛。叶长披针形、绿色，叶片长宽6.7cm×2.0cm，叶脉8对。萼片5片、无茸毛。花冠直径3.4cm×3.3cm，花瓣6枚，花柱先端3裂，子房有茸毛。果实球形、三角形
FN007	里拱大茶树5号	*C. sinensis*	富宁县里达镇里拱村	1 341	3.8	4.7×4.6	1.0	灌木型，树姿开张。芽叶绿色、有茸毛。叶长椭圆形、绿色，叶片长宽9.5cm×4.2cm，叶脉8对。萼片5片、无茸毛。花冠直径2.8cm×2.9cm，花瓣6～7枚，花柱先端3裂，子房有茸毛。果实球形、三角形

（续）

种质编号	种质名称	物种名称	分布地点	海拔（m）	树高（m）	树幅（m×m）	基部干围（m）	主要形态
FN008	里拱大茶树6号	*C. sinensis*	富宁县里达镇里拱村	1 274	3.5	3.5×2.8	1.0	灌木型，树姿开张。芽叶绿色、有茸毛。叶长椭圆形、绿色，叶片长宽9.2cm×3.0cm，叶脉8对。萼片5片、无茸毛。花冠直径2.8cm×3.3cm，花瓣6～7枚，花柱先端3裂，子房有茸毛。果实球形、三角形
FN009	睦伦大茶树1号	*C. kwangsiensis*	富宁县木央镇睦伦村	1 452	4.5	1.4×1.3	0.4	小乔木型，树姿直立。芽叶黄绿色、有茸毛。叶长椭圆形、绿色，叶片长宽10.4cm×4.2cm，叶脉9对。萼片5片、无茸毛。花冠直径8.0cm×7.5cm，花瓣8枚，花柱先端5裂，子房无茸毛。果实球形
FN010	睦伦大茶树2号	*C. kwangsiensis*	富宁县木央镇睦伦村	1 636	3.9	1.7×1.6	0.4	小乔木型，树姿直立。芽叶黄绿色、有茸毛。叶长椭圆形、绿色，叶片长宽10.8cm×4.3cm，叶脉9对。萼片5片、无茸毛。花冠直径7.2cm×7.5cm，花瓣13枚，花柱先端5裂，子房无茸毛。果实球形
FN011	睦伦大茶树3号	*C. sinensis*	富宁县木央镇睦伦村	1 462	2.0	1.8×1.6	1.7	灌木型，树姿开张。芽叶黄绿色、有茸毛。叶长椭圆形、绿色，叶片长宽18.5cm×4.2cm，叶脉11对。萼片5片、无茸毛。花冠直径3.2cm×3.5cm，花瓣6枚，花柱先端3裂，子房有茸毛。果实三角形
FN012	睦伦大茶树4号	*C. sinensis*	富宁县木央镇睦伦村	1 461	1.5	2.8×2.3	0.8	灌木型，树姿开张。芽叶黄绿色、有茸毛。叶长椭圆形、绿色，叶片长宽5.8cm×2.2cm，叶脉8对。萼片5片、无茸毛。花冠直径3.5cm×3.8cm，花瓣6枚，花柱先端3裂，子房有茸毛。果实三角形
FN013	龙修大茶树1号	*C. sinensis* var. *pubilimba*	富宁县田蓬镇龙修村	1 318	7.2	4.8×3.6	0.7	小乔木型，树姿直立。芽叶黄绿色、有茸毛。叶长椭圆形、绿色，叶片长宽7.3cm×2.7cm，叶脉7对。萼片5片、有茸毛。花冠直径3.2cm×3.4cm，花瓣5枚，花柱先端3裂，子房有茸毛。果实三角形
FN014	龙修大茶树2号	*C. sinensis* var. *pubilimba*	富宁县田蓬镇龙修村	1 330	6.0	4.6×3.5	1.4	小乔木型，树姿半开张。芽叶黄绿色、有茸毛。叶椭圆形、绿色，叶片长宽8.9cm×3.7cm，叶脉8对。萼片5片、有茸毛。花冠直径3.9cm×3.5cm，花瓣6枚，花柱先端3裂，子房有茸毛。果实三角形
FN015	龙修大茶树3号	*C. sinensis* var. *pubilimba*	富宁县田蓬镇龙修村	1 331	4.3	4.1×3.2	0.4	小乔木型，树姿半开张。芽叶黄绿色、有茸毛。叶椭圆形、绿色，叶片长宽9.5cm×3.8cm，叶脉8对。萼片5片、有茸毛。花冠直径3.0cm×3.2cm，花瓣6枚，花柱先端3裂，子房有茸毛。果实三角形

（续）

种质编号	种质名称	物种名称	分布地点	海拔（m）	树高（m）	树幅（m×m）	基部干围（m）	主要形态
FN016	木腊大茶树1号	*C. kwangsiensis*	富宁县板仑乡木腊村	1 442	6.5	2.5×2.0	0.4	小乔木型，树姿直立。芽叶紫绿色、有茸毛。叶椭圆形、绿色，叶片长宽 16.2cm×5.3cm，叶脉 13 对。萼片 5 片、无茸毛。花冠直径 7.0cm×7.7cm，花瓣 10 枚，花柱先端 5 裂，子房无茸毛。果实球形
FN017	木腊大茶树2号	*C. kwangsiensis*	富宁县板仑乡木腊村	1 441	5.0	5.5×4.0	0.5	小乔木型，树姿直立。芽叶黄绿色、有茸毛。叶椭圆形、绿色，叶片长宽 14.0cm×5.7cm，叶脉 11 对。萼片 5 片、无茸毛。花冠直径 8.0cm×7.3cm，花瓣 12 枚，花柱先端 5 裂，子房无茸毛。果实球形
FN018	木腊大茶树3号	*C. kwangsiensis*	富宁县板仑乡木腊村	1 443	5.0	5.5×4.0	0.5	小乔木型，树姿直立。芽叶绿色、有茸毛。叶椭圆形、绿色，叶片长宽 13.0cm×5.4cm，叶脉 10 对。萼片 5 片、无茸毛。花冠直径 6.8cm×7.2cm，花瓣 10 枚，花柱先端 5 裂，子房无茸毛。果实球形
QB001	花交大茶树1号	*C. kwangsiensis* var. *kwangnanica*	丘北县温浏乡花交村	1 880	13.0	6.5×6.0	1.5	乔木型，树姿半开张。芽叶黄绿色、有茸毛。叶椭圆形、绿色，叶片长宽 12.5cm×5.4cm，叶脉 10 对。萼片 5 片、有茸毛。花冠直径 7.8cm×7.4cm，花瓣 10 枚，花柱先端 5 裂，子房无茸毛。果实球形
QB002	花交大茶树2号	*C. kwangsiensis* var. *kwangnanica*	丘北县温浏乡花交村	1 885	6.0	3.0×4.0	1.5	乔木型，树姿半开张。芽叶黄绿色、有茸毛。叶椭圆形、绿色，叶片长宽 12.6cm×5.6cm，叶脉 9 对。萼片 5 片、有茸毛。花冠直径 6.3cm×6.4cm，花瓣 9 枚，花柱先端 5 裂，子房无茸毛。果实球形
QB003	花交大茶树3号	*C. kwangsiensis* var. *kwangnanica*	丘北县温浏乡花交村	1 807	11.0	6.8×5.3	1.2	乔木型，树姿半开张。芽叶黄绿色、有茸毛。叶椭圆形、绿色，叶片长宽 12.5cm×5.8cm，叶脉 9 对。萼片 5 片、有茸毛。花冠直径 6.3cm×6.4cm，花瓣 9 枚，花柱先端 5 裂，子房无茸毛。果实球形
QB004	花交大茶树4号	*C. kwangsiensis* var. *kwangnanica*	丘北县温浏乡花交村	1 795	7.0	4.6×4.1	1.2	乔木型，树姿半开张。芽叶黄绿色、有茸毛。叶椭圆形、绿色，叶片长宽 13.0cm×6.1cm，叶脉 8 对
YS001	营盘山大茶树1号	*C. kwangsiensis*	砚山县阿猛镇顶丘村	1 529	2.7	2.9×2.4	0.3	乔木型，树姿半开张。芽叶黄绿色、有茸毛。叶椭圆形、深绿色，叶片长宽 15.0cm×7.0cm，叶脉 9 对。萼片 5 片、无茸毛。花冠直径 6.3cm×6.4cm，花瓣 9 枚，花柱先端 4 裂，子房无茸毛。果实球形

（续）

种质编号	种质名称	物种名称	分布地点	海拔（m）	树高（m）	树幅（m×m）	基部干围（m）	主要形态
YS002	营盘山大茶树2号	*C. kwangsiensis*	砚山县阿猛镇顶丘村	1 534	1.4	2.1×1.5	0.1	乔木型，树姿直立。芽叶黄绿色、有茸毛。叶长椭圆形、深绿色，叶片长宽16.0cm×6.0cm，叶脉9对。萼片5片、无茸毛。花冠直径7.3cm×7.3cm，花瓣9枚，花柱先端4裂，子房无茸毛。果球形
YS003	板榔大茶树1号	*C. sinensis* var. *pubilimba*	砚山县蚌峨乡板榔村	1 249	3.7	2.6×3.6	0.7	小乔木型，树姿直立。芽叶黄绿色、有茸毛。叶长椭圆形、绿色，叶片长宽9.2cm×4.4cm，叶脉7对。萼片5片、有茸毛。花冠直径4.2cm×3.4cm，花瓣6枚，花柱先端3裂，子房有茸毛。果实三角形
YS004	板榔大茶树2号	*C. sinensis* var. *pubilimba*	砚山县蚌峨乡板榔村	1 260	4.0	2.5×3.0	0.4	小乔木型，树姿开张。芽叶黄绿色、有茸毛。叶长椭圆形、绿色，叶片长宽8.5cm×4.2cm，叶脉8对。萼片5片、有茸毛。花冠直径3.8cm×3.7cm，花瓣6枚，花柱先端3裂，子房有茸毛。果实三角形。

第十一章 德宏傣族景颇族自治州的茶树种质资源

德宏傣族景颇族自治州位于云南省西部，跨东经97°31′—98°43′，北纬23°50′—25°20′，属云贵高原西部横断山脉南延部分。德宏傣族景颇族自治州境内有高黎贡山西部山脉、大娘山、打鹰山，以及怒江、大盈江和瑞丽江等，地势为东北高而陡峻，西南低而宽缓，海拔高度210～3 404m。德宏傣族景颇族自治州属南亚热带季风气候，气候垂直差异大，有北热带、亚热带、温带的气候特点，年平均降水量1 400～1 700mm，年平均气温 18.4～20℃。

第一节

德宏傣族景颇族自治州茶树资源种类

德宏傣族景颇族自治州历史上先后调查发现和鉴定出的茶树资源有7个种和变种，经修订和归并后，在《中国植物志》英文版中记载有5个种和变种。德宏傣族景颇族自治州栽培利用的地方茶树品种多达10余个。

一、德宏傣族景颇族自治州茶树物种类型

20世纪80年代，对德宏傣族景颇族自治州茶树种质资源考察时发现和鉴定出的茶树种类有大理茶（*C. taliensis*）、滇缅茶（*C. irrawadiensis*）、普洱茶（*C. assamica*）、白毛茶（*C. sinensis* var. *pubilimba*）、小叶茶（*C. sinensis*）、拟细萼茶（*C. parvisepaloides*）和德宏茶（*C. sinensis* var. *dehungensis*）等，在后来的分类和修订中，滇缅茶、拟细萼茶均被归并。

2010年至2017年间，对德宏傣族景颇族自治州大茶树资源进行了调查，通过实地调查、采集标本、图片拍摄、专家鉴定和分类统计等方法，对德宏傣族景颇族自治州茶树种质资源进行了分类整理。根据2007年编写的《中国植物志》英文版第12卷的分类，梳理了德宏傣族景颇族自治州茶树资源物种名录，主要有大理茶（*C. taliensis*）、普洱茶（*C. sinensis* var. *assamica*）、小叶茶（*C. sinensis*）、德宏茶（*C. sinensis* var. *dehungensis*）和白毛茶（*C. sinensis* var. *pubilimba*）等5个种和变种。其中，大理茶和普洱茶分布广泛，是该地区的优势种和广布种。

二、德宏傣族景颇族自治州茶树品种类型

德宏傣族景颇族自治州茶树品种资源有野生茶树品种、地方茶树品种和选育茶树品种。野生茶树品种主要有弄岛野茶、盈江大山茶、苏典红芽野茶、等嘎野茶、二道河野茶、平坝野茶、劈石野茶等。栽培种植的地方茶树品种主要有梁河回龙茶、五排大叶茶、卡场大叶茶、铜壁关白芽茶、新城白毛尖、芒东大叶茶、平坝大叶茶、江东大叶茶、回贤大叶茶、三角岩小叶茶、曼面大叶茶、柳叶茶、户育黑大叶茶等。引进种植的茶树新品种主要有云抗10号、云抗12号、云抗17号、云抗22号、云抗48号、雪芽100号、长叶白毫、短节白毫、矮丰、云瑰、73-11、云选1号、佛香4号、紫娟等。

第二节

德宏傣族景颇族自治州茶树资源地理分布

调查共记录到德宏傣族景颇族自治州野生和栽培大茶树资源分布点114个，主要分布于德宏傣族景颇族自治州的芒市、梁河、盈江、陇川和瑞丽等5个县（市）的20余个乡镇。德宏傣族景颇族自治州的大茶树资源水平分布范围广泛，遍布全州，分布较均匀，垂直分布于海拔900～2 100m之间。

一、芒市大茶树分布

记录到芒市大茶树分布点27个，主要分布于芒市镇的回贤、中东、下东、河心场、云茂等村，江东乡的河头、仙仁洞、芒龙、花拉厂、大水沟、李子坪等村，风平镇的上东、芒里、平河等村，芒海镇的芒海村，中山乡的芒丙、小水井、黄家寨、赛岗、木城坡等村，勐戛镇的杨家场、三角岩等村。典型植株有回贤大茶树、一碗水大茶树、仙人洞大茶树、花拉厂大茶树、官寨大茶树、三角岩大茶树等。

二、梁河县大茶树分布

记录到梁河县大茶树分布点25个，主要分布于芒东镇的小寨子、平坝、清平等村，大厂乡的赵老地、大厂、永安寨等村，九保阿昌族乡的安乐、横路、勐科等村，河西乡的阳塘、三锅疆、来连等村，平山乡的勐蚌、核桃林、小园子等村，小厂乡的小厂村等。典型植株有从干大茶树、三合大茶树、黄梁子大茶树、小园子大茶树、龙塘大茶树、荷花大茶树、大厂大茶树等。

三、盈江县大茶树分布

共记录到盈江县大茶树分布点28个，主要分布于勐弄乡的勐弄、勐典、松园等村，昔马镇的胜利、保边、团结等村，太平镇的璋西、贺回、拉丙、龙盆、卡牙等村，铜壁关乡的三合、和平、建边、南岭等村，芒章乡的银河、鲁落等村，苏典傈僳族乡的苏典、劈石、勐嘎、茅草等村，新城乡的红山、杏坝、广丙等村，卡场镇的五排、草坝、卡场等村。典型植株有红山大茶树、大垭口大茶树、茅草地大茶树、建边大茶树、鲁落大茶树、团结大茶树、劈石大茶树、卡牙大茶树等。

四、陇川县大茶树分布

记录到陇川县大茶树分布点20个，主要分布于王子树乡的王子树、托盘山、邦东、岔都等村，陇把镇的帮湾村，护国乡的护国、边河、幸福、杉木笼等村，景罕镇的景罕、曼软、曼面、广宋等村。典型植株有曼面大茶树、大岭干大茶树、杉木笼大茶树、邦瓦大茶树、邦东大茶树、托盘山大茶树、岔都大茶树、王子树大茶树、帮湾大茶树、野油坝大茶树等。

五、瑞丽市大茶树分布

记录到瑞丽市大茶树分布点14个，主要分布于勐秀乡的勐秀、户兰、勐典、南京里等村，户育乡的户育、弄贤、雷弄、班岭等村，弄岛镇的弄岛、等秀、雷允、等嘎等村，畹町镇的芒棒村。典型植株有芒棒大茶树、等嘎野生大茶树、南京里大茶树、武甸大茶树、弄贤大茶树等。

第三节

德宏傣族景颇族自治州大茶树资源生长状况

对德宏傣族景颇族自治州芒市、梁河、盈江、陇川和瑞丽5个县（市）的典型大茶树树高、基部干围、树幅等生长特征及生长势进行了统计分析和初步评价，为德宏傣族景颇族自治州大茶树资源的合理利用与管理保护提供基础资料和参考依据。

一、德宏傣族景颇族自治州大茶树生长特征

对德宏傣族景颇族自治州内220株大茶树生长状况统计表明（表11-1），大茶树平均树高7.0m，变幅为2.8～20.0m。其中树高在10.0m以下区段的有188株，占调查总数的85.5%；在10.0～15.0m区段的有26株，占调查总数的11.8%；在15.0m以上区段的有6株，占调查总数的2.7%；树高最高的为盈江县太平镇卡牙大茶树1号（编号YJ041），树高20.0m。

大茶树基部干围在0.5～1.0m区段的有26株，占调查总数的11.8%；在1.0～1.5m区段的有72株，占调查总数的32.8%；在1.5～2.0m区段的有98株，占调查总数的44.5%；在2.0m以上区段的有24株，占调查总数的10.9%。大茶树平均基部干围1.5m，变幅为0.5～4.4m，基部干围最大的是梁河县大厂乡赵老地村荷花大茶树1号（编号LH023），基部干围4.4m。

大茶树树幅在1.0～5.0m区段的有151株，占调查总数的68.6%；在5.0～10.0m区段的有68株，占调查总数的30.9%；在10.0m以上区段的有1株，占调查总数的0.5%。大茶树树幅变幅为1.6～10.5m，平均为4.3m，树幅最大为梁河县大厂乡赵老地村荷花大茶树1号（编号LH023），树幅10.5m×8.2m。

德宏傣族景颇族自治州大茶树树高、树幅、基部干围的变异系数分别为43.3%、31.6%和36.2%，均大于30%，各项生长指标均存在较大变异。

表11-1　德宏傣族景颇族自治州大茶树生长特征

树体形态	最大值	最小值	平均值	标准差	变异系数（%）
树高（m）	20.0	2.8	7.0	3.1	43.3
树幅直径（m）	10.5	1.6	4.3	1.4	31.6
基部干围（m）	4.4	0.5	1.5	0.6	36.2

二、德宏傣族景颇族自治州大茶树生长势

对220株大茶树生长势调查的结果表明，德宏傣族景颇族自治州大茶树的长势总体良好，少数植株处于濒死状态或死亡，见表11-2。大茶树树冠完整、枝繁叶茂、主干完好、树势生长旺盛的有92株，

占调查总数的41.8%；树枝无自然枯损、枯梢，生长势一般的有102株，占调查总数的46.4%。树枝自然枯梢，树体残缺、腐损，树干有空洞，生长势较差的有17株，占调查总数的7.7%；主梢及整体大部枯死、空干、根腐，生长势处于濒死状态的有9株，占调查总数的4.1%。据不完全统计，调查记录到德宏傣族景颇族自治州已死亡大茶树10株。

表11-2　德宏傣族景颇族自治州大茶树生长势

调查地点（县、市）	调查数量（株）	生长势等级			
		旺盛	一般	较差	濒死
芒市	24	12	8	3	1
梁河	58	23	29	4	2
盈江	51	25	21	3	2
陇川	49	17	24	5	3
瑞丽	38	15	20	2	1
总计（株）	220	92	102	17	9
所占比例（%）	100.0	41.8	46.4	7.7	4.1

第四节

德宏傣族景颇族自治州大茶树资源名录

根据普查结果，对德宏傣族景颇族自治州芒市、梁河、盈江、陇川和瑞丽5个县（市）内较古老、珍稀和特异的大茶树进行编号、建档和整理编目，建立了德宏傣族景颇族自治州大茶树资源数据信息库和德宏傣族景颇族自治州茶树种质资源名录，见表11-3。共整理编目德宏傣族景颇族自治州大茶树资源220份，其中芒市24份，编号为MS001～MS024；梁河县58份，编号为LH001～LH058；盈江县51份，编号为YJ001～YJ051；陇川县49份，编号为LC001～LC049；瑞丽市38份，编号为RL001～RL038。

德宏傣族景颇族自治州大茶树资源名录注明了每一份大茶树资源的种质编号、种质名称、物种名称等护照信息，记录了大茶树分布地点、海拔高度等地理信息，较详细地描述了大茶树的生长特征和植物学形态特征。德宏傣族景颇族自治州大茶树资源名录的确定，明确了德宏傣族景颇族自治州重点保护的大茶树资源，对了解德宏傣族景颇族自治州大茶树资源提供了重要信息，为德宏傣族景颇族自治州茶树种质资源的有效保护和茶叶经济发展提供了全面准确的线索和依据。

表11-3　德宏傣族景颇族自治州大茶树资源名录（220份）

种质编号	种质名称	物种名称	分布地点	海拔（m）	树高（m）	树幅（m×m）	基部干围（m）	主要形态
MS001	回贤大茶树1号	*C. sinensis* var. *assamica*	芒市芒市镇回贤村半坡寨	1 940	7.5	8.0×7.5	1.6	小乔木型，树姿开张。芽叶黄绿色、茸毛多。叶片长宽16.6cm×5.4cm，叶长椭圆形，叶色黄绿，叶脉10对，叶身稍背卷，叶尖钝尖，叶面隆起，叶缘波，叶质软，叶背主脉茸毛较少。萼片5片、绿色、无茸毛，花冠直径4.7cm×3.2cm，花瓣7枚、白色、质地薄，花柱先端3裂，子房有茸毛
MS002	回贤大茶树2号	*C. sinensis* var. *assamica*	芒市芒市镇回贤村半坡寨	1 940	5.5	3.0×3.5	1.0	小乔木型，树姿开张。芽叶黄绿色、叶茸毛中。叶片长宽14.5cm×5.2cm，叶长椭圆形，叶色黄绿，叶脉10对，叶身稍背卷，叶面微隆，叶缘平，叶背主脉有茸毛。萼片5片、无茸毛，花冠直径3.4cm×3.0cm，花瓣6枚，花柱先端3裂，子房有茸毛。果实球形、三角形
MS003	回贤大茶树3号	*C. sinensis* var. *assamica*	芒市芒市镇回贤村半坡寨	1 940	4.5	4.0×2.5	1.2	小乔木型，树姿半开张。芽叶淡绿色、多茸毛。叶片长宽13.7cm×4.9cm，叶长椭圆形，叶色绿，叶脉11对，叶背主脉有茸毛。萼片5片、无茸毛，花冠直径4.0cm×3.5cm，花瓣6枚，花柱先端3裂，子房有茸毛。果实球形、三角形

（续）

种质编号	种质名称	物种名称	分布地点	海拔（m）	树高（m）	树幅（m×m）	基部干围（m）	主要形态
MS004	回贤大茶树4号	*C. sinensis* var. *dehungensis*	芒市芒市镇回贤村半坡寨	1 942	4.0	3.0×3.3	0.8	小乔木型，树姿半开张。芽叶黄绿色、多茸毛。叶片长宽 16.0cm×5.5cm，叶长椭圆形，叶色黄绿，叶脉 11 对，叶背主脉有茸毛。萼片 5 片、无茸毛，花冠直径 3.8cm×3.6cm，花瓣 6 枚，花柱先端 3 裂，子房无茸毛。果实球形、三角形
MS005	一碗水大茶树1号	*C. taliensis*	芒市芒市镇中东村一碗水	1 748	9.5	5.3×4.5	3.1	乔木型，树姿直立，分枝稀。芽叶绿色、无茸毛。叶片长宽 11.8cm×4.5cm，叶椭圆形，叶色深绿，叶脉 7 对，叶身平，叶面平，叶缘平，叶质硬，叶背主脉无茸毛。萼片 5 片、无茸毛，花冠直径 4.8cm×5.1cm，花瓣 9 枚，花柱先端 4 裂，子房有茸毛。果实四方形、梅花形
MS006	一碗水大茶树2号	*C. taliensis*	芒市芒市镇中东村一碗水	1 748	7.6	5.3×7.4	2.7	乔木型，树姿直立，分枝稀。芽叶绿色、无茸毛。叶片长宽 12.4cm×4.6cm，叶椭圆形，叶色深绿，叶脉 8 对，叶身平，叶面平，叶缘平，叶质硬，叶背主脉无茸毛。萼片 5 片、无茸毛，花冠直径 4.1cm×4.6cm，花瓣 11 枚，花柱先端 4～5 裂，子房有茸毛。果实四方形、梅花形
MS007	一碗水大茶树3号	*C. taliensis*	芒市芒市镇中东村一碗水	1 748	6.5	5.6×4.5	2.0	乔木型，树姿直立，分枝稀。芽叶绿色、无茸毛。叶片长宽 11.4cm×4.3cm，叶椭圆形，叶色深绿，叶脉 8 对，叶身平，叶面平，叶缘平，叶质硬，叶背主脉无茸毛。萼片 5 片、无茸毛，花冠直径 4.8cm×5.0cm，花瓣 9 枚，花柱先端 4～5 裂，子房有茸毛。果实四方形、梅花形
MS008	一碗水大茶树4号	*C. taliensis*	芒市芒市镇中东村一碗水	1 748	6.0	5.0×4.0	1.6	乔木型，树姿直立，分枝稀。芽叶绿色、无茸毛。叶片长宽 10.4cm×5.3cm，叶椭圆形，叶色深绿，叶脉 9 对，叶身平，叶面平，叶缘平，叶质硬，叶背主脉无茸毛。萼片 5 片、无茸毛，花冠直径 4.5cm×4.3cm，花瓣 10 枚，花柱先端 5 裂，子房有茸毛。果实四方形、梅花形
MS009	一碗水大茶树5号	*C. taliensis*	芒市芒市镇中东村一碗水	1 748	5.0	3.0×4.2	1.5	乔木型，树姿直立，分枝稀。芽叶绿色、无茸毛。叶片长宽 12.0cm×5.5cm，叶椭圆形，叶色深绿，叶脉 8 对，叶身平，叶面平，叶缘平，叶质硬，叶背主脉无茸毛。萼片 5 片、无茸毛，花冠直径 4.8cm×5.6cm，花瓣 9 枚，花柱先端 5 裂，子房有茸毛。果实四方形、梅花形

（续）

种质编号	种质名称	物种名称	分布地点	海拔（m）	树高（m）	树幅（m×m）	基部干围（m）	主要形态
MS010	仙仁洞大茶树1号	*C. sinensis* var. *assamica*	芒市江东乡仙仁洞村河边寨	1 759	10.7	5.8×5.2	2.6	小乔木型，树姿直立，分枝稀。芽叶黄绿色、多茸毛。叶片长宽12.4cm×4.8cm，叶长椭圆形，叶色绿，叶脉8对，叶身稍背卷，叶面平，叶缘平，叶质柔软，叶背主脉有茸毛。萼片5片、无茸毛，花冠直径3.3cm×2.8cm，花瓣5枚，花柱先端3裂，子房有茸毛。果实球形、三角形
MS011	仙仁洞大茶树2号	*C. sinensis* var. *assamica*	芒市江东乡仙仁洞村河边寨	1 791	3.0	1.6×2.5	1.7	小乔木型，树姿半开张，分枝稀。芽叶黄绿色、多茸毛。叶片长宽16.4cm×5.2cm，叶长椭圆形，叶色绿，叶脉10对，叶身稍背卷，叶面隆起，叶缘微波，叶质柔软，叶背主脉有茸毛。萼片5片、无茸毛，花冠直径3.8cm×4.2cm，花瓣6枚，花柱先端3裂，子房有茸毛。果实球形、三角形
MS012	仙仁洞大茶树3号	*C. sinensis* var. *dehungensis*	芒市江东乡仙仁洞村河边寨	1 791	4.0	2.8×3.5	1.5	小乔木型，树姿半开张，分枝稀。芽叶黄绿色、多茸毛。叶片长宽15.3cm×5.4cm，叶长椭圆形，叶色绿，叶脉10对，叶身稍内折，叶面微隆，叶缘波，叶质硬，叶背主脉有茸毛。萼片5片、无茸毛，花冠直径3.5cm×3.2cm，花瓣6枚，花柱先端3裂，子房无茸毛。果实球形、三角形
MS013	花拉厂大茶树1号	*C. sinensis* var. *assamica*	芒市江东乡花拉厂村二组	1 777	10.7	5.0×4.0	2.1	小乔木型，树姿半开张，分枝稀。芽叶黄绿色、多茸毛。叶片长宽13.5cm×5.3cm，叶长椭圆形，叶色绿，叶脉9对，叶身稍背卷，叶面平，叶缘平，叶质柔软，叶背主脉有茸毛。萼片5片、无茸毛，花冠直径3.0cm×3.8cm，花瓣6枚，花柱先端3裂，子房有茸毛。果实球形、三角形
MS014	花拉厂大茶树2号	*C. sinensis* var. *assamica*	芒市江东乡花拉厂村二组	1 828	6.5	5.6×5.4	1.7	乔木型，树姿直立，分枝稀。芽叶黄绿色、多茸毛。叶片长宽16.4cm×5.2cm，叶长椭圆形，叶色绿，叶脉10对，叶背主脉有茸毛。萼片5片、无茸毛，花冠直径3.8cm×3.2cm，花瓣6枚，花柱先端3裂，子房有茸毛。果实球形、三角形
MS015	花拉厂大茶树3号	*C. sinensis* var. *assamica*	芒市江东乡花拉厂村二组	1 828	6.5	4.0×3.0	1.2	小乔木型，树姿半开张，分枝稀。芽叶黄绿色、多茸毛。叶片长宽13.9cm×5.0cm，叶长椭圆形，叶色绿，叶脉9对，叶背主脉有茸毛。萼片5片、无茸毛，花冠直径3.5cm×3.4cm，花瓣6枚，花柱先端3裂，子房有茸毛。果实球形、三角形

（续）

种质编号	种质名称	物种名称	分布地点	海拔（m）	树高（m）	树幅（m×m）	基部干围（m）	主要形态
MS016	花拉厂大茶树4号	*C. sinensis* var. *assamica*	芒市江东乡花拉厂村二组	1 828	5.0	3.4×3.5	1.0	小乔木型，树姿半开张，分枝稀。芽叶黄绿色、多茸毛。叶片长宽13.3cm×5.2cm，叶长椭圆形，叶色浅绿，叶脉10对，叶背主脉有茸毛。萼片5片、无茸毛，花冠直径3.2cm×3.0cm，花瓣6枚，花柱先端3裂，子房有茸毛。果实球形、三角形
MS017	花拉厂大茶树5号	*C. sinensis* var. *dehungensis*	芒市江东乡花拉厂村二组	1 828	4.8	3.0×3.6	0.8	小乔木型，树姿半开张，分枝稀。芽叶黄绿色、多茸毛。叶片长宽15.6cm×5.5cm，叶长椭圆形，叶色黄绿，叶脉11对，叶背主脉有茸毛。萼片5片、无茸毛，花冠直径3.2cm×3.0cm，花瓣6枚，花柱先端3裂，子房无茸毛。果实球形、三角形
MS018	官寨大茶树1号	*C. sinensis* var. *assamica*	芒市中山乡黄家寨村官寨	1 590	3.5	4.5×4.8	1.0	小乔木型，树姿半开张，分枝稀。芽叶黄绿色、多茸毛。叶片长宽17.0cm×5.5cm，叶披针形，叶色黄绿，叶脉12对，叶背主脉有茸毛。萼片5片、无茸毛，花冠直径3.5cm×3.0cm，花瓣6枚，花柱先端3裂，子房无茸毛。果实球形、三角形
MS019	官寨大茶树2号	*C. sinensis* var. *assamica*	芒市中山乡黄家寨村官寨	1 590	2.8	2.3×1.5	0.6	小乔木型，树姿半开张，分枝稀。芽叶黄绿色、多茸毛。叶片长宽19.5cm×7.9cm，叶披针形，叶色黄绿，叶脉12对，叶背主脉有茸毛。萼片5片、无茸毛，花冠直径3.2cm×2.9cm，花瓣6枚，花柱先端3裂，子房无茸毛。果实球形、三角形
MS020	三角岩大茶树1号	*C. sinensis* var. *dehungensis*	芒市勐戛镇三角岩村	1 630	6.0	3.8×3.9	0.9	乔木型，树姿半开张，分枝稀。芽叶黄绿色、多茸毛。叶片长宽12.5cm×4.3cm，叶长椭圆形，叶色绿，叶脉10对，叶背主脉有茸毛。萼片5片、无茸毛，花冠直径2.5cm×2.1cm，花瓣8枚，花柱先端3裂，子房无茸毛。果实球形、三角形
MS021	三角岩大茶树2号	*C. sinensis* var. *dehungensis*	芒市勐戛镇三角岩村	1 670	8.8	3.5×3.0	0.5	小乔木型，树姿半开张，分枝稀。芽叶黄绿色、多茸毛。叶片长宽10.1cm×3.5cm，叶披针形，叶色黄绿，叶脉7对，叶背主脉有茸毛。萼片5片、无茸毛，花冠直径3.0cm×2.7cm，花瓣6枚，花柱先端3裂，子房无茸毛。果实球形、三角形
MS022	三角岩大茶树3号	*C. sinensis* var. *assamica*	芒市勐戛镇三角岩村	1 690	7.0	4.0×3.0	0.8	小乔木型，树姿半开张，分枝稀。芽叶绿色、多茸毛。叶片长宽11.2cm×4.3cm，叶长椭圆形，叶色深绿，叶脉8对，叶背主脉有茸毛。萼片5片、无茸毛，花冠直径3.6cm×2.8cm，花瓣6枚，花柱先端3裂，子房有茸毛。果实球形、三角形

（续）

种质编号	种质名称	物种名称	分布地点	海拔（m）	树高（m）	树幅（m×m）	基部干围（m）	主要形态
MS023	三角岩大茶树4号	*C. sinensis* var. *dehungensis*	芒市勐戛镇三角岩村	1 690	5.0	2.0×2.0	0.6	小乔木型，树姿半开张，分枝稀。芽叶绿色、多茸毛。叶片长宽14.6cm×5.4cm，叶长椭圆形，叶色深绿，叶脉8对，叶背主脉有茸毛。萼片5片、无茸毛，花冠直径3.0cm×2.8cm，花瓣6枚，花柱先端3裂，子房无茸毛。果实球形、三角形
MS024	三角岩大茶树5号	*C. sinensis* var. *dehungensis*	芒市勐戛镇三角岩村	1 700	4.0	2.0×3.0	0.5	小乔木型，树姿半开张，分枝稀。芽叶淡绿色、多茸毛。叶片长宽13.8cm×5.0cm，叶长椭圆形，叶色深绿，叶脉9对，叶背主脉有茸毛。萼片5片、无茸毛，花冠直径3.3cm×2.5cm，花瓣6枚，花柱先端3裂，子房无茸毛。果实球形、三角形
LH001	从干大茶树1号	*C. taliensis*	梁河县九保阿昌族乡安乐村从干	1 656	4.8	6.0×4.0	2.8	小乔木型，树姿半开张，分枝稀。芽叶淡绿色、无茸毛。叶片长宽14.1cm×5.7cm，叶长椭圆形，叶色深绿，叶脉10对，叶身内折，叶面平，叶缘平，叶质硬，叶背主脉无茸毛
LH002	从干大茶树2号	*C. taliensis*	梁河县九保阿昌族乡安乐村从干	1 664	5.3	3.5×3.0	1.8	小乔木型，树姿半开张，分枝稀。芽叶淡绿色、无茸毛。叶片长宽15.4cm×5.0cm，叶长椭圆形，叶色深绿，叶脉11对，叶身内折，叶面平，叶缘平，叶质硬，叶背主脉无茸毛。萼片5片、无茸毛，花冠直径5.6cm×5.0cm，花瓣10枚，花柱先端5裂，果实扁球形
LH003	从干大茶树3号	*C. taliensis*	梁河县九保阿昌族乡安乐村从干	1 660	5.0	3.0×3.0	1.5	小乔木型，树姿半开张，分枝稀。芽叶淡绿色、无茸毛。叶片长宽16.0cm×5.5cm，叶长椭圆形，叶色深绿，叶脉10对，叶身内折，叶面平，叶缘平，叶质硬，叶背主脉无茸毛。萼片5片、无茸毛，花冠直径5.0cm×5.3cm，花瓣9枚，花柱先端5裂，果实扁球形
LH004	从干大茶树4号	*C. sinensis* var. *assamica*	梁河县九保阿昌族乡安乐村从干	1 635	6.3	6.2×5.4	1.2	小乔木型，树姿半开张，分枝稀。芽叶黄绿色、茸毛多。叶片长宽13.2cm×5.6cm，叶椭圆形，叶色绿，叶脉9对，叶身稍背卷，叶面隆起，叶缘微波，叶质柔软，叶背茸毛多。萼片5片、无茸毛，花冠直径3.5cm×2.3cm，花瓣6枚，花柱先端3裂，子房有茸毛。果实球形、三角形

（续）

种质编号	种质名称	物种名称	分布地点	海拔（m）	树高（m）	树幅（m×m）	基部干围（m）	主要形态
LH005	三合街大茶树1号	*C. sinensis* var. *assamica*	梁河县平山乡勐蚌村三合街	1 783	8.7	6.4×7.6	1.5	小乔木型，树姿半开张，分枝稀。芽叶绿色、茸毛多。叶片长宽15.2cm×6.1cm，叶长椭圆形，叶色绿，叶脉10对，叶身稍背卷，叶面平，叶缘微波，叶质中，叶背主脉茸毛少。萼片5片、无茸毛，花冠直径3.5cm×3.7cm，花瓣6枚，花柱先端3裂，子房有茸毛。果实球形、三角形
LH006	三合街大茶树2号	*C. sinensis* var. *assamica*	梁河县平山乡勐蚌村三合街	1 780	6.0	3.8×5.0	1.7	小乔木型，树姿半开张，分枝稀。芽叶绿色、茸毛多。叶片长宽16.3cm×6.5cm，叶长椭圆形，叶色绿，叶脉11对，叶身稍背卷，叶面平，叶缘微波，叶质软，叶背主脉茸毛多。萼片5片、无茸毛，花冠直径3.0cm×3.0cm，花瓣6枚，花柱先端3裂，子房有茸毛。果实球形、三角形
LH007	三合街大茶树3号	*C. sinensis* var. *assamica*	梁河县平山乡勐蚌村三合街	1 780	5.5	4.4×3.0	1.5	小乔木型，树姿半开张，分枝稀。芽叶绿色、茸毛多。叶片长宽15.8cm×6.4cm，叶长椭圆形，叶色绿，叶脉9对，叶身稍内折，叶面微隆起，叶缘微波，叶质软，叶背主脉有茸毛。萼片5片、无茸毛，花冠直径3.0cm×3.4cm，花瓣6枚，花柱先端3裂，子房有茸毛。果实球形、三角形
LH008	横梁子大茶树1号	*C. sinensis* var. *assamica*	梁河县平山乡核桃林村横梁子	1 990	5.4	7.5×6.5	1.5	小乔木型，树姿开张，分枝密。芽叶黄绿色、茸毛多。叶片长宽16.3cm×6.4cm，叶长椭圆形，叶色绿，叶脉10对，叶身稍背卷，叶面微隆起，叶缘微波，叶质中，叶背主脉茸毛少。萼片5片、无茸毛，花冠直径3.0cm×3.0cm，花瓣6枚，花柱先端3裂，子房有茸毛。果实球形、三角形
LH009	横梁子大茶树2号	*C. sinensis* var. *assamica*	梁河县平山乡核桃林村横梁子	1 990	5.2	3.5×4.0	1.1	小乔木型，树姿开张，分枝密。芽叶黄绿色、茸毛多。叶片长宽14.5cm×6.0cm，叶长椭圆形，叶色绿，叶脉8对，叶身稍背卷，叶面微隆起，叶缘微波，叶质中，叶背主脉茸毛少。萼片5片、无茸毛，花冠直径3.7cm×3.2cm，花瓣6枚，花柱先端3裂，子房有茸毛。果实球形、三角形
LH010	横梁子大茶树3号	*C. sinensis* var. *assamica*	梁河县平山乡核桃林村横梁子	1 990	5.0	3.7×4.5	1.4	小乔木型，树姿开张，分枝密。芽叶黄绿色、茸毛多。叶片长宽15.3cm×5.2cm，叶长椭圆形，叶色绿，叶脉9对，叶身平，叶面隆起，叶缘波，叶质软，叶背主脉茸毛多。萼片5片、无茸毛，花冠直径2.6cm×3.0cm，花瓣5枚，花柱先端3裂，子房有茸毛。果实球形、三角形

（续）

种质编号	种质名称	物种名称	分布地点	海拔（m）	树高（m）	树幅（m×m）	基部干围（m）	主要形态
LH011	横梁子大茶树 4 号	*C. sinensis* var. *assamica*	梁河县平山乡核桃林村横梁子	1 990	5.0	3.0×4.0	1.2	小乔木型，树姿半开张，分枝中。芽叶黄绿色、茸毛多。叶片长宽 16.8cm×6.0cm，叶长椭圆形，叶色浅绿，叶脉 10 对，叶身平，叶面隆起，叶缘波，叶质软，叶背主脉茸毛多。萼片 5 片、无茸毛，花冠直径 2.9cm×3.0cm，花瓣 6 枚，花柱先端 3 裂，子房有茸毛。果实球形、三角形
LH012	横梁子大茶树 5 号	*C. sinensis* var. *assamica*	梁河县平山乡核桃林村横梁子	1 990	5.5	3.2×3.5	1.0	小乔木型，树姿半开张，分枝稀。芽叶黄绿色、茸毛多。叶片长宽 15.0cm×5.8cm，叶长椭圆形，叶色黄绿，叶脉 9 对，叶身平，叶面隆起，叶缘波，叶质软，叶背主脉茸毛多。萼片 5 片、无茸毛，花冠直径 2.8cm×3.5cm，花瓣 6 枚，花柱先端 3 裂，子房有茸毛。果实球形、三角形
LH013	横梁子大茶树 6 号	*C. sinensis* var. *assamica*	梁河县平山乡核桃林村横梁子	1 990	5.0	3.0×2.8	0.9	小乔木型，树姿半开张，分枝稀。芽叶黄绿色、茸毛多。叶片长宽 14.0cm×5.0cm，叶长椭圆形，叶色绿，叶脉 11 对，叶身平，叶面隆起，叶缘波，叶质软，叶背主脉茸毛多。萼片 5 片、无茸毛，花冠直径 3.6cm×3.2cm，花瓣 6 枚，花柱先端 3 裂，子房有茸毛。果实球形、三角形
LH014	小园子大茶树 1 号	*C. sinensis* var. *assamica*	梁河县平山乡小园子村池子山	1 864	6.2	4.4×3.8	1.7	小乔木型，树姿半开张。芽叶黄绿色、茸毛多。叶片长宽 15.6cm×5.4cm，叶长椭圆形，叶色绿，叶脉 10 对，叶身平，叶面隆起，叶缘波，叶质软，叶背主脉茸毛多。萼片 5 片、无茸毛，花冠直径 3.0cm×3.4cm，花瓣 6 枚，花柱先端 3 裂，子房有茸毛。果实球形、三角形
LH015	小园子大茶树 2 号	*C. sinensis* var. *assamica*	梁河县平山乡小园子村池子山	1 864	5.0	3.5×3.5	1.5	小乔木型，树姿半开张。芽叶黄绿色、茸毛多。叶片长宽 13.6cm×5.0cm，叶长椭圆形，叶色绿，叶脉 9 对，叶身平，叶面隆起，叶缘波，叶质软，叶背主脉茸毛多。萼片 5 片、无茸毛，花冠直径 3.5cm×3.7cm，花瓣 6 枚，花柱先端 3 裂，子房有茸毛。果实球形、三角形
LH016	小园子大茶树 3 号	*C. sinensis* var. *assamica*	梁河县平山乡小园子村池子山	1 864	4.0	3.0×3.0	1.5	小乔木型，树姿半开张。芽叶黄绿色、茸毛多。叶片长宽 14.0cm×4.8cm，叶长椭圆形，叶色绿，叶脉 12 对，叶身平，叶面隆起，叶缘波，叶质软，叶背主脉茸毛多。萼片 5 片、无茸毛，花冠直径 3.5cm×3.5cm，花瓣 7 枚，花柱先端 3 裂，子房有茸毛。果实球形、三角形

（续）

种质编号	种质名称	物种名称	分布地点	海拔（m）	树高（m）	树幅（m×m）	基部干围（m）	主要形态
LH017	小厂大茶树1号	*C. taliensis*	梁河县小厂乡小厂村黑脑子	1 986	9.1	4.5×5.0	1.3	乔木型，树姿直立，分枝稀，嫩枝无茸毛。叶片长宽14.4cm×5.3cm，叶长椭圆形，叶色绿，叶脉9对，叶身内折，叶尖渐尖，叶面微隆起，叶缘平，叶质硬，叶柄、叶背主脉无茸毛
LH018	小厂大茶树2号	*C. taliensis*	梁河县小厂乡小厂村黑脑子	1 970	8.0	4.5×5.0	1.3	乔木型，树姿直立，分枝稀，嫩枝无茸毛。芽叶绿色、无茸毛。叶片长宽13.7cm×5.2cm，叶长椭圆形，叶色绿，叶脉11对，叶身内折，叶尖渐尖，叶面平，叶缘平，叶质硬，叶柄、叶背主脉无茸毛
LH019	小厂大茶树3号	*C. taliensis*	梁河县小厂乡小厂村黑脑子	1 972	7.5	4.5×5.0	1.3	小乔木型，树姿半开张，分枝稀，嫩枝无茸毛。芽叶紫绿色、无茸毛。叶片长宽12.8cm×4.7cm，叶长椭圆形，叶色绿，叶脉8对，叶身内折，叶尖渐尖，叶面平，叶缘平，叶质硬，叶背主脉无茸毛。萼片5片、无茸毛，花冠直径6.2cm×6.0cm，花瓣9枚，花柱先端5裂
LH020	龙塘大茶树1号	*C. taliensis*	梁河县小厂乡龙塘村	2 104	8.0	6.2×6.0	2.4	小乔木型，树姿半开张，分枝稀。芽叶淡绿色、无茸毛。叶片长宽16.0cm×7.2cm，叶椭圆形，叶色绿，叶脉11对，叶身内折，叶面平，叶缘平，叶质硬，叶背主脉无茸毛。萼片5片、无茸毛，花冠直径4.7cm×4.5cm，花瓣9枚，花柱先端5裂。果实扁球形、梅花形
LH021	龙塘大茶树2号	*C. taliensis*	梁河县小厂乡龙塘村	2 104	7.0	5.0×4.0	1.8	小乔木型，树姿半开张，分枝稀。芽叶淡绿色、无茸毛。叶片长宽14.0cm×5.5cm，叶椭圆形，叶色深绿，叶脉10对，叶身平，叶面平，叶缘平，叶质硬，叶背主脉无茸毛。萼片5片、无茸毛，花冠直径4.9cm×5.6cm，花瓣10枚，花柱先端5裂。果实扁球形、梅花形
LH022	龙塘大茶树3号	*C. taliensis*	梁河县小厂乡龙塘村	2 104	6.5	4.5×4.3	1.8	乔木型，树姿半开张，分枝稀。芽叶紫绿色、无茸毛。叶片长宽14.7cm×4.9cm，叶椭圆形，叶色深绿，叶脉8对，叶身平，叶面平，叶缘平，叶质硬，叶背主脉无茸毛。萼片5片、无茸毛，花冠直径6.8cm×6.0cm，花瓣11枚，花柱先端5裂。果实扁球形、梅花形

（续）

种质编号	种质名称	物种名称	分布地点	海拔（m）	树高（m）	树幅（m×m）	基部干围（m）	主要形态
LH023	荷花大茶树1号	*C. taliensis*	梁河县大厂乡赵老地村荷花小组	2 110	15.0	10.5×8.2	4.4	小乔木型（主枝被砍伐）。芽叶绿色、无茸毛。叶片长宽 13.0cm×5.2cm，叶长椭圆形，叶色深绿，叶脉 10 对，叶身内折，叶面微隆起，叶缘平，叶质硬，叶背主脉无茸毛
LH024	荷花大茶树2号	*C. taliensis*	梁河县大厂乡赵老地村荷花小组	2 078	12.0	5.6×5.0	2.6	乔木型，树姿直立，分枝稀。芽叶绿色、无茸毛。叶片长宽 14.4cm×5.8cm，叶长椭圆形，叶色深绿，叶脉 9 对，叶身稍内折，叶面平，叶缘平，叶质硬，叶背主脉无茸毛
LH025	荷花大茶树3号	*C. taliensis*	梁河县大厂乡赵老地村荷花小组	2 090	10.0	6.3×5.0	2.0	乔木型，树姿直立，分枝稀。芽叶绿色、无茸毛。叶片长宽 15.0cm×5.3cm，叶长椭圆形，叶色深绿，叶脉 11 对，叶身内折，叶面平，叶缘平，叶质硬，叶背主脉无茸毛
LH026	荷花大茶树4号	*C. taliensis*	梁河县大厂乡赵老地村荷花小组	2 080	7.8	5.0×5.5	1.8	乔木型，树姿直立，分枝稀。芽叶绿色、无茸毛。叶片长宽 14.0cm×5.4cm，叶长椭圆形，叶色深绿，叶脉 10 对，叶身稍内折，叶面平，叶缘平，叶质硬，叶背主脉无茸毛。萼片 5 片、无茸毛，花冠直径 4.8cm×5.3cm，花瓣 10 枚，花柱先端 5 裂
LH027	荷花大茶树5号	*C. taliensis*	梁河县大厂乡赵老地村荷花小组	2 095	7.0	5.0×6.0	2.1	乔木型，树姿直立，分枝稀。芽叶绿色、无茸毛。叶片长宽 15.8cm×5.7cm，叶长椭圆形，叶色深绿，叶脉 11 对，叶身稍内折，叶面平，叶缘平，叶质硬，叶背主脉无茸毛。萼片 5 片、无茸毛，花冠直径 4.5cm×4.3cm，花瓣 9 枚，花柱先端 5 裂
LH028	大厂大茶树1号	*C. sinensis* var. *assamica*	梁河县大厂乡大厂村	1 906	6.5	4.3×4.0	2.4	小乔木型，树姿半开张。芽叶黄绿色、茸毛多。叶片长宽 16.7cm×6.0cm，叶长椭圆形，叶色绿，叶脉 10 对，叶身稍内折，叶面隆起，叶缘波，叶质软，叶背茸毛多。萼片 5 片、无茸毛，花冠直径 3.7cm×3.0cm，花瓣 6 枚，花柱先端 3 裂，子房有茸毛。果实球形、三角形
LH029	大厂大茶树2号	*C. sinensis* var. *assamica*	梁河县大厂乡大厂村	1 912	5.7	3.4×3.0	1.8	小乔木型，树姿半开张。芽叶绿色、茸毛中。叶片长宽 16.3cm×6.2cm，叶长椭圆形，叶色绿，叶脉 11 对，叶身稍背卷，叶面隆起，叶缘波，叶质软，叶背茸毛多。萼片 5 片、无茸毛，花冠直径 3.4cm×3.5cm，花瓣 6 枚，花柱先端 3 裂，子房有茸毛。果实球形、三角形

（续）

种质编号	种质名称	物种名称	分布地点	海拔（m）	树高（m）	树幅（m×m）	基部干围（m）	主要形态
LH030	大厂大茶树3号	*C. sinensis* var. *assamica*	梁河县大厂乡大厂村	1 912	5.0	4.0×4.0	1.5	小乔木型，树姿半开张。芽叶黄绿色、茸毛多。叶片长宽13.8cm×5.0cm，叶长椭圆形，叶色绿，叶脉9对，叶身稍内折，叶面隆起，叶缘波，叶质软，叶背茸毛多。萼片5片、无茸毛，花冠直径3.5cm×2.8cm，花瓣5枚，花柱先端3裂，子房有茸毛。果实球形、三角形
LH031	小寨子大茶树1号	*C. taliensis*	梁河县芒东镇小寨子村	2 090	15.2	6.0×6.2	3.8	乔木型，树姿直立，分枝稀。芽叶绿色、无茸毛。叶片长宽13.3cm×5.7cm，叶椭圆形，叶色绿，叶脉11对，叶身内折，叶面平，叶缘平，叶质硬，叶背主脉无茸毛。萼片5片、无茸毛，花冠直径5.2cm×4.9cm，花瓣9枚，花柱先端5裂。果实扁球形
LH032	小寨子大茶树2号	*C. taliensis*	梁河县芒东镇小寨子村	2 094	18.0	4.5×5.0	2.4	乔木型，树姿直立，分枝稀。叶片长宽11.4cm×5.7cm，叶椭圆形，叶色绿，叶脉8对，叶身内折，叶面微隆起，叶缘平，叶质硬，叶背主脉无茸毛。萼片5片、无茸毛，花冠直径4.4cm×4.8cm，花瓣14枚，花柱先端5裂
LH033	小寨子大茶树3号	*C. taliensis*	梁河县芒东镇小寨子村	2 094	8.0	4.0×6.0	2.0	乔木型，树姿直立，分枝稀。芽叶绿色、无茸毛。叶片长宽13.4cm×5.0cm，叶长椭圆形，叶色绿，叶脉9对，叶身内折，叶面微隆起，叶缘平，叶质硬，叶背主脉无茸毛。萼片5片、无茸毛，花冠直径4.8cm×5.2cm，花瓣9枚，花柱先端5裂
LH034	小寨子大茶树4号	*C. taliensis*	梁河县芒东镇小寨子村	2 094	7.0	5.2×5.0	1.8	小乔木型，树姿直立，分枝稀。叶片长宽14.8cm×5.0cm，叶长椭圆形，叶色绿，叶脉11对，叶身稍内折，叶面微隆起，叶缘平，叶质硬，叶背主脉无茸毛。萼片5片、无茸毛，花冠直径5.0cm×5.7cm，花瓣11枚，花柱先端5裂。果实四方形
LH035	小寨子大茶树5号	*C. taliensis*	梁河县芒东镇小寨子村	2 090	6.7	4.0×3.4	1.5	小乔木型，树姿直立，分枝稀。叶片长宽16.2cm×5.5cm，叶长椭圆形，叶色绿，叶脉10对，叶身稍内折，叶面微隆起，叶缘平，叶质硬，叶背主脉无茸毛。萼片5片、无茸毛，花冠直径6.2cm×5.8cm，花瓣9枚，花柱先端5裂。果实四方形

（续）

种质编号	种质名称	物种名称	分布地点	海拔（m）	树高（m）	树幅（m×m）	基部干围（m）	主要形态
LH036	陡坡大茶树1号	*C. taliensis*	梁河县芒东镇小寨子村陡坡小组	2 065	9.2	5.6×5.0	2.8	乔木型，树姿直立，分枝稀。芽叶淡绿色、无茸毛。叶片长宽12.5cm×4.7cm，叶椭圆形，叶色绿，叶脉9对，叶身内折，叶面微隆起，叶缘平，叶质硬，叶背主脉无茸毛。萼片5片、无茸毛，花冠直径4.0cm×4.0cm，花瓣10枚，花柱先端5裂。果实扁球形、球形
LH037	陡坡大茶树2号	*C. taliensis*	梁河县芒东镇小寨子村陡坡小组	2 085	12.5	8.7×8.0	2.5	乔木型，树姿直立，分枝稀。芽叶绿色、无茸毛。叶片长宽13.3cm×5.7cm，叶椭圆形，叶色绿，叶脉11对，叶身内折，叶面平，叶缘平，叶质硬，叶背主脉无茸毛。萼片5片、无茸毛，花冠直径5.2cm×4.9cm，花瓣9枚，花柱先端5裂。果实扁球形、梅花形
LH038	陡坡大茶树3号	*C. taliensis*	梁河县芒东镇小寨子村陡坡小组	2 085	8.0	5.0×3.4	2.0	小乔木型，树姿开张，分枝密。芽叶绿色、无茸毛。叶片长宽15.5cm×5.8cm，叶长椭圆形，叶色绿，叶脉11对，叶身内折，叶面平，叶缘平，叶质中，叶背主脉无茸毛。萼片5片、无茸毛，花冠直径5.0cm×4.4cm，花瓣10枚，花柱先端5裂。果实扁球形
LH039	陡坡大茶树4号	*C. taliensis*	梁河县芒东镇小寨子村陡坡小组	2 085	7.2	4.5×4.0	1.8	小乔木型，树姿半开张，分枝稀。芽叶绿色、无茸毛。叶片长宽16.2cm×5.8cm，叶长椭圆形，叶色深绿，叶脉12对，叶身平，叶面平，叶缘平，叶质硬，叶背主脉无茸毛。萼片5片、无茸毛，花冠直径4.8cm×5.7cm，花瓣11枚，花柱先端5裂。果实扁球形、梅花形
LH040	陡坡大茶树5号	*C. taliensis*	梁河县芒东镇小寨子村陡坡小组	2 077	6.0	5.0×3.8	1.5	小乔木型，树姿半开张，分枝稀。芽叶绿色、无茸毛。叶片长宽15.5cm×6.4cm，叶椭圆形，叶色绿，叶脉9对，叶身内折，叶面平，叶缘平，叶质硬，叶背主脉无茸毛。萼片5片、无茸毛，花冠直径5.8cm×4.0cm，花瓣11枚，花柱先端5裂。果实扁球形、梅花形
LH041	黑坡大茶树1号	*C. taliensis*	梁河县芒东镇小寨子村黑坡	1 958	7.2	5.3×3.8	1.8	小乔木型，树姿半开张，分枝稀。芽叶绿色、无茸毛。叶片长宽16.0cm×6.8cm，叶长椭圆形，叶色绿，叶脉10对，叶身平，叶面平，叶缘平，叶质硬，叶背主脉无茸毛

（续）

种质编号	种质名称	物种名称	分布地点	海拔（m）	树高（m）	树幅（m×m）	基部干围（m）	主要形态
LH042	黑坡大茶树2号	*C. taliensis*	梁河县芒东镇小寨子村黑坡	1 954	5.0	3.4×4.0	1.5	小乔木型，树姿半开张，分枝稀。芽叶绿色、无茸毛。叶片长宽14.7cm×5.3cm，叶长椭圆形，叶色绿，叶脉8对，叶身平，叶面平，叶缘平，叶质硬，叶背主脉无茸毛
LH043	黑坡大茶树3号	*C. taliensis*	梁河县芒东镇小寨子村黑坡	1 955	4.8	3.8×4.2	1.3	小乔木型，树姿半开张，分枝稀。芽叶绿色、无茸毛。叶片长宽15.5cm×6.0cm，叶长椭圆形，叶色绿，叶脉11对，叶身平，叶面平，叶缘平，叶质硬，叶背主脉无茸毛
LH044	平坝野生大茶树1号	*C. taliensis*	梁河县芒东镇平坝村	1 846	14.5	8.0×5.0	2.0	小乔木型，树姿半开张，分枝稀。芽叶绿色、无茸毛。叶片长宽14.6cm×6.8cm，叶椭圆形，叶色绿，叶脉9对，叶身内折，叶面平，叶缘平，叶质硬，叶背主脉无茸毛。萼片5片、无茸毛，花冠直径6.0cm×4.7cm，花瓣12枚，花柱先端5裂。果实扁球形、梅花形
LH045	平坝野生大茶树2号	*C. taliensis*	梁河县芒东镇平坝村	1 875	8.5	5.2×5.6	1.5	小乔木型，树姿半开张，分枝稀。芽叶绿色、无茸毛。叶片长宽15.2cm×5.8cm，叶长椭圆形，叶色绿，叶脉12对，叶身内折，叶面平，叶缘平，叶质硬，叶背主脉无茸毛。萼片5片、无茸毛，花冠直径6.0cm×5.5cm，花瓣9枚，花柱先端5裂。果实扁球形
LH046	平坝野生大茶树3号	*C. taliensis*	梁河县芒东镇平坝村	1 870	9.2	6.0×6.0	1.7	小乔木型，树姿半开张，分枝稀。芽叶紫绿色、无茸毛。叶片长宽12.5cm×4.8cm，叶长椭圆形，叶色绿，叶脉9对，叶身内折，叶面平，叶缘平，叶质硬，叶背主脉无茸毛
LH047	清平野生大茶树1号	*C. taliensis*	梁河县芒东镇清平村	1 750	7.0	6.0×6.0	2.0	小乔木型，树姿半开张，分枝稀。芽叶绿色、无茸毛。叶片长宽13.0cm×5.4cm，叶长椭圆形，叶色绿，叶脉9对，叶身内折，叶面平，叶缘平，叶质硬，叶背主脉无茸毛。萼片5片、无茸毛，花冠直径5.0cm×5.0cm，花瓣9枚，花柱先端5裂。果实扁球形、梅花形
LH048	清平野生大茶树2号	*C. taliensis*	梁河县芒东镇清平村	1 750	5.0	3.0×3.5	1.7	小乔木型，树姿半开张，分枝稀。芽叶绿色、无茸毛。叶片长宽16.2cm×5.8cm，叶长椭圆形，叶色深绿，叶脉11对，叶身内折，叶面平，叶缘平，叶质硬，叶背主脉无茸毛。萼片5片、无茸毛，花冠直径5.8cm×4.0cm，花瓣10枚，花柱先端5裂。果实球形、梅花形

（续）

种质编号	种质名称	物种名称	分布地点	海拔（m）	树高（m）	树幅（m×m）	基部干围（m）	主要形态
LH049	清平野生大茶树3号	*C. taliensis*	梁河县芒东镇清平村	1 750	4.0	3.0×2.0	1.2	小乔木型，树姿半开张，分枝稀。芽叶绿色、无茸毛。叶片长宽14.7cm×5.6cm，叶长椭圆形，叶色深绿，叶脉10对，叶身平，叶面平，叶缘平，叶质中，叶背主脉无茸毛
LH050	阳塘大茶树1号	*C. taliensis*	梁河县河西乡阳塘村	1 784	6.3	3.5×2.8	2.0	乔木型，树姿半开张，分枝稀。芽叶绿色、无茸毛。叶片长宽15.0cm×5.2cm，叶长椭圆形，叶色深绿，叶脉11对，叶身平，叶面平，叶缘平，叶质中，叶背主脉无茸毛
LH051	阳塘大茶树2号	*C. taliensis*	梁河县河西乡阳塘村	1 782	5.2	3.0×3.0	1.4	小乔木型，树姿半开张，分枝稀。芽叶淡绿色、无茸毛。叶片长宽13.8cm×5.6cm，叶长椭圆形，叶色深绿，叶脉9对，叶身内折，叶面平，叶缘平，叶质中，叶背主脉无茸毛。萼片5片、无茸毛，花冠直径3.8cm×4.7cm，花瓣9枚，花柱先端5裂。果实球形、梅花形
LH052	阳塘大茶树3号	*C. taliensis*	梁河县河西乡阳塘村	1 780	5.0	3.5×4.0	1.2	小乔木型，树姿半开张，分枝稀。芽叶淡绿色、无茸毛。叶片长宽16.2cm×6.3cm，叶长椭圆形，叶色深绿，叶脉10对，叶身平，叶面平，叶缘平，叶质中，叶背主脉无茸毛
LH053	三锅疆大茶树1号	*C. taliensis*	梁河县河西乡三锅疆村	1 930	8.8	5.0×4.0	1.6	乔木型，树姿直立，分枝稀。芽叶紫绿色、无茸毛。叶片长宽15.3cm×5.8cm，叶长椭圆形，叶色深绿，叶脉11对，叶身稍内折，叶面平，叶缘平，叶质中，叶背主脉无茸毛。萼片5片、无茸毛，花冠直径5.7cm×5.0cm，花瓣11枚，花柱先端5裂。果实球形
LH054	三锅疆大茶树2号	*C. taliensis*	梁河县河西乡三锅疆村	1 935	10.2	4.7×3.0	1.6	乔木型，树姿直立，分枝稀。芽叶绿色、无茸毛。叶片长宽12.8cm×4.6cm，叶长椭圆形，叶色绿，叶脉9对，叶身平，叶面平，叶缘平，叶质中，叶背主脉无茸毛。萼片5片、无茸毛，花冠直径4.8cm×4.5cm，花瓣9枚，花柱先端5裂。果实球形、梅花形
LH055	三锅疆大茶树3号	*C. taliensis*	梁河县河西乡三锅疆村	1 952	7.5	4.0×4.2	1.0	乔木型，树姿直立，分枝稀。芽叶绿色、无茸毛。叶片长宽13.0cm×5.0cm，叶长椭圆形，叶色深绿，叶脉8对，叶身平，叶面平，叶缘平，叶质中，叶背主脉无茸毛

（续）

种质编号	种质名称	物种名称	分布地点	海拔（m）	树高（m）	树幅（m×m）	基部干围（m）	主要形态
LH056	来连大茶树1号	*C. taliensis*	梁河县河西乡来连村	1 700	7.0	4.4×4.0	1.8	小乔木型，树姿半开张，分枝稀。芽叶绿色、无茸毛。叶片长宽16.8cm×6.6cm，叶长椭圆形，叶色深绿，叶脉12对，叶身平，叶面平，叶缘平，叶质硬，叶背主脉无茸毛
LH057	来连大茶树2号	*C. taliensis*	梁河县河西乡来连村	1 650	5.2	4.7×3.5	1.0	小乔木型，树姿半开张，分枝稀。芽叶绿色、无茸毛。叶片长宽15.5cm×5.8cm，叶长椭圆形，叶色深绿，叶脉10对，叶身稍内折，叶面平，叶缘平，叶质中，叶背主脉无茸毛
LH058	来连大茶树3号	*C. taliensis*	梁河县河西乡来连村	1 644	4.8	2.8×2.5	0.8	小乔木型，树姿半开张，分枝稀。芽叶绿色、无茸毛。叶片长宽14.0cm×5.0cm，叶长椭圆形，叶色深绿，叶脉9对，叶身平，叶面平，叶缘平，叶质中，叶背主脉无茸毛。萼片5片、无茸毛，花冠直径5.2cm×4.8cm，花瓣9枚，花柱先端5裂。果实球形、梅花形
YJ001	红山大叶茶1号	*C. sinensis* var. *assamica*	盈江县新城乡红山村马鹿塘	1 874	3.0	2.0×2.5	1.2	小乔木型，树姿半开张。芽叶黄绿色、多茸毛。叶片长宽14.9cm×5.3cm，叶长椭圆形，叶色绿，叶脉10对，叶身平，叶面隆起，叶缘波，叶质中，叶背主脉有茸毛。萼片5片、无茸毛，花冠直径2.8cm×2.8cm，花瓣6枚，花柱先端3裂。果实球形、三角形
YJ002	红山大叶茶2号	*C. sinensis* var. *assamica*	盈江县新城乡红山村马鹿塘	1 870	2.8	1.7×2.5	0.5	小乔木型，树姿半开张。芽叶黄绿色、多茸毛。叶片长宽15.6cm×6.2cm，叶长椭圆形，叶色浅绿，叶脉11对，叶身平，叶面隆起，叶缘波，叶质中，叶背主脉有茸毛。萼片5片、无茸毛，花冠直径2.8cm×3.2cm，花瓣6枚，花柱先端3裂。果实球形、三角形
YJ003	红山大叶茶3号	*C. sinensis* var. *assamica*	盈江县新城乡红山村马鹿塘	1 871	3.0	2.0×2.0	0.8	小乔木型，树姿半开张。芽叶黄绿色、多茸毛。叶片长宽16.0cm×5.8cm，叶长椭圆形，叶色绿，叶脉10对，叶身平，叶面隆起，叶缘波，叶质中，叶背主脉有茸毛。萼片5片、无茸毛，花冠直径3.7cm×2.5cm，花瓣6枚，花柱先端3裂。果实球形、三角形
YJ004	大垭口野茶1号	*C. taliensis*	盈江县苏典傈僳族乡勐嘎村大垭口	1 920	6.0	3.4×3.5	1.8	小乔木型，树姿半开张。芽叶绿色、无茸毛。叶片长宽16.0cm×5.8cm，叶长椭圆形，叶色绿，叶脉10对，叶身平，叶面隆起，叶缘波，叶质中，叶背主脉无茸毛。萼片5片、无茸毛，花冠直径3.7cm×2.5cm，花瓣6枚，花柱先端3裂。果实球形

（续）

种质编号	种质名称	物种名称	分布地点	海拔（m）	树高（m）	树幅（m×m）	基部干围（m）	主要形态
YJ005	邦别野茶1号	*C. taliensis*	盈江县苏典傈僳族乡苏典村邦别	1 959	5.8	3.0×4.6	1.3	小乔木型，树姿半开张。芽叶绿色、无茸毛。叶片长宽14.7cm×5.0cm，叶长椭圆形，叶色浅绿，叶脉9对，叶身平，叶面平，叶缘平，叶质硬，叶背主脉无茸毛。萼片5片、无茸毛，花冠直径7.2cm×5.5cm，花瓣12枚，花柱先端5裂。果实球形
YJ006	邦别野茶2号	*C. taliensis*	盈江县苏典傈僳族乡苏典村邦别	1 950	5.0	2.7×2.0	0.8	小乔木型，树姿半开张。芽叶绿色、无茸毛。叶片长宽15.0cm×5.4cm，叶长椭圆形，叶色浅绿，叶脉9对，叶身平，叶面平，叶缘平，叶质硬，叶背主脉无茸毛
YJ007	邦别野茶3号	*C. taliensis*	盈江县苏典傈僳族乡苏典村邦别	1 952	4.3	3.6×4.0	0.6	小乔木型，树姿半开张。芽叶绿色、无茸毛。叶片长宽13.7cm×5.6cm，叶长椭圆形，叶色浅绿，叶脉10对，叶身平，叶面平，叶缘平，叶质硬，叶背主脉无茸毛。萼片5片、无茸毛，花冠直径6.3cm×5.8cm，花瓣9枚，花柱先端5裂。果实球形
YJ008	五排大叶茶1号	*C. sinensis* var. *assamica*	盈江县卡场镇五排村	1 621	5.0	4.8×3.5	1.4	小乔木型，树姿半开张。芽叶玉白色、茸毛特多。叶片长宽16.0cm×6.3cm，叶长椭圆形，叶色绿，叶脉12对，叶身背卷，叶面隆起，叶缘波，叶质软，叶背主脉多茸毛。萼片5片、无茸毛，花冠直径3.3cm×3.5cm，花瓣6枚，花柱先端3裂。果实球形、三角形
YJ009	五排大叶茶2号	*C. sinensis* var. *assamica*	盈江县卡场镇五排村	1 621	4.6	4.0×3.0	1.0	小乔木型，树姿半开张。芽叶玉白色、茸毛特多。叶片长宽14.2cm×5.3cm，叶长椭圆形，叶色绿，叶脉10对，叶身背卷，叶面隆起，叶缘波，叶质软，叶背主脉多茸毛。萼片5片、无茸毛，花冠直径3.0cm×3.0cm，花瓣6枚，花柱先端3裂。果实球形、三角形
YJ010	五排大叶茶3号	*C. sinensis* var. *assamica*	盈江县卡场镇五排村	1 621	3.5	3.0×3.0	0.9	小乔木型，树姿半开张。芽叶玉白色、茸毛特多。叶片长宽15.4cm×5.8cm，叶长椭圆形，叶色绿，叶脉9对，叶身背卷，叶面隆起，叶缘波，叶质软，叶背主脉多茸毛。萼片5片、无茸毛，花冠直径2.8cm×3.4cm，花瓣6枚，花柱先端3裂。果实球形、三角形

（续）

种质编号	种质名称	物种名称	分布地点	海拔（m）	树高（m）	树幅（m×m）	基部干围（m）	主要形态
YJ011	和平白毛尖1号	*C. sinensis* var. *assamica*	盈江县铜壁关乡和平村刀弄	1 417	6.2	3.8×4.5	1.8	小乔木型，树姿半开张。芽叶玉白色、茸毛特多。叶片长宽 14.7cm×5.1cm，叶长椭圆形，叶色绿，叶脉9对，叶身背卷，叶面隆起，叶缘波，叶质软，叶背主脉多茸毛
YJ012	和平白毛尖2号	*C. sinensis* var. *assamica*	盈江县铜壁关乡和平村刀弄	1 485	5.5	3.0×4.0	1.2	小乔木型，树姿半开张。芽叶玉白色、茸毛特多。叶片长宽 14.0cm×5.5cm，叶长椭圆形，叶色绿，叶脉9对。萼片5片、无茸毛，花冠直径2.5cm×2.4cm，花瓣6枚，花柱先端3裂。果实球形、三角形
YJ013	和平白毛尖3号	*C. sinensis* var. *assamica*	盈江县铜壁关乡和平村刀弄	1 480	5.2	2.6×3.5	1.0	小乔木型，树姿半开张。芽叶玉白色、茸毛特多。叶片长宽 12.2cm×5.0cm，叶椭圆形，叶色绿，叶脉8对。萼片5片、无茸毛，花冠直径3.2cm×3.4cm，花瓣6枚，花柱先端3裂。果实球形、三角形
YJ014	茅草大叶茶1号	*C. sinensis* var. *assamica*	盈江县苏典傈僳族乡茅草村	1 650	5.0	2.8×3.0	0.9	小乔木型，树姿半开张。芽叶黄绿色、茸毛多。叶片长宽 15.0cm×5.9cm，叶椭圆形，叶色绿，叶脉10对。萼片5片、无茸毛，花冠直径3.8cm×3.0cm，花瓣6枚，花柱先端3裂。果实球形、三角形
YJ015	茅草大叶茶2号	*C. sinensis* var. *assamica*	盈江县苏典傈僳族乡茅草村	1 657	4.3	3.5×3.5	1.2	小乔木型，树姿半开张。芽叶黄绿色、茸毛多。叶片长宽 14.7cm×5.0cm，叶椭圆形，叶色绿，叶脉9对。萼片5片、无茸毛，花冠直径3.2cm×2.8cm，花瓣6枚，花柱先端3裂。果实球形、三角形
YJ016	三合村野茶1号	*C. taliensis*	盈江县铜壁关乡三合村大寨山	1 618	12.6	6.0×5.4	1.8	乔木型，树姿半开张。芽叶绿色、无茸毛。叶片长宽 15.3cm×5.0cm，叶披针形，叶色绿，叶脉12对。萼片5片、无茸毛，花冠直径5.0cm×6.5cm，花瓣10枚，花柱先端5裂。果实球形
YJ017	三合野茶2号	*C. taliensis*	盈江县铜壁关乡三合村大寨山	1 621	8.0	5.2×3.4	1.0	小乔木型，树姿半开张。芽叶绿色、无茸毛。叶片长宽 12.8cm×4.8cm，叶披针形，叶色绿，叶脉10对，叶身平，叶缘平，叶面平，叶背主脉无茸毛
YJ018	三合野茶3号	*C. taliensis*	盈江县铜壁关乡三合村大寨山	1 620	7.4	4.0×5.0	1.4	小乔木型，树姿半开张。芽叶绿色、无茸毛。叶片长宽 15.0cm×5.2cm，叶长椭圆形，叶色绿，叶脉9对，叶身平，叶缘平，叶面平，叶背主脉无茸毛

（续）

种质编号	种质名称	物种名称	分布地点	海拔（m）	树高（m）	树幅（m×m）	基部干围（m）	主要形态
YJ019	建边大茶树1号	*C. taliensis*	盈江县铜壁关乡建边村小浪速	1 647	7.0	3.4×4.2	2.0	小乔木型，树姿半开张。芽叶绿色、无茸毛。叶片长宽 16.6cm×6.3cm，叶长椭圆形，叶色绿，叶脉12对，叶身平，叶缘平，叶面平，叶背主脉无茸毛
YJ020	建边大茶树2号	*C. taliensis*	盈江县铜壁关乡建边村小浪速	1 647	9.2	5.7×4.5	1.4	小乔木型，树姿半开张。芽叶绿色、无茸毛。叶片长宽 15.7cm×6.0cm，叶长椭圆形，叶色绿，叶脉8对，叶身平，叶缘平，叶面平，叶背主脉无茸毛
YJ021	建边大茶树3号	*C. taliensis*	盈江县铜壁关乡建边村小浪速	1 647	5.6	3.4×4.0	1.0	小乔木型，树姿半开张。芽叶绿色、无茸毛。叶片长宽 14.4cm×5.7cm，叶长椭圆形，叶色绿，叶脉9对，叶身平，叶缘平，叶面平，叶背主脉无茸毛
YJ022	鲁洛大茶树1号	*C. taliensis*	盈江县芒章乡鲁洛村板胆	1 750	8.2	6.2×4.5	1.8	乔木型，树姿直立。芽叶紫绿色、无茸毛。叶片长宽 13.6cm×5.8cm，叶长椭圆形，叶色深绿，叶脉9对，叶身稍内折，叶缘平，叶面平，叶背主脉无茸毛。萼片5片、无茸毛，花冠直径 6.3cm×6.5cm，花瓣9枚，花柱先端5裂。果实梅花形
YJ023	鲁洛大茶树2号	*C. taliensis*	盈江县芒章乡鲁洛村板胆	1 752	7.0	5.0×4.5	1.5	小乔木型，树姿半开张。芽叶淡绿色、无茸毛。叶片长宽 12.8cm×4.7cm，叶长椭圆形，叶色深绿，叶脉9对，叶身稍内折，叶缘平，叶面平，叶背主脉无茸毛。萼片5片、无茸毛，花冠直径 6.0cm×6.0cm，花瓣12枚，花柱先端5裂。果实梅花形
YJ024	鲁洛大茶树3号	*C. taliensis*	盈江县芒章乡鲁洛村板胆	1 752	6.5	4.0×4.0	1.0	小乔木型，树姿半开张。芽叶淡绿色、无茸毛。叶片长宽 13.6cm×5.0cm，叶长椭圆形，叶色深绿，叶脉11对，叶身稍内折，叶缘平，叶面平，叶背主脉无茸毛
YJ025	团结大茶树1号	*C. taliensis*	盈江县昔马镇团结村	1 633	5.0	3.5×3.0	2.0	乔木型，树姿半开张。芽叶淡绿色、无茸毛。叶片长宽 16.0cm×5.8cm，叶长椭圆形，叶色深绿，叶脉9对，叶身稍内折，叶缘平，叶面平，叶背主脉无茸毛
YJ026	团结大茶树2号	*C. taliensis*	盈江县昔马镇团结村	1 633	8.0	4.0×4.5	1.4	小乔木型，树姿半开张。芽叶淡绿色、无茸毛。叶片长宽 14.9cm×5.8cm，叶长椭圆形，叶色深绿，叶脉11对，叶身稍内折，叶缘平，叶面平，叶背主脉无茸毛

（续）

种质编号	种质名称	物种名称	分布地点	海拔（m）	树高（m）	树幅（m×m）	基部干围（m）	主要形态
YJ027	团结大茶树3号	*C. taliensis*	盈江县昔马镇团结村	1 633	6.0	5.0×4.3	0.8	小乔木型，树姿半开张。芽叶淡绿色、无茸毛。叶片长宽 15.7cm×5.9cm，叶长椭圆形，叶色深绿，叶脉 10 对，叶身稍内折，叶缘平，叶面平，叶背主脉无茸毛。萼片 5 片、无茸毛，花冠直径 6.2cm×5.0cm，花瓣 9 枚，花柱先端 5 裂。果实梅花形
YJ028	劈石大茶树1号	*C. taliensis*	盈江县苏典傈僳族乡劈石村大竹寨	1 768	13.0	5.4×4.5	2.0	乔木型，树姿直立，分枝稀。芽叶黄绿色、无茸毛。叶片长宽 11.3cm×4.2cm，叶长椭圆形，叶色绿，叶脉 8 对，叶身内折，叶面平，叶缘平，叶质硬，叶背主脉无茸毛。萼片 5 片、无茸毛，花冠直径 5.3cm×6.2cm，花瓣 9 枚，花柱先端 5 裂。果实球形、梅花形
YJ029	劈石大茶树2号	*C. taliensis*	盈江县苏典傈僳族乡劈石村大竹寨	1 768	8.3	5.7×4.5	1.5	乔木型，树姿直立，分枝稀。芽叶黄绿色、无茸毛。叶片长宽 12.3cm×5.7cm，叶椭圆形，叶色绿，叶脉 8 对，叶身内折，叶面平，叶缘平，叶质硬，叶背主脉无茸毛。萼片 5 片、无茸毛，花冠直径 5.3cm×6.2cm，花瓣 9 枚，花柱先端 5 裂。果实球形、梅花形
YJ030	劈石大茶树3号	*C. taliensis*	盈江县苏典傈僳族乡劈石村大竹寨	1 768	8.0	5.0×4.5	2.3	乔木型，树姿直立，分枝稀。芽叶绿色、无茸毛。叶片长宽 12.6cm×5.8cm，叶椭圆形，叶色浅绿，叶脉 10 对，叶身稍背卷，叶面平，叶缘平，叶质硬，叶背主脉无茸毛。萼片 5 片、无茸毛，花冠直径 6.7cm×6.0cm，花瓣 10 枚，花柱先端 5 裂。果实球形、梅花形
YJ031	劈石大茶树4号	*C. taliensis*	盈江县苏典傈僳族乡劈石村大竹寨	1 770	5.0	3.2×4.0	1.6	小乔木型，树姿半开张，分枝中。芽叶绿色、无茸毛。叶片长宽 16.3cm×6.2cm，叶长椭圆形，叶色绿，叶脉 9 对，叶身稍内折，叶面平，叶缘平，叶质硬，叶背主脉无茸毛。果实球形
YJ032	劈石大茶树5号	*C. taliensis*	盈江县苏典傈僳族乡劈石村大竹寨	1 775	6.0	4.4×4.5	1.2	乔木型，树姿直立，分枝密。芽叶紫绿色、无茸毛。叶片长宽 15.7cm×6.2cm，叶长椭圆形，叶色深绿，叶脉 11 对，叶身稍背卷，叶面平，叶缘平，叶质硬，叶背主脉无茸毛。果实梅花形
YJ033	劈石大茶树6号	*C. taliensis*	盈江县苏典傈僳族乡劈石村大竹寨	1 774	5.8	3.3×4.2	0.9	乔木型，树姿直立，分枝稀。芽叶绿色、无茸毛。叶片长宽 16.0cm×5.8cm，叶长椭圆形，叶色深绿，叶脉 11 对，叶身稍背卷，叶面平，叶缘平，叶质硬，叶背主脉无茸毛。果实球形、梅花形

（续）

种质编号	种质名称	物种名称	分布地点	海拔（m）	树高（m）	树幅（m×m）	基部干围（m）	主要形态
YJ034	高岩野生茶树1号	*C. taliensis*	盈江县苏典傈僳族乡劈石村高岩	1 586	6.2	4.5×5.0	1.3	小乔木型，树姿直立。芽叶绿色、无茸毛。叶片长宽15.8cm×6.4cm，叶长椭圆形，叶色黄绿，叶脉10对，叶身稍背卷，叶面平，叶缘平，叶质硬，叶背主脉无茸毛。果实球形、梅花形
YJ035	高岩野生茶树2号	*C. taliensis*	盈江县苏典傈僳族乡劈石村高岩	1 586	5.3	3.7×3.0	0.8	乔木型，树姿半开张。芽叶绿色、无茸毛。叶片长宽16.3cm×6.0cm，叶长椭圆形，叶色黄绿，叶脉11对。萼片5片、无茸毛，花冠直径6.6cm×6.8cm，花柱先端5裂，子房有茸毛，梅花形
YJ036	勐弄大茶树1号	*C. taliensis*	盈江县勐弄乡勐弄村龙门寨	1 422	4.0	1.9×2.0	1.9	乔木型，树姿直立，分枝稀，嫩枝无茸毛。芽叶绿色、无茸毛。叶片长宽13.3cm×5.6cm，叶椭圆形，叶色绿，叶脉9对，叶身内折，叶尖渐尖，叶面平，叶缘平，叶质硬，叶背主脉无茸毛
YJ037	勐弄大茶树2号	*C. taliensis*	盈江县勐弄乡勐弄村龙门寨	1 422	4.8	3.0×2.2	1.6	乔木型，树姿直立，分枝中，嫩枝无茸毛。芽叶绿色、无茸毛。叶片长宽14.8cm×5.2cm，叶长椭圆形，叶色深绿，叶脉9对，叶身内折，叶尖渐尖，叶面平，叶缘平，叶质硬，叶背主脉无茸毛
YJ038	勐弄大茶树3号	*C. taliensis*	盈江县勐弄乡勐弄村龙门寨	1 428	5.0	3.4×2.7	1.8	小乔木型，树姿直立，分枝中，嫩枝无茸毛。芽叶绿色、无茸毛。叶片长宽14.4cm×6.8cm，叶椭圆形，叶色绿，叶脉8对，叶身内折，叶面平，叶缘平，叶质硬，叶背主脉无茸毛。萼片5片、无茸毛，花冠直径5.4cm×6.2cm，花瓣11枚，花柱先端5裂。果实球形、梅花形
YJ039	勐弄大茶树4号	*C. taliensis*	盈江县勐弄乡勐弄村龙门寨	1 433	4.7	3.1×2.5	1.5	小乔木型，树姿半开张，分枝密，嫩枝无茸毛。芽叶绿色、无茸毛。叶片长宽15.0cm×6.5cm，叶椭圆形，叶色绿，叶脉9对，叶身内折，叶面平，叶缘平，叶质硬，叶背主脉无茸毛
YJ040	勐弄大茶树5号	*C. taliensis*	盈江县勐弄乡勐弄村龙门寨	1 430	4.2	3.5×3.0	1.0	小乔木型，树姿直立，分枝稀，嫩枝无茸毛。芽叶紫绿色、无茸毛。叶片长宽13.9cm×5.4cm，叶长椭圆形，叶色深绿，叶脉10对，叶身内折，叶面平，叶缘平，叶质硬，叶背主脉无茸毛

（续）

种质编号	种质名称	物种名称	分布地点	海拔（m）	树高（m）	树幅（m×m）	基部干围（m）	主要形态
YJ041	卡牙大茶树1号	*C. taliensis*	盈江县太平镇卡牙村小吴若	2 022	20.0	8.0×10.2	2.1	乔木型，树姿直立，分枝稀，嫩枝无茸毛。芽叶绿色、无茸毛。叶片长宽14.0cm×5.5cm，叶椭圆形，叶色深绿，叶基楔形，叶脉11对，叶身内折，叶尖渐尖，叶面微隆起，叶缘平，叶质硬，叶柄、叶背主脉无茸毛，叶齿为少锯齿
YJ042	卡牙大茶树2号	*C. taliensis*	盈江县太平镇卡牙村小吴若	2 028	14.5	6.0×5.4	1.8	乔木型，树姿直立，分枝稀，嫩枝无茸毛。芽叶绿色、无茸毛。叶片长宽14.8cm×5.4cm，叶长椭圆形，叶色深绿，叶基楔形，叶脉11对，叶身内折，叶面微隆起，叶缘平，叶质硬，叶柄、叶背主脉无茸毛
YJ043	卡牙大茶树3号	*C. taliensis*	盈江县太平镇卡牙村小吴若	2 025	8.7	6.5×4.8	1.6	乔木型，树姿直立，分枝稀，嫩枝无茸毛。芽叶绿色、无茸毛。叶片长宽15.8cm×6.6cm，叶椭圆形，叶色深绿，叶基楔形，叶脉10对。萼片5片、无茸毛，花冠直径6.0cm×6.8cm，花柱先端5裂，子房多茸毛。果实扁球形、梅花形
YJ044	卡牙大茶树4号	*C. taliensis*	盈江县太平镇卡牙村小吴若	2 025	5.0	3.5×3.8	1.2	小乔木型，树姿直立，分枝稀，嫩枝无茸毛。芽叶绿色、无茸毛。叶片长宽15.0cm×6.0cm，叶椭圆形，叶色深绿，叶基楔形，叶脉9对。萼片5片、无茸毛，花冠直径5.2cm×4.5cm，花柱先端5裂，子房多茸毛。果实扁球形、梅花形
YJ045	龙盆野生茶树1号	*C. taliensis*	盈江县太平镇龙盆村二组	1 985	6.0	4.0×3.3	1.6	小乔木型，树姿直立，分枝稀，嫩枝无茸毛。芽叶紫绿色、无茸毛。叶片长宽16.0cm×6.7cm，叶长椭圆形，叶色深绿，叶基楔形，叶脉12对。萼片5片、无茸毛，花冠直径5.0cm×4.7cm，花柱先端5裂，子房多茸毛。果实扁球形、梅花形
YJ046	龙盆野生茶树2号	*C. taliensis*	盈江县太平镇龙盆村二组	1 983	5.3	3.5×3.4	1.2	小乔木型，树姿半开张，分枝稀，嫩枝无茸毛。芽叶绿色、无茸毛。叶片长宽12.8cm×4.9cm，叶长椭圆形，叶色深绿，叶基楔形，叶脉8对。萼片5片、无茸毛，花冠直径4.4cm×4.9cm，花柱先端4～5裂，子房多茸毛。果实扁球形、梅花形
YJ047	龙盆野生茶树3号	*C. taliensis*	盈江县太平镇龙盆村二组	1 980	5.0	3.0×2.8	0.9	小乔木型，树姿直立，分枝稀，嫩枝无茸毛。芽叶绿色、无茸毛。叶片长宽15.0cm×6.3cm，叶椭圆形，叶色深绿，叶基楔形，叶脉9对

（续）

种质编号	种质名称	物种名称	分布地点	海拔（m）	树高（m）	树幅（m×m）	基部干围（m）	主要形态
YJ048	木瓜塘大茶树1号	*C. taliensis*	盈江县芒璋乡银河村木瓜塘	2 042	6.5	1.7×2.1	1.9	乔木型，树姿直立，分枝稀，嫩枝无茸毛。芽叶黄绿色、无茸毛。叶片长宽16.2cm×8.3cm，叶椭圆形，叶色浅绿，叶基楔形，叶脉9对，叶身内折，叶尖渐尖，叶面微隆起，叶缘平，叶质硬，叶柄、叶背主脉无茸毛。萼片5片、无茸毛，花冠直径6.3cm×6.0cm，花柱先端5裂，子房多茸毛。果实扁球形、梅花形
YJ049	木瓜塘大茶树2号	*C. taliensis*	盈江县芒璋乡银河村木瓜塘	1 939	4.5	4.5×3.0	1.9	乔木型，树姿直立，分枝稀，嫩枝无茸毛。叶片长宽12.5cm×5.3cm，叶椭圆形，叶色深绿，叶脉10对，叶身内折，叶尖渐尖，叶面微隆起，叶缘平，叶背主脉无茸毛。萼片5片、无茸毛，花冠直径5.0cm×4.9cm，花瓣13枚，花柱先端5裂，子房多茸毛
YJ050	木瓜塘大茶树3号	*C. taliensis*	盈江县芒璋乡银河村木瓜塘	1 956	5.0	4.0×3.7	1.5	乔木型，树姿直立，分枝稀，嫩枝无茸毛。叶片长宽13.3cm×5.0cm，叶长椭圆形，叶色深绿，叶脉8对，叶身内折，叶尖渐尖，叶面微隆起，叶缘平，叶背主脉无茸毛。萼片5片、无茸毛，花冠直径5.0cm×4.9cm，花瓣13枚，花柱先端5裂，子房多茸毛。果实扁球形
YJ051	木瓜塘大茶树4号	*C. taliensis*	盈江县芒璋乡银河村木瓜塘	1 950	5.5	3.5×3.0	1.0	小乔木型，树姿半开张，分枝稀，嫩枝无茸毛。叶片长宽15.2cm×5.8cm，叶长椭圆形，叶色深绿，叶脉11对，叶身内折，叶尖渐尖，叶面微隆起，叶缘平，叶背主脉无茸毛
LC001	曼面大茶树1号	*C. sinensis* var. *assamica*	陇川县景罕镇曼面村老寨	1 953	9.5	8.3×8.0	2.2	乔木型，树姿开张，分枝密，嫩枝有茸毛。芽叶紫绿色、有茸毛。叶片长宽13.5cm×3.8cm，叶披针形，叶色绿，叶脉7对，叶身平，叶面平，叶缘平，叶质硬，叶背主脉有茸毛。萼片5片、紫红、无茸毛，花冠直径2.2cm×2.4cm，花瓣6枚，花柱先端3裂，子房有茸毛。果实球形、三角形
LC002	曼面大茶树2号	*C. sinensis* var. *assamica*	陇川县景罕镇曼面村老寨	1 953	4.2	5.5×4.6	2.3	小乔木型，树姿开张，分枝密。芽叶黄绿色、多茸毛。叶片长宽16.4cm×6.3cm，叶长椭圆形，叶色绿，叶脉10对。萼片5片、绿色、无茸毛，花冠直径3.8cm×3.3cm，花瓣6枚，花柱先端3裂，子房有茸毛。果实球形、肾形、三角形

（续）

种质编号	种质名称	物种名称	分布地点	海拔（m）	树高（m）	树幅（m×m）	基部干围（m）	主要形态
LC003	曼面大茶树3号	*C. sinensis* var. *assamica*	陇川县景罕镇曼面村老寨	1 953	4.5	3.7×4.0	1.8	小乔木型，树姿半开张，分枝中。芽叶绿色、多茸毛。叶片长宽15.0cm×6.0cm，叶椭圆形，叶色绿，叶脉8对。萼片5片、绿色、无茸毛，花冠直径3.2cm×3.0cm，花瓣6枚，花柱先端3裂，子房有茸毛。果实球形、肾形、三角形
LC004	曼面大茶树4号	*C. sinensis* var. *assamica*	陇川县景罕镇曼面村老寨	1 955	5.0	4.0×4.0	1.5	小乔木型，树姿开张，分枝密。芽叶黄绿色、多茸毛。叶片长宽13.7cm×4.9cm，叶长椭圆形，叶色绿，叶脉11对。萼片5片、绿色、无茸毛，花冠直径2.8cm×2.3cm，花瓣6枚，花柱先端3裂，子房有茸毛。果实球形、肾形、三角形
LC005	曼面大茶树5号	*C. sinensis* var. *assamica*	陇川县景罕镇曼面村老寨	1 955	4.0	2.8×3.0	1.0	小乔木型，树姿半开张，分枝稀。芽叶紫红色、茸毛中。叶片长宽14.4cm×5.3cm，叶长椭圆形，叶色深绿，叶脉9对。萼片5片、绿色、无茸毛，花冠直径3.3cm×2.7cm，花瓣6枚，花柱先端3裂，子房有茸毛。果实球形、肾形、三角形
LC006	曼面野生大茶树1号	*C. taliensis*	陇川县景罕镇曼面村曼面老寨	1 989	7.9	6.3×5.8	2.3	乔木型，树姿直立，分枝稀。芽叶紫绿色、无茸毛。叶片长宽16.7cm×6.0cm，叶长椭圆形，叶色深绿，叶基楔形，叶尖渐尖，叶脉9对，叶身内折，叶面平，叶缘平，叶质硬，叶背主脉无茸毛
LC007	曼面野生大茶树2号	*C. taliensis*	陇川县景罕镇曼面村曼面老寨	1 967	10.2	6.0×5.0	1.8	乔木型，树姿直立，分枝稀。芽叶绿色、无茸毛。叶片长宽14.8cm×5.5cm，叶长椭圆形，叶色深绿，叶基楔形，叶尖渐尖，叶脉11对，叶身内折，叶面平，叶缘平，叶质硬，叶背主脉无茸毛
LC008	曼面野生大茶树3号	*C. taliensis*	陇川县景罕镇曼面村曼面老寨	1 980	6.5	4.3×5.0	1.7	乔木型，树姿直立，分枝稀。芽叶绿色、无茸毛。叶片长宽16.0cm×5.5cm，叶披针形，叶色深绿，叶基楔形，叶尖渐尖，叶脉11对，叶身平，叶面平，叶缘平，叶质硬，叶背主脉无茸毛
LC009	曼面野生大茶树4号	*C. taliensis*	陇川县景罕镇曼面村曼面老寨	1 967	12.3	6.8×6.0	1.5	乔木型，树姿直立，分枝稀。芽叶绿色、无茸毛。叶片长宽14.5cm×5.2cm，叶长椭圆形，叶色深绿，叶脉10对，叶基楔形，叶尖渐尖，叶身内折，叶面平，叶缘平，叶质硬，叶背主脉无茸毛

（续）

种质编号	种质名称	物种名称	分布地点	海拔（m）	树高（m）	树幅（m×m）	基部干围（m）	主要形态
LC010	大岭干大茶树1号	*C. sinensis* var. *assamica*	陇川县护国乡幸福村大岭干	1 950	7.4	4.8×3.0	1.8	小乔木型，树姿半开张。芽叶黄绿色、多茸毛。叶片长宽 12.8cm×4.2cm，叶长椭圆形，叶色浅绿，叶脉8对，叶身背卷，叶面隆起，叶缘波，叶质软，叶背主脉有茸毛。萼片5片、绿色、无茸毛，花冠直径2.8cm×2.7cm，花瓣6枚，花柱先端3裂，子房有茸毛。果实球形、肾形、三角形
LC011	大岭干大茶树2号	*C. sinensis* var. *assamica*	陇川县护国乡幸福村大岭干	1 953	6.5	3.3×3.0	1.0	小乔木型，树姿直立，分枝稀。芽叶绿色、多茸毛。叶片长宽 14.0cm×5.5cm，叶长椭圆形，叶色深绿，叶脉9对，叶背主脉有茸毛。萼片5片、绿色、无茸毛，花冠直径3.4cm×3.0cm，花瓣6枚，花柱先端3裂，子房有茸毛。果实球形、肾形、三角形
LC012	小岭干大茶树1号	*C. sinensis* var. *assamica*	陇川县护国乡岳家寨村小岭干	1 947	6.0	3.8×3.5	1.2	小乔木型，树姿直立，分枝稀。芽叶绿色、多茸毛。叶片长宽 13.8cm×4.7cm，叶长椭圆形，叶色深绿，叶脉9对。萼片5片、绿色、无茸毛，花冠直径2.4cm×2.6cm，花瓣6枚，花柱先端3裂，子房有茸毛。果实球形、肾形、三角形
LC013	小岭干大茶树2号	*C. sinensis* var. *assamica*	陇川县护国乡岳家寨村小岭干	1 947	6.0	3.8×3.5	1.2	小乔木型，树姿直立，分枝稀。芽叶绿色、有茸毛。叶片长宽 15.2cm×5.5cm，叶长椭圆形，叶色深绿，叶脉11对。萼片5片、无茸毛，花冠直径2.8cm×2.8cm，花瓣6枚，花柱先端3裂，子房有茸毛。果实球形、肾形、三角形
LC014	邦掌大茶树1号	*C. sinensis* var. *assamica*	陇川县护国乡邦掌村	1 860	5.0	4.0×3.2	0.9	小乔木型，树姿半开张。芽叶黄绿色、多茸毛。叶片长宽 13.0cm×4.2cm，叶披针形，叶色绿，叶脉10对。萼片5片、无茸毛，花冠直径3.0cm×2.5cm，花瓣6枚，花柱先端3裂，子房有茸毛。果实球形、肾形、三角形
LC015	邦掌大茶树2号	*C. sinensis* var. *assamica*	陇川县护国乡邦掌村	1 865	4.0	3.3×3.5	1.3	小乔木型，树姿半开张。芽叶黄绿色、多茸毛。叶片长宽 13.8cm×4.7cm，叶长椭圆形，叶色黄绿，叶脉10对。萼片5片、无茸毛，花冠直径3.6cm×2.9cm，花瓣6枚，花柱先端3裂，子房有茸毛。果实球形、肾形、三角形

（续）

种质编号	种质名称	物种名称	分布地点	海拔（m）	树高（m）	树幅（m×m）	基部干围（m）	主要形态
LC016	杉木笼大茶树1号	*C. sinensis* var. *assamica*	陇川县护国乡杉木笼村	1 890	5.5	4.0×4.6	1.8	小乔木型，树姿半开张。芽叶黄绿色、多茸毛。叶片长宽15.6cm×5.9cm，叶长椭圆形，叶色黄绿，叶脉12对。萼片5片、无茸毛，花冠直径3.5cm×2.9cm，花瓣6枚，花柱先端3裂，子房有茸毛。果实球形、肾形、三角形
LC017	杉木笼大茶树2号	*C. sinensis* var. *assamica*	陇川县护国乡杉木笼村	1 890	5.0	4.5×4.8	1.5	小乔木型，树姿半开张。芽叶黄绿色、多茸毛。叶片长宽13.0cm×5.0cm，叶长椭圆形，叶色黄绿，叶脉10对。萼片5片、无茸毛，花冠直径3.0cm×3.4cm，花瓣6枚，花柱先端3裂，子房有茸毛。果实球形、肾形、三角形
LC018	杉木笼大茶树3号	*C. sinensis* var. *assamica*	陇川县护国乡杉木笼村	1 894	6.7	4.0×4.0	1.0	小乔木型，树姿半开张。芽叶黄绿色、多茸毛。叶片长宽14.2cm×5.3cm，叶长椭圆形，叶色黄绿，叶脉9对。萼片5片、无茸毛，花冠直径3.2cm×3.7cm，花瓣6枚，花柱先端3裂，子房有茸毛。果实球形、肾形、三角形
LC019	邦瓦大茶树1号	*C. sinensis* var. *assamica*	陇川县勐约乡邦瓦村	1 768	4.8	3.5×3.0	2.0	小乔木型，树姿半开张。芽叶黄绿色、茸毛中。叶片长宽13.3cm×5.8cm，叶长椭圆形，叶色绿，叶脉10对。萼片5片、无茸毛，花冠直径3.8cm×2.7cm，花瓣6枚，花柱先端3裂，子房有茸毛。果实球形、肾形、三角形
LC020	邦瓦大茶树2号	*C. sinensis* var. *assamica*	陇川县勐约乡邦瓦村	1 770	5.6	3.0×3.0	1.4	小乔木型，树姿半开张。芽叶绿色、茸毛中。叶片长宽14.0cm×5.0cm，叶长椭圆形，叶色黄绿，叶脉9对。萼片5片、无茸毛，花冠直径2.2cm×2.5cm，花瓣7枚，花柱先端3裂，子房有茸毛。果实球形、肾形、三角形
LC021	邦瓦大茶树3号	*C. sinensis* var. *assamica*	陇川县勐约乡邦瓦村	1 770	5.0	2.8×3.4	0.8	小乔木型，树姿半开张。芽叶淡绿色、多茸毛。叶片长宽15.6cm×5.8cm，叶长椭圆形，叶色黄绿，叶脉12对。萼片5片、无茸毛，花冠直径2.5cm×2.7cm，花瓣6枚，花柱先端3裂，子房有茸毛。果实球形、肾形、三角形
LC022	邦东大茶树1号	*C. sinensis* var. *assamica*	陇川县王子树乡邦东村	1 884	6.8	4.0×5.0	1.7	乔木型，树姿半开张。芽叶淡绿色、茸毛中。叶片长宽14.0cm×5.0cm，叶长椭圆形，叶色黄绿，叶脉10对。萼片5片、无茸毛，花冠直径2.8cm×2.7cm，花瓣6枚，花柱先端3裂，子房有茸毛。果实球形、肾形、三角形

（续）

种质编号	种质名称	物种名称	分布地点	海拔（m）	树高（m）	树幅（m×m）	基部干围（m）	主要形态
LC023	邦东大茶树2号	*C. sinensis* var. *assamica*	陇川县王了树乡邦东村	1 884	6.0	4.2×4.0	0.8	小乔木型，树姿半开张。芽叶淡绿色、茸毛中。叶片长宽 14.9cm×5.2cm，叶长椭圆形，叶色黄绿，叶脉9对。萼片5片、无茸毛，花冠直径3.3cm×3.7cm，花瓣6枚，花柱先端3裂，子房有茸毛。果实球形、肾形、三角形
LC024	邦东大茶树3号	*C. sinensis* var. *assamica*	陇川县王子树乡邦东村	1 887	5.5	3.0×3.0	1.2	小乔木型，树姿半开张。芽叶淡绿色、茸毛中。叶片长宽 15.5cm×5.4cm，叶长椭圆形，叶色黄绿，叶脉9对。萼片5片、无茸毛，花冠直径2.5cm×2.5cm，花瓣5枚，花柱先端3裂，子房有茸毛。果实球形、肾形、三角形
LC025	托盘山大茶树1号	*C. sinensis* var. *assamica*	陇川县王子树乡托盘山村	1 904	7.5	4.8×4.7	2.3	小乔木型，树姿半开张。芽叶黄绿色、多茸毛。叶片长宽 12.7cm×4.4cm，叶披针形，叶色绿，叶脉8对。萼片5片、无茸毛，花冠直径2.8cm×2.5cm，花瓣7枚，花柱先端3裂，子房有茸毛
LC026	托盘山大茶树2号	*C. sinensis* var. *assamica*	陇川县王子树乡托盘山村	1 910	4.5	3.2×3.0	1.3	小乔木型，树姿半开张。芽叶黄绿色、多茸毛。叶片长宽 15.2cm×5.0cm，叶长椭圆形，叶色黄绿，叶脉11对。萼片5片、无茸毛，花冠直径3.5cm×3.9cm，花瓣6枚，花柱先端3裂，子房有茸毛
LC027	托盘山大茶树3号	*C. sinensis* var. *assamica*	陇川县王子树乡托盘山村	1 910	5.0	4.0×4.0	1.5	小乔木型，树姿半开张。芽叶黄绿色、多茸毛。叶片长宽 16.5cm×6.0cm，叶长椭圆形，叶色浅绿，叶脉9对。萼片5片、无茸毛，花冠直径3.5cm×2.8cm，花瓣6枚，花柱先端3裂，子房有茸毛。果实球形
LC028	盆都大茶树1号	*C. sinensis* var. *assamica*	陇川县王子树乡盆都村	1 940	6.5	3.8×4.5	1.7	小乔木型，树姿半开张。芽叶黄绿色、茸毛中。叶片长宽 14.7cm×5.0cm，叶长椭圆形，叶色浅绿，叶脉12对。萼片5片、无茸毛，花冠直径3.6cm×3.8cm，花瓣6枚，花柱先端3裂，子房有茸毛。果实球形
LC029	盆都大茶树2号	*C. sinensis* var. *assamica*	陇川县王子树乡盆都村	1 940	6.0	3.0×4.2	1.0	小乔木型，树姿半开张。芽叶黄绿色、茸毛中。叶片长宽 13.0cm×5.8cm，叶长椭圆形，叶色浅绿，叶脉10对。萼片5片、无茸毛，花冠直径3.0cm×3.0cm，花瓣6枚，花柱先端3裂，子房有茸毛。果实球形

（续）

种质编号	种质名称	物种名称	分布地点	海拔（m）	树高（m）	树幅（m×m）	基部干围（m）	主要形态
LC030	盆都大茶树3号	*C. sinensis* var. *assamica*	陇川县王子树乡盆都村	1 940	4.0	3.0×2.5	1.0	小乔木型，树姿半开张。芽叶黄绿色、茸毛中。叶片长宽 14.2cm×5.6cm，叶长椭圆形，叶色浅绿，叶脉9对。萼片5片、无茸毛，花冠直径3.5cm×3.7cm，花瓣6枚，花柱先端3裂，子房有茸毛。果实球形
LC031	王子树野茶1号	*C. taliensis*	陇川县王子树乡王子树村小牛上寨	1 989	14.0	4.3×3.8	2.4	乔木型，树姿直立，分枝稀。芽叶绿色、无茸毛。叶片长宽 15.0cm×5.6cm，叶长椭圆形，叶色绿，叶脉9对，叶背主脉无茸毛。萼片5片、无茸毛。花冠直径4.8cm×5.7cm，花瓣10枚，花柱先端5裂，子房有茸毛
LC032	王子树野茶2号	*C. taliensis*	陇川县王子树乡王子树村小牛上寨	1 985	16.0	6.3×5.6	1.9	乔木型，树姿直立，分枝稀。芽叶绿色、无茸毛。叶片长宽 15.7cm×5.3cm，叶长椭圆形，叶色绿，叶脉10对，叶身平，叶尖渐尖，叶面平，叶缘平，叶质硬，叶背主脉无茸毛。萼片5片、无茸毛。花冠直径5.8cm×5.4cm，花瓣11枚，花柱先端5裂，子房有茸毛
LC033	王子树野茶3号	*C. taliensis*	陇川县王子树乡王子树村小牛上寨	1 980	12.0	5.0×5.0	1.8	乔木型，树姿直立，分枝稀。芽叶绿色、无茸毛。叶片长宽 15.0cm×5.2cm，叶长椭圆形，叶色深绿，叶脉10对，叶身平，叶尖渐尖，叶面平，叶缘平，叶质硬，叶背主脉无茸毛。萼片5片、无茸毛。花冠直径4.5cm×5.0cm，花瓣9枚，花柱先端5裂，子房有茸毛
LC034	王子树野茶4号	*C. taliensis*	陇川县王子树乡王子树村小牛上寨	1 985	10.0	6.0×5.0	1.9	乔木型，树姿直立，分枝稀。芽叶紫绿色、无茸毛。叶片长宽 14.4cm×5.3cm，叶长椭圆形，叶色绿，叶脉9对，叶身平，叶尖渐尖，叶面平，叶缘平，叶质硬，叶背主脉无茸毛
LC035	王子树野茶5号	*C. taliensis*	陇川县王子树乡王子树村小牛上寨	1 983	9.0	4.2×5.7	1.7	乔木型，树姿直立，分枝稀。芽叶绿色、无茸毛。叶片长宽 17.0cm×6.3cm，叶长椭圆形，叶色绿，叶脉12对，叶身平，叶尖渐尖，叶面平，叶缘平，叶质硬，叶背主脉无茸毛
LC036	邦东野茶1号	*C. taliensis*	陇川县王子树乡邦东村国有林星火山	2 029	19.0	3.5×5.0	2.6	乔木型，树姿直立，分枝稀。芽叶绿色、无茸毛。叶片长宽 14.7cm×4.9cm，叶长椭圆形，叶色绿，叶脉10对，叶身平，叶尖渐尖，叶面平，叶缘平，叶质硬，叶柄、叶背主脉无茸毛。萼片5片，花冠直径5.3cm×5.4cm，花瓣12枚，花柱先端5裂，子房有茸毛

（续）

种质编号	种质名称	物种名称	分布地点	海拔（m）	树高（m）	树幅（m×m）	基部干围（m）	主要形态
LC037	邦东野茶2号	*C. taliensis*	陇川县王子树乡邦东村国有林星火山	2 025	15.0	5.0×5.5	2.0	乔木型，树姿直立，分枝稀。芽叶绿色、无茸毛。叶片长宽17.3cm×5.8cm，叶披针形，叶色绿，叶脉12对，叶身平，叶面平，叶缘平，叶质硬，叶背主脉无茸毛
LC038	邦东野茶3号	*C. taliensis*	陇川县王子树乡邦东村国有林星火山	2 033	10.0	4.8×5.6	1.8	乔木型，树姿直立，分枝稀。芽叶绿色、无茸毛。叶片长宽16.8cm×5.4cm，叶披针形，叶色绿，叶脉10对，叶身平，叶面平，叶缘平，叶质硬，叶背主脉无茸毛
LC039	邦东野茶4号	*C. taliensis*	陇川县王子树乡邦东村国有林星火山	2 030	8.0	3.5×4.0	1.5	乔木型，树姿直立，分枝稀。芽叶绿色、无茸毛。叶片长宽17.0cm×5.3cm，叶披针形，叶色绿，叶脉10对，叶身平，叶面平，叶缘平，叶质硬，叶背主脉无茸毛
LC040	邦东野茶5号	*C. taliensis*	陇川县王子树乡邦东村国有林星火山	2 025	12.5	3.0×3.0	1.5	乔木型，树姿直立，分枝稀。芽叶紫绿色、无茸毛。叶片长宽15.5cm×4.8cm，叶长椭圆形，叶色绿，叶脉9对，叶身平，叶面平，叶缘平，叶背主脉无茸毛。萼片5片，花冠直径6.7cm×5.0cm，花瓣9枚，花柱先端5裂，子房有茸毛。果实扁球形
LC041	邦东野茶6号	*C. taliensis*	陇川县王子树乡邦东村国有林星火山	2 027	10.8	3.4×4.5	1.3	乔木型，树姿直立，分枝稀。芽叶绿色、无茸毛。叶片长宽14.5cm×5.3cm，叶长椭圆形，叶色深绿，叶脉11对，叶身内折，叶面平，叶缘平，叶质硬，叶背主脉无茸毛。萼片5片，花冠直径4.7cm×5.0cm，花瓣11枚，花柱先端5裂，子房有茸毛
LC042	帮湾大茶树1号	*C. taliensis*	陇川县陇把镇帮湾村	2 104	13.5	5.0×4.2	1.8	乔木型，树姿直立，分枝稀。芽叶绿色、无茸毛。叶片长宽16.4cm×5.7cm，叶长椭圆形，叶色绿，叶脉10对，叶身内折，叶面平，叶缘平，叶质硬，叶背主脉无茸毛。萼片5片，花冠直径5.3cm×5.7cm，花瓣9枚，花柱先端5裂，子房有茸毛
LC043	帮湾大茶树2号	*C. taliensis*	陇川县陇把镇帮湾村	2 117	8.0	6.0×4.0	1.5	乔木型，树姿直立，分枝中。芽叶绿色、无茸毛。叶片长宽15.2cm×6.3cm，叶椭圆形，叶色绿，叶脉11对，叶身内折，叶面平，叶缘平，叶质硬，叶背主脉无茸毛
LC044	帮湾大茶树3号	*C. taliensis*	陇川县陇把镇帮湾村	2 120	8.0	5.0×4.0	1.5	小乔木型，树姿直立，分枝稀。芽叶绿色、无茸毛。叶片长宽14.8cm×5.0cm，叶长椭圆形，叶色绿，叶脉9对，叶身内折，叶面平，叶缘平，叶质硬，叶背主脉无茸毛

（续）

种质编号	种质名称	物种名称	分布地点	海拔（m）	树高（m）	树幅（m×m）	基部干围（m）	主要形态
LC045	帮湾大茶树4号	*C. taliensis*	陇川县陇把镇帮湾村	2 120	12.5	3.8×4.7	1.2	小乔木型，树姿半开张，分枝稀。芽叶淡绿色、无茸毛。叶片长宽15.9cm×6.5cm，叶长椭圆形，叶色绿，叶脉12对，叶身内折，叶面平，叶缘平，叶质硬，叶背主脉无茸毛
LC046	帮湾大茶树5号	*C. taliensis*	陇川县陇把镇帮湾村	2 120	7.0	3.5×4.2	0.8	乔木型，树姿直立，分枝稀。芽叶绿色、无茸毛。叶片长宽14.7cm×5.5cm，叶长椭圆形，叶色绿，叶脉10对，叶身内折，叶面平，叶缘平，叶质硬，叶背主脉无茸毛。萼片5片，花冠直径6.7cm×5.4cm，花瓣9枚，花柱先端5裂，子房有茸毛
LC047	野油坝大茶树1号	*C. taliensis*	陇川县护国乡边河村野油坝	2 017	17.0	6.5×7.2	1.5	乔木型，树姿直立，分枝稀。芽叶绿色、无茸毛。叶片长宽15.3cm×5.8cm，叶长椭圆形，叶色绿，叶脉11对，叶身内折，叶面平，叶缘平，叶质硬，叶背主脉无茸毛。果实球形、四方形
LC048	野油坝大茶树2号	*C. taliensis*	陇川县护国乡边河村野油坝	2 012	13.6	6.0×4.0	1.2	乔木型，树姿直立，分枝稀。芽叶紫绿色、无茸毛。叶片长宽16.8cm×6.4cm，叶长椭圆形，叶色深绿，叶脉12对，叶身平，叶面平，叶缘平，叶质硬，叶背主脉无茸毛。果实球形、四方形
LC049	野油坝大茶树3号	*C. taliensis*	陇川县护国乡边河村野油坝	2 000	9.0	4.5×4.2	1.0	小乔木型，树姿直立，分枝稀。芽叶淡绿色、无茸毛。叶片长宽15.9cm×5.0cm，叶长椭圆形，叶色绿，叶脉10对，叶身内折，叶面平，叶缘平，叶质硬，叶背主脉无茸毛
RL001	芒海大茶树1号	*C. taliensis*	瑞丽市户育乡户育村芒海老寨	1 416	7.8	5.2×4.8	1.5	小乔木型，树姿半开张。嫩枝无茸毛。芽叶紫绿色、无茸毛。叶片长宽14.6cm×5.2cm，叶长椭圆形，叶色绿，叶脉8对，叶身内折，叶面平，叶缘平，叶质硬，叶背主脉无茸毛。萼片5片、无茸毛，花冠直径5.8cm×7.4cm，花瓣11枚、质地厚，花柱先端4～5裂，子房有茸毛。果实球形
RL002	芒海大茶树2号	*C. taliensis*	瑞丽市户育乡户育村芒海老寨	1 413	5.4	2.3×2.5	1.4	小乔木型，树姿半开张。嫩枝无茸毛。芽叶绿色、无茸毛。叶片长宽14.6cm×5.2cm，叶长椭圆形，叶色深绿，叶脉9对，叶身内折，叶面平，叶缘平，叶质硬，叶背主脉无茸毛。萼片5片、无茸毛，花冠直径5.2cm×6.6cm，花瓣10枚、质地厚，花柱先端5裂，子房有茸毛。果实扁球形

（续）

种质编号	种质名称	物种名称	分布地点	海拔（m）	树高（m）	树幅（m×m）	基部干围（m）	主要形态
RL003	芒海大茶树3号	*C. taliensis*	瑞丽市户育乡户育村芒海老寨	1 434	8.2	6.3×4.8	1.2	乔木型，树姿直立。嫩枝无茸毛。芽叶绿色、无茸毛。叶片长宽13.4cm×5.4cm，叶长椭圆形，叶色深绿，叶脉9对，叶身平，叶面平，叶缘平，叶质硬，叶背主脉无茸毛。萼片5片、无茸毛，花冠直径5.0cm×5.4cm，花瓣10枚、质地厚，花柱先端5裂，子房有茸毛。果实扁球形
RL004	芒海大茶树4号	*C. taliensis*	瑞丽市户育乡户育村芒海老寨	1 454	10.0	6.3×8.6	1.6	乔木型，树姿直立，分枝稀。芽叶紫绿色、无茸毛。叶片长宽11.4cm×4.6cm，叶椭圆形，叶色绿，叶脉8对，叶身平，叶面平，叶缘平，叶质硬，叶背主脉无茸毛。萼片5片、无茸毛，花冠直径5.8cm×5.4cm，花瓣9枚、质地厚，花柱先端5裂。果实扁球形
RL005	芒海大茶树5号	*C. sinensis* var. *assamica*	瑞丽市户育乡户育村芒海老寨	1 446	11.6	7.2×7.7	0.8	乔木型，树姿直立，分枝稀。芽叶绿色、多茸毛。叶片长宽15.4cm×6.4cm，叶椭圆形，叶色绿，叶脉9对，叶身稍背卷，叶面微隆起，叶缘平，叶质柔软，叶背主脉有茸毛。萼片5片、无茸毛，花冠直径3.4cm×4.4cm，花瓣6枚，花柱先端3裂，子房有茸毛。果实球形、三角形
RL006	芒海大茶树6号	*C. sinensis* var. *assamica*	瑞丽市户育乡户育村芒海老寨	1 440	5.4	3.2×3.5	1.2	小乔木型，树姿半开张，分枝稀。芽叶黄绿色、多茸毛。叶片长宽16.3cm×6.8cm，叶长椭圆形，叶色绿，叶脉11对，叶身稍背卷，叶面隆起，叶缘微波，叶质柔软，叶背主脉有茸毛。萼片5片、无茸毛，花冠直径3.0cm×4.0cm，花瓣6枚，花柱先端3裂，子房有茸毛。果实球形、三角形
RL007	芒海大茶树7号	*C. sinensis* var. *assamica*	瑞丽市户育乡户育村芒海老寨	1 442	7.0	4.0×5.2	1.0	小乔木型，树姿半开张，分枝稀。芽叶黄绿色、多茸毛。叶片长宽16.8cm×6.6cm，叶长椭圆形，叶色绿，叶脉12对，叶身内折，叶面微隆起，叶缘平，叶质柔软，叶背主脉有茸毛。萼片5片、无茸毛，花冠直径3.7cm×4.0cm，花瓣6枚，花柱先端3裂，子房有茸毛。果实球形、三角形
RL008	弄贤大茶树1号	*C. taliensis*	瑞丽市户育乡弄贤村弄贤山	1 036	7.0	4.5×4.0	1.7	乔木型，树姿直立。嫩枝无茸毛。芽叶绿色、无茸毛。叶片长宽14.8cm×5.0cm，叶长椭圆形，叶色深绿，叶脉9对，叶身平，叶面平，叶缘平，叶质硬，叶背主脉无茸毛。萼片5片、无茸毛，花冠直径4.4cm×5.0cm，花瓣9枚、质地中，花柱先端5裂，子房有茸毛。果实扁球形

（续）

种质编号	种质名称	物种名称	分布地点	海拔（m）	树高（m）	树幅（m×m）	基部干围（m）	主要形态
RL009	弄贤大茶树2号	*C. taliensis*	瑞丽市户育乡弄贤村弄贤山	1 040	5.0	4.0×3.3	1.2	小乔木型，树姿半开张。嫩枝无茸毛。芽叶紫绿色、无茸毛。叶片长宽15.2cm×5.1cm，叶长椭圆形，叶色深绿，叶脉10对，叶身内折，叶面平，叶缘平，叶质硬，叶背主脉无茸毛
RL010	弄贤大茶树3号	*C. taliensis*	瑞丽市户育乡弄贤村弄贤山	1 040	4.5	4.2×3.0	1.0	小乔木型，树姿半开张。嫩枝无茸毛。芽叶绿色、无茸毛。叶片长宽13.7cm×5.6cm，叶长椭圆形，叶色深绿，叶脉11对，叶身稍内折，叶面平，叶缘平，叶质硬，叶背主脉无茸毛
RL011	弄贤大茶树4号	*C. sinensis* var. *assamica*	瑞丽市户育乡弄贤村弄贤山	984	6.0	3.7×4.4	1.9	小乔木型，树姿半开张。芽叶黄绿色、多茸毛。叶片长宽15.7cm×5.2cm，叶长椭圆形，叶色绿，叶脉9对，叶身内折，叶面微隆起，叶缘平，叶质柔软，叶背主脉有茸毛。萼片5片、无茸毛，花冠直径3.3cm×3.7cm，花瓣5枚，花柱先端3裂，子房有茸毛。果实三角形
RL012	弄贤大茶树5号	*C. sinensis* var. *assamica*	瑞丽市户育乡弄贤村弄贤山	984	5.0	4.0×4.0	1.8	小乔木型，树姿半开张。芽叶黄绿色、多茸毛。叶片长宽15.0cm×5.6cm，叶长椭圆形，叶色绿，叶脉11对，叶身内折，叶面微隆起，叶缘平，叶质柔软，叶背主脉有茸毛。萼片5片、无茸毛，花冠直径3.3cm×3.0cm，花瓣6枚，花柱先端3裂，子房有茸毛。果实球形、三角形
RL013	弄贤大茶树6号	*C. sinensis* var. *assamica*	瑞丽市户育乡弄贤村弄贤山	980	4.5	3.5×3.6	1.5	小乔木型，树姿半开张。芽叶黄绿色、多茸毛。叶片长宽14.5cm×5.0cm，叶长椭圆形，叶色绿，叶脉9对，叶身背卷，叶面隆起，叶缘波，叶质柔软，叶背主脉有茸毛。萼片5片、无茸毛，花冠直径3.5cm×3.0cm，花瓣6枚，花柱先端3裂，子房有茸毛。果实球形、三角形
RL014	雷弄山野茶1号	*C. taliensis*	瑞丽市户育乡雷弄村雷弄山	1 027	7.2	3.8×4.0	1.4	乔木型，树姿直立。嫩枝无茸毛。芽叶绿色、无茸毛。叶片长宽14.0cm×5.7cm，叶长椭圆形，叶色深绿，叶脉10对，叶身平，叶面平，叶缘微波，叶质硬，叶背主脉无茸毛。萼片5片、无茸毛，花冠直径4.7cm×4.0cm，花瓣11枚、质地中，花柱先端5裂，子房有茸毛。果实扁球形

（续）

种质编号	种质名称	物种名称	分布地点	海拔（m）	树高（m）	树幅（m×m）	基部干围（m）	主要形态
RL015	雷弄山野茶2号	*C. taliensis*	瑞丽市户育乡雷弄村雷弄山	1 020	5.4	3.5×4.4	1.0	小乔木型，树姿直立。嫩枝无茸毛。芽叶绿色、无茸毛。叶片长宽12.2cm×4.7cm，叶长椭圆形，叶色深绿，叶脉8对，叶身平，叶面平，叶缘微波，叶质硬，叶背主脉无茸毛。萼片5片、无茸毛，花冠直径4.0cm×4.0cm，花瓣9枚、质地中，花柱先端5裂，子房有茸毛。果实扁球形
RL016	雷弄山野茶3号	*C. taliensis*	瑞丽市户育乡雷弄村雷弄山	1 022	6.0	5.0×4.0	1.2	小乔木型，树姿直立。嫩枝无茸毛。芽叶绿色、无茸毛。叶片长宽14.1cm×5.0cm，叶长椭圆形，叶色深绿，叶脉10对，叶身平，叶面平，叶缘微波，叶质硬，叶背主脉无茸毛
RL017	雷弄大茶树1号	*C. sinensis* var. *assamica*	瑞丽市户育乡雷弄村雷弄山	946	5.0	3.0×3.0	1.2	小乔木型，树姿半开张。芽叶黄绿色、多茸毛。叶片长宽15.2cm×5.5cm，叶长椭圆形，叶色绿，叶脉11对，叶身内折，叶面微隆起，叶缘平，叶质柔软，叶背主脉有茸毛。萼片5片、无茸毛，花冠直径3.6cm×3.4cm，花瓣6枚，花柱先端3裂，子房有茸毛。果实球形、三角形
RL018	雷弄大茶树2号	*C. sinensis* var. *assamica*	瑞丽市户育乡雷弄村雷弄山	946	5.5	3.7×3.0	1.0	小乔木型，树姿半开张。芽叶黄绿色、多茸毛。叶片长宽15.0cm×5.6cm，叶长椭圆形，叶色绿，叶脉10对，叶身内折，叶面微隆起，叶缘平，叶质柔软，叶背主脉有茸毛。萼片5片、无茸毛，花冠直径3.0cm×3.2cm，花瓣6枚，花柱先端3裂，子房有茸毛。果实球形、三角形
RL019	雷弄大茶树3号	*C. sinensis* var. *assamica*	瑞丽市户育乡雷弄村雷弄山	950	5.2	4.0×3.2	0.9	小乔木型，树姿半开张。芽叶黄绿色、多茸毛。叶片长宽14.2cm×5.0cm，叶长椭圆形，叶色绿，叶脉9对，叶身内折，叶面微隆起，叶缘平，叶质柔软，叶背主脉有茸毛。萼片5片、无茸毛，花冠直径3.6cm×3.2cm，花瓣6枚，花柱先端3裂，子房有茸毛。果实球形、三角形
RL020	武甸野茶1号	*C. taliensis*	瑞丽市户育乡雷弄村武甸	1 104	7.0	5.2×4.5	1.8	乔木型，树姿直立。嫩枝无茸毛。芽叶绿色、无茸毛。叶片长宽13.4cm×5.0cm，叶长椭圆形，叶色深绿，叶脉9对，叶身平，叶面平，叶缘微波，叶质硬，叶背主脉无茸毛。萼片5片、无茸毛，花冠直径5.0cm×4.7cm，花瓣9枚、质地中，花柱先端5裂，子房有茸毛。果实扁球形

（续）

种质编号	种质名称	物种名称	分布地点	海拔（m）	树高（m）	树幅（m×m）	基部干围（m）	主要形态
RL021	武甸野茶2号	*C. taliensis*	瑞丽市户育乡雷弄村武甸	1 127	8.0	5.0×4.4	1.4	小乔木型，树姿直立。嫩枝无茸毛。芽叶绿色、无茸毛。叶片长宽14.0cm×5.8cm，叶长椭圆形，叶色深绿，叶脉9对，叶身平，叶面平，叶缘微波，叶质硬，叶背主脉无茸毛
RL022	武甸野茶3号	*C. taliensis*	瑞丽市户育乡雷弄村武甸	1 120	6.3	4.8×5.7	1.0	小乔木型，树姿直立。嫩枝无茸毛。芽叶绿色、无茸毛。叶片长宽16.2cm×6.0cm，叶长椭圆形，叶色深绿，叶脉9对，叶身平，叶面平，叶缘微波，叶质硬，叶背主脉无茸毛。萼片5片、无茸毛，花冠直径5.4cm×4.7cm，花瓣11枚，花柱先端5裂，子房有茸毛。果实扁球形
RL023	武甸大茶树1号	*C. sinensis* var. *assamica*	瑞丽市户育乡雷弄村武甸	1 078	5.5	4.2×3.7	2.0	小乔木型，树姿半开张。芽叶黄绿色、多茸毛。叶片长宽14.7cm×5.5cm，叶长椭圆形，叶色绿，叶脉10对，叶身内折，叶面微隆起，叶缘平，叶质柔软，叶背主脉有茸毛。萼片5片、无茸毛，花冠直径2.9cm×3.7cm，花瓣6枚，花柱先端3裂，子房有茸毛。果实球形、三角形
RL024	武甸大茶树2号	*C. sinensis* var. *assamica*	瑞丽市户育乡雷弄村武甸	1 075	5.0	4.0×3.5	1.7	小乔木型，树姿半开张。芽叶黄绿色、多茸毛。叶片长宽15.8cm×5.9cm，叶长椭圆形，叶色绿，叶脉10对，叶身内折，叶面微隆起，叶缘平，叶质柔软，叶背主脉有茸毛。萼片5片、无茸毛，花冠直径2.9cm×3.4cm，花瓣6枚，花柱先端3裂，子房有茸毛。果实球形、三角形
RL025	武甸大茶树3号	*C. sinensis* var. *assamica*	瑞丽市户育乡雷弄村武甸	1 077	6.0	4.5×3.0	1.0	小乔木型，树姿半开张。芽叶黄绿色、多茸毛。叶片长宽13.3cm×4.5cm，叶长椭圆形，叶色绿，叶脉10对，叶身稍背卷，叶面微隆起，叶缘波，叶质柔软，叶背主脉有茸毛。萼片5片、无茸毛，花冠直径2.7cm×3.0cm，花瓣6枚，花柱先端3裂，子房有茸毛。果实球形、三角形
RL026	南京里大茶树1号	*C. taliensis*	瑞丽市勐秀乡南京里村	1 237	8.2	6.0×5.5	2.3	乔木型，树姿直立，嫩枝无茸毛。芽叶绿色、无茸毛。叶片长宽14.5cm×5.3cm，叶长椭圆形，叶色深绿，叶脉10对，叶身稍内折，叶面平，叶缘微波，叶质硬，叶背主脉无茸毛。萼片5片、无茸毛，花冠直径4.7cm×4.5cm，花瓣9枚、质地中，花柱先端5裂，子房有茸毛。果实扁球形

（续）

种质编号	种质名称	物种名称	分布地点	海拔（m）	树高（m）	树幅（m×m）	基部干围（m）	主要形态
RL027	南京里大茶树2号	*C. taliensis*	瑞丽市勐秀乡南京里村	1 230	6.0	4.2×4.0	2.0	乔木型，树姿直立，嫩枝无茸毛。芽叶绿色、无茸毛。叶片长宽12.1cm×4.8cm，叶长椭圆形，叶色深绿，叶脉11对，叶身稍内折，叶面平，叶缘微波，叶质硬，叶背主脉无茸毛。萼片5片、无茸毛，花冠直径5.2cm×5.5cm，花瓣12枚、质地中，花柱先端5裂，子房有茸毛。果实扁球形
RL028	南京里大茶树3号	*C. taliensis*	瑞丽市勐秀乡南京里村	1 233	5.2	3.4×3.0	1.4	小乔木型，树姿半开张，嫩枝无茸毛。芽叶绿色、无茸毛。叶片长宽15.5cm×5.3cm，叶长椭圆形，叶色深绿，叶脉11对，叶身稍内折，叶面平，叶缘微波，叶质硬，叶背主脉无茸毛。萼片5片、无茸毛，花冠直径5.0cm×5.7cm，花瓣10枚、质地中，花柱先端5裂，子房有茸毛。果实扁球形
RL029	等嘎野茶1号	*C. taliensis*	瑞丽市弄岛镇等嘎村	1 194	8.5	5.8×6.0	2.4	乔木型，树姿直立。嫩枝无茸毛。芽叶绿色、无茸毛。叶片长宽13.7cm×5.0cm，叶长椭圆形，叶色深绿，叶脉10对，叶身稍内折，叶面平，叶缘微波，叶质硬，叶背主脉无茸毛。萼片5片、无茸毛，花冠直径5.7cm×6.0cm，花瓣9枚、质地中，花柱先端5裂，子房有茸毛。果实扁球形
RL030	等嘎野茶2号	*C. taliensis*	瑞丽市弄岛镇等嘎村	1 196	11.0	6.0×6.0	2.0	乔木型，树姿直立。嫩枝无茸毛。芽叶绿色、无茸毛。叶片长宽12.8cm×5.3cm，叶长椭圆形，叶色深绿，叶脉11对，叶身平，叶面平，叶缘微波，叶质硬，叶背主脉无茸毛。萼片5片、无茸毛，花冠直径5.0cm×6.2cm，花瓣10枚、质地中，花柱先端5裂，子房有茸毛。果实扁球形
RL031	等嘎野茶3号	*C. taliensis*	瑞丽市弄岛镇等嘎村	1 190	8.2	6.0×6.5	1.4	小乔木型，树姿直立。嫩枝无茸毛。芽叶绿色、无茸毛。叶片长宽13.8cm×5.0cm，叶长椭圆形，叶色深绿，叶脉10对，叶身内折，叶面平，叶缘平，叶质硬，叶背主脉无茸毛。萼片5片、无茸毛，花冠直径5.0cm×6.0cm，花瓣9枚、质地中，花柱先端5裂，子房有茸毛。果实扁球形

（续）

种质编号	种质名称	物种名称	分布地点	海拔（m）	树高（m）	树幅（m×m）	基部干围（m）	主要形态
RL032	等嘎野茶4号	*C. taliensis*	瑞丽市弄岛镇等嘎村	1 184	6.0	4.2×5.0	1.7	乔木型，树姿直立。嫩枝无茸毛。芽叶淡绿色、无茸毛。叶片长宽14.4cm×5.3cm，叶长椭圆形，叶色深绿，叶脉10对，叶身平，叶面平，叶缘微波，叶质硬，叶背主脉无茸毛
RL033	等嘎大茶树1号	*C. sinensis* var. *assamica*	瑞丽市弄岛镇等嘎村	1 048	5.6	4.1×4.6	1.2	乔木型，树姿直立。芽叶黄绿色、多茸毛，叶片长宽14.8cm×5.3cm，叶长椭圆形，叶色绿，叶脉9对，叶身稍背卷，叶面隆起，叶缘波，叶质柔软，叶背主脉有茸毛。萼片5片、无茸毛，花冠直径4.8cm×5.3cm，花瓣7枚、质地中，花柱先端3裂，子房有茸毛。果实球形、三角形
RL034	等嘎大茶树2号	*C. sinensis* var. *assamica*	瑞丽市弄岛镇等嘎村	1 050	6.0	4.1×2.7	1.8	乔木型，树姿直立。芽叶黄绿色、多茸毛，叶片长宽13.5cm×5.0cm，叶长椭圆形，叶色绿，叶脉10对，叶身稍背卷，叶面隆起，叶缘波，叶质柔软，叶背主脉有茸毛。萼片5片、无茸毛，花冠直径4.1cm×3.8cm，花瓣6枚、质地中，花柱先端3裂，子房有茸毛。果实球形、三角形
RL035	等嘎大茶树3号	*C. sinensis* var. *dehungensis*	瑞丽市弄岛镇等嘎村	1 100	4.0	3.0×2.5	1.2	乔木型，树姿直立。芽叶黄绿色、多茸毛，叶片长宽16.2cm×5.8cm，叶长椭圆形，叶色黄绿，叶脉12对，叶身稍内折，叶面微隆，叶缘平，叶质硬，叶背主脉有茸毛。萼片5片、无茸毛，花冠直径4.0cm×3.5cm，花瓣6枚、质地中，花柱先端3裂，子房无茸毛；果实球形、三角形
RL036	芒棒大茶树1号	*C. sinensis* var. *assamica*	瑞丽市畹町镇芒棒村回还	945	5.0	4.0×2.9	1.7	小乔木型，树姿半开张。芽叶黄绿色、多茸毛，叶片长宽15.8cm×5.6cm，叶长椭圆形，叶色绿，叶脉12对，叶身稍背卷，叶面隆起，叶缘波，叶质柔软，叶背主脉有茸毛。萼片5片、无茸毛，花冠直径4.0cm×3.8cm，花瓣6枚、质地中，花柱先端3裂，子房有茸毛。果实球形、三角形
RL037	芒棒大茶树2号	*C. sinensis* var. *assamica*	瑞丽市畹町镇芒棒村回还	953	6.3	4.0×5.0	2.0	小乔木型，树姿半开张。芽叶黄绿色、多茸毛，叶片长宽14.6cm×5.3cm，叶长椭圆形，叶色绿，叶脉10对，叶身稍背卷，叶面隆起，叶缘波，叶质柔软，叶背主脉有茸毛。萼片5片、无茸毛，花冠直径3.5cm×3.8cm，花瓣6枚、质地中，花柱先端3裂，子房有茸毛。果实球形、三角形

（续）

种质编号	种质名称	物种名称	分布地点	海拔（m）	树高（m）	树幅（m×m）	基部干围（m）	主要形态
RL038	芒棒大茶树3号	*C. sinensis* var. *assamica*	瑞丽市畹町镇芒棒村回还	958	4.5	3.0×4.2	1.4	小乔木型，树姿半开张。芽叶黄绿色、多茸毛，叶片长宽 14.3cm×5.6cm，叶长椭圆形，叶色绿，叶脉9对，叶身稍背卷，叶面隆起，叶缘波，叶质柔软，叶背主脉有茸毛。萼片5片、无茸毛，花冠直径 3.3cm×3.0cm，花瓣6枚、质地中，花柱先端3裂，子房有茸毛。果实球形、三角形

第十二章 红河哈尼族彝族自治州的茶树种质资源

红河哈尼族彝族自治州地处云南省东南部，跨东经 101°47′—104°16′，北纬 22°26′—24°45′，东面属滇东高原区，西面为横断山纵谷哀牢山区，地势西北高，东南低，海拔高度 76～3 074m。红河哈尼族彝族自治州地处低纬度高原季风气候区，属热带、亚热带立体气候，年平均气温 15.1～22.6℃，年平均降水量 810.0～2 280mm。境内有石灰岩山地、高原、谷地、坝区、丘陵等地貌形态，植被以乔木、灌木林和草坡为主，自然土有砖红壤、赤红壤、红壤、黄壤、黄棕壤和棕壤。

第一节

红河哈尼族彝族自治州茶树资源种类

红河哈尼族彝族自治州茶树种质资源物种丰富，历史上先后调查发现的种和变种多达12个，经修订和归并后，仍有7个种和变种。红河哈尼族彝族自治州主要栽培利用的地方茶树品种有10余个。

一、红河哈尼族彝族自治州茶树物种类型

20世纪80年代，对红河哈尼族彝族自治州茶树种质资源考察发现和鉴定出的茶树种类有厚轴茶（*C. crassicolumna*）、圆基茶（*C. rotundata*）、五柱茶（*C. pentastyla*）、哈尼茶（*C. crispula*）、秃房茶（*C. gymnogyna*）、榕江茶（*C. yungkiangensis*）、紫果茶（*C. purpurea*）、多瓣茶（*C. multiplex*）、普洱茶（*C. assamica*）、白毛茶（*C. sinensis* var. *pubilimba*）、小叶茶（*C. sinensis*）等。在后来的分类和修订中，园基茶、五柱茶、哈尼茶、榕江茶、紫果茶和多瓣茶等均被归并。

2013年至2015年间，对红河哈尼族彝族自治州野生茶树、栽培大茶树资源进行了全面普查，通过实地调查、标本采集、图片拍摄、专家鉴定和分类统计等方法，根据2007年编写的《中国植物志》英文版第12卷的分类，梳理了红河哈尼族彝族自治州茶树资源物种名录，主要有普洱茶（*C. sinensis* var. *assamica*）、大理茶（*C. taliensis*）厚轴茶（*C. crassicolumna*）、光萼厚轴茶（*C. crassicolumna* var. *multiplex*）、秃房茶（*C. gymnogyna*）、小叶茶（*C. sinensis*）和白毛茶（*C. sinensis* var. *pubilimba*）共7个种和变种。

二、红河哈尼族彝族自治州茶树品种类型

红河哈尼族彝族自治州的茶树品种类型包括野生茶树资源、地方茶树品种和选育茶树品种等。野生茶树资源主要有大围山野茶、乐育野茶、阿姆山野茶、元阳野茶、庐山野茶、金河野茶、分水岭野茶、观音山野茶等。栽培种植的地方茶树品种主要有玛玉大叶茶、车古大叶茶、浪提大叶茶、铜厂苦茶、龙碧大叶茶、牛孔大叶茶等。引进种植的茶树新品种主要有福云6号、长叶白毫、佛香3号、云抗10号、福鼎大白毫等。

第二节

红河哈尼族彝族自治州茶树资源地理分布

调查共记录到对红河哈尼族彝族自治州野生和栽培大茶树种质资源分布点102个，主要分布于红河哈尼族彝族自治州的红河、金平、绿春、屏边、河口、元阳等县（自治县、市）。大茶树资源沿哀牢山走向分布于红河流域南岸以及红河州中部的大围山和大丫巴山等地水平分布范围较广，但不均匀，垂直分布于海拔1 300～2 900m之间。

一、红河县大茶树分布

记录到红河县大茶树资源分布点20个，主要分布于乐育镇的尼美、窝伙垤、大新寨、乐育等村，车古乡的车古、哈垤、阿期等村，浪提镇的浪提、浪堵、娘普等村，架车乡的牛威、规普、翁居等村，宝华镇的安庆、朝阳、期垤等村，洛恩乡的普咪、哈龙、拉博、草果、茨农等村。典型植株有尼美大茶树、窝伙垤大茶树、大新寨大茶树、车古大茶树、浪提大茶树等。

二、金平苗族瑶族傣族自治县大茶树分布

记录到金平苗族瑶族傣族自治县大茶树资源分布点27个，主要分布于马鞍底乡的中梁、地西北、中寨、普玛、马拐塘、马鞍底等村，铜厂乡的铜厂、崇岗、瑶山、大塘子、勐谢等村，金河镇的永平、广街、干塘、马鹿塘、哈尼田等村，阿得博乡的阿得博、高兴寨、水源、箐口等村，勐桥乡的勐坪、新寨等村，大寨乡的新发寨、箐脚等村。典型植株有地西北大茶树、马拐塘大茶树、马鞍底大茶树、铜厂大茶树、大塘子大茶树、金河大茶树、马鹿塘大茶树等。

三、绿春县大茶树分布

记录到绿春县大茶树资源分布点17个，主要分布于大兴镇的牛洪、大寨、岔弄、阿迪、倮德等村（社区），骑马坝乡的玛玉、哈育、托河、莫洛等村，牛孔镇的曼洛、破瓦、依期、阿谷等村，大水沟乡的龙普、东沙、大阿巴等村。典型植株有岔弄大茶树、阿迪大茶树、倮德大茶树、骑马坝大茶树、玛玉大茶树、阿谷大茶树、龙普大茶树、大阿巴大茶树等。

四、元阳县大茶树分布

记录到元阳县大茶树资源分布点20个，主要分布于大坪乡的大坪、十八塘、太阳寨、芦山、马店、靛塘、小寨、三岔河、白石寨等村，新街镇的多依树、热水塘、胜村、麻栗寨、主鲁、倮铺等村，逢春岭乡的岩子脚、凹腰山等村，小新街乡的绿山寨、石岩寨等村。典型植株有大坪大茶树、太阳寨大茶

树、芦山大茶树、三岔河大茶树、东观音山大茶树、多依树村大茶树、胜村大茶树、麻栗寨大茶树、小新街大茶树等。

五、屏边苗族自治县大茶树分布

屏边苗族自治县各乡镇均有大茶树资源，共记录到屏边县大茶树资源分布点11个，主要分布于玉屏镇的玉屏、大围山、姑租碑等村（社区），和平镇的白沙、咪租、坡背、石坎头等村，新现镇的吉咪、洗马塘、期咪、西沙底等村。大茶树分布于海拔500～2 200m的区域，屏边大围山野生茶树居群最具代表性。典型植株有大围山大茶树、姑租碑大茶树、茶朵白大茶树、石砍头大茶树、吉咪大茶树等。

六、其他县大茶树分布

近年来，在红河哈尼族彝族州的建水县和河口瑶族自治县发现有野生大茶树资源。调查记录到建水县大茶树资源分布点1个，分布于建水县普雄乡的纸厂村大丫巴山。记录到河口县大茶树资源分布点6个，主要分布于河口瑶族自治县莲花滩乡的地谷白、中岭岗等村，瑶山乡的八角村，老范寨乡的桂良村，南溪镇的南溪、安家河等村。典型植株有普家箐野生大茶树、沙梨野生大茶树、箐脚野生大茶树和回龙野生大茶树等。

第三节

红河哈尼族彝族自治州大茶树资源生长状况

对红河哈尼族彝族自治州红河、金平、绿春、屏边、元阳、河口、建水7个县（市、自治县）典型大茶树树高、基部干围、树幅等生长特征及生长势进行了统计分析和初步评价，为红河哈尼族彝族自治州大茶树种质资源的合理利用与管理保护提供基础资料和参考依据。

一、红河哈尼族彝族自治州大茶树生长特征

对红河哈尼族彝族自治州内220株大茶树生长状况统计表明，见表12-1。大茶树树高在1.0～5.0m区段的有45株，占调查总数的20.5%；在5.0～10.0m区段的有156株，占调查总数的70.9%；在10.0～15.0m区段的有18株，占调查总数的8.2%；在15.0m以上区段的有1株，占调查总数的0.5%。大茶树树高变幅为3.0～16.0m，平均树高7.0m，树高主要集中在5～10m区段，占大茶树总数量的70.9%，大茶树平均树高7.05m，变幅为3.0～16.0m。树高在15.0m以上的有4株，占调查总数的1.7%。树高最高为建水县普雄乡纸厂村普家箐大茶树1号（编号JS001），树高16.0m。

大茶树基部干围在0.5～1.0m区段的有95株，占调查总数的43.2%；在1.0～1.5m区段的有96株，占调查总数的43.6%；在1.5～2.0m区段的有24株，占调查总数的10.9%；在2.0m以上区段的有5株，占调查总数的2.3%。大茶树基部干围平均为1.1m，变幅为0.5～3.0m。基部干围最大的是金平苗族瑶族傣族自治县金河镇永平后山金河大茶树1号（编号JP029），基部干围3.0m。

大茶树树幅在1.0～5.0m区段的有176株，占调查总数的80.0%；在5.0～10.0m区段的有42株，占调查总数的19.1%；在10.0m以上区段的有2株，占调查总数的0.9%。大茶树树幅直径在2.0～15.0m，平均树幅4.3m×4.2m。树幅最大为金平苗族瑶族傣族自治县金河镇永平后山金河大茶树1号（编号JP029），树幅12.0m×15.0m。

红河哈尼族彝族自治州大茶树树高、树幅、基部干围的变异系数分别为32.8%、33.9%和38.2%，均大于30%，各项生长指标均存在较大变异。

表12-1　红河哈尼族彝族自治州大茶树生长特征

树体形态	最大值	最小值	平均值	标准差	变异系数（%）
树高（m）	16.0	3.0	7.1	2.3	32.8
树幅直径（m）	15.0	2.0	4.3	1.4	33.9
基部干围（m）	3.0	0.5	1.1	0.4	38.2

二、红河哈尼族彝族自治州大茶树生长势

对220株大茶树生长势调查结果表明，红河哈尼族彝族自治州大茶树总体长势良好，少数植株处于

濒死状态或死亡，见表 12－2。大茶树树冠完整、枝繁叶茂、主干完好、树势生长旺盛的有 107 株，占调查总数的 48.7％；树枝无自然枯损、枯梢，生长势一般的有 94 株，占调查总数的 42.7％；树枝自然枯梢，树体残缺、腐损，树干有空洞，生长势较差的有 13 株，占调查总数的 5.9％；主梢及整体大部枯死、空干、根腐，生长势处于濒死状态的有 6 株，占调查总数的 2.7％。据不完全统计，调查记录到红河哈尼族彝族自治州有已死亡大茶树 8 株。

表 12－2　红河哈尼族彝族自治州大茶树生长势

调查地点（县、自治县）	调查数量（株）	生长势等级			
		旺盛	一般	较差	濒死
红河	21	12	8	1	0
河口	9	6	3	0	0
金平	42	22	15	3	2
建水	12	7	5	0	0
绿春	49	24	21	3	1
屏边	25	10	12	2	1
元阳	62	26	30	4	2
总计（株）	220	107	94	13	6
所占比例（％）	100.0	48.7	42.7	5.9	2.7

第四节

红河哈尼族彝族自治州大茶树资源名录

根据普查结果，对红河哈尼族彝族自治州7个县市内较古老、珍稀和特异的大茶树进行编号挂牌和整理编目，建立了红河哈尼族彝族自治州大茶树资源档案数据信息库和红河哈尼族彝族自治州茶树种质资源名录，见表12-3。共整理编目红河哈尼族彝族自治州大茶树资源名录220份，其中红河县21份，编号为HH001～HH021；金平苗族瑶族傣族自治县42份，编号为JP001～JP042；绿春县49份，编号为LC001～LC049；元阳县62份，编号为YY001～YY062；屏边苗族自治县25份，编号为PB001～PB025；建水县12份，编号为JS001～JS012；河口瑶族自治县9份，编号为HK001～HK009。

红河哈尼族彝族自治州大茶树资源名录注明了每一份大茶树资源的种质编号、种质名称、物种名称等护照信息，记录了大茶树资源的分布地点、海拔高度等地理信息，较详细地描述了大茶树的生长特征和植物学形态特征。红河哈尼族彝族自治州大茶树资源名录的确定，明确了红河哈尼族彝族自治州重点保护的大茶树资源，对了解红河哈尼族彝族自治州茶树种质资源提供了重要信息，为红河哈尼族彝族自治州茶树种质资源的有效保护和茶叶经济发展提供了全面准确的线索和依据。

表12-3　红河哈尼族彝族自治州大茶树资源名录（220份）

种质编号	种质名称	物种名称	分布地点	海拔(m)	树高(m)	树幅(m×m)	基部干围(m)	主要形态
HH001	尼美大茶树1号	*C. crassicolumna*	红河县乐育镇尼美村	1 923	10.5	4.9×4.4	1.5	乔木型，树姿直立。芽叶紫绿色、无茸毛。叶片长宽14.5cm×6.5cm，叶椭圆形，叶色绿，叶脉10对。萼片5片、无茸毛。花冠直径7.0cm×6.8cm，花瓣10枚，子房有茸毛，花柱先端5裂。果实球形
HH002	尼美大茶树2号	*C. crassicolumna*	红河县乐育镇尼美村	1 927	5.6	4.9×5.3	1.5	乔木型，树姿直立。芽叶淡绿色、无茸毛。叶片长宽15.0cm×6.7cm，叶椭圆形，叶色深绿，叶脉11对。萼片5片、无茸毛。花冠直径7.7cm×7.0cm，花瓣12枚，子房有茸毛，花柱先端5裂。果实球形
HH003	尼美大茶树3号	*C. crassicolumna*	红河县乐育镇尼美村	1 928	5.6	3.3×3.5	1.1	乔木型，树姿直立。芽叶淡绿色、无茸毛。叶片长宽14.5cm×6.2cm，叶椭圆形，叶色深绿，叶脉11对。萼片5片、无茸毛。花冠直径7.0cm×7.2cm，花瓣11枚，子房有茸毛，花柱先端5裂。果实球形

（续）

种质编号	种质名称	物种名称	分布地点	海拔（m）	树高（m）	树幅（m×m）	基部干围（m）	主要形态
HH004	尼美大茶树4号	*C. crassicolumna*	红河县乐育镇尼美村	1 924	8.0	4.0×3.5	0.9	乔木型，树姿直立。芽叶淡绿色、无茸毛。叶片长宽15.3cm×6.6cm，叶椭圆形，叶色深绿，叶脉10对。萼片5片、无茸毛。花冠直径6.0cm×7.3cm，花瓣9枚，子房有茸毛，花柱先端5裂。果实球形
HH005	尼美大茶树5号	*C. crassicolumna*	红河县乐育镇尼美村	1 920	5.0	3.0×3.7	0.7	乔木型，树姿直立。芽叶紫绿色、无茸毛。叶片长宽16.1cm×6.2cm，叶椭圆形，叶色深绿，叶脉9对。萼片5片、无茸毛。花冠直径6.8cm×7.0cm，花瓣9枚，子房有茸毛，花柱先端4～5裂。果实球形
HH006	尼美大茶树6号	*C. crassicolumna*	红河县乐育镇尼美村	1 927	6.0	4.5×4.5	0.8	小乔木型，树姿直立。芽叶紫绿色、无茸毛。叶片长宽15.8cm×6.0cm，叶椭圆形，叶色绿，叶脉10对。萼片5片、无茸毛。花冠直径6.0cm×6.3cm，花瓣8枚，子房有茸毛，花柱先端5裂。果实球形
HH007	尼美大茶树7号	*C. crassicolumna*	红河县乐育镇尼美村	1 919	5.0	3.0×3.0	1.0	小乔木型，树姿半开张。芽叶淡绿色、茸毛少。叶片长宽15.5cm×6.0cm，叶椭圆形，叶色深绿，叶脉11对。萼片5片、有茸毛。花冠直径5.9cm×6.3cm，花瓣9枚，子房有茸毛，花柱先端5裂。果实球形
HH008	尼美大茶树8号	*C. crassicolumna*	红河县乐育镇尼美村	1 930	7.0	4.2×3.5	0.9	乔木型，树姿直立。芽叶淡绿色、茸毛少。叶片长宽14.9cm×6.0cm，叶椭圆形，叶色绿，叶脉10对。萼片5片、有茸毛。花冠直径6.6cm×7.0cm，花瓣9枚，子房有茸毛，花柱先端5裂。果实球形
HH009	尼美大茶树9号	*C. crassicolumna*	红河县乐育镇尼美村	1 936	6.0	4.5×3.0	1.1	乔木型，树姿直立。芽叶淡绿色、茸毛少。叶片长宽15.8cm×6.5cm，叶椭圆形，叶色深绿，叶脉11对。萼片5片、有茸毛。花冠直径6.7cm×7.3cm，花瓣9枚，子房有茸毛，花柱先端5裂。果实球形
HH010	窝伙垤大茶树1号	*C. crassicolumna*	红河县乐育镇窝伙垤村	1 944	5.0	3.0×3.5	0.7	乔木型，树姿直立。芽叶紫绿色、茸毛少。叶片长宽15.3cm×6.6cm，叶椭圆形，叶色绿，叶脉9对。萼片5片、有茸毛。花冠直径6.0cm×7.0cm，花瓣9枚，子房有茸毛，花柱先端5裂。果实球形

（续）

种质编号	种质名称	物种名称	分布地点	海拔（m）	树高（m）	树幅（m×m）	基部干围（m）	主要形态
HH011	窝伙垤大茶树2号	*C. crassicolumna*	红河县乐育镇窝伙垤村	1 950	8.0	4.0×3.0	0.7	乔木型，树姿直立。芽叶淡绿色、茸毛少。叶片长宽16.3cm×6.8cm，叶椭圆形，叶色深绿，叶脉11对。萼片5片、有茸毛。花冠直径6.8cm×7.0cm，花瓣10枚，子房有茸毛，花柱先端5裂。果实球形
HH012	窝伙垤大茶树3号	*C. crassicolumna*	红河县乐育镇窝伙垤村	1 938	5.0	4.0×4.5	0.8	乔木型，树姿直立。芽叶淡绿色、茸毛少。叶片长宽17.0cm×6.0cm，叶长椭圆形，叶色深绿，叶脉10对。萼片5片、有茸毛。花冠直径7.0cm×6.0cm，花瓣8枚，子房有茸毛，花柱先端5裂。果实球形
HH013	大新寨大茶树1号	*C. crassicolumna*	红河县乐育镇大新寨村	1 940	5.0	3.0×3.5	0.8	乔木型，树姿直立。芽叶淡绿色、茸毛少。叶片长宽16.0cm×5.8cm，叶长椭圆形，叶色深绿，叶脉10对。萼片5片、有茸毛。花冠直径7.2cm×6.5cm，花瓣9枚，子房有茸毛，花柱先端5裂。果实球形
HH014	大新寨大茶树2号	*C. crassicolumna*	红河县乐育镇大新寨村	1 948	5.5	3.7×3.8	0.7	小乔木型，树姿直立。芽叶淡绿色、茸毛少。叶片长宽15.5cm×5.7cm，叶椭圆形，叶色深绿，叶脉10对。萼片5片、有茸毛。花冠直径6.0cm×6.4cm，花瓣9枚，子房有茸毛，花柱先端5裂。果实球形
HH015	车古大茶树1号	*C. crassicolumna*	红河县车古乡车古村	2 002	7.0	4.0×3.8	1.0	小乔木型，树姿直立。芽叶淡绿色、茸毛少。叶片长宽17.0cm×6.2cm，叶长椭圆形，叶色绿，叶脉11对。萼片5片、有茸毛。花冠直径7.0cm×7.0cm，花瓣12枚，子房有茸毛，花柱先端5裂。果实球形
HH016	车古大茶树2号	*C. crassicolumna*	红河县车古乡车古村	2 010	5.0	4.5×5.8	0.8	小乔木型，树姿直立。芽叶淡绿色、茸毛少。叶片长宽16.5cm×5.9cm，叶椭圆形，叶色绿，叶脉11对。萼片5片、有茸毛。花冠直径7.0cm×7.2cm，花瓣12枚，子房有茸毛，花柱先端5裂。果实球形
HH017	车古大茶树3号	*C. crassicolumna*	红河县车古乡车古村	2 005	6.0	4.0×3.6	0.7	小乔木型，树姿直立。芽叶紫绿色、茸毛少。叶片长宽16.2cm×5.3cm，叶椭圆形，叶色绿，叶脉11对。萼片5片、有茸毛。花冠直径6.5cm×7.0cm，花瓣10枚，子房有茸毛，花柱先端5裂。果实球形

（续）

种质编号	种质名称	物种名称	分布地点	海拔（m）	树高（m）	树幅（m×m）	基部干围（m）	主要形态
HH018	浪提大茶树1号	*C. sinensis* var. *assamica*	红河县浪提镇浪提村	1 490	6.5	3.8×3.2	1.2	小乔木型，树姿半开张。芽叶淡绿色、茸毛多。大叶，叶片长宽14.9cm×5.2cm，叶长椭圆形，叶色绿，叶脉11对。萼片5片、无茸毛。花冠直径4.4cm×4.5cm，花瓣6枚，子房有茸毛，花柱先端3裂。果实球形、三角形
HH019	浪提大茶树2号	*C. sinensis* var. *assamica*	红河县浪提镇浪提村	1 483	7.0	4.0×4.8	0.8	小乔木型，树姿半开张。芽叶黄绿色、茸毛中。大叶，叶片长宽15.2cm×5.4cm，叶长椭圆形，叶色绿，叶脉10对。萼片5片、无茸毛。花冠直径5.0cm×3.9cm，花瓣7枚，子房有茸毛，花柱先端3裂。果实球形、三角形
HH020	浪提大茶树3号	*C. sinensis* var. *assamica*	红河县浪提镇浪提村	1 487	8.2	5.0×4.5	0.8	小乔木型，树姿半开张。芽叶玉白色、茸毛中。大叶，叶片长宽13.6cm×4.8cm，叶椭圆形，叶色绿，叶脉9对。萼片5片、无茸毛。花冠直径3.7cm×4.0cm，花瓣6枚，子房有茸毛，花柱先端3裂。果实球形、三角形
HH021	浪提大茶树4号	*C. sinensis* var. *assamica*	红河县浪提镇浪提村	1 485	5.5	3.8×4.2	0.9	小乔木型，树姿半开张。芽叶紫绿色、茸毛少。大叶，叶片长宽12.5cm×4.6cm，叶椭圆形，叶色绿，叶脉8对。萼片5片、无茸毛。花冠直径4.0cm×3.6cm，花瓣6枚，子房有茸毛，花柱先端3裂。果实球形、三角形
JP001	地西北大茶树1号	*C. crassicolumna*	金平苗族瑶族傣族自治县马鞍底乡地西北村	1 311	11.0	2.9×3.5	1.4	乔木型，树姿直立。芽叶淡绿色、茸毛少。叶片长宽18.4cm×7.2cm，叶椭圆形，叶色绿，叶脉9对。萼片5片、有茸毛。花冠直径6.9cm×7.0cm，花瓣10枚，子房有茸毛，花柱先端5裂。果实球形
JP002	地西北大茶树2号	*C. crassicolumna*	金平苗族瑶族傣族自治县马鞍底乡地西北村	1 311	9.0	2.5×3.0	1.3	乔木型，树姿直立。芽叶淡绿色、茸毛少。叶片长宽17.5cm×7.3cm，叶椭圆形，叶色绿，叶脉9对。萼片5片、有茸毛。花冠直径6.0cm×7.3cm，花瓣9枚，子房有茸毛，花柱先端5裂。果实球形
JP003	地西北大茶树3号	*C. crassicolumna*	金平苗族瑶族傣族自治县马鞍底乡地西北村	1 311	10.0	3.0×3.0	1.4	乔木型，树姿直立。芽叶淡绿色、茸毛少。叶片长宽16.7cm×6.7cm，叶椭圆形，叶色绿，叶脉10对。萼片5片、有茸毛。花冠直径7.2cm×7.3cm，花瓣10枚，子房有茸毛，花柱先端5裂。果实球形

（续）

种质编号	种质名称	物种名称	分布地点	海拔（m）	树高（m）	树幅（m×m）	基部干围（m）	主要形态
JP004	地西北大茶树4号	*C. crassicolumna*	金平苗族瑶族傣族自治县马鞍底乡地西北村	1 311	6.0	3.0×3.0	1.0	乔木型，树姿直立。芽叶淡绿色、茸毛少。叶片长宽15.5cm×5.6cm，叶椭圆形，叶色绿，叶脉11对。萼片5片、有茸毛。花冠直径6.5cm×6.8cm，花瓣9枚，子房有茸毛，花柱先端5裂。果实球形
JP005	地西北大茶树5号	*C. crassicolumna*	金平苗族瑶族傣族自治县马鞍底乡地西北村	1 290	7.5	3.8×4.6	1.2	乔木型，树姿直立。芽叶淡绿色、茸毛少。叶片长宽15.4cm×6.2cm，叶长椭圆形，叶色绿，叶脉9对。萼片5片、无茸毛。花冠直径6.2cm×5.8cm，花瓣8枚，子房有茸毛，花柱先端5裂。果实球形
JP006	八抵大茶树1号	*C. sinensis* var. *assamica*	金平苗族瑶族傣族自治县马鞍底乡地西北村八抵	1 342	7.5	5.3×6.0	1.8	小乔木型，树姿半开张。芽叶黄绿色、茸毛多。叶片长宽16.8cm×7.3cm，叶长椭圆形，叶色绿，叶脉10对。萼片5片、无茸毛。花冠直径5.0cm×5.4cm，花瓣7枚，子房有茸毛，花柱先端3裂。果实球形、三角形
JP007	八抵大茶树2号	*C. sinensis* var. *assamica*	金平苗族瑶族傣族自治县马鞍底乡地西北村八抵	1 372	5.5	4.3×5.0	1.2	小乔木型，树姿半开张。芽叶黄绿色、茸毛多。叶片长宽15.5cm×6.8cm，叶长椭圆形，叶色绿，叶脉11对。萼片5片、无茸毛。花冠直径4.0cm×5.1cm，花瓣6枚，子房有茸毛，花柱先端3裂。果实球形、三角形
JP008	八抵大茶树3号	*C. sinensis* var. *assamica*	金平苗族瑶族傣族自治县马鞍底乡地西北村八抵	1 360	5.8	5.0×6.5	1.0	小乔木型，树姿半开张。芽叶绿色、茸毛多。叶片长宽16.0cm×7.0cm，叶长椭圆形，叶色绿，叶脉12对。萼片5片、无茸毛。花冠直径5.5cm×5.4cm，花瓣7枚，子房有茸毛，花柱先端3裂。果实球形、三角形
JP009	石头寨大茶树1号	*C. sinensis* var. *assamica*	金平苗族瑶族傣族自治县马鞍底乡地西北村石头寨	1 347	5.5	3.3×4.0	1.5	小乔木型，树姿半开张。芽叶黄绿色、茸毛多。叶片长宽16.3cm×6.4cm，叶椭圆形，叶色绿，叶脉11对。萼片5片、无茸毛。花冠直径5.2cm×5.0cm，花瓣6枚，子房有茸毛，花柱先端3裂。果实球形、三角形
JP010	石头寨大茶树2号	*C. sinensis* var. *assamica*	金平苗族瑶族傣族自治县马鞍底乡地西北村石头寨	1 350	5.0	3.9×4.5	1.1	小乔木型，树姿半开张。芽叶玉白色、茸毛多。叶片长宽14.7cm×5.4cm，叶椭圆形，叶色绿，叶脉10对。萼片5片、无茸毛。花冠直径5.2cm×5.5cm，花瓣6枚，子房有茸毛，花柱先端3裂。果实球形、三角形

（续）

种质编号	种质名称	物种名称	分布地点	海拔（m）	树高（m）	树幅（m×m）	基部干围（m）	主要形态
JP011	石头寨大茶树3号	*C. sinensis* var. *assamica*	金平苗族瑶族傣族自治县马鞍底乡地西北村石头寨	1 353	6.5	4.3×4.5	1.0	小乔木型，树姿半开张。芽叶绿色、茸毛多。叶片长宽13.8cm×6.0cm，叶椭圆形，叶色绿，叶脉10对。萼片5片、无茸毛。花冠直径5.2cm×5.0cm，花瓣5枚，子房有茸毛，花柱先端3裂。果实球形、三角形
JP012	大坪大茶树1号	*C. sinensis* var. *assamica*	金平苗族瑶族傣族自治县马鞍底乡地西北村大坪上寨	1 415	6.5	4.0×4.0	1.9	小乔木型，树姿半开张。芽叶黄绿色、茸毛多。叶片长宽15.7cm×6.5cm，叶椭圆形，叶色绿，叶脉9对。萼片5片、无茸毛。花冠直径4.2cm×3.7cm，花瓣6枚，子房有茸毛，花柱先端3裂。果实球形、三角形
JP013	大坪大茶树2号	*C. sinensis* var. *assamica*	金平苗族瑶族傣族自治县马鞍底乡地西北村大坪上寨	1 415	6.5	4.0×4.0	1.4	小乔木型，树姿半开张。芽叶黄绿色、茸毛多。叶片长宽14.4cm×6.5cm，叶椭圆形，叶色绿，叶脉8对。萼片5片、无茸毛。花冠直径4.2cm×4.4cm，花瓣7枚，子房有茸毛，花柱先端3裂。果实球形、三角形
JP014	大坪大茶树3号	*C. sinensis* var. *assamica*	金平苗族瑶族傣族自治县马鞍底乡地西北村大坪上寨	1 415	6.5	4.0×4.0	1.3	小乔木型，树姿半开张。芽叶绿色、茸毛多。叶片长宽16.2cm×5.5cm，叶长椭圆形，叶色深绿，叶脉11对。萼片5片、无茸毛。花冠直径4.2cm×3.7cm，花瓣6枚，子房有茸毛，花柱先端3裂。果实球形、三角形
JP015	哈尼大茶树1号	*C. sinensis* var. *assamica*	金平苗族瑶族傣族自治县铜厂乡瑶山村哈尼上寨	1 409	10.5	3.5×3.5	1.5	小乔木型，树姿半开张。芽叶黄绿色、茸毛多。叶片长宽15.5cm×5.5cm，叶椭圆形，叶色绿，叶脉8对。萼片5片、无茸毛。花冠直径4.0cm×3.5cm，花瓣6枚，子房有茸毛，花柱先端3裂。果实球形、三角形
JP016	哈尼大茶树2号	*C. sinensis* var. *assamica*	金平苗族瑶族傣族自治县铜厂乡瑶山村哈尼上寨	1 410	8.5	3.0×3.8	1.4	小乔木型，树姿半开张。芽叶淡绿色、茸毛中。叶片长宽14.6cm×5.8cm，叶椭圆形，叶色绿，叶脉9对。萼片5片、无茸毛。花冠直径4.0cm×3.7cm，花瓣6枚，子房有茸毛，花柱先端3裂。果实球形、三角形
JP017	哈尼大茶树3号	*C. sinensis* var. *assamica*	金平苗族瑶族傣族自治县铜厂乡瑶山村哈尼上寨	1 410	7.3	3.0×3.5	1.6	小乔木型，树姿半开张。芽叶淡绿色、茸毛中。叶片长宽16.0cm×6.8cm，叶椭圆形，叶色绿，叶脉11对。萼片5片、无茸毛。花冠直径4.1cm×3.8cm，花瓣5枚，子房有茸毛，花柱先端3裂。果实球形、三角形

（续）

种质编号	种质名称	物种名称	分布地点	海拔（m）	树高（m）	树幅（m×m）	基部干围（m）	主要形态
JP018	哈尼大茶树4号	*C. sinensis* var. *assamica*	金平苗族瑶族傣族自治县铜厂乡瑶山村哈尼上寨	1 409	7.0	4.0×3.2	1.3	小乔木型，树姿半开张。芽叶淡绿色、茸毛中。叶片长宽 15.0cm×6.2cm，叶椭圆形，叶色绿，叶脉 10 对。萼片 5 片、无茸毛。花冠直径 3.7cm×3.8cm，花瓣 6 枚，子房有茸毛，花柱先端 3 裂。果实球形、三角形
JP019	哈尼大茶树5号	*C. sinensis* var. *assamica*	金平苗族瑶族傣族自治县铜厂乡瑶山村哈尼上寨	1 410	5.5	3.0×3.0	1.2	小乔木型，树姿半开张。芽叶淡绿色、茸毛中。叶片长宽 15.4cm×5.7cm，叶椭圆形，叶色绿，叶脉 9 对。萼片 5 片、无茸毛。花冠直径 4.0cm×3.5cm，花瓣 5 枚，子房有茸毛，花柱先端 3 裂。果实球形、三角形
JP020	哈尼大茶树6号	*C. sinensis* var. *assamica*	金平苗族瑶族傣族自治县铜厂乡瑶山村哈尼上寨	1 402	6.0	3.8×3.3	1.3	小乔木型，树姿半开张。芽叶淡绿色、茸毛中。叶片长宽 13.8cm×5.7cm，叶椭圆形，叶色深绿，叶脉 9 对。萼片 5 片、无茸毛。花冠直径 3.3cm×3.6cm，花瓣 5 枚，子房有茸毛，花柱先端 3 裂。果实球形、三角形
JP021	哈尼大茶树7号	*C. sinensis* var. *assamica*	金平苗族瑶族傣族自治县铜厂乡瑶山村哈尼上寨	1 403	6.8	3.4×3.4	1.1	小乔木型，树姿半开张。芽叶紫绿色、茸毛中。叶片长宽 13.0cm×5.2cm，叶椭圆形，叶色深绿，叶脉 10 对。萼片 5 片、无茸毛。花冠直径 3.8cm×3.8cm，花瓣 6 枚，子房有茸毛，花柱先端 3 裂。果实球形、三角形
JP022	哈尼大茶树8号	*C. sinensis* var. *assamica*	金平苗族瑶族傣族自治县铜厂乡瑶山村哈尼上寨	1 408	6.0	3.5×4.7	1.5	小乔木型，树姿半开张。芽叶绿色、茸毛中。叶片长宽 13.6cm×4.2cm，叶长椭圆形，叶色深绿，叶脉 8 对。萼片 5 片、无茸毛。花冠直径 3.8cm×4.2cm，花瓣 6 枚，子房有茸毛，花柱先端 3 裂。果实球形、三角形
JP023	哈尼大茶树9号	*C. sinensis* var. *assamica*	金平苗族瑶族傣族自治县铜厂乡瑶山村哈尼上寨	1 412	8.0	4.5×4.2	1.4	小乔木型，树姿半开张。芽叶黄绿色、茸毛中。叶片长宽 14.4cm×4.7cm，叶椭圆形，叶色深绿，叶脉 8 对。萼片 5 片、无茸毛。花冠直径 4.0cm×4.3cm，花瓣 6 枚，子房有茸毛，花柱先端 3 裂。果实球形、三角形
JP024	龙口大茶树1号	*C. sinensis* var. *assamica*	金平苗族瑶族傣族自治县铜厂乡铜厂村龙口小组	1 664	12.0	3.5×4.0	2.0	小乔木型，树姿半开张。芽叶黄绿色、茸毛中。叶片长宽 17.4cm×5.6cm，叶长椭圆形，叶色深绿，叶脉 11 对。萼片 5 片、无茸毛。花冠直径 4.2cm×3.8cm，花瓣 6 枚，子房有茸毛，花柱先端 3 裂。果实球形、三角形

（续）

种质编号	种质名称	物种名称	分布地点	海拔（m）	树高（m）	树幅（m×m）	基部干围（m）	主要形态
JP025	龙口大茶树2号	*C. sinensis* var. *assamica*	金平苗族瑶族傣族自治县铜厂乡铜厂村龙口小组	1 661	6.7	3.0×2.0	1.6	小乔木型，树姿半开张。芽叶黄绿色、茸毛中。叶片长宽 16.5cm×5.0cm，叶长椭圆形，叶色绿，叶脉9对。萼片5片、无茸毛。花冠直径4.4cm×3.7cm，花瓣6枚，子房有茸毛，花柱先端3裂。果实球形、三角形
JP026	龙口大茶树3号	*C. sinensis* var. *assamica*	金平苗族瑶族傣族自治县铜厂乡铜厂村龙口小组	1 667	7.0	3.8×3.0	1.5	小乔木型，树姿半开张。芽叶黄绿色、茸毛中。叶片长宽 15.7cm×5.3cm，叶椭圆形，叶色绿，叶脉10对。萼片5片、无茸毛。花冠直径4.0cm×3.7cm，花瓣6枚，子房有茸毛，花柱先端3裂。果实球形、三角形
JP027	龙口大茶树4号	*C. sinensis* var. *assamica*	金平苗族瑶族傣族自治县铜厂乡铜厂村龙口小组	1 658	8.0	4.0×4.5	1.4	小乔木型，树姿半开张。芽叶黄绿色、茸毛中。叶片长宽 15.6cm×5.5cm，叶椭圆形，叶色绿，叶脉10对。萼片5片、无茸毛。花冠直径5.0cm×4.7cm，花瓣7枚，子房有茸毛，花柱先端3裂。果实球形、三角形
JP028	龙口大茶树5号	*C. sinensis* var. *assamica*	金平苗族瑶族傣族自治县铜厂乡铜厂村龙口小组	1 673	7.0	4.5×5.0	1.8	小乔木型，树姿半开张。芽叶黄绿色、茸毛中。叶片长宽 15.8cm×5.0cm，叶长椭圆形，叶色绿，叶脉11对。萼片5片、无茸毛。花冠直径3.8cm×3.5cm，花瓣5枚，子房有茸毛，花柱先端3裂。果实球形、三角形
JP029	金河大茶树1号	*C. crassicolumna*	金平苗族瑶族傣族自治县金河镇永平村后山自然保护区	1 680	15.0	12.0×15.0	3.0	乔木型，树姿直立。芽叶黄绿色、有茸毛。叶片长宽11.9cm×5.9cm，叶椭圆形，叶色绿，叶脉9对。萼片5片、有茸毛。花冠直径4.9cm×5.2cm，花瓣12枚，子房有茸毛，花柱先端5裂。果实球形
JP030	金河大茶树2号	*C. crassicolumna*	金平苗族瑶族傣族自治县金河镇永平村后山自然保护区	1 684	10.0	5.0×5.5	2.1	乔木型，树姿直立。芽叶淡绿色、有茸毛。叶片长宽13.0cm×5.0cm，叶椭圆形，叶色绿，叶脉10对。萼片5片、有茸毛。花冠直径4.9cm×5.0cm，花瓣11枚，子房有茸毛，花柱先端5裂。果实球形
JP031	金河大茶树3号	*C. crassicolumna*	金平苗族瑶族傣族自治县金河镇永平村后山自然保护区	1 686	12.0	5.2×4.0	2.3	乔木型，树姿直立。芽叶淡绿色、有茸毛。叶片长宽13.9cm×5.2cm，叶椭圆形，叶色绿，叶脉11对。萼片5片、有茸毛。花冠直径5.0cm×5.8cm，花瓣10枚，子房有茸毛，花柱先端5裂。果实球形

（续）

种质编号	种质名称	物种名称	分布地点	海拔（m）	树高（m）	树幅（m×m）	基部干围（m）	主要形态
JP032	金河大茶树4号	*C. crassicolumna*	金平苗族瑶族傣族自治县金河镇永平村后山自然保护区	1 672	8.0	4.7×4.5	2.0	乔木型，树姿直立。芽叶淡绿色、有茸毛。叶片长宽13.9cm×5.2cm，叶椭圆形，叶色绿，叶脉10对。萼片5片、有茸毛。花冠直径5.8cm×5.7cm，花瓣11枚，子房有茸毛，花柱先端5裂。果实球形
JP033	金河大茶树5号	*C. crassicolumna*	金平苗族瑶族傣族自治县金河镇永平村后山自然保护区	1 675	8.5	4.0×4.0	1.8	乔木型，树姿直立。芽叶淡绿色、有茸毛。叶片长宽14.7cm×5.0cm，叶椭圆形，叶色绿，叶脉10对。萼片5片、有茸毛。花冠直径6.0cm×5.5cm，花瓣12枚，子房有茸毛，花柱先端5裂。果实球形
JP034	金河大茶树6号	*C. crassicolumna*	金平苗族瑶族傣族自治县金河镇永平村后山自然保护区	1 680	7.7	4.4×4.8	1.8	乔木型，树姿直立。芽叶淡绿色、有茸毛。叶片长宽15.0cm×4.4cm，叶长椭圆形，叶色绿，叶脉11对。萼片5片、有茸毛。花冠直径6.2cm×5.5cm，花瓣12枚，子房有茸毛，花柱先端5裂。果实球形
JP035	金河大茶树7号	*C. crassicolumna*	金平苗族瑶族傣族自治县金河镇永平村后山自然保护区	1 659	6.0	4.2×4.0	1.4	乔木型，树姿直立。芽叶淡绿色、有茸毛。叶片长宽15.3cm×4.3cm，叶长椭圆形，叶色绿，叶脉10对。萼片5片、有茸毛。花冠直径6.0cm×5.0cm，花瓣10枚，子房有茸毛，花柱先端5裂。果实球形
JP036	金河大茶树8号	*C. crassicolumna*	金平苗族瑶族傣族自治县金河镇永平村后山自然保护区	1 675	6.8	4.0×3.7	1.0	乔木型，树姿直立。芽叶淡绿色、有茸毛。叶片长宽16.0cm×5.3cm，叶长椭圆形，叶色绿，叶脉10对。萼片5片、有茸毛。花冠直径6.5cm×6.0cm，花瓣11枚，子房有茸毛，花柱先端5裂。果实球形
JP037	分水岭大茶树1号	*C. crassicolumna*	金平苗族瑶族傣族自治县阿得博乡分水岭自然保护区	1 695	8.5	3.0×3.5	2.0	乔木型，树姿直立。芽叶淡绿色、有茸毛。叶片长宽14.7cm×4.3cm，叶椭圆形，叶色绿，叶脉10对。萼片5片、有茸毛。花冠直径6.0cm×6.4cm，花瓣9枚，子房有茸毛，花柱先端5裂。果实球形
JP038	分水岭大茶树2号	*C. crassicolumna*	金平苗族瑶族傣族自治县阿得博乡分水岭自然保护区	1 735	7.0	4.0×3.5	1.8	乔木型，树姿直立。芽叶淡绿色、有茸毛。叶片长宽14.4cm×5.2cm，叶椭圆形，叶色绿，叶脉9对。萼片5片、有茸毛。花冠直径6.7cm×6.8cm，花瓣10枚，子房有茸毛，花柱先端4裂。果实球形

（续）

种质编号	种质名称	物种名称	分布地点	海拔（m）	树高（m）	树幅（m×m）	基部干围（m）	主要形态
JP039	分水岭大茶树3号	*C. crassicolumna*	金平苗族瑶族傣族自治县阿得博乡分水岭自然保护区	1 688	8.5	4.7×3.0	1.5	乔木型，树姿直立。芽叶淡绿色、有茸毛。叶片长宽15.0cm×5.0cm，叶椭圆形，叶色绿，叶脉10对。萼片5片、有茸毛。花冠直径6.8cm×6.5cm，花瓣10枚，子房有茸毛，花柱先端4裂。果实球形
JP040	分水岭大茶树4号	*C. crassicolumna*	金平苗族瑶族傣族自治县阿得博乡分水岭自然保护区	1 694	8.0	4.0×3.3	1.7	乔木型，树姿直立。芽叶淡绿色、有茸毛。叶片长宽15.8cm×5.4cm，叶椭圆形，叶色绿，叶脉10对。萼片5片、有茸毛。花冠直径7.0cm×6.5cm，花瓣10枚，子房有茸毛，花柱先端4裂。果实球形
JP041	分水岭大茶树5号	*C. crassicolumna*	金平苗族瑶族傣族自治县阿得博乡分水岭自然保护区	1 674	6.0	3.5×2.3	1.5	乔木型，树姿直立。芽叶淡绿色、有茸毛。叶片长宽15.0cm×4.4cm，叶椭圆形，叶色绿，叶脉9对。萼片5片、有茸毛。花冠直径6.0cm×6.3cm，花瓣11枚，子房有茸毛，花柱先端5裂。果实球形
JP042	分水岭大茶树6号	*C. crassicolumna*	金平苗族瑶族傣族自治县阿得博乡分水岭自然保护区	1 708	6.3	3.0×3.3	1.2	乔木型，树姿直立。芽叶淡绿色、有茸毛。叶片长宽14.7cm×4.9cm，叶椭圆形，叶色绿，叶脉9对。萼片5片、有茸毛。花冠直径5.8cm×5.7cm，花瓣9枚，子房有茸毛，花柱先端5裂。果实球形
LC001	阿倮那大茶树1号	*C. crassicolumna*	绿春县大兴镇牛洪社区阿倮那	2 162	12.5	8.0×8.5	1.8	乔木型，树姿直立。芽叶淡绿色、有茸毛。叶片长宽13.4cm×4.5cm，叶椭圆形，叶色绿，叶脉10对。萼片5片、有茸毛。花冠直径5.9cm×6.0cm，花瓣9枚，子房有茸毛，花柱先端4～5裂。果实球形
LC002	阿倮那大茶树2号	*C. crassicolumna*	绿春县大兴镇牛洪社区阿倮那	2 178	10.5	10.0×9.5	1.0	乔木型，树姿直立。芽叶淡绿色、有茸毛。叶片长宽15.2cm×4.8cm，叶椭圆形，叶色绿，叶脉11对。萼片5片、有茸毛
LC003	阿倮那大茶树3号	*C. crassicolumna*	绿春县大兴镇牛洪社区阿倮那	2 178	8.7	5.0×6.5	0.9	乔木型，树姿直立。芽叶淡绿色、有茸毛。叶片长宽15.2cm×4.8cm，叶椭圆形，叶色深绿，叶脉10对。萼片5片、有茸毛。花冠直径6.6cm×6.9cm，花瓣11枚，子房有茸毛，花柱先端4～5裂。果实球形
LC004	阿倮那大茶树4号	*C. crassicolumna*	绿春县大兴镇牛洪社区阿倮那	2 174	8.0	5.5×6.0	0.9	乔木型，树姿直立。芽叶淡绿色、有茸毛。叶片长宽15.8cm×5.3cm，叶椭圆形，叶色深绿，叶脉11对。萼片5片、有茸毛。花冠直径5.5cm×6.7cm，花瓣8枚，子房有茸毛，花柱先端4～5裂。果实球形

（续）

种质编号	种质名称	物种名称	分布地点	海拔（m）	树高（m）	树幅（m×m）	基部干围（m）	主要形态
LC005	阿倮那大茶树5号	*C. crassicolumna*	绿春县大兴镇牛洪社区阿倮那	2 170	6.0	5.0×4.0	0.8	乔木型，树姿直立。芽叶淡绿色、有茸毛。叶片长宽15.3cm×5.4cm，叶椭圆形，叶色深绿，叶脉9对。萼片5片、有茸毛。花冠直径6.5cm×6.8cm，花瓣10枚，子房有茸毛，花柱先端4～5裂。果实球形
LC006	阿倮那大茶树6号	*C. crassicolumna*	绿春县大兴镇牛洪社区阿倮那	2 168	7.0	5.5×6.5	0.8	乔木型，树姿直立。芽叶淡绿色、有茸毛。叶片长宽16.3cm×4.3cm，叶长椭圆形，叶色深绿，叶脉12对。萼片5片、有茸毛。花冠直径6.5cm×6.8cm，花瓣10枚，子房有茸毛，花柱先端5裂。果实球形
LC007	阿倮那大茶树7号	*C. crassicolumna*	绿春县大兴镇牛洪社区阿倮那	2 180	6.5	5.3×6.2	0.7	乔木型，树姿直立。芽叶淡绿色、有茸毛。叶片长宽13.9cm×4.3cm，叶长椭圆形，叶色深绿，叶脉10对。萼片5片、有茸毛。花冠直径5.7cm×6.3cm，花瓣9枚，子房有茸毛，花柱先端4～5裂。果实球形
LC008	阿倮那大茶树8号	*C. crassicolumna*	绿春县大兴镇牛洪社区阿倮那	2 175	6.0	5.0×6.0	0.7	乔木型，树姿直立。芽叶淡绿色、有茸毛。叶片长宽14.3cm×4.8cm，叶椭圆形，叶色深绿，叶脉11对。萼片5片、有茸毛。花冠直径6.7cm×6.5cm，花瓣12枚，子房有茸毛，花柱先端4～5裂。果实球形
LC009	黄连山大茶树1号	*C. crassicolumna*	绿春县骑马坝乡黄连山自然保护区	1 564	12.5	7.3×6.2	0.9	乔木型，树姿直立。芽叶淡绿色、有茸毛。叶片长宽18.6cm×7.4cm，叶长椭圆形，叶色深绿，叶脉11对。萼片5片、有茸毛。花冠直径7.0cm×6.3cm，花瓣10枚，子房有茸毛，花柱先端4～5裂。果实球形
LC010	黄连山大茶树2号	*C. crassicolumna*	绿春县骑马坝乡黄连山自然保护区	1 507	8.5	7.0×6.0	0.8	乔木型，树姿直立。芽叶淡绿色、有茸毛。叶片长宽15.7cm×6.4cm，叶长椭圆形，叶色深绿，叶脉10对。萼片5片、有茸毛。花冠直径6.4cm×6.0cm，花瓣10枚，子房有茸毛，花柱先端4～5裂。果实球形
LC011	黄连山大茶树3号	*C. crassicolumna*	绿春县骑马坝乡黄连山自然保护区	1 458	8.0	7.5×6.0	0.8	乔木型，树姿直立。芽叶淡绿色、有茸毛。叶片长宽15.3cm×6.0cm，叶椭圆形，叶色绿，叶脉9对。萼片5片、有茸毛。花冠直径6.4cm×6.7cm，花瓣9枚，子房有茸毛，花柱先端5裂。果实球形

（续）

种质编号	种质名称	物种名称	分布地点	海拔（m）	树高（m）	树幅（m×m）	基部干围（m）	主要形态
LC012	黄连山大茶树4号	*C. crassicolumna*	绿春县骑马坝乡黄连山自然保护区	1 507	9.0	5.0×6.4	0.7	小乔木型，树姿直立。芽叶黄绿色、有茸毛。叶片长宽16.0cm×6.0cm，叶椭圆形，叶色深绿，叶背主脉有茸毛，叶脉10对
LC013	黄连山大茶树5号	*C. crassicolumna*	绿春县骑马坝乡黄连山自然保护区	1 466	8.2	6.3×6.5	0.7	乔木型，树姿直立。芽叶紫绿色、有茸毛。叶片长宽14.7cm×6.5cm，叶椭圆形，叶色深绿，叶背主脉有茸毛，叶脉10对
LC014	黄连山大茶树6号	*C. crassicolumna*	绿春县骑马坝乡黄连山自然保护区	1 487	7.5	5.0×6.0	0.6	小乔木型，树姿直立。芽叶淡绿色、有茸毛。叶片长宽16.7cm×6.3cm，叶长椭圆形，叶色绿，叶脉10对。萼片5片、有茸毛。果实球形
LC015	黄连山大茶树7号	*C. crassicolumna*	绿春县骑马坝乡黄连山自然保护区	1 493	8.0	4.7×5.2	0.8	小乔木型，树姿直立。芽叶淡绿色、有茸毛。叶片长宽15.3cm×5.0cm，叶椭圆形，叶色绿，叶脉9对。萼片5片、有茸毛。果实球形
LC016	黄连山大茶树8号	*C. crassicolumna*	绿春县骑马坝乡黄连山自然保护区	1 474	6.5	4.0×3.6	0.5	乔木型，树姿直立。芽叶淡绿色、有茸毛。叶片长宽13.7cm×5.4cm，叶椭圆形，叶色深绿，叶脉10对。萼片5片、有茸毛。花冠直径6.0cm×5.5cm，花瓣11枚，子房有茸毛，花柱先端4～5裂。果实扁球形、球形
LC017	黄连山大茶树9号	*C. crassicolumna*	绿春县骑马坝乡黄连山自然保护区	1 490	5.0	4.5×5.0	0.5	小木型，树姿半开张。芽叶淡绿色、有茸毛。叶片长宽15.8cm×6.6cm，叶椭圆形，叶色绿，叶脉8对。萼片5片、有茸毛。果实球形
LC018	黄连山大茶树10号	*C. crassicolumna*	绿春县骑马坝乡黄连山自然保护区	1 485	5.5	4.0×3.0	0.6	小乔木型，树姿直立。芽叶黄绿色、有茸毛。叶片长宽15.0cm×6.4cm，叶长椭圆形，叶色深绿，叶脉10对。萼片5片、有茸毛。花冠直径6.4cm×6.0cm，花瓣10枚，子房有茸毛，花柱先端4～5裂。果实球形
LC019	玛玉大茶树1号	*C. sinensis* var. *assamica*	绿春县骑马坝乡玛玉村	1 673	6.0	3.5×4.5	1.3	小乔木型，树姿半开张。芽叶黄绿色、茸毛多。叶片长宽16.5cm×6.4cm，叶长椭圆形，叶色深绿，叶脉11对。萼片5片、无茸毛。花冠直径5.4cm×5.0cm，花瓣7枚，子房有茸毛，花柱先端3裂。果实球形、三角形
LC020	玛玉大茶树2号	*C. sinensis* var. *assamica*	绿春县骑马坝乡玛玉村	1 404	3.0	3.9×4.0	1.3	小乔木型，树姿半开张。芽叶黄绿色、茸毛多。叶片长宽15.5cm×5.8cm，叶长椭圆形，叶色绿，叶脉10对。萼片5片、无茸毛。花冠直径5.0cm×5.0cm，花瓣6枚，子房有茸毛，花柱先端3裂。果实球形、三角形

（续）

种质编号	种质名称	物种名称	分布地点	海拔（m）	树高（m）	树幅（m×m）	基部干围（m）	主要形态
LC021	玛玉大茶树3号	*C. sinensis* var. *assamica*	绿春县骑马坝乡玛玉村	1 400	4.0	3.0×4.0	1.2	小乔木型，树姿半开张。芽叶黄绿色、茸毛多。叶片长宽16.0cm×5.9cm，叶椭圆形，叶色绿，叶脉11对。萼片5片、无茸毛。花冠直径5.3cm×5.0cm，花瓣7枚，子房有茸毛，花柱先端3裂。果实球形、三角形
LC022	玛玉大茶树4号	*C. sinensis* var. *assamica*	绿春县骑马坝乡玛玉村	1 406	5.0	3.0×4.0	1.2	小乔木型，树姿半开张。芽叶黄绿色、茸毛多。叶片长宽16.4cm×6.6cm，叶椭圆形，叶色绿，叶脉12对。萼片5片、无茸毛。花冠直径4.0cm×4.7cm，花瓣6枚，子房有茸毛，花柱先端3裂。果实球形、三角形
LC023	玛玉大茶树5号	*C. sinensis* var. *assamica*	绿春县骑马坝乡玛玉村	1 410	5.5	3.8×4.4	1.0	小乔木型，树姿半开张。芽叶黄绿色、茸毛多。叶片长宽14.7cm×4.6cm，叶椭圆形，叶色绿，叶脉8对。萼片5片、无茸毛。花冠直径4.0cm×4.0cm，花瓣6枚，子房有茸毛，花柱先端3裂。果实球形、三角形
LC024	玛玉大茶树6号	*C. sinensis* var. *assamica*	绿春县骑马坝乡玛玉村	1 526	6.0	4.0×4.5	1.2	小乔木型，树姿半开张。芽叶黄绿色、茸毛多。叶片长宽15.7cm×5.5cm，叶椭圆形，叶色绿，叶脉10对。萼片5片、无茸毛。花冠直径4.2cm×3.7cm，花瓣6枚，子房有茸毛，花柱先端3裂。果实球形、三角形
LC025	玛玉大茶树7号	*C. sinensis* var. *assamica*	绿春县骑马坝乡玛玉村	1 533	5.0	5.0×3.0	1.0	小乔木型，树姿半开张。芽叶黄绿色、茸毛多。叶片长宽17.0cm×6.3cm，叶椭圆形，叶色绿，叶脉9对。萼片5片、无茸毛。花冠直径4.2cm×4.1cm，花瓣7枚，子房有茸毛，花柱先端3裂。果实球形、三角形
LC026	玛玉大茶树8号	*C. sinensis* var. *assamica*	绿春县骑马坝乡玛玉村	1 486	4.0	3.0×3.0	1.0	小乔木型，树姿半开张。芽叶黄绿色、茸毛多。叶片长宽14.4cm×4.6cm，叶椭圆形，叶色绿，叶脉9对。萼片5片、无茸毛。花冠直径3.8cm×4.0cm，花瓣6枚，子房有茸毛，花柱先端3裂。果实球形、三角形
LC027	玛玉大茶树9号	*C. sinensis* var. *assamica*	绿春县骑马坝乡玛玉村	1 518	5.0	3.8×4.4	0.9	小乔木型，树姿半开张。芽叶黄绿色、茸毛多。叶片长宽13.8cm×4.7cm，叶椭圆形，叶色绿，叶脉8对。萼片5片、无茸毛。花冠直径3.9cm×4.0cm，花瓣6枚，子房有茸毛，花柱先端3裂。果实球形、三角形

（续）

种质编号	种质名称	物种名称	分布地点	海拔（m）	树高（m）	树幅（m×m）	基部干围（m）	主要形态
LC028	玛玉大茶树10号	*C. sinensis* var. *assamica*	绿春县骑马坝乡玛玉村	1 544	6.3	4.8×3.4	0.9	小乔木型，树姿半开张。芽叶黄绿色、茸毛多。叶片长宽13.7cm×4.1cm，叶椭圆形，叶色绿，叶脉9对。萼片5片、无茸毛。花冠直径4.5cm×4.0cm，花瓣6枚，子房有茸毛，花柱先端3裂。果实球形、三角形
LC029	玛玉大茶树11号	*C. sinensis* var. *assamica*	绿春县骑马坝乡玛玉村	1 505	5.5	4.0×3.7	0.8	小乔木型，树姿半开张。芽叶黄绿色、茸毛多。叶片长宽13.5cm×4.8cm，叶椭圆形，叶色绿，叶脉10对。萼片5片、无茸毛。花冠直径4.0cm×4.0cm，花瓣7枚，子房有茸毛，花柱先端3裂。果实球形、三角形
LC030	玛玉大茶树12号	*C. sinensis* var. *assamica*	绿春县骑马坝乡玛玉村	1 448	6.0	4.0×5.4	0.8	小乔木型，树姿半开张。芽叶黄绿色、茸毛多。叶片长宽13.0cm×4.0cm，叶椭圆形，叶色绿，叶脉10对。萼片5片、无茸毛。花冠直径4.0cm×4.2cm，花瓣5枚，子房有茸毛，花柱先端3裂。果实球形、三角形
LC031	阿谷大茶树1号	*C. sinensis* var. *assamica*	绿春县牛孔镇阿谷村	1 670	7.3	4.0×5.5	2.1	小乔木型，树姿半开张。芽叶黄绿色、茸毛多。叶片长宽14.5cm×6.8cm，叶椭圆形，叶色绿，叶脉12对。萼片5片、无茸毛。花冠直径3.5cm×4.0cm，花瓣6枚，子房有茸毛，花柱先端3裂。果实球形、三角形
LC032	阿谷大茶树2号	*C. sinensis* var. *assamica*	绿春县牛孔镇阿谷村	1 677	5.5	4.3×5.0	1.8	小乔木型，树姿半开张。芽叶紫绿色、茸毛少。叶片长宽14.0cm×6.2cm，叶椭圆形，叶色深绿，叶脉9对。萼片5片、无茸毛。花冠直径3.9cm×4.2cm，花瓣6枚，子房有茸毛，花柱先端3裂。果实球形、三角形
LC033	阿谷大茶树3号	*C. sinensis* var. *assamica*	绿春县牛孔镇阿谷村	1 665	6.0	4.0×5.0	1.5	小乔木型，树姿半开张。芽叶黄绿色、茸毛多。叶片长宽15.5cm×6.0cm，叶椭圆形，叶色绿，叶脉11对。萼片5片、无茸毛。花冠直径4.5cm×4.2cm，花瓣6枚，子房有茸毛，花柱先端3裂。果实球形、三角形
LC034	阿谷大茶树4号	*C. sinensis* var. *assamica*	绿春县牛孔镇阿谷村	1 680	5.2	3.7×4.5	1.7	小乔木型，树姿半开张。芽叶淡绿色、茸毛多。叶片长宽13.7cm×5.8cm，叶椭圆形，叶色绿，叶脉9对。萼片5片、无茸毛。花冠直径3.9cm×4.3cm，花瓣5枚，子房有茸毛，花柱先端3裂。果实球形、三角形

（续）

种质编号	种质名称	物种名称	分布地点	海拔（m）	树高（m）	树幅（m×m）	基部干围（m）	主要形态
LC035	阿谷大茶树5号	*C. sinensis* var. *assamica*	绿春县牛孔镇阿谷村	1 668	5.0	3.0×3.5	1.5	小乔木型，树姿半开张。芽叶黄绿色、茸毛多。叶片长宽 14.0cm×5.2cm，叶椭圆形，叶色绿，叶脉 9 对。萼片 5 片、无茸毛。花冠直径 3.8cm×4.3cm，花瓣 7 枚，子房有茸毛，花柱先端 3 裂。果实球形、三角形
LC036	阿谷大茶树6号	*C. sinensis* var. *assamica*	绿春县牛孔镇阿谷村	1 668	4.0	3.0×3.0	1.0	小乔木型，树姿半开张。芽叶黄绿色、茸毛多。叶片长宽 16.4cm×5.8cm，叶长椭圆形，叶色绿，叶脉 9 对。萼片 5 片、无茸毛。花冠直径 3.8cm×4.0cm，花瓣 7 枚，子房有茸毛，花柱先端 3 裂。果实球形、三角形
LC037	阿谷大茶树7号	*C. sinensis* var. *assamica*	绿春县牛孔镇阿谷村	1 665	5.0	3.4×3.0	1.4	小乔木型，树姿半开张。芽叶黄绿色、茸毛多。叶片长宽 14.6cm×6.0cm，叶椭圆形，叶色绿，叶脉 8 对。萼片 5 片、无茸毛。花冠直径 3.9cm×4.3cm，花瓣 6 枚，子房有茸毛，花柱先端 3 裂。果实球形、三角形
LC038	阿谷大茶树8号	*C. sinensis* var. *assamica*	绿春县牛孔镇阿谷村	1 674	5.8	3.0×2.4	0.7	小乔木型，树姿半开张。芽叶黄绿色、茸毛多。叶片长宽 13.5cm×4.7cm，叶椭圆形，叶色绿，叶脉 10 对。萼片 5 片、无茸毛。花冠直径 4.4cm×4.0cm，花瓣 7 枚，子房有茸毛，花柱先端 3 裂。果实球形、三角形
LC039	阿谷大茶树9号	*C. sinensis* var. *assamica*	绿春县牛孔镇阿谷村	1 668	4.7	3.8×3.5	0.8	小乔木型，树姿半开张。芽叶黄绿色、茸毛多。叶片长宽 15.0cm×5.3cm，叶椭圆形，叶色绿，叶脉 9 对。萼片 5 片、无茸毛。花冠直径 3.5cm×3.3cm，花瓣 6 枚，子房有茸毛，花柱先端 3 裂。果实球形、三角形
LC040	龙碧大茶树1号	*C. sinensis* var. *assamica*	绿春县大水沟乡牛倮底马村龙碧	1 675	3.4	3.9×3.2	1.3	小乔木型，树姿半开张。芽叶绿色、茸毛多。叶片长宽 13.5cm×6.4cm，叶椭圆形，叶色深绿，叶脉 12 对。萼片 5 片、无茸毛。花冠直径 4.8cm×5.3cm，花瓣 6 枚，子房有茸毛，花柱先端 3 裂。果实球形、三角形
LC041	龙碧大茶树2号	*C. sinensis* var. *assamica*	绿春县大水沟乡牛倮底马村龙碧	1 678	5.4	3.0×3.0	1.3	小乔木型，树姿半开张。芽叶绿色、茸毛多。叶片长宽 13.8cm×5.5cm，叶椭圆形，叶色深绿，叶脉 9 对。萼片 5 片、无茸毛。花冠直径 4.2cm×4.3cm，花瓣 6 枚，子房有茸毛，花柱先端 3 裂。果实球形、三角形

（续）

种质编号	种质名称	物种名称	分布地点	海拔（m）	树高（m）	树幅（m×m）	基部干围（m）	主要形态
LC042	龙碧大茶树3号	*C. sinensis* var. *assamica*	绿春县大水沟乡牛倮底马村龙碧	1 664	5.0	3.0×3.5	1.1	小乔木型，树姿半开张。芽叶绿色、茸毛多。叶片长宽 14.2cm×5.4cm，叶椭圆形，叶色深绿，叶脉12对。萼片5片、无茸毛。花冠直径4.0cm×4.4cm，花瓣5枚，子房有茸毛，花柱先端3裂。果实球形、三角形
LC043	龙碧大茶树4号	*C. sinensis* var. *assamica*	绿春县大水沟乡牛倮底马村龙碧	1 650	4.7	4.5×3.0	0.8	小乔木型，树姿半开张。芽叶绿色、茸毛多。叶片长宽 14.8cm×5.7cm，叶椭圆形，叶色深绿，叶脉10对。萼片5片、无茸毛。花冠直径3.8cm×3.5cm，花瓣6枚，子房有茸毛，花柱先端3裂。果实球形、三角形
LC044	龙碧大茶树5号	*C. sinensis* var. *assamica*	绿春县大水沟乡牛倮底马村龙碧	1 658	3.9	2.8×3.0	0.6	小乔木型，树姿半开张。芽叶绿色、茸毛多。叶片长宽 15.0cm×5.0cm，叶椭圆形，叶色深绿，叶脉9对。萼片5片、无茸毛。花冠直径4.0cm×4.3cm，花瓣6枚，子房有茸毛，花柱先端3裂。果实球形、三角形
LC045	龙碧大茶树6号	*C. sinensis* var. *assamica*	绿春县大水沟乡牛倮底马村龙碧	1 650	4.6	4.2×3.5	0.8	小乔木型，树姿半开张。芽叶淡绿色、茸毛中。叶片长宽 12.0cm×4.6cm，叶椭圆形，叶色绿，叶脉8对。萼片5片、无茸毛。花冠直径3.5cm×4.1cm，花瓣6枚，子房有茸毛，花柱先端3裂。果实球形、三角形
LC046	龙碧大茶树7号	*C. sinensis* var. *assamica*	绿春县大水沟乡牛倮底马村龙碧	1 664	4.0	3.4×3.0	0.6	小乔木型，树姿半开张。芽叶绿色、茸毛少。叶片长宽 15.4cm×5.7cm，叶椭圆形，叶色深绿，叶脉9对。萼片5片、无茸毛。花冠直径4.0cm×4.0cm，花瓣6枚，子房有茸毛，花柱先端3裂。果实球形、三角形
LC047	龙碧大茶树8号	*C. sinensis* var. *assamica*	绿春县大水沟乡牛倮底马村龙碧	1 658	3.5	2.8×3.0	0.8	小乔木型，树姿半开张。芽叶黄绿色、茸毛中。叶片长宽 14.7cm×5.5cm，叶椭圆形，叶色深绿，叶脉10对。萼片5片、无茸毛。花冠直径4.4cm×3.7cm，花瓣6枚，子房有茸毛，花柱先端3裂。果实球形、三角形
LC048	龙碧大茶树9号	*C. sinensis* var. *assamica*	绿春县大水沟乡牛倮底马村龙碧	1 665	5.5	5.2×4.0	0.7	小乔木型，树姿半开张。芽叶黄绿色、茸毛多。叶片长宽 15.3cm×4.2cm，叶椭圆形，叶色绿，叶脉8对。萼片5片、无茸毛。花冠直径3.8cm×4.1cm，花瓣6枚，子房有茸毛，花柱先端3裂。果实球形、三角形

（续）

种质编号	种质名称	物种名称	分布地点	海拔（m）	树高（m）	树幅（m×m）	基部干围（m）	主要形态
LC049	龙碧人茶树10号	*C. sinensis* var. *assamica*	绿春县大水沟乡牛倮底马村龙碧	1 657	4.9	4.8×3.7	0.6	小乔木型，树姿半开张。芽叶黄绿色、茸毛中。叶片长宽13.8cm×5.0cm，叶椭圆形，叶色深绿，叶脉11对。萼片5片、无茸毛。花冠直径4.2cm×3.3cm，花瓣6枚，子房有茸毛，花柱先端3裂。果实球形、三角形
YY001	多依树村大茶树1号	*C. crassicolumna*	元阳县新街镇多依树村	1 948	5.6	3.3×3.4	1.3	小乔木型，树姿直立。芽叶淡绿色、茸毛少。叶片长宽13.8cm×5.2cm，叶椭圆形，叶色深绿，叶脉9对。萼片5片、有茸毛。花冠直径7.5cm×7.3cm，花瓣9枚，子房有茸毛，花柱先端5裂。果实球形
YY002	多依树村大茶树2号	*C. crassicolumna*	元阳县新街镇多依树村	1 892	9.0	3.5×4.0	1.0	乔木型，树姿直立。芽叶淡绿色、茸毛少。叶片长宽14.3cm×5.6cm，叶椭圆形，叶色深绿，叶脉10对。萼片5片、有茸毛。花冠直径6.5cm×7.4cm，花瓣9枚，子房有茸毛，花柱先端4～5裂。果实球形
YY003	多依树村大茶树3号	*C. crassicolumna*	元阳县新街镇多依树村	1 926	3.9	2.8×3.0	0.9	小乔木型，树姿直立。芽叶淡绿色、茸毛少。叶片长宽12.5cm×4.5cm，叶椭圆形，叶色深绿，叶脉10对。萼片5片、有茸毛。花冠直径7.0cm×8.3cm，花瓣10枚，子房有茸毛，花柱先端5裂。果实球形
YY004	多依树村大茶树4号	*C. crassicolumna*	元阳县新街镇多依树村	1 948	4.5	2.5×3.4	0.8	小乔木型，树姿直立。芽叶淡绿色、茸毛少。叶片长宽14.6cm×4.7cm，叶椭圆形，叶色深绿，叶脉11对。萼片5片、有茸毛。花冠直径6.8cm×7.3cm，花瓣11枚，子房有茸毛，花柱先端4～5裂。果实球形
YY005	多依树村大茶树5号	*C. crassicolumna*	元阳县新街镇多依树村	1 952	4.0	3.3×3.7	0.8	小乔木型，树姿直立。芽叶淡绿色、茸毛少。叶片长宽14.5cm×4.4cm，叶椭圆形，叶色深绿，叶脉9对。萼片5片、有茸毛。花冠直径6.6cm×6.3cm，花瓣10枚，子房有茸毛，花柱先端4～5裂。果实球形
YY006	多依树村大茶树6号	*C. crassicolumna*	元阳县新街镇多依树村	1 954	4.6	3.0×3.0	0.7	小乔木型，树姿直立。芽叶淡绿色、茸毛少。叶片长宽15.4cm×5.2cm，叶椭圆形，叶色深绿，叶脉9对。萼片5片、有茸毛。花冠直径6.8cm×6.5cm，花瓣10枚，子房有茸毛，花柱先端5裂。果实球形

（续）

种质编号	种质名称	物种名称	分布地点	海拔（m）	树高（m）	树幅（m×m）	基部干围（m）	主要形态
YY007	多依树村大茶树7号	*C. crassicolumna*	元阳县新街镇多依树村	1 962	5.5	3.8×2.7	0.7	小乔木型，树姿直立。芽叶淡绿色、茸毛少。叶片长宽16.0cm×4.3cm，叶长椭圆形，叶色深绿，叶脉11对。萼片5片、有茸毛。花冠直径7.8cm×7.5cm，花瓣11枚，子房有茸毛，花柱先端5裂。果实球形
YY008	多依树村大茶树8号	*C. crassicolumna*	元阳县新街镇多依树村	1 961	5.0	4.2×3.5	0.6	小乔木型，树姿直立。芽叶淡绿色、茸毛少。叶片长宽15.6cm×5.1cm，叶椭圆形，叶色深绿，叶脉9对。萼片5片、有茸毛。花冠直径7.2cm×6.8cm，花瓣10枚，子房有茸毛，花柱先端5裂。果实球形
YY009	多依树村大茶树9号	*C. crassicolumna*	元阳县新街镇多依树村	1 950	4.4	4.0×3.0	0.7	小乔木型，树姿直立。芽叶淡绿色、茸毛少。叶片长宽15.9cm×5.5cm，叶椭圆形，叶色深绿，叶脉10对。萼片5片、有茸毛。花冠直径7.0cm×6.8cm，花瓣10枚，子房有茸毛，花柱先端5裂。果实球形
YY010	多依树村大茶树10号	*C. crassicolumna*	元阳县新街镇多依树村	1 953	4.8	2.0×3.2	0.6	小乔木型，树姿直立。芽叶淡绿色、茸毛少。叶片长宽14.7cm×5.0cm，叶椭圆形，叶色深绿，叶脉9对。萼片5片、有茸毛。花冠直径7.1cm×6.6cm，花瓣10枚，子房有茸毛，花柱先端5裂。果实球形
YY011	多依树村大茶树11号	*C. crassicolumna*	元阳县新街镇多依树村	1 958	5.5	4.0×3.7	0.6	小乔木型，树姿直立。芽叶淡绿色、茸毛少。叶片长宽15.3cm×4.2cm，叶长椭圆形，叶色绿，叶脉11对。萼片5片、有茸毛。花冠直径7.0cm×6.5cm，花瓣10枚，子房有茸毛，花柱先端5裂。果实球形
YY012	多依树村大茶树12号	*C. crassicolumna*	元阳县新街镇多依树村	1 960	6.3	3.0×3.0	0.8	小乔木型，树姿直立。芽叶淡绿色、茸毛少。叶片长宽13.3cm×4.0cm，叶椭圆形，叶色绿，叶脉9对。萼片5片、有茸毛。花冠直径6.4cm×6.5cm，花瓣9枚，子房有茸毛，花柱先端5裂。果实球形
YY013	多依树村大茶树13号	*C. crassicolumna*	元阳县新街镇多依树村	1 962	4.8	2.7×3.2	0.5	小乔木型，树姿半开张。芽叶淡绿色、茸毛少。叶片长宽14.4cm×4.6cm，叶椭圆形，叶色深绿，叶脉9对。萼片5片、有茸毛。花冠直径5.8cm×6.3cm，花瓣10枚，子房有茸毛，花柱先端5裂。果实球形

（续）

种质编号	种质名称	物种名称	分布地点	海拔（m）	树高（m）	树幅（m×m）	基部干围（m）	主要形态
YY014	多依树村大茶树14号	*C. crassicolumna*	元阳县新街镇多依树村	1 954	5.0	2.5×3.0	0.7	小乔木型，树姿半开张。芽叶紫绿色、茸毛中。叶片长宽13.7cm×5.5cm，叶椭圆形，叶色深绿，叶脉8对。萼片5片、有茸毛。花冠直径5.7cm×6.0cm，花瓣12枚，子房有茸毛，花柱先端5裂。果实球形
YY015	多依树村大茶树15号	*C. crassicolumna*	元阳县新街镇多依树村	1 966	4.5	3.3×3.0	0.6	小乔木型，树姿直立。芽叶淡绿色、茸毛中。叶片长宽12.8cm×4.3cm，叶椭圆形，叶色深绿，叶脉8对。萼片5片、有茸毛。花冠直径6.1cm×5.6cm，花瓣9枚，子房有茸毛，花柱先端5裂。果实球形、扁球形
YY016	多依树村大茶树16号	*C. crassicolumna*	元阳县新街镇多依树村	1 973	7.4	4.0×3.5	0.5	乔木型，树姿直立。芽叶淡绿色、茸毛少。叶片长宽14.8cm×4.0cm，叶长椭圆形，叶色绿，叶质硬，叶脉10对
YY017	多依树村大茶树17号	*C. crassicolumna*	元阳县新街镇多依树村	1 975	8.0	3.8×3.4	0.5	乔木型，树姿直立。芽叶淡绿色、茸毛少。叶片长宽16.7cm×4.3cm，叶披针形，叶色黄绿，叶质硬，叶脉9对。果实球形
YY018	多依树村大茶树18号	*C. crassicolumna*	元阳县新街镇多依树村	1 958	6.5	2.5×2.7	1.0	小乔木型，树姿直立。芽叶淡绿色、茸毛少。叶片长宽15.4cm×4.7cm，叶椭圆形，叶色深绿，叶脉8对。萼片5片、有茸毛。花冠直径7.3cm×6.8cm，花瓣11枚，子房有茸毛，花柱先端4～5裂。果实球形
YY019	多依树村大茶树19号	*C. crassicolumna*	元阳县新街镇多依树村	1 969	6.0	3.0×3.4	0.8	小乔木型，树姿半开张。芽叶淡绿色、茸毛中。叶片长宽14.8cm×5.3cm，叶椭圆形，叶色绿，叶脉9对。萼片5片、有茸毛。花冠直径7.3cm×6.0cm，花瓣9枚，子房有茸毛，花柱先端4～5裂。果实球形、扁球形
YY020	多依树村大茶树20号	*C. crassicolumna*	元阳县新街镇多依树村	1 970	7.2	4.1×3.3	0.9	乔木型，树姿直立。芽叶黄绿色、茸毛中。叶片长宽13.4cm×4.2cm，叶椭圆形，叶色绿，叶脉10对。萼片5片、有茸毛。花冠直径7.1cm×6.6cm，花瓣10枚，子房有茸毛，花柱先端4～5裂。果实球形
YY021	胜村大茶树1号	*C. crassicolumna*	元阳县新街镇胜村	1 887	6.0	3.0×3.5	1.0	小乔木型，树姿直立。芽叶淡绿色、茸毛少。叶片长宽12.0cm×4.6cm，叶椭圆形，叶色深绿，叶脉9对。萼片5片、有茸毛。花冠直径6.6cm×6.8cm，花瓣10枚，子房有茸毛，花柱先端5裂。果实球形

（续）

种质编号	种质名称	物种名称	分布地点	海拔（m）	树高（m）	树幅（m×m）	基部干围（m）	主要形态
YY022	胜村大茶树2号	*C. crassicolumna*	元阳县新街镇胜村	1 906	7.0	3.5×3.0	0.8	小乔木型，树姿直立。芽叶淡绿色、茸毛少。叶片长宽12.8cm×4.5cm，叶椭圆形，叶色深绿，叶脉9对。萼片5片、有茸毛。花冠直径7.3cm×6.8cm，花瓣9枚，子房有茸毛，花柱先端5裂。果实球形
YY023	胜村大茶树3号	*C. crassicolumna*	元阳县新街镇胜村	1 920	5.5	3.5×3.8	0.8	小乔木型，树姿直立。芽叶淡绿色、茸毛少。叶片长宽13.0cm×4.7cm，叶椭圆形，叶色深绿，叶脉10对。萼片5片、有茸毛。花冠直径7.3cm×7.0cm，花瓣11枚，子房有茸毛，花柱先端5裂。果实球形
YY024	胜村大茶树4号	*C. crassicolumna*	元阳县新街镇胜村	1 928	5.0	3.0×3.7	0.7	小乔木型，树姿直立。芽叶淡绿色、茸毛少。叶片长宽13.6cm×4.2cm，叶椭圆形，叶色深绿，叶脉11对。萼片5片、有茸毛。花冠直径7.0cm×6.7cm，花瓣12枚，子房有茸毛，花柱先端4～5裂。果实球形
YY025	胜村大茶树5号	*C. crassicolumna*	元阳县新街镇胜村	1 912	5.5	5.0×3.8	0.7	小乔木型，树姿直立。芽叶淡绿色、茸毛少。叶片长宽14.5cm×4.8cm，叶椭圆形，叶色深绿，叶质硬、有光泽，叶背茸毛少，叶脉11对。果实扁球形
YY026	胜村大茶树6号	*C. crassicolumna*	元阳县新街镇胜村	1 934	5.8	4.5×3.5	0.9	小乔木型，树姿直立。芽叶绿色、茸毛少。叶片长宽12.6cm×5.2cm，叶椭圆形，叶色绿，叶脉9对。萼片5片、有茸毛。果实球形
YY027	胜村大茶树7号	*C. crassicolumna*	元阳县新街镇胜村	1 917	7.0	3.8×3.3	0.8	小乔木型，树姿直立。芽叶淡绿色、茸毛少。叶片长宽15.2cm×4.0cm，叶长椭圆形，叶色浅绿，叶脉10对。萼片5片、有茸毛。花冠直径6.0cm×5.7cm，花瓣9枚，子房有茸毛，花柱先端4～5裂。果实球形
YY028	胜村大茶树8号	*C. crassicolumna*	元阳县新街镇胜村	1 920	6.0	4.0×3.7	0.7	小乔木型，树姿半开张。芽叶紫绿色、茸毛少。叶片长宽14.4cm×4.6cm，叶椭圆形，叶色深绿，叶质硬、有光泽，叶背茸毛少，叶脉11对
YY029	胜村大茶树9号	*C. crassicolumna*	元阳县新街镇胜村	1 920	5.5	4.0×3.5	0.8	小乔木型，树姿直立。芽叶淡绿色、茸毛少。叶片长宽16.3cm×5.2cm，叶长椭圆形，叶色深绿，叶质硬、有光泽，叶背茸毛少，叶脉12对

（续）

种质编号	种质名称	物种名称	分布地点	海拔（m）	树高（m）	树幅（m×m）	基部干围（m）	主要形态
YY030	胜村大茶树10号	*C. crassicolumna*	元阳县新街镇胜村	1 924	6.2	3.6×3.5	1.1	小乔木型，树姿直立。芽叶淡绿色、茸毛少。叶片长宽 12.9cm×4.0cm，叶椭圆形，叶色绿，叶脉 7 对。萼片 5 片、有茸毛。花冠直径 5.6cm×6.0cm，花瓣 9 枚，子房有茸毛，花柱先端 5 裂。果实球形
YY031	胜村大茶树11号	*C. crassicolumna*	元阳县新街镇胜村	1 927	6.0	2.0×3.0	0.5	小乔木型，树姿半开张。芽叶淡绿色、茸毛少。叶片长宽 14.0cm×5.6cm，叶椭圆形，叶色深绿，叶脉 9 对。萼片 5 片、有茸毛。果实球形
YY032	胜村大茶树12号	*C. crassicolumna*	元阳县新街镇胜村	1 928	7.7	3.0×4.4	0.7	小乔木型，树姿直立。芽叶淡绿色、茸毛少。叶片长宽 13.6cm×4.2cm，叶椭圆形，叶色浅绿，叶脉 9 对。萼片 5 片、有茸毛。花冠直径 5.9cm×5.7cm，花瓣 9 枚，子房有茸毛，花柱先端 4～5 裂。果实球形
YY033	观音山大茶树1号	*C. crassicolumna*	元阳县大坪乡观音山自然保护区	1 970	10.0	8.0×7.8	2.1	乔木型，树姿直立。芽叶绿色、茸毛少。叶片长宽 13.4cm×4.7cm，叶椭圆形，叶色深绿，叶脉 10 对。萼片 5 片、有茸毛。花冠直径 7.2cm×7.7cm，花瓣 11 枚，子房有茸毛，花柱先端 4～5 裂。果实球形
YY034	观音山大茶树2号	*C. crassicolumna*	元阳县大坪乡观音山自然保护区	1 974	15.0	6.0×5.8	1.6	乔木型，树姿直立。芽叶淡绿色、茸毛少。叶片长宽 16.0cm×5.8cm，叶长椭圆形，叶色深绿，叶脉 12 对。萼片 5 片、有茸毛。花冠直径 5.2cm×5.5cm，花瓣 11 枚，子房有茸毛，花柱先端 5 裂。果实球形
YY035	观音山大茶树3号	*C. crassicolumna*	元阳县大坪乡观音山自然保护区	1 978	13.0	7.0×5.8	1.8	乔木型，树姿直立。芽叶绿色、茸毛少。叶片长宽 16.0cm×6.0cm，叶长椭圆形，叶色绿，叶脉 10 对。萼片 5 片、有茸毛。花冠直径 6.4cm×5.7cm，花瓣 9 枚，子房有茸毛，花柱先端 4～5 裂。果实球形
YY036	观音山大茶树4号	*C. crassicolumna*	元阳县大坪乡观音山自然保护区	1 982	10.0	6.0×5.0	1.6	乔木型，树姿直立。芽叶黄绿色、茸毛多。叶片长宽 15.8cm×4.7cm，叶椭圆形，叶色绿，叶脉 9 对。萼片 5 片、有茸毛。花冠直径 5.8cm×5.4cm，花瓣 10 枚，子房有茸毛，花柱先端 4～5 裂。果实球形
YY037	观音山大茶树5号	*C. crassicolumna*	元阳县大坪乡观音山自然保护区	1 977	11.0	5.0×5.0	1.5	乔木型，树姿直立。芽叶绿色、有茸毛。叶片长宽 13.4cm×5.1cm，叶椭圆形，叶色绿，叶脉 9 对。萼片 5 片、有茸毛。花冠直径 6.2cm×7.0cm，花瓣 9 枚，子房有茸毛，花柱先端 5 裂

（续）

种质编号	种质名称	物种名称	分布地点	海拔（m）	树高（m）	树幅（m×m）	基部干围（m）	主要形态
YY038	观音山大茶树6号	*C. crassicolumna*	元阳县大坪乡观音山自然保护区	1 988	10.5	4.0×5.0	1.0	小乔木型，树姿直立。芽叶黄绿色、茸毛少。叶片长宽14.8cm×5.2cm，叶椭圆形，叶色深绿，叶脉10对。萼片5片、有茸毛。花冠直径7.2cm×7.7cm，花瓣11枚，子房有茸毛，花柱先端5裂。果实球形
YY039	观音山大茶树7号	*C. crassicolumna*	元阳县大坪乡观音山自然保护区	1 990	8.7	5.0×5.8	1.2	乔木型，树姿直立。芽叶紫绿色、茸毛少。叶片长宽17.2cm×4.4cm，叶披针形，叶色绿，叶脉10对。萼片5片、有茸毛。花冠直径6.6cm×5.7cm，花瓣11枚，子房有茸毛，花柱先端4～5裂。果实球形
YY040	观音山大茶树8号	*C. crassicolumna*	元阳县大坪乡观音山自然保护区	1 997	6.5	4.3×4.5	0.8	小乔木型，树姿半开张。芽叶淡绿色、有茸毛。叶片长宽16.4cm×5.8cm，叶椭圆形，叶色深绿，叶脉9对。萼片5片、有茸毛。花冠直径5.9cm×6.7cm，花瓣9枚，子房有茸毛，花柱先端4～5裂。果实球形
YY041	观音山大茶树9号	*C. crassicolumna*	元阳县大坪乡观音山自然保护区	1 988	9.0	6.0×5.8	1.0	乔木型，树姿直立。芽叶淡绿色、茸毛少。叶片长宽13.6cm×4.8cm，叶椭圆形，叶色深绿，叶脉8对。萼片5片、有茸毛。花冠直径7.2cm×6.4cm，花瓣11枚，子房有茸毛，花柱先端4裂。果实球形
YY042	观音山大茶树10号	*C. crassicolumna*	元阳县大坪乡观音山自然保护区	2 003	8.3	5.0×6.3	0.7	小乔木型，树姿直立。芽叶绿色、茸毛少。叶片长宽15.6cm×6.7cm，叶椭圆形，叶色深绿，叶脉7对。萼片5片、有茸毛。花冠直径5.7cm×6.3cm，花瓣8枚，子房有茸毛，花柱先端4～5裂。果实扁球形
YY043	观音山大茶树11号	*C. crassicolumna*	元阳县大坪乡观音山自然保护区	1 996	10.0	4.0×6.2	0.8	小乔木型，树姿半开张。芽叶淡绿色、茸毛少。叶片长宽16.0cm×5.1cm，叶椭圆形，叶色深绿，叶脉10对。萼片5片、有茸毛。花冠直径5.9cm×7.0cm，花瓣11枚，子房有茸毛，花柱先端4～5裂。果实球形
YY044	观音山大茶树12号	*C. crassicolumna*	元阳县大坪乡观音山自然保护区	1 989	6.0	3.0×4.8	0.8	乔木型，树姿直立。芽叶淡绿色、茸毛少。叶片长宽12.4cm×5.3cm，叶椭圆形，叶色深绿，叶脉9对，叶身稍内折，叶缘平，叶面平，叶齿锐、密，叶质硬
YY045	观音山大茶树13号	*C. crassicolumna*	元阳县大坪乡观音山自然保护区	2 033	7.5	6.0×4.8	1.1	乔木型，树姿直立。芽叶淡绿色、茸毛少。叶片长宽13.5cm×4.4cm，叶椭圆形，叶色绿，叶脉9对。萼片5片、有茸毛。花瓣11枚，花柱先端5裂，果实球形

（续）

种质编号	种质名称	物种名称	分布地点	海拔（m）	树高（m）	树幅（m×m）	基部干围（m）	主要形态
YY046	观音山大茶树14号	*C. crassicolumna*	元阳县大坪乡观音山自然保护区	1 984	8.0	5.0×5.4	1.0	小乔木型，树姿半开张。芽叶淡绿色、茸毛少。叶片长宽14.3cm×4.6cm，叶椭圆形，叶色绿，叶脉11对。萼片5片、有茸毛。花冠直径5.2cm×6.0cm，花瓣9枚，子房有茸毛，花柱先端4～5裂。果实扁球形
YY047	观音山大茶树15号	*C. crassicolumna*	元阳县大坪乡观音山自然保护区	1 987	6.3	4.0×4.4	0.9	乔木型，树姿直立。芽叶黄绿色、茸毛少。叶片长宽16.8cm×5.5cm，叶长椭圆形，叶色深绿，叶脉10对。萼片5片、有茸毛。花冠直径6.6cm×6.7cm，花瓣10枚，子房有茸毛，花柱先端4裂。果实扁球形
YY048	观音山大茶树16号	*C. crassicolumna*	元阳县大坪乡观音山自然保护区	2 018	7.4	3.0×4.2	0.7	小乔木型，树姿直立。芽叶淡绿色、茸毛少。叶片长宽12.5cm×4.3cm，叶椭圆形，叶色深绿，叶脉10对。萼片5片、有茸毛。花冠直径5.8cm×6.7cm，花瓣9枚，子房有茸毛，花柱先端4～5裂。果实球形
YY049	观音山大茶树17号	*C. crassicolumna*	元阳县大坪乡观音山自然保护区	1 995	10.0	7.0×7.8	1.3	乔木型，树姿直立。芽叶黄绿色、茸毛少。叶片长宽13.8cm×5.4cm，叶椭圆形，叶色深绿，叶脉10对。萼片5片、有茸毛。花冠直径6.0cm×5.5cm，花瓣12枚，子房有茸毛，花柱先端4～5裂。果实球形
YY050	观音山大茶树18号	*C. crassicolumna*	元阳县大坪乡观音山自然保护区	1 993	8.0	3.0×4.2	1.3	小乔木型，树姿直立。芽叶黄绿色、茸毛少。叶片长宽15.4cm×4.3cm，叶椭圆形，叶色绿，叶脉8对，叶身稍内折，叶面平，叶缘平，叶质硬
YY051	观音山大茶树19号	*C. crassicolumna*	元阳县大坪乡观音山自然保护区	1 979	8.6	6.0×5.5	1.2	乔木型，树姿直立。芽叶淡绿色、茸毛少。叶片长宽12.8cm×4.0cm，叶椭圆形，叶色深绿，叶脉7对，叶身稍内折，叶面平，叶缘平，叶质硬
YY052	观音山大茶树20号	*C. crassicolumna*	元阳县大坪乡观音山自然保护区	1 983	4.0	2.8×3.3	0.6	小乔木型，树姿半开张。芽叶紫绿色、有茸毛。叶片长宽15.9cm×4.8cm，叶椭圆形，叶色绿，叶脉10对。萼片5片、有茸毛。果实球形
YY053	观音山大茶树21号	*C. crassicolumna*	元阳县大坪乡观音山自然保护区	1 986	10.0	4.0×3.7	0.9	小乔木型，树姿半开张。芽叶淡绿色、茸毛少。叶片长宽13.0cm×4.5cm，叶椭圆形，叶色绿，叶脉9对。萼片5片、有茸毛。果实扁球形
YY054	观音山大茶树22号	*C. crassicolumna*	元阳县大坪乡观音山自然保护区	1 990	7.4	4.1×4.4	1.0	乔木型，树姿直立。芽叶淡绿色、茸毛少。叶片长宽15.3cm×5.1cm，叶椭圆形，叶色绿，叶脉10对。萼片5片、有茸毛。果实球形

（续）

种质编号	种质名称	物种名称	分布地点	海拔（m）	树高（m）	树幅（m×m）	基部干围（m）	主要形态
YY055	观音山大茶树23号	*C. crassicolumna*	元阳县大坪乡观音山自然保护区	1 985	6.2	3.5×4.0	1.0	小乔木型，树姿直立。芽叶黄绿色、茸毛少。叶片长宽13.7cm×4.5cm，叶椭圆形，叶色绿，叶脉8对。萼片5片、有茸毛。花冠直径6.4cm×5.6cm，花瓣9枚，子房有茸毛，花柱先端5裂。果实球形
YY056	观音山大茶树24号	*C. crassicolumna*	元阳县大坪乡观音山自然保护区	1 980	6.0	5.0×3.5	1.1	乔木型，树姿直立。芽叶绿色、茸毛少。叶片长宽16.0cm×4.7cm，叶椭圆形，叶色深绿，叶脉10对。萼片5片、有茸毛。花冠直径6.2cm×7.0cm，花瓣11枚，子房有茸毛，花柱先端4～5裂。果实球形
YY057	观音山大茶树25号	*C. crassicolumna*	元阳县大坪乡观音山自然保护区	1 974	5.0	3.0×2.8	0.6	乔木型，树姿直立。芽叶绿色、茸毛少。叶片长宽14.4cm×4.7cm，叶椭圆形，叶色绿，叶脉9对，叶身稍内折，叶面平，叶缘平，叶质硬
YY058	观音山大茶树26号	*C. crassicolumna*	元阳县大坪乡观音山自然保护区	1 970	4.6	3.0×3.0	0.8	乔木型，树姿直立。芽叶绿色、茸毛少。叶片长宽15.8cm×4.9cm，叶椭圆形，叶色深绿，叶脉10对。果实球形，叶身稍内折，叶面平，叶缘平，叶质硬
YY059	观音山大茶树27号	*C. crassicolumna*	元阳县大坪乡观音山自然保护区	1 996	9.0	4.0×5.5	0.9	小乔木型，树姿直立。芽叶淡绿色、茸毛少。叶片长宽13.4cm×4.3cm，叶椭圆形，叶色绿，叶脉8对。萼片5片、有茸毛。花冠直径5.2cm×5.8cm，花瓣9枚，子房有茸毛，花柱先端4～5裂。果实球形
YY060	观音山大茶树28号	*C. crassicolumna*	元阳县大坪乡观音山自然保护区	1 987	11.0	5.0×5.4	1.0	乔木型，树姿直立。芽叶黄绿色、茸毛少。叶片长宽16.2cm×4.3cm，叶披针形，叶色绿，叶脉12对，叶身平，叶面平，叶缘平，叶质中等
YY061	观音山大茶树29号	*C. crassicolumna*	元阳县大坪乡观音山自然保护区	1 975	10.0	6.0×5.0	1.2	乔木型，树姿直立。芽叶淡绿色、茸毛少。叶片长宽13.4cm×4.8cm，叶椭圆形，叶色深绿，叶脉9对。萼片5片、有茸毛。花冠直径6.2cm×6.7cm，花瓣9枚，子房有茸毛，花柱先端5裂。果实球形
YY062	观音山大茶树30号	*C. crassicolumna*	元阳县大坪乡观音山自然保护区	1 986	9.0	5.0×5.6	1.3	乔木型，树姿直立。芽叶淡绿色、茸毛少。叶片长宽15.4cm×4.3cm，叶椭圆形，叶色绿，叶脉10对。萼片5片、有茸毛。花冠直径7.0cm×7.3cm，花瓣11枚，子房有茸毛，花柱先端4～5裂。果实球形

（续）

种质编号	种质名称	物种名称	分布地点	海拔（m）	树高（m）	树幅（m×m）	基部干围（m）	主要形态
PB001	大围山大茶树1号	*C. crassicolumna*	屏边苗族自治县玉屏镇大围山自然保护区	1 639	8.4	7.5×8.0	1.9	乔木型，树姿直立。芽叶绿色、茸毛多。叶片长宽15.5cm×6.8cm，叶椭圆形，叶色深绿，叶脉9对。萼片5片、有茸毛。花冠直径6.2cm×6.5cm，花瓣10～11枚，子房无茸毛，花柱先端3裂。果实球形、四方形
PB002	大围山大茶树2号	*C. crassicolumna*	屏边苗族自治县玉屏镇大围山自然保护区	2 100	15.0	8.5×8.8	1.7	小乔木型，树姿半开张。芽叶绿色、茸毛多。叶片长宽16.0cm×6.9cm，叶椭圆形，叶色绿，叶脉10对。萼片5片、有茸毛。花冠直径7.2cm×7.5cm，花瓣10～11枚，子房有茸毛，花柱先端5裂。果实球形
PB003	大围山大茶树3号	*C. crassicolumna*	屏边苗族自治县玉屏镇大围山自然保护区	2 071	10.0	3.9×3.7	0.8	乔木型，树姿直立。芽叶绿色、茸毛多。叶片长宽13.2cm×4.9cm，叶椭圆形，叶色绿，叶脉8对。萼片5片、有茸毛。花冠直径5.2cm×5.5cm，花瓣12枚，子房有茸毛，花柱先端5裂。果实球形
PB004	大围山大茶树4号	*C. crassicolumna*	屏边苗族自治县玉屏镇大围山自然保护区	2 060	7.0	4.6×4.4	1.1	乔木型，树姿直立。芽叶绿色、茸毛多。叶片长宽15.7cm×6.5cm，叶椭圆形，叶色绿，叶脉10对。萼片5片、有茸毛。花冠直径5.3cm×5.6cm，花瓣12枚，子房有茸毛，花柱先端5裂。果实球形
PB005	大围山大茶树5号	*C. crassicolumna*	屏边苗族自治县玉屏镇大围山自然保护区	2 063	7.5	4.0×4.0	0.8	小乔木型，树姿半开张。芽叶绿色、茸毛中。叶片长宽15.0cm×5.3cm，叶椭圆形，叶色绿，叶脉10对。萼片5片、有茸毛。花冠直径5.8cm×7.6cm，花瓣11枚，子房有茸毛，花柱先端5裂。果实球形
PB006	大围山大茶树6号	*C. crassicolumna*	屏边苗族自治县玉屏镇大围山自然保护区	2 076	7.0	4.6×4.4	1.1	乔木型，树姿直立。芽叶绿色、茸毛多。叶片长宽15.7cm×6.5cm，叶椭圆形，叶色绿，叶脉10对。萼片5片、有茸毛。花冠直径5.3cm×5.6cm，花瓣12枚，子房有茸毛，花柱先端5裂。果实球形
PB007	大围山大茶树7号	*C. crassicolumna*	屏边苗族自治县玉屏镇大围山自然保护区	2 112	6.8	3.0×4.0	1.1	乔木型，树姿半开张。芽叶淡绿色、茸毛多。叶片长宽15.3cm×6.0cm，叶椭圆形，叶色绿，叶脉10对。萼片5片、有茸毛。花冠直径7.2cm×6.8cm，花瓣12枚，子房有茸毛，花柱先端4～5裂。果实球形

（续）

种质编号	种质名称	物种名称	分布地点	海拔（m）	树高（m）	树幅（m×m）	基部干围（m）	主要形态
PB008	大围山大茶树8号	*C. crassicolumna*	屏边苗族自治县玉屏镇大围山自然保护区	2 086	7.0	4.0×4.4	1.3	乔木型，树姿直立。芽叶淡绿色、茸毛多。叶片长宽13.9cm×5.5cm，叶椭圆形，叶色绿，叶质硬，叶脉8对。果实扁球形，种子球形、褐色
PB009	大围山大茶树9号	*C. crassicolumna*	屏边苗族自治县玉屏镇大围山自然保护区	2 082	7.5	3.6×3.4	1.0	小乔木型，树姿直立。芽叶绿色、茸毛多。叶片长宽15.7cm×6.5cm，叶椭圆形，叶色绿，叶脉10对。萼片5片、有茸毛。花冠直径5.3cm×5.6cm，花瓣12枚，子房有茸毛，花柱先端5裂。果实球形
PB010	大围山大茶树10号	*C. crassicolumna*	屏边苗族自治县玉屏镇大围山自然保护区	2 080	7.2	2.8×4.0	1.1	小乔木型，树姿直立。芽叶黄绿色、茸毛中。叶片长宽12.0cm×4.5cm，叶椭圆形，叶色绿，叶脉7对。萼片5片、有茸毛。花冠直径5.0cm×5.8cm，花瓣8枚，子房有茸毛，花柱先端4～5裂。果实球形
PB011	大围山大茶树11号	*C. crassicolumna*	屏边苗族自治县玉屏镇大围山自然保护区	2 067	6.0	2.0×2.4	1.1	小乔木型，树姿半开张。芽叶黄绿色、茸毛多。叶片长宽13.4cm×5.2cm，叶椭圆形，叶色绿，叶质软，叶面平，叶身内折，叶脉10对
PB012	大围山大茶树12号	*C. crassicolumna*	屏边苗族自治县玉屏镇大围山自然保护区	2 065	6.5	3.5×3.0	1.3	小乔木型，树姿半开张。芽叶淡绿色、茸毛多。叶片长宽15.0cm×4.7cm，叶椭圆形，叶色绿，叶脉11对。萼片5片、有茸毛。花冠直径6.9cm×7.6cm，花瓣10枚，子房有茸毛，花柱先端5裂。果实球形
PB013	大围山大茶树13号	*C. crassicolumna*	屏边苗族自治县玉屏镇大围山自然保护区	2 060	7.7	4.0×4.4	0.8	小乔木型，树姿直立。芽叶淡绿色、茸毛多。叶片长宽15.7cm×6.5cm，叶椭圆形，叶色深绿，叶脉10对
PB014	姑租碑大茶树1号	*C. sinensis* var. *assamica*	屏边苗族自治县玉屏镇姑租碑村	1 807	6.5	4.0×4.0	1.6	小乔木型，树姿半开张。芽叶绿色、茸毛少。叶片长宽13.3cm×5.2cm，叶长椭圆形，叶色绿，叶脉10对。萼片5片、无茸毛。花冠直径3.8cm×4.5cm，花瓣6枚，子房有茸毛，花柱先端3裂。果实球形、三角形
PB015	姑租碑大茶树2号	*C. sinensis* var. *assamica*	屏边苗族自治县玉屏镇姑租碑村	1 822	5.5	3.0×3.3	1.4	小乔木型，树姿半开张。芽叶淡绿色、茸毛多。叶片长宽16.0cm×5.3cm，叶长椭圆形，叶色绿，叶脉11对。萼片5片、无茸毛。花冠直径4.3cm×4.1cm，花瓣6枚，子房有茸毛，花柱先端3裂。果实球形、三角形

（续）

种质编号	种质名称	物种名称	分布地点	海拔（m）	树高（m）	树幅（m×m）	基部干围（m）	主要形态
PB016	姑租碑大茶树3号	*C. sinensis* var. *assamica*	屏边苗族自治县玉屏镇姑租碑村	1 830	5.8	3.2×4.0	1.0	小乔木型，树姿半开张。芽叶淡绿色、茸毛多。叶片长宽15.0cm×5.0cm，叶长椭圆形，叶色绿，叶脉11对。萼片5片、无茸毛。花冠直径4.5cm×4.0cm，花瓣6枚，子房有茸毛，花柱先端3裂。果实球形、三角形
PB017	茶朵白大茶树1号	*C. sinensis* var. *assamica*	屏边苗族自治县和平镇白沙村茶朵白	1 887	9.5	6.0×7.0	2.0	乔木型，树姿直立。芽叶淡绿色、茸毛多。叶片长宽15.9cm×5.6cm，叶长椭圆形，叶色绿，叶脉11对。萼片5片、无茸毛。花冠直径3.3cm×4.5cm，花瓣6枚，子房有茸毛，花柱先端3裂。果实球形、三角形
PB018	茶朵白大茶树2号	*C. sinensis* var. *assamica*	屏边苗族自治县和平镇白沙村茶朵白	1 875	7.0	5.8×4.0	1.8	小乔木型，树姿半开张。芽叶黄绿色、茸毛多。叶片长宽14.8cm×5.0cm，叶长椭圆形，叶色绿，叶脉10对。萼片5片、无茸毛。花冠直径4.5cm×4.2cm，花瓣7枚，子房有茸毛，花柱先端3裂。果实球形、三角形
PB019	茶朵白大茶树3号	*C. sinensis* var. *assamica*	屏边苗族自治县和平镇白沙村茶朵白	1 883	5.6	4.0×4.4	1.3	小乔木型，树姿半开张。芽叶黄绿色、茸毛多。叶片长宽16.0cm×5.0cm，叶长椭圆形，叶色绿，叶脉12对。萼片5片、无茸毛。花冠直径3.7cm×4.0cm，花瓣6枚，子房有茸毛，花柱先端3裂。果实球形、三角形
PB020	石坎头大茶树1号	*C. sinensis* var. *assamica*	屏边苗族自治县和平镇石坎头村	1 905	5.5	3.0×4.1	1.5	小乔木型，树姿半开张。芽叶黄绿色、茸毛多。叶片长宽16.3cm×5.6cm，叶长椭圆形，叶色绿，叶脉11对。萼片5片、无茸毛。花冠直径4.0cm×4.1cm，花瓣6枚，子房有茸毛，花柱先端3裂。果实球形、三角形
PB021	石坎头大茶树2号	*C. sinensis* var. *assamica*	屏边苗族自治县和平镇石坎头村	1 920	7.0	5.2×4.0	1.3	小乔木型，树姿半开张。芽叶绿色、茸毛多。叶片长宽15.1cm×4.8cm，叶椭圆形，叶色绿，叶脉9对。萼片5片、无茸毛。花冠直径3.7cm×5.1cm，花瓣7枚，子房有茸毛，花柱先端3裂。果实球形、三角形
PB022	石坎头大茶树3号	*C. sinensis* var. *assamica*	屏边苗族自治县和平镇石坎头村	1 916	4.5	4.0×4.4	1.1	小乔木型，树姿半开张。芽叶淡绿色、茸毛多。叶片长宽13.8cm×4.2cm，叶椭圆形，叶色绿，叶脉8对。萼片5片、无茸毛。花冠直径4.0cm×4.3cm，花瓣6枚，子房有茸毛，花柱先端3裂。果实球形、三角形

（续）

种质编号	种质名称	物种名称	分布地点	海拔（m）	树高（m）	树幅（m×m）	基部干围（m）	主要形态
PB023	吉咪大茶树1号	*C. sinensis* var. *assamica*	屏边苗族自治县新现镇吉咪村	1 865	8.5	5.0×4.0	1.7	小乔木型，树姿半开张。芽叶黄绿色、茸毛多。叶片长宽 13.3cm×4.8cm，叶椭圆形，叶色绿，叶脉 9 对。萼片 5 片、无茸毛。花冠直径 4.2cm×4.1cm，花瓣 6 枚，子房有茸毛，花柱先端 3 裂。果实球形、三角形
PB024	吉咪大茶树2号	*C. sinensis* var. *assamica*	屏边苗族自治县新现镇吉咪村	1 872	7.0	5.0×4.5	1.3	小乔木型，树姿半开张。芽叶淡绿色、茸毛中。叶片长宽 15.5cm×4.4cm，叶椭圆形，叶色绿，叶脉 10 对。萼片 5 片、无茸毛。花冠直径 4.7cm×4.3cm，花瓣 7 枚，子房有茸毛，花柱先端 3 裂。果实球形、三角形
PB025	吉咪大茶树3号	*C. sinensis* var. *assamica*	屏边苗族自治县新现镇吉咪村	1 878	6.5	3.0×4.0	1.0	小乔木型，树姿半开张。芽叶黄绿色、茸毛多。叶片长宽 12.0cm×4.0cm，叶椭圆形，叶色绿，叶脉 8 对。萼片 5 片、无茸毛。花冠直径 3.6cm×3.8cm，花瓣 6 枚，子房有茸毛，花柱先端 3 裂。果实球形、三角形
JS001	普家箐大茶树1号	*C. crassicolumna*	建水县普雄乡纸厂村普家箐	2 217	16.0	6.5×5.1	1.4	乔木型，树姿直立。芽叶绿色、茸毛少。叶片长宽 11.3cm×4.9cm，叶椭圆形，叶色深绿，叶脉 10 对。萼片 5 片、有茸毛。花冠直径 5.5cm×5.6cm，花瓣 9 枚，子房有茸毛，花柱先端 4～5 裂。果实球形
JS002	普家箐大茶树2号	*C. crassicolumna*	建水县普雄乡纸厂村普家箐	2 213	13.2	6.0×5.6	1.1	乔木型，树姿直立。芽叶绿色、茸毛少。叶片长宽 12.3cm×5.2cm，叶椭圆形，叶色深绿，叶脉 9 对。萼片 5 片、有茸毛。花冠直径 6.0cm×5.7cm，花瓣 11 枚，子房有茸毛，花柱先端 4～5 裂。果实球形
JS003	普家箐大茶树3号	*C. crassicolumna*	建水县普雄乡纸厂村普家箐	2 224	13.8	5.0×5.6	1.2	乔木型，树姿直立。芽叶绿色、茸毛少。叶片长宽 13.8cm×4.7cm，叶椭圆形，叶色深绿，叶脉 10 对，叶身内折，叶面平，叶缘平，叶质硬
JS004	普家箐大茶树4号	*C. crassicolumna*	建水县普雄乡纸厂村普家箐	2 220	11.2	4.5×4.0	1.0	乔木型，树姿直立。芽叶紫绿色、茸毛少。叶片长宽 14.1cm×4.4cm，叶长椭圆形，叶色深绿，叶脉 9 对。萼片 5 片、有茸毛。花冠直径 5.7cm×5.9cm，花瓣 10 枚，子房有茸毛，花柱先端 5 裂。果实球形

（续）

种质编号	种质名称	物种名称	分布地点	海拔（m）	树高（m）	树幅（m×m）	基部干围（m）	主要形态
JS005	普家箐大茶树5号	*C. crassicolumna*	建水县普雄乡纸厂村普家箐	2 218	8.0	3.4×4.0	0.8	乔木型，树姿直立。芽叶玉白色、茸毛中。叶片长宽15.2cm×4.8cm，叶长椭圆形，叶色绿，叶脉10对，叶身稍内折，叶面平，叶缘平，叶质硬
JS006	普家箐大茶树6号	*C. crassicolumna*	建水县普雄乡纸厂村普家箐	2 213	9.2	4.7×4.3	1.0	小乔木型，树姿直立。芽叶淡绿色、茸毛少。叶片长宽12.3cm×4.0cm，叶椭圆形，叶色深绿，叶脉9对，叶身稍内折，叶面平，叶缘平，叶质硬。果实球形
JS007	普家箐大茶树7号	*C. crassicolumna*	建水县普雄乡纸厂村普家箐	2 215	7.0	5.0×3.0	0.8	小乔木型，树姿半开张。芽叶绿色、茸毛少。叶片长宽13.5cm×4.5cm，叶椭圆形，叶色深绿，叶脉10对，叶身稍内折，叶面平，叶缘微波，叶质硬
JS008	普家箐大茶树8号	*C. crassicolumna*	建水县普雄乡纸厂村普家箐	2 210	5.5	3.5×2.6	0.9	乔木型，树姿直立。芽叶淡绿色、茸毛少。大叶，叶片长宽16.3cm×4.3cm，叶身平，叶缘微波，叶齿稀、浅、中，叶长椭圆形，叶色深绿，叶脉11对
JS009	普家箐大茶树9号	*C. crassicolumna*	建水县普雄乡纸厂村普家箐	2 217	6.5	4.0×2.9	0.9	乔木型，树姿直立。芽叶淡绿色、茸毛少。大叶，叶片长宽14.3cm×5.3cm，叶身平，叶缘微波，叶齿稀、浅、中，叶椭圆形，叶色绿，叶脉11对
JS010	普家箐大茶树10号	*C. crassicolumna*	建水县普雄乡纸厂村普家箐	2 209	7.3	3.0×3.6	0.7	小乔木型，树姿直立。芽叶淡绿色、茸毛少。特大叶，叶片长宽17.0cm×6.3cm，叶身平，叶缘微波，叶齿稀、浅、中，叶长椭圆形，叶色深绿，叶脉12对
JS011	普家箐大茶树11号	*C. crassicolumna*	建水县普雄乡纸厂村普家箐	2 204	5.5	3.5×3.7	0.7	乔木型，树姿直立。芽叶淡绿色、茸毛少。大叶，叶片长宽15.2cm×4.8cm，叶身平，叶缘微波，叶齿稀、浅、中，叶长椭圆形，叶色深绿，叶脉10对
JS012	普家箐大茶树12号	*C. crassicolumna*	建水县普雄乡纸厂村普家箐	2 201	5.0	3.1×2.8	0.5	乔木型，树姿半开张。芽叶绿色、茸毛少。大叶，叶片长宽16.7cm×4.9cm，叶身平，叶缘微波，叶齿稀、浅、中，叶长椭圆形，叶色深绿，叶脉10对
HK001	沙梨野生大茶树1号	*C. crassicolumna*	河口瑶族自治县瑶山乡八角村沙梨	1 914	5.0	3.1×2.8	1.2	乔木型，树姿直立。芽叶绿色、茸毛少。大叶，叶片长宽16.0cm×5.3cm，叶身平，叶缘微波，叶齿稀、浅、钝，叶长椭圆形，叶色深绿，叶脉9对
HK002	沙梨野生大茶树2号	*C. crassicolumna*	河口瑶族自治县瑶山乡八角村沙梨	1 936	5.0	3.0×3.0	1.0	小乔木型，树姿直立。芽叶绿色、茸毛少。大叶，叶片长宽15.2cm×5.8cm，叶长椭圆形，叶身平，叶缘微波，叶齿稀、浅、钝，叶色深绿，叶脉10对。果实扁球形

（续）

种质编号	种质名称	物种名称	分布地点	海拔(m)	树高(m)	树幅(m×m)	基部干围(m)	主要形态
HK003	沙梨野生大茶树 3 号	*C. crassicolumna*	河口瑶族自治县瑶山乡八角村沙梨	1 977	5.0	3.5×2.0	0.8	小乔木型，树姿半开张。芽叶淡绿色、茸毛少。大叶，叶片长宽 14.6cm×5.8cm，叶身平，叶缘微波，叶齿稀、浅、钝，叶长椭圆形，叶色深绿，叶脉 9 对。萼片 5 片、被茸毛，花瓣 11 枚，花柱先端 5 裂，子房有茸毛，果实扁球形
HK004	箐脚野生大茶树 1 号	*C. crassicolumna*	河口瑶族自治县瑶山乡八角村箐脚	1 897	7.0	6.0×5.8	1.2	乔木型，树姿直立。芽叶绿色、茸毛少。大叶，叶片长宽 15.3cm×5.7cm，叶长椭圆形，叶色绿，叶脉 10 对。萼片 5 片、有茸毛，花冠直径 6.8cm×7.0cm，花柱先端 5 裂。果实扁球形
HK005	箐脚野生大茶树 2 号	*C. crassicolumna*	河口瑶族自治县瑶山乡八角村箐脚	1 843	8.0	4.0×5.0	0.8	乔木型，树姿直立。芽叶绿色、茸毛少。大叶，叶片长宽 15.3cm×5.7cm，叶长椭圆形，叶色绿，叶脉 11 对。萼片 5 片、有茸毛，花冠直径 6.0cm×7.5cm，花柱先端 5 裂。果实球形
HK006	箐脚野生大茶树 3 号	*C. crassicolumna*	河口瑶族自治县瑶山乡八角村箐脚	1 850	6.0	5.3×4.0	0.7	小乔木型，树姿半开张。芽叶淡绿色、茸毛少。大叶，叶片长宽 15.0cm×5.5cm，叶长椭圆形，叶色绿，叶脉 8 对。萼片 5 片、有茸毛，花冠直径 5.4cm×6.0cm，花柱先端 4～5 裂。果实扁球形
HK007	回龙野生大茶树 1 号	*C. crassicolumna*	河口瑶族自治县瑶山乡八角村回龙	1 927	10.0	5.0×4.5	1.5	乔木型，树姿直立。芽叶绿色、茸毛少。大叶，叶片长宽 16.8cm×5.4cm，叶身平，叶缘微波，叶齿稀、浅、钝，叶长椭圆形，叶色深绿，叶脉 11 对
HK008	回龙野生大茶树 2 号	*C. crassicolumna*	河口瑶族自治县瑶山乡八角村回龙	1 920	7.0	5.3×4.7	1.1	乔木型，树姿直立。芽叶绿色、茸毛少。大叶，叶片长宽 14.5cm×5.0cm，叶身平，叶缘微波，叶齿稀、浅、钝，叶长椭圆形，叶色深绿，叶脉 10 对
HK009	回龙野生大茶树 3 号	*C. crassicolumna*	河口瑶族自治县瑶山乡八角村回龙	1 920	8.0	5.0×4.0	0.9	乔木型，树姿直立。芽叶绿色、茸毛少。大叶，叶片长宽 15.3cm×5.7cm，叶身平，叶缘微波，叶齿稀、浅、钝，叶长椭圆形，叶色深绿，叶脉 12 对

第十三章 大理白族自治州的茶树种质资源

大理白族自治州地处云南省中部偏西，跨东经98°52′—101°03′，北纬24°41′—26°42′，属云贵高原与横断山脉结合部位，西为云岭山脉，东接滇中高原。境内有苍山、无量山等山系，地势西北高，东南低，海拔高度730～4 295m。大理白族自治州属低纬高原季风气候，有南亚热带、中亚热带、北亚热带、暖湿带、中温带和寒湿带等气候带，年平均气温 15℃，年平均降水量在1 000mm左右。主要植被有半湿型常绿阔叶林、寒温型针叶林、寒温型灌丛。

第一节

大理白族自治州茶树资源种类

大理白族自治州分布有野生茶树、栽培茶树及自然杂交种。云南最主要的野生茶树大理茶的模式标本就来源于大理。1917 年植物学家 W. W. Smithg 将采自大理苍山的茶树标本根据地名定名为大理茶（*T. taliensis*），1925 年德国人 Melchipr 将大理茶学名修订为 *C. taliensis*。从此，大理茶成为山茶属的一个种，并沿用至今。

一、大理白族自治州茶树物种类型

2013 年至 2016 年间，对大理白族自治州的野生茶树、栽培大茶树资源进行了全面普查，通过实地调查、标本采集、影像拍摄、专家鉴定和分类统计等方法，根据 2007 年编写的《中国植物志》英文版第 12 卷的分类，梳理了大理白族自治州的茶树资源种类。归纳整理出大理白族自治州茶树种质资源的物种名录，主要有大理茶（*C. taliensis*）、普洱茶（*C. sinensis* var. *assamica*）、小叶茶（*C. sinensis*）、德宏茶（*C. sinensis* var. *dehungensis*）和白毛茶（*C. sinensis* var. *pubilimba*）共 5 个种和变种。其中，大理茶、普洱茶是该地区的优势种和广布种。

二、大理白族自治州茶树品种类型

大理白族自治州茶树种质资源包括有野生茶树资源、地方茶树品种和选育茶树品种。大理白族自治州早期栽培驯化的野生茶树资源主要有感通茶、大河沟野茶、金光寺野茶、小古德野茶、安立野茶、无量山野茶、官地野茶、新政野茶、拥政野茶等。栽培种植的优良地方品种主要有花山大叶茶、回龙山大叶茶、小古德大叶茶、无量山大叶茶、水泄大叶、功果大叶等。引进种植的茶树新品种主要有长叶白毫、佛香 2 号、佛香 3 号、云抗 10 号、乌龙茶、福鼎大白毫等。

第二节

大理白族自治州茶树资源地理分布

调查共记录到大理白族自治州野生和栽培大茶树资源分布点44个，主要分布于大理白族自治州西南部的南涧彝族自治县、永平县、云龙县、弥渡县和巍山彝族回族自治县，以及大理白族自治州中部的苍山脚。大理白族自治州大茶树资源集中分布于苍山和无量山自然保护区，水平分布范围较狭窄，分布不均匀，垂直分布集中在海拔1 600～2 600m之间。

一、南涧彝族自治县大茶树分布

记录到南涧彝族自治县野生和栽培大茶树资源分布点22个，主要分布于无量山镇的德安、保台、可保、新政、和平、光明和保平等村，宝华镇的无量和拥政等村，碧溪乡的回龙山和凤仙等村，公郎镇的龙平、官地、新合、金山和中山等村，小湾东镇的龙门、岔江和龙街等村，拥翠乡的龙凤村、安立和胜利等村。大茶树资源分布于海拔1 700～2 600m之间，较集中分布的大茶树居群有老卜苴居群、山花居群、杨梅树居群、大箐居群、阿几苴居群、芹麻箐居群和回龙山居群。典型植株有小古德大茶树、杨梅树村大茶树、山花大茶树、老卜苴大茶树和回龙山大茶树等。

二、永平县大茶树分布

记录到永平县野生和栽培大茶树资源分布点12个，主要分布于厂街彝族乡的三村、界面等村，杉阳镇的松坡、金河等村，水泄彝族乡的狮子窝、瓦厂、阿林等村。永平县古茶树资源以野生茶树大理茶为主，零星分布于高山、自然保护区及寺院周围，海拔在1 800～2 500m之间。其中分布较集中的有伟龙大茶树居群、大河沟野生茶树居群、金光寺野生茶树居群、狮子窝野生茶树居群、阿古寨大茶树居群等。典型植株有大河沟大茶树、金光寺大茶树、永国寺大茶树、狮子窝大茶树、大旧寨大茶树、瓦厂大茶树、界面大茶树、三村大茶树、金河大茶树、杉阳大茶树、松坡大茶树等。

三、其他县大茶树分布

调查记录到大理市大茶树资源分布点2个，主要分布于大理市下关镇的苍山感通寺和苍山脚荷花村单大人寨。记录到云龙县大茶树资源分布点4个，主要分布于云龙乡功果桥镇的核桃坪、金和、汤涧和旧州等村。记录到弥渡县大茶树资源分布点2个，分布于牛街彝族乡的荣华村。记录到巍山彝族回族自治县大茶树资源分布点2个，分布于五印山乡的蒙新村、青华乡中窑村等。典型植株有感通寺大茶树、单大人大茶树、核桃坪大茶树、汤涧大茶树、金和大茶树、汤邓大茶树、旧州大茶树和大核桃箐大茶树等。

第三节 大理白族自治州大茶树资源生长状况

对大理白族自治州大理市、南涧彝族自治县、永平县、云龙县、弥渡县5个县（市、自治县）的典型大茶树树高、基部干围、树幅等生长特征及生长势进行了统计分析和初步评价，为大理白族自治州大茶树资源的合理利用与管理保护提供基础资料和参考依据。

一、大理白族自治州大茶树生长状况

对大理白族自治州内275株大茶树生长状况统计表明，见表13-1。大茶树树高在1.0～5.0m区段的有91株，占调查总数的33.1%；在5.0～10.0m区段的有164株，占调查总数的59.6%；在10.0～15.0m区段的有18株，占调查总数的6.5%；在15.0m以上区段的有2株，占调查总数的0.8%。大茶树树高变幅为2.0～22.0m，平均树高6.5m，树高主要集中在5～10m区段，占大茶树总数量的59.6%，最高为永平县杉阳镇松坡村金光寺大茶树1号（编号YP001），树高22.0m。

大茶树基部干围在0.3～1.0m区段的有82株，占调查总数的29.8%；在1.0～1.5m区段的有104株，占调查总数的37.8%；在1.5～2.0m区段的有53株，占调查总数的19.3%；在2.0m以上区段的有36株，占调查总数的13.1%。大茶树基部干围变幅为0.3～4.1m，平均1.4m，最大的是永平县水泄彝族乡狮子窝大河沟大茶树1号（YP018编号），基部干围4.1m。

大茶树树幅在1.0～5.0m区段的有185株，占调查总数的67.3%；在5.0～10.0m区段的有90株，占调查总数的32.7%。大茶树树幅直径在1.2～9.9m之间，平均树幅为4.4m×4.5m，最大为南涧彝族自治县无量山镇小古德大茶树1号（编号NJ001），树幅9.0m×9.9m；其次是南涧彝族自治县无量山镇和平村山背后大茶树1号（编号NJ075），树幅8.6m×6.7m。

大理白族自治州大茶树树高、树幅、基部干围的变异系数分别为36.5%、49.3%和39.4%，均大于30%，各项生长指标均存在较大变异。

表13-1 大理白族自治州大茶树生长特征

树体形态	最大值	最小值	平均值	标准差	变异系数（%）
树高（m）	22.0	2.0	6.5	2.4	36.5
树幅直径（m）	9.9	1.2	4.5	2.2	49.3
基部干围（m）	4.1	0.3	1.4	0.5	39.4

二、大理白族自治州大茶树生长势

对275株大茶树生长势调查的结果表明，大理白族自治州大茶树总体长势良好，少数植株处于濒死状态或死亡，见表 13－2。大茶树树冠完整、枝繁叶茂、主干完好、树势生长旺盛的有 118 株，占调查总数的 42.9%；树枝无自然枯损、枯梢，生长势一般的有 135 株，占调查总数的 49.1%；树枝自然枯梢，树体残缺、腐损，树干有空洞，生长势较差的有 17 株，占调查总数的 6.2%；主梢及整体大部枯死、空干、根腐，生长势处于濒死状态的有 5 株，占调查总数的 1.8%。据不完全统计，调查记录到大理白族自治州已死亡的大茶树有 9 株。

表 13－2　大理白族自治州大茶树生长势

调查地点（县、自治县、市）	调查数量（株）	生长势等级			
		旺盛	一般	较差	濒死
南涧	153	64	78	8	3
永平	59	27	26	4	2
弥渡	11	4	6	1	0
大理	24	10	12	2	0
云龙	28	13	13	2	0
总计（株）	275	118	135	17	5
所占比例（%）	100.00	42.9	49.1	6.2	1.8

第四节

大理白族自治州大茶树资源名录

根据普查结果，对大理白族自治州南涧彝族自治县、永平县、云龙县、大理市和弥渡县内较古老、特异、珍稀和濒危大茶树进行编号挂牌和整理编目，建立了大理白族自治州大茶树资源档案和茶树种质资源名录，见表 13－3。共整理编目大理白族自治州大茶树资源名录 275 份，其中南涧彝族自治县 153 份，编号为 NJ001～JN153；大理市 24 份，编号为 DL001～DL024；云龙县 28 份，编号为 YL001～YL028；永平县 59 份，编号为 YP001～YP059；弥渡县 11 份，编号为 MD001～MD011。

大理白族自治州大茶树资源名录注明了每一份大茶树的种质资源编号、种质名称、物种名称等护照信息，记录了大茶树资源的分布地点、海拔高度等地理信息，较详细地描述了大茶树的生长特征和植物学形态特征。大理白族自治州大茶树资源名录的确定，明确了大理白族自治州重点保护的大茶树资源，对了解大理白族自治州茶树种质资源提供了重要信息，为大理白族自治州茶树种质资源的有效保护和茶叶经济发展提供了全面准确的线索和依据。

表 13－3　大理白族自治州大茶树资源名录（275 份）

种质编号	种质名称	物种名称	分布地点	海拔（m）	树高（m）	树幅（m×m）	基部干围（m）	主要形态
NJ001	小古德大茶树 1 号	*C. taliensis*	南涧彝族回族自治县无量山镇古德村小古德	2 024	10.4	9.0×9.9	2.2	乔木型，树姿直立。芽叶绿色、有茸毛。叶片长宽 12.2cm×4.5cm，叶长椭圆形，叶色深绿，叶脉 12 对。萼片 5 片、无茸毛。花冠直径 4.7cm×4.6cm，花瓣 8 枚，子房有茸毛，花柱先端 4～5 裂。果实扁球形、四方形
NJ002	小古德 2 号大茶树	*C. taliensis*	南涧彝族回族自治县无量山镇古德村小古德	2 024	7.0	5.2×5.1	1.2	乔木型，树姿半开张。芽叶绿色、有茸毛。叶片长宽 13.3cm×4.4cm，叶披针形，叶色深绿，叶脉 13 对。萼片 5 片、无茸毛。花冠直径 4.2cm×4.1cm，花瓣 7 枚，子房有茸毛，花柱先端 5 裂
NJ003	小古德 3 号大茶树	*C. taliensis*	南涧彝族回族自治县无量山镇古德村小古德	2 030	7.5	4.0×3.6	1.4	乔木型，树姿直立。芽叶绿色、有茸毛。叶片长宽 14.7cm×4.9cm，叶长椭圆形，叶色深绿，叶脉 11 对。萼片 5 片、无茸毛。花冠直径 4.7cm×3.5cm，花瓣 9 枚，子房有茸毛，花柱先端 4 裂。果实球形、扁球形

（续）

种质编号	种质名称	物种名称	分布地点	海拔（m）	树高（m）	树幅（m×m）	基部干围（m）	主要形态
NJ004	小古德4号大茶树	*C. taliensis*	南涧彝族回族自治县无量山镇古德村小古德	2 037	6.0	3.2×3.4	1.5	乔木型，树姿直立。芽叶绿色、有茸毛。叶片长宽14.4cm×5.0cm，叶长椭圆形，叶色绿，叶脉10对。萼片5片、无茸毛。花冠直径4.0cm×4.0cm，花瓣11枚，子房有茸毛，花柱先端5裂。果实扁球形
NJ005	小古德5号大茶树	*C. sinensis* var. *assamica*	南涧彝族回族自治县无量山镇古德村小古德	2 034	7.2	3.5×4.0	1.8	小乔木型，树姿半开张。芽叶黄绿色、茸毛多。叶片长宽16.2cm×6.0cm，叶长椭圆形，叶色绿，叶脉10对。萼片5片、无茸毛。花冠直径3.4cm×3.2cm，花瓣6枚，子房有茸毛，花柱先端3裂。果实球形、三角形
NJ006	小古德6号大茶树	*C. sinensis* var. *assamica*	南涧彝族回族自治县无量山镇古德村小古德	2 028	4.8	3.0×3.3	1.7	小乔木型，树姿半开张。芽叶绿色、茸毛多。叶片长宽13.9cm×5.5cm，叶长椭圆形，叶色绿，叶脉10对。萼片5片、无茸毛。花冠直径3.0cm×3.5cm，花瓣7枚，子房有茸毛，花柱先端3裂。果实球形、三角形
NJ007	小古德7号大茶树	*C. sinensis* var. *assamica*	南涧彝族回族自治县无量山镇古德村小古德	2 025	6.0	6.0×5.0	2.0	小乔木型，树姿半开张。芽叶黄绿色、茸毛多。叶片长宽10.3cm×3.8cm，叶披针形，叶色绿，叶脉10对。萼片5片、无茸毛。花冠直径2.5cm×2.8cm，花瓣6枚，子房有茸毛，花柱先端3裂。果实球形、三角形
NJ008	花山大茶树1号	*C. sinensis* var. *assamica*	南涧彝族回族自治县无量山镇德安村花山	1 958	5.5	3.7×4.0	1.5	小乔木型，树姿半开张。芽叶黄绿色、茸毛多。叶片长宽13.5cm×4.5cm，叶长椭圆形，叶色绿，叶脉10对。萼片5片、无茸毛。花冠直径3.0cm×3.0cm，花瓣6枚，子房有茸毛，花柱先端3裂。果实球形、三角形
NJ009	花山大茶树2号	*C. sinensis* var. *assamica*	南涧彝族回族自治县无量山镇德安村花山	1 958	6.2	2.7×3.4	0.7	小乔木型，树姿半开张。芽叶黄绿色、茸毛多。小叶，叶片长宽7.3cm×3.3cm，叶长椭圆形，叶色绿，叶脉7对。萼片5片、无茸毛。花冠直径3.1cm×2.9cm，花瓣7枚，子房有茸毛，花柱先端3裂。果实球形、肾形、三角形
NJ010	花山大茶树3号	*C. sinensis* var. *assamica*	南涧彝族回族自治县无量山镇德安村花山	1 920	6.2	6.0×4.8	1.3	小乔木型，树姿半开张。芽叶黄绿色、茸毛多。叶片长宽9.8cm×4.7cm，叶椭圆形，叶色绿，叶脉7对。萼片5片、无茸毛。花冠直径3.2cm×3.2cm，花瓣7枚，子房有茸毛，花柱先端3裂。果实球形、三角形

（续）

种质编号	种质名称	物种名称	分布地点	海拔（m）	树高（m）	树幅（m×m）	基部干围（m）	主要形态
NJ011	箐脑大茶树1号	*C. sinensis* var. *assamica*	南涧彝族回族自治县无量山镇德安村箐脑	1 723	6.8	5.4×4.0	1.1	小乔木型，树姿半开张。芽叶黄绿色、茸毛多。叶片长宽10.3cm×3.6cm，叶长椭圆形，叶色绿，叶脉10对。萼片5片、无茸毛。花冠直径2.4cm×2.4cm，花瓣7枚，子房有茸毛，花柱先端3裂
NJ012	箐脑大茶树2号	*C. sinensis* var. *assamica*	南涧彝族回族自治县无量山镇德安村箐脑	1 722	5.8	5.2×4.6	1.1	小乔木型，树姿半开张。芽叶淡绿色、茸毛多。叶片长宽11.3cm×4.8cm，叶长椭圆形，叶色深绿，叶脉9对。萼片5片、无茸毛。花冠直径2.7cm×2.6cm，花瓣6枚，子房有茸毛，花柱先端3裂。果实球形、三角形
NJ013	箐脑大茶树3号	*C. sinensis* var. *assamica*	南涧彝族回族自治县无量山镇德安村箐脑	1 757	6.4	5.3×4.7	1.2	小乔木型，树姿半开张。芽叶黄绿色、茸毛少。叶片长宽9.8cm×3.8cm，叶长椭圆形，叶色深绿，叶脉8对。萼片5片、无茸毛。花冠直径3.1cm×3.1cm，花瓣7枚，子房有茸毛，花柱先端3～4裂。果实三角形
NJ014	箐脑大茶树4号	*C. sinensis* var. *dehungensis*	南涧彝族回族自治县无量山镇德安村箐脑	1 782	9.5	4.3×4.0	1.1	小乔木型，树姿半开张。芽叶淡绿色、茸毛多。叶片长宽13.3cm×5.1cm，叶长椭圆形，叶色深绿，叶脉9对。萼片5片、无茸毛。花冠直径2.5cm×2.0cm，花瓣6枚，子房无茸毛，花柱先端3裂。果实球形
NJ015	丫口大茶树1号	*C. sinensis* var. *dehungensis*	南涧彝族回族自治县无量山镇德安村丫口	1 836	9.1	5.2×5.0	2.8	小乔木型，树姿半开张。芽叶绿色、茸毛少。叶片长宽10.4cm×4.6cm，叶长椭圆形，叶色深绿，叶脉8对。萼片5片、无茸毛。花冠直径4.2cm×4.1cm，花瓣9枚，子房有茸毛，花柱先端3裂。果实球形、三角形
NJ016	丫口大茶树2号	*C. sinensis* var. *dehungensis*	南涧彝族回族自治县无量山镇德安村丫口	1 836	8.1	5.0×5.0	1.9	小乔木型，树姿半开张。芽叶紫绿色、茸毛多。叶片长宽9.9cm×5.5cm，叶卵圆形，叶色深绿，叶脉7对。萼片5片、无茸毛。花冠直径3.9cm×3.9cm，花瓣7枚，子房有茸毛，花柱先端3裂。果实球形、三角形
NJ017	大椿树大茶树1号	*C. sinensis* var. *assamica*	南涧彝族回族自治县无量山镇德安村大椿树	2 125	7.4	5.6×5.4	1.3	小乔木型，树姿直立。芽叶黄绿色、茸毛多。叶片长宽13.1cm×6.3cm，叶卵圆形，叶色深绿，叶脉8对。萼片5片、无茸毛。花冠直径2.5cm×2.3cm，花瓣6枚，子房有茸毛，花柱先端3裂。果实球形、三角形

（续）

种质编号	种质名称	物种名称	分布地点	海拔（m）	树高（m）	树幅（m×m）	基部干围（m）	主要形态
NJ018	大椿树大茶树2号	*C. sinensis* var. *assamica*	南涧彝族回族自治县无量山镇德安村大椿树	2 122	4.3	3.9×4.0	1.0	小乔木型，树姿半开张。芽叶黄绿色、茸毛多。叶片长宽10.7cm×4.9cm，叶椭圆形，叶色绿，叶脉8对。萼片5片、无茸毛。花冠直径2.1cm×2.2cm，花瓣5枚，子房有茸毛，花柱先端3裂。果实球形
NJ019	核桃林大茶树1号	*C. sinensis* var. *assamica*	南涧彝族回族自治县无量山镇德安村核桃林	1 860	4.9	3.4×3.6	1.0	小乔木型，树姿半开张。芽叶黄绿色、茸毛少。叶片长宽14.3cm×5.1cm，叶长椭圆形，叶色绿，叶脉9对。萼片5片、无茸毛。花冠直径2.5cm×2.3cm，花瓣6枚，子房有茸毛，花柱先端3裂。果实肾形、球形
NJ020	核桃林大茶树2号	*C. sinensis* var. *assamica*	南涧彝族回族自治县无量山镇德安村核桃林	1 867	4.5	3.0×3.3	0.9	小乔木型，树姿半开张。芽叶淡绿色、茸毛中。叶片长宽14.7cm×5.0cm，叶长椭圆形，叶色绿，叶脉9对。萼片5片、无茸毛。花冠直径2.8cm×2.5cm，花瓣6枚，子房有茸毛，花柱先端3裂。果实肾形、球形
NJ021	阿扎伍大茶树1号	*C. sinensis* var. *assamica*	南涧彝族回族自治县无量山镇德安村阿扎伍	1 935	4.7	5.6×5.4	1.0	小乔木型，树姿半开张。芽叶黄绿色、茸毛中。叶片长宽9.3cm×4.0cm，叶椭圆形，叶色绿，叶脉8对。萼片5片、无茸毛。花冠直径2.0cm×1.9cm，花瓣6枚，子房有茸毛，花柱先端3裂。果实肾形、三角形
NJ022	阿扎伍大茶树2号	*C. sinensis* var. *assamica*	南涧彝族回族自治县无量山镇德安村阿扎伍	1 932	4.7	5.1×5.2	1.1	小乔木型，树姿开张。芽叶黄绿色、茸毛多。叶片长宽7.8cm×3.4cm，叶椭圆形，叶色绿，叶脉8对。萼片5片、无茸毛。花冠直径2.0cm×2.2cm，花瓣6枚，子房有茸毛，花柱先端3裂。果实肾形、三角形
NJ023	阿扎伍大茶树3号	*C. sinensis* var. *assamica*	南涧彝族回族自治县无量山镇德安村阿扎伍	1 925	4.6	7.0×6.4	0.8	小乔木型，树姿开张。芽叶黄绿色、茸毛中。叶片长宽8.4cm×3.7cm，叶长椭圆形，叶色绿，叶脉8对。萼片5片、无茸毛。花冠直径2.5cm×2.5cm，花瓣7枚，子房有茸毛，花柱先端3裂。果实球形、三角形
NJ024	新旺大茶树1号	*C. sinensis* var. *assamica*	南涧彝族回族自治县无量山镇德安村新旺	1 957	5.8	8.0×7.0	1.7	小乔木型，树姿开张。芽叶黄绿色、茸毛中。小叶，叶片长宽8.7cm×3.2cm，叶长椭圆形，叶色绿，叶脉7对。萼片5片、无茸毛。花冠直径2.0cm×1.9cm，花瓣6枚，子房有茸毛，花柱先端3裂。果实球形、三角形

（续）

种质编号	种质名称	物种名称	分布地点	海拔（m）	树高（m）	树幅（m×m）	基部干围（m）	主要形态
NJ025	新旺大茶树2号	*C. sinensis* var. *assamica*	南涧彝族回族自治县无量山镇德安村新旺	1 973	3.5	4.3×4.4	1.6	小乔木型，树姿半开张。芽叶绿色、茸毛中。小叶，叶片长宽 9.0cm×3.5cm，叶长椭圆形，叶色绿，叶脉 8 对。萼片 5 片、无茸毛。花冠直径 2.8cm×3.5cm，花瓣 7 枚，子房有茸毛，花柱先端 3 裂。果实球形、三角形
NJ026	新旺大茶树3号	*C. sinensis* var. *assamica*	南涧彝族回族自治县无量山镇德安村新旺	1 960	4.8	3.0×3.8	1.2	小乔木型，树姿半开张。芽叶绿色、茸毛中。小叶，叶片长宽 12.0cm×4.5cm，叶长椭圆形，叶色绿，叶脉 8 对。萼片 5 片、无茸毛。花冠直径 3.4cm×3.5cm，花瓣 7 枚，子房有茸毛，花柱先端 3 裂。果实球形、三角形
NJ027	阿比庄大茶树1号	*C. sinensis* var. *assamica*	南涧彝族回族自治县无量山镇德安村阿比庄	1 956	4.8	4.5×4.5	1.1	小乔木型，树姿半开张。芽叶淡绿色、茸毛多。叶片长宽 11.0cm×4.2cm，叶长椭圆形，叶色深绿，叶脉 7 对。萼片 5 片、无茸毛。花冠直径 3.7cm×3.3cm，花瓣 6 枚，子房有茸毛，花柱先端 3 裂。果实球形、三角形
NJ028	阿比庄大茶树2号	*C. sinensis* var. *assamica*	南涧彝族回族自治县无量山镇德安村阿比庄	1 956	5.6	5.4×5.2	1.4	小乔木型，树姿半开张。芽叶黄绿色、茸毛特多。小叶，叶片长宽 11.6cm×5.7cm，叶长椭圆形，叶色黄绿，叶脉 8 对。萼片 5 片、无茸毛。花冠直径 3.8cm×4.5cm，花瓣 6 枚，子房有茸毛，花柱先端 3 裂。果实球形、三角形
NJ029	阿比庄大茶树3号	*C. sinensis* var. *pubilimba*	南涧彝族回族自治县无量山镇德安村阿比庄	1 943	5.0	5.6×4.3	1.2	小乔木型，树姿半开张。芽叶淡绿色、茸毛中。小叶，叶片长宽 12.3cm×5.5cm，叶长椭圆形，叶色黄绿，叶脉 9 对。萼片 5 片、有茸毛。花冠直径 3.0cm×3.2cm，花瓣 7 枚，子房有茸毛，花柱先端 3 裂。果实球形、三角形
NJ030	芹麻箐大茶树1号	*C. taliensis*	南涧彝族回族自治县无量山镇德安村芹麻箐	2 114	6.5	3.9×3.8	1.6	小乔木型，树姿半开张。芽叶紫绿色、无茸毛。叶片长宽 9.0cm×5.4cm，叶卵圆形，叶色绿，叶脉 11 对。萼片 5 片、无茸毛。花冠直径 6.0cm×6.6cm，花瓣 11 枚，子房有茸毛，花柱先端 5 裂。果实球形
NJ031	芹麻箐大茶树2号	*C. taliensis*	南涧彝族回族自治县无量山镇德安村芹麻箐	2 123	5.0	4.0×4.4	1.4	小乔木型，树姿半开张。芽叶绿色、无茸毛。叶片长宽 10.5cm×4.5cm，叶长椭圆形，叶色深绿，叶脉 9 对。萼片 5 片、无茸毛。花冠直径 6.3cm×6.8cm，花瓣 13 枚，子房有茸毛，花柱先端 5 裂。果实球形

（续）

种质编号	种质名称	物种名称	分布地点	海拔（m）	树高（m）	树幅（m×m）	基部干围（m）	主要形态
NJ032	芹麻箐大茶树3号	*C. taliensis*	南涧彝族回族自治县无量山镇德安村芹麻箐	2 152	5.0	4.8×6.5	1.3	小乔木型，树姿半开张。芽叶绿色、无茸毛。大叶，叶片长宽13.7cm×5.7cm，叶长椭圆形，叶色绿，叶脉10对。萼片5片、无茸毛。花冠直径5.4cm×6.0cm，花瓣9枚，子房有茸毛，花柱先端5裂。果实球形
NJ033	芹麻箐大茶树4号	*C. taliensis*	南涧彝族回族自治县无量山镇德安村芹麻箐	2 152	5.5	4.6×4.3	1.3	小乔木型，树姿半开张。芽叶紫绿色、无茸毛。大叶，叶片长宽12.4cm×6.1cm，叶长椭圆形，叶色绿，叶脉8对。萼片5片、无茸毛。花冠直径5.6cm×5.6cm，花瓣11枚，子房有茸毛，花柱先端5裂。果实球形
NJ034	芹麻箐大茶树5号	*C. taliensis*	南涧彝族回族自治县无量山镇德安村芹麻箐	2 167	4.5	3.5×3.0	1.3	小乔木型，树姿半开张。芽叶绿色、无茸毛。大叶，叶片长宽14.2cm×5.5cm，叶长椭圆形，叶色绿，叶脉10对，叶身稍内折，叶面平，叶缘平，叶质硬
NJ035	芹麻箐大茶树6号	*C. taliensis*	南涧彝族回族自治县无量山镇德安村芹麻箐	2 130	4.0	2.8×34	1.2	小乔木型，树姿半开张。芽叶绿色、无茸毛。大叶，叶片长宽14.0cm×5.4cm，叶长椭圆形，叶色绿，叶脉9对，叶身稍内折，叶面平，叶缘平，叶质硬
NJ036	干海子大茶树1号	*C. sinensis* var. *assamica*	南涧彝族回族自治县无量山镇保台村干海子	2 227	4.1	6.2×6.2	1.3	小乔木型，树姿开张。芽叶黄绿色、茸毛多。大叶，叶片长宽12.7cm×6.0cm，叶长椭圆形，叶色绿，叶脉9对。萼片5片、无茸毛，花冠直径4.3cm×3.5cm，花瓣6枚，子房有茸毛，花柱先端3裂。果实球形、三角形
NJ037	干海子大茶树2号	*C. sinensis* var. *assamica*	南涧彝族回族自治县无量山镇保台村干海子	2 227	7.2	5.3×4.3	1.2	小乔木型，树姿半开张。芽叶淡绿色、茸毛多，叶片长宽9.7cm×3.2cm，叶披针形，叶色绿，叶脉8对。萼片5片、无茸毛，花冠直径4.0cm×3.6cm，花瓣6枚，子房有茸毛，花柱先端3裂。果实球形、三角形
NJ038	干海子大茶树3号	*C. sinensis* var. *assamica*	南涧彝族回族自治县无量山镇保台村干海子	2 233	5.5	4.0×3.7	1.2	小乔木型，树姿半开张。芽叶黄绿色、茸毛多。大叶，叶片长宽13.5cm×5.4cm，叶长椭圆形，叶色深绿，叶脉11对。萼片5片、无茸毛，花冠直径3.5cm×3.5cm，花瓣7枚，子房有茸毛，花柱先端3裂。果实球形、三角形

（续）

种质编号	种质名称	物种名称	分布地点	海拔（m）	树高（m）	树幅（m×m）	基部干围（m）	主要形态
NJ039	乐可苴大茶树1号	*C. sinensis* var. *pubilimba*	南涧彝族回族自治县无量山镇保台村乐可苴	1 860	4.7	6.2×6.2	1.0	小乔木型，树姿半开张。芽叶玉白色、茸毛特多。叶片长宽11.4cm×4.8cm，叶长椭圆形，叶色浅绿，叶脉7对。萼片5片、有茸毛，花冠直径3.1cm×3.3cm，花瓣5枚，子房有茸毛，花柱先端3裂。果实球形、三角形
NJ040	乐可苴大茶树2号	*C. sinensis* var. *pubilimba*	南涧彝族回族自治县无量山镇保台村乐可苴	1 873	4.8	3.2×2.8	0.8	小乔木型，树姿半开张。芽叶玉白色、茸毛特多。叶片长宽12.2cm×4.5cm，叶长椭圆形，叶色浅绿，叶脉8对。萼片5片、有茸毛，花冠直径2.8cm×3.0cm，花瓣6枚，子房有茸毛，花柱先端3裂。果实球形、三角形
NJ041	陈普庄大茶树1号	*C. sinensis* var. *assamica*	南涧彝族回族自治县无量山镇保台村陈普庄	2 061	6.7	3.8×3.5	1.6	乔木型，树姿直立。芽叶黄绿色、茸毛多。大叶，叶片长宽12.9cm×6.0cm，叶长椭圆形，叶色浅绿，叶脉9对。萼片5片、无茸毛，花冠直径3.4cm×3.0cm，花瓣6枚，子房有茸毛，花柱先端3裂。果实三角形
NJ042	陈普庄大茶树2号	*C. sinensis* var. *assamica*	南涧彝族回族自治县无量山镇保台村陈普庄	2 076	6.0	4.5×4.9	0.9	小乔木型，树姿半开张。芽叶黄绿色、茸毛多。大叶，叶片长宽11.2cm×5.4cm，叶长椭圆形，叶色绿，叶脉8对。萼片5片、无茸毛，花冠直径3.4cm×3.0cm，花瓣6枚，子房有茸毛，花柱先端3裂。果实三角形
NJ043	黄栗窝大茶树1号	*C. sinensis* var. *assamica*	南涧彝族回族自治县无量山镇保台村黄栗窝	2 022	4.9	3.8×4.5	0.8	乔木型，树姿半开张。芽叶淡绿色、茸毛中。叶片长宽10.7cm×3.7cm，叶长椭圆形，叶色绿，叶脉9对。萼片5片、无茸毛，花冠直径2.4cm×2.6cm，花瓣7枚，子房有茸毛，花柱先端3裂。果实三角形
NJ044	黄栗窝大茶树2号	*C. sinensis* var. *assamica*	南涧彝族回族自治县无量山镇保台村黄栗窝	2 042	4.0	4.0×4.0	0.8	乔木型，树姿半开张。芽叶黄绿色、茸毛多。大叶，叶片长宽13.3cm×4.6cm，叶长椭圆形，叶色绿，叶脉9对。萼片5片、无茸毛，花冠直径2.4cm×2.4cm，花瓣7枚，子房有茸毛，花柱先端3裂。果实三角形
NJ045	乐所塘大茶树1号	*C. sinensis* var. *assamica*	南涧彝族回族自治县无量山镇保台村乐所塘	1 799	5.0	4.0×4.2	1.3	小乔木型，树姿开张。芽叶黄绿色、茸毛多。大叶，叶片长宽13.5cm×4.7cm，叶长椭圆形，叶色绿，叶脉10对。萼片5片、无茸毛，花冠直径2.5cm×2.8cm，花瓣6枚，子房有茸毛，花柱先端3裂。果实三角形

（续）

种质编号	种质名称	物种名称	分布地点	海拔（m）	树高（m）	树幅（m×m）	基部干围（m）	主要形态
NJ046	乐所塘大茶树2号	*C. sinensis* var. *assamica*	南涧彝族回族自治县无量山镇保台村乐所塘	1 799	4.5	3.1×3.3	0.8	小乔木型，树姿半开张。芽叶黄绿色、茸毛多。大叶，叶片长宽13.4cm×5.7cm，叶长椭圆形，叶色绿，叶脉8对。萼片5片、无茸毛，花冠直径2.8cm×3.0cm，花瓣5枚，子房有茸毛，花柱先端3裂。果实三角形
NJ047	足栖么大茶树	*C. sinensis* var. *assamica*	南涧彝族回族自治县无量山镇可保村足栖么	2 127	3.5	4.4×4.4	0.9	小乔木型，树姿开张。芽叶绿色、茸毛多。大叶，叶片长宽13.3cm×6.7cm，叶长椭圆形，叶色绿，叶脉9对。萼片5片、无茸毛，花冠直径3.8cm×3.5cm，花瓣6枚，子房有茸毛，花柱先端3裂。果实球形、三角形
NJ048	木板箐大茶树1号	*C. taliensis*	南涧彝族回族自治县无量山镇新政村木板箐	2 046	6.2	5.5×5.6	1.8	小乔木型，树姿半开张。芽叶淡绿色、无茸毛。大叶，叶片长宽16.5cm×5.8cm，叶长椭圆形，叶色深绿，叶脉11对。萼片5片、无茸毛，花冠直径5.8cm×5.6cm，花瓣11枚，子房有茸毛，花柱先端5裂
NJ049	木板箐大茶树2号	*C. taliensis*	南涧彝族回族自治县无量山镇新政村木板箐	2 082	5.7	5.4×4.7	1.7	小乔木型，树姿半开张。芽叶淡绿色、无茸毛。大叶，叶片长宽16.1cm×6.5cm，叶长椭圆形，叶色深绿，叶脉9对。萼片5片、无茸毛，花冠直径5.5cm×5.8cm，花瓣9枚，子房有茸毛，花柱先端5裂
NJ050	木板箐大茶树3号	*C. taliensis*	南涧彝族回族自治县无量山镇新政村木板箐	2 151	10.5	4.5×4.0	1.8	乔木型，树姿直立。芽叶紫绿色、无茸毛。大叶，叶片长宽15.4cm×6.0cm，叶长椭圆形，叶色深绿，叶身平，叶缘微波，叶背主脉无茸毛，叶脉9对
NJ051	小比舍大茶树1号	*C. sinensis* var. *assamica*	南涧彝族回族自治县无量山镇新政村小比舍	1 888	6.4	6.5×4.3	1.1	小乔木型，树姿半开张。芽叶绿色、有茸毛。叶片长宽9.8cm×3.5cm，叶长椭圆形，叶色深绿，叶脉9对。萼片5片、无茸毛，花冠直径2.9cm×2.8cm，花瓣6枚，子房有茸毛，花柱先端3裂
NJ052	小比舍大茶树2号	*C. sinensis* var. *assamica*	南涧彝族回族自治县无量山镇新政村小比舍	1 888	6	5.8×4.7	1.4	小乔木型，树姿半开张。芽叶绿色、有茸毛。叶片长宽11.8cm×4.5cm，叶长椭圆形，叶色深绿，叶脉9对。萼片5片、无茸毛，花冠直径2.5cm×2.8cm，花瓣6枚，子房有茸毛，花柱先端3裂

（续）

种质编号	种质名称	物种名称	分布地点	海拔（m）	树高（m）	树幅（m×m）	基部干围（m）	主要形态
NJ053	小比舍大茶树3号	*C. sinensis* var. *assamica*	南涧彝族回族自治县无量山镇新政村小比舍	1 888	4.5	5.7×6.0	1.0	小乔木型，树姿半开张。芽叶绿色、有茸毛。小叶，叶片长宽8.3cm×3.4cm，叶长椭圆形，叶色深绿，叶脉7对。萼片5片、无茸毛，花冠直径1.9cm×2.2cm，花瓣7枚，子房有茸毛，花柱先端3裂。果实球形、三角形
NJ054	大阿朵大茶树1号	*C. sinensis* var. *assamica*	南涧彝族回族自治县无量山镇光明村大阿朵	1 996	6.7	6.3×3.1	1.5	小乔木型，树姿半开张。芽叶黄绿色、茸毛多。叶片长宽10.7cm×5.1cm，叶长椭圆形，叶色深绿，叶脉8对。萼片5片、无茸毛，花冠直径2.9cm×2.7cm，花瓣6枚，子房有茸毛，花柱先端3裂。果实球形、三角形
NJ055	大阿朵大茶树2号	*C. sinensis* var. *assamica*	南涧彝族回族自治县无量山镇光明村大阿朵	1 996	4.0	3.7×3.3	1.0	小乔木型，树姿半开张。芽叶淡绿色、茸毛多。大叶，叶片长宽12.0cm×5.7cm，叶椭圆形，叶色深绿，叶脉9对。萼片5片、无茸毛，花冠直径3.3cm×3.2cm，花瓣6枚，子房有茸毛，花柱先端3裂。果实球形、三角形
NJ056	大阿朵大茶树3号	*C. sinensis* var. *pubilimba*	南涧彝族回族自治县无量山镇光明村大阿朵	1 914	5.3	6.0×6.0	1.0	小乔木型，树姿半开张。芽叶黄绿色、茸毛多。大叶，叶片长宽13.0cm×5.1cm，叶长椭圆形，叶色绿，叶脉11对。萼片5片、有茸毛，花冠直径3.2cm×3.7cm，花瓣7枚，子房有茸毛，花柱先端3裂。果实球形、三角形
NJ057	大龙潭大茶树1号	*C. sinensis* var. *assamica*	南涧彝族回族自治县无量山镇光明村大龙潭	1 874	3.6	4.2×4.6	1.2	小乔木型，树姿半开张。芽叶绿色、茸毛多。叶片长宽9.5cm×3.8cm，叶长椭圆形，叶色绿，叶脉8对。萼片5片、无茸毛，花冠直径2.9cm×3.0cm，花瓣6枚，子房有茸毛，花柱先端3裂。果实球形、三角形
NJ058	大龙潭大茶树2号	*C. sinensis* var. *assamica*	南涧彝族回族自治县无量山镇光明村大龙潭	1 874	4.0	5.1×4.6	1.2	小乔木型，树姿半开张。芽叶黄绿色、茸毛多。叶片长宽11.9cm×5.5cm，叶长椭圆形，叶色绿，叶脉9对。萼片5片、无茸毛，花冠直径2.3cm×2.0cm，花瓣6枚，子房有茸毛，花柱先端3裂。果实球形、三角形
NJ059	旧地基大茶树1号	*C. sinensis* var. *assamica*	南涧彝族回族自治县无量山镇光明村旧基地	1 953	4.7	5.7×6.8	0.8	小乔木型，树姿半开张。芽叶绿色、茸毛多。叶片长宽11.0cm×4.7cm，叶长椭圆形，叶色绿，叶脉9对。萼片5片、无茸毛，花冠直径2.7cm×2.4cm，花瓣6枚，子房有茸毛，花柱先端3裂。果实球形、三角形

（续）

种质编号	种质名称	物种名称	分布地点	海拔（m）	树高（m）	树幅（m×m）	基部干围（m）	主要形态
NJ060	旧地基大茶树2号	*C. sinensis* var. *assamica*	南涧彝族回族自治县无量山镇光明村旧基地	1 960	6.2	4.4×5.7	1.3	小乔木型，树姿半开张。芽叶黄绿色、茸毛多。大叶，叶片长宽13.4cm×5.7cm，叶长椭圆形，叶色绿，叶脉10对。萼片5片、无茸毛，花冠直径2.8cm×3.0cm，花瓣7枚，子房有茸毛，花柱先端3裂。果实球形、三角形
NJ061	旧地基大茶树3号	*C. sinensis* var. *dehungensis*	南涧彝族回族自治县无量山镇光明村旧基地	1 960	6.5	5.4×5.5	1.2	小乔木型，树姿半开张。芽叶黄绿色、茸毛多。叶片长宽16.5cm×5.0cm，叶长椭圆形，叶色黄绿，叶脉8对。萼片5片、无茸毛，花冠直径2.7cm×2.5cm，花瓣6枚，子房无茸毛，花柱先端3裂。果实球形、三角形
NJ062	小阿鲁腊大茶树	*C. sinensis* var. *dehungensis*	南涧彝族回族自治县无量山镇光明村小阿鲁腊	1 959	6.1	5.0×5.6	0.9	小乔木型，树姿半开张。芽叶黄绿色、茸毛多。叶片长宽16.0cm×5.3cm，叶长椭圆形，叶色黄绿，叶脉9对。萼片5片、无茸毛，花冠直径2.8cm×3.5cm，花瓣7枚，子房无茸毛，花柱先端3裂。果实球形、三角形
NJ063	丰收大茶树1号	*C. sinensis* var. *assamica*	南涧彝族回族自治县无量山镇光明村丰收小组	1 861	7.4	4.7×4.5	0.9	小乔木型，树姿半开张。芽叶绿色、茸毛多。大叶，叶片长宽13.5cm×5.5cm，叶长椭圆形，叶色绿，叶脉9对。萼片5片、无茸毛，花冠直径2.4cm×2.5cm，花瓣7枚，子房有茸毛，花柱先端3裂。果实球形、三角形
NJ064	丰收大茶树2号	*C. sinensis* var. *assamica*	南涧彝族回族自治县无量山镇光明村丰收小组	1 861	5.6	3.8×4.2	1.1	小乔木型，树姿半开张。芽叶绿色、茸毛多。叶片长宽10.0cm×4.2cm，叶长椭圆形，叶色绿，叶脉8对。萼片5片、无茸毛，花冠直径2.2cm×2.3cm，花瓣7枚，子房有茸毛，花柱先端3裂。果实球形、三角形
NJ065	丰收大茶树3号	*C. sinensis* var. *dehungensis*	南涧彝族回族自治县无量山镇光明村丰收小组	1 861	6.4	4.7×4.0	0.8	小乔木型，树姿半开张。芽叶黄绿色、茸毛多。叶片长宽12.7cm×5.2cm，叶长椭圆形，叶色黄绿，叶脉10对。萼片5片、无茸毛，花冠直径2.2cm×2.3cm，花瓣7枚，子房无茸毛，花柱先端3裂。果实球形、三角形
NJ066	黄草坝大茶树1号	*C. sinensis* var. *assamica*	南涧彝族回族自治县无量山镇保平村黄草坝	1 919	5.8	3.8×4.2	0.9	小乔木型，树姿开张。芽叶绿色、茸毛中。叶片长宽13.5cm×5.2cm，叶长椭圆形，叶色黄绿，叶脉9对。萼片5片、无茸毛，花冠直径2.5cm×2.7cm，花瓣6枚，子房有茸毛，花柱先端3裂。果实球形、三角形

（续）

种质编号	种质名称	物种名称	分布地点	海拔（m）	树高（m）	树幅（m×m）	基部干围（m）	主要形态
NJ067	黄草坝大茶树2号	*C. sinensis* var. *assamica*	南涧彝族回族自治县无量山镇保平村黄草坝	2 033	4.8	5.3×5.9	1.1	小乔木型，树姿半开张。芽叶黄绿色、茸毛多。叶片长宽12.7cm×5.2cm，叶长椭圆形，叶色黄绿，叶脉10对。萼片5片、无茸毛，花冠直径2.2cm×2.3cm，花瓣7枚，子房有茸毛，花柱先端3裂。果实球形、三角形
NJ068	黄草坝大茶树3号	*C. sinensis* var. *assamica*	南涧彝族回族自治县无量山镇保平村黄草坝	2 020	5.0	4.9×5.0	1.3	小乔木型，树姿半开张。芽叶黄绿色、茸毛多。叶片长宽13.0cm×5.5cm，叶长椭圆形，叶色黄绿，叶脉9对。萼片5片、无茸毛，花冠直径2.9cm×2.7cm，花瓣6枚，子房有茸毛，花柱先端3裂。果实球形、三角形
NJ069	阿几苴大茶树1号	*C. sinensis* var. *dehungensis*	南涧彝族回族自治县无量山镇保平村阿几苴	1 852	6.0	5.0×6.0	0.7	小乔木型，树姿半开张。芽叶黄绿色、茸毛多。叶片长宽13.7cm×5.0cm，叶长椭圆形，叶色黄绿，叶脉11对。萼片5片、无茸毛，花冠直径2.6cm×2.7cm，花瓣6枚，子房无茸毛，花柱先端3裂。果实球形、三角形
NJ070	阿几苴大茶树2号	*C. sinensis* var. *pubilimba*	南涧彝族回族自治县无量山镇保平村阿几苴	1 935	5.0	4.0×4.0	1.2	小乔木型，树姿半开张。芽叶淡绿色、茸毛多。叶片长宽11.6cm×4.8cm，叶长椭圆形，叶色黄绿，叶脉9对。萼片5片、有茸毛，花冠直径2.7cm×2.7cm，花瓣6枚，子房有茸毛，花柱先端3裂。果实球形、三角形
NJ071	阿几苴大茶树3号	*C. sinensis* var. *assamica*	南涧彝族回族自治县无量山镇保平村阿几苴	1 934	4.5	4.0×4.5	1.2	小乔木型，树姿开张。芽叶绿色、茸毛多。叶片长宽12.0cm×4.5cm，叶长椭圆形，叶色黄绿，叶脉7对。萼片5片、无茸毛，花冠直径2.5cm×2.6cm，花瓣5枚，子房有茸毛，花柱先端3裂。果实球形、三角形
NJ072	阿几苴大茶树4号	*C. sinensis* var. *assamica*	南涧彝族回族自治县无量山镇保平村阿几苴	1 924	5.0	3.5×3.8	0.7	小乔木型，树姿直立。芽叶黄绿色、茸毛多。叶片长宽16.8cm×6.5cm，叶长椭圆形，叶色黄绿，叶脉11对。萼片5片、无茸毛，花冠直径3.4cm×3.0cm，花瓣6枚，子房有茸毛，花柱先端3裂。果实球形、三角形
NJ073	白鹿地大茶树1号	*C. sinensis* var. *assamica*	南涧彝族回族自治县无量山镇和平村白鹿地	2 164	5.5	5.3×6.2	1.0	小乔木型，树姿半开张。芽叶绿色、茸毛多。叶片长宽12.3cm×5.4cm，叶长椭圆形，叶色黄绿，叶脉8对。萼片5片、无茸毛，花冠直径2.4cm×2.4cm，花瓣6枚，子房有茸毛，花柱先端3裂。果实球形、三角形

（续）

种质编号	种质名称	物种名称	分布地点	海拔（m）	树高（m）	树幅（m×m）	基部干围（m）	主要形态
NJ074	白鹿地大茶树2号	*C. sinensis* var. *dehungensis*	南涧彝族回族自治县无量山镇和平村白鹿地	2 164	3.5	3.3×3.0	0.9	小乔木型，树姿直立。芽叶黄绿色、茸毛多。叶片长宽14.2cm×5.6cm，叶长椭圆形，叶色黄绿，叶脉11对。萼片5片、无茸毛，花冠直径3.0cm×2.7cm，花瓣6枚，子房有茸毛，花柱先端3裂。果实球形、三角形
NJ075	山背后大茶树1号	*C. sinensis* var. *assamica*	南涧彝族回族自治县无量山镇和平村山背后	2 134	8.2	8.6×6.7	1.5	小乔木型，树姿开张。芽叶淡绿色、茸毛特多。叶片长宽12.9cm×5.1cm，叶长椭圆形，叶色绿，叶脉10对。萼片5片、无茸毛，花冠直径2.0cm×2.2cm，花瓣6枚，子房有茸毛，花柱先端3裂。果实球形、三角形
NJ076	山背后大茶树2号	*C. sinensis* var. *assamica*	南涧彝族回族自治县无量山镇和平村山背后	2 006	6.1	7.0×6.5	1.4	小乔木型，树姿开张。芽叶紫红色、茸毛中。叶片长宽10.2cm×4.1cm，叶长椭圆形，叶色黄绿，叶脉8对。萼片5片、无茸毛，花冠直径3.0cm×2.6cm，花瓣6枚，子房有茸毛，花柱先端3裂。果实球形、三角形
NJ077	山背后大茶树3号	*C. sinensis* var. *assamica*	南涧彝族回族自治县无量山镇和平村山背后	2 098	5.3	5.8×5.4	1.3	小乔木型，树姿开张。芽叶黄绿色、茸毛多。叶片长宽14.8cm×5.3cm，叶长椭圆形，叶色黄绿，叶脉8对。萼片5片、无茸毛，花冠直径2.4cm×2.7cm，花瓣6枚，子房无茸毛，花柱先端3裂。果实球形、三角形
NJ078	杨梅树村大茶树1号	*C. sinensis* var. *assamica*	南涧彝族回族自治县宝华镇无量村杨梅树	1 964	7.7	7.0×8.0	1.1	小乔木型，树姿开张。芽叶黄绿色、茸毛多。叶片长宽16.8cm×6.8cm，叶长椭圆形，叶色黄绿，叶脉10对。萼片5片、无茸毛，花冠直径2.8cm×2.7cm，花瓣6枚，子房有茸毛，花柱先端3裂。果实球形、三角形
NJ079	杨梅树村大茶树2号	*C. sinensis* var. *assamica*	南涧彝族回族自治县宝华镇无量村杨梅树	1 952	5.6	4.0×5.0	1.0	小乔木型，树姿半开张。芽叶绿色、茸毛多。叶片长宽16.0cm×6.4cm，叶长椭圆形，叶色黄绿，叶脉11对。萼片5片、无茸毛，花冠直径2.6cm×2.4cm，花瓣7枚，子房有茸毛，花柱先端3裂。果实球形、三角形
NJ080	杨梅树村大茶树3号	*C. sinensis* var. *assamica*	南涧彝族回族自治县宝华镇无量村杨梅树	1 945	5.0	3.8×4.5	0.9	小乔木型，树姿半开张。芽叶黄绿色、茸毛多。叶片长宽15.3cm×5.8cm，叶长椭圆形，叶色黄绿，叶脉9对。萼片5片、无茸毛，花冠直径3.4cm×3.7cm，花瓣6枚，子房有茸毛，花柱先端3裂。果实球形、三角形

（续）

种质编号	种质名称	物种名称	分布地点	海拔（m）	树高（m）	树幅（m×m）	基部干围（m）	主要形态
NJ081	大箐大茶树1号	*C. sinensis* var. *assamica*	南涧彝族回族自治县宝华镇无量村大箐	2 000	5.5	3.9×4.2	1.0	小乔木型，树姿半开张。芽叶黄绿色、茸毛多。叶片长宽15.0cm×5.0cm，叶长椭圆形，叶色黄绿，叶脉9对。萼片5片、无茸毛，花冠直径3.2cm×3.6cm，花瓣6枚，子房有茸毛，花柱先端3裂。果实球形、三角形
NJ082	大箐大茶树2号	*C. sinensis* var. *assamica*	南涧彝族回族自治县宝华镇无量村大箐	2 000	4.8	3.8×5.0	1.1	小乔木型，树姿半开张。芽叶黄绿色、茸毛多。叶片长宽14.4cm×5.7cm，叶长椭圆形，叶色绿，叶脉8对。萼片5片、无茸毛，花冠直径3.0cm×2.7cm，花瓣7枚，子房有茸毛，花柱先端3裂。果实球形、三角形
NJ083	大箐大茶树3号	*C. sinensis* var. *assamica*	南涧彝族回族自治县宝华镇无量村大箐	2 002	5.5	3.0×3.2	0.9	小乔木型，树姿半开张。芽叶黄绿色、茸毛多。叶片长宽16.2cm×5.8cm，叶长椭圆形，叶色黄绿，叶脉10对。萼片5片、无茸毛，花冠直径2.4cm×2.9cm，花瓣6枚，子房有茸毛，花柱先端3裂。果实球形、三角形
NJ084	老卜苴大茶树1号	*C. sinensis* var. *assamica*	南涧彝族回族自治县宝华镇无量村老卜苴	1 937	7.0	4.8×6.0	1.3	小乔木型，树姿半开张。芽叶淡绿色、茸毛多。叶片长宽16.0cm×5.4cm，叶长椭圆形，叶色黄绿，叶脉9对。萼片5片、无茸毛，花冠直径2.8cm×2.9cm，花瓣7枚，子房有茸毛，花柱先端3裂。果实球形、三角形
NJ085	老卜苴大茶树2号	*C. sinensis* var. *assamica*	南涧彝族回族自治县宝华镇无量村老卜苴	1 939	6.5	4.0×5.0	1.2	小乔木型，树姿半开张。芽叶黄绿色、茸毛多。叶片长宽15.8cm×5.8cm，叶长椭圆形，叶色黄绿，叶脉8对。萼片5片、无茸毛，花冠直径2.7cm×2.5cm，花瓣6枚，子房有茸毛，花柱先端3裂。果实球形、三角形
NJ086	老卜苴大茶树3号	*C. sinensis* var. *assamica*	南涧彝族回族自治县宝华镇无量村老卜苴	1 940	6.0	3.5×4.0	1.0	小乔木型，树姿半开张。芽叶黄绿色、茸毛多。叶片长宽14.5cm×5.7cm，叶长椭圆形，叶色黄绿，叶脉11对。萼片5片、无茸毛，花冠直径2.7cm×2.5cm，花瓣6枚，子房有茸毛，花柱先端3裂。果实球形、三角形
NJ087	敢保大茶树1号	*C. sinensis* var. *assamica*	南涧彝族回族自治县宝华镇无量村敢保	2 075	5.0	3.5×4.5	1.0	小乔木型，树姿半开张。芽叶绿色、茸毛多。叶片长宽14.4cm×5.2cm，叶长椭圆形，叶色浅绿，叶脉9对。萼片5片、无茸毛，花冠直径2.4cm×2.5cm，花瓣6枚，子房有茸毛，花柱先端3裂。果实球形、三角形

（续）

种质编号	种质名称	物种名称	分布地点	海拔（m）	树高（m）	树幅（m×m）	基部干围（m）	主要形态
NJ088	敢保大茶树2号	*C. sinensis* var. *assamica*	南涧彝族回族自治县宝华镇无量村敢保	2 074	5.0	4.3×4.0	1.4	小乔木型，树姿半开张。芽叶黄绿色、茸毛多。叶片长宽 13.0cm×6.0cm，叶长椭圆形，叶色深绿，叶脉 10 对。萼片 5 片、无茸毛，花冠直径 3.5cm×3.5cm，花瓣 7 枚，子房有茸毛，花柱先端 3 裂。果实球形、三角形
NJ089	敢保大茶树3号	*C. sinensis* var. *assamica*	南涧彝族回族自治县宝华镇无量村敢保	2 065	5.5	4.5×5.0	1.7	小乔木型，树姿开张。芽叶淡绿色、茸毛多。叶片长宽 12.1cm×5.9cm，叶长椭圆形，叶色绿，叶脉 8 对。萼片 5 片、无茸毛，花冠直径 3.0cm×3.0cm，花瓣 5 枚，子房有茸毛，花柱先端 3 裂。果实球形、三角形
NJ090	福利大茶树1号	*C. sinensis* var. *assamica*	南涧彝族回族自治县宝华镇拥政村福利	1 979	6.0	4.3×3.9	1.7	小乔木型，树姿开张。芽叶淡绿色、茸毛多。叶片长宽 13.8cm×5.5cm，叶长椭圆形，叶色深绿，叶脉 10 对。萼片 5 片、无茸毛，花冠直径 3.3cm×3.7cm，花瓣 6 枚，子房有茸毛，花柱先端 3 裂。果实球形、三角形
NJ091	福利大茶树2号	*C. sinensis* var. *assamica*	南涧彝族回族自治县宝华镇拥政村福利	1 905	6.0	4.6×4.3	1.7	小乔木型，树姿开张。芽叶淡绿色、茸毛多。叶片长宽 16.1cm×5.9cm，叶长椭圆形，叶色绿，叶脉 11 对。萼片 5 片、无茸毛，花冠直径 3.4cm×3.2cm，花瓣 6 枚，子房有茸毛，花柱先端 3 裂。果实球形、三角形
NJ092	福利大茶树3号	*C. sinensis* var. *assamica*	南涧彝族回族自治县宝华镇拥政村福利	1 936	5.0	3.5×3.0	1.5	小乔木型，树姿开张。芽叶淡绿色、茸毛多。叶片长宽 15.2cm×5.7cm，叶长椭圆形，叶色绿，叶脉 8 对。萼片 5 片、无茸毛，花冠直径 3.5cm×3.0cm，花瓣 5 枚，子房有茸毛，花柱先端 3 裂。果实球形、三角形
NJ093	阿葩大茶树1号	*C. taliensis*	南涧彝族回族自治县宝华镇拥政村阿葩	2 105	7.2	1.8×2.4	1.1	乔木型，树姿直立。芽叶淡绿色、无茸毛。叶片长宽 12.6cm×5.3cm，叶长椭圆形，叶色绿，叶面平，叶身平，叶缘平，叶脉 9 对
NJ094	阿葩大茶树2号	*C. taliensis*	南涧彝族回族自治县宝华镇拥政村阿葩	2 105	4.2	3.0×3.6	1.4	小乔木型，树姿开张。芽叶紫绿色、无茸毛。叶片长宽 11.8cm×5.0cm，叶长椭圆形，叶色绿，叶脉 8 对。萼片 5 片、无茸毛，花冠直径 4.6cm×4.8cm，花瓣 11 枚，子房有茸毛，花柱先端 5 裂。果实球形

（续）

种质编号	种质名称	物种名称	分布地点	海拔（m）	树高（m）	树幅（m×m）	基部干围（m）	主要形态
NJ095	阿葩大茶树3号	*C. sinensis* var. *assamica*	南涧彝族回族自治县宝华镇拥政村阿葩	2 045	6.3	5.0×4.0	1.0	小乔木型，树姿开张。芽叶黄绿色、茸毛多。叶片长宽 14.3cm×5.9cm，叶长椭圆形，叶色绿，叶脉9对。萼片5片、无茸毛，花冠直径2.3cm×2.0cm，花瓣6枚，子房有茸毛，花柱先端3裂
NJ096	洒拉箐大茶树1号	*C. sinensis* var. *dehungensis*	南涧彝族回族自治县宝华镇拥政村洒拉箐	1 967	9.4	8.0×6.8	1.4	小乔木型，树姿开张。芽叶黄绿色、茸毛多。叶片长宽 11.5cm×4.7cm，叶长椭圆形，叶色绿，叶脉8对。萼片5片、无茸毛，花冠直径2.0cm×2.0cm，花瓣6枚，子房无茸毛，花柱先端3裂
NJ097	洒拉箐大茶树2号	*C. sinensis* var. *assamica*	南涧彝族回族自治县宝华镇拥政村洒拉箐	1 967	5.0	5.4×4.2	1.0	小乔木型，树姿开张。芽叶绿色、茸毛多。叶片长宽 13.9cm×5.2cm，叶长椭圆形，叶色绿，叶脉10对。萼片5片、无茸毛，花冠直径2.3cm×2.3cm，花瓣6枚，子房有茸毛，花柱先端3裂。果实三角形
NJ098	洒拉箐大茶树3号	*C. sinensis* var. *assamica*	南涧彝族回族自治县宝华镇拥政村洒拉箐	2 052	5.0	4.0×3.9	1.4	小乔木型，树姿直立。芽叶黄绿色、茸毛多。叶片长宽 10.8cm×4.2cm，叶长椭圆形，叶色绿，叶脉8对。萼片5片、无茸毛，花冠直径2.5cm×2.0cm，花瓣6枚，子房有茸毛，花柱先端3裂。果实球形
NJ099	四十八道河野生茶树1号	*C. taliensis*	南涧彝族回族自治县宝华镇拥政村四十八道河	2 469	7.1	2.5×1.5	1.1	乔木型，树姿直立。芽叶淡绿色、无茸毛。叶片长宽 13.5cm×5.2cm，叶长椭圆形，叶色深绿，叶面平，叶身内折，叶缘微波，叶脉8对
NJ100	四十八道河野生茶树2号	*C. taliensis*	南涧彝族回族自治县宝华镇拥政村四十八道河	2 428	6.0	1.1×1.2	1.0	小乔木型，树姿直立。芽叶淡绿色、无茸毛。叶片长宽 15.0cm×5.7cm，叶长椭圆形，叶色深绿，叶面平，叶身内折，叶缘微波，叶脉9对
NJ101	回龙山大茶树1号	*C. sinensis* var. *assamica*	南涧彝族回族自治县碧溪乡回龙山村	2 091	6.7	5.4×5.0	1.9	小乔木型，树姿开张。芽叶绿色、茸毛多。叶片长宽 12.8cm×5.7cm，叶椭圆形，叶色绿，叶脉9对。萼片5片、无茸毛，花冠直径2.7cm×2.9cm，花瓣6枚，子房有茸毛，花柱先端3裂。果实三角形
NJ102	回龙山大茶树2号	*C. sinensis* var. *assamica*	南涧彝族回族自治县碧溪乡回龙山村	2 124	5.8	5.8×4.7	1.1	小乔木型，树姿开张。芽叶绿色、茸毛多。叶片长宽 12.9cm×5.8cm，叶椭圆形，叶色绿，叶脉10对。萼片5片、无茸毛，花冠直径3.0cm×3.2cm，花瓣7枚，子房有茸毛，花柱先端3裂。果实球形、三角形

（续）

种质编号	种质名称	物种名称	分布地点	海拔（m）	树高（m）	树幅（m×m）	基部干围（m）	主要形态
NJ103	回龙山大茶树3号	*C. sinensis* var. *assamica*	南涧彝族回族自治县碧溪乡回龙山村	2 095	3.4	3.2×3.7	1.1	小乔木型，树姿开张。芽叶淡绿色、茸毛多。叶片长宽17.1cm×6.9cm，叶长椭圆形，叶色浅绿，叶脉11对。萼片5片、无茸毛，花冠直径2.4cm×2.5cm，花瓣6枚，子房有茸毛，花柱先端3裂。果实三角形
NJ104	回龙山大茶树4号	*C. sinensis* var. *assamica*	南涧彝族回族自治县碧溪乡回龙山村	2 055	7.9	6.0×6.0	1.5	乔木型，树姿直立。芽叶黄绿色、茸毛多。叶片长宽11.0cm×5.7cm，叶长椭圆形，叶色绿，叶脉10对。萼片5片、无茸毛，花冠直径2.4cm×2.4cm，花瓣6枚，子房有茸毛，花柱先端3裂。果实三角形、球形
NJ105	锅底塘大茶树	*C. sinensis* var. *assamica*	南涧彝族回族自治县碧溪乡回龙山村	2 113	6.8	5.0×6.0	1.1	小乔木型，树姿开张。芽叶绿色、茸毛多。叶片长宽14.4cm×5.4cm，叶长椭圆形，叶色绿，叶脉8对。萼片5片、无茸毛，花冠直径2.7cm×2.5cm，花瓣6枚，子房有茸毛，花柱先端3裂。果实三角形、球形
NJ106	岩子头大茶树1号	*C. sinensis* var. *pubilimba*	南涧彝族回族自治县碧溪乡回龙山村岩子头	2 000	4.2	4.0×3.3	1.8	小乔木型，树姿开张。芽叶玉白色、茸毛特多。叶片长宽10.6cm×4.6cm，叶长椭圆形，叶色绿，叶脉8对。萼片5片、有茸毛，花冠直径2.2cm×2.4cm，花瓣6枚，子房有茸毛，花柱先端3裂。果实三角形、球形
NJ107	岩子头大茶树2号	*C. sinensis* var. *pubilimba*	南涧彝族回族自治县碧溪乡回龙山村岩子头	2 000	4.5	5.0×4.0	1.2	小乔木型，树姿开张。芽叶淡绿色、茸毛特多。叶片长宽12.4cm×5.0cm，叶长椭圆形，叶色绿，叶脉10对。萼片5片、有茸毛，花冠直径2.0cm×2.0cm，花瓣6枚，子房有茸毛，花柱先端3裂。果实三角形、球形
NJ108	风仙大茶树1号	*C. sinensis* var. *dehungensis*	南涧彝族回族自治县碧溪乡风仙村米小	2 014	5.8	5.0×5.5	1.4	小乔木型，树姿半开张。芽叶绿色、茸毛多。叶片长宽11.1cm×5.0cm，叶长椭圆形，叶色绿，叶脉8对。萼片5片、无茸毛，花冠直径2.4cm×2.4cm，花瓣7枚，子房无茸毛，花柱先端3裂。果实三角形、球形
NJ109	风仙大茶树2号	*C. sinensis* var. *assamica*	南涧彝族回族自治县碧溪乡风仙村米小	2 083	5.0	5.3×5.8	1.1	小乔木型，树姿开张。芽叶绿色、茸毛多。叶片长宽13.6cm×6.3cm，叶长椭圆形，叶色绿，叶脉10对。萼片5片、无茸毛，花冠直径2.4cm×2.7cm，花瓣6枚，子房有茸毛，花柱先端3裂。果实三角形、球形

（续）

种质编号	种质名称	物种名称	分布地点	海拔（m）	树高（m）	树幅（m×m）	基部干围（m）	主要形态
NJ110	斯须乐大茶树1号	*C. sinensis* var. *dehungensis*	南涧彝族回族自治县公郎镇龙平村斯须乐	1 981	8.7	7.4×7.2	1.7	小乔木型，树姿半开张。芽叶绿色、茸毛多。叶片长宽11.4cm×4.4cm，叶长椭圆形，叶色绿，叶脉8对。萼片5片、无茸毛，花冠直径2.4cm×2.5cm，花瓣7枚，子房无茸毛，花柱先端3裂。果实三角形、球形
NJ111	斯须乐大茶树2号	*C. sinensis* var. *assamica*	南涧彝族回族自治县公郎镇龙平村斯须乐	1 981	8.4	6.7×5.0	1.1	小乔木型，树姿开张。芽叶淡绿色、茸毛中。叶片长宽13.7cm×5.2cm，叶长椭圆形，叶色绿，叶脉9对。萼片5片、无茸毛，花冠直径3.4cm×3.1cm，花瓣6枚，子房有茸毛，花柱先端3裂。果实三角形、球形
NJ112	四家寨大茶树1号	*C. sinensis* var. *assamica*	南涧彝族回族自治县公郎镇龙平村四家寨	1 916	4.3	5.7×5.4	1.5	小乔木型，树姿开张。芽叶黄绿色、茸毛特多。叶片长宽14.0cm×6.0cm，叶长椭圆形，叶色黄绿，叶脉9对。萼片5片、无茸毛，花冠直径2.7cm×2.6cm，花瓣5～6枚，子房有茸毛，花柱先端3～4裂。果实三角形、球形
NJ113	四家寨大茶树2号	*C. sinensis* var. *assamica*	南涧彝族回族自治县公郎镇龙平村四家寨	1 916	4.7	4.9×4.6	1.2	小乔木型，树姿开张。芽叶绿色、茸毛多。叶片长宽13.9cm×5.2cm，叶长椭圆形，叶色绿，叶脉9对。萼片5片、无茸毛，花冠直径2.5cm×2.6cm，花瓣6枚，子房有茸毛，花柱先端3裂。果实三角形、球形
NJ114	洒马路大茶树1号	*C. sinensis* var. *assamica*	南涧彝族回族自治县公郎镇龙平村洒马路	1 927	7.0	7.0×5.0	1.6	小乔木型，树姿开张。芽叶绿色、茸毛多。叶片长宽13.2cm×4.4cm，叶长椭圆形，叶色绿，叶脉8对。萼片5片、无茸毛，花冠直径2.0cm×2.0cm，花瓣6枚，子房有茸毛，花柱先端3裂。果实三角形、球形
NJ115	洒马路大茶树2号	*C. sinensis* var. *assamica*	南涧彝族回族自治县公郎镇龙平村洒马路	1 927	3.9	5.4×4.6	0.9	小乔木型，树姿开张。芽叶绿色、茸毛多。叶片长宽11.3cm×4.9cm，叶长椭圆形，叶色深绿，叶脉11对。萼片5片、无茸毛，花冠直径2.7cm×2.8cm，花瓣6枚，子房有茸毛，花柱先端3裂。果实三角形、球形
NJ116	茶花树大茶树1号	*C. grandibracteata*	南涧彝族回族自治县公郎镇官地村小水井	1 972	7.0	5.6×5.6	1.8	小乔木型，树姿半开张。芽叶绿色、茸毛多。叶片长宽9.6cm×3.6cm，叶长椭圆形，叶色绿，叶身平，叶面平，叶背主脉有茸毛，叶脉7对

（续）

种质编号	种质名称	物种名称	分布地点	海拔（m）	树高（m）	树幅（m×m）	基部干围（m）	主要形态
NJ117	茶花树大茶树2号	*C. sinensis* var. *pubilimba*	南涧彝族回族自治县公郎镇官地村小水井	1 935	6.2	6.7×6.0	1.5	小乔木型，树姿开张。芽叶玉白色、茸毛特多。叶片长宽10.4cm×4.3cm，叶长椭圆形，叶色绿，叶脉7对。萼片5片、有茸毛，花冠直径2.8cm×2.8cm，花瓣6枚，子房有茸毛，花柱先端3裂。果实三角形、球形
NJ118	砚碗水大茶树1号	*C. sinensis* var. *assamica*	南涧彝族回族自治县公郎镇金山村砚碗水	1 936	6.2	6.0×6.0	1.2	小乔木型，树姿开张。芽叶黄绿色、茸毛中。叶片长宽13.0cm×5.0cm，叶长椭圆形，叶色绿，叶脉9对。萼片5片、无茸毛，花冠直径2.7cm×2.5cm，花瓣6枚，子房有茸毛，花柱先端3裂。果实三角形、球形
NJ119	砚碗水大茶树2号	*C. sinensis* var. *assamica*	南涧彝族回族自治县公郎镇金山村砚碗水	1 938	7.8	5.6×5.3	1.1	小乔木型，树姿半开张。芽叶绿色、茸毛中。叶片长宽11.0cm×5.0cm，叶长椭圆形，叶色绿，叶脉10对。萼片5片、无茸毛，花冠直径2.6cm×2.8cm，花瓣5枚，子房有茸毛，花柱先端3裂。果实三角形、球形
NJ120	砚碗水大茶树3号	*C. sinensis* var. *assamica*	南涧彝族回族自治县公郎镇金山村砚碗水	1 926	7.7	4.3×4.6	1.0	小乔木型，树姿直立。芽叶绿色、茸毛中。叶片长宽13.6cm×5.9cm，叶长椭圆形，叶色绿，叶脉12对。萼片5片、无茸毛，花冠直径3.7cm×4.0cm，花瓣5枚，子房有茸毛，花柱先端3裂。果实三角形、球形
NJ121	子宜乐大茶树1号	*C. sinensis* var. *assamica*	南涧彝族回族自治县公郎镇新合村子宜乐	2 120	3.9	4.0×4.0	1.0	小乔木型，树姿直立。芽叶绿色、茸毛中。叶片长宽14.8cm×6.0cm，叶长椭圆形，叶色绿，叶脉9对。萼片5片、无茸毛，花冠直径4.0cm×4.0cm，花瓣5枚，子房有茸毛，花柱先端3裂。果实三角形、球形
NJ122	子宜乐大茶树2号	*C. sinensis* var. *assamica*	南涧彝族回族自治县公郎镇新合村子宜乐	2 119	5.7	4.0×4.3	1.2	小乔木型，树姿开张。芽叶绿色、茸毛中。叶片长宽12.5cm×4.3cm，叶长椭圆形，叶色绿，叶脉7对。萼片5片、无茸毛，花冠直径3.0cm×3.3cm，花瓣6枚，子房有茸毛，花柱先端3裂。果实肾形、三角形
NJ123	子宜乐大茶树3号	*C. sinensis* var. *assamica*	南涧彝族回族自治县公郎镇新合村子宜乐	2 118	6.5	6.8×6.4	1.7	小乔木型，树姿半开张。芽叶淡绿色、茸毛中。叶片长宽13.3cm×5.0cm，叶长椭圆形，叶色绿，叶脉8对。萼片5片、无茸毛，花冠直径4.2cm×3.8cm，花瓣6枚，子房有茸毛，花柱先端3裂。果实三角形

（续）

种质编号	种质名称	物种名称	分布地点	海拔（m）	树高（m）	树幅（m×m）	基部干围（m）	主要形态
NJ124	箐门口1号大茶树	*C. sinensis* var. *assamica*	南涧彝族回族自治县公郎镇中山村箐门口	2 163	5.6	5.7×5.5	1.1	小乔木型，树姿开张。芽叶淡绿色、茸毛多。叶片长宽 9.3cm×4.3cm，叶长椭圆形，叶色绿，叶脉8对。萼片5片、无茸毛，花冠直径2.2cm×2.3cm，花瓣6枚，子房有茸毛，花柱先端3裂。果实三角形
NJ125	箐门口大茶树2号	*C. sinensis* var. *assamica*	南涧彝族回族自治县公郎镇中山村箐门口	2 168	4.3	5.7×5.4	1.4	小乔木型，树姿开张。芽叶黄绿色、茸毛多。叶片长宽 8.2cm×3.1cm，叶长椭圆形，叶色绿，叶脉8对。萼片5片、无茸毛，花冠直径2.4cm×2.8cm，花瓣6枚，子房有茸毛，花柱先端3裂。果实三角形
NJ126	大岔路1号大茶树	*C. sinensis* var. *dehungensis*	南涧彝族回族自治县公郎镇中山村大岔路	2 153	6.5	3.7×4.6	1.2	小乔木型，树姿半开张。芽叶绿色、茸毛少。叶片长宽 8.5cm×3.8cm，叶长椭圆形，叶色绿，叶脉8对。萼片5片、无茸毛，花冠直径2.0cm×2.0cm，花瓣6枚，子房无茸毛，花柱先端3裂。果实三角形
NJ127	大岔路2号大茶树	*C. sinensis* var. *dehungensis*	南涧彝族回族自治县公郎镇中山村大岔路	2 144	7.2	5.5×5.0	1.3	小乔木型，树姿半开张。芽叶绿色、茸毛多。叶片长宽 11.5cm×5.1cm，叶长椭圆形，叶色浅绿，叶脉9对。萼片5片、无茸毛，花冠直径2.4cm×2.8cm，花瓣6枚，子房无茸毛，花柱先端3裂。果实三角形
NJ128	大岔路3号大茶树	*C. sinensis* var. *assamica*	南涧彝族回族自治县公郎镇中山村大岔路	2 162	5.0	5.0×5.4	1.6	小乔木型，树姿开张。芽叶绿色、茸毛多。叶片长宽 12.0cm×5.3cm，叶长椭圆形，叶色绿，叶脉9对。萼片5片、无茸毛，花冠直径2.8cm×2.8cm，花瓣6枚，子房有茸毛，花柱先端3裂。果实三角形
NJ129	乌木龙大茶树1号	*C. taliensis*	南涧彝族回族自治县公郎镇凤岭村小乌木龙	2 177	6.5	4.4×3.8	2.0	小乔木型，树姿半开张。芽叶绿色、无茸毛。叶片长宽 13.5cm×5.4cm，叶长椭圆形，叶色绿，叶脉8对。萼片5片、无茸毛，花冠直径6.0cm×6.8cm，花瓣9枚，子房有茸毛，花柱先端4～5裂。果实四方形、梅花形
NJ130	乌木龙大茶树2号	*C. taliensis*	南涧彝族回族自治县公郎镇凤岭村小乌木龙	2 170	5.5	4.0×3.0	1.8	小乔木型，树姿半开张。芽叶紫绿色、无茸毛。叶片长宽 13.3cm×5.0cm，叶长椭圆形，叶色绿，叶脉8对。萼片5片、无茸毛，花冠直径5.2cm×5.8cm，花瓣8枚，子房有茸毛，花柱先端4～5裂。果实四方形

（续）

种质编号	种质名称	物种名称	分布地点	海拔（m）	树高（m）	树幅（m×m）	基部干围（m）	主要形态
NJ131	乌木龙大茶树3号	*C. taliensis*	南涧彝族回族自治县公郎镇凤岭村小乌木龙	2 160	6.0	4.0×3.5	1.5	小乔木型，树姿半开张。芽叶绿色、无茸毛。叶片长宽15.7cm×5.9cm，叶长椭圆形，叶色绿，叶脉9对。萼片5片、无茸毛，花冠直径6.5cm×6.5cm，花瓣9枚，子房有茸毛，花柱先端5裂。果实四方形、梅花形
NJ132	龙华大茶树3号	*C. sinensis* var. *assamica*	南涧彝族回族自治县小湾东镇龙门村龙华	2 022	6.0	5.0×4.6	1.2	小乔木型，树姿半开张。芽叶黄绿色、茸毛多。叶片长宽16.2cm×6.4cm，叶长椭圆形，叶色浅绿，叶脉9对。萼片5片、无茸毛，花冠直径3.4cm×3.3cm，花瓣6枚，子房有茸毛，花柱先端3裂。果实三角形
NJ133	龙华大茶树4号	*C. sinensis* var. *assamica*	南涧彝族回族自治县小湾东镇龙门村龙华	2 018	5.3	4.6×4.7	1.2	小乔木型，树姿半开张。芽叶黄绿色、茸毛多。叶片长宽13.0cm×5.8cm，叶长椭圆形，叶色浅绿，叶脉10对。萼片5片、无茸毛，花冠直径3.0cm×3.0cm，花瓣6枚，子房有茸毛，花柱先端3裂。果实三角形
NJ134	老家库大茶树	*C. sinensis* var. *assamica*	南涧彝族回族自治县小湾东镇岔江村老家库	1 876	4.8	4.0×3.6	0.9	小乔木型，树姿半开张。芽叶绿色、茸毛多。叶片长宽14.8cm×6.0cm，叶长椭圆形，叶色浅绿，叶脉10对。萼片5片、无茸毛，花冠直径2.4cm×3.0cm，花瓣6枚，子房有茸毛，花柱先端3裂。果实三角形
NJ135	老君殿1号大茶树	*C. sinensis* var. *assamica*	南涧彝族回族自治县小湾东镇龙街村老君殿	1 876	4.8	3.3×4.0	0.9	小乔木型，树姿开张。芽叶绿色、茸毛多。叶片长宽14.5cm×6.6cm，叶长椭圆形，叶色绿，叶脉11对。萼片5片、无茸毛，花冠直径2.8cm×2.7cm，花瓣6枚，子房有茸毛，花柱先端3裂。果实三角形
NJ136	老君殿2号大茶树	*C. sinensis* var. *assamica*	南涧彝族回族自治县小湾东镇龙街村老君殿	1 876	3.9	2.9×3.3	0.9	小乔木型，树姿半开张。芽叶绿色、茸毛多。叶片长宽14.9cm×6.2cm，叶长椭圆形，叶色绿，叶脉11对。萼片5片、无茸毛，花冠直径2.4cm×2.5cm，花瓣6枚，子房有茸毛，花柱先端3裂。果实三角形
NJ137	马托福大茶树1号	*C. sinensis* var. *assamica*	南涧彝族回族自治县小湾东镇龙街村马托福地	2 281	7.9	7.6×5.7	1.3	小乔木型，树姿开张。芽叶黄绿色、茸毛多。叶长椭圆形，叶片长宽9.7cm×5.1cm，叶色绿，叶脉8对。萼片5片、无茸毛，花冠直径2.5cm×2.7cm，花瓣6枚，子房有茸毛，花柱先端3裂。果实球形

（续）

种质编号	种质名称	物种名称	分布地点	海拔（m）	树高（m）	树幅（m×m）	基部干围（m）	主要形态
NJ138	马托福大茶树2号	*C. sinensis* var. *assamica*	南涧彝族回族自治县小湾东镇龙街村马托福地	2 275	5.4	6.5×7.0	1.3	小乔木型，树姿开张。芽叶淡绿色、茸毛多。叶长椭圆形，叶片长宽11.7cm×4.4cm，叶色深绿，叶脉9对。萼片5片、无茸毛，花冠直径2.5cm×2.5cm，花瓣7枚，子房有茸毛，花柱先端3裂。果实球形
NJ139	马托福大茶树3号	*C. sinensis* var. *assamica*	南涧彝族回族自治县小湾东镇龙街村马托福地	2 275	5.5	5.0×7.0	1.1	小乔木型，树姿开张。芽叶黄绿色、茸毛多。叶长椭圆形，叶片长宽11.9cm×5.0cm，叶色绿，叶脉10对。萼片5片、无茸毛，花冠直径3.0cm×3.0cm，花瓣6枚，子房有茸毛，花柱先端3裂。果实球形、三角形
NJ140	马托福大茶树4号	*C. sinensis* var. *assamica*	南涧彝族回族自治县小湾东镇龙街村马托福地	2 230	6.8	6.0×4.0	1.6	小乔木型，树姿开张。芽叶黄绿色、茸毛多。叶长椭圆形，叶片长宽13.7cm×5.3cm，叶色绿，叶脉11对。萼片5片、无茸毛，花冠直径3.5cm×3.7cm，花瓣6枚，子房有茸毛，花柱先端3裂。果实球形
NJ141	大麦地大茶树	*C. sinensis* var. *assamica*	南涧彝族回族自治县拥翠乡龙凤村大麦地	2 020	6.7	5.9×5.5	1.1	小乔木型，树姿半开张。芽叶绿色、茸毛中。叶长椭圆形，叶片长宽13.5cm×5.8cm，叶色绿，叶脉8对。萼片5片、无茸毛，花冠直径2.9cm×3.0cm，花瓣6枚，子房有茸毛，花柱先端3裂。果实球形
NJ142	新民大茶树	*C. sinensis* var. *assamica*	南涧彝族回族自治县拥翠乡龙凤村新民小组	2 128	4.5	4.5×4.3	0.7	小乔木型，树姿半开张。芽叶绿色、茸毛中。叶长椭圆形，叶片长宽13.3cm×5.7cm，叶色深绿，叶脉9对。萼片5片、无茸毛，花冠直径2.7cm×3.4cm，花瓣6枚，子房有茸毛，花柱先端3～4裂。果实球形
NJ143	新地基大茶树1号	*C. sinensis* var. *assamica*	南涧彝族回族自治县拥翠乡龙凤村新地基	2 020	5.7	4.3×4.3	1.0	小乔木型，树姿半开张。芽叶绿色、茸毛中。叶长椭圆形，叶片长宽16.2cm×6.7cm，叶色深绿，叶脉9对。萼片5片、无茸毛，花冠直径2.4cm×4.4cm，花瓣6枚，子房有茸毛，花柱先端3～4裂。果实球形
NJ144	新地基大茶树2号	*C. sinensis* var. *assamica*	南涧彝族回族自治县拥翠乡龙凤村新地基	2 020	5.0	4.0×3.5	1.1	小乔木型，树姿半开张。芽叶黄绿色、茸毛多。叶长椭圆形，叶片长宽16.4cm×6.5cm，叶色深绿，叶脉11对。萼片5片、无茸毛，花冠直径2.8cm×3.0cm，花瓣6枚，子房有茸毛，花柱先端3裂。果实球形、三角形

（续）

种质编号	种质名称	物种名称	分布地点	海拔（m）	树高（m）	树幅（m×m）	基部干围（m）	主要形态
NJ145	中山野生茶树1号	*C. taliensis*	南涧彝族回族自治县拥翠乡安立村中山自然保护区	2 494	7.3	4.1×4.6	0.6	乔木型，树姿直立。芽叶紫绿色、无茸毛。叶长椭圆形，叶片长宽15.8cm×6.0cm，叶面平，叶身平，叶缘微隆，叶尖钝尖，叶基楔形，叶色深绿，叶质硬，叶脉9对，叶梗无茸毛，叶背主脉无茸毛
NJ146	中山野生茶树2号	*C. taliensis*	南涧彝族回族自治县拥翠乡安立村中山自然保护区	2 494	6.0	3.0×3.0	0.7	乔木型，树姿直立。芽叶绿色、无茸毛。叶长椭圆形，叶片长宽16.5cm×6.3cm，叶面平，叶身平，叶缘微隆，叶尖急尖，叶基楔形，叶色深绿，叶质硬，叶脉9对，叶梗无茸毛，叶背主脉无茸毛
NJ147	中山野生茶树3号	*C. taliensis*	南涧彝族回族自治县拥翠乡安立村中山自然保护区	2 602	2.0	2.0×2.0	1.0	乔木型，树姿直立。芽叶绿色、无茸毛。叶长椭圆形，叶片长宽15.0cm×6.3cm，叶面平，叶身平，叶缘微隆，叶尖急尖，叶基楔形，叶色深绿，叶质硬，叶脉8对，叶梗无茸毛，叶背主脉无茸毛
NJ148	密枯营大茶树1号	*C. sinensis* var. *assamica*	南涧彝族回族自治县拥翠乡安立村密枯营	2 114	5.3	4.0×3.5	0.9	小乔木型，树姿半开张。芽叶黄绿色、茸毛多。叶长椭圆形，叶片长宽16.2cm×7.8cm，叶色深绿，叶脉10对。萼片5片、无茸毛，花冠直径2.5cm×2.5cm，花瓣6枚，子房有茸毛，花柱先端3裂。果实球形、三角形
NJ149	密枯营大茶树2号	*C. sinensis* var. *assamica*	南涧彝族回族自治县拥翠乡安立村密枯营	2 075	4.6	5.0×4.5	1.1	小乔木型，树姿半开张。芽叶绿色、茸毛多。叶长椭圆形，叶片长宽11.5cm×4.0cm，叶色绿，叶脉7对。萼片5片、无茸毛，花冠直径2.2cm×2.4cm，花瓣7枚，子房有茸毛，花柱先端3裂。果实球形、三角形
NJ150	铁厂大茶树1号	*C. sinensis* var. *assamica*	南涧彝族回族自治县拥翠乡胜利村铁厂	2 123	5.0	4.0×4.0	1.1	小乔木型，树姿半开张。芽叶淡绿色、茸毛多。叶长椭圆形，叶片长宽9.8cm×4.0cm，叶色绿，叶脉7对。萼片5片、无茸毛，花冠直径2.2cm×2.2cm，花瓣5枚，子房有茸毛，花柱先端3裂。果实球形、三角形
NJ151	铁厂大茶树2号	*C. taliensis*	南涧彝族回族自治县拥翠乡胜利村铁厂	2 122	9.8	4.7×5.5	1.6	乔木型，树姿直立。芽叶紫绿色、无茸毛。叶长椭圆形，叶片长宽8.9cm×3.7cm，叶色黄绿，叶脉9对，叶面平，叶身平，叶缘微隆，叶尖急尖，叶基楔形，叶质硬，叶梗无茸毛，叶背主脉无茸毛

（续）

种质编号	种质名称	物种名称	分布地点	海拔（m）	树高（m）	树幅（m×m）	基部干围（m）	主要形态
NJ152	陈二庄大茶树	*C. sinensis* var. *assamica*	南涧彝族回族自治县拥翠乡胜利村陈二庄	2 091	6.8	4.3×4.3	1.2	小乔木型，树姿半开张。芽叶淡绿色、茸毛多。叶长椭圆形，叶片长宽10.5cm×4.2cm，叶色绿，叶脉8对。萼片5片、无茸毛，花冠直径2.7cm×2.5cm，花瓣5枚，子房有茸毛，花柱先端3裂。果实球形、三角形
NJ153	新村大茶树	*C. sinensis* var. *assamica*	南涧彝族回族自治县拥翠乡胜利村新村	2 091	2.8	4.5×3.0	1.4	小乔木型，树姿半开张。芽叶紫红色、茸毛多。叶长椭圆形，叶片长宽11.9cm×6.2cm，叶色绿，叶脉8对。萼片5片、无茸毛，花冠直径2.7cm×2.3cm，花瓣6枚，子房有茸毛，花柱先端3裂。果实球形、三角形
DL001	感通寺1号大茶树	*C. taliensis*	大理市下关街道苍山感通寺内	2 300	5.8	4.3×3.8	0.8	乔木型，树姿直立，分枝稀，嫩枝无茸毛。芽叶绿色、无茸毛。叶片长15.1cm×6.9cm，叶片绿色、无茸毛，叶长椭圆形，叶脉9～11对，叶背主脉无茸毛。萼片5片、无茸毛，花冠直径6.2cm×6.0cm，花瓣9枚，花柱先端5裂，子房有茸毛。果实球形
DL002	感通寺2号大茶树	*C. taliensis*	大理市下关街道苍山感通寺内	2 300	3.3	4.1×3.3	0.7	乔木型，树姿直立，分枝稀，嫩枝无茸毛。芽叶绿色、无茸毛。叶片长13.8cm×6.8cm，叶片绿色、无茸毛，叶椭圆形，叶脉9～11对，叶背主脉无茸毛。萼片5片、无茸毛，花冠直径5.5cm×5.8cm，花瓣9枚，花柱先端5裂，子房有茸毛。果实球形
DL003	感通寺3号大茶树	*C. taliensis*	大理市下关街道苍山感通寺外	2 302	5.8	4.3×3.8	0.3	小乔木型，树姿半开张，分枝稀，嫩枝无茸毛。芽叶绿色、无茸毛。叶片长16.0cm×6.4cm，叶片深绿色、无茸毛，叶长椭圆形，叶脉11对，叶背主脉无茸毛。萼片5片、无茸毛，花冠直径5.0cm×5.2cm，花瓣9枚，花柱先端5裂，子房有茸毛。果实球形
DL004	感通寺4号大茶树	*C. taliensis*	大理市下关街道苍山感通寺外	2 326	3.0	4.0×3.0	0.4	小乔木型，树姿半开张，分枝稀，嫩枝无茸毛。芽叶绿色、无茸毛。叶片长15.8cm×6.0cm，叶长椭圆形，叶片深绿色、无茸毛，叶脉11对，叶背主脉无茸毛
DL005	单大人1号大茶树	*C. taliensis*	大理市下关街道苍山脚荷花村单大人寨	2 409	5	3.7×4.2	2.3	乔木型，树姿直立。芽叶紫绿色、无茸毛，叶片长宽13.2cm×6.1cm，叶长椭圆形，叶脉11对，叶背主脉无茸毛。萼片5片、无茸毛，花冠直径4.3cm×4.7cm，花瓣11枚，花柱先端5裂，子房有茸毛。果实扁球形

（续）

种质编号	种质名称	物种名称	分布地点	海拔（m）	树高（m）	树幅（m×m）	基部干围（m）	主要形态
DL006	单大人2号大茶树	*C. taliensis*	大理市下关街道苍山脚荷花村单大人寨	2 410	7.5	4.2×4.2	1.7	乔木型，树姿直立。芽叶紫绿色、无茸毛，叶片长宽13.5cm×6.5cm，叶长椭圆，叶脉9对。萼片5片、无茸毛，花冠直径4.4cm×4.2cm，花瓣10枚，花柱先端5裂，子房有茸毛
DL007	单大人3号大茶树	*C. taliensis*	大理市下关街道苍山脚荷花村单大人寨	2 410	5.0	3.5×4.0	1.8	小乔木型，树姿直立。芽叶绿色、无茸毛，叶片长宽14.3cm×4.8cm，叶长椭圆形，叶脉8对，叶背主脉无茸毛。萼片5片、无茸毛，花冠直径4.8cm×4.5cm，花瓣11枚，花柱先端5裂，子房有茸毛。果实扁球形
DL008	单大人4号大茶树	*C. taliensis*	大理市下关街道苍山脚荷花村单大人寨	2 410	7.0	4.0×3.2	1.7	乔木型，树姿直立。芽叶淡绿色、无茸毛，叶片长宽13.0cm×5.2cm，叶长椭圆，叶身稍内折，叶面平，叶缘微波，叶背主脉无茸毛，叶脉9对
DL009	单大人5号大茶树	*C. taliensis*	大理市下关街道苍山脚荷花村单大人寨	2 409	5	3.7×4.2	1.0	乔木型，树姿半开张。芽叶绿色、无茸毛。叶片长宽12.8cm×4.8cm，叶长椭圆形，叶脉11对，叶身稍内折，叶面平，叶缘微波，叶背主脉无茸毛
DL010	单大人6号大茶树	*C. taliensis*	大理市下关街道苍山脚荷花村单大人寨	2 410	7.5	4.2×4.2	1.2	乔木型，树姿直立。芽叶紫绿色、无茸毛，叶片长宽13.3cm×6.0cm，叶长椭圆，叶脉9对。萼片5片、无茸毛，花冠直径4.7cm×4.5cm，花瓣10枚，花柱先端5裂，子房有茸毛
DL011	单大人7号大茶树	*C. taliensis*	大理市下关街道苍山脚荷花村单大人寨	2 411	5.0	3.0×4.0	1.3	乔木型，树姿直立。芽叶绿色、无茸毛，叶片长宽14.8cm×5.3cm，叶长椭圆形，叶脉8对，叶背、无茸毛。萼片5片、无茸毛，花冠直径5.3cm×5.7cm，花瓣11枚，花柱先端5裂，子房有茸毛。果实扁球形
DL012	单大人8号大茶树	*C. taliensis*	大理市下关街道苍山脚荷花村单大人寨	2 413	6.0	3.2×2.2	1.0	小乔木型，树姿直立。芽叶绿色、无茸毛，叶片长宽13.3cm×5.0cm，叶长椭圆，叶脉9对。萼片5片、无茸毛，花冠直径4.5cm×4.0cm，花瓣10枚，花柱先端5裂，子房有茸毛
DL013	单大人9号大茶树	*C. taliensis*	大理市下关街道苍山脚荷花村单大人寨	2 413	5.5	3.0×3.0	0.8	小乔木型，树姿半开张。芽叶淡绿色、无茸毛，叶片长宽12.7cm×4.7cm，叶长椭圆形，叶脉8对，叶背主脉无茸毛。萼片5片、无茸毛，花冠直径5.3cm×5.4cm，花瓣11枚，花柱先端4裂，子房有茸毛。果实扁球形

（续）

种质编号	种质名称	物种名称	分布地点	海拔（m）	树高（m）	树幅（m×m）	基部干围（m）	主要形态
DL014	单大人 10 号大茶树	*C. taliensis*	大理市下关街道苍山脚荷花村单大人寨	2 414	5.0	3.3×3.5	0.7	小乔木型，树姿直立。芽叶紫绿色、无茸毛，叶片长宽 13.0cm×5.5cm，叶长椭圆，叶脉 9 对。萼片 5 片、无茸毛，花冠直径 4.0cm×4.2cm，花瓣 9 枚，花柱先端 5 裂，子房有茸毛
DL015	单大人 11 号大茶树	*C. taliensis*	大理市下关街道苍山脚荷花村单大人寨	2 407	9.5	3.8×4.4	1.0	乔木型，树姿直立。芽叶绿色、无茸毛，叶片长宽 13.5cm×6.5cm，叶长椭圆形，叶脉 10 对，叶背主脉无茸毛。萼片 5 片、无茸毛，花冠直径 4.4cm×4.2cm，花瓣 11 枚，花柱先端 5 裂，子房有茸毛。果实扁球形
DL016	单大人 12 号大茶树	*C. taliensis*	大理市下关街道苍山脚荷花村单大人寨	2 405	9.0	3.5×4.0	1.3	乔木型，树姿直立。芽叶绿色、无茸毛，叶片长宽 15.1cm×6.0cm，叶长椭圆形，叶脉 10 对，叶背主脉无茸毛。萼片 5 片、无茸毛，花冠直径 4.8cm×4.5cm，花瓣 11 枚，花柱先端 5 裂，子房有茸毛。果实扁球形
DL017	单大人 13 号大茶树	*C. taliensis*	大理市下关街道苍山脚荷花村单大人寨	2 404	8.2	3.0×4.0	1.0	乔木型，树姿直立。芽叶绿色、无茸毛，叶片长宽 13.7cm×5.5cm，叶长椭圆形，叶脉 8 对，叶背主脉无茸毛。萼片 5 片、无茸毛，花冠直径 5.4cm×4.3cm，花瓣 9 枚，花柱先端 5 裂，子房有茸毛。果实扁球形
DL018	单大人 14 号大茶树	*C. taliensis*	大理市下关街道苍山脚荷花村单大人寨	2 403	7.0	5.0×3.4	0.8	乔木型，树姿直立。芽叶绿色、无茸毛，叶片长宽 12.8cm×4.5cm，叶长椭圆形，叶脉 8 对，叶色深绿，叶身平，叶面微隆起，叶缘平，叶背主脉无茸毛
DL019	单大人 15 号大茶树	*C. taliensis*	大理市下关街道苍山脚荷花村单大人寨	2 407	8.0	3.5×4.5	1.0	乔木型，树姿直立。芽叶淡绿色、无茸毛，叶片长宽 12.8cm×4.5cm，叶长椭圆形，叶脉 8 对，叶色深绿，叶质硬，叶身平，叶面微隆起，叶缘平，叶背主脉无茸毛
DL020	单大人 16 号大茶树	*C. taliensis*	大理市下关街道苍山脚荷花村单大人寨	2 410	8.5	3.8×2.4	0.8	乔木型，树姿直立。芽叶绿色、无茸毛，叶片长宽 14.0cm×5.0cm，叶长椭圆形，叶脉 10 对，叶背主脉无茸毛。萼片 5 片、无茸毛，花冠直径 4.0cm×4.0cm，花瓣 9 枚，花柱先端 5 裂，子房有茸毛。果实扁球形
DL021	单大人 17 号大茶树	*C. taliensis*	大理市下关街道苍山脚荷花村单大人寨	2 402	5.5	2.8×2.5	0.6	小乔木型，树姿直立。芽叶绿色、无茸毛，叶片长宽 13.0cm×5.5cm，叶长椭圆形，叶脉 8 对，叶背主脉无茸毛。萼片 5 片、无茸毛，花冠直径 4.7cm×4.2cm，花瓣 10 枚，花柱先端 5 裂，子房有茸毛。果实扁球形

（续）

种质编号	种质名称	物种名称	分布地点	海拔（m）	树高（m）	树幅（m×m）	基部干围（m）	主要形态
DL022	单大人18号大茶树	*C. taliensis*	大理市下关街道苍山脚荷花村单大人寨	2 400	7.0	3.0×4.0	0.8	小乔木型，树姿直立。芽叶绿色、无茸毛，叶片长宽12.0cm×4.7cm，叶长椭圆形，叶脉8对，叶色深绿，叶质硬，叶身平，叶面微隆起，叶缘平，叶背主脉无茸毛
DL023	单大人19号大茶树	*C. taliensis*	大理市下关街道苍山脚荷花村单大人寨	2 404	7.0	3.2×3.4	1.0	乔木型，树姿直立。芽叶绿色、无茸毛，叶片长宽13.8cm×6.0cm，叶长椭圆形，叶脉10对，叶背主脉无茸毛。萼片5片、无茸毛，花冠直径5.4cm×5.2cm，花瓣9枚，花柱先端5裂，子房有茸毛。果实扁球形
DL024	单大人20号大茶树	*C. taliensis*	大理市下关街道苍山脚荷花村单大人寨	2 405	6.3	2.8×4.0	0.7	小乔木型，树姿直立。芽叶绿色、无茸毛，叶片长宽12.5cm×4.6cm，叶长椭圆形，叶脉9对，叶色深绿，叶质硬，叶身平，叶面微隆起，叶缘平，叶背主脉无茸毛
YL001	核桃坪大茶树1号	*C. sinensis* var. *assamica*	云龙县功果桥镇核桃坪村	2 270	5.1	5.0×4.4	1.7	小乔木型，树姿半开张。芽叶绿色、茸毛多。叶片长宽12.0cm×4.4cm，叶长椭圆形，叶色深绿，叶脉9～11对。萼片5片、无茸毛，花冠直径4.0cm×4.0cm，花瓣6枚，花柱先端3裂，子房有茸毛。果实三角形
YL002	核桃坪大茶树2号	*C. sinensis* var. *assamica*	云龙县功果桥镇核桃坪村	2 244	7.2	4.7×4.7	1.4	小乔木型，树姿半开张。芽叶绿色、茸毛多。叶片长宽11.9cm×5.6cm，叶长椭圆形，叶色深绿，叶脉8对。萼片5片、无茸毛，花冠直径3.5cm×3.9cm，花瓣6枚，花柱先端3裂，子房有茸毛。果实三角形
YL003	核桃坪大茶树3号	*C. sinensis* var. *assamica*	云龙县功果桥镇核桃坪村	2 244	5.0	4.0×4.0	1.2	小乔木型，树姿半开张。芽叶黄绿色、茸毛中。叶片长宽13.6cm×5.4cm，叶长椭圆形，叶色深绿，叶脉9～10对。萼片5片、无茸毛，花冠直径4.0cm×3.5cm，花瓣5枚，花柱先端3裂，子房有茸毛。果实三角形、球形
YL004	核桃坪大茶树4号	*C. sinensis* var. *assamica*	云龙县功果桥镇核桃坪村	2 252	4.6	3.0×3.4	1.2	小乔木型，树姿半开张。芽叶紫红色、茸毛少。叶片长宽14.3cm×5.0cm，叶长椭圆形，叶色绿，叶脉10对。萼片5片、无茸毛，花冠直径3.0cm×3.4cm，花瓣5枚，花柱先端3裂，子房有茸毛。果实三角形
YL005	核桃坪大茶树5号	*C. sinensis* var. *assamica*	云龙县功果桥镇核桃坪村	2 247	5.5	3.5×4.0	1.1	小乔木型，树姿开张。芽叶黄绿色、茸毛多。叶片长宽12.7cm×4.8cm，叶长椭圆形，叶色浅绿，叶脉11对。萼片5片、无茸毛，花冠直径3.2cm×3.5cm，花瓣6枚，花柱先端3裂，子房有茸毛。果实三角形

（续）

种质编号	种质名称	物种名称	分布地点	海拔（m）	树高（m）	树幅（m×m）	基部干围（m）	主要形态
YL006	核桃坪大茶树6号	*C. sinensis* var. *assamica*	云龙县功果桥镇核桃坪村	2 270	6.2	4.0×4.5	0.9	小乔木型，树姿半开张。芽叶黄绿色、茸毛多。叶片长宽13.8cm×5.5cm，叶长椭圆形，叶色绿，叶脉9对。萼片5片、无茸毛，花冠直径3.8cm×4.0cm，花瓣7枚，花柱先端3裂，子房有茸毛。果实三角形
YL007	核桃坪大茶树7号	*C. sinensis* var. *assamica*	云龙县功果桥镇核桃坪村	2 263	5.5	3.2×3.4	1.0	小乔木型，树姿半开张。芽叶黄绿色、茸毛多。叶片长宽14.0cm×4.8cm，叶长椭圆形，叶色绿，叶脉11对。萼片5片、无茸毛，花冠直径4.0cm×3.7cm，花瓣6枚，花柱先端3裂，子房有茸毛
YL008	汤涧大茶树1号	*C. sinensis* var. *assamica*	云龙县功果桥镇汤涧村	1 794	7.0	3.2×3.2	1.2	小乔木型，树姿半开张。芽叶绿色、少茸毛。叶片长宽10.4cm×3.8cm，叶长椭圆形，叶色绿，叶脉7对。萼片5片、无茸毛，花冠直径2.6cm×3.0cm，花瓣7枚，花柱先端3裂，子房有茸毛。果实三角形
YL009	汤涧大茶树2号	*C. sinensis* var. *assamica*	云龙县功果桥镇汤涧村	1 794	5.0	3.5×3.0	1.0	小乔木型，树姿半开张。芽叶绿色、少茸毛。叶片长宽12.4cm×4.5cm，叶长椭圆形，叶色绿，叶脉9对。萼片5片、无茸毛，花冠直径2.5cm×2.8cm，花瓣7枚，花柱先端3裂，子房有茸毛。果实三角形
YL010	汤涧大茶树3号	*C. sinensis* var. *assamica*	云龙县功果桥镇汤涧村	1 798	5.2	4.0×3.0	0.8	小乔木型，树姿半开张。芽叶黄绿色、少茸毛。叶片长宽13.2cm×4.8cm，叶长椭圆形，叶色绿，叶脉8对。萼片5片、无茸毛，花冠直径3.6cm×3.2cm，花瓣6枚，花柱先端3裂，子房有茸毛
YL011	汤涧大茶树4号	*C. sinensis* var. *assamica*	云龙县功果桥镇汤涧村	1 802	6.0	4.2×3.6	0.8	小乔木型，树姿开张。芽叶黄绿色、茸毛多。叶片长宽14.3cm×5.8cm，叶长椭圆形，叶色浅绿，叶脉11对。萼片5片、无茸毛，花冠直径3.7cm×3.5cm，花瓣7枚，花柱先端3裂，子房有茸毛。果实三角形、球形
YL012	汤涧大茶树5号	*C. sinensis* var. *assamica*	云龙县功果桥镇汤涧村	1 810	4.8	2.5×3.0	1.0	小乔木型，树姿半开张。芽叶淡绿色、少茸毛。叶片长宽12.8cm×5.0cm，叶长椭圆形，叶色浅绿，叶脉10对。萼片5片、无茸毛，花冠直径3.3cm×3.4cm，花瓣6枚，花柱先端3裂，子房有茸毛。果实三角形
YL013	汤涧大茶树6号	*C. sinensis* var. *assamica*	云龙县功果桥镇汤涧村	1 810	5.0	3.3×3.7	0.9	小乔木型，树姿半开张。芽叶绿色、少茸毛。叶片长宽11.7cm×4.8cm，叶长椭圆形，叶色绿，叶脉9对。萼片5片、无茸毛，花冠直径2.9cm×3.0cm，花瓣6枚，花柱先端3裂，子房有茸毛。果实三角形

（续）

种质编号	种质名称	物种名称	分布地点	海拔（m）	树高（m）	树幅（m×m）	基部干围（m）	主要形态
YL014	金和大茶树1号	*C. sinensis* var. *assamica*	云龙县功果桥镇金和村	2 226	6.9	5.5×5.2	1.0	小乔木型，树姿半开张。芽叶黄绿色、多茸毛。叶片长宽12.9cm×5.4cm，叶椭圆形，叶色绿，叶脉10对。萼片5片、无茸毛，花冠直径2.8cm×3.2cm，花瓣6枚，花柱先端3裂，子房有茸毛。果实三角形
YL015	金和大茶树2号	*C. sinensis* var. *assamica*	云龙县功果桥镇金和村	2 226	6.0	4.5×5.0	1.0	小乔木型，树姿半开张。芽叶黄绿色、多茸毛。叶片长宽14.0cm×5.8cm，叶长椭圆形，叶色绿，叶脉10对。萼片5片、无茸毛，花冠直径2.8cm×3.0cm，花瓣6枚，花柱先端3裂，子房有茸毛。果实三角形
YL016	金和大茶树3号	*C. sinensis* var. *assamica*	云龙县功果桥镇金和村	2 220	5.3	3.7×3.2	0.9	小乔木型，树姿开张。芽叶绿色、多茸毛。叶片长宽13.5cm×5.2cm，叶长椭圆形，叶色浅绿，叶脉12对。萼片5片、无茸毛，花冠直径3.2cm×3.4cm，花瓣7枚，花柱先端3裂，子房有茸毛。果实三角形
YL017	金和大茶树4号	*C. sinensis* var. *assamica*	云龙县功果桥镇金和村	2 220	4.5	3.0×3.5	0.8	小乔木型，树姿半开张。芽叶紫红色、有茸毛。叶片长宽13.3cm×5.0cm，叶长椭圆形，叶色绿，叶脉9对。萼片5片、无茸毛，花冠直径2.8cm×2.5cm，花瓣6枚，花柱先端3裂，子房有茸毛
YL018	金和大茶树5号	*C. sinensis* var. *assamica*	云龙县功果桥镇金和村	2 224	5.5	4.0×4.0	0.7	小乔木型，树姿半开张。芽叶黄绿色、多茸毛。叶片长宽12.5cm×5.4cm，叶椭圆形，叶色绿，叶脉11对。萼片5片、无茸毛，花冠直径2.5cm×3.0cm，花瓣6枚，花柱先端3裂，子房有茸毛。果实球形
YL019	汤邓大茶树1号	*C. sinensis* var. *assamica*	云龙县功果桥镇汤邓村	1 785	5.0	5.0×3.0	1.2	小乔木型，树姿半开张。芽叶淡绿色、多茸毛。叶片长宽13.4cm×5.7cm，叶长椭圆形，叶色深绿，叶脉9对。萼片5片、无茸毛，花冠直径2.8cm×3.0cm，花瓣6枚，花柱先端3裂，子房有茸毛。果实三角形
YL020	汤邓大茶树2号	*C. sinensis* var. *assamica*	云龙县功果桥镇汤邓村	1 785	6.0	4.5×5.0	1.0	小乔木型，树姿半开张。芽叶黄绿色、多茸毛。叶片长宽14.7cm×5.6cm，叶长椭圆形，叶色绿，叶脉10对。萼片5片、无茸毛，花冠直径3.5cm×3.2cm，花瓣6枚，花柱先端3裂，子房有茸毛。果实三角形、球形
YL021	汤邓大茶树3号	*C. sinensis* var. *assamica*	云龙县功果桥镇汤邓村	1 783	6.5	3.5×3.2	1.0	小乔木型，树姿半开张。芽叶黄绿色、多茸毛。叶片长宽13.3cm×4.8cm，叶长椭圆形，叶色深绿，叶脉11对。萼片5片、无茸毛，花冠直径3.6cm×4.2cm，花瓣7枚，花柱先端3裂，子房有茸毛

（续）

种质编号	种质名称	物种名称	分布地点	海拔（m）	树高（m）	树幅（m×m）	基部干围（m）	主要形态
YL022	汤邓大茶树4号	*C. sinensis* var. *assamica*	云龙县功果桥镇汤邓村	1 780	7.0	4.0×4.5	0.9	小乔木型，树姿半开张。芽叶黄绿色、多茸毛。叶片长宽12.5cm×4.4cm，叶披针形，叶色绿，叶脉12对。萼片5片、无茸毛，花冠直径2.5cm×2.8cm，花瓣7枚，花柱先端3裂，子房有茸毛。果实三角形
YL023	汤邓大茶树5号	*C. sinensis* var. *assamica*	云龙县功果桥镇汤邓村	1 772	5.0	3.0×3.3	0.8	小乔木型，树姿半开张。芽叶绿色、多茸毛。叶片长宽14.0cm×5.2cm，叶长椭圆形，叶色浅绿，叶脉10对。萼片5片、无茸毛，花冠直径2.8cm×3.0cm，花瓣6枚，花柱先端3裂，子房有茸毛。果实三角形
YL024	旧州大茶树1号	*C. sinensis* var. *assamica*	云龙县功果桥镇旧州村	1 663	5.0	4.0×4.2	1.5	小乔木型，树姿半开张。芽叶黄绿色、多茸毛。大叶，叶片长宽14.0cm×5.8cm，叶长椭圆形，叶色绿，叶脉10对。萼片5片、无茸毛，花冠直径2.6cm×2.9cm，花瓣6枚，花柱先端3裂，子房有茸毛。果实三角形
YL025	旧州大茶树2号	*C. sinensis* var. *assamica*	云龙县功果桥镇旧州村	1 663	5.0	4.0×4.8	1.1	小乔木型，树姿半开张。芽叶绿色、多茸毛。叶片长宽14.0cm×5.1cm，叶长椭圆形，叶色绿，叶脉10对。萼片5片、无茸毛，花冠直径3.6cm×3.4cm，花瓣6枚，花柱先端3裂，子房有茸毛。果实三角形
YL026	旧州大茶树3号	*C. sinensis* var. *assamica*	云龙县功果桥镇旧州村	1 668	4.8	2.0×3.7	1.2	小乔木型，树姿半开张。芽叶黄绿色、多茸毛。叶片长宽13.2cm×4.8cm，叶长椭圆形，叶色绿，叶脉8对。萼片5片、无茸毛，花冠直径2.6cm×2.6cm，花瓣6枚，花柱先端3裂，子房有茸毛。果实三角形
YL027	旧州大茶树4号	*C. sinensis* var. *assamica*	云龙县功果桥镇旧州村	1 673	5.5	4.0×4.0	1.0	小乔木型，树姿半开张。芽叶绿色、多茸毛。叶片长宽14.0cm×5.2cm，叶长椭圆形，叶色深绿，叶脉11对。萼片5片、无茸毛，花冠直径2.8cm×2.9cm，花瓣7枚，花柱先端3裂，子房有茸毛。果实三角形
YL028	旧州大茶树5号	*C. sinensis* var. *assamica*	云龙县功果桥镇旧州村	1 673	5.6	3.0×3.0	1.0	小乔木型，树姿半开张。芽叶黄绿色、多茸毛。叶片长宽12.6cm×4.8cm，叶长椭圆形，叶色绿，叶脉9对。萼片5片、无茸毛，花冠直径3.3cm×3.4cm，花瓣6枚，花柱先端3裂，子房有茸毛
YP001	金光寺大茶树1号	*C. taliensis*	永平县杉阳镇松坡村金光寺	2 588	22.0	6.0×6.5	2.0	乔木型，树姿直立。芽叶绿色、无茸毛。叶片长宽12.8cm×4.7cm，叶长椭圆形，叶色深绿，叶脉11对。萼片5片、无茸毛。花冠直径5.5cm×6.2cm，花瓣9枚，子房被茸毛，花柱先端5裂。果实扁球形、四方形

（续）

种质编号	种质名称	物种名称	分布地点	海拔（m）	树高（m）	树幅（m×m）	基部干围（m）	主要形态
YP002	金光寺大茶树2号	*C. taliensis*	永平县杉阳镇松坡村金光寺	2 528	16.0	3.5×2.5	1.8	乔木型，树姿直立。芽叶绿色、无茸毛。叶片长宽15.2cm×5.6cm，叶长椭圆形，叶面微隆起，叶身稍背卷，叶缘微波，叶色深绿，叶脉10对，叶背主脉无茸毛
YP003	金光寺大茶树3号	*C. taliensis*	永平县杉阳镇松坡村金光寺	2 528	15.0	3.7×4.5	2.0	乔木型，树姿直立。芽叶绿色、无茸毛。叶片长宽14.4cm×5.2cm，叶长椭圆形，叶脉9对。萼片5片、无茸毛。花冠直径4.8cm×5.2cm，花瓣11枚，子房被茸毛，花柱先端5裂。果实扁球形、四方形
YP004	金光寺大茶树4号	*C. taliensis*	永平县杉阳镇松坡村金光寺	2 530	12.0	3.1×2.4	1.3	乔木型，树姿直立。芽叶绿色、无茸毛。叶片长宽13.8cm×5.0cm，叶长椭圆形，叶面微隆起，叶身稍背卷，叶缘微波，叶色深绿，叶脉8对，叶背主脉无茸毛
YP005	金光寺大茶树5号	*C. taliensis*	永平县杉阳镇松坡村金光寺	2 533	15.0	3.7×3.2	2.4	乔木型，树姿直立。芽叶绿色、无茸毛。叶片长宽13.0cm×5.4cm，叶长椭圆形，叶脉8对。萼片5片、无茸毛。花冠直径5.3cm×5.8cm，花瓣9枚，子房被茸毛，花柱先端5裂。果实扁球形、四方形
YP006	金光寺大茶树6号	*C. taliensis*	永平县杉阳镇松坡村金光寺	2 533	13.5	3.1×3.4	1.7	乔木型，树姿直立。芽叶绿色、无茸毛。叶片长宽13.7cm×5.3cm，叶长椭圆形，叶脉8对。萼片5片、无茸毛。花冠直径5.4cm×5.7cm，花瓣10枚，子房被茸毛，花柱先端5裂。果实扁球形、四方形
YP007	金光寺大茶树7号	*C. taliensis*	永平县杉阳镇松坡村金光寺	2 530	8.5	3.0×3.0	3.1	小乔木型，树姿直立。芽叶绿色、无茸毛。叶片长宽14.3cm×5.7cm，叶长椭圆形，叶脉9对。萼片5片、无茸毛。花冠直径5.0cm×4.7cm，花瓣9枚，子房被茸毛，花柱先端5裂。果实扁球形、四方形
YP008	金光寺大茶树8号	*C. taliensis*	永平县杉阳镇松坡村金光寺	2 530	9.0	4.0×3.5	1.3	乔木型，树姿直立。芽叶紫绿色、无茸毛。叶片长宽12.5cm×5.0cm，叶长椭圆形，叶脉8对。叶身平，叶缘平，叶质硬，叶背主脉无茸毛
YP009	金光寺大茶树9号	*C. taliensis*	永平县杉阳镇松坡村金光寺	2 524	12.5	3.5×3.0	2.0	小乔木型，树姿直立。芽叶紫绿色、无茸毛。叶片长宽12.9cm×5.6cm，叶长椭圆形，叶脉8对。叶身平，叶缘微波，叶面平，叶质硬，叶背主脉无茸毛

（续）

种质编号	种质名称	物种名称	分布地点	海拔（m）	树高（m）	树幅（m×m）	基部干围（m）	主要形态
YP010	金光寺大茶树10号	*C. taliensis*	永平县杉阳镇松坡村金光寺	2 518	10.4	3.6×3.4	1.8	小乔木型，树姿直立。芽叶绿色、无茸毛。叶片长宽14.2cm×4.9cm，叶长椭圆形，叶脉9对。萼片5片、无茸毛。花冠直径5.4cm×5.0cm，花瓣9枚，子房被茸毛，花柱先端5裂。果实扁球形、四方形
YP011	永国寺大茶树1号	*C. taliensis*	永平县博南镇花桥村永国寺	2 341	13.0	8.2×7.4	3.4	乔木型，树姿直立。芽叶淡绿色、无茸毛。叶片长宽13.3cm×5.6cm，叶长椭圆形，叶脉9对。萼片5片、无茸毛。花冠直径5.5cm×6.3cm，花瓣11枚，子房被茸毛，花柱先端5裂。果实扁球形、四方形
YP012	永国寺大茶树2号	*C. taliensis*	永平县博南镇花桥村永国寺	2 340	7.4	7.0×7.0	2.7	乔木型，树姿直立。芽叶绿色、无茸毛。叶片长宽12.8cm×5.0cm，叶长椭圆形，叶面平，叶身内折，叶缘微波，叶色深绿，叶脉9对，叶背主脉无茸毛
YP013	永国寺大茶树3号	*C. taliensis*	永平县博南镇花桥村永国寺	2 340	9.0	7.0×7.5	2.2	乔木型，树姿直立。芽叶淡绿色、无茸毛。叶片长宽12.7cm×4.6cm，叶长椭圆形，叶脉7对。萼片5片、无茸毛。花冠直径5.0cm×6.0cm，花瓣11枚，子房被茸毛，花柱先端5裂。果实扁球形、四方形
YP014	永国寺大茶树4号	*C. taliensis*	永平县博南镇花桥村永国寺	2 344	7.0	5.0×6.0	2.0	小乔木型，树姿直立。芽叶紫绿色、无茸毛。叶片长宽12.5cm×5.4cm，叶长椭圆形，叶面平，叶身内折，叶缘微波，叶色深绿，叶脉8对，叶背主脉无茸毛
YP015	永国寺大茶树5号	*C. taliensis*	永平县博南镇花桥村永国寺	2 335	6.0	5.5×4.4	1.5	乔木型，树姿直立。芽叶淡绿色、无茸毛。叶片长宽14.3cm×5.0cm，叶长椭圆形，叶脉9对。萼片5片、无茸毛。花冠直径5.8cm×6.0cm，花瓣9枚，子房被茸毛，花柱先端5裂。果实扁球形、四方形
YP016	永国寺大茶树6号	*C. taliensis*	永平县博南镇花桥村永国寺	2 325	5.5	3.2×4.0	1.7	小乔木型，树姿半开张。芽叶淡绿色、无茸毛。叶片长宽15.0cm×5.8cm，叶长椭圆形，叶脉9对。萼片5片、无茸毛。花冠直径5.0cm×5.3cm，花瓣10枚，子房被茸毛，花柱先端5裂。果实扁球形、四方形
YP017	永国寺大茶树7号	*C. taliensis*	永平县博南镇花桥村永国寺	2 328	7.0	4.0×4.0	1.3	乔木型，树姿直立。芽叶绿色、无茸毛。叶片长宽13.7cm×5.4cm，叶长椭圆形，叶面平，叶身内折，叶缘微波，叶色深绿，叶脉9对，叶背主脉无茸毛

（续）

种质编号	种质名称	物种名称	分布地点	海拔（m）	树高（m）	树幅（m×m）	基部干围（m）	主要形态
YP018	大河沟大茶树1号	*C. taliensis*	永平县水泄彝族乡狮子窝村大河沟上组	2 124	8.2	7.8×7.0	4.1	乔木型，树姿半开张。芽叶绿色、无茸毛。叶片长宽13.3cm×5.0cm，叶长椭圆形，叶脉8对。萼片5片、无茸毛。花冠直径5.0cm×5.0cm，花瓣9枚，子房被茸毛，花柱先端5裂。果实扁球形、四方形
YP019	大河沟大茶树2号	*C. taliensis*	永平县水泄彝族乡狮子窝村大河沟上组	2 100	7.0	6.0×5.5	3.8	乔木型，树姿直立。芽叶淡绿色、无茸毛。叶片长宽16.4cm×6.3cm，叶长椭圆形，叶脉10对。萼片5片、无茸毛。花冠直径7.5cm×7.2cm，花瓣11枚，子房被茸毛，花柱先端5裂。果实扁四方形、梅花形
YP020	大河沟大茶树3号	*C. taliensis*	永平县水泄彝族乡狮子窝村大河沟上组	2 120	11.5	7.5×7.0	3.1	乔木型，树姿直立。芽叶紫绿色、无茸毛。叶片长宽15.0cm×5.2cm，叶长椭圆形，叶面平，叶身内折，叶缘微波，叶色深绿，叶脉9对，叶背主脉无茸毛。萼片5片、无茸毛。花冠直径6.8cm×7.0cm，花瓣9枚，子房被茸毛，花柱先端5裂。果实扁四方形、梅花形
YP021	大河沟大茶树4号	*C. taliensis*	永平县水泄彝族乡狮子窝村大河沟上组	2 120	8.2	5.2×7.0	2.8	乔木型，树姿直立。芽叶绿色、无茸毛。叶片长宽16.7cm×5.9cm，叶长椭圆形，叶面平，叶身内折，叶缘微波，叶色深绿，叶脉8对，叶背主脉无茸毛。萼片5片、无茸毛。花冠直径7.0cm×7.0cm，花瓣9枚，子房被茸毛，花柱先端4～5裂
YP022	大河沟大茶树5号	*C. sinensis* var. *assamica*	永平县水泄彝族乡狮子窝村大河沟上组	2 123	8.0	7.0×6.5	3.4	小乔木型，树姿开张，分枝密。芽叶绿色、有茸毛。叶长椭圆形，叶片长宽14.2cm×5.5cm，叶色绿，叶面平，叶身内折，叶缘平，叶尖渐尖，叶基楔形，叶质硬，叶脉10对。萼片5片、无茸毛。花冠直径3.7cm×4.0cm，花瓣6枚，子房被茸毛，花柱先端3裂
YP023	大河沟大茶树6号	*C. taliensis*	永平县水泄彝族乡狮子窝村大河沟上组	2 135	7.0	5.4×3.9	2.8	乔木型，树姿直立。芽叶淡绿色、无茸毛。叶长椭圆形，叶片长宽14.8cm×4.9cm，叶色浅绿，叶脉9对。萼片5片、无茸毛。花冠直径6.5cm×7.7cm，花瓣10枚，子房被茸毛，花柱先端5裂。果实扁球形、四方形
YP024	大河沟大茶树7号	*C. taliensis*	永平县水泄彝族乡狮子窝村大河沟上组	2 135	8.0	5.0×6.2	2.5	乔木型，树姿直立。芽叶淡绿色、无茸毛。叶长椭圆形，叶片长宽15.5cm×5.8cm，叶色浅绿，叶脉10对。萼片5片、无茸毛。花冠直径6.2cm×6.3cm，花瓣11枚，子房被茸毛，花柱先端5裂。果实四方形

（续）

种质编号	种质名称	物种名称	分布地点	海拔（m）	树高（m）	树幅（m×m）	基部干围（m）	主要形态
YP025	大河沟大茶树 8 号	*C. taliensis*	永平县水泄彝族乡狮子窝村大河沟上组	2 132	10.0	4.0×5.0	2.7	乔木型，树姿直立。芽叶淡绿色、无茸毛。叶长椭圆形，叶片长宽 15.4cm×6.8cm，叶色浅绿，叶脉 10 对。萼片 5 片、无茸毛。花冠直径 6.6cm×6.2cm，花瓣 8 枚，子房被茸毛，花柱先端 5 裂。果实扁球形、四方形
YP026	大河沟大茶树 9 号	*C. taliensis*	永平县水泄彝族乡狮子窝村大河沟上组	2 132	8.0	4.0×3.8	2.4	乔木型，树姿直立。芽叶淡绿色、无茸毛。叶长椭圆形，叶片长宽 16.0cm×5.2cm，叶色浅绿，叶脉 8 对。萼片 5 片、无茸毛。花冠直径 6.2cm×5.8cm，花瓣 9 枚，子房被茸毛，花柱先端 5 裂。果实扁球形、四方形
YP027	大河沟大茶树 10 号	*C. taliensis*	永平县水泄彝族乡狮子窝村大河沟上组	2 130	7.5	5.0×4.5	2.6	小乔木型，树姿直立。芽叶淡绿色、无茸毛。叶长椭圆形，叶片长宽 14.8cm×5.3cm，叶色浅绿，叶脉 9 对。萼片 5 片、无茸毛。花冠直径 6.0cm×5.7cm，花瓣 10 枚，子房被茸毛，花柱先端 5 裂。果实扁球形、四方形
YP028	大河沟大茶树 11 号	*C. taliensis*	永平县水泄彝族乡狮子窝村大河沟上组	2 147	6.5	5.3×4.5	2.3	小乔木型，树姿半开张。芽叶淡绿色、无茸毛。叶长椭圆形，叶片长宽 13.3cm×5.0cm，叶色浅绿，叶脉 9 对。萼片 5 片、无茸毛。花冠直径 7.5cm×7.0cm，花瓣 12 枚，子房被茸毛，花柱先端 5 裂。果实扁球形、四方形
YP029	大河沟大茶树 12 号	*C. taliensis*	永平县水泄彝族乡狮子窝村大河沟上组	2 147	8.2	6.7×5.5	2.0	乔木型，树姿直立。芽叶淡绿色、无茸毛。叶长椭圆形，叶片长宽 16.3cm×6.2cm，叶色浅绿，叶脉 8 对。萼片 5 片、无茸毛。花冠直径 5.7cm×7.6cm，花瓣 10 枚，子房被茸毛，花柱先端 5 裂。果实扁球形、四方形
YP030	大河沟大茶树 13 号	*C. taliensis*	永平县水泄彝族乡狮子窝村大河沟下组	1 960	10.0	6.8×6.0	3.4	乔木型，树姿直立。芽叶淡绿色、无茸毛。叶长椭圆形，叶片长宽 16.6cm×5.7cm，叶色浅绿，叶脉 11 对。萼片 5 片、无茸毛。花冠直径 7.0cm×6.6cm，花瓣 9 枚，子房被茸毛，花柱先端 5 裂。果实四方形
YP031	大河沟大茶树 14 号	*C. taliensis*	永平县水泄彝族乡狮子窝村大河沟下组	1 960	12.0	5.7×4.5	3.0	乔木型，树姿直立。芽叶淡绿色、无茸毛。叶长椭圆形，叶片长宽 15.2cm×5.0cm，叶色浅绿，叶脉 10 对。萼片 5 片、无茸毛。花冠直径 5.9cm×6.2cm，花瓣 10 枚，子房被茸毛，花柱先端 5 裂。果实扁球形、四方形

（续）

种质编号	种质名称	物种名称	分布地点	海拔（m）	树高（m）	树幅（m×m）	基部干围（m）	主要形态
YP032	大河沟大茶树15号	*C. taliensis*	永平县水泄彝族乡狮子窝村大河沟下组	1 960	12.0	4.5×4.0	2.8	乔木型，树姿直立。芽叶淡绿色、无茸毛。叶长椭圆形，叶片长宽15.6cm×5.3cm，叶色浅绿，叶脉11对。萼片5片、无茸毛。花冠直径6.0cm×7.0cm，花瓣10枚，子房被茸毛，花柱先端5裂。果实扁球形、四方形
YP033	大河沟大茶树16号	*C. taliensis*	永平县水泄彝族乡狮子窝村大河沟下组	1 972	8.0	3.5×4.0	2.3	小乔木型，树姿直立。芽叶淡绿色、无茸毛。叶长椭圆形，叶片长宽16.0cm×5.6cm，叶色浅绿，叶脉9对。萼片5片、无茸毛。花冠直径6.2cm×6.7cm，花瓣10枚，子房被茸毛，花柱先端5裂。果实扁球形、四方形
YP034	大河沟大茶树17号	*C. taliensis*	永平县水泄彝族乡狮子窝村大河沟下组	1 970	7.0	4.8×4.5	2.0	小乔木型，树姿直立。芽叶淡绿色、无茸毛。叶长椭圆形，叶片长宽14.8cm×4.8cm，叶色浅绿，叶脉9对。萼片5片、无茸毛。花冠直径6.3cm×7.2cm，花瓣8枚，子房被茸毛，花柱先端5裂。果实扁球形、四方形
YP035	大河沟大茶树18号	*C. grandibracteata*	永平县水泄彝族乡狮子窝村大河沟下组	1 966	8.0	3.7×3.9	2.0	小乔木型，树姿半开张。芽叶淡绿色、有茸毛。叶长椭圆形，叶片长宽14.7cm×4.6cm，叶色浅绿，叶脉11对。萼片5片、无茸毛。花冠直径4.8cm×4.5cm，花瓣8枚，子房被茸毛，花柱先端4裂
YP036	大河沟大茶树19号	*C. taliensis*	永平县水泄彝族乡狮子窝村大河沟下组	1 966	8.0	3.7×3.9	2.0	小乔木型，树姿直立。芽叶绿色、无茸毛。叶长椭圆形，叶片长宽15.0cm×5.3cm，叶色浅绿，叶脉8对。萼片5片、无茸毛。花冠直径5.8cm×6.3cm，花瓣10枚，子房被茸毛，花柱先端5裂。果实四方形
YP037	大河沟大茶树20号	*C. taliensis*	永平县水泄彝族乡狮子窝村大河沟下组	1 966	6.0	3.3×3.0	1.6	小乔木型，树姿直立。芽叶淡绿色、无茸毛。叶长椭圆形，叶片长宽15.2cm×5.3cm，叶色浅绿，叶脉9对。萼片5片、无茸毛。花冠直径6.2cm×6.0cm，花瓣9枚，子房被茸毛，花柱先端5裂。果实扁球形、四方形
YP038	马拉羊大茶树1号	*C. taliensis*	永平县水泄彝族乡狮子窝村马拉羊	1 965	7.0	3.5×3.5	3.6	小乔木型，树姿直立。芽叶淡绿色、无茸毛。叶长椭圆形，叶片长宽14.4cm×5.2cm，叶色浅绿，叶脉9对。萼片5片、无茸毛。花冠直径6.2cm×5.5cm，花瓣9枚，子房被茸毛，花柱先端5裂。果实扁球形、四方形

（续）

种质编号	种质名称	物种名称	分布地点	海拔（m）	树高（m）	树幅（m×m）	基部干围（m）	主要形态
YP039	马拉羊大茶树2号	*C. taliensis*	永平县水泄彝族乡狮子窝村马拉羊	1 968	6.0	3.2×3.0	3.2	乔木型，树姿直立。芽叶淡绿色、无茸毛。叶长椭圆形，叶片长宽16.0cm×4.8cm，叶色浅绿，叶脉8对。萼片5片、无茸毛。花冠直径7.5cm×6.4cm，花瓣9枚，子房被茸毛，花柱先端4裂。果实扁球形、四方形
YP040	马拉羊大茶树3号	*C. taliensis*	永平县水泄彝族乡狮子窝村马拉羊	1 968	7.0	3.4×3.5	2.8	小乔木型，树姿半开张。芽叶紫绿色、无茸毛。叶长椭圆形，叶片长宽15.4cm×5.3cm，叶色浅绿，叶脉8对。萼片5片、无茸毛。花冠直径5.5cm×6.7cm，花瓣11枚，子房被茸毛，花柱先端5裂
YP041	马拉羊大茶树4号	*C. taliensis*	永平县水泄彝族乡狮子窝村马拉羊	1 970	5.0	3.0×3.0	2.5	小乔木型，树姿直立。芽叶绿色、无茸毛。叶片长宽14.0cm×5.0cm，叶长椭圆形，叶面平，叶身内折，叶缘微波，叶色深绿，叶脉8对，叶背主脉无茸毛。萼片5片、无茸毛。花冠直径5.0cm×6.0cm，花瓣9枚，子房被茸毛，花柱先端5裂
YP042	马拉羊大茶树5号	*C. sinensis* var. *assamica*	永平县水泄彝族乡狮子窝村马拉羊	1 963	7.0	6.0×6.6	2.2	小乔木型，树姿开张。芽叶绿色、茸毛多。叶长椭圆形，叶片长宽14.2cm×5.5cm，叶色绿，叶脉8对。萼片5片、无茸毛。花冠直径2.9cm×2.7cm，花瓣6枚，子房被茸毛，花柱先端3裂。果实三角形
YP043	马拉羊大茶树6号	*C. sinensis* var. *assamica*	永平县水泄彝族乡狮子窝村马拉羊	1 970	8.0	5.0×6.0	1.8	小乔木型，树姿半开张。芽叶黄绿色、茸毛多。叶长椭圆形，叶片长宽13.7cm×4.9cm，叶色绿，叶脉11对。萼片5片、无茸毛。花冠直径2.9cm×3.6cm，花瓣6枚，子房被茸毛，花柱先端3裂。果实三角形
YP044	马拉羊大茶树7号	*C. sinensis* var. *assamica*	永平县水泄彝族乡狮子窝村马拉羊	1 968	5.0	4.0×5.2	1.8	小乔木型，树姿开张。芽叶绿色、茸毛多。叶长椭圆形，叶片长宽15.0cm×5.5cm，叶色浅绿，叶脉9对。萼片5片、无茸毛。花冠直径3.8cm×3.8cm，花瓣7枚，子房被茸毛，花柱先端3裂。果实三角形
YP045	马拉羊大茶树8号	*C. taliensis*	永平县水泄彝族乡狮子窝村马拉羊	1 960	8.0	5.0×4.0	2.0	乔木型，树姿半开张。芽叶紫红色、茸毛多。叶长椭圆形，叶片长宽13.7cm×4.9cm，叶色深绿，叶脉9对。萼片5片、无茸毛。花冠直径5.9cm×5.7cm，花瓣9枚，子房被茸毛，花柱先端3裂

（续）

种质编号	种质名称	物种名称	分布地点	海拔（m）	树高（m）	树幅（m×m）	基部干围（m）	主要形态
YP046	马拉羊大茶树9号	*C. taliensis*	永平县水泄彝族乡狮子窝村马拉羊	1 963	7.5	4.0×3.5	1.8	乔木型，树姿直立。芽叶绿色、茸毛多。叶长椭圆形，叶片长宽15.0cm×4.6cm，叶色深绿，叶脉9对。萼片5片、无茸毛。花冠直径6.3cm×6.0cm，花瓣11枚，子房被茸毛，花柱先端4～5裂。果实四方形
YP047	马拉羊大茶树10号	*C. taliensis*	永平县水泄彝族乡狮子窝村马拉羊	1 963	6.5	4.0×3.5	1.5	小乔木型，树姿半开张。芽叶绿色、茸毛多。叶长椭圆形，叶片长宽15.5cm×4.8cm，叶色深绿，叶脉9对。萼片5片、无茸毛。花冠直径5.7cm×6.0cm，花瓣10枚，子房被茸毛，花柱先端3裂。果实四方形
YP048	大旧寨大茶树1号	*C. taliensis*	永平县水泄彝族乡瓦厂村大旧寨	2 121	10.2	2.9×3.5	2.9	乔木型，树姿直立。芽叶淡绿色、无茸毛。叶长椭圆形，叶片长宽14.5cm×5.8cm，叶色深绿，叶脉10对。萼片5片、无茸毛。花冠直径6.5cm×6.0cm，花瓣12枚，子房被茸毛，花柱先端5裂
YP049	大旧寨大茶树2号	*C. taliensis*	永平县水泄彝族乡瓦厂村大旧寨	2 122	11.5	3.0×3.6	3.2	小乔木型，树姿半开张。芽叶紫绿色、无茸毛。叶长椭圆形，叶片长宽15.8cm×6.2cm，叶色深绿，叶脉11对。萼片5片、无茸毛。花冠直径6.5cm×6.7cm，花瓣9枚，子房被茸毛，花柱先端4裂
YP050	大旧寨大茶树3号	*C. taliensis*	永平县水泄彝族乡瓦厂村大旧寨	2 123	10.6	2.8×3.0	2.1	乔木型，树姿直立。芽叶绿色、无茸毛。叶长椭圆形，叶片长宽13.4cm×4.8cm，叶色绿，叶身内折，叶面平，叶缘微波，叶背主脉无茸毛，叶脉8对
YP051	大旧寨大茶树4号	*C. taliensis*	永平县水泄彝族乡瓦厂村大旧寨	2 085	11.0	5.2×6.2	3.3	小乔木型，树姿半开张。芽叶紫绿色、无茸毛。叶椭圆形，叶片长宽14.0cm×6.7cm，叶色深绿，叶脉8对。萼片5片、无茸毛。花冠直径5.5cm×6.0cm，花瓣11枚，子房被茸毛，花柱先端5裂。果实球形
YP052	大旧寨大茶树5号	*C. taliensis*	永平县水泄彝族乡瓦厂村大旧寨	2 089	8.5	4.3×3.2	2.9	小乔木型，树姿直立。芽叶绿色、无茸毛。叶长椭圆形，叶片长宽14.8cm×5.2cm，叶色绿，叶脉10对。萼片5片、无茸毛。花冠直径4.5cm×4.7cm，花瓣9枚，子房被茸毛，花柱先端4裂

（续）

种质编号	种质名称	物种名称	分布地点	海拔（m）	树高（m）	树幅（m×m）	基部干围（m）	主要形态
YP053	大旧寨大茶树6号	*C. taliensis*	永平县水泄彝族乡瓦厂村大旧寨	2 084	12.0	6.2×6.8	3.1	乔木型，树姿直立。芽叶淡绿色、无茸毛。叶长椭圆形，叶片长宽12.8cm×4.7cm，叶色绿，叶脉8对。萼片5片、无茸毛。花冠直径4.5cm×4.3cm，花瓣10枚，子房被茸毛，花柱先端5裂。果实扁球形
YP054	大旧寨大茶树7号	*C. taliensis*	永平县水泄彝族乡瓦厂村大旧寨	2 081	10.5	6.5×5.8	2.3	乔木型，树姿直立。芽叶绿色、无茸毛。叶长椭圆形，叶片长宽15.2cm×5.7cm，叶色绿，叶身内折，叶面平，叶缘微波，叶背主脉无茸毛，叶脉11对
YP055	大旧寨大茶树8号	*C. taliensis*	永平县水泄彝族乡瓦厂村大旧寨	2 082	9.5	4.5×5.2	2.6	乔木型，树姿直立。芽叶绿色、无茸毛。叶长椭圆形，叶片长宽15.8cm×5.3cm，叶色绿，叶身内折，叶面平，叶缘微波，叶背主脉无茸毛，叶脉10对
YP056	大旧寨大茶树9号	*C. taliensis*	永平县水泄彝族乡瓦厂村大旧寨	2 093	8.5	6.0×5.0	2.0	乔木型，树姿直立。芽叶绿色、无茸毛。叶长椭圆形，叶片长宽13.9cm×4.7cm，叶色深绿，叶身内折，叶面平，叶缘微波，叶背主脉无茸毛，叶脉11对
YP057	大旧寨大茶树10号	*C. taliensis*	永平县水泄彝族乡瓦厂村大旧寨	2 098	7.0	4.0×5.2	1.8	小乔木型，树姿直立。芽叶紫绿色、无茸毛。叶长椭圆形，叶片长宽15.2cm×5.7cm，叶色深绿，叶身内折，叶面平，叶缘微波，叶背主脉无茸毛，叶脉9对
YP058	大旧寨大茶树11号	*C. taliensis*	永平县水泄彝族乡瓦厂村大旧寨	2 102	7.5	4.0×3.8	1.3	小乔木型，树姿直立。芽叶淡绿色、无茸毛。叶长椭圆形，叶片长宽14.4cm×4.8cm，叶色绿，叶身内折，叶面平，叶缘微波，叶背主脉无茸毛，叶脉10对
YP059	大旧寨大茶树12号	*C. taliensis*	永平县水泄彝族乡瓦厂村大旧寨	2 103	6.0	4.0×5.0	1.6	小乔木型，树姿直立。芽叶绿色、无茸毛。叶长椭圆形，叶片长宽15.0cm×5.0cm，叶色深绿，叶身平，叶面平，叶缘平，叶背主脉无茸毛，叶脉11对
MD001	大核桃箐大茶树1号	*C. sinensis* var. *assamica*	弥渡县牛街彝族乡荣华村大核桃箐	2 201	4.7	6.4×6.8	1.3	小乔木型，树姿半开张。芽叶黄绿色，茸毛多。叶长椭圆形，叶片长宽14.4cm×5.3cm，叶色绿，叶脉13对。萼片5片、无茸毛，花冠直径2.4cm×2.7cm，花瓣7枚，花柱先端3裂，子房多茸毛。果实三角形

（续）

种质编号	种质名称	物种名称	分布地点	海拔（m）	树高（m）	树幅（m×m）	基部干围（m）	主要形态
MD002	大核桃箐大茶树2号	*C. sinensis* var. *assamica*	弥渡县牛街彝族乡荣华村大核桃箐	2 203	4.0	3.6×3.0	1.7	小乔木型，树姿直立。芽叶黄绿色，茸毛多。叶长椭圆形，叶片长宽14.4cm×5.3cm，叶色绿，叶脉13对。萼片5片、无茸毛，花冠直径2.4cm×2.7cm，花瓣6枚，花柱先端3裂，子房多茸毛。果实三角形
MD003	大核桃箐大茶树3号	*C. sinensis* var. *assamica*	弥渡县牛街彝族乡荣华村大核桃箐	2 208	4.3	3.0×3.5	1.2	小乔木型，树姿直立。芽叶黄绿色，茸毛多。叶长椭圆形，叶片长宽14.8cm×5.7cm，叶色绿，叶脉11对。萼片5片、无茸毛，花冠直径2.9cm×2.7cm，花瓣6枚，花柱先端3裂，子房多茸毛。果实三角形
MD004	大核桃箐大茶树4号	*C. sinensis* var. *assamica*	弥渡县牛街彝族乡荣华村大核桃箐	2 213	5.0	4.2×3.6	1.4	小乔木型，树姿半开张。芽叶绿色，茸毛中。叶长椭圆形，叶片长宽13.4cm×4.3cm叶色深绿，叶脉10对。萼片5片、无茸毛，花冠直径3.4cm×3.7cm，花瓣7枚，花柱先端3裂，子房多茸毛。果实三角形
MD005	大核桃箐大茶树5号	*C. sinensis* var. *assamica*	弥渡县牛街彝族乡荣华村大核桃箐	2 210	4.5	2.7×2.0	1.2	小乔木型，树姿半开张。芽叶淡绿色，茸毛多。叶长椭圆形，叶片长宽15.2cm×5.6cm，叶色绿，叶脉9对。萼片5片、无茸毛，花冠直径2.8cm×2.7cm，花瓣6枚，花柱先端3裂，子房多茸毛。果实三角形
MD006	大核桃箐大茶树6号	*C. sinensis* var. *assamica*	弥渡县牛街彝族乡荣华村大核桃箐	2 213	5.0	3.0×3.0	1.0	小乔木型，树姿直立。芽叶黄绿色，茸毛多。叶长椭圆形，叶片长宽12.7cm×4.8cm，叶色绿，叶脉11对。萼片5片、无茸毛，花冠直径2.9cm×3.2cm，花瓣7枚，花柱先端3裂，子房多茸毛。果实三角形
MD007	大核桃箐大茶树7号	*C. taliensis*	弥渡县牛街彝族乡荣华村大核桃箐	2 201	3.8	3.2×3.5	1.9	小乔木型，树姿直立。芽叶紫绿色、无茸毛。叶长椭圆形，叶片长宽15.7cm×6.3cm，叶色浅绿，叶脉10对。萼片5片、无茸毛，花冠直径4.4cm×4.7cm，花瓣9枚，花柱先端5裂，子房多茸毛。果实球形、梅花形
MD008	大核桃箐大茶树8号	*C. taliensis*	弥渡县牛街彝族乡荣华村大核桃箐	2 202	8.9	6.8×5.9	2.0	小乔木型，树姿直立。芽叶紫绿色、无茸毛。叶长椭圆形，叶片长宽15.5cm×6.0cm，叶色深绿，叶脉10对。萼片5片、无茸毛，花冠直径4.8cm×5.0cm，花瓣9枚，花柱先端5裂，子房多茸毛。果实扁球形

（续）

种质编号	种质名称	物种名称	分布地点	海拔（m）	树高（m）	树幅（m×m）	基部干围（m）	主要形态
MD009	大核桃箐大茶树 9 号	*C. taliensis*	弥渡县牛街彝族乡荣华村大核桃箐	2 202	3.8	3.2×3.5	1.9	乔木型，树姿直立。芽叶紫绿色、无茸毛。叶长椭圆形，叶片长宽 14.2cm×5.3cm，叶色深绿，叶脉 9 对。萼片 5 片、无茸毛，花冠直径 5.4cm×5.7cm，花瓣 11 枚，花柱先端 5 裂，子房多茸毛。果实球形
MD010	大核桃箐大茶树 10 号	*C. taliensis*	弥渡县牛街彝族乡荣华村大核桃箐	2 207	3.5	3.0×3.0	1.4	小乔木型，树姿直立。芽叶紫绿色、无茸毛。叶长椭圆形，叶片长宽 13.7cm×6.0cm，叶色浅绿，叶脉 10 对。萼片 5 片、无茸毛，花冠直径 4.8cm×4.7cm，花瓣 11 枚，花柱先端 5 裂，子房多茸毛。果实扁球形
MD011	大核桃箐大茶树 11 号	*C. taliensis*	弥渡县牛街彝族乡荣华村大核桃箐	2 207	4.0	3.5×3.5	1.4	小乔木型，树姿直立。芽叶绿色、无茸毛。叶长椭圆形，叶片长宽 14.0cm×5.0cm，叶色深绿，叶脉 11 对。萼片 5 片、无茸毛，花冠直径 5.4cm×4.6cm，花瓣 9 枚，花柱先端 5 裂，子房多茸毛。果实球形

第十四章 玉溪市的茶树种质资源

玉溪市地处云南省中部，跨东经 101°16′—103°9′，北纬 23°19′—24°53′，西部为哀牢山，东部和北部为断层陷落盆地。境内山地、峡谷、高原、盆地交错分布，地势西北高，东南低，海拔高度 328～3 137m。玉溪市处于低纬度高原区，属于亚热带季风气候，具有热带、亚热带、温带 3 种气候类型，年平均降水量为 700～900mm，年平均气温 15.5～24.0℃。植被以中山半湿性常绿阔叶林为主，土壤主要为赤红壤、红壤、黄棕壤。

第一节

玉溪市茶树资源种类

玉溪市是云南大叶茶树向中小叶茶过渡的种植区域，玉溪市东北部是小叶茶种植区，西南部是大叶茶种植区。玉溪市茶树种质资源在植物学分类上共有 5 个种和变种。栽培利用的茶树品种资源达 10 余个。

一、玉溪市茶树物种类型

20 世纪 80 年代，对玉溪市茶树种质资源考察发现和鉴定出的茶树种类有大理茶（*C. taliensis*）普洱茶（*C. sinensis* var. *assamica*）、元江茶（*C. yunkiangica*）、老黑茶（*C. atrothea*）、圆基茶（*C. rotundata*）和小叶茶（*C. sinensis*）等，在后来的分类和修订中，元江茶、圆基茶和老黑茶均被归并。

2015 年至 2018 年，对玉溪市野生和栽培大茶树资源进行了全面普查，通过实地调查、标本采集、图片拍摄、专家鉴定和分类统计等方法，根据 2007 年编写的《中国植物志》英文版第 12 卷的分类，整理出玉溪市茶树资源物种名录，主要有大理茶（*C. taliensis*）、普洱茶（*C. sinensis* var. *assamica*）、厚轴茶（*C. crassicolumna*）、白毛茶（*C. sinensis* var. *pubilimba*）和小叶茶（*C. sinensis*）共 5 个种和变种。

二、玉溪市茶树品种类型

玉溪市茶树种质资源包括有野生茶树资源、地方茶树品种和选育茶树品种。野生茶树资源主要有南溪野茶、梭山大山茶、平掌野茶、哀牢山野茶、者竜野茶、水塘野茶等。栽培种植的地方茶树品种主要有元江特大叶、猪街软茶、易门小叶茶、者竜鹅毛茶、帮迈大叶茶、新平大叶茶等。引进种植的茶树新品种主要有长叶白毫、佛香 3 号、云抗 10 号、紫娟等。

第二节

玉溪市茶树资源地理分布

调查共记录到玉溪市野生和栽培大茶树资源分布点35个，集中分布于玉溪市西南部的新平彝族傣族自治县和元江哈尼族彝族傣族自治县。玉溪市大茶树资源沿哀牢山自西北向东南呈带状分布，水平分布范围较狭窄，分布不均匀，垂直分布集中在海拔1 600～2 700m之间。

一、新平彝族傣族自治县大茶树分布

记录到新平彝族傣族自治县野生和栽培大茶树资源分布点22个，主要分布于平掌乡的梭山、仓房、联合等村，者竜乡的春元、者竜、庆丰、竹箐、鹅毛等村（社区），水塘镇的波村、拉博、帮迈、金厂、南达、旧哈等村，建兴乡的帽合、磨味等村，漠沙镇的仁和、和平、小坝多等村，戛洒镇的发启、耀南等村。典型植株有综合场野生大茶树、锅底塘野生大茶树、田主坟野生大茶树、小干坝野生大茶树、胡家屋野生大茶树、帮迈大茶树、帽耳山野生大茶树、大崖木山野生大茶树、刘家山大茶树、马鹿场野生大茶树、小中山大茶树等。

二、元江哈尼族彝族傣族自治县大茶树分布

记录到元江哈尼族彝族傣族自治县的野生和栽培大茶树资源分布点13个，主要分布于曼来镇的南溪、东峨、团田、平昌等村，咪哩乡的甘岔村，那诺乡的猪街村，因远镇的安定社区等村（社区）。大茶树分布区海拔高度1 700～2 200m，代表性居群有南溪野生大茶树居群、甘岔野生大茶树居群和望乡台野生大茶树居群，典型植株有南溪野生大茶树、磨房河野生大茶树、光山野生大茶树、甘岔野生大茶树、望乡台野生大茶树等。

第三节

玉溪市大茶树资源生长状况

对玉溪市新平彝族傣族自治县和元江哈尼族彝族傣族自治县的典型大茶树树高、基部干围、树幅等生长特征及生长势进行了统计分析和初步评价，为玉溪市大茶树种质资源的合理利用与管理保护提供基础资料和参考依据。

一、玉溪市大茶树生长特征

对玉溪市新平彝族傣族自治县和元江哈尼族彝族傣族自治县共284株大茶树生长状况统计表明，见表14-1，大茶树树高在1.0～5.0m区段的有53株，占调查总数的18.7%；在5.0～10.0m区段的有201株，占调查总数的70.7%；在10.0～15.0m区段的有24株，占调查总数的8.5%；在15.0m以上区段的有6株，占调查总数的2.1%。大茶树平均树高7.4m，变幅为3.0～20.0m，树高最高为新平彝族傣族自治县帽耳山野生大茶树1号（编号XP127），树高20.0m。

大茶树基部干围在0.5～1.0m区段的有66株，占调查总数的23.2%；在1.0～1.5m区段的有129株，占调查总数的45.4%；在1.5～2.0m区段的有57株，占调查总数的20.1%；在2.0m以上区段的有32株，占调查总数的11.3%。大茶树平均基部干围1.4m，变幅为0.5～4.0m，基部干围最大的是元江哈尼族彝族傣族自治县团田野生大茶树1号（编号YJ016）和新平彝族傣族自治县锅底塘野生大茶树1号（XP043），基部干围均为3.8m。

大茶树树幅在1.0～5.0m区段的有231株，占调查总数的81.3%；在5.0～10.0m区段的有53株，占调查总数的18.7%。大茶树树幅直径在1.4～10.0m，平均树幅4.0m×4.1m；树幅最大为元江哈尼族彝族傣族自治县团田野生大茶树1号（编号YJ016），树幅10.4m×10.0m；其次为新平彝族傣族自治县竜乡竹箐村界牌大茶树（编号XP243），树幅8.2m×7.8m。

玉溪市大茶树树高、树幅、基部干围的变异系数分别为36.6%、43.4%和42.9%，均大于35%，各项生长指标均存在较大变异，见表14-1。

表14-1　玉溪市大茶树生长特征

树体形态	最大值	最小值	平均值	标准差	变异系数（%）
树高（m）	20.0	2.0	7.4	2.7	36.6
树幅直径（m）	10.4	1.4	4.1	1.8	43.4
基部干围（m）	4.0	0.5	1.4	0.6	42.9

二、玉溪市大茶树生长势

对284株大茶树生长势调查结果表明（表14-2），玉溪市大茶树总体长势良好，少数植株处于濒死状态或死亡。大茶树树冠完整、枝繁叶茂、主干完好、树势生长旺盛的有 127 株，占调查总数的 44.7%；树枝无自然枯损、枯梢，生长势一般的有 142 株，占调查总数的 50.0%；树枝自然枯梢，树体残缺、腐损，树干有空洞，生长势较差的有 11 株，占调查总数的 3.9%；主梢及整体大部枯死、空干、根腐，生长势处于濒死状态的有 4 株，占调查总数的 1.4%。据不完全统计，调查记录到玉溪市已死亡、消失的大茶树有 10 株。

表 14-2　玉溪市大茶树生长势

调查地点（自治县）	调查数量（株）	生长势等级			
		旺盛	一般	较差	濒死
新平	243	110	122	8	3
元江	41	17	20	3	1
总计（株）	284	127	142	11	4
所占比例（%）	100.0	44.7	50.0	3.9	1.4

第四节

玉溪市大茶树资源名录

根据普查结果，对玉溪市新平彝族傣族自治县和元江哈尼族彝族傣族自治县内较古老、珍稀和特异的大茶树进行编号挂牌和整理编目，建立了玉溪市大茶树资源档案数据信息库和玉溪市茶树种质资源名录，见表 14-3。共整理编目玉溪市大茶树资源 284 份，其中新平彝族傣族自治县 243 份，编号为 XP001～XP243；元江哈尼族彝族傣族自治县 41 份，编号为 YJ001～YJ041。

玉溪市大茶树资源名录注明了每一份大茶树的种质编号、种质名称、物种名称等护照信息，记录了大茶树分布地点、海拔高度等地理信息，较详细地描述了大茶树的生长特征和植物学形态特征。玉溪市大茶树资源名录的确定，明确了玉溪市重点保护的大茶树资源，对了解玉溪市茶树种质资源提供了重要信息，为玉溪市大茶树资源的有效保护和茶叶经济发展提供了全面准确的线索和依据。

表 14-3　玉溪市大茶树资源名录（284 份）

种质编号	种质名称	物种名称	分布地点	海拔（m）	树高（m）	树幅（m×m）	基部干围（m）	主要形态
XP001	鸟繁点野生大茶树 1 号	*C. taliensis*	新平彝族傣族自治县戛洒镇发启村鸟繁点	2 441	10.0	6.0×4.0	1.9	乔木型，树姿半开张。嫩枝无茸毛，芽叶紫红色、无茸毛。叶片长宽 18.4cm×8.1cm，叶椭圆形，叶色绿，叶基楔形，叶身内折，叶缘微波，叶齿稀、浅、钝，叶脉 11 对
XP002	鸟繁点野生大茶树 2 号	*C. taliensis*	新平彝族傣族自治县戛洒镇发启村鸟繁点	2 447	8.5	4.0×4.5	1.3	乔木型，树姿半开张。嫩枝无茸毛，芽叶紫红色、无茸毛。叶片长宽 18.4cm×8.1cm，叶椭圆形，叶色绿，叶基楔形，叶身内折，叶缘微波，叶齿稀、浅、钝，叶脉 11 对
XP003	鸟繁点野生大茶树 3 号	*C. taliensis*	新平彝族傣族自治县戛洒镇发启村鸟繁点	2 441	7.0	3.0×4.0	1.0	乔木型，树姿直立。嫩枝无茸毛，芽叶紫绿色、无茸毛。叶片长宽 15.5cm×6.1cm，叶长椭圆形，叶色绿，叶基楔形，叶身内折，叶缘微波，叶齿浅、钝，叶脉 9 对
XP004	花山野生大茶树 1 号	*C. taliensis*	新平彝族傣族自治县戛洒镇发启村花山	2 462	6.0	5.0×4.0	1.3	乔木型，树姿半开张。嫩枝无茸毛，芽叶淡绿色、无茸毛。叶片长宽 12.9cm×4.5cm，叶长椭圆形，叶色绿，叶基楔形，叶身内折，叶缘微波，叶齿稀、浅、钝，叶脉 9 对
XP005	花山野生大茶树 2 号	*C. taliensis*	新平彝族傣族自治县戛洒镇发启村花山	2 468	6.0	5.0×4.5	1.0	乔木型，树姿半开张。嫩枝无茸毛，芽叶淡绿色、无茸毛。叶片长宽 13.7cm×4.8cm，叶长椭圆形，叶色绿，叶基楔形，叶身内折，叶缘微波，叶齿稀、浅、钝，叶背主脉无茸毛，叶脉 8 对

（续）

种质编号	种质名称	物种名称	分布地点	海拔（m）	树高（m）	树幅（m×m）	基部干围（m）	主要形态
XP006	花山野生大茶树3号	*C. taliensis*	新平彝族傣族自治县戛洒镇发启村花山	2 460	8.0	5.0×4.0	0.9	乔木型，树姿直立。嫩枝无茸毛，芽叶淡绿色、无茸毛。叶片长宽14.5cm×4.7cm，叶长椭圆形，叶色绿，叶基楔形，叶身内折，叶缘微波，叶齿稀、浅、钝，叶背主脉无茸毛，叶脉9对
XP007	林三家野生大茶树1号	*C. taliensis*	新平彝族傣族自治县戛洒镇耀南村林三家	2 379	12.0	4.0×3.0	1.9	乔木型，树姿半开张。嫩枝无茸毛，芽叶紫红色、无茸毛。叶片长宽16cm×4.5cm，叶椭圆形，叶色绿，叶基楔形，叶身内折，叶缘微波，叶齿稀、浅、钝，叶脉13对
XP008	林三家野生大茶树2号	*C. taliensis*	新平彝族傣族自治县戛洒镇耀南村林三家	2 388	10.5	5.0×3.0	1.3	乔木型，树姿直立。嫩枝无茸毛，芽叶紫绿色、无茸毛。叶片长宽15.7cm×5.5cm，叶长椭圆形，叶色深绿，叶基楔形，叶身内折，叶缘微波，叶齿稀、浅、钝，叶背主脉无茸毛，叶脉11对
XP009	林三家野生大茶树3号	*C. taliensis*	新平彝族傣族自治县戛洒镇耀南村林三家	2 375	8.0	4.0×4.0	1.4	乔木型，树姿直立。嫩枝无茸毛，芽叶紫绿色、无茸毛。叶片长宽13.3cm×4.5cm，叶长椭圆形，叶色绿，叶基楔形，叶身平，叶缘微波，叶齿稀、浅、钝，叶背主脉无茸毛，叶脉10对
XP010	细米地野生大茶树1号	*C. crassicolumna*	新平彝族傣族自治县建兴乡帽合村细米地	2 089	3.5	3.5×3.0	1.9	乔木型，树姿半开张。嫩枝无茸毛，芽叶黄绿色、有茸毛。叶片长宽16.5cm×5.7cm，叶披针形，叶色绿，叶基楔形，叶身内折，叶缘微波，叶齿稀、中、锐，叶背主脉有茸毛，叶脉11对
XP011	细米地野生大茶树2号	*C. crassicolumna*	新平彝族傣族自治县建兴乡帽合村细米地	1 985	5.0	3.5×4.0	1.2	乔木型，树姿直立。嫩枝无茸毛，芽叶淡绿色、有茸毛。叶片长宽15.7cm×6.3cm，叶长椭圆形，叶色深绿，叶基楔形，叶身内折，叶脉12对。萼片5片、有茸毛。花冠直径6.9cm×5.5cm，花瓣9枚，子房被茸毛，花柱先端5裂。果实球形
XP012	细米地野生大茶树3号	*C. crassicolumna*	新平彝族傣族自治县建兴乡帽细米地	2 089	4.5	3.5×3.0	1.1	乔木型，树姿半开张。嫩枝无茸毛，芽叶绿色、有茸毛。叶片长宽13.8cm×5.2cm，叶长椭圆形，叶色绿，叶基楔形，叶身内折，叶缘微波，叶齿稀、浅、钝，叶脉9对
XP013	细米地野生大茶树4号	*C. crassicolumna*	新平彝族傣族自治县建兴乡帽细米地	2 106	3.8	3.0×3.0	1.0	乔木型，树姿半开张。嫩枝无茸毛，芽叶黄绿色、有茸毛。叶片长宽14.4cm×5.6cm，叶长椭圆形，叶色绿，叶基楔形，叶身内折，叶缘微波，叶齿稀、浅、钝，叶脉12对

（续）

种质编号	种质名称	物种名称	分布地点	海拔（m）	树高（m）	树幅（m×m）	基部干围（m）	主要形态
XP014	扎牛场野生大茶树1号	*C. crassicolumna*	新平彝族傣族自治县建兴乡帽合村扎牛场	2 137	5.5	3.8×4.0	1.9	乔木型，树姿半开张。嫩枝无茸毛，芽叶淡绿色、有茸毛。叶片长宽16cm×6cm，叶长椭圆形，叶色绿，叶基楔形，叶身内折，叶缘微波，叶齿稀、浅、钝，叶脉8对
XP015	扎牛场野生大茶树2号	*C. crassicolumna*	新平彝族傣族自治县建兴乡帽合村扎牛场	2 139	5.0	3.0×2.0	1.3	乔木型，树姿半开张。芽叶淡绿色、有茸毛。叶片长宽13.9cm×5.2cm，叶长椭圆形，叶色绿，叶基楔形，叶身内折，叶缘微波，叶齿稀、浅、钝，叶脉9对
XP016	扎牛场野生大茶树3号	*C. crassicolumna*	新平彝族傣族自治县建兴乡帽合村扎牛场	2 135	8.0	4.8×3.5	1.2	乔木型，树姿半开张。芽叶淡绿色、有茸毛。叶片长宽15.5cm×6cm，叶长椭圆形，叶色绿，叶基楔形，叶身内折，叶缘微波，叶齿稀、浅、钝，叶脉8对
XP017	扎牛场野生大茶树4号	*C. crassicolumna*	新平彝族傣族自治县建兴乡帽合村扎牛场	2 140	5.3	3.0×3.0	0.8	乔木型，树姿半开张。嫩枝无茸毛，芽叶淡绿色、有茸毛。叶片长宽14.8cm×5.2cm，叶长椭圆形，叶色绿，叶基楔形，叶身内折，叶缘微波，叶齿稀、浅、钝，叶脉12对
XP018	老罗地野生大茶树1号	*C. crassicolumna*	新平彝族傣族自治县建兴乡帽合村老罗地	2 134	4.8	4.5×3.0	1.4	乔木型，树姿半开张。嫩枝无茸毛，芽叶紫红色、无茸毛。叶片长宽10.5cm×6.9cm，叶卵圆形，叶色绿，叶基近缘圆形，叶身内折，叶缘微波，叶齿稀、浅、钝，叶脉9对
XP019	老罗地野生大茶树2号	*C. crassicolumna*	新平彝族傣族自治县建兴乡帽合村老罗地	2 134	8.5	4.5×3.8	1.0	乔木型，树姿半开张。嫩枝无茸毛，芽叶紫绿色、无茸毛。叶片长宽13.5cm×5.8cm，叶椭圆形，叶色绿，叶基近缘圆形，叶身内折，叶缘微波，叶齿稀、浅、钝，叶脉8对
XP020	老罗地野生大茶树3号	*C. crassicolumna*	新平彝族傣族自治县建兴乡帽合村老罗地	2 138	6.5	4.1×3.5	0.6	乔木型，树姿半开张。嫩枝无茸毛，芽叶紫绿色、有茸毛。叶片长宽13.5cm×6.3cm，叶椭圆形，叶色绿，叶基近缘圆形，叶身内折，叶缘微波，叶齿稀、浅、钝，叶脉9对
XP021	小干箐野生大茶树1号	*C. taliensis*	新平彝族傣族自治县漠沙镇和平村小干箐	2 047	5.4	5.4×5.0	1.3	乔木型，树姿半开张。嫩枝无茸毛，芽叶淡绿色、无茸毛。叶片长宽12.6cm×5.2cm，叶椭圆形，叶色绿，叶基楔形，叶身内折，叶缘微波，叶齿稀、浅、钝，叶脉11对

（续）

种质编号	种质名称	物种名称	分布地点	海拔（m）	树高（m）	树幅（m×m）	基部干围（m）	主要形态
XP022	小干箐野生大茶树2号	*C. taliensis*	新平彝族傣族自治县漠沙镇和平村小干箐	2 053	7.0	4.0×3.7	1.0	乔木型，树姿半开张。嫩枝无茸毛，芽叶淡绿色、无茸毛。叶片长宽13.8cm×5.6cm，叶长椭圆形，叶色绿，叶基楔形，叶身内折，叶缘微波，叶齿稀、深、锐，叶背主脉无茸毛，叶脉11对
XP023	小干箐野生大茶树3号	*C. taliensis*	新平彝族傣族自治县漠沙镇和平村小干箐	2 055	5.0	2.2×2.0	0.7	乔木型，树姿半开张。嫩枝无茸毛，芽叶淡绿色、无茸毛。叶片长宽14.2cm×5.0cm，叶长椭圆形，叶色绿，叶基楔形，叶身内折，叶缘微波，叶齿稀、浅、钝，叶脉8对
XP024	梅子果地野生大茶树1号	*C. taliensis*	新平彝族傣族自治县漠沙镇和平村梅子果地	2 243	4.5	4.5×3.5	0.9	乔木型，树姿半开张。嫩枝无茸毛，芽叶淡绿色、无茸毛。叶片长宽17.0cm×7.0cm，叶长椭圆形，叶色绿，叶基楔形，叶身内折，叶缘微波，叶齿稀、浅、钝，叶脉13对
XP025	梅子果地野生大茶树2号	*C. taliensis*	新平彝族傣族自治县漠沙镇和平村梅子果地	2 240	4.5	2.5×3.0	0.9	小乔木型，树姿半开张。芽叶绿色、无茸毛。叶片长宽14.8cm×6.2cm，叶长椭圆形，叶色深绿，叶脉9对。萼片5片、无茸毛。花冠直径6.6cm×5.9cm，花瓣11枚，子房被茸毛，花柱先端4～5裂。果实四方形
XP026	梅子果地野生大茶树3号	*C. taliensis*	新平彝族傣族自治县漠沙镇和平村梅子果地	2 243	6.5	4.2×3.7	0.9	乔木型，树姿半开张。嫩枝无茸毛，芽叶淡绿色、无茸毛。叶片长宽16.2cm×5.4cm，叶长椭圆形，叶色绿，叶基楔形，叶身内折，叶缘微波，叶齿稀、浅、钝，叶脉13对
XP027	综合场野生大茶树1号	*C. taliensis*	新平彝族傣族自治县漠沙镇小坝多村综合场	2 205	16.0	3.0×3.0	2.8	乔木型，树姿半开张。嫩枝无茸毛，芽叶淡绿色、无茸毛。叶片长宽17.2cm×6.5cm，叶披针形，叶色绿，叶基楔形，叶身内折，叶缘微波，叶齿稀、浅、钝，叶脉12对
XP028	综合场野生大茶树2号	*C. taliensis*	新平彝族傣族自治县漠沙镇小坝多村综合场	2 208	13.5	4.0×6.2	1.4	乔木型，树姿直立。嫩枝无茸毛，芽叶淡绿色、无茸毛。叶片长宽14.6cm×6.8cm，叶椭圆形，叶色绿，叶基楔形，叶身平，叶缘微波，叶齿稀、浅、钝，叶脉13对
XP029	综合场野生大茶树3号	*C. taliensis*	新平彝族傣族自治县漠沙镇小坝多村综合场	2 206	11.0	3.5×5.4	1.0	小乔木型，树姿直立。芽叶绿色、无茸毛。叶片长宽12.8cm×6.3cm，叶椭圆形，叶色深绿，叶脉9对。萼片5片、无茸毛。花冠直径5.2cm×6.3cm，花瓣9枚，子房被茸毛，花柱先端4～5裂。果实四方形、梅花形

（续）

种质编号	种质名称	物种名称	分布地点	海拔（m）	树高（m）	树幅（m×m）	基部干围（m）	主要形态
XP030	综合场野生大茶树4号	*C. taliensis*	新平彝族傣族自治县漠沙镇小坝多村综合场	2 200	8.7	5.2×4.0	0.8	小乔木型，树姿半开张。芽叶绿色、无茸毛。叶片长宽16.2cm×5.7cm，叶长椭圆形，叶色深绿，叶脉12对。萼片5片、无茸毛。花冠直径7.8cm×8.0cm，花瓣13枚，子房被茸毛，花柱先端5裂。果实四方形
XP031	猴进水库野生大茶树1号	*C. taliensis*	新平彝族傣族自治县平掌乡柏枝村猴进水库	2 265	3.5	1.4×0.9	1.6	乔木型，树姿直立。嫩枝无茸毛，芽叶绿色、无茸毛。叶片长宽13.0cm×6.2cm，叶椭圆形，叶色深绿，叶基楔形，叶身内折，叶缘微波，叶齿稀、浅、钝，叶脉11对
XP032	猴进水库野生大茶树2号	*C. taliensis*	新平彝族傣族自治县平掌乡柏枝村猴进水库	2 273	4.2	2.0×1.5	1.2	小乔木型，树姿半开张。芽叶淡绿色、无茸毛。叶片长宽14.2cm×5.3cm，叶长椭圆形，叶色深绿，叶脉10对。萼片5片、无茸毛。花冠直径5.2cm×6.4cm，花瓣9枚，子房被茸毛，花柱先端4～5裂。果实扁球形、四方形
XP033	猴进水库野生大茶树3号	*C. taliensis*	新平彝族傣族自治县平掌乡柏枝村猴进水库	2 270	5.0	3.0×3.0	0.9	小乔木型，树姿直立。芽叶绿色、无茸毛。叶片长宽15.7cm×6.2cm，叶长椭圆形，叶色深绿，叶脉11对。萼片5片、无茸毛。花冠直径5.9cm×6.3cm，花瓣10枚，子房被茸毛，花柱先端5裂。果实四方形、梅花形
XP034	猴进水库野生大茶树4号	*C. taliensis*	新平彝族傣族自治县平掌乡柏枝村猴进水库	2 283	8.0	5.0×3.8	1.0	小乔木型，树姿半开张。芽叶紫绿色、无茸毛。叶片长宽16.3cm×6.7cm，叶长椭圆形，叶色深绿，叶身内折，叶面平，叶齿稀、浅、钝，叶脉8对
XP035	猴进水库野生大茶树5号	*C. taliensis*	新平彝族傣族自治县平掌乡柏枝村猴进水库	2 294	7.0	3.0×2.1	0.7	小乔木型，树姿半开张。芽叶紫绿色、无茸毛。叶片长宽15.2cm×6.1cm，叶长椭圆形，叶色绿，叶脉9对。萼片5片、无茸毛。花冠直径7.2cm×6.8cm，花瓣11枚，子房被茸毛，花柱先端5裂。果实四方形
XP036	猴进水库野生大茶树6号	*C. taliensis*	新平彝族傣族自治县平掌乡柏枝村猴进水库	2 265	6.5	2.0×3.8	0.6	小乔木型，树姿半开张。芽叶淡绿色、无茸毛。叶片长宽14.7cm×5.3cm，叶长椭圆形，叶色深绿，叶身内折，叶缘平，叶面平，叶脉9对。果实梅花形、四方形
XP037	弯山凹野生大茶树1号	*C. taliensis*	新平彝族傣族自治县平掌乡柏枝村弯山凹	2 264	4.5	4.5×3.0	1.6	乔木型，树姿直立。嫩枝无茸毛，芽叶绿色、无茸毛。叶片长宽18.0cm×6.1cm，叶披针形，叶色深绿，叶基楔形，叶身内折，叶缘微波，叶齿稀、浅、钝，叶脉11对

（续）

种质编号	种质名称	物种名称	分布地点	海拔（m）	树高（m）	树幅（m×m）	基部干围（m）	主要形态
XP038	弯山凹野生大茶树2号	*C. taliensis*	新平彝族傣族自治县平掌乡柏枝村弯山凹	2 270	5.0	2.5×3.3	1.1	小乔木型，树姿半开张。芽叶淡绿色、无茸毛。叶片长宽14.5cm×5.0cm，叶长椭圆形，叶色深绿，叶脉10对。萼片5片、无茸毛。花冠直径4.2cm×4.0cm，花瓣9枚，子房被茸毛，花柱先端4～5裂。果实梅花形、四方形
XP039	弯山凹野生大茶树3号	*C. taliensis*	新平彝族傣族自治县平掌乡柏枝村弯山凹	2 283	9.0	5.0×3.7	1.0	小乔木型，树姿半开张。芽叶绿色、无茸毛。叶片长宽16.2cm×6.0cm，叶长椭圆形，叶色深绿，叶脉9对。萼片5片、无茸毛。花冠直径6.8cm×6.3cm，花瓣9枚，子房被茸毛，花柱先端5裂
XP040	弯山凹野生大茶树4号	*C. taliensis*	新平彝族傣族自治县平掌乡柏枝村弯山凹	2 297	8.0	4.0×3.2	0.9	乔木型，树姿直立。芽叶淡绿色、无茸毛。叶片长宽14.7cm×5.4cm，叶长椭圆形，叶色深绿，叶脉9对。萼片5片、无茸毛。花冠直径6.6cm×6.4cm，花瓣12枚，子房被茸毛，花柱先端4～5裂。果实扁球形、四方形
XP041	弯山凹野生大茶树5号	*C. taliensis*	新平彝族傣族自治县平掌乡柏枝村弯山凹	2 302	7.3	5.4×3.8	0.8	小乔木型，树姿直立。芽叶绿色、无茸毛。叶片长宽15.6cm×5.5cm，叶披针形，叶色深绿，叶脉10对。萼片5片、无茸毛
XP042	弯山凹野生大茶树6号	*C. taliensis*	新平彝族傣族自治县平掌乡柏枝村弯山凹	2 315	6.0	2.7×3.0	0.7	小乔木型，树姿半开张。芽叶绿色、无茸毛。叶片长宽14.0cm×6.0cm，叶椭圆形，叶色深绿，叶脉9对。萼片5片、无茸毛
XP043	锅底塘野生大茶树1号	*C. taliensis*	新平彝族傣族自治县平掌乡自然保护区锅底塘	2 389	8.0	7.0×5.5	3.8	乔木型，树姿直立。芽叶淡绿色、无茸毛。叶片长宽13.5cm×6.2cm，叶椭圆形，叶色深绿，叶脉12对。叶身内折，叶缘平，叶齿稀、浅、钝。萼片5片、无茸毛。花冠直径6.8cm×6.0cm，花瓣9枚。子房被茸毛，花柱先端5裂
XP044	锅底塘野生大茶树2号	*C. taliensis*	新平彝族傣族自治县平掌乡自然保护区锅底塘	2 390	7.4	6.0×5.3	1.3	乔木型，树姿直立。芽叶淡绿色、无茸毛。叶片长宽15.3cm×6.0cm，叶长椭圆形，叶色深绿，叶脉11对。叶身内折，叶缘平，叶齿稀、浅、钝
XP045	锅底塘野生大茶树3号	*C. taliensis*	新平彝族傣族自治县平掌乡自然保护区锅底塘	2 397	8.0	5.0×5.8	1.9	乔木型，树姿直立。芽叶淡绿色、无茸毛。叶片长宽16.3cm×6.4cm，叶长椭圆形，叶色深绿，叶脉13对。叶身内折，叶缘平，叶齿稀、浅、钝
XP046	锅底塘野生大茶树4号	*C. taliensis*	新平彝族傣族自治县平掌乡自然保护区锅底塘	2 414	9.0	4.0×4.5	1.5	乔木型，树姿直立。芽叶淡绿色、无茸毛。叶片长宽14.7cm×5.2cm，叶长椭圆形，叶色深绿，叶脉12对。萼片5片、无茸毛。花冠直径6.0cm×6.0cm，花瓣9枚，子房被茸毛，花柱先端5裂。果实梅花形、四方形

（续）

种质编号	种质名称	物种名称	分布地点	海拔（m）	树高（m）	树幅（m×m）	基部干围（m）	主要形态
XP047	锅底塘野生大茶树5号	*C. taliensis*	新平彝族傣族自治县平掌乡自然保护区锅底塘	2 426	7.7	2.5×3.5	1.4	乔木型，树姿直立。嫩枝无茸毛，芽叶淡绿色、无茸毛。叶片长宽14.8cm×6.2cm，叶椭圆形，叶色深绿，叶脉9对。萼片5片、无茸毛。花冠直径5.8cm×6.1cm，花瓣8枚，子房被茸毛，花柱先端5裂。果实梅花形、四方形
XP048	锅底塘野生大茶树6号	*C. taliensis*	新平彝族傣族自治县平掌乡林业管理所	2 432	7.8	3.5×3.5	2.2	乔木型，树姿直立。嫩枝无茸毛，芽叶绿色、无茸毛。叶片长宽19.1cm×7.6cm，叶长椭圆形，叶色深绿，叶基楔形，叶身内折，叶缘微波，叶齿稀、浅、钝，叶脉13对
XP049	仙山河头大茶树1号	*C. crassicolumna*	新平彝族傣族自治县平掌乡仓房村仙山河头	2 287	8.2	4.7×3.5	3.1	乔木型，树姿直立。嫩枝有茸毛，芽叶淡绿色、有茸毛。叶片长宽12.0cm×6.2cm，叶卵圆形，叶色深绿，叶基楔形，叶身内折，叶齿稀、浅、钝，叶脉9对。萼片5片、有茸毛。花冠直径5.0cm×6.0cm，花瓣9枚，子房被茸毛，花柱先端5裂。果实球形、扁球形
XP050	仙山河头大茶树2号	*C. crassicolumna*	新平彝族傣族自治县平掌乡仓房村仙山河头	2 317	10.0	3.0×2.0	1.2	乔木型，树姿直立。嫩枝有茸毛，芽叶淡绿色、有茸毛。叶片长宽14.4cm×6.0cm，叶椭圆形，叶色深绿，叶基楔形，叶身内折，叶脉9对。萼片5片、有茸毛。花冠直径5.7cm×6.5cm，花瓣9枚，子房被茸毛，花柱先端5裂。果实球形、扁球形
XP051	仙山河头大茶树3号	*C. crassicolumna*	新平彝族傣族自治县平掌乡仓房村仙山河头	2 322	11.0	4.0×3.5	1.0	乔木型，树姿直立。嫩枝有茸毛，芽叶淡绿色、有茸毛。叶片长宽15.5cm×6.2cm，叶椭圆形，叶色深绿，叶基楔形，叶身内折，叶脉10对
XP052	仙山河头大茶树4号	*C. crassicolumna*	新平彝族傣族自治县平掌乡仓房村仙山河头	2 326	8.2	3.5×2.8	1.9	乔木型，树姿直立。嫩枝有茸毛，芽叶紫绿色、有茸毛。叶片长宽13.8cm×6.6cm，叶椭圆形，叶色深绿，叶基楔形，叶身稍内折，叶脉9对。萼片5片、有茸毛。花冠直径6.0cm×5.5cm，花瓣11枚，子房被茸毛，花柱先端5裂。果实扁球形、四方形
XP053	仙山河头大茶树5号	*C. crassicolumna*	新平彝族傣族自治县平掌乡仓房村仙山河头	2 330	7.6	3.5×3.0	1.8	乔木型，树姿直立。嫩枝有茸毛，芽叶淡绿色、有茸毛。叶片长宽16.4cm×6.3cm，叶长椭圆形，叶色深绿，叶基楔形，叶身内折，叶脉10对。萼片5片、有茸毛。花冠直径6.7cm×6.5cm，花瓣9枚，子房被茸毛，花柱先端5裂。果实扁球形、四方形

（续）

种质编号	种质名称	物种名称	分布地点	海拔（m）	树高（m）	树幅（m×m）	基部干围（m）	主要形态
XP054	大干箐野生大茶树1号	*C. taliensis*	新平彝族傣族自治县平掌乡联合村大干箐	2 289	8.5	2.0×2.5	1.6	乔木型，树姿直立。嫩枝无茸毛，芽叶绿色、无茸毛。叶片长宽15.8cm×8.9cm，叶卵圆形，叶色绿，叶基近圆形，叶身内折，叶缘微波，叶齿稀、浅、钝，叶脉11对
XP055	大干箐野生大茶树2号	*C. taliensis*	新平彝族傣族自治县平掌乡联合村大干箐	2 304	7.0	5.4×3.5	1.2	小乔木型，树姿半开张。芽叶淡绿色、无茸毛。叶片长宽15.7cm×4.8cm，叶长椭圆形，叶色深绿，叶脉11对。萼片5片、无茸毛。花冠直径5.8cm×4.5cm，花瓣8枚，子房被茸毛，花柱先端5裂。果实四方形
XP056	大干箐野生大茶树3号	*C. taliensis*	新平彝族傣族自治县平掌乡联合村大干箐	2 290	8.2	4.0×4.2	1.0	小乔木型，树姿半开张。芽叶淡绿色、无茸毛。叶片长宽15.2cm×5.3cm，叶长椭圆形，叶色深绿，叶脉10对。萼片5片、无茸毛。花冠直径6.6cm×6.2cm，花瓣9枚，子房被茸毛，花柱先端5裂。果实扁球形、四方形
XP057	大干箐野生大茶树4号	*C. taliensis*	新平彝族傣族自治县平掌乡联合村大干箐	2 308	6.0	3.0×3.8	0.9	小乔木型，树姿半开张。芽叶紫绿色、无茸毛。叶片长宽14.1cm×4.3cm，叶披针形，叶色深绿，叶脉11对。萼片5片、无茸毛。花冠直径5.0cm×5.2cm，花瓣10枚，子房被茸毛，花柱先端4～5裂。果实扁球形、四方形
XP058	大干箐野生大茶树5号	*C. taliensis*	新平彝族傣族自治县平掌乡联合村大干箐	2 313	7.0	3.4×3.6	0.8	小乔木型，树姿半开张。芽叶紫红色、无茸毛。叶片长宽14.3cm×4.4cm，叶长椭圆形，叶色深绿，叶脉10对。萼片5片、无茸毛。花冠直径6.8cm×6.2cm，花瓣8枚，子房被茸毛，花柱先端4～5裂。果实扁球形、四方形
XP059	田主坟野生大茶树1号	*C. taliensis*	新平彝族傣族自治县平掌乡梭山村田主坟	2 197	5.0	4.0×3.0	3.5	乔木型，树姿直立。嫩枝无茸毛，芽叶绿色、无茸毛。叶片长宽13.5cm×7.0cm，叶卵圆形，叶色深绿，叶基楔形，叶身内折，叶缘平，叶齿稀、浅、钝，叶脉8对
XP060	田主坟野生大茶树2号	*C. taliensis*	新平彝族傣族自治县平掌乡梭山村田主坟	2 203	6.0	3.0×3.3	3.0	乔木型，树姿直立。嫩枝无茸毛，芽叶绿色、无茸毛。叶片长宽14.8cm×6.0cm，叶椭圆形，叶色深绿，叶基楔形，叶身内折，叶缘平，叶齿稀、浅、钝，叶脉8对。萼片5片、无茸毛。花冠直径5.3cm×5.8cm，花瓣11枚，子房被茸毛，花柱先端4～5裂

（续）

种质编号	种质名称	物种名称	分布地点	海拔（m）	树高（m）	树幅（m×m）	基部干围（m）	主要形态
XP061	田主坟野生大茶树3号	*C. taliensis*	新平彝族傣族自治县平掌乡梭山村田主坟	2 205	6.8	2.0×3.3	2.8	乔木型，树姿直立。芽叶绿色、无茸毛。叶片长宽15.5cm×6.2cm，叶长椭圆形，叶色深绿，叶基楔形，叶身内折，叶缘平，叶齿稀、浅、钝，叶脉7对。萼片5片、无茸毛。花冠直径5.8cm×5.8cm，花瓣10枚，子房被茸毛，花柱先端4～5裂。果实四方形、梅花形
XP062	田主坟野生大茶树4号	*C. taliensis*	新平彝族傣族自治县平掌乡梭山村田主坟	2 200	7.5	3.0×3.3	2.5	乔木型，树姿半开张。芽叶绿色、无茸毛。叶片长宽16.3cm×6.6cm，叶长椭圆形，叶色深绿，叶基楔形，叶身内折，叶缘平，叶齿稀、浅、钝，叶脉9对。萼片5片、无茸毛。花冠直径6.8cm×5.7cm，花瓣9枚，子房被茸毛，花柱先端4～5裂。果实扁球形、四方形
XP063	田主坟野生大茶树5号	*C. taliensis*	新平彝族傣族自治县平掌乡梭山村田主坟	2 201	5.5	2.0×2.5	2.7	小乔木型，树姿半开张。芽叶绿色、无茸毛。叶片长宽16.0cm×5.7cm，叶长椭圆形，叶色深绿，叶基楔形，叶身内折，叶缘平，叶齿稀、浅、钝，叶脉10对。萼片5片、无茸毛。花冠直径6.3cm×6.7cm，花瓣10枚，子房被茸毛，花柱先端4～5裂。果实扁球形、四方形
XP064	田主坟野生大茶树6号	*C. taliensis*	新平彝族傣族自治县平掌乡梭山村田主坟	2 208	5.0	3.0×3.5	2.2	小乔木型，树姿半开张。芽叶绿色、无茸毛。叶片长宽15.3cm×5.2cm，叶披针形，叶色深绿，叶脉8对。萼片5片、无茸毛。花冠直径7.0cm×6.3cm，花瓣9枚，子房被茸毛，花柱先端4～5裂
XP065	田主坟野生大茶树7号	*C. taliensis*	新平彝族傣族自治县平掌乡梭山村田主坟	2 174	5.8	3.3×3.2	2.0	小乔木型，树姿半开张。芽叶绿色、无茸毛。叶片长宽15.7cm×5.8cm，叶长椭圆形，叶色深绿，叶脉9对。萼片5片、无茸毛。花冠直径6.3cm×6.0cm，花瓣9枚，子房被茸毛，花柱先端4～5裂。果实扁球形
XP066	田主坟野生大茶树8号	*C. taliensis*	新平彝族傣族自治县平掌乡梭山村田主坟	2 168	6.2	3.5×2.0	1.8	小乔木型，树姿半开张。芽叶绿色、无茸毛。叶片长宽14.6cm×5.3cm，叶长椭圆形，叶色深绿，叶脉8对。萼片5片、无茸毛。花冠直径5.3cm×6.7cm，花瓣10枚，子房被茸毛，花柱先端4～5裂。果实扁球形
XP067	田主坟野生大茶树9号	*C. taliensis*	新平彝族傣族自治县平掌乡梭山村田主坟	2 165	6.0	4.5×4.0	1.5	小乔木型，树姿半开张。芽叶绿色、无茸毛。叶片长宽15.2cm×6.3cm，叶长椭圆形，叶色深绿，叶脉9对。萼片5片、无茸毛。花冠直径5.0cm×6.0cm，花瓣10枚，子房被茸毛，花柱先端4～5裂。果实扁球形

（续）

种质编号	种质名称	物种名称	分布地点	海拔（m）	树高（m）	树幅（m×m）	基部干围（m）	主要形态
XP068	田主坟野生大茶树10号	*C. taliensis*	新平彝族傣族自治县平掌乡梭山村田主坟	2 167	6.5	4.5×4.8	1.7	小乔木型，树姿半开张。芽叶绿色、无茸毛。叶片长宽14.8cm×6.0cm，叶椭圆形，叶色深绿，叶脉10对。萼片5片、无茸毛。花冠直径6.6cm×6.9cm，花瓣8枚，子房被茸毛，花柱先端4～5裂。果实扁球形、四方形
XP069	田主坟野生大茶树11号	*C. taliensis*	新平彝族傣族自治县平掌乡梭山村田主坟	2 169	5.8	4.0×3.8	1.4	小乔木型，树姿半开张。芽叶绿色、无茸毛。叶片长宽14.0cm×6.3cm，叶椭圆形，叶色深绿，叶脉9对。萼片5片、无茸毛。花冠直径6.2cm×6.0cm，花瓣9枚，子房被茸毛，花柱先端4～5裂。果实扁球形、四方形
XP070	老熊地野生大茶树1号	*C. taliensis*	新平彝族傣族自治县平掌乡梭山村老熊地	2 357	5.5	6.0×2.5	2.5	乔木型，树姿直立。嫩枝无茸毛，芽叶绿色、无茸毛。叶片长宽13.5cm×5.8cm，叶长椭圆形，叶色深绿，叶基楔形，叶身内折，叶缘平，叶齿稀、浅、钝，叶脉7对
XP071	老熊地野生大茶树2号	*C. taliensis*	新平彝族傣族自治县平掌乡梭山村老熊地	2 378	10.5	3.0×2.0	1.9	乔木型，树姿直立。嫩枝无茸毛，芽叶淡绿色、无茸毛。中叶，叶片长宽10.4cm×5.3cm，叶卵圆形，叶色浅绿，叶基楔形，叶身平，叶缘微波，叶齿稀、浅、钝，叶脉10对
XP072	老熊地野生大茶树3号	*C. taliensis*	新平彝族傣族自治县平掌乡梭山村老熊地	2 364	8.0	3.8×4.0	1.5	乔木型，树姿直立。芽叶绿色、无茸毛。叶片长宽14.8cm×6.4cm，叶椭圆形，叶色深绿，叶脉9对。萼片5片、无茸毛。花冠直径6.7cm×6.2cm，花瓣9枚，子房被茸毛，花柱先端4～5裂。果实扁球形、四方形
XP073	老熊地野生大茶树4号	*C. taliensis*	新平彝族傣族自治县平掌乡梭山村老熊地	2 370	10.5	3.0×2.0	1.9	小乔木型，树姿半开张。芽叶绿色、无茸毛。叶片长宽14.0cm×6.3cm，叶椭圆形，叶色深绿，叶脉9对。萼片5片、无茸毛。花冠直径6.2cm×6.4cm，花瓣9枚，子房被茸毛，花柱先端4～5裂。果实扁球形、四方形
XP074	老熊地野生大茶树5号	*C. taliensis*	新平彝族傣族自治县平掌乡梭山村老熊地	2 378	8.2	4.0×4.4	1.3	小乔木型，树姿半开张。芽叶黄绿色、无茸毛。叶片长宽16.4cm×6.2cm，叶长椭圆形，叶色深绿，叶脉11对。萼片5片、无茸毛。花冠直径6.0cm×5.7cm，花瓣10枚，子房被茸毛，花柱先端5裂。果实扁球形、梅花形

（续）

种质编号	种质名称	物种名称	分布地点	海拔（m）	树高（m）	树幅（m×m）	基部干围（m）	主要形态
XP075	老熊地野生大茶树6号	*C. taliensis*	新平彝族傣族自治县平掌乡梭山村老熊地	2 383	7.5	3.4×2.7	1.0	小乔木型，树姿半开张。芽叶淡绿色、无茸毛。叶片长宽15.6cm×6.6cm，叶长椭圆形，叶色深绿，叶脉9对。萼片5片、无茸毛。花冠直径5.2cm×5.8cm，花瓣11枚，子房被茸毛，花柱先端4～5裂。果实扁球形、四方形
XP076	老熊地野生大茶树7号	*C. taliensis*	新平彝族傣族自治县平掌乡梭山村老熊地	2 385	7.8	3.0×4.0	1.0	小乔木型，树姿半开张。芽叶淡绿色、无茸毛。叶片长宽16.3cm×5.8cm，叶披针形，叶色深绿，叶脉12对。萼片5片、无茸毛。花冠直径7.2cm×8.0cm，花瓣12枚，子房被茸毛，花柱先端5裂。果实扁球形、四方形
XP077	岔处箐野生大茶树1号	*C. taliensis*	新平彝族傣族自治县平掌乡梭山村岔处箐	2 264	3.5	4.0×3.6	1.3	乔木型，树姿直立。嫩枝无茸毛，芽叶绿色、无茸毛。叶片长宽17.2cm×7.0cm，叶长椭圆形，叶色深绿，叶基近圆形，叶身内折，叶缘微波，叶齿稀、浅、钝，叶脉10对
XP078	岔处箐野生大茶树2号	*C. taliensis*	新平彝族傣族自治县平掌乡梭山村岔处箐	2 257	4.4	2.0×2.8	1.0	小乔木型，树姿半开张。芽叶淡绿色、无茸毛。叶片长宽14.9cm×5.1cm，叶长椭圆形，叶色深绿，叶脉11对。萼片5片、无茸毛。花冠直径6.3cm×6.0cm，花瓣9枚，子房被茸毛，花柱先端4～5裂。果实扁球形、四方形
XP079	岔处箐野生大茶树3号	*C. taliensis*	新平彝族傣族自治县平掌乡梭山村岔处箐	2 260	5.0	3.3×3.7	0.9	乔木型，树姿直立。芽叶绿色、无茸毛。叶片长宽15.6cm×6.7cm，叶长椭圆形，叶色深绿，叶身稍内折，叶缘平，叶齿稀、浅、钝，叶质硬，叶背主脉无茸毛，叶脉10对
XP080	岔处箐野生大茶树4号	*C. taliensis*	新平彝族傣族自治县平掌乡梭山村岔处箐	2 274	8.0	5.0×5.0	0.8	乔木型，树姿。芽叶绿色、无茸毛。叶片长宽14.5cm×5.3cm，叶长椭圆形，叶色深绿，叶脉9对。萼片5片、无茸毛。花冠直径7.2cm×6.5cm，花瓣10枚，子房被茸毛，花柱先端4～5裂。果实扁球形、四方形
XP081	岔处箐野生大茶树5号	*C. taliensis*	新平彝族傣族自治县平掌乡梭山村岔处箐	2 266	5.0	3.0×3.4	0.7	乔木型，树姿直立。芽叶绿色、无茸毛。叶片长宽15.0cm×6.3cm，叶长椭圆形，叶色深绿，叶身稍内折，叶缘平，叶齿稀、浅、钝，叶质硬，叶背主脉无茸毛，叶脉10对
XP082	岔处箐野生大茶树6号	*C. taliensis*	新平彝族傣族自治县平掌乡梭山村岔处箐	2 284	6.0	5.5×4.0	0.7	乔木型，树姿直立。芽叶绿色、无茸毛。叶片长宽16.8cm×6.3cm，叶长椭圆形，叶色深绿，叶身稍内折，叶缘平，叶齿稀、浅、钝，叶质硬，叶背主脉无茸毛，叶脉12对

（续）

种质编号	种质名称	物种名称	分布地点	海拔（m）	树高（m）	树幅（m×m）	基部干围（m）	主要形态
XP083	小亮山野生大茶树1号	*C. taliensis*	新平彝族傣族自治县平掌乡梭山村小亮山	2 302	12.0	5.0×3.0	2.2	乔木型，树姿直立。嫩枝无茸毛，芽叶淡绿色、无茸毛。叶片长宽12cm×5.7cm，叶椭圆形，叶色深绿，叶基楔形，叶身内折，叶缘微波，叶齿稀、中、钝，叶脉9对
XP084	小亮山野生大茶树2号	*C. taliensis*	新平彝族傣族自治县平掌乡梭山村小亮山	2 309	9.0	5.0×4.7	1.9	小乔木型，树姿半开张。芽叶淡绿色、无茸毛。叶片长宽14.8cm×6.1cm，叶椭圆形，叶色绿，叶脉8对。萼片5片、绿色、无茸毛。花冠直径6.5cm×5.8cm，花瓣9枚，子房被茸毛，花柱先端4～5裂。果实扁球形、四方形
XP085	小亮山野生大茶树3号	*C. taliensis*	新平彝族傣族自治县平掌乡梭山村小亮山	2 302	12.0	5.0×3.0	1.8	小乔木型，树姿半开张。芽叶绿色、无茸毛。叶片长宽15.4cm×5.7cm，叶长椭圆形，叶色深绿，叶脉10对。萼片5片，紫绿色、无茸毛。花冠直径6.8cm×7.0cm，花瓣11枚，子房被茸毛，花柱先端4～5裂。果实扁球形、四方形
XP086	小亮山野生大茶树4号	*C. taliensis*	新平彝族傣族自治县平掌乡梭山村小亮山	2 308	7.0	4.3×3.7	1.8	乔木型，树姿直立。嫩枝无茸毛，芽叶紫绿色、无茸毛。叶片长宽14.9cm×5.4cm，叶长椭圆形，叶色深绿，叶基楔形，叶身内折，叶缘微波，叶齿稀、中、钝，叶脉9对
XP087	小亮山野生大茶树5号	*C. taliensis*	新平彝族傣族自治县平掌乡梭山村小亮山	2 312	8.7	5.3×3.8	1.7	乔木型，树姿直立。嫩枝无茸毛，芽叶淡绿色、无茸毛。叶片长宽16.3cm×5.2cm，叶披针形，叶色绿，叶基楔形，叶身内折，叶缘微波，叶齿稀、中、钝，叶脉11对
XP088	小亮山野生大茶树6号	*C. taliensis*	新平彝族傣族自治县平掌乡梭山村小亮山	2 320	8.0	5.3×5.0	1.2	小乔木型，树姿半开张。芽叶淡紫红色、无茸毛。叶片长宽14.7cm×5.3cm，叶长椭圆形，叶色深绿，叶脉10对。萼片5片、无茸毛。花冠直径5.2cm×5.0cm，花瓣9枚，子房被茸毛，花柱先端4～5裂。果实扁球形、四方形
XP089	压木山野生大茶树1号	*C. crassicolumna*	新平彝族傣族自治县平掌乡梭山村压木山	2 275	5.0	4.0×3.0	1.9	乔木型，树姿直立。嫩枝无茸毛，芽叶绿色、无茸毛。叶片长宽13.5cm×6.8cm，叶椭圆形，叶色浅绿，叶基楔形，叶身内折，叶缘微波，叶齿稀、浅、钝，叶脉9对
XP090	压木山野生大茶树2号	*C. crassicolumna*	新平彝族傣族自治县平掌乡梭山村压木山	2 284	7.0	3.5×3.8	1.5	乔木型，树姿直立。嫩枝有茸毛，芽叶淡绿色、有茸毛。叶片长宽15.7cm×6.8cm，叶长椭圆形，叶色绿，叶基楔形，叶身内折，叶脉10对。萼片5片、有茸毛。花冠直径6.4cm×7.5cm，花瓣9枚，子房被茸毛，花柱先端5裂。果实球形、四方形

（续）

种质编号	种质名称	物种名称	分布地点	海拔（m）	树高（m）	树幅（m×m）	基部干围（m）	主要形态
XP091	压木山野生大茶树 3 号	*C. crassicolumna*	新平彝族傣族自治县平掌乡梭山村压木山	2 290	9.5	5.5×4.0	1.6	乔木型，树姿直立。嫩枝有茸毛，芽叶淡绿色、有茸毛。叶片长宽 15.4cm×7.3cm，叶椭圆形，叶色深绿，叶基楔形，叶身平，叶脉 8 对。萼片 5 片、绿色、有茸毛。花冠直径 5.4cm×6.3cm，花瓣 10 枚，子房被茸毛，花柱先端 5 裂。果实球形
XP092	压木山野生大茶树 4 号	*C. crassicolumna*	新平彝族傣族自治县平掌乡梭山村压木山	2 284	6.0	3.0×4.0	1.0	乔木型，树姿直立。嫩枝有茸毛，芽叶淡绿色、有茸毛。叶片长宽 14.4cm×6.6cm，叶椭圆形，叶色深绿，叶基楔形，叶身内折，叶齿稀、浅、钝，叶脉 10 对
XP093	压木山野生大茶树 5 号	*C. crassicolumna*	新平彝族傣族自治县平掌乡梭山村压木山	2 278	6.5	3.5×3.8	0.9	小乔木型，树姿直立。嫩枝有茸毛，芽叶淡绿色、有茸毛。叶片长宽 13.4cm×5.8cm，叶披针形，叶色深绿，叶脉 10 对。萼片 5 片、绿色、有茸毛。花冠直径 6.3cm×5.6cm，花瓣 10 枚，子房被茸毛，花柱先端 5 裂。果实球形
XP094	压木山野生大茶树 6 号	*C. crassicolumna*	新平彝族傣族自治县平掌乡梭山村压木山	2 291	7.0	4.5×3.6	0.8	乔木型，树姿直立。嫩枝有茸毛，芽叶淡绿色、有茸毛。叶片长宽 15.4cm×5.3cm，叶椭圆形，叶色深绿，叶基楔形，叶身少稍内折，叶脉 10 对
XP095	小干坝野生大茶树 1 号	*C. taliensis*	新平彝族傣族自治县平掌乡自然保护区小干坝	2 402	10.0	4.0×3.5	2.5	乔木型，树姿直立。嫩枝无茸毛，芽叶淡绿色、无茸毛。叶片长宽 13.9cm×4.0cm，叶披针形，叶色绿，叶基楔形，叶身内折，叶齿稀、浅、钝，叶脉 10 对
XP096	小干坝野生大茶树 2 号	*C. taliensis*	新平彝族傣族自治县平掌乡自然保护区小干坝	2 408	9.0	4.0×3.8	1.4	乔木型，树姿直立。嫩枝无茸毛，芽叶淡绿色、无茸毛。叶片长宽 14.4cm×4.0cm，叶披针形，叶色绿，叶基楔形，叶身内折，叶齿稀、浅、钝，叶脉 10 对
XP097	小干坝野生大茶树 3 号	*C. taliensis*	新平彝族傣族自治县平掌乡自然保护区小干坝	2 410	8.0	4.2×3.5	1.3	乔木型，树姿直立。嫩枝无茸毛，芽叶淡绿色、无茸毛。叶片长宽 13.8cm×4.7cm，叶长椭圆形，叶色绿，叶脉 10 对。萼片 5 片、无茸毛。花冠直径 6.3cm×6.5cm，花瓣 9 枚，子房被茸毛，花柱先端 4～5 裂。果实扁球形、四方形
XP098	小干坝野生大茶树 4 号	*C. taliensis*	新平彝族傣族自治县平掌乡自然保护区小干坝	2 403	8.0	3.0×3.2	1.0	乔木型，树姿直立。嫩枝无茸毛，芽叶淡绿色、无茸毛。叶片长宽 16.0cm×5.0cm，叶披针形，叶色绿，叶基楔形，叶身内折，叶齿稀、浅、钝，叶脉 10 对

（续）

种质编号	种质名称	物种名称	分布地点	海拔（m）	树高（m）	树幅（m×m）	基部干围（m）	主要形态
XP099	小干坝野生大茶树5号	*C. taliensis*	新平彝族傣族自治县平掌乡自然保护区小干坝	2 407	7.0	3.3×3.4	0.9	乔木型，树姿直立。嫩枝无茸毛，芽叶淡绿色、无茸毛。叶片长宽15.3cm×5.7cm，叶长椭圆形，叶色绿，叶脉10对。萼片5片、无茸毛。花冠直径7.3cm×7.0cm，花瓣11枚，子房被茸毛，花柱先端4～5裂。果实扁球形、四方形
XP100	胡家屋野生大茶树1号	*C. crassicolumna*	新平彝族傣族自治县水塘镇帮迈村胡家屋	2 282	6.0	5.0×4.0	3.1	乔木型，树姿半开张。嫩枝无茸毛，芽叶紫红色、有茸毛。叶片长宽19cm×8.5cm，叶椭圆形，叶色绿，叶基楔形，叶身内折，叶缘微波，叶齿稀、浅、钝，叶脉14对
XP101	胡家屋野生大茶树2号	*C. crassicolumna*	新平彝族傣族自治县水塘镇帮迈村胡家屋	2 278	8.0	5.0×3.0	1.8	乔木型，树姿直立。嫩枝无茸毛，芽叶绿色、有茸毛。叶片长宽15.8cm×5.1cm，叶长披针形，叶色绿，叶基楔形，叶身平，叶缘微波，叶齿稀、浅、钝，叶背主脉有茸毛，叶脉12对
XP102	胡家屋野生大茶树3号	*C. crassicolumna*	新平彝族傣族自治县水塘镇帮迈村胡家屋	2 280	6.0	2.5×4.0	1.5	乔木型，树姿直立。嫩枝无茸毛，芽叶淡绿色、有茸毛。叶片长宽14.4cm×5.3cm，叶椭圆形，叶色深绿，叶基楔形，叶身内折，叶脉10对。萼片5片、有茸毛。花冠直径4.7cm×5.5cm，花瓣9枚，子房被茸毛，花柱先端5裂。果实扁球形、四方形
XP103	胡家屋野生大茶树4号	*C. crassicolumna*	新平彝族傣族自治县水塘镇帮迈村胡家屋	2 298	9.3	3.8×4.0	1.2	乔木型，树姿半开张。嫩枝无茸毛，芽叶紫红色、无茸毛。叶片长宽17.1cm×7.0cm，叶长椭圆形，叶色绿，叶基楔形，叶身内折，叶缘微波，叶齿稀、浅、钝，叶背主脉有茸毛，叶脉11对
XP104	胡家屋野生大茶树5号	*C. crassicolumna*	新平彝族傣族自治县水塘镇帮迈村胡家屋	2 283	6.5	3.0×3.0	0.9	乔木型，树姿半开张。嫩枝无茸毛，芽叶绿色、有茸毛。叶片长宽15.4cm×6.5cm，叶长椭圆形，叶色绿，叶基楔形，叶身内折，叶缘微波，叶齿稀、浅、钝，叶脉10对
XP105	白坟地野生大茶树1号	*C. crassicolumna*	新平彝族傣族自治县水塘镇帮迈村白坟地	1 701	7.0	4.5×3.0	2.2	乔木型，树姿半开张。嫩枝无茸毛，芽叶淡绿色、有茸毛。叶片长宽13cm×4.5cm，叶长椭圆形，叶色绿，叶基楔形，叶身内折，叶缘微波，叶齿稀、浅、钝，叶脉14对
XP106	白坟地野生大茶树2号	*C. crassicolumna*	新平彝族傣族自治县水塘镇帮迈村白坟地	1 712	7.0	4.0×3.5	1.2	乔木型，树姿半开张。嫩枝无茸毛，芽叶淡绿色、有茸毛。叶片长宽16cm×5.5cm，叶长椭圆形，叶色绿，叶基楔形，叶身内折，叶缘平，叶齿稀、浅、钝，叶背主脉有茸毛，叶脉12对

（续）

种质编号	种质名称	物种名称	分布地点	海拔（m）	树高（m）	树幅（m×m）	基部干围（m）	主要形态
XP107	白坟地野生大茶树 3 号	*C. crassicolumna*	新平彝族傣族自治县水塘镇帮迈村白坟地	1 723	8.5	5.6×6.0	1.5	乔木型，树姿直立。嫩枝无茸毛，芽叶紫绿色、无茸毛。叶片长宽 14.1cm×4.3cm，叶长椭圆形，叶色绿，叶基楔形，叶身内折，叶缘微波，叶齿稀、浅、钝，叶脉 9 对
XP108	白坟地野生大茶树 4 号	*C. crassicolumna*	新平彝族傣族自治县水塘镇帮迈村白坟地	1 715	7.0	4.5×3.7	1.0	乔木型，树姿直立。嫩枝无茸毛，芽叶淡绿色、有茸毛。叶片长宽 14.9cm×5.6cm，叶长椭圆形，叶色深绿，叶脉 10 对。萼片 5 片、有茸毛。花冠直径 6.3cm×4.5cm，花瓣 9 枚，子房被茸毛，花柱先端 5 裂。果实球形
XP109	白坟地野生大茶树 5 号	*C. crassicolumna*	新平彝族傣族自治县水塘镇帮迈村白坟地	1 730	5.6	4.0×3.3	1.8	乔木型，树姿直立。嫩枝无茸毛，芽叶淡绿色、有茸毛。叶片长宽 15.3cm×6.3cm，叶椭圆形，叶色深绿，叶脉 9 对。萼片 5 片、有茸毛。花冠直径 5.7cm×5.5cm，花瓣 9 枚，子房被茸毛，花柱先端 5 裂。果实球形
XP110	大光山野生大茶树 1 号	*C. crassicolumna*	新平彝族傣族自治县水塘镇帮迈村大光山	2 274	12.0	7.0×5.0	2.4	乔木型，树姿直立。嫩枝无茸毛，芽叶淡绿色、有茸毛。叶片长宽 14cm×5.5cm，叶长椭圆形，叶色绿，叶基楔形，叶身平，叶缘微波，叶齿稀、浅、钝，叶脉 13 对。花冠直径 5.4cm×5.6cm，花瓣 9 枚，子房被茸毛，花柱先端 5 裂。果实球形
XP111	大光山野生大茶树 2 号	*C. crassicolumna*	新平彝族傣族自治县水塘镇帮迈村大光山	2 114	16.0	6.0×4.5	1.3	乔木型，树姿直立。嫩枝无茸毛，芽叶紫红色、有茸毛。叶片长宽 16cm×5cm，叶披针形，叶色绿，叶基楔形，叶身内折，叶缘微波，叶齿稀、浅、钝，叶脉 13 对
XP112	大光山野生大茶树 3 号	*C. crassicolumna*	新平彝族傣族自治县水塘镇帮迈村大光山	2 118	11.0	5.0×4.6	1.2	乔木型，树姿直立。嫩枝无茸毛，芽叶紫绿色、有茸毛。叶片长宽 16.3cm×5.6cm，叶披针形，叶色绿，叶基楔形，叶身内折，叶缘微波，叶齿稀、浅、钝，叶脉 11 对
XP113	大光山野生大茶树 4 号	*C. crassicolumna*	新平彝族傣族自治县水塘镇帮迈村大光山	2 120	9.4	5.3×4.5	1.0	乔木型，树姿半开张。嫩枝无茸毛，芽叶紫红色、有茸毛。叶片长宽 14.8cm×4.8cm，叶长椭圆形，叶色绿，叶基楔形，叶身内折，叶缘微波，叶齿稀、浅、钝，叶脉 10 对
XP114	帮迈大茶树 1 号	*C. sinensis* var. *assamica*	新平彝族傣族自治县水塘镇帮迈村	1 694	12.6	6.6×5.8	2.2	乔木型，树姿开张。分枝稀，嫩枝有茸毛。芽叶黄绿色、有茸毛，叶椭圆形，叶片长宽 12.8cm×5.1cm。萼片 5 片、绿色、无茸毛。花冠直径 3.2cm×3.0cm，花瓣 6 枚、子房有茸毛，花柱先端 3 裂

（续）

种质编号	种质名称	物种名称	分布地点	海拔（m）	树高（m）	树幅（m×m）	基部干围（m）	主要形态
XP115	帮迈大茶树2号	*C. sinensis* var. *assamica*	新平彝族傣族自治县水塘镇帮迈村	1 712	6.0	3.0×4.3	1.8	乔木型，树姿直立。嫩枝茸毛少。叶片长宽15.0cm×6.4cm，叶脉11对，叶背主脉有茸毛。芽叶黄绿色、茸毛多。萼片5片、绿色、无茸毛。花冠直径4.2cm×3.0cm，花瓣7枚、子房有茸毛，花柱先端3裂。果实三角形
XP116	帮迈大茶树3号	*C. sinensis* var. *assamica*	新平彝族傣族自治县水塘镇帮迈村	1 715	7.0	5.0×4.4	1.7	乔木型，树姿直立。嫩枝茸毛少。叶片长宽14.8cm×5.4cm，叶脉12对，叶背主脉有茸毛。芽叶黄绿色、茸毛多。萼片5片、绿色、无茸毛。花冠直径3.2cm×3.5cm，花瓣6枚、子房有茸毛，花柱先端3裂。果实三角形
XP117	大沙坝野生大茶树1号	*C. taliensis*	新平彝族傣族自治县水塘镇波村大沙坝	1 983	10.0	8.0×7.0	1.6	乔木型，树姿半开张。嫩枝无茸毛，芽叶紫红色、无茸毛。叶片长宽14.8cm×6.7cm，叶椭圆形，叶色绿，叶基楔形，叶身内折，叶缘微波，叶齿稀、浅、钝，叶脉10对
XP118	大沙坝野生大茶树2号	*C. taliensis*	新平彝族傣族自治县水塘镇波村大沙坝	1 990	8.6	5.0×4.0	1.3	小乔木型，树姿半开张。芽叶绿色、无茸毛。叶片长宽13.6cm×5.3cm，叶长椭圆形，叶色深绿，叶脉9对。萼片5片、无茸毛。花冠直径5.4cm×5.7cm，花瓣10枚，子房被茸毛，花柱先端5裂。果实四方形
XP119	大沙坝野生大茶树3号	*C. taliensis*	新平彝族傣族自治县水塘镇波村大沙坝	1 998	5.5	3.0×2.4	1.0	乔木型，树姿半开张。嫩枝无茸毛，芽叶紫红色、无茸毛。叶片长宽14.4cm×5.0cm，叶长椭圆形，叶色绿，叶基楔形，叶身内折，叶缘微波，叶齿稀、浅、钝，叶脉13对
XP120	大沙坝野生大茶树4号	*C. taliensis*	新平彝族傣族自治县水塘镇波村大沙坝	2 006	11.0	5.0×5.0	1.0	小乔木型，树姿直立。芽叶绿色、无茸毛。叶片长宽16.2cm×6.5cm，叶长椭圆形，叶色深绿，叶脉8对。萼片5片、无茸毛。花冠直径4.8cm×4.0cm，花瓣8枚，子房被茸毛，花柱先端4～5裂。果实四方形
XP121	大沙坝野生大茶树5号	*C. taliensis*	新平彝族傣族自治县水塘镇波村大沙坝	2 013	7.6	4.5×4.0	0.8	小乔木型，树姿半开张。芽叶绿色、无茸毛。叶片长宽15.0cm×7.3cm，叶长椭圆形，叶色深绿，叶脉10对。萼片5片、无茸毛。花冠直径5.2cm×5.7cm，花瓣9枚，子房被茸毛，花柱先端4～5裂。果实四方形
XP122	明子山野生大茶树1号	*C. taliensis*	新平彝族傣族自治县水塘镇波村明子山	2 239	6.0	3.0×2.5	0.9	乔木型，树姿半开张。嫩枝无茸毛，芽叶绿色、茸毛少。叶片长宽16cm×5.7cm，叶长椭圆形，叶色绿，叶基楔形，叶身内折，叶缘微波，叶齿稀、浅、钝，叶脉11对

（续）

种质编号	种质名称	物种名称	分布地点	海拔（m）	树高（m）	树幅（m×m）	基部干围（m）	主要形态
XP123	明子山野生大茶树 2 号	*C. taliensis*	新平彝族傣族自治县水塘镇波村明子山	2 230	9.0	2.0×2.7	0.8	乔木型，树姿直立。嫩枝无茸毛，芽叶绿色、茸毛少。叶片长宽 15.3cm×5.0cm，叶长椭圆形，叶色绿，叶基楔形，叶身内折，叶缘微波，叶齿稀、浅、钝，叶背主脉无茸毛，叶脉 11 对
XP124	明子山野生大茶树 3 号	*C. taliensis*	新平彝族傣族自治县水塘镇波村明子山	2 235	8.0	4.0×4.5	0.6	小乔木型，树姿直立。芽叶绿色、无茸毛。叶片长宽 14.9cm×6.0cm，叶椭圆形，叶色深绿，叶脉 9 对。萼片 5 片、无茸毛。花冠直径 6.1cm×6.2cm，花瓣 9 枚，子房被茸毛，花柱先端 4～5 裂。果实四方形
XP125	明子山野生大茶树 4 号	*C. taliensis*	新平彝族傣族自治县水塘镇波村明子山	2 243	5.5	3.0×2.0	0.6	小乔木型，树姿直立。芽叶绿色、无茸毛。叶片长宽 14.8cm×5.5cm，叶长椭圆形，叶色深绿，叶脉 9 对。萼片 5 片、无茸毛。花冠直径 4.2cm×6.4cm，花瓣 11 枚，子房被茸毛，花柱先端 5 裂。果实四方形
XP126	明子山野生大茶树 5 号	*C. taliensis*	新平彝族傣族自治县水塘镇波村明子山	2 239	6.0	3.0×3.5	0.5	乔木型，树姿半开张。嫩枝无茸毛，芽叶绿色、茸毛少。叶片长宽 13.5cm×5.4cm，叶长椭圆形，叶色绿，叶基楔形，叶身内折，叶缘微波，叶齿稀、浅、钝，叶背主脉无茸毛，叶脉 8 对
XP127	大帽耳山野生大茶树 1 号	*C. taliensis*	新平彝族傣族自治县水塘镇波村大帽耳山	2 312	20.0	5.0×4.0	3.0	乔木型，树姿直立。嫩枝无茸毛。芽叶绿色、无茸毛，叶片长宽 12.9cm×5.4cm，叶椭圆形，叶色绿，叶身平，叶面平，叶背无毛，叶脉 11 对
XP128	大帽耳山野生大茶树 2 号	*C. taliensis*	新平彝族傣族自治县水塘镇波村大帽耳山	2 304	18.0	5.3×4.8	2.0	乔木型，树姿直立。嫩枝无茸毛。芽叶绿色、无茸毛，叶片长宽 13.4cm×5.0cm，叶长椭圆形，叶色绿，叶身平，叶面微隆起，叶背主脉无茸毛，叶脉 9 对。萼片 5 片、无茸毛。花冠直径 7.2cm×7.0cm，花瓣 11 枚，子房被茸毛，花柱先端 5 裂
XP129	大帽耳山野生大茶树 3 号	*C. taliensis*	新平彝族傣族自治县水塘镇波村大帽耳山	2 318	18.0	6.0×5.0	1.8	乔木型，树姿直立。嫩枝无茸毛。芽叶绿色、无茸毛，叶片长宽 14.2cm×5.4cm，叶长椭圆形，叶色绿，叶身平，叶面微隆起，叶背主脉无茸毛，叶脉 10 对。萼片 5 片、无茸毛。花冠直径 6.2cm×7.3cm，花瓣 10 枚，子房被茸毛，花柱先端 5 裂
XP130	大崖木山野生大茶树 1 号	*C. crassicolumna*	新平彝族傣族自治县水塘镇波村大崖木山	2 259	8.0	6.2×2.5	2.8	乔木型，树姿半开张。嫩枝无茸毛，芽叶紫红色、有茸毛。叶片长宽 18.6cm×7.8cm，叶椭圆形，叶色绿，叶基楔形，叶身内折，叶缘微波，叶齿稀、浅、钝，叶脉 13 对

（续）

种质编号	种质名称	物种名称	分布地点	海拔（m）	树高（m）	树幅（m×m）	基部干围（m）	主要形态
XP131	大崖木山野生大茶树2号	*C. crassicolumna*	新平彝族傣族自治县水塘镇波村大崖木山	2 097	7.0	3.0×3.0	1.3	乔木型，树姿半开张。嫩枝无茸毛，芽叶紫红色、有茸毛。叶片长宽15.0cm×5.7cm，叶长椭圆形，叶色绿，叶基楔形，叶身内折，叶缘微波，叶齿稀、浅、钝，叶脉10对
XP132	大崖木山野生大茶树3号	*C. crassicolumna*	新平彝族傣族自治县水塘镇波村大崖木山	2 147	7.5	5.0×3.5	1.1	乔木型，树姿半开张。嫩枝无茸毛，芽叶紫绿色、有茸毛。叶片长宽18.0cm×7.2cm，叶长椭圆形，叶色绿，叶基楔形，叶身内折，叶缘微波，叶齿稀、浅、钝，叶背主脉有茸毛，叶脉13对
XP133	大崖木山野生大茶树4号	*C. crassicolumna*	新平彝族傣族自治县水塘镇波村大崖木山	2 138	8.0	4.5×3.8	1.5	乔木型，树姿直立。嫩枝无茸毛，芽叶淡绿色、有茸毛。叶片长宽15.4cm×6.1cm，叶长椭圆形，叶色深绿，叶基楔形，叶身内折，叶脉10对。萼片5片、有茸毛。花冠直径5.7cm×6.5cm，花瓣9枚，子房被茸毛，花柱先端5裂。果实四方形
XP134	大崖木山野生大茶树5号	*C. crassicolumna*	新平彝族傣族自治县水塘镇波村大崖木山	2 183	4.8	2.2×2.5	0.8	乔木型，树姿半开张。嫩枝无茸毛，芽叶黄绿色、有茸毛。叶片长宽15.6cm×5.8cm，叶披针形，叶色绿，叶基楔形，叶身内折，叶缘平，叶齿稀、钝，叶脉10对
XP135	大崖木山野生大茶树6号	*C. crassicolumna*	新平彝族傣族自治县水塘镇波村大崖木山	2 190	9.5	6.0×5.0	0.6	乔木型，树姿直立。嫩枝无茸毛，芽叶淡绿色、有茸毛。叶片长宽16.4cm×6.3cm，叶椭圆形，叶色深绿，叶基楔形，叶身内折，叶脉10对。萼片5片、有茸毛。花冠直径6.7cm×4.5cm，花瓣8枚，子房被茸毛，花柱先端5裂。果实四方形
XP136	下金厂野生大茶树1号	*C. crassicolumna*	新平彝族傣族自治县水塘镇金厂村下金厂	1 985	5.0	3.5×4.0	1.9	乔木型，树姿直立。嫩枝多茸毛，芽叶淡绿色、有茸毛。叶片长宽14cm×5.0cm，叶长椭圆形，叶色绿，叶基楔形，叶身内折，叶缘微波，叶齿稀、浅、钝，叶脉12对
XP137	下金厂野生大茶树2号	*C. crassicolumna*	新平彝族傣族自治县水塘镇金厂村下金厂	1 994	6.3	4.8×4.0	1.3	乔木型，树姿直立。嫩枝有茸毛，芽叶淡绿色、有茸毛。叶片长宽14.9cm×5.6cm，叶长椭圆形，叶色绿，叶基楔形，叶身内折，叶缘微波，叶齿稀、浅、钝，叶脉8对
XP138	下金厂野生大茶树3号	*C. crassicolumna*	新平彝族傣族自治县水塘镇金厂村下金厂	1 980	4.8	3.7×4.3	1.0	乔木型，树姿直立。嫩枝无茸毛，芽叶淡绿色、有茸毛。叶片长宽13.0cm×5.3cm，叶长椭圆形，叶色深绿，叶脉10对。萼片5片、有茸毛。花冠直径6.4cm×5.5cm，花瓣9枚，子房被茸毛，花柱先端5裂。果实四方形

（续）

种质编号	种质名称	物种名称	分布地点	海拔（m）	树高（m）	树幅（m×m）	基部干围（m）	主要形态
XP139	下金厂野生大茶树4号	*C. crassicolumna*	新平彝族傣族自治县水塘镇金厂村下金厂	1 985	5.6	3.5×4.2	1.2	乔木型，树姿直立。嫩枝多茸毛，芽叶淡绿色、有茸毛。叶片长宽14.2cm×5.3cm，叶长椭圆形，叶色绿，叶基楔形，叶身内折，叶缘微波，叶齿稀、浅、钝，叶脉9对
XP140	下金厂野生大茶树5号	*C. crassicolumna*	新平彝族傣族自治县水塘镇金厂村下金厂	1 986	8.4	3.5×5.0	1.0	乔木型，树姿直立。嫩枝无茸毛，芽叶淡绿色、有茸毛。叶片长宽15.6cm×5.6cm，叶长椭圆形，叶色深绿，叶脉10对。萼片5片、有茸毛。花冠直径4.7cm×4.5cm，花瓣10枚，子房被茸毛，花柱先端5裂。果实四方形
XP141	胡家寨野生大茶树1号	*C. taliensis*	新平彝族傣族自治县水塘镇旧哈村胡家寨	1 875	2.0	2.5×2.0	1.3	乔木型，树姿半开张。嫩枝无茸毛，芽叶紫绿色、无茸毛。叶片长宽15.6cm×5.7cm，叶长椭圆形，叶色绿，叶基楔形，叶身内折，叶缘平，叶齿稀、浅、钝，叶背主脉无茸毛，叶脉11对
XP142	胡家寨野生大茶树2号	*C. taliensis*	新平彝族傣族自治县水塘镇旧哈村胡家寨	1 882	4.0	3.5×3.6	1.0	乔木型，树姿直立。嫩枝无茸毛，芽叶淡绿色、无茸毛。叶片长宽14.7cm×6.0cm，叶长椭圆形，叶色深绿，叶基楔形，叶身内折，叶缘微波，叶齿稀、浅、锐，叶背主脉无茸毛，叶脉8对
XP143	胡家寨野生大茶树3号	*C. taliensis*	新平彝族傣族自治县水塘镇旧哈村胡家寨	1 875	6.3	2.7×3.0	0.9	小乔木型，树姿半开张。芽叶淡绿色、无茸毛。叶片长宽13.9cm×5.8cm，叶长椭圆形，叶色深绿，叶脉9对。萼片5片、无茸毛。花冠直径5.3cm×6.0cm，花瓣10枚，子房被茸毛，花柱先端4～5裂。果实四方形
XP144	胡家寨野生大茶树4号	*C. taliensis*	新平彝族傣族自治县水塘镇旧哈村胡家寨	1 870	5.8	3.4×4.0	0.8	小乔木型，树姿半开张。芽叶紫绿色、无茸毛。叶片长宽14.5cm×4.3cm，叶披针形，叶色绿，叶脉12对。萼片5片、无茸毛。花冠直径6.2cm×5.5cm，花瓣11枚，子房被茸毛，花柱先端5裂。果实扁球形
XP145	胡家寨野生大茶树5号	*C. taliensis*	新平彝族傣族自治县水塘镇旧哈村胡家寨	1 878	7.0	2.8×4.5	1.0	小乔木型，树姿半开张。芽叶淡绿色、无茸毛。叶片长宽14.8cm×6.5cm，叶长椭圆形，叶色深绿，叶脉10对。萼片5片、无茸毛。花冠直径6.6cm×6.7cm，花瓣9枚，子房被茸毛，花柱先端5裂。果实四方形
XP146	快发寨大茶树1号	*C. sinensis* var. *assamica*	新平彝族傣族自治县水塘镇金厂村快发寨	1 695	10.6	5.6×7.8	2.0	乔木型，树姿开张。分枝稀，嫩枝有茸毛。芽叶黄绿色、有茸毛，叶椭圆形，叶片长宽15.2cm×5.6cm。萼片5片、绿色、无茸毛。花冠直径3.8cm×3.8cm，花瓣6枚、子房有茸毛，花柱先端3裂

（续）

种质编号	种质名称	物种名称	分布地点	海拔（m）	树高（m）	树幅（m×m）	基部干围（m）	主要形态
XP147	快发寨大茶树 2 号	*C. sinensis* var. *assamica*	新平彝族傣族自治县水塘镇金厂村快发寨	1 702	6.0	4.0×4.3	1.3	乔木型，树姿直立。嫩枝有茸毛少。叶片长宽 15.0cm×6.4cm，叶脉 10 对，叶背主脉有茸毛。芽叶黄绿色、茸毛多。萼片 5 片、绿色、无茸毛。花冠直径 4.0cm×3.0cm，花瓣 7 枚、子房有茸毛，花柱先端 3 裂。果实三角形
XP148	快发寨大茶树 3 号	*C. sinensis* var. *assamica*	新平彝族傣族自治县水塘镇金厂村快发寨	1 715	7.3	5.8×5.4	1.6	乔木型，树姿直立。嫩枝有茸毛。叶片长宽 14.8cm×5.4cm，叶长椭圆形，叶脉 9 对，叶背主脉有茸毛。芽叶黄绿色、茸毛多。萼片 5 片、绿色、无茸毛。花冠直径 3.7cm×3.5cm，花瓣 6 枚、子房有茸毛，花柱先端 3 裂。果实三角形
XP149	老火山野生大茶树 1 号	*C. taliensis*	新平彝族傣族自治县水塘镇拉博村老火山	2 138	3.0	2.0×1.5	0.9	乔木型，树姿半开张。嫩枝无茸毛，芽叶紫红色、无茸毛。叶片长宽 15.4cm×6.2cm，叶披针形，叶色绿，叶基楔形，叶身内折，叶缘微波，叶齿稀、浅、钝，叶脉 14 对
XP150	老火山野生大茶树 2 号	*C. taliensis*	新平彝族傣族自治县水塘镇拉博村老火山	2 138	5.0	1.8×1.5	0.8	小乔木型，树姿半开张。嫩枝无茸毛，芽叶绿色、无茸毛。叶片长宽 15.4cm×6.8cm，叶长椭圆形，叶色深绿，叶基楔形，叶身内折，叶缘微波，叶齿稀、浅、锐，叶脉 11 对
XP151	老火山野生大茶树 3 号	*C. taliensis*	新平彝族傣族自治县水塘镇拉博村老火山	2 145	3.8	2.0×1.2	0.9	小乔木型，树姿半开张。嫩枝无茸毛，芽叶淡绿色、无茸毛。叶片长宽 15.8cm×4.2cm，叶披针形，叶色深绿，叶基楔形，叶身内折，叶缘微波，叶齿稀、浅、钝，叶脉 10 对
XP152	老火山野生大茶树 4 号	*C. taliensis*	新平彝族傣族自治县水塘镇拉博村老火山	2 150	5.4	2.0×2.5	0.7	小乔木型，树姿半开张。嫩枝无茸毛，芽叶紫绿色、无茸毛。叶片长宽 17.2cm×6.1cm，叶长椭圆形，叶色绿，叶基楔形，叶身平，叶缘平，叶齿稀、浅、钝，叶脉 9 对
XP153	老火山野生大茶树 5 号	*C. taliensis*	新平彝族傣族自治县水塘镇拉博村老火山	2 140	4.0	3.5×2.5	0.7	乔木型，树姿半开张。嫩枝无茸毛，芽叶紫绿色、无茸毛。叶片长宽 15.0cm×6.2cm，叶长椭圆形，叶色深绿，叶基楔形，叶身内折，叶缘微波，叶齿稀、浅、钝，叶脉 10 对
XP154	大红路野生大茶树 1 号	*C. taliensis*	新平彝族傣族自治县水塘镇南达村大红路	1 884	5.0	4.5×4	0.9	乔木型，树姿半开张。嫩枝无茸毛，芽叶紫红色、无茸毛。叶片长宽 15.7cm×6.8cm，叶椭圆形，叶色绿，叶基楔形，叶身内折，叶缘微波，叶齿稀、浅、钝，叶脉 12 对

（续）

种质编号	种质名称	物种名称	分布地点	海拔（m）	树高（m）	树幅（m×m）	基部干围（m）	主要形态
XP155	大红路野生大茶树2号	*C. taliensis*	新平彝族傣族自治县水塘镇南达村大红路	1 892	7.6	4.5×6.0	0.9	乔木型，树姿直立。嫩枝无茸毛，芽叶黄绿色、无茸毛。叶片长宽12.9cm×5.3cm，叶长椭圆形，叶色绿，叶基楔形，叶身平，叶缘微波，叶齿稀、深、锐，叶脉9对
XP156	大红路野生大茶树3号	*C. taliensis*	新平彝族傣族自治县水塘镇南达村大红路	1 876	5.0	4.0×4.0	0.8	小乔木型，树姿半开张。嫩枝无茸毛，芽叶紫绿色、无茸毛。叶片长宽15.5cm×4.8cm，叶披针形，叶色绿，叶基楔形，叶身平，叶缘平，叶齿稀、浅、钝，叶脉12对
XP157	大红路野生大茶树4号	*C. taliensis*	新平彝族傣族自治县水塘镇南达村大红路	1 898	5.8	2.7×3.0	1.0	乔木型，树姿直立。嫩枝无茸毛，芽叶淡绿色、无茸毛。叶片长宽16.3cm×7.4cm，叶长椭圆形，叶色绿，叶基楔形，叶身内折，叶缘微波，叶齿稀、浅、钝，叶脉12对
XP158	大红路野生大茶树5号	*C. taliensis*	新平彝族傣族自治县水塘镇南达村大红路	1 886	8.0	4.5×4.8	0.9	乔木型，树姿半开张。嫩枝无茸毛，芽叶紫绿色、无茸毛。叶片长宽15.7cm×6.0cm，叶长椭圆形，叶色深绿，叶基楔形，叶身内折，叶缘微波，叶齿稀、浅、钝，叶脉10对
XP159	毛哥场野生大茶树1号	*C. taliensis*	新平彝族傣族自治县者竜乡春元村毛哥场	2 244	10.0	5.0×4.0	1.3	乔木型，树姿半开张。芽叶绿色、无茸毛。叶片长宽14.9cm×5.9cm，叶长椭圆形，叶色深绿，叶脉10对。萼片5片、无茸毛。花冠直径6.8cm×7.0cm，花瓣10枚，子房被茸毛，花柱先端5裂。果实扁球形、四方形
XP160	毛哥场野生大茶树2号	*C. taliensis*	新平彝族傣族自治县者竜乡春元村毛哥场	2 248	8.7	5.0×5.5	1.0	小乔木型，树姿直立。芽叶绿色、无茸毛。叶片长宽16.0cm×6.4cm，叶长椭圆形，叶色深绿，叶脉9对。萼片5片、无茸毛。花冠直径4.2cm×5.0cm，花瓣10枚，子房被茸毛，花柱先端4～5裂。果实扁球形、四方形
XP161	毛哥场野生大茶树3号	*C. taliensis*	新平彝族傣族自治县者竜乡春元村毛哥场	2 256	7.5	3.0×4.0	1.2	小乔木型，树姿直立。芽叶绿色、无茸毛。叶片长宽15.6cm×5.3cm，叶长椭圆形，叶色深绿，叶脉8对。萼片5片、无茸毛。花冠直径5.4cm×6.4cm，花瓣9枚，子房被茸毛，花柱先端5裂。果实扁球形、四方形
XP162	毛哥场野生大茶树4号	*C. taliensis*	新平彝族傣族自治县者竜乡春元村毛哥场	2 250	9.0	3.5×4.0	0.8	小乔木型，树姿直立。芽叶淡绿色、无茸毛。叶片长宽15.2cm×5.7cm，叶长椭圆形，叶色深绿，叶脉11对。萼片5片、无茸毛。花冠直径6.2cm×6.8cm，花瓣9枚，子房被茸毛，花柱先端4～5裂。果实扁球形、四方形

（续）

种质编号	种质名称	物种名称	分布地点	海拔（m）	树高（m）	树幅（m×m）	基部干围（m）	主要形态
XP163	毛哥场野生大茶树5号	*C. taliensis*	新平彝族傣族自治县者竜乡春元村毛哥场	2 242	12.0	4.4×3.7	0.9	小乔木型，树姿半开张。芽叶淡绿色、无茸毛。叶片长宽14.8cm×6.7cm，叶长椭圆形，叶色深绿，叶脉10对。萼片5片、无茸毛。花冠直径6.2cm×6.0cm，花瓣9枚，子房被茸毛，花柱先端5裂。果实扁球形、四方形
XP164	大柏树山野生大茶树1号	*C. taliensis*	新平彝族傣族自治县者竜乡春元村大柏树山	1 980	7.8	6.0×5.0	1.9	乔木型，树姿半开张。嫩枝无茸毛，芽叶紫红色、无茸毛。叶片长宽16.4cm×7.2cm，叶长椭圆形，叶色深绿，叶基近圆形，叶身平，叶缘微波，叶齿稀、浅、钝，叶脉8对
XP165	大柏树山野生大茶树2号	*C. taliensis*	新平彝族傣族自治县者竜乡春元村大柏树山	1 984	10.5	5.2×5.0	1.3	乔木型，树姿半开张。嫩枝无茸毛，芽叶紫绿色、无茸毛。叶片长宽16.7cm×5.2cm，叶长椭圆形，叶色深绿，叶基楔形，叶身平，叶缘微波，叶齿稀、浅、钝，叶脉8对
XP166	大柏树山野生大茶树3号	*C. taliensis*	新平彝族傣族自治县者竜乡春元村大柏树山	1 987	8.7	4.7×5.5	1.4	乔木型，树姿半开张。嫩枝无茸毛，芽叶紫红色、无茸毛。叶片长宽16.4cm×7.2cm，叶长椭圆形，叶色深绿，叶基近圆形，叶身瓶平，叶缘微波，叶齿稀、浅、钝，叶脉8对
XP167	大柏树山野生大茶树4号	*C. taliensis*	新平彝族傣族自治县者竜乡春元村大柏树山	1 992	8.0	3.7×4.5	1.3	小乔木型，树姿半开张。芽叶绿色、无茸毛。叶片长宽15.0cm×5.3cm，叶长椭圆形，叶色深绿，叶脉9对。萼片5片、无茸毛。花冠直径5.2cm×6.0cm，花瓣11枚，子房被茸毛，花柱先端4～5裂。果实扁球形、四方形
XP168	大柏树山野生大茶树5号	*C. taliensis*	新平彝族傣族自治县者竜乡春元村大柏树山	1 980	7.0	3.5×5.0	1.0	小乔木型，树姿半开张。芽叶淡绿色、无茸毛。叶片长宽14.9cm×6.0cm，叶长椭圆形，叶色深绿，叶脉10对。萼片5片、无茸毛。花冠直径7.3cm×6.8cm，花瓣9枚，子房被茸毛，花柱先端4～5裂。果实扁球形、四方形
XP169	老田房野生大茶树1号	*C. crassicolumna*	新平彝族傣族自治县者竜乡春元村老田房	2 059	10.0	6.0×5.0	1.6	乔木型，树姿半开张。嫩枝无茸毛，芽叶紫红色、无茸毛。叶片长宽15.0cm×6.0cm，叶长椭圆形，叶色绿，叶基楔形，叶身内折，叶缘微波，叶齿稀、浅、钝，叶脉12对
XP170	老田房野生大茶树2号	*C. crassicolumna*	新平彝族傣族自治县者竜乡春元村老田房	2 063	8.2	4.5×5.0	1.3	乔木型，树姿直立。嫩枝无茸毛，芽叶淡绿色、有茸毛。叶片长宽15.8cm×6.0cm，叶长椭圆形，叶色深绿，叶脉12对。萼片5片、有茸毛。花冠直径6.7cm×6.0cm，花瓣10枚，子房被茸毛，花柱先端5裂。果实球形

（续）

种质编号	种质名称	物种名称	分布地点	海拔（m）	树高（m）	树幅（m×m）	基部干围（m）	主要形态
XP171	老田房野生大茶树3号	*C. crassicolumna*	新平彝族傣族自治县者竜乡春元村老田房	2 050	6.7	6.0×5.5	1.0	乔木型，树姿半开张。嫩枝无茸毛，芽叶紫红色、茸毛少。叶片长宽15.0cm×6.0cm，叶长椭圆形，叶色绿，叶基楔形，叶身内折，叶缘微波，叶齿稀、浅、钝，叶脉10对
XP172	老田房野生大茶树4号	*C. crassicolumna*	新平彝族傣族自治县者竜乡春元村老田房	2 055	8.0	5.5×5.0	1.0	乔木型，树姿直立。嫩枝无茸毛，芽叶淡绿色、有茸毛。叶片长宽16.4cm×6.7cm，叶长椭圆形，叶色深绿，叶基楔形，叶身内折，叶脉10对。萼片5片、有茸毛。花冠直径6.0cm×6.5cm，花瓣9枚，子房被茸毛，花柱先端5裂。果实球形
XP173	老田房野生大茶树5号	*C. crassicolumna*	新平彝族傣族自治县者竜乡春元村老田房	2 060	9.0	6.0×7.4	0.8	乔木型，树姿半开张。嫩枝无茸毛，芽叶紫红色、茸毛少。叶片长宽13.8cm×5.3cm，叶长椭圆形，叶色绿，叶基楔形，叶身内折，叶缘微波，叶齿稀、浅、钝，叶脉12对
XP174	老田房野生大茶树6号	*C. crassicolumna*	新平彝族傣族自治县者竜乡春元村老田房	2 054	7.0	3.5×5.0	0.8	乔木型，树姿直立。嫩枝无茸毛，芽叶淡绿色、有茸毛。叶片长宽14.4cm×5.5cm，叶椭圆形，叶色深绿，叶基楔形，叶身内折，叶脉10对。萼片5片、有茸毛。花冠直径6.0cm×5.5cm，花瓣9枚，子房被茸毛，花柱先端5裂。果实球形
XP175	刘家山大茶树1号	*C. taliensis*	新平彝族傣族自治县者竜乡春元村刘家山	2 191	15.0	5.0×4.0	2.5	乔木型，树姿半开张。嫩枝少茸毛，芽叶紫绿色、无茸毛。叶片长宽16.0cm×5.0cm，叶披针形，叶色深绿，叶基楔形，叶身内折，叶缘微波，叶齿稀、浅、钝，叶脉12对
XP176	刘家山大茶树2号	*C. taliensis*	新平彝族傣族自治县者竜乡春元村刘家山	2 196	10.0	5.8×6.0	1.7	乔木型，树姿半开张。嫩枝少茸毛，芽叶紫绿色、无茸毛。叶片长宽15.4cm×5.3cm，叶披针形，叶色绿，叶基楔形，叶身稍内折，叶缘微波，叶齿稀、浅、钝，叶背主脉无茸毛，叶脉12对
XP177	刘家山大茶树3号	*C. taliensis*	新平彝族傣族自治县者竜乡春元村刘家山	2 120	9.5	5.5×4.0	2.0	小乔木型，树姿半开张。芽叶淡绿色、无茸毛。叶片长宽16.7cm×5.6cm，叶长椭圆形，叶色深绿，叶脉9对。萼片5片、无茸毛。花冠直径7.0cm×6.1cm，花瓣9枚，子房被茸毛，花柱先端5裂。果实球形
XP178	刘家山大茶树4号	*C. taliensis*	新平彝族傣族自治县者竜乡春元村刘家山	2 193	8.0	4.0×4.0	1.5	乔木型，树姿半开张。嫩枝少茸毛，芽叶紫绿色、无茸毛。叶片长宽16.8cm×5.4cm，叶披针形，叶色深绿，叶基楔形，叶身内折，叶缘微波，叶齿稀、浅、钝，叶背主脉无茸毛，叶脉12对

（续）

种质编号	种质名称	物种名称	分布地点	海拔（m）	树高（m）	树幅（m×m）	基部干围（m）	主要形态
XP179	刘家山大茶树5号	*C. taliensis*	新平彝族傣族自治县者竜乡春元村刘家山	2 187	7.6	3.0×4.3	1.8	乔木型，树姿半开张。嫩枝少茸毛，芽叶淡绿色、无茸毛。叶片长宽14.7cm×4.4cm，叶长椭圆形，叶色绿，叶基楔形，叶身内折，叶缘微波，叶齿稀、浅、钝，叶脉10对
XP180	马鹿场野生大茶树1号	*C. taliensis*	新平彝族傣族自治县者竜乡春元村马鹿场	2 317	6.7	5.2×5.8	2.8	乔木型，树姿半开张。嫩枝无茸毛，芽叶绿色、无茸毛。叶片长宽13.0cm×5.5cm，叶长椭圆形，叶色深绿，叶基楔形，叶身内折，叶缘微波，叶齿稀、浅、钝，叶脉10对
XP181	马鹿场野生大茶树2号	*C. taliensis*	新平彝族傣族自治县者竜乡春元村马鹿场	2 325	8.0	3.0×4.5	1.8	乔木型，树姿半开张。嫩枝无茸毛，芽叶绿色、无茸毛。叶片长宽16.3cm×5.7cm，叶长椭圆形，叶色深绿，叶基楔形，叶身内折，叶缘微波，叶齿稀、浅、钝，叶背主脉无茸毛，叶脉10对
XP182	马鹿场野生大茶树3号	*C. taliensis*	新平彝族傣族自治县者竜乡春元村马鹿场	2 323	7.4	2.2×2.8	1.5	小乔木型，树姿半开张。嫩枝无茸毛，芽叶绿色、无茸毛。叶片长宽16.0cm×4.8cm，叶长椭圆形，叶色深绿，叶基楔形，叶身内折，叶缘微波，叶齿稀、浅、钝，叶背主脉无茸毛，叶脉12对
XP183	马鹿场野生大茶树4号	*C. taliensis*	新平彝族傣族自治县者竜乡春元村马鹿场	2 325	6.0	3.2×2.2	1.0	小乔木型，树姿半开张。芽叶紫绿色、无茸毛。叶片长宽13.9cm×5.3cm，叶椭圆形，叶色深绿，叶脉9对。萼片5片、无茸毛。花冠直径5.2cm×5.0cm，花瓣9枚，子房被茸毛，花柱先端4～5裂。果实扁球形、四方形
XP184	马鹿场野生大茶树5号	*C. taliensis*	新平彝族傣族自治县者竜乡春元村马鹿场	2 330	6.5	4.2×4.0	1.2	小乔木型，树姿直立。芽叶淡绿色、无茸毛。叶片长宽14.7cm×5.5cm，叶长椭圆形，叶色绿，叶脉8对。萼片5片、无茸毛。花冠直径7.6cm×5.0cm，花瓣11枚，子房被茸毛，花柱先端5裂。果实四方形
XP185	马鹿场野生大茶树6号	*C. taliensis*	新平彝族傣族自治县者竜乡春元村马鹿场	2 332	5.5	3.2×4.3	0.9	小乔木型，树姿半开张。芽叶淡绿色、无茸毛。叶片长宽14.8cm×4.3cm，叶披针形，叶色深绿，叶脉12对。萼片5片、无茸毛。花冠直径6.2cm×6.5cm，花瓣9枚，子房被茸毛，花柱先端4～5裂。果实扁球形、四方形
XP186	鹅毛野生大茶树1号	*C. taliensis*	新平彝族傣族自治县者竜乡鹅毛村	1 552	8.5	5.0×5.3	1.6	乔木型，树姿半开张。嫩枝无茸毛，芽叶紫红色、无茸毛。叶片长宽13.8cm×6.5cm，叶椭圆形，叶色绿，叶基楔形，叶身内折，叶缘微波，叶齿稀、浅、钝，叶脉10对

（续）

种质编号	种质名称	物种名称	分布地点	海拔（m）	树高（m）	树幅（m×m）	基部干围（m）	主要形态
XP187	鹅毛野生大茶树2号	*C. taliensis*	新平彝族傣族自治县者竜乡鹅毛村	1 558	8.0	3.0×5.0	1.4	乔木型，树姿半开张。嫩枝无茸毛，芽叶紫绿色、无茸毛。叶片长宽15.7cm×4.9cm，叶长椭圆形，叶色绿，叶基楔形，叶身内折，叶缘微波，叶背主脉无茸毛，叶齿稀、浅、钝，叶脉8对
XP188	鹅毛野生大茶树3号	*C. taliensis*	新平彝族傣族自治县者竜乡鹅毛村	1 560	7.0	3.8×5.3	1.0	乔木型，树姿半开张。芽叶淡绿色、无茸毛。叶片长宽14.6cm×6.0cm，叶长椭圆形，叶色绿，叶脉9对。萼片5片、无茸毛。花冠直径5.9cm×6.0cm，花瓣10枚，子房被茸毛，花柱先端5裂。果实四方形
XP189	鹅毛野生大茶树4号	*C. taliensis*	新平彝族傣族自治县者竜乡鹅毛村	1 567	7.0	5.0×5.0	0.8	小乔木型，树姿半开张。芽叶紫绿色、无茸毛。叶片长宽15.0cm×6.3cm，叶椭圆形，叶色深绿，叶脉8对。萼片5片、无茸毛。花冠直径6.8cm×6.5cm，花瓣9枚，子房被茸毛，花柱先端4～5裂。果实扁球形、四方形
XP190	鹅毛野生大茶树5号	*C. taliensis*	新平彝族傣族自治县者竜乡鹅毛村	1 570	5.5	2.7×2.3	0.8	乔木型，树姿半开张。嫩枝无茸毛，芽叶紫红色、无茸毛。叶片长宽13.8cm×4.5cm，叶长椭圆形，叶色绿，叶基楔形，叶身内折，叶缘微波，叶齿稀、浅、钝，叶脉11对
XP191	平掌大茶树1号	*C. taliensis*	新平彝族傣族自治县者竜乡鹅毛村平掌	1 680	6.0	3.7×5.3	1.6	乔木型，树姿半开张。嫩枝无茸毛，芽叶紫红色、无茸毛。叶片长宽10.0cm×4.0cm，叶长椭圆形，叶色绿，叶基楔形，叶身内折，叶缘微波，叶齿稀、浅、钝，叶脉11对
XP192	平掌大茶树2号	*C. taliensis*	新平彝族傣族自治县者竜乡鹅毛村平掌	1 683	6.8	4.5×5.0	1.3	乔木型，树姿半开张。嫩枝无茸毛，芽叶紫红色、无茸毛。叶片长宽14.8cm×4.0cm，叶长椭圆形，叶色绿，叶基楔形，叶身内折，叶缘微波，叶齿稀、浅、钝，叶脉8对
XP193	平掌大茶树3号	*C. taliensis*	新平彝族傣族自治县者竜乡鹅毛村平掌	1 689	5.3	2.4×3.0	1.0	乔木型，树姿半开张。嫩枝无茸毛，芽叶紫红色、无茸毛。叶片长宽12.5cm×4.8cm，叶长椭圆形，叶色绿，叶基楔形，叶身内折，叶缘微波，叶齿稀、浅、钝，叶脉9对
XP194	平掌大茶树4号	*C. taliensis*	新平彝族傣族自治县者竜乡鹅毛村平掌	1 694	7.5	3.7×4.0	1.0	小乔木型，树姿半开张。芽叶绿色、无茸毛。叶片长宽14.8cm×5.3cm，叶椭圆形，叶色深绿，叶脉9对。萼片5片、无茸毛。花冠直径6.0cm×6.1cm，花瓣9枚，子房被茸毛，花柱先端4～5裂。果实扁球形、四方形

（续）

种质编号	种质名称	物种名称	分布地点	海拔（m）	树高（m）	树幅（m×m）	基部干围（m）	主要形态
XP195	平掌大茶树5号	*C. taliensis*	新平彝族傣族自治县者竜乡鹅毛村平掌	1 685	6.0	2.5×2.8	1.3	小乔木型，树姿半开张。芽叶绿色、无茸毛。叶片长宽 13.3cm×5.3cm，叶椭圆形，叶色深绿，叶脉8对。萼片5片、无茸毛。花冠直径6.8cm×4.6cm，花瓣10枚，子房被茸毛，花柱先端5裂。果实扁球形、四方形
XP196	大鹅毛大茶树1号	*C. sinensis* var. *pubilimba*	新平彝族傣族自治县者竜乡鹅毛村大鹅毛	1 607	6.8	8.0×6.7	2.1	小乔木型，树姿半开张。芽叶黄绿色、茸毛多。叶片长宽 11.3cm×4.8cm，叶椭圆形。叶脉8对，叶身平，叶面微隆起，叶背茸毛多，萼片5片、有茸毛。花冠直径 3.6cm×4.9cm，花瓣6枚，子房被茸毛，花柱先端3裂。果实三角形
XP197	大鹅毛大茶树2号	*C. sinensis* var. *pubilimba*	新平彝族傣族自治县者竜乡鹅毛村大鹅毛	1 607	7.0	5.0×6.0	2.3	小乔木型，树姿半开张。芽叶黄绿色、茸毛多。叶片长宽 12.5cm×5.2cm，叶椭圆形。叶脉9对，叶身平，叶面微隆起，叶背茸毛多，萼片5片、有茸毛。花冠直径 3.5cm×4.2cm，花瓣6枚，子房被茸毛，花柱先端3裂。果实三角形
XP198	大鹅毛大茶树3号	*C. sinensis* var. *pubilimba*	新平彝族傣族自治县者竜乡鹅毛村大鹅毛	1 577	6.0	6.0×4.4	2.0	小乔木型，树姿半开张。芽叶黄绿色、茸毛多。叶片长宽 13.5cm×5.7cm，叶长椭圆形。叶脉9对，叶身平，叶面微隆起，叶背茸毛多，萼片5片、有茸毛。花冠直径3.3cm×3.9cm，花瓣6枚，子房被茸毛，花柱先端3裂。果实三角形
XP199	大鹅毛大茶树4号	*C. sinensis* var. *pubilimba*	新平彝族傣族自治县者竜乡鹅毛村大鹅毛	1 589	6.8	5.3×6.0	1.5	小乔木型，树姿半开张。芽叶黄绿色、茸毛多。叶片长宽 15.8cm×5.8cm，叶长椭圆形。叶脉9对，叶身平，叶面微隆起，叶背茸毛多，萼片5片、有茸毛。花冠直径2.9cm×3.4cm，花瓣6枚，子房被茸毛，花柱先端3裂。果实三角形
XP200	大鹅毛大茶树5号	*C. sinensis* var. *pubilimba*	新平彝族傣族自治县者竜乡鹅毛村大鹅毛	1 600	7.5	6.0×5.0	1.8	小乔木型，树姿半开张。芽叶黄绿色、茸毛多。叶片长宽 14.3cm×4.7cm，叶长椭圆形。叶脉11对，叶身稍内折，叶面微隆起，叶背茸毛多，萼片5片、有茸毛。花冠直径3.5cm×4.0cm，花瓣6枚，子房被茸毛，花柱先端3裂。果实三角形
XP201	镦场野生大茶树1号	*C. taliensis*	新平彝族傣族自治县者竜乡庆丰社区镦场	2 076	5.5	4.8×3.0	1.6	小乔木型，树姿半开张。芽叶淡绿色、无茸毛。叶片长宽 14.8cm×4.5cm，叶椭圆形，叶色深绿，叶脉9对。萼片5片、无茸毛。花冠直径5.6cm×6.0cm，花瓣9枚，子房被茸毛，花柱先端4～5裂。果实扁球形、四方形

（续）

种质编号	种质名称	物种名称	分布地点	海拔（m）	树高（m）	树幅（m×m）	基部干围（m）	主要形态
XP202	镦场野生大茶树2号	*C. taliensis*	新平彝族傣族自治县者竜乡庆丰社区镦场	2 070	4.5	4.0×3.7	1.2	乔木型，树姿半开张。嫩枝有茸毛，芽叶淡绿色、无茸毛。叶片长宽13.8cm×5.5cm，叶长椭圆形，叶色绿，叶基楔形，叶身内折，叶缘微波，叶齿稀、浅、钝，叶脉11对
XP203	镦场野生大茶树3号	*C. taliensis*	新平彝族傣族自治县者竜乡庆丰社区镦场	2 084	5.0	4.3×3.0	1.0	小乔木型，树姿半开张。芽叶绿色、无茸毛。叶片长宽15.0cm×6.2cm，叶椭圆形，叶色深绿，叶脉9对。萼片5片、无茸毛。花冠直径5.2cm×5.0cm，花瓣9枚，子房被茸毛，花柱先端5裂。果实扁球形、四方形
XP204	镦场野生大茶树4号	*C. taliensis*	新平彝族傣族自治县者竜乡庆丰社区镦场	2 080	7.0	4.0×3.5	0.6	乔木型，树姿半开张。嫩枝有茸毛，芽叶淡绿色、无茸毛。叶片长宽13.5cm×5.5cm，叶长椭圆形，叶色绿，叶基楔形，叶身内折，叶缘微波，叶齿稀、浅、钝，叶脉11对
XP205	镦场野生大茶树5号	*C. taliensis*	新平彝族傣族自治县者竜乡庆丰社区镦场	2 073	5.5	4.0×3.8	0.8	乔木型，树姿半开张。嫩枝有茸毛，芽叶淡绿色、无茸毛。叶片长宽13.5cm×5.0cm，叶长椭圆形，叶色绿，叶基楔形，叶身内折，叶缘微波，叶齿稀、浅、钝，叶脉11对
XP206	小中山野生大茶树1号	*C. taliensis*	新平彝族傣族自治县者竜乡庆丰社区小中山	2 193	7.0	5.5×4.0	2.8	乔木型，树姿半开张。嫩枝少茸毛，芽叶紫红色、无茸毛。叶片长宽14.0cm×6.0cm，叶椭圆形，叶色深绿，叶基近圆形，叶身内折，叶缘微波，叶齿稀、浅、钝，叶脉12对
XP207	小中山野生大茶树2号	*C. taliensis*	新平彝族傣族自治县者竜乡庆丰社区小中山	2 190	6.5	3.5×4.2	2.0	小乔木型，树姿半开张。芽叶绿色、无茸毛。叶片长宽13.7cm×6.3cm，叶椭圆形，叶色深绿，叶脉10对。萼片5片、无茸毛。花冠直径7.7cm×6.3cm，花瓣10枚，子房被茸毛，花柱先端5裂。果实扁球形、四方形
XP208	小中山野生大茶树3号	*C. taliensis*	新平彝族傣族自治县者竜乡庆丰社区小中山	2 203	7.0	5.5×4.6	1.3	乔木型，树姿直立。嫩枝无茸毛，芽叶淡绿色、无茸毛。叶片长宽16.8cm×5.7cm，叶长椭圆形，叶色深绿，叶脉13对，叶身稍内折，叶缘平，叶齿稀、中、锐，叶背主脉无茸毛
XP209	小中山野生大茶树4号	*C. taliensis*	新平彝族傣族自治县者竜乡庆丰社区小中山	2 212	7.4	3.6×4.3	1.3	乔木型，树姿直立。嫩枝无茸毛，芽叶淡绿色、无茸毛。叶片长宽13.5cm×6.3cm，叶长椭圆形，叶色深绿，叶脉11对，叶身稍内折，叶缘平，叶齿稀、浅、锐，叶背主脉无茸毛

（续）

种质编号	种质名称	物种名称	分布地点	海拔（m）	树高（m）	树幅（m×m）	基部干围（m）	主要形态
XP210	小中山野生大茶树5号	*C. taliensis*	新平彝族傣族自治县者竜乡庆丰社区小中山	2 193	7.0	5.5×4.0	2.8	小乔木型，树姿半开张。芽叶绿色、无茸毛。叶片长宽15.4cm×6.1cm，叶长椭圆形，叶色深绿，叶脉8对。萼片5片、无茸毛。花冠直径4.5cm×5.0cm，花瓣9枚，子房被茸毛，花柱先端4～5裂。果实扁球形、四方形
XP211	小中山野生大茶树6号	*C. taliensis*	新平彝族傣族自治县者竜乡庆丰社区小中山	2 187	5.0	3.0×4.0	0.9	小乔木型，树姿直立。嫩枝无茸毛，芽叶淡绿色、无茸毛。叶片长宽15.2cm×5.1cm，叶长椭圆形，叶色深绿，叶脉10对，叶身稍内折，叶缘平，叶齿稀、浅、锐，叶背主脉无茸毛
XP212	圆盘山野生大茶树1号	*C. taliensis*	新平彝族傣族自治县者竜乡渔科村圆盘山	2 042	18.0	3.5×5.2	1.6	乔木型，树姿半开张。嫩枝无茸毛，芽叶紫红色、无茸毛。叶片长宽13.0cm×6.0cm，叶椭圆形，叶色绿，叶基楔形，叶身内折，叶缘微波，叶齿稀、浅、钝，叶脉10对
XP213	圆盘山野生大茶树2号	*C. taliensis*	新平彝族傣族自治县者竜乡渔科村圆盘山	2 047	14.0	3.0×4.0	1.3	乔木型，树姿直立。嫩枝无茸毛，芽叶紫绿色、无茸毛。叶片长宽13.5cm×5.9cm，叶长椭圆形，叶色绿，叶基楔形，叶身内折，叶缘微波，叶齿稀、浅、钝，叶背主脉无茸毛，叶脉8对
XP214	圆盘山野生大茶树3号	*C. taliensis*	新平彝族傣族自治县者竜乡渔科村圆盘山	2 053	10.0	3.5×3.2	1.0	乔木型，树姿半开张。嫩枝无茸毛，芽叶黄绿色、无茸毛。叶片长宽14.6cm×6.3cm，叶长椭圆形，叶色绿，叶基楔形，叶身内折，叶缘微波，叶齿稀、浅、钝，叶背主脉无茸毛，叶脉10对
XP215	圆盘山野生大茶树4号	*C. taliensis*	新平彝族傣族自治县者竜乡渔科村圆盘山	2 042	8.0	4.0×5.0	1.2	乔木型，树姿半开张。嫩枝无茸毛，芽叶淡绿色、无茸毛。叶片长宽15.3cm×5.8cm，叶长椭圆形，叶色绿，叶基楔形，叶身内折，叶缘微波，叶齿稀、浅、钝，叶背主脉无茸毛，叶脉12对
XP216	圆盘山野生大茶树5号	*C. taliensis*	新平彝族傣族自治县者竜乡渔科村圆盘山	2 040	8.0	4.5×5.2	1.0	乔木型，树姿直立。芽叶淡绿色、无茸毛。叶片长宽14.9cm×6.6cm，叶长椭圆形，叶色深绿，叶基楔形，叶身内折，叶缘微波，叶齿稀、浅、钝，叶背主脉无茸毛，叶脉10对
XP217	大石房凹子野生大茶树1号	*C. taliensis*	新平彝族傣族自治县者竜乡者竜村大石房凹子	2 403	12.0	3.0×2.5	1.3	乔木型，树姿半开张。嫩枝无茸毛，芽叶紫红色、无茸毛。叶片长宽18.0cm×5.5cm，叶披针形，叶色绿，叶基楔形，叶身内折，叶缘微波，叶齿稀、浅、钝，叶脉10对

（续）

种质编号	种质名称	物种名称	分布地点	海拔（m）	树高（m）	树幅（m×m）	基部干围（m）	主要形态
XP218	大石房凹子野生大茶树2号	*C. taliensis*	新平彝族傣族自治县者竜乡者竜村大石房凹子	2 397	9.5	6.0×3.5	1.0	乔木型，树姿半开张。嫩枝无茸毛，芽叶紫绿色、无茸毛。叶片长宽17.3cm×6.5cm，叶披针形，叶色绿，叶基楔形，叶身内折，叶缘微波，叶齿稀、浅、钝，叶背主脉无茸毛，叶脉13对
XP219	大石房凹子野生大茶树3号	*C. taliensis*	新平彝族傣族自治县者竜乡者竜村大石房凹子	2 385	8.0	5.0×5.5	0.9	乔木型，树姿直立。嫩枝无茸毛，芽叶紫红色、无茸毛。叶片长宽16.5cm×6.7cm，叶长椭圆形，叶色绿，叶基楔形，叶身平，叶缘微波，叶齿稀、浅、钝，叶背主脉无茸毛，叶脉9对
XP220	大石房凹子野生大茶树4号	*C. taliensis*	新平彝族傣族自治县者竜乡者竜村大石房凹子	2 390	11.0	4.7×2.5	1.0	乔木型，树姿直立。嫩枝无茸毛，芽叶紫红色、无茸毛。叶片长宽15.4cm×6.0cm，叶长椭圆形，叶色深绿，叶基楔形，叶身内折，叶缘微波，叶齿稀、浅、钝，叶背主脉无茸毛，叶脉11对
XP221	座基野生大茶树1号	*C. taliensis*	新平彝族傣族自治县者竜乡者竜村座基	2 262	7.3	4.5×4.0	2.8	乔木型，树姿直立。嫩枝少茸毛，芽叶绿色、无茸毛。叶片长宽15.8cm×5.0cm，叶长椭圆形，叶色深绿，叶基楔形，叶身稍内折，叶缘微波，叶齿稀、浅、钝，叶脉11对
XP222	座基野生大茶树2号	*C. taliensis*	新平彝族傣族自治县者竜乡者竜村座基	2 257	6.8	4.5×5.0	1.0	乔木型，树姿直立。嫩枝少茸毛，芽叶绿色、无茸毛。叶片长宽15.2cm×5.8cm，叶长椭圆形，叶色深绿，叶基楔形，叶身稍内折，叶缘微波，叶齿稀、浅、钝，叶脉11对
XP223	座基野生大茶树3号	*C. taliensis*	新平彝族傣族自治县者竜乡者竜村座基	2 268	5.5	4.0×4.0	1.3	乔木型，树姿直立。嫩枝少茸毛，芽叶绿色、无茸毛。叶片长宽14.5cm×5.9cm，叶长椭圆形，叶色深绿，叶基楔形，叶身稍内折，叶缘微波，叶齿稀、浅、钝，叶背主脉无茸毛，叶脉11对
XP224	座基野生大茶树4号	*C. taliensis*	新平彝族傣族自治县者竜乡者竜村座基	2 263	6.0	3.5×2.0	1.8	乔木型，树姿直立。嫩枝少茸毛，芽叶淡绿色、无茸毛。叶片长宽13.4cm×4.7cm，叶长椭圆形，叶色深绿，叶基楔形，叶身稍内折，叶缘微波，叶齿稀、浅、钝，叶背主脉无茸毛，叶脉10对
XP225	座基野生大茶树5号	*C. taliensis*	新平彝族傣族自治县者竜乡者竜村座基	2 266	6.5	3.6×4.0	1.4	小乔木型，树姿半开张。芽叶紫绿色、无茸毛。叶片长宽14.9cm×6.2cm，叶椭圆形，叶色深绿，叶脉9对。萼片5片、无茸毛。花冠直径7.7cm×6.0cm，花瓣9枚，子房被茸毛，花柱先端4～5裂。果实扁球形、四方形

（续）

种质编号	种质名称	物种名称	分布地点	海拔（m）	树高（m）	树幅（m×m）	基部干围（m）	主要形态
XP226	座基野生大茶树6号	*C. taliensis*	新平彝族傣族自治县者竜乡者竜村座基	2 270	4.8	2.8×3.0	1.2	小乔木型，树姿半开张。芽叶淡绿色、无茸毛。叶片长宽15.3cm×6.3cm，叶椭圆形，叶色深绿，叶脉10对。萼片5片、无茸毛。花冠直径6.0cm×6.4cm，花瓣11枚，子房被茸毛，花柱先端5裂。果实扁球形、四方形
XP227	座基野生大茶树7号	*C. taliensis*	新平彝族傣族自治县者竜乡者竜村座基	2 274	5.7	2.5×2.0	0.7	小乔木型，树姿半开张。芽叶绿色、无茸毛。叶片长宽16.5cm×6.6cm，叶椭圆形，叶色深绿，叶脉11对。萼片5片、无茸毛。花冠直径6.5cm×6.0cm，花瓣10枚，子房被茸毛，花柱先端4～5裂。果实扁球形、四方形
XP228	大石房箐野生大茶树1号	*C. taliensis*	新平彝族傣族自治县者竜乡者竜村大石房	2 456	12.0	5.0×4.7	2.2	乔木型，树姿半开张。嫩枝无茸毛，芽叶紫绿色、无茸毛。叶片长宽15.3cm×5.3cm，叶披针形，叶色深绿，叶基近圆形，叶身内折，叶缘微波，叶齿稀、浅、钝，叶脉13对
XP229	大石房箐野生大茶树2号	*C. taliensis*	新平彝族傣族自治县者竜乡者竜村大石房	2 450	9.3	3.8×4.4	1.6	乔木型，树姿半开张。嫩枝无茸毛，芽叶紫绿色、无茸毛。叶片长宽17.3cm×6.8cm，叶长椭圆形，叶色深绿，叶基近圆形，叶身内折，叶缘微波，叶齿稀、浅、钝，叶脉13对
XP230	大石房箐野生大茶树3号	*C. taliensis*	新平彝族傣族自治县者竜乡者竜村大石房	2 454	6.5	5.0×4.7	2.0	乔木型，树姿半开张。嫩枝无茸毛，芽叶紫绿色、无茸毛。叶片长宽15.3cm×5.4cm，叶长椭圆形，叶色深绿，叶基近圆形，叶身内折，叶缘微波，叶齿稀、浅、钝，叶脉12对
XP231	大石房箐野生大茶树4号	*C. taliensis*	新平彝族傣族自治县者竜乡者竜村大石房	2 448	7.3	4.4×4.0	1.2	小乔木型，树姿半开张。芽叶绿色、无茸毛。叶片长宽15.9cm×6.4cm，叶长椭圆形，叶色绿，叶脉9对。萼片5片、无茸毛。花冠直径7.7cm×6.4cm，花瓣10枚，子房被茸毛，花柱先端4～5裂。果实扁球形、四方形
XP232	大石房箐野生大茶树5号	*C. taliensis*	新平彝族傣族自治县者竜乡者竜村大石房	2 450	6.0	3.6×4.0	1.8	乔木型，树姿半开张。嫩枝无茸毛，芽叶紫绿色、无茸毛。叶片长宽15.3cm×5.1cm，叶披针形，叶色黄绿，叶基楔形，叶身内折，叶缘微波，叶齿稀、浅、钝，叶脉13对
XP233	老尖山野生大茶树1号	*C. taliensis*	新平彝族傣族自治县者竜乡竹箐村老尖山	2 258	4.0	3.5×2.0	1.6	乔木型，树姿半开张。嫩枝无茸毛，芽叶紫红色、无茸毛。叶片长宽17.0cm×6.5cm，叶长椭圆形，叶色绿，叶基楔形，叶身内折，叶缘微波，叶齿稀、浅、钝，叶脉10对

（续）

种质编号	种质名称	物种名称	分布地点	海拔（m）	树高（m）	树幅（m×m）	基部干围（m）	主要形态
XP234	老尖山野生大茶树2号	*C. taliensis*	新平彝族傣族自治县者竜乡竹篝村老尖山	2 264	6.8	3.5×3.8	1.2	小乔木型，树姿半开张。芽叶淡绿色、无茸毛。叶片长宽16.3cm×6.3cm，叶椭圆形，叶色深绿，叶脉10对。萼片5片、无茸毛。花冠直径7.0cm×6.0cm，花瓣11枚，子房被茸毛，花柱先端4～5裂。果实扁球形、四方形
XP235	老尖山野生大茶树3号	*C. taliensis*	新平彝族傣族自治县者竜乡竹篝村老尖山	2 255	8.0	4.4×4.0	1.2	乔木型，树姿半开张。嫩枝无茸毛，芽叶紫红色、无茸毛。叶片长宽15.8cm×6.5cm，叶长椭圆形，叶色绿，叶基楔形，叶身内折，叶缘微波，叶齿稀、浅、钝，叶背主脉无茸毛，叶脉10对
XP236	老尖山野生大茶树4号	*C. taliensis*	新平彝族傣族自治县者竜乡竹篝村老尖山	2 258	5.0	3.5×3.5	1.0	小乔木型，树姿半开张。芽叶绿色、无茸毛。叶片长宽14.4cm×5.3cm，叶椭圆形，叶色深绿，叶脉8对。萼片5片、无茸毛。花冠直径5.2cm×5.0cm，花瓣9枚，子房被茸毛，花柱先端4～5裂。果实扁球形、四方形
XP237	老尖山野生大茶树5号	*C. taliensis*	新平彝族傣族自治县者竜乡竹篝村老尖山	2 267	7.5	5.5×3.6	1.0	乔木型，树姿半开张。嫩枝无茸毛，芽叶紫红色、无茸毛。叶片长宽16.3cm×5.5cm，叶长椭圆形，叶色绿，叶基楔形，叶身内折，叶缘微波，叶齿稀、浅、钝，叶背主脉无茸毛，叶脉10对
XP238	挖飘箐野生大茶树1号	*C. taliensis*	新平彝族傣族自治县者竜乡竹篝村挖飘箐	2 296	6.0	3.5×2.0	1.3	乔木型，树姿半开张。嫩枝无茸毛，芽叶紫绿色、无茸毛。叶片长宽15.6cm×4.5cm，叶长披针形，叶色绿，叶基楔形，叶身内折，叶缘微波，叶齿稀、浅、钝，叶脉8对
XP239	挖飘箐野生大茶树2号	*C. taliensis*	新平彝族傣族自治县者竜乡竹篝村挖飘箐	2 290	6.9	3.5×2.8	1.0	小乔木型，树姿半开张。芽叶绿色、无茸毛。叶片长宽14.8cm×5.5cm，叶椭圆形，叶色深绿，叶脉9对。萼片5片、无茸毛。花冠直径4.7cm×5.0cm，花瓣9枚，子房被茸毛，花柱先端5裂。果实扁球形、四方形
XP240	挖飘箐野生大茶树3号	*C. taliensis*	新平彝族傣族自治县者竜乡竹篝村挖飘箐	2 294	8.2	3.5×4.0	1.4	乔木型，树姿直立。芽叶紫绿色、无茸毛。叶片长宽16.3cm×4.9cm，叶披针形，叶色绿，叶基楔形，叶身内折，叶缘微波，叶齿稀、浅、钝，叶脉13对
XP241	挖飘箐野生大茶树4号	*C. taliensis*	新平彝族傣族自治县者竜乡竹篝村挖飘箐	2 230	9.3	3.7×4.4	0.9	乔木型，树姿半开张。嫩枝无茸毛，芽叶紫绿色、无茸毛。叶片长宽15.3cm×5.5cm，叶长椭圆形，叶色绿，叶基楔形，叶身内折，叶缘微波，叶齿稀、浅、钝，叶脉11对

（续）

种质编号	种质名称	物种名称	分布地点	海拔（m）	树高（m）	树幅（m×m）	基部干围（m）	主要形态
XP242	挖飘箐野生大茶树5号	*C. taliensis*	新平彝族傣族自治县者竜乡竹箐村挖飘箐	2 238	7.0	4.5×4.3	0.8	小乔木型，树姿半开张。芽叶绿色、无茸毛。叶片长宽14.8cm×6.0cm，叶椭圆形，叶色深绿，叶脉11对。萼片5片、无茸毛。花冠直径5.7cm×6.0cm，花瓣10枚，子房被茸毛，花柱先端4～5裂。果实扁球形、四方形
XP243	界牌大茶树	*C.* sinensis	新平彝族傣族自治县者竜乡竹箐村界牌小组	1 607	14.5	8.2×7.8	2.0	乔木型，树姿半开张，芽叶紫绿色、茸毛多，中叶，叶片长宽8.7cm×3.9cm，叶片椭圆形，叶身平，叶面平，叶背主脉有茸毛。萼片5片、无茸毛。花冠直径3.2cm×3.0cm，花瓣6枚，子房被茸毛，花柱先端3裂。果实三角形
YJ001	南溪野生大茶树1号	*C. taliensis*	元江哈尼族彝族傣族自治县曼来镇南溪村老林	2 302	5.0	4.0×3.3	2.8	小乔木型，树姿半开张。芽叶紫绿色、无茸毛。叶片长宽13.5cm×6.0cm，叶椭圆形，叶色深绿，叶脉10对。萼片5片、无茸毛。花冠直径6.7cm×6.0cm，花瓣10枚，子房被茸毛，花柱先端5裂。果实扁球形、四方形
YJ002	南溪野生大茶树2号	*C. taliensis*	元江哈尼族彝族傣族自治县曼来镇南溪村老林	2 302	5.0	4.0×4.0	2.6	小乔木型，树姿半开张。芽叶紫绿色、无茸毛。叶片长宽15.2cm×6.0cm，叶长椭圆形，叶色深绿，叶脉11对。萼片5片、无茸毛。花冠直径6.3cm×6.0cm，花瓣10枚，子房被茸毛，花柱先端5裂。果实扁球形、四方形
YJ003	南溪野生大茶树3号	*C. taliensis*	元江哈尼族彝族傣族自治县曼来镇南溪村老林	2 302	5.8	4.8×3.5	2.3	小乔木型，树姿半开张。芽叶绿色、无茸毛。叶片长宽14.8cm×6.0cm，叶长椭圆形，叶色绿，叶面平，叶身内折，叶缘平，叶脉9对
YJ004	南溪野生大茶树4号	*C. taliensis*	元江哈尼族彝族傣族自治县曼来镇南溪村老林	2 302	5.5	5.0×4.0	2.0	小乔木型，树姿半开张。芽叶绿色、无茸毛。叶片长宽15.0cm×6.4cm，叶长椭圆形，叶色绿，叶面平，叶身内折，叶缘平，叶脉10对。果实扁球形、四方形
YJ005	南溪野生大茶树5号	*C. taliensis*	元江哈尼族彝族傣族自治县曼来镇南溪村老林	2 302	5.5	4.0×3.0	2.0	小乔木型，树姿半开张。芽叶紫绿色、无茸毛。叶片长宽14.7cm×5.6cm，叶长椭圆形，叶色绿，叶面平，叶身内折，叶缘平，叶脉8对
YJ006	南溪野生大茶树6号	*C. taliensis*	元江哈尼族彝族傣族自治县曼来镇南溪村老林	2 302	6.0	4.5×3.0	1.7	小乔木型，树姿半开张。芽叶淡绿色、无茸毛。叶片长宽13.5cm×5.8cm，叶长椭圆形，叶色深绿，叶脉9对。萼片5片、无茸毛。花冠直径6.0cm×6.3cm，花瓣11枚，子房被茸毛，花柱先端5裂

（续）

种质编号	种质名称	物种名称	分布地点	海拔（m）	树高（m）	树幅（m×m）	基部干围（m）	主要形态
YJ007	南溪野生大茶树7号	*C. taliensis*	元江哈尼族彝族傣族自治县曼来镇南溪村老林	2 302	4.0	3.0×3.4	1.8	小乔木型，树姿半开张。芽叶紫绿色、无茸毛。叶片长宽16.4cm×6.8cm，叶长椭圆形，叶色绿，叶脉10对。萼片5片、无茸毛。花冠直径5.7cm×5.9cm，花瓣9枚，子房被茸毛，花柱先端4～5裂
YJ008	南溪野生大茶树8号	*C. taliensis*	元江哈尼族彝族傣族自治县曼来镇南溪村老林	2 302	5.0	3.5×3.5	1.5	小乔木型，树姿半开张。芽叶紫绿色、无茸毛。叶片长宽15.2cm×6.3cm，叶长椭圆形，叶色绿，叶面平，叶身内折，叶缘平，叶脉9对
YJ009	南溪野生大茶树9号	*C. taliensis*	元江哈尼族彝族傣族自治县曼来镇南溪村老林	2 302	6.0	4.5×3.8	1.5	小乔木型，树姿半开张。芽叶绿色、无茸毛。叶片长宽16.4cm×6.6cm，叶椭圆形，叶色深绿，叶面平，叶身内折，叶缘平，叶脉12对
YJ010	南溪野生大茶树10号	*C. taliensis*	元江哈尼族彝族傣族自治县曼来镇南溪村老林	2 302	7.0	4.0×4.5	1.4	小乔木型，树姿半开张。芽叶紫绿色、无茸毛。叶片长宽14.3cm×5.7cm，叶长椭圆形，叶色深绿，叶脉8对。萼片5片、无茸毛。花冠直径6.0cm×6.0cm，花瓣10枚，子房被茸毛，花柱先端5裂。果实扁球形、四方形
YJ011	磨房河野生茶1号	*C. taliensis*	元江哈尼族彝族傣族自治县曼来镇东峨村磨房河	1 847	7.0	3.5×4.1	2.2	小乔木型，树姿半开张。芽叶淡绿色、无茸毛。叶片长宽14.4cm×6.2cm，叶长椭圆形，叶色绿，叶脉11对。萼片5片、无茸毛。花冠直径7.2cm×6.3cm，花瓣11枚，子房被茸毛，花柱先端5裂。果实扁球形、四方形
YJ012	磨房河野生茶2号	*C. taliensis*	元江哈尼族彝族傣族自治县曼来镇东峨村磨房河	1 840	7.0	4.0×4.0	1.5	小乔木型，树姿半开张。芽叶淡绿色、无茸毛。叶片长宽15.0cm×6.0cm，叶长椭圆形，叶色绿，叶脉8对。萼片5片、绿色、无茸毛。花冠直径7.2cm×6.3cm，花瓣10枚，子房被茸毛，花柱先端5裂。果实扁球形、四方形
YJ013	磨房河野生茶3号	*C. taliensis*	元江哈尼族彝族傣族自治县曼来镇东峨村磨房河	1 862	6.0	3.5×4.3	1.3	小乔木型，树姿半开张。芽叶紫绿色、无茸毛。叶片长宽13.3cm×5.2cm，叶长椭圆形，叶色绿，叶脉8对。萼片5片、无茸毛。花冠直径6.7cm×6.4cm，花瓣11枚，子房被茸毛，花柱先端5裂。果实扁球形、四方形
YJ014	磨房河野生茶4号	*C. taliensis*	元江哈尼族彝族傣族自治县曼来镇东峨村磨房河	1 850	5.8	4.2×4.0	0.9	小乔木型，树姿半开张。芽叶淡绿色、无茸毛。叶片长宽14.7cm×5.7cm，叶长椭圆形，叶色绿，叶身内折，叶面平，叶缘平，叶齿稀、深、锐，叶脉11对

（续）

种质编号	种质名称	物种名称	分布地点	海拔（m）	树高（m）	树幅（m×m）	基部干围（m）	主要形态
YJ015	磨房河野生茶5号	*C. taliensis*	元江哈尼族彝族傣族自治县曼来镇东峨村磨房河	1 882	7.5	3.5×3.5	0.8	小乔木型，树姿半开张。芽叶淡绿色、无茸毛。叶片长宽15.7cm×6.8cm，叶长椭圆形，叶色绿，叶身内折，叶面平，叶缘平，叶齿稀、深、锐，叶脉11对
YJ016	团田野生大茶树1号	*C. taliensis*	元江哈尼族彝族傣族自治县曼来镇团田村光山	1 987	15.0	10.4×10.0	3.8	乔木型，树姿半开张。芽叶绿色、无茸毛。叶片长宽14.8cm×5.9cm，叶长椭圆形，叶色深绿，叶脉10对。萼片5片、无茸毛。花冠直径6.3cm×6.8cm，花瓣11枚，子房被茸毛，花柱先端5裂。果实扁球形、四方形
YJ017	团田野生大茶树2号	*C. taliensis*	元江哈尼族彝族傣族自治县曼来镇团田村光山	2 103	12.0	5.4×4.0	2.0	小乔木型，树姿半开张。芽叶淡绿色、无茸毛。叶片长宽14.0cm×5.0cm，叶长椭圆形，叶色深绿，叶脉8对。萼片5片、无茸毛。花冠直径6.2cm×6.5cm，花瓣9枚，子房被茸毛，花柱先端5裂。果实扁球形、四方形
YJ018	团田野生大茶树3号	*C. taliensis*	元江哈尼族彝族傣族自治县曼来镇团田村光山	2 103	8.2	6.0×6.0	1.4	小乔木型，树姿半开张。芽叶绿色、无茸毛。叶片长宽14.4cm×5.5cm，叶长椭圆形，叶色绿，叶脉9对。萼片5片、无茸毛。花冠直径5.3cm×5.8cm，花瓣8枚，子房被茸毛，花柱先端5裂。果实扁球形、四方形
YJ019	甘岔野生茶1号	*C. taliensis*	元江哈尼族彝族傣族自治县咪哩乡甘岔村	2 015	8.0	4.0×4.2	1.9	小乔木型，树姿半开张。芽叶紫绿色、无茸毛。叶片长宽14.7cm×6.0cm，叶长椭圆形，叶色绿，叶脉9对。萼片5片、无茸毛。花冠直径6.7cm×5.3cm，花瓣9枚，子房被茸毛，花柱先端5裂。果实扁球形、四方形
YJ020	甘岔野生茶2号	*C. taliensis*	元江哈尼族彝族傣族自治县咪哩乡甘岔村	2 028	7.0	3.0×4.0	1.5	小乔木型，树姿半开张。芽叶紫绿色、无茸毛。叶片长宽15.1cm×5.8cm，叶长椭圆形，叶色绿，叶脉9对。萼片5片、无茸毛。花冠直径6.8cm×7.3cm，花瓣11枚，子房被茸毛，花柱先端5裂。果实扁球形、四方形
YJ021	甘岔野生茶3号	*C. taliensis*	元江哈尼族彝族傣族自治县咪哩乡甘岔村	2 034	8.0	5.0×6.2	1.4	小乔木型，树姿直立。芽叶紫绿色、无茸毛。叶片长宽14.7cm×6.3cm，叶长椭圆形，叶色绿，叶脉10对。萼片5片、无茸毛。花冠直径6.8cm×5.6cm，花瓣9枚，子房被茸毛，花柱先端5裂。果实扁球形、四方形

（续）

种质编号	种质名称	物种名称	分布地点	海拔（m）	树高（m）	树幅（m×m）	基部干围（m）	主要形态
YJ022	甘岔野生茶4号	*C. taliensis*	元江哈尼族彝族傣族自治县咪哩乡甘岔村	2 017	6.2	4.0×4.0	1.4	小乔木型，树姿直立。芽叶淡绿色、无茸毛。叶片长宽 13.5cm×5.8cm，叶长椭圆形，叶色绿，叶身内折，叶面平，叶缘平，叶背主脉无茸毛，叶脉8对
YJ023	甘岔野生茶5号	*C. taliensis*	元江哈尼族彝族傣族自治县咪哩乡甘岔村	2 010	5.7	4.5×4.2	1.5	小乔木型，树姿半开张。芽叶紫绿色、无茸毛。叶片长宽 14.3cm×5.0cm，叶长椭圆形，叶色绿，叶身内折，叶面平，叶缘平，叶背主脉无茸毛，叶脉9对
YJ024	甘岔野生茶6号	*C. taliensis*	元江哈尼族彝族傣族自治县咪哩乡甘岔村	2 015	7.0	3.8×4.2	1.3	小乔木型，树姿半开张。芽叶紫绿色、无茸毛。叶片长宽 16.2cm×6.3cm，叶长椭圆形，叶色绿，叶身内折，叶面平，叶缘平，叶背主脉无茸毛，叶脉11对
YJ025	甘岔野生茶7号	*C. taliensis*	元江哈尼族彝族傣族自治县咪哩乡甘岔村	2 026	7.3	4.0×4.5	1.1	小乔木型，树姿半开张。芽叶淡绿色、无茸毛。叶片长宽 15.5cm×5.9cm，叶长椭圆形，叶色绿，叶身内折，叶面平，叶缘平，叶背主脉无茸毛，叶脉8对
YJ026	猪街大茶树1号	*C. sinensis* var. *pubilimba*	元江哈尼族彝族傣族自治县那诺乡猪街村	1 585	4.0	3.0×2.2	1.4	小乔木型，树姿开张。芽叶绿色、茸毛特多。叶片长宽 13.3cm×5.0cm，叶长椭圆形，叶色绿，叶脉9对。萼片5片、有茸毛。花冠直径4.4cm×4.3cm，花瓣6枚，子房被茸毛，花柱先端3裂。果实三角形
YJ027	猪街大茶树2号	*C. sinensis* var. *pubilimba*	元江哈尼族彝族傣族自治县那诺乡猪街村	1 574	4.5	3.0×2.0	1.0	小乔木型，树姿开张。芽叶绿色、茸毛特多。叶片长宽 14.0cm×5.0cm，叶长椭圆形，叶色绿，叶脉9对。萼片5片、有茸毛。花冠直径4.0cm×4.2cm，花瓣6枚，子房被茸毛，花柱先端3裂。果实三角形
YJ028	猪街大茶树3号	*C. sinensis* var. *pubilimba*	元江哈尼族彝族傣族自治县那诺乡猪街村	1 583	5.0	3.0×4.0	1.2	小乔木型，树姿开张。芽叶玉白色、茸毛多。叶片长宽 13.8cm×5.2cm，叶长椭圆形，叶色浅绿，叶脉7对。萼片5片、有茸毛。花冠直径3.4cm×3.5cm，花瓣5枚，子房被茸毛，花柱先端3裂。果实三角形
YJ029	猪街大茶树4号	*C. sinensis* var. *pubilimba*	元江哈尼族彝族傣族自治县那诺乡猪街村	1 570	4.0	3.4×2.8	1.4	小乔木型，树姿开张。芽叶淡绿色、茸毛特多。叶片长宽 12.8cm×4.7cm，叶长椭圆形，叶色绿，叶脉8对。萼片5片、有茸毛。花冠直径2.7cm×3.3cm，花瓣6枚，子房被茸毛，花柱先端3裂。果实三角形
YJ030	猪街大茶树5号	*C. sinensis* var. *pubilimba*	元江哈尼族彝族傣族自治县那诺乡猪街村	1 568	3.0	3.0×2.0	0.8	小乔木型，树姿开张。芽叶淡绿色、茸毛特多。叶片长宽 13.3cm×5.5cm，叶长椭圆形，叶色绿，叶脉9对。萼片5片、有茸毛。花冠直径3.4cm×3.3cm，花瓣6枚，子房被茸毛，花柱先端3裂。果实三角形

（续）

种质编号	种质名称	物种名称	分布地点	海拔（m）	树高（m）	树幅（m×m）	基部干围（m）	主要形态
YJ031	猪街大茶树6号	*C. sinensis* var. *pubilimba*	元江哈尼族彝族傣族自治县那诺乡猪街村	1 577	3.0	2.5×2.5	0.7	小乔木型，树姿开张。芽叶淡绿色、茸毛特多。叶片长宽 13.0cm×5.0cm，叶长椭圆形，叶色浅绿，叶脉 8 对。萼片 5 片、有茸毛。花冠直径 2.6cm×3.0cm，花瓣 6 枚，子房被茸毛，花柱先端 3 裂。果实三角形
YJ032	曼来大茶树1号	*C. sinensis* var. *pubilimba*	元江哈尼族彝族傣族自治县曼来镇曼来村	1 784	5.0	3.0×3.2	1.0	小乔木型，树姿开张。芽叶绿色、茸毛特多。叶片长宽 13.6cm×5.2cm，叶长椭圆形，叶色绿，叶脉 8 对。萼片 5 片、有茸毛。花冠直径 5.0cm×4.7cm，花瓣 6 枚，子房被茸毛，花柱先端 3 裂。果实三角形
YJ033	曼来大茶树2号	*C. sinensis* var. *pubilimba*	元江哈尼族彝族傣族自治县曼来镇曼来村	1 784	4.0	3.2×3.5	0.8	小乔木型，树姿开张。芽叶淡绿色、茸毛特多。叶片长宽 14.0cm×5.0cm，叶长椭圆形，叶色绿，叶脉 8 对。萼片 5 片、有茸毛。花冠直径 2.7cm×2.7cm，花瓣 7 枚，子房被茸毛，花柱先端 3 裂。果实三角形
YJ034	曼来大茶树3号	*C. sinensis* var. *pubilimba*	元江哈尼族彝族傣族自治县曼来镇曼来村	1 780	3.0	2.0×2.5	0.7	小乔木型，树姿半开张。芽叶淡绿色、茸毛特多。叶片长宽 13.2cm×4.8cm，叶长椭圆形，叶色浅绿，叶脉 9 对。萼片 5 片、有茸毛。花冠直径 3.0cm×2.7cm，花瓣 6 枚，子房被茸毛，花柱先端 3 裂。果实三角形
YJ035	曼来大茶树4号	*C. sinensis* var. *pubilimba*	元江哈尼族彝族傣族自治县曼来镇曼来村	1 778	3.4	3.0×3.0	0.8	小乔木型，树姿半开张。芽叶绿色、茸毛多。叶片长宽 12.8cm×4.7cm，叶长椭圆形，叶色浅绿，叶脉 7 对。萼片 5 片、有茸毛。花冠直径 2.6cm×2.4cm，花瓣 6 枚，子房被茸毛，花柱先端 3 裂。果实三角形
YJ036	曼来大茶树5号	*C. sinensis* var. *pubilimba*	元江哈尼族彝族傣族自治县曼来镇曼来村	1 780	5.0	3.5×3.0	1.0	小乔木型，树姿开张。芽叶绿色、茸毛特多。叶片长宽 13.3cm×5.4cm，叶长椭圆形，叶色绿，叶脉 8 对。萼片 5 片、有茸毛。花冠直径 3.0cm×2.7cm，花瓣 5 枚，子房被茸毛，花柱先端 3 裂。果实三角形
YJ037	望乡台野生大茶树1号	*C. crassicolumna*	元江哈尼族彝族傣族自治县因远镇安定社区望乡台	2 215	8.0	4.8×5.2	1.7	乔木型，树姿半开张。芽叶绿色、有茸毛。叶片长宽 15.5cm×6.3cm，叶长椭圆形，叶色绿，叶脉 11 对。萼片 5 片、有茸毛。花冠直径 6.5cm×7.3cm，花瓣 9 枚，子房被茸毛，花柱先端 5 裂。果实扁球形、四方形
YJ038	望乡台野生大茶树2号	*C. crassicolumna*	元江哈尼族彝族傣族自治县因远镇安定社区望乡台	2 228	7.0	5.0×6.5	1.4	乔木型，树姿半开张。芽叶绿色、有茸毛。叶片长宽 15.7cm×6.8cm，叶长椭圆形，叶色绿，叶脉 9 对。萼片 5 片、有茸毛。花冠直径 6.8cm×7.0cm，花瓣 11 枚，子房被茸毛，花柱先端 5 裂。果实扁球形、四方形

（续）

种质编号	种质名称	物种名称	分布地点	海拔（m）	树高（m）	树幅（m×m）	基部干围（m）	主要形态
YJ039	望乡台野生大茶树3号	*C. crassicolumna*	元江哈尼族彝族傣族自治县因远镇安定村望乡台	2 235	6.5	4.0×4.5	1.0	小乔木型，树姿半开张。芽叶绿色、有茸毛。叶片长宽16.8cm×6.7cm，叶长椭圆形，叶色深绿，叶身内折，叶面平，叶缘微波，叶齿稀、浅、中，叶脉10对
YJ040	望乡台野生大茶树4号	*C. crassicolumna*	元江哈尼族彝族傣族自治县因远镇安定村望乡台	2 230	5.8	3.0×3.5	0.8	小乔木型，树姿半开张。芽叶绿色、有茸毛。叶片长宽16.4cm×6.2cm，叶长椭圆形，叶色深绿，叶身内折，叶面平，叶缘微波，叶齿稀、浅、中，叶脉10对
YJ041	望乡台野生大茶树5号	*C. crassicolumna*	元江哈尼族彝族傣族自治县因远镇安定村望乡台	2 228	7.0	3.8×3.2	0.9	乔木型，树姿半开张。芽叶绿色、有茸毛。叶片长宽15.3cm×6.0cm，叶长椭圆形，叶色深绿，叶脉9对。萼片5片、有茸毛。花冠直径7.5cm×7.0cm，花瓣12枚，子房被茸毛，花柱先端5裂。果实扁球形、四方形

第十五章 楚雄彝族自治州的茶树种质资源

楚雄彝族自治州地处云南省中部，跨东经100°43′—102°30′，北纬 24°13′—26°30′，地处云贵高原西部，滇中高原的主体部位，地势大致由西北向东南倾斜，海拔高度 556～3 657m。境内主要有乌蒙山、哀牢山和百草岭山川，以及金沙江和元江水系，植被有中亚热带半湿润长叶阔叶林、中山湿性长叶阔叶林，土壤有暗棕壤、棕壤、黄棕壤、红壤。楚雄彝族自治州地处亚热带，属亚热带季风气候，干湿季分明，日温差大，年温差小，年平均气温 14.8～21.9℃，年均降水量 800～1 000mm。

第一节

楚雄彝族自治州茶树资源种类

楚雄彝族自治州是云南大叶茶树向中小叶茶过渡的种植区域，楚雄彝族自治州以北是小叶茶种植区，以南是大叶茶种植区。楚雄彝族自治州茶树品种资源丰富，大叶、中叶和小叶兼而有之，植物学分类上共有 5 个种和变种。栽培利用的茶树地方品种有 10 余个。

一、楚雄彝族自治州茶树物种类型

20 世纪 80 年代，对楚雄彝族自治州茶树种质资源考察时发现和鉴定出的茶树种类有普洱茶（*C. assamica*）、元江茶（*C. yunkiangica*）、老黑茶（*C. atrothea*）、滇缅茶（*C. irrawadiensis*）、勐腊茶（*C. manglaensis*）和小叶茶（*C. sinensis*）等，在后来的分类和修订中，元江茶、老黑茶、滇缅茶和勐腊茶均被归并。

2013 年至 2018 年，对楚雄彝族自治州大茶树种质资源进行了多次调查，通过实地调查、采集标本、图片拍摄、专家鉴定和分类统计等方法，并根据 2007 年编写的《中国植物志》英文版第 12 卷的分类，确立了楚雄彝族自治州茶树资源物种名录，主要有普洱茶（*C. sinensis* var. *assamica*）、大理茶（*C. taliensis*）、厚轴茶（*C. crassicolumna*）、白毛茶（*C. sinensis* var. *pubilimba*）和小叶茶（*C. sinensis*）共 5 个种和变种。

二、楚雄彝族自治州茶树品种类型

楚雄彝族自治州的茶树品种资源包括有野生茶树资源、地方茶树品种和选育茶树品种。野生茶树资源主要有达诺老黑茶、鄂嘉大黑茶、羊厩房野茶、安乐甸野茶、清水河野茶、老厂野茶等。种植的地方茶树品种主要有清水大叶茶、新华白芽茶、楚雄小叶茶、鄂嘉红梗茶、红芽茶、鄂嘉大叶茶、威车小叶茶等。选育的茶树新品种主要有常绿一号、庆凤茶树、早发一号、中叶一号、中叶二号等。

第二节

楚雄彝族自治州茶树资源地理分布

调查共记录到楚雄彝族自治州野生和栽培大茶树资源分布点24个，主要分布于楚雄彝族自治州南部的楚雄市、双柏县和南华县。楚雄彝族自治州大茶树资源沿哀牢山至西北向东南呈带状分布，水平分布范围狭窄，分布不均匀，垂直分布集中于海拔1 400～2 400m。

一、楚雄市大茶树分布

调查共记录到楚雄市大茶树资源分布点10个，现存较古老的大茶树约1 646株，主要分布于西舍路镇的西舍路、达诺、清水河、安乐甸、保甸、闸上、岔河、朵苴、德波苴和新华等村，新村镇的密者村等。大茶树资源分布区的海拔高度在1 800～2 300m处，典型植株有达诺大茶树、朵苴大茶树、新华大茶树、闸上大茶树、保甸大茶树、羊厩房大茶树、安乐甸大茶树、清水河大茶树、岔河大茶树、德波苴大茶树、洼尼么大茶树、密者大茶树等。

二、双柏县大茶树分布

记录到双柏县野生栽培的大茶树资源分布点5个，集中分布于鄂嘉镇的义隆、老厂、红山、旧丈和麻旺等村。大茶树资源的分布区海拔高度在1 400～2 300m之间，典型植株有义隆大茶树、老厂大茶树、红山大茶树、旧仗大茶树、麻旺大茶树等。

三、南华县大茶树分布

记录到南华县野生和栽培大茶树资源分布点9个，主要分布于马街镇的威车村，兔街镇的干龙潭村等地。大茶树资源分布区的海拔高度为1 650～2 350m，典型植株有威车大茶树、兴榨房大茶树、干龙潭大茶树、荨麻场大茶树、营盘山大茶树、领干大茶树、梅子箐大茶树等。

第三节

楚雄彝族自治州大茶树资源生长状况

对楚雄彝族自治州楚雄市、双柏县和南华县3个县（市）的典型大茶树树高、基部干围、树幅等生长特征及生长势进行了统计分析和初步评价，为楚雄彝族自治州大茶树种质资源的合理利用与管理保护提供基础资料和参考依据。

一、楚雄彝族自治州大茶树生长特征

对楚雄彝族自治州230株大茶树生长状况统计表明（表15-1）。大茶树树高在1.0～5.0m区段的有91株，占调查总数的39.6%；在5.0～10.0m区段的有131株，占调查总数的57.0%；在10.0～15.0m区段的有8株，占调查总数的3.4%。大茶树平均树高6.0m，变幅为3.3～15.5m。树高最高为楚雄市西舍路镇安乐甸村羊厩房大茶树1号（编号CX049），树高15.0m。

大茶树基部干围在0.5～1.0m区段的有119株，占调查总数的51.7%；在1.0～1.5m区段的有64株，占调查总数的27.8%；在1.5～2.0m区段的有35株，占调查总数的15.3%；在2.0m以上区段的有12株，占调查总数的5.2%。大茶树平均基部干围1.2m，变幅为0.5～3.4m。基部干围最大是双柏县鄂嘉镇老厂村梁子大茶树1号（编号SB010），基部干围3.4m。

大茶树树幅在1.0～5.0m区段的有195株，占调查总数的84.8%；在5.0～10.0m区段的有34株，占调查总数的14.8%；在10.0～15.0m区段的有1株，占调查总数的0.4%。大茶树树幅直径在为1.8～11.2m，平均树幅4.0m×3.9m，树幅最大为双柏县鄂嘉镇老厂村梁子大茶树1号（编号SB010），树幅11.2m×10.9m。其次是楚雄市西舍路镇安乐甸村羊厩房大茶树1号（编号CX049），树幅10.0m×8.0m。

楚雄彝族自治州大茶树树高、树幅、基部干围的变异系数分别为33.1%、35.4%和43.2%，均大于30%，各项生长指标均存在较大变异。

表15-1　楚雄彝族自治州大茶树生长特征

树体形态	最大值	最小值	平均值	标准差	变异系数（%）
树高（m）	15.5	3.3	6.0	2.0	33.1
树幅直径（m）	11.2	1.8	4.0	1.4	35.4
基部干围（m）	3.4	0.5	1.2	0.5	43.2

二、楚雄彝族自治州大茶树生长势

对230株大茶树生长势调查结果表明，楚雄彝族自治州大茶树总体长势良好，少数植株处于濒死状

态或死亡，见表 15－2。大茶树树冠完整、枝繁叶茂、主干完好、树势生长旺盛的有 124 株，占调查总数的 53.9%；树枝无自然枯损、枯梢，生长势一般的有 94 株，占调查总数的 40.9%；树枝自然枯梢，树体残缺、腐损，树干有空洞，生长势较差的有 7 株，占调查总数的 3.0%；主梢及整体大部枯死、空干、根腐，生长势处于濒死状态的有 5 株，占调查总数的 2.2%。据不完全统计，调查记录到楚雄彝族自治州已死亡、消失的大茶树 8 株。

表 15－2　楚雄彝族自治州大茶树生长势

调查地点（县、市）	调查数量（株）	生长势等级			
		旺盛	一般	较差	濒死
楚雄	109	61	42	4	2
双柏	47	25	19	2	1
南华	74	38	33	1	2
总计（株）	230	124	94	7	5
所占比例（%）	100.0	53.9	40.9	3.0	2.2

第四节

楚雄彝族自治州大茶树资源名录

根据普查结果，对楚雄彝族自治州楚雄市、双柏县和南华县内较古老、珍稀和特异的大茶树进行了编号挂牌和整理编目，建立了楚雄彝族自治州大茶树资源档案数据信息库和楚雄彝族自治州茶树种质资源名录，见表15－3。共整理编目楚雄彝族自治州大茶树资源230份，其中楚雄市109份，编号为CX001～CX109；双柏县47份，编号为SB001～SB047；南华县74份，编号为NH001～NH074。

楚雄彝族自治州大茶树资源名录注明了每一份大茶树资源的种质编号、种质名称、物种名称等护照信息，记录了大茶树资源的分布地点、海拔高度等地理信息，较详细地描述了大茶树的生长特征和植物学形态特征。楚雄彝族自治州大茶树资源名录的确定，明确了楚雄彝族自治州重点保护的大茶树资源，对了解楚雄彝族自治州茶树种质资源提供了重要信息，为楚雄彝族自治州茶树种质资源的有效保护和茶叶经济发展提供了全面准确的线索和依据。

表15－3　楚雄彝族自治州大茶树资源名录（230份）

种质编号	种质名称	物种名称	分布地点	海拔（m）	树高（m）	树幅（m×m）	基部干围（m）	主要形态
CX001	达诺大茶树1号	*C. crassicolumna*	楚雄市西舍路镇达诺村鹦歌水井	2 164	13.5	6.0×7.0	2.8	小乔木型，树姿半开张。芽叶绿色、有茸毛。叶片长宽13.4cm×6.7cm，叶椭圆形，叶脉11对，叶色深绿，叶面平，叶身内折，叶缘微波，叶尖渐尖，叶基楔形，叶质硬，叶背主脉少茸毛。萼片5片、有茸毛，花冠直径5.3cm×4.8cm，花瓣8～9枚，花柱先端4裂，子房有茸毛
CX002	达诺大茶树2号	*C. crassicolumna*	楚雄市西舍路镇达诺村鹦歌水井	2 177	7.0	4.2×4.0	1.7	小乔木型，树姿开张。芽叶绿色、茸毛少。叶片长宽15.0cm×6.8cm，叶椭圆形，叶脉10对，叶色深绿，叶面平，叶身内折，叶缘平，叶质硬，叶背主脉少茸毛。萼片5片、有茸毛，花冠直径5.8cm×5.0cm，花瓣10枚，花柱先端4～5裂，子房有茸毛。果实球形、扁球形
CX003	达诺大茶树3号	*C. crassicolumna*	楚雄市西舍路镇达诺村鹦歌水井	2 160	5.3	3.0×3.0	1.0	小乔木型，树姿半开张。芽叶绿色、茸毛少。叶片长宽13.5cm×5.8cm，叶长椭圆形，叶脉9对，叶色深绿，叶面平，叶身内折，叶缘平，叶背主脉少茸毛。萼片5片、有茸毛，花冠直径4.6cm×5.2cm，花瓣8枚，花柱先端4～5裂，子房有茸毛。果实球形、扁球形

（续）

种质编号	种质名称	物种名称	分布地点	海拔（m）	树高（m）	树幅（m×m）	基部干围（m）	主要形态
CX004	达诺大茶树4号	*C. crassicolumna*	楚雄市西舍路镇达诺村鹦歌水井	2 162	6.0	4.5×4.0	0.8	小乔木型，树姿开张。芽叶绿色、茸毛少。叶片长宽 15.2cm×5.9cm，叶长椭圆形，叶脉 9 对，叶色深绿，叶面平，叶身内折，叶缘平，叶质硬，叶背主脉少茸毛
CX005	达诺大茶树5号	*C. crassicolumna*	楚雄市西舍路镇达诺村鹦歌水井	2 182	4.0	3.2×3.0	0.6	小乔木型，树姿开张。芽叶绿色、茸毛少。叶片长宽 13.7cm×4.8cm，叶长椭圆形，叶脉 11 对，叶色深绿，叶面平，叶身内折，叶缘平，叶质硬，叶背主脉少茸毛。果实球形、扁球形
CX006	达诺大茶树6号	*C. crassicolumna*	楚雄市西舍路镇达诺村鹦歌水井	2 177	6.5	3.8×4.5	0.7	小乔木型，树姿开张。芽叶绿色、茸毛少。叶片长宽 15.0cm×6.8cm，叶椭圆形，叶脉 9 对，叶色深绿，叶面平，叶身内折，叶缘平，叶质硬，叶背主脉少茸毛。萼片 5 片、有茸毛，花冠直径 6.2cm×5.0cm，花瓣 9 枚，花柱先端 4～5 裂，子房有茸毛。果实球形
CX007	达诺大茶树7号	*C. sinensis* var. *assamica*	楚雄市西舍路镇达诺村鹦歌水井	2 126	6.0	4.5×4.5	1.1	小乔木型，树姿半开张。芽叶绿色、多茸毛。叶片长宽 12.8cm×5.1cm，叶椭圆形，叶脉 10 对，叶色深绿，叶面平，叶身内折，叶缘微波，叶背主脉有茸毛。萼片 5 片、无茸毛，花冠直径 3.7cm×3.0cm，花瓣 6 枚，花柱先端 3 裂，子房有茸毛。果实三角形
CX008	达诺大茶树8号	*C. sinensis* var. *assamica*	楚雄市西舍路镇达诺村鹦歌水井	2 128	3.5	3.0×2.0	0.8	小乔木型，树姿半开张。芽叶绿色、多茸毛。叶片长宽 13.3cm×5.4cm，叶长椭圆形，叶脉 9 对，叶色深绿，叶面平，叶身稍内折，叶缘平，叶背主脉有茸毛。萼片 5 片、无茸毛，花冠直径 3.0cm×2.8cm，花瓣 6 枚，花柱先端 3 裂，子房有茸毛。果实球形、三角形
CX009	达诺大茶树9号	*C. sinensis* var. *assamica*	楚雄市西舍路镇达诺村鹦歌水井	2 128	4.5	2.7×2.5	0.6	小乔木型，树姿半开张。芽叶绿色、茸毛中。叶片长宽 14.7cm×6.0cm，叶椭圆形，叶脉 8 对，叶色深绿，叶面平，叶身稍内折，叶缘平，叶背主脉有茸毛。萼片 5 片、无茸毛，花冠直径 2.0cm×2.5cm，花瓣 6 枚，花柱先端 3 裂，子房有茸毛。果实球形、三角形
CX010	达诺大茶树10号	*C. sinensis* var. *assamica*	楚雄市西舍路镇达诺村鹦歌水井	2 128	6.0	3.3×2.8	1.2	小乔木型，树姿半开张。芽叶紫绿色、茸毛中。叶片长宽 14.0cm×6.2cm，叶椭圆形，叶脉 9 对，叶色深绿，叶身稍内折，叶面平，叶缘微波，叶背主脉有茸毛。果实球形、三角形

（续）

种质编号	种质名称	物种名称	分布地点	海拔（m）	树高（m）	树幅（m×m）	基部干围（m）	主要形态
CX011	达诺大茶树11号	*C. sinensis* var. *assamica*	楚雄市西舍路镇达诺村鹦歌水井	2 128	5.2	2.0×2.8	0.8	小乔木型，树姿半开张。芽叶绿色、茸毛中。叶片长宽15.8cm×6.2cm，叶长椭圆形，叶脉10对，叶色深绿，叶面平，叶身稍内折，叶缘平，叶背主脉有茸毛。萼片5片、无茸毛，花冠直径3.7cm×2.6cm，花瓣6枚，花柱先端3裂，子房有茸毛。果实球形、三角形
CX012	达诺大茶树12号	*C. sinensis*	楚雄市西舍路镇达诺村鹦歌水井	2 110	5.0	3.0×2.5	1.0	小乔木型，树姿开张。芽叶绿色、茸毛中。叶片长宽11.5cm×3.2cm，叶长椭圆形，叶脉8对，叶色绿。萼片5片、无茸毛，花冠直径3.0cm×2.8cm，花瓣6枚，花柱先端3裂，子房有茸毛。果实球形、三角形
CX013	达诺大茶树13号	*C. sinensis* var. *pubilimba*	楚雄市西舍路镇达诺村鹦歌水井	2 110	4.6	3.3×3.8	0.5	小乔木型，树姿半开张。芽叶玉白色、多茸毛。叶片长宽13.0cm×4.2cm，叶长椭圆形，叶脉8对，叶色绿。萼片5片、有茸毛，花冠直径2.7cm×2.0cm，花瓣6枚，花柱先端3裂，子房有茸毛。果实球形、三角形
CX014	达诺大茶树14号	*C. sinensis* var. *pubilimba*	楚雄市西舍路镇达诺村鹦歌水井	2 116	5.7	3.6×2.5	0.6	小乔木型，树姿半开张。芽叶玉白色、多茸毛。叶片长宽12.8cm×4.0cm，叶长椭圆形，叶脉9对，叶色绿。萼片5片、有茸毛，花冠直径2.2cm×2.4cm，花瓣6枚，花柱先端3裂，子房有茸毛。果实球形、三角形
CX015	朵苴大茶树1号	*C. crassicolumna*	楚雄市西舍路镇朵苴村朵拖	2 311	9.7	4.5×6.0	1.9	乔木型，树姿直立。芽叶绿色、少茸毛。叶片长宽12.9cm×4.9cm，叶长椭圆形，叶色深绿，叶身平，叶面平，叶缘微波，叶尖渐尖，叶基楔形，叶质中，叶脉10对，叶背主脉有茸毛
CX016	朵苴大茶树2号	*C. crassicolumna*	楚雄市西舍路镇朵苴村朵拖	2 300	8.0	4.0×4.8	1.5	小乔木型，树姿半开张。芽叶绿色、有茸毛。叶片长宽15.0cm×6.2cm，叶长椭圆形，叶色深绿，叶身平，叶面平，叶缘微波，叶脉11对，叶背主脉少茸毛。萼片5片、有茸毛，花冠直径4.0cm×6.2cm，花瓣8～11瓣，花柱先端5裂，子房多茸毛
CX017	朵苴大茶树3号	*C. crassicolumna*	楚雄市西舍路镇朵苴村朵拖	2 290	6.0	4.7×4.0	1.2	小乔木型，树姿半开张。芽叶绿色、有茸毛。叶片长宽15.6cm×6.0cm，叶长椭圆形，叶色深绿，叶身平，叶面平，叶缘平，叶脉10对，叶背主脉少茸毛。萼片5片、有茸毛，花冠直径5.2cm×6.0cm，花瓣9瓣，花柱先端5裂，子房多茸毛。果实球形

（续）

种质编号	种质名称	物种名称	分布地点	海拔（m）	树高（m）	树幅（m×m）	基部干围（m）	主要形态
CX018	朵苴大茶树4号	*C. crassicolumna*	楚雄市西舍路镇朵苴村朵拖	2 294	5.7	4.0×4.2	1.6	小乔木型，树姿半开张。芽叶绿色、有茸毛。叶片长宽13.2cm×4.8cm，叶长椭圆形，叶色深绿，叶身平，叶面平，叶缘平，叶脉10对，叶背主脉少茸毛
CX019	朵苴大茶树5号	*C. sinensis* var. *assamica*	楚雄市西舍路镇朵苴村	1 850	5.0	3.0×3.0	1.6	小乔木型，树姿半开张。芽叶绿色、有茸毛。叶片长宽15.3cm×5.6cm，叶披针形，叶色浅绿，叶身稍内折，叶面平，叶缘平，叶脉10对。萼片5片、无茸毛，花冠直径2.7cm×3.0cm，花瓣6枚，花柱先端3裂，子房多茸毛
CX020	朵苴大茶树6号	*C. sinensis* var. *assamica*	楚雄市西舍路镇朵苴村朵拖	1 854	5.2	3.5×3.7	1.8	小乔木型，树姿半开张。芽叶绿色、多茸毛。叶片长宽16.5cm×6.7cm，叶长椭圆形，叶色深绿，叶身稍内折，叶面平，叶缘平，叶脉8对。萼片5片、无茸毛，花冠直径3.0cm×3.3cm，花瓣6枚，花柱先端3裂，子房多茸毛。果实球形
CX021	朵苴大茶树7号	*C. sinensis* var. *assamica*	楚雄市西舍路镇朵苴村朵拖	1 854	3.7	2.5×2.0	0.8	小乔木型，树姿半开张。芽叶绿色、多茸毛。叶片长宽13.8cm×4.7cm，叶长椭圆形，叶色绿，叶身稍内折，叶面平，叶缘平，叶脉8对。萼片5片、无茸毛，花冠直径3.2cm×2.3cm，花瓣6枚，花柱先端3裂，子房多茸毛。果实球形
CX022	朵苴大茶树8号	*C. sinensis* var. *pubilimba*	楚雄市西舍路镇朵苴村朵拖	1 850	5.0	3.0×3.0	0.6	小乔木型，树姿开张。芽叶绿色、多茸毛。叶片长宽12.0cm×3.7cm，叶披针形，叶色深绿，叶身平，叶面平，叶缘平，叶脉8对。萼片5片、有茸毛，花冠直径2.0cm×2.6cm，花瓣5枚，花柱先端3裂，子房多茸毛。果实球形、三角形
CX023	朵苴大茶树9号	*C. sinensis* var. *assamica*	楚雄市西舍路镇朵苴村朵拖	1 850	4.5	3.3×3.8	1.0	小乔木型，树姿半开张。芽叶绿色、多茸毛。叶片长宽15.2cm×6.0cm，叶长椭圆形，叶色深绿，叶身稍内折，叶面平，叶缘平，叶脉11对。萼片5片、无茸毛，花冠直径3.4cm×3.7cm，花瓣7枚，花柱先端3裂，子房多茸毛。果实球形、三角形
CX024	朵苴大茶树10号	*C. sinensis* var. *assamica*	楚雄市西舍路镇朵苴村朵拖	1 850	4.0	3.5×4.0	1.2	小乔木型，树姿半开张。芽叶绿色、多茸毛。叶片长宽14.8cm×5.3cm，叶长椭圆形，叶色绿，叶身稍内折，叶面平，叶缘平，叶脉10对。萼片5片、无茸毛，花冠直径3.3cm×3.0cm，花瓣6枚，花柱先端3裂，子房多茸毛。果实球形

（续）

种质编号	种质名称	物种名称	分布地点	海拔（m）	树高（m）	树幅（m×m）	基部干围（m）	主要形态
CX025	新华大茶树1号	*C. sinensis* var. *pubilimba*	楚雄市西舍路镇新华村祭龙	2 000	5.0	2.5×2.9	0.5	小乔木型，树姿直立。芽叶黄绿色、多茸毛。叶片长宽12.2cm×4.5cm，叶长椭圆形，叶色绿，叶身平，叶面微隆，叶缘微波，叶脉11对，叶质软。萼片5片、多茸毛，花冠直径2.7cm×2.8cm，花瓣5～6枚，花柱先端3裂，子房多茸毛
CX026	新华大茶树2号	*C. sinensis* var. *assamica*	楚雄市西舍路镇新华村祭龙	2 000	5.0	3.4×2.7	1.6	小乔木型，树姿开张。芽叶黄绿色、多茸毛。叶片长宽15.6cm×4.9cm，叶长椭圆形，叶色绿，叶身平，叶面微隆，叶缘微波，叶脉11对。萼片5片、无茸毛，花冠直径3.3cm×3.8cm，花瓣6枚，花柱先端3裂，子房多茸毛。果实三角形
CX027	新华大茶树3号	*C. sinensis* var. *pubilimba*	楚雄市西舍路镇新华村祭龙	2 013	5.6	3.4×2.9	1.2	小乔木型，树姿直立。芽叶黄绿色、多茸毛。叶片长宽11.7cm×4.3cm，叶长椭圆形，叶色绿，叶身平，叶面微隆，叶缘微波，叶脉11对。萼片5片、多茸毛，花冠直径2.5cm×2.9cm，花瓣6枚，花柱先端3裂，子房多茸毛。果实球形、三角形
CX028	新华大茶树4号	*C. sinensis* var. *assamica*	楚雄市西舍路镇新华村祭龙	2 000	5.0	3.4×2.7	1.6	小乔木型，树姿开张。芽叶黄绿色、多茸毛。叶片长宽16.3cm×6.5cm，叶长椭圆形，叶色绿，叶身平，叶面微隆，叶缘微波，叶脉12对。萼片5片、无茸毛，花冠直径3.6cm×3.0cm，花瓣6枚，花柱先端3裂，子房多茸毛。果实三角形
CX029	新华大茶树5号	*C. sinensis* var. *pubilimba*	楚雄市西舍路镇新华村祭龙	1 993	6.0	3.8×4.0	0.8	小乔木型，树姿半开张。芽叶淡绿色、多茸毛。叶片长宽10.8cm×3.5cm，叶披针形，叶色绿，叶身平，叶面平，叶缘微波，叶脉8对。萼片5片、有茸毛，花冠直径2.6cm×2.4cm，花瓣6枚，花柱先端3裂，子房多茸毛。果实三角形
CX030	新华大茶树6号	*C. sinensis* var. *pubilimba*	楚雄市西舍路镇新华村祭龙	1 990	5.2	3.0×2.5	1.0	小乔木型，树姿半开张。芽叶淡绿色、多茸毛。叶片长宽11.3cm×3.9cm，叶披针形，叶色绿，叶身平，叶面平，叶缘微波，叶脉7对。萼片5片、有茸毛，花冠直径2.9cm×3.4cm，花瓣6枚，花柱先端3裂，子房多茸毛。果实三角形、球形
CX031	新华大茶树7号	*C. sinensis* var. *assamica*	楚雄市西舍路镇新华村祭龙	1 990	5.0	3.4×4.3	0.9	小乔木型，树姿开张。芽叶黄绿色、多茸毛。叶片长宽14.3cm×6.0cm，叶长椭圆形，叶色绿，叶身平，叶面微隆，叶缘微波，叶脉10对。萼片5片、无茸毛，花冠直径3.2cm×3.5cm，花瓣6枚，花柱先端3裂，子房多茸毛。果实三角形

（续）

种质编号	种质名称	物种名称	分布地点	海拔（m）	树高（m）	树幅（m×m）	基部干围（m）	主要形态
CX032	新华大茶树8号	*C. sinensis* var. *assamica*	楚雄市西舍路镇新华村祭龙	1 993	5.0	3.4×3.0	0.6	小乔木型，树姿开张。芽叶黄绿色、多茸毛。叶片长宽 15.7cm×5.5cm，叶长椭圆形，叶色绿，叶身平，叶面微隆，叶缘微波，叶脉 11 对。萼片 5 片、无茸毛，花冠直径 3.4cm×3.2cm，花瓣 6 枚，花柱先端 3 裂，子房多茸毛。果实三角形
CX033	闸上大茶树1号	*C. sinensis* var. *assamica*	楚雄市西舍路镇闸上村	1 876	6.3	4.2×4.0	1.8	小乔木型，树姿开张。芽叶黄绿色、多茸毛。叶片长宽 15.0cm×5.8cm，叶长椭圆形，叶色深绿，叶身内折，叶面平，叶缘微波，叶脉 9 对。萼片 5 片、无茸毛，花冠直径 3.0cm×3.0cm，花瓣 6 枚，花柱先端 3 裂，子房多茸毛。果实三角形、球形
CX034	闸上大茶树2号	*C. sinensis* var. *assamica*	楚雄市西舍路镇闸上村	1 873	4.5	3.7×4.0	1.5	小乔木型，树姿开张。芽叶紫红色、少茸毛。叶片长宽 13.4cm×5.0cm，叶长椭圆形，叶色深绿，叶身平，叶面微隆，叶缘微波，叶脉 10 对。萼片 5 片、无茸毛，花冠直径 2.7cm×3.4cm，花瓣 5 枚，花柱先端 3 裂，子房多茸毛。果实三角形、球形
CX035	闸上大茶树3号	*C. sinensis* var. *assamica*	楚雄市西舍路镇闸上村	1 873	4.0	3.0×3.2	1.0	小乔木型，树姿半开张。芽叶绿色、多茸毛。叶片长宽 14.6cm×4.8cm，叶披针形，叶色深绿，叶身平，叶面平，叶缘平，叶脉 11 对。萼片 5 片、无茸毛，花冠直径 3.7cm×3.2cm，花瓣 6 枚，花柱先端 3 裂，子房多茸毛。果实三角形、球形
CX036	闸上大茶树4号	*C. sinensis* var. *assamica*	楚雄市西舍路镇闸上村	1 878	5.0	3.8×3.5	1.2	小乔木型，树姿半开张。芽叶绿色、多茸毛。叶片长宽 14.0cm×5.7cm，叶长椭圆形，叶色绿，叶身稍内折，叶面平，叶缘平，叶脉 10 对，叶质软。果实球形、三角形
CX037	闸上大茶树5号	*C. sinensis* var. *assamica*	楚雄市西舍路镇闸上村	1 870	6.0	3.3×3.8	1.0	小乔木型，树姿半开张。芽叶黄绿色、多茸毛。叶片长宽 14.8cm×5.0cm，叶长椭圆形，叶色绿，叶身稍内折，叶面平，叶缘微波，叶质硬，叶脉 10 对，叶背主脉有茸毛。果实球形、三角形
CX038	闸上大茶树6号	*C. sinensis* var. *assamica*	楚雄市西舍路镇闸上村	1 870	5.2	4.0×3.7	0.9	小乔木型，树姿半开张。芽叶黄绿色、多茸毛。叶片长宽 13.9cm×4.6cm，叶长椭圆形，叶色深绿，叶身稍内折，叶面隆起，叶缘波，叶脉 11 对。萼片 5 片、无茸毛，花冠直径 2.7cm×3.6cm，花瓣 6 枚，花柱先端 3 裂，子房多茸毛。果实三角形、球形

（续）

种质编号	种质名称	物种名称	分布地点	海拔（m）	树高（m）	树幅（m×m）	基部干围（m）	主要形态
CX039	闸上大茶树7号	*C. sinensis* var. *assamica*	楚雄市西舍路镇闸上村	1 883	7.0	4.0×3.0	0.5	小乔木型，树姿半开张。芽叶紫绿色、多茸毛。叶片长宽 15.6cm×6.0cm，叶长椭圆形，叶色深绿，叶身稍背卷，叶面平，叶缘波，叶脉10对，叶背主脉无茸毛。果实三角形、球形
CX040	闸上大茶树8号	*C. sinensis* var. *assamica*	楚雄市西舍路镇闸上村	1 887	4.5	3.0×2.5	0.6	小乔木型，树姿半开张。芽叶黄绿色、多茸毛。叶片长宽 13.8cm×5.2cm，叶长椭圆形，叶色绿，叶身平，叶面隆起，叶缘平，叶脉11对。萼片5片、无茸毛，花冠直径2.8cm×3.0cm，花瓣6枚，花柱先端3裂，子房多茸毛。果实三角形、球形
CX041	保甸大茶树1号	*C. sinensis* var. *assamica*	楚雄市西舍路镇保甸村	1 904	7.3	5.0×6.2	2.0	小乔木型，树姿半开张。芽叶绿色、多茸毛。叶片长宽 14.7cm×5.0cm，叶长椭圆形，叶色绿，叶脉10对。萼片5片、无茸毛，花冠直径3.5cm×3.4cm，花瓣6枚，花柱先端3裂，子房多茸毛。果实三角形、球形
CX042	保甸大茶树2号	*C. sinensis* var. *assamica*	楚雄市西舍路镇保甸村	1 912	4.8	3.0×3.5	1.7	小乔木型，树姿半开张。芽叶黄绿色、多茸毛。叶片长宽 15.3cm×5.8cm，叶长椭圆形，叶色绿，叶脉9对。萼片5片、无茸毛，花冠直径3.7cm×3.2cm，花瓣6枚，花柱先端3裂，子房多茸毛。果实三角形、球形
CX043	保甸大茶树3号	*C. sinensis* var. *assamica*	楚雄市西舍路镇保甸村	1 910	5.3	2.0×2.2	0.8	小乔木型，树姿半开张。芽叶绿色、少茸毛。叶片长宽 14.0cm×5.0cm，叶长椭圆形，叶色绿，叶脉9对。萼片5片、无茸毛，花冠直径3.0cm×3.0cm，花瓣6枚，花柱先端3裂，子房多茸毛。果实三角形、球形
CX044	保甸大茶树4号	*C. sinensis* var. *assamica*	楚雄市西舍路镇保甸村	1 910	5.0	3.0×2.5	1.2	小乔木型，树姿半开张。芽叶紫绿色、多茸毛。叶片长宽 13.7cm×6.0cm，叶椭圆形，叶色绿，叶脉8对。萼片5片、无茸毛，花冠直径2.5cm×3.0cm，花瓣6枚，花柱先端3裂，子房多茸毛。果实三角形、球形
CX045	保甸大茶树5号	*C. sinensis* var. *assamica*	楚雄市西舍路镇保甸村	1 910	7.0	5.0×5.0	1.1	乔木型，树姿半开张。芽叶淡绿色、茸毛中。叶片长宽 15.7cm×6.3cm，叶椭圆形，叶色绿，叶脉11对。萼片5片、无茸毛，花冠直径2.8cm×3.2cm，花瓣6枚，花柱先端3裂，子房多茸毛。果实三角形、球形

（续）

种质编号	种质名称	物种名称	分布地点	海拔（m）	树高（m）	树幅（m×m）	基部干围（m）	主要形态
CX046	保甸大茶树6号	*C. sinensis* var. *assamica*	楚雄市西舍路镇保甸村	1 916	4.5	3.3×2.8	0.9	小乔木型，树姿半开张。芽叶黄绿色、多茸毛。叶片长宽 12.5cm×5.2cm，叶长椭圆形，叶色浅绿，叶脉7对。萼片5片、无茸毛，花冠直径2.5cm×3.3cm，花瓣7枚，花柱先端3裂，子房多茸毛。果实三角形、球形
CX047	保甸大茶树7号	*C. sinensis* var. *assamica*	楚雄市西舍路镇保甸村	1 914	6.0	3.4×2.5	0.6	小乔木型，树姿半开张。芽叶紫红色、少茸毛。叶片长宽 11.7cm×4.0cm，叶长椭圆形，叶色深绿，叶脉8对。萼片5片、无茸毛，花冠直径3.0cm×3.0cm，花瓣5枚，花柱先端3裂，子房多茸毛。果实三角形、球形
CX048	保甸大茶树8号	*C. sinensis* var. *assamica*	楚雄市西舍路镇保甸村	1 916	3.3	1.8×2.5	0.5	小乔木型，树姿半开张。芽叶黄绿色、多茸毛。叶片长宽 13.0cm×4.8cm，叶长椭圆形，叶色绿，叶脉9对。萼片5片、无茸毛，花冠直径2.9cm×3.2cm，花瓣6枚，花柱先端3裂，子房多茸毛。果实三角形、球形
CX049	羊厩房大茶树1号	*C. crassicolumna*	楚雄市西舍路镇安乐甸村羊厩房	2 102	15.0	10.0×8.0	2.8	小乔木型，树姿开张。芽叶绿色、茸毛中。叶片长宽 13.7cm×5.6cm，叶长椭圆形，叶脉11对，叶色深绿，叶背主脉少茸毛。萼片5片、多茸毛，花冠直径5.7cm×6.2cm，花瓣9枚，花柱先端3～4裂，子房有茸毛。果实扁球形
CX050	羊厩房大茶树2号	*C. crassicolumna*	楚雄市西舍路镇安乐甸村羊厩房	2 112	12.0	9.5×8.5	2.4	乔木型，树姿半开张。芽叶绿色、茸毛中。叶片长宽 15.4cm×6.3cm，叶长椭圆形，叶脉10对，叶色深绿，叶背主脉少茸毛。萼片5片、多茸毛，花冠直径5.3cm×6.0cm，花瓣9～10枚，花柱先端3～4裂，子房有茸毛。果实扁球形
CX051	羊厩房大茶树3号	*C. crassicolumna*	楚雄市西舍路镇安乐甸村羊厩房	2 100	12.0	6.8×5.4	1.6	乔木型，树姿直立。芽叶绿色、茸毛中。叶片长宽 12.6cm×5.8cm，叶椭圆形，叶脉9对，叶色深绿，叶背主脉少茸毛。萼片5片、多茸毛，花冠直径5.8cm×5.5cm，花瓣8枚，花柱先端3～4裂，子房有茸毛。果实扁球形
CX052	羊厩房大茶树4号	*C. crassicolumna*	楚雄市西舍路镇安乐甸村羊厩房	2 098	10.0	5.0×5.6	1.8	乔木型，树姿半开张。芽叶绿色、茸毛中。叶片长宽 13.4cm×6.3cm，叶长椭圆形，叶脉9对，叶色深绿，叶背主脉少茸毛。萼片5片、有茸毛，花冠直径5.8cm×6.3cm，花瓣9～10枚，花柱先端3～4裂，子房有茸毛。果实扁球形

（续）

种质编号	种质名称	物种名称	分布地点	海拔（m）	树高（m）	树幅（m×m）	基部干围（m）	主要形态
CX053	羊厩房大茶树5号	*C. crassicolumna*	楚雄市西舍路镇安乐甸村羊厩房	1 900	6.3	4.7×4.5	1.5	乔木型，树姿半开张。芽叶绿色、茸毛中。叶片长宽15.0cm×6.0cm，叶长椭圆形，叶脉11对，叶色深绿，叶背主脉少茸毛。萼片5片、有茸毛，花冠直径5.0cm×5.4cm，花瓣9枚，花柱先端3～4裂，子房有茸毛。果实扁球形
CX054	羊厩房大茶树6号	*C. crassicolumna*	楚雄市西舍路镇安乐甸村羊厩房	1 962	6.5	4.0×4.5	1.0	小乔木型，树姿半开张。芽叶绿色、茸毛少。叶片长宽14.3cm×6.7cm，叶椭圆形，叶脉8对，叶色深绿，叶背主脉少茸毛。萼片5片、有茸毛，花冠直径5.8cm×5.4cm，花瓣10枚，花柱先端3～4裂，子房有茸毛。果实球形、四方形
CX055	羊厩房大茶树7号	*C. crassicolumna*	楚雄市西舍路镇安乐甸村羊厩房	1 937	5.7	4.7×4.0	0.9	小乔木型，树姿开张。芽叶紫绿色、茸毛少。叶片长宽14.0cm×5.8cm，叶椭圆形，叶脉11对，叶色深绿，叶背主脉少茸毛，叶身内折，叶缘平，叶面平，叶质硬，果实球形
CX056	羊厩房大茶树8号	*C. crassicolumna*	楚雄市西舍路镇安乐甸村羊厩房	1 940	8.2	3.8×5.7	0.8	乔木型，树姿半开张。芽叶绿色、茸毛中。叶片长宽12.8cm×5.0cm，叶椭圆形，叶脉10对，叶色深绿，叶背主脉少茸毛，叶身内折，叶缘平，叶面平，叶质硬，果实球形、扁球形
CX057	羊厩房大茶树9号	*C. crassicolumna*	楚雄市西舍路镇安乐甸村羊厩房	1 950	6.0	4.0×4.0	0.7	乔木型，树姿半开张。芽叶绿色、茸毛中。叶片长宽13.3cm×4.5cm，叶长椭圆形，叶脉12对，叶色深绿，叶背主脉少茸毛。萼片5片、有茸毛，花冠直径4.2cm×4.4cm，花瓣9枚，花柱先端4～5裂，子房有茸毛。果实球形、四方形
CX058	安乐甸大茶树1号	*C. crassicolumna*	楚雄市西舍路镇安乐甸村	1 850	6.0	4.0×4.0	1.2	小乔木型，树姿半开张。芽叶绿色、茸毛中。叶片长宽15.5cm×5.0cm，叶长椭圆形，叶脉10对，叶色深绿，叶背主脉少茸毛。萼片5片、有茸毛，花冠直径5.3cm×5.7cm，花瓣9枚，花柱先端3～4裂，子房有茸毛。果实球形、扁球形
CX059	安乐甸大茶树2号	*C. crassicolumna*	楚雄市西舍路镇安乐甸村	1 857	6.0	3.6×4.0	1.5	小乔木型，树姿半开张。芽叶绿色、少茸毛。叶片长宽15.8cm×5.7cm，叶长椭圆形，叶脉11对，叶色深绿，叶身稍内折，叶面平，叶缘平，叶背主脉少茸毛

（续）

种质编号	种质名称	物种名称	分布地点	海拔（m）	树高（m）	树幅（m×m）	基部干围（m）	主要形态
CX060	安乐甸大茶树3号	*C. crassicolumna*	楚雄市西舍路镇安乐甸村	1 850	8.2	4.7×5.0	1.4	小乔木型，树姿半开张。芽叶绿色、少茸毛。叶片长宽14.0cm×5.3cm，叶长椭圆形，叶脉9对，叶色深绿，叶身稍内折，叶面平，叶缘平，叶背主脉少茸毛
CX061	安乐甸大茶树4号	*C. crassicolumna*	楚雄市西舍路镇安乐甸村	1 852	4.7	3.0×3.3	1.0	小乔木型，树姿半开张。芽叶绿色、少茸毛。叶片长宽12.9cm×5.6cm，叶椭圆形，叶脉8对，叶色深绿，叶身稍内折，叶面平，叶缘平。果实球形、梅花形
CX062	安乐甸大茶树5号	*C. crassicolumna*	楚雄市西舍路镇安乐甸村	1 850	4.0	2.8×2.5	1.2	小乔木型，树姿半开张。芽叶紫绿色、少茸毛。叶片长宽15.0cm×6.2cm，叶椭圆形，叶脉10对，叶色深绿，叶身稍内折，叶面平，叶缘平。萼片5片、有茸毛。花冠直径5.0cm×5.6cm，花瓣11枚，花柱先端4～5裂，子房有茸毛
CX063	安乐甸大茶树6号	*C. crassicolumna*	楚雄市西舍路镇安乐甸村	1 845	6.3	3.4×4.0	0.9	小乔木型，树姿半开张。芽叶绿色、少茸毛。叶片长宽14.8cm×5.3cm，叶长椭圆形，叶脉9对，叶色深绿，叶身稍内折，叶面平，叶缘平。萼片5片、有茸毛。花冠直径5.7cm×6.0cm，花瓣9枚，花柱先端5裂，子房有茸毛
CX064	安乐甸大茶树7号	*C. crassicolumna*	楚雄市西舍路镇安乐甸村	1 840	5.2	2.0×2.7	0.6	小乔木型，树姿半开张。芽叶绿色、少茸毛。叶片长宽14.8cm×5.3cm，叶长椭圆形，叶脉9对，叶色深绿，叶身稍内折，叶面平，叶缘平。果实球形、扁球形
CX065	清水河大茶树1号	*C. crassicolumna*	楚雄市西舍路镇清水河村鲁大	2 075	9.6	7.3×7.6	2.6	小乔木型，树姿开张。芽叶绿色、茸毛中。叶片长宽15.3cm×7.9cm，叶椭圆形，叶脉9对，萼片5～6片、有茸毛。花冠直径5.7cm×5.3cm，花瓣8～11枚，花柱先端5裂，子房有茸毛
CX066	清水河大茶树2号	*C. crassicolumna*	楚雄市西舍路镇清水河村鲁大	2 075	9.6	7.3×7.6	2.6	小乔木型，树姿开张。芽叶绿色、茸毛中。叶片长宽15.3cm×7.9cm，叶椭圆形，叶脉9对．萼片5～6片、有茸毛。花冠直径5.7cm×5.3cm，花瓣8～11瓣，花柱先端5裂，子房有茸毛
CX067	清水河大茶树3号	*C. crassicolumna*	楚雄市西舍路镇清水河村鲁大	2 070	8.0	5.0×5.2	2.0	小乔木型，树姿半开张。芽叶绿色、茸毛中。叶片长宽12.8cm×4.5cm，叶长椭圆形，叶脉8对，叶色深绿，叶身平，叶面平，叶缘平

（续）

种质编号	种质名称	物种名称	分布地点	海拔（m）	树高（m）	树幅（m×m）	基部干围（m）	主要形态
CX068	清水河大茶树4号	*C. crassicolumna*	楚雄市西舍路镇清水河村鲁大	2 070	7.2	4.5×5.0	1.6	乔木型，树姿直立。芽叶淡绿色、少茸毛。叶片长宽14.7cm×5.2cm，叶长椭圆形，叶脉9对。萼片5片、有茸毛。花冠直径5.0cm×5.6cm，花瓣11枚，花柱先端5裂，子房有茸毛。果实梅花形
CX069	清水河大茶树5号	*C. crassicolumna*	楚雄市西舍路镇清水河村鲁大	2 082	6.5	4.0×5.7	1.7	乔木型，树姿直立。芽叶紫绿色、少茸毛。叶片长宽13.2cm×6.4cm，叶椭圆形，叶脉8对。萼片5片、多茸毛。花冠直径6.7cm×6.0cm，花瓣11枚，花柱先端4裂，子房有茸毛。果实扁球形
CX070	清水河大茶树6号	*C. crassicolumna*	楚雄市西舍路镇清水河村鲁大	2 082	5.7	3.0×5.6	0.8	乔木型，树姿直立。芽叶紫绿色、少茸毛。叶片长宽13.8cm×6.5cm，叶椭圆形，叶脉9对。萼片5片、多茸毛。花冠直径6.3cm×6.5cm，花瓣10枚，花柱先端4～5裂，子房有茸毛。果实扁球形
CX071	清水河大茶树7号	*C. crassicolumna*	楚雄市西舍路镇清水河村鲁大	2 080	7.0	4.0×3.8	1.0	小乔木型，树姿半开张。芽叶绿色、少茸毛。叶片长宽14.5cm×5.6cm，叶椭圆形，叶色深绿，叶脉11对。萼片5片、多茸毛。花冠直径6.2cm×6.8cm，花瓣11枚，花柱先端4～5裂，子房多茸毛。果实梅花形
CX072	清水河大茶树8号	*C. crassicolumna*	楚雄市西舍路镇清水河村鲁大	2 080	4.6	2.8×3.4	0.7	小乔木型，树姿半开张。芽叶紫绿色、少茸毛。叶片长宽14.0cm×6.3cm，叶椭圆形，叶色深绿，叶脉8对。叶身内折，叶面平，叶缘平，叶质硬，叶背主脉少茸毛。果实球形、梅花形
CX073	清水河大茶树9号	*C. crassicolumna*	楚雄市西舍路镇清水河村鲁大	2 047	5.5	3.0×3.0	0.6	小乔木型，树姿半开张。芽叶紫绿色、少茸毛。叶片长宽13.7cm×5.8cm，叶椭圆形，叶色深绿，叶脉9对。萼片5片、多茸毛。花冠直径4.2cm×4.7cm，花瓣10枚，花柱先端4～5裂，子房多茸毛。果实梅花形、扁球形
CX074	清水河大茶树10号	*C. crassicolumna*	楚雄市西舍路镇清水河村鲁大	2 042	7.0	4.5×3.3	0.8	小乔木型，树姿半开张。芽叶淡绿色、少茸毛。叶片长宽13.0cm×5.6cm，叶椭圆形，叶色深绿，叶脉8对。叶身内折，叶面平，叶缘平，叶质硬，叶背主脉少茸毛

（续）

种质编号	种质名称	物种名称	分布地点	海拔（m）	树高（m）	树幅（m×m）	基部干围（m）	主要形态
CX075	清水河大茶树 11 号	*C. crassicolumna*	楚雄市西舍路镇清水河村鲁大	2 040	7.0	5.0×3.8	1.0	小乔木型，树姿半开张。芽叶绿色、多茸毛。叶片长宽 14.5cm×5.3cm，叶长椭圆形，叶色深绿，叶脉 11 对。叶身平，叶面平，叶缘平，叶质硬
CX076	清水河大茶树 12 号	*C. crassicolumna*	楚雄市西舍路镇清水河村鲁大	2 057	6.3	4.4×3.5	0.8	乔木型，树姿直立。芽叶绿色、少茸毛。叶片长宽 16.0cm×6.3cm，叶长椭圆形，叶色深绿，叶脉 12 对，叶身平，叶缘平，叶面平，叶背主脉无茸毛，叶基楔形，叶尖急尖
CX077	清水河大茶树 13 号	*C. crassicolumna*	楚雄市西舍路镇清水河村鲁大	2 054	5.2	4.0×3.8	1.3	小乔木型，树姿直立。芽叶淡绿色、少茸毛。叶片长宽 15.8cm×5.6cm，叶长椭圆形，叶色深绿，叶脉 11 对。萼片 5 片、有茸毛。花冠直径 6.2cm×6.5cm，花瓣 12 枚，花柱先端 4～5 裂，子房多茸毛。果实梅花形
CX078	清水河大茶树 14 号	*C. crassicolumna*	楚雄市西舍路镇清水河村鲁大	2 050	8.5	4.0×3.8	1.2	小乔木型，树姿半开张。芽叶紫绿色、少茸毛。叶片长宽 14.0cm×5.3cm，叶长椭圆形，叶色绿，叶脉 10 对。萼片 5 片、被茸毛。花冠直径 4.8cm×6.0cm，花瓣 11 枚，花柱先端 5 裂，子房多茸毛。果实扁球形
CX079	清水河大茶树 15 号	*C. crassicolumna*	楚雄市西舍路镇清水河村鲁大	2 050	6.5	4.0×3.8	0.7	乔木型，树姿直立。芽叶紫绿色、少茸毛。叶片长宽 16.3cm×6.0cm，叶长椭圆形，叶色深绿，叶脉 12 对。叶身稍内折，叶面平，叶缘微波，叶质硬
CX080	岔河大茶树 1 号	*C. sinensis* var. *assamica*	楚雄市西舍路镇岔河村	1 890	5.8	3.0×4.2	1.3	小乔木型，树姿半开张。芽叶黄绿色、多茸毛。叶片长宽 14.7cm×5.2cm，叶长椭圆形，叶色浅绿，叶脉 11 对。萼片 5 片、无茸毛。花冠直径 3.2cm×3.7cm，花瓣 6 枚，花柱先端 3 裂，子房多茸毛
CX081	岔河大茶树 2 号	*C. sinensis* var. *assamica*	楚雄市西舍路镇岔河村	1 884	6.0	3.8×4.0	0.5	小乔木型，树姿半开张。芽叶淡绿色、多茸毛。叶片长宽 13.5cm×4.5cm，叶披针形，叶色绿，叶脉 12 对。萼片 5 片、无茸毛。花冠直径 3.7cm×3.0cm，花瓣 6 枚，花柱先端 3 裂，子房多茸毛。果实三角形
CX082	岔河大茶树 3 号	*C. sinensis* var. *assamica*	楚雄市西舍路镇岔河村	1 884	4.3	2.7×2.5	0.7	小乔木型，树姿半开张。芽叶紫绿色、少茸毛。叶片长宽 15.2cm×6.0cm，叶长椭圆形，叶色绿，叶身稍背卷，叶面微隆起，叶缘波，叶脉 10 对

（续）

种质编号	种质名称	物种名称	分布地点	海拔（m）	树高（m）	树幅（m×m）	基部干围（m）	主要形态
CX083	岔河大茶树4号	*C. sinensis* var. *assamica*	楚雄市西舍路镇岔河村	1 880	5.0	3.0×4.0	0.5	小乔木型，树姿半开张。芽叶黄绿色、多茸毛。叶片长宽 13.5cm×5.6cm，叶长椭圆，叶色绿，叶脉10对。萼片5片、无茸毛。花冠直径3.3cm×3.2cm，花瓣6枚，花柱先端3裂，子房多茸毛。果实三角形
CX084	岔河大茶树5号	*C. sinensis* var. *assamica*	楚雄市西舍路镇岔河村	1 887	4.0	3.0×2.5	1.0	小乔木型，树姿半开张。芽叶紫红色、少茸毛。叶片长宽 16.0cm×6.2cm，叶长椭圆形，叶色浅绿，叶身稍背卷，叶面微隆起，叶缘微波，叶脉11对
CX085	岔河大茶树6号	*C. sinensis* var. *assamica*	楚雄市西舍路镇岔河村	1 875	4.7	3.4×4.1	1.3	小乔木型，树姿半开张。芽叶淡绿色、茸毛中。叶片长宽 16.3cm×5.8cm，叶长椭圆形，叶色绿，叶身稍背卷，叶面微隆起，叶缘微波，叶脉12对。果实球形、三角形
CX086	岔河大茶树7号	*C. sinensis* var. *assamica*	楚雄市西舍路镇岔河村	1 870	3.6	2.9×2.0	0.8	小乔木型，树姿半开张。芽叶黄绿色、多茸毛。叶片长宽 14.4cm×5.0cm，叶长椭圆形，叶色绿，叶身稍背卷，叶面微隆起，叶缘波，叶脉10对。果实球形、三角形
CX087	德波苴大茶树1号	*C. sinensis* var. *assamica*	楚雄市西舍路镇德波苴村	1 760	3.8	2.0×2.5	1.6	小乔木型，树姿半开张。芽叶绿色、多茸毛。叶片长宽 13.5cm×5.7cm，叶椭圆形，叶色深绿，叶身稍内折，叶面平，叶缘平，叶脉11对。果实球形、三角形
CX088	德波苴大茶树2号	*C. sinensis* var. *assamica*	楚雄市西舍路镇德波苴村	1 760	4.0	2.8×2.5	0.5	小乔木型，树姿半开张。芽叶绿色、少茸毛。叶片长宽 13.0cm×5.4cm，叶长椭圆形，叶色深绿，叶身稍内折，叶面平起，叶缘微波，叶脉9对。果实球形、三角形
CX089	德波苴大茶树3号	*C. sinensis* var. *assamica*	楚雄市西舍路镇德波苴村	1 760	3.4	2.0×3.0	0.8	小乔木型，树姿半开张。芽叶紫绿色、少茸毛。叶片长宽 14.6cm×6.0cm，叶椭圆形，叶色深绿，叶脉10对。萼片5片、无茸毛。花冠直径3.0cm×2.4cm，花瓣6枚，花柱先端3裂，子房多茸毛。果实球形、三角形
CX090	德波苴大茶树4号	*C. sinensis* var. *assamica*	楚雄市西舍路镇德波苴村	1 768	6.0	4.0×3.3	0.8	小乔木型，树姿半开张。芽叶黄绿色、多茸毛。叶片长宽 15.7cm×6.3cm，叶长椭圆形，叶色绿，叶脉11对。萼片5片、无茸毛。花冠直径3.3cm×2.6cm，花瓣6枚，花柱先端3裂，子房多茸毛。果实球形、三角形

（续）

种质编号	种质名称	物种名称	分布地点	海拔（m）	树高（m）	树幅（m×m）	基部干围（m）	主要形态
CX091	德波苴大茶树5号	*C. sinensis* var. *assamica*	楚雄市西舍路镇德波苴村	1 775	4.0	2.8×3.5	1.0	小乔木型，树姿半开张。芽叶黄绿色、茸毛中。叶片长宽13.2cm×5.0cm，叶长椭圆形，叶色浅绿，叶脉9对。萼片5片、无茸毛。花冠直径2.5cm×2.0cm，花瓣6枚，花柱先端3裂，子房多茸毛。果实球形、三角形
CX092	德波苴大茶树6号	*C. sinensis* var. *dehungensis*	楚雄市西舍路镇德波苴村	1 775	5.6	3.0×3.0	0.5	小乔木型，树姿半开张。芽叶黄绿色、多茸毛。叶片长宽16.3cm×6.7cm，叶长椭圆形，叶色黄绿，叶脉13对。萼片5片、无茸毛。花冠直径3.4cm×3.4cm，花瓣6枚，花柱先端3裂，子房无茸毛。果实球形、三角形
CX093	德波苴大茶树7号	*C. sinensis* var. *assamica*	楚雄市西舍路镇德波苴村	1 782	5.0	3.4×3.3	0.6	小乔木型，树姿半开张。芽叶黄绿色、少茸毛。叶片长宽14.0cm×6.2cm，叶长椭圆形，叶色绿，叶脉10对。萼片5片、无茸毛。花冠直径3.7cm×3.0cm，花瓣6枚，花柱先端3裂，子房多茸毛。果实球形
CX094	洼尼么大茶树1号	*C. crassicolumna*	楚雄市西舍路镇西舍路村洼尼么	2 000	6.3	4.4×3.8	1.5	小乔木型，树姿开张。芽叶绿色、茸毛中。叶片长宽14.6cm×6.5cm，叶椭圆形，叶色深绿，叶脉9对。萼片5片、有茸毛。花冠直径5.0cm×5.0cm，花瓣9～11枚，花柱先端4～5裂，子房多茸毛
CX095	洼尼么大茶树2号	*C. crassicolumna*	楚雄市西舍路镇西舍路村洼尼么	2 000	6.0	4.8×5.0	1.2	乔木型，树姿半开张。芽叶绿色、少茸毛。叶片长宽13.0cm×6.0cm，叶椭圆形，叶脉8对，叶色深绿，叶身平，叶面平，叶缘平，叶质硬
CX096	洼尼么大茶树3号	*C. crassicolumna*	楚雄市西舍路镇西舍路村洼尼么	1 980	7.2	5.0×6.0	1.0	小乔木型，树姿半开张。芽叶绿色、少茸毛。叶片长宽15.2cm×5.6cm，叶椭圆形，叶脉11对，叶色深绿，叶身稍内折，叶背主脉少茸毛，叶面平，叶缘平，叶质硬
CX097	洼尼么大茶树4号	*C. crassicolumna*	楚雄市西舍路镇西舍路村洼尼么	2 000	5.0	4.0×3.0	0.8	小乔木型，树姿半开张。芽叶绿色、少茸毛。叶片长宽15.0cm×6.0cm，叶椭圆形，叶脉9对，叶色深绿，叶身稍内折，叶背主脉少茸毛，叶面平，叶缘平，叶质硬
CX098	洼尼么大茶树5号	*C. crassicolumna*	楚雄市西舍路镇西舍路村洼尼么	2 000	5.6	4.4×3.5	1.2	小乔木型，树姿半开张。芽叶绿色、少茸毛。叶片长宽14.6cm×5.3cm，叶椭圆形，叶脉10对，萼片5片、有茸毛。花冠直径5.6cm×5.8cm，花瓣9～11枚，花柱先端4～5裂，子房多茸毛

（续）

种质编号	种质名称	物种名称	分布地点	海拔（m）	树高（m）	树幅（m×m）	基部干围（m）	主要形态
CX099	洼尼么大茶树6号	*C. crassicolumna*	楚雄市西舍路镇西舍路村洼尼么	2 014	5.8	4.0×3.6	0.9	小乔木型，树姿半开张。芽叶绿色、少茸毛。叶片长宽12.8cm×4.3cm，叶长椭圆形，叶脉8对，萼片5片、有茸毛。花冠直径4.8cm×5.3cm，花瓣11枚，花柱先端4～5裂，子房多茸毛。果实扁球形
CX100	洼尼么大茶树7号	*C. crassicolumna*	楚雄市西舍路镇西舍路村洼尼么	2 014	6.4	4.4×3.8	0.7	小乔木型，树姿半开张。芽叶紫绿色、少茸毛。叶片长宽14.0cm×4.9cm，叶长椭圆形，叶脉11对，叶身内折，叶面平，叶缘平，叶质硬
CX101	洼尼么大茶树8号	*C. crassicolumna*	楚雄市西舍路镇西舍路村洼尼么	1 993	5.0	4.0×3.0	0.8	小乔木型，树姿半开张。芽叶淡绿色、少茸毛。叶片长宽13.2cm×5.8cm，叶椭圆形，叶脉8对，叶身少内折，叶面平，叶缘平，叶质硬
CX102	洼尼么大茶树9号	*C. crassicolumna*	楚雄市西舍路镇西舍路村洼尼么	1 995	7.2	5.2×3.5	0.5	乔木型，树姿直立。芽叶淡绿色、少茸毛。叶片长宽15.2cm×5.8cm，叶长椭圆形，叶脉9对，叶身内折，叶面平，叶缘平，叶质硬
CX103	密者大茶树1号	*C. sinensis* var. *assamica*	楚雄市新村镇密者村	1 800	4.9	3.0×3.0	2.1	小乔木型，树姿半开张。芽叶玉白色、茸毛多。叶长椭圆形，叶片长宽11.2cm×4.7cm，叶脉8对，叶色深绿，叶面微隆起，叶身稍内折，叶缘微波，叶尖渐尖，叶基楔，叶质中，叶背主脉有茸毛
CX104	密者大茶树2号	*C. sinensis* var. *assamica*	楚雄市新村镇密者村	1 800	5.5	2.5×3.5	1.2	小乔木型，树姿半开张。芽叶玉白色、茸毛多。叶长椭圆形，叶片长宽13.2cm×5.0cm，叶脉9对，叶色绿。萼片5片、无茸毛。花冠直径2.2cm×2.0cm，花瓣6枚，花柱先端3裂，子房多茸毛
CX105	密者大茶树3号	*C. sinensis* var. *assamica*	楚雄市新村镇密者村	1 800	3.7	2.0×2.1	1.6	小乔木型，树姿半开张。芽叶淡绿色、茸毛多。叶长椭圆形，叶片长宽11.0cm×4.7cm，叶脉7对，叶色深绿，叶面微隆起，叶身稍内折，叶缘微波，叶尖渐尖，叶基楔，叶质中，叶背主脉有茸毛
CX106	密者大茶树4号	*C. sinensis* var. *assamica*	楚雄市新村镇密者村	1 842	3.7	2.0×2.1	1.6	小乔木型，树姿半开张。芽叶淡绿色、茸毛多。叶长椭圆形，叶片长宽14.0cm×4.5cm，叶脉8对，叶色深绿，叶面微隆起，叶身稍背卷，叶缘微波，叶尖渐尖，叶基楔，叶质中，叶背主脉有茸毛
CX107	密者大茶树5号	*C. sinensis* var. *assamica*	楚雄市新村镇密者村	1 840	3.7	2.0×2.1	1.6	小乔木型，树姿半开张。芽叶黄绿色、茸毛多。叶长椭圆形，叶片长宽13.7cm×5.1cm，叶脉9对，叶色深绿，叶面平，叶身稍内折，叶缘平，叶尖渐尖，叶基楔，叶质硬，叶背主脉有茸毛

（续）

种质编号	种质名称	物种名称	分布地点	海拔（m）	树高（m）	树幅（m×m）	基部干围（m）	主要形态
CX108	密者大茶树6号	*C. sinensis* var. *assamica*	楚雄市新村镇密者村	1 840	3.7	2.0×2.1	1.6	小乔木型，树姿半开张。芽叶淡绿色、茸毛多。叶椭圆形，叶片长宽11.0cm×5.4cm，叶脉8对，叶色深绿，叶面微隆起，叶身稍内折，叶缘微波，叶尖渐尖，叶基楔，叶质中，叶背主脉有茸毛。果实球形
CX109	密者大茶树7号	*C. sinensis* var. *assamica*	楚雄市新村镇密者村	1 852	3.7	2.0×2.1	1.6	小乔木型，树姿半开张。芽叶黄绿色、茸毛中。叶长椭圆形，叶片长宽10.8cm×4.3cm，叶脉9对。萼片5片、无茸毛，花冠直径3.0cm×2.4cm，花瓣6枚，花柱先端3裂，子房多茸毛
SB001	义隆大茶树1号	*C. sinensis* var. *assamica*	双柏县鄂嘉镇义隆村龙树	1 654	8.4	5.8×5.2	1.3	小乔木型，树姿半开张。芽叶玉白色、茸毛多。叶椭圆形，叶片长宽10.9cm×3.7cm，叶脉8对，叶色深绿，叶面微隆起，叶身稍内折，叶缘微波，叶尖渐尖，叶基楔，叶质中，叶背主脉有茸毛
SB002	义隆大茶树2号	*C. sinensis* var. *assamica*	双柏县鄂嘉镇义隆村龙树	1 654	5.8	3.2×3.0	1.7	小乔木型，树姿半开张。芽叶黄绿色、多茸毛。叶片长宽15.6cm×6.3cm，叶长椭圆形，叶色绿，叶脉11对。萼片5片、无茸毛，花冠直径3.2cm×3.0cm，花瓣6枚，花柱先端3裂，子房多茸毛
SB003	义隆大茶树3号	*C. sinensis* var. *assamica*	双柏县鄂嘉镇义隆村龙树	1 660	4.5	3.0×3.6	0.8	小乔木型，树姿半开张。芽叶黄绿色、多茸毛。叶片长宽12.8cm×4.3cm，叶长椭圆形，叶色绿，叶脉7对。萼片5片、无茸毛，花冠直径3.0cm×2.5cm，花瓣6枚，花柱先端3裂，子房多茸毛
SB004	义隆大茶树4号	*C. sinensis* var. *assamica*	双柏县鄂嘉镇义隆村龙树	1 660	5.0	3.5×4.0	1.0	小乔木型，树姿半开张。芽叶黄绿色、多茸毛。叶片长宽14.0cm×6.0cm，叶椭圆形，叶色绿，叶脉8对。萼片5片、无茸毛，花冠直径3.5cm×3.2cm，花瓣7枚，花柱先端3裂，子房多茸毛
SB005	义隆大茶树5号	*C. sinensis*	双柏县鄂嘉镇义隆村	1 450	4.9	4.4×4.0	2.4	小乔木型，树姿半开张。芽叶黄绿色、多茸毛。叶片长宽9.0cm×3.4cm，叶披针形，叶色绿，叶面平，叶缘平，叶身平，叶尖渐尖，叶基楔形，叶脉7对，叶质中。萼片5片、无茸毛，花冠直径3.1cm×2.4cm，花瓣5～7枚，花柱先端3裂，子房多茸毛。果实三角形

（续）

种质编号	种质名称	物种名称	分布地点	海拔（m）	树高（m）	树幅（m×m）	基部干围（m）	主要形态
SB006	义隆大茶树6号	*C. sinensis* var. *assamica*	双柏县鄂嘉镇义隆村	1 460	4.0	4.4×4.0	1.6	小乔木型，树姿半开张。芽叶黄绿色、多茸毛。叶片长宽 14.0cm×4.6cm，叶披针形，叶色绿，叶面平，叶缘平，叶身平，叶尖渐尖，叶基楔形，叶脉11对，叶质中。萼片5片、无茸毛，花冠直径 3.5cm×3.4cm，花瓣7枚，花柱先端3裂，子房多茸毛。果实三角形
SB007	义隆大茶树7号	*C. sinensis* var. *assamica*	双柏县鄂嘉镇义隆村	1 450	5.5	4.4×4.0	0.8	小乔木型，树姿半开张。芽叶黄绿色、多茸毛。叶片长宽 13.7cm×4.4cm，叶披针形，叶色绿，叶面平，叶缘平，叶身平，叶尖渐尖，叶基楔形，叶脉12对，叶质中。萼片5片、无茸毛，花冠直径 3.5cm×3.0cm，花瓣6枚，花柱先端3裂，子房多茸毛。果实三角形
SB008	义隆大茶树8号	*C. sinensis* var. *assamica*	双柏县鄂嘉镇义隆村	1 770	8.5	5.2×4.0	1.8	小乔木型，树姿半开张。芽叶黄绿色、多茸毛。叶片长宽 12.2cm×5.4cm，叶椭圆形，叶色绿，叶脉8对。萼片5片、无茸毛，花冠直径3.0cm×3.0cm，花瓣6枚，花柱先端3裂，子房多茸毛。果实三角形
SB009	义隆红花茶	*C. sinensis*	双柏县鄂嘉镇义隆村	1 450	5.0	4.4×4.4	0.8	小乔木型，树姿开张。芽叶绿色、多茸毛。叶片长宽 8.5cm×3.5cm，叶椭圆形，叶色绿，叶脉8对。萼片5片、有茸毛，花冠直径 3.2cm×2.8cm，花瓣红色5～6枚，花柱先端3裂，子房多茸毛。果实三角形
SB010	梁子大茶树1号	*C. crassicolumna*	双柏县鄂嘉镇老厂村梁子	1 950	14.5	11.2×10.9	3.4	乔木型，树姿半开张。芽叶淡绿色、茸毛多。叶片长宽 14.8cm×5.5cm，叶长椭圆形，叶色绿，叶身平，叶面平，叶缘平，叶尖渐尖，叶基楔形，叶脉11对，叶质硬。萼片5片、有茸毛，花冠直径 6.0cm×5.4cm，花柱先端3～4裂，花瓣9～10枚，子房多茸毛
SB011	梁子大茶树2号	*C. crassicolumna*	双柏县鄂嘉镇老厂村梁子	1 965	12.0	8.6×8.7	3.2	乔木型，树姿半开张。芽叶绿色、茸毛多。叶片长宽 14.6cm×5.7cm，叶长椭圆形，叶色绿，叶身平，叶面平，叶缘平，叶尖渐尖，叶基楔形，叶脉10～11对，叶质硬。萼片5片、有茸毛，花冠直径 6.7cm×5.8cm，花柱先端3～5裂，花瓣9～11枚，子房多茸毛。果实球形
SB012	梁子大茶树3号	*C. crassicolumna*	双柏县鄂嘉镇老厂村梁子	1 960	8.0	5.0×4.0	1.7	小乔木型，树姿半开张。芽叶绿色、有茸毛多。叶片长宽 13.7cm×5.0cm，叶长椭圆形，叶色绿，叶身平，叶面平，叶缘平，叶尖渐尖，叶基楔形，叶脉10～11对，叶质硬

（续）

种质编号	种质名称	物种名称	分布地点	海拔（m）	树高（m）	树幅（m×m）	基部干围（m）	主要形态
SB013	梁子大茶树4号	*C. crassicolumna*	双柏县鄂嘉镇老厂村梁子	1 966	7.0	4.6×5.2	1.4	小乔木型，树姿半开张。芽叶绿色、多茸毛。叶片长宽 14.0cm×5.3cm，叶长椭圆形，叶色绿，叶身平，叶面平，叶缘平，叶尖渐尖，叶基楔形，叶脉 11 对，叶质硬
SB014	老厂大茶树1号	*C. crassicolumna*	双柏县鄂嘉镇老厂村茶树小组	2 398	7.5	6.3×6.5	3.0	小乔木型，树姿半开张。芽叶紫绿色、少茸毛。叶片长宽 13.6cm×6.5cm，叶椭圆形，叶脉 10 对，叶色深绿，叶身内折，叶面平，叶缘平。萼片 5 片、有茸毛。花冠直径 5.3cm×6.2cm，花瓣 9 枚，花柱先端 4～5 裂，子房多茸毛
SB015	老厂大茶树2号	*C. crassicolumna*	双柏县鄂嘉镇老厂村茶树小组	2 340	5.0	4.0×4.5	2.2	小乔木型，树姿直立。芽叶淡绿色、少茸毛。叶片长宽 14.2cm×6.0cm，叶椭圆形，叶脉 9 对，叶色深绿，叶身内折，叶面平，叶缘平。萼片 5 片、有茸毛。花冠直径 5.0cm×5.4cm，花瓣 11 枚，花柱先端 4～5 裂，子房多茸毛。果实扁球形
SB016	老厂大茶树3号	*C. crassicolumna*	双柏县鄂嘉镇老厂村茶树小组	2 380	6.5	3.3×3.5	1.6	小乔木型，树姿半开张。芽叶绿色、少茸毛。叶片长宽 15.0cm×5.5cm，叶长椭圆形，叶脉 8～10 对，叶色深绿，叶身内折，叶面平，叶缘平，叶质硬，叶背主脉少茸毛。果实球形
SB017	老厂大茶树4号	*C. crassicolumna*	双柏县鄂嘉镇老厂村茶树小组	2 380	5.7	4.3×3.5	1.2	小乔木型，树姿半开张。芽叶紫绿色、少茸毛。叶片长宽 13.8cm×5.7cm，叶椭圆形，叶脉 11 对，叶色深绿。萼片 5 片、有茸毛。花冠直径 6.0cm×6.5cm，花瓣 9 枚，花柱先端 3～4 裂，子房多茸毛
SB018	老厂大茶树5号	*C. crassicolumna*	双柏县鄂嘉镇老厂村茶树小组	2 380	5.0	4.0×4.0	0.9	小乔木型，树姿半开张。芽叶紫绿色、少茸毛。叶片长宽 15.2cm×6.3cm，叶椭圆形，叶脉 10 对，叶色深绿，叶身内折，叶面平，叶缘平。萼片 5 片、有茸毛。花冠直径 5.7cm×6.0cm，花瓣 11 枚，花柱先端 4～5 裂，子房多茸毛
SB019	红山大茶树1号	*C. crassicolumna*	双柏县鄂嘉镇红山村榨房	2 142	15.0	8.0×8.0	1.9	乔木型，树姿半开张。芽叶黄绿色、有茸毛，叶长椭圆形，叶色绿，叶片长宽 13.5cm×6.3cm，叶脉 8 对，叶身平，叶面平，叶缘平。花冠直径 4.2cm×4.1cm，萼片 5 片、有茸毛，花柱先端 3～5 裂，花瓣 9～10 枚，子房多毛

（续）

种质编号	种质名称	物种名称	分布地点	海拔（m）	树高（m）	树幅（m×m）	基部干围（m）	主要形态
SB020	红山大茶树2号	*C. crassicolumna*	双柏县鄂嘉镇红山村榨房	2 000	7.3	5.6×5.3	1.4	小乔木型，树姿半开张。芽叶黄绿色、有茸毛，叶长椭圆形，叶色绿，叶片长宽14.7cm×6.0cm，叶脉10对。花冠直径5.6cm×4.4cm，萼片5片、有茸毛，花柱先端4～5裂，花瓣8枚，子房多毛
SB021	红山大茶树3号	*C. crassicolumna*	双柏县鄂嘉镇红山村榨房	2 020	6.0	5.0×5.5	1.2	小乔木型，树姿半开张。芽叶绿色、有茸毛，叶长椭圆形，叶片长宽13.7cm×5.6cm，叶色深绿，叶脉9对。萼片5片、有茸毛，花冠直径4.2cm×5.7cm，花柱先端4～5裂，花瓣11枚，子房多毛。果实球形
SB022	红山大茶树4号	*C. crassicolumna*	双柏县鄂嘉镇红山村榨房	2 020	5.3	3.0×4.0	1.0	小乔木型，树姿半开张。芽叶绿色、有茸毛，叶长椭圆形，叶片长宽15.3cm×6.0cm，叶色深绿，叶脉11对。萼片5片、有茸毛，花冠直径5.0cm×5.3cm，花柱先端4～5裂，花瓣9枚，子房多毛。果实球形
SB023	红山大茶树5号	*C. crassicolumna*	双柏县鄂嘉镇红山村榨房	2 008	5.8	4.0×4.2	0.8	小乔木型，树姿半开张。芽叶紫绿色、有茸毛，叶椭圆形，叶片长宽15.0cm×6.3cm，叶色深绿，叶脉11对。萼片5片、有茸毛，花冠直径6.0cm×6.5cm，花柱先端4～5裂，花瓣11枚，子房多毛。果实球形
SB024	红山大茶树6号	*C. crassicolumna*	双柏县鄂嘉镇红山村榨房	2 008	5.0	3.0×4.0	0.6	小乔木型，树姿半开张。芽叶绿色、有茸毛，叶椭圆形，叶片长宽13.9cm×6.0cm，叶色深绿，叶脉8对，叶身内折，叶面平，叶缘平，叶质硬
SB025	红山大茶树7号	*C. crassicolumna*	双柏县鄂嘉镇红山村榨房	2 012	6.3	4.5×3.2	0.8	小乔木型，树姿半开张。芽叶紫绿色、有茸毛，叶长椭圆形，叶片长宽15.5cm×6.0cm，叶色深绿，叶脉11对。萼片5片、有茸毛，花冠直径6.4cm×6.0cm，花柱先端4～5裂，花瓣11枚，子房多毛。果实扁球形
SB026	红山大茶树8号	*C. crassicolumna*	双柏县鄂嘉镇红山村榨房	2 017	8.7	3.0×4.8	0.5	小乔木型，树姿半开张。芽叶淡绿色、有茸毛，叶长椭圆形，叶片长宽13.9cm×4.8cm，叶色深绿，叶脉8对，叶身内折，叶面平，叶缘平，叶质硬
SB027	红山大茶树9号	*C. crassicolumna*	双柏县鄂嘉镇红山村榨房	2 010	4.5	2.0×2.7	1.0	乔木型，树姿直立。芽叶绿色、有茸毛，叶长椭圆形，叶片长宽13.9cm×5.4cm，叶色绿，叶脉10对，叶身稍内折，叶面平，叶缘平，叶质硬，叶背主脉无茸毛

（续）

种质编号	种质名称	物种名称	分布地点	海拔（m）	树高（m）	树幅（m×m）	基部干围（m）	主要形态
SB028	红山大茶树10号	*C. crassicolumna*	双柏县鄂嘉镇红山村榨房	2 010	5.0	3.0×4.4	0.6	乔木型，树姿直立。芽叶紫绿色、有茸毛，叶椭圆形，叶片长宽14.5cm×5.0cm，叶色深绿，叶脉9对，叶身内折，叶面平，叶缘平，叶质硬
SB029	旧丈大茶树1号	*C. sinensis* var. *assamica*	双柏县鄂嘉镇旧丈村竹林山	1 900	4.9	4.4×4.5	1.2	小乔木型，树姿开张。芽叶黄绿色、茸毛多。叶椭圆形，叶色绿，叶片长宽13.7cm×5.4cm，叶脉8对。花冠直径3.6cm×4.3cm，萼片5片，花柱先端3～4裂，花瓣5～7枚，子房多茸毛。果实三角形
SB030	旧丈大茶树2号	*C. sinensis* var. *assamica*	双柏县鄂嘉镇旧丈村竹林山	1 907	4.0	3.0×3.5	1.0	小乔木型，树姿半开张。芽叶黄绿色、茸毛多。叶椭圆形，叶色绿，叶片长宽12.4cm×5.0cm，叶脉8对。花冠直径3.0cm×3.2cm，萼片5片，花柱先端3裂，花瓣7枚，子房多茸毛。果实三角形
SB031	旧丈大茶树3号	*C. sinensis* var. *assamica*	双柏县鄂嘉镇旧丈村竹林山	1 904	3.8	3.0×2.3	0.7	小乔木型，树姿半开张。芽叶绿色、茸毛多。叶长椭圆形，叶色绿，叶片长宽15.2cm×5.4cm，叶脉11对。花冠直径3.0cm×3.6cm，萼片5片，花柱先端3裂，花瓣6枚，子房多茸毛。果实三角形、球形
SB032	旧丈大茶树4号	*C. sinensis* var. *assamica*	双柏县鄂嘉镇旧丈村竹林山	1 923	6.2	4.0×3.8	1.0	小乔木型，树姿半开张。芽叶黄绿色、茸毛中。叶长椭圆形，叶色绿，叶片长宽12.4cm×4.7cm，叶脉8对。花冠直径3.5cm×3.0cm，萼片5片、无茸毛，花柱先端3裂，花瓣7枚，子房多茸毛。果实三角形
SB033	旧丈大茶树5号	*C. sinensis* var. *assamica*	双柏县鄂嘉镇旧丈村竹林山	1 924	3.9	3.5×2.8	0.8	小乔木型，树姿半开张。芽叶黄绿色、多茸毛。叶长椭圆形，叶色绿，叶片长宽15.0cm×5.8cm，叶脉11对。花冠直径2.8cm×3.3cm，萼片5片、无茸毛，花柱先端3裂，花瓣6枚，子房多茸毛。果实三角形、球形
SB034	旧丈大茶树6号	*C. sinensis* var. *assamica*	双柏县鄂嘉镇旧丈村竹林山	1 915	4.6	2.7×3.0	0.8	小乔木型，树姿直立。芽叶绿色、茸毛中。叶椭圆形，叶色深绿，叶片长宽13.0cm×5.6cm，叶脉8对。花冠直径3.4cm×4.0cm，萼片5片、无茸毛，花柱先端3裂，花瓣6枚，子房多茸毛。果实三角形
SB035	旧丈大茶树7号	*C. sinensis* var. *assamica*	双柏县鄂嘉镇旧丈村竹林山	1 915	3.8	2.0×2.5	0.7	小乔木型，树姿半开张。芽叶黄绿色、茸毛多。叶长椭圆形，叶色绿，叶片长宽15.4cm×5.5cm，叶脉10对。花冠直径3.4cm×3.2cm，萼片5片、无茸毛，花柱先端3裂，花瓣6枚，子房多茸毛

（续）

种质编号	种质名称	物种名称	分布地点	海拔（m）	树高（m）	树幅（m×m）	基部干围（m）	主要形态
SB036	旧丈大茶树8号	*C. sinensis* var. *assamica*	双柏县鄂嘉镇旧丈村竹林山	1 910	4.5	3.0×2.0	1.0	小乔木型，树姿直立。芽叶浅绿色、茸毛少。叶长椭圆形，叶色绿，叶片长宽 14.9cm×5.0cm，叶脉 9 对。花冠直径 2.7cm×3.4cm，萼片 5 片，花柱先端 3 裂，花瓣 5 枚，子房多茸毛。果实三角形、球形
SB037	旧丈大茶树9号	*C. sinensis* var. *assamica*	双柏县鄂嘉镇旧丈村竹林山	1 920	5.0	3.7×2.3	0.9	小乔木型，树姿半开张。芽叶黄绿色、茸毛多。叶长椭圆形，叶色绿，叶片长宽 16.5cm×6.2cm，叶脉 12 对。花冠直径 4.0cm×3.6cm，萼片 5 片，花柱先端 3 裂，花瓣 6 枚，子房多茸毛。果实三角形、球形
SB038	旧丈大茶树10号	*C. sinensis* var. *assamica*	双柏县鄂嘉镇旧丈村竹林山	1 905	6.3	3.7×4.5	0.9	小乔木型，树姿半开张。芽叶黄绿色、茸毛多。叶椭圆形，叶色绿，叶片长宽 14.2cm×5.4cm，叶脉 11 对。花冠直径 3.0cm×2.0cm，萼片 5 片，花柱先端 3 裂，花瓣 6 枚，子房多茸毛。果实三角形
SB039	旧丈大茶树11号	*C. sinensis* var. *assamica*	双柏县鄂嘉镇旧丈村竹林山	1 905	4.0	3.0×3.0	0.7	小乔木型，树姿半开张。芽叶黄绿色、茸毛多。叶椭圆形，叶色绿，叶片长宽 15.7cm×5.2cm，叶脉 10 对。花冠直径 2.4cm×2.7cm，萼片 5 片，花柱先端 3 裂，花瓣 6 枚，子房多茸毛。果实三角形
SB040	麻旺大茶树1号	*C. sinensis*	双柏县鄂嘉镇麻旺村大丫口	1 760	8.7	6.0×6.8	2.2	小乔木，树姿开张。芽叶黄绿色、茸毛多。叶椭圆形，叶色绿，叶片长宽 11.3cm×4.4cm，叶面平，叶缘平，叶身平，叶尖渐尖，叶基楔形，叶脉 8 对。花冠直径 3.5cm×4.3cm，萼片 5 片，花柱先端 3 裂，花瓣 6～7 枚，子房多茸毛
SB041	麻旺大茶树2号	*C. sinensis* var. *assamica*	双柏县鄂嘉镇麻旺村大丫口	1 772	7.0	5.0×4.5	1.8	乔木型，树姿直立。芽叶黄绿色、茸毛多。叶长椭圆形，叶色绿，叶片长宽 13.6cm×5.2cm，叶脉 8 对。花冠直径 3.2cm×2.7cm，萼片 5 片、无茸毛，花柱先端 3 裂，花瓣 6～7 枚，子房多茸毛。果实球形、三角形
SB042	麻旺大茶树3号	*C. sinensis* var. *assamica*	双柏县鄂嘉镇麻旺村大丫口	1 763	4.5	3.0×4.2	1.3	乔木型，树姿直立。芽叶黄绿色、茸毛多。叶长椭圆形，叶色绿，叶片长宽 15.0cm×5.7cm，叶脉 11 对。花冠直径 2.5cm×2.6cm，萼片 5 片，花柱先端 3 裂，花瓣 7 枚，子房多茸毛。果实球形、三角形
SB043	麻旺大茶树4号	*C. sinensis* var. *assamica*	双柏县鄂嘉镇麻旺村大丫口	1 760	5.0	3.0×3.8	0.8	小乔木，树姿半开张。芽叶绿色、茸毛多。叶长椭圆形，叶色绿，叶片长宽 15.8cm×5.4cm，叶面隆起，叶缘波，叶身内折，叶脉 9 对。花冠直径 2.5cm×3.0cm，萼片 5 片、无茸毛，花柱先端 3 裂，花瓣 6 枚，子房多茸毛。果实球形三角形

（续）

种质编号	种质名称	物种名称	分布地点	海拔（m）	树高（m）	树幅（m×m）	基部干围（m）	主要形态
SB044	麻旺大茶树5号	*C. sinensis* var. *assamica*	双柏县鄂嘉镇麻旺村大丫口	1 772	5.5	3.0×4.2	1.3	小乔木型，树姿半开张。芽叶黄绿色、茸毛多。叶长椭圆形，叶色绿，叶片长宽 15.7cm×5.3cm，叶脉 11 对。花冠直径 2.9cm×2.6cm，萼片 5 片，花柱先端 3 裂，花瓣 6 枚，子房多茸毛。果实球形、三角形
SB045	麻旺大茶树6号	*C. sinensis* var. *assamica*	双柏县鄂嘉镇麻旺村大丫口	1 768	5.8	3.0×3.8	0.8	小乔木，树姿半开张。芽叶黄绿色、多茸毛。叶长椭圆形，叶色绿，叶片长宽 14.8cm×5.0cm，叶脉 9 对。花冠直径 2.5cm×3.3cm，萼片 5 片、无茸毛，花柱先端 3 裂，花瓣 7 枚，子房多茸毛。果实球形、三角形
SB046	麻旺大茶树7号	*C. sinensis* var. *assamica*	双柏县鄂嘉镇麻旺村大丫口	1 763	8.4	3.0×4.2	1.3	乔木型，树姿直立。芽叶黄绿色、茸毛多。叶长椭圆形，叶色深绿，叶片长宽 14.4cm×5.3cm，叶脉 9 对。花冠直径 3.6cm×4.0cm，萼片 5 片、无茸毛，花柱先端 3 裂，花瓣 7 枚，子房多茸毛。果实球形、三角形
SB047	麻旺大茶树8号	*C. sinensis* var. *assamica*	双柏县鄂嘉镇麻旺村大丫口	1 770	7.0	3.0×3.8	0.8	乔木型，树姿半开张。芽叶淡绿色、茸毛中。叶长椭圆形，叶色绿，叶片长宽 16.3cm×5.7cm，叶脉 10 对。花冠直径 2.8cm×3.4cm，萼片 5 片、无茸毛，花柱先端 3 裂，花瓣 6 枚，子房多茸毛。果实球形、三角形
NH001	丁家寨大茶树1号	*C. sinensis* var. *assamica*	南华县马街镇威车村丁家寨	1 652	6.6	5.6×6.3	1.5	小乔木型，树姿开张。芽叶绿色、茸毛中。叶片长宽 15.6cm×5.8cm，叶长椭圆形，叶色绿，叶脉 10 对，叶背茸毛较多。萼片 5 片、无茸毛，花柱先端 3 裂，子房有茸毛，花冠直径 4.8cm×4.9cm，花瓣 7 枚。果实球形、三角形
NH002	丁家寨大茶树2号	*C. sinensis* var. *assamica*	南华县马街镇威车村丁家寨	1 652	5.5	3.7×3.2	1.1	小乔木型，树姿半开张。芽叶绿色、茸毛中。叶片长宽 15.3cm×5.2cm，叶长椭圆形，叶色绿，叶脉 9 对，叶背茸毛多。萼片 5 片、无茸毛，花柱先端 3 裂，子房有茸毛，花冠直径 2.8cm×2.5cm，花瓣 5 枚。果实球形、三角形
NH003	丁家寨大茶树3号	*C. sinensis* var. *assamica*	南华县马街镇威车村丁家寨	1 677	6.0	4.2×3.5	0.9	小乔木型，树姿开张。芽叶绿色、茸毛中。叶片长宽 13.8cm×5.0cm，叶长椭圆形，叶色绿，叶脉 10 对。萼片 5 片、无茸毛，花柱先端 3 裂，子房有茸毛，花冠直径 3.6cm×4.0cm，花瓣 6 枚。果实球形、三角形

（续）

种质编号	种质名称	物种名称	分布地点	海拔（m）	树高（m）	树幅（m×m）	基部干围（m）	主要形态
NH004	丁家寨大茶树4号	*C. sinensis* var. *assamica*	南华县马街镇威车村丁家寨	1 673	5.8	3.5×3.0	0.8	小乔木型，树姿半开张。芽叶黄绿色、茸毛中。叶片长宽13.3cm×5.2cm，叶长椭圆形，叶色绿，叶脉11对，叶背茸毛多。萼片5片、无茸毛，花柱先端3裂，子房有茸毛，花冠直径3.4cm×3.5cm，花瓣5枚。果实球形、三角形
NH005	丁家寨大茶树5号	*C. sinensis* var. *assamica*	南华县马街镇威车村丁家寨	1 658	6.0	4.4×3.3	1.2	小乔木型，树姿开张。芽叶黄绿色、茸毛中。叶片长宽13.3cm×5.0cm，叶长椭圆形，叶色绿，叶脉10对，叶身稍背卷，叶面微隆起，叶缘微波，叶质硬，叶背主脉有茸毛，叶脉9对
NH006	丁家寨大茶树6号	*C. sinensis* var. *assamica*	南华县马街镇威车村丁家寨	1 660	4.5	3.5×3.0	1.0	小乔木型，树姿半开张。芽叶紫红色、茸毛中。叶片长宽12.7cm×4.7cm，叶长椭圆形，叶色绿，叶身稍背卷，叶面微隆起，叶缘微波，叶质硬，叶背主脉有茸毛，叶脉7对
NH007	丁家寨大茶树7号	*C. sinensis* var. *assamica*	南华县马街镇威车村丁家寨	1 660	4.6	2.6×2.3	0.8	小乔木型，树姿开张。芽叶绿色、茸毛中。叶片长宽15.0cm×5.5cm，叶长椭圆形，叶色绿，叶脉10对，叶背主脉有茸毛。萼片5片、无茸毛，花柱先端3裂，子房有茸毛，花冠直径3.8cm×3.2cm，花瓣7枚。果实球形、三角形
NH008	丁家寨大茶树8号	*C. sinensis* var. *assamica*	南华县马街镇威车村丁家寨	1 665	8.3	3.7×5.0	1.1	小乔木型，树姿半开张。芽叶绿色、茸毛中。叶片长宽12.2cm×4.8cm，叶长椭圆形，叶色绿，叶脉8对，叶背主脉有茸毛。萼片5片、无茸毛，花柱先端3裂，子房有茸毛，花冠直径2.8cm×2.7cm，花瓣5枚。果实球形、三角形
NH009	兴榨房大茶树1号	*C. crassicolumna*	南华县马街镇威车村兴榨房	1 784	7.9	2.7×2.7	0.8	乔木型，树姿直立。芽叶绿色,、少茸毛。叶片长宽13.6cm×4.8cm，叶长椭圆形，叶脉9对，叶色深绿，叶面平，叶身内折，叶缘平，叶尖渐尖，叶基楔形，叶质硬，叶背主脉无茸毛。萼片5片，多茸毛，花柱先端5裂，裂位深，子房有茸毛，花冠直径7.2cm×6.4cm，花瓣10～11枚、白色、质地厚
NH010	兴榨房大茶树2号	*C. crassicolumna*	南华县马街镇威车村兴榨房	1 772	5.8	3.3×4.2	1.5	乔木型，树姿直立。芽叶绿色、少茸毛。叶片长宽14.5cm×5.2cm，叶长椭圆形，叶脉9～11对，叶色深绿，叶面平，叶身内折，叶缘平，叶尖渐尖，叶基楔形，叶背主脉无茸毛。萼片5片、多茸毛，花柱先端5裂，裂位深，子房有茸毛，花冠直径5.7cm×6.0cm，花瓣10枚、质地厚

（续）

种质编号	种质名称	物种名称	分布地点	海拔（m）	树高（m）	树幅（m×m）	基部干围（m）	主要形态
NH011	兴榨房大茶树3号	*C. crassicolumna*	南华县马街镇威车村兴榨房	1 780	7.7	3.2×3.5	1.6	乔木型，树姿直立。芽叶紫绿色，少茸毛。叶长椭圆形，叶色深绿，叶片长宽15.8cm×6.0cm，叶面平，微隆，叶缘平，叶身稍内折，叶尖渐尖，叶基楔形，叶脉9～13对，叶质厚。花冠直径5.6cm×5.5cm，花柱先端4～5裂，花瓣9～11枚，萼片5片、有茸毛，子房多茸毛
NH012	兴榨房大茶树4号	*C. crassicolumna*	南华县马街镇威车村兴榨房	1 784	7.0	3.7×3.0	1.4	小乔木型，树姿半开张。芽叶绿色，少茸毛。叶长椭圆形，叶色深绿，叶片长宽14.5cm×5.4cm，叶面平，叶缘平，叶身稍内折，叶尖渐尖，叶基楔形，叶脉8对，叶质厚
NH013	兴榨房大茶树5号	*C. crassicolumna*	南华县马街镇威车村兴榨房	1 780	6.2	5.5×3.2	0.9	小乔木型，树姿直立。芽叶紫绿色，有茸毛。叶椭圆形，叶色深绿，叶片长宽13.4cm×5.7cm，叶面平，叶缘平，叶身稍内折，叶尖渐尖，叶基楔形，叶脉10对，叶质厚
NH014	兴榨房大茶树6号	*C. crassicolumna*	南华县马街镇威车村兴榨房	1 775	6.0	4.0×4.0	1.0	小乔木型，树姿半开张。芽叶绿色，少茸毛。叶长椭圆形，叶色深绿，叶片长宽16.0cm×5.3cm，叶脉8对，叶质厚。花冠直径5.8cm×6.5cm，花柱先端4～5裂，花瓣11枚，萼片5片、有茸毛，子房多茸毛
NH015	兴榨房大茶树7号	*C. crassicolumna*	南华县马街镇威车村兴榨房	1 777	8.3	6.2×5.5	1.6	乔木型，树姿直立。芽叶紫绿色，少茸毛。叶长椭圆形，叶色深绿，叶片长宽14.2cm×5.7cm，叶脉9对。花冠直径5.8cm×5.0cm，花柱先端4～5裂，花瓣9～11枚，萼片5片、有茸毛，子房多茸毛
NH016	兴榨房大茶树8号	*C. crassicolumna*	南华县马街镇威车村兴榨房	1 775	7.0	5.0×3.8	1.4	乔木型，树姿直立。芽叶绿色，少茸毛。叶长椭圆形，叶色深绿，叶片长宽15.0cm×5.4cm，叶面平，叶缘微波，叶身稍内折，叶尖渐尖，叶基楔形，叶脉9～11对，叶质厚。果实球形、扁球形
NH017	兴榨房大茶树9号	*C. crassicolumna*	南华县马街镇威车村兴榨房	1 780	5.4	3.5×4.2	1.3	小乔木型，树姿开张。芽叶紫绿色、多茸毛。叶椭圆形，叶色深绿，叶片长宽13.7cm×6.2cm，叶身稍内折，叶面平，叶缘平，叶尖渐尖，叶基楔形，叶脉9～13对，叶质厚
NH018	上村大茶树1号	*C. crassicolumna*	南华县兔街镇干龙潭村上村小组	2 155	10.3	4.5×4.3	1.6	乔木型，树姿直立。叶椭圆形，叶片长宽12.8cm×5.4cm，叶脉8对，叶色深绿，叶面平，叶身内折，叶缘平，叶尖渐尖，叶基楔形，叶质硬，叶背主脉无茸毛。芽叶绿色，少茸毛。萼片5片，多茸毛，花柱先端5裂，子房有茸毛，花冠直径7.0cm×6.4cm，花瓣9枚，花瓣质地厚

（续）

种质编号	种质名称	物种名称	分布地点	海拔（m）	树高（m）	树幅（m×m）	基部干围（m）	主要形态
NH019	上村大茶树2号	*C. crassicolumna*	南华县兔街镇干龙潭村上村小组	2 108	8.3	5.8×3.9	1.2	小乔木型，树姿半开张。叶长椭圆形，叶片长宽17.1cm×6.7cm，叶脉11对，叶色深绿，叶面平，叶身平，叶缘平，叶尖渐尖，叶基楔形，叶质硬，叶背少无茸毛。芽叶绿色、少茸毛。萼片5片、多茸毛，花柱先端4～5裂，子房有茸毛，花冠直径6.4cm×7.0cm，花瓣10枚。果实扁球形
NH020	上村大茶树1号	*C. crassicolumna*	南华县兔街镇干龙潭村上村小组	2 088	4.5	3.6×3.5	0.6	小乔木型，树姿半开张。叶长椭圆形，叶片长宽14.3cm×5.4cm，叶脉9对，叶色深绿，叶面平，叶身内折，叶缘平，叶尖渐尖，叶基楔形，叶质硬，叶背主脉无茸毛。芽叶绿色、少茸毛。萼片5片、多茸毛，花柱先端4～5裂，子房有茸毛，花冠直径7.3cm×7.2cm，花瓣10～11枚。果实扁球形
NH021	上村大茶树3号	*C. crassicolumna*	南华县兔街镇干龙潭村上村小组	2 118	8.8	5.7×6.5	1.3	小乔木型，树姿半开张。叶长椭圆形，叶片长宽16.8cm×6.9cm，叶脉9对，叶色深绿，叶面平，叶身平，叶缘平，叶尖渐尖，叶基楔形，叶质硬，叶背少无茸毛。芽叶紫绿色、少茸毛。萼片5片、多茸毛，花柱先端5裂，子房有茸毛，花冠直径6.8cm×7.4cm，花瓣10枚。果实扁球形
NH022	上村大茶树4号	*C. crassicolumna*	南华县兔街镇干龙潭村上村小组	2 108	9.4	8.2×7.3	1.3	小乔木型，树姿半开张。叶椭圆形，叶片长宽15.2cm×7.2cm，叶脉9对，叶色深绿，叶面平，叶身内折，叶缘平，叶尖渐尖，叶基楔形，叶质硬，叶背主脉无茸毛，芽叶绿色，少茸毛。萼片5片，多茸毛，花柱先端5裂，子房有茸毛，花冠直径5.2cm×7.0cm，花瓣11枚
NH023	上村大茶树5号	*C. crassicolumna*	南华县兔街镇干龙潭村上村小组	2 110	8.9	6.0×6.5	1.4	小乔木型，树姿半开张。叶长椭圆形，叶片宽长16.4cm×6.6cm，叶脉10对，叶色深绿，叶面平，叶身内折，叶缘平，叶尖渐尖，叶基楔形，叶背主脉无茸毛。芽叶绿色、少茸毛。萼片5片、有茸毛，花柱先端5裂，子房有茸毛，花冠直径5.3cm×5.8cm，花瓣10枚，花瓣质地厚。果实球形
NH024	上村大茶树6号	*C. crassicolumna*	南华县兔街镇干龙潭村上村小组	2 150	8.0	6.0×7.7	1.3	小乔木型，树姿半开张。叶长椭圆形，叶片长宽14.4cm×5.8cm，叶脉10对，叶色绿，叶面微隆起，叶身平，叶缘微波，叶尖渐尖，叶基楔形，叶质硬，叶背主脉无茸毛，芽叶色泽淡绿，多茸毛。萼片5片、有茸毛，花柱先端4裂，子房有茸毛，花冠直径6.5cm×5.7cm，花瓣10枚。果实扁球形

（续）

种质编号	种质名称	物种名称	分布地点	海拔（m）	树高（m）	树幅（m×m）	基部干围（m）	主要形态
NH025	上村大茶树8号	*C. crassicolumna*	南华县兔街镇干龙潭村上村小组	2 155	7.0	5.2×6.0	1.2	乔木型，树姿直立。芽叶绿色、有茸毛。叶长椭圆形，叶片长宽12.5cm×4.7cm，叶脉8对，叶色深绿，叶面平，叶身内折，叶缘平，叶尖渐尖，叶基楔形，叶质硬，叶背主脉少茸毛。萼片5片、有茸毛，花柱先端5裂，子房有茸毛，花冠直径6.3cm×4.7cm，花瓣9枚，花瓣质地厚
NH026	上村大茶树9号	*C. crassicolumna*	南华县兔街镇干龙潭村上村小组	2 160	6.3	5.8×4.0	1.0	小乔木型，树姿半开张。芽叶紫绿色、少茸毛，叶长椭圆形，叶片长宽14.0cm×5.8cm，叶脉11对，叶色深绿，叶面平，叶身内折，叶缘平，叶尖渐尖，叶基楔形，叶质硬，叶背主脉有茸毛
NH027	上村大茶树10号	*C. crassicolumna*	南华县兔街镇干龙潭村上村小组	2 162	5.4	4.0×4.5	0.8	小乔木型，树姿半开张，芽叶绿色、少茸毛。叶椭圆形，叶片长宽12.8cm×5.8cm，叶脉8对，叶色深绿，叶面平，叶身内折，叶缘平，叶尖渐尖，叶基楔形，叶质硬，叶背主脉有茸毛
NH028	上村大茶树11号	*C. crassicolumna*	南华县兔街镇干龙潭村上村小组	2 162	8.7	6.5×4.0	1.2	乔木型，树姿直立。叶长椭圆形，叶片长宽16.0cm×5.5cm，叶脉11对。萼片5片、多茸毛，花柱先端5裂，子房有茸毛，花冠直径5.7cm×6.0cm，花瓣9枚。果实球形、扁球形
NH029	下村大茶树1号	*C. sinensis* var. *assamica*	南华县兔街镇干龙潭村下村小组	2 090	4.8	4.5×4.2	1.4	小乔木型，树姿半开张。叶椭圆形，叶片长宽13.5cm×5.5cm，叶脉10对，叶色深绿。芽叶绿色、多茸毛。萼片5片、无茸毛，花柱先端3裂，子房有茸毛，花冠直径3.0cm×2.4cm，花瓣6枚。果实三角形
NH030	下村大茶树2号	*C. sinensis* var. *pubilimba*	南华县兔街镇干龙潭村下村小组	2 088	8.5	8.6×8.2	1.5	小乔木型，树姿开张。芽叶绿色、多茸毛。叶片长宽14.4cm×7.1cm，叶卵圆形，叶色绿，叶脉8对。萼片5片、有茸毛，花柱先端3裂，子房有茸毛，花冠直径3.5cm×2.6cm，花瓣7枚。果实三角形、球形
NH031	下村大茶树3号	*C. sinensis* var. *pubilimba*	南华县兔街镇干龙潭村下村小组	2 088	7.0	6.8×5.2	1.5	小乔木型，树姿半开张。芽叶紫红色、有茸毛，叶片长宽14.0cm×5.0cm，叶长椭圆形，叶脉9对，叶色绿。萼片5片、有茸毛、绿色，花柱先端3裂，子房有茸毛，花冠直径2.8cm×2.6cm，花瓣7枚、质地薄。果实球形、三角形

（续）

种质编号	种质名称	物种名称	分布地点	海拔（m）	树高（m）	树幅（m×m）	基部干围（m）	主要形态
NH032	下村大茶树4号	*C. sinensis* var. *assamica*	南华县兔街镇干龙潭村下村小组	2 090	4.6	3.7×3.2	1.2	小乔木型，树姿半开张。芽叶黄绿色、多茸毛。叶长椭圆形，叶片长宽15.7cm×6.3cm，叶脉10对，叶色绿。萼片5片、无茸毛，花柱先端3裂，子房有茸毛，花冠直径3.7cm×4.3cm，花瓣6枚。果实三角形
NH033	下村大茶树5号	*C. sinensis* var. *pubilimba*	南华县兔街镇干龙潭村下村小组	2 088	5.5	2.6×4.2	1.5	小乔木型，树姿开张。芽叶玉白色、特多茸毛。叶片长宽11.8cm×4.0cm，叶长椭圆形，叶色浅绿，叶脉10对。萼片5片、有茸毛，花柱先端3裂，子房有茸毛，花冠直径2.2cm×2.7cm，花瓣5枚。果实三角形、球形
NH034	下村大茶树6号	*C. sinensis* var. *pubilimba*	南华县兔街镇干龙潭村下村小组	2 083	4.3	2.5×2.2	1.0	小乔木型，树姿半开张。芽叶玉白色、多茸毛。叶片长宽12.6cm×4.9cm，叶长椭圆形，叶色绿，叶脉7对。萼片5片、有茸毛，花柱先端3裂，子房有茸毛，花冠直径3.0cm×2.6cm，花瓣6枚。果实三角形、球形
NH035	下村大茶树7号	*C. sinensis* var. *assamica*	南华县兔街镇干龙潭村下村小组	2 083	4.0	3.5×3.0	1.0	小乔木型，树姿半开张。芽叶绿色、多茸毛。叶椭圆形，叶片长宽13.5cm×6.5cm，叶脉9对，叶色绿。萼片5片、无茸毛，花柱先端3裂，子房有茸毛，花冠直径3.2cm×2.9cm，花瓣6枚。果实三角形
NH036	下村大茶树8号	*C. sinensis* var. *assamica*	南华县兔街镇干龙潭村下村小组	2 078	6.2	4.0×4.0	1.4	乔木型，树姿半开张。芽叶绿色、多茸毛。叶长椭圆形，叶片长宽15.7cm×5.8cm，叶脉10对，叶色深绿。萼片5片、无茸毛，花柱先端3裂，子房有茸毛，花冠直径3.5cm×3.4cm，花瓣6枚。果实三角形
NH037	下村大茶树9号	*C. sinensis* var. *pubilimba*	南华县兔街镇干龙潭村下村小组	2 078	6.5	3.3×3.7	1.5	小乔木型，树姿开张。芽叶玉白色、特多茸毛。叶片长宽10.9cm×4.1cm，叶椭圆形，叶色绿，叶脉7对。萼片5片、有茸毛，花柱先端3裂，子房有茸毛，花冠直径2.5cm×2.3cm，花瓣6枚。果实三角形、球形
NH038	下村大茶树10号	*C. sinensis* var. *assamica*	南华县兔街镇干龙潭村下村小组	2 078	4.0	3.0×3.4	1.3	小乔木型，树姿半开张。叶长椭圆形，叶片长宽15.0cm×6.5cm，叶脉11对，叶色深绿。芽叶绿色、多茸毛。萼片5片、无茸毛，花柱先端3裂，子房有茸毛，花冠直径3.4cm×2.9cm，花瓣6枚。果实三角形

（续）

种质编号	种质名称	物种名称	分布地点	海拔（m）	树高（m）	树幅（m×m）	基部干围（m）	主要形态
NH039	下村大茶树11号	*C. sinensis* var. *pubilimba*	南华县兔街镇干龙潭村下村小组	2 080	3.5	2.4×3.5	0.9	小乔木型，树姿开张。芽叶淡绿色、多茸毛。叶片长宽11.3cm×4.8cm，叶长椭圆形，叶色浅绿，叶脉8对。萼片5片、有茸毛，花柱先端3裂，子房有茸毛，花冠直径2.5cm×2.9cm，花瓣6枚。果实三角形、球形
NH040	下村大茶树12号	*C. sinensis* var. *assamica*	南华县兔街镇干龙潭村下村小组	2 080	4.8	2.8×3.7	1.2	小乔木型，树姿半开张。芽叶黄绿色、多茸毛。叶椭圆形，叶片长宽13.3cm×5.9cm，叶脉9对，叶色深绿。萼片5片、无茸毛，花柱先端3裂，子房有茸毛，花冠直径3.7cm×3.9cm，花瓣6枚。果实三角形
NH041	下村大茶树13号	*C. sinensis* var. *pubilimba*	南华县兔街镇干龙潭村下村小组	2 080	5.5	3.4×3.6	0.8	小乔木型，树姿半开张。芽叶淡绿色、多茸毛。叶片长宽14.0cm×6.1cm，叶椭圆形，叶色浅绿，叶脉8对。萼片5片、有茸毛，花柱先端3裂，子房有茸毛，花冠直径2.5cm×2.0cm，花瓣7枚。果实三角形、球形
NH042	下村大茶树15号	*C. sinensis* var. *pubilimba*	南华县兔街镇干龙潭村下村小组	2 084	4.5	3.0×3.0	1.0	小乔木型，树姿开张。芽叶绿色、多茸毛。叶片长宽14.4cm×5.3cm，叶长椭圆形，叶色浅绿，叶脉11对。萼片5片、有茸毛，花柱先端3～4裂，子房有茸毛，花冠直径3.0cm×2.8cm，花瓣6枚。果实三角形、球形
NH043	下村大茶树14号	*C. sinensis* var. *assamica*	南华县兔街镇干龙潭村下村小组	2 085	4.0	2.5×3.8	1.0	小乔木型，树姿半开张。叶椭圆形，叶片长宽13.9cm×5.5cm，叶脉11对，叶色深绿。芽叶绿色、多茸毛。萼片5片、无茸毛，花柱先端3裂，子房有茸毛，花冠直径3.4cm×3.4cm，花瓣6枚。果实三角形
NH044	荨麻场大茶树1号	*C. crassicolumna*	南华县兔街镇干龙潭村荨麻场	2 360	10.0	6.0×5.8	2.0	小乔木型，树姿半开张。芽叶紫绿色、少茸毛，叶片长宽14.9cm×5.3cm，叶长椭圆形，叶脉9对，叶色绿。萼片5片、有茸毛，花柱先端4～5裂，子房有茸毛，花冠直径6.8cm×6.0cm，花瓣11枚。果实扁球形
NH045	荨麻场大茶树2号	*C. crassicolumna*	南华县兔街镇干龙潭村荨麻场	2 344	7.2	4.0×5.0	1.6	小乔木型，树姿半开张。芽叶淡绿色、少茸毛，叶片长宽14.0cm×5.7cm，叶长椭圆形，叶脉11对，叶色绿。萼片5片、有茸毛，花柱先端4～5裂，子房有茸毛，花冠直径5.3cm×5.0cm，花瓣8枚

（续）

种质编号	种质名称	物种名称	分布地点	海拔（m）	树高（m）	树幅（m×m）	基部干围（m）	主要形态
NH046	荨麻场大茶树 3 号	*C. crassicolumna*	南华县兔街镇干龙潭村荨麻场	2 350	6.0	3.0×4.8	1.4	小乔木型，树姿半开张。芽叶紫绿色、少茸毛，叶片长宽 12.7cm×5.0cm，叶长椭圆形，叶脉 8 对，叶色绿。萼片 5 片、有茸毛，花柱先端 3～5 裂，子房有茸毛，花冠直径 4.8cm×4.0cm，花瓣 8 枚。果实扁球形
NH047	荨麻场大茶树 4 号	*C. crassicolumna*	南华县兔街镇干龙潭村荨麻场	2 347	5.8	4.0×4.0	1.0	小乔木型，树姿半开张。芽叶紫绿色、少茸毛，叶片长宽 13.3cm×5.4cm，叶长椭圆形，叶脉 11 对，叶椭圆形，叶基楔形，叶尖急尖，叶色深绿，叶身内折，叶面平，叶缘平，叶质硬
NH048	荨麻场大茶树 5 号	*C. crassicolumna*	南华县兔街镇干龙潭村荨麻场	2 347	6.5	4.0×3.0	0.9	小乔木型，树姿半开张。芽叶绿色、少茸毛，叶片长宽 14.8cm×6.7cm，叶脉 8 对，叶椭圆形，叶基楔形，叶尖急尖，叶色深绿，叶身内折，叶面平，叶缘平，叶质硬
NH049	荨麻场大茶树 6 号	*C. crassicolumna*	南华县兔街镇干龙潭村荨麻场	2 340	5.5	4.0×2.8	0.8	小乔木型，树姿半开张。芽叶紫绿色、少茸毛，叶片长宽 15.0cm×7.2cm，叶脉 8 对，叶椭圆形，叶基楔形，叶尖急尖，叶色深绿，叶身内折，叶面平，叶缘平，叶质硬
NH050	荨麻场大茶树 7 号	*C. crassicolumna*	南华县兔街镇干龙潭村荨麻场	2 352	8.0	4.0×5.0	0.8	小乔木型，树姿半开张。芽叶淡绿色、少茸毛，叶片长宽 13.7cm×5.0cm，叶长椭圆形，叶脉 10 对，叶色深绿。萼片 5 片、有茸毛，花柱先端 4～5 裂，子房有茸毛，花冠直径 6.8cm×6.0cm，花瓣 9 枚。果实扁球形
NH051	荨麻场大茶树 8 号	*C. crassicolumna*	南华县兔街镇干龙潭村荨麻场	2 350	6.0	3.0×3.8	0.7	小乔木型，树姿半开张。芽叶绿色、少茸毛，叶片长宽 14.4cm×5.3cm，叶长椭圆形，叶脉 9 对，叶色绿。萼片 5 片、有茸毛，花柱先端 5 裂，子房有茸毛，花冠直径 6.0cm×5.0cm，花瓣 10 枚。果实扁球形
NH052	营盘山大茶树 1 号	*C. crassicolumna*	南华县兔街镇干龙潭村营盘山	2 050	4.7	3.0×2.8	1.3	小乔木型，树姿半开张。芽叶淡绿色、有茸毛，叶片长宽 14.4cm×6.3cm，叶长椭圆形，叶脉 10 对，叶色绿。萼片 5 片、有茸毛，花柱先端 5 裂，子房有茸毛，花冠直径 5.0cm×6.0cm，花瓣 11 枚。果实球形、四方形
NH053	营盘山大茶树 2 号	*C. crassicolumna*	南华县兔街镇干龙潭村营盘山	2 050	4.9	3.2×2.5	1.0	小乔木型，树姿半开张。芽叶淡绿色、有茸毛，叶片长宽 16.2cm×6.8cm，叶长椭圆形，叶脉 11 对，叶色深绿。萼片 5 片、有茸毛，花柱先端 5 裂，子房有茸毛，花冠直径 6.0cm×7.4cm，花瓣 11 枚。果实球形、四方形

（续）

种质编号	种质名称	物种名称	分布地点	海拔（m）	树高（m）	树幅（m×m）	基部干围（m）	主要形态
NH054	营盘山大茶树3号	*C. crassicolumna*	南华县兔街镇干龙潭村营盘山	2 044	7.0	3.5×3.8	1.0	小乔木型，树姿半开张。芽叶淡绿色、有茸毛，叶片长宽13.8cm×6.0cm，叶长椭圆形，叶脉9对，叶色深绿，叶身稍内折，叶面平，叶缘平，叶背主脉少茸毛，叶质硬
NH055	营盘山大茶树4号	*C. crassicolumna*	南华县兔街镇干龙潭村营盘山	2 047	6.6	3.6×4.0	0.8	小乔木型，树姿半开张。芽叶淡绿色、有茸毛，叶片长宽15.8cm×6.7cm，叶长椭圆形，叶脉10对，叶色绿，叶身稍内折，叶面平，叶缘平，叶背主脉少茸毛，叶质硬
NH056	营盘山大茶树5号	*C. crassicolumna*	南华县兔街镇干龙潭村营盘山	2 063	6.2	4.0×3.7	0.7	小乔木型，树姿半开张。芽叶淡绿色、有茸毛，叶片长宽14.4cm×6.0cm，叶长椭圆形，叶脉10对，叶色绿，叶身稍平，叶面平，叶缘平，叶背主脉少茸毛，叶质硬
NH057	营盘山大茶树6号	*C. sinensis* var. *assamica*	南华县兔街镇干龙潭村营盘山	2 063	5.0	3.0×3.0	1.6	小乔木型，树姿半开张。芽叶黄绿色、多茸毛，叶片长宽15.0cm×5.8cm，叶长椭圆形，叶脉12对，叶色绿。萼片5片、无茸毛，花柱先端3裂，子房有茸毛，花冠直径3.7cm×3.3cm，花瓣6枚。果实三角形
NH058	营盘山大茶树7号	*C. sinensis* var. *assamica*	南华县兔街镇干龙潭村营盘山	2 060	4.8	3.0×2.8	1.2	小乔木型，树姿半开张。芽叶黄绿色、多茸毛，叶片长宽13.5cm×4.8cm，叶长椭圆形，叶脉10对，叶色绿。萼片5片、无茸毛，花柱先端3裂，子房有茸毛，花冠直径3.0cm×3.4cm，花瓣6枚。果实三角形
NH059	营盘山大茶树8号	*C. sinensis* var. *assamica*	南华县兔街镇干龙潭村营盘山	2 062	5.5	3.5×2.5	1.3	小乔木型，树姿半开张。芽叶黄绿色、多茸毛，叶片长宽12.8cm×4.8cm，叶长椭圆形，叶脉8对，叶色绿。萼片5片、无茸毛，花柱先端3裂，子房有茸毛，花冠直径3.3cm×3.5cm，花瓣6枚。果实三角形
NH060	领干大茶树1号	*C. sinensis* var. *assamica*	南华县兔街镇干龙潭村领干	2 100	5.0	3.8×4.0	1.7	小乔木型，树姿半开张。芽叶绿色、多茸毛。叶片长宽16.2cm×5.8cm，叶长椭圆形，叶脉11对，叶色绿。萼片5片、无茸毛，花柱先端3裂，子房有茸毛，花冠直径3.2cm×3.5cm，花瓣6枚。果实三角形、球形
NH061	领干大茶树2号	*C. sinensis* var. *assamica*	南华县兔街镇干龙潭村领干	2 116	5.8	3.3×4.3	0.9	小乔木型，树姿开张。芽叶绿色、多茸毛。叶片长宽13.7cm×5.1cm，叶长椭圆形，叶脉11对，叶色绿。萼片5片、无茸毛，花柱先端3裂，子房有茸毛，花冠直径3.7cm×3.4cm，花瓣7枚。果实三角形、球形

（续）

种质编号	种质名称	物种名称	分布地点	海拔（m）	树高（m）	树幅（m×m）	基部干围（m）	主要形态
NH062	领干大茶树3号	*C. sinensis* var. *assamica*	南华县兔街镇干龙潭村领干	2 116	5.5	4.2×4.0	1.3	小乔木型，树姿半开张。芽叶绿色、多茸毛。叶片长宽 14.4cm×5.0cm，叶长椭圆形，叶脉 10 对，叶色绿。萼片 5 片、无茸毛，花柱先端 3 裂，子房有茸毛，花冠直径 3.0cm×3.8cm，花瓣 7 枚。果实三角形、球形
NH063	领干大茶树4号	*C. sinensis* var. *assamica*	南华县兔街镇干龙潭村领干	2 110	4.5	3.0×3.5	0.7	小乔木型，树姿开张。芽叶黄绿色、多茸毛。叶片长宽 13.7cm×5.6cm，叶长椭圆形，叶脉 9 对，叶色绿。萼片 5 片、无茸毛，花柱先端 3 裂，子房有茸毛，花冠直径 3.3cm×3.6cm，花瓣 6 枚。果实三角形、球形
NH064	领干大茶树5号	*C. sinensis* var. *assamica*	南华县兔街镇干龙潭村领干	2 109	5.0	3.0×4.0	1.0	小乔木型，树姿开张。芽叶绿色、多茸毛。叶片长宽 13.0cm×5.2cm，叶椭圆形，叶脉 8 对，叶色绿。萼片 5 片、无茸毛，花柱先端 3 裂，子房有茸毛，花冠直径 3.8cm×3.3cm，花瓣 6 枚。果实三角形、球形
NH065	领干大茶树6号	*C. sinensis* var. *pubilimba*	南华县兔街镇干龙潭村领干	2 114	5.0	3.6×4.0	1.0	小乔木型，树姿开张。芽叶玉白色、多茸毛。叶片长宽 12.2cm×4.3cm，叶长椭圆形，叶脉 7 对，叶色绿。萼片 5 片、有茸毛，花柱先端 3 裂，子房有茸毛，花冠直径 2.0cm×2.5cm，花瓣 7 枚。果实三角形、球形
NH066	领干大茶树7号	*C. sinensis* var. *pubilimba*	南华县兔街镇干龙潭村领干	2 117	4.6	3.0×3.0	0.8	小乔木型，树姿半开张。芽叶玉白色、多茸毛。叶片长宽 11.6cm×4.0cm，叶长椭圆形，叶脉 8 对，叶色绿。萼片 5 片、有茸毛，花柱先端 3 裂，子房有茸毛，花冠直径 2.4cm×2.6cm，花瓣 7 枚。果实三角形、球形
NH067	梅子箐大茶树1号	*C. sinensis* var. *assamica*	南华县兔街镇兔街村梅子箐	1 826	8.8	8.4×7.8	1.4	乔木型，树姿直立。芽叶绿色、多茸毛。叶片长宽 14.7cm×5.3cm，叶脉 8 对，叶色绿。萼片 5 片、无茸毛，花柱先端 3 裂，子房有茸毛，花冠直径 2.8cm×3.2cm，花瓣 7 枚。果实球形、三角形
NH068	梅子箐大茶树2号	*C. sinensis* var. *assamica*	南华县兔街镇兔街村梅子箐	1 835	4.0	2.9×2.6	0.9	乔木型，树姿直立。芽叶绿色、多茸毛。叶片长宽 15.2cm×5.7cm，叶脉 10 对，叶色绿。萼片 5 片、无茸毛，花柱先端 3 裂，子房有茸毛，花冠直径 2.6cm×3.0cm，花瓣 6 枚。果实球形、三角形

（续）

种质编号	种质名称	物种名称	分布地点	海拔（m）	树高（m）	树幅（m×m）	基部干围（m）	主要形态
NH069	梅子箐大茶树3号	*C. sinensis* var. *assamica*	南华县兔街镇兔街村梅子箐	1 830	5.0	3.8×4.0	1.2	小乔木型，树姿直立。芽叶黄绿色、多茸毛。叶片长宽14.6cm×5.2cm，叶脉11对，叶色绿。萼片5片、无茸毛，花柱先端3裂，子房有茸毛，花冠直径2.7cm×3.4cm，花瓣6枚。果实球形、三角形
NH070	梅子箐大茶树4号	*C. sinensis* var. *assamica*	南华县兔街镇兔街村梅子箐	1 830	4.3	2.5×3.6	0.9	乔木型，树姿直立。芽叶黄绿色、多茸毛。叶片长宽12.8cm×4.7cm，叶长椭圆形，叶脉9对，叶色绿。萼片5片、无茸毛，花柱先端3裂，子房有茸毛，花冠直径3.4cm×3.0cm，花瓣6枚。果实球形、三角形
NH071	梅子箐大茶树5号	*C. sinensis* var. *pubilimba*	南华县兔街镇兔街村梅子箐	1 806	4.8	3.1×3.0	0.6	小乔木型，树姿开张。芽叶玉白色、多茸毛。叶片长宽12.0cm×4.3cm，叶长椭圆形，叶脉8对，叶色绿。萼片5片、有茸毛，花柱先端3裂，子房有茸毛，花冠直径2.5cm×2.4cm，花瓣6枚。果实球形、三角形
NH072	梅子箐大茶树6号	*C. sinensis* var. *pubilimba*	南华县兔街镇兔街村梅子箐	1 800	3.8	2.4×2.0	0.7	小乔木型，树姿开张。芽叶玉白色、多茸毛。叶片长宽12.8cm×4.6cm，叶长椭圆形，叶脉8对，叶色绿。萼片5片、有茸毛，花柱先端3裂，子房有茸毛，花冠直径2.5cm×2.8cm，花瓣5枚。果实球形、三角形
NH073	梅子箐大茶树7号	*C. sinensis* var. *assamica*	南华县兔街镇兔街村梅子箐	1 807	5.4	4.4×4.0	1.3	小乔木型，树姿半开张。芽叶黄绿色、多茸毛。叶片长宽13.0cm×5.2cm，叶长椭圆形，叶色绿，叶脉8对。萼片5片、无茸毛，花冠直径2.5cm×2.8cm，花瓣6枚，花柱先端3裂，子房有茸毛。果实球形、三角形
NH074	梅子箐大茶树8号	*C. sinensis* var. *assamica*	南华县兔街镇兔街村梅子箐	1 817	6.0	5.0×4.0	1.0	小乔木型，树姿半开张。芽叶黄绿色、多茸毛。叶片长宽14.7cm×5.5cm，叶长椭圆形，叶色绿，叶脉11对。萼片5片、无茸毛，花冠直径3.1cm×2.8cm，花瓣6枚，花柱先端3裂，子房有茸毛。果实球形、三角形

附录

附表1　茶树种质资源调查记录表

<table>
<tr><td rowspan="4">基本信息</td><td>调查编号</td><td></td><td>种质名称</td><td></td><td>物种名称</td><td></td></tr>
<tr><td>生长地点</td><td colspan="5">州（市）　县（市）　镇（乡）　村　小地名</td></tr>
<tr><td>海拔高度</td><td></td><td>经度</td><td></td><td>纬度</td><td></td></tr>
<tr><td>植被类型</td><td></td><td>土壤类型</td><td></td><td>资源类别</td><td></td></tr>
<tr><td rowspan="2">生长状况</td><td>估测树龄</td><td></td><td>树型</td><td></td><td>树姿</td><td></td><td>分枝密度</td><td></td></tr>
<tr><td>树高</td><td></td><td>树幅</td><td></td><td>分枝高度</td><td></td><td>基部干围</td><td></td><td>生长势</td><td></td></tr>
<tr><td rowspan="4">芽叶形态</td><td>芽叶色泽</td><td></td><td>芽叶茸毛</td><td></td><td>叶背茸毛</td><td></td></tr>
<tr><td>叶片长</td><td></td><td>叶片宽</td><td></td><td>叶片大小</td><td></td></tr>
<tr><td>叶脉对数</td><td></td><td>叶形</td><td></td><td>叶色</td><td></td><td>叶基</td><td></td><td>叶尖</td><td></td></tr>
<tr><td>叶面</td><td></td><td>叶身</td><td></td><td>叶缘</td><td></td><td>叶齿</td><td></td><td>叶质</td><td></td></tr>
<tr><td rowspan="3">花器形态</td><td>萼片数</td><td></td><td>萼片茸毛</td><td></td><td>萼片色泽</td><td></td><td>花瓣数</td><td></td><td>花瓣质地</td><td></td></tr>
<tr><td>花瓣色泽</td><td></td><td>花冠直径</td><td></td><td>花柱长</td><td></td><td>花柱裂数</td><td></td><td>花柱裂位</td><td></td></tr>
<tr><td>花柱茸毛</td><td></td><td>子房茸毛</td><td></td><td>子房室数</td><td></td><td>雌雄蕊高比</td><td></td></tr>
<tr><td rowspan="2">果实形态</td><td>果实大小</td><td></td><td>果实形状</td><td></td><td>果皮色泽</td><td></td><td>鲜果皮厚</td><td></td></tr>
<tr><td>种子直径</td><td></td><td>种皮色泽</td><td></td><td>种子形状</td><td></td><td>百粒重</td><td></td></tr>
<tr><td rowspan="3">其他信息</td><td>病虫害</td><td></td><td>耐旱/耐寒</td><td></td><td>利用情况</td><td></td></tr>
<tr><td>影像</td><td></td><td>标本种类</td><td></td><td>采集活体种类</td><td></td></tr>
<tr><td>调查人/向导</td><td></td><td>调查日期</td><td></td><td>天气</td><td></td></tr>
</table>

各项性状填写如下。

1. 调查编号 以云南省各县（市）为名开头的流水号，做全县统一编号。如，勐海 001 号（MH001）、勐海 002 号（MH002）；凤庆 001 号（FQ001）；澜沧 001 号（LC001）。

2. 种质名称 填写当地农户对大茶树的惯用名（俗名），多为“地名＋大茶树”，如巴达大茶树、景谷大白茶、香竹箐大茶树、千家寨大茶树。

3. 物种名称 大茶树所属种的拉丁名。如不明确，可暂时填写待鉴定，后期由分类学家鉴定后再补充。

4. 生长地点 利用 GPS 对茶树进行准确定位，获取大茶树所处位置的经度、纬度和海拔高度；格式经度 DDFFMM，单位 DD 为度（°）、FF 为分（′）、MM 为秒（″）。详细填写大茶树生长的行政区位置及小地名。

5. 资源类型 野生茶树资源指自然繁育演化、非人工栽培的茶树，通常分布于原始森林或自然保护区。地方茶树品种指经人类长期驯化，并经自然选择、人工选择形成的具有不同特点的茶树群体，农民世代相传种植。地方品种具有适应性强和类型多等特点。选育品种又称育成品种或改良品种，它是由茶树育种者按照一定的目标，通过某种育种途径选育出来的，并在生产上推广种植的品种。选育品种的特征特性较一致，并稳定遗传。茶树近缘植物指山茶属非茶组植物，与茶树有亲缘关系的野生植物，往往是对茶树基因组有贡献的野生种，一般在植物学分类中与茶树同为一个属。

6. 树龄 真实年龄：凡是有文献、史料及传说有据的可视作真实树龄。传说年龄：有传说，无据可依。估测年龄：根据各地制定的参照数据类推估计。

7. 生长势 旺盛：枝繁叶茂，正常生长。一般：无自然枯损、枯梢，但生长渐趋停滞状。较差：自然枯梢，树体残缺、腐损，长势低下。濒死：主梢及整体大部枯死，空干，根腐，少量活枝。死亡：已死亡的茶树。

8. 树型 乔木型：从树的底部到冠部有明显主干。小乔木型：树的中下部有主干，中上部无明显主干。灌木型：树的底部分枝，无明显主干。

9. 树姿 直立：分枝角度＜30°。半开张：30°≤分枝角度＜50°。开张：分枝角度≥50°。

10. 树高 由从树根基部量至树冠顶部。

11. 树幅 “十”字形交叉测量树冠两侧投影距离。

12. 基本干围 测量树根基部围径。

13. 叶长宽 每植株取成熟完整健康叶片 10 张，计算平均值。叶长：从叶基部量至叶尖。叶宽：测量叶片最宽处的长度。

14. 叶脉对数 叶片主脉两侧的侧脉对数，每植株取成熟完整健康叶片 10 张，计算平均值。

15. 叶片大小 主要以成熟叶片长度兼顾其宽度，按叶面积大小分为特大叶、大叶、中叶和小叶。叶长×叶宽×0.7＝叶面积。特大叶：叶面积≥60cm^2。大叶：40cm^2≤叶面积＜60cm^2。中叶：20cm^2≤叶面积＜40cm^2。小叶：叶面积＜20cm^2。

16. 叶形 表示叶片形态，根据叶片长宽比分为近圆形、卵圆形、椭圆形、长椭圆形和披针形。近圆形：长宽比≤2.0，最宽处近叶片中部。卵圆形：长宽比≤2.0，最宽处近叶片基部。椭圆形：2.0＜长宽比≤2.5，最宽处近叶片中部。长椭圆形：2.5＜长宽比≤3.0，最宽处近叶片中部。披针形：长宽比＞3.0，最宽处近叶片中部。

17. 叶基 叶片基部形态，分为楔形、近圆形。

18. 叶尖 叶片端部形态，分为急尖、渐尖、钝尖、圆尖。

19. 叶身 叶片两侧与主脉相对夹角状态或全叶的状态，分为内折、稍内折、平、背卷。

20. 叶面 相对比较叶面的隆起程度，分为平、微隆起、隆起。

21. 叶缘 相对比较叶片边缘形态，分为平、微波、波。

22. 叶色 肉眼观察叶片真面颜色，分为黄绿、浅绿、绿色、深绿。

23. 叶质　以手感方式感官比较叶片的柔软程度，分为软、中、硬（革质）。
24. 叶背茸毛　放大镜观察叶背茸毛状况，分为无、少、多。
25. 芽叶色泽　肉眼观察一芽二叶颜色，分为玉白色、黄绿色、浅绿色、绿色、紫绿色。
26. 芽叶茸毛　放大镜观察一芽二叶茸毛，分为无、少、中、多、特多。
27. 萼片数　包被在花最外层花萼的萼片数量。
28. 花萼色泽　肉眼观察萼片外部色泽，分为绿色、紫红色。
29. 花萼茸毛　放大镜观察萼片外部茸毛，分为有、无。
30. 花瓣数　将花瓣剥离后点数，一些为发育完全，带有绿色的瓣状体计入花瓣数。
31. 花瓣质地　每朵花中取较大花瓣以手感判断，分为薄、中、厚。
32. 花瓣色泽　每朵花中取较大花瓣观察颜色，分为白色、淡绿色、淡红色。
33. 花冠直径　“十”字形测量花冠纵横径。
34. 花柱裂数　花柱端部的开裂数。
35. 花柱裂位　花柱开裂部位占花柱全长的位置，分为低、中、高。
36. 子房茸毛　放大镜观察子房外部茸毛，分为秃净无毛、稀疏少毛、密被茸毛。
37. 果实形状　分为球形、肾形、三角形、四方形、梅花形。
38. 果实大小　游标卡尺测量果实纵横径。
39. 果皮厚度　游标卡尺测量果皮中部边缘厚度。
40. 种子形状　分为球形、半球形、锥形、似肾形、不规则性。
41. 种皮色泽　分为棕色、棕褐色、褐色。
42. 种子直径　游标卡尺“十”字形测量种子大小。

附表 2　大茶树居群调查表

<table>
<tr><td>调查地点</td><td colspan="5"></td></tr>
<tr><td>四至界限</td><td colspan="5"></td></tr>
<tr><td>海拔范围</td><td></td><td>坡度</td><td></td><td>坡向</td><td></td></tr>
<tr><td>土壤类型</td><td colspan="2"></td><td>土层厚度</td><td colspan="2"></td></tr>
<tr><td>植被类型</td><td colspan="2"></td><td>主要树种</td><td colspan="2"></td></tr>
<tr><td>茶树种类</td><td colspan="5"></td></tr>
<tr><td>分布面积</td><td colspan="2"></td><td>植株数量</td><td colspan="2"></td></tr>
<tr><td>管护现状</td><td colspan="2"></td><td>管护单位</td><td colspan="2"></td></tr>
<tr><td>保护利用建议</td><td colspan="5"></td></tr>
<tr><td>调查人员</td><td colspan="3"></td><td>调查时间</td><td></td></tr>
</table>

附表3 种质资源采集标签写法

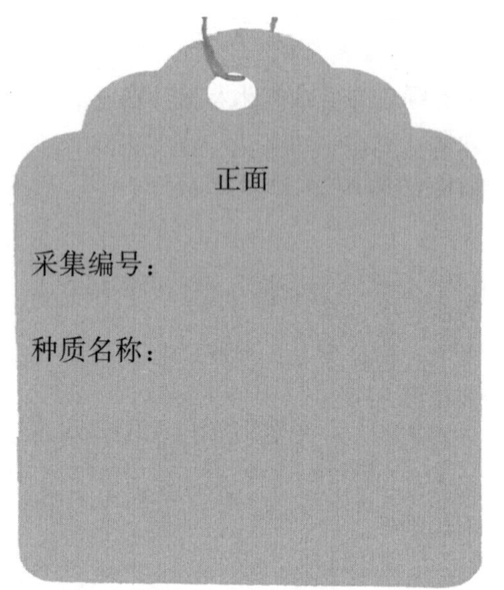

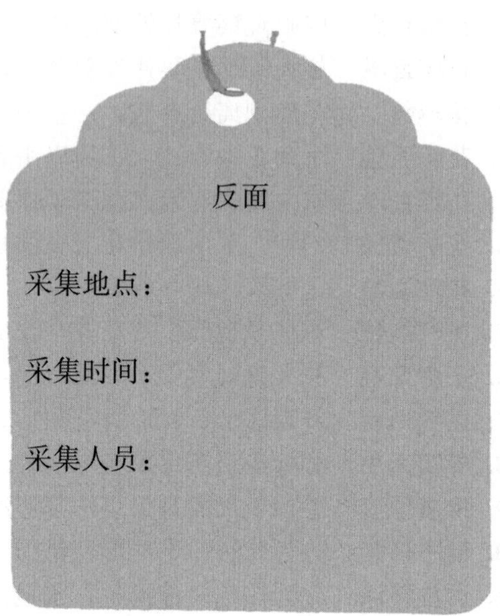

附表4 茶树标本采集记录表

采集号		茶树名称	
学名		采集部位	
采集人		采集日期	
采集地点			
生长环境			

附表 5 茶树标本鉴定标签表

<table>
<tr><td colspan="2">标本签</td></tr>
<tr><td>标本号：</td><td>采集号：</td></tr>
<tr><td>植物名称：</td><td>学名：</td></tr>
<tr><td>原产地：</td><td>采集地：</td></tr>
<tr><td>采集人：</td><td>定名人：</td></tr>
<tr><td>采集时间：</td><td>馆藏单位：</td></tr>
</table>

附表 6 茶叶化学成分测定方法

测定项目	测定部位	茶叶样品	测定方法
水浸出物	春梢一芽二叶	蒸青烘干样品	GB/T 8305—2002
咖啡碱	春梢一芽二叶	蒸青烘干样品	GB/T 8312—2002
茶多酚	春梢一芽二叶	蒸青烘干样品	GB/T 8313—2002
氨基酸	春梢一芽二叶	蒸青烘干样品	GB/T 8314—2002
儿茶素总量	春梢一芽二叶	蒸青烘干样品	HPLC 法
茶黄素	春梢一芽二叶	蒸青烘干样品	Roberts 通用法

附表 7　茶叶化学成分含量评定标准表

单位：%

项目	低	较低	中	高	极高
水浸出物	<38.0	38.0～40.0	40.1～45.0	45.1～49.9	≥50.0
咖啡碱	<1.0	1.0～1.9	2.0～3.9	4.0～4.9	≥5.0
茶多酚	<18.0	18.0～25.0	25.1～32	32.1～38.9	≥39.0
氨基酸	<1.8	1.8～2.5	2.6～3.6	3.7～4.9	≥5.0
儿茶素总量	<9.0	9.0～15.0	15.1～20.0	20.1～25.9	≥26.0
茶黄素	<0.5	0.5～0.8	0.9～1.2	1.3～1.8	≥1.9

附表 8　茶类适制性分级表

茶类	最适合	适合	较适合	不适合
绿茶（与对照相比）	分差≤0	0<分差≤2.0	2.0<分差≤4.0	分差>4.0
红茶（与对照相比）	分差≤0	0<分差≤2.0	2.0<分差≤4.0	分差>4.0

按 NY/T 787—2004 对外形（a）、汤色（b）、香气（c）、滋味（d）、叶底（e）5 项因子进行感官审评，按下列公式计算总分。

绿茶总分$=0.2a+0.1b+0.3c+0.3d+0.1e$

红茶总分$=0.1a+0.15b+0.3c+0.35d+0.1e$

附表 9　茶树冻害程度的分级标准表

受害级别		主要症状
0	无害	无任何症状，或个别叶片变色
1	落叶	部分叶片脱落
2	冻叶	树冠上部 30%叶片受冻
3	冻梢	当年夏秋梢冻伤
4	冻枝	多数侧枝冻伤
5	冻株	骨干枝与主干枝叶全部冻伤
6	死亡	枝干全部枯死，根系腐烂变黑

$$\text{受害普遍率}=\frac{\text{各级受害植株总和}}{\text{调查总株数}}$$

$$\text{受害严重度}=\frac{\text{各级受害代表值}\times\text{该级株数的总和}}{\text{调查总株数}}$$

附表 10　茶树旱害程度分级标准表

受害级别		主要症状
0	无害	无明显症状，或少数叶片萎蔫
1	萎蔫	叶片萎蔫，或少数叶片焦边
2	焦边	有 30%叶片焦边卷曲
3	枯叶	部分叶片脱落，树冠表层有 30%～50%叶片焦枯
4	枯枝	叶片大部分枯焦或脱落，枝梢干枯
5	枯死	枝叶全部枯焦，植株死亡

$$受害普遍率=\frac{各级受害植株总和}{调查总株数}$$

$$受害严重度=\frac{各级受害代表值\times该级株数的总和}{调查总株数}$$

附表 11　茶树病（虫）害分级标准表

病（虫）情指数	受害程度	代表数值
1 级	完全不受害	0
2 级	受害叶片在 5%以内	1
3 级	受害叶片在 5%～25%	2
4 级	受害叶片在 25%～50%	3
5 级	受害叶片在 50%～75%	4
6 级	受害叶片在 75%～100%	5

$$受害率=\frac{受害叶片或枝条数}{调查总株数}$$

$$病（虫）情指数=\frac{\sum(受害级株数\times代表数值)}{调查株数总和\times受害最重级代表值}$$

参 考 文 献

保山市农业局，2016. 保山古茶树资源［M］. 昆明：云南科技出版社.

陈亮，杨亚军，虞富莲，2005. 茶树种质资源描述规范和数据标准［M］. 北京：中国农业出版社.

陈亮，虞富莲，杨亚军，2006. 茶树种质资源与遗传改良［M］. 北京：中国农业科学技术出版社.

黄炳生，2016. 云南省古茶树资源概况［M］. 昆明：云南美术出版社.

蒋会兵，宋维希，矣兵，等，2013. 云南茶树种质资源的表型遗传多样性［J］. 作物学报，39（11）：2000－2008.

蒋会兵，唐一春，陈林波，等，2020. 云南省古茶树资源调查与分析［J］. 植物遗传资源学报，21（2）：296－307.

蒋会兵，杨盛美，刘玉飞，等，2020. 厚轴茶雄性不育株花药败育的生物学特性和细胞学研究［J］. 作物学报，46（7）：1076－1086.

蒋会兵，矣兵，宋维希，等，2011. 国家种质勐海茶树分圃资源整理整合及共享利用［J］. 中国农学通报，27（8）：296－301.

梁名志，2016. 走进古茶树王国——西双版纳卷［M］. 昆明：云南科技出版社.

梁名志，田易萍，蒋会兵，2016. 云南茶树种质资源［M］. 昆明：云南科技出版社.

闵天禄，2000. 世界山茶属的研究［M］. 昆明：云南科技出版社.

沈培平，2008. 走进茶树王国［M］. 昆明：云南科技出版社.

宋维希，刘本英，矣兵，等，2011. 云南茶树优异种质资源的鉴定评价与筛选［J］. 茶叶科学，31（1）：45－52.

汪云刚，矣兵，冉隆珣，等，2011. 云南茶树种质资源的抗性鉴定和评价［J］. 中国农学通报，27（13）：86－91.

王平盛，2007. 云南作物种质资源——茶叶篇［M］. 昆明：云南科技出版社.

文山茶叶编委会，2017. 文山茶叶［M］. 昆明：云南人民出版社.

虞富莲，2016. 中国古茶树［M］. 昆明：云南科技出版社.

云南省楚雄州茶桑站，2017. 楚雄州古茶树资源的调查与保护［M］. 长沙：湖南师范大学出版社.

张宏达，1998. 中国植物志［M］. 北京：科学出版社.

Min T L，2007. Flora of China（Vol. 12）［M］. Beijing：Science Press.